編委會

國家古籍整理出版專項經費資助項目

軍事科技卷

第壹分册

主編 鄧亮 王雪迎

中國科學技術大學出版社

圖書在版編目(CIP)數據

江南製造局科技譯著集成.軍事科技卷.第壹分册/鄧亮,王雪迎主編.—合肥:中國科學技術大學出版社,2017.3

ISBN 978-7-312-04150-1

Ⅰ.江… Ⅱ.①鄧… ②王… Ⅲ.①自然科學—文集 ②軍事技術—文集 Ⅳ.①N53 ②E9-53

中國版本圖書館CIP數據核字(2017)第037624號

出版 中國科學技術大學出版社
安徽省合肥市金寨路96號,230026
http://press.ustc.edu.cn
https://zgkxjsdxcbs.tmall.com
印刷 安徽聯衆印刷有限公司
發行 中國科學技術大學出版社
經銷 全國新華書店
開本 787 mm×1092 mm 1/16
印張 52.75
字數 1350千
版次 2017年3月第1版
印次 2017年3月第1次印刷
定價 680.00圓

前言

明清時期之西學東漸，大約可分爲明清之際與晚清時期兩個大的階段。無論是哪個階段，翻譯西書均是其中重要的基礎工作，正如徐光啟所言：『欲求超勝，必須會通，會通之前，先須翻譯。』明清之際耶穌會士與中國學者合作翻譯西書，這些西書主要介紹西方的天文數學知識、地理發現，以及水利技術、機械、自鳴鐘、火礮等方面的科技知識。晚清時期，外國傳教士爲了傳播宗教和西方文化，在中國創辦了一些新的出版機構，翻譯出版西書、發行報刊。傳教士與中國學者共同翻譯了多種高水平的科技著作，重開了合作翻譯的風氣，使西方科技第二次傳入中國。清政府也設立了一些譯書出版機構，這些機構與民間出現的譯印西書的機構，使翻譯西書和學習科技成爲當時的一種時尚。明清之際第一次傳入中國的西方科技著作，以介紹西方古典和近代早期的科學知識爲主，而晚清時期翻譯的西方科技著作，更多地介紹了牛頓力學建立以來至19世紀中葉的近代科技知識。晚清時期翻譯西書之範圍與數量也遠超明清之際，涵蓋了當時絕大部分學科門類的知識，使近代科學較爲系統地引進到中國。在當時的翻譯機構中，成就最著者當屬江南製造局翻譯館。江南製造局（全稱江南機器製造總局）於清同治四年（1865年）在上海成立，是晚清洋務運動中成立的近代軍工企業。由於在槍械機器的製造過程中，需要學習西方的先進科學技術，因此同治七年（1868年），在徐壽、華蘅芳等建議下，江南製造局附設翻譯館，延聘西人，翻譯和引進西方的科技類書籍，又自設印書處負責譯書的刊印。至1913年停辦，翻譯館翻譯出版了大量書籍，培養了大批人才，對中國科學技術的近代化起了重要作用。

江南製造局翻譯館翻譯西書，最初採用的主要方式是西方譯員口譯、中國譯員筆述。西方口譯人員中，貢獻最大者爲傅蘭雅（John Fryer,1839–1928）。傅蘭雅，英國人，清咸豐十一年（1861年）來華，同治七年（1868年）成爲江南製造局翻譯館譯員，譯書前後長達28年，單獨翻譯或與人合譯西方書籍百餘部，是在華西人中翻譯西方書籍最多的人，清政府曾授其三品官銜和勳章。偉烈亞力（Alexander Wylie, 1815–1887）、瑪高温（Daniel Jerome MacGowan, 1814–1893）、林樂知（Young John Allen, 1836–1907）和金楷理（Carl Traugott Kreyer, 1839–1914）也是最早一批著名的譯員。偉烈亞力，英國人，倫敦會傳教士，曾主持墨海書館印刷事務，同治七年（1868年）入館，僅短暫從事譯書工作，翻譯出版了《汽機發軔》《談天》等。瑪高温，美國人，美國浸禮會傳教士醫師，同治七年（1868年）入館，但從事翻譯工作時間較短，翻譯出版了《金石識別》《地學淺釋》等。林樂知，美國人，同治八年（1869年）入館，共譯書8部，多爲史志類、外交類著作。金楷理，美國人，同治九年（1870年）入館，共譯書17部，多爲兵學類、船政類著作。此外，尚有衛理（Edward Thomas William, 1854–1944）、秀耀春（F. Huberty James, 1856–1900）和羅亨利（Henry Brougham Loch, 1827–1900）等西人於光緒二十四年（1898年）前後入館。除了西方譯員外，稍後也聘請了部分中國口譯人員，如吳宗濂（1856–1933）、鳳儀、舒高第（1844–1919）等，其中舒高第是最主要的一位。舒高第，字德卿，慈谿人，出身於貧苦農民家庭，曾就讀於教會學校。咸豐九年（1859年）以Vung Pian Suvoong名在美國留學，先後學習醫學、神學，同治九年（1870年）入哥倫比亞大學內外科學院學習，同治十二年（1873年）獲得醫學博士學位。舒高第學成後回到上海，光緒三年（1877年）被聘爲廣方言館英文教習，幾乎同一時間成爲江南製造局翻譯館譯員，任職34年，翻譯了二十餘部著作。中方譯員參與筆述、校對工作者五十餘人，其中最重要者當屬籌劃江南製造局翻譯館的創建并親自參與譯書工作的徐壽（1818–1884）、華蘅芳（1833–1902）和徐建寅（1845–1901）。徐壽，字生元，號雪村，無錫人。清咸豐十一年（1861年）十一月，徐壽和華蘅芳入曾國藩幕府；同治元年（1862年）三月，徐壽、華蘅芳、徐建寅到曾國藩創辦的安慶內軍械所工作，建造中國第一艘自造輪船『黃鵠』號；同治四年（1865年），徐壽參與江南製造局籌建工作；同治五年（1866年），徐壽由金陵軍械所轉入江南製造局任職，被委爲『總理局務』『襄辦局務』，主持技術方面的工作；同治七年（1868年），江南製造局附設之翻譯館成立，徐壽主持館務，并親自參加翻譯工作，共譯介了西方科技書籍17部，包括《汽機發軔》《化學鑒原》《化學考質》《化學求數》等。華蘅芳，字畹香，號若汀，江蘇金匱（今屬無錫）人，清同治四年（1865年）參與江南製造局籌建工作，是最主要的中方翻譯人員之一，前後從事譯書工作十餘年，所譯書籍主要爲數學類著作，如《代數術》《微積溯源》《三角數理》《決疑數學》等，也有其他科技著作，如《金石識別》《地學淺釋》等。徐建寅，字仲虎，徐壽的次子。受父親影響，徐建寅從小對科技有濃厚興趣，18歲時就在安慶協助徐壽研製蒸汽機和火輪船。翻譯館成立後，他與西人合譯二十餘部西方科技著作，如《汽機新制》《汽機必以》《化學分原》《聲學》《電學》《運規約指》等。同治十三年（1874年）後，徐建寅先後在龍華火藥廠、天津製造局、山東機器局工作，并出使歐洲，遊歷各國工廠，考察艦船兵工，訂造戰船。光緒二十七年（1901年），徐建寅在漢陽試製無煙火藥，因實驗室爆炸，不幸罹難。此外，鄭昌棪、趙元益（1840–1902）、李鳳苞（1834–1887）、賈步緯（1840–1903）、鍾天緯（1840–1900）等也是著名的中方譯員。

關於江南製造局翻譯館之譯書，國內尚有多家圖書館藏有匯刻本，如國家圖書館、上海圖書館、北京大學圖書館、清華大學圖書館、西安交通大學圖書館等，但每家館藏或多或少都有缺漏。

雖然先後有傅蘭雅《江南製造總局翻譯西書事略》（1880年）、魏允恭《江南製造局記》（1905年）、陳洙《江南製造局譯書提要》（1909年），以及隨不同書附刻的多種《上海製造局各種圖書總目》《上海製造局譯印圖書目錄》，以及Adrian Bennett, Ferdiand Dagenais等學者關於傅蘭雅研究中所發現、整理的譯書目錄等，但仍有缺漏。根據王揚宗《江南製造局翻譯書目新考》的統計，由江南製造局刊行者193種（含地圖2種，名詞表4種，連續出版物4種），另有他處所刊翻譯館譯書8種，已譯未刊譯書40種，共計241種。此文較詳細甄別、考證各譯書，是目前最系統的梳理，但仍有少許不足之處。比如將《化學工藝》一書兩置於化學類和工藝技術類，致使總數多增1種。又如認爲《礮法求新》與《礮乘新法》兩書相同，又少算1種。再如，此統計中有《克虜伯腰箍礮說、礮架說、螺繩礮架說》1種3卷，而清華大學圖書館藏《江南製造局譯書匯刻》本之《攻守礮法》中，附有《克虜伯腰箍礮說》《克虜伯礮架說船礮》《克虜伯船礮操法》《克虜伯礮架說堡礮》《克虜伯螺繩礮架說》，且藏有單行本5種，金楷理口譯，李鳳苞筆述。又因一些譯著附卷另有來源，可爲一種新書，如《電學》卷首、《光學》所附《視學諸器圖說》、《航海章程》所附《初議記錄》等。

在江南製造局的譯書中，科技著作占據絶大多數。在洋務運動的富國強兵總體目標下，這些譯著介紹了大量西方軍事工業、工程技術方面的知識，對中國近代軍隊的制度化建設、軍事工業的發展以及民用工程技術的發展產生了重要影響；同時又在自然科學和社會科學等方面作了平衡，翻譯傳播了西方的科學成果，促進了中國科學向近代的轉變，一些著作甚至在民國時期仍爲學者所重視；在譯書過程中厘定大批名詞術語，出版多種名詞表，體現出江南製造局翻譯館在科技術語規範化方面所作的貢獻，其中很多術語沿用至今，甚至對整個漢字文化圈的科技術語均有巨大影響；通過對西方社會、政治、法律、外交、教育等領域著作的介紹，給晚清的社會文化領域帶來衝擊，對晚清社會的政治變革也作出了一定的貢獻，促進了中國社會的近代化。此外，通過譯書活動，也培養了大批科技人才、翻譯人才。江南製造局譯書也爲其他國家所重視，如日本在明治時期曾多次派員赴上海專門收購，根據八耳俊文的調查，可知日本各地藏書機構分散藏有大量的江南製造局譯書。近年來，科技史界對於這些譯著有較濃厚的研究興趣，已有十數篇碩士、博士論文進行過專題研究。

有鑒於此，我們擬將江南製造局譯著中科技部分集結影印出版，以廣其傳。本書先是納入『2011–2020年國家古籍整理出版規劃』之『中國古代科學史要籍整理』項目，後於2014年獲得國家古籍整理出版專項經費資助，名爲《江南製造局科技譯著集成》。

對江南製造局原有譯書予以分類，可分爲史志類、政治類、交涉類、兵制類、兵學類、船類、學務類、工程類、農學類、礦學類、工藝類、商學類、格致類、算學類、電學類、化學類、聲學類、光學類、天學類、地學類、醫學類、圖學類、地理類，并將刊印的其他書籍歸入附刻各書。從已刊行之譯書內容來看，與軍事科技、工業製造、自然科學相關者最主要，約占總量的五分之四。本書收錄的著作共計162種（其中少量著作因重新分類而分拆處理），包括150種江南製造局翻譯館翻譯且刊印的與科技有關的譯著，5種江南製造局翻譯但別處刊印的著作，7種江南製造局刊印的非翻譯館翻譯或非譯著類著作。本書對收錄的著作按現代學科重新分類，并根據篇幅大小，或學科獨立成卷，或多個學科合而爲卷，凡10卷，爲天文數學卷、物理學卷、化學卷、地學測繪氣象航海卷、醫藥衛生卷、農學卷、礦學冶金卷、機械工程卷、工藝製造卷、軍事科技卷。

儘管已有陳洙《江南製造局譯書提要》對江南製造局譯著之內容作了簡單介紹，析出目錄，但缺漏不少。上海圖書館《江南製造局翻譯館圖志》也對江南製造局譯著作了一一介紹，涉及出版情

況、底本與內容概述等。由於學界對傅蘭雅已有較深入的研究，因此對於傅蘭雅參與翻譯的譯著底本已有較明確的信息，然而對於其他譯著的底本考證，則尚有較大的分歧。本書對收錄的著作，一一寫出提要，簡單介紹著作之出版信息，盡力考證出底本來源，對內容作簡要分析，并附上目錄。此外，我們計劃另撰寫單行的提要集，對其中重要譯著的原作者、譯者、成書情況、外文底本及主要內容和影響作更全面的介紹。

馮立昇　鄧　亮

2015年7月23日

凡例

一、《江南製造局科技譯著集成》收錄150種江南製造局翻譯館翻譯且刊印的與科技有關的譯著，5種江南製造局翻譯但別處刊印的著作，7種江南製造局刊印的非翻譯館翻譯或非譯著類著作。

二、本書所選取的底本，以清華大學圖書館所藏《江南製造局譯書匯刻》爲主，輔以館藏零散本，并以上海圖書館、華東師範大學圖書館等其他館藏本補缺。

三、本書按現代學科分類，凡10卷：天文數學卷、物理學卷、化學卷、地學測繪氣象航海卷、醫藥衛生卷、農學卷、礦學冶金卷、機械工程卷、工藝製造卷、軍事科技卷。視篇幅大小，或學科獨立成卷，或多個學科合而爲卷。

四、各卷中著作，以内容先綜合後分科爲主線，輔以刊刻年代之先後排序。

五、在各著作之前，由分卷主編或相關專家撰寫提要一篇，介紹該書之作者、底本、主要内容等。

六、天文數學卷第壹分册列出全書總目錄，各卷首册列出該分卷目錄，各分册列出該分册目錄。

七、各頁書口，置兩級標題：雙頁碼頁列各著作書名，下置頁碼；單頁碼頁列各著作卷章節名，下置頁碼。

八、『提要』表述部分用字參照古漢語規範使用，西人的國別、中文譯名以及中方譯員的籍貫等與原翻譯一致；書名、書眉、原書内容介紹用字與原書一致，有些字形作了統一處理，對明顯的訛誤作了修改。

分卷目錄

第貳分册

分册目録

江南製造局科技譯著集成

軍事科技卷

第壹分册

製火藥法

《製火藥法》提要

《製火藥法》三卷，英國利稼孫（Thomas Richardson）、華得斯（Henry Watts）輯，英國傅蘭雅（John Fryer, 1839—1928）口譯，番禺丁樹棠筆述，嶺南張福謙繪圖，同治十年（1871年）刊行。底本爲利稼孫、華得斯合著之《Chemical Technology; Or, Chemistry in Its Applications to the Arts and Manufactures》，其中關於火藥部分來自Gunpowder條目，中譯本卷一中取硝提硝之法、取硫提硫之法則來自同一底本之硝石、硫磺煉製條目。底本版次待考。

此書介紹了黑火藥原料製備、黑火藥原料混合及成粒、各種黑火藥成分配比、黑火藥性質及成分的測試方法、電氣引燃火藥各法等內容。

此書内容如下：

目錄

卷一　論火藥源流，取硝及提硝之法，取硫及提硫之法，製炭之法

卷二　備製火藥各等器具，磨料之桶，舂料之臼，碾料之法，壓實火藥之法，成粒之法，製光藥粒，製乾藥粒，藏火藥法，預防火藥轟烈危險，特設製各種異樣火藥法，圓粒火藥，以鈉養淡養五製火藥法，兌飛所製炸石火藥，蘭内所製炸石白火藥，地得類地土所製炸石火藥，呵身得所製白火藥，布謝所製滅火藥，非利畢士所製滅火器

卷三　論火藥外形，論火藥堅實性，論火藥燃性，以電氣引火藥各法，以金類電氣燃藥，以引攝鐵電氣器燃藥，以玻璃電氣燃藥，以攝鐵電氣燃藥，火藥之力，試火藥力各法，化分火藥原質法，一求火藥内含水質，二求火藥内硝數，三求硫與炭之數

製火藥法目錄

製火藥法卷一

英國 利稼孫 華得斯 輯
英國 傅蘭雅 口譯
番禺 丁樹棠 筆述

論火藥源流

剏製火藥爲何代何國何人倡之已無實據可考第各西國相傳法本東來考中國及印度國古籍所載自古迄今已解此法至剏造之孰先孰後則代遠年湮亦難追辨大抵因有數處土面產硝人或於此生火見硝能燃且令火勢增烈乃取炭合硝燃之因稍悟藥性卽略會製藥之法雖未添入硫質祇硝炭二物已敷製藥之用惟此說僅屬

臆見縱略悟其法亦非亟亟於製造火器想其始或第爲炸石並爆竹等用洎製造火器之法徧傳各國精益求精於是自古各等兵器如弓矢刀矟等物漸就廢置以大小鎗礮代之故一切戰事莫不隨之改變矣

近數十年來有諳習化學之士查有別物堪以代之較藥力勝數倍然火藥所以沿用至今歷久不廢者有故蓋由別物代藥有極危險者或一經著手或稍觸動立能轟烈多不便用故燃火過速者用於鎗礮彈子尚未動而早已燃畢氣必速散定有炸裂之患若燃火過緩者彈子已出而猶未燃畢亦徒虛糜藥力更有易銹壞鎗礮者用之未

久而器已損遂成無用又有成燼較多者亦未便用唯配製如法始無燃速及燃緩之弊至銹壞鎗礮內質一弊尚難全免蓋製藥所用硫硝炭三料大約隨地有之而價亦廉且製造之法不甚費工力第有數種流弊一生燼質而其質汚二發煙氣而其氣濁三藥質易壞四占地過多分兩亦重往來攜帶不便若有明於化學者能另尋一物有火藥各種益而無其各等弊則火藥亦可由此而廢矣近新設棉花藥泰西有數國略用之以代火藥但此物益處雖多然新設未久不知究能勝火藥否再閱數載其法傳遍各處則兩者相較自分等差

查西國載籍知六百餘歲以來西國已諳用火藥嗣查五百六十餘歲以來卽載有用鎗礮之說惟彼時所用之藥與今大異歷傳而後製法每易代而愈巧昔祇以人力或以粗器與粗料成之今則以絕巧輪器倣化學之理分製藥料以視昔之所製精粗何如西國昔時製藥取炭硫硝三物磨至極碎而調勻之嗣有人悟成粒之法恐以水調勻易損藥質乃易以醕酒等物則今昔所製之藥其力相去較遠從可知也

自昔製藥所用各料分兩與今不同如三百二十年前以大利國書中載製藥各方二十五則內有一則用硝一分

硫一分炭一分又一則用硝十八分硫二分炭三分二方所成之藥非極利用而其餘者槩不過如是今若倣其法為之更屬無當於用但彼時藥力較今更小恐因礮質不堅僅與此等藥力相稱或其時尚不解製力厚之藥也近各國製藥所用三料之重數無大異惟做各等藥之用處以定三料之分兩現有化學士化分各處所製之藥每百分重所得各料之數如左

	水	炭	硫	硝
中國大粒藥	一、六	一五、七	一一、三	七一、四
英國大粒藥	〇、八	一四、八	一〇、〇	七四、六
英國大粒藥	〇、七	一四、七	七、六	七七、〇
英國大粒藥	〇、八	一四、一	一〇、五	七四、六
英國大粒藥	〇、八	一三、七	一〇、一	七五、四
英國小粒藥	〇、六	一四、九	九、七	七四、八
法國大粒藥	〇、九	一一、五	一三、六	七四、〇
比利時國大粒藥	〇、八	一三、五	一〇、〇	七五、七
美國大粒藥	一、〇	一四、九	九、七	七四、四
普魯士國大粒藥	〇、六	一二、八	一〇、〇	七六、六
普魯士國小粒藥	〇、七	一二、八	一一、〇	七五、五
奧地利國鎗藥	〇、八	一四、七	九、一	七五、四
瑞顛國大粒藥	〇、八	一四、六	九、七	七四、九
俄羅斯國小粒藥	〇、五	一五、七	九、四	七四、四
瑞士國圓粒鎗藥	〇、八	一七、八	一〇、三	七一、一

取硝及提硝之法

硝有二等一為硝强水與鉀養化合而成二為硝强水與鈉養化合而成其第一等乃製藥所用如中華及印度等國常有硝質積生土面其狀若霜又有數處於洞內敗石中取出硝者亦有數處向土下尋得之分硝之法以多土浸入水中使硝化出而土沈下所得硝水置入一池曝濃數日後將水傾入盆內以火沸之即成硝粒此為最粗之硝每百分內十分為土質凡不產硝各國必應設法製之如各西國製硝常法將各植物動物之質並壁間舊石灰與燃木煤炭等物之灰燼積作巨堆堆下先鋪細泥一層使不漏水上蓋一棚以備天雨堆前面令平直以當常至之風其後面以次漸下如階取各國廁所得溲溺暨人溺等傾於堆上俟空氣約熱六十度至七十度堆內各質漸成含硝强水之質流至直面遇風而溼氣化散其質自凝結如霜久之合堆面之土刮下數寸浸於水中質自消化其以所餘之土仍增置堆後各級上至二三歲全堆之質俱熟可盡入水中浸之

浸土融硝之法以此土質置木桶或木盆內亦可如用木桶可列為一行傾水入第一桶土質上水由桶底滲出即入第二桶中以下各桶皆如之用水益少益佳因硝易化出可省燃料視水濃時以量硝表量其濃數約水每一百分有硝十二分至十四分即可入鍋煮之仍如前加水入桶中至土內之硝盡出為度此土質仍留下次作堆盆式如第一圖以堅木為之長十六尺寬八尺深四尺向一旁

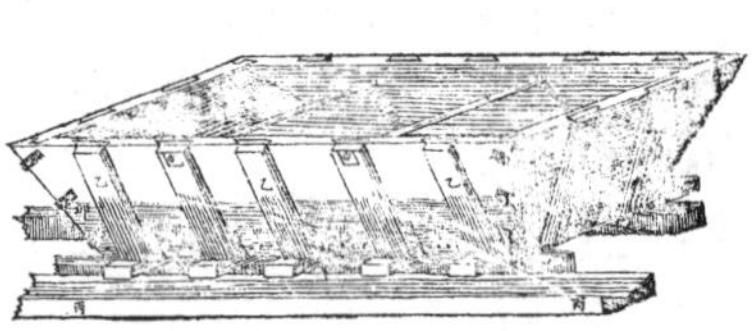

下穿數孔甲甲甲孔內有小管能引水至外槽丙置盆常令略斜以便水流如第二圖盆內有板戊戊穿多孔如濾路斜置盆角令水流下而土仍不得出己己爲鐵桿夾盆

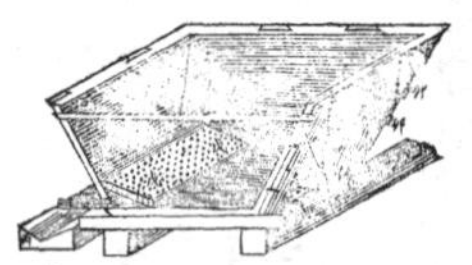

第一圖

第二圖

兩旁使其牢固不散又乙乙乙爲木板卯卯爲鐵皮条以鈐制之每盆能容硝土質二百十八立方尺取硝土質入盆後卽加水浸之高於土質四寸停蓄一日俾水放出入次盆土質內再加水入第一盆內至所出水內約含硝一百分之一則另換土質以換出者留下次作堆如土質每五方尺有硝八磅則一盆內之土質必得硝二百五十六磅初次放出之水每百分必含硝十分此水不特含硝尚含鈉養淡養五鈣養淡養五淡輕四養淡養五鉀綠鈣綠鎂綠淡輕四養炭養二另有數種生物質必先將各含淡養五之質變爲鉀養淡養五法將鉀養炭養二或鉀養硫養三或鉀綠消化於水加

入前水攪勻則鈣養炭養二鎂養炭養二結而下沈水內僅含鉀養淡養五鉀綠鈉綠如祇用鉀養硫養三其所結成者爲鈣養硫養三則其不結者爲鎂養硫養三必再加鈣養水則鎂養硫養三亦結而下沈矣

第三圖

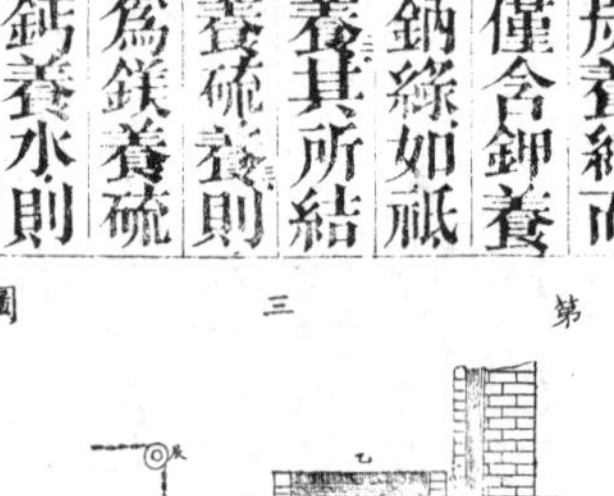

如前法所得硝水以鍋煮之鍋式如第三圖未爲爐柵甲爲門申爲灰膛乙爲風門呷爲銅鍋火先與鍋底遇嗣循兩旁之路丙丙

而上則鍋兩旁皆熱再向上行至次鍋乙之下於鍋下循路徧繞至煙通庚庚上有門天以制火之大小煮時常有污物上浮必以器取出之煮至數小時後水內數等定質將結於鍋底若不取出則鍋必燒壞法用一器寅以鐵鍊懸之有滑車辰以便起落煮時鍋內沸滾而器內則否故浮質必沈至器內不出須隨時取出復懸入至水將濃則鈉綠與鈣綠在水面結而下沈亦在此器取出至巳濃取少許傾於冷盆上若速凝結卽無庸再煮可留十五小時至十八小時令其澄清傾入大銅盆加熱至一百二十二度使水化散稍濃則結成硝粒若見色黃是硝內仍含鉀

綠與鈉綠必再提之至未結之水仍入前鍋煮之

提硝使淨之法如前硝粒內含鉀綠鈉綠與生質約四分之一鉀綠鈉綠最難去盡製藥之硝每三千分內含此二質不可過一分可見分出此質爲最要之事提生硝法取生硝六千磅置入大銅鍋內先加水一千二百磅因生硝每百分內約有鉀綠六分鈉綠十四分故六千磅之硝除別等異質外必有鉀綠三百六十磅鈉綠八百四十磅硝四千八百磅蓋以一千二百磅之水俾及沸時竟能消化鉀綠六百八十四磅鹽三百二十四磅硝四千八百磅是必硝內猶有鹽五百十六磅未經化融者其已化三百二

十四磅之鹽必與鉀綠並硝消化爲水傾入盆內俟硝沈結再換淡水八百磅取已提之硝五分之一稍加熱至次晨續入四分之一再加熱嗣又如之及硝添畢常以桿撥之所有上浮各質隨時取去既經化盡略煮少頃鹽卽下沈鍋底以勺撈取棄之再入膠二磅其中所有異質必附膠而上去之甚易至更無別質上浮爲度然必常加熱至一百九十度俟各異質俱沈下取其清者傾入銅盆內盆式如第四與第五圖盆底自兩旁斜下狀若菱角左右自上斜下以螺絲釘於兩旁木柱甲甲上於鍋內取清質硝水傾入盆時切勿令鍋底濁質騰上及清質入盆後約六

第四圖

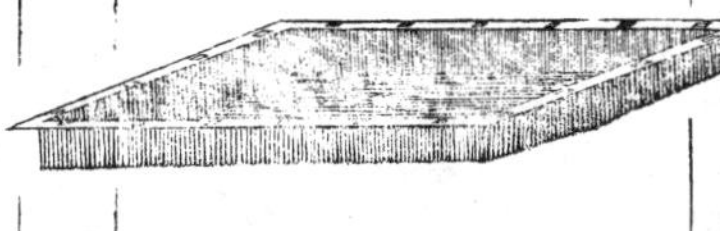

第五圖

七小時試其熱度與空氣之熱度等卽以木條頻頻撥之俾勿成大粒少頃卽爲最細白粉或形如細針隨將已結之硝擁向盆面高處令水自流下低處乃取硝出置洗硝盆內洗淨備用至所餘硝水約一千二百磅其內微含鈉綠鉀綠設硝水冷至六十五度則前所用淡水消化硝四千八百磅鹽三百二十四

磅鉀綠三百六十磅及硝成功餘水內仍含硝三百四十八磅鹽三百十八磅鉀綠三百九十六磅故僅成硝粉四千四百五十二磅其內尙含鹽約六磅而無鉀綠則所成硝粉每千分內約含鹽一分若硝水冷至五十度下每百分內最多約含鹽一分

溼硝粉所含鹽質有法可洗出硝內之水並同時洗出硝內之鹽取已提淨之硝入清水化融至不能再融卽將此水傾入所成溼硝粒上此硝水固不能再融硝亦不能再融硝粒內之水惟能化融硝粒外之餘水及綠氣質與淸水化融者無異硝粒異質既經除去再以淸水與淨硝化

融之水傾於其上令其流入粒間空處至硝乾時乃爲成功洗硝之盆如第六第七圖長十尺寬四尺其式與第一第二圖略同惟有二底底內作多孔使乙孔所流之水可從管出至丁槽硝粉入盆宜高積作尖堆形切勿平堆蓋傾水入硝硝自縮減故必預爲滿積先用一澆水壺於每盆硝粉上傾硝水六十磅陸續傾至一百四十四磅乃閉盆底塞門待二三小時一切綠氣質既經消化卽開塞門令水流出至一小時再傾硝水如前後再加硝水二十四磅其第一

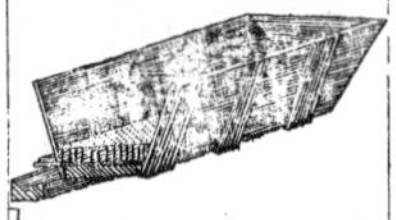

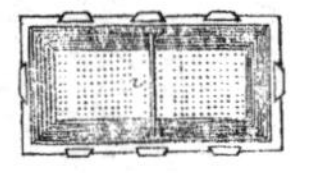

第六圖

第七圖

次所流之水並第二次初時所流之水內尚有綠氣質隨硝帶出必令其流入前盆內至第二次所出硝水及第三次所出硝水其約六十磅卽無甚異質可存之入第二次洗硝盆計初用硝水一百四十四磅其後祇須添新硝水八十四磅硝粉洗畢於盆內存數日令一切水質流出乃取出置乾硝盆上稍加熱而常動之乾後入箕搖簸擇成塊者取出研碎此爲淨硝倣尋常製法每用生硝六十擔提後可成淨硝三十五擔至三十六擔此硝無論作何用處無不合式卽用以製上品火藥亦可

又有提硝別法雖略省工第恐旣成後與此相較其淨質稍遜耳

試硝內所含之鉀綠與鈉綠取硝以淸水消化之嗣加銀養淡養水入內若無結成豆腐狀之定質卽知爲淨硝

取硫及提硫之法

火山相近處常遇淨硫寓土石層間或與土石相合又徧地球所產金類之礦常有硫與金類化合各西國所用之硫多爲以大利國南西西里地所出其地取硫之法以土石置火爐內土石中略添燃料以泥土蓋之使稍通空氣以火引之及料燃則硫遇熱卽漸漸融化徐由爐底孔中而出但硫亦有燒去者土石每百分內約有硫十二分以

此法取之最便若硫不及此數必將土石加熱令硫化氣再使凝結而成硫西西里地用瓦罐兩行如第八圖甲爲罐滿盛產硫土石入長火爐罐旁有小管引硫氣至爐外入乙罐內硫氣卽凝爲流質由罐底小管流出入水桶內所得者爲粗硫每百分內有土質三四分

第八圖

金類礦之含硫者以銅硫礦鐵硫礦內爲最多其鐵礦色黃者常於煤層間及海濱亂石內遇之每塊形微圓而外

生銹碎之覺內有光如金加以大熱可發出硫質一半尋常火爐祗能發出四分之一煅礦之器用火泥作圓錐形管置入火爐如第九圖大端以蓋蓋之小端以穿孔之板蓋之以出硫氣每鐵礦百磅能出硫十四磅所得硫色稍綠其內尚微有鐵質必提之乃合用若銅礦於未鍊礦取銅之先可煅出硫質法取銅礦於地面成堆爲棱錐形堆底面約三十尺其下先布

第九圖

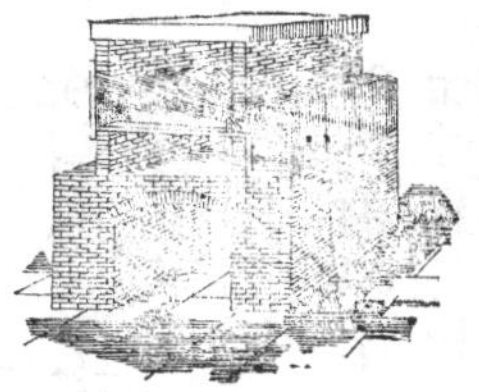

碎銅礦一層以過空氣速進乃布薪木一層於上堆中置木烟通薪木間空處與烟通相貫取銅礦巨塊者列烟通四周高八尺堆面周廻布碎銅礦約深一尺如此作堆可煅銅礦二千噸得硫二十噸煅法取已燃薪木投入烟通內則堆下燃料因空氣未能速進燃火必緩越數日乃見硫於堆面流出即向堆面作數空處爲收硫之所至數月後而功成故此硫內常帶鉀養

提硫之法英國常用鐵甑如第十圖甲爲鐵甑內盛粗硫下燃以火硫自發氣引至一大磚倉乙硫霧即凝於倉旁成淡黃粉及凝硫既多倉壁極熱則硫粉融而流下俟其

第十圖

流出入木模成條又一法合甲甑所發之霧入小器內內器外有冷水以凝硫質取此等料製藥是爲最善

提生硫便法使融而澄淨之用銅鍋徑約二尺六寸深約一尺八寸再大即不便用設已有大鍋可勿盛滿祗照此鍋尺寸入料亦可蓋欲多融硫質火力大小極難使之合度若鍋體較此倍大則融硫之火亦必加大但火力過大易損硫質或致燃火常法取硫塊打碎鍋下稍爇火以鏟盛硫入鍋內每一鏟已融復以一鏟添入及硫盡融常以鐵器撥起之撥硫鐵器稍塗以油使硫質不得粘結尋常每提硫一鍋必須四小時工夫硫始沸起所有泛出不淨之物隨即取去約停三小時俟火漸熄視硫面有小粒類針上凝立以大勺汲硫入木桶其鍋底之質無庸傾出蓋因此質尚屬未淸俟桶內之硫凝爲定質即取出碎之其所帶異質必輕者上浮重者下墜亦有凝於桶周者可將異質之重者分爲生硫再爲另提而其輕者爲半淨之硫依法復融一次即得全體淨質

以之製藥可爲合用之品

試硫之法以硫少許入淨玻璃器置酒燈上熖之使燒若每硫百厘重所餘之質應以小至不能上稱之數爲最佳又有一試法更爲加詳取硫一分重磨極細粉與松香油十五分重調合以火煮沸之則硫可消化而異質自沈於下乘其尚熱傾出清者取異質稱之卽得其數

製炭之法

火藥優劣多視炭質之上下爲別而炭質之上下多倚其質爲何料所成何法所製可知製炭之法爲製藥要端西國有博學士曾試各料中何料最爲合式法取各料煅炭用炭重十二厘與硝重七十二厘調勻燃之看燃畢時時刻多少及燃後餘質若干重列表如下

蔴楷	十秒	餘質重十二厘
葡萄樹枝	十二秒	餘質重二十厘
雞荳楷	十三秒	餘質重二十一厘
松木	十七秒	餘質重三十〇厘
阿利打木	二十秒	餘質重四十一厘
馬栗木	二十八秒	餘質重三十六厘
核桃木	二十九秒	餘質重三十三厘
枯煤	五十秒	餘質重四十五厘
白糖	七十秒	餘質重四十八厘

又曾以米粒粉漿雞卵白血皮等物作炭照前法試之但燃時不聞作響此不便製藥之用

由此可見嫩木能成極品之炭而動物質所製之炭乃極下而最不適用者若用外國礬紙亦不合式因此帶膠質惟蔴線及舊蔴布所煅之炭爲製藥最上等之物如呂宋國喜以蔴楷作炭製藥凡用木製炭必去其皮因皮內有木汁各質如膠糖鹽等類又除去小枝及葉其已成木而未老者徑自一寸至二寸能成上等炭除去皮後可露積空處令雨水洗去木汁各等質

燒炭常法取木置鐵桶中桶外加熱木質所發之氣有管引出散之或仍引入火爐燒之但依此法煅炭必宜極慎勿令熱過多或過少故特設火爐以煅炭其鐵桶置入爐

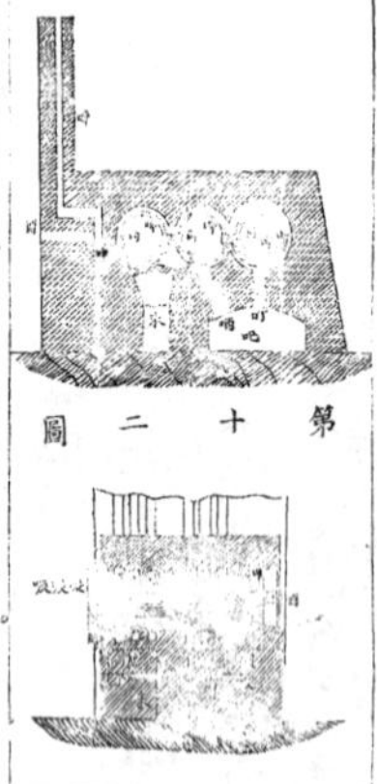

第十一圖

第十二圖

內如第十一圖十二圖丙丙爲生鐵圓桶桶前端露於爐外以㖘㖘㖘三門蓋之極緊使空氣不能入桶後端入壁內於壁內作兩管呷呷其兩管與前空處酉相貫兩管用處一引出木質所發之氣一便取出少許視其已成功否未未爲爐柵

爐上作拱形拱內作多孔令熱氣上騰火循火路吷吷吷繞至三桶下半周繼乃繞至上半周後由烟衝哱散去吧爲風門哂叮爲取灰之路燒火時必密閉之置木入桶之法先取木斷爲塊置巨塊於外以小塊置內每爐容鐵桶三具每桶入木百磅爲度若過此數則難成上等炭質欲燒火時先將爐與鐵桶各空處以泥封密勿使空氣漏洩燒至五小時後木質所發之氣極多欲知爐內火候足否或視氣之色或取出視其炭紋俱可至發氣已停啓㖷㖷㖷三門取炭出置生鐵器內緊閉之令其漸冷或浸水中滅其火但此法未善因炭曾入水至製藥時配合分兩未

知其內藏水若干難求定準用以製藥不無差謬

凡多製火藥之處如前法用三桶燒成須再備三桶俟前桶取出以所備三桶易之可省燒料多許若桶四周有火所不到處必有木油凝滴炭上其炭卽爲無用以尋常火爐計之每料百磅內必棄去五磅卽火爐之佳者亦必棄去半磅至煅成炭色皆倚所受之熱度爲別或已煅至紅時每百分內有九十分爲炭質有七八分爲輕氣等質凡以上等木料煅成其色藍黑磨碎視之光如黑絨其質必輕以物擊之作響其質又極堅或未煅及紅時僅至五百四十度此名紅炭每百分內有七十分至七十二分爲炭

質餘二十八分至三十分爲輕氣與養氣又如前法煅炭候所出之氣至色黃時滅熄爐火遂成紅炭磨碎視之其黑色亦類黑絨引就火中光作藍色此炭較前所稱黑炭用爲燒料燃火較易火勢亦烈因不易傳熱也若用作火藥亦更易燒但所含之輕氣等質較多故必比黑炭多用不特所成之火藥性鬆易致粉碎且易收空氣內之水氣及至燃發養氣與輕氣化合成水而能收火藥所發各氣之熱故藥氣之漲力減小英國凡作各等火藥皆喜用黑炭惟法蘭西與比利時國所作獵藥則用紅炭軍中火藥仍用黑炭但製炭勿令火爐過熱若過於熱卽成黑炭

近在法蘭西與米利堅比利時國有人設立新法用最熱

第十三圖

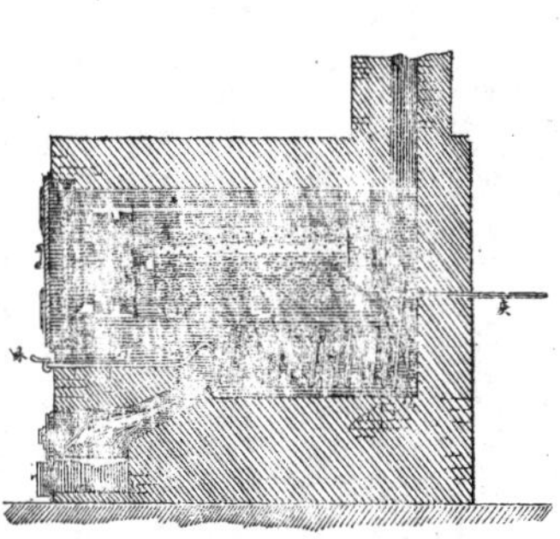

水汽製炭此法須用外中內三層鐵桶如第十三圖內桶甲周圍作小孔盛木料於桶內桶下有螺絲形鐵管哂哂一端叮入鍋鑪一端吷入外鐵桶之底呷呷吧爲火鑪能燒木料或枯煤令螺絲管內之汽更加熱外層鐵桶呷呷之口有熟鐵板

爲蓋其外另有兩熱鐵門使熱汽不得外散內層鐵桶甲有一小管庚以放出熱汽與木料所發各等氣爐中燃火螺絲管可速成熱俟熱至三百度百分寒暑鍼度卽開味塞門放水汽入螺絲管內則汽過管時方得極熱由呷呷外桶至內桶甲熱汽進至木之細孔木質自能成炭及汽已過木始由小管庚透出其木內所發各等氣並引出之熱汽過桶時必較空氣壓力加至一半乃能傳出各等氣若加至一倍各等氣之傳出更速設熱汽未足祇得空氣壓力四分之一則木內之栢油不能外發所成之炭面必光如蠟此爲次等炭質惟極粗火藥可用之如依前法作炭炭質可令極細面上更無光蠟之狀至各等顏色或黑或櫻或赤皆倚水汽之熱度多少與時之久暫以爲差等鐵桶內每次盛六十磅至七十五磅之料燒火工夫自一小時至二小時盡日可燒至六次每日得最好木炭一百一十二磅

有人試得以火成炭又以熱汽成炭木料多寡相等比較得炭之數與所成炭質之優劣無甚分別用熱汽每百分木可得炭四十二分七二若用火煅每百分木可得炭四十二分八

有出木最旺數處其煅炭之法與煅煤作枯煤之法大約相等火爐爲平底上作彎拱形前後各有一門將木盛滿火爐內卽開兩門以燃火待燒至數刻及火烈時掩閉一門所發烟氣卽從所開一門透出俟烟淡已息並閉第二門少頃取炭出置入鐵箱內封極完密但用此式火爐雖省時候究不如前法之便因成炭雖多不適用者過半至居民常用之炭其製法於地面積木爲堆上覆泥土然後燃火但此炭不免沙礫夾雜若磨碎配藥以鐵輪碾之沙礫與鐵輪摩擊最易生火又有數處於地中作圓坑圓坑內四周以磚鋪平深六尺徑十二尺可煅木料二千二百四十磅煅炭時先備輭坭及絨布取木料各爲束每束數

百株木料分作上下二層安放坑內上層出坑面四尺用一竿橫置坑中於竿上兩旁分架木料取薄板片及枯藁等易引火之類置於竿底前面留空爲燃火之處火既燃仍以木料數束密掩其空不使空氣進內煅至片時竿木爲烈火焚折木料隨竿而下至成炭熄火後取絨布蘸水蓋於炭面又以泥土添蓋其上以人力蹴之令極完緊三四日後方可取出尤須擇去各炭中之未成炭者每木料百分內其成炭自十六分至十七分者卽爲最多然以坑製炭多夾沙土亦非善法又有用有蓋鐵鍋製炭者每木料百分內可燒得炭二十三分第無論或用坑或火爐或

鐵鍋所成均爲黑炭惟依前用鐵桶之法製成者名曰皺炭

嶺南張福謙繪圖

製火藥法卷二

英國 利稼孫 華得斯 輯
英國 傅蘭雅 口譯
番禺 丁樹棠 筆述

備製火藥各等器具

前云製火藥之料必須擇精細者用之此固製藥要法今特多設器具爲磨碎及調合之用先以各料搗勻成漿再分爲粒以篩過之分其大小後更用法令其光潔

磨料之桶

每桶長四十四寸徑亦如之數桶中貫以長軸軸轉而各桶隨轉每桶內有數板凸出或一寸或八分凡作桶用木

爲多亦有以木作架另以皮釘製成桶者如第十四圖呷爲軸哂哂哂爲凸板乙爲門叱叱爲皮條以之扃門桶四周有木箱庚庚庚包裹桶外可免塵氣外揚亦有以皮爲箱者箱外前面丁丁爲門門有制以司啟閉內有木槽丙丙俟桶內各料碾碎開桶底門傾入木槽內發門制取出木槽收去細料仍納木槽令入復下門制各桶中碾料之法以小銅丸入桶內每軸一轉各料爲銅丸相擊可令極碎其丸徑三分

第十四圖

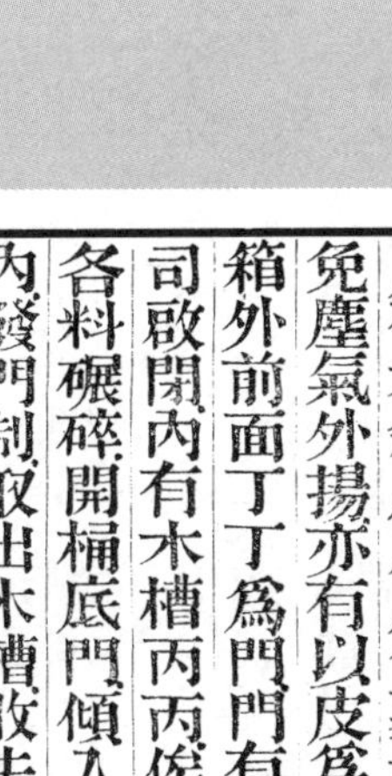

半但桶轉不宜過速速則銅丸與桶並轉不得向桶底碾研各料如法蘭西作獵藥每桶內置炭三十六磅小銅丸三百磅共三百三十六磅桶轉十二小時不停每時一分轉三十次後再加硫磺三十磅依前法復轉十二小時成功後卽開桶門以銅絲網安放桶口轉桶門向下由網孔卸出各料銅丸爲網所隔仍不得墜各功已畢再添硝粉以三物和勻置別桶中依前法碾研惟別桶中宜用錫丸不復用銅丸所用銅丸恐其磨久易壞必以極堅料爲之用銅四分錫一分製成

炭硫硝三物碾碎調勻畢以水和合令極濃如漿於大銅

版上鋪置厚四寸以蔴布蘸水勻蓋漿面布上復益以漿一層仍以布蓋上作數重增放然後以壓水櫃壓之較前料壓薄至五分之一使遇空氣至極乾而後用法使成粒此各法皆法蘭西搆兵時所設彼時需用火藥極多別法不能速就既得此法成功甚易但所成火藥尚非極品故其法漸棄而不用至碾料之桶歐羅巴諸國尚沿用之又普魯士國斯變多地方皆用此法製造火藥

舂料之臼

法蘭西日耳曼等國合炭硫硝三物置臼中以杵舂之一磨碎二調勻三壓密此三事能令一時成功其圖如十五

至二十法用多杵臼同置一處以輪器動之如第十八圖

第十八圖

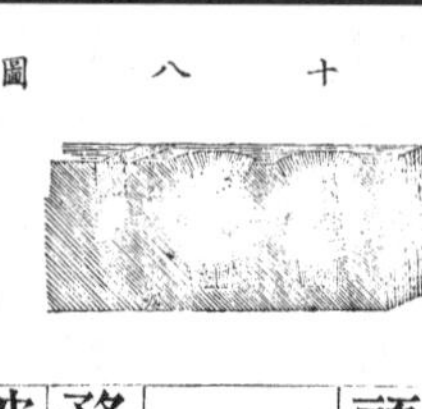

咉咉爲臼以極堅木爲之臼內作圓式杵頭叱以銅爲之鑲配杵頭宜用木劈勘入

第十六圖

務令極緊如第十六圖若順木紋打之劈破甚易惟逆木紋劈破必難臼底本順紋以順紋之臼而受木杵之力最易劈破故臼內添用極堅木底叮叮臼木周廻以銅條叱繞之又釘至吠吠則臼周與底鈐束完固可無劈破之患臼與杵二物式樣最要如

式樣不佳各料必不能舂至極好可仿第十五十六十八

第十九圖

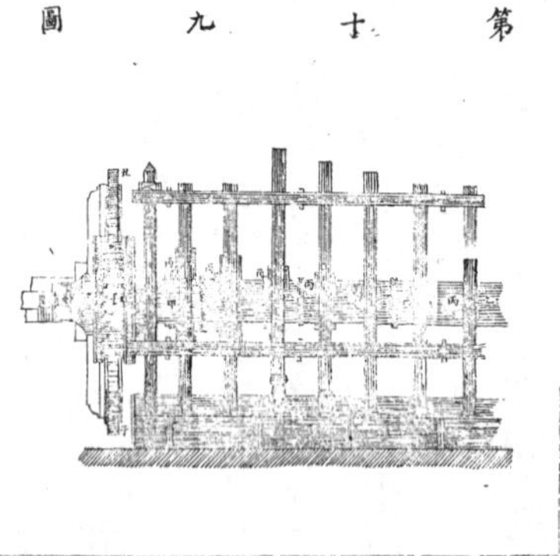

各圖式爲之每舂料時木杵從臼心起落各料卽於臼旁卸下又舂令升積如前尋常所作之臼內徑十四寸口徑九寸其安臼遠近自此臼至彼臼之心相去十七寸至十八寸爲度每

一輪器能轉動兩行木杵兩行各有一軸如第十九圖辰

甲乙軸有多齒如丙兩軸有小木輪丑以一大齒輪壬子運動之大齒輪之外另有大木輪藉水力激動每轉一周兩軸均轉四次軸齒遇杵上橫木而杵自撥起又如第十五圖與十七圖寅卯但軸齒不能平列次第位置狀類螺

第十五圖

第十七圖

絲大輪一轉各杵隨軸齒次第起落用力自然停勻輪架有二橫木木有多孔以環制各杵杵居孔中上下擊動自平直不斜欲將舂料取出必先停止木杵宜於下橫木作一小孔如第十六圖亥俟木杵提起時必以木釘貫之雖

軸轉而杵停取出各料易以新料仍拔去木釘以下木杵如第二十圖爲輪璐之剖式從旁視之可辨木杵上下之

第二十圖

法每杵重八十磅半爲杵體之重半爲杵頭之重杵頭每用紅銅百分點銅錫二十二分每臼能容藥料二十磅其法先取炭打碎每臼內入炭一分用水一分合各杵並動輪轉一周每杵上下二次杵起高至尺半卽落計時一分每杵上下六十次過二十分至三十分時炭與水勻合成漿停止輪

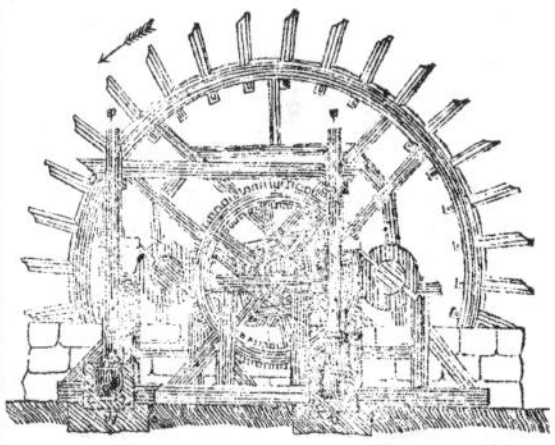

機將硫硝二物添入又添水如前一半再動輪機但各料受杵舂久必結於臼底不得盡勻宜以此臼所舂之料移置他臼舂之然臼底停結及臼旁浮積並杵頭緊粘不能盡起者有小銅剷之制如第二十一圖亦可盡起之凡司

第二十一圖

輪機者宜時時細察臼中各料勿令過溼或過燥過溼則粘滿臼旁過燥則騰出臼外各臼之料每舂至二千次卽彼此互易再每舂至四千次又爲一易易料之法以空器一具取第一臼之料置入空器內再以第二臼之料入第一臼中循環更易畢然後以空器所盛之料入於末一臼易料數次後再舂至二小時令極密

爲度計此料成功共用一十四小時每杵上下共計三萬次而一十四小時內易料費四小時若先用碾料之桶碾碎各料再用杵臼之法舂之所費工夫自然更少

以大利國用極大之銅臼舂藥又瑞士國用鎚打各料其法以鎚柄與輪齒相接輪齒每轉鎚柄觸齒自能上下擊搏

碾料之法

碾式與尋常碾種子之油者相同英國用之以碾碎掉勻火藥之料如第二十二圖寅寅爲兩圓碾或以銅爲之或以石爲之二碾同一橫軸丙丙另有直柱戊己八碾盤下

軸端及軸底有軸臼以承之令其轉動靈便橫軸兩端亦各有一木相接與直柱連貫直柱之底另有橫軸與齒輪爲轉動之具轉動之法或以水力或以汽力或以馬牛力俱可或用石或用銅或用熟鐵亦有以熟鐵作碾者但輥動易觸動火性或外以銅皮裹之碾

第二十二圖

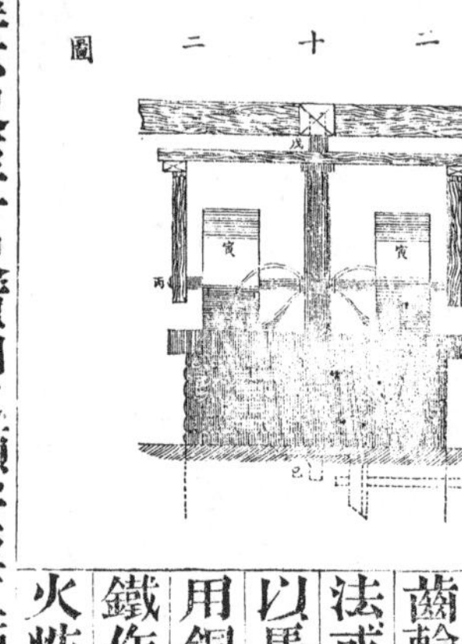

徑六尺至十尺重自二噸半至五噸輕重不等每時一分

轉動八次或十次有木鏟隨碾轉動因碾動時各料外溢未能徧勻有木鏟推料仍回碾路中不至致溢出碾面所凝之料又有兩銅鏟時時刮落但兩圓碾安放處或一在內一在外則兩碾轉動四周皆到碾料始勻此法較前用杵臼與碾料之桶爲佳蓋碾之轉動其性有二一欲隨橫軸直行一欲隨直柱環走合二者之性爲一是碾料法之最妙者然亦甚危險因其觸火甚易故各料不能乾碾必須添水和之

近新設一碾料器專以碾下之盤轉動兩圓碾只從本位軸上環轉不出於本位外自有此器可令圓碾與碾盤少

離或數寸或數分俱可及換料時更能提高圓碾使於取易如第二十三二十四圖甲爲碾盤乙爲托碾盤之軸丙爲軸眼丁爲動碾之輪盤周有轆轤四如第二十五圖安配於架戊轆轤與碾盤相遇之處爲呷

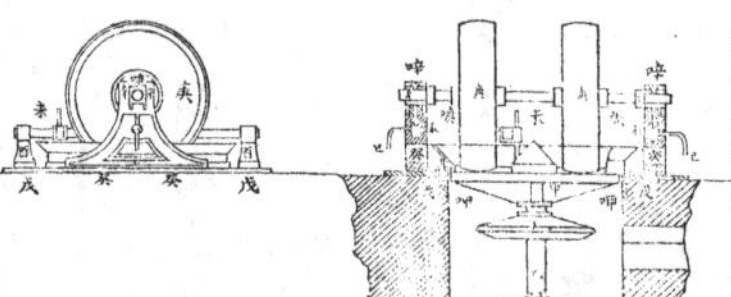

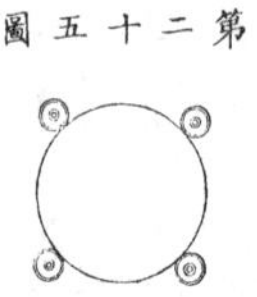

第二十三圖　第二十四圖

第二十五圖

碾面之火藥與一切動碾輪機有水槽已隔分之庚庚爲兩圓碾⿰口庚⿰口庚

爲兩碾之軸軸兩端入兩銅版眼辛辛每眼貫以釘⿰口辛⿰口辛銅版能於兩架癸癸內任意上下另有二版制之俾高低有定限碾去盤最近爲四分寸之一不令相遇此碾之較勝於別器者一圓碾不與盤相切可免火藥轟起之弊二在作藥極多處各碾可平列一行即有一碾藥轟亦不能越於隔碾又圓碾爲極重大之物設令藥轟兩圓碾足以障之司碾者恃此扞蔽較於用別器更穩辰辰爲兩壓水櫃巳巳爲兩管引水入櫃內如欲易料可將碾軸提起少許兩碾即停其碾盤仍前轉動用木七易料極易既以新料勻鋪碾盤遂引兩圓碾徐徐而下盤上有兩器如耒耒

耒各料在盤上爲碾碾平而耒與料相遇復能將料撥起與農耕相類其耒安於一竿末上靠於小軸西酉者爲竿比利時及日耳曼國先將硝與硫磺壓碎後添炭塊法蘭西國有先用桶碾碎調勻各料再碾使勻和

如英國寓利頓了畢地方爲本國作火藥處先將硫炭碾碎硫以石碾碾之炭以鐵碾碾之再以三物調合其數如下硝三十七磅半炭七磅半硫五磅共爲五十磅爲上碾一次之料當未上碾時先入一調合之器其器爲木箱或木桶內有軸軸有八面每面有板扇木桶左轉而桶內軸與扇並右轉過五分至十分時各料調合已勻即取入囊中傾布於碾盤徐徐噴水令漸漬溼然後碾之但藥料已全不得如分碾各料時轉動之速至將成時更宜極緩且勿令沙礫等物落於碾盤上隨時視料近燥常以水灑之又製成火藥須用三小時至四小時工夫如極細之藥約五小時半工夫

碾碎與壓實藥料爲時久暫與加水多寡皆倚空氣之冷熱燥溼爲度故製造各料時或見易時或見難近有人設一器或用熱水或用水汽令碾之冷熱不能更變若碾盤以生鐵製者可用管引熱水至碾底如以石爲之可用熱汽噴其外面

如第二十六圖爲和勻藥料剖面形如第二十七圖爲

第二十六圖

旁面第二十八圖爲上面乃自上俯視者第二十九圖爲外面之一分可顯水箱剖面將各圖細察即知熱水熱碾之法如圖內甲甲爲生鐵碾盤若以石爲之則必於碾盤內留一空處停蓄熱水令水隨盤動可得常熱熱水之管必有噴水筒以決之始可永不停流或引水從高處

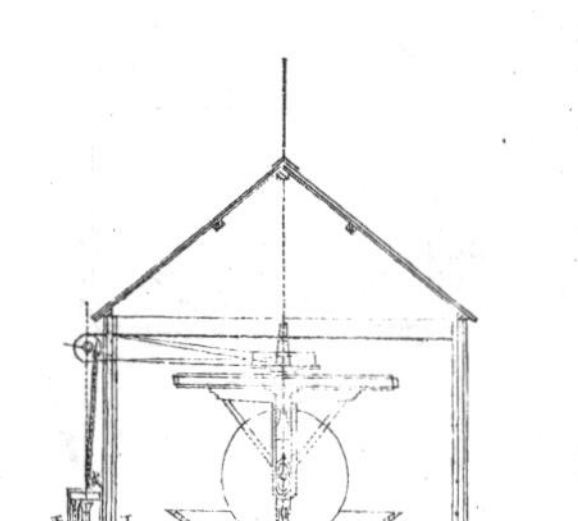

第二十七圖

入室流於盤周可不須噴水筒碾盤甲甲之底有空處乙

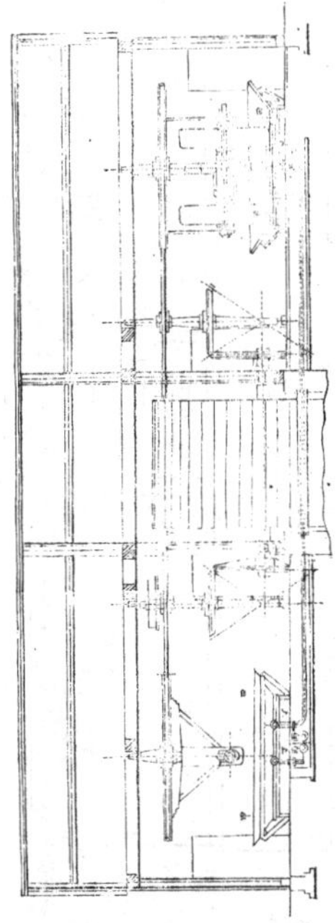

乙熱水常從丙丁兩管進入空處不止其水從上水箱戊

第二十八圖

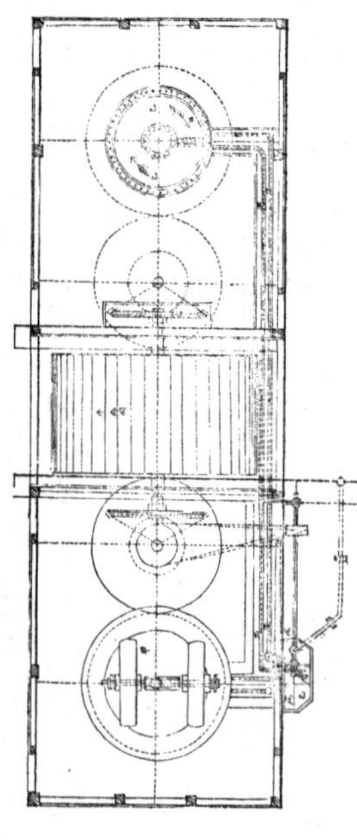

發出過空處流於下水箱已所有動水之法如下見第二

十九圖上水箱戊水面高於下水箱已水面下箱已之底有管以進汽汽進則箱內之水極熱有起水筒庚庚由下

第二十九圖

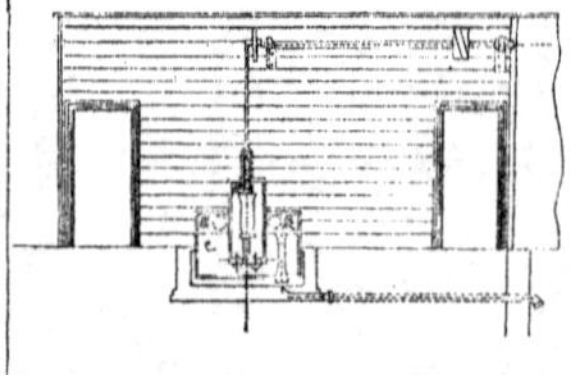

箱起水至上箱水先從丁管流至碾上空處乙後從丁管同至下箱已如第二十八圖塞門戊戊水流多寡是能制之可見起水筒行動時熱水時時不絕設室外空氣有五十度之熱上箱之水應熱至二百一十二度若室外空氣更增熱若干度上箱之水可減熱若干度水之熱度以入汽之塞門為限至帶動起水筒

法如圖內以水力動大輪輪軸有兩心輪能動起水筒碾盤下空處乙乙分隔數路故熱水從管丙入時不得徑流

第三十圖

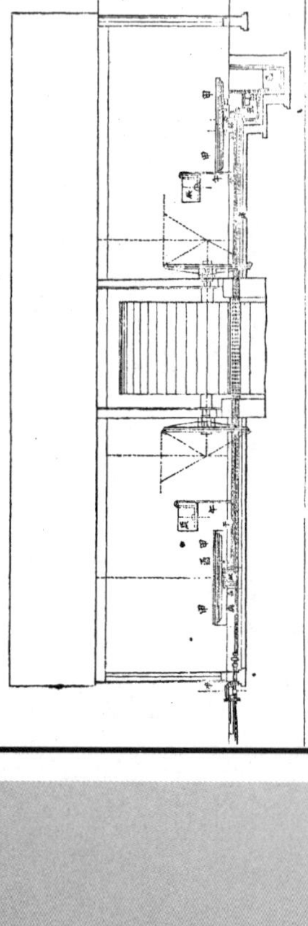

至出水管丁必先在空處各隔路盤旋出水管口丁丁正在碾盤下故空處水未滿時不能流於出水管外入於空

氣管申其管有塞門酉以制之

如第三十一至三十二三十三圖為碾藥料兩碾以

第三十一圖

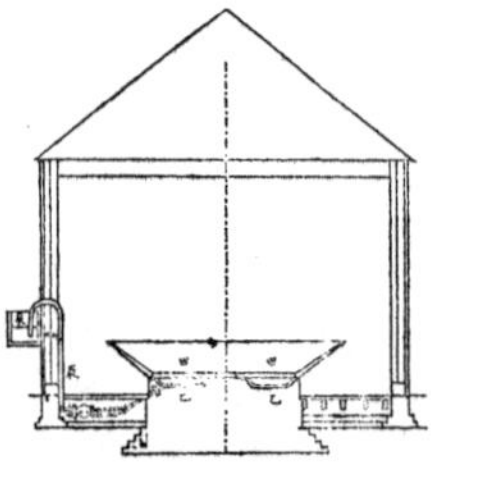

第三十二圖

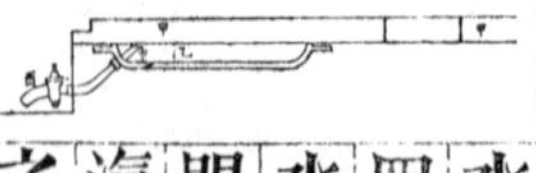

水汽熱之三十一三十二三十四三十五圖為碾內節水器圖形更拓瞭然易明庚為引水汽之管水汽發自鍋鑪汽櫃萍門之桿每方寸壓重一磅辛為庚管內入汽之塞門啐為庚管內之萍門碾盤甲甲有空處乙乙汽從入汽管庚以兩小管壬壬引至碾盤下

空處其空處所凝之水經癸癸小管入於子管管上有別管如丑又有凝水箱如寅箱內有浮表寅其表與放水門卯並懸錘寅相連有此器凡凝聚之水皆可流出因浮表寅浮上時開放水門卯子管內之水遂從己孔流出申申兩管又有塞門酉酉能放出盤下所蓄空氣室外有水箱辰辰箱內有管由室外入室內至於盤上所引熱水能與藥料調合熱水之法入水汽於水中水汽自汽管庚由兩小曲管午午入於水箱內

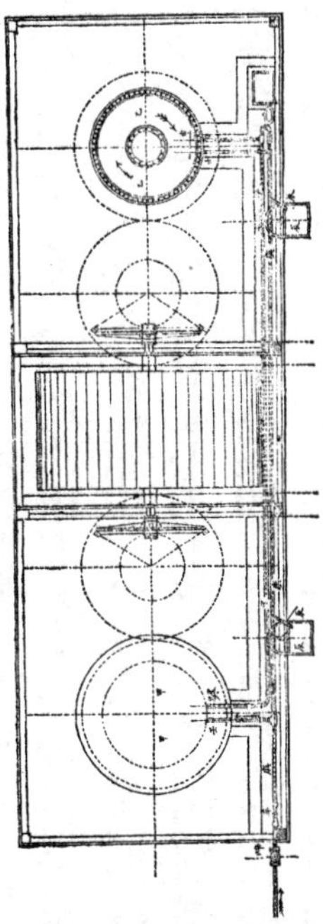

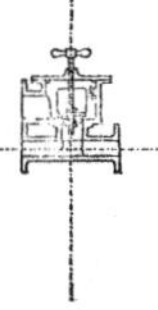

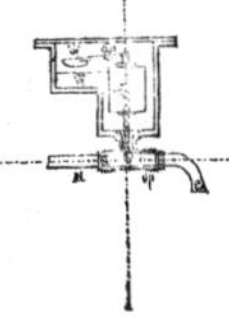

第三十三圖

第三十四圖　三十五圖

凡碾藥料若用前法以熱盤屋瓴上必多啟數窗則碾料所發之氣自由窗內透出

如遇溽暑天氣有以冷水冷碾盤稍冷者所用之器即入熱水之器今易以冷水亦有人無論寒暑皆令碾之熱度較空氣之熱度更大

碾料添水有以澆水壺者壺口有極細之孔此未爲妙法因澆水處多寡不均法蘭西路布謝地方火藥局用漏鉢如第三十六圖鉢下有橫管如呷吧管內有多小孔滿盛鉢水懸於碾後鉢上有塞門司碾者欲添水開放塞門水即噴出

第三十六圖

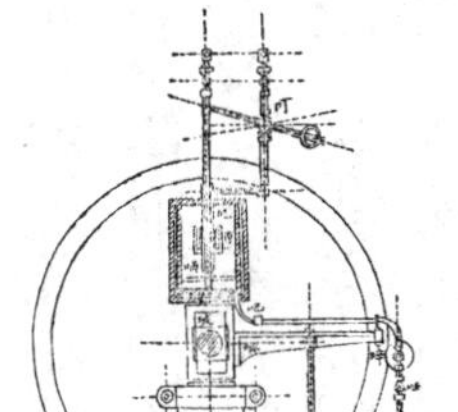

如第三十七圖有一新式添水器較前更爲適用其器有一小水箱如丙與碾軸連隨碾轉動水箱之水從一更高大水箱流出呐爲浮表表起而開叮門水自奔放若用水汽熱水水箱吧之面必多蓋粗布不令水汽透出或爲最細之鐵絲篩吧爲管用引濾過之水至一

第三十七圖

多孔橫管庚水從管流出至藥料上管上有塞門如啐以限水流之數塞門上有表門關之寬狹以表爲制其塞門下另有一門如壬以止水流唉爲橫桿能提出水之管又有一法用水汽以溼藥料較用熱水爲佳近有新設

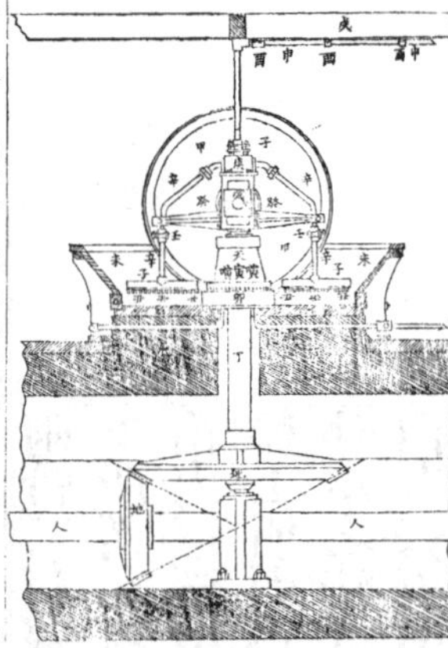

第三十八圖

之器能令汽噴溼藥料碾畢又能令料乾如第三十八圖甲甲爲圓碾己爲圓碾之軸申申爲汽管酉酉爲管托

戊爲木樑汽管申入汽櫃庚之軟墊如子其汽櫃置於動碾軸之端如戊令汽櫃與碾同轉辛辛爲兩汽管引汽自汽櫃庚至兩小汽櫃子子小汽櫃長數較碾盤寬數少四寸其寬數自七寸至八寸均以碾之大小爲差汽管子子之底有多小管如丑丑入汽箱中四分寸之三如此則汽箱下所凝之水不能落至碾下壬壬爲兩小塞門以制水汽多寡寅爲圓管靠軸上木環卯有己己兩管與圓管連兩管外有輪扇或別器令風入於兩管內而至圓管寅圓管底多小孔如噴噴則管內所出之風與火藥相隔較遠不得吹藥末揚起惟出於藥料上可令藥速乾逢雨溼天

又可使風氣略熱方有益然入風多寡司器者最宜愼之無論何時均勻任風過烈以致扇動藥末又有欲藥料速乾令管內風內吸而不外噓更以厚絨羃於各孔外以障孔口雖藥料從外飛動不得入管孔內倘欲風氣內吸外噓兩者兼用則寅圓管更宜加大各孔宜極細極多各孔旣細藥料必難飛入假令飛入必隨風入至水櫃而下沈其寅圓管非定安於碾之直軸上卽置碾盤外周亦可又有用一器類噴水筒者令風吹入藥料俾可速乾如前器具一爲吹風一爲噴汽法尚未善蓋吹風必平吹於藥面而噴汽必下噴於藥內一器不能兩用仍以前法爲佳

壓實火藥之法

藥料旣離碾少頃卽結成餅厚約四分寸之三其色灰黑果能通體勻和藥面必無各種駁雜之色此名碾餅於未盡乾時置入軋碎輪器兩輪各齒相接藥餅與輪齒相遇卽成小塊然後與銅板層層相間置一露面堅篋內以極大力之壓水櫃壓之每平方尺必得壓力一百二十二噸取出藥料卽成黑版每版厚至半寸此名壓餅其壓至極實之意蓋以每立方寸壓實之藥燃火發氣極多凡藥以發氣多者力大攻堅且藥旣壓實雖遇空氣不致損壞遷運來往亦免碎而成粉

前所論壓藥之銅版極滑且平故所壓餅面平滑亦如之又一新法作銅版面有凸條形如田中塍以版壓藥藥上亦有凹條形如第三十九圖餅面有縱橫凹槽最易斷而成粒

第三十九圖

又一壓料之器有壓輪三以兩布帶隨輪而轉以藥料添水濃和如漿置於布帶中過壓輪時成餅薄於原藥四倍

成粒之法

上法所成藥片其堅輭厚薄各不同倘未適用又必繼以

成粒五百年前所製火藥不過成粉用之至成粒之法猶未嫻習嗣法蘭西用法成粒知藥粒勝藥粉爲多藥粉既不便於提攜且著物卽汚硫硝炭三物調勻爲粉亦未得極細若攜藥粉遠行不特沿路軼出而硫硝二物之質較重於炭必至硫硝下墜炭末上浮故藥粉多弊蓋火藥成粒旣濃且密偶遇溼氣不得入內以壞之又藥粉極難燃火藥粒遇火易燃力必更厚凡以火燃藥由此點傳彼點其速爲意所不及若以藥粉傳火此點燃至紅時乃傳熱至彼點次第傳燃火勢較緩如藥粒中各具小孔一粒乍燃火焰從孔中騰發不踰頃間藥盡轟起故燃藥數粒火

卽通體傳徧與在各處同時引燃無異有人試藥粒與藥粉燃火之緩速用極實之藥粒排列一層厚自五分二至八分一秒間略可燃盡用藥粉則一秒間祇能燃厚至三分六設以銅帽放鎗與以鋼片擊石引火較之則銅帽放鎗之力更遠用銅帽更省火藥其故因銅帽擊火入於藥內空處燃之而用石與鋼擊火火勢從外發出故有緩速之別至藥中有大塊者燃時雖火點迸露極多而氣力未能雄厚是藥粒過大又燃火必緩凡獵鎗以極堅之鐵製之故可用最細藥粒藥力雖大不能礫裂若軍中所用巨礮質未極堅只宜用最粗藥粒方免礫裂如軍中之鎗宜

取藥粒之粗細執中者爲合用

尋常以藥塊成粒之法乃壓碎藥塊與粗沙等大壓碎時

第四十圖

第四十一圖

大小不均須細分爲三等一爲過大粒二爲合用粒三爲過小粒其分法以篩盛之如用之炸石大小三等皆可合而用之成粒之先藥餅必打製成塊或以杵擊碎或以凹凸紋銅版壓碎近有人設立一器可成此工夫如第四十圖四十一圖甲戊爲兩銅版斜置於橫木架乙上令火藥

斜落丙爲桌面上以銅皮蓋之桌面斜與銅版等置藥餅於桌上任其緩緩而下至上門丁以限藥餅下落不得過多及過速甲戊爲凹凸紋版己爲下門藥餅之未壓碎者以下門限之令不得下其銅版與己竿連竿有吧節竿之起落有另竿庚以動之其另竿庚連於曲軸辛軸在辛箱內箱內盛油俾油面高於曲軸恐軸熱生火也其甲戊銅版應以紅銅極佳者爲之藥餅若厚半寸一版上每紋相去四分寸之三上版紋與下版紋相去八分寸之三法以藥餅從桌面丙斜下而入於丁門至己止遂閉上門以曲軸辛挼上版於藥餅面卽分斷爲塊上版既起乃開下門

藥塊卸入癸箱中自銅版紋兩旁出者落於次箱丑藥餅既以此法成塊再以他法成粒

英國窩利頓了畢火藥局有一妙法令藥成粒從又使分大小數等有大中小各等粒及藥粉其藥粉尚未合用仍置各料中復製之法以兩銅輪有大齒者兩輪相去切近置藥塊於輪中既遇輪卽分爲大小塊兩輪下有篩篩能自動其下復有齒輪與自動篩二層重疊而下共成三層而每層輪齒以次愈小至第三篩下皆爲藥粉此種器具能自製成功不勞人力設遇火燃人亦不受其害藥粒已成移置一細密篩中蕩去細粉

前法惟英國所用至歐羅巴別國法又異有先取藥塊以鎚碎之挼於革篩上篩形類鼓而多圓孔大小相等如第四十二圖以極堅圓木塊如西於木中作孔實以鉛令其加重藥塊與木塊並入篩內左右推動藥塊爲木塊搖擊卽碎爲粒落於篩下革篩底有銅絲篩或馬鬃篩

第四十二圖

法蘭西分藥粒法以三革篩倣上式爲之惟篩孔大小各別第一篩孔徑約〇寸一九五至〇寸三九第二篩孔徑

〇寸一二六第三篩孔徑〇寸〇七八各篩下有箱如第四十三圖箱上有二木條甲乙篩置木條上推動藥粒卽由粗至細層遞而下此乃法蘭西製藥爲軍中用者藥非極品故其價廉至所製上等獵藥價應倍高製藥之具自更精巧多費工作其法以八篩並動如第四十四圖甲乙爲八邊形盆徑約八尺每邊有繩懸之盆心有孔以銅皮襯孔周孔

第四十三圖

第四十四圖

中有曲鐵堅軸丁戊己庚辛軸上端辛於横木架中軸孔轉動其曲處自盆底中心轉動子爲曲軸斜齒輪寅爲横軸斜齒輪寅卯爲加力横軸甲乙盆上有成粒圓篩八具每具如第四十五圖有底四層第一層甲乙爲堅木板厚○寸三九面有多孔孔口上狹下寬板上置圓木如丙重四磅半板左右有二孔如辰徑約三寸九孔下有斜銅管與第三層己庚相接第二層與第一層相去一寸一七其板爲銅所製板面所穿小孔適能容獵藥粒第三層與第二層辛壬相去亦一寸一七此層爲馬鬃篩祇令藥粒易下第四層爲篩底八篩並置盆上盆裏以革襯之各篩面蓋以絨呢蓋上有革漏鉢戊藥塊從漏鉢口地傾入各篩兩旁有孔如辰辰幷有軟革筒引藥粒與藥粉由唇唇至兩桶如天天

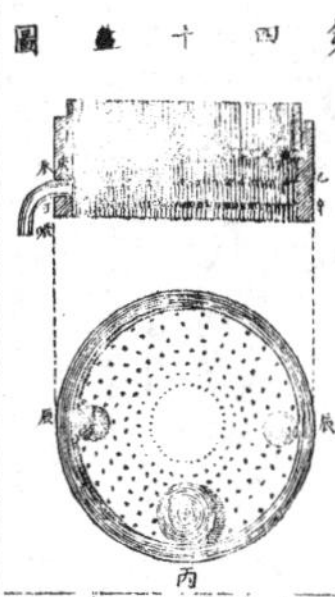

第四十五圖

用器之法以藥塊傾入漏鉢地地口內令輪器行動圓木塊丙遂環走於木板面徐將藥塊擊碎成粒與粉由板孔卸至二層銅板復卸入三層馬鬃篩藥粒之最粗者留於銅板上不得卸下復能自向斜銅管上至木板面再與圓木塊互擊由粗而細藥粒與藥粉既由銅板入馬鬃篩頻頻搖之藥粉卽卸入四層器底而藥粒由三層篩旁孔口入革筒至天桶藥粉亦由四層篩旁孔口入革筒至又一桶此器不必多費人力自能成功司器者但聽器中木塊擊聲過重卽知藥塊分碎駢落可更以藥塊增之

製光藥粒

前論成粒各法其粒俱成無法形粒角極爲尖銳製光之法先以法銷角令鈍製面發光製光後質自倍堅著手不能粘污獵藥必製光用之若軍中所用多不製光者蓋軍中藥粒原較獵藥粒爲大難於燃火如再製光則燃火更難

凡製光藥粒必乘藥粒尚溼製之倘藥粒已乾便不易製尋常製光之法藥粒既成曝至半燥溼間製之或以燥溼之藥各半調合亦可製光之器以木桶如第四十六圖甲甲藥由咸咸門傾入木桶桶軸有齒輪如丑丑兩輪間有大齒輪動之如未未大齒輪之軸動以水力桶若轉動過速藥粒卽成粉碎只須徐徐轉動使各粒彼此磨研自光桶中不宜盛滿以四分之一或三分之一爲最多桶長六

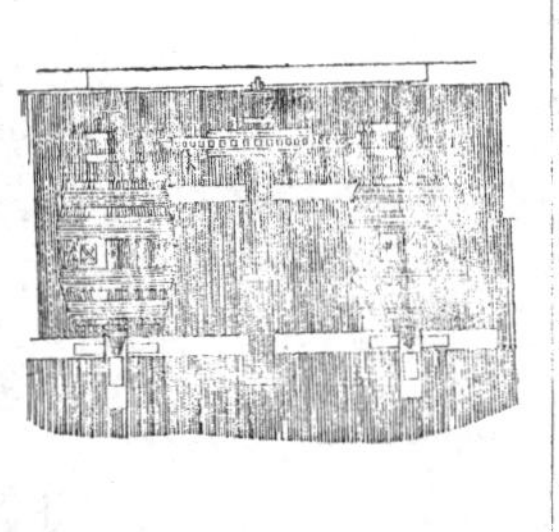

第四十六圖

十四寸徑四十八寸可盛藥粒二百二十四磅更直置四桿於桶中藥粒撞桿益易成光

桶初轉時宜令略緩後以漸由緩而速法蘭西製光藥粒工夫共費三十六小時分為三次每次一十二小時第一次每六秒桶轉一周第二次每二秒桶轉一周第三次又由速漸緩英國之法桶初轉極緩其後五小時內每時一分轉三十八周再三小時每時一分轉二十周再二小時復緩轉如初遂為成功其意蓋因藥粒在桶中彼此研熱自一百二十二度至一百四十度藥粒正熱時若遇空氣則藥粒光氣為空氣所蝕故欲成功必須緩轉使藥粒之熱漸散凡製光藥粒少食空氣中之溼氣存之既久永不損壞惟面質堅實稍難燃火是以堧地利國製藥粒不令甚光祇於桶內自八小時轉至十小時即取出其色光黯各半燃火更易但製光藥粒雖較半光黯者燃火為難而藥質之堅自益過之其入桶之藥微溼則質愈堅如路布謝地方有人試製光藥粒之堅如左

製光之先　以水較重　〇八一
在桶內轉四小時後　較水重　〇八三三
在桶內轉八小時後　較水重　〇八四六
在桶內轉二十小時後　較水重　〇八六九
在桶內轉二十五小時後　較水重　〇八七
在桶內轉三十小時後　較水重　〇八八九
在桶內轉四十二小時後　較水重　〇八九二

第四十七圖

法蘭西所用製光藥粒器具如第四十七圖製甲乙木桶長十尺五三徑四尺六八以直板間為五層每層有門桶有橫軸動以輪機桶內周有安定十二木條與前論碾料之桶式同一功用桶內每層可盛藥粒二百二十五磅

炸石之藥與鎗礮所用之粗藥粒有以筆鉛西名步路毋彼哥製光者取尋常所用筆鉛磨為細粉但不能研至極細則每顆藥粒所敷筆鉛必厚近有西人名步留地以印度國南西倫等處所產一種筆鉛用礦強水與鉀養綠養五調勻加熱至紅時提淨之以敷藥粒用亦較省更易燃火曾試三種藥粒之力孰為最厚法於礮中入彈子以三種藥粒分次第入礮演試視彈子所至之遠近可知藥力之大小第一次用未製光藥粒彈子至三百五十三尺第二次用步留地所製筆鉛藥粒彈子至三百二十七尺第三次以尋常筆鉛製光藥粒彈子至二百九十五尺

製乾藥粒

藥粒既製光後。稍蘊溼氣於內。尚未合用。又應繼以製乾。惟製乾過速。恐損藥質之堅。欲令空氣中之溼氣不得入內。壞之其要在緩緩製乾。製乾之法。於空氣處或日曝或陰乾俱可。但雨暘更變不常。且遷延時日。多費工夫。其法以布展放地面。置藥粒於布上。厚自十六分寸之三至十分寸之六。常以器撥撥之。若日之熱度為一百四十至一百五十八度。必曝至四小時。設在陰處。空氣熱至七十七度。必費九小時足。見此法未為盡善。有一法於密室內展放藥粒。以汽過管於室內熱之。其始熱至六十六度。後漸加熱至一百二十二度。一百三十四度為止。法蘭西新法於箱內安設多管。管內入至熱之汽。箱下有輪扇。扇風入箱內。箱面藥粒布於數層絨呢上。每層厚至一分半。使箱內之熱風漸透於各層藥粒。徐徐製乾。

藏火藥法

火藥已成。盛入囊中。更以數囊置入桶內。或用內外兩桶。內桶盛滿。以紙糊之。然後置入外桶。如獵藥則以馬口鐵罐盛之。至戰艦盛火藥之器。多用銅箱。每箱約容一百一十二磅。

預防火藥轟烈危險

製火藥處。切宜時刻謹慎。勿致火藥轟烈。於起蓋屋舍時即應設法預防火藥偶轟。不令延及室內各所。而於作各種工夫地位。宜彼此相去略遠。有於彼此地位高築牆垣。並增厚之。或以磚或以石砌成。所有沙礫易於觸火之物。勿令散入室內。地面布以革。製藥人入室。必更易室內靴履。不得於室外用之。恐曾蹴踏沙礫踐入室內。不覺觸火。

特設製各種異樣火藥法

圓粒火藥

此藥為瑞士國初製。後有法蘭西人名山備。於本國倣其法製之。其藥可用於炸石。或施放鎗礮炸石之藥。其性不應易燃。故製以黑炭。每作此藥用硫磺十六磅八六五。炭十五磅一八二。置入鍊桶。桶內置銅丸二百七十磅。其丸徑半為○寸一七五五。半為○寸二七三至五八五。令桶轉至四小時。每時一分轉二十五次至二十八次。後取出。添硝五十二磅三一。其得藥料八十四磅三一九。置入碾料之桶。桶內置銅丸一百三十五磅。其丸徑為○寸一七五。復令桶轉至四小時。每時一分轉二十五次。至三十次。製成傾入木槽

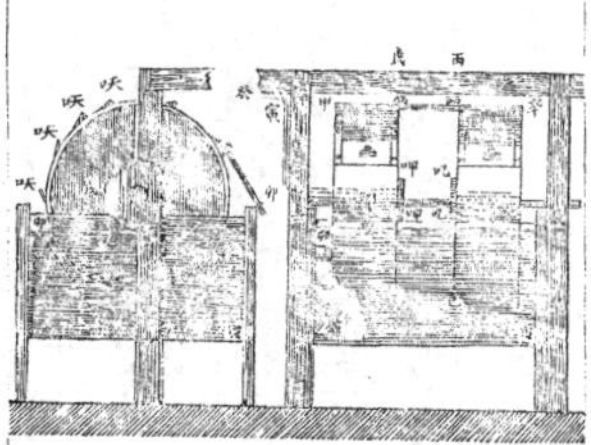

第四十八圖

內盛以桶移至成粒之室製圓粒之器用堅木作架如第四十八圖甲戊庚乙與丙辛己丁每桶闊九寸六七徑二尺四七每桶一端戊乙丙己滿布木板一端甲庚辛丁中作圓孔戊為桶徑三分之二兩桶同一鐵軸如壬辰貫於兩大木柱銅鑿中並有兩銅板如呷呷叱叱連軸於兩桶端如戊乙丙己每桶有門寬十三寸六五至二十三寸四門上有四銅制啓之可以易料桶下有大槽寅卯繞之槽內有兩斜銅板引桶內傾出之料至於下桶其兩桶用處各異第一桶甲戊乙庚為成粒用第二桶丙辛丁己為製光藥粒用

第四十九圖

成粒之桶外有三角木塊十二如吠吠吠桶轉時卽起鎚子桶內藥料有凝結處木塊觸鎚上下卽將凝結之料落於桶中寅卯為銅引水管徑〇寸七八長十二寸三管下端穿極細孔入於桶內上端連曲銅管癸如第四十九圖以銅管引噴水筒己之水己為筒酉為筒桿桿以轆轤與滑車起桿上升隨啓未塞門水卽漸盈筒內復閉未塞門而開味塞門桿自能下壓水上於寅卯引水管用成圓粒器之法司器人開寅門撞已成粒之藥無法形粒二百二十五

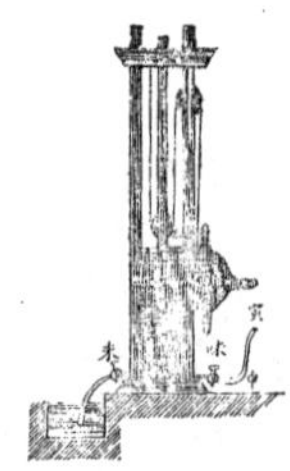

磅為圓粒之心乃闔桶門令轉動每時一分桶轉十周於桶轉時以前噴水筒溼之每藥百分噴水五分溼藥已畢取先經調勻藥粉一百一十二磅半以木鏟由戊門勻布入桶每鏟可入藥粉二磅半入桶後復周轉如前其前所入藥粒既經蘸水而與藥粉遇自更較前增厚再以前法噴水入器內徐添藥粉一百一十二磅半又周轉約一刻卽為成功傾入桶內盛之自始至終約費三十五分至四十分工夫

圓粒既成其大小仍不同必分為數等法以兩革篩分之第一篩孔徑〇寸一三二六其圓粒過大及無法形粒之過大者兩不得下第二篩孔徑〇寸〇四六八所有第一篩能下之粒移置此篩復有落下者粒過於小是為無用其留篩者為合用之藥凡過小之粒可存俟下次製藥如前法先入桶內為圓粒之心若無過小圓粒卽以無法形粒代之凡過大之粒仍置篩上以圓木塊製碎用之

取製成合用之粒加以製光質自益堅製光之器如第四十八圖丙辛丁己桶取成粒之藥四百五十磅入桶內任桶轉約四小時欲試製光之成功與否其法以一器能容若干定數者取藥粒若干分兩盛入器內如藥粒與器適平無稍盈溢便知成功再倣前法製乾之

以上成圓粒之法祇爲炸石之用若作圓粒爲軍中用者其製法與前無異而用炭硫硝三物多寡比例不同其數如下每藥百分用硝七十五分硫十二分半炭十二分半至成圓粒分爲大小兩等大小徑〇寸〇四六八至〇寸〇八一九此惟巨礮用之小者徑〇寸〇三九至〇四六八此爲各等鎗所用

以鈉養淡養製火藥法

如前論硝分爲二種所常用者乃鉀養與淡養化合而成其第二種爲鈉養與淡養化合而成或云以第二種製藥末爲極品因易收空氣中溼氣而致藥壞又有謂其獘在硝末提淨如硝已淨則雖置溼處經歷數月之久亦不得侵入藥內

近有英人名呵可士蘭新設一法提鈉養硝爲製藥之用法以粗鈉養硝研爲細粉置於圓錐形漏器器底多孔滿盛硝粉於內以物築令極固取淸水傾入硝面器下有盆以接水流硝內有別質悉由水帶出別質內亦必有硝少許隨之後取提淨鈉養硝入水化融至水不與硝融然後將所融之水傾於器內硝面令其漸下水下已畢硝將近乾燥由器內取出另置別器復以水與熱汽融化之又將鈉養炭養消化於水徐徐添入至硝水不再凝結卽濾去所結之質其濾硝水之器與提糖所用者無異濾出之水置鍱盆內盆下置烈火令硝水速沸其結成之硝卽取出任水流去將硝展放鍱板上至乾用之以此硝製藥其法如前惟所用分兩不同如炸石之藥每一百一十九分中用此硝八十五分硫十六分炭十八分又有以煤末代炭燃火時煤燼少者是爲極上煤末以煤末製藥所用分兩如下每一百二十一分內用此硝八十五分硫十六分煤末二十分

兌飛所製炸石火藥

其藥以麵粉麩皮小粉漿各等膠粘之物雜置炭中所有分兩之數與炭同計意欲製藥成粒時無觸火轟烈之患其法以鈉養硝消化於水復添硫炭與各等膠物和入爲極濃之質後乃摶之爲調勻藥料置入兩輪間研碾之或置入鐵板篩以物壓其上藥料由篩孔脫出而爲長條如欲製粒大小幾許以篩孔爲準及壓出長條再製乾分斷成粒倣此法製藥多爲溼製工夫故不遇火烈傷人等害以此藥爲炸石用每用藥百分重者可省重三十七分又因用硝更減而能速成價亦較廉以此燃火其燄較他藥爲小而亦無他藥危險

蘭內所製炸石白火藥

此藥能令所炸石不多碎裂且石塊不得乘勢騰躍至遠所用硫硝二物外另有一物可用代炭綫蘭內秘而弗傳人鮮知之惟察其成藥出售者似以木屑或麩皮和入有疑以木屑或麩皮入硝强水中浸之與浸棉花爲棉花藥同然此未爲極易燃火之藥

地得類地土所製炸石火藥

其炭料以木皮之會在水中並製生革爲熟革者曝乾成炭用之西名檀每藥百分用鈉養硝五十二分半硫二十分洗淨碎檀二十七分半先以硝入水煮令融化次添入碎檀後添硫調勻乃離火製乾或盛以囊或以桶存之

呵身得所製白火藥

此藥所用之炭以烘乾洋糖代之每料四分用白糖一分用鉀養綠養二分鉀衰鐵一分其料三種先將各料分研極細乃調合爲一若欲少試製之可將三種乾料並置臼內研至極勻如須多製以銅臼木杵方可每料百分內添水自二分至三分只舂至一刻時便合較尋常舂料多省工夫至成粒製乾二事與尋常製藥之法等其藥色白無論細粉或成粒遇火卽燃且其焰較常藥爲大而其燼較常藥爲小藥甫出臼已能合用惟此藥不燃有三或藥置於兩滑面間磨之不燃或置藥木板上以木擊之俱不得

燃卽置於鐵上倘非極乾雖與鐵叩觸亦無燃者此藥之勝於別種藥處一因所用料其性不能改變如法製之卽易成功不致或悞二無論燥溼寒暑存之歷久不壞三製藥不費多時若將三物分藏及用時急爲調合卽可用之四轟烈之力較常藥爲大如用此藥製藥裹若干置箱篋中較常藥裹所占地位更少攜以出入自爲愈便五細粉與成粒俱易燃火然此藥亦有弊處一用於鐵鎗及鐵礮內最易生銹非銅礮不宜用之惟用於開花彈子內則可二較常藥易燃自加危險三藥價極昂非可常用其製此藥法原始於法蘭西國近有美人名代非士與比尼二人

合設一方與前無大異惟添硫入內而已

布謝所製滅火藥

此藥燃時無磷烈之功其所發之氣反能滅火用料與常藥約同而分兩特異每百分用硝三十六分七三硫二十八分九三炭三分八八鐵銹三分五四其用鐵銹之意祇爲此藥設色起見究與此藥功用無關藥內用硫較增常藥數倍故燃時所發硫氣極多若所用之炭每百分有炭質八十分燃時所發之氣每百分內約得硫養氣三十六分四八炭養氣十一分七淡氣九分一輕氣○分○七熱汽○分八一若用藥一磅所發硫養氣二立方尺三六炭養

氣一立方尺一淡氣一立方尺三六其發氣四立方尺八二據云每房屋容積二百四十立方尺用此藥一磅卽能滅火以是空氣不寒不熱其藥內所發之氣較所有滅火處爲四十八分之一但燃藥室中其氣自熱而漲大空氣亦因熱而漲故滿室外抵之力甚大必由隙閒透出作聲若非略啟門戶令氣得出則室內玻璃窗扇等件定必炸裂騰去此藥功用在能多發滅火各等氣而硫養氣尤多設將室門緊閉燃以烈火以此藥試之須與火焰盡熄足徵藥力之大惟祇能滅熄火焰而餘火猶在倘室門略啟而空氣得入又能煽焰復起矣

論滅火藥之善否善處固多而弊處亦自不少蓋室門緊閉自能將焰撲滅然無空處透氣難免前論磔裂窗扇等弊倘於屋瓴上作空處透之而洋室多樓居者或偶吸此氣立能致斃因其氣害人較火爲甚是初設藥之意原以去弊而轉視原弊爲多惟於大製造局或棧房之空闊者用之可無此弊若屋舍宏敞本無障隔並無關鍵自多窒礙或用於烟通內使藥氣由下發上則無傷人之慮

非利畢士所製滅火器

滅火器形如短桂桂內所盛藥用炭二十分硝六十分石膏五分以各料入水調勻煮之傾入模內使成磚形再入

火爐內製乾中餘一孔孔內能容小玻璃瓶瓶內盛鉀養綠養五及糖上有小薄玻璃器盛磺强水其入桶內桶周多作小孔以通藥氣再置入大桶中大桶亦作孔如內桶又以桶共置一器內器下多盛水器上有內外二蓋蓋面亦有多孔透氣蓋心有孔孔內貫以釘釘鏃向下磺强水器面如欲滅火以釘觸器面破之水流入玻璃瓶與鉀養綠養五各質相遇卽化合而生火燃磚生氣遇水成濃霧俄而霧氣滿室遇火焰處立卽撲滅此器乃二十年前所設其時衆盡稱奇咸謂天下必不可少之物然究不得爲全善蓋其弊處較前滅火藥除無硫氣發出外所有弊處正與

相等

製火藥法卷三

英國 利稼孫華得斯 輯

英國 傅蘭雅 口譯

番禺 丁樹棠 筆述

論火藥外形

欲別火藥高下祇驗外形已略可辨尋常藥深藍灰色頗類端石其以紅炭成者微帶紫色又有深黑色一種非由炭過堅即過多所致藥既成粒當通體一式有以目力與顯微鏡諦視粒上有白點及光點者或因調合未能極勻或因成功後悞置溼處致硝點外露復取製乾其硝即凝粒面凡藥粒之佳者取置掌中或白紙上均不粘汚以兩掌壓之戛戛有聲覺難壓碎者若於空氣處燃火得燼最少或燃於白紙上不多損紙質幷紙色多變

論火藥堅實性

藥中各性以堅實爲最要藥能易燃而有礮烈之力者多由堅實之性欲驗藥性善否有二法一得之於斤兩二得之於顆粒

一取藥若干體積與水等體相較輕重孰藥最重則孰藥發氣最多其試之之法以一器能容若干立方寸之藥者取漏斗置器上傾藥入漏斗盛器令滿英國試藥之器每器內祇能容藥一立方尺計一立方尺水重一千兩若細算之其重九百九十七兩一此作千兩者取成數易算也取藥滿盛器內稱重若干可得藥與水較輕重之略數若一立方尺之藥重九百兩則藥輕於水如九百與一千之比例將所稱一立方尺藥數以一〇〇三乘之所得之數即符法蘭西國數十年內所製之藥其較水輕重數如下礮藥八三六鎗藥八二細獵藥九二三最細獵藥九一八炸石藥七九六製光藥粒使藥更堅實其粒愈輕而大者製光後則愈重如藥粒大而輕者可加重十八分之一至十五分之一炸石藥十七之一礮藥三十九分之一鎗藥六十分之一惟以此法試藥所得之數多倚藥粒若何形狀故其實數未能極準或圓粒或角粒或大粒或中粒或小粒或大中小相合粒雖眞堅實無異而依法所得之數大有分別其故由各粒相切空處多者則數自少各粒相切空處少者則數自多

二量顆粒之堅實數有二法一算粒外現之體積數二求得粒之眞體積數眞體積者即減去粒面之凹處而計也以第一法能知藥粒外形之實數以第二法可知粒之眞實數求外現之體積若藥粒爲圓形或正形者以粒之長短闊狹之尺寸可量出之尋常量法取粒沈入細粉內或水銀內因水銀可不入藥粒小凹處惟水銀必稍加熱如第五十圖以鐵皮製圓錐形器二兩器以底相連上有小

鋼桿桿上有小盤能盛法碼下圓錐末有小孔以入所製之藥上圓錐有五六小孔以出內空氣亦以護藥不使出以此器置入盛水銀玻璃器內蓋上作小孔俾桿上下不得外斜欲試藥實數先將水銀稍加熱取空器入水銀內於盤上置法碼令桿落水銀器中去底略近桿上作一識處驗桿落至何

第五十圖

所作識嗣取器出將藥粒之極乾而無粉在內者若干重置鐵器中以指按錐下孔護藥徐入水銀器收指出壓器

至水銀下凡藥粒中空處并所蘊空氣俱從錐上數小孔透出但空氣自難全出須將鐵器自水銀面搖盪至下乃以蓋加上於桿頭置法碼盤將法碼添置盤上俟桿落至所識處爲度後算藥粒所現實數如下以吻爲壓空器若干深之重數以吻爲器內滿盛藥器洗至前深之重數以吧爲藥之重數以丁爲水銀之重數則

吧丄吻丅吻爲藥粒壓分水銀之重數故藥粒外現實數爲$\frac{丁吧}{吧丄吻丅吻}$依上法礮藥現實數約爲一丶五一三鎗藥一丶五三六炸石藥一丶四二五

藥粒眞實數亦可以水銀試之但水銀必多加壓力使入於藥粒面凹處或用抽氣機吸出內氣如第五十一圖用水銀柱之壓力其器上有長玻璃管二盛水銀滿器細稱分兩識之傾水

第五十一圖

銀出入藥粒若干重添水銀入器內至與所識處等高再秤之而識其數兩數相較之餘數加藥粒之重數卽得水銀等藥粒積之重數以此數算仍可得藥較水之輕重數

此器非極適用蓋滿盛水銀後重異尋常又玻璃管必極高否則不能壓水銀至粒內空處且管長易於觸破英國所用量火藥實數之器如第五十二圖用抽氣機吸出空氣數分器間有玻璃器如卵形上下有管管上有熟鐵洗器器外有鐵帽帽上有塞門兩鐵帽

第五十二圖

與洗器間有濾路上以鐵絲或銅絲織布爲之下以軟鞹爲之下帽安生鐵蓋蓋面穿極細孔以上各器均以螺絲節連接水銀由卵形器出塞門由蓋小孔至盆內上塞門

巔有玻璃管識數表類風雨針管上有伸縮皮管與抽氣機連用此器試藥法先備藥三分每分約重百釐將器下塞門閉之而開上二塞門以抽氣機吸去器內空氣嗣開下塞門盤下水銀自能上器內玻璃管約與風雨針等高水銀既止復將下塞門閉之由玻璃管上入空氣至壓水銀上之力較空氣之常壓力加倍全閉塞門取出水銀盆徐轉螺絲取去鐵蓋然後解卵形器並鐵帽一切螺絲令塞門外水銀流出乃將卵形器並鐵帽置於鐵架上拭潔之秤其分兩如算藥實數以吻代其分兩嗣開卵形器塞門以瀉水銀解螺絲鐵帽取去濾路拭玻璃器內令潔瀉

出管內水銀仍置軟韖濾路於原處轉起鐵帽取所備之藥一分（即百粒重）以漏斗由玻璃器上口傾入其銅絲或鐵絲之織布濾路並鐵帽均置原處乃以玻璃器還置本器使水銀由下至上如前水銀過時進入藥粒內空處將空氣帶出再取卵形器並鐵帽出復秤其分兩以吻代之第一種試畢第二三分皆倣此法試之以三種所得之數取重補輕勻算由兩重並藥原重數可以前法算其實數即

丁／吻丁　吧／吧丄吻

倣上法算試藥之實數其水銀實數乃照常法算得之

但所試藥之熱度微有分別水銀熱度應與藥之熱度等方能算得實數最便之法欲算水銀與藥等熱度之實數最妙之法以水銀與熱度之實數算之如丁酉為水銀有酉熱度之實數又丁〇為水銀有〇熱度之實數又丁酉為水銀與藥等熱度酉所求之實數則

故　丁〇＝丁酉（一丄酉／五五五〇）

又　丁酉＝丁〇（五五五〇／五五五〇丄酉）

惟水銀之酉熱度實數可由熱之酉度直算得之即將第二三方程式消去其丁〇則得

丁酉＝丁酉（五五五〇丄酉／五五六五〇丄酉）

但多試藥以第一方程式為便用因祇是母數隨熱度改變

又有一法算藥真實數取硝消化於水至飽足得其重率數乃沈藥水中秤之此法最便惟未能極準蓋因硝水入藥粒中空處易損壞之茲立一表以顯各等藥用水銀與硝水試真實數之別

藥名	水銀得數	硝水得數
礮藥	水銀得數一五三五	硝水得數一六一五
鎗藥	水銀得數一五四	硝水得數一六五四
細獵藥	水銀得數一七二五	硝水得數一七三〇
更細獵藥	水銀得數一七九〇	硝水得數一七九五
最細獵藥	水銀得數一八七五	硝水得數一八二三
炸石藥	水銀得數一四六〇	硝水得數一四九七

論火藥燃性

藥中雖有炭與養氣等易燃之料但欲藥燃祗須熱至紅時便能焚起宜慎將藥徐徐加熱先融之質爲硫至三百○二度則燃傳火至硝炭置藥玻璃甑以抽氣機取出內空氣逐漸加熱其硫不特能融化且能蒸散騰起及硫已發散硝卽自融嗣爲炭所化分若驟然加熱則藥之轟烈亦與在外空氣處無異故欲試此法切宜慎之燃藥最穩捷之法令藥與熱至紅之物遇或以最熱火焰燒之如銅帽之火是也有西士名合德取藥入先經抽氣之玻璃罩內以白金絲用電氣製熱至紅然紅熱絲雖置藥中仍不

得燃獨硫先化融後遂發散如前置甑加熱同設稍放空氣入罩藥卽立燃若入淡氣則較空氣之燃更速似藥之燃不仗養氣必仗別等氣質

又有西士名阿必利試燃藥之理其書云最淡空氣內以紅熱金絲入藥中絲熱爲融硫所收故藥不能至燃之熱度其硫過半化散所餘之質少失轟烈之性必多加熱則燃惟硫既化散硝卽自融與炭化合漸能燃起其不能速燃者蓋炭燃時氣騰入空處帶去多熱又所燃周廻各粒未遇藥燃祗爲燃藥發氣排散但罩內氣之壓力漸大則燃火如常若將藥數粒重置入杯內而令白金絲入藥中

置杯入玻璃罩取出罩內空氣至照風雨表○寸六五○壓力用電氣令白金絲熱至紅則近白金絲之藥二三粒重少頃卽融與自沸同發出黃霧過八杪至十杪工夫後卽燃外藥立卽散去而尚未及火若照以上試法得罩內氣壓力一寸過十杪至二十杪有三四粒驟燃餘從杯內騰出依上法令罩內氣壓力得一寸半過十杪有數粒更可速燃又用二寸空氣壓力過五杪時有多粒焚起所燃已較前藥益多罩內空氣得三寸壓力則藥粒不須分顆漸燃過四杪時火卽勻徧所未燃者極少然雖與外空氣所燃略等亦較爲緩照上法以淡氣之最淡者試藥燃性

無異若以養氣代空氣試藥亦略相同但所發光燄更爲明亮

於各等淡薄氣中試藥其氣愈淡則燃火愈緩猶於空氣中演開花礮空氣愈薄則藥引愈難燃火如於高峻處演開花礮因空氣薄自較平地演放藥引更爲燃緩有人曾試燃引之緩速於各等淡薄空氣內試之卽知藥引所燃之緩速與空氣之壓力有一定比例較風雨針每少一寸空氣壓力藥引所燃工夫多三十分之一若藥引在常空氣應燃三十杪約少空氣壓力一寸卽燃至三十一杪蓋藥引燃時火必以次傳入引中所藏藥料其熱逐層遞

傳內彼層燃熱後始傳熱至此層其各層傳熱之度彼層傳熱益速則此層更爲速燃但此層之熱由彼層所發之質受之而此層遇彼層所發之質愈多即得熱更早其所發之質過半爲氣質可見空氣之壓力愈減則藥引將燃熱之層所遇已燃熱之氣質其數自必更少故淡薄氣內燃火愈緩

尋常燃藥緩速所倚三事一視何料所製之藥用各料重若干比例二調勻各料之法或善或否三成粒之法善否亦自不同

所云極品之藥不應燃速亦不應燃緩若所發之氣有先

經發散而藥未燃盡者此是過緩之病致彈子離鎗未受藥之全力有製造不佳燃過於速者用時極爲危險且易壞礟內質有一種藥用硝重三分即三分劑鉀養炭養一分即二分劑硫重一分即五分劑燃時即成巨響無論礟質與器質之極堅者立能礫裂但此藥所發氣質較別藥爲少祇因燃火過速故有此危險

凡乾藥焚烈非盡由燃火致之即驟然撞擊亦能生火其燃時交互化合之方如下三鉀養淡養加二鉀養炭養加五硫等於淡加二炭養加五鉀養硫養故嘗屢遭火害蓋藥本性易燃不特內蘊沙礫之故雖以極輕淸之藥皆可

撞擊成火向在法蘭西國有取炸石藥擊之使燃者每藥百分用硝六十三分三硫二十分炭十六分七俱爲最淨之料試法先取成粒之藥十種以紙裹之置鐵砧上擊以重鎚十種內燃其七又用藥粉十種依此試法十種內燃其九另試別種藥燃火亦如之製藥者宜先明輾中各器孰易觸動火性其最易觸火者以鐵觸鐵次以鐵觸銅次以銅觸銅次以鉛觸鉛次以鉛觸木但以紅銅觸黃銅或紅銅觸木較難致火

以電氣引火藥各法

以金類電氣燃藥

以電氣燃藥西國悟此法已百有餘年然試用祇在三十餘年以前以此法爲軍中燃藥或炸石取出金類等物之用始於法蘭西國英國嗣用爲炸裂山崖除治道路或沈舟觸礙亦以此藥炸裂之令便行舟皆以金類生電氣燃之

以金類電氣燃火原法用兩銅線由遠處引陰陽電氣至藥處及兩線相去已近以最細白金或鐵絲連之電氣過時絲自生熱至紅藥即立燃

近又設一法其立法之源緣見沈海內之電氣報用像皮與硫相合裹束銅絲日久則硫與銅絲化合成一新質名

曰銅硫若將銅絲拔出祇留銅硫一層凝於管內亦最易傳電氣由此達彼如取引電氣銅絲以兩端入空管內兩口相去略近即引電氣過管中而銅硫每發至極熱能燃易燃之物因悟及此故效其法以燃藥其法取像皮管內襯銅硫一層以管入火藥內引電氣令過立即燃起此較勝於用白金絲之法。

以金類電氣燃藥較前用引火紙益處更多臨陣尤便然亦不能無弊蓋所生電氣之器縱極善無疵要難百發百中且攜帶此器未甚輕便又所用電氣必最淡者生淡電氣之器極易悞失故西士又思設法用濃電氣以燃藥。

以引攝鐵電氣器燃藥

其法為呂宋國武職非爾度先設用者以一生電氣盤令六地道藏藥同時燃起其地道所占遠近相去九百七十五尺所用燃藥之器乃士達漢所設者兩銅絲端用水銀爆藥繞之以兩銅絲連貫六地道倘欲多除地道燃藥每五地道貫以銅絲二條以五地道作一方令電氣次第傳燃各方則各地方幾若同時燃起其區為各方者蓋電氣每踰一道其力以次漸弱所發火點自然更少若多過地道勢必徐散而相去遠者恐不得燃。

如第五十三圖甲為生電氣盤乙為引電氣器丙為連引電氣器及分電氣器之線丁為分電氣器器上有螺絲鋏夾各銅絲丙各銅絲丙引電氣至地道寅各螺絲必照法分隔不令電氣彼此相傳或於木板內穿孔容之或於木上以玻璃片隔之俱可銅絲丙與銅指已連指動以靶靶以不引電氣之料為之靶每動指即任意轉旋引電氣至各螺絲由螺絲引入地道內銅絲戊並銅板戊皆以引電氣入地者。

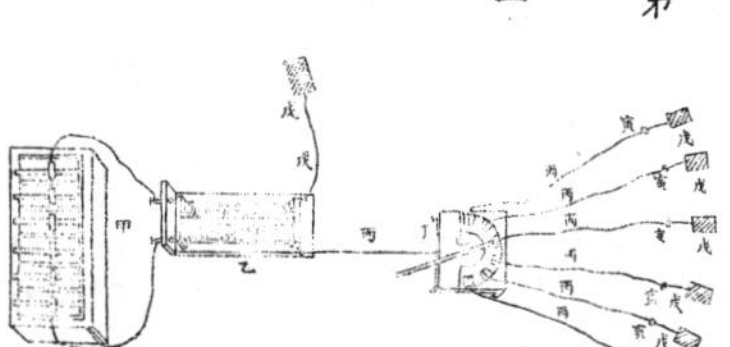

第五十三圖

嗣有人名薩法利設立一法以引電氣器銅絲分為支派每支上有一二燃藥器此可用極濃電氣燃之至引電氣器如脈息一一發現則器之易燃者自必早燃其難燃者亦必相繼而起雖先後有序但相去不遠竟若同時並燃。

英國一千八百五十六年兵部命博學士二人試以各等法所製之濃電氣燃藥孰有益處初試何等引火料最為合用又試常引電氣之器能傳引藏藥地道以何數為最多用大引電氣器以生鐵為生電氣各盤鉡板長五寸寬三寸銅線長約英尺一里徑為第十六號外裹以像皮所有試後驗明各事如下若用生電氣器一盆並用引電氣

器能易燃藥粉及最小顆藥粒有用易燃之物與藥調合者有專用易燃之物者其最易燃爲水銀爆藥然燃火之難易多仗銅絲兩端在引藥管內如法布列之善否倘合用生電氣盆十二具所能燃地道以八區爲最多或用最易燃之物如水銀藥棉花藥銻硫並鉀養綠養亦不能踰八區之數然每次尚未及八區其必能燃之數以四區爲最穩若用生電氣器一盆以尋常燃數計之約燃相連地道二區用至四盆必能燃二區之數照第五十三圖之法可多燃地道每線入地道一二區而一區尤穩若照薩法利所設分支派法可令五六地道並燃即更多燃亦可雖燃有次第而幾若同時是較前法大有益處蓋因照前法各地道必同時並燃若先燃一區餘區難期必燃矣惟用此法每燃藥之管乃與引氣器直連者試以上各件時入見器之氣力時大時小恐因器上帶溼或引電氣由別路洩去又見頻還此器或致損壞而器偶損即屬無用又製器人必深明電氣之理否則恐致悞事要之用引電氣器雖較不用引電氣器之法有數種善處然所用生電氣器可多省電氣氣力因用引電氣器極易悞失恐不及專用生電氣器爲佳近又新設一引電氣器較前力更厚所用燃藥器內以銅燐其法視前尤善

以玻璃電氣燃藥

磨玻璃所生電氣較別種電氣更濃故用以燃藥可令多藥併燃而力仍不散又生玻璃電氣器較各等電氣器靈便過之然牽行攜帶難保無冷溼諸弊蓋此器必須燥暖方易引火否則難用

西國一千八百五十三年奧地利國兵部設立一法用玻璃電氣燃藥其生電氣器極便攜帶器有圓玻璃輪二徑十二寸厚四分二輪連以軸相去寸半二輪有皮包後有鋼墊壓之所用蓄電氣瓶形如短柱高十五寸徑六寸外以法蘭絨裹之置入黑漆馬口鐵箴內下有螺絲連於鐵板上鐵板與二輪亦相接二輪內有銳鋼釘以攝二輪所生電氣釘能與引電氣器連而引電氣器亦連於蓄電氣器之蓋蓋下以小鍊引氣入瓶內用此器時常以箴覆之箴四周裹以革上爲馬口鐵所製箴下有小火爐或遇天氣寒溼可以火爐燥暖之用銅絲引電氣絲外裹以像皮引於玻璃器上則電氣不得悞傳別所燃藥器內所用料始用水銀藥嗣用鉀養綠養與銻硫試此藥時距燃藥處最遠四里曾經數次有五十地道同時並燃各道燃藥器相去約十三尺生電氣器與燃藥器相去約九百尺如在打牛皮河底同時燃三十六地道去水面六尺未燃之

先已置入地道中二十小時

有以此電氣器燃藥或炸石等用尚無悞失然其法亦有弊處一製器人必須博通格致各事二必須留意保護之又所生電氣之力極大各地道之以銅線連貫者固能燃即銅線所不至而不應燃者其力亦能燃之

近做上法製一新式器以像皮與硫和勻之代玻璃其器便於攜帶頗難損壞即天氣沾溼亦無碍用

又一法爲汽電氣器於戰時生電氣入蓄電氣瓶但其法尚未可恃蓋用時必應防護令風不得吹至器上若遇風則噴水汽器必誤如於定在處用之或炸石或焚橋等類

必多屋舍障護可勿遇風較用於軍行爲便

以攝鐵電氣燃藥

自來攝鐵電氣或爲戰陳及各等用處然尚未多用有人曾試電氣有益於各等用處始用一極大力之攝鐵以長桿拔去受氣軟鐵板初極難尋一合用之料置入器內令其能燃嗣查有合用之料以火藥粉與枯煤和勻或與硫和勻或與硫及鐵屑和勻或與鐵屑及炭和勻或與汞爆藥和勻或與汞爆鐵屑枯煤和勻又單用汞爆藥或汞爆藥與枯煤或銻硫與鉀養綠養五或此二物與鐵屑或枯煤或單用棉花藥或棉花藥與以上各物或變形燐與能發

養氣之質以上各物有數種能燃但其能燃與否尚未能定雖用料作二次亦有此燃而彼不燃因知其藥能燃與不燃不在料之能燃而在其能引電氣又考得火藥稍溼而以攝鐵燃之更易嗣考得一物比前物甚佳其料爲銅三燐鉀養綠養五枯煤粉用枯煤者使助其引電氣也後又試知惟用枯煤粉有未善處因燃藥後銅絲兩端間餘燼能易引電氣故欲引電氣至別所每分斷處則氣仍不得他赴是以用銅硫代枯煤粉燃火後略無餘燼三等料既合便雖更變損壞合三料備燃藥器內存之至久亦與新製者同但製三等料之分兩必做定數爲之否則未能合用

蓋銅硫過少則器引電氣之性未足若生攝鐵電氣之力小弁阻傳電氣者多則電氣不得引過又銅硫過多則燃藥器引電氣過易而器亦不能燃

第五十四圖

近亞畢利以攝鐵電氣器燃藥之器有二式一爲炸石裂地用二爲演礮用如第五十四圖爲裂地道所用分爲三具一爲首能接所連燃藥器與攝鐵並地道之銅線二爲分隔銅線線兩端以易燃之料繞之三爲火藥

包銅線兩端入包內器首以木爲之首穿三孔如第五十五圖呷呷吃吃呐呐其一孔於器中由上向下可容分隔銅線二寸以像皮裹之使此線電氣不得貫於彼線其兩孔於器首兩旁對穿爲二容引電氣之線所有器內引電氣之線及兩分隔線相連之法如下其分隔之線約一寸

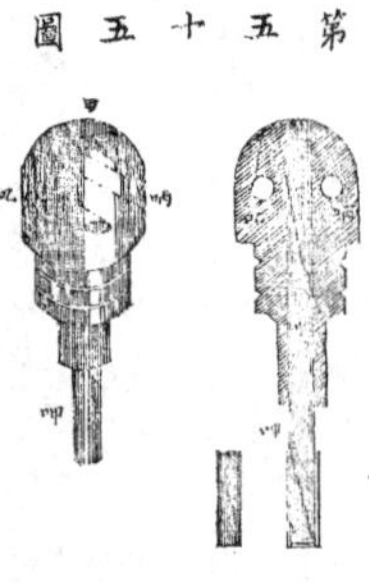
第五十五圖

半可取去像皮令兩線之端露出器中空處甲外器首有二凹痕可藏銅線引入孔內嗣以銅管入孔壓令銅線極緊乃將引電氣線每線入孔內銅管器已設備引電氣入內器即能燃

如第五十六圖所有演礮之銅燐燃藥器與裂地道炸石之燃藥器不同器首略長可納分隔之二銅線於內器中之孔下半有空處能容盛藥銅管

有人試此法用各等易燃火之料所用攝鐵器

第五十六圖

其力甚厚但能燃相連之地道無幾曾試燃地道二十一方每方有相連地道四區內有十八方盡燃所餘三方或燃二區或三區間又曾試燃五方每方五區祇得兩方盡燃有數次以六區爲一方而所燃尚不踰四區之數要之攝鐵電氣之最力厚者能燃相連三區爲最多惟用分派電氣線之法同時可燃二十五區亦有數次同時燃四十區者有人經試一小攝鐵器用一彎攝鐵長七寸寬一寸厚寸四分之三受氣軟鐵板自能轉動以多齒輪器動之令速用此器能同燃二十五道又有合用六小攝鐵器有六受氣軟鐵板合作一輪輪轉於攝鐵面極速此較前器更有益處有以二十五道分數方同時燃放而發響能分先後曾有五十地道並燃者

火藥之力

燃藥之力若能量出必大有益惟查出量法微有難定者一以計算得之二以體察得之蓋藥力祇爲所發之氣壓周廻各物若計藥之壓力與空氣之壓力比較必須先明三事一若干藥能發若干氣二藥燃時視藥之熱度若干三氣之熱度果極大必知與氣之極小熱度時比較或同或否其第二三事僅能略明梗概如藥燃時所得熱度可一千度至一千二百度與一千八百度至二千一百六十度之間所有發氣之數非定了然可辨蓋多寡之數或視燃藥如何爲例若將若干藥燃之其淡氣與炭養氣及炭氣各等所占地位可算至極明然藥中常含水氣而水氣

與炭化合所成之質又有鉀硫等定質至極熱度能成一霧質所成水氣並餘質難求其數故所有西士求一立方寸之藥能成氣立方寸數所求各異實因此故有求一立方寸之藥能成氣二百三十二又二百四十四又三百六十四又四百又四百五十立方寸之別但此係冷時計之故不計水氣各定質所化之氣

另有二事難求其數者一藥粒中有空氣多少燃藥時因熱度加大而與所生各氣和勻故試鎗時若不將彈送至切藥極密則鎗易炸裂若欲炸石明用此理可省火藥如西國工部欲與各等工務或炸石或裂地此理既明凡應用鉅款皆可省多費二試鎗時藥非定能燃盡或有數分隨彈子帶出有以藥成小丸代鉛彈子鎗前懸紙數層或遠或近及放鎗看彈子貫紙飛去略不著火又有人取一手鎗將鐵塊燃至紅置入鎗口令下嗣將藥作彈子置鎗內熱鐵上藥彈子即向空飛躍熊熊有光如火毬狀蓋因藥彈子遇鐵下半著火令其上騰及騰時上半即燃不能於鎗內燃盡故燃藥之力與燃藥之氣其數未能詳求惟能得其大略耳如戰藥每一立方寸之藥約能發氣二百九十六立方寸每方寸炸石藥約能發氣三百五十六立方寸若燃時得二千一百六十度之熱氣即百度表一千二百度較常率加大即熱至二千一百六十度則戰藥一立方寸氣能加大如

二九六(一丄〇〇〇三六六五乂一二〇〇)

即一千五百九十七立方寸熱氣炸石藥每立方寸氣能加大如

三五六(一丄〇〇〇三六六五乂一二〇〇)

即一千九百二十二立方寸熱氣氣初發時其壓力較空氣之常壓力戰藥加一千五百九十七倍炸石藥加一千九百二十二倍用彈子徑十二寸置巨礮中令彈子騰至十二萬七千三百二十尺遠必用藥三十磅約有半立方尺即此藥力較以上之數應發氣七百九十八立方尺

有人曾試以藥重〇·七一二五釐置一器內封令極密燃

之所發之熱能令水重四百〇四法厘七得熱一度一四
若燃藥一法厘能令水重六百四十三法厘九得熱一度
但所得之數必難極準因藥粒中有空氣多少燃藥時空
氣內之養氣與藥所發之各等氣化合而加其熱如所燃
〇、七一二五法厘之藥必生炭養氣〇、〇〇六六九法厘
輕氣〇、〇〇〇一四法厘又輕硫氣〇、〇〇〇二八法厘
有人曾試此三等氣各與養氣化合而燃為每炭養氣一
法厘生熱二千四百零三數輕氣一法厘生熱三萬四千
四百六十二數硫輕氣一法厘生熱二千七百四十一數
故燃〇、七二五法厘之藥其三等氣生熱之和數共二十

四四數將此數與前熱數相較得餘數六百十九五即藥
燃時所生真熱數也
若求燃藥火焰之熱度可將六百十九五餘數以燃藥所
成氣質之容熱率約之有人求熱數為〇、二〇七故燃藥
火焰之熱為$\frac{〇二〇七}{六一九五}$即二千九百九十三度若於閉密處燃之
而氣未能立長則火焰之熱度自必更增欲查其數必將
六百十九五餘數以燃後所成各物之容熱率約之其容
熱率有人考得數〇、一八五四七故火焰之熱度為$\frac{〇一八五四七}{六一九五}$即
三千三百四十度惟此數乃極熱之度尋常燃藥熱度未
能至此若藥在空處燃之火焰之熱因傳於他物內自必

減損或燃於閉密之處如巨礮內則氣未能立長少頃驟
長亦必減其熱度
演礮初燃藥時所抵內膛及彈子後之力有人求得其數
如下以庚己為藥之重數辰己為其實數庚未為藥燼重
數辰未為燼與三千三百四十〇度之實數咳為燒而發
出之氣於〇熱度比空氣壓力之體積數又酉為火焰之
熱度又己為其壓力而燃藥所占地位為庚未一庚己其壓
力方程式如下

$$己=\frac{\frac{辰己\ 丅\ 辰未}{庚己\ 丅\ 庚未}}{咳(一\perp〇〇〇三六六酉)}$$

試藥人所用藥其各號之數如下

庚己為一法厘辰己為〇、九六四庚未為〇、六八〇六辰
未為一五〇咳為一百九十三法國立方寸一酉為熱三
千三百四十度故若以數代號則壓力為較空氣之常壓
力加四千三百七十三倍六或倚燃後所生藥燼實數較
常熱度之實數等即二三五則真壓力為三千四百十四
倍六故前論四千三百七十四倍之空氣壓力內有一千
倍為熱令燼加長之數
有人試藥之能率用藥二磅零四分之一能起重四十八
萬七千四百三十九磅高一尺
所有試藥得其能率大不相類恐皆難以憑準有人由彈

子去礮之速數求藥力較空氣之壓力加一千七百至一千八百倍又有人求得較空氣之壓力加十萬倍又有人求得藥最乾時較空氣之壓力加一萬四千四百九十倍又藥內每百分內有水質四分其力卽增一萬五千八百六十七倍各數有大小之別孰是孰否難以判然

藥力之能率雖未經論定然其物爲各處所常用欲作何等工夫應用若干之藥人皆知之所差倘爲不遠如令礮子遠去可多用藥其數常如一式但裂地所用藥數猶未能定因時或炸裂浮土時或炸裂堅緻之物時或轟至遠處時或恐其危險不令至遠近各西國多除鐵路常因崖

石阻拒必須裂之自設電氣燃藥之法以來可無危險又於水底裂物亦免悞事此二事足以顯明藥力並用藥之妙處

一英國東南海濱有石崖高峻處其質爲白石粉海濱有二埠欲開一鐵路於崖下連之路中爲巨崖阻絕勢必擘之其石共重百萬餘噸有西人設法令一炬成功先於崖下闢一洞當路約長二百二十尺於洞內橫闢三洞每橫洞端向下作井井下作盛藥倉每倉長十三尺四寸高六尺一寸寬五尺五寸東倉盛藥五十桶共五千五百一十磅西倉盛藥六十桶共六千六百十二磅中倉盛藥七十

桶共七千七百十四磅三倉共盛藥一萬九千八百三十六磅自內倉至崖外八十五尺四自東西二倉至崖外六十七尺崖後有極穩處以大電氣器置一棚下用銅線長一千二百一十九尺引電氣至藥倉內兩線斷處以白金線連之各事已備嗣以乾砂入洞內各口密封之使藥倉中空氣不得透出蓋不使炸裂之石騰躍遠處祇令其炸裂後自沈海中引電氣過時無甚巨響及煙氣惟砉然作裂石聲俄而石崖寬五百尺自傾入海少頃安堵如故依此法藥力方一杪間已能竣事若照常法爲之必延至半載約費二萬五千金之數察其燃時無煙響可知用藥適

合略不糜費其無甚煙氣者乃石崖磔裂之時氣已凝止故不得暴發

二英國有一巨艦嘗因一素不諳事之小舟修艦時悞任礮卸壓艦旁不意受力偏重全艦覆沒溺斃兵役八百餘名溺處爲海口水深五百餘尺行舟常泊於此因下有覆舟阻碍放錨必設法去之先用藥一百九十八磅嗣又試四次每次用四十九磅半置藥於巨艦中引電氣燃之知再用多藥則全艦可令炸裂乃以藥二千五百五十二磅入短柱形器內命泅者衣水衣下沈擕入艦中最堅處其短柱及所引電氣線以牛油並柏油糊之以生電氣置一

小舟上距破艦約五百尺惟水底裂舟寂不聞響亦無煙氣可見但引藥後過三四秒間水自上湧成小峰狀高約三十尺旋即平落各成圓浪四散海面如帶泥土所有附近各舟駭然一動有類地震者其艦已過半炸裂嗣以藥二千三百二十八磅燃於破艦之艤水旋湧起成更小峰而震動過前及水已平所有破木與艦中能浮之物皆可見魚類爲所沸斃者亦一一上浮

試火藥力各法

凡戰藥或獵藥或炸石藥必須明各藥之孰善孰否善否之別視藥力之大小爲據試藥力之器有數等如法蘭西

國所用者爲一礮與一彈子演礮時彈子必向前飛去而礮與架必向後卻退二者皆動故試藥力並須合而計之如墺地利國以一短礮向空豎放用極重之物代彈子礮兩旁有二鐵桿與重物相連重物騰起必循二桿而上桿有尺寸誌之看物起高至何度便知藥力之大小

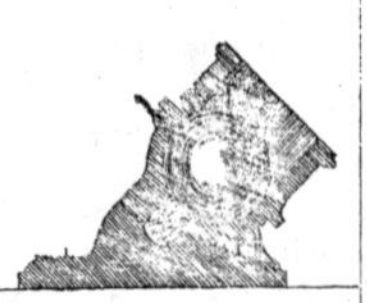

第五十七圖

如第五十七圖試藥力之礮礮常斜至四十五度置藥若干重用彈子若干重量彈子所至之遠近看孰藥所試之彈子能至最遠則知孰藥之力爲大

又有用擺之法與前式異或以一鎗懸之能左右動如鐘擺狀鎗發時必向後卻退其藥力即以卻退之度求之或以沙置篋中懸之作侯的於篋外放鎗彈子貫入沙中而不能通過則沙受其力視篋所至之度可知藥力何如

第五十八圖

又有一法與前略同有一重物如第五十八圖寅辛爲重物丙爲平軸以鎗彈子甲向卯卯放之物重心爲寅其動路爲寅辰物向鎗之面以嫩木或浮泥布之蓋欲鎗擊物

時免爲凸力所御鎗已發後即入重物中與物齊動若算彈子所出之緩速必知重物搖至若干度故重物下有量度器乙丁重物底有指戊隨重物俱動如以寅爲擺之重數寅爲彈之重數庚爲重物一秒時下墜之率即三十二尺一八乙丑爲擺之長數㨂爲擺動之角度又㕧爲彈子之速數則

$$㕧=\left(\frac{寅}{寅}丄一\right)\sqrt{四庚丑\left(一丅㨂弦\right)}$$

如法蘭西國常法礮內盛藥九十二法厘銅彈子重約六十磅凡藥不能使彈子至七百零五尺則爲無用之藥法蘭西國前有一法同時可求彈子向前及礮退後之力其法以一小銅礮礮口前懸一鋼簧簧兩端皆能動其一端與礮口相向礮後有鐵叉叉有長柄伸連於第二端礮發時二端卽收近有器識之視相近之度數可知藥力之大小

又有一法用一礮置架上浮於水面放礮後視架入水若干深以其深數量出藥力

又有一器能量彈子之緩速其法與用擺之法略同惟此則用電氣以定擺動之度數器內有一鎗置於架上令其向準有二木架架上布最細銅絲徑〇寸。一一七各銅絲皆相連可通電氣惟銅絲布置極密彈子所至必斷之有二引電氣器每器有生電氣盆六具連之有擺搖於銅版前面銅版面蓋以白紙擺桿入重物內於物下微露桿下有量度器桿底有橫針針端去紙極近擺左右每各一動爲〇 三二四分時銅版與擺各與引電氣器連故銅絲一斷擺上針與銅版間必成火點而白紙亦必稍著黑點矣試此器時將擺斜置七十五度卽有小攝鐵吸止之令不得下取前備銅絲架一具置鎗前約四十八尺七五其銅絲與一引電氣器連第二具架置鎗前約三十二尺五其銅絲亦與第二具引電氣器連二引電氣器必與架相去不遠使電氣更易引過每器之電氣以最小分隔二銅絲引至擺攝鐵電氣亦以二銅絲引至扣銅帽鏇上令電氣能通及放鎗時任各生電氣器將電氣生出乃挽鎗條制則攝鐵電氣立斷擺卽能下鎗遂同時發放彈子至第一具銅絲架擺上針及銅版有火點飛過令紙著黑點彈子至第二具銅絲架斷其銅絲火點著黑亦如之察其紙上二黑點卽知藥力何如算法如下彈子由第一具銅絲架至第二具所費之時與電氣發出第一火點至第二火點之時適合此二點間所費秒分不難求之若以哂爲攝鐵放擺至發第一點之時又哂爲攝鐵放擺至第二點之時則酉″丁酉′爲彈子自第一架至第二架所費之時

又曾試此器用圓彈子二十七法厘用藥十法厘其彈子去鎗口時如每秒之速數約一千五百十一尺二五

近有人多設器具爲量藥力之用大約與前各式相類

化分火藥原質法

一求火藥內含水質

其法以若干之藥細稱其重置入最濃硫强水器上以玻璃罩罩之取出空氣留至數日令硫强水收去水質或將

曲玻璃管置藥於管內凹處加熱一百四十五度至一百七十度令極燥之空氣漸由此端貫入出彼端外藥中溼氣即爲燥氣所帶出以上二法皆可隨意用之俟溼氣已出稱其分兩如原藥爲十兩三分之數燥後稱之得十兩正則知三分爲水質

二求火藥內硝數

其法取已乾之藥十釐以沸水浸之則所消化者爲硝所不硝化者爲炭與硫濾取其水所不能濾過之質以少熱熱之令乾而稱其數將此數較藥之原數其餘數即爲硝數若將濾下硝水加熱乾之得乾硝稱其數亦可

三求硫與炭之數

其法取前所得硫炭或以藥置沸鉀硫或鈉硫水水內或置碱類硫養水內則硫必爲水消化惟存炭質以水濯之乃曝乾稱其重數與原物相較即得餘數爲硫分兩

所用鉀硫或鈉硫或碱類硫養必最輕者否則因尋常炭內多藏生物所成之質其質必與料內碱質化合故所得炭數必略少若試紅炭所製之藥須明此事蓋紅炭內多藏輕氣與養氣倘不留意所求炭數必然差謬

又有一法能分硫與炭用炭硫照前法取硝以其餘質乾之入小玻璃瓶瓶內再入炭硫並以脫則硫必全消化惟留炭質可濾出乾而稱之乃得其數此數與原物相較即得硫數

凡製藥之炭皆非原質蓋有輕氣與炭氣雜之二者之數乃視燒炭之法或善或否爲別因藥之高下亦略倚炭之善否爲差故欲細辨藥之等次必察兩氣之數其試法用銅養和藥燃之

藥內硫質更有一法可查出之以乾藥十釐浸入少沸水中添硝强水再加熱令沸嗣再徐添鉀養綠養添法由每點漸增藥內之硫即化爲硫强水若將鋇綠添入則能與硫强水化合成鋇養硫養乾而稱之得其數可知硫數多寡

又有查硫數之法用藥若干重並硝等重又鹽三四倍重共三物調合之取一白金小火爐燃熱至紅將三物逐漸投入爐內徐徐燃起惟不得騰出爐外燃畢加水調入以鹽强水添之嗣添入鋇綠與硫强水成一定質乾之稱其數即得硫數

藥中最要之物而價極昂者爲硝故尋常試藥能識硝數則硫與炭可不必問有一便捷之法取藥五十釐浸入沸水二百釐嗣以玻璃管管上有號誌之水至五百立方寸即至號處以濾斗置玻璃管上使藥水由濾斗徐入管中

再加清水入玻璃管至號處爲度俟漸冷至三十六度復加少水因水已漸冷加之以補其縮數以物調之令其全體和勻取一小量硝水表入內驗表上所刻誌號可知藥百分內藏硝若干數照此法所得硝數無甚差謬每千分之數所差最多者僅三分而已

嶺南張福謙繪圖

江南製造局科技譯著集成

軍事科技卷

第壹分冊

爆藥紀要

《爆藥紀要》提要

《爆藥紀要》六卷，附圖四幅，美國水雷局原書，慈谿舒高第口譯，新陽趙元益筆述，光緒六年（1880年）刊行。此書底本爲 Walter Nickerson Hill 所著之《Notes on Certain Explosive Agents》，1875年版。附圖來源不詳。

此書參考美國水雷局水雷資料中有關炸藥的部分，結合相關試驗結果寫成。底本撰寫的目的之一是面向開山礫石的需求，介紹淡養四各里司里尼類（Nitro Glycerine，即硝化甘油）、棉花火藥、畢克里類（Picrates，即苦味酸盐）、汞震藥（Fulminates，即雷汞）等幾類炸藥。

此書內容如下：

原序

目錄

卷一　爆法與爆藥

爆藥交互變化，爆法解釋，爆法徵驗，爆法情形，爆藥齊發，爆藥齊發之故，使齊發之法，齊發之功用，爆藥之勢力，成爆藥之法

卷二　淡養四各里司里尼

成法，製造之法，變成之理，分別洗淨之法，并法與形性，放法，存貯轉運之法，功用與比較齊發勢力，化分所餘之物，含淡養四各里司里尼之物，地那每德，放法，功用與比較齊發勢力，第二種地那每德，立多法拉克透，杜厄林

卷三　棉花火藥

并法成法，製造長絲紋棉藥法，阿伯爾壓緊棉藥成漿形法，預備棉藥漿配用，存貯料理轉運之法，功用與比較勢力，化分所餘之質，含棉藥之物

原序

西歷一千八百七十五年三月出記錄書一卷名記錄爆藥於水雷攻法頗屬合用美國水師部印成頒發爲本部所備用然水雷局有此最爲合宜其書從一千八百七十四年水雷局講論爆藥而摘出自印此篇後局外之人常問及而索觀礮部總統不願重印再發因啇是書而講究其理法者有是書則已得其要領然此書內所有爆藥與水雷配用者不詳論之既摘之後即補入爆藥與開山礫石配用者又有他事亦略修改此書未嘗詳論爆藥之理法祇將最要之事大略論及然俱爲實用而非空談也

近時淡養各里司里尼與棉藥已屬著名用之亦廣然而眾人尚未能盡知故在爆藥總論之後另論及之此書內有數處論及水雷局試驗之事他人之書並不提及此事如欲詳細考究爆藥必觀化學書之特意考究此藥者然論及爆藥之書不多惟化學新聞紙常論及之可取而觀也美國水雷局化學博士歇而自序

爆藥記要目錄

爆藥記要卷一

美國水雷局原書

慈谿 舒高第 口譯
新陽 趙元益 筆述

爆法與爆藥

爆藥交互變化

爆藥無論其變化如何，亦不論化合化分，總名曰交互變化。

質點之間，或質點之內，有交互變化之事，其後質點尚存，而其式與其合法俱不同，由是而成新式質點，與原式質點大不相同，即謂交互變化。凡質點相引，或有愛力，令變式而不變質，其相引情形時時不同，故欲得其一定徵驗，有數種情形，必先得之。

此種情形，大有分別，即如一種合質內，其愛力甚小，若情形稍變，則質已化分；又有一種合質內，其愛力甚大，必用大力久久感動，方能化分；又有一種合質，當尋常天氣內能存之，若稍受熱，則化分；又有一種合質，在尋常天氣內，已交互變化，設滅其熱度，變化即停。

交互變化，有遲速之分，同時發出氣質、熱光、電氣等。如此種同發情形，從一定之法而來，則有爆裂之徵驗，即為爆藥交互變化之理。凡化學內變化之事，俱照交互變化之

定理

爆法解釋

爆法之說昔人言之未確因其與爆藥交互變化有同意可當化學內一種動法令其忽成極多之鬆氣質

爆法徵驗

極多氣質忽成於一小處引出爆法之徵驗即質之變化而爆也其定理如左

一依其變化之多少即變化氣質多於定質若干倍且因得熱之故令其氣質漲大

二依其變化氣質時之短長

爆藥交互變化之故與上二事有相關若此兩事最爲合法則化學中交互變化生極大力即極猛之爆法然爆法與爆藥之猛烈亦依其多少或情形如何即如淡養五各里司里尼較火藥之勢更大更猛因其成氣質之倍數多而需時又短汞震藥（化學書名汞爆藥因與西名不合故改之）較火藥更和平雖化分之時更速而所成之氣質與熱不多

爆藥交互變化發出之氣質其種類與多寡依爆藥化合化分之情形定之

交互變化時發出之熱更加其氣質之漲力然無論交互變化之遲速其熱有一定之數且爆法徵驗之猛烈與否必依氣質漲成之遲速如是即爲爆藥無論放法如何其總發之力必同放時愈短則爆法之徵驗愈合

爆法情形

爆法與其當時之情形大有相關各種物質有各種徵驗各種化合各種交互變化之事且同一物質如其放時之情形不同則爆法之情形亦不同此即與藥之變化遲速或徵驗大有相關交互變化之時更短則爆法更速而猛又爆藥如何化分準其用法情形如何如火藥用田雞礮放之因有大壓力其徵驗較鬆時放之大有分別

爆法情形依下三事一爆藥內質情形如何二爆藥

外面情形如何三放法如何

爆藥內質情形 爆法依內質情形有數種可論及之即如淡養五各里司里尼在法倫海寒暑表四十度以上爲流質此時用引藥或用引爆藥之汞震藥十五釐能使其爆裂惟四十度以下即凝結而不能爆裂

地那每德較淡養五各里司里尼更佳因不成流質故用之穩便此兩種爆藥依化學理考之俱含各里司里尼又有一合質如木炭硫硝合成者或爲大粒或爲小粒其放後徵驗大有分別

棉花火藥（以後省文曰棉藥）最能顯出合質爆法之情形因製造

之法甚多也如棉藥寬鬆遇火即轟如紡成線或織成條者其轟力即減少而能代極快引藥用之如用力壓緊而令濕則能遲燒乾棉藥用汞震藥為引能忽然爆裂如欲令濕棉藥爆裂必用乾棉藥一小塊先令其爆裂

爆藥外面情形　欲盡得爆藥之力必須收束於一小處極速之爆法總有一定之時收束處愈小則爆法費時愈短即為忽發極大力之爆藥其應收小處可極小而出於尋常意計之外假如大石面或大鐵塊面置淡養各里司里尼而放之其石或鐵能炸裂其故因空氣包於外面即收束於一小處淡養各里司里尼忽然爆裂空氣有壓力不能立即讓之

最猛爆藥中淡綠居其一製造之時在流質中沈下當用時尚濕如有一層水質包之此水為薄衣其厚不過千分寸之一然亦足以收束其質若去此薄衣爆法徵驗亦減小

火藥必須收束於一小處因比較其爆法尚屬遲緩假如在水面下放一大火藥袋如盛火藥之器能敵火藥氣之力直待至火藥全燒則能合法而爆否則必有多藥枉費而不燒用粗粒火藥放大礮常有此事火藥尚未燒盡之時彈已離礮故有火藥之粒塊徑出而不燃者

爆藥遲者所須收束之處如引火之面積多而收束之處減小則能盡爆所經之時亦因此而減短

放法　使爆藥交互變化之法大有分別爆法必從熱而生無論其熱或徑至或繞道而來即如軍火中有用銅帽發火者此火燃藥甚速又如白金細絲用電氣而燃相連之爆藥又如摩擦撞擊俱能得發火之徵驗雖繞道而來總是由物力生熱傳入爆藥也

如用一種爆藥放第二種爆藥則第一種爆藥放後之氣忽擊於第二種爆藥即以第一種爆藥為引藥引藥之成氣極速遇周圍之第二種爆藥相敵則收束極緊其力即生熱然而一爆藥之力行於他爆藥之力其理不易標明如但云藥力生熱則極猛之爆藥能引出極猛之爆法然此說不確因淡養各里司里尼較之汞震藥更猛然汞震藥十五釐能引棉藥爆裂若用淡養各里司里尼作引藥須七十倍也

淡綠較汞震藥更猛然用之作引藥則須多於汞震藥淡養各里司里尼用汞震藥少許放之爆法甚合如用火藥多許放之爆法不合且不猛也

由此可知用汞震藥之妙因其能合法用之而易於他物也意者汞震藥放時成一奇異之動法而成浪此浪易於

感動別物即如一物發浪能使他物亦發浪汞震藥所成之浪能使相關之物件亦發此浪即汞震藥之感動別物其情形特奇異也

爆藥之質點不定且常從外面情形而變化質點本屬微細而平勻然外面情形能使其不平勻此亦有不同之處爆藥質點受汞震藥之浪因其擊力有異則失其平勻猶之一玻璃杯能敵物之擊力而不能敵一種樂音之浪也西國禮拜堂內有時風琴之聲能使玻璃窗碎裂即因浪之感動也

上言棉藥被淡養四各里司里尼汞震藥感動之一事其淡養四各里司里尼爆法之力能使棉藥扯碎而散開然其擊

力雖大而不能使其質點有化分之事若用汞震藥其擊力雖小能使質點立即化分況從此而來之爆法與從火而來之爆法大有分別即如爆藥用火燒之其行法由漸而入設為上所言之法即為擊力其爆法幾似忽然齊發其擊勢入全體更速於由漸燒進者爆法交互變化之事更速爆法之徵驗更猛更足

依放法而論爆法之情形有分別此說之意須觀下節能明其所以然

爆藥齊發

爆藥齊發即為一全體忽然盡行爆裂假如火藥照常法燒之即與燒別物無異從藥粒之面而入內此法較之別法甚遲惟淡養四各里司里尼用汞震藥放之全體忽然盡行爆裂或幾能如此必有一定之時但論及此種齊發之爆藥其費時若干人所意想不到故此種爆法謂之齊發

爆藥齊發之故

有一種爆藥無論用何法放之常能齊發如淡綠汞震藥等有一種爆藥或齊發或不齊發依放法如何如棉藥或火藥等觀爆藥交互變化節大約爆藥總能齊發祇須考明其放法可也

棉藥之放法較之別種火藥更多一能使燃之極遲無有

爆事若使其漸速即變為齊發淡養四各里司里尼爆裂常猛用火藥為引其爆之徵驗略減小

火藥照常法放之不能齊發且用火藥亦不必使其有忽然齊發之徵驗惟用水雷或開山礫石等事則以爆法徵驗極猛者為合用然如何為極妙之爆法如何為極善之齊發尚未考究極詳如為此事而用試驗之法後必得大益本水雷局曾試驗此事

凡和合之質如火藥之類無論用何放法決不能盡齊發之妙如化學內之淡養四各里司里尼或棉藥必能盡齊發之妙然不能齊發者如再能得之必當有合法徵驗而更

可用也。

或分爆法爲二種，一爲齊發爆法，或謂之第一種爆法，二爲尋常爆法，或謂之第二種爆法。此第二種爆法，或用火引之，或用火藥引之。第一種爆法，用汞震藥爲引，令淡養四各里司里尼棉藥卑克里酸鼻克里與鹼類合成之質爆裂。依上法之意，汞震藥不能使火藥齊發，然用淡養四各里司里尼爲爆藥，用汞震藥爲引，使其齊發。此二物又爲火藥之引，則火藥能齊發。此比較之徵驗，用同大之生鐵炸彈裝各藥至飽足，放後而得之。

兩種爆法所生之力，其各徵驗分別如左。

火藥名	第二種爆法	第一種爆法
火藥	一·〇〇	四·三四
棉花火藥	三·〇〇	六·四六
淡養四各里司里尼	四·八〇	一〇·一三

使齊發之法

欲使爆藥齊發，必用齊發之引，或爆引發極足之擊力。一箇齊發之引，用一擊力發出爆法，惟尋常之引，依尋常燒法而行。齊發之引，尋常者含汞震藥爲合用。此種藥引，放淡養四各里司里尼並其合質及乾棉藥，有時用齊發并引藥，如放緊濕棉藥，用一箇引，西名擊來畝，即將乾棉藥用

汞震藥爲引。此與上所言淡養四各里司里尼，以汞震藥爲引，而又并爲火藥之引有同理。

每一種爆藥使成齊發之事，似有一定之力，而不能大差。如藥引太弱，則其徵驗祇爲尋常之燒，或爲稍緩之爆法。如藥引太多，即使其相切之藥散開，或飛散而不爆。故爆藥與齊發引藥之多寡，定有關係。有數種爆藥，其關係之故更爲確實，如淡養四各里司里尼易於齊發，所以汞震藥少許，能放淡養四各里司里尼大小若干分。一箇質點發動，則傳至各質點亦發動。別種爆藥，不易齊發，故欲令其全體齊發，必依全體之多寡而用引藥，否則全體之數分齊

發，其餘不能齊發。

齊發之功用

齊發即極猛之爆法，如忽然發出，其勢力聚而不散，即成極大極速之力。有時用此勢力，更合人意，如在開山礫石時，猛烈之爆法，其所轟動擊碎之石，更甚於遲緩者。石子所出之方向，即抵力最小之方向，故用淡養四各里司里尼開山礫石，不必鑿深孔，因其爆法所成之氣，忽然發出，不及從鑿孔而出，故其擊力四面俱到。開山礫石而用淡養四各里司里尼與其合質，最爲有益，故其用處逐年滋多。然因其價貴，且易使用者受害，仍有多人不喜用之。

在水面下用爆法如水雷轟敵船或去水中礁石極猛之爆法其益更大爆法遲者暫將水面轟起其徵驗必弱若齊發之力既合則擊碎物體之力更大所以置藥於物面上之事如水中轟去礁石等用齊發爆藥最妙雖因不鑿孔而力略小然因有水一層壓之必須相抵其力因此而所減者少

總言之如欲得分散扯開之力齊發爆藥必須用之

爆藥之勢力

爆藥勢力之實數難於試驗而得之最難得者齊發爆物之勢力西士司不林刻爾云惜無確實之法比較齊發爆藥之勢力然依格致之理比較爆藥勢力亦有益處白替羅推算爆藥交互變化所成之熱若干所成之氣若干兩數相乘得所求之數比較而得壓力之略數左表即顯明此法之理

火藥名	每重一克羅閣浪所成之熱	成氣之立方邁當數	上兩數相乘之得數
打獵火藥	六四一〇〇〇	〇·二一六	一三九〇〇〇
槍礮火藥	六〇八〇〇〇	〇·二二五	一三七〇〇〇
開山礮石火藥	五一〇〇〇〇	〇·一七三	八八〇〇〇
硝多火藥	六七三〇〇〇	〇·一一	七五〇〇〇
鈉養淡養五火藥	七六四〇〇〇	〇·二四八	一九〇〇〇〇
鉀養綠養五火藥	九七二〇〇〇	〇·三一八	三〇九〇〇〇
淡綠	三一六〇〇〇	〇·三七〇	一一七〇〇〇
淡養四各里司里尼	一三二〇〇〇〇	〇·七一〇	九三九〇〇〇
棉花火藥	五九〇〇〇〇	〇·八〇一	四七二〇〇〇
淡養五棉藥	九八九〇〇〇	〇·四八四	四八〇〇〇〇
綠養五棉藥	一四二〇〇〇〇	〇·四八四	六八〇〇〇〇
畢克里酸	六八七〇〇〇	〇·七八〇	五三六〇〇〇
畢克里酸與硝	九二三〇〇〇	〇·四〇八	三七六〇〇〇
畢克里酸與鉀養綠養五	一四二四〇〇〇	〇·四〇八	五八二〇〇〇
鉛養畢克里	一二六〇〇〇	〇·一二〇	一五〇〇〇〇
銅養畢克里	四〇七〇〇〇	〇·二七〇	一〇九〇〇〇
銀養畢克里	二六二〇〇〇	〇·一一六	二九〇〇〇
汞養畢克里	一九〇〇〇〇	〇·二一二	四〇〇〇〇
鉀養畢克里	五七八〇〇〇	〇·五八五	三三七〇〇〇
鉀養畢克里與硝	八五二〇〇〇	〇·三三七	二八六〇〇〇
鉀養畢克里與鉀養綠養五	一四二二〇〇〇	〇·三三七	四七八〇〇〇

上數與試驗之數相較大略相同篩落云爆藥之勢力與放後之熱及所成氣之輕重平方數有比例自試驗爆法所成氣之輕重算得幾種爆藥之勢力列表於左可彼此相比此表內以火藥之勢力為一從此而得五種爆藥勢

力之率

物名	比較勢力
硝火藥	一
淡綠	一·〇八
淡養[四]各里司里尼	四·五五
棉花火藥	三·〇六
鉀養畢克里	一·九八
鉀養畢克里五十五分硝四十五分合質	一·四九
鉀養畢克里與鉀養綠養[五]等分合質	一·八二

以上推算勢力之比較數與試驗勢力之比較數非確實相同，如爆法之化學變化能確知其如何，則勢力之全數不難推算，然此勢力之行法與算其徵驗之法必有相關。上所言交互變化之爆法第二種情形，即變化所需之時。（觀爆法徵驗第二事）假如一物之爆力行法極速，並其勢力俱能合用，又有一物之爆力行法甚遲，其勢力數分費去，或不中用。

如每一次盡行齊發，則實有之勢力與所比較而推算之勢力略合，然因爆藥在其行法之中有分別，比較勢力與比較之法有相關。

觀篩落之表，照推算之法不差，然一觀其表，可知淡養[四]各里司里尼與棉藥較之火藥非十分猛烈，惟其行法尚見猛烈，其故即用此物之時，其勢力較火藥之勢力用盡而得當，且火藥間有比更速之爆藥，更有用，徵驗更大。觀前表，淡綠與火藥比較，所猛烈者甚少，但淡綠之爆法極速極猛，火藥雖同一情形，斷不能得如此之徵驗。所以不論各爆藥有何比較之力，即比較之亦不確實，然欲得其確實比較之力，總須從其行法而得，且須知用時之情形與比較之確實與否有相關。

成爆藥之法

每一種爆藥所含之質，爆時成不變之氣質甚多，如所含之質甚合法，則交互變化易於成就，發時極速極猛。除數種不計外，餘爲炭質、養氣、淡氣，爆時炭與養幷合成炭養氣，淡氣放出成氣之形狀。炭與養易於化合，合時即生大熱。淡氣亦爲緊要之一分，在爆藥內與養氣相幷，惟與養氣之愛力不大，故能速放養氣與炭質，自變爲氣之形。此淡氣即在着火之前令炭質與養氣相近，放後即成許多氣質。

等常燒物之時，空氣中養氣漸與所燒之物相幷，惟在爆藥之內，養氣與炭質已極近，故一着火，其化合極猛。

此三種合質之外，有常合他物者，化合之法相同，或所含之物為并法中所不可少者如火藥內不第有炭質即硫黄亦為一燒物硝內有養氣與淡氣其餘為鉀有數種爆藥內輕氣與炭質相并亦當為緊要之一分

爆藥分為二種一為化合者一為和合者

化合爆藥其各質照化學之法而成故欲分者必照化學之法分之

和合爆藥其各質勉強相并如欲分之用尋常粗法分之可也

和合爆藥其質已分則不能爆因其爆性祇在和合之質內也假如火藥即是和合爆藥惟在硫炭硝三物分開之時不能自爆若并之則爆可知其爆性在和合之質內也

依上理地那每德非和合爆藥而為一種化合爆藥加別質而成即淡養四各里司里尼與一無爆力之物相合此物無論與他物相和或否不能爆裂

淡養四各里司里尼被不爆之物所合其爆性祇從淡養四各里司里尼而來與他物無關

總言之分別和合化合之說固確有此理然非物物如是和合爆藥內之質有自生之爆性與他物和合亦有爆性但此爆藥內能爆之質力不甚大故不能獨用祇能當和合質內之一箇燒質假如畢克里末與鹼類相合之前已

略含養氣在爆法交互變化時略有功用尚不算在內故畢克里必與發養氣之物和合如鉀養淡養五或鉀養綠養五

和合爆藥其類甚多人所能造者言不能盡也其中并法相同每一種有一能燒之質有一發養氣之質本書亦略論及之不能詳也

化合質中有爆性者如淡養四各里司里尼棉藥畢克里類汞震藥類此數種本書詳論之淡養四各里司里尼棉藥常用於開山礮石之事故用處最廣

爆藥之成法由上數種表明之每一種為炭輕養三質合成引入淡養氣之數質點而代原有之輕氣即得一新質因其并分多而不定又因其所添入之質點情形略異淡氣雖收養氣然不緊合故平勻一動炭與輕氣即大感動養氣

汞震藥之爆法尚未詳知想亦如是

淡碘淡綠兩質前曾提及此兩種藥極為靈快稍稍感動無不爆裂且淡綠爆裂極猛其性曾詳細考究試驗之事內亦常用之惟用之甚少耳

爆藥記要卷二

美國水雷局原書

慈谿 舒高第 口譯
新陽 趙元益 筆述

淡養四各里司里尼

成法

此質之成法，用硝强水與各里司里尼，當寒暑表大減熱度時成之。最緊要之製造法，緩緩調和各里司里尼於硝强水內。調和時與洗淨而去所餘之强水，必令其熱度減小。

各里司里尼，即尋常出售者，須求其極淨，不可稍有雜質。

所用濃硝强水，重率不可小於一·四五，應用一·四八爲妙。此種濃硝强水，藥肆內難於得之，必特意製鍊，用智利國所產之硝，即鈉養淡養五與硫强水蒸取之。又有一妙法，將藥肆之硝强水與硫强水相和，用玻璃甑蒸之，即得濃硝强水。惟稍覺費事，價亦略昂耳。

末用硝强水之前，須加二倍濃硫强水。此硫强水與淡養四各里司里尼成法無涉，然能收去製造時發出之水，不令硝强水變淡。

硫强水與硝强水相合之分，爲硝强水一分，硫强水二分。如此并合，置於瓦器內，臨用時可從此器取之。

製造之法

水雷局所用之製造法，即爲瑪伯來之法，用最新機器爲之。其手法分兩種：一、令各里司里尼變爲淡養四各里司里尼；二、分出水質而洗淨之。

變成之理

水雷局爲此事特設之機器，如附篇之第一圖爲側視形，第二圖爲剖面形，第三圖爲俯視形，所用干支記號俱同。圖中甲甲甲甲甲甲爲木槽，圍住丁丁煙通。木槽內呷呷呷呷呷呷等爲瓦壺，容合强水。壺上高架乙圍住吃吃等瓶，內容各里司里尼，以闊邊瓶塞蓋之，不甚緊密。塞之

中孔插入啢啢啢像皮管，直通至瓶底。像皮管之外端用玻璃管接之，木尖哦哦哦插入瓶塞中孔與像皮管相切。

汽管庚沿架乙，乙即在各里司里尼瓶後。

已爲大氣管，在乙架之下，其下面有多小管，每一壺有二管，以像皮管叮叮叮接之，垂於壺外。

此像皮管用小玻璃管接之，其長能通至强水壺底。觀第一圖，其管在壺外；觀第二圖，即在正處，如用時之式。

木槽緊密不漏，能盛發凍水，圍壺之四面。木槽之角另用板隔開，板之下面有洞，即爲另一處，如吧吧吧吧，此處祇

有水而隔板阻凍水不出，此清水之用處，如欲將壺內之質傾入水中，即可傾入於此處木槽之每一角，設一管停工之時，水可流入放水之槽，如戊。

瓦壺置於狹木條上，因此擡高離底約二寸，如此冷水能至壺底，在其正處。壺即在罩下，如丙丙，此罩爲扁木匣形，下闊上窄，配合煙通之孔，如丁丁，煙通下面近地處有一火爐與火門，圖未顯明。

每一壺能容合強水十八磅至二十磅，依其濃淡而定，總置於木槽，以玻璃片蓋之，並以凍水圍之，待其全冷，又每瓶內盛各里司里尼二磅。

壺內之合強水，其冷已與外圍之凍水相同，即移開壺口之玻璃片，像皮氣管穿過罩上之孔，引入壺內，從此氣管用壓力動鞲鞴，噴氣入壺內，令壺內之物常調動，此氣先經過硫強水而後入鞲鞴，故極乾燥，且使其極冷而後入大氣管。（鞲鞴所取之氣，從一大箱頂而來，箱底面有一盛硫強水之鉛盆，內有一螺絲形之扁鉛管，近硫強水之一端無孔，但其旁之在硫強水下面者有多小孔，又一端透出箱旁，箱內之氣抽盡，則外氣從箱旁鉛管之一端入硫強水盆，從鉛管旁小孔而出，過硫強水發泡升上，如此氣質已乾，因氣內水氣，硫強水收之，收乾氣質雖非必不可少之事，然欲合法，爲之自宜如此，且其法甚便，令冷之法，不能盡去其濕氣，所進壺之氣甚多。）令冷之法，用馬口鐵螺絲形管十箇，周圍用冰，或冰與鹽包於外面。（此法勝於冰氣相遇之法）此螺絲形管受冷之面積極大，氣路無

所阻。

氣進壺之後，各里司里尼即流下，每一像皮管兩即爲虹吸，從其玻璃管口吸去空氣，即有各里司里尼流下，如流出甚便，則不用吸管，自玻璃管流下之時，成一細條入壺內。天冷時，各里司里尼常變稠而難流，欲改變之，將各里司里尼瓶後汽管來之熱汽進其瓶而融之。

各里司里尼既入合強水內，即速調動，而變成淡養各里司里尼交互變化之相等式如左：

炭三輕八養三（各里司里尼）丄三輕淡養三（強水）川炭三輕五淡三養九（淡養各里司里尼）丄三輕二養（水）

交互變化之事，發出大熱，此熱必減之，因太熱則各里司里尼收養氣而燒，變成別物，寒暑表之度數不可大改變，如三十二度起，不可過四十八度，在五十度至五十五度，深恐有爆裂之事，壺內之流質周圍用冰水使冷，且壺內有一股冷氣入酸質中，最緊要者用冷氣常調勻合強水，如此所發之熱即速調勻，不致積於一處。

各里司里尼較輕於合強水，故易聚於各小處，此小處散開之後，有幾分忽遇合強水，其感動之法極速而不能止。

各里司里尼流入壺中時，壺內寒暑表之度數須常記之，如一壺內之寒暑表熱度升高太速，近於大熱度，此即顯

出各里司里尼流下太速必設法阻之即將各里司里尼瓶上之長塞拔下此長塞與像皮管同插一孔內如拔下之即擠緊小像皮管而使各里司里尼略少流下如寒暑表熱度尚大或尚高升即將長塞塞緊則各里司里尼不流既阻而或停壺內即速減熱如寒暑表顯出此情形即將長塞拔鬆又流下各里司里尼此事製造者必常留意此種手法甚便即常用之工人亦易學易爲之

如寒暑表過其熱限即有着火之事此時發出許多紅淡養氣甚者有火焰如有此事尋常救急之法即停流各里司里尼極力調壺中之物如再加猛烈即將壺內之物速

傾入冷水中爲妙

當變化時酸與淡養毒氣工人呼吸必受其害水雷局設此機器令毒氣自罩而出煙通煙通底置火爐有上升之氣因此罩內之毒氣亦隨之而出一切毒氣引之向上而入空中總言之初起用火少許已足有時不用火亦可去毒氣之法大有益處非惟有益於工人且能有益於造法因更易常看而不受害也圖爲六角形在本局製造以此爲便非定欲如是也更大之局同意而異法亦可

分別洗淨之法

各里司里尼已盡流入壺中變化已成然淡養各里司里尼必與餘下之酸質分開此酸質幾盡爲硫強水硝強水幾盡在交互變化時用盡

淡養各里司里尼有幾分消化有幾分合於濃酸流質內用清水沖淡酸質所有消化之幾分沈下因淡養各里司里尼重於淡酸質所以盡能沈下

第四圖即爲分別洗淨淡養各里司里尼之機器甲爲大木桶與製造廠地板相平全桶盛水四分之三上有蓋蓋有方孔方孔內置一鉛漏鉢用一像皮管通空氣至桶底因此噴氣而動桶內之水壺內之物即從製造機器移運自鉛漏鉢而至木桶內其酸流質如雨淋而下速與全清

水調勻

壺內盡空氣管即移開暫停待其沈下淡養各里司里尼聚合於桶底淡酸質從上面放出一木塞管如吃裝於桶邊離底少許高於淡養各里司里尼從此上面之酸水流出而用一像皮管通入陰溝如噢桶底下面側邊有木塞管如吃從此淡養各里司里尼漸流入洗桶乙

洗桶木質而襯鉛有兩耳着力於木架如丙此耳在桶腰之中略高少許易於直立且能側轉反轉洗桶之上有可戊兩管俱有塞門一爲清水管亦有一短像皮管相配又一管與大氣管相連亦有一像皮管長足以通至洗桶之

底
有幾分淡養各里司里尼從甲桶流入乙桶氣管即置正水中所進之氣發有力之氣泡即令淡養各里司里尼在水中調動桶已滿水即收去氣管淡養各里司里尼速沈於桶底數分時以後其面上之水將桶耩耳側轉傾出其水此法屢爲之待淡養各里司里尼已洗淨即傾入銅器中大桶內所存者取出如法爲之至盡而止此洗法最妙因淡養各里司里尼質重而如油尋常洗法不足以洗淨所含之酸質用有力之氣使重油質分散水能洗其小點如含酸質於內即洗去之自木桶乙傾出洗過之水先傾入丙桶之內此桶之水已

滿即從粗鉛管吧流至溝內如咦用此法乙桶內傾出之水或帶出淡養各里司里尼在丙桶內沈下可收取之水雷局製造淡養各里司里尼之廠近於海岸其陰溝在大潮水滿界限之下
淡養各里司里尼全洗淨之後傾入瓦瓶內待其浮面立定用清水盎之待其澄清即可用矣觀製造之法約五小時內淡養各里司里尼即可做成惟令壺減熱之法依天氣之冷暖而定其多寡依本局所設機器爲之約淡養各里司里尼廿四壺齊用可成八十磅
本書所言者爲水雷局所用之法另有別法詳於他書不及備載

并法與形性

淡養各里司里尼係炭輕淡養四原質而成依前各里司里尼變淡養各里司里尼之相等式爲炭輕淡養此式即三淡養亦即三淡養各里司里尼硝強水與各里司里尼相合可造成三種淡養類即三種淡養各里司里尼其一淡養即炭輕(淡養)養二淡養即炭輕(淡養)養三淡養即炭輕(淡養)養
依相等式祇是三淡養造成然無論何時欲盡變爲三淡養極難因總成二淡養與一淡養一小分必因用稍淡之

硝強水或造時不經心幾盡爲下等淡養類
棉藥即三淡養寫留路司此物亦屬交互變化而成其法曾經考得其變化之法亦非盡成此時欲其全變亦可因其法已詳細考究也下等之貝路阿容色里尼比上等者易於化分大約昔時從棉藥有不測之危險總因不盡變化而容易化分
淡養類之成法想亦與上同有數化學家所論淡養各里司里尼奇異性情總因其試煉之物并法不同大約淡養各里司里尼與下等淡養相并行其變化之法如奇異之淡養已考出則淡養各里司里尼之奇異行法必可去之

照上相等式之法每各里司里尼一分可做成淡養四各里司里尼二·四六分然其實數祇得一·六至一·七五分此事分別有幾分由造時失散又因各里司里尼非無水者且不惟造成淡養四各里司里尼在本局三次小試驗時余用無水各里司里尼與極濃之硝强水如是得淡養四各里司里尼一·九六至一·八九與二·〇三凡造成之物與所定之數有差因所成之物消化於水中不免失散也

法國鏘碰與倍來二人云極清之各里司里尼每一百格能成極清之淡養四各里司里尼二百九十格（法國之一格重等於英國之一五·四三二三釐）

淡養四各里司里尼在尋常之熱度爲油形流質重率得一·六（或言重率尚小）初成之時色如白蜜不透光然依天氣置冷處過久則能透光透光時所成之事尚未詳知然製造家以爲此事有益因見此則知此物極淨不與酸質相連稍冷時如淡養四各里司里尼不含酸質則變清略遲約十餘日方成寒暑表六十度與七十度之間其變清甚速二三日已可有酸質相和成此事極速變清之時此物所含之酸質即分開在水內可見之如此物製造合法洗之極淨無有酸質則能見之酸質或祇少許如查得少許酸質連日換水或洗之數次似傾於漏鉢而入清水中此事已後如

尚有酸質交互變化之性則爲不淨化分必不定此種之淡養四各里司里尼應早用之如欲久存須留意常洗淨之

淡養四各里司里尼不能與水相和亦不受水之害味甜而猝微香如置於舌上則有極重頭痛着於皮膚亦令人頭痛作此物之工人習慣而不覺

新製成之淡養四各里司里尼不透光者欲其結冰成定質須法倫海寒暑表降至負三度至五度透光之淡養四各里司里尼在法倫海寒暑表三十度至四十度已能結冰此質結冰後成白色之顆粒結成顆粒可連器置於不過一百度之熱水內令其融化

尋常熱度淨淡養四各里司里尼不能自然化分如有酸質相和則易化分所以洗淨最爲緊要水雷局內之庫房有數種淡養四各里司里尼既存三年至四年未嘗留意毫不變化此物造成時已極淨決無自然變化之理此事爲最要一千八百六十年四月十六日舊金山用此作爆藥之時在開山礫石之油箱內有煙氣騰出不多時以後即有極猛之爆裂又有別事相似者亦嘗聞之有多種不測之危險俱云從自然化分而來可決其爲料之不淨淡養四各里司里尼似乎棉藥如另有酸質相和將化分而成酸質之物且能發熱因此情形更令化分甚速故爆裂極速而

猛如淡養四各里司里尼少顯露於外即盡化分而成氣此氣變化而無餘質如此質過多或置於緊密處所成之氣不易散出則其熱漸升至燃度即有爆裂之事此燃度無定如淡養四各里司里尼在化分時或極靈則燃度不大亦能着火如極淨燃度尙可更大方能着火此事有多次因不明或不留心則以爆裂爲奇怪之事淡養四各里司里尼必須明事者用之否則不測之險從此而來者甚多考其實應算極少因極猛之爆藥有多人不明其造法不細察化分之理不知用此種爆藥即極小心亦已危險不必更加其危險也

如欲製造此物極合而淨不甚危險者則須專家爲之幾箇變化之法簡而不繁然製造者欲明各里司里尼之淨否須求酸質濃淡適中變化須足洗之亦淨如能明此等事即省物料且能成一種上等爆藥

此質在化分時擊動極靈已擊動則爆裂極猛即不在緊密處亦然

淨淡養四各里司里尼稍搖動之少側或稍擊亦不靈如置少許於鐵砧上擊之其受擊之一分即爆其餘分散

須知淡養四各里司里尼全在緊密處則其徵驗大約不同因爲流質形不能壓緊故上所言爆法祇在一處用錐一擊即起其餘淡養四各里司里尼即向各處散開設置於緊密處第一分所爆之質無出路即使其餘之質不能散而亦爆

淡養四各里司里尼在顯露之處用火即漸燒不能爆裂其燃度在百度寒暑表一百八十度即法倫海寒暑表三百五十六度以下之熱度即化分之始也

放法

尋常放淡養四各里司里尼之法用汞震藥引一條用此種藥引即齊發而成極猛之爆裂如以火藥爲引藥其引法不確實或爆或不爆即能爆其力不及用汞震藥爲引之

大水雷局曾用火藥爲引試過數次其徵驗俱不合法而參差

此質結成顆粒之時不能着火即用汞震藥甚多亦不能放前時有此物之流質一千六百磅爆裂時內有六百磅已成顆粒其顆粒不爆第擊碎而四散

存貯轉運之法

此質置瓦瓶中最便浮面須置水一層如欲轉運流質形者恐有泄漏之危險故不便轉運最妙使其結爲顆粒轉運即甚穩便轉運時須用堅固馬口鐵箱能容四十五磅至五十磅每馬口鐵箱內鋪巴辣非尼一層中有馬口鐵管用此令其凝結與融化甚易巴辣非尼從煤氣油內分出透光而不明其質滑其色如白蠟

一切之器裝過此質如無有再用之處必棄去之因淡養四各里司里尼難於洗盡也

功用與比較齊發勢力

淡養四各里司里尼爲常用爆藥中最猛烈者在萬難開山礫石時欲得極猛之徵驗用此勝於別種爆藥之勢力雖不測之危險甚多然因其用處頗廣而妙故此物逐漸盛行

其流質形者危險頗多然欲速用而卽在本處作之雖流質無妨惟在多種乾合質中此質爲要分後當詳論之爲開山礫石等用卽盛於馬口鐵礶內或置於藥裹形器內

淡養四各里司里尼易於齊發故不必置於緊密之處卽顯露時亦能發極猛之徵驗能擊碎大石或鐵塊故開山礫石不必鑿深孔容之卽鬆泥沙與水亦已足用

比較其勢力不易得其數因徵驗之大小盡依其情形假如此質同用若干如置於泥沙或別種輭物內者所發之徵驗不極大如置於硬物內者能擊碎石若干噸爆法略遲反能使泥沙漸散而多極猛之爆裂祇能使近邊之泥沙分散因近者與之相敵也然在硬石中忽然發出較之同數之勢力由漸而發者更猛大約此質與火藥同重較之火藥猛八倍

化分所餘之物

在爆裂時此質盡變爲氣質卽不含水之炭養水淡養養氣成者不多如爆法成而未全有所成之淡養其氣之總數卽減少如爆法已全毒氣與臭氣俱不能成

含淡養四各里司里尼之物

爆藥之含淡養四各里司里尼者以下論及之其中以淡養四各里司里尼爲主其餘之料似當爲器用如此易於運動其爆力俱歸於淡養四各里司里尼故不可謂爲合質在此各種內淡養四各里司里尼未變化祇與能收之質相并因此得一硬物或半硬之物較用其流質更便而穩

地那每德

地那每德中所用者爲一種含矽養三之泥矽養泥出於數處產於布國漢奴俘者最爲著名將此處之泥先造成地那每德此泥卽一種細白之末由一種動物硬殼而成用顯微鏡能見之其收物質之力甚大每一體積能收入淡養四各里司里尼重於本體積二倍且不變稠質

余曾自製成含矽養之泥代地產之含矽養之泥水雷局用之頗合法此矽養用硫强水在鈉養矽養水內分出以後洗盡曬乾其收物之力較之地產之矽養略小然其收緊淡養四各里司里尼最爲合法

製造此質之法不難，祇將淡養四各里司里尼，與此質之乾粉在鉛器內用木片調和之

地那每德爲紫色之質，略似一種濕紅糖，每一百分內含淡養四各里司里尼六十分至七十五分，美國所用之地那每德謂之借洋脫末，借洋脫譯卽長人之意

地那每德之爆性，俱屬於淡養四各里司里尼，因收此質者是一無力之體，其結冰之熱度，同於淡養四各里司里尼成顆粒之熱度，如堅結而硬，卽不能放，惟爲散而得粉形，能爆而力減，如連器浸於熱水內，能融，

地那每德自固之力，與淡養四各里司里尼同，然而更穩，因不爲流質形，且因質輭能略受擊力，用此者，須防其漬出之弊，故淡養四各里司里尼不可含之太多，此爲要事，如在寒暑表熱度大時，淡養四各里司里尼易成流質形，卽不易被矽養二收緊，

地那每德之燃度，與淡養四各里司里尼相同，如與火焰相遇，卽着而燒成一大火焰，所含之矽養二剩下，設移動或略擊之，不致着火，

放法

此質用汞震藥引放之，火藥雖亦能放，不能一定合法，其所得之徵驗，不及用汞震藥引之大，

功用與比較齊發勢力

地那每德爲含淡養四各里司里尼最合用之物，此合法確爲用淡養四各里司里尼之妙法，其穩便已著名，然恐淡養四各里司里尼相關之事，尚屬不少，此物所含之淡養四各里司里尼較別物含淡養四各里司里尼更多，故其勢力更大，因含之一故更穩於流質淡養四各里司里尼，然此事與勢力無關，

在開山礫石等事用此物，可代淡養四各里司里尼，近時開礦開石廣用之，且其用處常加多，較火藥更猛，又因其遇火焰或火星不爆之故，以爲更穩，略不留心，非定有不測之險，軍營中亦有大用，

每百分內含淡養四各里司里尼七十五分，比較其勢力，略大於火藥六倍，

第二種地那每德

上所言地那每德祇有淡養四各里司里尼與含此質之矽養二第二種內又用他物相和於中，第一種地那每德謂之正號地那每德，第二種謂之副號地那每德，或另立異名，此各種內含淡養四各里司里尼，不及正號者之多，故其價略賤，其力亦減小，間有需用此種者，

以下兩種，英國製造家所造之副號地那每德，以百分計

之如左

鈉養淡養五	六九·〇〇	
巴辣非尼	七·〇〇	
炭或煤屑	四·〇〇	
淡養四各里司里尼	二〇·〇〇	共得一百分

鉀養淡養五	七一·〇〇	
巴辣非尼	一·〇〇	
炭	一〇·〇〇	
淡養四各里司里尼	一八·〇〇	共得一百分

此種合質亦無甚益處，第取其價廉。又如用淡養四各里司里尼，爆力嫌其太大，亦可用之；或用爆力須大於火藥者，亦可用之。在合質中其有用之徵驗，必從淡養四各里司里尼得之，與別種和物無關。如合質中有能收水而自化之藥爲其分者，即因其能漬出則爲無用。此種皆能被水所害，因水能化其鹽類質，此鹽類即居合質之大分也。

此合質之數能加多，因無論何種乾鹽類質或粉，能作爲含淡養四各里司里尼之料。一千八百七十年布國之兵圍法國京城，城中之淡養四各里司里尼與地那每德爲攻守事造之甚多，其各里司里尼得之造燭廠，惟矽養泥竟不能得，欲求合式之質用之，屢次試驗俱不合用，因其收力不足。所用者即紅磚粉、細矽泥、炭、鎂養、白石粉、煙炱等，在後用造自來火廠所出之爆灰方成，此即一種白粉料，大半爲鋁與矽養之合質，此粉能收二倍重之淡養四各里司里尼而不凝結，此合質亦謂之地那每德。其相和之物不算要質，然所用之和物不可害所含之質，且須令其收足淡養四各里司里尼，即在寒暑表熱度最大之時，能容淡養四各里司里尼不令其漬出。

此種合質甚多，俱想法造成，茲不必詳論，因無甚大用也。祇將最著名者論述之，觀者舉一反三可也。

立多法拉克透 此名即爆石之意

此是一種合質，其成法以百分計之如左：

淡養四各里司里尼	五二·〇〇	
含矽養三泥	三〇·〇〇	
煤	一二·〇〇	
鈉養硝	四·〇〇	
硫	二·〇〇	共得一百分

間用鉀養鹽類或鋇養鹽類代鈉養淡養，且淡養四各里司里尼之多寡亦有分別。其含淡養四各里司里尼之料似別種含淡養四各里司里尼之料，故無一定造法，可任從造者之意合成之。英國一千八百七十二年用一種立多法拉克透，每一百分內有淡養四各里司里尼六十七，試驗之時顯出易漬出之弊。一千八百七十三年製造者又獻一種，有淡養四各里司里尼四七·五，此質略易收淡養四各里司里尼。

布國之伯郎地方克來伯廠製造此合質，在歐洲亦略用之。據製造者云，所用和物煤、硝、硫黃與淡養四各里司里尼相合加其所發之氣故加增其爆力然此語不確淡養[四]各里司里尼爆法極速他種和物之燒相較甚遲故不能加其爆力且其中和物相較略少和亦不勻有此和物不能使爆藥更合法第使其燃度略小耳

立多法拉克透即使易爆不及地那每德軍營中用之更不相宜且更易潰出

美國著名之合質如第二種借洋脫末爆石等與第二種地那每德節內所論之物俱似立多法拉克透但其中無矽養泥

杜厄林

布國人指爾的得馬製造杜厄林用淡養[四]各里司里尼木屑硝其方如左

淡養[四]各里司里尼　五〇·〇〇

細木屑　三〇·〇〇

硝　二〇·〇〇　共得一百分

此種合質不及地那每德木屑與硝之收力不及矽養泥所以收淡養[四]各里司里尼之力較之別質更鬆其燃度較之地那每德之燃度小甚且重率亦更小此亦一弊也

爆藥記要卷三

美國水雷局原書

慈谿 舒高第 口譯

新陽 趙元益 筆述

棉花火藥

幷法成法

棉藥之原質以下式表明即炭輕[七](淡養[二])[三]養[五]亦即炭[六]輕[七]淡養[三]養[十一]乃用濃硝強水與棉花緊合其交互變化即令淡氣與養氣代棉花或寫蛋路司內之輕氣所以其法與成淡養[四]各里司里尼之法相同其相等式表明交互變化者其式如左

炭[六]輕[十]養[五]棉花或寫蛋路司 丄 三輕淡養[三]硝強水 ＝ 炭[六]輕[七](淡養[二])[三]養[五]三淡養寫蛋路司即棉藥 丄 三輕[二]養水

相代而成之物已有數種惟一種作爲爆藥其餘數種造哥路弟恩用之

棉花爲極淨之寫蛋路司寫蛋路即植物內之木紋所以用別種植物之木紋亦能得棉藥同類之物

製造棉藥之法最要者惟使乾棉花與極濃之硝強水相合其硝強水先與硫強水相合酸質浸入時必飽足以後洗棉藥而去盡其餘之酸質在其交互變化之時硫強水收其發出之水此水即在成棉藥時發出者

棉花之絲紋爲扁長之管間亦絞縶有時打結欲其盡變爲合用者須令强水足以漬入一切管內必須留心洗盡其餘之酸質然欲洗淨亦非易事倘有少許酸質留於棉藥之內後將自然化分而爆裂

棉藥之著名已久有多人設法製造而試用之惟至近時方能合法爲之其不測之危險於製造時已阻絕此事想因自然化分之故實因棉藥洗之不淨也依阿伯爾之法能洗淨之且其料之形便用而無危險

阿伯爾法內最要之事將濕棉藥令成漿糊之狀易於洗淨令其成便用之形但此形有數用法不配要得其絲紋者如在軍火中是也然此事無甚要緊因近時軍火中不甚用此別種用法如開山礫石轟物水雷等用此漿糊形之收束棉藥最爲合式且今時所用之棉藥俱有此形

以下言作長絲紋棉藥之法在水雷局用之已得極合之徵驗然製造者倘不多

製造長絲紋棉藥法

上等熟棉花或淨棉花先用鈉養炭養水去棉花內之松香類質油質或從機器而得之油質又用清水洗淨令乾其酸質特製最濃之硝强水與硫强水此兩物幷和之法硫强水三分硝强水一分用鉛盆先盛此合酸質將乾棉花一小塊浸入於內浸透之後用鐵叉提起置於盆內鐵架上其餘酸質壓而出之後將此棉花移置瓦箱內鉛盆內補前此用去之合酸質瓦箱既盛棉花將滿至一半即將新合酸質傾入浸沒其中之棉花後移至涼爽處四十八小時當浸時棉藥大半變成因欲其全變故令此棉花與酸質相遇甚久

後從瓦箱內取出棉藥用兩軸軋之其軸用像皮或鉛周圍包住兩端有簧力壓住做成於槽內之架上餘酸質幾爲此法擠淨

後將棉藥置於一桶水中用力淘之總須洗盡一切酸質無有微迹即將棉藥經過絞衣器數次絞衣器之裝法令盡去其所有污穢之水已絞過者投入清水中用此法較之第常置於流水下洗法更速更淨

阿伯爾壓緊棉藥成漿形法

用料　將極次之棉花洗淨之用寒暑表法倫海一百六十度之熱令乾待冷最濃之硝强水與硫强水其用法硝强水一分硫强水三分預備幷合若干藏於生鐵受瓶內

棉花幷入强水之法　此合酸質已在一槽槽外圍以清水棉花每用一磅浸入酸質內不多時取起而用鐵架壓去其酸質壓出之後即置於瓦箱內而以新造合酸質傾

滿之即置瓦筩於冷水內須待二十四小時

去酸質之法　棉藥從瓦筩取出置於壓乾物件之器內此精離心力此器幾能盡去所餘之酸質再置於清水內如前法去其酸質

成漿法洗法　必須洗淨而去其棉藥內所含之酸迹欲洗淨者須用成漿法此法可用成漿器或擊器其形用一長圓筩其內有旋輪其邊有鋼片筩底面與輪相切之處亦用鋼片輪旋轉時浮於水內之棉藥隨輪而轉收在兩種鋼片間因此切碎成漿形其底可移動則棉藥經過之間能收緊用此法愈做愈細

漿形既成即置於長圓木筩爲末次之洗淨法此木筩一邊之中有一木板輪其輪直近於筩之中心筩內盛滿清水使其板輪旋動留意不使棉藥黏於筩邊

預備棉藥漿配用

照前之手法棉花已變爲火藥而棉藥已變爲漿且洗淨現將此漿與其所含之水分開而壓成餅形此事用兩種壓器爲之第一種器有三十六空管用多孔之推桿向上推行水即流下用時其推桿既抽下管內容滿棉藥之漿與水管頂用重物壓住推桿用水力如此漿即壓緊而水從推桿小孔而出

第二種壓器用法棉藥已從第一種壓器壓緊再用每平方寸六噸之力壓緊之

用上法爲之餅形內之水尚有百分之六可曬乾或烘乾

形性與放法　棉花已變成棉藥形狀不甚改變但比原時稍覺毛糙

此質在清水內能消化然其性不改變設有火焰與乾鬆棉藥相遇則轟而不爆乾緊棉藥遇火焰則靜燒甚速濕緊棉藥遇火焰則漸漸燒盡

如用多棉藥着火則燒而不爆如過多則幾分能爆此因外面棉藥既着火則緊壓內面數分棉藥因此即有爆裂

乾鬆棉藥以汞震藥爲引則爆裂極猛即在溼緊之時棉藥亦能爆裂如欲得此爆法之徵驗須先過一小塊乾棉藥爆而擊之

緊溼棉藥之放法用一攀來敵（藥引名）即前言之并引藥亦即一塊乾棉藥與汞震藥相連而成此攀來敵應置於袋內或匣內不可進水

棉藥之燃度約寒暑表（法倫海）三百六十度即百度表一百八十二度棉藥用摩擊之法不燃如變化不盡或洗之不淨即將自然化分此時之行法已合即爆既成漿而緊者無此危險之事因溼時能放故不必令其乾常使其含水

而成

溼緊之棉藥在爆藥中爲最穩者因其不能從火星或火焰而放之摩擊震動亦不能害之美國不多造此物雖英國別造之甚多英國家多用之於水雷內別種軍火亦用之在英國多用此物之故因西歷一千八百七十一年八月十一日司土瑪克地方製造此物之廠有一極危險之事後即查明在洗淨之棉藥內尚有許多硫强水當時以爲有人故意置此酸質於棉藥內緊棉藥已用工夫逐層造成斷不能再有幾分酸質乃在此不測之事之先此廠所發出之棉藥俱有數分酸質且俱在極危險化分情形

之時此事能表明危險之事不屬於棉藥而屬於人意所以信此種爆藥者又加多矣

存貯料理轉運之法

欲藏緊棉藥總須令溼必留意寒暑表降至餅內之水結冰如有此事水即漲大令餅發鬆在冷時棉藥須藏於地窖內下於霜雪能至之所約深於地面六尺

料理便法將棉藥做成大小餅式或壓成牌或成大塊用時能截成小塊或鑽洞切小

轉運棉藥無甚難事因其不能滲漏亦不能有爆擊英國轉運此物甚多便於他物

功用與比較勢力

前已言礮內不用棉藥緊棉藥雖不配此用然與齊發并引藥放之其力極大所以水雷與開山礫石等俱尚之在英國爲此等事極推此藥阿伯爾博士之意欲用之於炸彈近時試驗幾次以後此事似能合法而成此藥雖少而能炸開更厚之彈火藥雖多祇能炸開更薄之彈試法用十六磅重之彈其中實以水水內置一管管內裝乾緊棉藥半兩至一兩與其同備之齊發并引藥另用尋常引藥令齊發并引藥能着火引藥一着彈即炸開甚爲合法從此議定之事如下彈既滿以水且有一處容能爆乾棉

藥一小塊又能從陸礮而放之放者並不危險即一尋常十六磅重之彈內滿以水容能爆之棉藥一兩或半兩用十五釐之汞震藥作齊發并引藥其爆力更甚於同式彈之滿以火藥者

近又試過用九寸厚之彈滿以十磅至十二磅重之溼棉藥塊有乾棉藥所作齊發并引藥如前十六磅彈內之用法爆時彈爲之粉碎

棉藥用以打靶亦甚合法

棉藥與火藥比較勢力不能一定略從四與一之比至六與一之比如棉藥能盡爆大約六與一之比甚確

化分所餘之質

棉藥放後幾盡變爲氣質祇剩餘質少許所成之氣即炭養氣炭養氣水汽此因熱而成淡氣與炭輕氣少許其燒法不及淡養各里司里尼之能燒盡因淡養各里司里尼內有養氣多於與炭氣輕氣并成炭養氣與水之養氣惟在棉藥內養氣於此事不足故成許多炭養氣此事不與所成氣之多少有相關惟其所成之熱與其炭氣養氣合時之熱更少

含棉藥之物

硝棉藥　將緊棉藥浸於含硝之濃水內後即晾乾所用之硝即鉀養淡養$_{五}$

綠棉藥　製法與上同惟以鉀養綠養$_{五}$代鉀養淡養$_{五}$

前言棉藥內之養氣不足可加能發養氣之物於棉藥內茲論含棉藥之物必有大用然已查知溼棉藥能用此則更勝於別種棉藥

爆藥記要卷四

美國水雷局原書　慈谿舒高第　口譯
新陽趙元益　筆述

畢克里類與汞震藥

畢克里類并法與形性

畢克里類即畢克里酸與鹼類化合之質畢克里酸又名三淡養非尼酸爲淡養代換而成之物即使硝強水感動加波力酸加波力酸又名非內里酸其式爲炭輕養從此引法有三種代換而成之物其中一種有能爆之性即畢克里酸

畢克里酸之化合法由下式顯出炭$_{六}$輕淡養養即炭$_{六}$輕淡養畢克里酸又爲貿易之物用以染黃色之絲絨此酸加熱即生火而速燒不爆裂其畢克里類用熱或擊力即能爆裂用鉀養淡養$_{五}$或鉀養綠養$_{五}$相合即爲爆藥畢克里類有多種然含此質之爆藥祇與鉀或阿摩尼阿合成者

鉀畢克里即炭$_{六}$輕$_{二}$鉀淡$_{三}$養$_{七}$

此爲畢克里類爆藥內之最猛烈者鉀畢克里合於鉀養綠養$_{五}$成一物其猛烈同於淡養$_{四}$各里司里尼摩擦之或擊之即有爆烈之事故難於合用若不用鉀養綠養$_{五}$而用鉀

養淡養$_5$雖其爆性稍小，然能有不測之險。法國人第齊拿爾之粉，即鉀養淡養$_5$與鉀畢克里相合之物，其開山礫石之藥亦為此種合質，為槍礮內所用之藥，即加炭於其內。法國製造此藥甚多，然在法京曾有一極危險之事，自此以後製造即停。

阿摩尼阿畢克里，即炭$_6$輕$_2$(淡輕$_4$)淡$_3$養$_7$

據阿伯爾之意，欲以此物為炸彈中之爆藥。阿摩尼阿畢克里與鉀畢克里大不相同，如阿摩尼阿畢克里遇火焰，即漸燒而發煙焰，如加熱，即融而化氣，且不爆裂，摩擦與擊力俱不能感動。此物與硝相和成一物，名曰阿伯爾畢克里散。英國裝此藥於炸彈內試之頗合意，有此藥之炸彈，從大小數等礮放之，並無危險之事，其勢力較大於火藥，較之淡養$_4$各里司里尼與棉藥，其爆力略減。且用尋常之燒法亦不能盡，如遇火焰，所遇之一分即燃，其餘極難延燒，摩擦與擊力不能使爆。如欲發其爆力，必須收束於一小處，不收空氣中之溼氣，所以其存貯法與轉運法與火藥相同，其穩便與存久亦與火藥無異。預備配用之時與火藥相同，即壓緊與令成小粒等，與火藥有同形，其運法亦同於火藥。

法國人婁羅州之意，欲用阿摩尼阿畢克里與硝相合以代火藥，且云此種藥較之尋常火藥不易收溼氣，其勢力更大，其徵驗更勻，故當淡養$_4$各里司里尼與棉藥不必用之時，欲用一物比火藥更烈者，則可用此藥。

水雷局內曾試驗合阿摩尼阿畢克里之藥，意欲用於長形或他形之水雷。

此畢克里將畢克里酸與阿摩尼阿合成，其畢克里酸先浸於清水內，後加阿摩尼阿至無酸性而止，後在原水內再加畢克里酸，又阿摩尼阿，此法行數次，以後將此合質待若干時，阿摩尼阿畢克里即成顆粒，其水傾出，所成之顆粒濾乾。前所傾出之水可再造阿摩尼阿畢克里，至於不潔之物已多，則棄之。如此行法，物易成而工少，所散失之質亦少。阿摩尼阿畢克里與硝相和成為細末，其黏力不足，故移動不便，如欲用之合法，須與造火藥法相同，加炭若干分，即得極足黏力，用此法即得一爆藥，較火藥更不易收溼氣，其餘形性後再詳論之。

汞震藥

此藥乃鹼類與夫路米尼酸合成之質，夫路米尼酸之式炭$_2$輕$_2$淡$_2$養$_2$，惟以水銀為鹼性者為有用之藥（此即汞震藥也）。此類易爆而極靈，其爆之猛烈因其化分極速，乃因其所發之氣少，故勢力不大，其爆力徵驗不達於遠處。

并法成法

汞震藥之并法可以下式顯之卽炭汞淡養此卽汞養淡養與硝強水用醋變成之製此藥之最妙法如左

用汞一分消化於硝強水十二分內硝強水之重率一・三此消化之流質內傾入醋十一分其醋應得百分之八十五分餘爲水質（有數人設立別種造法余以爲此法最妙初擬汞一分做成汞震藥一・四二分然照上法造成者不能如數照上法將汞一分得汞震藥一・一八至一・二四分此所得者多於別法所得者有汞少許變爲氣質而分散略有沈於流質內者製造之事已得此一定之數則所成之汞震藥不易化分不變爲汞之原形）盛此合質之器再置於熱水內待其變濁而不清始發出濃白霧卽離熱水此時交互變化尚未停大發細泡上升發出濃白輕霧如有紅色之霧顯出卽加冷醋不令其行法太猛製造之處必須離火與焰必須通風不停如是所發之霧能速化散流質變清之時其發濃白霧已停其交互變化之行法傾冷水至滿以止之

汞震藥沈於器底爲灰色之顆粒上面所浮之流質已傾出其汞震藥洗之數次卽屢次沖水洗之或沖水淋之

形性功用

乾汞震藥猝然擊之爆裂極猛或加熱至百度表一百八十六度卽法倫海表三百六十七度或與濃硫強水或硝強水相遇或用鋼擊火石之火星或電氣火星俱能爆裂溼時不能爆故宜溼而藏之欲用若干卽令其乾而用之其爆力不甚大於火藥惟其行法更猛能猝然爆擊

因其行法之速卽借用之而放別種爆藥特爲此等用而造之此類用法甚多或用其純者或用其含雜質者如爲銅帽藥擊藥擊來畝成條之引藥齊發引藥等件

此等用法其益處甚多最緊要者能得齊發爆力（觀第一卷爆藥齊發節）所以欲令淡養各里司里尼及棉藥與含此類之藥爆裂必須用之

齊發引藥或令其齊發者每件內有淨汞震十五釐至二十五釐欲放淡養各里司里尼與其合質十五釐已足用放緊棉藥須二十五釐在齊發引藥內汞震藥必裝於銅帽中或管中必不可放鬆裝進汞震藥時須用溼者若以乾者移動之則有危險

如造之合法汞震藥爲引極穩而可恃如造時不謹慎必有危險

爆藥記要卷五

美國水雷局原書

慈谿　舒高第　口譯
新陽　趙元益　筆述

含爆藥類之藥

并法總說

前已言凡一種合質爆藥須用兩種并物為要一分為易燒又一分其所有養氣極多易於放出在一切并物內所易燒者為炭質尋常與炭相合者為輕氣間有別種能收養氣之物如硫黃亦用之然炭質比硫黃更屬緊要炭質即為尋常之木炭因此物幾為淨炭質然無論何種生物

質炭居其大分者亦可作此用其交互變化之事俱相同炭與養合成炭養氣輕與養成水當時發大熱萬物內所能為燒質者甚多然用於合質內所當之職相同

和於爆藥之質所能發養氣者必多含養氣且用時欲其易於放散不用之時又欲其不能感動相合之爆藥

淡養與綠養為極能發養氣之物幾可定用為和於爆藥之質此兩物放養氣之遲速大有分別所以成數種合質爆藥照此意合質爆藥可分為兩種一為有淡養者一為有綠養者

一淡養類　在淡養類內養氣恃愛力收住可從外用大愛力分散之總言之所有含淡養之合質不易於爆且其交互變化之勢較之別合質不更猛與第二種比較之更不靈於摩擦與擊力無論何種含淡養之物能作此用究其實鉀養淡養竟可用之與硫與炭已成多種合質其中以火藥為宗間用鈉養淡養代鉀養淡養用之然因其有收潮之性情故定為次等火藥可作為淡養類之大分其著名之爆性可作為此類爆藥之性

前所言畢克里爆藥亦屬於此類木屑火藥或虛爾錐之白火藥內有硝其造法將淨木屑變成淡養寫留路司（如棉藥之變法）以此與淡養相并或言小軍械中以此物為火藥甚

便

二綠養類　綠養合質極靈於摩擦或擊動爆裂猛速此種合質內惟鉀養綠養用之他種含綠養之質雖亦製造而不合用因皆易發不測之事故不可用也

用綠養之合質如左表

鉀養綠養與松香
鉀養綠養與沒石子（西國一名好司來散）
鉀養綠養與檳榔膏（俗名東方末）
鉀養綠養與糖（在化學法藥引中用之）
鉀養綠養與鉀衰鐵（日耳曼火藥即白火藥）

鉀養綠養五與樹皮質（又名愛阿揩克末）

鉀養綠養五與硫黃（又名卜特懷西末用於小炸彈內）

鉀養綠養五在各種引藥中多用之故爲一大類有人倚用之。

司伯令猻爾將硝強水與鉀養綠養五爲合質

論數種新製之合質爆藥司伯令猻爾著書一篇傳佈於人頗屬緊要此人查得數種生物質已消化於重率一.五之硝強水俱能照齊發而爆裂淡養五徧蘇里與硝強水若干相配成一合質如用一齊發爆藥爲引其爆力極大而猛用矽養三泥爲和物而收進之即成一種合質爆藥若遇火焰即漸燒較之地那每德或棉藥擊勢稍不靈畢克里酸消化於硝強水內成一相同之合質又有多種能燒之物亦可作此用法第不便移動因其含極濃之硝強水也然因其力大價廉故可得大用司伯令猻爾言明造鉀養綠養五合質新法能免尋常所有之危險或煩難之事因鉀養綠養五與能燒之定質相和其危險甚大而所成之合質極靈司伯令猻爾用能燃之定質變爲流質後將鉀養綠養五之鬆塊或餅使其收進流質此造法無有危險之事永震藥不能爆此合質必先用與硫黃或淡養五合質若干分於內即能令其爆裂假如炭硫二與淡養五徧齊尼成合質在

開山礫石用之力大於火藥四倍如加齊發引藥之力則一綠養五與一輕炭類（如徧齊尼地油非奴里等）相合可合法放之此成法先將棉藥包齊發引藥而放之此種考得之事頗屬緊要因指出新造之法與今所用之物比較價更廉力更大而穩因其製造之法甚便易故能將各物預備待欲用時并合此事昔已試過然其時兩種并合之物爲定質故難造成近時造法令所并之物俱爲流質或一爲定質一爲流質故成之極易

爆藥記要卷六

美國水雷局原書　慈谿　舒高第　口譯
新陽　趙元益　筆述

淡養四各里司里尼與棉藥之功用

總説

爆藥於開煤開山開礦及水面下開山礫石與開路等有大用，其中火藥用之已久，亦用之最廣，各種爆藥造成之後，意欲代之，顧至今未能多用，然在開山礫石之事，須查明比火藥更有力之爆藥，漸考各物，已有能代火藥者，極猛之爆藥非惟在開山礫石之事可用，即在最緊要之開路亦可用，如專恃火藥，恐其事不成，然幸有不惜身命者，詳細考究，熟悉於爆藥，能令後人更知爆藥之性，故今人可用之而安然無事也。

爆藥用處漸廣，然在開山礫石之事，決不能因有爆藥而竟廢火藥，無有一種爆藥其所有之奇性能常代火藥之用，然有數事尚須求更大力之爆藥，在此等事內，爆藥可代火藥之用，總言之，此等爆藥之力，能在火藥之力不足時用之。

在各種爆藥內，祇論淡養四各里司里尼與棉藥，因其與用處相配也，此兩種極猛之爆藥，用之久而且廣，將來製造此物必更加多。

淡養四各里司里尼在溼時用之，在數種定質或稠質之合質爆藥內，此爲大宗，合質之中，地那每德居其首，此卷總説內凡論合淡養四各里司里尼之合質，即論淡養四各里司里尼，因此爲爆藥中之要品。

乾棉藥質亦用之，因考得溼時亦可用，故常用其溼者。

與別種開山礫石藥比較功用

照前言，流質淡養四各里司里尼較火藥之力大八倍，地那每德每百分內有淡養四各里司里尼七十五分者，較火藥之力大四倍至六倍，棉藥較火藥之力大六倍，此數祇是比較勢力之略數，實未可盡信，因其行法之情形與徵驗大有相關，即如有數種開山礫石之事，一爆藥如地那每德或棉藥所作之事，與六倍火藥所作之事相同，且其鑿孔等費更少，然有時造用不合法，其兩種爆藥比較之徵驗無甚分別，故比較之確數極難得之，因用時之情形難定也。

每磅火藥所能拉開各物之重數，依奈蘇所定之數如下：

白石粉八萬五千二百三十二磅，硬白砂三萬一千八百六十磅，灰石二萬二千磅，鎔結石三萬二千四百三十磅，石子結成之硬石一萬四千二百八十磅，依此數推算淡養各里司里尼比較火藥之力大八倍然淡養各里司里尼拉開白石粉與硬白砂未能如火藥所開之數再加八倍若論開尋常之石不第加火藥之八倍也

總言之所開之石愈堅而硬則淡養各里司里尼或棉藥勢力愈大如所開之物愈軟則愈有相反之事在硬石內一種極猛齊發爆藥之擊力能廣行而石不易敵其力若火藥則漸行其擊力敵之較易在軟質內極猛之擊力祇拉開近邊之數分惟火藥漸加之力能拉開其大塊所以情形相合一種爆藥較之更猛之爆藥其功效反多如情形不合其功效反能減少

若欲開石或山內擊洞或水面下移石須用極猛之爆藥如欲移動軟質或欲免物件開裂而粉碎即如在取石或開煤礦則不用極猛爆藥而用火藥在開山礫石之事如用極猛爆藥有大益處因鑿孔之經費可少也然有時因石塊擊碎散開而生危險之事

淡養各里司里尼流質時之力比定質時之力更大四分之一或一半地那每德如一百分內含淡養各里司里尼七十五分其功力可與棉藥相埒如地那每德含淡養各里司里尼過少則不及棉藥總言之如合質爆藥含淡養各里司里尼過少用之不便宜雖比多含者價更廉亦不便宜前曾言地那每德之力恃有淡養各里司里尼故含之愈少愈不合用然間有少含淡養之合質其勢力更大於多含淡養之合質或更大於其淨流質推求其故大約因多含者其力未全發或有數分棄去如極猛爆藥用之合法其益處易於顯明所以有人言少含爆藥之合質其力能大此言未確故製造者不必多購矽養泥硝木屑木炭等因淡養各里司里尼為其中之要質也

論求穩當之一事淡養各里司里尼與棉藥較火藥更合用不受害於不測之爆裂如在轉運火藥時則有爆裂之事用火藥者常不謹慎定有不測之事且淡養各里司里

尼與棉藥不爆於火星與火焰

淡養各里司里尼在流質時不可如地那每德或別種定質爆藥而移動之此流質淡養各里司里尼惟識其性而謹慎者可移動之而識其性者俱知流質時不便於轉運移動恐有滲漏等事且在流質時不能受壓力故任受一擊力即有危險如為軟地那每德能受擊力此因地那每德穩甚故也在開山礫石之事流質淡養各里司里尼用之更多地那每德有一種益處即因其有定質之形在內之淡養各里司里尼依化學而論仍屬和合之質淡養各里司里尼不拘何種用法總以造之清淨為要

用地那每德或含淡養四各里司里尼之別種合質最大危險之事由淡養四各里司里尼漬出而發欲免此危險合質內不準有淡養四各里司里尼過多不論冷熱不致漬出淡養四各里司里尼在法倫海寒暑表五十度至六十度爲濃流質在合質內易於收住如熱度大於九十度至一百度則變極清所以易於與合質分開而漬出惟別料加多則不能漬出又有一要事合於淡養四各里司里尼之物不可用在氣中能融化之物或遇水而變形之物設其合質已溼則流質淡養四各里司里尼將分開依此而論地那每德較之別種合質更佳其矽養泥有收束之大力而遇水不變合質之有鹹味者則有此變此

壓緊之溼棉藥移動最穩此種合法不能有自然化分之

危險無論冷熱皆然其溼時決能免去不測之爆裂壓緊之乾棉藥易於自燃如不收緊於一小處火焰尚不能使其爆裂

近時造棉藥之法美國尚未通行惟在英國用處甚廣西歷一千八百七十四年美國水師部往英國購棉藥五百磅爲水雷局試煉之用

功用與料理法

流質淡養四各里司里尼　流質淡養四各里司里尼多用於開山礫石然又有合此質之合質如地那每德等常代用之淡養四各里司里尼在各爆藥內最合法而猛惟欲轉運而藏之頗不便易在開山礫石之事祇可傾於鑿孔內又恐其數分流入石罅當時不爆以後忽然爆裂則爲害不淺尋常之法置於馬口鐵罐內如連馬口鐵罐置於鑿孔內則不漏泄

余用硬紙做一圓管名曰藥管如尋常藥裹之意大小任意用一軟木塞爲底再用銅絲繞之醮入已融化之巴辣非尼內傾入淡養四各里司里尼加軟木塞爲蓋用銅絲藥引穿過上軟木塞此軟木塞可插入梢釘以固之不令管口之內質翻出用此法淡養四各里司里尼不能漏出較馬口鐵罐價廉而便易

運動淡養四各里司里尼不準傾側裝時藥罐置於一淺箱

或一木槽內所有乾泥或沙泥便能收入其狼藉之淡養四各里司里尼轉運移動淡養四各里司里尼須用銅器此銅器先用沸清油澆其全體後鍍融化之巴辣非尼一層

欲融成冰之淡養四各里司里尼將其器置於熱水內其熱度在寒暑表法倫海一百度尚可澆百度熱之水於冰塊之面如欲其融化甚速則用水之熱以手腕浸下僅能忍熱者尚可用之

藥罐已置於鑿孔內孔內即加滿水其意即將此水爲壓力溼沙泥或泥亦可代用之但不可勉强用壓力

地那每德　此質可徑置於鑿孔內無漏泄之危險然尋

常之法必做成紙管盛之或做成藥裹裝之如已凍冰則無論做成藥裹形或全塊連器置於熱水內此熱水不過寒暑表法倫海一百度
在礫石時用此物如藥裹在孔內軋住不可勉強撐下昔已有數次因此而傷人也
地那每德不受水之害然不可被水分開恐其力不大僅與水相遇則無害別種合淡養四各里司里尼之合質常能收水而受其害故惟地那每德既置於鑿孔內可加水以得壓力等常以砂泥或泥代水用之

棉藥 棉藥製成大小圓片配礫石之用其徑八分寸之

七至二寸其厚一寸至二寸最大之圓片其徑自三寸至七寸亦製就以備用如欲拉開水面下之隧物或礁石等可用之在礫石之事其圓片可置於鑿孔內逐片疊起或用硬紙捲成一圓柱形作爲藥裹之用在別種用處棉藥可置於袋內或匣內用之
總言之溼棉藥最爲配用所以置於孔內上面加水益之則爲合法
如欲用乾棉藥則用火爐之水汽管熱烘乾之凡用乾棉藥須選淡養四之一種爲妙
欲用乾棉藥須謹愼不可過水因潮溼後等常所用齊發

之銅帽或引藥將不能着火

鑿孔法 在開礦或礫石之事用淡養四各里司里尼或棉藥最緊要者所鑿之孔須圓而直到底均勻如大小不勻惟有小塊能徑過於緊小處因此孔內之空處必多而用藥不能合法

收藏轉運之法

流質淡養四各里司里尼 此質可盛於罐甕之內再將木桶裝乾細之泥然後藏之每一罐內之質不可多於三分之二其餘加水以滿之在淡養四各里司里尼之水時常換之每月至少二三次換水之時須查其質有酸性否如造

之合法洗之能淨則毫無酸迹
冷時淡養四各里司里尼結冰不必謹防若融化之時必須謹愼在熱時亦可用冰而使其凝結如此亦極穩當依此法事煩而費大苟能製造潔淨則無需煩擾而多費也
轉運時流質淡養四各里司里尼置於堅固馬口鐵箱內能容五十磅此箱內先澆沸清油後鍍巴辣非尼一層轉運淡養四各里司里尼最妙之法使其結冰則毫無危險亦無漏泄如欲其易於結冰連器置於冰冷之水內或水內有冰塊者數小時後凍冰而堅結融化稍遲所以裝淡養四各里司里尼之箱納於冰中益之甚密即易載至遠處

地那每德　此質可便置緊密匣內或別種合用之器如有少許漬出即將原料盡行調和或再加少許和物藥裹不準一處置之極多或成堆如欲藏久或轉運至遠處須將藥裹裝甚整齊不可擠緊箱須淺而大小適中如此即能豎立藥裹在用處作之再妙轉運地那每德不可謂難事祇須如等常之謹慎而已

棉藥　此質在溼時更穩藏時與轉運時均以溼者爲妙如欲用乾者則用時使乾盛此質之木箱能容五十磅置於有溼氣之處或非極乾之處然其中之水化乾亦不甚速故所失之水不多有時藏處地板上灑水棉藥內之水即不化乾轉運緊溼棉藥毫無煩雜危險之事

放法

依前論如欲放淡養四各里司里尼須用齊發引藥此引藥內有汞震藥有火藥之引藥試放淡養四各里司里尼流質淡養四各里司里尼用火藥放之更便於定質但無論定質與流質其爆法俱不能完全而準足又有數種質已用過作爲爆引藥然不能盡行合法總言之不拘何事汞震藥爲齊發引藥之最妙者

流質淡養四各里司里尼較之稠質或定質之合質爆藥用汞震藥爲引不必多而且準足十五釐至二十釐之汞震藥可放任一種之淡養四各里司里尼

英國用極猛之爆藥必用電氣放引藥用電氣之益處甚大亦不必詳言所有著名之弊端爲其太靈而危險然此種引藥如謹慎用之無有危險間有危險之故引藥內爆質用之過靈其過靈之故欲其爆法不拘何用甚準確或欲免其料之壞與工之差此種引藥內之質常能引出不測之爆法即空氣中之電氣亦能使其爆裂由此而來不測之事甚多非惟此種引藥爆質有危險且放時因其極靈故不齊整而不準確如欲此種引藥作之甚佳必須謹慎而不惜費開礦等事之人初起常欲省儉而造引藥費不願多用後即知其有關係之害造引藥之費較之一切礫石料之價甚小偶有一不測之禍其僨事之費用較一年內應用之引藥價更多

此書不及詳論各種電氣引藥與礫石應用之電氣器具要之電氣引藥須造之甚準確否則放時不靈或有不準確之事用電氣有大益即在同時能使數處之藥齊放之設引藥造之不準確則此引藥放時必有先後不能同時放之

如欲用爆藥合法須得引藥內爆質甚佳前已說明用爆

藥與其放法大有關係如不謹慎此事合法之徵驗必難得之

欲用尋常引藥代電氣引藥如放淡養四各里司里尼與棉藥之引藥祇用尋常引藥不足以爆所以尙須用齊發爆藥此卽一銅帽子裝入汞震藥與尋常引藥之一端相連在用流質淡養四各里司里尼時須留意銅帽與藥引不致受溼此宜護其藥引雖遇水或淡養四各里司里尼不致有收水之事用地那每德或同類之合質須留意不令火星遇爆藥因此雖無爆事常恐其漸燒尋常引藥用格搭伯查（卽硬像皮）護之最妙銅帽裝入爆藥內不可太深

欲使銅帽與藥引相連最便之法使藥引穿過尖形之木塞後將此木塞裝入銅帽內藥引先膠黏於木內後在木與藥引相交之處用格搭伯查緾緊於外木塞與銅帽相連之處可用硬肥皁或巴辣非尼塞緊之

齊發爆藥或銅帽必與其爆藥相遇

乾緊之棉藥亦如淡養四各里司里尼用汞震藥爲引又有用電氣藥引又有用銅帽與一條藥引相連棉藥之用汞震藥較淡養四各里司里尼用之更多不少於二十五釐如用尋常之藥引但恐藥引半路上之火星落入棉藥內果如此棉藥燒之甚速而無爆裂之事欲免此弊將尋常之藥引重包之其銅帽不可置於棉藥圓片內極深其深以能放汞震藥爲度如有合法電氣引藥自然再妙較勝於尋常引藥與銅帽

最緊要者令爆藥引藥或齊發銅帽與棉藥相遇藥引必須在棉藥上裝之密合否則棉藥或燒而散開不能爆裂

溼緊之棉藥須特用一種引藥或攀來畝（藥引名）放之此攀來畝卽用乾緊棉藥少許與汞震藥作爲齊發藥引配礫石事內鑿孔之用其攀來畝爲一圓片形之乾棉藥其大小略與藥裹面積相同在此圓片形上有一電氣引藥裝入或一銅帽與藥引亦然攀來畝置於數塊棉藥圓片之

頂切不可着潮如鑿孔內甚乾祇用一張不通水之紙隔開攀來畝與溼棉藥之圓片總言之欲保護攀來畝須用亮油揩之（其意不令其通水）或以紙包之令不通水氣欲放棉藥甚多如一百磅至五百磅則攀來畝內之乾棉藥以半磅至二磅爲止須置於不通水之袋內或匣內

用藥之數有關徵驗

在礫石之時應用爆藥之數與其先定之徵驗有相關如所用之藥太少則事成數分石已裂開或散開不能扯碎而去之功夫爲之不精後必有差

造藥之工宜求精審又因費用甚大故不可用之太多淡

養各里司里尼與棉藥其價貴用之宜省然其價雖貴於火藥因其力大之故尚屬便宜設用之太費則其所失之幾分更貴於所失之火藥

用爆藥者往往不肯考究此事故用之過費假如用流質淡養各里司里尼爲礫石之物有人所不能當之毒氣常發出甚多此即顯明淡養各里司里尼未盡爆裂大約因用之太多如流質淡養各里司里尼盡爆裂其所成之氣不臭受之亦無害凡用流質淡養各里司里尼不合法者爲常有之事前已言有數種合質每百分內含淡養各里司里尼四十分至六十分更猛於流質之淨者他人以爲

此種行法標明合質有用之徵驗不知淨質之全力極猛惟未留全顯流質淡養各里司里尼之力必有四分之一或三分之一費而不用此非無因之說也

爆藥應用若干與其所爆之徵驗不能有一定之算法因每一事有其本處之情形所以爲此事者須心靈而有度量之才能知爆藥猛烈性情與其發出特異之徵驗如此方能得極大之勢力而用之合法如能知其性情更能免不測之大禍因有各種危險之事從不知其性情而來也

第一圖

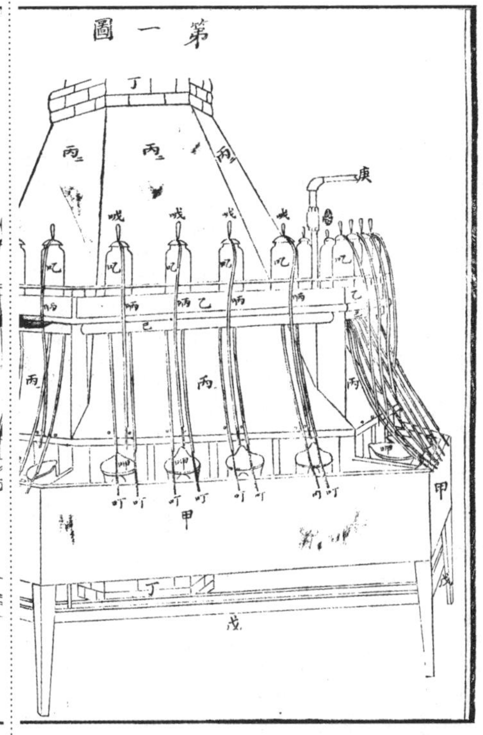

第

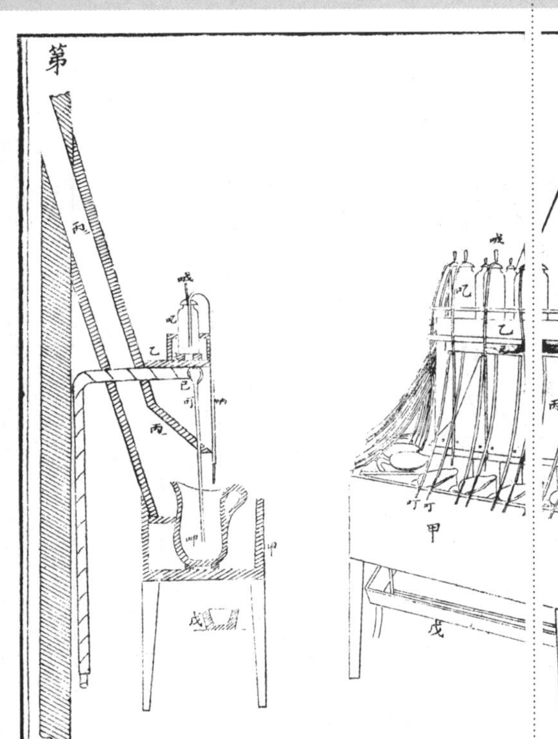

二圖

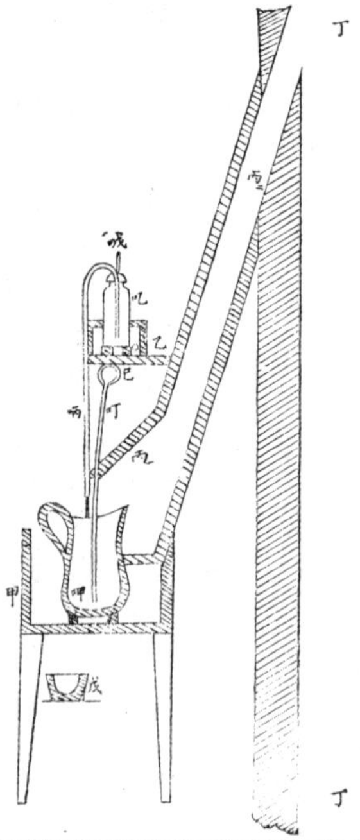

第三圖

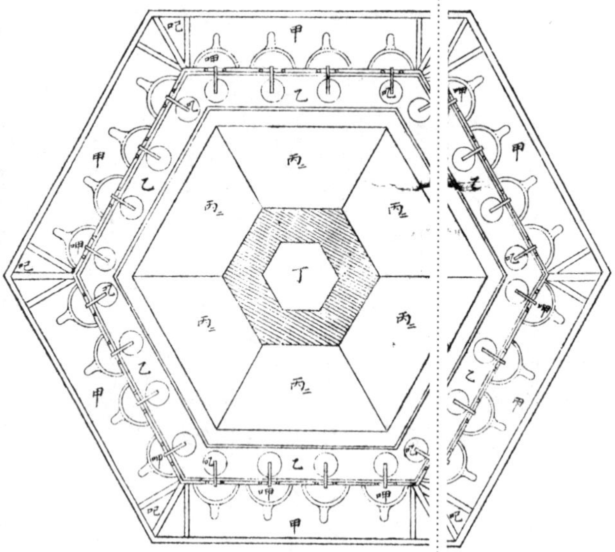

爆藥記要圖

十五

第四圖

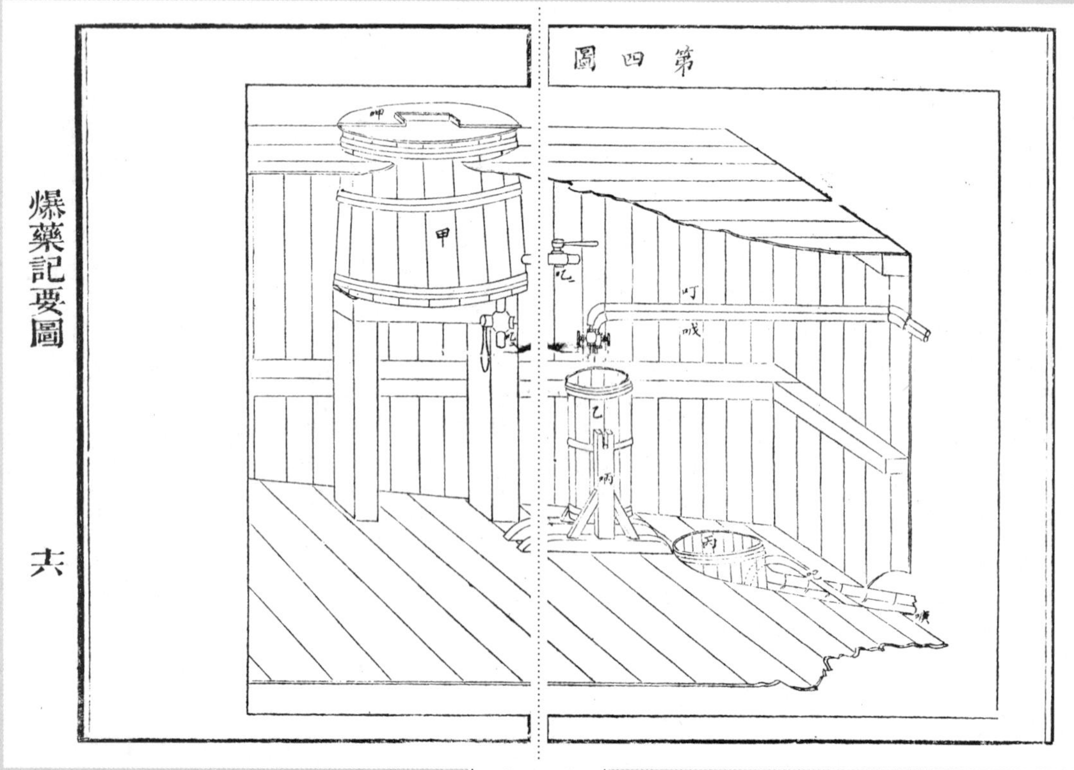

爆藥記要圖

十六

江南製造局

科技譯著集成

軍事科技卷

第壹分册

淡氣爆藥新書

《淡氣爆藥新書》提要

《淡氣爆藥新書》上編四卷，下編五卷，附圖四十三幅，英國山福德（Percy Gerald Sanford）著，上編卷一至卷四上由慈谿舒高第口譯，海甯沈陶璋筆述，江浦陳洙勘潤，上海曹永清繪圖，上編卷四下及下編由舒高第口譯，陳洙筆述，曹永清繪圖，光緒三十二年（1906年）刊行。底本爲山福德之《Nitro-explosives: A Practical Treatise Concerning the Properties, Manufacture and Analysis of Nitrated Substances, Including the Fulminates, Smokeless Powders and Celluloid》，1896年版。

此書論述硝基炸藥之發展、種類、成分、性質、功效、製造、檢測等各事。上編卷一總論；卷二論述硝化甘油（Nitro-Glycerine）；卷三論述炸藥（Dynamite）；卷四論述硝化纖維（Nitro Cellulose）。下編卷一論述硝基苯類炸藥（Nitro Benzol）、羅必賴特炸藥（Roburite）、貝利特炸藥（Bellite）、苦味酸（Picric Acid）、雷汞（Fulminates）等；卷二論述各種無煙火藥；卷三論述各種炸藥的成分；卷四論述各種炸藥的爆炸點；卷五論述各種炸藥的威力及其測量。

此書內容如下：

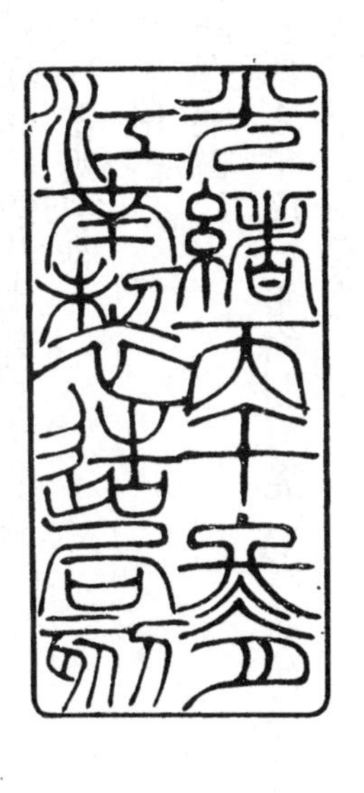

淡氣爆藥新書

張蔚著

淡氣爆藥新書敘目

淡氣爆藥分開礦轟石及軍隊所用各種，編中所論，乃性質及製造并化分各法，而於淡氣格列式林藥，并直辣丁藥，尤反覆攷論，詳哉乎其言之，或非淺嘗尠見者所能同日語也。

書中議論得他山之助甚多，諸君覃精研思，匡予不逮，題名編首，用志弗諼。

英博士蔡白眉

英博士龎森貝

英博士杜康爾

以上三君論無煙火藥。

客隆

亞曼

以上二君論隓蒲拉脫炸藥。

採用各書甚多，擇最要者，列目如下。

化學會日記篇

工藝化學會述記

美國水師院述記

英國礮隊院述記

參考各書目

英國軍火爆藥報數種
英博士艾白爾爆藥論 此書最著名
英國礮隊統領華岱耳棉花藥論
庚狄耳爆藥字典
德國爆藥書
法國爆藥書
所列各圖大半係余手繪閒有從軍火爆藥報及他書選取者附記卷端未敢掠美

英國棉花藥廠化學博士山福德識

淡氣爆藥新書上編目錄

上編目錄終

淡氣爆藥新書上編卷一

英國　山福德著　　海甯　沈陶璋　筆述
慈谿　舒高第　口譯
江浦　陳　洙　勘潤

淡氣爆藥

近年各種淡氣化藥製法精益求精逐漸以新法造藥而代舊藥之用非僅開山轟石卽槍礮亦用之該藥總名無煙藥而含淡氣之爆藥居其高等厥類包括一切化學合成有炸性之物或與金類合成之炸物要皆賴硝强水之化功而成或更加以硫强水其他則炭質也

與淡氣化合之物質

所包括合成各藥爲數頗繁各化藥分劑亦不一因欲得其淡氣故硝强水必不可闕淡氣者硝氣也凡可與硝强水合併物不一所用最著名者如下　寫留路司（此總名包括棉花列格甯等列格甯者植物筋絲也）　格列式林　偏蘇恩　小粉　朱脫（卽印度蔴）　糖　弗拏耳（卽加暴立克酸）　木　草　甘蔗　糖漿　馬糞　均是中有爲數物合成者數不多更有數品其用頗少最關緊要者莫如淡氣格列式林及淡氣寫留路司凡各種但搽抹脫并數種無煙藥內均有淡氣格列式林凡棉花藥哥路弟恩棉花淡氣木質并大分無煙藥內均有淡氣寫留路司　此項無煙藥尋常均係淡氣棉花淡氣列格甯淡氣朱脫等并淡氣與金類相併之爆藥或與淡氣格列式林相併

淡氣爆藥均以器物質製成（何謂器物質曰植物動物雖微體內必有一定之脈絡如器然故名器物）更加淡養類物以代輕氣

格列式林（俗謂洋蜜）照化學分劑係炭$_{三}$輕$_{五}$養輕養輕養輕若用炭養$_{二}$代輕則變爲炭$_{三}$輕$_{五}$養淡養$_{二}$養輕養輕是爲單淡氣格列式林若用淡養$_{二}$代三輕則變爲炭$_{三}$輕$_{五}$(養淡養$_{二}$)$_{三}$是爲三淡氣格列式林凡商家所售之淡氣格列式林皆此類也

更有一類總名淡氣寫留路司皆以寫留路司造成（係各植物筋絲）其化藥分劑係炭$_{六}$輕$_{十}$養$_{五}$此寫留路司有酒醋性質若與硝强水及硫强水相和則成以脫鹽類六淡氣寫留路司卽棉花藥其分劑係炭$_{六}$輕$_{七}$養$_{二}$(養淡養$_{二}$)$_{三}$其哥路弟恩棉花巴陸息林等係四淡及五淡所成名低淡氣爆藥　此低淡氣爆藥可在以脫酒醋并淡氣格列式林中消成流質六淡氣寫留路司則不能如此消化然淡氣不論高低均能在阿西通藥水并阿西的克以脫內消化之在以脫酒醋消化者名哥路弟恩工藝中用之甚多輕炭偏蘇恩卽炭$_{六}$輕$_{六}$由黑柏油煉出之薄油與硝强水相和則成淡氣偏蘇恩類爆藥單淡氣偏蘇恩其分劑爲炭$_{六}$輕$_{五}$淡養$_{二}$倍淡氣

偏蘇恩其分劑爲炭輕淡養第一種內之輕氣一分劑以一倍淡養相代第二種內之輕氣二分劑以二倍淡養相代此二淡氣偏蘇恩均入爆藥故數種著名爆藥如陸蒲拉脫等內皆有之凡物質內已有淡養物則不能再加淡氣惟弗拏耳卽加暴立克酸可加此淡養質凡分三種其化學分劑之總表係炭輕地第一種名正和物第二種名副和物第三種名額外和物以上淡養儘可酌加

各種淡氣和物製法有一定次序尋常弗拏耳卽加暴立克酸係炭輕養輕與淡養相倂則成額外淡氣弗拏耳并正淡氣弗拏耳朵路恩與淡養相倂則成正淡氣朵路恩

惟以淡養與淡氣偏蘇恩相倂則成副二淡氣偏蘇恩本蘇以克酸副二淡氣本蘇以克酸偏蘇恩以畫圖表之第一號之一倂二代表正號一并三代表副號一并四代表額外號

弗拏耳卽炭輕養輕與淡氣相倂則成和物名三淡氣弗氣弗拏耳亦名比克理克酸卽炭輕輕養養輕此卽爆藥爲用甚廣或獨用或與他質倂用其勢均猛

又一種作爆藥用之淡氣物係淡氣邦普塔林其化學分劑係炭輕淡養此藥在陸蒲拉脫西居拉脫等類爆藥中居要分

六淡氣瑪內脫爆藥卽炭輕養淡養其製法卽將瑪內脫卽炭輕養輕與酒醕硝强酸硫强酸合成此酒醕非尋常酒醕乃糖與乳酸發酵而得者如此製成之爆藥炸力甚猛質內有一〇〇中之一八五八之淡氣

淡氣小粉亦用於一種爆藥內博士密爾哈述及三種淡氣以脫小粉其一名四淡氣小粉分劑係炭輕養養淡養其一名五淡氣小粉卽炭輕養養淡養其一名六淡氣小粉卽炭輕養養淡養此等爆藥用番薯小粉以百度寒暑表一百度熱烘乾與硝强水及硫强水在百度表二十至二十五度熱相倂而成米之小粉亦可代用密爾哈博士之意擬用此物製無煙藥其法卽加以製淡氣格列式林所用剩廢强水而取其淡氣內有一百分內之一〇九六至一一〇九之淡氣厥色白而不改性在冷淡氣格列式林中則易消化

克勞斯并貝文博士曾以朱脫卽印度蔴加淡氣製成爆藥依此二化學師意見此朱脫原質分劑係炭輕養變成淡氣和物格式如下⊥三輕淡養‖三輕養⊥炭輕養⊥淡養變成淡氣和物格式如下炭輕養⊥三輕淡養‖三輕養⊥炭輕養淡養照上格式可見此爆藥與朱脫相比三淡氣者加重百分之四十四分四淡氣者加重百分之五

十八分以朱脫製成爆藥者只能加淡氣四倍爲止克勞斯并倍文二君云如以炭格式而代木質寫留路司所成爆藥計有四種較寫留路司爆藥少二種朱脫爆藥中有淡氣百分之一一·五淡氣朱脫與淡氣寫留路司相似確係淡氣木質寫留路司一類

淡氣朱脫在著名苦派耳無煙藥中爲要分據克勞司及貝文兩博士之意以木質筋絲爲料製淡氣爆藥似無大益緣有寫留路司物如棉花者價每噸英金十磅至二十五磅止以百分料與淡氣相併可得爆藥一百五十至百七十分如用朱脫百分僅得爆藥一百五十四分又四然

淡氣木質爲無煙藥用之甚廣許耳子藥及無煙藥公司所製皆有之

危險界限

凡製造及調和爆藥之處均名危險地界所設房屋應名危險房屋造此房屋之料以木爲最合苟遇轟炸時木之拒敵勢不若磚石之猛蓋淡氣格列式林或但掺抹脫在木房中炸爆不過板壁轟散屋頂騰至半空仍墜下於轟燬材料之內儻其房爲磚石所造一經炸爆磚石四散橫飛勢必擊毀鄰近房屋而後止

危險房屋最妙築沙土堡障圍之堡障上面更種以蔓荆草畧高於板屋之頂如書面首圖堡障之用所以限炸爆之勢力使轟散之物不致飛遠製尋常火藥之危險房屋種矮密樹林圍之已足有濟惟於猛烈爆藥之製造處非用沙土堡障不爲功

英國各等危險房屋彼此相距有一定尺寸之遠近例每造屋一所須領有官允許建造之執照請官照時預呈圖樣繪明欲造之廠棧凡地位界限四週情形該廠棧與他項廠屋相距尺寸實數并一切牆垣築法廠內用何種法製藥均須註明

擇危險界之地段須格外詳慎製何項爆藥即擇何項地段造棉花藥及尋常火藥其廠可建於平地製淡氣格列式林者在平地建廠尚不合宜因該廠房各地位高低不一以便流質淡氣格列式林由溝道從一所流入他所此溝道使各廠房聯絡相通須緩緩斜下使流質循此緩緩流行如第一圖即表明淡氣格列式林溝道之截段形

第一圖

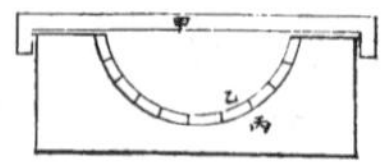

淡氣格列式林溝道截段形甲爲蓋乙爲鉛襯皮丙爲渣灰

此溝道尋常以木製成襯以鉛皮木與襯鉛之閒相距約四五寸許用渣及灰實之溝道猶危險房屋須築垣護之上蓋以合宜之蓋在天氣炎熱時此蓋須

粉刷令白以禦太陽光熱

該溝道須常加檢察倘所襯鉛皮有損須修應將修理處兩端相距數尺許小心洗淨洗法將鈉養或鉀養消化於酒醋并水內而用之再加清水洗滌此洗法令淡氣格列式林化分爲格列式林鉀養淡養$_3$則可無炸爆之虞製造淡氣格列式林時所用硝强水與磺强水損傷鉛襯甚速每成鉛養硫養$_3$並鉛養淡養$_3$少許有人常擬用黑鐌皮作管然其法亦不妥緣管中遇有一切情弊及冬季淡氣格列式林結凍則難辦理而管內情形亦不得見惟木溝道雖遇結凍亦可將其蓋揭開以便查看

凡廠屋需用溝道牽連者皆爲製造淡氣格列式林而設此廠房布置如下　一加淡氣房　二分別房即分出餘多之强水　三砂濾房　四二號分別房　五存洗物房　六澄停房　以上各房屋地位須挨次漸低以便淡氣格列式林或强水由第一房流入第二房

此種房屋須排列一處距他項危險房屋如包藥裹房調和但捺抹脫房等均宜稍遠

各危險房屋須有引電桿保護或多裝引電鐵絲夏季宜令其陰涼法將屋頂并牆頭均作夾層其中以煤灰實之屋頂粉刷令白玻璃窗染以白漆各房須掛寒暑表一只

工人未散前每日將各房地擱板洗滌爲要如有淡氣格列式林傾翻地板上即將海絨收吸并用鈉養或鉀養化於酒醋取以洗抹　照此法將淡氣格列式林化分可免不測之禍而使爆藥化爲和平之物如下式　炭$_3$輕$_5$(淡養$_3$)$_3$⊥三鉀養輕＝炭$_3$輕$_8$養$_3$⊥三鉀淡養$_3$在屋內工作之人均穿布鞋或皮鞋鞋底不准釘銅鐵小釘各屋須以鋪煤灰之小路聯接或小路上鋪以木板凡有鬆散沙泥處以蔓荊草或煤渣遮蓋免風吹入房屋各處又須設自來水管管旁加柱護之放水之管須有噴力配用救火水帶置於大眾周知之處以備火險時易於取用每星期操演一次以期純熟

冬閒各房須裝發熱汽氣管此管宜安於木柱之上且須在危險地界之外此鍋爐房以啟式耳古泥或爛石泥塗之上罩篷布塗以柏油每房內裝一火爐安置處宜在牆角更以木罩罩之

凡製造淡氣格列式林及但捺抹脫廠內工人在危險界時所穿衣服應與尋常所用不同恐在廠內衣服易染淡氣格列式林帶之出廠致有危險此項衣服以無袋爲妙倘因有袋將火柴即日用之自來火及鋼鐵器帶進廠內其險殆不可思議又須設立男女工更衣房各一所在危險界內

所用器具須以燐銅或黃銅製之燐銅以銅錫鋅加燐煉成者昔作礮料用建造房屋所需之釘均宜黃銅或木質製之

秦格梅爾生斯諸博士之保護廠屋禦電法

英政府整頓爆藥章程載明凡爆藥製造廠屋并存儲之棧房及危險界內各房屋均須有得力引電桿惟照內部大臣之意則謂該房屋如能建造合法引電桿亦可免用製造爆藥工作廠屋究以何式引電桿爲宜諸家議論莫衷一是據引電桿司之意則主比國博士梅耳生斯並秦格之法如第二圖博士麥格斯惠耳在英國格致會中刊論一篇用引電法保護藥屯即用鐵皮將此項房屋全行

第二圖

遮蓋或用引電梗所製之籠罩之惟雖效其法仍有不妥之處

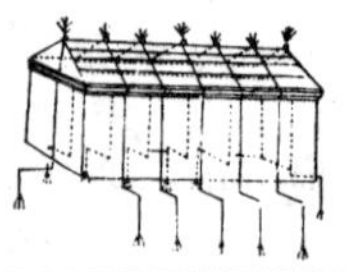

梅耳生斯觀上法而善之惟畧改其不妥之處法將引電桿上端叉頭中段引桿下端插入地下之各分枝數均加多上下端叉頭形狀與刷帚無異有五枝或七枝之尖刺居中之尖刺較高兩邊攤開各相距四十五度所用材料大分係鍍鋅之鐵絲屋頂凡有五金類稍大之物件均須與引電桿牽連此法於第二圖表明之此圖選自軍械爆藥報

此法係照麥克斯惠耳之意辦理以保護曠野處之火藥屯及棧房博士秦格之法亦與此同經奧國兵部試驗多年頗著成效

第三圖

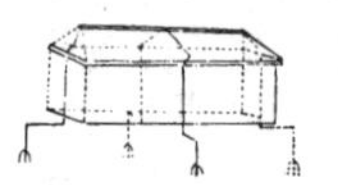

法國保護藥屯法見第三圖法不用帚形之引電桿端

法兵部所設以引電桿兩根或數根近於藥屯牆垣惟不聯絡一氣在地基下則照常牽連深入地土

英政府章程載明爆藥廠屋上之引電桿須高而尤須裝配得法因屋外所有之爆藥屑在該處與電相遇時不致

因轟炸而波及下面之房屋惟桿端須裝成帚形刺約五枝有奇不可裝單刺

第四圖之甲乙均指明政府保護爆藥廠棧法圖內端用

第四圖甲

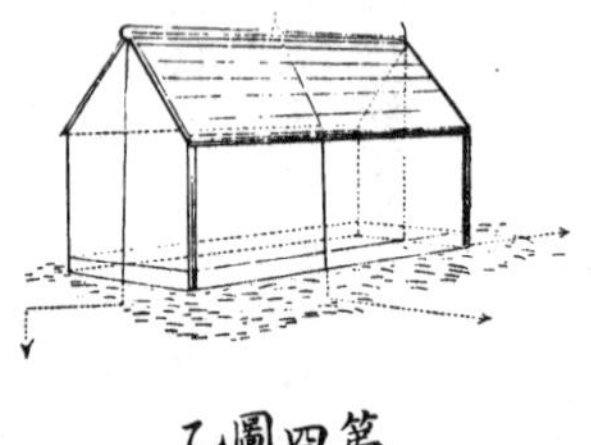

第四圖乙

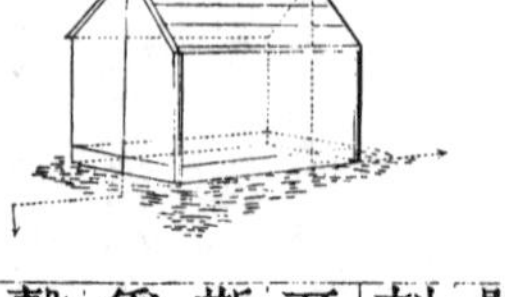

單刺然終以多刺更妙博士愷耳文及梅爾生斯均以多刺法爲準因雷電轟擊時或成片段或形如團火並

不注定一小處故帚形桿端可吸電較多

裝引電桿各相距尺數在最緊要之房屋桿之彼此相距五十尺已足依此法每電桿可保護二十五尺周圍之廣凡地面所設各爆藥廠棧均須照二十五尺之例而設引電桿

若地下之藥屯又須設阻拒天電之法因與地面上房屋比較雖覺稍穩惟所屯爆藥均裝金類箱內其引電較周圍泥土尤便所用阻電法應與地面上房屋所用阻電具相同所不同者裝於屯頂之地面上而已

凡引電桿數枝接聯一統者其直立引桿頂上並近地面

處均宜聯接凡房屋外角並牆凸處最易爲電所擊所以此等地方均須裝引電桿一統屋脊亦然

屋頂並外牆面上所有金類物件均須與引電桿牽聯兩水管之下腳尤宜聯接

凡引電桿應隨時試驗計每三箇月須試驗一次查其與地是否相通并桿內何節有患今將最便試驗法記錄於下

引電桿下端係帚形鍍鋅鐵絲埋地下甚深是爲地帚試驗時先將一地帚以銅絲牽聯於電具之陽電線其餘地帚以銅絲聯絡一氣並牽聯於電具之陰電線由此而得電週即知第一地帚引電桿通電靈否此外各引電

桿即可照此試驗此法名安得勝法用之甚便祇須一隻克闌息溼電具內有三瓶并一測電具即可試驗此外勃格熱耳新製一具與郵局所用阻激力銅絲圈相仿至少可測二百箇獲姆（此係電力數）約至二千箇獲姆一千八百九十二年分之七八九月之軍械爆藥報內載錄數篇論及保護爆藥廠棧阻拒天電等事足資參證

淡氣格列式林畧論

淡氣格列式林爆藥者是爲近今爆藥中最利害之一種即係但捺抹脫藥中得力之物轟石所用各種直辣丁皆有此物在內倘製造直辣丁但捺抹脫并直列捺脫等藥

均以棉花藥消化於淡氣格列式林加以木漿及朴硝二物可令漿形之直辣丁飲飽製造柯達無煙藥辦力斯塔脫等無煙藥亦多用淡氣格列式林博士沙勃來諾於一千八百四十七年造淡氣格列式林又名格列式綠耳三淡養五彼時曾云先將磺強酸與硝強酸相併然後用冰鹽法令凉之後即成有形之流質（所用磺強酸重與水比較有一八四之數即幾加一倍重數硝強酸之重性有一五即較水重半分）此流質係淡氣格列式林初工藝中無用此者一千八百六十三年博士挈勃耳在瑞典京城設廠以製此物因常有不測之禍故其用不廣一千八百六十六年挈勃耳憶及一種鬆土令其飲飽此流質則土

中流質不得流動而易炸發由此製成今所謂但捺抹脫爆藥嗣後製藥者遂廣用淡氣格列式林矣

厥後博士莫勃來用淨格列式林并硝强酸內無淡養而製之其物更精莫勃來又用壓緊空氣在瓦鐘內將强酸與格列式林相併每一次鑵內强酸十七磅格列式林二磅

一千八百七十二年法人符琦及步尼先將格列式林與硫强酸相併後再加硝强酸與硫强酸相併據云行此法可大減末次調和時之熱度

上法所製之淡氣格列式林化學分劑如下格列式林一百分硝强酸二百八十分硫强酸六百分據云仿此法調和時之熱度祇百度寒暑表十度至十五度惟仿此法須經二十四點鐘之久格列式林方得淡氣浸足夫淡氣格列式林與雜强水久和甚險所以料其減熱度之益不敵加險之弊英國威爾士之勃羅斯地方曾仿此法製爆藥旋因大轟後棄而不用

現造淡氣格列式林法先將磺硝强酸調和後加格列式林製法內所用硫强酸與化法無涉惟格列式林與硝强酸相化時亦有水變成此水卽爲硫强酸收去照此法硝强酸不致變淡否則成低性淡氣格列式林消化於水中在漂洗時與廢水同流而去蓋淡氣格列式林與餘多酸質相和甚險現在博士查得淡氣格列式林之化藥分劑如下

炭$_3$輕$_8$養$_3$丄三輕淡養$_3$＝炭$_3$輕$_5$(淡養$_2$)$_3$養$_3$丄三輕$_2$養

以化學分劑而派炭等於十二輕等於一養等於十六淡等於十四照數而乘卽得上二共數

格列式林之化學分劑係炭$_3$輕$_8$養$_3$卽炭$_3$輕$_5${養輕 養輕 養輕}

單淡氣格列式林　炭$_3$輕$_5${養淡養$_2$ 養輕 養輕}

三淡氣格列式林　炭$_3$輕$_5${養淡養$_2$ 養淡養$_2$ 養淡養$_2$}

可見格列式林內之三輕以淡養$_2$代之卽成爆藥

欲多製淡氣格列式林爲爆藥者先秤硝强酸三分硫强酸五分互相調和照上相等式而派每一磅格列式林可造淡氣格列式林二磅又百分磅之四十七然實在得數只二磅又百分磅之四十七所耗之數變成又次等爆藥隨水洗去因强酸逐漸失力且格列式林內亦有水少許故有此耗失之弊

淡氣爆藥新書上編卷一終

上海曹永清繪圖

淡氣爆藥新書上編卷二

英國　山福德著　海甯　沈陶璋　筆述
慈谿　舒高弟　口譯
江浦　陳洙　勘潤

淡氣格列式林性質

淡氣格列式林係一重性油膩流質，在百度表十五度時重率係一·六，其時甚清潔，一無顏色，市上所售之淡氣格列式林，則為淡黃色，視造時用料之高低，以定貨之上下。此物在水內不能消化，在百度表零度下二十度時，則凝結成晶形，惟市上所售各種淡氣格列式林則否，倘有微細不淨之物攙雜，則易阻其凝力，不復結成晶形。定質淡氣格列式林在百度表十度時，即融化，惟須久延數時方融，在十度時其定質之重率係一·七三五，變為定質者，則縮小十二分之一，在百度表九·五度至九·八度時，其容熱率係〇·四二四八（即與水比較中所有之熱幾得一半）。

淡氣格列式林有甜味，內服之後，人覺昏悶頭眩，而易消化於下列各物，如以脫、哥囉方、偏蘇恩、冰形醋酸及淡氣偏蘇恩等，酒醕內消化之分劑，係淡氣格列式林一分，酒醕一分又四分之三，水內幾乎不能消化，炭硫$_{二}$內又不能消化，其化藥分劑式係炭$_{三}$輕$_{五}$(淡養$_{三}$)$_{三}$，原質顆粒重數係二百二十七淡氣格列式林純淨者能久藏有曾經十年而不稍變者儻中有餘多酸質雖爲數極微卽能令其從速變壞欲知變壞情形可查其有無綠色點圈凡爆藥以淡氣格列式林攙和而成定質者如變壞則有綠點凡淡氣格列式林不與他物攙和而有流質形者如變壞則面上現有綠圈太陽光往往令其驟炸曾有一次在提水桶內盛有曾洗浣爆藥之廢水無意而置於太陽光中不閱一時卽猛炸云

淡氣格列式林每百分炭$_3$輕$_5$(淡養$_3$)$_3$中之原質分劑如下

	驗得數	照例數
炭	一五·六二	一五·八六
輕	二·四○	二·二○
淡	一七·九○	一八·五○
養	六四·○八	六三·四四

以上化分數係照博士白克梅姆查得者博士沙政及亞杜云淡氣係一八·三五至一○·五四（此照博士杜麥所製之藥而論）惟余用龍甘之量淡氣表測得多至一八·四六

淡氣格列式林炸轟化分而成之各物在下相等式見之

二炭$_3$輕$_5$(淡養$_3$)$_3$＝六炭養$_2$＋五輕$_2$養＋六淡＋養是令燒後尙餘多三·五二養氣淡氣格列式林重一百格蘭姆數轟炸後變爲

炭養$_2$	百分之	五八·一五
水	百分之	一九·八三
養	百分之	一二·五二
淡	百分之	一八·五○

百度表在零度時（卽冰凍時之度數）照風雨表空氣有七百六十密里邁當之壓力（卽空氣平靜時）每千格蘭姆淡氣格列式林化成氣七百十四列忒其中之水亦變爲氣質淡氣格列式林製成之但捺抹脫如啟式耳古但捺抹脫燒時化分法與淡氣格列式林原料不同如所成氣質出路甚便而當時空氣壓力照常則稍減博士賽勞及維艾耳驗得此種氣質一百列忒內所居化藥分劑如下

淡養	四八·二
炭養	三五·九
炭養$_2$	一二·七
輕氣	一·六
淡氣	一·三
炭輕$_4$	○·三

上說燒法不得實力與開礦時因燃燒不合法而失其勢力無異

淡氣格列式林受擊力卽猛炸惟在坦口器內可燒之無險倘燒之高於二百五十熱度則炸博士孟祿云熱至二百零三度至二百零五度卽將攬火每格蘭姆重之爆藥有四百三十二容熱率一格蘭姆燒成之熱度等於一千五百七十六熱力淡氣格列式林全燒時所得熱氣與盡化分所得熱氣相等因其中多養氣也

製造法

欲造爲數較多之淡氣格列式林先將濃號硝强酸與硫强酸調和遂漸加入格列式林已攙和之强酸盛入鉛器內此器內有一蟠香形水管俾使冷水運行管內可令强

酸寒涼而格列式林遂如一條細流之水由上緩緩灌下製造工夫約分三層 一加淡氣法 二分析法卽將其已用過之礦强酸分出 三洗浣法卽將餘多酸質洗出製造者須將三法依序而行

加淡氣法

此法乃將攙和强酸分劑及濃淡查明確實最合之分劑取硝强酸三分重性係一·五二五至一·五三〇其中淡養愈少愈好礦强酸五分重性係一·八四〇須在寒暑表十五度時硝强酸須極濃未及一·五二之重性不可用之硝强酸愈濃所得淡氣愈足然礦强酸亦須甚濃其中淡養

不可過於一百分之一數硝强酸內綠氣愈少愈妥製造市上出售之淡氣格列式林所用硝强酸如有下式者倘稱相合重性一·五二五淡$_{二}$養$_{四}$一·三硝强酸(輕淡養$_{三}$)九五·五八

每一種硝强酸內應查明正號硝强酸之多寡及淡養$_{四}$之多寡然後可用儻僅知重率則仍不知强酸確實濃淡與否因强酸之大重率或有淡養$_{二}$在其中也此卽不合用者欲測酸質確實共數最妙以鈉養輕一分水九分相化并弗拏耳甫塔林試驗之以下查法係便捷而可靠者先將一玻璃罇可容一百箇立方桑的邁當者秤之內盛蒸水

數箇立方桑的邁當用玻璃管弔起一桑的邁當之硝强酸置於其內將罇再秤卽知强酸之重數然後再加蒸水至百立方桑的邁當其時百度表針指十五度將罇重搖令內物均勻後以玻璃管弔出流質十立方桑的邁當盡傾於一小罇畧加弗拏耳甫塔林水更加鈉養輕水而觀其色卽知實在情形是爲試驗硝强酸法

欲查淡養$_{四}$卽用鉀養錳$_{二}$養$_{七}$水試之此水係顯紅色驗法如下

以小玻璃罇內置十立方桑的邁當水用玻璃管弔起十至十六立方桑的邁當之鉀養錳$_{二}$養$_{七}$水然後加所欲查驗

之酸質二立方桑的邁當將罇輕搖錳水紅色卽退再加錳水待至紅色不退爲度卽知淡養$_{四}$盡爲錳水所尅矣一列式錳水內有三·一六格蘭姆鉀養錳$_{二}$養$_{七}$照數推算一立方桑的邁當之錳水內有鉀養錳$_{二}$養$_{七}$萬分格蘭姆之四十六分淡$_{二}$養$_{四}$酸

測磺強酸濃淡便捷法如下

在一小玻璨瓶內秤磺強酸二·四五格蘭姆數其中加一滴弗拏耳甫塔林水更加鈉養試觀其色有將硝強酸內之淡養質吹壓緊空氣而逐出之先以硝強酸置蓋緊鉛櫃內令其中煙氣由大煙囱騰出櫃底有蟠香式管管上

有許多細孔由此噴出壓緊之氣然此法亦有不妥更有一法將硝強酸緩緩燒熱而將淡氣逐出惟用此二法俱有失耗硝強酸之弊儻攷有較善之法可試用之

旣得純淨硝磺二強酸欲使彼此調和先將空罇秤之將強酸由令凝濃櫃內灌入罇中連罇秤之罇上標明磅數以後只要計罇數無須過磅便知其重數若干二項強酸過秤後傾在一櫃內調和之聽其流入蛋形桶內以備撳之至加淡氣房內蛋形桶係堅固生鐵爲之式如一蛋或如圓柱如蛋形者眠在地上一端有進人孔蓋以鐵捎捎住如圓柱者數分埋在地內一厚鉛管通至其底此鉛管

內又裝一小鉛管能將壓緊之空氣撳下使大管內之強酸由邊管噴送至別房聽用空氣壓力之多寡須照強酸所過路之遠近及所到位置之高低而定

已調和之強酸旣撳至危險地界內之鉛櫃此櫃位置須較高於加淡氣房之位旣到此處俟退熱之後可用櫃須置於木房內房須高於加淡氣房六七尺許櫃之大小須足容強酸備加淡氣四五次之用木房內亦須置一小鉛櫃可容調和強酸爲加淡氣一次之用小櫃之用處卽大櫃內料將用盡時工人將小櫃灌足聽其流下至加淡氣房內而進淡氣櫃以備下次再用加淡氣法尋常用一鉛

櫃其底之直徑四尺許上口畧小約高四尺其具之大小照一次加淡氣法之多寡惟以稍大爲妙至工作時只用三分之二之地步爲止最便之加淡氣法每次用調和強酸十六英擔卽六擔硝強酸十擔磺強酸與格列式林二百四十七磅照上數而製卽每磅格列式林可製成淡氣格列式林二磅又一磅之四七卽幾得二磅半數然實得之數只近二磅又四分磅之一此外所餘者卽變爲低淡氣格列式林洗時與水流去鉛櫃如第五圖外有木套前面有一立台匠人立此以便扳管中塞門機關之柄

加淡氣具有覆釜形之鉛頂蓋之鉛頂上有小玻璨牕洞

第五圖

鉛櫃頂甲爲氣霧管乙爲蟠香形冷水管丙爲運下和强酸至櫃之管戊爲壓緊空氣之管庚爲轉運格列式林管並漏斗酉爲寒暑表天爲窗

可觀加淡氣情事頂上有鉛管如甲通出房頂以通出製造時酸質之霧氣櫃中有一寸徑蟠香形鉛管三條如乙使冷水流行而令强酸變涼　更有一鉛管如戊由櫃頂通下到底在底上彎轉成圈此管有許多小孔彼此相距約一寸許由此管空氣照六十磅壓力數撳進可令櫃內流質在加淡氣時常常震動　又一管如丙內直徑二寸由櫃頂通進可運和强酸至櫃又一管如庚通在櫃內爲轉運格列式林之用管口無須大徑因加格列式林時須成細流而下且恆用一噴管送入之櫃內又裝寒暑表二只一長者直至櫃底一短者合配浸於强酸之面下爲止其時櫃內裝足各料長寒暑表即指明其底處之熱度短表即指明强酸面上之熱度格列式林須置小箱內箱則置於加淡氣房妥便處之牆上箱底裝管管口與櫃底裏面相平格列式林由此管通入加淡氣櫃內管上更裝塞門并柄此柄隨意旋之以司塞門啟閉而節宣格列式林之流行塞門裝在管上近旋柄處

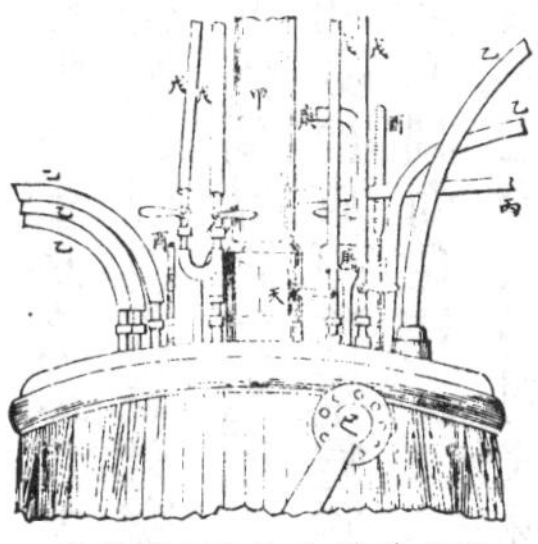

應設法隨時查察櫃內格列式林之多寡可用看水玻璨管管上勒有分寸數以便工人查見櫃下段近底處裝一閉塞流質管淡氣格列式林造成後由此放出塞門用大瓦料造成內襯以鉛裝此門管淡氣格列式林可由溝道流至他廠或因造法不合即令流入他櫃作廢此櫃故名廢櫃櫃長三四碼深數尺溏以西門丁土安置廠房之外櫃內灌足一次所需調和强酸後即令水在櫃內蟠香式管中流通並加壓緊空氣少許令强酸調和勻稱方妥寒暑表二只均在熱度十八度時方可始行加淡氣法即將管中塞門畧畧旋開令格列式林緩緩流進並令壓緊空氣足數灌入待至櫃內物質大爲震動如櫃內有格列式林二百四十七磅强酸十六擔所用空氣壓力至少四十磅如格列式林管裝有噴管可旋開令其噴入加淡氣法須三十分鐘爲度壓緊空氣并水仍須久延十分鐘時令格列式林盡數得透淡氣熱度減至愈低愈妙

加淡氣時最宜留心數事如下

一　二只寒暑表所見熱度

二　加上淡養後霧氣之色此由櫃頂煙窗之小玻璨窗內見之

三　壓緊空氣之壓力可在漲力表上見之此表裝在氣管適將進櫃之處

四　所用格列式林多寡亦有表記明可查

各寒暑表所見熱度不可高於二十五度如升過此限速將格列式林管內塞門旋閉加空氣壓力數分時俟熱度減低並不見紅色霧氣騰上方妥

加淡氣法既畢櫃底瓦料塞門可旋開任櫃內物質由溝道流至其次廠房（即分別房）

加淡氣房最好以木質建造地板縫須緊密須異常潔淨不可有石屑沙泥類房內常備提桶及海絨儻有傾翻狠籍工人立即洗淨常備小帚一把有沙泥類立掃除之工人須備簿一本以記每次加淡氣起首至完畢時之熱度所需時刻及每批月日并其號數一并記之有此次序匠目便知製造工程之大小緩急以便設法預備不測

新製成淡氣格列式林由加淡氣房在溝道流出此溝道以像皮管爲之或用木溝內襯以鉛則更妙可用短節木蓋蓋之以便啟蓋看察溝道情形因溝道常須省察洗淨將內所結之鉛養硫養除去此鉛養硫養內常含淡氣格列式林故須移至危險地界較遠處或棧房而燒之否則常不測而猛炸

儻或造淡氣格列式林爲不甚緊要而炸藥中須居百分中十分者（即每次所製之數不大之意）如只要五十或一百磅之格列式林則所用加淡氣具不必如上說之大即照第六圖加淡氣具此加淡氣具必用厚淨鉛製成可容五十或一百磅爲最妙此加淡氣具可與分具同置一房內如所需淡氣格列式林爲數不大其完全製造法如加淡氣法分法濾洗法等均可在一廠房內爲之惟加淡氣具位置須高於分具餘具須畧低此種加淡氣具之造法與大具相同而式樣稍畧蟠香形冷水管二條及寒暑表一只已足且無須圍以木套

第六圖　加淡氣小器具

卯爲放流質旋柄巳爲蟠香形冷水管酉爲寒暑表天爲窗巳爲格列式林管

分法（即分出格列式林之廢强酸）

淡氣格列式林與攙和强酸由加淡氣房流至分具房此分具房位置須較低分具房內置襯鉛大櫃上有木蓋蓋中裝有大鉛管一此管通出屋頂以通汽霧於空中此管內有小玻璨窗便察看騰出汽霧之色遇淡氣格列式林至鉛溝道遂進分具房進屋頂處而將淡氣格列式林由庚字管沖進分具如第七圖此式櫃所容淡氣格列式林祇可深至三分之二櫃旁有厚玻璨小窗以便工人察看櫃內淡氣格列式林之高低及分法情形此分法須延半點鐘或一點鐘之久

第七圖

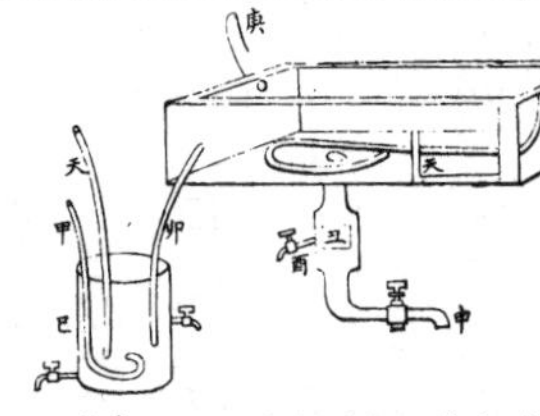

分具甲為壓緊空氣管庚為淡氣格列式林由加淡氣具來路之管卯為運淡氣格列式林至巳之管丑為寄留天為櫃寄留申為運廢強酸至第二號分具之路管酉為放淡氣格列式林微數之管巳為洗滌桶甲為壓緊空氣管天為運水管卯為淡氣格列式林由分具來之路管

分具與大水櫃相接因具內淡氣格列式林或有不測以水沖淡可免肇禍此具亦須用溝道接聯沙濾法由該房再用溝道接聯第二號分具第一號分具須裝壓緊空氣管在具底彎曲如環形因淡氣格列式林或由化分法將變極熱如有壓緊空氣調和其間可令涼而免不測此具頂插寒暑表一應常查其表底須通至淡氣格列式林中間淡氣格列式林浮

於撹和強酸之面因淡氣格列式林重率係一·六廢強酸之重率一·七其時廢強酸之分劑如下 輕淡養十一分 輕硫養$_4$六十七分 水二十二分 共合一百分

如各事平靜不必用壓緊空氣鼓盪其間以阻撓其分離之工可任廢強酸由淡氣格列式林下面流出而旋迴入第二號分具在此寄留數日以便廢強酸中尚含之淡氣格列式林漸漸浮起不致狠籍肇禍前後所得淡氣格列式林均令流入小櫃此櫃與分具同設一廠內在小櫃內加對分劑之清水洗三四次水內先加鈉養炭養三磅以便收盡餘酸之用此櫃裝有鉛管此管鑽有多孔蟠於櫃

底蓋壓緊空氣由此管通至櫃將淡養$_5$格列式林與鈉水洗浣是謂初次洗滌其後將淡養$_5$格列式林灌於硬像皮提桶傾於溝道流至沙濾房洗後廢水由一溝道通至他房以便收斂微數之淡養$_5$格列式林以免肇禍

沙濾滌法

此法所需房屋應較大於淡氣房及分具房緣有時或須料理淡養$_5$格列式林五六起而房屋地位又須較低於分具房如第八圖淡養$_5$格列式林至此房先流入鉛襯之木櫃內如第八圖天字此櫃內裝有壓緊空氣管如分具房小櫃內之管一式櫃有水深及一半淡養$_5$格列式林灌入

淡氣爆藥新書 卷二 十三

第八圖

沙濾並滌法具

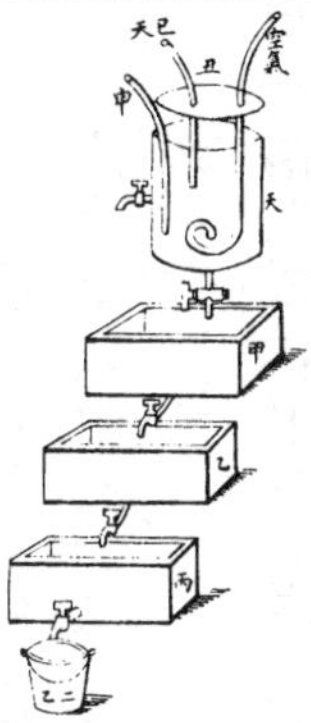

天為洗滌桶天巳為水管丑為蓋申為淡氣格列式林由分具之來路管甲乙丙為沙濾櫃乙二為硬像皮桶

後延半點鐘或一刻鐘之久即將壓緊空氣通入其內然後將水放出加以清水可如此洗滌四五次然後將淡氣格列式林灌至第二櫃如甲字此櫃頂與第二櫃相並此甲櫃頂上裝一架以佛蘭絨張之淡氣格列式林由此濾下隔出其中之定質如沫及一切之塵屑由此櫃流出至乙櫃頂上相同之佛蘭絨再濾之流至丙字櫃亦有佛蘭絨濾之復如前由丙字櫃底塞門流入硬像皮桶此各櫃

塞門均以硬像皮製之為妥

此時可將此淡氣格列式林少許以為模樣攜至試驗房試之如有不妥須再洗滌一點鐘或一點餘鐘如屢洗之下仍有不妥則用少數之水多洗數次較用多水洗半點鐘久者更妙洗時須多用壓緊空氣將其中所成淡養$_{五}$以脫盡去之因房中同時或有五六批淡養$_{五}$格列式林故此房須置同式櫃五六套為妙否則如有一二批淡養$_{五}$格列式林難料理者勢必加淡氣房分具房等皆因器具不敷而停工矣淡氣格列式林滌洗後須試其能耐熱之度數其不能耐熱之故或因强酸不潔或中帶不妥之物或因

格列式林質料不佳所用格列式林應先以下法試驗

一 百度表在十五度重率一·二六一

二 加淡氣法須妥

三 分法須妥（即分具內在半點鐘時淡氣格列式林與廢强酸必須上下分清）不可有微細浮雲式物將淡氣格列式林置於含鈉養炭養水內時不可現有微細白雲色之物（此因所用格列式林不潔而膩與鈉養炭養$_{二}$相併之故）

四 淡氣格列式林中須無石灰及綠氣惟畧有鉀硫强酸等痕迹者不妨然多則亦不合用

五 儻以少許置鉑盆燒至百度表一百六十度而不沸又不稍為化分其質即將化氣騰出盆中所存剩之生物質或死物質為數不可多於千分中之二十五分

六 用銀試驗法所得之數尚屬平妥

七 格列式林如以對分劑清水沖淡而用淡養$_{五}$氣調和之不可有澄停物質亦不可有油膩酸質分出

以上七款中之一二三五等款乃試驗法中之最要者

有時格列式林中結成白色微細雲形之物此乃大弊凡有此弊則不合用因在分具房內恐生甚多之枝節在沙

濾房內亦然以後此種淡氣格列式林即使製成而試驗耐熱度時必仍不合用總之依此造法決為次等之物凡弊竇之大半在分具房現出此白色微細雲形之物先在分具房格列式林面上浮起二三寸厚及在淡氣格列式林與廢强酸之閒亦有之以後在沙濾房內則去之殊難此物一半如係格列式林打沫另一半似係油膩酸所成因無善法試驗此弊祇可棄而不用最善試驗法係用對分劑清水沖淡用淡養$_{四}$氣沖入之即凝成以拉以的克酸此酸有微細雲色而澄停如此情形此格列式林可稱合用因以拉以的克酸雖亦係油膩類物惟在格列式林中

較尋常油膩難消化而易分出欲得淡養$_{四}$氣最便以鉛養淡養$_{三}$燒之

由沙濾房所取出之淡氣格列式林少許作樣攜至試驗房須先試其不可有酸性儻加以剛果紅色之淡水或姜黃色水而顯其鹼性者即變藍色

洙按此剛果乃阿非利加洲中部之獨立國歐洲比利時之國王兼王此國與吾華訂有專約國中所產紅色之顏料殊佳著名世界故稱剛果紅云

須傾於分漏斗內稍加蒸水而震動之如此施行多次之後濾下之料約四百立方桑的邁當數倒入一量水玻璨盃內加一滴剛果紅色或姜黃色並加一二滴之合強酸（即鹽強酸一分硝強酸半分相合）在此盃內調和由盃中取出二三滴儻與剛果紅相和即發藍色儻與姜黃相和即發桃紅色如此試驗欲測淡養$_{五}$格列式林內果無鈉養也（即以前所有鈉養果已洗去）否則試驗耐熱度時又將出弊

淡氣格列式林在沙濾房內照上法洗滌並沙濾後其耐熱度亦試驗相合即可從最下一櫃開放流於黑像皮桶內而傾於溝道流至澄停房內在此停留一日或一二日之久以便其中稍有之水浮起面上此澄停乃一尖圓式有蓋之櫃（櫃底圓而大漸收小至頂故曰尖圓）高約三四尺有數種廠內先將淡氣格列式林在食鹽中沙漏過使鹽將其中所有之水盡行收去如此料理之後淡氣格列式林有淡黃色而極清即可由櫃底之黑像皮塞門放出至黑像皮提桶備製但捺抹脫或各種直辣丁爆藥無煙藥如柯達無煙藥辦力斯塔脫等爆藥

廢強酸

在分具房內已將淡氣格列式林從廢強酸盡分此廢強酸由溝道流至第二分具以便提收其中所有淡氣格列式林之餘迹此廢強酸之重率在百度寒暑表十五度時常有一·七〇七五其分劑係硫強酸六七二硝強酸一一〇五水二一·七并淡養$_{三}$或有三之數并淡養餘迹少許此餘迹應設法提出除令流出海外切不可絲毫放去或用蒸法挽援強酸可將餘迹去之所以將廢強酸流入於礮鉛之有蓋圓櫃其中如加淡氣櫃亦有管蟠在內將冰水運行而令其涼亦有壓緊空氣管令廢強酸震動頂上亦有小窗可看其內情形須有鉛煙囪任化分所成之氣霧騰散此鉛煙囪中段更妙以三四寸直徑玻璨管相接以便工人觀看氣霧之色應備寒暑表二只長者通至櫃底短者通至廢強酸面下數寸爲度

淡氣格列式林餘迹聚集在廢強酸面上由櫃旁塞門放

出櫃蓋係尖圓形，有玻璨管膠於蓋頂，與鉛囪相聯，玻璨管旁有孔，可裝玻璨塞。淡氣格列式林由此放出。櫃內之淡養五格列式林，為數決不過一寸之深，如此而得之淡氣五格列式林，攜至沙濾房，併與第二批料理。　此後其廢強酸，即可准其作廢，或設法分別硝硫二質，以備日後再用。廢強酸房較危險界內房，尤宜小心，因淡養五格列式林餘迹與多數廢酸及水相和，最易變熱而化分，發出淡養三之氣霧而炸，且令全體之物同時而炸。欲免此禍，工人應時察看寒暑表及煙囪內氣霧之色，儻見寒暑表升高，或氣霧色紅，急加蟠香式管內之水令涼，并壓緊空氣而調和之。如此則寒暑表度數自降，而氣霧卽止。

廢強酸房屋之轟炸，或因工人不慎，或因自來水管碎裂，水沖至廢強酸房，令其忽加熱度。如禍起於碎裂者，外邊管子之龍頭應卽關住，而壓緊空氣速卽足數撳入，儻及早料及轟烈之禍，可將強酸櫃立卽開放，任其中強酸流出至廠外大水櫃，任其沖淡。此大水櫃深約四寸許，長十六尺，寬六尺，中備多水。然此法只不得已時用之，因此法用後欲搜淨底上之淡養五格列式林甚難，櫃底以磚砌成，溏以西門丁土，且距廠屋不遠。

近年潑來的斯設法料理此廢強酸，係將廢強水加鈉養淡養三，令成細流流入一蒸具，凡有微細數淡養五格列式林與蒸具內熱流質相遇，大約立卽化分。此外更有他法以散出淡氣。法將廢強酸由高處流入一塔，之塔底潑來的斯亦有一善法，可造上品硝強酸，余曾至其廠目睹之。法用一蒸具，中分成隔，流質在內逐漸蒸淨流出。卽逐段蒸而更淨。最先全係硝強酸，末段則全係鈉養二硫養三，此硝強酸係從鈉養淡養三化分而得。

高第按：此係別一種硝，產於印度及南美洲智利國。此硝中蓋係硝強酸與鈉養相併而成者。

廠內卽用硫強酸相和，與鈉養相併，將硝強酸分出。此鈉養淡養又名鈉硝，先秤分量，倒在大口桶，漏至進料器。此器如一圓柱形，具中裝輪軸，軸上裝刀，軸轉行時，此刀將圓柱具內之物質分成粉碎，在此具內礦強酸並鈉硝掉和甚密，運至蒸具內，一經熱氣卽變為掉勻流質，從此陸續不絕而蒸成硝強酸。

淡氣爆藥新書上編卷二終

上海曹永淸繪圖

淡氣爆藥新書上編卷三

英國　山福德著

海甯　沈陶璋　筆述
慈谿　舒高第　口譯
江浦　陳洙　勘潤

啟式耳古但捺抹脫

但捺抹脫即淡養$_{五}$格列式林被鬆性物吸入於內或於他物質和雜此物質本有炸性或本無勢力者鬆性物質中最著者即啟式耳古此乃一種矽養泥土由昔時微細生物骨骼所成者西名大哀通姆此土在德國漢拿威省瑞典國並英國北省蘇格蘭最多造但捺抹脫所用之一種

應有微細管蟲形類以便收吸淡氣格列式林

但捺抹脫之分類

但捺抹脫分兩大類第一類但捺抹脫與無力物質相和僅取其能收吸沖淡之功第二類但捺抹脫與有力物質相和此和物亦有炸性此第二類可分三號均照所用物質而定

甲　炭

乙　火藥或含硝之他種爆藥或含綠養$_{五}$之爆藥

丙　棉花火藥或他種含淡氣爆藥如淡氣偏蘇恩等

甲號即用炭者始創淡養$_{五}$格列式林所用收吸沖淡之物質係炭

乙號者如著名阿脫蘭斯爆藥

丙號者包括出名常用之直辣丁合爆藥　如直列辣脫直辣丁但捺抹脫及三號湯捺脫爆藥等

一千八百六十七年英人拿勃耳始創但捺抹脫用一種無勢力物質收吸淡氣格列式林製成一濇黏之物拿勃耳云照此淡養$_{五}$格列式林變成易料理之情形而更穩妥法令淡養$_{五}$格列式林吸入於輕性無炸性之物如炭及矽養$_{二}$紙料等物如此變成散末余名為但捺抹脫或拿勃耳之平安爆藥淡氣格列式林收吸於鬆性物質後稍可震

動而減其驟炸之虞亦可火燒而不炸拿勃耳之言如此

尋常百分但捺抹脫中淡氣格列式林居七十五啟式耳古二十五他國進口來之啟式耳古百分中水并生物質居二十至三十將啟式耳古少許先秤分兩置鉑質罐內燒至沸度再秤稍輕則知其中水已去更用彭生燈火燒之即去其生物質照此行可與淡氣格列式林相和而造但捺抹脫

一種好啟式耳古能吸入四倍淡氣格列式林仍成一乾和物此啟式耳古須淡紅色或紅紫色或白色尋常所用係淡紅色中不可有微細石屑如石英之類捏之兩指間

摩擦須覺光滑在顯微鏡下視之須有大哀通姆乾啟式耳古化分分劑如下

矽養	九四·三〇
鎂養	二·二〇
鐵養並鋁養	一·三
生物質	〇·四〇
潮溼	一·九〇

啟式耳古尋常在倒焰爐內一名關熱爐烘乾先將此物鋪於爐底三四寸厚陸續用鐵鋤翻轉令平熱度須敷於燒紅啟式耳古否則其生物質不能騰去如此燒煉所需時刻

照啟式耳古品類而定如其中水幷生物質較多者鍊時須久鍊後中尚有潮溼及生物質然數不可多於百分中之半分即不滿百分之一

洙按此倒焰爐製法甚佳爐底凹如盆使汁聚於一處頂係平而略斜其柵在一端之近底處其頂或旁面有一門以進礦柵上有門以進煤薪煙通一在左首之最上處火自進薪處至爐底彎而倒故謂之倒焰爐爐旁之近底處亦有門可用桿入內調攪底下有塞門開則可放出其汁爐旁又有一管可使升出之物出於別處而後降天空氣從爐柵內隨火而入其火與吹筩之外火甚相似故其礦能得養氣

啟式耳古烘乾後應研細篩之研具底裝有二鐵質軋輥上有漏斗此物倒下令輥軋而研細輥下置一細篩軋後隨篩之篩過裝入袋內不可再經潮溼如其中潮溼多於百分之半分者將來所製但捺抹脫勢必滋出袋外如此而得之啟式耳古可送至危險地界與淡氣格列式林相和所成淡氣格列式林不可含水而須清明先在澄停房存一二日之久其掉和處在一鉛櫃櫃深約一尺半長二三尺所用各分劑按照淡養格列式林七十五分啟式耳古二十五分如啟式耳古吸入性較大者先加鉀養硫養

百分之一否則所成但捺抹脫將嫌過乾而易鬆散惟加料後則減其收吸性或先將收吸性之較大一種啟式耳古與收吸性較深一種相和然後與淡養格列式林掉和總期所製之但捺抹脫不可過鬆而易散亦不可太潤而滋出水漬

另有一房將淡氣格列式林及啟式耳古掉和此啟式耳古先在襯鉛櫃內秤之置一櫃內又將淡氣格列式林在黑像皮桶內秤之傾於櫃內工人手掉之兩手搓令細密用篩篩之此時所成但捺抹脫應乾而有散形其色應勻此後但捺抹脫可攜至藥裹小房備裝藥裹此小房圍以

泥垡中有裝藥裹機器一副每房有女工三名一管壓機二包藥裹壓機有一短管直徑與所造藥裹相同管內有一鞲鞴鞲鞴下段畧尖以堅木或象牙爲之升降法全賴鞲鞴上端之鋼鑽行以邊桿管上口紮一篷布袋以便用木鏟將但捺抹脫送入令鞲鞴降下將但捺抹脫撳下於管內成條形而由管下口推出在此處可將一壓緊成條之但捺抹脫照相宜長短折短此全部壓機以礮料製成位置在近牆處兩旁各有一女工用蠟紙包此藥裹由幼童將藥裹每十分鐘或一刻鐘將此藥裹收拾送入裝貨房裝於硬紙匣內每匣裝五磅許將此匣納於襯像紙之

板箱壓緊不准空氣入內用黃銅或鋅質釘將木蓋釘下箱外貼字條註明內件重數並等數將木箱送至軍火棧房最妙在裝貨房每日各自取出藥裹三四箇以熱度試驗之法由藥裹割出一段約一寸長擱於水面之上取一玻璨罩一共罩下數日之久照此行之儻但捺抹脫所造合法即經數禮拜後仍無流質滋出之弊

但捺抹脫性質及勢力

一立方尺但捺抹脫應重七十六磅四兩凡但捺抹脫以淡氣格列式林七十五分啟式耳古〃二十五分合成者其重率係一·五色紅或灰色摸之稍覺油膩與淡氣格列式林相比此但捺抹脫遇激動時猛炸稍緩儻近處有演放來福槍者其勢即能令其爆炸或經擊勢亦然加樟腦少許炸勢必大減多加樟腦則炸力全無此後非加汞震藥不能令其復炸與水相遇但捺抹脫即將化分將淡氣格列式林分出易於肇禍故在溼地用之必異常謹慎

在法倫海表四十度即將凍結如冰其後熱度稍高仍不解凍凍結時幾不能炸如用之須小心烘化融之如下將藥裹置隔水具令熱此具係一洋鐵鑵夾層并夾底中盛以沸滾水照法倫海表一百三十度數在此鑵內留滯稍久方得變輭切不可置火爐或近火處因曾有行之而

屢肇禍者

冰凍但捺抹脫成硬塊其性質有變須汞震藥一格蘭姆半方能令其齊爆惟在滋潤時只半格蘭姆已足融時或將淡氣格列式林分出此則更易受激勢儻於鐵具偶然相擊即忽炸而肇禍或以力割冰凍但捺抹脫藥裹甚險但捺抹脫切不可裝緊防肇禍更甚用冰凍但捺抹脫非惟有險且糜材料不貲

在法倫海表三百六十度熱時但捺抹脫即炸在熱時遇磨擦震動即易爆炸在熱地方不可露於日光中亦不可置溼處以免滋流之弊日光直照之或令其緩緩化分凡

含淡氣之和物均有此弊在爽暢空氣中但捺抹脫遇電氣火星則燒而不炸

但捺抹脫中所用淡氣格列式林儻無酸性者卽能經久不變中加鈉養或鈣炭養百分之一卽可解其酸性如其變酸甚速卽往往自行爆炸儻當時包以堅硬物則炸勢更猛儻性不酸不鹼而製造合法者卽存棧數年亦不失其炸力如遇水則淡氣格列式林與啟式耳古卽逐漸相離故溼但捺抹脫釀禍頗易

用木屑製之但捺抹脫可經溼令乾而不變性瀉留路司但捺抹脫可加百分之十五至二十分之水用齊爆藥炸

之藥性仍然不變惟加水之後不如從前之遇激卽炸各種爆藥先盛於鉛罐內試其炸力查得第一號但捺抹脫炸力居一數轟石直辣一·四淡氣格列式林一·四但捺抹脫忽炸所發之熱度與緩燒所發之熱數同此熱數與淡氣格列式林數相稱炸時所成氣質係　炭養氣　水　淡氣并養氣

但捺抹脫炸聲之浪每秒時能行五千邁當照此數計一尺長之藥裏炸時僅需二萬四千分秒之一一噸但捺抹脫聯貫一英里長在一端用齊爆炸之僅需四分秒之一卽令全行轟炸

新金山炸藥博士海克云照物理所派爆藥應有之實力若干數在工藝中斷難全數發出卽如開山礫石時有諸阻隔卽易減其實力之數其情形如下

一　燒燬不盡

二　周圍物之壓力并化分所需工力

三　令物遷移裂碎並變熱所需工力

四　由炸洞隙縫逐出氣質所需工力

炸藥得功效之處不一最要者將擊碎之物質遠移他處有人測算所得功效居實力百分之十四或至百分之三十三蓋爆藥大分之數均耗於上說四項之弊

所造但捺抹脫種數不一有一種名炭但捺抹脫基礎係淡氣格列式林收吸料係炭質　此炭係輭木燒成　此種與尋常用啟式耳古所製者價同而炸勢更大因其中用淡氣格列式林居百分之九十所用吸料卽輭木炭極攬火且此種炭質但捺抹脫卽經潮溼而無滋水之弊

阿脫蘭斯爆藥大半在費拉代爾費亞成所造料係淡氣格列式林木質所成之漿鈉養炭養鎂養炭養并合而成倫敦亂黨所用爆藥蓋卽此物　此爆藥亦分數種由百分中淡氣格列式林居二十分至七十五分

賴臬許但捺抹脫大分用於英國西南康華耳礦中其料

如下先將淡氣格列式林中化入那普塔林百分之二至三數取此和物七十分與白石粉三分鈣硫養七分啟式耳古二十分調和製成

啟式耳古但捺抹脫現漸少用而代以直辣丁爆藥計但捺抹脫約共一百二十五種現有數種已停造其中最出名者列下

一號但捺抹脫

福薩脫

阿摩尼阿但捺抹脫

擊石藥

破石藥

阿脫蘭斯爆藥

嘉陽爆藥

各種直辣丁爆藥

以上均以淡氣格列式林為基礎與各種易收吸物質如泥土　木漿　淡氣棉花　各種炭　淡氣偏蘇恩巴辣芬　硫磺　含淡養質　含綠養質等相和而成

直辣丁并直辣丁但捺抹脫相配之棉花藥料理法

工藝中多分所用之直辣丁爆藥其名如下　轟石直辣丁　直辣丁但捺抹脫　并直列捺脫　此均以淡氣瀉留路司即係哥路弟恩棉花所製即以五淡氣棉花及四淡氣棉花消化於淡氣格列式林中然後加木漿硝或他種相同物質而合成因棉花藥中養氣太少而淡氣格列式林太多所以將兩藥相合則養氣勻而燒力亦勻

轟石直辣丁淨以哥路弟恩棉花及淡氣格列式林合成更無他物此爆藥係一千八百七十五年博士拿勃耳所造清而稍透明有凍形重率一·五至一·五五稍有凹凸力如像皮式其中百分之七至八係淡氣棉花所用棉花宜上等貨

好直辣丁中所用淡氣瀉留路司有下化藥之分劑

易消化之棉花	百之九九·一一八
棉花藥	〇·六四二
無淡氣棉花	〇·二四〇
淡氣	一一·六四
灰共數	〇·二五

高第按西書所列原式如此前三項核之正得百分後二項蓋燒後所得之數原書未經聲明附註於此

上說易消化之棉花即四淡氣并五淡氣棉花所成者可在以脫酒醅內消化淡氣格列式林并他種流質內亦易

消化惟六淡氣棉花藥卽炭輕養淡養在此流質中不能消化在阿西通或阿西的克以脫中亦能消化所以直辣丁爆藥中所用淡氣棉花不可有棉花藥參雜否則造成後其中將有結塊之未消化棉花凡直辣丁爆藥中無淡氣棉花爲數切不可過百分中之半分

淡氣棉花及淡氣格列式林均須逐一用熱法試驗否則所成之直捺丁必有大弊然往往未合之前試驗雖妥合成後其中一分或兩分均有不周到之處

製直辣丁所用最上棉花須成極細之漿如嫌漿不甚細可用細銅絲篩篩之用手在篩內磨擦如有潮溼不能漏過須先令乾方可料理淡氣棉花中淡氣須居百分之十一分有零其中棉花切不可有沙屑之類淡氣棉花燒後之灰不可過於百分之〇·二五尋常在襯鉛皮箱內之棉花須令乾燥因造直辣丁所用之料不可有水漬否則所造直辣丁後必有滋流而甚危其貨作廢且如淡氣棉花內或淡氣格列式林內有水淡氣棉花卽不能消化於淡氣格列式林中

欲驗棉花可由數匣中各取少許互相攙和取一千格蘭姆數攤一紙盤內秤之後置於隔水烘爐中令熱度升至百度表之一百度數在此烘一點鐘時再秤分兩較前稍

減可知未烘前潮溼有若干重數卽可指明棉花應在烘房內稽延之時刻棉花百分中尋常含二十分至三十分之水烘乾四十八點鐘後再將少許在隔水爐內烘之熱度照百度表之一百度測算其中之潮溼已去若干照此法可屢行待其中潮溼祇有百分之〇·二五至〇·五此後卽可篩之由烘房移棉花至篩房時須極小心不可露遇空氣因乾淡棉花將由空氣乾燥時收吸潮溼百分之二

烘乾房係木板所造四圍有木架架上有抽屜屜底係黃銅絲或紅銅絲網爲之棉花攤在此內約二寸深令一陣燙熱空氣在此棉花上吹過吹法可用扇或風箱將外邊空氣扇過燙熱磚塊逐進房內或用燙水鑵傳熱進房屜中棉花隨時用手翻之令熱氣烘乾均勻房間可用熱水管令熱此管不可露出用木蓋罩之因乾淡氣棉花在移動翻覆時其微塵形之棉質恆飄浮空中逐漸停於管上及窗檻等處此將變熱稍遇激動卽將炸爆故此房須逐日小心掃令潔淨地板以油布釘之取其輭而免磨擦此房內工人宜穿輭底鞋底內不可有小釘恐遇地板上狠籍之藥卽將磨擦發炸房中掛寒暑表一只近熱氣進房處第一抽屜中亦置寒暑表一只房中相宜熱度係百度表四十度已足此房常須通風牆有夾層空處實以煤

灰屋頂用毡蓋之，令房內不致失熱，且使熱度均勻。如此而得之乾棉花，儻仍未致極細，可在銅篩篩過，盛入不透空氣之鋅箱內，或裝在像皮袋各等含直辣丁之爆藥，如直列捺脫、直辣丁但捺抹脫、轟石直辣丁，均照此法造成。

直列捺脫之原質、轟石直辣丁、直辣丁、直辣丁但捺抹脫所和爆藥料木漿、鉀養淡養五等造法並所用具。

直辣丁但捺抹脫、轟石直辣丁相異，祗在多加木漿並鉀養淡養五等物而已。此三種化分分劑如下。

	直列捺脫	直辣丁但捺抹脫	轟石直辣丁
淡氣格列式林	六〇·五一四	七一·二二八	九二·九四
淡氣寫留路司	四·八八六	七·六三二	七·〇六
木漿	七·一七八	四·二五九	
鉀養淡養五	二七·四二〇	一六·七二〇	
水		〇·二六一	

可見直列捺脫及直辣丁但捺抹脫相同，惟加收吸物質令厚。轟石直辣丁較餘二種更烈，製之更難，消融滋流之弊更大，所用淡氣棉花，故製之更貴。

先將乾淡氣棉花秤以天平，後移至製直辣丁房，而置之襯鉛皮櫃內，將淡氣格列式林傾入。此淡氣格列式林須清潔而無水質。在櫃內掉和時，寒暑表照百度之四十至四十五度最妙，不可多過四十度。儻淡氣棉花因潮溼不易消化者，可畧加熱度，而愈令小心料理。工人用木漿調之至少半點鐘之久，寒暑表在四十至四十五度時，淡氣格列式林與淡氣棉花相併而成凍形柔質。儻不用熱，則併合不周。寒暑表在四十度之下，併合甚緩，總以五十度為限。

製凍形柔質物之櫃，襯以夾層鉛皮，其夾層中間可令熱水勻流。此種櫃數隻裝木架上，各隻夾層均可彼此相通，此櫃夾層中熱水可通流至彼櫃。如欲照百度表四十五度熱而製凍質者，夾層中水應有六十熱度；照五十度熱而熱者，應用八十度熱水。惟水之確實熱度，須照所用機器而定。恐爆藥過熱，工人預先應有法將熱關斷，放進冷水，以免禍端。

欲使夾層中水之熱度經久而勻稱，可於廠外設立平台，高五六尺，上置大水櫃，內盛自來水，將汽水灌入水中。取寒暑表插穿輭木一塊，令表浮立水面，以測水之熱度，可隨意加熱汽或冷水，定其度數。

櫃中已成畧明凍質，而棉花均已消化，其凍質物可移至掉和機器。尋常搓麪機器亦可掉和。此機器須用黴料而

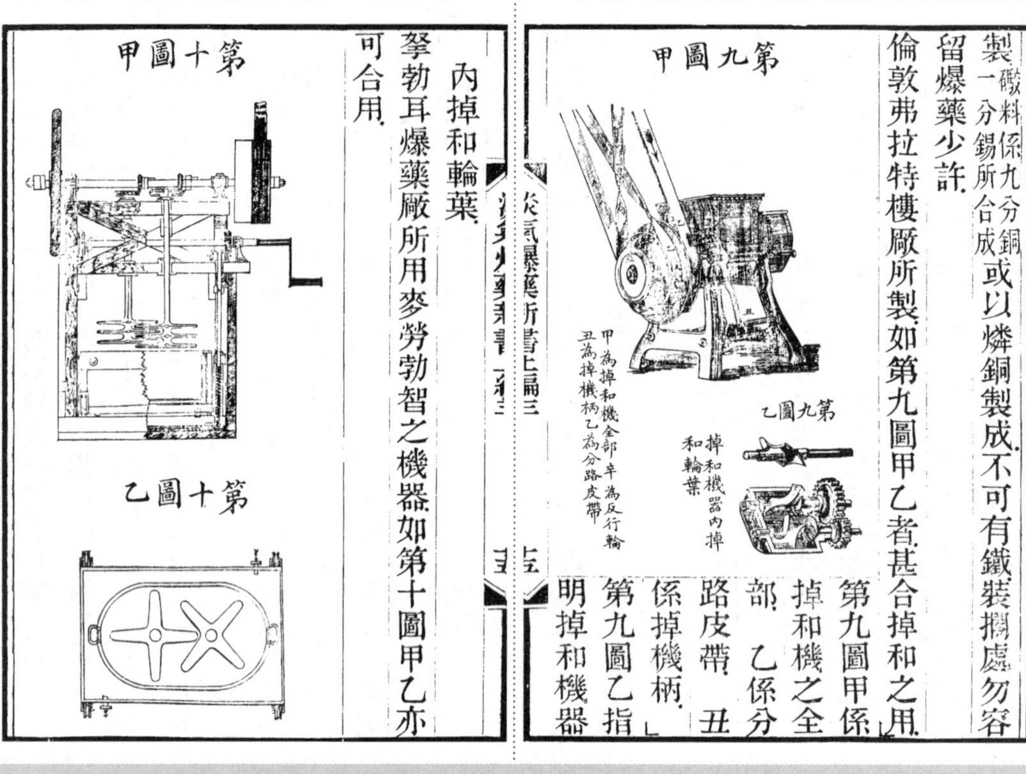

製礮料係九分銅一分錫所合成或以燐銅製成不可有鐵裝擱處勿容留爆藥少許

倫敦弗拉特樓廠所製如第九圖甲乙者甚合掉和之用第九圖甲係掉和機之全部　乙係分路皮帶　丑係掉機柄第九圖乙指明掉和機器內掉和輪葉

孥勒耳爆藥廠所用麥勞勃智之機器如第十圖甲乙亦可合用

第十圖甲係麥勞勃智掉和直辣丁爆藥所用機器

第十圖乙掉和機器之爆藥櫃平視圖

英國爆藥所用木漿多係松木所製惟亦有銀杏樹菩提樹樺樹椎樹等所製者法將木皮及根除去將樹段鋸成板料除去樹節將木塊置於機器鋸成約一寸許小塊傾入軋輪中軋爲細塊與鈉二硫養水同煮取鍋蓋壓緊使鍋內每方寸有九十磅壓力煮經十點或十二點鐘亦有用硫養酸煮之者照此法松木百分可成漿四十五分樺樹可成四十分此漿宜漂白滌洗之博士密鈉化分木質如下

	樺樹	椎樹	菩提	松樹	銀杏
瀉留路司	五五·五二	七四·五四	五三·○九	五六·九九	六三·七七
松香	一·一四	○·四一	三·三九	○·九七	一·三七
水質料	二·六五	二·四七	三·五六	一·二六	二·八八
水	一二·四八	一二·五七	一○·一○	一三·八七	一三·一○
植物筋絡	二八·二二	三九·一四	二九·三三	二六·九一	二○·八八

欲製直列捺脫或直辣丁但捺抹脫在此時加木漿及鉀養淡養而掉和半點鐘掉和機器內輪葉用手工或皮帶旋行之儻用皮帶每分鐘時可旋行二十至三十轉軸機須時加油而細察之不可有炸藥膠滯直辣丁與所和之

物均搯勻細待鉀養淡養及木漿不能分視時可還至木箱而送入藥裹機器以裝藥裹

用哥路弟恩棉花並淡氣格列式林而製凍形爆藥須加熱儻不用淡氣格列式林而用阿西通阿西的克以脫迷脫里醕或以脫里醕則不用熱此等炸藥非但可將淡氣瀉留路司冷而消化且製成直辣丁後遇激勢可使稍緩爆炸如柯達藥是也且所成直辣丁毋須甚冷變凍惟此等料較他藥料更貴

製成後送至以礮料或黃銅所製之藥裹機器如第十一圖此機器係尖圓形內有軸軸上裝旋行螺葉器上有漏

第十一圖

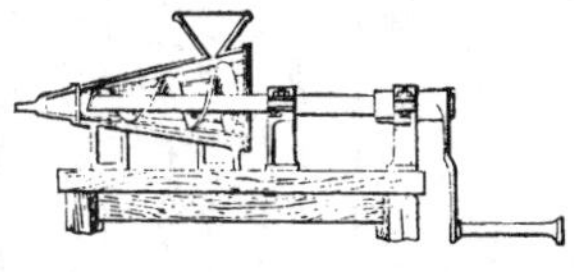

斗口由此口將直辣丁傾入將軸轉行其螺葉卽將直辣丁推前至龍頭由此將直辣丁擠出形如長繩龍頭直徑分寸照藥裹直徑數而定所擠出繩條隨意以硬木片之刀切成長短另有一黃銅器具直辣丁繩條由龍頭推在此銅具切具橫端有絞鏈裝盔盔上裝銅刀數把將此盔撳下卽切成四寸許之段數

藥裹機器內切不可有金類質相遇之處尖圓形器之螺軸後段裝擱在外邊與器內邊不相遇此器每日可將直辣丁五擔至十擔製成藥裹所製藥裹大小照直徑大小而定

直辣丁切成約三寸長之藥裹則捲以不透水之蠟紙而盛於硬紙匣內更裝入襯傢皮之板箱內以黃銅或鋅質之螺釘旋緊不令透氣可運至機房安置未裝箱前取藥裹一二枚試其容熱力融化度及滋流度棧房所存各箱內各取一枚作樣將來如有轇轕以備作證

論及試驗融化須知直辣丁能拒最高熱度否因如裝於船艙時儻遇高熱度而不能容受卽將融成流質其驗法

以直辣丁藥裹按直徑切下一段其邊須清爽勿去稜角此圓柱形之段豎置於平面紙上以針刺定中心令延一百四十四點鐘之久其熱度須法侖海表八十五至九十在此時此圓柱形之直辣丁不可減短過於四分寸之一其切邊仍不失稜角形紙上亦不可有淡氣格列式林痕迹

試驗滋流法令直辣丁接連凍融三次後不可有淡氣格列式林滋流製直辣丁爆藥一切材料須化分可究知其勝任然後可用料質須清潔如木漿一項察有酸性卽不合用

轟石直辣丁尋常以淡氣格列式林九十三至九十五分及淡氣瀉留路司五至七分而成然不照此分劑者恆有之因轟時有數分不盡燒去而成氣質或者分劑不同之藥化分與漲散之力亦不同轟石直辣丁內加雜物愈多則淡氣格列式林愈減其力卽隨之亦減惟稍減其力可使碎炸之猛變爲驅前之勢儻減力太過則失其淡氣格列式林本原故所加雜物不可過限也

和成質料須勻而能持久淡氣格列式林與攙物須飲之甚勻經熱氣及潮溼不可滋流儻淡氣格列式林太多與攙物不和炸時卽有緩急之參差全部勢力反爲所阻

淡氣格列式林在冰凍度數勢將與所和物相離而有滋流之弊

旣凍須用更猛烈之齊爆藥令炸惟一經激勢其炸法之靈捷必稍減　轟石直辣丁之重率係一·五幾與淡氣格列式林之重率相等乾棉花藥重率係一·卽與水同

轟石直辣丁在空際不關緊要之處無轟炸之勢在百度表七十度時尚不至於化分儻熱度更高者其中淡氣格列式林稍將化騰從緩烘熱至百度表二百零四度則炸如其百分中樟腦居十分者可燒之而不炸儻轟石直辣丁以淡氣格列式林九一·六并淡氣瀉留路司八·四合成者轟時將燒盡卽化爲氣質其數如下

一七七炭養丄一四三輕養丄八淡

柯達無煙藥

此種與轟石直辣丁畧同係英博士艾白耳及特槐二人領事照所製者製處大半在于華香阿培官廠所製惟民閒亦有造此藥廠一二處其中分劑係棉花藥三十七分淡氣格列式林五十八分伐式林五分共一百分所用之棉花藥係六淡氣棉花不能在淡氣格列式中消化須用他物如阿西通者先消化之然後可與淡氣格列式林合成凍形質

製法與製轟石直辣丁相同大約將棉花藥分成九兩重之拍拉麥（卽引藥裹）令乾至百分中之潮溼僅成一分將二十七磅又四分磅之三數置於襯黃銅皮箱中而將淡氣格列式林四十三磅半小心加下用手掉和和至掉和機器內提勻周密在掉和時將阿西通十五磅又十六分磅之十分傾入其中共作成生麪形又加伐式林三磅又四分磅之三而掉和七點鐘之久所用機器如第九圖有一槽中有二軸軸上有輪葉可轉此二輪旋行相反遲速不同此葉旋數較他葉旋數加倍因輪葉甚近槽底將機中物分兩路擠於槽底旣推使前而復退卻如此則令掉和周

密此槽外邊用夾水法頂有璨門可阻消化藥水之騰去各物均掉和勻稱移至壓緊房中有壓緊機器數座由此壓緊擠出而成一線條形將此黏韌物椿進銅筩筩底有小孔筩彼端有韝韝此料椿進有小孔擠出成線形此線形物纏於金類圓梗上凡線三條纏於一梗然後將六股繞於一柱所以如此製法者欲令其勻稱也欲製大直徑之柯達郎將此線切成十二寸長將繞線柱送至烘乾房安置三五日至九日之久房中熱氣照法侖海表一百度令中藥水消化騰出

淡氣爆藥新書上編卷三終

上海曹永清繪圖

淡氣爆藥新書上編卷四之上

英國　山福德著　　海甯　沈陶璋　口譯
慈谿　舒高第　筆述
江浦　陳　洙　勘潤

寫留路司性質

寫留路司係植物筋絡昔人以此爲特有之一物名爲列格甯即此物也其化學分劑係炭六輕一養五此物可從植物新嫩之一分取出法將植物椿爛破其中之小房先用淡號鹽强酸後照法用清水酒醋及以脫提出之此提法可令細紙棉花變爲極淨寫留路司

寫留路司係無色而透明之物在水或酒醋或以脫內決不能消化惟在銅阿摩尼阿水內則消化此水係銅炭養二或銅輕并阿摩尼阿水相合而成

寫留路司重率係一·二五至一·四五據許耳子博士所言寫留路司二種分劑如下

炭	四四·〇	炭	四四·二
輕	六·三	輕	六·四
養	四九·七	養	四九·四
共	一〇〇·〇〇	共	一〇〇·〇〇

此數指明所驗寫留路司毫無炭質而極純淨然各種寫

留路司中,幾均稍有金石類質,與植物筋絡料相攙,火燒後即還原形,有種植物在初發芽時,其寫留路司料竟無金石類參雜其間

寫留路司係一無勢之物,儻遇冷濃硫强酸,即漲大而消化變成膠滷流質,鹽强酸與寫留路司無涉,惟硝强酸與之合成數種淡氣質,名曰淡氣寫留路司,寫留路司與酒醕性質相同,加以酸質則可製成以脫類質

寫留路司如棉花在冷時與濃硝强酸相遇,即成含淡氣物,如淡養類物是也,此淡養將寫留路司中之輕氣逐出以自代之,則令其有炸爆性,所用硝强酸愈濃,而浸之愈

久,則所製藥更猛烈,如竟用極濃硝强酸而浸之,至極久者,則成最猛烈淡氣質,是名六淡氣寫留路司,即係棉花藥,其化學分劑係$炭_{一二}輕_{一四}養_{四}(養淡養_{二})_{六}$,儻用淡號强酸浸時又不久,則造成者必係低淡氣質,如四淡氣寫留路司等是也

棉花藥性質

棉花藥係訓彭在一千八百四十六年查出製成,惟一千八百三十二年博士勃拉可訥已將小粉加淡氣而製成爆藥,六年後博士潑露司已製淡氣棉花及他項淡氣物質,博士杜麥用紙加淡氣亦造成爆藥,惟訓彭係首用濃號硝硫强酸併合製之,有化學師數人加法之,皮奧,朴,俄之馬林,英之艾白耳,均測查爆藥製法,惟奧國男爵倫克最得奧竅,深著功效,法將棉花先成紗,次成絞式,洗以鉀養水,漂以清水,令乾,以合强酸浸之(此合强酸係三分硫强酸一分硝强酸所合成者)此合强酸應早預備,先將一絞棉紗浸下,掉動數分時,撩出擠乾,以水漂去餘多之酸,復洗以淡號鉀養水,至久,而以清水漂之,倫克此法曾試驗於英國斐佛香廠,一千八百四十七年廠遭不測,此法遂廢

艾白耳在華吞阿培廠將上製棉花藥法改良,最要者乃以棉花作漿之法,因棉質內有膠質或油膩物,與硝强酸

相併而成物質,若雜入爆藥中,能令不勻淨,艾白耳細心攷究,欲去此弊,法於棉花成漿後,盡行洗滌,而將淡氣棉花在水內煮之

棉花藥雖通名淡氣寫留路司,實則應名寫留路司淡氣,因將新輕氣加入此物中,不得成淡氣與輕氣相併之物而可作物質根基也,棉花藥之化藥分劑如下

$$二(炭_{六}輕_{一〇}養_{五})+六輕淡養_{三}=炭_{一二}輕_{一四}養_{四}(淡養_{三})_{六}+六養輕_{二}$$

寫留路司　硝强酸　棉花藥　水

所用硝强酸與變化法無涉,惟造時不能不用,因欲其與水相併,不致令硝强酸變淡,華吞阿培廠所用合强酸係

三分硫强酸二分硝强酸所合硫强酸重性一·八四硝强酸重性一·五二儻用較淡强酸則成哥路弟恩棉花及各種低淡氣物

棉花藥係六淡氣寫留路司百分中居淡氣一四·一四惟所試驗各種棉藥百分中淡氣實僅一三·七因欲製淨潔六淡氣寫留路司幾乎難得其中定有若干低淡氣寫留路司攙雜此低淡氣寫留路司居十五或十六而淡氣僅一三·○七至一三·六

淡氣寫留路司共六種最高者係六淡氣最低者一淡氣昔人皆以棉花藥爲三淡寫留路司而以哥路弟恩棉花

爲二淡氣并一淡氣寫留路司其式如下

一淡氣寫留路司　合炭六輕九淡養二養五=六·七六三淡氣

二淡氣寫留路司　合炭六輕八淡養二養五=一一·一一淡氣

三淡氣寫留路司　合炭六輕七淡養二養五=一四·一四淡氣

棉花藥分消化與不消化

近人均以棉花藥爲六淡氣寫留路司而以哥路弟恩爲各種低淡氣相雜而成者化學家分淡氣寫留路司爲兩種一易消化一不能消化

上說一淡氣二淡氣寫留路司可在以脫酒醕內消化惟三淡氣寫留路司即棉花在酒醕內不能消化其實在酒

酸內盡消化或盡不消化之淡氣寫留路司至今尚未製成

淡氣寫留路司分劑數確與上載式一律大約六淡氣爲至高品者尚不爲限或有更高之數尚未考出故現所用强酸無論濃淡熱度無論高低并無論如何棉花收吸淡氣惟所製成物均係易消化及不易消化淡氣寫留路司攙雜之物

照理百分重之棉花可裝棉花藥二百十八份又四惟製造所得實效無論棉花藥或哥路弟恩棉花均不到此數論及消化與不消化之淡氣寫留路司所用以脫酒醕係

以脫居二酒醕居一相和而成者特未究出消化與否之理且更奇者其高低兩種淡氣之寫留路司在淡氣格列式林中消化亦有不同低淡氣種係易消化者置於淡氣格列式林加熱至百度表之五十度則易消化熱度低則消化不易浸內數日後仍見棉花絲絡其不消化之淡氣寫留路司即棉花藥在淡氣格列式林內全不消化惟加阿西通或阿西的克以脫可令消化各種淡氣寫留路司在阿西通或阿西的尼以脫內亦盡消化在濃硫强酸內亦消化五淡氣寫留路司在硫强酸內合百度表八九十度熱時亦可消化

欲得潔淨五淡氣寫留路司可將棉花藥入濃硝强酸內在百度表九十度時消化加濃硫强酸澄停令凉至百度表之零度多加清水取澄停料用水洗之然後洗以酒醕而在以脫酒醕內消化更用水令澄停此時所得物即五淡氣寫留路司此物在以脫酒醕內易消化在阿西的克酸畧可消化在阿西通阿西的克以脫及迷脫里酒醕均易消化在酒醕不能消化濃鉀養水可令變爲二淡氣寫留路司六淡氣寫留路司不能消化於阿西的克酸或迷脫里酒醕

儻用淡號硝强酸與棉花相併而製成者則名四淡氣寫留路司并三淡氣瀉留路司其時棉花與淡號强酸相遇約二十分鐘時

四淡氣寫留路司不能從三淡氣寫留路司分出因此二物均可消化於以脫酒醕阿西的克酸迷脫里酒醕阿西通等

造棉花藥所用淡氣寫留路司分二大宗第一宗即棉花藥與六淡氣寫留路司此即著名不消化之棉花藥第二宗係消化之棉花藥所謂哥路弟恩此乃數種低淡氣寫留路司併成者其中五淡氣寫留路司居多因此物百分中淡氣居一二·七五而哥路弟恩棉花往往亦有百分之一二·六

余今只述易消化不易消化二種爆藥造法而照棉花藥并哥路弟恩棉花名提及以下則係各種淡氣寫留路司分劑并淡氣數之格式

六淡氣寫留路司　合炭一二輕一四養四（淡養三）六＝一四·一四　淡氣

五淡氣寫留路司　合炭一二輕一四養五（淡養三）五＝一二·七五　淡氣

四淡氣寫留路司　合炭一二輕一六養六（淡養三）四＝一一·一一　淡氣

三淡氣寫留路司　合炭一二輕一七養七（淡養三）三＝九·一三　淡氣

二淡氣寫留路司　合炭一二輕一八養八（淡養三）二＝七·六五　淡氣

一淡氣寫留路司　合炭一二輕一九養九（淡養三）＝三·八〇　淡氣

棉花藥確實疏密率係一·五成塊時則僅有〇·一絞成線形則係〇·二五紮形而加壓水力則係一·〇藥造成後仍有棉形惟摸之覺更糙吸潮汽甚微乾藥吸空氣之潮汽百分之二棉花藥經磨擦即發電氣在阿西的克以脫及阿西通內易消化在水酒醕以脫酒醕迷脫里酒醕各流質內則不易消化

棉花藥炸爆甚猛儻與火燒物相遇即攬火而燃或激動或熱度加至百度表之一百七十二度亦燃燒時有黃色火焰幾無煙霧燒後幾無渣滓所成氣質甚大此氣係炭養氣炭養氣淡氣并水氣儻先加熱至百度表之一百度

壓緊之或遇火往往炸爆。

棉花藥儻久熱至百度表之八十至一百度卽將緩緩化分。經日光亦然。能小心安置雖經數年亦可不變。極易受震而炸。儻一帶地埋有棉藥水雷。雖埋之甚遠。苟一雷遇炸。則此一帶雷必俱炸。洋鐵罐盛棉花藥末。轟炸速率每秒時有五六邁當遠。用鉛罐則轟炸速率每秒可行四箇邁當。

棉花藥寬鬆而在空氣燃燒。較尋常火藥速百倍。圓薄片棉花藥。可由來福槍放出而不炸爆。圓片加厚者。則將爆炸。開礦用者。勢與同重分兩之但捺抹脫相等。惟所用齊爆藥須更猛烈。而所成炭養氣更多。用試紙試之。不可有酸鹻之性。不性。卽須有在官定試驗熱法。卽十五分加熱至法倫海表一百五十度時無改變。在法國水師內。棉花藥在十一分時間。加熱至百度表六十五度。卽法倫海表一百四十九度。不可改變方准用。藥中易消化之淡氣棉花。及無淡氣棉花。愈少愈妙。棉花藥盡行齊爆後。變成氣質分劑如下。

二炭$_{12}$輕$_{14}$養$_{4}$(淡養$_{2}$)$_{6}$‖十六炭養⊥六炭養$_{2}$⊥十四輕$_{2}$養⊥十二淡

由此觀之。其中養氣不敷盡燒其炭。故開礦時須加含淡養物質。製湯捺得爆藥。卽照此法以免炭養氣外行散毒。各種直辣丁爆藥之合用者。均以其中淡氣格列式林中養氣甚多。而淡氣棉花中養氣較少。所以兩共相濟。俱得大益。

尋常試驗時。棉花藥炸放後。所得氣質如下。

炭養二八·五五　炭養$_{2}$一九·二一　炭$_{2}$輕$_{4}$二·七　淡養$_{2}$八·八三　淡八·五六　水氣三一·九三

英國胡利子廠查得盡溼不攬火并壓緊之棉花藥。可用乾齊爆藥相遇而令齊爆。此後棉花藥在武備或礦務用之更穩。

然現在礦務所用棉花藥則與鋇淡養對分劑相合而成。湯捺得爆藥。亦名淡氣棉花藥。槍礮中儻用棉花藥以代火藥。可令此等利器加勢力三倍。惟因爆炸過速。槍中用之。尚屬不妥。故或選低淡氣數種。如淡氣立格拿斯。淡氣木質等用之。棉花藥爆炸時頭陣壓力甚大。等於空氣壓力一萬八千一百三十五倍。每平方桑的邁當上有八千七百四十一啟羅格蘭姆壓力。所發熱率。係一千零七十五。一啟羅哥路弟恩棉花所成熱率。係六百六十一。一啟羅棉花藥壓緊時所成熱率。係二千三百零二。一啟羅寬鬆棉花藥在關緊氣內化分時所成熱率。係一千零七十一。棉花藥在壓緊時轟炸力甚大。溼時則較緩。巴辣芬及樟腦。均減其易炸之勢。

寫留路以得為物。係一種淡氣寫留路司。幾於炭$_{24}$輕$_{24}$(淡養$_{3}$)$_{8}$

養相同惟加樟腦及各種無勢力和物令激動時可無炸勢可以工藝器具雕琢或以車象牙車牀車之近有許多合用物件如刀柄木梳等均以寫留路以得代象牙之用儻寫留路以得熱至百度表之一百五十度則甚輭韌易炸熱至一百三十五度露於空氣中將速化分一百三十五度熱時在一關緊具內將十分疏密率之四寫留路以得試驗時卽爆炸而發出壓力有三千啟羅之勢數年前德國鐵路貨車裝有寫留路以得所製木梳一大包忽因炸而肇禍寫留路以得在尋常時雖不爆炸用齊爆藥亦不炸發惟製造時仍須謹愼

棉花藥製造法

造棉花藥華吞阿培等廠向照艾白耳法令則陸續改變歐洲他國改變者係所用器具製法則仍舊貫所用寫留路司料係由棉紗廠收下之廢花先用礆水將油膩洗去小心揀選將有色棉線取出後用刷機器令鬆而淨旋令經過切細機器使之細微如是則棉絲切短而鬆以便與强酸相和

令棉花乾有二法一將花置令乾房架上中有熱氣周轉行運一或置於夾層箱內此夾層中有熱汽行運棉花先須極乾然後浸强酸中否則以後所成淡氣寫留路司中將有數分易消化者乾後仍有潮潤數不可過於百分之半分比此數更少更妙尋常使棉花乾法用夾層鐵桶長五尺直徑一尺半棉花置內桶內如第十二圖而熱汽在夾層間行運令內桶甚熱儻鐵桶單層者可繞以鐵管令熱汽在鐵管行運有管通鐵桶底壓緊空氣空氣將由此轉進桶底而在棉花間升高而出此亦去潮溼之一法尋常生棉花百分中有潮溼十分須令乾至僅有百分之半分或向不足半分則更妙欲得此地步棉花應在令乾桶內延五點鐘之久後將桶頂上棉花取出少許在百度表之一百度熱之夾水具內令乾一點鐘至一點半鐘爲止再稱之則可測算其中尚留之潮溼數

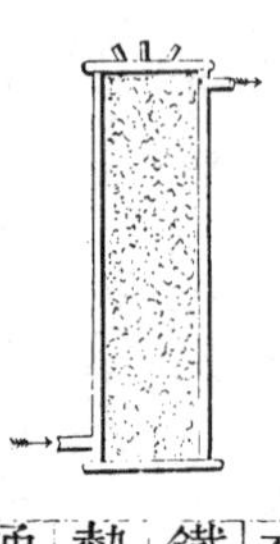

第十二圖

尤妙者備大號隔水銅具一具內分小隔各隔內可容棉花一手把之多每隔有號此號與令乾桶號碼相符此等器具均裝靠牆壁用汽管由鍋爐房通熱汽進具又備銅盤數套約長六寸寬三寸亦各有號與隔水具之小隔號碼相符盤之分寸與小隔大小正合工作幼童可將空盤移至令乾桶由各桶將棉花取出一手把置盤內將盤移至工廠秤之再將各盤置具中同號之小隔內待一點鐘

或一點半鐘後攜出再秤其分兩。

桶內棉花查已乾燥，即將桶底抽去，用有柄之圓板由桶頂將棉花推下。然後裝於不走氣之鍍鋅鉛皮箱內，俟下次工作。有等廠中令乾房內裝篷布架或銅絲網，將棉花置其上，令熱氣運行，架下烘之，否則不能速乾。

浸棉花於强水并令强水透入法

乾棉花令得淡氣，可浸於硝硫强酸內。此强酸以濃爲貴。硝强酸重率至少有一·五三至一·五二，其中淡養愈少愈妙。其中硫强酸在百度表十五度時，應有重率一·八四。百分中須有輕硫養九十七分，清水僅有三分。如實欲造棉花藥，即係最高淡氣寫留路司而成，應用極濃之强酸爲上品。

上說化成事內，提及硫强酸其功效與變成之水相和，不致令硝强酸化淡，而所成棉花藥內硫强酸並無分釐。其化成法如下：

$\text{二炭}_{\text{六}}\text{輕}_{\text{十}}\text{養}_{\text{五}} ⊥ \text{六輕淡養}_{\text{三}} = \text{炭}_{\text{十二}}\text{輕}_{\text{十四}}\text{養}_{\text{四}}(\text{淡養}_{\text{三}})_{\text{六}} ⊥ \text{六輕}_{\text{二}}\text{養}$

三二四、　三七八、　五九四、　一〇八

寫留路司　　棉花藥

覩以上一分寫留路司，應造成棉花藥一·八，然工作後所得實無此數。儻一磅寫留路司能製一·六者，已爲美善。所

調和兩種强酸分劑，百分中硝强酸居二十五，硫强酸居七十五。

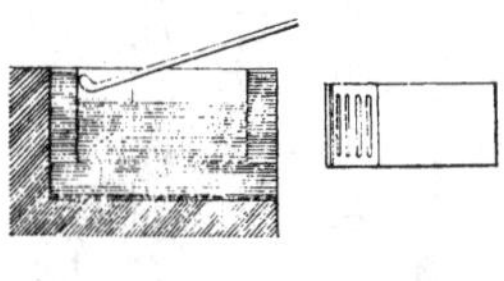

浸法用第十三圖之生鐵櫃數只，排列一行，其周圍夾層

第十三圖

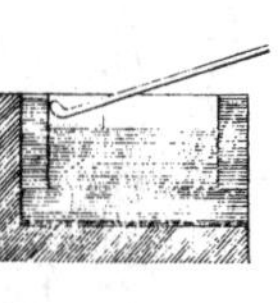

中有冷水運流，令涼。櫃容水約十二卡倫，將棉花浸下，每次重一磅。棉花在强水中，工人用如圖內之鐵棒掉三分時，然後撈起，置於鐵直楞上。此鐵直楞裝在櫃後半段，適在强酸上面，用棒緩緩撳之，待其中强水剩有十倍許，即一磅棉花變爲十磅重數，可移至甑中，待其强酸透入。

上述製法，英國各廠盡用之，惟歐洲他國尚有他項製法。

第十四圖

德國廠家所用機器，名曰離中心抽水具，如第十四圖。此具係一多孔旋行機器，裝在離中心具內。此具內先將强酸加足，將棉花木質等料置內，令其收得淡氣，然後將具中强酸放出，旋將皮帶扣於軸杆，將軸旋行，令所變成淡氣寫留路司用旋行

勢力擠乾此具似乎無益所成棉花藥不及小櫃所製之勻

已得淡氣之棉花由浸櫃提出仍有餘多強酸棉花置於第十五圖之瓦鉢以蓋蓋之此鉢排列於本櫃中櫃高一尺許中常有冷水通流令鉢內常涼此鉢櫃裝在透入房地內與地板相平棉花在此鉢四十八點鐘之久涼熱照百度表之十八至十九度為最相宜之熱度惟瓦鉢愈涼愈妙迨四十八點鐘後鉢中物料全行融化棉花即盡變為淡氣寫留路司

第十五圖

漩出強酸

其時將餘多之強酸除去即將瓦鉢二三只內之料攜出置於第十四圖之離中心抽水具內此具之內套與軸杆牽聯每分時可旋一千至一千五百轉具有內外二箱裡箱旋行將流質擠出於二箱之間外箱底有管放出裡箱底係覆釜形其上即置仍溼淡氣寫留路司待漩乾後提出即拋於大水櫃內而將廢強水收拾於另櫃中

洗法

此料宜謹慎洗滌法以大木櫃數只內盛水挨次排列逐一漸低如廠內有運河經過者應置木櫃數只底邊有孔亦依上法逐次漸低以致櫃內常滿儲流通之水洗時二人用木槳掉之各種之水由上沖下如漂布然棉花料在其下為水沖洗因棉花中仍有強酸與水相和時恐其發熱故洗水流行愈速愈妙嗣後復置於離中心具內擠乾然後又浸於清水數時令清水透入方妥

煮法

將已洗之棉花置大鐵鍋內加足清水煮之數時水應燒至沸度令各料勻淨又一法用襯鉛皮之櫃將熱汽管通入其內如此施行棉花藥中或有不潔淨雜物均可去之此藥造成後可經久無弊否則或有不淨物攙雜依艾白

耳之意此不淨物乃硝強酸及棉質內本有之油膩及松香類物相合而成櫃中水應常換以免不淨初煮數次後其水應用試紙試之查其仍有酸性否

打漿法

此亦艾白耳所創照此行其料更勻所用具名皮透或名好陶帶如第十六圖此具乃一種橢圓形木櫃深約二三尺許中裝一輪可旋行輪上裝刀數行櫃底斜面上幾與旋輪相遇此櫃底處名曰克勞乃一塊堅實柚木所造此木上裝刀數行輪旋行時輪上之刀與木上之刀相遇而有剪切之狀此櫃內分兩分一係輪刀並底刀相切處一

第十六圖甲

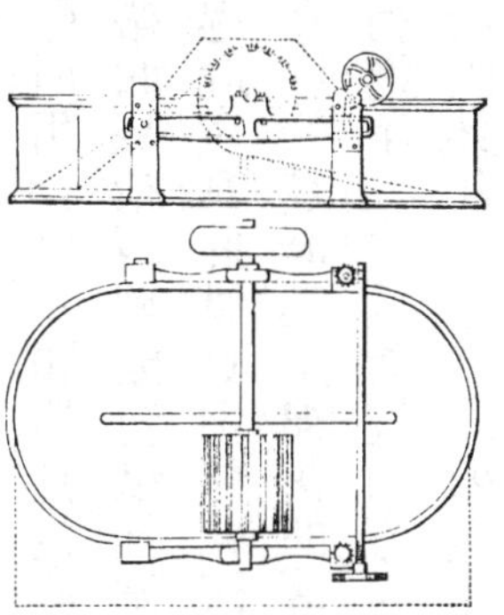

第十六圖乙

係棉花已剪切後流通之處輪有木罩罩向下所以旋行時棉花不致拋起由此而行棉花在櫃內常運行經過輪上之刀並木上所製刀之間爲其上下刀剪切此皮透具常有滿水其花漸漸切成細末如漿此輪每分

淡氣爆藥新書上編卷四上 十六

鐘旋行一百至一百五十次。

其時棉花藥已剪切甚細則由皮透具放出移至同形櫃內此具爲調勻之用名曰怕秋其中棉花藥與水充足常常掉動此水調和後放出更換新水其料由皮透放入怕秋時所有水可先放出再加清水後令怕秋具之裝葉輪旋行棉花在水內即漸調勻陸續添入清水怕秋下裝有濾水具可隨時將具內水陸續濾出當時棉毫無動搖其濾法在具下裝鐵絲紗一塊下有扁匣并管子管有開閉之塞棉花藥在怕秋內即掉勻由水內取出少許查驗之法在具內流運時將粗篩豎浸於下一分時許之久棉花

漿有穿過篩者亦有爲其隔住者由此其粗細可分可將篩上所隔料收拾用手擠乾置於瓶內攜至試驗房用熱法試驗其清潔與否然試驗前先令其乾即將夾於粗濾紙之間而置於壓具下旋緊約三分時可乾然後在兩手間摩細而置於紙盤內此盤長六寸寬四寸半將此盤置熱水烘櫃內此櫃周邊均係夾層令熱水運流其間使櫃內熱度增加櫃內架格用粗鐵絲紗所製各架相距約三寸高櫃中熱度增至法倫海表一百二十度爲妙將此藥樣置內十五分時當時勿閉其門十五分時後將紙盤移出露於試驗房空氣中二點鐘不可與酸汽相遇當時將

淡氣爆藥新書上編卷四上 十七

此棉花樣以手磨擦令勻取出二十釐合格蘭姆一·二九六而驗之如此棉花樣試驗合法怕秋機器即可停工將水濾出任棉花待稍時以便濾乾然後用木鏟提出以備壓乾

怕秋可容料一千磅許此爲棉花加淡氣數百次製成之總數故淘調後甚相均勻有時料中加鈉養炭養照百分之二數爲止儻棉花本甚淨潔則不必加之

壓緊棉花法

由怕秋調勻具移出時棉花藥中仍含水百分之二十八至三十數須用壓水力壓而去之此壓乾之棉花可裝箱

每箱可裝乾料二千五百磅壓具內每次應置溼棉花若干先測其中所有水數將紙盤用百度表百度熱烘乾內置含水棉花二千釐此盤置夾水櫃內用百度表百度熱烘三點鐘之久再秤之即可知其所含水數然後可測算壓櫃內應置溼花多寡可合壓乾棉花塊之定數壓櫃式不一發出之棉花藥或係結實方正塊或係圓塊或形如散末餞已盡乾裝在襯鋅皮箱內不准稍有空氣透入圓塊尤有特用往往壓乾得淨質重數之後將浸於水內令收潮溼百分之二十五分

華呑阿培法

英國華呑阿培地方有一官廠艾自耳歷年在此監製棉花藥所用既係上等棉花又謹慎選剔去其攙雜物然後切成長二寸許切具名曰傑落聽即法國有刀裝架之殺人具而照下法令乾所用具係一闊帶甚長成環形兩端穿於平臥軸上使帶如長拾兩軸間有烘具軸旋行時帶上所置棉花即經過此烘具此烘具用熱乾汽照法倫海表一百八十度帶穿過烘具時其上棉花即落於在下之第二帶由此帶旋行進第二烘具而旋回方向如此輪流而行至久烘乾落於收具在此守乾備後用棉花在帶上每分時行六尺數此帶長一百二十六尺烘乾須延二十一分時將此

棉花分成小分置洋鐵匣內每匣重二磅又四分磅之一將匣置平車由鐵軌道送至寒涼淺房令涼

華呑阿培浸法以重率一．五二之硝強酸一分一．八四硫強酸三分相和浸櫃係生鐵所製內容和強酸二百二十磅櫃之三面有冷水夾層令涼強酸先在櫃後所設鐵櫃內調和令涼然後用之在加淡氣時調和強酸之熱度常令在法倫海表七十度將棉花每次一磅半逐次浸下浸櫃後面有洋鐵皮之槽棉花置在槽中可鈀下至強酸中五六分時然後攜之強酸上後邊之鐵直楞如第十三圖在此楞上撳之而後移去每次將花由櫃移去加和強酸約十四磅許以補前次所廢之數每次已浸棉花帶強酸者秤約十五磅重然後置瓦鉢內至少二十四點鐘如第十五圖以便強酸透入當時熱度愈低愈妙不致棉花消化且免發火炎熱時棉花所消化者較冷時更多瓦鉢應蓋密免空氣之潮溼或有偶然之水入內因水與強酸相遇將成熱氣令淡氣棉花化分成煙霧騰出

然後將餘多強酸用第十四圖之抽水具抽出此具每分時旋行一千一百轉旋五分時久由此每十五磅溼棉花內可去十磅半之強酸剩淡氣棉花四磅半許然後用清水漂洗再置抽水具內每分時旋行一千二百轉可將水

掠去置此棉花於木櫃內用熱汽煮八點鐘後再入抽水具掠去其水而移至打漿具及調勻具此調勻具即怕秋可容一千五百卡倫或棉花十八英擔每擔合一百十二磅在此具內旋流六點鐘後灌清水五百卡倫石灰水五百卡倫於內石灰水者水中有鈣養炭養九磅并鈉養水九卡倫相合用此法棉花藥造成後有百分之一分至二分之鹼性物

將此調勻薄漿用真空壓力法抽起灌入大圓鐵桶內此桶有鐵腳抬高其下置小號量櫃及作模樣具此桶容一怕秋具之料即十八英擔許桶內有旋行輪葉將薄漿調勻用上說小號量櫃將棉花薄漿放出灌入桶下各大小模樣內模樣底係細金類絲紗所製漿不能瀉惟其水可用真空抽具抽出而用壓具壓緊此壓具力每方寸上加三十四磅重數漿壓成柔形以便手法小心料理其所剩水可設法去之

已成模樣之棉花藥可攜至壓緊房此房與其餘廠屋相距略遠在此房內將上藥置大力壓水櫃下由此其大小減去三分之二此壓櫃之力照每方寸上加五六墩之數任壓力下須留一分半時之久令其經久結實攜出時須堅密在水中適沈於水面相平而不深沈以手指撳壓之須覺陷下少許用模樣壓緊時棉花藥中則成熱氣模底有孔任氣騰出此房工人均有衛身之具壓具前有堅實繩柵柵中裝看管以觀壓具動靜

上已製成之片並圓片先浸於鈉養及加波利酸流質後裝於有鋼皮襯之箱遇出口時箱以銲藥令固木箱並鋼襯均須封密箱蓋及襯裝灌水孔孔裝螺潮之圈配有螺線塞子使旋緊後空氣不能透入緣此等藥久藏防其過乾故需此螺孔以便有時灌水少許而免開箱

重做之棉花藥須復成圓片然不及前次之易初次用壓力成片時其膠固力已退故復成漿後形如粉末故欲壓成形式須煮經八點鐘令其質發鬆而去其中之鹼性物用手中木槌槌細然後調漿計五分中加新棉花一分調之

淡氣爆藥新書上編卷四之上終　上海曹永清繪圖

淡氣爆藥新書上編卷四之下

英國　山福德著
慈谿　舒高第　口譯
江浦　陳洙　筆述

婁蒲歆製法

此廠製棉花之法先將棉花二百格蘭姆數浸於兩箇列式之和强酸以一分硝强酸二分硫强酸相和成者計一點鐘之久撩棉花起壓之由此將其內之廢强酸擠出十分之七此後在流水中洗一點鐘至一點半之久復以大力壓之浸於柴灰所成之鹼內二十四點鐘之久仍在流水內漂洗照前壓過攤在闊細蔴布上令乾以通氣筒令氣鑪之熱經過此下熱度須百度表六十度之熱照此熱度之空氣放進令在布下穿過可令漸乾此法製一百分之棉花可造棉花藥一百六十五分然當棉花飽飲强酸時用大力壓之故以後洗法未免過煩

令棉花藥成細顆粒形

棉花藥不論獨用或造無煙藥用皆須令成細顆粒形此艾白爾製法已得官照允其專賣法如下由怕秋即十七圖將棉花藥提出至離中心具與前說絞出酸質所用具相等將其中之水僅留百分中之三十三分令稍結成鞹性即移於成顆粒房在此房內有一鐵線篩篩之其大小之塊逐漸變成微細之粒與捕鳥所用鉛珠無異再還於以木質或硬革所成鼓式之桶內此桶有軸其功用善能旋轉以之旋行一時許陸續取水灑之當桶旋行時其顆粒棉花隨以俱旋因其性重故彼此互相旋轉後以次墜下此桶旋行速力應有斟酌不可過速使轉動時其顆粒能畧吸於桶邊而又無礙其旋轉厥後在桶內取出攤於令乾房內之架上

第十七圖甲

第十七圖乙

第十七圖丙

棉花藥又浸於阿西通或阿西的克酸即醋酸內待其成凍形即滾為薄片候乾時切成小方塊以淡氣寫留路司淡氣列格尙等製無煙者各物須與棉花藥或哥路弟恩攙和後令其變成顆粒

哥路弟恩棉花

造哥路弟恩或消化之棉花應用上等棉花浸櫃內所用强酸用稍淡者凡製哥路弟恩棉花較製棉花藥更關緊

要蓋哥路弟恩乃造各種直辣丁。如直辣丁但捺抹脫、直列辣脫、福賽得等必用之品。又造各無煙藥內用之亦甚廣。凡工藝中所用哥路弟恩，即此哥路弟恩棉花消於以脫酒醕，又爲製寫留路以得及他物之用。哥路弟恩較棉花藥爆力稍緩，中所含淡氣較少，在淡氣格列式林內易消化，在以脫二分劑酒醕一分劑內相和亦易消化，在阿西通及阿西的克以脫等內亦然。有一法國博士製一種流質棉花藥，其藥性及內所含物質與定質棉花藥不同。

製造法

所用棉花應用廢花，或謂埃及國棉花筋絲長較爲合用。惟强酸之濃淡視棉花之品級更關緊要。强酸濃淡分劑最合者如下：硝强酸百分之二十三，硫强酸百分之六十六，清水百分之十一，共合一百分，其重率應有一·七一二。將一·八四重性之硫强酸六十六分與一·三六八重性之硝强酸三十四分相合，則無須清水，即成所需之合强酸。若所製哥路弟恩爲爆藥所用者，中含淡氣必多，即所謂五淡氣寫留路司。儻强酸較淡，或以鉀養淡養及硫强酸相合而代用者，中含淡氣必少，雖在以脫酒醕或淡氣格列式林內可使全行消化，而其中淡氣實較少。計其應有數之至少者，須有十二分至十二分·六。

棉花在浸櫃內不可延過五分時之久，合强酸之熱度則以百度表之六十五度爲限。棉花撩出後勿如棉花藥將其中强酸擠出，應速置於罐內，待浸四十八點鐘之久（或謂只浸二十四點鐘，然此法造成後恐其中淡氣較少），飲飽淡氣，將哥路弟恩取出，照上料理棉花藥法料理之。所成之物須在以脫酒醇及淡氣格列式林內全行消化，其中百分中應有淡氣十二·七爲妙。照理五淡氣寫留路司百分中應有淡氣十二·七五，然此數得之恐甚難。余曾試驗若干種，註明如下：

德國所製	一一·六四	一一·四八	一一·四九
英國司徒模克廠所製	一二·五七	一二·六〇	一一·二二
華克斯羅特所製	一一·六一	一二·〇七	一一·九九
法浮香所製	一二·一四	一一·七〇	一一·六〇

余將法國第一號哥路弟恩棉花更細研究，所得分劑數如下：

消化棉花（即哥路弟恩）	九九·一一八	淡氣一一·六四
棉花藥	〇·六四二	
無淡氣棉花	〇·二四〇	

灰質　○·二五

此哥路弟恩棉花內其未得淡氣即未改變之棉花及棉花藥均愈少愈妙因其不能消化於淡氣格列式林之內也哥路弟恩棉花之優劣用測淡器具測其淡氣之多寡以法驗其消化與否要以中淡氣多而又易消化為準苟不易消化則知中有棉花藥雖淡氣已多而亦無濟若淡氣少而又不易消化者則知其中有棉花尚未飲飽淡氣此乃最劣者矣

據博士法蘭斯云已查得妙法製易消化之淡氣寫留路司其意須令此物勻稱彼以為雖強酸和合之分劑及濃淡皆能合度而飲飽淡氣之法亦善若其棉花品級不一則亦終於無濟夫棉花品級本係參差因花之筋絲有玻璃料之物質包涵於外此筋且並非實心乃一管形中有半流質形之油膩物或膠此物照各產地之土性而分層次凡尋常長短之筋絲管只一端開有孔道當棉花浸在合強酸時強酸即向易入之孔而浸於管內儻管內油膩物禦敵力大此浸法即由筋絲管照毫管吸法自行引入強酸浸之稍遲則其化法亦較緩法蘭斯博士以為棉花筋絲管中之空氣遇稍有所阻時易將後浸入之強酸竟行拒絕惟有將棉花改成極細如塵屑形狀而浸之合強

酸俾令飲飽此強酸有法倫海表四十至九十度之熱餘多之強酸再以壓力壓之照此法無庸更以鹼水漂洗所用合強酸分劑以硝強酸八分硫強酸十二分相合將棉花在浸櫃內調十五分鐘之久此時浸櫃內之熱度以法倫海表五十至一百度為限而其外之天氣則照法倫表七十五度

含淡氣之棉花藥

凡棉花藥恆與鉀養淡養$_{三}$阿摩尼阿淡養$_{三}$鋇淡養$_{三}$相合以取其中養氣多之淡氣此等棉花藥分劑等於燒轟後相合各原質分劑如下

一○(炭$_{二四}$輕$_{一八}$淡養$_{二}$輕$_{二}$養$_{九}$)六二鉀淡養$_{三}$=一九九炭養$_{二}$丄一四鉀炭養$_{三}$丄一四五輕養丄九六淡$_{二}$

即是棉花藥一千一百四十三格蘭姆數含淡氣八百二十八格蘭姆即照此物百分中棉花藥有五十八分淡氣四十二分法浮香廠所製爆藥名第一號湯捺得其中分劑以棉花藥一半鋇淡養$_{三}$一半而他廠所造湯捺得爆藥一百分中全行燒化時共燒去棉花藥五一·六鋇淡養$_{三}$四八四余曾驗過湯捺得尋常分劑棉花藥百分之五十一四十九其轟燒時所發出之熱度與同數鉀淡養$_{三}$之熱度相等含鋇淡養$_{三}$之棉花藥重二千三百二十三

格蘭姆數，含鉀淡養三者重一千九百七十一格蘭姆數，兩者相較，含鋇淡養三者重百分之一。棉花藥中加含淡養物，因欲得其中所多之養氣故也。養氣多時能將其中之炭盡數變爲炭養二氣，不致結成含毒之炭養氣。

湯捺得製造法

英國臺林治福阿·墨愷三博士皆領有專造湯捺脫之官照，在法浮香及墨林兩廠，棉花藥公司內造之。美國舊金山則特設一廠，專造此湯捺脫。此藥以成細碎浸溼之棉花藥，與磨細之鋇養淡養相和，此鋇養淡養先令其復結成顆粒，然後研細。此法乃令硝強酸與鋇養炭養化合。

高第按照此法行之，則成所需之鋇養淡養三矣。

於是溼而清潔之棉花漿，與對分劑之鋇養淡養三相和。其和法有兩圓杆在器內，彼此相軋而磨細，待至變成勻淨之濃漿，然後將此濃漿壓緊成彈顆形。此彈顆後端有一小孔，以備裝齊爆藥之用，復以巴辣芬紙包之。此紙俗名蠟紙。

洙按：巴辣芬卽化學材料表之巴辣非尼。

二號湯捺得亦以鉀養淡養三、鈉養淡養三并炭及硫磺。三號湯捺得亦以棉花藥製成，百分內十九分爲棉花藥，十三分爲二倍淡氣徧蘇恩，六十八分爲鋇養淡養三，然以上之數或有參差，亦無礙也。此種湯捺得色畧黃，炸力少緩，用以轟開鬆性之石，更爲合宜。

湯捺得在各種水雷，或在水下轟石，或開石礦等，爲用甚廣。英國大埠曼周司德之運河，當開濬時，用湯捺得極多。且英國鐵路火車載運此等湯捺得，以其較非常危險者稍殊，故與尋常火藥相待一律。厥質甚堅密，遇潮溼時可在日光中曬乾，用相配之一種齊爆藥則炸法頗便。經火燒之甚緩而無危險。其彈顆既包有巴辣芬之紙，故雖遇槍膛洗溼未乾時亦可演放。若遇開山轟石時，此藥置於洞底，其上頻灌以水，以代尋常椿緊所用之物。且其中養氣甚足，可令炭質多變爲炭養二氣，燒去炭質，不致結成含

毒之炭養氣。蓋其料登時全化，毫無遺剩也。此炸藥不易因擊勢或磨擦而忽爆炸。

近年有數博士及查攷煤礦等處之官員，聚集研究湯捺得轟時所發出之氣霧，於衛生有無關礙。曾在煤礦中特爲試驗法，先用瓶收取礦中進路少窄處之空氣，又用瓶收取礦中出氣洞之空氣，復用瓶收取燃放炸藥左近處有煙霧之空氣少許，而細查究之。此彈則包有滅火焰藥若干，置於棕色紙內。第一次試驗時演放彈子十九粒，共有湯捺得六磅又九之數，在出氣洞處空氣內查得中有炭養氣極微。在第二次試驗時，演放彈子十三粒，共有湯

捺得四磅又四之數在出氣洞處查得中有炭養氣亦甚微惟查得其煙霧一萬分中炭養氣有一九至四八之譜

製棉花藥之危險

凡製造各種淡氣爆藥以棉花藥及哥路弟恩棉花之造法為最不危險在英國之司徒墨克廠左近有鎮相距路程僅人行五分鐘時可到人家以此廠造炸藥法不甚危險故能與此廠居近而無異言除加淡氣及壓緊成塊或成圓片工之外餘工程大半多用清水所以其危險減去甚多最宜謹慎者先將棉花中之松香類及易消化之物提出因艾白耳博士曾云棉花藥之不經久者其故均因

有此料在內作弊提出之法將棉花浸於含鈉之水內煑至沸度令松香類並易消化之料一齊煑去

僅將棉花令其飲飽淡氣並非險事惟有二端則甚危險一係擠出棉花中之水一係由離中心具內取出洗之此兩事均須小心凡含淡氣棉花擠出水後即速浸於多數之清水內因擠出時其料頗易化分而一經化分勢難停止此含淡氣棉花愈熱而所遇水較少則其化分愈速所以天熱有潮溼時離中心具最易發火儻有紅霧騰出即為棉花藥化分之始速將此棉花藥於打漿具內多加水而浸之或置於怕秋具內以免釀事

淡氣爆藥新書二編卷四 九

欲令棉花藥不化分而能耐久須洗之極淨不可有絲毫酸質在內在打漿具怕秋具內令變為極微細之漿形因所用之水甚多可去其中之餘多酸質然仍須煑之方妥有人思得去此餘多酸質之法用淡號阿摩尼阿水令其成中立性魏貝博士試驗此事之下見此棉花藥色畧變黃即顯其有碱性之明證其時將此棉花藥在水中撈起夾於沙漏所用之鬆紙內令稍乾後置於照百度表之七十度熱之烘具內烘令乾乃烘至三點鐘之後即炸而將此堅固之烘具全行轟碎幸所驗棉花藥僅只一兩重數不致釀更大之禍然因有此炸法遂令試驗之人更增識

見蓋所用之棉花藥係二淡氣寫留路司而所烘之熱度僅有七十度照例本不應炸因此始知烘時熱在四十度許方無危險

魏貝細心攷究此二淡氣寫留路司究在何熱度始能攢火而查知熱度在百度表之一百九十四至一百九十八度時始能攢火所以此次僅有七十熱度在爐中忽熱轟炸者必有意外之虞此意外之虞料因用阿摩尼阿洗後有阿摩尼阿淡養結成微細顆粒與淡氣寫留路司一同烘乾此阿摩尼阿淡養只須極微質亦能令其忽炸令棉花藥或哥路弟恩棉花使乾亦係危險事所用熱度照百

淡氣爆藥新書二編卷四 十

度表不可過四十度照法倫海表不可過一百零四度淡氣棉花中須插寒暑表一只屢次察其熱度烘棉花藥處亦有寒暑表一只中設有電氣自能搖鈴報信之機括且須小心烘乾房內所有傳熱管及爐子須設法以罩罩之因棉花藥之微細塵屬在遷移時將停在傳熱管或爐子上速能攬火而炸地擱板上須以油布或像皮鋪之熱空氣在棉花藥上面經過時此棉花藥則得電氣應設法將此結成之電氣引至他處李德博士曾設法用金類架子及盤并篩子此種器具兩旁各有一銅絲通入地下器上有布將棉花攤布上此上雖有電氣卽爲其下金類器兩邊之銅絲引入地下而免危險

將棉花藥製成塊或圓片式亦屬危險棉花藥製成藥裹較以尋常火藥製成者更險因製藥裹時此棉花藥非熱不可而棉花藥冷時已較尋常火藥易於攬火故其熱時之危險實屬不可思議由離中心具取出棉花時須經過篩子查其中有無狠籍之鐵釘及火柴尋常棉花藥須用壓具令成相配之式樣並須謹慎爲之若棉花藥所用壓具雖係壓水櫃之便尚須格外謹慎所用鞲鞴須與磨子恰適相配如抽水者一式然凡金類物用之經久恐爲磨擦力銷耗其本質此從磨子所專着力之處必較前更形寬闊此磨子之料曾經查得以克魯伯廠所製超品鋼料者爲最合其鞲鞴則以最硬之生鐵造成磨子與鞲鞴相貫處須恰適居中否則在此磨子中將見有斜行之方向而將磨膛着力移擦

在壓緊棉花時須設法保護工人華吞阿培廠建有船纜結成之繩柵以保護之此柵有凸凹力並拒敵力德國有一廠有十二寸厚之木柵此柵以二寸厚之板片併合而成兩板壁之間實以磨細之爐渣此法保護亦屬甚善柵板有門以便工人出入又有一喇叭口式之洞可使工人立在穩妥之處以察製造房內工作之情形房頂或其一邊均以玻璃造之以便轟炸勢出外之方向而減其抵力

脫林取之滅火藥

此係斐佛香棉藥公司廠總辦脫林取君領專照所製其意將湯捺得藥裹煤礦內用時取此滅火藥包之試以湯捺得但捺抹脫或直辣丁但捺抹脫放在此滅火藥數包中而令發大炸時竟無火焰可見此藥製以曾浸於明礬鈉綠並阿摩尼阿綠水內之木屑在第十八圖指明裝湯捺得藥裹之法及外圍之滅火藥如甲甲其中且裝有齊爆藥口則又有藥引均可見之

一千八百八十七年十月二十二號曾驗此滅火火藥當

第十八圖

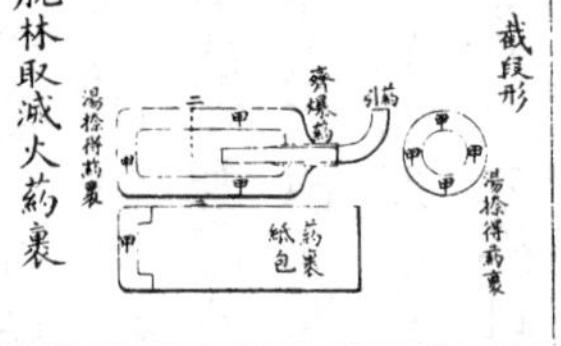

截段形

湯捺得藥裹

脫林取滅火藥裹

時有許多格物家並礦學家均來察看驗法先在餘地中埋一熱鐵櫃有四十五尺立方而與地面相平櫃內實以煤氣此事在後敘明此藥裹均以電氣令發火電具妥放處距藥屯地約三四十碼許將上言之櫃用蓋蓋之以灰沙封緊不令泄氣然後將敷用之煤氣灌入可隨意令其發火而炸其氣多寡外裝有表指明當灌入時可將爆藥裹預備

先將無滅火藥保護之一小裹湯捺得發火時試之觀其能令煤氣攙火否法將煤氣灌入櫃中櫃中置有煤礦工人所用之燈未灌足煤氣之先將此燈滅息既放入後將一兩又四分兩之一之湯捺得放於此藥屯內取齊爆藥用銅絲牽連於電具開火號令一發即聞有大炸聲而見一發之火焰櫃頂更四散橫飛此爲其下煤氣均已爆炸之明證第一次驗法如此及第二次試驗時藥裹大小與前相同其外則包有滅火藥係先取機色包紙成殼約直徑二寸許將湯捺得藥裹一箇置於此中藥裹及紙殼閒實以滅火藥將熱鐵櫃仍一切照前法灌入煤氣取已保護之藥裹放內而令放火其效竟與前大殊因炸聲不如前此之烈火焰更一無所見也依上法屢次將未保護已保護之藥裹在櫃內試放湯捺得之藥數自一兩至六兩不等其效均與上說無異惟藥之多寡相等則炸聲甚微當時決不見有火焰

哥路弟恩棉花用處

哥路弟恩即易消化之棉花藥其用頗廣造各種直辣丁炸藥者用之最多如轟石直辣丁是也惟造無煙藥用于軍營或畋獵者亦不少其實凡此等爆藥中此料均居多數惟有係用淡氣烈克甯或加淡氣木質此均係同等質料即是淡氣寫留路司也此淡氣寫留路司本係各植物筋絡所成此處所用者則係木質筋絡比高淡氣棉花之用尤廣近工藝中更有一用即製造寫留路以得此爲照像法中鍍在銀子水之玻瓈上者且亦可作別用將此料化在兩分以脫一分酒醕內即成一物是名哥路弟恩用處不一或照亮油用或照發秘密號碼之用傷科用之能令傷口合縫

首創但捺抹脫之人名曰羅培今則已領專照獨製淡氣寫留路司此種又名含水寫留路司又名含食氣寫留路司以代像皮之用法將此料化於不易騰之流質如淡氣邦塔林二淡氣偏蘇恩淡氣朵路恩或與以上相同之流

質內所得之料，堅柔不一，柔者若膠水，堅者竟與黑像皮無異。其分劑多寡，則用淡氣寫留路司百分之二十分者，可成一輭像皮；用百分之五十分者成叉一種稍硬之像皮。所用消化流質，應照像皮用處而選取。流質多者所成之料，凸凹力尤大，定質與流質並用者，可經高熱度。此料用熱氣令熱至鐵棍，將藥水在綢料或布料鋪令勻淨，即行烘乾，以便裝箱送外。

此寫留路司淡氣不可加之過度，因懼其易攬火。博士艾和侖之意，藥裹內用寫留路以得，則可免擠緊之弊。此等藥裹放過之後，裹殼不致在槍膛內擠緊，無須用挖槍殼

之具，可使軍人少一攜帶之物。

寫留路以得

寫留路以得係巴陸息林與樟腦相併而成，在美國紐約克製成者，法將巴陸息林加入融化之樟腦而調和之，或將此兩物用重力壓緊，或用酒醕，或以脫將兩物消化，而使和合，然後將流質烘騰令乾。更有一法，即兼用上兩法，在畧消化時用壓力壓緊。所用之巴陸息林，係四淡氣或五淡氣寫留路司，若六淡氣即棉花藥，因其易炸，故鮮用之。

造此物時須小心，不致成六淡氣寫留路司，宜浸在稍濃

硝强酸或硫硝强兩和之熱酸中，使免此弊。將兩分硝强酸並五分硫强酸相合，令熱至百度表之三十度，以棉料薄紙（凡西紙多以棉料製成）剪小或大張，浸入約二十五分鐘之久。此後將含淡養之寫留路司，以清水流之周到，去其餘多之强酸，然後壓緊，而在潮溼時與樟腦相和。

高第按，如此造之，即成寫留路以得矣。

照法國博士特立步晏及戴貝森細爾兩君之法，則用棉紙及棉花或細蔴，加以淡氣兩次。第一次即照上言之和强酸；第二次取一．八三重性之硫强酸三分，並含淡養酸之濃硝强酸兩分相和。每次浸後用力壓之，洗以清水，末

次洗時水內可稍加阿摩尼阿或鈉養少許，以去酸性之餘迹。以此巴陸息林飲飽淡氣之法不一。

此物中巴陸息林之數，尋常居二，樟腦則居一。照法國博士之法，巴陸息林一百分與樟腦四十或五十分相和，細密用大力壓成模樣，然後露於空氣中令乾，并用鈣綠或硫强酸去其潮溼，而使全乾。尋常將樟腦用極少數之酒醕消化，將已消化之樟腦灑於乾巴陸息林上，然後將乾巴陸息林蓋於樟腦上，而復取已消化之樟腦，照前法灑上，如此屢灑屢蓋，待至所需之色已足爲止。

此物將成透明之塊，即自墜下，可用冷鐵棍兩根，使在兩

棍間軋滾一點鐘時然後將鐵棍用熱氣燒令熱後照前法軋滾一點鐘之久可將棍上所黏住之寫留路以得一層剝下再壓成一條的邁當厚薄之片而切成約七十條的邁當之長三十條的邁當之闊此片隨即起用壓水櫃力壓二十四點鐘之久當時熱度在百度表之七十度然後將此片再切成所需之大小而置於熱房內八日至十四日之久此房熱度照百度表三十度至四十度從此變成極乾然後在熱時可用模子並壓力製成所需之物件可切可鋸所用消化樟腦之酒醕往往以木醕（即木醋酸）及以脫代之

寫留路以得能着色并可染成大理石形式之花紋以便工藝中各項之用性頗攪火惟不爆炸即遇壓力亦不致炸所以用椎及軋棍時全無危險在沸水中變軟可壓成模樣其重率與所用之原質并所受壓力稍不同尋常者係一·一二五其物質係原質勉强相併故用相配之法仍可取出其中之樟腦而燒之令熱則巴陸息林即將燒去而樟腦即變成煙霧騰出

製寫留路以得之巴陸息林近年工藝中用之甚廣故製此甚多而製法亦逐漸改良紐約化學報中登有費爾德論製造巴陸息林之篇其意先選植物筋絡凡尋常所用

之植物筋絡以棉花筋絡木質筋絡蔴筋絡此在棉花紙料破布等中所得其效甚佳因此筋絡各有不同故令其飲飽淡氣之法亦不一棉花筋絡係一扁空之帶即是一條曲而有細摺之長管一端則形尖而不通此管中空處在中段甚大逐漸收小至端管體質係一層薄膜和强酸易於透入所以易得淡氣蔴筋絡體質較厚其管較小故淡氣透入較棉花更緩南洋紐細蘭島所產之蔴為此用較他項蔴更妥緣所成淡氣料甚易消化用棉花則造成韌性之哥路弟恩如用布料則成流質哥路弟恩美國有一製巴陸息林之大廠專用其本國孟非司大一種之棉花此棉花出於高地其筋絡甚軟潤而有凸凹力色白而帶密飲飽淡氣之後頗不改變筋絡短而紋摺不及他種之多筋絡中直形如帶條者甚繁此棉花用包有銅刷之鐵棍鉋而刷之令鬆潤而潔淨惟不必洗以藥水此種棉花筋絡多係半熟或已熟四分之三故其料極薄而透明是以費爾司云由此棉花所成之巴陸息林恒易消化也

次等之巴陸息林欲其色好只能由廢棉花成之此廢棉花用藥水洗之然後可加淡氣凡紙料係用硫養硫養之强酸成漿而造就者如此之紙料而製巴陸息林則甚易消化此可用高熱度令收淡氣甚得好效尋常所用薄襯

紙本由蔴絡製成此種可剪成小方塊以便製巴陸息林之用

博士馬貝來云淨棉花造成之薄襯紙其厚薄爲五百分寸之一其上可加透明之膠水一層令收淡氣惟須待三十分之久儻紙稍厚者則其紙面亦可收淡氣故馬貝來所用筋絡先令在鈉養淡養中浸之緩緩令乾由此使鈉養淡養在筋絡間結成定質或此鈉養淡養水透入經絡將管拓開而使硝強酸入內用此法以熱度低之地最爲合宜若熱度高者毋須用此有一種蔴類物西名拉美草又一種里扣草又一種支那草據博士棣愛士及衞云此

等草均可造成易消化之巴陸息林拉美草所成者其力匀稱消化亦匀消化所需藥水較棉花需用者爲少此言正與費爾司所查相反彼謂如用一律濃淡之和強酸而寒暑表熱度亦係一律則蔴絡所成巴陸息林性韌而厚若用棉花則成流質形而薄然而將熱度加高則蔴料所成之巴陸息林亦可造成第一種之流質形物筋絡管中不可有綠如有之則其中酸氣不能洗出此筋絡須先令乾然後加淡氣照費爾司意製此時必須加令羊毛乾所用之料（此料善收溼氣）

在寫留路以得製造廠內其使植物筋絡得淡氣法係將棉花并蔴之筋絡相和此蔴絡係已成紙形者此紙厚薄有千分寸之二或千分寸之三而剪成一寸見方或一寸闊之長條令得淡氣

切碎之紙散在和強酸之法係借一旋形甚速之管子內此管下端爲喇叭口當將紙散於和強酸時適浸其中管旋行時此紙料散在桶邊其中央則無此等紙料此等空處可備新紙料安置美國有一製造息羅乃得爆藥之公司（息羅乃得即木中筋絡）其紙料則剪成長條用叉叉入和強酸中此公司所用和強酸之櫃係圓柱形中具分隔此櫃能令旋如旋櫃之旋以便各工人在四周將所有之紙令得淡

氣紙浸在酸質中撩起時不必將強酸擠出可速投入清水中如此行法則廢強酸有若干分遺失然更攻寫留路以得公司中所用之紙則均剪成細塊浸在強酸中爲數更多在強酸中撩出時絞之然後送入清水如此能節省其廢強酸不致許多遺失是以其法更妙

此外各製造家則瓦料器并玻璃梗或鋼梗其一端係彎形一端套以像皮管以便手持時不致滑落其所用器如第十九圖一時間可令一磅棉花得淡氣所云梗之彎處可使工人鈎提強酸中之料令此料均勻飲飽在冬

第十九圖

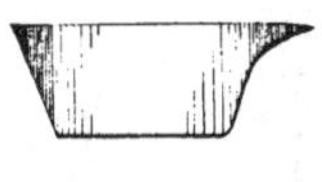

令時倣此工之房屋應照法倫海表七十度之熱度可令各項工夫一律妥善費爾得博士之意以槐得并旭浮司二人所用淡氣具新奇而妥如第二十并二十一圖二十圖係一居中有細孔之圓管二十一圖係如籠形之套由此兩具可令紙料得淡氣甚速用此具無須掉和自能均勻依費爾得博士意照此法而用紙料或棉花者其淡氣熱度可照百度表三十至三十五度爲妥若升至五十或五十五度則已不妥法將紙料

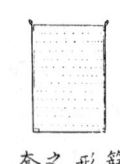

第二十圖

居中有細孔之圓管

第二十一圖

籠形之套

置二十圖之管內此管有一丙字板底管有套即上說如籠形者此管即乙與底板扣緊既飲飽淡氣後可將全套器具移至絞具此絞具係囊形可將餘多强酸擠出然後將一切器移至水櫃即將有細孔之管提出連管置清水內洗之如二十二圖之甲乙圖指明飲淡氣具與其自行啟閉之盖第二十三圖指明漂洗具平面及側面形此具可令大數棉花飲淡氣無論天氣寒暑均可合倣

第二十二甲

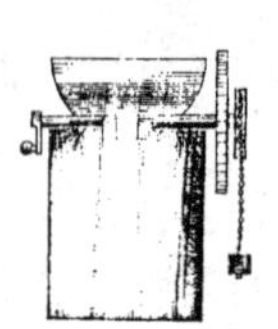

第二十二乙

凡造易消化之淡氣寫留路司爲眾人所知之法不一然有等法試驗一次則甚善屢次驗之則其效不一律所須强酸相和全以所用筋絡爲準且製造時天氣亦須一律尋常通用則有三法其一係製寫留路以得人所用其二係用棉花在高熱度時得淡氣法其三爲在低熱度時浸料於和强酸浸之經六點鐘之久此三法以末法爲最善照法令棉花在低熱度時浸之然後在可容五磅至十磅之棉

第二十三圖

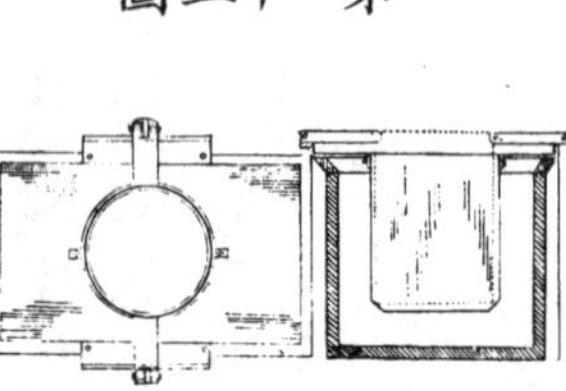

花鉢內俟其變化照寫留路以得製造家所需之低淡氣程式如下

硫强酸	重六十六分
硝强酸	重十七分
水	重十七分
共計	一百分
浸時熱度	百度表三十度
所浸遲久	二十至三十分鐘

所用寫留路司乃係造成之薄襯紙有千分寸之二厚薄每和强酸一百磅加此紙料一磅照上格式所成之淡氣

寫留路司在和質以脫并別種消化流質中甚難消化惟變爲淡氣寫留路司全賴此消化物之功以下另一程式所製成之物係四淡氣五淡氣并五淡氣寫留路司所併成者在無阿西通之迷脫里酒醋中質難消化惟在無水和質以脫或幾通司即化學表之幾朵尼或阿耳弟海得中則甚易消化此程式如下

硝強酸　重一·四三五　八磅

硫強酸　重一·八三　十五磅又四分磅之三

棉花　十四兩

加淡氣時所自發熱度照百度表六十度所浸時刻計四十五分鐘調和強酸所發熱度係六十度棉花須浸在強酸內待至用玻璃梗或鋼梗撈起時幾於全無可撈

高第按因筋絡飲飽強酸爛成極微細物故幾於全無可撈

下列一表係費爾得博士所作指明製此爆藥時因極微細之故而所浸時刻及熱度遂緣此而分等級共計工作十四天其中四天遇雨

洙按觀下表計四日天晴四日天有雲三日爲半晴天其遇雨亦只三天此處西書原文忽言四天遇雨殊不符合姑照譯之而係其原文之誤以告閱者

所用之料即上說之第二程式惟其硝強酸重性較低少許照此所造之爆藥較用重性一·四三所成者其優勝之處僅在迷脫里酒醋中易消化而已此十四日內每日所成此種爆藥三十至三十五磅

天	氣	重性 硫強酸	重性 硝強酸	時點鐘
一	天晴	一·八二八	一·四二四九	
二	天晴	一·八三七	一·四二四九	
三	有雲	一·八三七	一·四二六	
四	雨	一·八三七	一·四二〇	
五	天晴	一·八三七七	一·四二	一
六	雨	一·八三九	一·四二六	
七	有雲	一·八三五	一·四二六	
八	天晴	一·八三五	一·四二	
九	半晴	一·八二四	一·四二七	
十	半晴	一·八三	一·四二七	
十一	有雲	一·八三二	一·四二五	
十二	雨	一·八二二	一·四二五	
十三	半晴	一·八三七六	一·四二五七	
十四	有雲	一·八三七	一·四二五七	一

刻 分鐘	點鐘	分鐘	百度表 由某度	至某度	造成爆藥後百分鐘 加	減
二〇	四		五七	六二	三一	
二〇	二		六〇	六二	一八	
四五	二		六〇	六二	七	
二〇	一	二〇	六〇	六三	〇	〇
一五	二		五八	六二	一五	
三五	一	四〇	五八	五二		二
二〇		五	六二	六四		一〇
三五	一	一〇	六〇	六二	一五	
二〇			五〇	六〇		三
一〇		二五	五八	六〇		一〇
一〇		五〇	五八	六〇	八	
一〇		二〇	五八	六〇		一〇
五〇	一	〇〇	五〇	五八	二〇	
五六	四	〇〇	五〇	六〇	一六	

細查上列之表甚有趣味可見有加至百分之三十一分者有一無所加而反遺失竟至減去百分之十者雖當造時已極盡小心望其一律無所增減然因微細之故遂至

勢有所不能故遇雨則竟減其毫無增減者僅第四日一日其半晴半陰天氣則又無不遺失料因棉花受吸潮溼而强酸不能入內之故遇天雨時棉花將收吸空中潮溼及浸入强酸中而强酸爲之變淡筋絡消化在淡强酸中品級遂因而居次况其減失之日所浸時刻較少如第七第十第二等三日中浸時極少其減失數亦甚多

觀上表所列知令少數寫留路司得淡氣甚難况所製成者其作工在高熱度時得效非能勻稱

論寫留路司易消化與否照派克司博士所查淡氣徧蘇恩及阿尼林凍形醋酸并樟腦化於迷脫里酒醕並酒醕以脫可作消化寫留路司之用所成料更輭熟消化之功效更大經過熱氣時變化愈少在淡氣徧蘇恩消化之後成顆粒形不如清水之勻因在此中消化之料變成寫留路司消化亦不能盡勻仍有形如棉花者惟加酒醕後消化始勻可見消化之流質既各不同而用强酸及飲饱淡氣之法亦不一

旭浮司博士所論易消化寫留路司之料其物頗多有以布路比耳及一沙布的耳酒醕與樟腦相和而成者有以幾通司并巴勒麻通及司替隆化於酒醕內者有以甲乙兩號之那普妥與酒醕者有以安特納起隆與酒醕相化之流質者有以一沙凡頫立克阿爾弟海得及其分出之全類物者有以阿埋里滕大密特耳及阿埋里滕大伊塔耳之伊塔者凡此若干種流質其消化寫留路司均甚靈捷

凡消化寫留路司之流質綜分二類第一類其消化時不用熱氣又不必借酒醕之力第二類則先須在酒醕內消化然後可用以消化寫留路司此第二種消化物與寫留路司相併時再將熱氣加至鎔化度則其消化之力亦復加增

費爾德博士所論消化寫留路司之流質先分四等第一第二兩等係兩種草酒醕第三等係油酸所成之以脫與單輕酒醕相併是名阿耳弟海得第四等由油酸所成之清淨幾通司并雜和幾通司此四等包括大分消化寫留路司之流質此外尚有各種列名如下阿埋里淡養五阿埋里淡養五密特倫大密特以脫阿鐵滕大以脫爾以脫阿埋里克羅乃息特淡氣徧蘇恩二淡氣徧蘇恩柯麥林樟腦凍形醋酸一號二號三號之阿西汀

海爾博士所用消化寫留路司者則又不同其物爲阿埋克阿阿西特四發林司即四列忒拍特路林那普塔四發林司密特耳酒醕二發林司寫留路司四兩並五兩合消

化流質一軋倫數海爾博士之用拍特路林那普搭者將使亮油易乾亮油之所以貴者卽其不收潮溼上說程式卽做巴陸息林亮油之用此亮油用於刷筆及鉛筆并銅器噴銀之用

又一種名阿克西寫留路司卽於養寫留路司時加入硝强酸則其百分中之三十分盡變為阿克西寫留路司再將餘多酸質洗去則結成黏韌之質可在淡號鹻類水內化之用酒醋酸質或鹽類水又可令其澄停此阿克西寫留路司之原質係炭$_{十八}$輕$_{二十六}$養$_{十六}$置於濃硫强酸內可使消化與硝强酸相遇則成淡氣物質其分劑程式如下

炭$_{十八}$輕$_{二十三}$養$_{十六}$三(淡養$_{二}$)其製法係先將韌式寫留路司洗以濃號硝强酸待其清水全數逐出後卽用對分劑之濃硫强酸并硝强酸浸之使速消化約一點鐘後取此已消化之阿克西寫留路司傾於多數清水中其傾法如由茶壺斟茶無異使成細流一條緩緩傾下由此在水中者變成白色物如棉花形此係將澄停於下之淡氣物可用百度表之一百十度熱氣烘乾應察得百分中含有淡氣六·四八

高第按此係別一種之爆藥

雜項淡氣爆藥

淡氣小粉

此為雜項淡氣爆藥之一種德國近來頗有攷究此項而造之者溯一千八百八十三年法國人貝來康馬已查出此物而名之曰齊洛易定其物程式為炭$_{六}$輕$_{八}$養$_{三}$(淡輕$_{三}$)然德人密耳哈生則謂彼嘗試驗可多加淡氣若干其式如下

甲 炭$_{六}$輕$_{七·五}$養$_{五}$(淡養$_{二}$)$_{二·五}$

乙 炭$_{六}$輕$_{七}$養$_{二}$(淡養$_{三}$)$_{三}$

高第按西書原文乙號下作養$_{二}$然此種藥法人貝來康馬所創者係養$_{三}$密耳哈生所造甲號係養$_{二·五}$更觀下開將小粉加倍之三項則四淡氣者係養$_{六}$五淡氣者係養$_{五}$六淡氣者係養$_{六}$復以每種之炭輕(淡養)及後三種之炭輕養淡養等各與養分劑相乘則知此乙號之養其分劑確為$_{二}$而非$_{四}$此固斷然無可疑者或此西書刷印之時亦有校勘不精之弊乎今妄以管見改正而記其崖畧如左

儻將小粉原質之分劑加倍則所成格式如下

一 四淡氣小粉 炭$_{十二}$輕$_{十六}$養$_{六}$(養淡養$_{二}$)$_{四}$ 百分中淡氣 一一·一一

二 五淡氣小粉 炭$_{十二}$輕$_{十五}$養$_{五}$(養淡養$_{二}$)$_{五}$ 百分中淡氣 一二·七五

三 六淡氣小粉 炭$_{十二}$輕$_{十四}$養$_{四}$(養淡養$_{二}$)$_{六}$ 百分中淡氣 一四·一四

此物質劑據此德人云實係含硝强酸之以脫儻試以硫强酸均將製成淡養$_{三}$輕所餘養淡養$_{二}$卽為硫强酸所代若

試以鐵絲水則成淡養并易消化之小粉而復其原質若用一玻璨瓶中置水銀若干更將此料放入其上更加以硫強酸然後取此瓶搖之則其中所有淡氣均變爲淡養而爲水銀驅逐

今日四淡氣小粉造之甚多其法先將山芋小粉置於具內用百度表一百一度之熱令乾待將潮溼氣驅逐出後可磨成極細散末用一·五〇一之硝強酸消化之所用具以鉛製成形係有夾層之兩套有冷水在夾層中周流令凉具中用一裝輪葉之軸旋行時可將硝強酸掉和具有蓋蓋有孔由此可將小粉放下凡小粉十啟羅格蘭姆數

用強酸一百啟羅格蘭姆數寒暑照百度表二十至二十五度小粉盡行消化後將流質引入一夾層之澄停具內亦有水在夾層中周流使此流質冷熱調勻具底係夾層而有細孔者細孔之下鋪棉花藥一層略與沙漏之意相似此具內置入淡氣格列式林廠內所來之廢硫硝強酸用壓緊空氣法將小粉流質噴入此廢強酸內令淡氣小粉成極微細之顆粒散末而澄停於下

欲令強酸流質小粉一百啟羅格蘭姆澄停須用廢強酸五百啟羅格蘭姆數此淡氣小粉澄停時如前與棉花藥沙漏法由夾層底下出水管中令酸流質釋放後將澄停之小粉屢次洗以清水而壓出其餘多之廢酸待其全無酸性痕迹則其物已成一中立性後以百分之五濃淡之鈉碱水洗之任此淡氣小粉在鈉碱水中二十四點鐘之久可遂磨細令勻待成乳形復將阿納尼水加入而壓之成塊則百分中含有水三十三分并阿納尼水一分

梅爾哈生在試驗廠內照此法造成淡氣小粉百分中有淡氣一〇·九六并一一·九成末時色白如雪磨擦之則有電氣能久不變而在冷淡氣格列式林中亦可消化其人又造成四淡氣小粉計百分中有淡氣一〇·五八并一〇·五〇法將小粉化在硝強酸內數日後取清水澆於其上

即成此物如此簡便所製之物其性與他項繁重製法所成者實係相同

五淡氣小粉製法先取米小粉二十格蘭姆數預用百度表百度熱氣令逐出其中一切之潮溼而加以和強酸此強酸係重性一·〇五〇一之硝強酸一百格蘭姆和并重性一·八之硫強酸三百格蘭姆所合成者當時又將四淡氣小粉少許加入置之一傍經一點鐘後其中小粉確已變化可傾於多數水內洗之末後更洗以鈉碱水此梅爾哈生所驗之物計每百分小粉能造含淡氣小粉一百四十七五

如此而得之淡氣小粉燒以以脫酒醋後將以脫蒸出即

成五淡氣小粉而爲澄停物，惟尙在消化酒醑內，則仍係四淡氣小粉。照此法製成五淡氣小粉，百分中有淡氣一二·七六，并一二·九八。其所成易消化之四淡氣小粉，百分中有淡氣一〇·四五。

六淡氣小粉造法，係取乾小粉四十格蘭姆，與一·五〇一重性之硝强酸四百格蘭姆相和，置於一處計二十四點鐘之久，將其中提出二百格蘭姆，傾於六六成濃淡之硫强酸六百立方桑的邁當內，由此成白色澄停物，百分中有淡氣一三·五二至一三·二三，并一三·二二。此中係五淡氣與六淡氣相雜之品。

觀上試驗各條，知用濃硫强酸令澄停之淡氣小粉，其性不如用水或淡號硫强酸令澄停者之久。以梅爾哈生所論，用濃硫强酸者成一種含硫强酸之物，其質不能耐久。下表指明此淡氣小粉各造法并各情形樣品

	攪火度 百度表	經久與否	百分中之淡氣	九六成酒醑	以脫	以脫酒醑	阿西的克以脫
甲	一七五	經久	一二·〇二	易消	不易消	易消	易消
乙	一七〇	經久	一〇·五四	易消	不易消	易消	易消
丙	一五二	不經久	一二·八七	不消	不消	消	易消
丁	一二一	不經久	一二·五九	不消	不消	易消	易消
戊	一五五	不經久	一三·五二	不消	不消	消	消

此樣品製法如下。

甲號係硝强酸一分，硫强酸二分所成，其百分含水七十分。

乙號係硝强酸一分并水所成。

丙號係硝强酸一分，并淡號硝强酸二分所成。

丁號係硝强酸一分并淡號硫强酸三分半所成。

戊號係硝强酸一分淡硫强酸三分所成。

梅爾哈生意，謂以上合料，均可爲造無煙火藥之用，不致作廢。其各分劑及造法如下。　取淡氣朱脫六格蘭姆并淡氣小粉兩格蘭姆相和，用阿西的克以脫滋潤之，令勻，照百度表五十度至六十度之熱，令乾。此博士曾製成此次無煙藥，其百分中有一一·五四之淡氣，惟能經久不稍更變。

貝德羅博士謂淡氣小粉一格蘭姆需八百十二熱力始能造成，然將二百零七格蘭姆淡氣小粉所成之火藥一共燒之，僅能發出三千四百十三熱力，可知製造及燒化時所耗熱力實已甚多。貝德羅及費爾博士，查得淡氣小粉爆藥中速力如下　計裝在四密里邁當直徑之洋鐵管內，藥之堅率有一·三數，第一次驗放，每一秒鐘行五千二百二十二邁當，第二次驗放有五千六百七十四邁當

之遠若在五五密里邁當直徑洋鐵管內每秒鐘速力計行五千八百十六邁當在同直徑之鉛管內其速力每秒鐘只有五千零六邁當以上兩項管內所裝之藥其最結實時有一·一至一·二之堅率小粉爆藥收吸潮溼惟在水內及酒醕內不易消化乾時易炸在法侖海表約三百五十度即攢火

英國羅貝爾領有官憑准其專製淡氣小粉炸藥其法料理小粉并淡氣淡克司脫林爲製造炸藥之用以代尋常火藥彼將此物與淡氣寫留路司相和以阿西通加入令全消化後將阿西通蒸出由此即變成極勻密之新物

淡氣朱脫蔴

此係將印度蔴與硝强酸相和而成梅爾哈生有令收淡氣法用硝强酸并硫强酸相和取印度蔴浸入數時約計三四點鐘之久其絲絡將全消化然後復用硝强酸令其收入淡氣而變成新物可在合强酸內消化

克勞司及貝文兩博士嘗查得此質料百分可造爆藥五十一分其四十九分則成廢料

照此二人所派朱脫蔴之化學原質分劑如左

炭$_{一二}$輕$_{一八}$養$_{九}$百分中炭居四十七輕居六養居四十七其變成朱脫爆藥之分劑格式則查係

炭$_{一二}$輕$_{一八}$養$_{九}$丄三輕淡養$_{三}$＝炭$_{一二}$輕$_{一五}$養$_{六}$淡養$_{三三}$丄三輕$_{二}$養由此可見三淡氣朱脫爆藥百分中收淡氣四十四分而四淡氣朱脫爆藥百分中收淡氣及五十八分此爆藥中以四淡氣爲最勢難更增

各朱脫爆藥中百分中之淡氣共有一·五其三淡氣中以九五爲率四淡氣則有一一·五兩數合爲二十一兩數之中豈非十·〇五乎

此種淡氣爆藥中與寫留路司淡氣爆藥相同而與列古甯寫留路司相比尤爲適合梅爾哈生用此蔴造爆藥其所飲飽淡氣之數較少克羅司貝文兩人料其所造藥中

有數分原質已化分而耗失故其力量亦減

厥後梅爾哈生又造一種淡氣朱脫爆藥法將蔴絲用水煑之百分水中加鈉養炭養一分而再漂以清水將此洗淨之蔴一分提出而與硝硫酸十五分浸之計試驗三種所用合强酸十五分惟其中分劑每次不同

		百分質料所成之數	照百度表攢火度	百分中之淡氣
第一種	一硝强酸 一硫强酸	一二九·五	一七〇	一二·九六
第二種	一硝强酸 二硫强酸	一三二·二	一六七	一二·一五
第三種	一硝强酸 三硫强酸	一三五·八	一六九	一一·九一

以朱脫蔴用梳櫛清照第二種之一品所用之合强酸相

和則所成數爲一百四十五四較少更多攬火點至百度表之一百六十二度所得淡氣爲百分中之十二此種爆藥現造之不廣照克羅司貝文二人之意用筋絡蔴絲製此爆藥無甚益處因有若干之寫留路司如棉花等値價旣廉取料百分加淡氣後可得爆藥一百五十至一百七十分且其品較蔴者更勝

淡氣瑪內脫

此物以硝强酸與瑪內脫相和而成瑪內脫者係六酸酒醕與糖之原質同類產在瑪內樹汁中將此汁熬乾後取所有糖提出此糖西人稱爲瑪納糖試以尋常之糖加乳酸令發酵亦可變成此糖或以葡萄中提出之糖質及寫留路司與新成之輕氣相併而結成之其化學分劑格式如下

炭$_6$輕$_8$(養輕)$_6$其淡氣瑪內脫之分劑格式則爲炭$_6$輕$_8$(淡養$_3$)$_6$瑪內脫定質結成如針式或如四方形之水晶在水及酒醕內均易消化而有甜味淡氣瑪內脫色白形亦如針水中不易消化惟在酒醕以脫內則易消化加熱至法倫表三百七十四度時卽攬火在五百九十度時卽炸比淡氣格列式林更易受磨擦激動而發炸如非潔淨者尤易自然化分造法係將硝硫和强酸與瑪內脫相和而成格式如下

炭$_6$輕$_8$(養輕)$_6$丄六輕淡養$_3$＝炭$_6$輕$_8$(淡養$_3$)$_6$丄六輕$_2$養原質分劑照百分所派如下

炭一五.九輕一.八淡一八.六養三六.七鎔化度照百度表之一百十二至十三度而在九十三度卽變成定質如造之合法先化在酒醕內再令其結顆粒不令見光可經多年之久而性不變

淡氣瑪內脫比淡氣格列式林更危險因其更易受激動磨擦之勢其震碎之力居於淡氣格列式林及汞震藥之間銅器與鐵器或與銅器相擊或磁器與磁器相擊但須擊勢重速者卽能令瑪內脫發炸

除上說淡氣和物爆藥之外更有多種惟無關緊要而造之亦不多假如淡氣煤卽以硝强酸與煤和製者淡氣魚膠卽用硝强酸及魚膠與直辣丁相合而成者造時先將其物浸於清水令輭後用硝硫强酸料理之

又有一法將魚膠浸在冷水待其飲透後加硝强酸令變定質照前法令得養氣然後洗之淸潔艾白爾博士另有格勒奧克雪林爆藥造法將加淡氣棉花藥浸於淡氣格列式林內而成之淡氣列故寗卽淡氣寫留路司惟不以棉花質而用木筋絡造之淡氣桿料亦係淡氣寫留路司

又一種爆藥名爲開爾爆藥以淡氣菓糖造成另一種名淡氣糖漿係將甘蔗濃汁與淡氣相和製之將此糖更加淡氣則仍可照式製成一種之糖色白形如沙泥有微細之顆粒炸力極猛在酒醕及以脫內可消化儻與蔗糖汁造成則不致結顆粒惟與乳糖造成者卽易結爲顆粒此種爆藥曾用於銅帽中因較淡氣格列式林更妥而速然因其過於靈捷并收潮溼太多而易化分今故不甚用之

淡氣黑柏油爆藥以硝重性一·五三至一·五四之硝强酸與黑柏油相和而成淡氣朵路奧而造法亦係如此用時更加淡氣格列式林以上數種不過論其大概此外種數尙多姑畧不論製者所用之料不一卽馬糞亦經驗而用之所成之藥每種均有微效但所造不甚多耳

淡氣爆藥新書上編卷四之下終　上海曹永清繪圖

淡氣爆藥新書

張[illegible]署

光緒丙午夏江南製造局刊

淡氣爆藥新書下編目錄

下編目錄終

淡氣爆藥新書下編卷一

英國 山福得著　慈谿 舒高第 口譯
江浦 陳 洙 筆述

由偏蘇恩所得之爆藥

輕炭加淡氣所成之爆藥種數不一。如偏蘇恩即炭$_{六}$輕$_{六}$，朵路恩即炭$_{七}$輕$_{八}$，那普塔林即炭$_{七}$輕$_{八}$，其由加波利酸即炭$_{六}$輕$_{五}$養輕中亦有數種爆藥可造成。

偏蘇恩輕炭乃無色之流質，水中不能消化，惟易消化於酒醕或以脫中。此等輕炭所成物質，蒸後不致變其化學分劑，燒時多煙，且有一股以脫之氣味。此質中易加淡氣暨硫強酸。

單淡氣、二淡氣、三淡氣之偏蘇恩，造成頗易，只照所加淡氣多寡而定。偏蘇恩所成爆藥，其中之輕與淡氣相合，惟其炭則與淡氣絲毫無涉。

一千八百二十五年，英國化學博士斐耳蘭丁始查出偏蘇恩；至一千八百四十五年，德國化學博士霍福曼始在煤柏油中查得之，知此物可由煤柏油燒至百度表八十至八十五度，然後分之，或令冰凍結濃。

凡市上所有尋常偏蘇恩中，兼有一物名曰梯我濱，其化學分劑係炭$_{四}$輕$_{四}$硫，然取此造爆藥，先須用硫強酸提去其一切雜質，然後可用。其沸熱度係百度表之七十九度，重性在〇度時係〇．九，燒時火燄透明而有煙，能消化一切油膩物，以及松香類、燐類物等。一千八百三十七年，分第一次查出朵路恩，此係由煤柏油中提出，其沸度到百度表一百十度，若在百度表二十八度時，純係流質。

純淨偏蘇恩、綠偏蘇恩、溴偏蘇恩、碘偏蘇恩等，均係無色流質，且有特別之氣味。另有二綠偏蘇恩、二溴偏蘇恩、三綠偏蘇恩、六綠偏蘇恩，並三溴、六溴偏蘇恩，及六朵路恩，即炭$_{六}$輕$_{四}$(炭輕$_{三}$)，溴朵路恩等。以上各種中，惟淡氣偏蘇恩及淡氣朵路恩係作爆藥用之。

今由彭森博士生物化學書內摘錄簡明表如下：

表

炭$_{六}$輕$_{五}$淡養$_{二}$　此係淡氣偏蘇恩流質，沸度在百度表二百〇六度

炭$_{六}$輕$_{四}$淡養$_{二}$　此係正副額外二淡氣偏蘇恩定質，融解度正號百度表一百十八度，副號九十度，額外一百七十二度

炭$_{六}$輕$_{三}$(淡養)$_{三}$　此係三淡氣偏蘇恩定質，融解度在百度表一百廿三度

炭$_{六}$輕$_{四}$(淡養)$_{三}$淡養$_{二}$　此係正副額外淡養朵路恩，沸度正號百度表二百十八，副號二百三十，額外二百三十四，惟額外一種係定質

炭$_六$輕$_三$(炭輕$_三$)淡養$_二$ 此係二淡氣朵路恩

炭$_六$輕$_三$(炭養$_三$)(淡養$_二$)$_二$ 此係淡氣柴倫流質

炭$_六$輕$_二$(炭養$_三$)$_二$(淡養$_二$)$_二$ 此係淡氣麥特倫質

炭$_六$輕$_四$綠(淡養$_二$) 此係淡氣綠偏蘇恩

炭$_六$溴$_四$(淡養$_二$)$_二$ 此係四溴二淡養偏蘇恩

含淡氣所成和物多係淡黃流質蒸之不致分析而與水氣同騰或結成淺黃色形如微細之長針有時作深黃色有時竟無色遇熱即炸較水更重而不能消化於水在酒酸以脫并冰形醋酸內則消化頗易

一千八百三十四年密休里奚博士始查出淡氣偏蘇恩即炭$_六$輕$_五$(淡養$_二$)是爲黃色流質在百度表三度時即解化有苦杏仁氣味冷時則變定質

二淡氣偏蘇恩有正號副號額外號之別而副號者尤多第一卷序內曾經提及由酒醋提出能復結成顆粒是爲純淨副號二淡氣偏蘇恩凡正號二淡氣偏蘇恩係成片之形式副號及額外者形均如長針此三種同一無色其朵路恩加淡氣者則係正號及額外兩種而副號甚少

淡氣偏蘇恩并淡氣朵路恩

偏蘇恩加淡氣而成之物甚易製造只將此號輕炭與濃號輕硝強酸相遇即可變化其輕炭中之輕一分或若干分即爲硝強酸中淡氣驅出而代其位如將硝強酸與偏蘇恩相合則成單淡氣偏蘇恩其化學分劑如下

炭$_六$輕$_六$＋輕淡養$_三$＝炭$_六$輕$_五$淡養$_二$＋輕養是爲單淡氣偏蘇恩也照此再加硝強酸即二淡氣偏蘇恩其分劑如下

炭$_六$輕$_五$淡養$_二$＋輕淡養$_三$＝炭$_六$輕$_四$(淡養$_二$)$_二$＋輕養此項含淡氣之爆藥造成時並非酸質亦非以脫硝酸譬如淡氣格列式林成於格列式林而非酸質因有若干酸質已變化於格列式林之內也此項製法撇去偏蘇恩內之輕氣而以淡氣代之並不稍改偏蘇恩之分劑也

單淡氣偏蘇恩造法將偏蘇恩與濃硝強酸相合或以硝硫合強酸料理之用硫強酸如變化格列式林時無變化之形狀緣他項物質變化時即結成清水而將其硝強酸沖淡故以硫強酸加入提出其水使硝強酸不致過淡如爲數不大者其製法如下即取輕硫養$_四$一百五十立方桑的邁當并輕淡養$_三$七十五立方桑的邁當此即一分硝強

酸與二分硫强酸相合共放一罇內浸於冷水後加偏蘇恩十五至二十立方桑的邁當逐點滴下滴時務須詳審待其每次所加之料已消化時然後再加其時將罇震動調以玻璃梗完畢後取罇中物傾於一列⿹弋立許之清水內所成之淡氣偏蘇恩即將沈底可將上浮之水撇去用漏斗法將淡氣偏蘇恩洗之二三次後將此料中加鈣綠少許令乾置之一傍少頃後則蒸之淡氣偏蘇恩係重油膩物在百度表二百〇五度氣味頗類苦杏仁油工藝中用造各種品色

二淡氣偏蘇恩係將偏蘇恩更加淡氣或將單淡氣偏蘇恩上更加硝强酸此物所結成定質如微細針形而長或斜方形之薄片在百度表八十九九度時融解

另一製法係將對分劑五十立方桑的邁當相合在未涼時取偏蘇恩十個立方桑的邁當用小管緩緩滴下待其平靜時將其中和物燒之片刻後則傾於約半⿹弋立之水中由此結成定質用漏斗法濾之

將此定質夾於濾水所用鬆紙閒壓令稍乾後加入酒醕令融化後復將酒醕提出令重結定質此即二淡氣偏蘇恩也此號又稱副號二淡氣偏蘇恩有數種炸藥均有此料如三號湯捺得陸蒲拉脫西居拉脫倍拉脫等皆是

淡氣偏蘇恩如欲造之甚多法如下在一長櫈上排列大玻璃瓶瓶皆容一加倫約八斤許每瓶置一二磅偏蘇恩將和强酸逐漸加下先將第一瓶加强酸少許挨次加之俟各瓶加入淡氣後即成惟此法甚險故少用之

英國市面所售淡氣偏蘇恩第一次在開林吞地方照此法造之時係一千八百五十六年現則用生鐵鑄成之直立桶以加淡氣此桶深及直徑均約四尺將此樣之桶排列一行埋入土中少許以便工人易於料理此桶排列上有一橫軸桶列於横軸之下各桶有一生鐵蓋蓋有起線之捲邊蓋中穿孔孔立直軸一一軸邊另有數孔以便傾放和强酸及偏蘇恩之用此孔均有深邊在一桶頂上加水數寸深不致由孔漫入桶下爲度

此桶蓋在桶上口其四圍均伸出少許伸出之邊皆有細孔桶下安鐵盤一水由細孔漏於桶外而入鐵盤桶底離盤架開少許令水源源流進使全桶之頂底及此桶四圍均有水周行令涼桶中所用調和具如下

在直立軸上將生鐵板條與螺絲旋緊其桶內周邊亦裝此等板條軸旋時軸上板條與桶內周之板條適相對縫能旋行而不互撞直立軸之頂裝有斜齒輪總横軸上亦有一斜齒輪此兩輪彼此銜接横軸旋時可令各直軸隨

而旋轉總横軸上又有一相配之輪直立軸上有一連脊將頂上斜齒輪扣緊其横軸上更有接脫輪軸之筍能令横軸之斜齒輪進退進則兩齒輪相扣退則相離各鐵桶均有一柱與其頂上斜齒輪相配由此則總横軸動而各桶無不動若欲某桶不動只將横軸上與此相配之斜齒輪脫卸

尋常轉動之輪盤横軸上扣以皮帶棉花帶或像皮帶令旋動惟此廠料理物處空中尚有此淡氣偏蘇恩之氣質能將該帶一并損壞故近時各加淡氣具或桶即安放强酸之櫃多以鐵及窰料造成

加淡氣屋係平房屋頂應有牆砌以堅磚地以九寸至十寸厚之西門德土造之頂上塗以黑柏油免為强酸爛損地形須斜向一溝道使淡氣偏蘇恩若有狼藉可流至此溝道以免作廢在屋近處須有自來水龍頭屋內須有法能令熱水汽從速騰滿最便者於牆外裝三寸之汽水管管上有啟閉之塞門以便放汽入內此屋尤宜獨建於空曠之地

先將强酸照分劑化合令涼所用之硝强酸係一·三八八之重性其中不可有含養氣較少之淡氣所用硫强酸重性係一·八四五其含水至多百分之五或四取硝强酸一百分硫强酸一百四十分與偏蘇恩七十八分相合爲妥或以輕淡養$_{三}$一百二十八分輕$_{二}$硫養$_{四}$一百七十九分并偏蘇恩即炭$_{六}$輕$_{六}$一百分相合亦無不可

將此偏蘇恩傾桶內頂上則加水令涼將上言之斜齒輪令行而將强酸管之塞門開放亦可令其成細流形而入桶內如欲令機器停止必將强酸之流形先行停止而稍延其旋動時刻緣桶中動勢甚急儻偏蘇恩已得淡氣而忽行停止其强酸將仍流下於是其中之熱氣更加而物質必且自行發火從前恆遇此等不測故所造工夫須延八下鐘或十下鐘之久其旋動及令涼之法不可少止其

時强酸如已流盡可將清水隔斷而准其中熱度少加（約加至百度表一百度數）儻其時熱度不更升上則掉勻機器輪立可退卸具內料可聽自變數點鐘之久令涼并令所成之料澄停後將上浮强酸吸出以清水洗淨其淡氣偏蘇恩用溼熱氣同蒸使收入未變之偏蘇恩及巴喇芬此兩項共有百分之一五數英國各廠每一次加淡氣造成者有一百二卡倫或至八萬一千七百六十磅之數常以朱路恩代偏蘇恩之用其廢强酸重性係一·六至一·七中稍含淡氣偏蘇恩及草酸此廢酸可在生鐵管內令其復濃以備再用

二淡氣偏蘇恩造法先取輕炭偏蘇恩用加倍和强酸分兩次加入法先將一分與偏蘇恩調和後加第二分然後將冷水激動使其中熱度速升或將已成之淡氣偏蘇恩加强酸再造其時有許多酸性氣霧騰出中則見有數分單淡氣及二淡氣偏蘇恩將騰上于所用陶器中令結濃以免狠藉失落

製成料由餘多廢酸質相分用冷水漂洗後更漂以熱水此料在水內稍有消化故所用漂洗之水不可傾棄以便再用已洗之料聽其澄停趁其仍熱時令流於鐵盤中在此使結成塊定質塊厚二寸或四寸此料中不可含單淡氣偏蘇恩將紙放料上不可沾染痕迹令結晶形堅硬而嗅之無氣味此料大分係副號二淡氣偏蘇恩在百度表八十九度八時即融惟正號二淡氣偏蘇恩在一百十八度時始融額外二淡氣偏蘇恩一百七十二度時融化此兩項均與第一種相攙市上所售之二淡氣偏蘇恩在百度表八十五至八十七度之內即融

二淡氣朵路恩亦照此法造成三淡氣偏蘇恩亦可造成惟所用强酸照上更多淡氣偏蘇恩儻與鐵錡錫并鹽强酸化之則成阿納林是爲各等品色質料

陸蒲拉脫

此藥乃德國博士盧脫查出在一千八百八十七年始領專照造之現英國書更地方造此藥料乃兩分無炸性之物迨兩料相合後始有炸性且又甚猛此兩料一係淡輕$_{四}$淡養$_{五}$一係含綠二淡氣偏蘇恩又有以淡氣那普塔林造之者

高第按觀書中所言蓋以淡輕$_{四}$淡養$_{五}$加淡氣那普塔林合造無疑

陸蒲拉脫中又可加鈉$_{三}$養淡養及淡輕$_{四}$硫養$_{三}$攙雜和入加入淡氣和物中所以加綠者因其可將淡養$_{二}$類物質地變鬆令攙火更速

含綠二淡氣偏蘇恩之化學分劑格式如下

炭$_{六}$輕$_{三}$綠(淡養$_{二}$)$_{二}$

其百分中應有淡氣一三·八二綠一七·五三

據盧脫博士試驗後所論凡淡氣和物中加綠氣則由此所成但捺抹脫炸力必加猛無疑

陸蒲拉脫燒之甚速遇激勢不炸用時須乾壓力磨擦力火或天電火均不能令發炸亦不激動而發出氣氛燒時無火燄儻擠緊合法燃以電火凡礦中之易於攙火者若用之甚穩因其中細灰屑夾入空氣或煤氣中均不攙火能將堅石類崩裂而不炸成細碎較以火藥更猛兩倍半

至四倍全視所攻物之性而定等差開山礫石開礦井均用之最多用於煤礦據盧脫博士所查此炸藥質料分劑及炸後化分之數兩項相較其等數如下

炭$_{六}$輕$_{三}$綠$_{三}$丄九淡輕$_{四}$淡養$_{三}$＝六炭養$_{二}$丄十九輕$_{二}$養丄二十淡氣丄輕$_{四}$綠

陸蒲拉脫係紫黃色之末有淡氣偏蘇恩之特色氣味重性一四四製此爆藥廠有氣霧騰出煤鐵礦中人以此氣霧有毒故派一班博士查驗據驗此之博士均云全無損害惟煤鐵礦新聞論之曰此藥在煤鐵礦用之非盡善之品特其炸力之功效實卓然不羣耳

一千八百八十九年九月豆蘭煤鐵礦之各公司又派博士查攷數種爆藥氣霧有無損礙衛生試驗法在礦中各路已燒過爆藥處取其空中之氣并有煙霧之氣而試之燃於藥裹二十三筒計用陸蒲拉脫五磅半前有人云此藥氣霧中有含毒炭養氣及查驗後始悉空氣中並無此項毒氣惟第二次試時亦燃爆藥二十三顆用陸蒲拉脫四磅半後試礦中空氣則查見空氣百分中有含毒炭養氣一〇四二至〇一九且派有醫生二人查究此處礦工內有病之人是否此病由感受生氣而得驗後據云並無病由此而發之確據且在查驗時亦無因感觸此氣而生

恙者料其後來無有病症可見此項氣霧不致有礙衛生

近來所用造陸蒲拉脫法係阿摩尼阿淡養並加綠之二淡氣偏蘇恩相合先將阿摩尼阿淡養$_{三}$烘乾磨細後置於鎖閉之隔熱氣櫃令其熱度高至百度表之八十度後加鎔化之二淡氣偏蘇恩掉之令勻待涼即變黃色散末可以備用尋常盛於馬口鐵罐內或裝成藥裹備用因阿摩尼阿淡養$_{三}$有收潮溼之性故裝成裹時不可露收空氣恐添潮溼藥裹造成後須浸於鎔化之密蠟中則無此弊陸蒲拉脫在德國造於華司費可之華吞地方在英國則造於威千之地創造在一千八百八十六年此廠係著石大

廠廠地約華畝二百畝每日造此藥約十墩廠地有一運河將廠中化藥廠物件與爆藥物件分別為二廠門有官造鐵路以便運載此廠造陸蒲拉脫為裝出口之用且將送至英國各屬地其裝運法係將陸蒲拉脫原料分作兩分因此料在分時均不炸裂既至屬土後只須照分劑相合即成最猛烈之炸藥

陸蒲拉脫製成藥裹擊力火電火均不致炸儻藥裹攤成一層以重物擊之只所擊處化分因擊處有許多熱氣傳出也惟其不受擊處仍不因而同炸儻與尋常火藥相和燃放其中火藥即炸而將陸蒲拉脫擊成四散並無他患

蓋陸蒲拉脫非用汞震藥之鋼帽不能齊爆。在煤礦用之甚穩因其炸時齊爆法無須大熱度儻空氣與煤氣相併時卽搭緊之其因搭所發出之微熱亦可令燃惟礦中煤塵與空氣相併時則攙火不如此之便此藥炸時與礦中含煤塵之空氣無涉若尋常火藥則令此含煤塵空氣一齊爆炸

一千八百九十三年英國洛汀岡大書院內奧司門博士演說陸蒲拉脫齊爆時熱度據云不過百度表之二千一百熱度阿摩尼阿淡養在齊爆時有一千一百三十度轟石直辣丁齊爆時有三千二百熱度

此博士又查其炸時氣霧內所含之質據云陸蒲拉脫尋常加入阿摩尼阿淡養此物中本多養氣然養氣雖加而熱度反減因阿摩尼阿淡養在化分時反收熱氣因此養氣多故氣霧中炭養及各淡氣相結數較少卽發毒之氣減少也

下表由奧司門博士論說中摘出討指明爆藥五種分劑并炸後所發出氣霧之分劑法將各藥十格蘭姆置一堅固鋼筩中此筩內直徑五分蓋緊用火燃放卽有以下之證據

各種爆藥氣霧物質表

各種爆藥		結成立方桑的氣霧邁當	炭養二	炭養	炭輕并輕氣	淡氣
火藥	硝七五 硫黃一○ 炭一五	四一二五	百分中 三二五	百分中 五・三	百分中 五一三	百分中 七○・四
直列辣脫	淡氣格列式林五六・五 淡氣棉花三・五 木質小粉八・ 鉀淡養三二・○	○八九四	五二	七	○	七六
湯捺得	淡氣棉花 鉀淡養三	三七五○	○三	八	○	二六
陸蒲拉脫	阿摩尼阿淡養三八六 二淡氣偏蘇恩一四	四七八○	二三	○	○	八六
卡蒲拉脫	淡氣格列式林二五 木質粉四○ 鉀養淡養三三	二一○○	一六	一五	六二	○

法國官派博士查得炸藥中加阿摩尼阿淡養如乾而成細末則炸時所放熱氣減少惟炸力雖減不致少損功效

下表指明各炸藥分劑及炸時熱度

爆藥	原熱度數	百分中加阿摩尼阿淡養	加後所得熱度
淡氣格列式林轟石直辣丁	○○二三	○	○
棉花藥百分之八	○九○三	八八	三九一○
但捺抹脫百分中有砂養二二十五分	○四九二	○八	八六○一
一號棉花藥	○四六二	○	○
二號棉花藥	○六○二	五一○九	○五○一
阿摩尼阿淡養	○三一一	○	○

倍拉脫

此係蘭慕博士在英國領專照獨造者其料係阿摩尼阿淡養$_3$及二號或三號淡氣徧蘇恩合成重率一·二至一·四有微細顆粒形一立方寸重八百格蘭姆至八百五十七格蘭姆在無蓋盆中燒至百度表之九十度即失其定質形或至二百度即變氣化騰而無炸勢如驟熱之即將燒而有甚濃之黑煙發出與燒黑柏油無異若將火移去煙即立熄其形即如焦糖此藥壓緊後由空氣中收溼甚微如在熱時壓緊其後所收潮溼則有百分之二數此藥置鐵板上用鋼鎚擊之亦不發炸而生火置五十步遠處以來福鎗彈向之射擊亦不發炸微細數之倍來脫用汞震藥可令盡力齊爆將十五格蘭姆數置尋常田雞礮內加九十磅之彈用汞震藥放之將彈擊至七十五碼遠之處若用尋常火藥十五格蘭姆數照此法射擊只能擊至十二碼而止將此藥一格蘭姆放地上用七磅半之鐵錘從一百四十五桑的邁當之高處突然擲於藥上亦不致炸英國及瑞典國官派博士屢次查此藥如何俱云極猛烈而又甚妥凡磨擦勢激勢壓勢火及電火天電等均不能令炸故極合煤礦之用只用齊爆藥可令爆炸且於製造及移動之人全無危險又不致冰凍亦便於空彈中造費

又甚廉云

西居來脫

西居來脫以副號二淡氣徧蘇恩二十六分及阿摩尼恩淡養$_3$七十四分合成此係黃色散末而有淡氣徧蘇恩之氣味一千八百八十六年始領專照造之其中恆有三淡氣徧蘇恩及三淡氣那普塔林其炸放前後之分劑相等如下

炭$_6$輕$_4$二淡養$_2$⊥十(淡輕$_4$淡養$_3$)＝六炭養$_2$⊥廿二輕養⊥淡$_2$

高第按阿摩尼阿係淡輕$_3$此阿摩尼恩乃淡輕$_4$也

此藥如倍來脫陸蒲拉脫亦甚平穩在煤礦有煤塵及有炭輕氣之處俱無危險炭輕$_4$氣西名發意代母在礦中甚易攬火又一種無磷之西居來脫係以二淡氣徧蘇恩並阿摩尼阿淡養$_3$及阿摩尼阿草酸合成

啟納太脫

數年前查出一種藥名啟納太脫係德國博士佩脫里及福倫司素音所查出此係淡氣徧蘇恩加哥羅的恩棉花令其質較厚更與磨成細末之鉀養綠養$_3$及澄停之銻硫合成百分中之分劑如下

淡氣徧蘇恩	一九·四
鉀養綠養$_3$	七六·九

銻硫及淡養棉花　　三七

此物燒時須高熱度尋常者在不壓緊時遇火即炸稍浸於水內無礙浸之甚久其中鉀養綠養$_{三}$即消化流出所餘質料即失其爆炸之性若在壓緊時加以擊勢其炸力甚猛木與木相擊即能令攬火其化學性不經久在廠中及棧中常自行燃火物質甚韌色鵝黃有淡氣本蘇恩之氣味

三號湯捺得

第三號湯捺得百分中有淡氣偏蘇恩十分至十四分托林取之無礙炸藥百分中有二淡氣偏蘇恩百分之十阿

摩尼阿淡養百分之八十五餘五分乃明礬銅綠及阿摩尼阿綠也

三淡氣朵路恩

朵路恩即炭$_{七}$輕$_{八}$現今多由煤柏油提出復有用朵路恩蒸出此即麥暘而本蘇恩也偏蘇恩之質係炭$_{六}$輕$_{六}$此種少一分之輕而以麥暘而代之麥暘而者炭輕$_{三}$也式如下

炭$_{六}$輕$_{五}$炭輕$_{三}$

或可用以抵弗拿耳梅芬此梅芬乃炭$_{六}$輕$_{四}$惟其一分輕爲弗拿耳之炭$_{六}$輕$_{五}$所代式如下

炭$_{六}$輕$_{五}$炭$_{六}$輕$_{五}$

洙按此梅芬雖係炭$_{六}$輕$_{五}$然其中一分輕氣既爲弗拿耳質料所代故其分劑實與麥暘而偏蘇恩無異所列格式但倒易其炭$_{六}$輕$_{五}$炭輕$_{三}$之位置而已

朵路恩係無色之流質在百度表一百十度時即沸在○度時重性係·八八二四其味香三淡氣朵路恩係硝強酸與朵路恩相和造成者照哈生博士之意最妙用正副號二淡氣朵路恩令其變成此號法取九十一成至九十二成之硝強酸七十五分九十五成至九十六成之硫強酸一百五十分相和成細流形令流至副號淡氣朵路恩一百分中當時此朵路恩有百度表六十至六十五度之熱

度須常調之俟其強酸流盡將此和物用百度表之八十度熱氣熱至半點鐘之久聽其漸涼後將餘多之硝強酸移去其時所賸物已勻淨而結成有顆粒形之一塊是爲正副號二淡氣朵路恩在百度表六十九度半時即變定質欲令此料變成三淡氣者可將其中加九十五成至九十六成之硫強酸四倍數緩緩熱之令其消化後加九十成至九十二成之硝強酸一倍半相和令涼然後用百度表九十至九十五度熱氣令消化不時掉之待其氣霧騰淨其時約四五點鐘之久可將此造成物中速分出其餘多之硝強酸此外賸下物洗以沸水及甚淡之鈉養水然

後令其自行結成定質此在百度表七十度時即可結成其色變白有由中心內外之條紋儻加於熱酒醕內其熱度在八十一度半時可復結成明淨之晶形顆粒照上造法儻用二淡氣朵路恩百分者可成此料一百五十分哈德羅云市上所售之二淡氣朵路恩用百度表六十至六十四熱度可得所稱一號二號四號六號之三淡氣朵路恩惟此種用時須加謹愼因炸力過猛恆致不測且所用之硝強酸加多百分之十而所成之料反減少百分之十哈斯羅又云此三淡氣料在沸水內難於消化而易為淡鹹類及鹹類淡養物所化分故洗時必小心謹愼惟造之

頗易亦不險在空氣熱度百度表虛度十度至實度五十度時將此料露置空氣中數月閒尚不變樣在攤露器中亦然在鐵砧上用錘擊之僅稍化分以汞震藥令之齊爆其效最大而最猛此藥可與阿摩尼阿淡養並用但其炸力則少減然較二淡氣偏蘇恩與阿摩尼阿淡養並用時仍屬較利

馬貝來博士云常領專照造此爆藥一次將淡氣朵路恩三分與淡養格列式林七分相和一次將淡氣朵路恩一分與淡氣格列式林三分相和均得最穩之炸藥

淡氣那普塔林

此藥乃硝強酸與那普塔林即炭輕合成者其分劑係炭輕淡養形如黃色針在百度表六十一度時即融化二淡氣那普塔林係炭輕(淡養)在百度表二百十二度時即融化且有三淡氣四淡氣之那普塔林與另一種之甲乙號那普塔林其中惟二淡氣那普塔林在炸藥中用之最廣陸蒲拉脫及西居來脫羅密特福而奈散等各爆藥中均有此料相和

海文博士曾領此藥之專照以淡氣那普塔林十分並火藥之料相和如下

將淡氣那普塔林硝七十五分炭與硫黃各十二分半相和據云那普塔林一分與一·四重性之硝強酸四分相和五日之久無論用熱氣與否均能成一種單淡氣那普塔林其中稍有二淡氣那普塔林之料

近有人將淡氣那普塔林或二淡氣偏蘇恩並阿摩尼阿淡養相合而於其中更加一流質令其一質或兩質因而消化然後加熱逐出其已消化之物但須小心勿令過熱致將輕炭一同驅出由此則兩質相併愈密只須用齊爆藥少數如汞震藥〇·五四格蘭姆數已足有效

費環妥博士之炸藥亦有單淡氣那普塔林八半與九·五之阿摩尼阿淡養相和而成此藥係在英國礦工妥嘗爆

藥公司所造

陸蒲拉脫中恆有含綠之淡氣那普塔林羅密特中有阿摩尼阿淡養三一百分與七分之鉀養綠養三相和與淡氣那普塔林一分驗准巴喇芬油二分合併將上說之阿摩尼阿淡養三及鉀養綠養三化於其中

阿摩來脫

此係阿摩尼阿淡養三巴喇芬松香二淡氣那普塔林相和而成之爆藥造於英國司坦穆福爾婁哈富地方法將阿摩尼阿淡養與乾熱氣令乾即在熱時磨成末與二淡氣那普塔林相和而製成細顆粒用篩篩之置於空管壓令結實再將鬆末加滿其上不必再壓可將此管浸於融化巴喇芬中備用

高第按此藥質料既云有松香在內而通篇不言松香相和之法殊不可解

司拍林格爾爆藥

此藥計共數種造法異於各藥大概其質料分兩分此兩分並不早行和成但用時將其併合此兩分中一分能多收養氣一分能攬火且化分時全無炸性相併後即能爆炸據云炸性在於猝然攬火查得各種收養氣之質及能攬火之料令相併用汞震齊爆藥猝和而試之果有大效此各質料均視其收養氣放養氣而用其分劑各相配如下

一即淡氣偏蘇恩 照化藥一分劑與淡養五五分相和

二即比克里克酸 計五分劑與淡養三十二分相和

三淡氣那普塔八十七分與硝強酸四百十三分相和

四鉀養綠養三小扁片或小塊與炭硫淡氣偏蘇恩炭養氣硫黃偏蘇恩與以上物相併即炸甚易或與一二種相併其炸亦烈

第一種之炸藥中包括黑而哈飛特第二種名阿克松賴特三四種之號均如乃克老夫藥此乃克老夫炸藥係梯範博士所造此係鉀養綠養并淡氣偏蘇恩所合成者前說之陸蒲拉脫倍來脫西居來脫等藥均屬司拍林格而爆藥之類英國不造此藥亦不用之其中最著名者為黑而哈飛特其質料係淡氣不妥林即火油或淡氣黑柏油與硝強酸相合或額外二淡氣偏蘇恩及硝強酸相合阿克松奈得係比克里克酸合成

潘克而司推得一種包括甚廣六分係特品博士所創造如硝強酸與炭硫或淡偏蘇恩或不妥林或以脫或各金石類油所併而成

比克里克酸

比克里克酸又名淡氣弗拏耳又名加波利的克酸此質之分劑係

炭$_{六}$輕$_{二}$（淡養$_{二}$）$_{三}$養輕

製法以硝强酸與數種物質相合而成如弗拏耳靛青綿羊毛阿納林色（即品）松香類皆是新金山有一種樹震育閣林立塔司譯即膠樹有黃藍兩類取黃者一分弗拏耳即炭$_{六}$輕養輕加以濃號騰氣之硝强酸相和和時須略熱待其平靜然後煮至淡養氣淨盡而結稠質可再煮以清水即結成比克里克酸加入鈉炭養水令成鈉比克里克酸其物即澄停而成水晶形之顆粒矣

弗拏耳硝强酸現用之甚廣所用機器與造淡氣偏蘇恩器相同亦可用硝强酸與正副弗拏耳並取三號淡氣弗拏耳相併而成者

比克里克酸結成黃色燦爛之顆粒或鱗片形極苦而甚毒在百度表二百二十二度半時即融化緩緩令熱則蒸化冷水中消化不易熱水中稍易酒醇中更易此物滲入皮膚即成深黃色現染濃料絲綢則用之此酸質性甚烈與他質相和則結成明顯黃色有顆粒之質由此而成黃色鹽類物稍熱之即齊爆甚烈猛用激勢亦令猛炸

比克里克與鉀相合即成一種鉀比鹽（即鉀比克里克酸鹽）其分劑係

炭$_{六}$輕$_{二}$（淡養$_{二}$）$_{三}$養鉀

此物結成如長針形在水中不易消化惟鈉摩尼阿與比克里克酸相成之鹽類物則在水中易於消化

比克里克酸燒熱時發出有煙之火燄其光甚明而有爆可燒之甚多而無炸性然與金養類相遇而當有熱氣時則成甚烈爆藥可代齊爆藥之用可令此比克里克酸無論乾溼多寡均可齊爆比克里克酸之分劑係

炭$_{六}$輕$_{二}$（淡養$_{二}$）$_{三}$養輕

觀此可見比克里克酸由弗拏耳而來因弗拏耳係炭$_{六}$輕$_{五}$

養輕其中三分輕以三分淡養$_{二}$代之即成此物

弗拏耳與硝强酸相遇而成比克里克酸之分劑其相等如下

炭$_{六}$輕$_{五}$養輕丄三輕淡養$_{三}$‖炭$_{六}$輕$_{二}$（淡養$_{二}$）$_{三}$養輕丄三輕養

貝德羅云攷其質之熱力共合四九·一若此質與空中養氣相併則熱力加至六百十八·四其中所有養氣可燒者不及半分之數是以必合空中之養氣而後可以盡數齊爆

比克里克酸炸後化分之分劑相等法如下

二炭$_{六}$輕$_{二}$（淡養$_{二}$）$_{三}$養輕　養$_{十}$‖十二炭養$_{二}$丄三輕丄三淡$_{二}$

比克里克酸百分中有淡一一·三四養四九·二二炭三一·四四而輕只一分

其中炭與淡酸相比炭較多加倍此比克里克酸炸時化分後變成物質即係炭養氣炭養炭質輕氣並淡氣及放出之熱氣此熱氣照貝德羅所派有一百三十六熱力或照每啟羅格蘭派有五百七十熱力欲盡燒去比克里克酸必加炭養氣物如含淡養物或綠養物有人云將比克里克酸十分與鈉養淡養十分鉀養綠養八分相和燒時其中之養氣則較尋常多三分之一

昔者比克里克酸雖查出已久但無用以爲炸藥者及英國曼直司德廠肇禍派博士查攷一切始知此物實可爲炸藥之用貝德羅博士謂嘗試此藥化分後情形頗關緊要茲錄如下

儻以市上所售之比克里克酸放於瓦罐或開口試管內用火燒至百度表一百二十度即融而發氣霧此氣霧與空氣相遇即自攬火燒時有多煙然不發炸儻將成流質之比克里克酸在燒時傾於冷石板上當即速熄用少許放空管內將管口塞住而緩緩令熱可將其盡數化騰而不化分由此可見比克里克酸比淡氣以脫淡氣格列式林淡氣寫留路司稍次較淡氣各和物並汞震藥則更次

此比克里克酸僅燒至能炸時貝德羅業已試之法將玻璃管燒至紅熱度將成顆粒之比克里克酸少許置入即炸而有聲可聞如爲數稍多而熱度較減者雖不驟炸其料亦將化騰後仍爆炸但不及以前之猛而其炸在管子之上半段如其數更多則其中數分必先化分而化騰且不攬火淡氣偏蘇恩二淡氣偏蘇恩單二三那普塔林均有此同等之性質論比克里克酸之化分當照其化分時所發熱氣及四周所吸熱氣如何儻四周吸氣不足則必攬火若火攬太急或將其熱度非常抬高此時即變而炸蓋此藥僅須在一處有小數之炸即能延至四周相併而成一最猛之炸勢

造比克里克酸時第一須將此物與他種化藥物質分別以免不測造時所用物質如皆眞正之料則無危險然造成時須與含淡養綠養或多養氣物分別甚遠勿使有石灰少許或灰砂少許掉於其中致易成危險之物且能使一處之炸延至各處而無不炸

此藥可用齊爆藥燃放法國特品博士於一千八百八十五年領有專照造此藥其中毫無攙雜之物

比克里克酸專爲炸藥之用全賴法國化學師查驗之功法國軍隊炸彈中所用炸藥名密里奈特此料中料其含

有比克里克酸也

艾白耳合藥

艾白耳博士欲將此物與鉀養淡養[三]三分阿摩尼阿比克里克酸二分相和入於炸彈中塞之極緊則炸必愈厲惟國家尚未准用

法國博士戴西諾耳並白魯才始創軍營爆藥係以鉀比克里克酸與阿摩尼阿比克里克酸並鉀淡養[三]相和之物戴西諾耳始創爆藥三種均有比克里克酸在內

	水雷並炸彈所用	尋常礮所用	大礮所用	洋槍所用
鉀比克里克酸	五五或五〇	六·二或九·六	九	三八·六或三三·九
硝	四五或五〇	七四或七九·七	八〇	六五·〇或六九·四
炭		九·二或一〇·七	二	六·四或七·七

此種藥造法與尋常火藥幾相同惟研細時百分中加六至十四分之溼氣視尋常藥之推出力碎裂力均較大其煙較少因其無硫黃故礮膛中無一切之弊

貝魯齊亞散藥

貝魯齊亞散係阿摩尼阿比克里克酸及硝相合即阿摩尼阿百分之五十四鉀養淡養[三]四十六此藥經久不變造時及移動均甚穩造價頗昂用於夏司波來福槍中甚妥煙及槍膛中所賸之物質均甚少所賸物即鉀養炭養[二]也據云在來福槍裝此藥二·一六格蘭姆數放出時其力較大於尋常火藥五·五格蘭姆數特品博士又取專照製數種藥以比克里克酸與阿拉皮樹膠油膩物哥路弟恩凍等合成哥路弟恩凍三分至五分以清水湊足百分後與對分劑之以脫及酒醕相和如此造法之爆藥在模型內則成塊用汞震藥一格蘭姆至三格蘭姆可令在關緊之處爆炸將此藥灌於空心炸彈中其重性令有一·六由礮放出其礮口速卒有一二百邁當雖有許多激勢然非有藥引仍不發炸可見此藥之穩矣造法將比克里克酸在一有夾底之櫃內鎔化此夾層有一百三十度至一百四十五度之熱氣或熱油或熱鋅綠或熱格列式林在內周流既融解之比克里克酸即灌入所需之模型或炸彈中此模型及炸彈須令先熱至百度表之百度庶免其速成定質

更有格里歲里克酸一種與硝強酸相和能成數種淡氣爆藥與硝強酸及弗拏耳和合之藥相同如鈉二淡氣格里歲里克酸此物工藝中用之

維多利亞黃色那普彸即由那普塔林所成爆藥用那普彸與鈉淡氣相併而成鈉二淡氣那普塔里酸其分劑係

炭$_{10}$輕$_6$(淡養$_2$)$_2$養

陸蒲拉脫之爆藥卽係綠淡氣那普塔林與羅密脫相合

此爲瑞典國爆藥又名淡氣那普塔林

汞震藥

此卽夫路密里克酸與硫類物相和而成式如

炭$_2$淡$_2$養$_2$輕

夫路密里克酸合成物中最有名者卽汞震藥又名汞爆藥造法以水銀化於硝强酸內加入酒醋其分劑係水銀一分一·三六之硝强酸十二分九成酒醋五分半共相合成當在和物發勢時可將六分酒醋逐漸加下令勢稍緩

初時和物有黑色不久卽退而成汞震藥之細薄片卽澄於下在相和時酒醋與養氣相併之各物如阿而弟海得淡養以脫里等成氣於沸流質中騰出其法已結成而化氣之物如格里可里者則澄停於流質中可加沸水卽見汞震藥與沸水相分而結顆粒形係白色有絲光之細針在冷水內甚難消化乾時極易爆炸遇熱及磨擦力及擊力卽齊爆遇濃硫强酸亦然

將此濃號鹽類流質於沸時加銅或鋅則結成銅夫路密里克酸或鋅夫路密里克酸

銅夫路密里克酸係綠色成顆粒之物其性易炸且嘗與

兩種鹼性類物相合如銅幷阿摩尼阿夫路密里克酸或銅幷鉀夫路密里克酸

高第按凡化學鹽類物皆係一種鹼性物與一種酸性物相合夫路密里克酸乃常與兩鹼性物相合亦質之特異者

銀夫路密里克酸之造法與汞夫路密里克酸造法相同其分劑係

炭$_2$淡$_2$養$_2$銀$_2$

此乃微細白色之針形物加沸水三十六分則消化冷水中化之則難熱度遇百度表之一百度或微擊之令發非

常之炸卽使浸於水下其炸力仍烈於汞震藥儻更加阿摩尼阿於此藥中則變雙鹼性之鹽類物或其中加他項金類則又變成雙鹼性之爆藥其炸力甚烈儻加輕氣於銀震藥中則變酸名爲酸銀震藥此用於小孩頑耍之爆竹中但數甚微盧賽克博士查得其百分中有炭七·九二淡九·二四銀七二·一九養一〇·六五其化藥分劑則仍係炭$_2$淡$_2$銀$_2$養$_2$故其中有淡

勞倫及格活特博士云此物分劑係炭$_2$淡$_2$銀$_2$養$_2$酸

將銀震藥沸流質中加鉀綠卽有銀綠澄停當時將酸質烘乾後則得白色小片甚顯極其易炸此係鉀銀夫路密

里克酸其分劑係炭鉀銀炭淡此流質加水時再加硝強酸卽令一種白色散物澄停此係輕銀夫路密里克酸其分劑係炭輕銀炭淡惟欲在此內分出夫路密里克酸則尙無法此夫路密里克酸之分劑係炭淡養$_{二}$輕$_{二}$炭淡$_{一}$更有金爆藥係黃色澄停物性極烈造法在金絲中加阿摩尼阿更有鉑爆藥係於鉑養酸中加淡號硫強酸以及阿摩尼阿卽見有一黑物澄下是乃鉑爆藥也

銀震藥造法係阿摩尼阿與銀養相合而成炸力甚猛潔淨之汞震藥性可經久入水無礙在百度表一百八十七度時卽炸與燒熱物相遇亦然遇擊勢磨擦力則炸發甚速卽木與木相擦亦能令炸西國遊戲打靶廠所用槍彈中亦係此藥攬火甚驟能將其下之黑火藥忽然散開而不攬火然而只將此黑火藥包於一包內無論此包堅硬與否此汞震藥卽能令其立時攬火而齊爆儻包愈堅其激愈厲所以在銅帽及飛乎士中其力極猛儻百分中加水三十分卽令不易化分若加水百分之十者可阻其炸此惟論其小數若銀震藥卽在水下用磨擦力亦能發炸溼潤之齊爆藥與易收養氣之金類相遇卽逐漸化分而甚速其化分相等之分劑如下

炭$_{二}$汞$_{二}$淡$_{二}$養$_{二}$＝二炭養丄淡$_{二}$丄汞

造多數汞震藥有二法一係德國法頗著名如下

水銀一分化於重性一·三七五之硝強酸十二分中其流質中逐漸加純酒醋十六分半將此和物緩燒待其初結之濃霧盡騰其中流質之沸力必更猛可再加酒醋其加數與上相等此加法之逐漸亦與前同所得之物卽係汞震藥其中水銀有一百十二分餘係硝強酸也

第二法係將水銀十分化於一·四重性之硝強酸一百分之中而消化之其消化時所發熱氣在百度表五十四度熱由玻璨漏斗濾於酒醋八十三分中其時氣霧卽停可將紙襯漏斗濾之濾出之物以水漂洗之卽隔水蒸乾惟其熱度可遇百度表之一百度乾後小心裝於紙匣或輭瓶中此造成物中水銀居一百三十分此法甚穩價亦廉凡齊爆藥最妙令其稍有潮氣少許市上所售者常有鉀養綠養相雜之弊

齊爆藥銅帽係五金類帽葢尋常造以紅銅較槍上所用之帽子少長其中所有爆藥係汞震藥或汞震與鉀養淡養或與綠養淡養或火藥或硫黃相和而用

尋常銅帽中所用和藥係汞震藥一百分鉀養淡養五十六分或汞震藥一百分細顆粒火藥六十分合成銅帽中

有時又用銀震藥。

銅帽共有八號其式大小不等所用爆藥數亦不等照序逐漸增加如下。

一號　銅帽一千。　用震藥三百格蘭姆。

二號　銅帽一千。　用震藥四百格蘭姆。

三號　銅帽一千。　用震藥五百格蘭姆。

四號　銅帽一千。　用震藥六百五十格蘭姆。

五號　銅帽一千。　用震藥八百格蘭姆。

六號　銅帽一千。　用震藥一千格蘭姆。

七號　銅帽一千。　用震藥一千五百格蘭姆。

八號　銅帽一千。　用震藥二千格蘭姆。

此第號爲齊爆尋常但捺抹脫之用。第五第六乃齊爆棉花藥轟石直辣丁陸蒲拉脫等之用

英國軍隊所用銅帽飛乎士（卽引藥）中之齊爆藥係汞震藥六分鉀養綠養六分錦硫四分。

又一種限時藥引所用係汞震藥四分鉀養綠養六分錦硫四分和成。

此和物乃用帑利水（西國之一種漆）令溼。此帑利水係舍來格六百四十五釐化於酒醋中而成者。

又白耳博士之第一號藥引係以銅硫銅燐及鉀養綠養合成第二飛乎士係棉花藥及火藥合成其齊爆法以鉑金絲用電氣燒至紅熱度。

貝恩博士之藥引係銅燐錦燐鉀養綠養合成此銅帽造法及齊爆藥裹法如下。

先於銅片一條上壓成銅帽原坯逐漸壓深令成帽形將此帽形之殼排列於礮料質所成之盆中帽口向上此盤有同質之蓋裝許多紅銅刺大小一律此蓋蓋上時其刺適刺入各帽口可將此蓋提至已用酒醋令潮溼之齊爆藥器中蘸之使各刺均有藥少許然後蓋於盤上緩緩在蓋上輕擊使刺上所蘸之藥稍滴於帽口中卽將此蓋移去另用一同式裝刺之蓋在帑利水中稍蘸移蓋盤上使此水復滴帽中則將蓋移去聽帽自乾此法造之頗妥

斐浮香廠所造齊爆藥係由溼時合成其料爲汞震二分棉花藥一分鉀養綠養一分汞震藥尋常皆藏於水內此閒則將水先令流去用以脫及酒醋所合成料代之汞震藥旣與以脫相和而溼之後卽將棉花藥及鉀養淡養合成之料加入然後調勻將此和物裝於提通內聽內先將提通內聽管子排列一架上將藥分於各管而移至一器將此藥成適中之寬緊。

在德國之巴維利亞有化學師聚論此銅帽中加藥之法

有凝衞生，其試法取爆藥少許炸之，察見空氣中載滿水銀氣霧，實於工人大有損害，因悟水銀在硝强酸內所騰氣霧亦必甚毒，其後加下酒騰出者更必如此，故博士等再三籌畫，將此等汞震藥造時所廢之料改爲有益之用，非徒無害且又有利

近日康瑪樓一法，倘爲穩妥法，將汞震藥用多水及重壓力使分成水銀原料及不炸之水銀和物，惟此和物之分劑尚未查出

銅帽子中所用汞震藥等相和時，各件均不可過乾，其和數每一次不可過多，此處房屋須四無居鄰，地板及棹上均鋪以氊，工人須穿氊鞋，各器具亦須非常潔淨，令齊爆藥成微細顆粒形時，可用馬鬃篩子篩出，篩後在輕架上令乾，傾於鋪有篷布之盤中，盤內襯紙，盤邊裝有像皮，不致因稍撞而肇禍，房屋牕格均漆白色，以敵日光

麥克辛博士曾請專照造一種齊爆藥，爲炸猛烈藥之用，雖在大礟中用之甚多，亦無危險，其分劑乃淡氣格列式林、加巴陸息林，令與生像皮輭硬同式，法即淡氣格列式林七十五分至八十五分，巴陸息林十五或二十五分，分劑多寡照其和料應如何堅硬及如何凸凹力而定，巴陸息林者，淡氣棉花也，此淡氣棉花須用可使消化之流質令消，如此所成之料係一種轟石直辣丁之有稠質形，而易與汞震藥相和者，此流質即阿西通也，所用汞震藥係百分之七十五分或八十五分，欲令和物性稍緩者，其調成漿時在空氣中多掉之，則變海絨形，性即稍緩，或竟不用淡氣格列式林，而只用巴陸息林，亦可，欲令此藥更穩者，可加淡氣徧蘇恩或他種相配之膠，製藥裹法如下，先將比克弗特引藥條照數剪下，剪時勿將藥很藉塞入提通內聽管內，使與汞震藥相遇，此管上口用箍箍住，將藥條束緊，此法非但使提通內聽全力發出，且引藥令其扣緊，如第二十四圖，倘將提通內聽管在水下用之，或用於潮地，其裝藥引處須擦油膩物或牛油，庶令無水透入，後將藥裹上頂挖洞，將此提通內聽管插入其深淺處，幾將與頂相平，棉花藥或湯捺得藥裹頂上均早開孔以備此用，其備炸溼棉花藥本有乾棉花藥之拍拉麥，如二十五圖，此拍拉麥中又裝有提通內聽管子，能使拍拉麥齊爆，其發火往往用電火放之

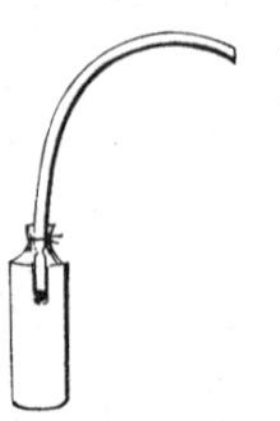

第二十四圖

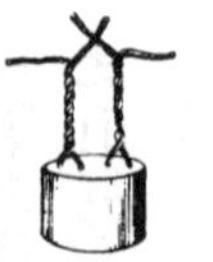

第二十五圖

有種電線炸法，係一種手搖小電具，如第二十六圖，可發電火甚急，此係合維司父子所製，此廠另造數種緩性藥法，先將藥裹照二

十四圖造成後將存藥之各聽中逐漸置數藥裹而以木椿令緊其內勿使有空處後將有藥引及提通內聽藥之藥裹裝入塞緊其餘空處用粗細砂泥或他物彌隙至全無空處而止儻用直辣丁但捺抹脫及尋常但捺抹脫可以鬆砂塞之如此造成以備傳火之用

第二十六圖

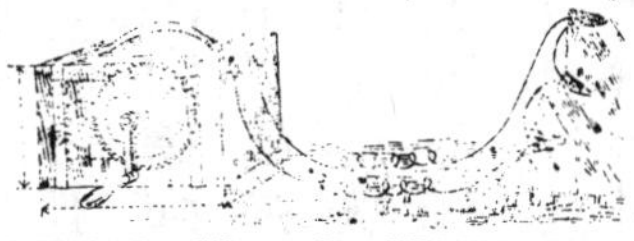

淡氣爆藥新書下編卷一終

上海曹永清繪圖

淡氣爆藥新書下編卷二

英國 山福德著 慈谿 舒高第 口譯
江浦 陳 洙 筆述

各種無煙藥畧論

近年造無煙藥法大有進步幾於均係淡氣寫留路司或淡氣棉花或淡氣列克林或再加淡氣格列式林又或加入樟腦加腦之故即欲其炸性稍緩所擬用他料係淡氣小粉淡氣朱脫蔴淡氣紙料淡氣徧蘇恩二淡氣徧蘇恩與數種化學料相和如淡養綠養等更有數種無煙藥中用比克里克散或獨用或加他種化學材料凡無煙藥可

分兩大款一用於軍隊一用於游獵此分別處頗難詳晰因雖有若干種專為軍隊所用於游獵槍不相宜而造游獵槍廠又另造一種藥可備來福槍機器礮或大礮之用也軍隊中所用之藥係柯達無煙藥即繩形藥又有辦力斯塔脫密力來脫法國皮恩藥德國無煙藥此德國無煙藥有淡氣格列式林及淡氣棉花

尋常通用無煙藥共二種來福槍及游獵槍均用之如許耳子衣西來福奈脫坎能捺脫苦派耳安勃拉脫等皆是

柯達無煙藥

此乃英國官用之藥百分中有棉花藥三十七淡氣格列

式林五十八，伐式林五分，其造法前已論及礮口速力凡六寸徑礮每秒可走四千三百尺四寸又十分寸之七，口徑礮用柯達五磅半，其擊力等用十二磅，黑火藥相同，來福槍膛中燃柯達二格蘭姆所得壓力在膛中有十四墩之重，槍礮中燃此藥所發熱氣等打靶命中無淺

柯達藥及黑火藥相較次第表

礮式	膛徑	彈重數	黑火藥數	砲口速力	柯達藥數	砲口速力
十四磅彈礮	三寸	十四磅	七磅十兩	二千一百尺	二磅十三兩	二千四百五十五尺
三磅彈礮	一·八五	十分磅之三·三	一磅八兩	一千九百廿尺	○十二兩	二千二百八十四尺

柯達藥炸時緩速全照其粗細而定其壓力之多少固亦視其質料如何，英國監造柯達之武員拜克云，此藥及黑火藥之比較可列一表以明之其用柯達各粗細如下

爲·三○三來福槍　所用　·○三七五寸直徑
爲十二磅彈後膛礮所用　·○五寸直徑
爲十二磅彈後膛礮所用　·○七五寸直徑
爲四·七寸快放礮　所用　·一○○寸直徑
爲六寸徑快礮　所用　·三○○寸直徑
爲大礮　所用　·四○寸至·五○寸

來福槍所用之柯達乃切段成紮，每紮六十根爲陸路礮所用，則均切成十一寸長，粗號者切成十四寸長在放水雷管內用之每秒有五十尺之速力，管之中之壓力，每方寸有三十五磅，此放水雷管後節，即其後門置柯達於內，在此燃火，拜克又論其在礮中之功效云，華吞阿培廠有四·七寸徑快礮一尊，已用黑火藥放四十次，而用柯達放至二百四十九次，仍毫無傷損，更有一尊十二磅彈後膛礮所放次數甚多，亦未有損，可見其藥之佳矣。

羅貝耳博士曾試驗此事，用○三寸直徑柯達，每次五磅十兩數，照礮膛量力具測算膛中每方寸折中有十三墩又·三之壓力，最多有十三墩·六，最少有十二墩·九，折中空

氣之壓力，有二千○七十，最少一千九百七十，礮口速力每秒走二千一百四十六尺，在礮處之力有一千四百三十七墩，在百度表○度，在風雨表七百六十密里邁當時一格蘭姆柯達藥，可燃成久延不變之氣七百立方桑的邁當，所成熱氣有一千二百六十格蘭姆數，燃柯達及辦力斯搭脫時，所成久延氣質外，更有許多水氣，有一次試法，用尋常派布而藥十二磅，此藥無定式，形如小石子，礮膛每方寸，所得壓力十五墩·九，合折中空氣二千四百有二十四倍，將其時所用之四十五磅彈由礮口送出，每秒一千八百三十九尺，折中速力，合在礮口時，此彈有一千

○五十五墩之力。在風雨表七百六十密里邁當及百度表○度時。一格蘭姆藥可燃成久延氣三百八十立方桑的邁當。所成熱氣。合七百格蘭姆數。

一千八百九十一年。英國陸軍部派員試驗爆藥。查得柯達可燒去數分。而毫無炸勢。有數只木箱每只有柯達五六百磅。置於柴堆上。燒十五分時有奇。全無爆炸。一千八百九十二年。在胡立知廠有柯達藥裹。十箇裝於一包中。用·三○三口徑來福槍。裝柯達向包放之。無一發炸。可見此藥之穩。

魯貝耳博士。又論及柯達藥之損移于礮膛較黑火藥迥

異。因柯達放出時。所發氣將礮膛光滑旋出。不如黑火藥放時。將膛損蝕成袋形也。且其損蝕處。又較短。在洋鎗內與黑火藥所損移長短無異。博士又曰在礮膛放出時。最妙勿遇過速之損蝕。因大礮中用藥數太力猛。放時膛子損壞必速。所以。辦力斯塔脫放時熱度較大。損移亦較甚。阿美弟藥損移礮膛。比余所試各藥較少。其損移之勢力。較他藥居四分之一。下表指明羅貝耳試時所得速力。

	用四十口徑礮	用五十口徑礮	用七十五口徑礮	用一百口徑礮
	每秒尺數	每秒尺數	每秒尺數	每秒尺數
用○·四寸直徑柯達	二七九四	二九四○	三一六六	三二八六
用○·三寸直徑柯達	二四六九	二六一九	二八一一	二九○五
用○·三寸旁辦司麓	二四·六	二五三七	二七一三	二八○六
六寸徑砲用法國皮恩藥	二三四九	二三六○	二五三六	二六一六
錠式阿美弟藥	二三一八	二三四二	二五一一	二五七四

以下一表係指明攻力墩數

	墩數	同上	同上	同上
柯達○·四寸徑	五四一三	五九九四	六九五○	七四七八
辦力司塔脫○	四二二七	四七五四	五四七九	五八五三
·三寸立方	四○四七	四四六三	五一○四	五四六○
法國皮恩藥 錠式阿美弟	三五○七	三八六二	四四六○	四七四五

羅貝耳又試四一七寸礮一尊。放一千二百十九次。均用柯達足數。又放六寸徑礮一尊。計放五百八十八次。均用足數藥。此中三百五十五次用柯達。此三尊礮放過後。查其所損移之數。不更大於用他藥者。但其狀不甚同。用尋常藥者。其損移處。有深淺細槽。後且變爲裂紋。其槽遠看之如耕犁之田。用柯達者其膛中損處。光滑而無槽。且亦不甚長。用六寸徑礮。試柯達。及黑火藥。比較壓力可在二十七圖見之。此乃博士魯意司。論中所摘官造藥廠總辦安特生所試情形。其論柯達等熱度。相關。各人意見不同在四·七寸徑礮試時。用柯達加熱至法倫海表一百十

第三十七圖

度論其壓力頗有高下。

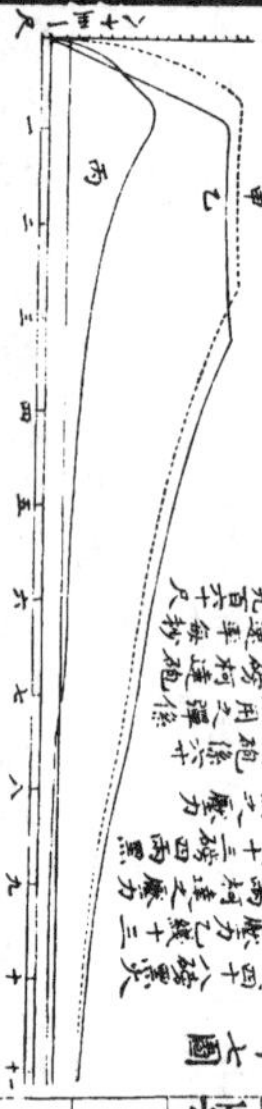

英兵官拜克論及柯達熱至法倫海表一百十度時放出情形云將柯達加熱即趁甚熱時放想其命中甚有關繫惟似不及黑火藥之多蓋柯達實較佳也。吾以為無論黑火藥及柯達加熱放之均或有意外情形藥加熱而放其壓力速力必照所有熱數並加熱數並燃放處空氣熱度較高若干。拜克云天下各處試放各藥其

狀如何及所得效果常預測相合如坎拏大冬時其寒暑針常在○度下印度則尋常甚熱均未令柯達料改變亦未常累及其命中時之效安特生之意柯達不可在兵船中近爐火藥庫演放魯意司之意凡兵船藥庫須用隔水櫃而令冷水周流以免熱至法倫海表一百度

二十九圖指明用柯達及黑火藥之彎線圖甲用黑火藥四十八磅乙用柯達十三磅四兩丙用黑火藥十三磅四兩所用彈一百磅其礮係六寸口徑柯達在礮口放出速力每秒一千九百六十尺

羅貝耳藥名辦力司塔脫原係加樟腦之轟石直辣丁即

樟腦十分淡氣格式林一百分另加偏蘇恩二百分將淡氣棉花易消化者計五十分浸此流質中後加熱逐出其偏蘇恩以後所得之和物加熱氣而棍軋成片切成小方形或他式者其中所用樟腦後知其無益今已不用故現時之分劑乃易消化淡氣棉花五十分淡氣格列式林五十分

因淡氣格列式林不能將對分劑淡氣棉花消化所以加偏蘇恩令融惟融後仍令分出此與造柯達時用阿西通同意辦力司塔脫色暗紫遇火逐層而燒且發火星所切成立方○二寸許者所有機器將成片形者先在襯雙層

鋅片之木槽內令攪和用熱水管令熱將在熱軋棍軋成片後切成小方粒魯貝耳試此藥之說如下

所用藥五磅八兩其塊○三寸立方每方寸有壓力折中數三噸最高者二二一○最下二一四二礮口速力每秒二一四○尺攻力一四二九噸每格蘭姆藥化成久延氣質六百十五立方桑的邁當可發出一千三百六十五熱力造此藥在蘇格蘭之愛梯亞英國七爾瓦特及意大利皆造之意國造者成繩形但質料則一法國所造淡氣寫留路司居多外面更包以黑鉛粉

各無煙藥中居最要者淡氣寫留路司如棉花藥式淡氣

列克林等最出名者乃拍侖天司所造棉藥係淡氣紙料十五分與變化寫留路司八十五分相併後用棍成圓條又一種名本欣棉藥係以棉花藥浸糖水中後與鈉養或鉀養淡養相和又用鋇養淡養使合成顆粒此皆係淡氣棉花也湯捺得藥在斐浮香廠造之現只供開山礫石之用

英國最初用之無煙藥即許耳子所造係德國礟台官所查出其初造之藥與黑火藥無殊但少硫黃耳造法以木質寫留路司在鉀養淡養水中浸成現所造者分劑又不同茲將通行之分劑確查如下

	百分中
易消化之淡氣列克林	一四一八三
不易消化之淡氣列克林	二三一三六
列克林	一三一一四
鉀養并鋇養淡養	三二·三五
巴喇芬	三一六五
酒醕中易化物質	〇一一一
潮汽	二一五六

有等許耳子藥中有小粉哥路弟恩巴喇芬且亦有大分之淡氣列克林此係由木質料所成法將木鋸成一五分寸厚薄之片後經過一機器令成大小一式之顆粒煮以

鈉礆水以除其中油質然後壓乾更用水氣令輾以鈣綠漂白之如此已幾成純淨寫留路司可加淡氣法與造淡氣寫留路司一律如此而成之淡氣寫留路司或列克林即可浸於鉀養淡養水中

現造無煙藥多硫養寫留路司造成之木槳此硫養寫留路司向用鈉養礆水法製得者在華爾道府地方專造此料法將木質造成紙料且使料如沙形使易收淡氣此料可令成畧微細之塊即可加淡氣入內衣西藥及許耳子畧似惟無色有時亦幾成白色一千八百八十五年李得及一革生二人始查出製此藥法領憑專造於英國格林

海得地方之衣西廠中美國牛球雪省亦有此衣西藥廠此藥中要質亦是一種寫留路司由上等棉花中取出先去各攙物令純潔然後令收淡氣此淡氣之等第甚好並無棉藥在內造法將潔淨淡氣棉花成細末在有軸圓桶中令旋行灑以水使成細粒後令乾更以以脫酒醕灑之使潤其面即起有亮油一層可加鹽料令成鵝黃色再令乾用篩篩之使膠結之粒相分第二號衣西藥中有樟腦少許用酒醕以脫令成粒時加工使粒稍硬此藥經久不變第一號在藥裏內應比第二號各粒燒時更勻速力亦多在礟膛不加多壓力

衣西藥多係打獵所用小心試其分劑並經久與否速力照步論該博士時計表計其速力及靶子上所有測算擊進深淺法其靶計徑三十寸以備試各藥之用礮膛底放有圓鉛段以試壓力若干且膛底另有測壓力具以上各法逐一試過卽知其效如何

載皮藥係吉特生及波楠兩人所造與衣西相似惟中有樟腦造法少異此品藥現不多造

印度奈脫係美國水雷廠博士孟羅所造用不易消化之淡氣棉花及淡氣偏蘇恩相和地麗恩藥與此相同美國勒乃得所造一種中淡氣格列式林七十五分棉花藥二

十五分萬年松末五分由里阿四分化於阿西通內合成

法國韋艾耳藥用於法國雷布爾來福槍中其淡氣爲留路司及歎尼酸鋇養淡養鉀養淡養相和而成燃時音甚微煙稍成藍色拏勃耳博士云現有一種無煙藥大分係淡氣阿彌陀偏蘇恩及三淡氣偏蘇恩所成

洙按由里阿之質料係炭養輕四淡二本從人小便中以硝強酸分出今工藝家所用則以阿摩尼阿炭養合成代之

英國拜威克地方無煙藥廠有特造藥數種有用於軍營有用於打獵之來福艾脫者係三〇三之黎買得福槍中

及他軍隊所用連珠槍用之效甚顯來福艾脫造有幾種一爲三〇三獵槍及軍用連珠槍所用一爲四五〇馬低尼亨利槍及獵槍並來福槍用之又四五〇彈膛之機器礮亦用之三五〇爲獵鳥兎來福槍及手槍所用

此廠打獵藥分二種一爲愛司愛司一爲光膛槍藥卽一用於平底槍子一用於底空槍子其空處削尖形鋒向上此藥之分劑多分只淡氣格列式林惟化分時查有弗拏耳阿美弟偏蘇恩在內此廠總辦云中無他物只淡氣列克林其燒時之參差照列克林所收淡氣多少而定用淡氣偏蘇恩消化此藥料與造柯達時用阿西通之意相似

此藥之效於載運屯棧用時全無危險勢力與速力均勻粒堅無細屑無難聞之氣且於槍管中全無損礙向後勢力亦少放時靈捷而無激動之弊日中無夜間無燄可見無論何國天氣此藥安置其地均能延久不變

一千八百九十五年來福槍會在畢士萊地方試驗所用槍係犁買得福三〇三膛者用子及來福奈脫藥距靶九百碼各槍手試槍十門其婆兒卽牛眼圈直徑三尺第一名獎賞爲立勿浦營兵名漢者所得其分數爲四十八所用子藥三十八釐槍子重二百十四釐靶如第二十八圖第二十九圖表明用獵鹿雙膛槍膛徑係三〇三藥卽來

第二十八圖

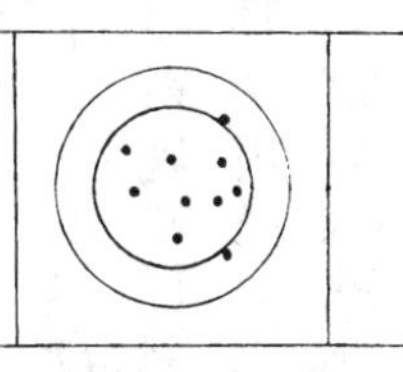

第二十九圖

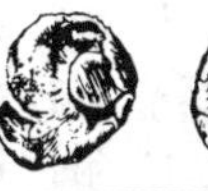

福奈脫靶係一袋溼銀式沙泥。相距一百碼。此法係華而歇所造。以查彈子擊獸時情形之如何也。

下二表一指明來福奈脫柯達之比較。所用槍係三〇三。其二指明黑火藥SA等之比較及來福奈脫並柯達藥犁買福脫之比較。槍口速率

年月日	天氣露水	風雨表寸數	來福奈脫藥	何達藥	
一千八百九十二年十一月二十二	法倫表四十三度 露水表四十度半	二〇·二〇	二〇一八	未驗	折中四次
十二月五號	法倫表三十五度 露水表二十七度	二九·五〇	二〇二七	仝	折中五次
十二月八號	法倫表三十度 露水表廿七度半	三〇	二〇〇八	一九〇二	折中五次
十二月二十二	法倫表三十九度 露水表三十六度	二九·九二	二〇二四	未驗	折中五次
一千八百九十三年正月二號	法倫表二十四度	二九·八二	二〇〇〇	一九〇五	折中五次
正月十一	法倫表二十度		二〇一六	未驗	折中六次
二月八號	法倫表四十四度 露水表三十七度	二九·七二	二〇二四	一九五〇	折中五次
二月二十三	法倫表二十三度 露水表三十三度	二九·四五	二〇一三	一九八三	折中五次
五月四號	法倫表六十五度 露水表五十九度	三〇·三	二〇一一	一九八三	折中五次
六月十九	法倫表八十五度 露水表五十八度	二九·九二	二〇六〇	二〇一三	折中五次

所用來福槍之準。照其槍口速率而定。所用藥係黑火藥

若無煙藥力較猛。其數須酌減。每無煙SA藥一墩。即二千磅。可抵黑火藥二墩或二墩半之用。如一墩黑火藥。能裝馬低尼亨利槍藥裏十六萬四千七百箇。若用SA藥可裝三十六萬箇。

用馬低尼亨利槍。比較試來福奈脫藥。及黑火藥均四十釐數。

年月日	天氣露水	風雨表寸數		
一千八百九十三年正月二號	法倫表二十八度	二十九·〇	一三三四	一三〇三
			一三三四	一三二〇
			一三一七	一三一七
			一三二七	一三一七
			一三二七	一三一七
		折中	一三二八	一三一三
二月八號	法倫表四十四度 露水表三十九度	二十九·七三	一三三一	一三七七
			一三七五	一三一六
			一三四八	一三二四
			一三四五	一三三八
			一三三五	一三三四
		折中	一三四六	一三二四
三月六號	法倫表五十一度 露水表四十五度	三十·一三	一三三〇	一三七九

一三五二	一三三八
一三三八	一三三四
一三四四	一三二四
一三二四	一三三八
折中 一三三七	一三四三

如用美林明敦槍及美國彈直徑·四五者以及格拉司等槍其參差處較多所用來福奈脫各槍不同數均照藥裹帽力火門大小彈子輕重及來福槽之多少深淺如何折中派定凡黑火藥用一百分者無煙藥只須三十五分已足在英國無煙來福奈脫藥軍隊來福槍多用之印度軍中現亦用此此廠又造礦用轟藥轟堅石用甲種輭石用乙種云

又一種無煙藥名坎拏拉脫亦係淡氣寫留路司之料此藥行廣且速為博士卓朴門所查出在英國托林蘭地方廠中造之重性一·六形如細粒之黑火藥礮口速率每秒二千○三十尺每方寸有十五或十七墩之抵力此藥不損礮質燒之甚潔可禦水不致潮放時命中而無煙攢力亦甚深用·三○三買得福脫槍或馬低尼槍試放此藥燃時氣霧極微或竟全無蹤跡在此項槍中放時退速力甚少在光膛槍中竟至全然不覺且在槍中放之較他項藥減熱甚多

在槍中每方寸面積之壓力有十五至十七墩許能經久不變用熱氣試一點鐘有餘尚不改樣下所驗乃用一槍管機器礮距靶四十碼計放十次

以三百十四顆彈丸打在三十寸徑之靶內有二百十四顆打中有一來福槍放出彈十五粒其速率折中每秒二千○七尺此藥專為來福槍光膛槍手槍等用惟獵鳥光膛槍用時每次須三十五釐數來福槍所用每裹三十七釐二磅可裝藥二百裹

洙按英權一磅合中七千釐數

坎能拏脫中棉花藥居多造時先令潔乾而與數種松香類物和令勻後加數種流質令棉花變柔後則移入壓櫃此中有大小之孔用大力壓之成條此條粗細照所需而定有惟游獵槍用者其條較·三○三並他項來福槍所用者較少後將此條搥碎令兩實質不甚光滑之銅軋棍擠成所需之粗細後更成細粒而篩之分出其末傾於旋形圓桶中此中放有筆鉛末桶旋時即見鉛末一層包於細粒之上經彼此磨擦之後此藥粒均現光彩廠中備有測速率表試膛內壓力表又有一千碼相距之靶裝有德律風法以便呼應便捷並有執定來福之準更有距五百碼

之靶安置均甚妥當

華爾司羅得

此亦無煙藥之一係淡氣寫留路司及直辣丁用化學法造成用直辣丁敷其外面令不碎故可不用流質令之調勻此藥不收潮氣雖浸水數日取出後在尋常天氣中令乾後仍可合用與溼熱氣均無涉可以存棧數年而不稍變在槍礮中放之其膛不及黑火藥之熱其膛亦無損礙此藥在槍中用之數係三十釐銅帽須大因藥甚硬爲游獵槍彈裹者用雙層氊墊之因其中火藥少地位所佔甚小故必擠緊使不四散軍隊所用則不妙少寬勿用雙墊

其壓力比他種淡氣藥只有一半退速力亦少若更加二十九至三十釐數則其攢力及膛口速力亦必大加惟其藥氣壓力及退速力仍不甚加此藥在畢士富公家試槍會試之甚合造時其淡氣棉花用阿西克以脫變爲直辣丁其外衣之功用能令燃火稍緩用五十釐在槍中燃之膛口速率每秒一千三百五十尺每方寸壓力三墩許退速力甚小幾於全無凡造時令成直辣丁稠質形後在有洞之銅板擠出成條切成所需之大小粒

苦派耳

此在比利時國苦派耳廠所造以淡氣朱脫或淡氣棉花加入含淡養之鹽類物有時竟不加之造法先在消化流質中令勻而成直辣丁形物此藥之種類不一一係小方形一係用於哈乞開司礮者其大小爲三密里邁當立方色黑更有用各品色染成者此廠又造黑火藥及用椰子皮汁所造之藥又六角形錠式火藥又石子形并礦用轟藥

安拍來脫

此係蘇格蘭克拉得江上廠中所造用棉花藥巴喇芬含來格所成其第二號係淡氣寫留路司巴喇芬伐式林黑鉛鉀養淡養或錏養淡養所成昔時成者其中更有淡氣格列式林鎞蔴油含淡養物與淡氣寫留路司所成且更有兒茶攙入據云用此可命中攢深在礮上所者之力不大藥性堅韌裝法與黑藥同磨擦之不成末放時無煙膛中無廢物污染第二號者爲來福槍所用備馬低尼亨利及游獵四〇〇膛徑來福槍及他項四〇〇膛徑以上來福槍及各種所用槍

格林納爆藥係淡氣寫留路司淡氣偏蘇恩淡氣煙煤合成皮恩爆藥係淡氣寫留路司及樹皮酸用流質膠水令涼以鉀養淡養或錏養淡養加入合成

方福司克爆藥

此亦淡氣寫留路司加直辣丁及鈣養炭養少許合成

德國脫老司道克爆藥係淡氣寫留路司加直辣丁有時加含淡氣物攙入

麥克新買特係博士麥克新所造乃淡氣和物其中多係棉花火藥藥中確實質料分劑造法皆甚秘密

美國紐約克可倫比亞廠中所造二種一係無煙來福槍所用一係礦用轟藥

近有法兵官聖馬克造一炸藥在阿姆司脫郎廠用哈乞開司快礮試之礮膛徑四十七密里邁當彈子重一千八百格蘭姆即英兩五十六兩也礮口距靶五十邁當用藥

十二兩許速率每秒六百五十七邁當用十四兩藥則有七百○二邁當之遠若用十六兩藥則增至八百七十二邁當此藥係藍色之粒每粒藥長十密里邁當寬四密里邁當經久不變不受潮溼

高第接每英兩一兩合四百八十釐每一格蘭姆合十五釐英兩五十六兩即四磅又三分之二也

挐美耳爆藥

此係瑞典所造無煙爆藥瑞士國軍營用之數年有四號爲野戰礮八四口徑所用係圓形顆粒色黃直徑八至九密里邁當疏密率係七九○每放一門需藥八百四十釐

爲來福槍所用者係灰色疏密率係七五○一格蘭姆有一千○四十粒在十八分鐘時用此藥放一百次將膛內熱氣升至法倫表二百八十四度用淡氣格列式林藥照上放之則熱至法倫表四百六十四度此藥可久藏有藏至三年半放之效如初造無異易燃火擊勢磨擦力無甚關繫質甚輕每一大礮用此放八百門後膛中毫無損失有若干放於地窖經潮溼天氣十一箇月然後燃放礮口速力尚有一千四百五十尺壓力有一千三百十二空氣倍數百分藥中有一·二至一·六之潮溼至二十三箇月後百分中其潮溼只有二數礮口速率每秒尚有一千四

百七十八尺其壓力合一千三百五十六倍空氣用七·一五密里邁當來福槍十三·八格蘭姆彈兩格蘭姆火藥每秒速率二千○三十五尺壓力抵二千二百倍空氣用八·四桑的邁當野戰礮彈六七啟羅格蘭姆藥六至格蘭姆每秒礮口速率一千六百四十尺壓力抵一千七百五十倍空氣爲三○三口徑來福槍所用藥裏亦最合近化分查其物質如下

	百分中
棉花	九六·一一
易消化棉花	一·八○
無淡氣棉花	微迹

松香及他質　一·九九
共　一○○·○○

博士亨司特所造各藥大半係含淡氣之薪料法將薪料造成細漿法將柴草與强水相化後加礆類物令成一種有絲絡結細粒之質即可造成此藥全無煙燄在槍中放無污迹亦不令管發熱比黑藥力猛一倍半

德國脫老司道克炸藥係淡氣爲留路司用直辣丁及含淡氣物合成

洙按此條似與前文重複西書本係如此姑照譯之

柯爾其爆藥亦係淡氣爲留路司加直辣丁來孚之各種爆藥均有淡氣格列式林淡氣棉花篦蔴油低漿鎂養炭養所成馬克新爆藥係易化不易化之淡氣爲留路司兩種及淡氣格列式林鈉養炭養

德國羅白耳廠所造無煙藥中有小粉七十至九十九分並二淡或三淡偏蘇思合成

美國有一種木質爆藥名不納開脫打獵藥中有易化不易化之列克林並炭焦列克林呼斯及鈉養淡養造成紲約有博士司來德造開花彈所用藥即名司來德藥百分中有淡氣格列式林九十四分易消化淡氣棉花六分及樟腦所用六寸徑來福礮距靶二百二十碼許此靶與一寸厚鋼版十二塊膠成共厚十二寸後面有襯墊十二寸並十四寸方榆樹木條厚二十六寸重二十墩每炸彈用此藥十磅放之將此靶擊破可見其藥力如何矣

德國可史利克地方試槍礮會所驗黑火藥及淡氣爆藥比較情形甚悉其試彈子進步法如下其靶係將所造架數具彼此相距二十寸架張厚紙數張紙有一密里邁當之厚紙與紙相距均每三寸排列成一條用雙門洋槍距靶四十碼靶樣即厚紙所造各彈子重數合一百二十粒小彈珠靶上畫圈彈擊入此圈即爲命中靶之直徑係三十寸由此可知其命中之多少並其藥之上下凡一倍空氣壓力等於二磅又二之重數二千倍之空氣壓力等於二千二百磅在一立方桑的邁當上許耳子及華爾蘇藥加在伊立特用一種二寸半長之炸彈下表指明所放彈子折中之效各種藥試此彈之數均係一律當驗時風雨表七六密里邁當寒暑表三十度測溼氣表六十五度風西南

	藥氣壓力空氣壓力倍數	速率每秒邁當	三十寸靶標擊進鉛珠多少	照百分派	架上派數
細粒黑火藥官額數	五一四·二	二六·○	七八·六〢	六六	一九·○
粗粒黑火藥官額數	四七三·四	二八一·四	七八·二〢	六五	一九·四

許耳子藥四十三釐	九二一·四	二九〇·〇	六四·二〢	五四	二〇·二
許耳子藥四十五釐	二〇五·六	三〇五·八	五三·三〢	四二	二〇·六
衣西藥四十二釐	九二〇·二	二九八·四	八一·四〢	六七	一八·八
華司羅得藥三十九釐	五八六·四	二八〇·六	八三·〇〢	六九	一九·〇

比克里克藥

此藥種類不一以米里捺脫爲最著其中分劑確數尙未查明想係比克里克酸與他物相合而成在炸藥中造時所用比克里克酸不及含比克里克酸之鹽類物最佳者即貝魯齊亞藥其中有阿摩尼阿比克里五十四分朴硝四十五分合成能延久不變且不釀禍向來法國夏士波槍中用之甚合發煙亦少槍中所賸只有鉀養淡養少許

法國戴西盧耳藥較上稍次其中有鉀養比克里硝炭計分三等爲槍及大礮及水雷炸彈等用造法與黑火藥稍同較黑火藥力大而煙少亦不少損礮膛

美國博士艾門司造藥名艾門司脫係用成粒比克里克酸與一·五二之騰濃氣硝强酸相合此硝强酸加入時將令消化而成紅氣霧此流質待凉時成水晶形與比克里酸不同而有燦爛光彩之片此片在水內熱時即分成二新物一化水內成晶形與前不同一則仍在水內不化此酸性晶形物與一含淡養物相合即成炸藥美國海部試此藥甚合用將此藥之粗粒者在手槍內試放知其比尋常藥力大與直辣丁爆藥相比試之查見將鐵版打成粉碎開山轟石亦能用之美兵部試查此藥指爲轟炸甚合之用亦可作無煙藥用每方寸抵力有二百八十三墩許重性一·八

艾白耳擬將比克里克酸灌於空彈中更有一種比克里散其中硝三分阿摩尼阿比克里克酸二分所合成又一種名維多里脫係以鉀養淡養及比克里克酸並橄欖油合成有時加炭色黃而灰成粗粒之散末稍厚紙上見有油膩迹存留一遇磨擦擊勢即炸此物確實分劑係鉀綠養八十分比克里克酸一百十分硝十分炭五分合成德國希納散末與維多里脫相同但加松香於內而已

淡氣爆藥新書下編卷二終　　上海曹永清繪圖

淡氣爆藥新書下編卷三

英國　山福德　著
慈谿　舒高第　口譯
江浦　陳洙　筆述

啟式耳古但捺抹脫化分法

此爆藥百分中有淡氣格列式林七十五分微細蟲泥即啟式耳古二十五分化分法甚便將藥秤十格蘭姆放於收潮溼器六天或八天此具內因有鈣綠故可收溼氣後再秤之其減輕數即潮溼數此溼尋常不過百分之一亨代博士有更速法令乾如下將藥一格蘭姆置一寸直徑之磁鑄鑵此鑵置容六百立方桑的邁當之大口瓶內此瓶中先有濃硫强酸此鑵即放强酸中大口瓶有玻瓈灣管一端通於强酸一端在瓶外使空氣通入强酸瓶對面有管內端通入瓶內與硫强酸面相離甚遠外端與一吸氣具相接吸具吸時瓶上節之空氣處由經過强酸之空氣補之此空氣中潮氣為硫酸吸去故甚乾既與鑵中藥相遇遂將藥中潮氣收去如此三點鐘之久此但捺抹脫之濕一齊吸去此收吸空氣法之遲速每秒時有十立方寸許之效

此藥之潮溼由此既全收去而與其中淡氣格列式林無礙乾時可用沙濾紙包而秤之可將蒸過二十四次之以脫加入其中以收其淡氣格列式林然余查有更速之法可用小歐侖麥瓶將但捺抹脫放瓶內二十四點鐘置一邊過夜後可撇出再加以脫少許於內待一點鐘之久可沙漏之此沙漏紙先秤分兩用百度表百度熱氣令乾後又秤之即得啟式耳古之分兩此分兩與溼時相較所減數即中含以脫數可即記之但捺抹脫中淡氣格列式林重數須用比較法測其所得不同數因與以脫同熱時以脫騰化則但捺抹脫亦有若干同騰故數不確非將各項所記以脫數相併與化烊但捺抹脫數相扣不能得淡氣格列式林之確數也此乾啟式耳古亦須試驗法有二一查其優劣一查其多少因其中或有攙雜他種金石類鹽類物如鈉養炭養等在德國海來地方造第二種但捺抹脫其化分物質之確數係百分中潮溼〇九二啟式耳古二六二五淡氣格列式林七二九三

直辣丁合藥化分法

此中最簡便者乃轟礦用之一種以其僅有含淡氣棉花及淡氣格列式林所成蓋係將淡氣寫留路司化在格列式林中而造成一種透明凍形物其數百分中淡氣格列式林九十二分淡氣棉花八分有幾號直辣丁百分中淡氣棉花竟至十分直辣丁但捺抹脫及直列捺脫其中用

木質槳並朴硝與一種薄轟礦直辣丁相和其木質朴硝數各不同化分法如下

先秤料十格蘭姆用鉑金鈍刀西名司拍漆切成小塊後放入有鈣綠之烘乾具數日再秤其失數卽潮溼此數尋常甚微

將此乾直辣丁放一尖歐倫買彥驗瓶此瓶容五百立方桑的邁當加以脫酒醕二百五十立方桑的邁當（卽以脫二分酒醕一分相和）任其過夜有時次日須更加以脫酒醕少許常數約更加一百立方桑的邁當俟二十分時後再動手尤妙在沙漏後再加以脫酒醕一百立方桑的邁當任延二十

分之久其未消化物乃木質槳朴硝及他鹽類物用細蔴布沙漏紙瀝之令乾而秤之有以脫酒醕等所成之消化流質其中有淡氣棉花及淡氣格列式林更須加一百立方桑的邁當之哥羅方於是淡氣棉花卽澄停而成直辣丁形此須以細蔴布漏具沙濾之令瀝淨勿用壓力之瀝具瀝之因少加勉强卽易結成定質也

已澄停棉花須仍用二十立方桑的邁當以脫酒醕令化更用哥羅方令澄停如先用以脫酒醕必須復做否則得數較多因澄停之直辣丁將留住格列式林不少也後將澄停物盡瀝乾用百度表四十度熱空氣法令乾用鈍刀在細麻布瀝具括下可放於前所秤之表罩而置入烘具內用百度表四十度熱令乾待其分兩不變此分兩與前十格蘭姆數相較卽係百分中所有淡氣寫留路司之數也轟礦直辣丁用以脫酒醕所賸之物爲數甚少大約均係鈉養炭養二物此賸物應用百度表之百度熱氣烘乾秤之記其分兩儻使其物係直列辣脫或直辣丁但捺抹脫其所賸之物應置一杯中用蒸水煮之逼出其水屢次行之約有九次或十次之數將其賸物放一柏油漆之沙漏具上用熱水先煮數時此沙漏具所賸之物係木質槳也可用百度表之百度熱氣令乾待其不變而秤之流質

並洗木質之水須撳在鉑金盆內烘令騰用百度表百度熱令乾此物中係硝及他項金石類之鹽類物可用硝强酸數滴及清水數點在盆中試之後便化騰並令乾而再秤其分兩之輕重以測鈉養之多少

淡氣格列式林查法亦由多寡而測若含淡氣寫留路司可用隔水烘熱法令騰乾用百度表三十至四十度熱後則用鈣綠拔令盡乾待至以脫或哥羅方之味全無然後可秤其格列式林然此等算法尙嫌不確直辣丁但捺抹脫令攷有一號確分劑如下

淡氣寫留路司　百分之　三·八一九

又	
淡氣格列式林	六六·六九一
木質漿	一六一·二六〇
鉀淡養三	一二·八九〇
鈣炭養三	無迹
水	〇二·二四〇
共	一〇〇·〇〇〇

此爆藥樣大約係攙雜物三十分爆料七十分多種但捺抹脫以上之攙物外更有他料如巴喇芬松香及大分硫黃可用以脫提出(以脫須用純號)而令但捺抹脫化烊即將上三物化出取餘物秤之後加鈉養水與此已秤之物調和隔

水烘之松香等即化於流質中從餘物中逼出其流質用鹽强酸令澄停後沙漏之令與以脫相分用百度表百度熱令乾秤之淡氣格列式林餘物即與濃酒醕相和逼出淡氣格列式林以酒醕洗去硫黃巴喇芬令乾秤之又將巴喇芬由硫黃中分出法用阿摩泥阿硫强酸同熱待涼此巴喇芬即於流質上結衣在此衣中用一瑑梗吸一小孔其下流質可傾出後用清水漂巴喇芬令乾秤之即可測知硫黃多少儻中有樟腦將此藥用以脫酒醕加炭硫提出如此而行又將硫黃巴喇芬同烊因樟腦易於騰化故少加熱即騰出用炭硫前所得數等於甲用炭硫後令

騰出等於乙此炭硫騰後並所存樟腦數等於丙與炭硫同騰者常有淡氣格列式林松香或硫黃少許

樟腦在淡氣格列式林中用炭硫分之將樟腦格列式林流質加炭硫震動之則兩物即相分可將炭硫流質逼出所分出兩流質用百度表二十度熱隔水蒸之後令高至六十度令乾置眞空瓶中之鈣綠上待炭硫全化騰即騰出淡氣格列式林自存留於下此淡氣格列式林中並無炭硫相和

洙按因其中炭硫已彼鈣綠吸去是以如此

將此淡氣格列式林及樟腦兩處相併兩重數相合即知

其各分劑又可知淡氣格列式林之共數惟淡氣格列式林因炭硫騰時帶去若干此失落之數據武弁赫司查得係百分之一·二五此數應加入化分所得數中

一千八百九十三年法國格致報載有多種但捺抹脫合法優劣不一往往合之不易而分劑甚繁故欲查其確數亦難

欲查簡便之第一號但捺抹脫中淡氣格列式林甚易惟儻有在以脫中易消化物如巴喇芬硫黃松香那普塔林則難總之攷查此等物須知阿西的克酸用法因其能消格列式林也

馬扣果博士有查淡氣偏蘇恩法將磁盆中滴弗拏耳酸二點清水三點鉀養約小豆大一塊將三項共煮用試紙驗其流質久煮之下此淡氣偏蘇恩即於流質邊發一大紅圈若少加鈣綠即現翠綠色由此可知其有淡氣偏蘇恩矣如以脫流質中疑有淡氣格列式林者將質數滴加一二滴之品色中置於表聖之玻璨上其以脫將騰起其餘存物可加一點濃強酸儻中果有淡氣格列式林此品物硫強酸即與淡氣格列式林中放出之硝強酸相合而現鮮紅色

湯捺得

此藥查之甚易可秤一格蘭姆放玻璨杯內與水煮之將水逼出沙漏之流質中有銀淡養將沈下物傾沙漏具上用沸水洗二三次用鉑金盆以熱氣令騰乾再秤此係銀儻此湯捺得係三號而中有二淡氣偏蘇恩者先用以脫將質化出沙漏於盆中用熱氣逐出以脫可將此二淡氣偏蘇恩秤之後將沙漏紙上餘物與水漂淨如前此澄停物令乾秤之此係湯捺得中之棉藥也將此在以脫酒醕瓶中料理兩三點鐘後用沙漏紙濾之以百度表四十度熱令乾此即棉花藥分兩比前更輕所失數係哥路弟恩棉花此棉藥中尙攙易消化棉花於內將此二種物少許放於量淡氣具試之可得淡氣確數

柯達脫化分法

此藥分劑乃淡氣格列式林五十七分淡氣十七分棉三十七分伐式林五分此淡氣棉花內含哥路弟恩棉花少許化分法與化分直辣丁大同小異試取藥五格蘭姆在瓶中用以脫酒醕化之俟過一夜以細蔴布在沙漏具中濾之用以脫少許洗所賸物後擠緊以百度表四十度熱令乾秤之此係棉花藥在上以脫酒醕流質中有淡氣格列式林伐式林易化棉花在內其棉花可用哥羅方澄停以沙漏法隔出令乾秤之將上說以脫酒醕在鉑金盆用

隔水低熱度令騰乾所騰物以八成阿西的克酸相和使其中淡氣格列式林化出以後可在阿西的克酸中分出淡氣格列式林

伐式林係炭輕乃石油中提出凍形物攪火度在法倫海表四百度隔水熱至十三點鐘之久百分中所化騰質不過於〇·三數而在天氣百度表百度時重性不可過於〇八七法倫海表八十六度時融如流質此物從蒸火油得之大分用百度表二百度蒸過熱氣而成在百度表二百七十八度時則沸

阿西通化分法

此卽炭輕炭養炭輕其重性〇·八一百度表五十六度三時卽沸可與以脫酒醋及水相和用之必揀極淨者在百度表之五十六度三至四時蒸之須蒸出其中之九十八如水百分中有鉀養錳養〇·二相和此錳水應留其紅色約二分有餘時酸性數不可多於百分中〇〇五卽一萬分中之五分也其中所含阿爾的海德不可多於百分中〇·一如阿西通中有水可取阿西通及火油以脫對分劑在百度表四十至六十熱度時震動之少頃兩物卽相分阿西通則浮於水面之上

造柯達脫所用阿西通如用百度表五十九度熱氣蒸之其蒸出料應有五分之四欲測酸性多少取貨樣五十立方桑的邁當與清水同數相和又併入弗拏耳甫塔林二分加淡一一〇〇鈉養輕水同和之卽知內有其酸性多少

弗拏耳甫塔林流質中有弗拏耳甫塔林一格蘭姆酒醋一千立方桑的邁當淡一一〇〇鈉養輕流質一桑的邁當合〇〇〇六格蘭姆阿西的克酸

此項藥水加於阿西通內試時其弗拏耳甫塔林若干須結成阿西的克酸若干故測所加物多少而知所變顏色如何并知需料若干矣

淡氣棉花溼者或從怕秋中新做出者須測中有水若干最妙將在百度表一百度熱之火爐上烘過數時之紙盤取料一千格蘭姆置盤中此盤之重數均勻不變而放在百度表百度熱之去水風爐內待水全去取出秤之所失分兩卽水數也尋常溼棉花百分中有水二十至三十分之譜

欲測棉藥中有消化棉花若干或易消化棉花中有棉藥若干其法將貨樣五格蘭姆用百度表百度熱令乾後露空氣中二點鐘入試驗瓶中加以脫酒醋三百五十立方桑的邁當將瓶塞緊待其消化屢震動之約二三點鐘後傾於襯細蔴布之漉具待其漉下其隔住者用夾在沙漏

所用紙內用螺夾壓緊更入試瓶照前料理此第二次令消化二點鐘卽可再行沙漏以手緩擠之仍照前壓緊後放在攤開紙餘多以脫騰去後置於玻璃表罩於百度表一百度熱爐內烘乾後露於空氣中二點鐘再秤其分兩卽係五格蘭姆中之棉花藥及未消化之棉花也

此法試貨樣若干中欲測未化棉花之多少須再取貨五格蘭姆查其數而扣之

未化棉花

此卽未得淡氣之棉花無論加淡氣法如何盡善盡美終必有若干未得淡氣之棉花在造成藥內測法取貨五格

蘭姆與鈉硫水同煮後則置一傍約二日夜之久後沙漏或逼出復與鈉硫如前煮之再行沙漏洗以淡鹽强酸而漂清之令乾秤之此中澄下物係未得淡氣寫留路司及灰質物更燒之此後只有灰其分兩與前項分兩相和即得棉花確數

查鹻性法

將由空氣令乾極細之貨樣五格蘭姆在其壓成片形中挖出而消於二十立方桑的邁當鹽强酸中此酸係淡號僅合半分劑者後加清水約二百立方桑的邁當搖之十五分時將上浮水逼出將所賸物用清水屢洗之待無酸

性而止

洙按即取藍試紙試之而不變紅色則知其無酸性矣前所有酸性已與鹼併成不酸不鹼物其流質與所用洗水則用淡一四鈉炭養水試之用試紙表其有無酸性

灰質並無機物質

先取淡氣棉花兩三格蘭姆數放鉑鑄罐與巴喇芬薄片相合加熱令烊任罐中物攪火緩緩燒之再加熱使含炭物成灰待涼秤之并其灰多少博士休林之法取淡氣棉花五格蘭姆放鉑鑄罐中用酒醋以脫相和令溼其中早加巴喇芬消化而沙漏照數加清水四分之一再將巴喇

芬少許加入燒之當時側放其罐而旋之令棉花藥收吸巴喇芬勻淨有若干略焦之賸物用玻璃梗刮下將罐蓋緊用吹火管燒十分至二十分時常開蓋觀之如此其賸物變灰甚速秤其數於磁盆內洗以清水用百度表九十度熱激令熱而和之由此其鐵養鋁養鈣養鎂養均消化只矽養未消其餘均照尋常化分法分之即可得其灰數矣

龍甘測淡氣具所查淡氣多少

測棉藥或哥路弟恩之淡氣較上更要可查得其貨之優劣此法與測查消化法并用而更勝於前法如棉花作爲

六淡氣寫留路司其棉藥百分中應有一四·一四之淡氣哥路弟恩棉花亦然此淡氣多係五淡氣百分中淡氣有一二·七五其中蓋多低淡氣料且有未得淡氣之寫留路司如(炭$_{六}$輕$_{十}$養$_{五}$)地此物能減貨中淡氣數欲測此質中淡氣多少最妙用三十圖之龍甘具法將貨令乾秤〇·六格蘭

第三十圖

龍甘測淡氣具尋常式樣

姆置一秤物瓶中此瓶容十五立方桑的邁當用小玻璃吊水管加濃號硫强酸十立方桑

的邁當放一邊令全消此具容一百五十至二百立方桑的邁當在一端有玻璃泡可容一百立方桑的邁當頂上有可開機面三處其時貨樣已全化成汁可將此汁傾入具有二管右爲壓力管旋此令左管水銀升降左名測量管將右管畧提高左管水銀即推高近旋柄處將旋柄緩開之空氣即由此出水銀面上及盃裏均用沙漏紙緩揩之將旋柄旋低取淡氣棉花已融者傾盃中用玻璨吊管取硫强酸十五立方桑的邁當傾空瓶中以强水少許將瓶之玻璨塞沖洗以免有淡氣棉花微染於塞試將右管少降而將柄少開可使棉花流汁流下於測量管之圓泡

中待幾流盡時將柄旋閉取前洗瓶之硫强酸傾入盃中照前法流下用十立方桑的邁當硫强酸洗其盃之內邊此酸逐加逐流至圓泡中即小心不任空氣攢下若將壓力管放之過下强酸流下過速空氣將一同入內

流質既入測管將壓力管少提取有淡氣棉花流質之管搖十分時將管扣於架上仍少降壓力管令左邊壓力少減將此全具停二十分時任測管中淡氣放出而得屋內熱氣使之相同量具近邊掛一寒暑表二十分時後兩管水銀均相平再加硫强酸於量管盃中將旋柄少開使兩邊更勻後在測管中看有淡氣若干桑的邁當將近邊寒暑表度數查看並看風雨表之若干密里邁當則見之尤便哥路弟恩棉花樣○·六格蘭姆查其若干淡氣則見查得測管中有淡養一一四·六立方桑的邁當風雨表計七百五十密里邁當百度表計在十五度因一立方桑的邁當之淡養中有淡氣○·六二七二密里格蘭姆以一一四六數與○·六一七二相乘並寒暑數壓力數相算之下即得○·六格蘭姆貨中淡氣數若欲查百分中淡氣數可以比例得之但空氣壓力寒暑表高低不同定額空氣壓力七百六十密里邁當定額熱氣係○度惟此地空氣壓力七百五十密里邁當寒暑表十五度可見上下參差須以

此不同數與定額數相扣則得其正數百度表一時空氣壓力有七百六十密里邁當每加一度則壓力多·○○一二六六數

扣法以七六○乘（一丄丁^{三}）此（丁‖○○·三六六五）寒暑表十五度合空氣壓力八○一·七八數

二四·六丄·一○四丄七五○丄六二七二

一八○一·七丄·六　二二·二二

淡氣格列式林亦可以此具測之但所試貨更少而更須小心即由○·一至○·二格蘭姆數此數可發出氣質三十至六十立方桑的邁當故須用有容一百立方桑的邁當玻璨泡之測管

儻取淡氣格列式林○·一○四八格蘭姆令發淡養三二·五立方桑的邁當其時風雨表七○六一密里邁當寒暑表十五度

百分貨樣中淡氣如下

三二五丄一○○丄七六丄·六二七二

八○一·七八丄二○四八一一八·四六

照例此數應一八·五○一龍甘更有一種測淡氣具如第三十一圖以測查爆藥之淡氣

第三十一圖 新式測淡氣圖

此係一測管其中段放大如球上下段勒有分度每小分合十分立方桑的邁當之一此具共容一百三十立方桑的邁當上下路各容三十立方桑的邁當其球形處則容七十立方桑的邁當也上段所勒分度即記氣質之小分數其多數在下段見之

博士哈恩又製一測淡氣具如第三十二圖此具測無煙

第三十二圖 新式測淡氣圖

藥淡氣多少甚有用圖中辛字係有旋柄之塞門此塞門可將已秤分兩之無煙藥落於子字之球形處將百度表三十度熱令熱取四五分立方桑的邁當之硫強酸由酉字漏斗傾下即將辛字門旋閉而將球形處小心令熱以便藥消化將濃流質抽入卯字淡氣具管內再取硝強酸將球之裏邊洗滌數次後照尋常法測其淡氣此哈恩法也

龍甘更有一法可測淡養氣計一立方桑的邁當淡養氣在寒暑表○度時空氣七百六十密里邁當即Ⅱ於淡○·六二七二格蘭姆數

許耳子梯門博士法係測淡氣爆藥中淡氣如淡氣寫留路司淡氣格列式林第三十三圖即指明如此具之狀先將具中注滿鈉養水即將測管裝在天字盆下之像皮塞上而扣住之將甲丙兩處旋門開之將乙處旋柄關住待測管之鈉養水升至人字漏斗一半處即將甲丙處旋閉而將乙處開放其巳物兩處之箭頭方向指明測淡管四周運行激冷所用水之出入此水中計有寒暑表一具以

第三十三圖甲

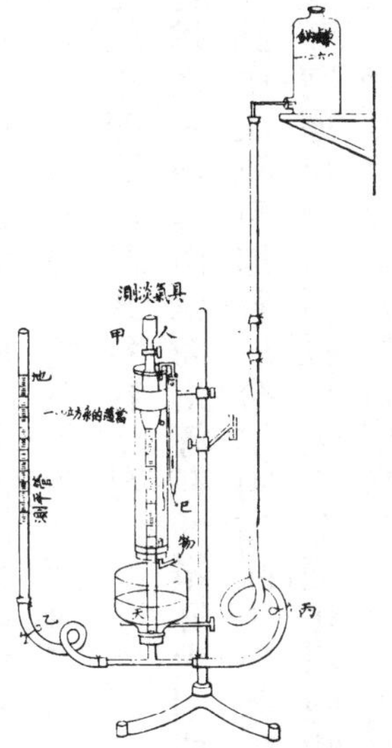

計水之熱度儻此熱度與外邊冷水處寒暑表相合卽知此測具之寒暑表與外邊空氣相同灌入淡氣法卽將測氣管內像皮塞處升去將三十三圖乙圖之化分瓶氣管接於甲圖之測管下端此適在天字處盆中

高第按如此乙字瓶中之氣升入甲圖測管上端照數將此管中鈉養水逐下觀其所勒分數卽知所有淡氣多少矣

第三十三圖乙

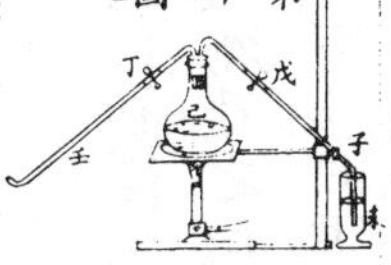

如欲測淡氣寫留路司中淡氣若干卽取物質五至六五格蘭姆數置於乙字圖已字化分瓶取二十五立方桑的邁當洗之灌入瓶中灌入法將丁戊兩鞴此開彼閉將其水自然吸入瓶中空氣因熱將騰出外邊空氣因壬字管下口浸於天字盆下故外邊氣不能入因此盆有鈉養水而乙圖之子管浸入未處盃中此盃有淸水若干立方桑的邁

當將已字化分瓶空氣盡行逐出後將丁戊鞴塞旋緊移開其瓶在此未字盃中將濃鐵綠水二十五立方桑的邁當及濃鹽强酸十或十五立方桑的邁當灌入未字盃內將戊字鞴開放吸入此質於化分瓶當時不准空氣隨入此料入後將戊鞴關緊將壬字管裝於測氣管下將已字化分瓶燒之淡養氣卽分析而騰化分瓶中氣質壓力將比外邊空氣壓力更大其管在壬處卽張大卽將丁字鞴放開將瓶中震動燒之久延待其管中鈉養水無淡氣泡發起鹽强酸蒸上時有炸聲卽可閉丁字鞴而開戊字鞴更將管降下至像皮塞上而待其涼至已字處所流出水

之熱度與物字處所進水之熱度相同如地字管子鈉養水面與測管內鈉養水相平卽將地字管升高或降少許卽可令其相平可在測管中鈉水面以上處照分度每一小分指明有十立方桑的邁當之一數由此可知鈉養水面之淡養氣共數卽知淡養氣中有淡若干因一立方桑的邁當中淡有十四養有十六也

上說消化之鐵綠係用鐵釘等在濃鹽强酸消化鐵分劑居多消化時輕氣自騰出騰盡後將鐵綠趁熱以漏斗瀝之漏下流質加鹽强酸數滴令成酸性所用鈉養水重性係一·二一〇至一·二六〇照度數派係二十五至三十度

所用淡氣寫留路司應成兩格蘭姆之顆粒大小在百度表之七十度熱烘八點至十點鐘之久令乾放於收溼具三點鐘此具下面有硫强酸能收潮溼此具測淡氣之功甚佳

希代訥博士測淡氣具與龍甘具少異此具本爲測查有機物質之用如農家所用肥料等均可測之後爲喬代而白華少改其法以測淡氣另有法人名歇訥爾用此測淡氣礮藥中之淡氣法取淡氣爆藥極細末〇·五格蘭姆在弗拏耳二格蘭姆并無水之燐養[三]酸〇·四格蘭姆與硫强酸三十立方桑的邁當之消化流質中浸之將瓶震動俟全消化後小心漸加鋅末三四格蘭姆當時其具甚熱應用冷水法激令涼待一同消化更用冷水周流令涼末加汞〇·七格蘭姆加後其流質中結成阿摩尼阿用火蒸之將阿摩尼阿蒸出收入瓶中此瓶內有準號强酸即與此强酸相合而成一鹽類物其中阿摩尼阿之分劑亦變準號在此中即知淡氣共有若干矣

淡養[三]類之藥在其消化時則停在弗拏耳上則成淡氣弗拏耳此中淡氣可加鋅屑令變阿彌陀物而結阿彌陀弗拏耳蓋阿摩尼阿乃淡輕抽去一分輕化以他物遂成阿彌陀矣後令消烊而此阿彌陀弗拏耳中之淡氣又復成

爲阿摩尼阿希訥耳見此甚悅然以爲必做之甚好令弗拏耳必盡變單淡氣弗拏耳凡在冷梳强酸流質內其情形清而不濁者即單淡氣之確據也

如哥路弟恩或棉藥可預分成甚細分劑然後測查下表指明希訥耳測查各物淡氣之淨數

爆藥名	化學式	淡氣百分中	淡養[二]百分中
淡氣格列式林	炭[三]輕[五](養淡養[二])[三]	一八·五〇	六〇·七一
六淡氣寫留路司	炭[十二]輕[十四]養[四](養淡養[二])[六]	一四·一四	四六·五一
五淡氣寫留路司	炭[十二]輕[十五]養[五](養淡養[二])[五]	一二·一一	三六·五〇
淡氣偏蘇恩	炭[六]輕[五]淡養[二]	一一·三八	三七·三九
二淡氣偏蘇恩	炭[六]輕[四](淡養[二])[二]	一六·六七	五四·七七
三淡氣偏蘇恩	炭[六]輕[三](淡養[二])[三]	一九·二四	六三·二二
淡氣朵路恩	炭[七]輕[七]淡養[二]	一〇·二一	三三·四九
淡氣那普塔林	炭[十]輕[七]淡養	八·〇九	二六·五三
二淡氣那普塔林	炭[十]輕[四](淡養[二])[二]	一三·五九	七七·三七
淡氣瑪內脫	炭[六]輕[八](淡養[三])[六]	一三·五九	七七·三七
淡氣小粉	炭[六]輕[八]養[四]	六·七六	二二·一八
比克里克酸	炭[六]輕養輕	一八·三四	六〇·二五
綠淡氣偏蘇恩	炭[六]輕[三]綠(淡養[二])[二]	一三·八二	四五·四三
阿摩尼阿淡養[三]	淡輕[四]淡養[三]	三五·〇〇	

鈉淡養三	同前	一六·四七‖
鉀淡養三	同前	一三·八六‖
硝强酸	輕淡養三	二三·二二‖
鋇淡養三	同前	一○·七二‖

寫留路以得化分法

先將此質研細用鉑金絲調和於濃硫强酸中置於龍甘測具測之中或有樟腦則照博士常曉法辦理之將此質秤準數在以脫酒醕和流質中消化此消化質中先有洗清燒過之不灰木或浮石等調和令乾研末後用哥羅方抽出樟腦令乾秤之樟腦提出後將寫留路以得與純麥托耳酒醕烘而秤之則得極淨寫留路司此在測淡氣具內測之

比克里克酸並合比克里和物之化分法

比克里克酸在沸水中易消化在冷水百分中能化分其一以脫哥羅方格列式林各一百分均能化其十分在鈉養水酒醕迷脫里酒醕炭硫二等質中亦能化之如使化於於水中可將此水與濃鉀衰水同煮即變深紅色因其中質已結成帶青蓮色之鉀又成紫紅色之片其燦爛且如金蟬此色質加以阿摩尼恩絲即成青蓮色之阿摩尼阿物質而爲絲綢洋毛翠紅色之染料

此物質中再加鋇絲即澄停一朱紅色物而得鋇青蓮色物質如比克里克酸水中加阿摩尼阿銅養硫養三其流質中有顯絲物澄停比克里克酸中常有松香及黑柏油類物攙入將此號比克里克酸在水內煮之此等僞物不能消化只常在水下而已若熱流質中加鈉養礆物即將流質分清如鋇比克里克銀比克里鈣比克里等水中有硫强酸鹽强酸草酸等其測法如下

將含比克里酸物水煮之加之以此鋇養炭養二銀養炭養鈣養炭養二其炭養二即將上說之酸逐出而代其位如物質中有硝强酸者可將此物化水加以銅屑後加熱度即發紅氣霧如物質中有無機物質之僞物及鉀養比克里鈉養比克里等並小心緩燒之即澄停而易查矣

凡有僞託及不潔物欲測查者將一格蘭姆强酸樣子在一勒度璏管中加以脫二十五立方桑的邁當如其全係强酸即全消化如中有草酸淡養三物比克里克酸物波利酸物明礬糖等則不能消化一將以脫除去自可逐一認出

欲查其中清水及草酸多少將熱偏蘇恩五十立方桑的邁當以代以脫而驗之如僞物中有糖將在以脫或偏蘇恩中之不易化之僞物取出後加以改準酒醕此種酒醕

只能將糖及波利酸化分。

如其中有波利酸酒醋流質燒之即有綠火燄。

單淡氣弗立克酸及雙淡氣弗立克酸均減低鎔度至百度表之一百二十二度此酸性與鈣所併之鹽類物在水中更比含比克里克酸物難消化只可令成粒分出或多加石灰水燒熱即澄停儻流質中有比克里克酸則加以脫或偏蘇恩震動之後將此兩料加熱氣逐出於是比克里克酸即成定質澄下或流質中加入鉀養鹽類物即將比克里克酸澄停

鉀比克里克酸化分法

此即鉀炭$_{六}$輕$_{二}$(淡養$_{二}$)$_{三}$養比克里克酸濃水加以鉀養炭養$_{二}$令成中立性則成黃色水晶針形鹽類物而澄停此質每一分須有冷水二百六十分或沸水十四分化之在酒醋中

阿摩尼恩比克里克酸化分法

此比上種在水中更易消化鈉比克里克酸亦然惟在鈉養炭養$_{二}$水中化之不易

似鹼類與比克里克酸相併物化分法

比克里克酸及多種似鹼類合成鹽類物在水中不易消化其中比克里克酸可以下法測之將此比克里克酸或其和物化水加入辛谷仁更少加硫強酸即合成辛谷仁

比克里克酸其分劑係炭輕淡養(炭輕淡養)此物即澄停撇去上面流質將澄停物漂以清水沙漏之置入磁罐或盆中用隔水法升去其水取乾者秤之其重數與六一·一三相乘即得比克里克酸之重數。

格列式林化分法

造淡氣格列式林之格列式林重數至少在天氣百度表十五度時有一·二六一欲測者用博士沙妥里歐士秤重性之權或用尋常測重性表此測管內須容十或二十五立方桑的邁當爲妥

加熱令化騰後所留物不可多於百分之二十五如查留

存確數先取格列式林二十五格蘭姆在鉑金盆中用百度表一百六十度熱氣令騰乾露空中令騰盡後秤之在彭生燈燒成灰而秤其灰。

用銀試法

先將格列式林置一小而可秤之瓶內取四分之一數之銀養淡養水加入震動之放於一暗處十五分鐘之久儻有黑色或暗紫氣者即知爲下品因其色可表明其中有僞物如阿克羅侖福密克酸拍揚里克酸相和。

收淡氣試法

將格列式林五十格蘭姆傾於三分硝強酸四分硫強酸

相和流質約四百立方桑的邁當中此硝强酸乃濃號重一·五三一硫强酸重一·八四此和强酸先盛於大盃中執於右手於一盆冷水中此盃放內將格列式林逐漸傾下將一盃搖之令勻收淡氣傾完後仍將和料搖數分時後傾於一分具中待分數分時加格列式林本係上品者將由和强酸內於十分時分析其淡氣格列式林與和强酸分離之界限在此流質中不可有白色微細雲物將餘多和强酸收去取淡氣格列式林及鈉養炭養以熱水震動之後用清水復震如前後將淡氣格列式林收吸於已秤分兩之玻璃盃以試紙將盃揩乾後秤之一百分好格列式林須造成一百三十分淡氣格列式林

更有一便法只取淡氣格列式林千立方桑的邁當其重性先查明照上法令收淡氣傾於有分度玻璃管中察其中淡氣格列式林有若干桑的邁當將此數與淡氣格列式林重數即一·六相乘則有下數即十格蘭姆結成十四·五立方桑的邁當之淡氣格列式林此十四·五與一·六相乘＝於二三·二格蘭姆可知一百格蘭姆能造成二百三十二格蘭姆使格列式林收淡氣時其分析界限應格外清明半點鐘內流質中不可有白色微雲物鈉養炭養水加入時更不可有此物

查酸性共數

巴登博士創此法將格列式林一百立方桑的邁當在一盃內以水沖淡至三百立方桑的邁當將其中加弗拏耳塔林流質百分之一滴數

洙按此即九十九分加此一分流質

並正號烙灸鈉養水十立方桑的邁當煮後將此流質加正號鹽强酸察其中有油膩酸質即可指明測算

測查中立性數

此亦巴登之法將格列式林五十立方桑的邁當與水一百立方桑的邁當相和加數滴有酒醕之弗拏耳塔林再加鹽强酸或鈉養煮之察其情形此數和流質中只須鹽强酸或正號鈉養流質○·立方桑的邁當數可令此和流質顯其中立性

測自由油膩酸數

先將格列式林少許秤之與中立性以脫相和置漏斗中令格列式林澄停用新煮清水洗以脫三次此水中須無炭養氣由此凡有自由油膩物酸將化於以脫中其餘皆不能消化然後加一滴弗拏耳普塔林但亦須看顏色如何此油膩酸化於鋇養水中可測查之

測相和油膩酸質

先將格列式林三十格蘭姆放於驗瓶中後將烙炙鈉養水半格蘭姆傾入將此和物用百度表一百五十度熱十分時待涼將純以脫少許加入將淡號硫強酸復加少許令稍有酸性其中油膩酸質將向以脫而入將此以脫分出而以清水洗去其硫強酸加弗拏耳塔林則可算其酸質之多少而得其共數

測攙雜之不潔物

儻格列式林中有下各不潔物如鉛鉀鈣養綠氣硫強酸含硫養物硫養合養物生物質酸如油膩酸松香類及他項生物質有一法可查之亦有與糖及可羅可司糖相雜

者格列式林中硝強酸及鉀若為數甚少可無妨礙鈣養綠有少許亦然如中有生物酸質如法米克酸朴托米克酸可在試管中取格列式林少許與酒醋及硫強酸相和而熱之儻係法米克酸則有桃子氣味如有朴托米克酸者則有波羅蜜之氣味如哇里以克酸為數較大者加清水沖淡將澄停下儻數少可令淡養氣經過其質即見有白色之物澄停此係衣里愛的克酸較哇里以克酸更難消化所言淡養氣係將鈣養淡養用熱熱成者

查鈉綠法

取格列式林一百立方桑的邁當加清水少許用鈉養炭養令成中立性後用正號銀養淡養水滴入即見有米汁水形可將鈉綠提出當時加鉀養鉻養其酸更顯

查格列式林法

彭訥狄克及康當博士有查法係使格列式林變成三阿西汀此三阿西汀變成肥皂形則可測其格列式林多少法將格列式林一格蘭姆半數與無水阿西的克酸七格蘭姆同煮於凝水櫃下約一點半鐘許待涼加清水五十立方桑的邁當熱之待三阿西汀消化後沙漏此流質於大試瓶中沙漏紙上物洗以清水待沙漏過涼時加弗拏耳普塔林用淡鹼類水令成中立性取烙質鈉養水百分

之二十五分滴於流質中煮十分時令三阿西汀變肥皂形由所加鹼類與其中酸質相併即知其酸質數由此而算一立方桑的邁當之數合格列式林一〇三〇六三格蘭姆

煮時應用凝水櫃三阿西汀有化騰性所用鈉養醋酸須無水否則格列式林所成三阿西汀必不佳因三阿西汀與水遇將漸化分故變成後之化分必速也

加鹼物令成中立性亦須小心令速震之此鹼類物可令在此物質中均勻

用鉛養試法

取格列式林二格蘭姆與純鉛養四十格蘭姆在空中熱至百度表一百三十度待重數不減此鉛養中不可有不潔物攙入煮時勿遇炭養氣

洙按恐成鉛養炭養也

在百度表一百六十度時格列式林二格蘭姆中不消化物質數與一·二四三相乘由共重數中除去其餘即係鉛養及格列式林數將此數扣去即淨格列式林所用格列式林須上品不可多松香物硫强酸在內

造淡氣格列式林及棉藥用剩之廢酸質查驗法

用浮表測此酸質重性又用錳養法查其淡養查其和流質中共酸性用正號鈉養鹼水十分之一令作輕淡養算後用龍甘測具測其硝强酸數照所得數從共酸數中扣去即知其中硝强酸統數由此統數相扣即知硫强酸淨數矣如酸性統數＝於百分之九七·四六除一一·四七硝强酸外則有百分之八六·三九

七·二○即輕硫養是爲硫强酸

八六·三九乂四九|二六
三　六

此廢酸百分中分劑如下

硫强酸＝　六七·二○

硝强酸＝　一一·七

清　水＝　二一·七二

重性＝一·七○七五

此法用於造硝强酸甚確更一法測和强酸在測淡氣具內照容積數以測其淡養試取和强酸兩立方桑的邁當與一·七○七五相乘＝三·四一四格蘭姆此數則供給淡養一百四十五立方桑的邁當其時風雨表限七百六十密里邁當寒暑表合百度之二十五度等於改准號一百三十四·九立方桑的邁當一立方桑的邁當之淡養＝於○·一八二格蘭姆輕淡養故一百三十四·九立方桑的邁當可乂於○·六二＝三·三七八格蘭姆即＝于百中一一·○七硝强酸

鈉淡養查法

先以常法測其潮溼多少後用測具查鈉淡養總數法取鈉淡養○·四五格蘭姆合一百二十三立方桑的邁當汽

質此係將定質磨細在量淡氣之盃中加沸水令消化用濃硫强酸十五立方桑的邁當合鈉淡養○○三八○五格蘭姆其中不易消化物無論有機無機均須查明所有鈉養硫養及鈣養硫養亦須試之

化驗汞震藥

將藥秤準置於與接受具相連之曲頸鐕此鐕內加能騰氣霧之濃鹽强酸亦須秤準者數較汞震藥更多用火燒之將接受具內之水與鐕內之料相和沖淡用輕硫灌入其中汞即澄停後再令熱在坦口盃中露於空氣其輕硫即自騰出後將流質同鉀養輕相和更加鹽强酸與前數

相同即結成汞綠以輕硫灌入能復成鹽强酸餘物變成淡輕養以試紙試之雖有鹽强酸相合不能令成中立性蓋此二質均有鹽强酸在內但試不出耳所以一盃中汞震藥如查有酸性即爲汞震藥所成之福迷克酸博士派浮司及可契達所查百分中有福迷克酸三一·三一則測應有三二·四○此博士法係將汞震藥二·三五一格蘭姆在鹽强酸內消化後沖淡之此汞硫之百分中有汞七○·四○餘爲硫此流質中將汞先提出用鈉試之其百分中得淡氣九·八五後加哈獨各息而淡輕綠則其數＝於九五五又有法用汞震藥二·六六格蘭姆化於鹽强酸灌入輕硫取出其汞用鉀輕養試之則所得福迷克酸百分有炭八·一七

汞震藥				一○○·○○
汞震藥		淡氣	炭養	
照例分劑	七○·四二一	九·八六	八·四五	一一·二五七
一次試得	七○·四○	九·八五		
二次試得		九·五五		
三次試得			八·一七	

淡氣爆藥新書下編卷三終　上海曹永清繪圖

淡氣爆藥新書下編卷四

英國　山福德著
慈谿　舒高第　口譯
江浦　陳　洙　筆述

爆藥攙火界點

用一深三寸寬六寸有奇之小銅盆，此盆配一銅片，片上有數小孔，每孔中銲厚銅管，此管直徑係五密里邁，當長三寸，中一管較大，備插寒暑表，將此盆置於巴喇芬（卽蠟形之汁）或羅司所製之輭金類中，此照其應用何種而用之，卽照下法，而得其攙火度矣。

先將中管子底上襯以不灰木，將寒暑表置其上，他管內放所需之爆藥，將此銅片放在有鎔流質之盆中，此管子需有鎔流質浮過少許，將此盆加熱，待爆藥攙火，卽記其寒暑表之度數，其未試前天氣度數亦應計及。

各爆藥攙火點，限用哈司雷試法所得數表明於下。

淡氣格列式林　五年陳　用一滴　（百度表）二○三至二○五

淡氣棉花　（壓緊備用者）　一九二至二○一

空氣令乾棉藥　四年陳　一七九至一八七

空氣棉花藥　一年陳　一八七至一八九

由空氣乾哥路弟恩棉花紅鳥長絲絡之一種　三年陳　一八六至一九一

空氣乾哥路弟恩棉花　三年陳藏時侚涇　一九七至一九九

輕淡寫留路司　二○一至二○三

一敵式耳古號但捺抹脫　一九七至二○○

爆炸直辣丁　二○三至二○九

汞震藥　一七五至一八一

炸彈用黑火藥　二七八至二八七

嘻炸藥用比克里克酸砲藥造　曾藏十年　（百分中有阿摩尼恩比克里克酸四二·二八，鉀比克里克酸五三·七九，赤暘炭三·八五）　二七三至二八三

叉槍用藥　六二至二九○

福賽得之敵式耳古但捺抹脫弟哥　一八七至二○○

阿得來司之但捺抹脫　一七五至一八五

一號阿孟賽得　（百分中有淡氣格列式林七十五分，貨樣放木箱在棧房藏數月之久）　一六七至一八四

二號阿孟賽得　藏馬口鐵箱　一六五至一七七

五號阿孟賽得　藏於錫瓶　二○五至二七一

法國夏士波來福槍藥　（此係來合及香品二人所造）　一九一

法國黑火藥　同前　二九五

來福槍用比次勃克藥　同前　三五八

礮用比克里克藥　同前　三八○

哈司雷試具，係一鐵架，用一鐵圈放半球形鐵盆於圈上，盆中放定質巴喇芬，其上又有一鐵圈以掛寒暑表，其墜子浸在此鐵盆之物汁中，將薄銅片彈簸直徑八分寸之五並一寸又十六分之十五者，掛於此盆上，用三角架架

其箍底深下於鎔物質之下約一寸許先將盆中巴喇芬熱至鎔烊將寒暑表插入取爆藥少許置藥箍底下試驗前之天氣亦須記其度數此藥箍既浸入盆中速將熱度抬高待其爆藥驟炸時記其熱度是即其攬火度矣

美國官定試熱度具如下第三十四圖甲係六寸直徑五寸口徑之球形銅水鍋內加水至近邊四分寸許有六寸直徑銅皮蓋如乙置於三角架上此架有十四寸高如丙架頂用鐵絲紮

第三十四圖

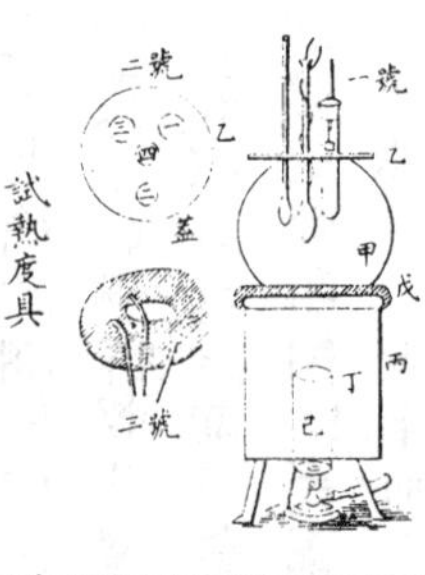

試熱度具

罩之如戊此架有薄銅皮圍之如丁架內放一阿爾特燈如己有玻璨筒燈下有像皮管可引煤氣入內以便燃火三十四圖之第二圖乙字係銅皮蓋上有孔四箇如一二三四第四孔有一具插於孔內名管準在準具第三孔有一寒暑表插之其第一二孔備插需試爆藥所需之管子第三十四圖之第三圖係銅片蓋一二孔之下有三銅絲銲之令可作簧用且便管子插下或拔去

此試管長五寸又四分寸之一或五寸半其直徑必須合灌水至五寸深可容二十至二十二立方桑的邁當之水玻璨須厚有行子有像皮塞此塞子中須有一細玻璨管可通下管下端有鉑金絲之鉤或將玻璨梗鎔燒拖細使端處彎成鉤形更合此用

所用寒暑表係有法倫海表三十至二百十二度且須備一計分時之鐘及試驗紙此紙製法先取王蜀黍之小粉五十四釐清水洗之後加八兩半水調勻燒至沸度令延十分時更將鉀鐉十五釐化於蒸水八兩半內此鉀鐉須用酒醕令再結成而合成極淨將此兩流質相和勻聽涼後以英國白沙漏紙謂細令乾浸於流質中約一分時待滴乾在無灰塵處令乾此紙上下邊翦去將紙置於玻璨緊塞瓶內存於一暗處此紙係長十分之八闊十分寸之

四又有官定著色紙此紙係先將焦糖化於水內沖淡至一百倍其色須合一百立方桑的邁當水內有阿摩尼阿○○○○七五格蘭姆數之色此色名爲卡納美阿色用此色水在漏紙上用鵝毛管筆劃線俟紙上痕迹乾後翦成上說之大小每條中有一條線在其中央此線粗線半密里邁當或一密里邁當

試驗但捺抹脫轟石直辣丁并直辣丁但捺抹脫法

凡用淡氣格列式林所成爆藥可以下法試之其未漂淨次等格列式林不討法倫表一百六十度熱或百度表七十二度熱十五分之久所用器具係二寸直徑漏斗一只

第三十五圖

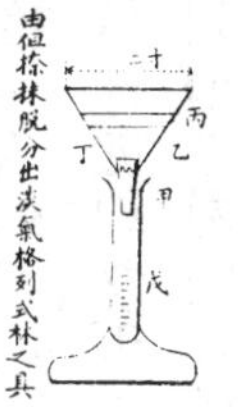

如第三十五圖之丁幷有圓柱測管一只上勒有分釐度如戊試時將漏斗中放三四百釐極細但捺抹脫漏斗下管須以新近所燒過不灰木塞之但勿過緊如甲但捺抹脫既放下用玻瓈梗或瓈塞令之極光滑以洗清而乾之啟式古耳泥在頂上蓋之約八分寸厚將水由瓶傾入待其一分浸溼再浸二次待量盃中有足敷用之淡氣格列式林澄下如有水漉下者用沙濾紙吸令乾其水由淡氣格列式林吸之由此即可得但捺抹脫中淡氣格列式林數矣

試法有寒暑表插熱水試鍋蓋中直到水內此水常令有法倫海表一百六十度或百度表七十二度之熱　其水面高至二寸又四分寸之三然後將淡氣格列式林五十釐數在管之正中滴下此用滴水具爲妥玻瓈梗鉤上有試紙一條置入管中使成垂線形將蒸水與格列式林各一半相和令試紙上半潮溼用一玻瓈梗或駝毛筆蘸之搽於紙之上節樽塞與玻瓈梗及紙均裝於試管中紙下端正及管中之一半不能再深如第三十六圖將此器插入熱水鍋蓋之一洞中試紙下邊溼

第三十六圖

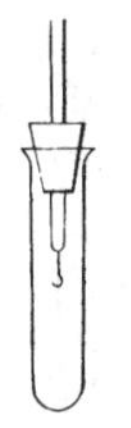

處應高於鍋蓋面約八分寸之五試紙乾溼界線邊之色逐漸變淡櫻色則知試法已妥而其淡氣格列式林遂爲合式矣

試轟石直辣丁但捺抹脫直列捺脫等法

將轟石直辣丁五十釐與法國白石粉三百釐相和極密置於木質乳鉢中以木質擂梗擂之令和此和料逐漸置試管中每次置時可將瓶在棹上挸之待至有一寸又四分寸三之高即照前法插試紙其中此試管置一百六十度熱氣鍋中十分時此後試紙即變色餘二種試法與此藥同

試棉藥許耳子藥衣西藥壓棉藥等

先由彈裹中間從緩挖出其料約數二三次用在指間研細用一長六寸闊四寸半之紙盤將末攤盤內甚薄放此盤於熱水鍋此鍋四周有一夾層令熱度甚勻常有法倫海表一百二十度或百度表四十九度之熱

熱水鍋有鐵絲隔此隔彼此相距三寸將細末在此鍋中十五分時此鍋之門係做開者十五分時後移此盤於屋內空氣中二點鐘用手將細末在盤中磨擦之使此盤中之料極細而勻

此試驗熱度法亦照上法惟熱水鍋中水熱度令至百度

表六十五度之熱令時延長將此細末二十釐置於試管緩緩傾下迨至一寸又十六分寸之高其管邊所吸住細棉花質可用潔布或綢手巾取出其紙上須格列式林與水對分劑之一滴令溼將此管裝入鍋內深二寸半許與寒暑表插入深淺相同試紙須在管邊將近頂處但不能與塞子相遇浸在水中五分時久則玻璃管子邊有一圈潮溼在蓋子稍上其璨梗須令降下使溼紙下邊與管邊溼圈相平小心察看此紙情形此紙乾溼界線處有淡櫻色知其試法已妥

試此法須經久至少十分時熱度須一百五十度其時之限自插入管中及放入鍋中直至試紙初變色為止

試許耳子藥衣西藥哥路弟恩棉花等法

先將貨樣在于隔水鍋中令乾露空氣中兩點鐘時試法與上說壓棉花同

洙按許耳子衣西兩藥試法已見上節此又複見者蓋所用之法微不同不嫌詳敘也

柯達藥須法倫海表一百八十度熱十五分時其中所用淡氣格列式林亦須經此熱度

將此貨樣從線條兩端切成半寸長磨甚細後試之

試藥之滋失及融流法 轟石直辣丁但捺抹脫等

先將此等藥製成圓柱形條由藥條中切出其長與直徑同其端須切齊而平將此圓段放之平地用鍼由中心刺入移放之溼紙盆上六日六夜遇法倫海表八十五至九十度之熱此烘後其圓柱段不可收短於未烘前四分高紙之一其上面仍照舊光平其邊亦應照前平勻為妙

貨樣在藏時及轉運時或用時或三次令凍令化烊或令成流質時所滋出之分不可較其中種數之厚薄更薄

佩志試驗具

此具佩志所造與空氣熱度不涉頗易於用如第三十七圖甲用一寒暑表此係長玻璃管接受水銀者此玻璃管

第三十七圖甲

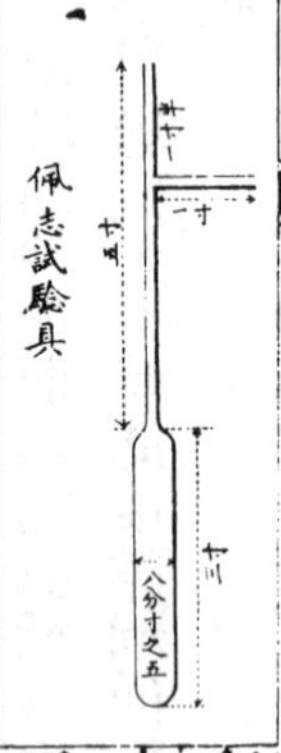

有八分寸五之直徑三寸長一寒暑表之梗有五寸長梗管內直徑有八分寸之一至十六分寸之三之闊距梗頂一寸半許有一玻璃管橫銲長一寸許其內徑與管內徑同使成一丁字形更有玻璃管如三十七圖乙其甲字下端裝有樽塞如丙由此樽之中心挖洞適有寒暑表梗插入處此玻璃管上端有輭木樽相配甚密此塞以像皮為之最妙之法在像

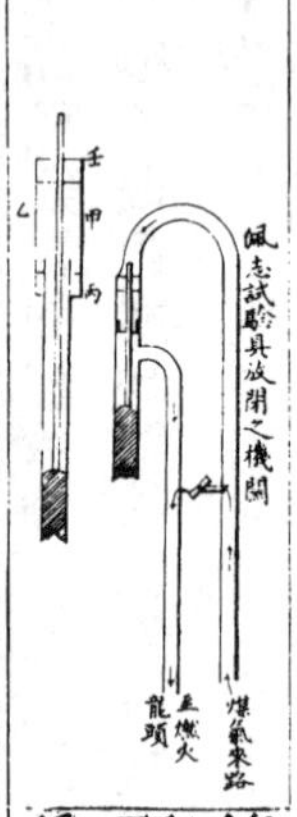

第三十七圖乙

皮樽中心又挖一洞此洞中插細玻璨管如乙長三寸而甚細可插入寒暑表之梗內

將寒暑表用小漏斗灌入水銀使水銀加滿於丁字下一半許將甲字之玻璨管用壬字塞上端將管塞住由此塞處將乙字細玻璨管插入至寒暑表梗中經過下端一塞後將煤氣管子裝在甲字玻璨管上頂將燃火之龍頭裝丁字處由此法煤氣即可從此過乙字細管通下而升至乙字并寒暑表裏邊而行入丁字管然後出此具可在丙字塞處升降任便將甲乙兩管升降視寒暑表之情形如寒暑表下降水銀收縮乙字管下口可開而不塞即可放

出煤氣而燒之其具較熱水銀即可漲而將乙字管隔住煤氣因此即行隔斷火乃熄滅然全熄亦正可不必因亦有不便處也故通熄氣之銅管半中處有一小橫管相接牽連於燒火管如圖之第二圖此橫管有旋柄可令煤氣少許通下令此具之火不致全熄此橫管所通之煤氣數較少不致與熱度關涉

此具放在水中此水具在三角架上可令水之熱度調勻四五點鐘之久其參差處只有百度表之〇·一一度數儻置在空氣具內可令空氣六箇月內平勻其參差處只有百度表之〇·五度

用此具法先將寒暑表中加水銀滿至丁字下面半寸許將煤氣管裝好如圖之第二圖橫節令開乙字管子與水銀器相距先使煤氣充滿具中將甲字玻璨管推下至於乙字下端可浸入水銀面下將二橫節旋門旋轉隔斷其煤氣來路令只有甚少之火燄可見將甲乙管子移高使熱度升至所需之度數然後將甲乙兩管緩緩壓下迨至火燄將熄即任其在此熱度可也

爆藥重性與水比較表　以水爲一

爆藥	重性
淡氣格列式林	一·六〇
乾棉藥	一·〇六
棉藥居內中水四分	一·三二
一號但捺抹脫	一·六二
轟石直辣丁	一·五四
直辣丁但捺抹脫	一·五五
福賽脫	一·五一
湯捺得	一·二八
陸蒲拉脫	一·四〇
貝拉脫	一·四
炭但捺抹脫	一·五
特品氏比克里克酸	一·六

淡氣瑪內脫 一·六
淡氣小粉 一·五
愛門塞脫 一·八
二倍淡氣偏蘇恩 一·二
副號二倍淡氣偏蘇恩 在百度表十八度時 一·五七五
正號二倍淡氣偏蘇恩 一·五九〇
額外二淡氣偏蘇恩 一·六二五
英國戊地戊號火藥 一·八〇
英國甲乙丙號火藥 一·八五
坎能拏脫 一·六〇

淡氣爆藥新書下編四 二

寫留路以得 一·二五
寫留路司 一·四五
淡輕淡養三 一·七七〇

齊爆藥熱度表

轟石直辣丁 三三二〇度
淡氣格列式林 三一七〇度
但捺抹脫 二九四〇度
棉花藥 二六五〇度
湯捺得 二六四八度
比克里克酸 二六二〇度

陸蒲拉脫 二二〇〇度
淡輕淡養三 一三〇〇度

各爆藥用齊爆藥比較靈捷表

此係美國水雷處博士孟諾研究者所得如下

齊爆所擊最遠立方桑的邁當數

棉花藥 一〇
直辣丁爆藥內含樟腦 二〇 淡氣格列式林八·六五 淡氣棉花九·五 樟腦百分之四 淡輕四淡養三五分 炭輕三(淡養三)二一分
覺特生爆藥己末末 二五
愛門塞脫二五九號 三〇
臘楷洛克 三二 鉀綠養三七十九 炭六輕五(淡養三)二十一分

淡氣爆藥新書下編四 三

貝拉脫 五〇
福賽脫一號 六〇
啟式耳古但捺抹脫一號 六〇 淡氣格列式林百分七五
阿特來司一號 七〇

淡氣爆藥新書下編卷四終　上海曹永清繪圖

淡氣爆藥新書下編卷五

英國 山福德著 慈谿 舒高第 口譯
江浦 陳洙 筆述

測查爆藥比較力

爆藥者可粗分為兩大類，一取其炸時能將物件擊成粉碎，二取其逐漸前進之力。上一種稱為急性爆藥，大都係淡氣和藥造成，或以淡氣和物質合成物質造之。凡爆藥之齊爆甚速者，即係此種。

爆藥之力全賴所發氣質多少及熱度如何，且照其轟炸緩速，在急性爆藥中，其化學分劑化分化合情形甚速，故其猛震力出人意表。黑火藥之炸力，大分在於前進或上轟而已。

爆藥最大之功夫，照其化分時所得大功用，如所發熱係以戊字為率，則其藥發出有四百二十五倍，此係一啟羅格蘭姆數。

凡爆藥應有之勢力，在實行時常不能照數發出。以藥轟石時，即有數難處：一必有若干藥不全燒去；二因四周壓力與化分化合情形及周圍物質相遇，又減其力；三爆藥在尚未移動質上所用之裂縫，並其所發熱氣均未計及；四在引火洞所逃出氣質及裂縫中走出之氣質亦未計及。故測時爆藥力有百分者，用時只有十四分或三十三分，為實得之效而已。

各藥功效比較照下，載魯及薩羅二博士所列之表指明之。

藥名	照理功效啟羅數	各功效比較數
轟山藥（百分中有鉀淡養六十五分）	二四三三五	一·〇
但捺抹脫（百分中有淡氣格列式林七十五分）	五四八二五〇	二·二六
轟石直辣丁（內有淡氣格列式林七十二分）	七六六八一三	三·一六
淡氣格列式林	七九四五六三	三·二八

用鉛段在礟中試力數表如下

藥名	試力數
但捺抹脫	一·四
轟石直辣丁	一·四
淡氣格列式林	一·四

艾白耳及羅貝耳兩人言，黑火藥最大壓力，每磅藥等於四百八十六尺墩。

高第按：此言能將四百八十墩之力舉高一尺也。

此項一啟羅重數之藥所化成之氣關在一立忒內，其壓力等於空氣壓力六千四百倍。貝德羅言淡氣格列式林一格蘭姆炸時有一千三百二十一熱率。羅及薩羅兩人用測容熱率器法，查得以下爆藥齊爆時

熱率如下

淡氣格列式林　一千八百七十四熱率

棉藥　一千一百二十三熱率

鉀養比克里克酸　八百四十熱率

以上照功效數派之若照每熱率所得效派之如下

淡氣格列式林　每啟羅格蘭姆　能將七百七十八墩抬高一米特

棉藥　同前　能將四百八十九墩抬高一米特

鉀養比克里酸　同前　能將三百六十六墩抬高一米特

魯白耳論及始用田雞礮查藥之前擊力但其功用雖有效而所測比較力尚不確實

田雞礮取一實心圓柱形生鐵一端鑽九寸深膛膛內徑四寸膛底有一塊圓片鋼厚三寸此鋼片中有洞深三寸直徑二寸此礮如第三十八圖裝實於木架上架用鐵箍箍緊於地上所用彈須二十八磅彈中心有洞通貫以配藥線之用試法如下

第三十八圖

試驗爆藥前擊力所用之田雞炮　甲彈子　乙鋼片　丙生鐵田雞炮剖面形　丁硬木塊　戊爆藥　己藥引

將此硬木車成一段與膛底鋼片之洞相配硬木中有一小孔以便裝爆藥試時取爆藥十釐裝入礮中用玻璨梗在藥中插一小洞大小與需用齊爆藥引相同以便插下將此有爆藥木段裝於膛後將彈子搽油緩放膛後取一尺長之藥引裝齊爆藥插於彈洞中迨此齊爆藥可埋入藥中時將引燃火此彈所擊至處不計遠近所放方向用木準記其碼數分數放時礮側向四十五角度此試時風之方向緩急大有關係

絳生博士又攷出爆藥前擊力之法用一鋼質田雞礮彈重二十九磅測量之遠近照五格蘭姆藥能送彈至最遠處爲限得效如下

爆藥	分劑	遠近數
轟石直辣丁	百分中淡氣格列式林九十 淡氣寫留路司十分	三百九十二
阿摩奈脫	百分中淡輕淡養六十分 淡氣那普塔林十分	三百十
直列辣脫	百分中含淡氣直辣丁 棉花藥六十分	三百〇六
陸蒲拉脫	淡輕淡養及綠淡 氣偏蘇恩合成	二百九十四
一號但捺抹脫	百分中有淡氣直 辣丁七十五分	二百六十四
司徒來脫	百分中淡氣直辣丁六 十八木質粉三十二分	二百五十三
棉藥		二百三十四
湯捺得	棉藥與淡養相合者	二百二十三
卡蒲來脫	百分中淡氣直辣丁廿五分 木質粉四十分淡養三十分	一百九十八
西居拉脫	鉀淡養淡氣偏蘇恩相合者	一百八十二
黑火藥		一百四十三

測壓力具

此具式不一一千七百九十二年博士倫福特用一測壓力具但僅用於查驗火藥時與貝爾博士第一次所用者係將一紫銅片或鉛片其前又裝一鋼段令爆藥炸時其氣將此鋼段擊至紫銅片上或只將紫銅圓柱段或鉛質圓柱段令爆藥炸發後細查其壓緊或壓扁之多少而知其壓力如何

法國貝德羅博士及英國官派員所用具相同係用紫銅圓段或代以鉛質段形如第三十九圖有四角鐵座子有直柱如甲裝在四寸徑邊上鉛段即置在鐵座底上之鋼底此鋼底箝入鐵座中丙字圈扣住丁字柱上有鞲鞲係一圓鋼段如乙在鉛段上直徑四寸高五寸能上下移動鋼段頂上有一穴以置爆藥此鞲鞲有十二磅又四分之磅一之重戊字穴係鍊鋼所成直徑四寸高十寸重三十四磅半中有孔為裝銅皮藥引之用法如下

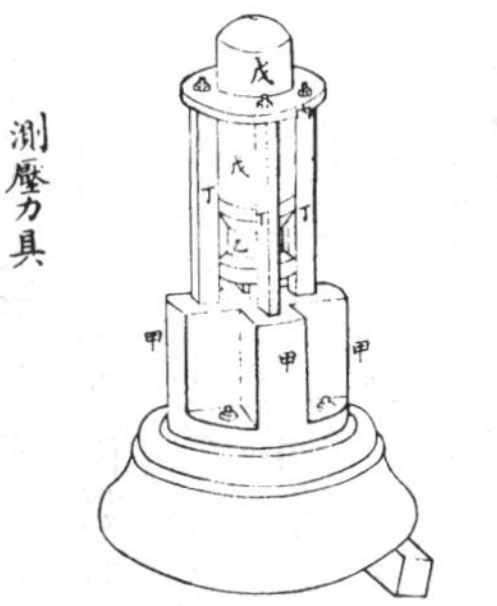

第三十九圖甲

第三十九圖乙

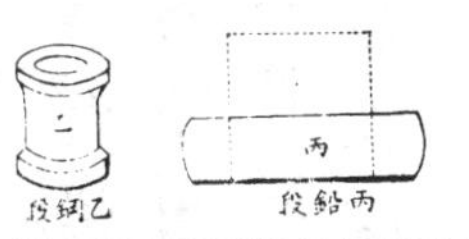

先將一寸長一寸直徑圓鉛段二條置甲座內鋼板上鞲鞲即放於鉛段上小心秤準藥分兩放於穴內即將彈子緩緩放下於鞲鞲上將引藥一端裝齊爆藥由彈子空洞中塞下迨其已與穴中爆藥相遇時即燃火此藥即爆而將彈送出其下鉛段必有若干壓扁則知壓力如何矣其鉛段以結實勻淨鉛質為之由已拉成桿形之鉛桿上鋸下造之為妙不可用鑄成小塊之鉛

爆藥力由此鉛段或鋼段中之壓扁數查之惟各藥比較力則須知其各鉛段因某尺磅或某米特啟羅所壓成之數而定

查法如下將確實相同鉛段數個先以一個照上法試之其為藥已壓扁若干分數更取第二鉛段放平地緩緩加重數於上乃計第一塊壓扁之數以核此壓扁之分兩因此可著一表可用第四十圖之螺絲具測之法於未試前以螺絲具先測鉛段之高低既炸後此鉛以壓扁少許旋與首次所記數相扣鉛質亦係圓柱段用此法甚便如下

第四十圖

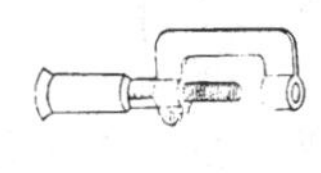

先取一大小恰合式鉛圓柱段中心穿洞數寸深尋常俱深至其中段為止取量水盃以水灌水記其確實度數並

及其立方邁當數後將此水傾出而令內乾秤十格蘭姆數爆藥傾至洞底如所用係但捺抹脫其中可用淨璆梗穿一孔以備插齊爆藥取引藥一條一端裝齊爆藥插入而後燃之轟後鉛柱中之洞卽拓大而變成一梨形如第四十一圖其梨形空膛可照上法測之

第四十一圖

上所得效并非十分詳確惟比較但捺抹脫或棉藥者尚可令其查出數之高低由此法亦能測得淡氣格列式林力居一·四轟石直辣丁一·四但捺抹脫一·〇

拏布爾測壓力具

拏初試時用測爆藥壓力具與現所用者相同如第四十二圖卽用圖中甲字鋼管兩端開通其孔處用螺式細刀旋關此螺塞底裝有阻氣鋼質片以致藥所發氣不能在螺旁漏出

第四十二圖

此阻汽片行法與壓水櫃所用阻水皮墊相同藥汽發作時將膛邊及塞子漲緊卽不洩氣塞中之巳係尖頂洞有塞配之在放火時用白蠟紙包之不使通電兩根發火電線如庚庚二裝入不通電之尖頂一通入發火塞內兩線有一細鉑金絲連之通過玻璨管此內有黑火藥用斐克蘭息濕電具通電令電線發熱其中爆藥卽燃放此具塞有辛字測壓力具可計及爆藥在燃放時氣之壓力往往膛邊另立一測具如又一辛字如欲查驗其氣質則需令氣質漏洩少許法將癸字螺塞少旋高使氣質由壬字管中少洩出可令至相配具內以測其數可將此具封緊任日後細細查之

用此具試時應小心其接觕處須極相合否則所成之氣將在隙縫處闢一道路而轟毀其具若係鋼質者其鋼質上卽爲一非常燒熱之料沖出一槽矣

又一種測壓力具內有紫銅管口有爐蓋蓋中有鞲鞴有

戊字阻汽片裝在鞲鞴上如第四十三圖使氣不致洩出

第四十三圖

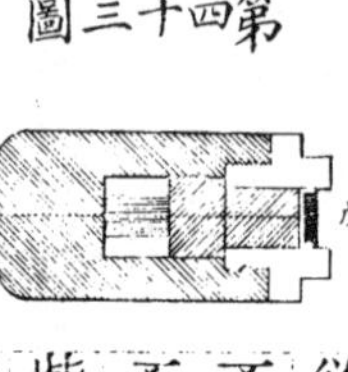

欲查礮膛壓力者取具裝於藥裏後梢使不致爲礮轟去然有時亦被轟去但爲路不遠只距礮口數碼而已記壓力銅管以紫銅爲之長半寸直徑有十二方寸之一或二十四分方寸之一均照其處面積定之造管時應照容積而知其壓力數查得此管壓扁數與壓力確合如紫銅有十二分方寸之一長半寸者試用每方寸十墩之力壓之長數將改爲〇·四二寸用每方寸之二墩力壓之則壓至〇·三九三寸惟在礮中試驗此銅管

前先用畧少壓力壓之
美國礮弁華爾克用啟南測壓力具測得各藥壓扁數以格列式林之力一百爲率如下表

爆藥名	壓扁鉛管	藥力
直辣丁爆藥	寸〇·五八五	一〇六·一七
海而震發得	寸〇 五八五	一〇六·一七
準號淡氣格列式林	寸〇·五五一	一〇〇·〇〇以此爲率
拏見耳無煙藥	寸〇·五〇九	九二·三八
淡氣格列式林	寸〇·五〇九	九二·三七
棉藥	寸〇·四五八	八三·一二
棉藥	寸〇·四五八	八三·一二
淡氣格列式林	寸〇·四五一	八一·八五法國武弁造
棉藥	寸〇·四〇八	八一·三一
一號但捺抹脫	寸〇·四四八	八一·三一
代克耳託但捺抹脫	寸〇·四三七	七九·三一
愛門塞脫	寸〇·四二九	七七·八六
阿迷得爆藥	寸〇·三八五	六九·八七
阿克生奈得	寸〇·三八三	六九·五一
湯捺得百分中棉藥五二·五	寸〇·三七六	六八·二四
貝奈脫	寸〇·三	六五·七〇

爆藥名	壓扁鉛管	藥力
脫克老克藥	寸〇·三四〇	六一·七一
阿朴來司	寸〇·三三三	六〇·四三
阿摩尼阿但捺抹脫	寸〇·三三二	六〇·二五
福而奈藥淡氣那普塔林所成	寸〇·三三二	五八·四四
二號福而奈藥	寸〇·二九四	五三·一八
銀震藥	寸〇·二七七	五〇·二七
汞震藥	寸〇·二七五	四九·九一
田雞礮用炸藥	寸〇·二五五	二八·二三

洙按表內淡氣格列式林及棉花藥均三見蓋因造非一廠藥之分劑微有參差故其力量亦因之而稍別也

現時軍隊及獵槍用無煙藥每格蘭姆所發汽

爆藥名	每格蘭姆中熱率	久延氣	水氣	百度表〇度風雨表七百六十邁當時流質共數
		每格蘭姆藥之立方生的當邁	同前	同前
英國衣西藥	八〇〇	四二〇	一五四	五七四
英國愛司藥	七九九	五八四	一五〇	七三四
德國脫老司道克	九四三	七〇〇	一九五	八九五
英國來礌艾特藥	八六四	七六六	一五九	九二五
法國皮恩藥	八三三	七三八	一六八	九〇六
阿達脫	一二五三	六四七	二三五	八八二
辨力司達脫	一二九一	五九一	二三一	八二二
意大利及日斯巴尼亞之辨力斯達脫	一三七一	五八一	二四五	八二六

質之熱及其多少并化學分劑及力量列明如

久延氣質中化學分劑之細數

炭養二	炭養	炭輕四	輕	淡
二二·九	四○·六	○·五	一五·五	二○·五
一八·二	四五·四	○·七	二○·○	一五·七
一八·七	四七·九	○·八	一七·四	一五·二
一四·二	五○·一	○·三	二○·五	一四·九
一三·九	五三·一	○·七	一九·四	一三·六
二四·九	四○·三	○·七	一四·八	一九·三
三三·一	四五·四	○·五	一○·一	二○·九
三五·一	三二·六	○·三	九·○	二二·二

下表含淡氣格列式林及淡氣

氣質之力	爆藥合質分劑			熱率
		淡氣寫留路司百分中淡氣一三·三	淡氣格列式林	
四五九	爆藥漿	百分之一百	○	一○六一
五八六	加直辣丁	百分之一百	○	九二二
八四四		又 九○	百分之一○	一○四四
七九九		又 八○	又 二○	一一五九
七五五		又 七○	又 三○	一二六七
一○五		又 六○	又 四○	一三四七
一○六一		又 五○	又 五○	一四一○
一○八八		又 四○	又 六○	一四六七
		又 ○	又 一○○	一六五二
		淡氣寫留路司百分之一二二四	淡氣格列式林	
		百分之八○	百分之二○	一○六二
		又 六○	又 四○	一二八八
		又 五○	又 五○	一三四九
		又 四○	又 六○	一四○五

寫留路司爆藥所發熱率

淡氣寫留路司百分中一三·三	淡氣格列式林	伏式林	熱率
百分之五五	百分之四四	百分之五	一一三四
又 三五	又 六○	又 五	一二八○

爆藥合質分劑			熱率
淡氣寫留路司百分中淡氣一三·三	淡氣格列式林	伏式林	
百分之五五	百分之四○	百分之五	一一三
又 三五	六○	又 五	一二八

各種爆藥分劑詳表

尋常但捺抹脫

淡氣格列式林 百分之七五

啟式耳古 又 二五

阿特來司

鈉養淡養五 百分之二·○

淡氣格列式林 又 七五·○

木漿 又 二一·○

鎂養炭養二 又 二·○

杜阿林

淡氣格列式林 百分之五○

木屑 又 三○

鉀養淡養[三] 又 二〇

伏爾鏗爆藥

淡氣格列式林 百分之 三〇

鈉養淡養[三] 又 五二·五

硫 又 七·〇

木炭 又 一〇·五

肥谷拉脫

淡氣格列式林 百分之 三〇

鈉養淡養[三] 又 六〇

木炭 又 五

木屑 又 五

來登洛克

鈉養淡養[三] 百分之 四〇

淡氣格列式林 又 四〇

木漿 又 一三

巴喇芬或柏油 又 七

淡輕[三]淡養藥

淡輕[三]淡養 百分之 八〇

鉀綠養 又 五

淡氣百羅可司 又 一〇

煤柏油 又 五

侯可尼司爆藥

淡氣格列式林 百分之 七五或四〇

糖 又 一或一五·六六

鉀綠養[五] 又 一·〇五或三·三四

鉀養淡養[三] 又 二二·〇或三一·〇〇

鋇養炭養[二] 又 二〇·六五或一〇·〇〇

炭但捺抹脫

淡氣格列式林 百分之 九〇

炭 又 一〇

加借音藥

淡氣格列式林 百分之 四〇

鈉養炭養[三] 又 四〇

松香 又 六

啟式耳古 又 六

硫 又 八

地脫老司但捺抹脫

淡氣格列式林 百分之 七五

棉藥 又 二五

炭 又 二分

來恩但捺抹脫
淡氣格列式林（化於那普塔林中） 百分之 七五
鈣養炭養或鋇硫養 又 二
敢式耳古 又 二三
阿摩尼阿但捺抹脫
淡輕淡養 百分之 七五
巴喇芬 又 四分
炭 又 三分
淡氣格列式林 又 十八
轟石直辣丁

淡氣格列式林 百分之 九三
淡氣棉花 又 三或七
直辣丁但捺抹脫
淡氣格列式林 百分之 七一
淡氣棉花 又 六
木漿 又 五
鉀養淡養 又 一八
直列捺脫
淡氣格列式林 百分之 六〇或六
淡氣棉花 又 四或五

木漿 又 九或七
鉀養淡養 又 二七
福賽脫
淡氣格列式林 百分之 四九
淡氣棉花 又 一·〇
硫 又 一·五
黑柏油 又 一〇·〇
鈉養淡養 又 三八·〇
木漿 又 五
柯達脫

淡氣格列式林 百分之 五·八
淡氣棉花 又 三·七
代式林 又 五
一號湯捺得
棉花藥 百分之 五〇
鋇淡養 又 五〇
二號分劑同上祇加木炭而已
三號湯捺得
棉花藥 百分之 一八或二〇
（鋇淡養） 又 七二或六七

二淡偏蘇恩　又　一〇或一三

卡蒲拉脫

淡氣格列式林　百分之　一七·七六

淡氣偏蘇恩　又　一·七〇

鈉養　又　〇·四二

鈉淡養　又　三四·二二

（鋇淡養三）　又　九·七一

寫留路司　又　一·五五

蔗糖　又　三四·二七

潮汽　又　〇·三六

共　九九·九九

陸蒲拉脫

淡輕四淡養三　百分之　八六

綠淡偏蘇恩　又　一四

斐浮香爆藥

淡輕四淡養三　百分之　八五

二淡偏蘇恩　又　一〇

脫林取滅火藥　又　五

一號斐浮奈脫

淡輕四淡養三　百分之　八八

二淡那普塔林　又　一二

二號者取一號料百分之九〇加阿摩尼恩綠一〇即成

貝來脫

淡輕四淡養三　五〇

副二淡偏蘇恩　一分

礫石藥

淡氣偏蘇恩　百分之　一〇

鉀養綠養三　又　六七

鉀養淡養三　又　二〇

錫硫　又　三分

西居來脫

副二淡偏蘇恩　百分之　二六

淡輕四淡養三　又　七四

乃克老克

鉀養綠養三　百分之　七九

淡氣偏蘇恩　又　二一

阿克辛奈得

重性一·五硝强酸　百分之　四五

比克里克酸　又　四六

阿門賽脫

阿門酸　五分

淡輕$_{四}$淡養$_{三}$　五分

比克里克酸　六分

貝魯齊亞

淡輕$_{四}$比克里克酸　百分之　五四

鉀養淡養$_{三}$　又　四六

狄西拏耳水雷藥

鉀比克里克酸　百分之　五五或五〇

鉀養淡養$_{三}$　又　四五或五〇

淡氣爆藥新書下編卷五終　上海曹永清繪圖

江南製造局科技譯著集成

軍事科技卷

第壹分册

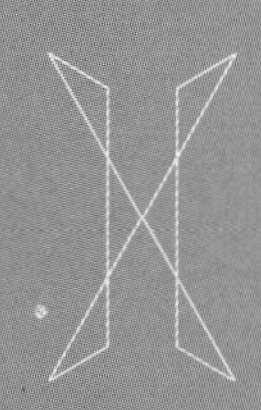

英國定準軍藥書

《英國定準軍藥書》提要

《英國定準軍藥書》四卷，英國陸軍水師部編纂，慈谿舒高第譯，六合汪振聲述，上海曹永清繪圖，民國元年（1912年）刊行。

此書主要介紹黑火藥、棉花炸藥、硝化甘油、無煙炸藥的發展、製造方法、性質威力等，對當時其他種類的炸藥進行了簡要說明。附表包含英軍1875年及1899年儲藥章程規定的爆藥管理分類，一份火藥炸時工作表、一種英國官廠製造火藥法、官定火藥章程表、軍用棉藥塊并藥引。

此書內容如下：

目錄

卷一

初編　火藥

第一章　爆藥分類

第二章　火藥源流

第三章　火藥之合質並其質性

第四章　火藥轟後遺跡並其爆炸時之變化

第五章　預備並漂洗火藥之各合質

卷二

第六章　製造黑火藥法

第七章　製造藥法

第八章　製造藥法

英國定準軍藥書四卷

江南製造局
刊本
崑山趙經式書

英國定準軍藥書目錄

英國定準軍藥書卷一

英國陸軍水師部編纂
慈谿　舒高第　譯
六合　汪振聲　述

初編　火藥

第一章爆藥分類

爆藥無論流質定質一經熱或他故變化極速或忽然變成各種氣質其氣之容積較各原質大至無限且變化時所發出之熱氣使氣質愈加漲大

按一千八百七十五年爆藥章程第三款所定爆藥名目包括以下數種

一火藥　淡氣格列式林　但捺抹脫　棉花火藥　轟石爆藥　汞震藥　削金類震藥　各色焰火　並無論他項物質製為爆炸焰火用者

二霧時發號焰火　尋常焰火　藥引　高升焰火　銅引俗名銅帽　提通內聽藥即齊爆藥力令他藥猛齊炸　子藥裹　各等軍火　並凡相配製造上件所用炸爆之各質均名爆藥也

上言化學之變動即謂之爆炸爆藥之傳火法有三種一曰燒其傳火有次序由一粒傳至近邊各粒逐漸布散所以燒之甚緩二曰爆炸其傳火甚速三曰齊爆其傳火非

常之速竟無顆粒之分立時齊爆然此三法不能有確定界限因一種爆藥有相配之情形即能發出相配之力量也

如淡氣格列式林在流質時加汞震藥極微可令齊爆在法倫表四十度時即凍須多加汞震藥始能齊爆燃之甚難既燃火又無爆炸之性儻取火或熱物與棉藥相遇不過着火上升而已乾而壓緊之棉藥稍加汞震藥即速齊爆濕者須多加乾棉藥然後加汞震藥能令齊爆至黑火藥無論束緊與否如顆粒大者着火之性較緩細末則着火之性較速

黑火藥一類之爆藥均須有束緊之限處乃能得爆炸猛力若更烈之爆藥如棉藥淡氣格列式林藥不須束得甚緊畧放寬則得爆炸之猛力

爆藥之燃火發炸法有三一遇磨擦力或擊動則炸二遇熱物或火然後能炸三須用易着火之物少許加之以擊力或磨擦力然後能傳火但起初傳火之法不能及以後之效驗上言第三傳火法初只因其便用尚未料及齊爆之功效在一千八百六十四年瑞典國機器師名拿勃耳試驗淡氣格列式林時加以汞震藥少許用銅帽擊火法傳火所得爆炸之效較尋常傳火法勝過幾倍後查得棉

藥又可加其爆炸之力凡炸藥有汞震藥少許助之能將共總顆粒變成氣質非常之速令其忽然齊爆此即名爲齊爆藥也

英國兵部化學師名哀白耳曾經查驗知共總爆藥幾乎可令齊爆惟須驗明所用之數並與當時情形相合也

凡爆藥均係易着火之物質合成須有養氣然後能燒所以爆炸與燒俱賴養氣故物質之爆炸均照化學一定之理蓋爆炸莫非從速而燒而齊爆又不能概論因其燒之時候非常之微熱氣不足須加忽然擊力以助之汞震藥乃非常猛烈之爆藥其燒時與相遇之爆藥顆粒忽然令

其擊動此擊力不及傳散即變爲熱氣將近邊之爆藥顆粒變爲氣質而生大熱所以共總之物質一併全燒此即齊爆之理也

爆藥分類

爆藥照其功效分爲高低兩等其用處或驅前或炸裂其製法分强合與化合兩種

論及收藏轉運等事爆藥又分等類見下第一附編

照一千八百七十五年所定章程爆藥分爲七大類每類又分等數均載第二附編

高低爆藥　爆藥雖有高低之分其界限不能確切高等

者變化甚速勢力甚大尋常者均可加之以汞震藥令其齊爆其功力在爆炸處一發即盡如礫石是也惟放礟之藥雖在膛內爆炸尚有餘力可將其彈推送至遠處高等爆藥其中化學分劑確切而多養氣有數種能令其性變為低等之用即如棉藥本屬高等化作膠形即有低等之性凡爆藥炸性較緩而有驅前之性者即係低等爆藥也

驅前並炸裂爆藥　凡爆藥驅彈擊遠從速經過空中者則名驅前爆藥其有壓碎敲碎之力如轟石等用則名炸裂爆藥

化合並强合爆藥　凡化合之爆藥其中各原質均照化

學法合成其顆粒有一定式惟强合之爆藥其中各物質僅研細攙和仍可設法使各原質分出還原

强合爆藥　化合爆藥中最要之原質係炭與輕氣養氣淡氣惟淡氣與養氣雖合不甚緊密適合此爆藥之性當爆炸時淡氣將養氣釋放因養氣向炭并輕氣有愛力所以相併而成炭養氣並輕養即水在爆炸時熱氣大發將所有之淡氣釋放亦有漲力輕氣在爆炸時甚熱所成之水即變為汽

化合爆藥係用硝强酸與有炭輕氣並養氣之有機物質合成如此製成之爆藥分兩大類

一淡養與輕炭類物所成者名淡氣代用合質

二淡養與酒醕或以脫合成質

以化學而論此兩類有相異者代用合質加鹼類即化分成含淡氣之質再加試驗物則變成阿美尼類終不得再變原物惟淡養與酒醕或以脫合成之質儻加以試驗物或全數或幾分變為原質

歸第一類之爆藥如比克里克酸淡氣本靜淡氣那普塔林等是也第二類如淡氣格列式林並棉藥是也

汞震藥又歸一類化合爆藥　此藥非常猛烈稍遇磨擦或擊動即炸不能獨用惟銅帽內引藥用之近來凡棉藥

並淡氣格列式林及多種爆藥加此少許可得齊爆之效製法以水銀在硝强酸中消化加以酒醕即成然須常濕若乾則自行爆炸經法倫海表三百六十度之熱即爆

强合爆藥　凡物質在尋常空氣中能燒者係與空中之養氣相併也如遇純養氣其燒愈急即化分愈速所得之熱較尋常空氣所燒者更甚所以鐵絲在尋常空氣中不能鎔者在純養氣中能燒鎔而有火焰故物質在純養氣中燒之愈猛黑火藥中之炭與硝中之養氣相遇彼此愛力甚大一經火星即猛燒也

黑火藥中之硫磺易於着火能減藥之熱力變為炸力是

其功效也

大概爆藥可分爲兩種。一有淡養三强合之質。二有綠養三强合之質。在第一種內之養氣與別原質相併甚緊密。必須大力化分之。故含淡養三之藥係逐漸爆炸。即遇磨擦或擊力。並不驟發。其險尚少。各種含淡養三之鹽類。均可製藥。惟用鉀淡養三最多。南亞美利加智利國所產之鈉淡養三。其性易收空中之濕氣。除在乾燥地方用之。他處不宜。淡輕四淡養三亦有此弊。故不能廣用。

綠氣向別原質之愛力。較淡氣尤大。含綠氣之藥。遇磨擦或擊力。立即爆發。故其險較大。其爆炸之力更大。雖有用

鉀綠養三製成藥者。除做銅帽等用外。此種藥無甚大用。將鉀綠養三並黑色銻硫相合用作引藥。因鉀綠養三遇擊力。即爆。銻硫得火星。即傳燃。故合爲引藥。銅帽之用。哀白耳雷線藥引中。亦有用鉀綠養三加銅燐並銅硫者。

第二章 火藥源流

火藥未知始自何時。考上古有所謂希臘火者。係將着火之物燃燒拋向敵船。昔希臘國將軍阿力山大侵伐東方至印度。印王以火箭禦之。於箭端用火擊射。非如今之火藥可以驅彈及遠也

或謂西歷一千三百二十年。德人許華子初製火藥。一千

二百六十七年。英人羅就培根述及一種似爆藥。爲當時玩耍所用。可發聲如雷。發光如電。意以爲軍中或有大用。故書中載明用硝並他物質相和。可製成燃火之物。燒擊遠處。所云他物質。自係炭硫之類。特秘不明言。想其人曾閱西歷八百年時馬可格來克司所著之書。內有將硫一磅柳炭二磅硝六磅在雲石乳缽內研細調勻。裝入長管擠緊。燃之可騰至空中甚高。此即高陞花爆也。羅就培根同時有呂宋人斐拉利司。註明各方。爲製希臘火高陞雷響等法。此書尙存英國奧克司福大書院中。八百八十年希臘王李奧時已通用矣

希臘火　此名包括各種爆藥。阿拉伯著書人名曰中國火。考西歷六百七十年時。東羅馬之京城康士旦丁那怕耳已知製造希臘火。在七八百年時用此保守京城。以禦土耳其人不敵。遂爲所克。射此火之法。有縛於箭端而發者。有係流質。貯於長銅管內。由船頭噴向敵船者。以後阿拉伯人亦知造法。用以抵敵歐羅巴來之十字架兵。

古書中均指明製造火藥法。始自東方。印度與中國土中本有硝。因炊時遺炭火於地。即傳燃。後取此硝加以硫磺成火藥。現所用之火藥。不過於此三物。考究愈精耳

硝古名爲中國雪。云在二千年前。中國已知用此製造火

藥有數種合成易傳火之物其國中有急火地雷等名目向有高陞花筒爆竹之類惟當時尚未知作軍火用至一千七百年有天主教神甫始教中國人製礮且將中國向用之礮藥化分知與當日歐洲所用之分劑相同可見此藥亦照以前天主教人所授之法製之

印度之用火藥考自一千四百年時印度初出一書名鐵木耳紀畧書中論及該蕃將統兵一切極有紀律惟大礮軍火等件未詳可見當時尚無礮火但鐵木耳征伐印度王馬慕在印京代耳哈時曾用火箭並放火把未言及火藥後有征伐印度之蒙古蕃將所用軍火均有歐洲或土

耳其之名目後其王竟用歐人在其軍中充當教練礮兵之職

歐洲初見礮　火藥始於何國所製雖難查考然在歐洲何國初用軍火已有確據可憑卽起自西班牙國之回教慕阿司人征戰時已用礮火慕阿司人曾用一種礮云一千三百二十五年慕阿司王交戰時用一器能發出火球與雷聲電火相同惟一千三百二十六年二月十一日意大利之列邦弗老冷司議政院派員監察製造銅礮並鐵彈爲保守本國之用此載在史書可憑也

英國初有火藥亦近是時在一千三百七十五年有蘇格

蘭教士牌白記一千三百二十七年英王愛德華第三征伐蘇格蘭時其營中已用礮一千三百三十八年倫敦藏軍火之處名安咗內有一冊註明所藏各件其中有火藥名目法京巴黎之藏書院有文件註明羅安城軍火廠有一古礮名鐵鑵另有硝硫各一包知非預先合成在臨用時取硝與硫若干配用之自一千三百四十五年以後國家庫冊上載明購買火藥所需物料並註明運礮赴法國是年英法交戰有英人用礮之說此事見之史書內曾載明克雷賽之戰法皇挐破侖第三著書論將來礮火並敘及克雷賽戰時英人用礮之語不誣由此觀之古時歐洲

已有礮火矣

一千三百七十七年英王李彩德第二派員拿倍雷購辦軍械並硝硫炭載往法國接濟英軍一千四百十四年英王亨利第五諭令本國火藥如無照會不准運出口外是年亦諭令製造火藥十噸以供礮用

在西歷一千六百年間英女王依麗賽白卽以利沙伯時英國始設官廠製造火藥以前本國所用火藥亦從別國購來但彼時西班牙國甚富强有兼併他邦之意故英國預備保守之法諭令火藥只准官廠製造當時英國因無天生之硝故照化學法化合製之惟化合之數不敷製造之用

向歐洲他國並亞非利加北疆之牌倍來國購買天生硝以備製造。一千六百二十六年東印度公司始將印度之硝載運英國。英國彼時在式來省製造火藥。一千六百九十三年該公司始領得國家文憑。內有一款云該公司每年須繳國家硝五百噸。以後英國製火藥無缺硝之慮。歐洲他邦仍照化學法配製。

法王拿破侖第一時。法國一帶海疆為英水師封口。他國天生之硝不能運進。法國因此法皇大窘。

一千五百九十年英人哀維林領國家文憑在郎狄湯並高子通兩處地方設廠製造火藥。據云哀維林父子均在

荷蘭國學成此藝。現有一官廠在斐浮沙姆地方。亦在依麗賽白時所設。惟較高子通地方之廠稍遜。華吞阿培火藥廠係一千五百六十一年設立。因查得湯華德奉依麗賽白之令購備硝磺並桶料為火藥廠用。且一千六百四十五年華吞地方教士名福勒云。華吞阿培廠製造火藥年已久遠。至一千八百八十七年國家出款購為官廠。派著名博士康格賴夫監督一切。

粗顆粒火藥　初製火藥均係細末。數百年來皆然。以後始製粗粒火藥。初意並非取其力足。因裝入槍中甚便。而大礮仍用細末。惟在依麗賽白時。軍火家常時考究知火

藥顆粒粗者。火焰易透入隙處。燒得愈速而愈有力。所以改造粗粒為槍礮之用。至一千六百三四十年英王察耳斯第一時。仍相沿未改。

歷時火藥之分劑不一　初歐洲礮用之火藥。其中硝磺炭各分劑俱無參差。但稍磨調和而已。其功力必遜於博士格賴克斯所製者。推原用次等火藥之故。因其時所造之礮不堅。係以長鐵條用鐵箍束緊。置火中鍛鍊。而鍊法亦不精。且往往取薄鐵管或木料或牛皮作管。以繩繞之作為礮用。所以不能用猛烈火藥。故造至精之藥非宜。後逐漸考究用生鐵並銅質鑄礮。已費三百餘年之苦心經

營始成。在此時火藥已逐漸改良。惟一千三百八十年火藥之三項分劑仍舊均勻。約在一千四百一十年火藥中之分劑均係三分硝二分炭二分磺。以後硝之分劑逐漸加多。至一千五百四十六年。意大利之列國斐尼司為歐洲最強之邦。該國當時所用之火藥有二十三種。其分劑各不同。但槍礮所用之藥大概如下

礮用者	硝四分	炭一分	磺一分
槍用者	硝四十八分	炭八分	磺七分
或	硝十八分	炭三分	磺二分

英人勞平斯論放礮　在一千七百四十二年勞平斯論

及彼時所用各火藥之分劑幾乎相仿惟意人名泊泰於二百年前查得法人所用火藥之各分劑最爲相宜以後槍用之細火藥中硝之分劑較礮藥更大且礮愈大而藥中之硝數愈減想其故因礮用藥多欲其傳火較緩也然至第十九世紀之末年各國所用之火藥謂之尋常軍營火藥其分劑大概係硝六分炭一分硫一分而法國並歐洲他邦仍用此數法國家派博士數人盡心考驗火藥之實在效驗而知最合宜之分劑如硝七十六至八十分炭十三至十七分硫五分至九分其數雖不免參差因分劑稍有增減則顯出其效驗之各別也

現在火藥各分劑數　火藥自入歐洲以來已有五百年其後藥之分劑雖各國均有改變但物質只有此三項下表註明英國並歐洲他邦現所用之黑火藥中物質分劑

國名	硝	炭	硫
奧國	七五·五	一四·五	一〇
比利士	七五	一二·五	一二·五
英國	七五	一五	一〇
法國	七五	一二·五	一二·五
德國	七四	一六	一〇
荷蘭	七〇	一六	一四
意大利	七五	一五	一〇
葡萄牙	七六	一三·五	一〇·五
俄國	七五	一五	一〇
西班牙	七五	一二·五	一二·五
瑞典	七五	一五	一〇
瑞士	七六	一四	一〇
土耳其	七五	一五	一〇
美國	七六	一四	一〇

英國軍中火藥之分劑久無改變先國家特派員試驗黑火藥各情形後又派員特考究各項爆藥經此兩次查究後而知黑火藥之改良不拘物質分劑之多寡在乎製法之精巧與否

錠形藥（西名潑利純藥）上言改良火藥係因知製造錠形藥可得緩燒之效由此更進一步按錠形藥有數種其中三項物質之分劑如下

錠形栗色藥並甲乙丙號藥

硝七十九分　炭十八分　硫三分

戊地戊號藥

硝七十七分又十六分之六　炭十七分又十六分之十　硫五分

此各種藥百分中有水一·七至二·二爲應有之數此藥中

所需之炭取特別料合法製之

第三章　火藥之合質並其質性

先論火藥三項之物質探其原在爆炸時各有所顯之功效

硝　硝即鉀淡養本天生之物在環球熱帶地面上均有之惟印度與中國較多運至英國時與泥土等相雜不合製火藥用凡與含鈉之鹽類相雜者更不合用因其易收潮濕之弊此種硝內尋常攙雜之物係鉀綠鈉綠鉀養硫養鈉養硫養鈣養硫養加之以沙泥並生物質每擔中必有此等雜物約五磅購買時可照數扣除其價

在法國德國用人工配合之硝即將畜類廢料與舊灰沙土等質調和堆積在披屋下使透空氣不經雨水往往取牛馬棚內之糞水潑此堆上將堆上浮面一層用清水漂取其硝質即將堆翻鬆仍照前法爲之由此即得鉀淡養鎂淡養鈣淡養阿摩尼亞淡養其中之鉀淡養即火藥中之硝也將其餘三種與鉀炭養相和即變爲鉀淡養俱成火藥所需用之硝

英國所用之硝原係由南亞美利加運來之鈉淡養改變而製成者此原來之質名曰立方硝又名智利硝（即智利國所產之天生硝）俗稱鈉硝英人取此鈉硝與鉀綠相和則變爲鉀淡養即火藥內所用之鉀硝也

硝中之養氣即養氣縮緊成定質論硝之容積與養氣之容積相比即三千倍養氣縮小成定質與硝之定質一倍相等或云一倍硝中有三千倍養氣此養氣一經熱大半與炭猛合變成炭養氣其餘變爲炭養此炭養並自由淡氣即火藥燒時所發之煙霧是也火藥中本有之鉀質於燒後所遺之物質中可驗之

炭　炭係燒焦之木料木中有流質並化騰之物質均用乾餾法驅逐之其中尚含金石類質少許即灰是也燒焦木料之意欲去其中之潮濕先將化騰之物質驅逐之免

其有分奪熱氣之弊

照舊法木料在窰內燒焦但製造火藥之木料須用大鐵桶以乾餾法爲之工夫更勻而省費製成之炭更清潔少石屑泥土等物

製造火藥所需之炭須用輕鬆之木料內含金石類質愈少愈佳其樹不可有病生長不得過十年之久有甚大之後膛礮所用栗色火藥其炭選五穀稈之上等者製之

火藥內硝硫炭三種除硝硫照一定之分劑自得一定之效驗惟炭則不然雖三種料均照一定之分劑配合而製成藥性各異因所用炭原質不同或炭之原質同而製法

各殊則其效又有別所以硝硫只取其潔淨則可合用而
炭須揀選料之上品者謹慎製之
德國博士拍勞斯特考驗甚精後英國化學家踵行其法
取各料所製之炭每十二釐與硝每六十釐相合而成各
種之藥燃火後查其各發之氣霧倍數列下

製炭所用之各料	折中立方寸數
狗木 西名道格華德譯即狗木姑從其名	八十二
白柳木	七十七
赤楊樹	七十四
榛樹	七十二
松樹	
栗樹	六十六
海帥耳 榛樹類	
柳樹 此炭製時燒得更久	六十三

火藥之功效原不在氣霧倍數之多而向來各處製造火
藥均以上首三種料爲合宜
狗木生長較緩其樹不高大產於英國南邊色舍克司省
中比利時並德國均有之取其徑約一寸者鋸長六尺成
捆送至廠中此木所製之藥在歐洲均爲來福槍及打獵
槍所用惟礮內用之不宜因其火力過猛礮中用者以白
柳赤楊兩種製炭最宜凡火藥爆炸有不測之禍以狗木
製者爲尤烈
赤楊與白柳所製之炭爲造尋常火藥放大礮之用此樹
在英國各處俱有之及長成徑四寸者斫下方合用白柳
在英國質最輕輭其色白而生長最速中心之圓紋較大
赤楊質硬而堅生長較緩其色紅而畧黃中心小而紋成
三角形或似槍頭所配之劍截斷形式狗木之心大而圓
其色紅卽燒成炭而中心尚畧帶紅色也
燒木成炭之熱度與此炭傳火情形不同故與製成火藥
之爆炸情形大有相關燒木時之熱度愈大則驅出木內

之輕氣養氣愈多而炭較純且堅不似前之易燃故製成
火藥之性較緩而礮口速率亦稍減用低熱度所燒成之
炭其質較輭而更易燃火其中多易化騰之質所製成之
藥傳火更速而速率更大則礮所經之壓力愈大然用穀
稈燒炭所成之粟色藥可得小壓力惟在燒時格外謹慎
如燒炭之法不精其炭質卽有紅紫色而吸潮濕之數較
堅炭更多故以此質製成之藥不能免收潮濕之弊如以
法倫表五百度之熱燒成炭只需六百四十度之熱可令
其燃以一千八百度之熱燒成炭須用一千二百八十度
之熱方可燒之可見其性較緩多矣

英國兵部化學師與華吞阿培廠員試驗用各法燒白椰赤楊成炭之效分列兩表第一表化分各炭中物質之分劑第二表由大礮試驗此炭所製各火藥之礮口速率並礮內各處之壓力數並彈底之壓力數

第一表

化分炭中各質	炭質	輕氣	養氣內含淡氣甚微	灰質
一號用緩火燒至七點鐘	七八·二三	三·六七	一六·九六	一·四二
二號用較大火燒至四點鐘	八二·三	三·三二	一三·一九	一·二七
三號用甚大火燒至三點鐘	八七·五五	二·九一	八·二九	一·二五
四號取二三號折中火力燒三點半鐘	八五·五七	三·○二	一○·○九	一·三二

第二表

	礮口折中速率每秒尺數	甲處壓力噸數	乙處壓力噸數	彈底壓力噸數
一號同上	一四一七	二○·六○	一五·六六	一四·三三
二號同上	一三九九	一五·六八	一三·七六	一三·二八
三號同上	一三五三	九·六三	九·六六	七·二五
四號同上	一四○三	一三·二○	一一·六八	一○·四六

上表第四號炭最宜製此種藥因礮口速率適合且壓力較平

硫　硫磺係一種原質有與他物和合者有在地中竟係純硫者在火山界內居多製造火藥所用者有兩種一係水晶顆粒形之硫有愛力向陰電在炭硫中易消化其二係不成水晶顆粒形之硫有愛力向陽電在炭硫中不能消化第一種結成水晶形八角正式顆粒可令其變成斜劈形水晶條製造火藥只用已蒸之硫與第一種相仿惟較細密更有一種硫係用乾餾法變成細粉俗謂之硫花以顯微鏡窺之均係微細顆粒不消化之硫其中包有易消化之硫此一種不宜製火藥用因乾餾之硫有愛力向陽電之性為炭硫內不易消化之一種如用之則所製之藥必受其害硫在法倫表二百三十九度即稍過沸度時將鎔化在二百五十度變為流質有淡黃色再加熱度則逐漸變紫至三百五十度其色甚暗其質變為膠黏再加

熱度復變為流質及至八百三十六度則沸將變成濃厚紫紅色之氣霧上騰與空氣密合而爆炸

硫在火藥中為第二等燃火之物而分劑有參差與硝中之鉀相合燒後可於渣滓內驗之硫在火藥中易於燃火即在尋常熱度時易與養氣相併在法倫表五百六十度即發火燄而燒與硝中之養氣相併而得之熱度較與炭所得者更大故令火藥燒得更速且燒後氣質愈漲大儻硫之分劑過多其渣滓亦多與火藥有礙有云硫不收潮可減火藥收潮之性令其緊密經久不變

有不用硫亦可製成火藥者後膛礮所用之緩性稜角藥

百分中硫僅居三分能令火藥緩燒可減礮後之忽受漲力即愛惜礮體之意也

藥料必須碾和勻密　製造火藥除揀選佳料配合外其調和之法爲最要作此工須用諳習之人儻碾得不勻燃時即無準效自初造火藥歷今數百年來其碾和之法迄未精細初時但將磨細之料畧爲調和雖碾時過久亦無益惟馬的尼亨利來福槍所用之藥其碾工比尋常藥尤細有八點鐘之久較以前工夫加長多矣民廠中且有碾至十二點鐘之久爲最精之兵槍及打獵槍用者如欲試驗火藥之碾和精否即取藥少許置玻璃盆或磁盆上燃

英國定準軍藥書一　二

之凡精製之藥燃轟後盆中除有煙痕外餘無別質若製法不精盆中即有斑點並渣滓若干

爆炸性　火藥雖用相同之料相同之法製之而製成後其爆炸性尚有不同即燒而變氣有遲速此有數故相關

甲　火藥之確實緊密率

乙　火藥之堅硬

丙　火藥顆粒與塊之大小

丁　火藥顆粒之式樣

戊　火藥所需之亮質多寡

爆炸之情形雖與藥力不同然與火藥大有關係須論及之

火藥之緊密率即一容積之火藥有確實幾多數如數種粗粉火藥均含相等之潮濕分裝在等大之各罐內凡罐中藥擠得最緊者所用之藥必多即如兩顆粒或兩塊同一大小同一樣式其緊密率不同置於玻璃盆中燃之其疏鬆之一塊易於燃火而燒盡其較密一塊燒盡較緩可見火藥燒之遲速大有關係也

火藥之堅硬有時與緊密率無關若加粗粉火藥之緊密率只須壓緊而減小其容積欲加以堅硬須加濕而後壓之

英國定準軍藥書一　三

火藥之緊密率愈大礮口速率並礮膛壓力愈減此即反比例也儻兩相均勻者此加則彼減如加藥之緊密率其礮口速率並礮膛壓力即減如減緊密率則礮口速率並礮膛壓力即加因疏鬆之藥較緊密顆粒傳火更速也

以上所論礮口速率並礮膛壓力與藥之燃法尚有相關凡礮身長者彈未出口膛內之藥已盡燃礮身短者藥未盡燃彈已出口且彈與礮膛相間之隙處寬鬆又有關係其最大關係乃藥之測重緊密率數礮膛藥之測重緊密率係其重數與礮膛所容水重數比較測重緊密率表載後第三附章內藥之測重緊密率與礮膛壓力大有關係

也。

緊密率與燃藥後之關係

兵槍所用之藥燃後遺跡愈少愈妙，曾經查得馬的尼槍所用之藥有以相同之炭製成，其性愈緩者遺跡愈少，欲減其遺跡，即加藥之緊密率，惟有一弊，又將減其礮口速率，因藥性急燃時在彈底油墊邊衝出，不及將膛掃淨。凡火藥緊密堅硬者，則擦亮或加亮質較鬆脆之藥，可以經久而便轉運。

緊密率與礮口速率，並礮膛壓力相稱之數列左。

火藥緊密率	礮口速率每秒時尺數	礮膛壓力每方寸噸數
一·七九〇	二〇六六	一七·五
一·八〇〇	一九四四	一四·六
一·八二〇	一八九四	一三·七

以上係用稜角栗色藥試演六寸口徑後膛礮所得效驗。

火藥之顆粒或塊之大小與燃火爆炸大有關係，雖燃時似乎齊爆，而着火實有次序，火燄由外傳內，逐漸燒進，故其藥粒爆炸並非一時齊發，粗粉藥燒時甚緩，將此藥製成顆粒，其炸性更速，因末藥密合無隙，空氣難入，所以燒之甚緩也，古時火藥均係粗粉，近來製成顆粒，因其中隙處大而其力愈加，如將火藥壓成餅亦不合用，數年前曾經試驗，取藥餅一塊重一兩零六釐，置於田雞礮內，加輕彈燃放，彈不能出，再取等重之藥餅分為十五塊，置此礮中，用原彈燃放，能將彈送出礮口三·三碼之遠，再取等重之塊分為五十分，仍照前燃放，將彈送出礮口一〇·七七碼，於是將原重數之藥製成顆粒，燃放送出彈子五六·八六碼。

火藥在空氣中燃放與在礮腔內燃放情形大不同，無論在束緊處或開敞地方，用相同緊密之火藥製成大粒或大塊，燃放時較緩於小粒小塊者，礮所受之漲力又較少。

此試驗大礮後知之，蓋大粒藥因其空隙大，火燄能透入各處而速燒，即燃火性緩之藥如顆粒形者，空隙多，故傳火較速，燃火性急之藥如末藥，空隙少，火不能透，故傳火較緩，各礮有相稱之藥，即有相配之大小顆粒，可令礮口之速率最大，礮體之漲力最小，但有一種藥往往為多種礮之用，必須挑選如何大小顆粒可通用者，惟兵槍所用之藥均須一律，又須用一式之顆粒，然後可命中，以前大礮用藥不論顆粒大小，近來各種後膛大礮所用之藥均有一定大小勻稱之式樣。

顆粒式樣　有將等重之粗粉藥製成一樣緊密之兩顆

粒惟其粒之式樣不同故燒時互異顆粒之面積大者燒之愈速圓式顆粒最便傳火燄比長形或扁形之顆粒其隙處多而且勻也有以爲圓粒最宜於兵槍之用若後膛大礮用之不宜因其藥裹甚長用圓粒藥裝之不能緊惟用稜角式藥裝入則彼此相嵌能令藥裹緊密而勁直

美國統領勞得曼論及最好之火藥彈子逐漸前行藥即乘其後加增氣質之數惟大塊之藥初燒時發出之氣最多漸燒而彈子前行藥之氣質頓減所以彈子未動時藥之漲力最大故礮尾所受之壓力亦最大一千八百六十年勞得曼用其所製十五寸并二十寸口徑之生鐵礮試驗一種餅藥厚一寸至二寸圓徑恰配礮膛每餅均有眼疊裝在礮膛內中空如管次年用算法推測用藥餅之功效可使礮尾之壓力減小彈子發動後藥氣之數逐漸加大因藥餅眼中所存之氣將冲出雖加大礮膛之壓力及彈出礮口時礮膛之壓力均可勻稱而礮口之速率因之加增惟藥餅與礮膛同大用之不便易於破碎故改作六角形小塊中間亦有空眼名稜角藥每塊之邊分寸極勻裝入藥裹內相切緊密能疊之較高以備大礮用但藥塊小其中空眼亦小故穿向前之火燄不及大塊此其弊也當時俄國陸軍派員至美國查察勞得曼之製法俱稱其精妙回至本國設廠仿造之名爲俄國稜角藥實非其創造也後德國又仿造爲來福大礮之用所製有兩種一種爲極大之礮用中有一空眼其緊密率約一·七五一種爲稍小之塊其塊有小孔七個緊密率一·六八此兩號藥塊俱厚一寸徑一·三八寸裝入藥裹中各塊之眼均相對一直貫通

英國後膛大礮其初所用之黑色並栗色藥由德國購來現此兩種藥並各新式藥均在本國華呑阿培廠自造

光藥法　此法於藥之爆炸並收藏久暫均甚有關係加光之藥燒性較緩稍減其猛力不及粗面藥易燃如大粒藥並稜角藥用加光法且磨其邊角令稍圓則更堅硬加光時必少加熱可減去潮濕數分如尖角不磨去則相擦必有細末又是一弊此法可令藥塊外面稍堅轉運時免致傷損又免潮濕而變壞其初礮藥加一層極薄淨黑鉛欲令其緩燒倘不知又免侵潮也

凡火藥潮濕燃燒時必耗熱數分散其潮濕然後可盡燒卽分其爆炸之力也在尋常乾空氣中各種火藥俱收潮濕少許多寡之數視火藥之緊密與否又視其燒炭所用何料如燒不淨稍帶紅色者更易收潮濕次等炭所製成之火藥雖加緊密率仍不能免潮濕透入大凡火藥收吸

潮濕又看當時天氣如何冬令較夏令尤少火藥中有潮濕礮口速率並礮膛壓力俱有差下註明華吞阿培廠試驗確相同之稜角火藥其潮濕數不同

百分藥中之潮濕	每秒時礮口速率尺數	礮膛每方寸壓力噸數
〇·七	一五四五	二二·〇二
〇·八	一五三七	二一·三八
〇·九	一五三〇	二〇·七七
一·〇	一五二三	二〇·一八
一·一	一五一七	一九·六三
一·二	一五一二	一九·一二
一·三	一五〇七	一八·六三
一·四	一五〇二	一八·一八
一·五	一四九七	一七·七六

火藥置極潮濕空氣中則藥內之硝將化散結在藥粒外面所以儲藥房須乾燥而通風又須裝在不洩氣之箱與桶內為要

第四章　火藥轟後遺跡並其爆炸時之變化

火藥燃燒時之變化有博士數人依化學之理考之如彭生錫許可甫林克卡羅李拿勃耳並哀白耳曾將火藥在緊密器中燒之其燒存之質不能漏洩後取化分測其分劑多寡及其壓力並熱度數

此等考驗法記其實效以百分中之分劑測之惟戴蒲士可將火藥燒時之實效從化學中所用相等之法而表明照此法火藥應有之力可全數測算矣

彭生哀白耳等查知凡火藥百分燒後所得之實效物質只有九十八分此物質乃鉀炭養鉀硫養鉀硫均係定質又炭養氣炭養淡氣並輕硫氣均係氣質

哀白耳取華吞阿培廠所製快放礮用之藥一格蘭姆燒之以後所得實效各物質之分劑照萬分格蘭姆中所居之分數多寡而算此算法與十萬分微細顆粒或十萬分質點中所居之分數相等燒後實效物質所居之分劑如下

物質	格蘭姆	微細顆粒/質點
鉀炭養$_{三}$	格蘭姆·二六一五	微細顆粒·〇〇一八九
鉀硫養$_{三}$	·二二六八	·〇〇七二
鉀硫$_{二}$養$_{三}$	·一六六六	·〇〇〇八七
鉀硫	·〇二五三	·〇〇〇一七
硫	·〇〇二三	質點·〇〇〇〇四
炭養$_{二}$氣	·二六七八	微細顆粒·〇〇六〇八
炭養	·〇三三九	·〇〇一二一
淡氣	·一〇七一	質點·〇〇七六五

輕硫	.〇〇八〇	微細顆粒 .〇〇〇二三
輕氣	.〇〇〇八	.〇〇〇八〇
鉀衰硫二	.〇〇〇四	
硝	.〇〇〇五	
阿摩尼阿炭養二	.〇〇〇二	

照上表派算即知快放礮所用藥之分劑如下

一六鉀淡養三丄三〇·〇九炭丄六·七〇硫丄·七六淡二丄一·〇輕丄五·六九養

照此法查驗石子藥之分劑如下

一六鉀淡養三丄三二·八三炭丄六·三硫丄·六七淡丄一·〇二輕丄一·〇五養

拿勃耳並哀白耳二博士各查華吞阿培廠所製藥之分

劑數合而折中如下

一六鉀淡養三丄二二·六炭丄六·六三硫

此數炭中之水並淡氣多寡尚未討及

凡火藥與上分劑相同者置於緊密鋼器中燒之其各物質均變為氣質如下

火藥　一六鉀淡養三丄三二·三五炭丄六·六三硫＝變成物質四·九八

鉀二炭養三丄〇·九鉀二硫養四丄二·一〇鉀二硫二丄〇·八四硫丄一三·二三

炭養二丄三·二三炭養丄一七·三四淡丄·六七輕二硫

此相等算法省寫如下

一六鉀淡養三丄二一炭丄五硫＝五鉀二炭養三丄一三炭養二丄一鉀二硫

養四丄三炭養丄二鉀二硫二丄八淡二

此數只記所燒中最要物質

以上所載之效均係燃燒後之情形也惟當燒時之情形不能確知自卡羅李試驗之後知緊密處之壓力與燃燒而成物質之多寡有關係

火藥之燃燒有兩層分別第一層之燃燒係燒硝其中之養氣自分開而與硫炭鉀相併則成鉀養炭養二鉀養硫養三第二層之燃燒係將鉀養炭養二鉀養硫養三燒成氣質

火藥第一層燒時只將硝化分為淡氣養氣並鉀尚未與炭硫相合其力已足炸彈因礮膛長者其內則有第二層

燃燒法即先化之養氣將與鉀炭硫相併而成鉀養炭養二並鉀養硫養三將此二物燒變氣質由此氣質愈加多

第二層燒化物質分劑如下

甲　四鉀二炭養三丄七硫＝鉀二硫養四丄三鉀二硫二丄四炭養二

乙　四鉀二硫養四丄七炭＝二鉀二炭養三丄二鉀二硫二丄五炭養二

丙　鉀二炭養三丄鉀二硫二丄養七＝二鉀二硫養四丄炭養二

照上法查得英國火藥燃燒後之物質如下

硝	七四·七七
炭	一一·四八
輕氣	〇〇·四四

養氣	〇一·八四
炭	〇〇·二八
水	〇一·二五
硫	一〇·〇九
	共一〇〇·〇〇

約言之上數合鉀淡養七四·八炭一一·五硫一〇·一以化學而論輕氣一質點重數爲一鉀一質點重數係三九·一淡氣一質點係一四養氣一質點係一六炭一質點係一二硫一質點係三二

硝之原質係鉀淡養所以照上數派卽有三九·一+一四+四八共一〇一

火藥中硝之相合重數係七四·八爲一〇一所約卽係·七四〇

炭之相合重數係一一·五爲一二所約卽係·九五八

硫之相合重數係一〇·一爲三二所約卽係·三一五

拿勃耳哀白耳俱試驗三種火藥如華呑阿培廠與西班牙並克的司火藥其各功效如下

	氣質容積	熱力數	功效數
華呑阿培廠藥	二六九·〇	七二〇·〇	一九三六八〇
西班牙藥	二三三·〇	七六〇·三	一七七六一六
克的司藥	二三八·二	七五五·五	一七九六〇〇

硫在火藥中再加其燒力據勃羅司博士所論硫加燒力

最大之功係照硝六分硫居一分而派算儻硫數過此限者卽將減其燒力仍損傷礮體

照上論硫有損壞之弊若爲轟山礫石用則無慮此

拿勃耳哀白耳兩人論試驗火藥編中摘錄其要言如下

甲在關緊處燃燒火藥之情形

一將百分火藥燃燒後所賸物質仍可變爲定質者爲數居五十七分其餘四十三分變爲久延氣質

二照百度表二百度熱並風雨表壓力七百六十密利邁當時此久延氣質之容積比原來之火藥數漲大二百八十倍

三火藥在關緊處燃燒時之壓力係較空氣壓力大六千四百倍卽每方寸上有四十二噸壓力數

四爆炸時之熱度約有法倫表四千度合百度表二千二百度

五燃後多數氣質係炭養氣淡氣並炭氣

六燃後所賸定質多數係鉀炭養鉀硫並鉀硫養

乙在礮膛內燃燒火藥之情形

一礮膛內燃燒火藥其定質氣質分劑與關緊處燃燒相同

二驅逐彈子之功係由氣質之漲力所致

三氣質燒成時全賴熱力漲大由此即減炸時所成之熱力惟此耗費之數即由所賸流質定質中隱藏之熱提出補之

四火藥燃燒後之漲力與其關緊處之容積有一定比例

五火藥在關緊處燃燒成脹力並其熱度均有一定比例

六每磅火藥燃後漲足可抵四百八十六磅重數當時各來福大礮所用大小藥裹最得力之數均預先測定此即名爲藥之實效假如三十八噸重之來福前膛礮

所用火藥一百分中有九十三分可得其極大之效最少之效係百分中之五十有半此用七磅彈之一百五十磅重阿皮西尼亞礮所試驗者也其失效之故係因許多熱力傳於礮膛之體礮愈小者傳失之熱力愈多

大礮兵槍用火藥所求之目的如下

甲要全體礮膛所得壓力勻稱而送出彈子不急而齊整並要其礮口速率甚大

乙製造火藥法須一律勻稱

丙燃燒火藥後所賸物質愈少愈妙故槍礮膛內損傷之物可減少而槍藥尤須精製

丁火藥須經久不變轉運遠處並可久藏不變

黑火藥之利益

甲黑火藥之燃燒係逐漸而勻如將其各料之分劑改變並將其製造法改變即可令其爆炸情形更變合於各種火器之用

乙黑火藥之料硝可易得

丙此料之價亦廉

丁黑火藥只須謹慎製造易於收藏轉運且可經久不變

第五章預備並漂洗火藥之各合質

火藥中之三項物料市肆中雖經提過出售而官廠只買生料自行提淨免有僞物或沙泥等雜入其中因製造火藥原質潔淨爲最要

提硝　華吞阿培廠所用之硝悉由印度運來其中穢濁鹽類無論在沸水冷水俱能消化惟水在法倫表二百十二度沸時可消化硝七倍在七十度時只可消化一倍提法先將生硝化在二百十二度之沸水內待冷至七十度時水中七分之六已將澄定結成如明礬形易於取出其餘物質仍在水中此係鈉綠鉀綠或他種物質

消化硝法　提清硝所用之紅銅鍋如第一圖甲可容五

第一圖

提清硝之器具

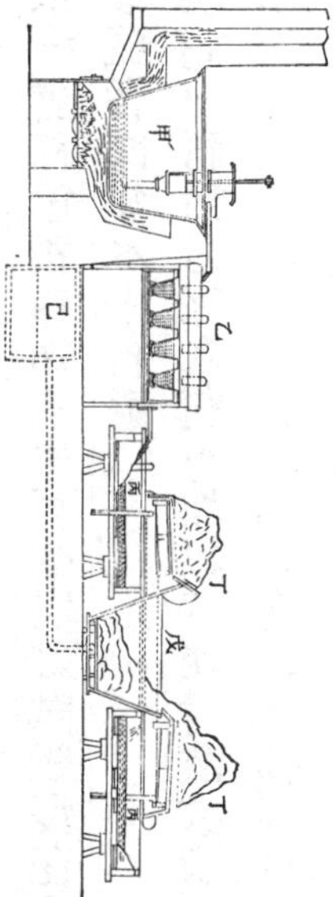

甲　提硝紅銅鍋
乙　濾硝櫃
丙　結顆粒涼器
丁　淋硝具
戊　漂硝具
己　廢水池

百軋倫鍋內另裝多眼鐵隔板免硝膠黏鍋底且將沙泥並穢濁之質由眼落下每鍋貯水二百八十軋倫並硝四十擔內二十五擔係生硝五擔係提出之粗粒廢硝五擔係涼器中所剩畧結成之硝五擔係初次漂水內之遺硝此數照尋常工作計之然或稍有不等者燃火至兩點鐘後多數之硝已化流質將沸當時鍋中有法倫表二百三十度熱其流質重率係一·四九在未沸之前將其面之穢濁薄層撇去提起鐵隔板乘沸時陸續加冷水其下有穢濁輕質如沫浮上則隨浮隨撇待沸至半點鐘之久無沫上升為止然後加滿冷水再令沸數分時可將爐門敞開俾火漸熄

濾硝法　兩點鐘之後流質熱度將減至二百二十度重率一·五三即用吸管以手按鞴鞴由鍋內抽吸流質入乙櫃中櫃底有空洞六箇洞下有粗麻布濾袋各洞均有活塞如袋壅塞則閉洞口活塞將袋取出以便洗淨再裝濾下流質由長槽流至丙櫃待一百八九十度熱時水中所含之硝即結成顆粒如明礬形

結顆粒法　用紅銅櫃為涼器如圖丙長十二尺闊七寸深十一寸內容流質約深五六寸用長柄木鋤攪之待其漸涼硝即逐漸成細粒沉底如不攪動即將結成大粒其

中所含污穢之物用有眼之銅鍬撈去而傾硝在丁字淋器此器斜下以便水流去及硝稍淋乾其形如雪名曰硝粉即傾入戊洗櫃中丙器之熱度減至九十度以下其中流質毋須攪之任其結成大粒以後作粗料用

漂硝法　漂硝器如第一圖戊號左右各有涼器淋器一副如丙丁此漂硝器長六尺闊四尺深三尺六寸內有細孔木質活底下裝管俾廢水流至己池內

漂器內之硝已加滿將櫃底管塞旋開用皮袋噴水七十軋倫淋在成顆粒之硝上約半點鐘淋下之廢水流至己池內此乃第一次漂之然後將管塞旋閉再加水至硝面

仍照前法淋半點鐘之久復開管塞放廢水流至池內此漂之第二次也第三次末後漂法在器中加水一百軋倫當時將管塞旋開以便廢水流去漂硝所用之水最好須先蒸過因他種水雖清必含有雜物多寡不如蒸水之潔淨三次漂後之廢水均流入己池以便傾入甲鍋爲下次煎硝之用池內餘下之廢水用耩耩傾至煎乾之鍋中漂器內之硝淋過一夜次早即取出其大半惟留近底六寸將取出之硝另移存儲待三日後可備製藥之用彼時如天氣乾燥此硝百分中有潮濕三分許如天氣陰濕百分中有五分許製時須記此潮濕數而測算總數每紅銅鍋

中初置粗硝四十擔提後可得淨硝二十五擔

試驗淨硝之法先將淨硝少許化於盃中驗之

一用藍紅試紙驗此水中有無酸性鹼性以藍試紙浸在水中變紅色者即知水中有酸以紅試紙浸在水中變藍者即知水中有鹼

二欲驗硝中有無含綠之質可加銀養淡養酸數滴如其水速變爲乳色即知其中必有含綠之物因此乳色係合銀綠而成也此試法甚準

三欲驗硝水中有無含硫養之質可加鋇綠水少許即與含硫養之物化成不易消化之鋇養硫養澄定於盃底

照上法試驗後毫無雜質可稱淨硝矣

在丙號結顆粒涼器九十度熱時所餘下之流質經過夜至次晨變冷此流質名曰母水可令其流至煎乾鍋內結成大粒硝取出置於淋具上令乾然後傾入銅鍋爲第二次燒鍊之用

煎乾母水法　母水中有許多雜質如含綠含硫養之質在沸水中均不易消化惟硝在沸水中甚易消化因此可令硝分出即將母水煎乾後所餘雜質中有硝加以沸水令硝速即消化將此含硝之沸水傾出其他雜質仍存在

底由此硝與之分開將此硝水煎乾即得淨硝

每鍋可容三百軋倫數將丙號結顆粒涼器中之母水並他項含硝之廢水在此鍋中煎之極沸接續攪之可免物質澄定膠於鍋底鍋中流質已煎至四分之一即熄火由生火時至九點鐘其流質仍在甚熱時可照乙號法濾之令流入圓式銅涼器中此器每具可容十七軋倫待過夜至次晨母水已冷其中即有結成硝粒提出作爲粗硝傾入提硝鍋將所餘之母水復傾入煎乾鍋中

照此法常有硝在甲號銅鍋內提之並將餘下之廢水傾入煎乾鍋中然後取出廢料加沸水化出其中所有餘硝

提出後將流質另歸一處存積此中已無本廠合用之料尚有鈉綠鉀綠並硫養物質在內可出售於工藝廠用之

洗硝袋法　裝硝係用一種印度蔴袋運來傾出後袋之裏面黏連有硝先刮下然後用沸水泡之可將其中餘硝全數化出再將袋晾乾出售須在夏令爲之

由廢火藥中提硝法　剔出之火藥中有許多硝廠內垃圾中亦有硝均在可容四百軋倫之銅鍋中加水煎之先用粗篷布濾過然後再用粗蔴布袋濾之將含硝之水待濃而乾結成顆粒濾具上所有之炭並硫再加水煎之可提盡其中所有之硝剩下餘質可廢棄由此廢藥中之硝

百分有九十四分可還原除去辛工柴火外尚可合算

英國華立志官廠製記號𤇆火藥引等件所用提淨之硝在華吞阿培廠烘乾烘房中熱度逐漸加至法倫表一百四十度然後漸漸減涼至與空氣熱度相等即可從速磨細備用如儲存藥庫無論久暫亦須烘乾磨細

製炭法　在春閒將所用樹料砍下因其時樹汁尚在發生故其皮易於剝去此料約存置三年之久如狗木須成堆而遮蓋之白柳赤楊亦須成堆置於露天中如此則其中潮溼並水汁可以散去一年至一年半後已漸乾此樹料須多備免致臨用缺乏

第二圖

製炭器具

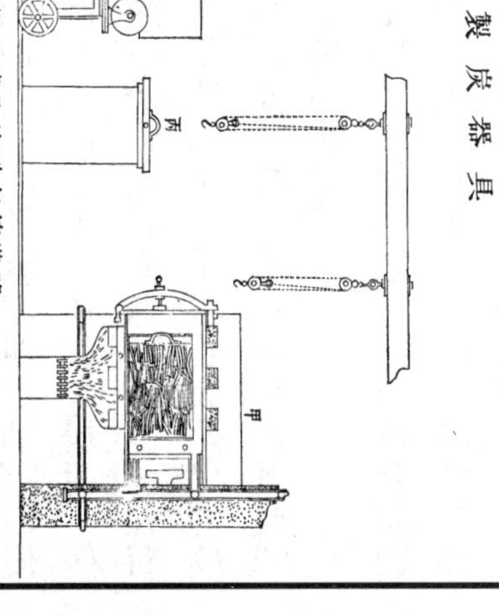

甲焙炭爐指明爐內燒煤氣管進路　乙盛木料抽桶　丙冷抽桶具　丁推桶推架

此樹料每根截長三尺裝在第二圖之乙桶內此桶長三尺六寸徑二尺四寸如木料大者可劈一律粗細將桶蓋緊桶底有兩孔各徑四寸許將桶推入甲號焙炭爐推時有孔桶底先進爐之彼端亦有兩孔與桶底之孔相對然後將爐之鐵門關緊

焙爐分兩層上層爲焙房下層係火爐有法能令火分緩急製已庚號放空槍用之藥所用之狗木炭燒四點鐘爲限製未已庚號即來福槍礮所用之細粒藥用狗木須燒八點鐘成炭用赤楊並白柳燒三點半至六點鐘照所製何等藥定其時限樹木愈粗者燒時愈久焙房中之火𤇆

將桶四週圍而燒之故熱力均匀木料中煏出之氣質並化騰之油質從桶底孔內騰出由管通至下層火爐能助其火力又可省燒料若干

焙桶內之木料燒焦合度時桶底之孔放出靑蓮色氣此氣卽係炭養斯時可將桶用鉤抽出連桶置於丙號涼器內緊密蓋之約四點鐘之久其中火勢盡熄然後可將炭傾入更小之涼器中存儲

此炭用手工細心揀選看其燒法匀否不可有別質誤落其中存儲約七日之久方可研細因炭初燒後卽研往往有自燃之弊蓋微細炭末由空氣中收吸養氣甚多以致

自行發火也

燒成合度之炭其色黑如墨面之裂紋如織絨然其質輕落至石上則有清脆之音以之磨擦銅面可無痕迹緩火燒成之炭研細後畧有紫紅色末已庚號藥末加光以前有此顏色急火燒成之炭堅硬擊之有金聲其緊密率更大

提硫法　華呑阿培廠所用之硫產自意大利之息息利島其類不一本廠所用取最佳者雖在本處已經提過惟百分中尚有三四分泥土穢物所以本廠仍須蒸鍊一次提硫器甚簡便如第三圖圖中甲爲鎔硫鍋四圍砌以磚

第三圖

提清硫之器具

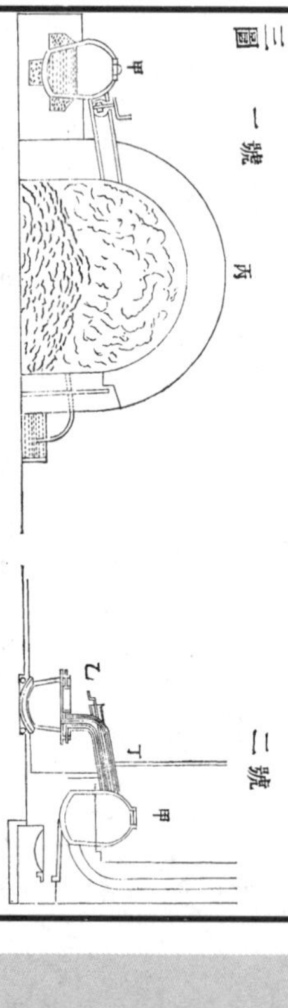

一號　二號

甲　鎔罐

乙　受罐

丙　凝氣房

丁　冷水套

牆鍋高於地約三尺許下裝爐鍋上有蓋甚重平時蓋在鍋口用泥封之蓋上有四寸徑之孔塞以錐形活塞以便隨時開之通鎔鍋有兩管一徑十五寸接凝氣房丙一徑五寸接鐵受罐乙此罐位置較鎔鍋更低其五寸管外有鐵套如丁可容冷水環繞俾管常冷兩管各有塞以便開通鐵罐蓋上有鉛管接至襯鉛之小木凝氣房內凡受罐中有未凝之硫氣進小房亦能凝結

將生硫敲成細塊約七擔置甲鍋鎔之蓋上錐形塞並通凝氣房之管均開通惟通受罐管中之塞門關緊燃二點鐘之久卽有淡黃色硫氣由鎔鍋之孔騰出卽將此孔之

錐形塞塞緊而硫之氣霧將衝入丙字凝氣房在房之四周凝結成極細之硫花凝氣房底對面有小管通至外邊有水之櫃中房內之空氣散去其內所有之硫養或硫養酸均流出共燒三點鐘之後硫之氣霧將有深紫色即閉凝氣房之管塞而將受罐之管塞旋開其近邊高處之冷水櫃有管與丁套相通開此管塞冷水即冲入套內激冷其中通受罐之管則深紫色之硫氣在管中凝結而流入受罐成清潔黃色之流質待外套漸冷則知流至受罐之硫已畢可將受罐之管塞復行關閉待一點鐘之久其流質稍涼即法倫表約二百二十度熱用勺取出傾入浸濕

之木模中可免硫質冷時碎裂之弊然後開爐門並將凝氣房之管塞復行旋開俾其餘氣質均可通入房中鎔鍋底餘下之各礦物每七日須出空一次

上言硫花仍不合製火藥之用須照生硫一例鍊過

在木模已涼而結成顆粒之硫即敲碎置於桶內以便碾末

試驗提清硫之法

一先將硫少許在磁盆中燒之燒後餘下之質不可過原數百分之二五

二將硫少許加沸水煮之用藍色試紙驗其紙若變紅

者尚可用最妙毫無變色即知此硫係中立性也

研細乾硝　華立志廠中製造藥引並各色高陞等所用之提清硝研細法先將硝置於橫臥大桶中桶內配有稜之軋倫兩個桶轉時將硝傾在兩軋輪上旋轉將硝軋碎然後傾入第二副相同之桶內惟其中軋輪面光無稜能軋成細末即落入圓柱形第六十號眼銅絲篩內篩之彼端略斜裝於軸上能旋轉將硝篩出卸於其下裝運之小車上有罩連車覆之俾細末不致飛散

提清之硝其中不免有潮濕須照預測定之表每日所提之硝均註明百分中所有之潮濕數

碾炭法　碾炭器形似研咖啡之磨上徑四尺六寸有餘漸削至底成尖形斗內有錐形心柱斗之內面並柱面均有斜稜數條其相距上寬下緊磨細之炭逐漸落下碾柱下有木棍以皮包之與柱同轉將炭末推入喇叭口通至圓柱形篩器篩長八尺六寸徑三尺裝法非平置與地面相交斜四度餘篩之周圍以三十二號銅絲紗包之每分鐘旋轉三十八次凡細炭不能過篩眼者逐漸斜下落於彼端之桶內以備再碾其已經過篩之炭末落於下面之櫃中即可備用篩時其上有罩免炭末飛騰本日停工時將櫃中炭末取出置涼器內以便存儲其收藏炭末之房

用瓦稜鐵皮葢造另在一處以防新碾之炭自行着火而爆炸

碾硫法　原來之硫係結成大塊須碾細此器係橢圓鐵桶內有兩鐵碾下有稜每次將碾提起置硝約兩擔半然後將碾放下有軸以皮帶牽連於汽機每分鐘旋轉八遍約十分鐘時硫已碾細可篩即從桶中取出再加塊硫碾之已碾細之硫傾入篩內由漏斗落下篩之周圍用三十六號銅絲紗眼篩出細硫落於下面櫃中可備製藥用篩中賸下之粗硫復移至碾器再碾之

上海曹永清繪圖

英國定準軍藥書卷二

英國陸軍水師部編纂　慈谿　舒高第　譯
六合　汪振聲　述

第六章　製造黑火藥法

黑火藥分三號

甲號細粒藥

乙號切形藥

丙號模式藥

製造甲號藥

此號火藥名目包括各種火藥以機器製成顆粒此機器有兩鐵碾與自行震動之銅絲篩牽連篩如長槽形斜向下篩底銅絲紗眼在第一段處較小第二段較大至底則逐漸加大所以火藥在第一段篩下之顆粒最細第二段較粗愈下則愈粗此號藥包括各種細粒藥與各種戰場礮並守臺礮所用者

以下係製顆粒藥大概之法如有相異之處下文須論及

製顆粒藥各法

一火藥各料秤法和法

二研和法

三軋碎法

四壓緊法
五成細粒法
六去藥末法　極細顆粒藥須加此工
七光藥法
八烘乾法
九製藥末工法
十調勻藥粒法

製造上列甲乙丙號火藥時其秤法和法碎法均照此處所載一二三款製之

一火藥各料秤法和法

秤法　各料移至和藥房在各相配之天平細心秤之各料均秤準一百磅爲一分惟硝中因含水若干每百磅須加若干以補足其含水之缺數甲乙號火藥均照常例硝居七十五分炭十五分硫十分未己庚號即來福細顆粒無彈己庚號即無彈細顆粒並快放礮炸彈細粒藥均以狗木炭製之申巳號即小粒藥四號未丑庚即來福大顆粒二號未丑庚無彈丑庚號即無彈大顆粒並炸彈內藥均以赤楊並白椰炭所製每次研和最多僅八十磅

和法　和藥之器係用礮銅即九分紫銅一分錫所合成者或紫銅所製其式如圓柱形桶約二尺九寸徑一尺六寸闊有軸穿過中心軸上配礮銅乂形輻八行牽連皮帶令其順轉圓柱形之桶又有皮帶令其反轉故軸與桶各照相反之方向而行每分鐘桶轉四十周軸轉一百二十周桶中之料調和至五分鐘自行傾入箱中經過漏斗上之八號銅絲眼篩可隔住提清硝時偶然落下之微細木屑或小銅釘或他項不應有之物在內然後漏入下袋紮其口以備運至研和廠中此爲淨火藥

二研和法

研和器見第四圖　此器爲圓鐵底或石底約徑七尺安置廠房地面甚堅固配鐵碾或石碾以邊旋轉於底盤上

第四圖
研和器具
乙　碾並盤底平面圖
甲　剖面圖表明一碾並巳巳架
丑　轟板　丁　淋水具
酉　水櫃　丙　盤底邊形
寅　機器地窖
淋水具之裝法其轟板適在碾具之上

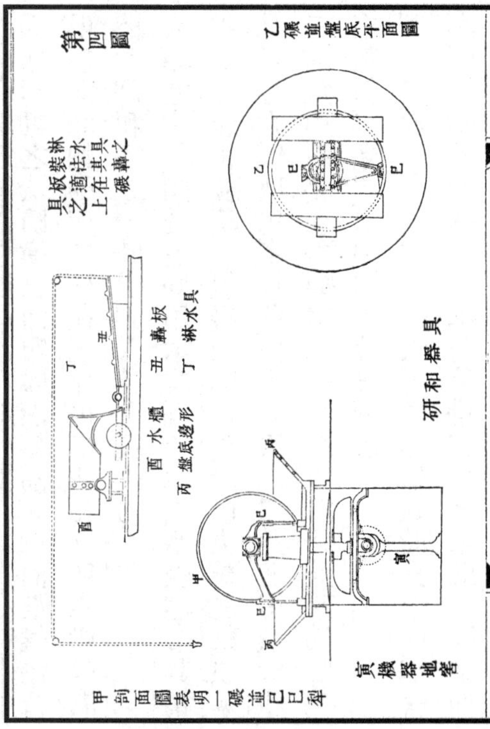

舊用石碾近改用鐵碾石碾徑約五尺十寸厚十四寸至十八寸鐵碾徑約六尺半厚十五寸石碾配石底盤鐵碾配鐵底盤每副有兩碾裝一橫軸上橫軸鑲礮銅套管裝於立軸上立軸穿過盤底與機器牽連向用水力磨其立軸與牽連之機器俱在地面上今用汽機磨則均裝在地窨內此窨四周以生鐵鑄成如一大鐵櫃石碾各重三噸每分鐘可轉七周半鐵碾各重四噸每分鐘可轉八周碾盤之邊上寬下縮如磁盤式碾盤中心有孔內鑲鐵圈爲立軸所穿過兩碾裝法與立軸心距有參差一近盤心一沿盤邊故碾路分兩道彼此相切立軸兩邊之橫軸各

有長短兩桿伸出如臂俱連有垂竿下接犁式之鏟如圖巳已立軸轉動時兩鏟隨之旋轉其長桿下之鏟掃盤邊之料短桿下之鏟掃近盤心之料俱歸於碾路使碾之均勻

淋水具　各研器上有一轟板如圖丑與水櫃牽連儻藥爆炸卽轟起此板帶動機關將水櫃傾翻令碾具之火立時撲滅且有橫軸與廠中各轟板牽連故一副碾具有不測其餘各水櫃俱傾倒不能延及他碾此轟板有牽繩穿過兩邊轆轤垂下繩端有拉手按之可令轟板抬起俾櫃中之水傾下

兩碾行動之法隨橫軸而順盤滾轉隨立軸而沿盤繞行俱在同時轉動與搗槌在擣盆內研法相同所以壓碎磨擦並調和各工一時俱到火藥和得極勻

火藥之生料傾於盤底用木爬鋪平以蒸水噴之令其稍潤如配製細粒藥只須碾四點鐘製未巳庚號之藥須碾八點鐘大礮所用之粒藥係未丑庚二四號者用鐵碾須三點鐘用石碾須再加半點鐘凡細末餘料並存儲巳久之陳料再碾之只須四十分鐘便足

潤水之數　火藥生料每次置研器盤底時其硝內本含潮濕計硝八十磅內有水合英權二斤之數此外陸續加

蒸水二斤至六七斤不等俱視藥與天氣酌定如此研和不致如灰飛騰若過濕則碾面卽有料膠黏之弊

盤底巳研和之藥膠黏成餅由盤底取出其形色須一律均勻不可有硝或硫之細粒隱然可見其有淡灰色或紫色者因所用之炭有分別也

研和之法須有熟習人細心料理可期藥勻淨而佳

此研結之餅須逐日考驗欲知其中潮濕之合否細粒藥百分中應有潮濕一分半至三分粗粒藥百分中應有潮濕三分至六分之數

三軋碎法

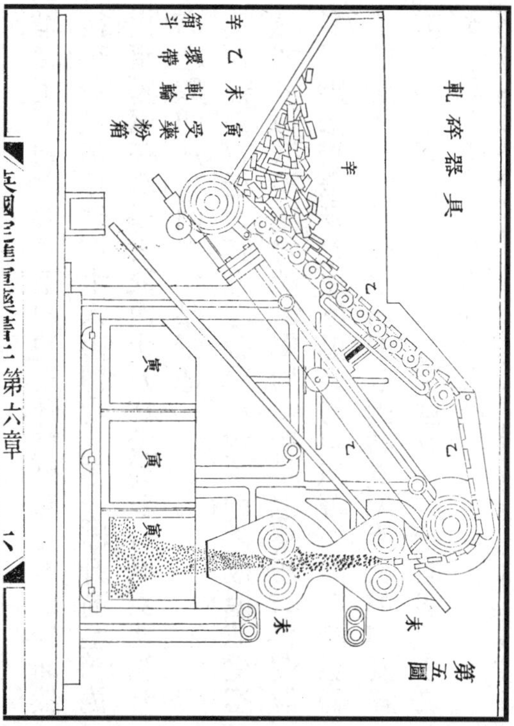

軋碎器具
辛
乙
寅
未
辛 箱斗
乙 環帶
未 軋輪
寅 受藥粉箱

第五圖

軋碎法見第五圖。研結餅由盤底取出，置木桶內送存棧，再移至軋碎器軋之。此器與第七圖製細粒藥器相同，惟機器較粗。

軋碎之法，將研結餅軋碎成粗粉，以便勻裝入模內。所用之器以礮銅製成堅固架，上裝配軋輪兩對，亦礮銅製成，如第五圖未未。每對軋輪一左旋一右旋，每對中有一輪裝令稍鬆，平時有五六十磅重錘抵住，不使移動。遇有堅硬之塊阻不能過，輪自行鬆開，待其塊落下，則重錘復抵歸原處。如此不致過受磨擦，有生火之險，最爲穩妥之法。圖內辛爲箱斗，可容料五百餘磅，裝在軋器之一端。有環帶如乙，以蔴紋布或篷布製之，寬二尺六寸。帶面上每四寸相距釘皮一條。此帶行過箱斗底之轉軸，升上至架頂之轉軸，將辛斗內之餅塊送至架頂，即落在第一對軋輪間。輪面鑿有槽紋，稍軋碎，即落至第二對軋輪。此輪面光滑無槽，故成粗粉，漏在其下之寅字箱。下有移動之架，以備送往壓藥房，再製成各式礮合用之藥。

四壓緊藥法

壓藥箱見第六圖，用堅固榆木製成，以礮銅爲架。箱方二尺六寸，深二尺九寸，有下垂之夾層，分爲兩隔。箱之三面用鉸鏈以便開合，或用螺釘旋緊。先將箱面盖以板，然後

第六圖

壓緊火藥之壓水器
甲 壓藥箱
乙 壓器方柱
丙 壓水器之壓柱
甲
乙
丙
地面線
地面線
進水路

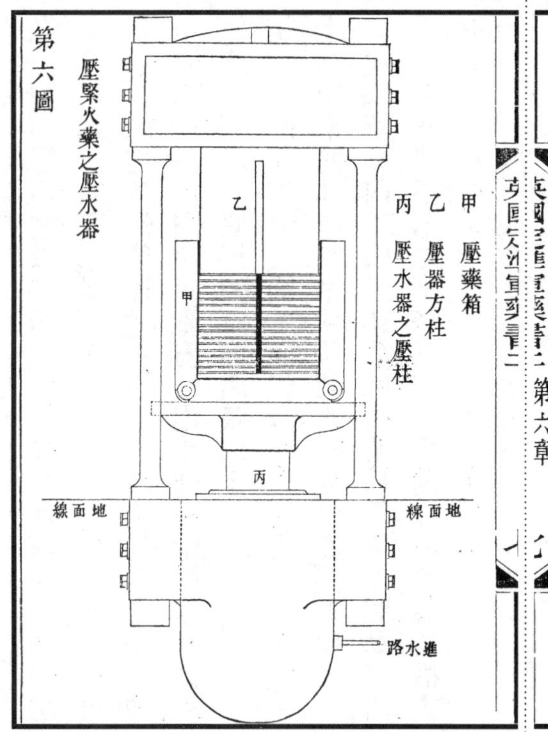

將箱側轉靠地開向上之側面將紫銅或礮銅所製之片長三十寸寬十四寸插在箱內每片相距闊狹照需製之火藥品類而定兩銅片中間夾以銅條令彼此分隔置藥後將夾條抽出箱之側面復行合轉旋緊可將箱扶起豎立

壓藥箱側臥時其中各銅片俱插妥將藥粉約八百磅傾入其內及箱滿則抽出其中隔開銅片之條將箱向上之側面合轉用礮銅短螺釘旋緊則將箱正面向上其中銅片平鋪在內去其面上蓋板箱之兩旁有耳由廠頂鐵軌上起重架用鐵鍊吊起移至壓水器壓柱頂之平臺上對準裝定不動之方柱下以便箱升高恰套在方柱外面然後可令轆轤抽動進水入壓櫃內其箱逐漸升高至箱內火藥壓緊在應得之數而止方柱邊刻有分度表明箱升高之數即知其內之藥壓緊地位

藥粉經壓有抵力其力之多寡均視藥內之潮濕並受空氣之多寡欲得藥之疎密率均勻所壓之藥粉數目潮濕多寡壓法緩急壓緊地位俱必均勻但藥粉內之潮濕總不能歸於一律往往由研盤取出時潮濕之數即勻及移至壓器上展轉即爲空氣之潮濕改變且壓時空氣中之燥濕不定所以壓力須分輕重也

藥已壓至應得之數壓箱口邊有彈簧即放開觸動機房牽連之鈴工人聞鈴響即刻停機待箱藥仍在壓定之度有數分時之久然後開通水管將水放出則丙字壓柱並甲字壓箱降下將箱由壓器移出用起重架吊起另置一處將箱側臥以便揭開側面將藥取出

箱之三側面螺釘旋開三面俱敞所壓之藥均成片長三十寸寬十四寸厚約半寸將此片敲成碎塊裝入桶內

在民設藥廠內不用壓藥箱但將藥粉置銅片間壓之所以藥片四邊俱不能緊密只取用中間方塊其餘均截去再壓

第七圖

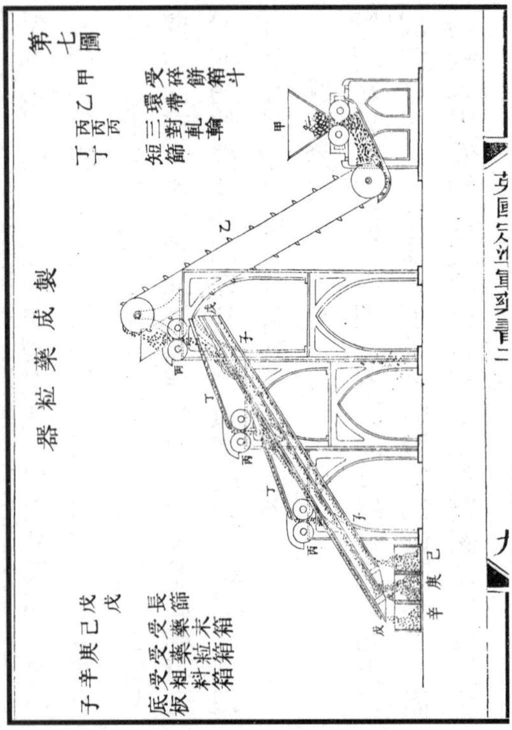

甲 受碎餅箱斗
乙 環帶
丙丙丙 三對軋輪
丁丁 短篩
戊戊 長篩
己 受藥末箱
庚 受藥粒箱
辛 受粗料箱
子 底板

製成藥粒器

五成藥粒法

製藥粒器見第七圖、此器以礮銅製成堅固架有礮銅軋輪三對如丙丙丙其式如梯級第二對軋輪在第一對軋輪下一級裝法畧斜第三對在第二對之下即最低之軋輪其面光無稜中間一對面有細稜彼此相距四分寸之一上一對軋輪之稜彼此相距半寸軋輪之裝法有一輪稍活動遇有堅硬之塊可以讓開待堅塊落下有抵制軋輪之重鎚令還歸原處與上軋碎器之法相同

此器之一端有箱斗如甲其中係壓緊之碎藥餅由粗稜之軋輪稍軋碎俾環帶載運升上與軋碎器相同及至架

頂即將碎餅傾在第一號丙字軋輪閒軋之更細落下至丁字短篩上其藥之較細者則篩下落於戊字長篩上較粗者落至第二對丙字軋輪中由此軋得更細落於第二之丁字短篩上其細者又篩下至戊字長篩內更粗者落在第三對軋輪閒將落於戊字長篩上

製細粒藥時丁字短篩用第十號眼之銅絲紗凡藥粒不能漏過第一短篩者則卸至第二對軋輪閒凡不能漏過第二短篩者則卸至第三對軋輪閒更有長篩兩副如戊戊上層篩用第十號眼之銅絲紗下層用第二十號眼此兩副長篩統裝在軋輪之下兩篩高低相距三寸許長短

篩各有挺簧裝在架上此架掛於長軸之有角輪上軸轉時架為震動甚急可令細粒漏過紗眼其粗粒則卸至以下之軋輪或至下端箱中凡藥粒細而能過十號眼之紗者則落於第一層長篩上漏下否則即卸入下端之辛箱中凡藥粒能過第一層長篩之十號紗眼者漏至第二層長篩此篩係二十號紗眼其眼較小一倍藥粒不能漏下故卸至庚箱中此係末已庚號之藥一箱已滿更有一箱推前接之其不能漏過第一層長篩者則為粗粒卸至辛箱中再傾入箱斗內復行軋過凡藥漏過二十號紗眼之下層篩即落在子字底板上而卸至已箱中名為藥末分

作每起六十磅送至研器內研四十分時取出以上為製末已庚藥之法如造他項藥所用銅絲紗之稀密須照顆粒大小配之

此機器又可製造第二第四號末丑庚之藥惟所用銅絲篩眼之疎密不同耳

六去藥末法

放空槍空礮藥並快礮炸彈藥及末已庚藥二號者係用狗木炭製之故成細粒後其中藥末較大礮藥中之細末更多須用圓柱形之銅絲紗篩去其末此器斜裝四角度長七尺十寸徑一尺五寸兩端開通中有輻連於橫軸上外

罩二十號眼之銅絲紗此號紗爲製戊己庚藥用者如製空槍炸彈藥須用三十六號紗眼此器每分鐘旋轉四十周旋時藥由上口箱斗卸至斜下之旋罩內由下口落在接藥之桶中此器外有套收飛騰之藥末待積聚已多用研和器復行製之

七光藥法

放空槍空礮藥 快礮炸彈藥 未己庚藥二號 此等藥先經過銅絲紗篩然後傾入光藥桶見第八圖此桶長五尺徑二尺有半每分時旋轉三十四周每桶傾藥五百磅如備空槍炸彈用者則旋轉五點鐘未己庚藥則旋轉八

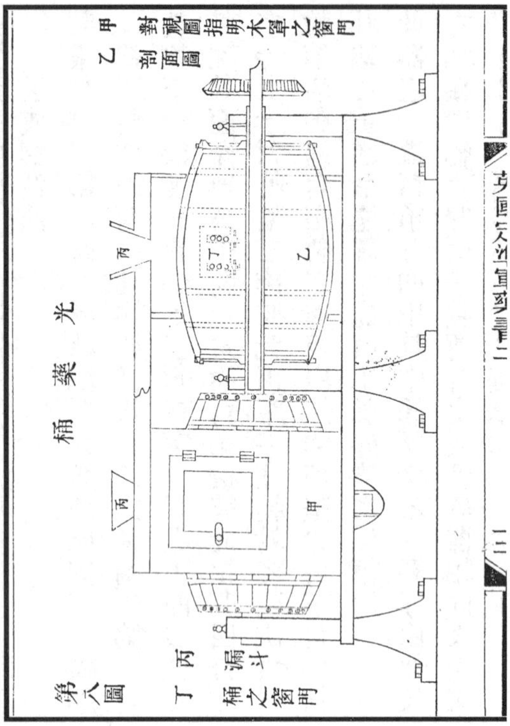

甲 對觀圖指明木罩之窗門
乙 剖面圖
丙 漏斗
丁 桶之窗門
光藥桶
第八圖

點至十點鐘如此便黑而光亮因藥粒彼此相擦旋轉而生熱故也然後將藥卸裝於接桶移至另一斜紗篩復行篩之此篩之銅絲紗眼用二十號係篩未己庚號之藥用三十六號係篩空槍炸彈之藥然後用十一號眼之篩將大粒隔住令合式之藥篩下入於接桶以備烘乾

未丑庚二號未丑庚四號 此兩種藥可在原光藥桶旋轉兩三點鐘令其光亮當時每百磅藥內加黑鉛粉約一兩許其光彩更美

光藥廠中所用之桶裝於軸上每軸貫以四桶各桶均有木套如圖甲上下有漏斗以便裝卸每次光藥二十桶每

桶百磅共二千磅

八烘乾法

各等火藥烘法均同 烘房裝熱汽管四面有架每架有七八格下通熱汽管上擱藥盤盤用木框以篷布爲底長三尺闊一尺六寸深二寸半可置藥二十餘磅每次烘藥約五噸

烘乾時刻並熱度多寡均照各等火藥之性與其中潮濕之多寡而定放空槍藥與炸彈藥須烘一點鐘當時房中熱度照法倫海寒暑表一百度未己庚藥二號須烘二點鐘之久熱度仍照一百度未丑庚二號並未丑庚四號至少須烘

二點多至四點鐘寒暑表仍一百度表之熱度須逐漸升降

廠房平頂與屋頂裝有通汽管俾火藥經熱氣烘出之潮濕隨房中空氣出通氣管騰出牆腳又有通氣管令外面之冷氣沖入將含潮濕之熱氣逼由上管騰出若含潮濕之空氣不如此去盡則烘法猶未精因房間熱度減時空氣變冷而潮濕凝結復散入藥中則前功盡棄矣

九製藥末工法

各種顆粒藥烘後稍有細末須去之且加其光彩此為末次之工其法用平臥紗篩如第九圖甲篩用圓柱形木框

平臥末工紗篩通長剖面圖

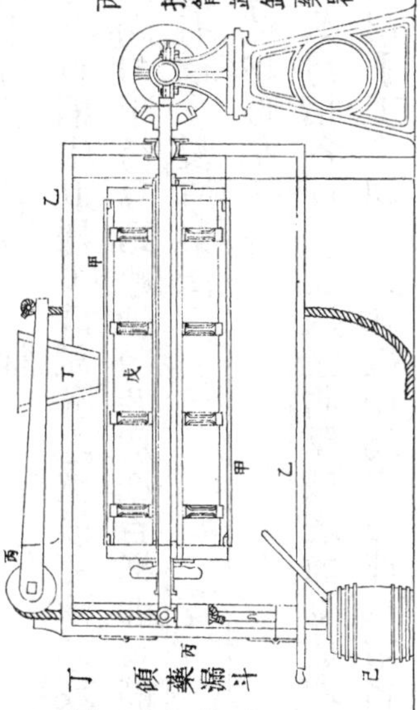

第九圖

甲 紗篩
乙 紗篩木套
丙 接篩端卸藥器
丁 傾藥漏斗
戊 紗篩接藥口
己 裝藥桶

長八尺二寸徑二尺二寸蒙以十八號眼之粗紗布每分鐘旋轉四十五周每次每篩置藥約三百磅每篩有木套如乙免藥末飛散套上有漏斗如丁與紗篩接藥口戊相對惟卸藥則用丙字接篩器將篩之一端挨低旋開篩端螺絲火藥即卸於己字裝藥桶內

末己庚二號藥在此紗篩旋轉二點半鐘之久雖不加筆鉛已有光彩

末丑庚二號並末丑庚四號藥亦在紗篩完工只須旋轉一點半鐘耳

十調勻藥粒法

近年來藥廠中有調勻藥法令傳火之功效愈加勻稱即如將同號之藥置各光藥桶中攙和每次可調勻十六桶以前所用之法將兩桶藥和在烘盤傾入平臥末工紗篩內現在調和之法愈精而簡便即用一木漏斗內分四格格底均有扇門可同時啟閉即將藥傾入漏斗各格中然後將扇門一開四格之藥同時漏入光藥桶俱一律均勻如此一次可調藥許多照此法各種火藥均可令其勻稱周到但藥愈細而調和愈勻

各大小顆粒藥調勻法　先將已光之藥四起傾入四格漏斗中裝滿六十四桶即廠用之桶每桶約一百餘磅然

後鋪在篷布盤內烘之烘後傾入平臥末工紗篩旋去其細末再傾入四格漏斗中漏下裝滿五十桶再調勻一次然後漏下分裝一百或二百桶

由每起一百桶中取樣少許試驗之然後每兩起或三四起合共調勻平常每四起調勻裝成四百桶即可備用

第七章　製造藥法

乙號切形藥

此一類藥包括各種藥製成後將壓成之餅切成塊或用機器或用手工先切成長條後切為立方塊尋常名為立方藥現英國官廠只製立方藥一種計大八分寸之五即

申巳號藥也

其研和並軋碎法與製甲類藥同申巳號藥用赤楊白椰燒四點鐘成炭研三點鐘之久其中潮濕比小礮所用之藥內潮濕較多

壓緊法

製甲巳藥不用壓藥箱用金類板在壓水器之壓柱頂壓緊每板上加木框高一寸零四分之一藥粉塡實框內用木條將面上刮平去其框再置金類板一塊如前法加框塡藥逐層疊之每次用金類板二十七塊壓成藥餅二十六片

木框之上口鑲薄木片一條使藥餅壓成一淺槽以便折斷分為兩塊易於取攜

切藥塊法

由藥餅製成申巳藥塊特有機器係𨫼銅料所製配軋棍兩對棍上有通長刀口裝於堅固木架內一對直裝一對橫裝彼此方向成九十度角各對棍之軸心綫恰在垂綫面即每對兩棍上下裝之兩棍刀口彼此相距之數須照應切藥塊之大小而定

工人用手將藥餅平送於直裝之軋棍切成條用環帶移至銅板送入橫裝之軋棍切成方塊已成塊之藥落至桶

中送光藥房加光

用此機器每百塊中可得齊整立方藥九十塊其餘不方正者剔出再製

光藥法

申巳藥塊中之細末不多無須篩過即由切藥器徑移至光藥桶見第八圖每次可光藥五百磅

用此法加光此種藥不及細顆粒之光亮惟將其稜角磨光且在桶中轉時磨擦生熱愈令藥塊之面堅硬無多末故燃火之性較緩申巳藥塊光藥四點鐘之久然後用八分寸之三銅絲篩眼篩去其碎塊

烘乾法

烘乾申巳號藥與烘細粒藥法同，惟需時較久，須三十六點鐘，當時熱度照法倫海寒暑表一百三十度，烘時藥須平鋪盤內，不可堆高。

末工法

製申巳號藥之末工，有木漏箭，如第十圖，係花鼓桶式，每次可容藥十六桶，箭如鳥籠，每根肋骨相距恰將粒藥隔住，俾細末碎塊漏在外套內，此箭旋轉四十分時，然後加純淨筆鉛末，每藥四百磅加筆鉛二兩，分裝小紗袋內，將桶再轉二十分時，即完工。

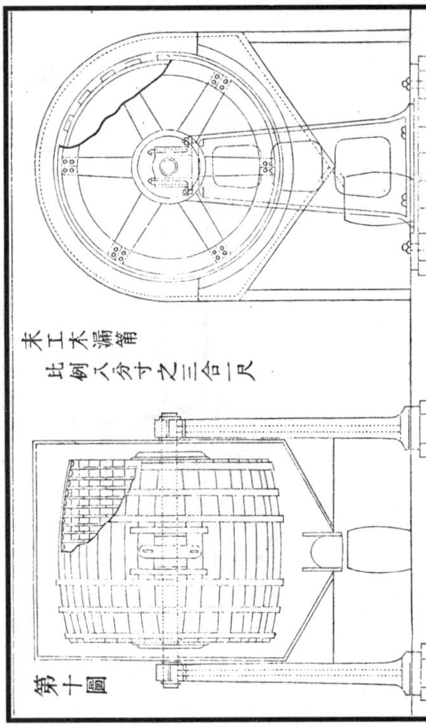

調勻法

光藥每起十六桶，每桶一百磅，取此光藥八起，每起中抽出兩桶，在木漏箭和之，裝十二桶又四分之三，及八次調和完工，共裝一百零二桶，每桶有藥一百二十五磅，將此一百零二桶先分四分，每分五十一桶，均在四格漏斗中漏過，此漏斗與調和甲號藥之漏斗同，再將每分五十一桶中每次各取一桶，分五十一次調和，仍用四格漏斗漏下，如此法可得一百零二桶極勻之藥。

第八章 製造藥法

丙號模式藥 又名晶式藥即栗色六角藥

此號火藥包括各種用金類模壓成各大小顆粒或塊之藥，現在英國水師陸軍中所用之晶式藥，如 黑晶式藥 紫晶式藥。 申乙丙號。 戊地戊號。

製造晶式藥之機器，如第十一圖。 一厚金類板一塊，中有許多模眼，火藥裝在其內，如圖丙。 二壓緊藥之搗頭，如戊，與模眼相對。 三燐銅打眼針，穿過搗頭，為打藥眼。 四藥盤，如甲，將藥傾勻各模眼。 五另有將壓成藥塊推下法。

製晶式藥所用之細粒藥，其逐次製法與第六章製甲號藥法相同。

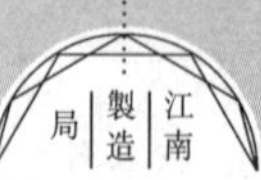

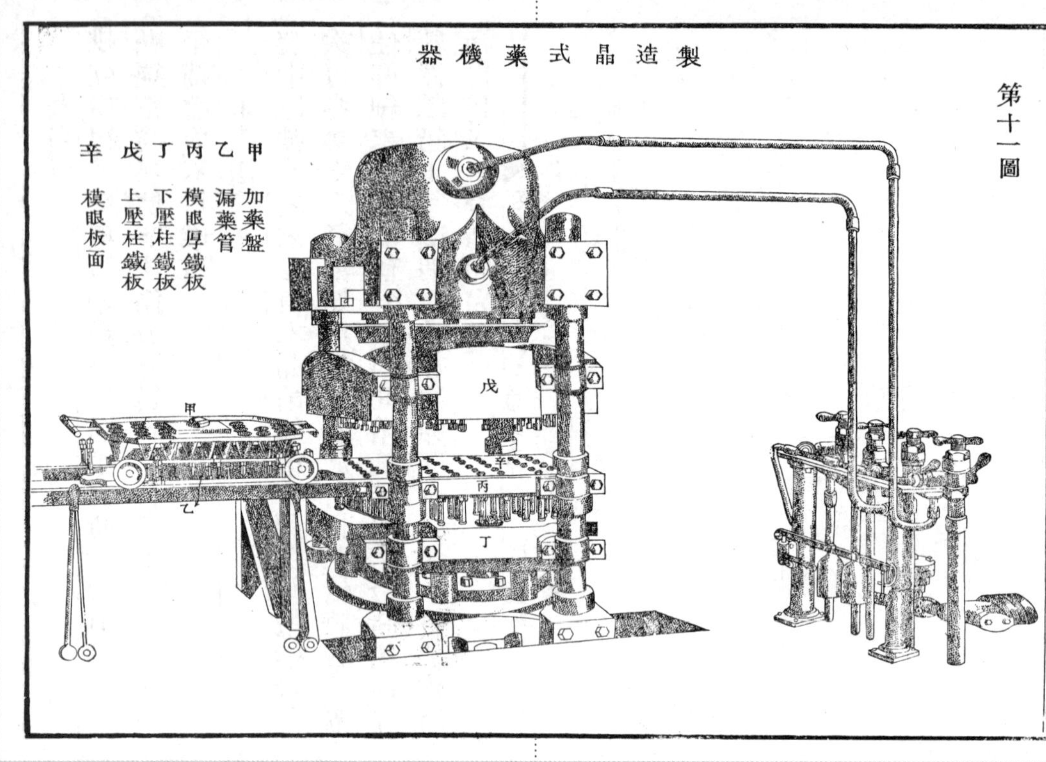

此細粒藥照第六圖之壓緊法壓成藥餅又照第七圖法製成藥粒經過八號至十六號眼之銅絲篩將不合式之藥粒令經過斜紗篩然後與總共之藥相和

紫晶式藥　甲乙丙號　戊地戊號　此三種藥製法不同特用一種炭其所用各料分劑開列如下

紫晶式藥　硝七十九分　炭十八分　硫三分

甲乙丙號

戊地戊號　硝七十七分又十六分之六　炭十七分又十六分之十　硫十分

成模式藥法

將藥成模式或壓緊成塊則用壓水櫃或用凸輪機器

壓水機器如第十一圖每次可製成模式藥六十四塊係用聚壓力之器而成此機器有上下兩壓柱下柱之頂有厚鐵板如丁板面有搗頭六十四個上壓柱亦有厚鐵板如戊下面照數有搗頭丙字模厚鐵板在丁戊兩板中間壓藥之法將甲藥盤拉出用漏斗將細粒藥傾滿然後將盤架推於模眼板面辛上扣住盤架下面有漏藥管如乙每管適與辛板六十四個爕銅模眼相合用桿擊動漏斗中之藥落在漏管內每管藥數適足製成一塊另有一桿擊動漏管之藥令落在模眼內即將盤推出然後將水管舌門旋開進水至上水櫃令壓柱降下將模眼塞住又進

水入下水櫃令下壓柱推戊板上升如此模眼內之藥即上下壓緊

壓緊藥之久暫須照空氣之燥濕與所需藥之堅實而定即十秒至二十秒時為止壓緊後將上壓板連搗頭升高令下壓板連搗頭提上將模眼中已成之晶藥塊挺出在辛字模眼板面另用平板一塊將藥塊推至其上而移去以便甲字加藥盤復行推進加藥壓之晶藥管中間之眼在壓藥時用爕銅針由下鐵板貫穿下搗頭刺過晶藥塊而抵進上搗頭如此則藥在針之四圍壓得勻密將下鐵板之搗頭再挺高惟爕銅針不再升上故晶藥塊能離針

而推出照此法壓成晶藥塊只須二分鐘時

凸輪機器如第十二圖用水力運動壓成晶形藥塊其總軸如乙兩心輪如甲甲自行甚速每次壓成晶形藥六塊又有漏斗如丙為漏細粒藥用下有加藥盤如丁此盤有機關可進退受藥後進至兩搗頭之間待藥落至庚字模中仍退至漏斗下丁盤牽連之曲拐如戊與己字凸輪牽連藥在庚字模中為爕銅搗頭辛辛相壓此搗頭裝在座上如壬壬晶藥塊中之眼用癸字爕銅針刺之針裝於壬座上兩心輪行動時其力甚大非惟可令藥塊得所需之疎密率且可令晶形藥塊之面堅而光所以藥傳火較緩

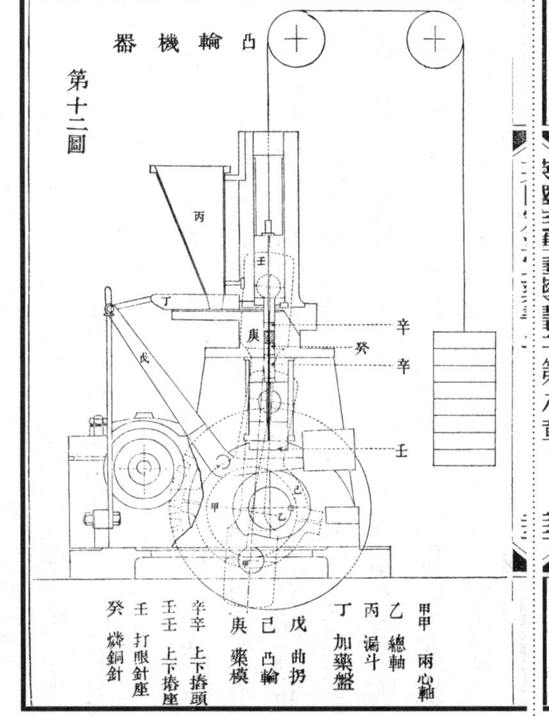

第十二圖

甲甲 兩心輪
乙 總軸
丙 漏斗
丁 加藥盤
戊 曲拐
己 凸輪
庚 藥模
辛辛 上下搗頭
壬壬 打眼針座
癸 爕銅針

免礮膛驟受炸力之弊因第十一圖壓水器所製成藥塊面稍毛糙傳火較速難免礮膛驟受炸力

烘藥法

此種晶形藥又須置烘房籧布盤上烘之晶形藥本有兩號如申乙丙並戊地戊烘時之久暫熱度之高低各不同其黑色申乙丙藥須烘二十四點鐘照法倫海表九十度之熱紫色戊地戊藥須烘三十六點鐘照法倫海表一百四十度之熱

調勻並裝藥法

製成之晶藥塊（如六角式及栗色藥）細心攙和每箱裝一百磅每起有一百箱其調和法由各藥桶中分取數塊在箱內鋪成一層即照此法逐層加滿

申乙丙並戊地戊號各裝成六百十二箱為一起此兩種藥塊之分別申乙丙黑色塊頂上有一大凹戊地戊紫色塊頂上有兩小凹如下圖

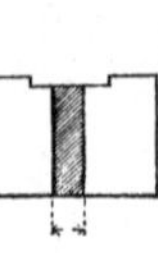

第九章　試驗火藥法

試驗火藥須按以下各款確切查知

一火藥之顏色合否光亮足否硬性脆性足否有細末否以上各節熟諳之人一見即能分別欲知藥之潔淨與否在藥桶內用勺掐起少許向亮光提高二三尺倒下如有細末即可立見

二火藥研和法勻稱否　先將藥少許置於玻璃片或磁盆銅盆上燃火試之或裝藥於小銅管內覆置盆底不致鋪散如藥研和勻者用燒紅之鐵絲引火立即轟起稍有微細火星盆底畧有煙迹儻研和不勻轟時則多微細火星盆底膩有污穢渣滓即未曾研和之硝與硫也火藥製法不合易於覺察但照上言燃轟之法亦須熟諳人試之方妥因緩火燒成之炭不及大熱度燒成者製藥有燃轟之妙火藥雖初製研和甚合一經潮濕即燃轟有弊因其中之硝必有數分消化也

三藥粒之大小式樣並勻稱數　切形藥或模式藥之大小必須確實量準晶式藥之大小用金類架試之須有數塊恰嵌在架格上細粒藥用兩種篩一篩出最大之粒一篩出最小之粒如末已庚（二號）藥先用大眼篩每方寸有十一眼後用細眼篩每方寸二十眼此篩法尚未計及藥中各等顆粒所居分數假如有一種末已庚（二號）藥之顆粒均能漏過十一眼之篩或均不能漏過二十眼之篩此兩種藥在燃放時其效各不同欲免此弊須

用三種篩即每方寸十一眼十六眼二十眼三等各藥粒先漏過十一眼篩然後將藥分為十六分內十二分留在十六眼篩上其已漏下之四分中至少須有三分留在二十眼篩上至多十六分之一漏過之顆粒須堅密不可成片或成扁形

四疏密率先秤火藥一百格蘭姆傾入皮安齊所製測疏密率器內此器有玻璃管與玻璃球相連隨意可分開球之上下有活塞下活塞與抽氣鞲鞴相連將球中空氣抽出復行關閉即開上塞令水銀漏滿玻璃管與球內又將上塞關緊將球取出細心秤之一球中全貯水

銀第二球內貯水銀與火藥兩球之重數不同全水銀之球較第二球更重其相差數即火藥重數此重數物質之疏密率有表可查如較未丑庚號二更大之藥塊須先在擂盆擂碎將細末篩出秤之如火藥有以下情形者

申＝試驗時水銀重率

天＝一玻璃球全水銀之重

天＝一玻璃球藥並水銀之重

火藥疏密率＝(申乂一〇〇)/((天丅天)丄一〇〇)

如無上表可查即照上列算式推算又可知其疏密率假

如

一玻璃球全水銀之重　四一三八格蘭姆

一玻璃球藥並水銀之重　三四三四格蘭姆

以上兩數相減得　七〇四

八十熱度時水銀之重率　一三·五六

火藥重數　一〇〇

然則 (一三·五六乂一〇〇)/(七〇四丄一〇〇)＝一·六八六 即此藥疏密率乃第一測量法也

測量晶形藥塊之疏密率有更妙一法即用浸量疏密率器

此法所用之器下腳有水銀盆中有空心銅柱柱腳有三叉將藥塊箝住銅柱中有針垂下針上刻有度數指明藥塊浸入水銀內之深淺柱頂上有秤盤置法碼用此器測量疏密率即取晶藥數塊或十塊先在空氣中秤之記其共重之數以十約之則得其折中數然後以叉箝之在秤盤上加法碼令藥塊降下及針尖與水銀面相切至藥塊浸入水銀為止每塊浸下所用之法碼重數先記之然後將其共數以十約之得其折中數藥塊在空氣中所得折中數並浸入水銀中之折中數已得即與表相對而檢其疏密率數此即用浸量疏密率之法也

浸量疎密器中之墜下重數與第一測量法之減乘數相合如

火藥之重數　　四八一·六格蘭姆

墜下重數　　三一四〇·〇

八十熱度時水銀之重率　　一三·五六

然則 （一三·五六乂四八一·六）／（三一四〇丄四八一·八） ＝ 一·八〇三 即此藥疎密率乃第二測量法也

五潮濕　先將藥塊少許畧研碎置於玻璃盤上秤準一百釐傾於有蓋之玻璃盤內先去其蓋襯在盤底用一百六十度熱水令乾黑色藥須一點鐘紫色藥須三點

鐘乾後將蓋揩淨覆在其上置於玻璃罩中二十分時待涼然後再秤之較前減少之分兩即其中之潮濕數也

六測潮濕法　此法用夾層之箱內層以銅皮製之外層用堅木製之其夾層空處實以不傳熱或不傳潮濕之料此夾層箱有兩孔可用寒暑表由孔插進所試驗之藥置於能移動之銅絲盤上盤置銅箱內半高之處銅箱裏邊四周裝槽與盤同高槽內置消化之硝箱底亦置此硝

將各種火藥二百釐置於各小盤內盤均以銅絲紗為底將各盤俱置箱內然後將夾層蓋用螺絲旋緊在蓋眼內插寒暑表以誌其度數小塊之藥置此箱內二十點鐘大塊須四十八點鐘然後記箱內寒暑度數啟其蓋將藥取出秤之較前加重之數即其所收之潮濕數以此數與火藥前有之潮濕數相併即得火藥能共收潮濕之力也

緩火燒成炭所製之藥其收潮濕較燒透之炭所製者更易狗木緩燒之炭並緩燒之柴草炭吸潮濕較高熱度所燒之平常炭更速故以此炭製成者收潮濕愈速所以未已庚二號藥並一號晶形紫色藥須存儲乾燥之

處或置於不通空氣之箱中

七燃放試驗　甲　礮口速率　試驗所用之槍礮須與水陸軍所用之槍礮畧同試驗時各情形亦須相同即藥之多寡彈之大小並疎密率與水陸各軍中相同記礮口速率法有蒲倫賽之記分秒器此器距礮口若干碼設第一鐵絲網更距若干碼設第二等網此網以銅絲牽連電具彈子穿過此網時電具立刻記其彈行之時刻即礮口之速率也試驗各種火藥須放礮數次視其每次速率是否相等

乙　礮膛所受藥之壓力　各種礮藥之壓力不可過

以下第六附編所載各藥壓力之限制測算壓力法卽用壓力表此表係礮銅所製形如盤盞可置銅餅一塊銅餅性質較輭經火藥猛力壓之變薄此減薄之數由所刻分度而察知此表或置礮膛底或裝在彈藥裹底均可

丙　命中　槍藥裹所用之末已庚二號藥製成藥裹後須在華立志官廠再行試驗試時槍距靶五百碼遠每起藥所試之各情形須註明簿上

第六附編記各藥礮口速率應至之遠近並礮膛應受之壓力數並註明藥之各情形相合然後准領

八火藥各料之分劑相勻數與其質之潔淨此在華立志廠之化學房試驗如下

第一　硫　取火藥十釐至二十釐加濃硝强酸並鉀養綠養五用緩熱度令其消化其中餘多之硝强酸則加熱度令乾以清水化之此消化流質中則加鋇綠將化成鋇養硫養澄定於底傾出上浮之流質而將澄定之質加清水屢次煮而漂之此乃潔淨鋇養硫養三秤其分兩卽可算其中之硫數也

第二　硝　先取火藥八十釐加以沸水將其中所有之硝盡行消化以漏斗濾之將炭與硫分出其濾下之

流質加熱令乾而秤之卽得藥中硝之分數也

第三　炭　火藥中已得硝硫兩數在藥之總數內除去此兩數所餘卽炭之數也

軍中所用黑火藥之勻稱分劑如下

乾火藥一百分

硝　七五·〇〇

硫　一〇·〇〇

炭　一五·〇〇

尋常所用黑火藥百分中之硝不可少於七十五分不可多於七十六分此硝三千分中綠氣不可多於一分

鈉不可多於四分黑火藥百分中硫居九·五至一〇·五

九黑火藥之分類如下表

第一類礮彈通用

申乙丙

晶形紫色

晶形黑色

晶形二號　一俱新藥

戊地戊　二俱存庫查驗可用儘先發

巳二號

巳

申巳、
午巳一號、
寅庚、
丑庚、　三繳回藥並礮藥裏查驗或
有損
未丑庚
未丑庚二號、
未丑庚三號、
己庚　四復行整理尚合用、
未己庚

未己庚二號、
手槍藥、
來福手槍藥、
第二類空放用、
丑庚粗粒改製、　一此藥乃丑庚未丑庚未丑
庚二號藥由裝箱或礮藥裏傾
出因多末或碎塊只能改為
空放用、
丑庚粗粒新製、　二特因空放所製者、
己庚細粒改製、　一己庚未己庚未己庚二號並

手槍藥多末並碎粒改製為
空放用、
己庚細粒新製、　二特製為空放用、
第三類炸彈用、
巳號　一巳並申巳藥由裝箱或礮
藥裏傾出多細末碎粒不能
改製仍作第一類礮彈通用、
又巳號　二特備炸彈內用者、
午己快礮用、　由午己一號裝箱傾出或由午
己彈裏傾出因有弊不能改

製仍作第一類礮彈通用、
丑庚粗粒、　丑庚未丑庚未丑庚二號未丑
庚四號由裝箱傾出或由損壞
彈裏傾出多末或過碎不配
空放用、
己庚細粒、　己庚未己庚未己庚二號並手
槍藥因多末或碎粒不配空
放用、
快礮用之細粒、　專製為炸碎此礮三磅並六
磅彈之用、

第四類有可疑之藥須待試驗而定

第五類軍中不合用之藥 凡不能歸一二三類用者尚可在轟山礫石等工用之或售於民間作工藝等用

第六類廢藥 凡由炸彈並藥裏中提出作廢之藥須將其中之料提出惟內有能自行着火者則須速浸水內方妥

以上第四類之藥須送至頗斐利特之藥庫以備查驗可否派作第一二三類用或歸於第五六類用凡查得

軍中合用者以第一類丁標記凡可為空放用者即以第二類丁標記均送至華吞阿培廠酌量改良改良之藥須特記明並照新製之藥一律化驗且燃放之

第六類之藥須作廢或送至華吞阿培廠提出其中之硝以備復用

上海曹永清繪圖

英國定準軍藥書卷三

英國陸軍水師部編纂 慈谿 舒高第 譯
六合 汪振聲 述

二編 製造棉藥 淡氣格列式林 柯達無煙藥

第十章 棉藥並淡氣格列式林源流 化學物理之性質

考棉藥之源流在一千八百三十六年法國化學師孛拉康拿查有名寫留路司如小粉木紋質並相類之質浸於硝強酸內則變為易燃之物總名歲路以亭越六年更有法國化學師配路斯接續試驗更查得紙與細蔴並棉花

各加冷濃硝強酸浸之少時然後以清水漂去餘多之酸變成易爆炸之物而其形仍與原質無異當時查得此種物質不過為化學中一奇異之事不料後來其功效極大較之數百年前所查出之硝同有傳火之功蓋兩項中之原質均以硝強酸為主硝係硝強酸所合成硝強酸中硝氣與養氣相合因係流質其燃火之性較硝更急如將濃硝強酸澆於極細炭質上能速燒將硝與炭末相和須另加火方能燃可見硝之定質燃火較緩也

此物質雖經查出尚未施之實用及一千八百四十六年德國化學師訓彭查出棉藥較黑火藥更佳因燃後無渣

滓卽無煙霧等質其製法將提淨之棉花浸於濃硝强酸中然後在清水內屢次漂之此後又有化學師克拿布於硝强酸中加以濃硫强酸用硫强酸將硝强酸中微有之水盡數收吸並收去製棉藥時所結成之水然後將棉藥提出在清水之中漂去所含硝硫强酸之微迹此卽棉藥也

棉藥已經查出與格致工藝大有相關歐洲急考究爲軍火之用廣爲設廠製造在英國斐浮沙姆地方有好耳父子兩人始行創製將鬆棉藥裝緊在堅厚紙裹中以便轉運後來該廠有爆炸之事歐洲各國亦均有此不測之禍

遂令人驚疑以爲不合用當時化學家尚未確知其性質不得其用法故棄置已久也

後有人細心考究棉藥並其同類次等之質方知以前爆炸之故一因棉藥中尚含自由之酸質卽係未漂淨者一因其中尚有酒醋內易消化之淡氣質此係棉花中本有之松香類質並油膩質所變成者雖經鹻類漂洗仍有微迹雜其閒此等物質一遇熱或遇光立卽化分而結成淡氣酸質其變化之性較棉藥更急現又知壓緊棉藥收藏之數多者其中雜有以上之物質變化積熱致有自行爆炸之患

奧國礮隊統領方倫克深知棉藥將來定有大用常細心考驗改良之法必須漂洗潔淨曾在營中試用以代黑火藥尙未合宜因其傳火有特別之性不能限制又疊次試驗在空氣中燃之與前不同深望其能成軍中利用之品故在該國設廠廣行製造一千八百六十二年奧國之野戰礮隊所用礮彈均改裝棉藥按方倫克之法先取長絲棉花紡成各粗細鬆緊之紗與線然後絞之編成綆繞於搖車上或繞成藥裹形如此令棉藥中之養氣不足盡化其中之炭質故傳燃時結成許多炭養與空中養氣相遇卽燒成炭養氣方妥若不照上法棉藥旣空鬆燒旺之炭

養卽速透入絲紋內令其盡燒過急如將棉藥壓緊其中結成之炭養不燃而騰出則將熱氣帶去燒之甚緩照方倫克此法棉藥在空氣中或稍關緊之處其傳燒之勢可稍減不致過猛但在礮膛關緊處仍無善法以制之因燒旺之氣爲周圍之大熱並漲力立逼透入棉藥緊密之絲紋中依然猛烈故在礮膛用之亦無濟因此奧人廢棄之而當時英人接踵考求此事因有博士哀白耳廣爲試驗卒得善法製成利用之品不但將其中餘多酸質盡行漂去且製造時又能潔淨並將其料用法切之極細然後用壓力壓成緊密勻稱之塊此製法裨益甚大下章詳論及

華吞阿培廠仿其法以製之此法之益處大畧如下
一前用長絲棉花其價甚貴現用紡織廠之廢棉花故製成之棉藥其價較前甚廉
二用機器鬆開棉花絲紋並切之甚短令强酸透入較前用棉條更浸得飽足
三仿造紙法將已成之棉藥成漿令其中餘多强酸並穢物盡行漂出
四棉藥漿用壓水櫃可隨意壓成各等緊密並各式之塊
五照此法製棉藥可免危險非但在濕時可製造存運即濕時又能令其爆炸

在一千八百六十五年棉藥初行時尚不知壓緊之利用後查得有壓緊之法可以制其猛力但棉藥驅前之力尚未確實決定而轟毀之猛力已無疑義然欲得其極大猛力須四面關閉甚緊但又減其驅遠之勢在一千八百六十九年英國化學師白朗查得壓緊棉藥中稍加汞震藥在毫無關閉之處可令悉數齊爆初以為乾棉藥相宜後查得即濕棉藥壓緊用此法亦可爆炸只須稍加乾棉藥再加汞震藥或乾藥不加但多加汞震藥亦可哀白耳用拿勃耳之測時鏡查得濕棉藥之齊爆法較乾藥更速

自初查出後各國常試驗能否令有驅前之用十五年前只有許耳子所製之藥稍稱合用係用一種淡氣寫留路司即木質絲紋浸於硝强酸而成者惟此藥只配打獵槍用
及一千八百八十五六年間初用小膛來福連珠槍歐洲各國均以此種槍須用一種無煙火藥彼時將淡氣寫留路司復加試驗改良合用無弊但雖用壓水櫃之大力將淡氣寫留路司壓得甚緊仍有細孔不能在關緊處令其傳火一律均勻後設法將淡氣寫留路司消化成膠然後烘乾則堅硬勻淨毫無細孔只能由外面包燒而漸入中

心在未烘乾前尚有稠性可軋成片抽成條待乾即切成大小圓片並圓條各式現在無煙藥均照此法製成惟造法間有不同往往於淡氣寫留路司之外更加他種合料此料或有炸性或全無炸性惟取其和淡之意此種雜質爆藥在歐洲用之甚廣英國軍中尚不用故不詳述
寫留路司係植物中最要之物質棉花係極純之寫留路司其中之原質分劑係炭六輕十養五尚有金石類為數甚微合以硝强酸則化成一種淡氣物質名曰淡氣寫留路司此淡氣寫留路司之種類甚多全照所用硝强酸之濃淡而別且製造時之寒暑度數浸入强酸之時刻並寫留路司

之細碎等均有關係須分等次在製造時所用之硝強酸先與硫強酸調和硫強酸能收吸硝強酸與寫留路司合成時所發出之水否則必將硝強酸逐漸變淡而生弊初化學家以淡氣寫留路司爲淡氣代質和物即寫留路司中之一二或三分輕以一二或三分淡養代之如下式

炭$_{六}$輕$_{十}$養$_{五}$⊥三輕淡養$_{三}$‖炭$_{六}$輕$_{七}$(淡養$_{二}$)$_{三}$養$_{五}$⊥三輕$_{二}$養

寫留路司　硝強酸　棉　花　藥　水

現在化學家以淡氣寫留路司爲淡氣代質和物惟前以一二或三分輕代一二或三分淡養者今以一二或三分淡養代之如下新式

炭$_{六}$輕$_{七}$三(淡養$_{三}$)養$_{二}$⊥三輕淡養$_{三}$‖炭$_{六}$輕$_{七}$三(淡養$_{三}$)養$_{二}$⊥三輕$_{二}$養

寫留路司　硝強酸　棉　花　藥　水

可見新式代質中之養氣分劑更多較舊式更加猛烈黑火藥之能爆炸因其中有傳火之物如炭並有助燒之養氣相合淡氣寫留路司之爆炸情形因淡養中之淡與養彼此無大愛力且寫留路司中之炭並輕又有許多養氣相和所以一經熱或擊動其中原質變換方位較黑火藥更速由此發出許多氣質並水汽經猛熱異常漲大適合軍火之用

前已言寫留路司與淡氣相合之物有數種其分劑均照

所用硝強酸之濃淡即所成合物中之淡氣多寡最濃一號合物之化學分劑係炭$_{六}$輕$_{七}$養$_{二}$(淡養$_{三}$)$_{三}$其次如炭$_{六}$輕$_{八}$養$_{三}$(淡養$_{三}$)$_{二}$並炭$_{六}$輕$_{九}$養$_{四}$淡養$_{三}$淡氣寫留路司爲爆藥之用更有兩種分劑即在以脫並酒醕和流質中易消化不易消化者或在淡氣格列式林中易消化與否此書中只記其在以脫酒醕和流質中易消化與否而已

以脫酒醕和流質中易消化與否與淡氣之濃淡相關如最濃之淡氣寫留路司爲炭$_{六}$輕$_{七}$養$_{二}$(淡養$_{三}$)$_{三}$又名三淡寫留路司即棉藥不易消化惟炭$_{六}$輕$_{八}$養$_{三}$(淡養$_{三}$)$_{二}$又名二淡寫留路司即哥路弟恩在以脫酒醕和流質中甚易消化惟近來以他種合強水試驗方知淡氣減至某分劑之下則不易消化且淡氣濃至某分劑消化又易

製成之淡氣寫留路司全賴所用硝強水之濃淡以分等次如硝強水不甚濃或所和之硫強水爲數過少不能盡收其中之水製成之淡氣寫留路司中必有水且製時料中原質又有合成水者有此兩項水將令淡氣寫留路司變爲次等而在以脫酒醕和流質中易於消化因淡氣寫留路司收淡氣愈多則其爆炸愈猛所以製造時須用硝硫合強酸其中硫強酸爲數較多硝硫強酸之共數比棉花之數更大所用棉花須極乾強酸之桶須甚涼然製造

棉藥即欲成不易消化之淡氣寫留路司雖十分謹慎難免有易消化之淡氣寫留路司即哥路弟恩攙雜其間而製哥路弟恩時又難保無棉藥雜其間

棉藥化學並物理性　棉藥如法製成而漂淨者則無臭無味以試紙試之其色不變藍亦不變紅即所謂中立性也水酒醋以脫或酒醋與以脫和流質醋酸迷脫里酒醋淡號强酸並鹼類均不能消化之又不能與之化分化合也淡氣格列式林可將棉藥消化惟不能消化哥路弟恩也熱而濃之鉀養鈉養或阿摩尼阿將棉藥化分爲鹼性淡養並寫留路司冷而濃之硫强酸與棉藥相和即將其

中之硝强酸釋放其寫留路司將收養氣儻收數較多即有爆炸之虞儻棉藥與稍濃硫强酸並鐵養硫養相和其中之淡氣盡變爲淡養而騰出旣得淡養之數即可知棉藥中之淡氣多寡消化棉藥最靈之物係阿西通（即醋酸類）儻將棉藥與阿西通對分劑相和即漲大變爲透明之膠形而失其紋理再加阿西通則變爲清明膠黏之流質更有可消化棉藥之物如迷脫里醋酸以脫里醋酸阿埋里醋酸並淡氣本蘇耳有數種顏料俗稱一品紅一品藍等類與棉藥相和稍加熱度即能消化棉藥收吸其中之淡氣令其化分將前已化合之物彼此分開結成清水淡養炭養氣並他項不爆炸之定質流質

棉藥製成後仍有原棉花之形惟其分兩加大較前加百分之七十分棉藥較生棉更硬而其絲不及以前之韌棉藥極乾時磨擦即能發電此棉藥不收潮濕尋常經空氣收乾之棉藥其百分中含水一分半惟其中之淡氣漸減而所含之水愈多棉藥未成漿壓緊時其疏密率係○・一成漿用壓水櫃壓緊其疏密率係一（即與水等重）純棉藥之盡疏密率即一・六三四之重率

棉藥在百度表約一百七十度時即自燒而發燄儻燒時不壓緊又無限制之則燒之甚速且有光亮黃色之火燄

幾乎盡無煙與渣滓發氣質甚多壓緊棉藥不限制之而燒如其數少者燒之甚緩其數較多或有猛烈爆炸之性棉藥熱至百度表一百度燃火即炸在八十度至一百度熱爲時久延者從緩化分竟發火燒盡如多露日光則化分熱時遇擊力或磨擦即速齊爆將棉藥置於鐵砧上以鎚擊之只將受擊之處爆炸其餘則毫無相關未震藥可令無限制之壓緊棉藥齊爆水與棉藥毫無關涉然棉藥百分中含水約三分即減其爆炸之靈性如含水十三分則不能燃燒儲存之乾棉藥每百分加水二十分置於火上不能即燒必逐層烘乾乃漸燒滅曾將濕棉藥一噸置

於屋中引火燒之驗其燒法亦如上緩燒而盡如將多數之濕棉藥關緊甚密驟加以大熱或將爆炸亦未可知所以棉藥濕時存儲轉運最穩且製造時亦穩然欲令其齊爆稍加汞震藥卽與乾棉藥同一功用且將棉藥浸於水中置在一處距此稍遠之地另將棉藥以汞震藥令其齊爆則彼處之藥震動亦能爆炸此在礦內及水雷中試驗甚確也

乾棉藥存儲已久難保無逐漸化分之弊然歷年試驗查得濕棉花製造淸潔者無論存儲冷熱地方不拘時之久暫均無自行化分之弊官廠所製濕棉藥裝於襯鉛皮之箱令其不透氣然後發給各處應用臨用時無須再加濕儻因別故須令重濕附有表單註明如何加濕之法

官廠棉藥未入模壓緊之前其百分中加鹼質半分至二分不慮生弊因棉藥儻有化分其分出之硝强酸卽與此鹼質相合而成中立性與其餘之棉藥無關可無不測之患

淡氣格列式林

一千八百四十七年意國圖林城化學師蘇白來羅先查得淡氣格列式林試驗爲奇物及一千八百六十三年瑞典工程師拿勃耳考究爆藥爲開山礫石之用惟初用時尙未深知此藥之各性不敢廣用拿勃耳又查得此藥傳火時無須限制關緊卽能發出猛力只須稍用汞震藥爲引藥可擊動令其齊爆因起初製法尙未逐漸考究詳細往往有不測之禍故禁止不令製造而拿勃耳仍再三考究欲令此藥穩而適用有大益於工藝其法將淡氣格列式林用中立性之物質調和可稍減其猛烈之性俾轉運穩便在一千八百六十七年製成爆藥名但拏抹脫所用之料係淡氣格列式林與一種泥相合而成此泥名啟式耳古其質鬆而多細孔本係極微細之蚌殼類所成者此泥產於德國最多以後拿勃耳更製一藥以淡氣格列式林爲主不用啟式耳古泥和合而以易消化之淡氣棉花代之卽成轟石之直辣丁炸藥此後更製有許多別項爆炸藥均以淡氣格列式林爲主與各種和平性之物質攙和此皆爲轟山礫石之用惟淡氣格列式林更有一用處卽取其逐漸向前之猛力可以驅送礮彈亦拿勃耳詳細所考出者一千八百八十六年又查得易消化之淡氣寫留路司與淡氣格列式林相和其分劑各相等調和之法用熱輥研成似明角形之質可切成極細之片或塊爲槍礮用之爆藥其驅前之力甚猛及一千八百八十八年領照准其獨製取名辦力斯塔脫爆藥歐洲數國竟購此藥

爲槍礮之用英國軍中所用柯達藥亦以淡氣格列式林製成驅前之爆藥即以淡氣格列式林並棉藥合成者其中淡氣格列式林爲數較多

凡油膩物質均係油酸與格列式林相和而成此油質與鹼相和則成肥皂將其中本有之格列式林放出格列式林與酒醕同類其原質分劑係炭輕養淡氣格列式林係以硝強酸與格列式林相和而成者實則淡氣以脫格列式林猶之棉藥係淡氣以脫寫留路司其化學分劑如下

炭$_{三}$輕$_{八}$養$_{三}$丄三輕淡養$_{三}$‖炭$_{三}$輕$_{五}$(淡養$_{二}$)$_{三}$丄三輕$_{二}$養

製造淡氣格列式林猶如製造棉藥須將硝強酸與硫強酸調和硫強酸僅能收吸製造時所合之水並無別樣功用製造淡氣格列式林之法不一惟尋常所用之淡氣格列式林均照華呑阿培廠之法製造或稍有改變耳此廠之法以後詳論之製造時往往因所用之強酸不濃或另有他弊故所製之物質中有淡氣不足者然此等物質在漂水或含酸之水中易於消化能在漂洗淡氣格列式林時可漂去之

淡氣格列式林十分潔淨時係淸而重如油之流質其重率係一·六以試紙驗之則知其性爲中立即無酸無鹼性也且無色或畧有淡黃色即格列式林之原色在尋常氣候温和時毫無臭味惟覺其甜此物甚毒有多人擹之或嗅其氣霧即覺頭痛作嘔飲濃咖啡茶或嚼咖啡豆可稍解其毒最妙之法令其多吸淸潔空氣惟製造之工人習慣不覺其毒凡人有胸膈痛證以此藥極微服而治之淡氣格列式林在水中極難消化惟在以下流質中甚易消化即酒醕以脫木質酒醕阿西通本靜等在酒醕等易消化之淡氣格列式林可加淸水令其澄定以便分出此即提淨之法也有許多爆藥如但捺抹脫者均以雜物與淡氣格列式林合成又可用淸水漂之令其澄定分出所以此等爆藥不可遇水防其分開則分劑不勻失其功用淡氣格列式林淸潔時性質不變可以久藏無妨儻含潮濕少許或有自由酸質即爲數極微將令其物質分劑彼此化分以致有自行發火或爆炸之弊即使製造潔淨如遇日光亦能令其化分氣候在百度表四度四分時合法倫海表四十度淡氣格列法林即變爲定質形如長針將容積縮小約十二分之一重率加至一·七三五然各種淡氣格列式林變成定質之寒暑度數不一而有法可令其涼至四十度以下尚不結爲定質倘其再下若干度則變爲定質此次所變之定質即加熱畧過於四十度亦不融化爲流質淡氣格列式林變爲定質即使受磨擦擊動絕不

似以前之靈且用汞震藥亦難令其齊爆僅將定質轟碎四散而已不似流質時能盡數爆炸凡含淡氣格列式林合成之爆藥均有此性然又有不在此數者如轟石直辣丁是也

爆炸性　淡氣格列式林以火燒之甚難燃將火柴燒着擲於其中立即滅熄如將其少許燒之有黃色火燄發出淡氣之霧惟不爆炸電火雖能傳燒亦不易在尋常天氣時畧有化氣之性如熱度加大則化氣之性亦愈加在百度表七八十度時尚不化分惟不及百度時須謹慎料理可令其盡行化騰吞丕恩博士以淡氣格列式林少許用

各熱度試之其效如下

淡氣格列式林在百度表一百八十度熱時即將沸而化騰發出黃色霧

一百九十四度熱時緩緩化氣

二百十度熱時從速化氣

二百十七度熱時燒得甚猛

二百二十八度熱時燒得較緩

二百四十一度熱時齊爆尚難

二百五十七度熱時盡行齊爆而猛

二百六十七度熱時齊爆仍足

二百八十七度熱時齊爆仍足而有火燄

燒淡氣格列式林至暗熱度時其質收縮成球形

淡氣格列式林一經磨擦或擊動其性靈捷立即爆炸此磨擊勢俱可令其齊爆天氣愈熱其性愈靈將其少許置鐵砧上擊之惟在所擊之界限齊爆其餘則散成碎塊不炸此與棉藥相同如欲令其齊爆須用汞震藥銅帽法或他項齊爆藥方能周徧

第十一章華吞阿培官廠製造棉藥法

製棉藥所用之廢棉花須揀選最上等者先用鹻水漂洗去其中之油膩物質然後漂白此工夫專在商廠製成不

須官廠另製送到官廠時廢棉花百分中所含油膩質不可多於一二其中之潮濕爲數不可過於八分

一揀選　華吞阿培廠第一層工夫係用人工揀選去其中之一切雜物如木屑藤片金類絲線類等物

二刷法　廢棉花經過刷機如第十三圖此機器內有許多鐵棍裝滿鐵齒將棉花絲紋拉散俾結成塊之廢棉盡行撕鬆然後復用手工揀選

三切法　切棉花絲紋令短俾烘時並浸藥水俱便須截斷二寸許此工夫特有一器截斷之後復經過刷機再以手工揀選

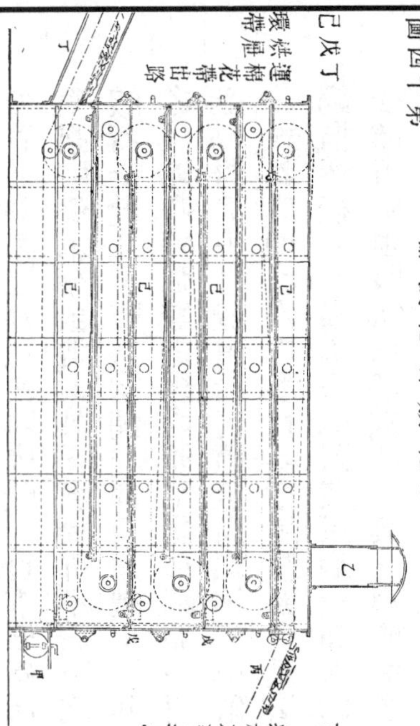

四烘法　將此棉花置環帶上移至烘機如第十四圖此機器似一間房內裝有烘屜以熱空氣噴進其熱度照法倫海表一百八十度棉花送入烘房即為第一條環帶將棉花由一層烘屜上從右端送至左端即落至第二層烘屜復為第二環帶由左端送至右端如是自右至左迭相推送以至末層而出烘機運至木櫃棉花在機器內移動每分時行六尺因運動之各環帶在屜上經過棉花之面共長一百二十六尺所以需二十一分時方可烘畢故其潮濕減至百分中不及一分

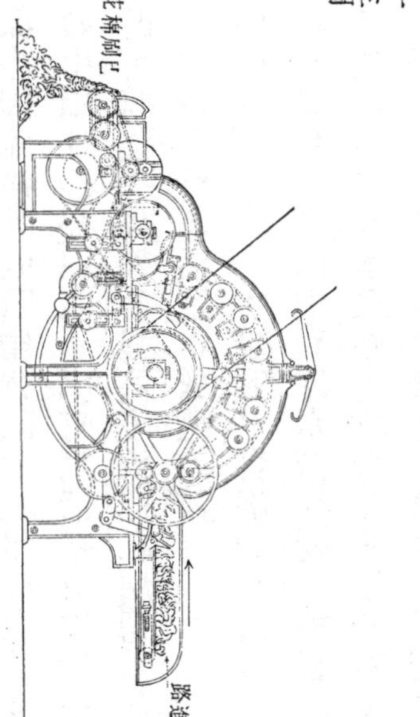

五稱法　廢棉花已照上法烘乾裝於馬口鐵小箱中每箱計裝一磅五兩半箱蓋緊密空氣不能透入特有軌道車將此箱運至陰涼房間待涼及次日方可浸於藥水內

六調和强酸　强酸濃淡甚有關係所用之硝强酸在法倫海表六十度時其重率不可下於一·五其中所含之輕淡養酸不可過於百分之一·五所用之硫强酸在法倫海表六十度時其重率不可下於一·八四二其百分中之輕硫養不可少於九十六分即硫强酸中有水不可過於四分也

硫强酸由市購運至華呑阿培廠係裝在玻璃罎內外有蒲套護之每具裝硫强酸一百零五磅所用之硝强酸係本廠自造此外更有製棉藥賸下之廢强酸若干此三種酸共相調和卽可用製棉藥其調和之法先將硫强酸由罎內傾至蛋形鋼器中用壓緊空氣將其中之酸由鉛管噴至高腳鋼櫃中硝强酸一經製成卽流入蛋形瓦器亦用壓緊空氣法噴入鋼櫃然後將廢强水由硫强酸蛋形器加入櫃內硝强酸與硫强酸相比之數卽一與三鋼櫃中之酸質用壓緊空氣由管邊之細孔噴出卽能調和周密然

後任其由櫃底管流入儲酸櫃中欲用此酸須待其涼透因硫强酸收吸硝强酸中之水時有許多熱氣發出以致均熱儲櫃下面有瓦活塞與總管相通由此可將强酸放入各盤爲浸棉花之用總管在各浸盤前有支管並活塞可放酸入盤

七棉花浸强酸法　各浸盤可容調和强酸二百二十磅此盤裝在鐵櫃中有冷水流通使變棉藥時所發之熱氣減去此水之熱度常令在法倫海表七十度之下浸盤內之一邊裝柵稜距强水之面稍高將棉花取置其上可擠出其餘多之强酸上言每馬口鐵

箱所裝一磅五兩半之棉花均在隔壁房間由瓦管內通過隔牆卽速用器扒入調和强水中計在此强水盤中約浸八分時之久將棉花移置柵稜上用長柄鏟將棉花擠之每起棉花共取出之後浸盤中之酸質必較淡須加調和之强酸十八磅以補其所耗之數

每起取出棉花帶强酸共重十七磅又三分之一置於有蓋之瓦器中移至令涼之地窖內常有流通之冷水經八點鐘之久棉花在餘多强酸中飽足卽可盡變爲棉藥惟棉與强酸相合時發出許多熱氣將

棉花盡行消化發出濃淡養氣霧且有幾分合成流質之淡氣棉花欲免此兩弊須令熱度愈低愈妙所用之瓦器均用蓋覆之不令其中强酸收吸空氣中之潮濕又免外面之水濺入不致與硫强酸相合而發出熱氣令棉花化分含酸變氣霧騰去

八抽强酸法　棉花既變成棉藥每起棉藥中尚有許多有餘酸質故將六瓦器之料傾在抽酸器內此器如第十五圖係用離心力逼水器器內有一鐵籠周圍多微細孔此籠每分鐘旋轉一千二百周速旋五分鐘後此起棉藥中逼出廢强水十一磅半之數

第十五圖

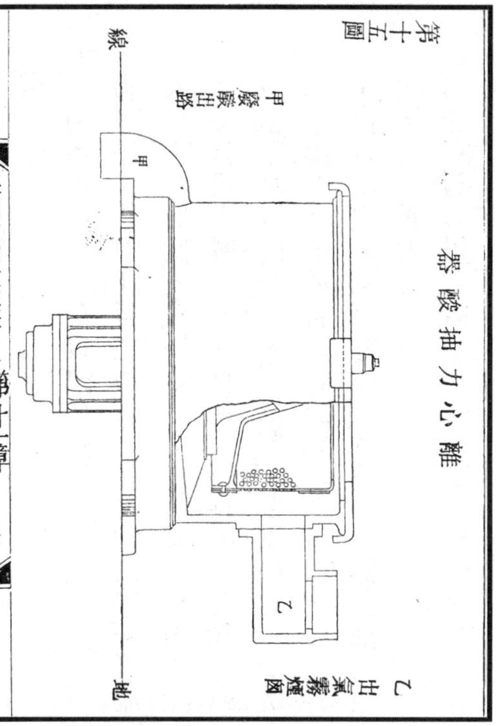

九浸水法　棉藥由離心力抽酸器取出後卽用兩短柄鐵叉將棉藥提至鍍鋅鐵盤內此盤有一長柄滿時卽速將此盤移至浸水器將棉藥浸入另有一工人用木鏟將棉藥推入其中手法須捷速因酸與棉藥相遇稍緩卽發氣霧將棉藥變壞浸水器中有細孔銅板可任廢水流出增新水以補之其棉藥已浸至二百磅卽閉進水門令櫃中水流出至盡復將新水添入櫃內如此六次後取棉藥少許嘗其無酸味卽將清水灌入一次儻尙有酸味則末次加水時其中須加鈉養半磅

十遍乾水法　棉藥浸後移至另一離心力逼水器此器內有金類絲籠旋時將水噴入再洗之速卽停止仍任籠旋轉四分鐘每分鐘旋轉一千二百周然後可逼乾

十一打漿法　棉藥欲令細碎所用機器如第十六圖與紙廠碎布成漿器相同有一棍如甲面裝滿長刀如乙下有底板丙亦裝長刀棍旋行時棉藥由底板與棍之中間經過數次後將此棍稍放下令其更近底板故切之更細棍之升降全賴兩邊有螺柱旋令高下打漿器有兩號大號可容棉藥四擔半小號可

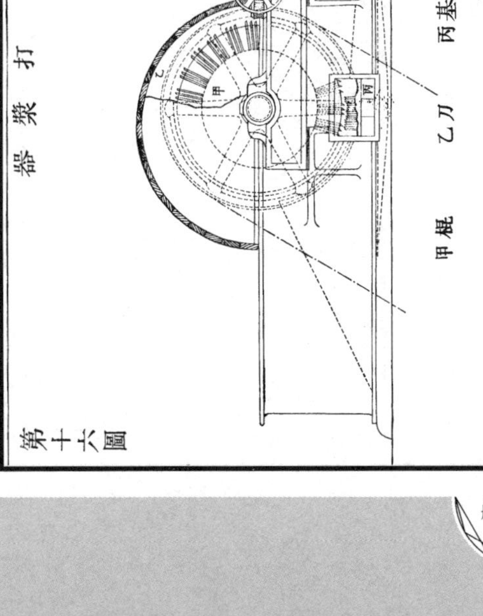

第十六圖

容二擔四分之一打漿所需之時刻約四五點鐘之久初打時小號器內加鈉養二炭養兩磅半大號器內加五磅蓋打漿時或有酸質放出即爲此鈉養二炭養相遇變爲中立性

十二煮法　打漿之法已畢成漿之棉藥乘其重性流入鐵管而進大木桶每桶可容九擔將桶加熱汽煮之數次每次將其浮面之水用吸水管以虹吸法吸出復將沸水加之初次煮時工夫尚短歷次煮之較長須有終日之久末次後將棉藥漿由桶底活塞任其流入總管由此用考叮升降器舉起裝於高處之

鐵管內

十三調勻漿法　棉藥漿由高處鐵管流下鐵管中有篩可隔住藥中偶有之沙石鐵屑等物任棉藥漿流入其下之橢圓式鐵櫃內此櫃名調漿器如第十七圖每具可容漿一千五百軋倫各具中有明輪一副其輪葉轉動時將打細之棉藥在多水中震動漂洗極淨盡去其中或有微細混雜之物每調勻器可容上言煮藥之大桶兩桶即十八擔在此器已洗兩三次後可取漿少許試驗之

十四加鹼類並提至料箱　棉藥漿試驗合宜在未成

第十七圖

調漿器

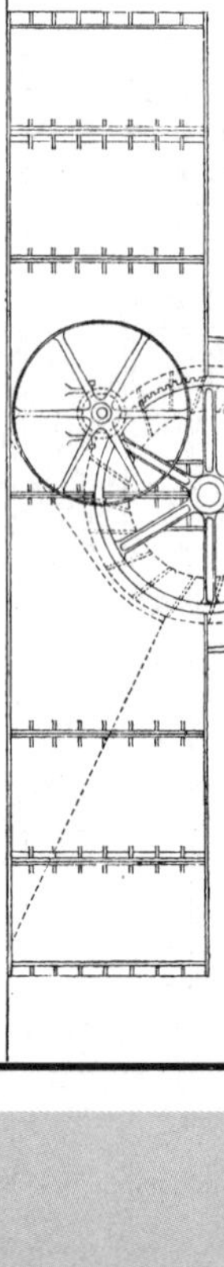

模之前將調勻器中水放出五百軋倫加石灰水五百軋倫並光粉九磅鈉養九磅加入後棉藥百分中即有鹼類一二分

並光粉鈉養

如此棉藥將來爲製柯達爆藥用者則不加石灰水

棉藥漿移至調料箱內即用眞空法抽過此箱係一大圓柱形鐵櫃裝於高鐵柱上其下可置量準之小櫃並製成塊之模此料箱可容一調勻器所裝十八擔之數箱內有輪葉旋轉將漿厚薄常常調勻不致上層薄而下層厚

十五製模式法　上言量準之小櫃有玻璃量準表由上箱將棉藥漿隨便多寡可提出流入大小之模內模器中有壓柱此空柱有管與真空機器相通壓柱下端有金類細紗包之俾棉藥不能升上此壓柱上加壓水力每方寸有三十四磅重之壓力如此壓之則其中之水可盡擠出而棉藥漿可成塊以手取之為製棉藥成塊並成甲號藥引則模式機器上加三十四磅之壓力乙號藥引由模器推出至第二模內連模移至小壓力櫃下又用每方寸三十四磅壓力壓之丙丁戊己庚辛並癸號引藥均用手力機逐一壓成模式為製柯達所用之棉藥製成模式與乙號藥引同

十六壓緊法　已成模式之棉藥裝在箱中移至壓水器房如第十八圖在此壓器下壓之此壓器每方寸有六噸之壓力將模式棉藥壓緊其薄僅有三分之一仍將壓薄之棉藥塊或藥引在壓器內停留少時則其性能堅定取出後藥塊須堅而勻在兩指間擠之不可稍有指印烘乾後以水試之有將沉不沉之象棉藥塊或藥引之大小不一至大者重二磅半至小者重一兩各配其用在濕時將藥塊並藥引剃成

第十八圖

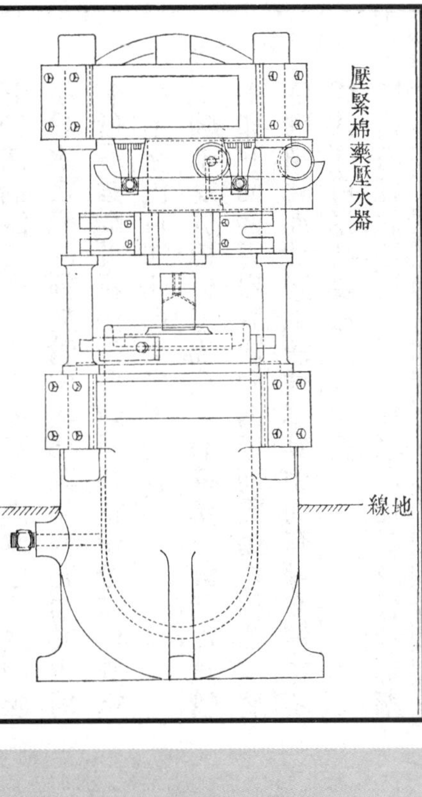

壓緊棉藥壓水器

孔濕而壓緊之棉藥可用帶鋸解開或在車牀上車成各式備裝水雷並水下藥屯之用但鋸車兩法在華呑阿培廠不作此工

第十九圖表明華呑阿培廠所製壓緊棉藥式樣並大小分兩

後附編第八詳載陸軍水師所用各種棉藥塊並藥引

十七裝濕棉藥法　先將製成之棉藥塊並藥引圓塊在鈉養並加波力克酸合水中浸之即裝於特製襯金類皮之木箱內儻備裝運出口者須將內襯銅皮

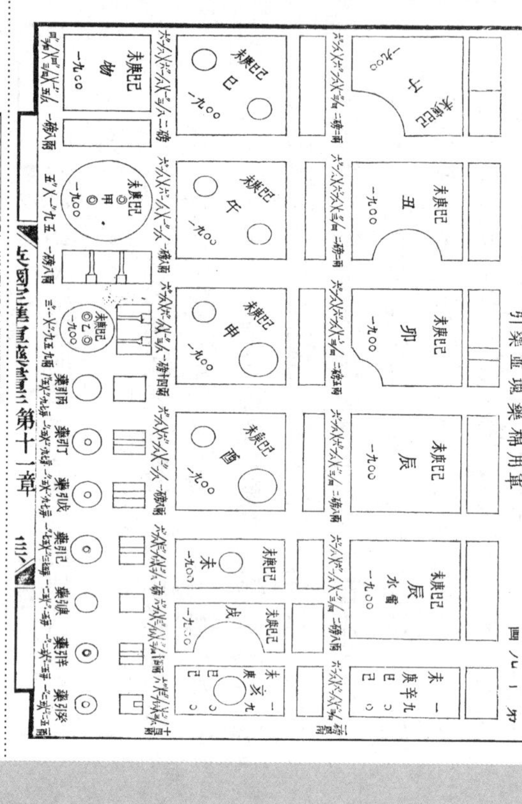

銲牢銅皮上面有螺套伸出木蓋用螺蓋旋緊可隨時開之灌水入內令藥常濕

復製棉藥　棉藥或因碎細或欲改式等故送至華吞阿培廠者先用熱汽煮之令其質輭去其中之鹼質然後經過打漿器在調勻器調勻提至料箱令成模式然後用壓水櫃壓之

調勻器中取藥漿少許試驗之如下

甲試其鹼性　製成棉藥百分中所有鹼質不可少於○·五數又不可多於一數

乙查棉藥百分中易消化淡氣棉花之分劑先將棉藥少許細心秤之置於以脫合酒醕之流質中搖震若干時則其中易消化之淡氣棉花消化而含在以脫酒醕中將此以脫酒醕小心傾出用熱氣令其化騰剩有易消化之棉花秤之即得棉藥中易消化棉花之分劑棉藥百分中易消化之棉花不可過於十二分之數

丙查淡氣數　軍用棉藥百分中之淡氣不可少於一二·五分儻製𣏌達藥用者不可少於一二·八分不可多於一三·二分查此法者特有量淡氣表

丁試熱度法　查棉藥中尚有餘多强酸否此工甚細先將棉藥少許用緩熱度令乾置於試驗管中將管置於法倫海表一百七十度熱水內取已浸過鉀碘小粉水之紙條插於管中與棉藥稍相距如其中尚有餘多强酸此紙條即將變色插管十分時俟其紙尚不變色可知此棉藥之法合宜

戊試驗未變成棉藥之棉花　將棉藥少許置於試管中加阿西的克以脫或阿西通而震動之棉藥即將從緩消化而成膠黏流質儻其中尚有餘多棉花不變式樣可見其製法尚未精美

以上所言各種試法均須細心為之以後計及各種棉藥

分類用處更將詳細註明

第十二章華香阿培廠製造淡氣格列式林法

各國製造淡氣格列式林之法不一惟平常所造者俱照華香阿培廠之法不過大同小異耳此法之分類如下

甲格列式林中加淡氣法

乙由廢強酸分開淡氣格列式林法

丙初次洗滌淡氣格列式林法

丁洗滌淡氣格列式林即末次漂法

戊濾已漂清之淡氣格列式林法

己洗水中提出淡氣格列式林

庚廢強酸中提出淡氣格列式林法

辛分開廢強酸法

第二十圖指明華香阿培廠製造淡氣格列式林各廠之總圖惟其房屋機器等之尺寸並未照比例而定間有房屋應用土牆圍之以防不測圖內亦未繪出且其房屋彼此相距亦較遠

製造淡氣格列式林時因其甚險不便用轆轤吸法或吊起之法須乘其重力任流至所需各廠所以備用之格列式林並和成之強酸櫃均置廠中最高之地此高房之一邊係最低洗水澄定房彼邊係後次分開酸質房各櫃均

第二十圖

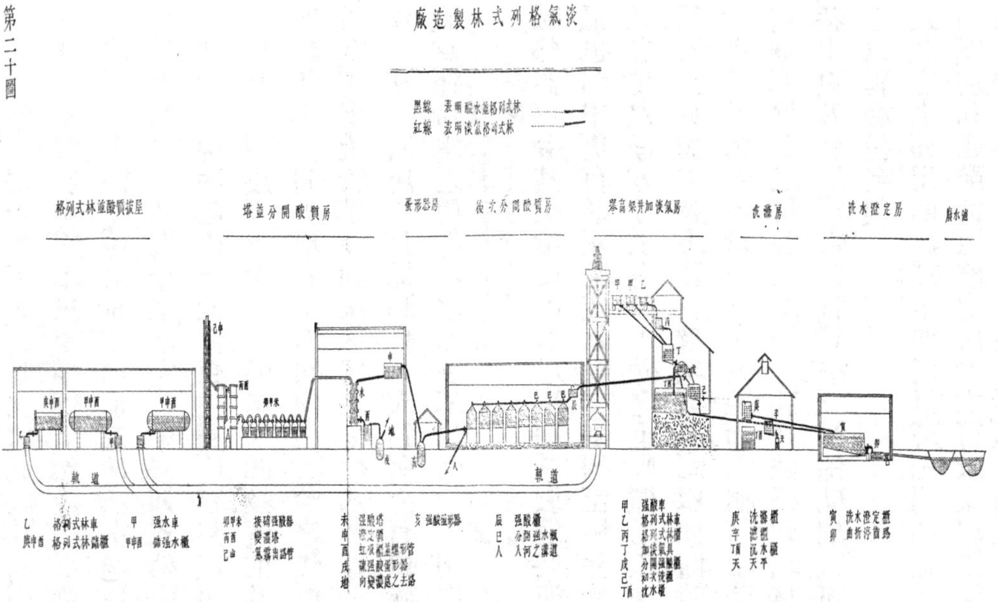

淡氣格列式林製造廠

有鉛管彼此相通或通至溝內可將淡氣格列式林洗水或醱強酸運至他房凡運強酸與水並壓緊空氣之管俱以鉛製在露天處均遮蓋之所用器具並櫃亦用鉛製或木板內襯以鉛管上所用活塞均以瓦料製之每日開工前先將此活塞用伐式林（即火油膏）搽之俾得靈便

甲　格列式林中加淡氣法

和強酸法　所用強酸與製棉藥所用者同惟其分劑不同硝強酸每六十二磅與硫強酸一百零五磅相合即硝強酸一分合硫強酸一分又十分之七此兩種強酸置於圓柱形大鋼櫃中用壓緊空氣法調勻每日櫃中調勻合

強酸足備六起之用調和之後聽其自涼其中或有定質雜物亦可自行沉定臨用時即用抽水法抽入小鋼車中每車裝半起之數每起五百磅格列式林需硝強酸一千千四百八十五磅硫強酸二千五百十五磅

稱格列式林法　廠中所用格列式林由商人包攬其重率不可少於一·二六其中不可有自由酸質等雜物運至廠後即儲於圓柱形鐵櫃兩個中每個可容四噸半此櫃外砌以磚套櫃內有熱汽管並有空氣管可令格列式林震動俾全體熱俱均勻一起所需之格列式林由櫃底金類細紗隔住雜物移過乙車運至舉高架此架在土牆之

外因防加淡氣房或有不測築牆圍之此架甚高而有絞車吊起平臺與乙車將車推至橫橋上然後平臺藉水力壓而降下乙車由橫橋上推之向前及待活塞適在通淡氣房之鉛管口上乃開車上活塞其中格列式林由鉛管流入加淡氣房內之丙櫃此櫃有夾層內容熱汽可令格列式林熱至百度表三十度許因不及此熱度則其質厚不能暢流丙櫃有玻璃表工人可察看其流之快慢櫃底有活塞用橡皮管牽連加淡氣器之格列式林管

加淡氣法　所用器具係圓柱形大鉛櫃內有螺旋鉛管四副為運冷水之用如水之冷度不足旁設有用炭養氣

之減熱器可令其更冷此冷水之用即減製造時所發之熱氣也櫃中更有通壓緊空氣管三副蟠至櫃底此壓緊空氣之壓力每方寸上有二十磅之重數櫃之頂係覆釜形鉛蓋銲於櫃上蓋上裝有玻璃窗四副以便隨時察看氣管水管並強酸等管均插過此蓋而入櫃蓋上又有一孔為插寒暑表之用蓋之中間一孔為裝格列式林之管用蓋上更裝有出汽霧之管其中一節係玻璃管可看上騰之汽霧顏色若何

和強酸之車亦用前法推至加淡氣房先開螺旋之冷水管活塞將和強酸流至櫃中用冷水管激冷以壓緊空氣

調之至寒暑表指明熱度已減至百度表十六度即法倫海表六〇八度然後開格列式林管之活塞使之入櫃中和强酸內因格列式林管中有壓緊空氣之小管將其噴成汽霧由管而出櫃中和强酸並格列式林因壓緊空氣管有無數微孔噴出之氣調和令冷且蟠管之冷水令櫃全體俱冷也

管淡氣器之工人須常看器內寒暑表儻熱度升上過速即將格列式林管之活塞關緊而阻其流不可任熱度升高過百度表二十二度即法倫海表七十一度六儻過二十二度即將格列式林管之活塞盡行關斷而由空氣管

英國定準軍藥書三

多加空氣入內須待熱度降至百度表二十二度以下方可開塞任其流下須常看騰汽霧之玻璃管如其中汽霧有紅色即將格列式林管之活塞關斷而任空氣沖入待紅色汽霧全無為止儻不能阻止即令全數流入洗水櫃內此係甚大木櫃幾滿冷水通在加淡氣房之下面以鉛管與瓦塞相通櫃中亦有空氣管噴氣調和震動

欲令五百磅格列式林得淡氣所需之時刻全賴蟠管水之涼度若干尋常有三十分至四十五分為止

乙　分開酸質法

五百磅格列式林均流入加淡氣之丁器內所成淡氣格

列式林並强酸之熱度須減至近百度表之十五度即法倫海表五十九度方可聽其由加淡氣器底之活塞鉛管流入分開强酸戊櫃中

分開强酸之鉛櫃外有木架護之裝在鐵架上鐵架包以鉛皮櫃底之邊四面斜下與垂線形之圓柱玻璃器相接此器有平臥鉛管管之分支各向一方均有瓦塞其下更有襯鉛之木櫃以防玻璃器碎裂可承受其流質不致耗廢此櫃與上言洗水櫃接連分開强酸櫃有玻璃罩四邊斜向上與管相接以便汽霧騰出空氣管穿過罩而入分器內一管蟠於櫃底第二管通至圓柱玻璃器之底此櫃

英國定準軍藥書三

罩上有兩眼各插寒暑表一個在櫃之一邊有玻璃窗以便察看櫃之彼邊有瓦活塞此塞裝於已分開淡氣格列式林面之下約四寸許

淡氣格列式林並其餘多硝硫强酸流入分器之後任淡氣格列式林分開因淡氣格列式林之重率係一六而强酸之重率係一七三五所以淡氣格列式林浮在强水之上上言寒暑表兩個一插入强酸中一插入淡氣格列式林中以記各質之熱度不可過百度表十七度即法倫海表六十二度又六儻淡氣格列式林有加熱之象或發紅色汽霧速令壓緊空氣進入儻仍不能減至十七度且紅

色汽霧尚不止則開櫃底活塞令其一統冲下而入丁酉沈水櫃分開强酸法需四十分至四十五分時乃可分盡是時硝硫强酸面上有已分開之淡氣格列式林約五寸半高分櫃邊之瓦塞與已字初次洗櫃相通開此塞卽由鉛管將大分之淡氣格列式林送至已字初次洗櫃是時已櫃約有水一半在淡氣格列式林沖下時已櫃中又有壓緊空氣震動之然後將分櫃底之活塞旋開其中之廢强酸將流過至後次分開酸質房上言垂線形玻璃圓柱器接連分櫃與平卧管由此管卽可見淡氣格列式林進玻璃器卽將相通後次分房管之活塞旋緊而將相通已櫃管塞旋開以便有餘之淡氣格列式林流至已櫃

丙　初次洗滌

初次洗櫃係一圓形襯鉛櫃其內近底有螺旋形空氣管櫃口上有通冷水鉛管櫃底斜向一邊此處有活塞可將淡氣格列式林放出塞內裝有小空氣管櫃邊裝有放水活塞其位置在已澄定之格列式林面較高開此活塞卽令廢水流至寅字洗水澄定房洗櫃中有寒暑表深插於淡氣格列式林中以便看其熱度不可過百度表十八度卽法倫海表六十四度四前言櫃中冷水有一半高將每方寸有五十磅壓力之空氣放進然後由戊字櫃任淡氣格列式林流至已字櫃在此櫃洗數分時卽將壓緊空氣阻止任淡氣格列式林澄定於下其上面之水由櫃旁活塞管流至洗水澄定房中復將壓緊空氣放進再將冷水放入任分櫃中所餘之淡氣格列式林亦流入再一併洗滌二三分時仍將空氣阻止又任淡氣格列式林澄定再將廢水放出如此再洗兩次共洗四次在第四次加熱鈉養水六提桶令櫃之熱度至百度表十五度止將第四次廢水放出卽可任淡氣格列式林流至洗滌房

丁　洗滌法

洗滌一日所製淡氣格列式林應用之鈉養炭養水先在加淡氣房外邊大櫃內隔夜合成待其澄清然後灌入加淡氣房中之小櫃櫃有槽與洗滌房相通此流質須有百度表五十度熱合法倫表一百二十二度其濃淡須照泰得耳表二十度爲準

洗滌房有鉛槽與加淡氣房相通使淡氣格列式林並鈉養水可流過房內有庚字襯鉛櫃如第二十一圖由加淡氣房之通槽擱在其口上此庚字洗櫃裝高其下有丁酉沈水大櫃貯水幾滿洗櫃旁有冷水熱水由橡皮管通入櫃內櫃底上面有螺旋通空氣管此空氣每方寸上有五十磅之壓力櫃底向淡氣格列式林出路之一邊斜下櫃

之下脚裝鉛管一節用橡皮管接連以達於一槽將廢洗水引至澄定房流入寅字櫃此鉛管之彼端沖入庚字櫃內用橡皮管接於喇叭口之撇水具如甲淡氣格列式林已澄定於下其上面之廢洗水即由此器從管流出第二十一圖甲字撇具係一喇叭口形之銅盆有堅固橡皮包之盆如漏斗裝以鉛管管之下端接橡皮管此撇具吊在庚櫃中用繩牽過轆轤通出房外牽過第二轆轤繩端繫以重錘以便撇具升降先將鈉養水少許由流淡氣格列式林槽灌入櫃內並令壓緊空氣由螺旋管噴出然後令淡氣格列式林流入此洗櫃內再加鈉養水當時以熱水

淡氣格列式林洗滌櫃

第二十一圖

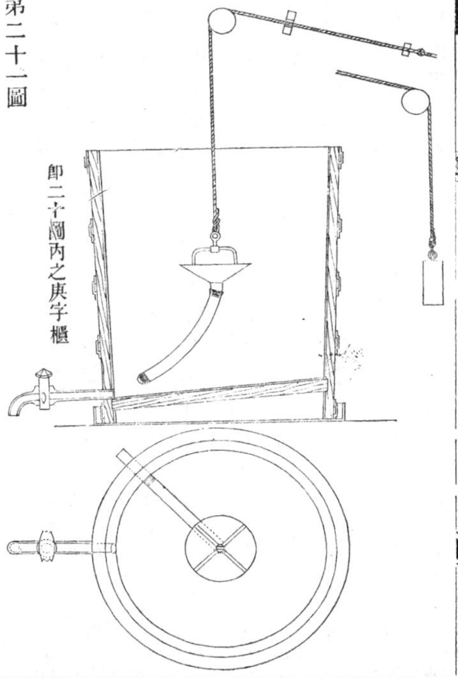

即二十圖內之庚字櫃

或冷水加減櫃中之熱度須照百度表之三十度即法倫海表八十六度為準當時櫃中之鈉養水並清水共須有四十二軋倫許第一次洗後將壓緊空氣關斷任淡氣格列式林澄下乃將撇具緩緩放下令廢洗水沖入喇叭口由橡皮管流出櫃外照此法將淡氣格列式林在此櫃內洗滌四次末次洗滌則用清水每次所需之時刻各有不同起首洗時櫃中之熱度須照百度表三十度為準末次洗後淡氣格列式林百分中僅有鹼質〇·〇一數

戊　濾法

洗櫃之前有一櫃較低而略小其式橢圓內襯以鉛名曰濾櫃即洗滌房內之辛字櫃於蓋上裝一銅皮圓柱形器插過蓋下包以黑橡皮其下口內邊有稜線將銅絲紗蒙以銅圈置於稜線上為底用法蘭絨袋內貯食鹽置銅絲紗上將袋之周圍捺緊洗滌畢開庚櫃活塞令淡氣格列式林由彎橡皮管流於鹽袋上由此漏入濾櫃中鹽之用能收淡氣格列式林內所含之水用法蘭絨能將淡氣格列式林中所有之沫並穢物濾去

濾櫃之底斜向前邊此邊之下脚有活塞可任淡氣格列式林流入硬橡皮提桶此桶置於天平上秤之每次之數為製一起柯達爆藥之用

己　洗水中提出淡氣格列式林法

洗滌廢水中尚有許多淡氣格列式林儻棄之殊覺可惜且不測之虞甚大必設法提之所有各次洗淡氣格列式林之水並洗具與櫃內之水均由槽流入廢水澄定房之寅字櫃此櫃之底常有水作工時其蟠形管有壓緊空氣噴出櫃中物質澄定之後所有淡氣格列式林聚於櫃底因櫃底斜下向前故俱聚在櫃底之前面在底脚最低處裝有活塞以便淡氣格列式林流出櫃底周圍有壓緊空氣管且有此種管通入活塞在此塞較高處又有一大活塞以便爲廢水之出路此活塞與卯字曲折渟蓄路相連

此路爲阻留淡氣格列式林之用係一長而窄之橢圓形襯鉛櫃其底兩邊向中線斜下其全體又向前斜下櫃內有垂線形鉛板分隔第一板之上端有一行細眼第二板之下端亦有一行細眼第三板之上端復有眼如前以次各板均如之然各板最低處俱有一孔以便各隔所留蓄之淡氣格列式林節節前流至極低處有活塞放出末隔外邊有槽與管相接以便通入廢水池此池中或有零星之淡氣格列式林漸積欲免其有不測之患每禮拜用代那抹脫藥裹在池中爆炸之

由洗水澄定房寅字櫃或曲折渟蓄路之卯字櫃所得之淡氣格列式林用黑橡皮提桶數個移至洗汙房此房中有襯鉛皮櫃兩具桶內之淡氣格列式林有清者有厚而濁者清者在一櫃中加淡號鈉養水洗之此櫃中亦有壓緊空氣噴洗由其清潔毋須濾之厚濁者用鈉養水改變中立性濾過法蘭絨進入第二櫃中第一櫃中清潔之淡氣格列式林提出後其下所有濃厚者即令濾過法蘭絨進第二櫃內濾後之清潔淡氣格列式林在有壓緊空氣之櫃中洗之此兩櫃之廢水有活塞並管可通於較小曲折渟蓄路由此廢水共流入池中由第二櫃已濾之清潔格列式林用黑橡皮提桶移至洗滌房以備傾入庚字洗

櫃

一禮拜後洗水澄定房寅字櫃中之廢水並淡氣格列式林提出後櫃底尚有澄定物質此大分係鉛養硫養淡氣格列式林並水此澄定之物用提桶提出而任水沖過曲折渟蓄路將汙濁等物送至洗汙房傾於法蘭絨濾具上加水或將其中淡氣格列式林更能濾出然後將法蘭絨絞而擠之以便取出淡氣格列式林愈多愈妙後將法蘭蘭絨上之物質與巴辣芬調和攤薄燃火燒之如此則令淡氣格列式林之影蹤全滅

庚　廢强酸中分出淡氣格列式林法

廢强酸由加淡氣房中之分開强酸櫃流到後次分開酸質房之辰字襯鉛櫃此房兩旁均有已字大鉛瓶其頸以玻璃爲之各瓶可容兩起所用之廢强水數此瓶俱以鉛管與辰字櫃相接廢强酸由櫃流入瓶其中尚有淡氣格列式林卽浮起聚積於玻璃頸處由此隨時提出而沈於房角之小鉛櫃內此櫃之水幾滿內有壓緊空氣法將此淡氣格列式林初次洗之由此櫃提出之淡氣格列式林送至洗滌房令變中立性濾之再洗然後送至末次洗滌房

辛　分開硝硫廢强酸法

廢强酸在後次分開酸質房之瓶內至少二十四點鐘之久然後能流入分酸小房之襯鉛櫃中由此櫃管入亥字强酸蛋形鋼器內用壓緊氣力擲之至分硝硫酸之申字櫃此房內有高塔硝硫强酸流入此塔內此塔係用瓦或石製之外束以鐵箍塔內裝滿碎玻璃或碎瓦料等物故强酸降下時爲此物質布散當時塔下有熱汽並空氣噴上其中或有淡氣格列式林或他項含淡氣物質均爲此熱汽化分而將硝强酸逐前至卯申未接硝强酸之瓦瓶中在此結濃流至丙酉變濃塔中此塔西名龍甘羅慢結濃塔其硫强酸卽由未字强酸塔下腳流出至酉字櫃中之蟠形冷水管用虹吸法吸過到戌字硫强酸蛋形器內

試驗淡氣格列式林法　每起製造淡氣格列式林由濾櫃取樣用熱法試驗之所用熱度照法倫海寒暑表一百八十度爲準試驗所需時刻不可少於十八分時又將所取之樣分作一百分驗其中化騰物質之多寡不可過於〇.五數此特有一試器器底有乾錻絲以便收吸化騰物質所試淡氣格列式林須置此器十六點鐘之久方將化騰物質悉行收盡亦須試驗淡氣格列式林中之雜質多寡卽測其中鈉養炭養數卽百分中不可過於〇.〇一數

第十三章　無煙火藥柯達爆藥之源流性質等及

華吞阿培廠製柯達藥法

從前獵戶雖早用無煙火藥或少煙之藥近年來國家始留心製造無煙藥爲軍中用

棉花藥査出後各國卽知爲軍用最利奧國尤注意惟在槍礮膛內時爆炸情形不一因久棄之

法國於一千八百八十五年先在來不耳連珠來福槍內用無煙藥名爲維哀耳藥或乙號波特耳藥此係易消化及不易消化之兩種淡氣棉花相合者合後浸於以脫並酒酯令其堅硬此法製後更有合成數種物質其煙甚少或竟無煙欲代黑火藥之用此物質大分俱係棉藥或數

種淡氣寫留路司或以此等物質加他物合成者俱欲令其燒性稍減

尋常製法將棉藥浸於阿西的克以脫並阿西通令其變成膠形或將易消化之淡氣棉花浸於以脫酒醕中又可令成膠照此法棉質失其絲紋變成明角形其傳火之性較在有絲紋時稍緩將此壓成塊或顆粒敷以樟腦可令其外面堅硬而減其傳火之急性卽製造他種少煙之藥用此法亦宜

除樟腦外上言消化之物質不與棉藥久合製成之稠質可研成薄片或用模製成如繩如帶如管各式待其消化

之質盡行化騰後均勻淨似明角者或製成大片再切成各式小片以備裝藥裹之用

初製但捺抹脫藥係博士拿破耳先設法將淡氣格列式林與易消化之淡氣寫留路司相併製成一種無煙爆藥易消化之淡氣寫留路司與淡氣格列式林加熱揉之卽收吸淡氣格列式林而自失其絲紋變成膠形名曰轟石直辣丁或用淡氣寫留路司之分劑較多以熱輥研之則成稠質或明角形之爆藥後拿破耳又加樟腦使兩質合成緊密且稍減爆藥急性此藥名辨力斯塔脫

樟腦本無耐久之性在尋常氣候卽化騰故此藥爆炸之

性往往不能一律英國用軍之地甚廣寒煖不齊凡爆藥有此弊者卽難適用所以拿破耳又將樟腦棄之不用然欲改去此爆藥之弊而求一種爆藥其力須大其物質之分劑能勻稱不變國家特派熟悉爆藥之博士數人與其中最優之哀白耳悉心考究始查得一種無煙爆藥其質爲淡氣格列式林並棉藥合成加一種消化之物令其變成膠形製此爆藥時不用熱力不比辨力斯塔脫藥須用熱力而成故製時無危險製此藥時稍加金石類輕炭質卽火油加此質之初意本欲去槍膛中藥炸之垢跡然又查得有改良藥之急炸性並遇天氣不齊地方可保藥之

不變且製時機器亦可省加油現軍中俱用此藥名曰柯達其意卽像繩線也

無煙藥之性質

無煙之理　煙係物質燒時餘賸極微細之料凡爆藥燒時僅變成不能縮小之氣質卽無煙藥也因此種之藥燒時並無他物賸下惟微細炭質乘熱氣騰出卽爲煙但各種新式爆藥燒時均有熱汽一經空氣卽結濃似煙霧此煙霧之多寡全視空氣中潮濕之多寡而定且製藥時所加之物質中有生物質並死物質亦變爲氣質令氣霧更濃所以爆藥雖名無煙必稍有煙霧之象然此煙爲數極

徵立刻化散.

無煙藥燒後不可有痕跡. 爆藥燒賸之氣質易傷損槍礮膛.大概無煙藥燒時成一種毒氣名曰炭養.此氣之性易於燃火.而結成時因熱氣甚大.一出礮口槍口.速即燒去.更有氣質名曰淡養氣.此氣又為炭養並輕氣.合當時之熱力共燒.

燒淡氣爆藥之礮膛槍膛易得鐵鏽.因燒時有淡養氣.當時特用一種加鎌之油洗其膛.現查此鐵鏽仍有別.故因燒炸藥之熱度甚大.而令槍礮膛之面變性.以致一經空氣並潮濕.即易變鏽.欲免此弊.槍礮膛燃放後需用之油.

應加其膠黏力.則其油可黏於鐵面.更久.免空氣潮濕侵損之弊.

論及大礮所用之藥.數較太.燒時所成之熱氣亦大.此熱氣將令礮膛易為磨擦而受損.用無煙藥時.此弊較用黑火藥更大.凡爆藥中有淡氣格列式林者.此弊尤大.

用淡氣格列式林之爆藥.雖為數較少.而在礮口速率與礮膛之壓力等大.因其所成之熱力較大.所以此等爆藥傷礮體更甚.因熱力大.令礮膛加熱.以致更易為礮彈磨擦損傷.

爆藥有耐久不變之性.即其料之分劑並爆炸力.在各種

氣候時.藏棧時.燃燒時.毫無更變之情形.即爆藥製成之後.不可稍有更變.論黑火藥.只須小心不令受潮.可經久不變.現在製造淡氣爆藥之法更精.其漂洗極淨.所以無煙藥有耐久之性.近年來此種爆藥已送至各處氣候不同之地收藏.已久.尚無更變.而爆炸之力仍前不改.

此事曾在英國印度坎拿大並北冰帶之地屢次試驗.雖氣候不同.而本國所製柯達爆藥之料質並爆炸力.毫無更變也.

礮口速率較大礮膛壓力較小

近來各國用連珠槍並快礮.需用一種火藥.以無煙最妙.

欲其命中.須加速力.且其膛中之壓力不可過限.此為舊日之黑火藥所不及者.惟新製淡氣爆藥能之.因其有膠黏之性.故能製成片形.或立方形.或作繩線.令燒時從外面漸透進.其發出之氣質較多.驅送彈子之速力較大.且其氣逐漸而發.所以彈在膛內向前之力甚勻.蓋逐層燃燒.總計其力雖大.而礮膛所受之壓力較少.因其勢緩也.所以用此藥較黑火藥之數少.而礮口速率可以相等.且減其礮膛後段之壓力.非比黑火藥在膛底一燒立盡.而彈在膛內尚未全出.所以舊式之礮.後膛須較寬.藥在後膛全燒.不能再發氣霧.所以礮膛前段無甚壓力.故礮之

前段可較短惟無煙藥之壓力在礮膛通體均勻故新式之礮膛厚薄亦須勻稱所以礮膛須較長以便慢性爆藥一路盡發其力可見新藥逐層延燒足配各等大小口徑之槍礮用儻將爆藥之片或塊加厚或將圓條之藥加粗則傳燒入內較緩發出之氣霧與壓力俱減待全數燒盡其工夫耐久總而言之藥片與塊愈厚藥條愈粗則延燒愈緩所用之礮可較大

製法之穩便　製造無煙藥先須製造合淡氣之物質然後用易消化流質令其變成膠形造淡氣寫留路司並淡氣格列式林前已論及其製淡氣寫留路司之法更簡便

因製時多用清水在水中毫無險處製淡氣格列式林較難因係流質一遇磨擦擊動即易生險如其中有酸性則易於自行化分所以與酸質相遇時須設法令其寒暑度數相宜

在製造無煙藥時將所用之淡氣寫留路司先行令乾爲最要作此工極宜小心因乾號淡氣寫留路司如棉藥者一經擊動即有危險淡氣寫留路司中已加易消化物質或與淡氣格列式林相合則其危險少較之黑火藥更穩因製造黑火藥必有許多易燃火之微細灰塵散入空氣中一遇極微之火星則傳火使全廠爆炸惟造無煙藥無此灰塵加以易消化之流質令其變濕而成凍形雖遇猛火燒之無轟炸之患即在束緊之管中雖燒而爆炸有限不致禍延通廠

物理性質　軍中所用無煙藥或成片或成立方形或如線如帶或爲圓條有空心有實心有每個數眼者打獵所用須燒得速如黑火藥之細粒或成極薄之片如紙

有種如繩之藥條中有通長之空管一個或數個扁條者有孔無孔不定無煙藥其色不一俱照相和之物質爲分別淨淡氣寫留路司爆藥本係灰色或黃色如其中有淡氣格列式林則爲淡黃或深紫色打獵所用之無煙藥中

往往特加顏料外面刷以黑鉛則似銀灰色如成片或立方或如繩等形狀其面光而堅如以淡氣寫留路司爲本則有明角形如其中有淡氣格列式林其性較如橡皮其疏密率不等俱照所用物質並製造法而定如其和物中無含淡養之質在水中易消化者此種爆藥不易受潮較黑火藥更難傳火所以在槍中用之須用更堅固之銅帽在大礮內用須用細粒引藥或棉藥引

官廠屢次試驗將柯達藥裝於堅固木箱用螺釘旋緊箱蓋雖遇猛火將柯達藥焚燒而不爆炸其箱仍無燬壞又查得無煙藥遇擊無險如將槍彈擊過此藥亦不能令其

爆炸或將柯達藥製成槍子藥裹裝在箱中以槍彈擊穿此箱亦不爆炸

合成柯達藥之物質。大小槍礮所用之柯達藥俱同惟傳火緩速全在製成之藥塊藥條厚薄粗細緊密率經久不變即一.五六其中無潮濕因其性不受潮濕即置潮濕地方亦無礙惟此藥甚毒

柯達藥合成分劑如下

淡氣格列式林　五十八分

棉藥　三十七分

金石類稠質油膏　五分

以上共計　一百分

淡氣格列式林並棉藥前已論及不贅金石類稠質油膏又名伐式林乃由未提清之火油用百度表二百度即法倫海表三百九十二度之熱氣蒸捭得之即輕炭也依化學式炭$_{十六}$輕$_{三四}$柯達藥中所用者其燃火度不可低於百度表二百零四度又.四合法倫海表四百度其重率在百度表三十度合法倫海表一百度時不可低於〇.八七數其融流度不可低於百度表之三十度合法倫海表八十六度其中不可有水並金石類物質

阿西通　在製爆藥時用之甚多因其有消化之功也此物由鈣養醋酸蒸提者鈣養醋酸之來源大概由木料蒸出遇石灰變爲中立性而成含酸之鹽類由此煉出阿西通然後再提清華吞阿培廠有製阿西通之全副機器此質係炭$_{三}$輕$_{五}$養乃無色畧香之流質易燃火燒時火光甚亮製柯達用者其重率不可過於〇.八〇數用百度表一百度熱合法倫海表二百十二度可令其化騰不可有遺臕之質其百分中所有之酸性不可過於〇.〇〇五如於百分醋中加〇.一之鉀養錳養和入其中此和水須變桃紅色經半點鐘之久然後退去此試驗時之熱度須有法倫海表六十餘度也

製柯達藥有數法如下

甲烘乾棉藥法

乙稱棉藥並淡氣格列式林相和法

丙調和法

丁壓緊法。紡成線形並切法

戊令乾法

己攙和並裝箱法

甲烘乾棉藥法

棉藥成漿後在模中壓緊模徑三寸高四寸半壓緊成段以便手取每段百分中有潮濕四十至四十五分置於銅

絲紗盤逐層排列於烘爐中用圓扇旋轉將熱氣煽入烘爐此熱氣經過許多空管之櫃管之周圍均係極熱之汽故扇旋轉時將櫃之彼端外面冷氣吸進經過管變成熱空氣進烘爐之各管爐之一端有空氣總出路熱氣在烘爐中經過漸冷卽由此路而出烘爐出氣口有銅絲紗罩爐中之熱氣高於百度表四十度合法倫海表一百零四度在此烘爐內須烘至百分中之潮濕僅存半分尋常須烘九十點至一百點鐘之久

乙稱棉藥並淡氣格列式林與相和法

棉藥烘乾待涼盛於襯銅皮之木箱內每箱盛二十七磅

零四分磅之三連箱送至淡氣格列式林洗滌房內見第二十圖照棉藥之數加淡氣格列式林四十三磅半卽由辛字濾櫃放出入黑橡皮桶中照數稱之然後傾於前箱之棉藥上折中計之每起淡氣格列式林照四十三磅半之數可稱二十四次稱出傾入箱中後則送至和藥廠有半寸眼之銅絲篩下承以桶將此料傾在篩上小心磨擦將棉藥變成小塊以便收吸淡氣格列式林在相和時棉藥並淡氣格列式林不及獨成之乾棉藥或流質淡氣格列式林之靈險棉藥并淡氣格列式林在粗和時名爲柯達槳

丙調和法

已合成之柯達漿移至調和機器房中華吞阿培廠所用之調和機器有兩號第一號爲調和一起七十五磅之用第二號爲調和一起加倍卽一百五十磅用此兩號機器其法實相同見第二十二二十三圖此機器係一鐵箱有相配之架箱頂無蓋其底成兩半圓形之槽每槽中裝軸軸上有輪葉兩軸轉動所行方向彼此相對一軸之旋轉較彼軸旋轉其速加倍兩軸之旋行法全賴機器下面更有一轉軸有輪齒相配使其轉動第三輪軸上有兩個滑車此大小兩滑車無論用何車只須撥動磨阻力圓錐形

第二十二圖

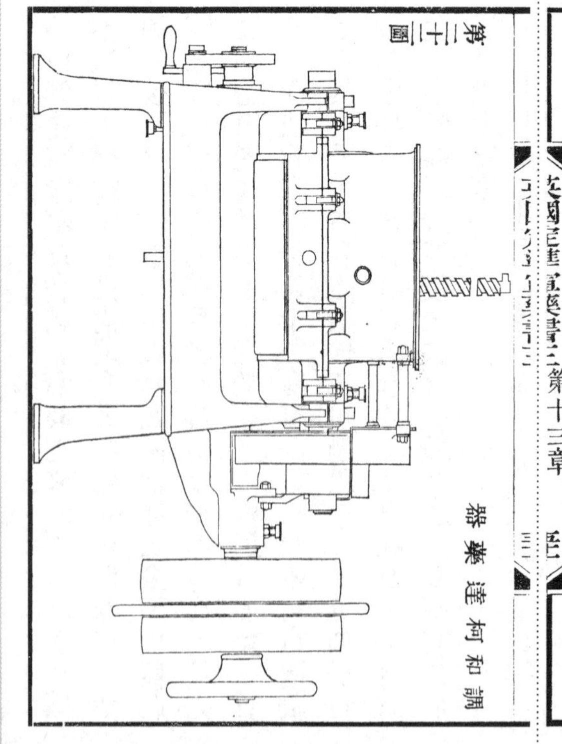

調和柯達藥器

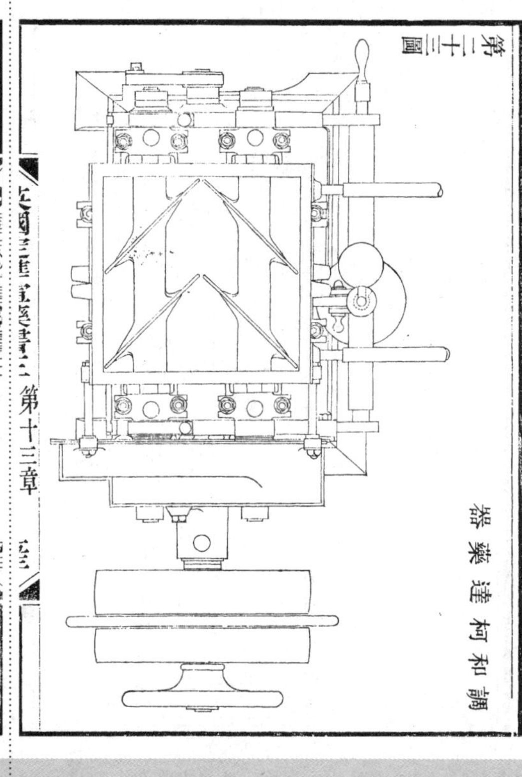
第二十三圖

調和柯達藥器

輪也總軸裝在高處有法可令輪葉對面向前或反面向前其器後面有機關可由後提起令前面低下以便傾料外出此器下節即槽其外邊周圍有鐵板包護其夾層中可令冷水流通以減其作工時所發之熱當工作時器中熱度不可高過法倫海表一百零四度合百度表四十度在工作時輪葉將近槽底旋行藥漿常在輪葉與槽底間受壓力輪葉相遇時並擠其漿餅宛與揉麪相同

詳論行法　先由盛十五磅十兩阿西通瓶內傾出少許置機器內令兩輪葉彼此相對旋行用木鏟將柯達漿抄入其內然後將瓶中所餘之阿西通全傾入如用大號調和器則需柯達漿兩箱阿西通兩瓶共三十一磅四兩置料於機器僅需數分鐘時即須將機器用木蓋覆之勿令阿西通化騰此機器旋行三點半鐘之久然後再加法式林小號機器中加三磅又四分磅之三大號器中加倍即七磅半再令機器旋行三點半鐘在末後一刻時令輪葉彼此相反旋轉將柯達漿餅鬆碎便於裝入圓形篩壓緊之如此調和七點鐘後棉藥並淡氣格列式林與易消化之阿西通全行調和而成膠形法式林亦布散調勻然後停止輪葉轉動將柯達漿餅提出置於桶中以便送至壓器房壓之

壓器房中所收積之零碎柯達漿餅因阿西通化騰而變乾者復移送調和處加阿西通少許在調和器復旋行一點鐘時再送至壓房內用之已成塊之廢柯達亦須如此製之惟每起七十五磅中須加阿西通十五磅十兩令輪葉旋轉調和至漿餅得合式稠凝度爲止

丁壓緊法 紡成線形並切法

華呑阿培廠所用壓緊或擠出柯達藥之機器有三種

一用螺葉法　二用螺葉並壓水櫃法　三用水力法

螺葉法專造柯達藥細線用在其線擠出時有紡車繞之

、螺葉壓水櫃兼用法並專用壓水櫃法在製造粗條柯

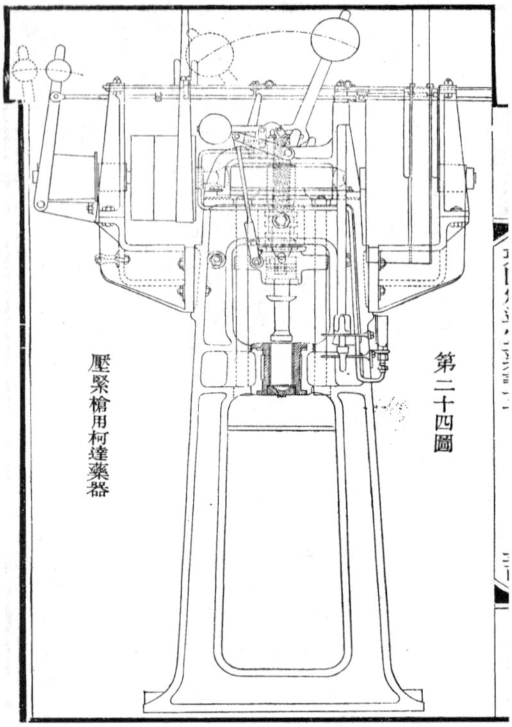

達藥用、藥條由機器壓出時外有機刀、配所需之長短截斷之製造槍彈所用柯達藥之螺葉壓器見第二十四並二十五圖機器之壓柱、裝入螺絲輪軸之中心、輪軸之蟠形螺葉與橫軸之蟠形螺葉相切橫軸上有牽連皮帶之滑輪、令橫軸轉動、橫軸之輪葉與立軸之輪葉相切、令壓柱降下至底即有機令壓柱速即上升

紡車見二十六二十七圖車體以銅皮爲之兩端有銅桿架裝於橫軸、軸之一端有圓錐形滑輪此滑輪有相配之套輪裝合、依其鬆緊以令旋轉之緩速且柯達線繞於紡車上時、更有機關鉤牽引線繞平勻、

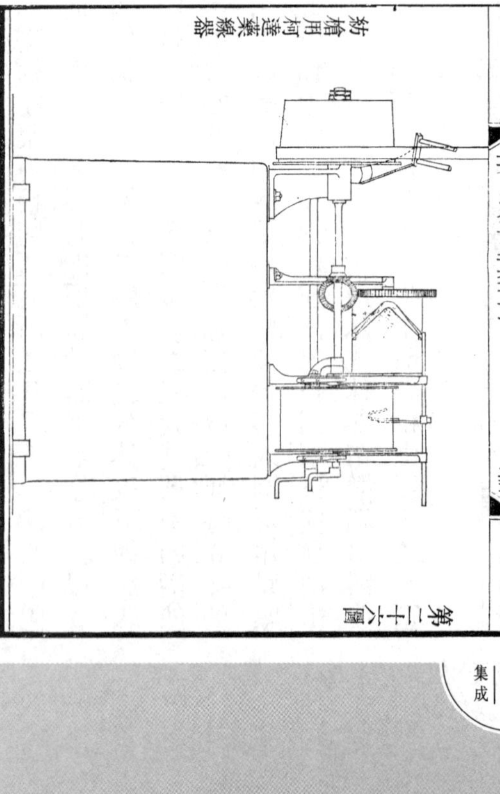

第二十四圖

壓緊槍用柯達藥器

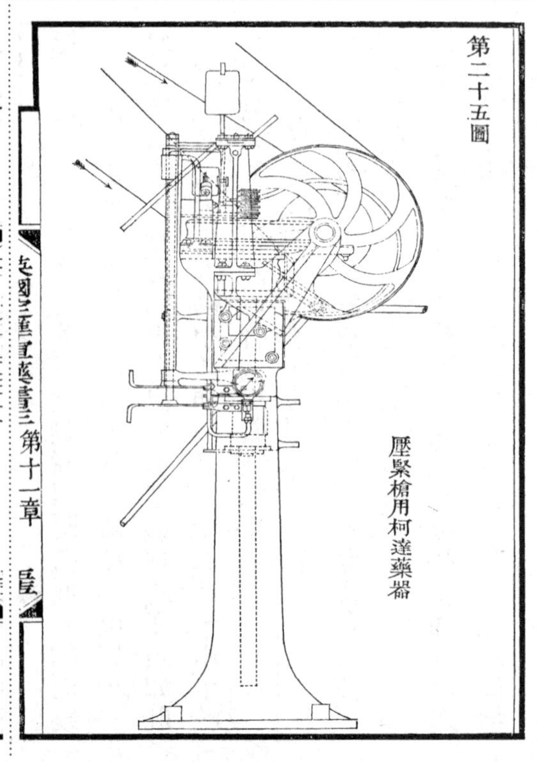

第二十五圖

壓緊槍用柯達藥器

第二十六圖

紡槍用柯達藥線器

紡槍用柯達藥線器

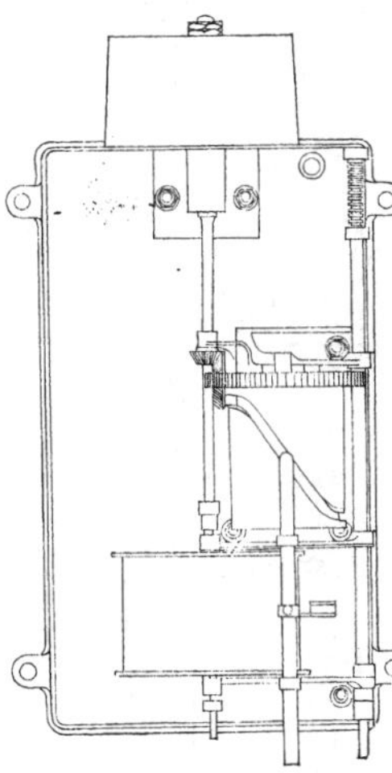

第二十七圖

壓具內圓形筩底有塞用螺線法旋之以便裝卸塞之中心可任配模眼之大小視需壓柯達藥線之粗細塞之上面有多眼鋼板板上鋪金類絲紗以防微細雜物漏入模眼而阻塞壓具圓形筩見第二十四圖

壓具圓形筩內柯達藥用手工擠緊將擠滿之筩置壓柱下然後開車工作壓具降下後再上升可將空筩移出另置滿筩壓之每筩盛柯達漿餅稍過一磅之數擠出線形一千八百尺長纏於紡車上此為槍藥裹之用將藥線紡車用小車移送烘爐房

製大號柯達藥兼用螺葉並壓水櫃與上用之法相同惟

此圓形筩裝定不移出加藥有漏斗將藥漏入筩中此筩甚深可將一起未壓緊之藥俱盛其中

有一種壓器之壓柱螺絲裝於擠柱與小壓水櫃牽連模筩已加藥即開壓水櫃之水門將擠柱並壓柱壓下而螺絲擠柱即下降將筩中之藥壓出筩底模塞之眼模筩上面有漏眼鐵板上鋪銅絲紗篩與上言小壓具同一時擠出藥條多寡俱照模塞眼孔之多寡此模塞眼之多寡照筩之直徑大小而配並照所需線之粗細而定

柯達藥線較細之號如五一三七一三三一一三〇一一三〇七者由模擠出即用手工繞於錠上此錠與槍中所用之柯達線錠相同擠線之

工完畢後將藥線錠移至剪器此剪器係平行鋼刀兩片裝於兩對面之架上柯達線錠亦裝一架令柯達線與刀口正交在兩刀之間以刀兩邊相軋而切之將藥線切成相等長短如欲加長即將錠心加大便可柯達藥線又可置板上以手工切之即將線錠置於淺木盤上盤底用窄板條將藥錠嵌住留有隙縫任切斷之線落下

更大號之柯達藥線如一五一四者由模眼擠出即牽於環形皮帶上此皮帶旋轉之緩速視藥線擠出時之緩速而定環帶面上裝鋼刀數把裝刀方向與帶行方向正交環帶行時經過一軸棍下此棍將藥線壓在刀口上切之所切

藥線之長短照皮帶上所裝之刀相距為準切斷時即有工人以手取置盤中

用壓水櫃之壓藥器如第二十八圖圖中可見壓藥筩下節之式用法與尋常壓水櫃法相等上壓柱裝定不動壓藥筩置於鐵架上此架裝於壓水櫃下壓柱之平臺上照此下壓柱逐漸上升將柯達藥線擠出繞於錠上或照上言在環帶上切短

戊令乾法

凡柯達藥線擠出之後在烘爐中令乾爐用熱汽管或熱空氣吹進熱不可過百度表四十三三度藥線錠或盤擺

第二十八圖

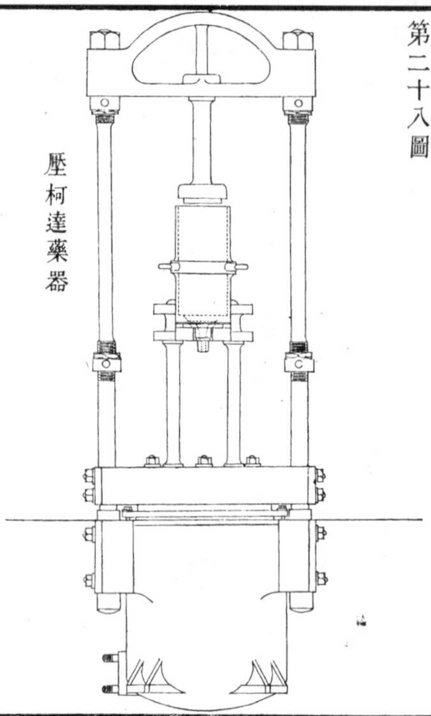

壓柯達藥器

列於架上烘乾極細藥線即一〇五號需時兩日至極大者即五〇一七號需十五日

烘乾之意欲去柯達中之阿西通因擠成線後其百分中尚約有十五分且更有他種易化騰之物亦須驅出

己攙和並裝箱法

烘乾後槍子所用之柯達線攙和法先將單線錠十個在一架上排列插之同時均繞於一大錠上其法用小機器令其上之大錠旋轉將十小錠之線抽出繞之此機有一橫桿桿上有眼十個將十錠之線分列穿過此桿在兩端迴環往來俾各線勻繞於錠上

然後取此式大錠六個每錠已繞線十條照上法將此六十條線繞於鼓形之搖車繞畢將共總線頭用帶紮緊扣於搖車上即可裝箱或桶以便轉運

大號柯達藥線已切成相配長短其攙和法由烘爐中取出藥盤將藥線裝在箱內每箱可裝藥一百磅許每數箱分作一起每起之箱數照柯達藥之大小箱中之藥均須攙和即將一起各箱中之藥提出少許攙和另置一箱待滿再取一箱照此為之及至原起之箱提盡則新裝之箱為已攙和之一起其他起之原箱亦如此法攙和俱成新起然後由各新起箱中再攙和裝成各箱此第二次攙和

後可期均勻末次一起之箱照藥號之大小每箱或裝藥五十五磅至一百十五磅如裝五一二號七三一二號並一〇七號之藥將每把以線紮成梱每梱約重二磅半如此則藥線不致擾亂

裝柯達藥之木箱用不透潮之紙襯之惟上言藥線繞於鼓形搖車上現不用此法柯達藥箱外面以石色漆塗之此漆如青灰色取其與六角無煙藥有分別箱面並箱邊用紅色筆註明其詳細

惠伯來手槍藥裹　兵槍近靶操練並放空槍空礮所用柯達藥

惠伯來手槍所用柯達藥係第一號柯達藥以機器切成細條此機器與製造二〇丙號藥所用之器相同已切條之後用四十號眼並二十四號眼銅絲篩將其細末並大塊篩出此藥又須照上法攙和每箱裝八十磅然後發領箱面上註明二·〇五號

近靶操練來福槍三〇三寸直徑槍子所用之柯達藥係帶條形一·四寸⊥T·〇五闊並·〇一寸⊥T·〇〇二寸厚將此樣藥帶翦成段每段均成捲每藥裹中置一捲按上數三〇三寸即千分寸之三百零三也·〇五即百分寸之五也·〇一即百分寸之一也·〇〇二即千分寸之二也上載⊥T兩式即加減之意或加或減不能多逾原數只畧有參差耳

空槍空礮所用之柯達藥取第二十號者製之先將其藥令乾然後繞於錠上此各錠置在一機器前面可將五十錠之線由前列之一板各眼內穿過板之前面有一圓形器此圓器上裝刀四把與圓器作正交藥線由板眼推出時刀隨圓器轉動切之此法與軋馬草之法相同所切成片之厚薄即千分寸之八至千分寸之三切成後在十四號眼之銅絲篩去其細末然後在第四號眼之篩篩之去其較大之片此藥照上法調和分五十箱爲一起每箱裝藥五十磅箱面註明二〇丙即二十號無煙柯達藥也

查考柯達藥製造法並燃放試驗法

柯達藥製成之後須查考之其法有三甲以化學法考之乙以物理法考之丙考驗驅逐之力

化學考法如下

一化分法　查其所合成之各物質分劑相符否

二試驗潮濕法　先將淡氣格列式林提出然後將賸下之物質磨細以百度表之百度熱烘至一點鐘之久則變輕其潮濕已騰去但所去之潮濕不可過多亦不可過少此潮濕之多寡關乎藥線之粗細

三查熱度法　查其藥之潔淨否與第十一章丁號查熱度法相同惟此處所用之熱度係法倫海表一百

八十度所需之時刻不可少於三十分

物理法查考即察其乾否勻否有空氣眼否有穢物否藥條之長短輕重合格否

燃放試驗法與第九章第七款試驗黑火藥法同惟試驗各種柯達藥時先烘熱至法倫海表八十度趁其熱時燃放

上海曹永清繪圖

英國定準軍藥書卷四

英國陸軍水師部編纂
慈谿 舒高第 譯
六合 汪振聲 述

三編 雜項爆藥

第十四章 湯捺得 但捺抹脫 轟石直辣丁等 比克里克酸 李達特 比克里克散

湯捺得但捺抹脫並轟石直辣丁等爆藥爲軍中轟堅等用愛博爾博士原意將比克里克散裝於炸彈內爲炸裂之用現在炸彈裝李達特爆藥加比克里克散以助其力比克里克酸在融流時取名李達特裝入空彈內可令彈炸裂

湯捺得爆藥

湯捺得即棉花末係尋常所製之棉藥漂淨後以等分劑之鋇養淡養調和之尋常若將此湯捺得製成壓緊爲圓柱形藥裹外面塗以巴辣芬令其不透潮濕第二號湯捺得爆藥其中鋇養淡養爲數較多且有炭故其色更深第三號湯捺得爆藥用以下物質製成副號二淡氣本蘇耳棉藥鋇養淡養並白石粉不關緊時湯捺得燃燒不爆炸其性經久即遇擊動並磨擦無妨英國慶得省斐浮沙姆地方棉藥廠製造此藥甚多

但捺抹脫爆藥

自拿勃耳查知淡氣格列式林用汞震藥令其齊爆可得淡氣格列式林之猛力但其炸性極靈用之易生不測危險在流質時不能轉運出售又難收藏欲免此弊用數種物質吸其流質令變爲定質查德國並蘇格蘭等處有含微細生物質之矽養泥土名啟式耳古可收吸淡氣格列式林三倍之數不致溢出如此合成名爲但捺抹脫初用此收吸之物以備存儲轉運後分出之仍獨用淡氣格列式林拿勃耳後又查得用收吸之物與淡氣格列式林調和卽令變爲定質加以汞震藥令其齊爆其力量比在流

質時更大而足恃後更取一種爆藥代啟式耳古收吸淡氣格列式林由此功用更進一層矣

現在許多含淡氣之爆藥總名但捺抹脫其各種更有分類之名均可分爲兩大類

第一類各但捺抹脫中均以淡氣格列式林爲正主加一種不出力之物如木屑啟式耳古土等質

第二類各但捺抹脫中均以淡氣格列式林爲正主加一種易燃火或易爆炸之物和之

第二類分三等

甲　加以炭者

乙　加以黑火藥或含淡養五物質或含綠養五物質

丙　加以棉藥或他種含淡氣物質

第一類但捺抹脫乃尋常通用者照官定之章此種但捺抹脫百分中有極淨淡氣格列式林七十五分其餘二十五分爲調和之物質

甲　一種微細蟲所結成之泥土名啟式耳古

乙　啟式耳古並他種物質相和

乙號官定準用之他種和物如

鈉炭養　鋇硫養　干層石　肥皂石　赭色土

以上五種內選用一種得八分減去啟式耳古二十五分

內之八分以此代之

製成但捺抹脫每重一百分可加淡輕炭養一分半

啟式耳古土中有水先烘乾並將其中之有機物及矽質俱去盡尋常含有鐵質少許因此但捺抹脫稍帶紅色將啟式耳古提鍊淨後以淡氣格列式林傾入揉成勻稱稠質特有一器壓成圓柱形藥裹其大小粗細均照轟石之洞孔直徑而定每裹用蠟紙包緊每五磅藥所製成之藥裹作爲一包每十包裝一箱卽每箱有但捺抹脫五十磅如取少許不束緊燃之其燒甚急有紅色火燄如爲數稍多初時漸燒後忽爆炸尋常係用汞震藥令其齊爆若遇

水則但捺抹脫速卽化分將流質淡氣格列式林分開而有危險故在潮濕地方用之須加謹慎惟轟石直辣丁形並直辣丁形之但捺抹脫較此更穩因遇水無離開之弊儻任淡氣格列式林之流質侵入石縫中及動工鑽鑿或有不測之禍更有一險在法倫表四五十度時卽凍實不能爲轟炸之用須待其融化方可用必切記每包藥裹有單註明要語不可忽畧最穩之法將但捺抹脫置洋鐵罐中外用一洋鐵罐貯熱水溫之不可浸水入內罐其貯水之罐不可置火上有出售護熱氣之器用氊包裹氊外又加篷布包之使熱不易散

但捺抹脫並他種含淡氣格列式林之爆藥最險製時須異常謹慎因逐漸烘熱至百度表一百八十二度或法倫表三百六十度卽其爆炸度一經微擊或震動不但傳燒且將猛烈爆炸

第二類但捺抹脫較第一類更平穩其性更緩然比黑火藥猶猛而轟時不似第一類能炸令粉碎可爲開煤礦並花綱石端石礦之用此藥一切料理之法與上同惟有黑色之分別

照官定製法　第二類但捺抹脫之百分重數係極淨之淡氣格列式林十八分與他種和物八十二分共成細末調和均勻此和物係鉀養淡養五七十一分炭十分極淨巴辣芬一分或用鉀養淡養五七十二分炭十分合成後與之調和取其能吸收淡氣格列式林之流質無慮有侵溢之患

轟石直辣丁爆藥 譯言形如皮膠有韌勒性

此爆藥以淡氣格列式林並易消化之淡氣寫留路司所合成其法將易消化之微細顆粒棉花用熱化於淡氣格列式林內然後揉之使勻製成稠質色如蜜糖其凝結之性有堅韌如牛皮者有輭如凍膏形者其性質參差之故因淡氣棉花化學情形不一或製法不一用處最廣者係

第一號轟石直辣丁其百分中有淡氣格列式林九十三至九十五分而製成藥裹與但捺抹脫藥裹相同直辣丁之體質製成愈薄則愈能齊爆惟薄則易於消化成流質易於侵溢故存儲轉運時每易生出危險須用猛力齊爆藥令其齊爆轟石直辣丁在凍結時較但捺抹脫並淡氣格列式林更易爆炸彼時以來福槍之擊勢卽可令炸惟凍結之性不及但捺抹脫之易但捺抹脫遇水卽化而直辣丁則否所以製造廠內將直辣丁每箱裝四十五磅箱蓋有許多孔眼運至庫內箱置櫃中以水浸之此藥較但捺抹脫更猛不但其中淡氣格列式林之數較多且其相

和之料、係淡氣寫留路司、亦爆炸之物、非比但捺抹脫中之和料、不過啟式耳古之土、且直辣丁之體質潔淨、故用之更穩、

第二號轟石直辣丁、卽係第一號轟石直辣丁、加含淡氣之料、且有外加炭者、

直辣丁、但捺抹脫並直列捺脫、亦係轟石直辣丁爆藥、惟稍有改變、此兩種製造甚多、其價較廉、其炸力較緩、

直辣丁但捺抹脫、有兩種、大同小異、百分中有爆藥八十分、直列捺脫百分中、有爆藥六十分、工藝所用之各爆藥中、大概均有以下爆炸物質、如淡氣格列式林、或淡氣棉

花、或鉀養淡養、惟俱用細木屑和之、此數種藥均有轟石直辣丁之形、

比克里克酸

更有一種藥可代淡氣格列式林、淡氣棉花並鉀養淡養、卽比克里克酸是也、市肆所售者、以硝強酸並非那耳製之、此非那耳卽加波力克酸、乃蒸煤所得之黑油、其化學分劑如下、

炭六輕六養　丄　三輕淡養三　‖　炭六輕二（淡養二）三養輕　丄　三輕二養

加波力克酸　硝強酸　比克里克酸　水

比克里克酸係明黃成顆粒之物、其味極苦、冷水中幾不

消化、沸水中消化極微、惟在酒醕並以脫中甚易消化、此物爲黃色顏料、用之甚廣、或加入別顏料中更令其鮮明、熱至百度表一百二十二度半、卽法倫表二百五十二度半、卽變成黃色流質、小心加熱蒸之、其質可不化分、在空中速熱至百度表三百度、卽法倫表五百七十二度時、燒之甚急、儻束緊時、卽爆炸、比克里克酸可用汞震藥令其照常法從速齊爆、如此法可令濕號比克里克酸亦能齊爆、此濕號每百分中、常有含水十四分之多、比克里克酸在熱時、與含金類之鹽類、或與含金類之養氣物質相遇、卽變成含比克里克酸之物質、此物質又係猛烈之爆炸

藥、此和藥又有齊爆之功、取此少許、可令比克里克酸無論多寡乾濕、忽然齊爆、

李達特爆藥

此藥之功、係裝在炸彈內、可令其爆炸、此藥卽係比克里克酸、用融化法令其體質堅實、則其猛力較大、用處甚廣、因在李達特地方所造、故以是名之、

比克里克散爆藥

此爆藥以淡輕比克里克酸二分、硝三分所合成者、先將此各物令乾、並成極細粉、在乾時調和極勻、此藥係淡黃色、在不關緊之處與火燄相遇、僅從緩燒之、如關之緊密

遇火星則爆炸甚烈

附編第一

爆藥分類

一千八百九十九年定儲藥章程

第一總類

各爆藥有存儲之庫分間編號爲各類藥分存之處各間內均有特別之規條示令遵行

分類一

柯達藥

辨力斯塔脫

乾號黑火藥

礮用黑火藥藥裹或柯達藥裹並快礮空放之藥裹

快礮有彈之藥裹不在內

撥甫藥

拍拉麥藥引袋

水雷藥裹並藥引

不限時自發藥引

快藥引

放火炸星

分類二

乾號棉藥

比克里克散

但捺抹脫

轟石直辣丁藥

湯捺得

直列捺脫

分類三

濕號棉藥　麥恩水雷中濕棉藥不歸此類

比克里克酸

李達特

分類四

三磅六磅八磅彈快礮所用藥裹又可爲空放礮用

分類五

三磅六磅十二磅彈快礮所用藥裹裝於金類箱或襯金類箱並他項藥裹及撞水雷

第二總類

凡爆藥須先裝炸彈槍子麥恩水雷（即埋藏水下者）或藥引並藥管非散堆多存之庫

分類一

發煙發光爲號之藥球　專爲發光藥織球（球上升時織忽張開遇空氣不致速降）

炸彈藥　礫彈藥（彈內貯弧形鐵塊以此藥礫散）

銅帽

骷髏彈（形如骷髏內貯火藥爲放火用）

槍用穩機藥裹

機器礮用穩機藥裹

望準管用穩機藥裹（由此管水雷可發出命中）

發斐理暗號用藥裹

快礮用裝銅帽空藥管

引火藥

限時藥引

銅帽藥引

限時兼銅帽藥引

電線藥引

穩機藥引

緩燒藥引（以棉繩用藥製）

發號火把

拍拉麥藥引（庚申號發光用）　發號火把並救生用

電線拍拉麥藥引

拍拉麥藥引瑞辣白奈耳炸彈用

拍拉麥藥引礮後火門用

發號高升此種非水陸軍並救生用

水陸軍用各種發光器

火門管用電發火

火門管用拉繩磨擦發火

火門管用銅帽擊火

分類二

濕號黑火藥

埋雷並攻埋雷所用之雷此兩種雷裝濕棉藥

分類三

炸彈均裝藥並藥引

發號高升此種為軍中用並救生用

炸彈裝藥未裝藥引

齊爆藥

斐蘇文火柴不易熄火繩類

附編第二

爆藥分類

一千八百七十五年定爆藥章程

第一類 黑火藥類

尋常所謂火藥均指黑火藥而言

第二類 含淡養質與他質製成爆藥類均稱淡養和質

淡養和質除黑火藥外凡爆藥以含淡養質與炭或他種無爆炸性之炭質合成者無論其中加硫與否或製成後更與他項無爆性之物質相合與否

含淡養質類之爆藥如下

派洛立特爆藥

普得洛立特爆藥

普得耳薩克西弗雷秦爆藥

並照上法所合成之他種爆藥

第三類 淡氣合質類

淡氣合質爆藥照化學分劑所合成之各種爆藥或與金類相併而成爆藥此合成之藥均以硝強酸加硫強酸與否與含炭質物合成或以含淡養質加硫強酸與炭質物所成製成後無論更與他項物質相和或否

淡氣合質類分二等

第一等爆藥

淡氣格列式林

但捺抹脫

立托弗拉端

杜厄林

格拉奧克息林

米特利克淡養五

並無論他化學法合成或强合法合成者或盡用淡氣格列式林者或他種淡氣合成之流質可均歸此

等

第二等爆藥

棉藥卽尋常之棉藥

礟用紙

徐羅衣亭

礟用木屑

加淡氣之棉藥

合棉藥之黑火藥

許耳子爆藥

淡氣瑪內爆藥

含比克里克酸爆藥

比克里克散藥

凡淡氣合成之爆藥未歸第一等者卽歸此等

第四類　綠養與他質製成爆藥類

綠養五合質卽凡爆藥中有綠養五者

綠養五合藥類分兩等

第一等

好斯來轟藥

孛來恩轟藥

凡綠養五爆藥其中有淡氣格列式林或他項流質淡

氣爆藥

第二等

好斯來舊法轟藥

哀哈得爆藥

來夫來爆藥

來恆轟藥

霍斯逹得轟藥

德當奈脫爆藥

加綠棉藥

凡綠氣合成之爆藥未歸第一等者

第五類　汞震藥類

汞震藥之意無論化合強合物質前曾言及均有齊爆之功故相配銅帽之用或他處有須齊爆者均可用之惟其炸勢非常猛烈危險

此類藥分兩等

第一等包括各種以銀與水銀合成之汞震藥並各種以此所成之各件物質如銅帽中所用之藥並各種以綠養並燐所合成之藥或他種以燐合成之物質無論其中加炭質或否並以綠養與硫或與含硫養物質所合成之物無論其中加炭質或否

第二等包括之物質如綠淡氣並碘淡氣金震藥並銀震藥二阿蘇本蘇耳等汞震藥

第六類　軍火類下分三等

軍火之名指明以上各種爆藥已裝各等器具可製藥裹可裝槍礮或他種軍器傳放或爲轟礫之用或製各種藥引爲炸彈之用或製礮後火門管所用或製銅帽齊爆藥管迷霧發號藥炸彈水雷發號高升或他種軍中所用各種燄火

銅帽者不歸於齊爆藥管類物件中

齊爆藥者係一藥裹有一定堅力並製法其中裝一種汞震藥類爲數足配爆炸此管而其炸勢適傳至周圍相同之藥裹令皆立時齊爆

穩機藥引者係一藥引管內裝藥爲轟礫時用此管只傳火不自炸且其中無自行發火之法此管有相配之擊力並製法至其中所置之藥不足爆炸此管乃使四周之藥管不發爆所以其火必傳至管之彼端而後爆炸

第一等

穩機藥裹

穩機藥引爲轟礫之用

迷霧發號藥爲鐵路上用

銅帽

第二等包括前言各種軍火惟其內無自發火之法在第一等內尚未計及者開列於下

兵槍藥裹此種並無穩機

礮藥裹等件炸彈埋雷爲轟礫並他項所用

炸彈並水雷其中裝有爆藥者

轟礫用之藥引並無穩機者

炸彈所用之藥引

令爆藥發火之管

軍中所用發號高升

以上各件內無自行發火之法

第三等包括前言各種軍火其中均有自行發火之法不歸第一等者開列如下

各種齊爆藥

兵槍藥裹無穩機者

轟礫用之藥引無穩機者

炸彈用藥引

傳火炸藥之管

以上各件均有自行發火之法

軍火有自行發火之法者其各件中裝機關或設法在其中一遇磨擦或擊勢速即爆炸

第七類　花爆類

此類包括花爆所用物質並製成花爆

第一等花爆物質即以各種化學物質或各種已調和之物質均有爆炸着火之性而爲製造花爆之用不包括於前言爆炸藥之名目下俱歸此項

第二等已製成之花爆前云各類中之爆藥並各種花爆物質均已裝成各式者或已製成花爆中所用各件如

司癸白即有藥線之花爆

鞭礮火蛇礮騰起空中如一條蛇形火光

高升軍中高升不在內

瑪龍東方海面發號用之耀目白光

蘭司箭形火把

飛火輪　花筒　月礮

或各種物件特配時節等用之燄火或配發號所用之燄火或爲發聲作號之件

附編第四

火藥炸時工作表

火藥漲成容積數	火藥物質燒成後疏密率	火藥能作功效：每磅火藥燒成力之噸數	參差數
[illegible]	[illegible]	[illegible]	[illegible]

附編第五

英國官廠製造火藥法

火藥號數	顆粒或塊大小	炭：成炭時刻	炭：成炭樹料	用鐵碾研和法時刻	研結餅身中潮溼數	去藥末法	光藥法時刻	烘乾法：時刻	烘乾法：熱度	製藥末工法	調勻藥粒法	註解
	每方寸格眼數	小時		小時				小時	法製度數			
空放己庚 快放炸彈引庚	一二至三六	四	木狗	四	二	用光藥之先後須經過斜紗篩	五小時半	一	一○○°	二小時半經過蒙十八號平卧紗篩為空放炸藥用卸經過三十六號紗帳布	一烘前將四起加光藥傾入四格漏斗中以便調勻 二烘後調勻分作五十桶為起 三將上言之三起經過四格漏斗令調勻分每一百或二百桶為一大起	一二號者每一百磅裝一桶 三號者每一百十磅裝一桶
未已庚二	一二至二○	八	木狗	八	二・五		十小時	二	一○○°			
未丑庚二	三至六	三・五	白柳 赤楊	三	二・五	……	二至三	二	一○○°	一點半經過平紗篩		
未丑庚三	二至三	四	白柳 赤楊	三	三・五	……	二至三	三	一○○°	半點經過卸紗篩		
己並申巳	八分寸之五立方	四	白柳 赤楊	三	四至三	……	四	三六	一三五	在筆鉛粉箱旋轉一小時	一八起加光藥在一大紗篩調勻然後分裝一百零二桶每桶一百二十五磅 二上言分為兩起每起五十一桶各起經過四格漏斗調勻 三而五十桶之一起提出一桶湊成一百零二桶之大起此各桶中有一百二十五磅	一二三號者每一百二十五磅裝一桶
六角黑藥	高・九七六 對邊徑一・三九 中眼徑・三九三	四	白柳 赤楊	四	五至六	未成模式先令不淨之粒經過斜紗篩	……	二四 一二		……	由烘爐將烘盤移至架上有僅二十五盤與一百盤六百十二盤分三處先在二十五盤內抽出一盤與一百盤調和再將已調和之一百盤內提出一盤與六百十二盤共調和迭更為之至第一處二十五盤藥盡為止	每箱裝藥一百磅
戊地戊	高・九六八 對邊徑一・三四 中眼徑・三九三	三分 三小時	三草柴 三柳白	三	四・五	不淨之粒經過斜紗篩並遍末工紗篩一二小時	……	二四 一二		……		
六角栗色藥	高・九七六 對邊徑一・三九三	三五分	草柴	四	五		……	二四 一二至二四		……		
申乙丙	上同	上同	上同	上同	上同	上同	……	二四 一二至二四		……		

附編第六

官定火藥章程表

火藥號數	疏密率 少至	疏密率 大至	潮溼數 少至	潮溼數 大至	礮	藥裹重數	炸勢疏密率	彈重數	燃放次數	礮口速率 少至	礮口速率 大至	折中偏差數	壓力 少至	壓力 大至	共數	箱或桶數	箱桶重數
	試驗燃放情形														發藥定規		
			%	%		磅 兩		磅 兩		每秒尺數	每秒尺數	每秒尺數	噸	噸	磅		磅
申乙丙	一・八五	----	一・七	二・二	一一寸後膛	三六○ ○	二五・六七/一・○八一	六五五 ○	三	一三一○	一三五○	一○	一六・○	一六・五	六二○○	六二	一○○
					一二・五寸後膛	六三○ ○	二七・一四/一・○二二	八○○ ○	三	一四八○	一五二○	八	一六・五	一七・○	六九○○	六九	一○○
六角栗色藥	一・八○	----	一・七	二・二	一一寸後膛	二九五 ○	三一・五/○・八八○	六五五 ○	三或五	一九八○	二○二○	一○	一七・○	一七・五	六二○○	六二	一○○
					一二寸後膛	二九五 ○	三三・二三/○・八三五	七一四 ○	三或五	一九○○	一九四○	一○	一五・○	一五・五	六二○○	六二	一○○
戊地戊	一・八○	----	一・五	二・○	六寸後膛四號	四八 ○	二八・四二/○・九七六	一○○ ○	五	一九四○	一九八○	一○	一六・五	一七・○	六二○○	六二	一○○
六角黑藥	一・七六	----	一・○	一・三	一二・五寸後膛	二○○ ○	二八・五七/○・九七一	八一二 ○	三	一五三○	一五七○	一○	一九・○	二○・○	五○七○○	五○七	一○○
申巳	一・七五	----	一・○	一・三	五寸後膛	一五 八	三二・五/○・八五三	五○ ○	五	一七三○	一七七○	一○	一五・五	一六・○	二五一二五	二○一	一二五
未丑庚三	一・六五	----	一・○	一・三	三號六十四担重前膛砲用六十四磅彈	一○ ○	二八・○/○・九九○	六七 八	五	一三八○	一四二○	---	一六・五	一七・○	二一一○	二一一	一○
未丑庚二	一・六五	----	一・○	一・三	十三磅彈前膛	三 二	三四・七二/○・七九八	一三 ○	五	一五四○	一五八○	---	一六・○	一六・五	二二一○	二二一	一○
未已庚二	一・七二	一・七五	○・九	一・二	四號二百磅重前膛砲用七磅彈	一 二	四五・一/○・六一五	七 ○	五	九六○	一○○○	一○	七・五	八・○	一○○○○	一○○	一○○

附編第八

軍用棉藥塊並藥引					乾時重數	
藥引		圓柱形之直徑並厚薄			磅	兩
甲	丑	五寸X一・九五寸	兩眼	申寅	一	八
乙	丙	三・一寸X一・九五寸	兩眼	申寅並水師	○	九
丙	卯	一・五寸X一・九七寸	無眼		○	二
丁	卯	一・五寸X一・九七寸	一眼	配一號二號塞	○	二
戊	卯	一・五寸X一・九七寸	一眼	配三號塞	○	二
己	丑	一・七五寸X一・三七五寸	一眼	庚申	○	二
庚	丙	一・二五寸X一・二五寸	無眼		○	一
辛	丙	一・二五寸X一・二五寸	一眼	庚申	○	一
癸	卯	一・二五寸X一・二五寸	淺眼		○	一
藥塊		長方				
甲	丑	此各式均由晨號切下		申寅		
乙	丑					
丙	丑					
丁	丑					
戊	丑					
己	丑					
庚	丑					
辛	丙	六寸X三寸X一寸	無眼	申寅並水師	一	四
癸	丑	此式由晨號塊切下		申寅		
子	丑	晨號塊於一角去一象限其半直徑二・七寸		申寅	二	二
丑	卯	晨號塊去半規其半直徑一・八寸		水師	二	二
寅	丑	此式由晨號塊切下		申寅		
卯	丑	晨號塊於一角去一象限其半直徑一・七寸		申寅	二	五
晨	丙	六寸X六寸X一寸	無眼	水師並申寅	二	八
晨 水雷	卯	六寸X六寸X一寸	無眼	水師	二	八
巳	丑	六寸X六寸X一寸	二眼	配辛號藥引 未戊	二	○
午	丑	六寸X六寸X一寸	二眼	配辛號藥引 未戊	一	八
未	丑	六寸X三寸X一寸	一眼	配辛號藥引 未甲	一	○
申	丑	六寸X六寸X一寸	二眼一眼二寸徑	配辛號藥引 未戊	一	一四
酉	丑	六寸X六寸X一寸	二眼一眼二寸徑	配辛號藥引 未戊	一	八
戌	卯	六寸X三寸X一寸 去半規半直徑一・八寸		水師	○	一四
亥	丑	六寸X三寸X一寸	一眼	配辛號藥引馬豚並[illegible]	○	一四
物	卯	四寸X四寸X一寸	無眼	水師	一	八

史志類

四裔編年表四卷 四本 連史一元六角 賽連一元
俄國新志八卷 三本 連史七角 賽連四角五分
法國新志四卷 二本 連史六角 賽連三角五分
東方時局論略一卷 一本 連史一角五分 賽連一角
西美戰史二卷 二本 連史六角
綖紘外乘二十五卷補遺一卷 八本 連史二元 賽連一元二角

政治類

佐治芻言不分卷 三本 連史六角 賽連三角五分
列國歲計政要十二卷首一卷 六本 連史一元五角 賽連九角
美國憲法纂釋二十一卷附憲法續增 二本 毛邊一元

交涉類

東方交涉記十二卷 二本 連史四角 賽連二角五分
英俄印度交涉書正一卷續一卷 一本 連史二角五分 賽連一角五分
公法總論 一本 連史一角 賽連五分
各國交涉公法論初集四卷二集八卷三集十六卷 十六本 連史三元七角 毛太二元四角
各國交涉便法論六卷 六本 連史一元四角 賽連九角

兵制類

列國陸軍制不分卷 三本 史連七角 賽連四角
英國水師考不分卷 二本 連史三角五分 毛太二角
美國水師考一卷 一本 連史二角五分 毛太一角五分
俄國水師考一卷 一本 連史二角五分 毛太一角五分
法國水師考一卷 一本 連史二角五分 毛太一角五分
英國水師律例四卷 二本 連史五角 賽連三角
西國陸軍制考略八卷 四本 連史九角 賽連六角
德國陸軍考四卷 四本 毛太四角
海軍調度要言三卷附圖 二本 連史三角五分 賽連二角
防海新論十八卷 六本 連史一元二角 賽連八角
水師章程十四卷續六卷 十六本 連史三元二角 賽連二元

兵學類

製火藥法三卷 一本 連史三角 賽連二角
克虜伯礮說四卷操法四卷附表 二本 連史五角 賽連三角
臨陣管見九卷 四本 連史一元 賽連六角
輪船布陣十二卷首一卷附圖 二本 連史五角 賽連三角
攻守礮法一卷克虜伯陸礮礮說礮架說螺繩礮架說三卷 一本 連史三角 賽連二角
礮準心法一卷附圖 二本 連史二角五分 賽連一角五分
兵船礮法六卷 三本 連史六角五分 賽連四角
營城揭要二卷附圖 二本 連史三角五分 賽連二角
營壘圖說一卷 一本 連史一角五分 賽連一角
爆葯記要六卷 一本 連史二角五分 賽連一角五分
水師保身一卷 一本 連史二角 賽連一角五分
水雷秘要五卷附圖 六本 連史九角 賽連六角
水師操練十八卷首一卷附一卷 三本 連史七角 賽連四角五分
開地道轟藥法三卷附圖 二本 連史六角 賽連三角五分
行軍指要六卷附圖 六本 連史二元 賽連一元二角
格林礮操法 一本 連史一角 賽連五分
克虜伯礮彈造法二卷附圖附藥餅造法 三本 連史五角五分 賽連三角五分
礮乘新法三卷首一卷附圖 六本 賽連七角
洋槍淺言一卷 一本 賽連五分
喇叭吹法 一本 連史一角 賽連五分
營工要覽四卷附圖 二本 連史四角 賽連二角五分
前敵須知四卷附圖 五本 連史六角 賽連四角五分
子藥準則一卷 一本 連史二角五分 賽連一角五分
鐵甲叢談五卷附圖 二本 連史五角 賽連三角
新譯淡氣爆藥新書上編四卷 二本 毛邊四角
新譯淡氣爆藥新書下編五卷 二本 毛邊四角

船類

航海章程一卷紀錄一卷 一本 連史二角 賽連一角五分
航海通書辛未年起至壬子年每年一本 一本 連史八角
航海簡法四卷 二本 賽連四角五分
行船免撞章程一卷附一卷 一本 連史二角五分 賽連一角五分
行海要術四卷 三本 連史七角 賽連四角五分
船塢論畧一卷附圖 一本 連史二角五分 賽連一角五分
御風要術三卷 二本 賽連二角五分

學務類

日本學校源流考一卷 一本 連史二角五分 賽連一角五分
日本東京大學規制考畧一卷 一本 毛邊二角五分
養蒙正規 一本 毛太一角

工程類

工程致富十三卷附圖 八本 連史一元四角 賽連九角
行軍鐵路工程二卷附圖 一本 連史二角五分 賽連一角五分
鐵路彙考十三卷 二本 連史七角 賽連四角
鐵路記要三卷 一本 連史一角五分 賽連一角
海塘輯要十卷 二本 連史五角 賽連三角

農學類

農學初級一卷 一本 連史二角五分 賽連一角五分
農務化學問答二卷 二本 連史四角 賽連二角五分
農務土質論 三本 連史八角 賽連五角
農務化學簡法三卷 一本 連史四角 賽連二角五分
農務全書上編十六卷 八本 毛邊一元九角
農務全書中編十六卷 八本 毛邊一元九角
農務全書下編十六卷 八本 毛邊一元九角
農學津梁一卷 一本 連史二角五分 賽連一角五分
農學理說二卷附表 二本 賽連四角
意大里蠶書 一本 連史四角 賽連二角五分
農務要書簡明目錄 一本 連史一角五分 毛太一角
新譯種葡萄法十二卷附目錄 二本 連史五角五分 毛邊三角五分

礦學類

開煤要法十二卷 二本 連史四角五分 賽連三角
開礦器法圖說十卷石印 六本 連史三元
冶金錄三卷 二本 連史五角 賽連三角
井礦工程三卷 二本 連史四角 賽連二角五分
寶藏興焉十六卷 十六本 連史四元 賽連二元六角
銀礦指南一卷 一本 連史二角五分 賽連一角五分
求礦指南 二本 連史五角五分 賽連三角五分
探礦取金 二本 連史四角五分 賽連三角
相地探金石法四卷 四本 連史一元 賽連六角
礦學考質上編五卷下編五卷 四本 毛邊六角

工藝類

汽機發軔九卷附表 四本 連史一元二角 賽連七角
汽機新制八卷 二本 連史五角五分 賽連三角五分
汽機必以十二卷首一卷附一卷 六本 連史一元五角 賽連九角
製羼金法 二本 連史四角 賽連二角五分
西藝知新 六本 連史一元六角 賽連一元一角
西藝知新續刻 九本 連史三元六角五分 賽連一元八角
電鼎鍍鎳 一本 連史一角五分 賽連一角
電氣鍍金畧法一卷 一本 連史三角 賽連二角
藝器記珠不分卷 一本 皮紙五角五分
兵船汽機六卷附一卷 八本 連史二元 賽連一元二角
考工記要十七卷附圖 八本 連史二元二角 賽連一元三角
考試司機七卷首一卷附圖 六本 連史二元二角 賽連一元三角
鍊鋼要言一卷 一本 連史一角 賽連五分
鍊金新語不分卷附圖 三本 連史八角 賽連五角
鍊石編 二本 連史四角 賽連二角五分
製機理法八卷附圖 四本 連史一元三角 賽連七角五分
鑄錢工藝三卷附圖 二本 連史五角 賽連三角
鑄金論畧六卷附圖 六本 連史一元七角 賽連一元
取濾火油法一卷附圖 一本 連史二角 賽連一角五分
照相鏤版印圖法一卷 一本 連史二角 賽連一角五分
造洋漆法 一本 連史一角五分 賽連一角
金工教範一卷 一本 連史三角五分 賽連二角
美國提鍊煤油法一卷附圖 一本 連史一角五分 賽連一角
汽機中西名目表 一本
工藝準繩 六本 賽連一元四角
新譯顏料篇三卷附圖 二本 毛邊四角

商學類

保富述要不分卷 二本 連史四角五分 賽連三角
國政貿易相關書二卷 二本 連史四角五分 賽連三角

工業與國政相關論二卷	二本	毛太 二角五分

格致類

格致啓蒙四卷	四本	連史 一元 賽連 七角
格致小引一卷	一本	連史 一角 賽連 五分
物體遇熱改易記四卷	二本	連史 五角 賽連 三角
物理學上四卷	四本	連史 一元三角 賽連 八角五分
物理學中四卷	四本	連史 一元三角 賽連 八角五分
物理學下四卷	四本	連史 一元三角 賽連 八角五分

算學類

算式集要四卷	二本	連史 五角 賽連 三角
算式解法十四卷	二本	連史 五角 賽連 三角
數學理九卷附一卷	四本	連史 九角 賽連 六角
代數術二十五卷	六本	連史 一元五角 賽連 九角五分
三角數理十二卷	六本	連史 一元五角 賽連 九角五分
代數難題解法十六卷	六本	連史 一元八角 賽連 一元二角
微積溯源八卷	六本	連史 一元二角 賽連 七角五分

電學類

電學十卷首一卷	六本	連史 一元八角 賽連 一元二角
電學綱目一卷	一本	連史 二角五分 賽連 一角五分
電學測算一卷附表	一本	連史 二角五分
通物電光	一本	連史 四角 賽連 二角五分
無線電報	一本	連史 二角 賽連 一角五分

化學類

化學鑑原六卷	四本	連史 一元二角 賽連 八角
化學鑑原續編廿四卷	六本	連史 一元五角 賽連 一元
化學鑑原補編六卷附一卷	六本	連史 二元四角 賽連 一元五角
化學分原八卷	二本	連史 七角 賽連 四角五分
化學考質八卷附表	六本	連史 二元五角 賽連 一元六角
化學求數十五卷附表	十四本	連史 四元六角 賽連 三元
化學源流論四卷	二本	毛太 二角五分
化學工藝初集四卷二集四卷三集二卷附圖	十三本	賽連 二元四角
化學材料中西名目表	一本	連史 一角五分 賽連 一角

新譯無機化學教科書	三本	毛邊 七角

聲學類

聲學八卷	二本	連史 六角五分 賽連 四角

光學類

光學二卷附一卷	二本	連史 六角 賽連 三角五分

天學類

談天十六卷附表	四本	連史 一元四角 賽連 九角
測候叢談四卷	二本	連史 五角 賽連 三角五分

地學類

地學淺識三十八卷	八本	連史 二元二角 賽連 一元三角
金石識別十二卷	六本	連史 一元七角 賽連 一元
金石表	一本	連史 一角五分 賽連 一角

醫學類

儒門醫學三卷附一卷	四本	連史 一元 賽連 六角
法律醫學廿四卷首一卷附一卷	十本	連史 三元五角 賽連 二元二角
西藥大成十卷首一卷	十六本	連史 六元 賽連 三元八角
西學大成補編六卷首一卷	六本	連史 一元二角 賽連 七角
西藥大成中西名目表	一本	連史 一角五角 賽連 一角
內科理法前編六卷後編十卷附一卷	十二本	連史 四元 賽連 二元六角
產科附圖不分卷	四本	連史 一元四角 賽連 一元
婦科附圖不分卷	六本	連史 一元六角 賽連 九角
臨陣傷科捷要四卷附圖	四本	連史 九角 賽連 五角五分
濟急法一卷	一本	連史 二角五分 賽連 一角五分
保全生命論一卷附一卷	一本	連史 二角五分 賽連 一角五分
新譯西藥新書八卷附中西名目表	八本	連史 二元八角 毛邊 一元六角

圖學類

運規約指一卷	一本	連史 三角 賽連 二角
器象顯眞四卷	三本	連史 七角五分 賽連 五角
繪地法原一卷附圖附表	一本	連史 二角 賽連 一角五分
測地繪圖十一卷附一卷附表	四本	連史 九角 賽連 六角五分
測繪海圖全法八卷附一卷	六本	連史 一元五角 賽連 九角五分
行軍測繪十卷首一卷	二本	連史 五角五分 賽連 三角五分

地理類

海道圖說附長江圖說十五卷	十本	連史 二元八角 賽連 一元六角 局料 一元二角
平圓地球圖石印	一副	
八省沿海全圖石印	一副	連史 四元八角

附刻各書

四子書	二本	賽連 三角五分
詩經	一本	賽連 二角
易經	一本	賽連 一角五分
三才記要	一本	連史 二角五分 賽連 一角五分
小學韻語	一本	毛邊 一角五分
新選古文選讀此爲學堂授課之本	二本	毛邊 三角五分
宋賢羅鄂州小集	二本	毛邊 四角
王陽明先生集要三編	十二本	連史 三元三角
算學啓蒙	二本	賽連 三角五分
算法統宗算學一	四本	連史 一元一角 賽連 七角
董方立遺書算學二	一本	連史 三角 賽連 二角
九數外錄算學三	一本	連史 二角五分 賽連 一角五分
勾股六術算學四	一本	連史 二角五分 賽連 一角五分
開方表算學五	一本	連史 一角五分 賽連 一角
對數表算學六	四本	毛太 八角
緐譯弦切對數表算學七	八本	毛太 一元七角
恒星圖表算學八	一本	毛太 二角
八線簡表算學九	一本	連史 三角 毛太 二角
八線對數簡表算學十	一本	毛太 二角
謝穀堂算學三種	一本	連史 二角 賽連 一角
簡易庵算稿	四本	連史 一元 賽連 六角五分
嚀人傳	十二本	連史 一元七角 賽連 一元 毛太 四角
臚離引蒙	二本	
交食引蒙	一本	毛太 一角五分
類證活人書	四本	賽連 六角
幾何原本	三本	連史 八角五分 賽連 五角五分

礮法畫譜	一本	連史 一角五分 賽連 一角
西國近事癸酉起己亥止共二十七年每年四本		毛太 十五元
製造局記全書連夾板	十本	連史 三元五角
新編製造局譯書提要	二本	毛邊 三角

新譯西書即可出版價俟釘成再詳

英國定準軍藥書四卷附圖編附目錄

染色法四卷附表

編譯所 上海製造局 緐譯館

發行所 製造局圖書處

印刷所 圖書處

寄售處 上海棋盤街 中國圖書公司 科學書局 商務書館 上海望平街 申報館 千頃堂

江南製造局科技譯著集成

軍事科技卷

第壹分册

克虜伯礮說

《克虜伯礮說》提要

《克虜伯礮說》四卷，布國軍政局原書，美國金楷理（Carl Traugott Kreyer, 1839–1914）口譯，崇明李鳳苞筆述，元和邱瑞麟繪圖，長洲胡樹榮校字，同治十一年（1872年）刊行。

此書主要介紹普魯士製克虜伯礮的基本構造、彈藥使用與保存、克虜伯礮操作和試礮的基本原則。

此書內容如下：

目錄

卷一　先事籌備

礮兵分掌，彈藥要旨

卷二　臨時致用

用開花彈及火彈，用垂綫及象限儀，用洋鐵管彈，回出彈藥，開放餘事

卷三　礮門礮彈說

圓劈礮門，開花鐵彈，試礮論，四磅彈礮雜物名目

卷四　礮表用法

見物遙擊，越隔遙擊，考驗彈差，移改尺度，定準宜審，速率宜詳

克虜伯礮說目錄

克虜伯礮說卷一 先事籌備

布國軍政局原書
美國 金楷理 口譯
崇明 李鳳苞 筆述

礮兵分掌

礮兵有六紀之以數冠以礮目各有分掌無越俎焉㈠之所掌門藥管盒也鈎繩也門針也門眼也。門藥管盒者紉皮以爲之閉之也欲無罅敵之也欲無滯有罅則遺物有滯則稽時盒內編毛以函物也臨用之時須詳審之寬備藥管慮其罄也勿裹以楮便于取也。鈎繩所以曳門藥管也鈎欲其正斜則無力繩欲其堅舊則須更繩之長自門眼以至輪外一尺貫之以木管欲其滑利也。門針之用以探門眼針桿欲直曲則難入剡其端而三稜之欲其破藥裹之衣焉其針之長破而不貫約可過藥裹之中焉綴以皮帶毋已長焉懸諸螺墊下不至地慮其損鋒且受污也。門眼以門針探之欲其出入利便也毋積污穢毋令逼窄其逼窄也以門眼鑽冶之門藥之未發者留滯于中亦以鑽冶之凡針之入欲端而直毋偏倚也。㈡之所掌礮門也螺墊也表尺也木襯也。礮門內外附麗諸件詳加審視欲其周備而堅潔也礮及礮門記數相符移之他礮恐不脗合凡查礮門抽而出之平置諸案圓片下稜毋使近案須稜出於案外庶不擦損下稜圓片以螺釘三枚緊合於門體門體上左方而空之謂之螺腔內置螺旋啟閉以固謂之螺鍵螺鍵之制有螺稜三周而殺其半平納于門體以圓片合之螺釘固之螺鍵外軸有孔而方接之以柄形如丁字謂之螺柄別有扁釘自下捎之門體上下均有活筍門腔上下復有曲溝筍之與溝兩相合也上有阻釘一名阻門螺釘以制礮門出入之度也門體右半圓而空之筦銅而通之謂之銅筩銅筩之左圜扁有邊當礮膛之底者銅底也礮膛有環密合鋼底之邊者鋼圈也苟易鋼圈必去銅筩俟其合度而復納之凡納礮門左托門體右持螺柄

礮門總圖

推而入之欲其緊合也太鬆則底圈不切須墊銅片于鋼底焉太緊則底圈相擠可擊以木槌俟可旋螺柄而止焉旋緊螺鍵螺柄宜平旋不及平者亦底圈相擠也以接力管助之有長管套於螺柄以助力曰接力管俟一入可旋動而止焉旋之太易宜

易厚銅片於鋼底焉鬆緊適中乃旋阻釘以固之又抽送數四以驗之附門各物畧潤以油油多則穢宜拭而潔之驗其螺柄或平或斜迨開放既多旋之不及原度者知圈底之間已有積穢宜擦而去之鋼底之面光滑可鑒恐有裂紋須熟審之鋼底之邊亦勿損蝕既恐火氣漲壓礮門又恐火力旁灼礮體銅圈內周稍有瘢麘無妨也剝蝕已多須更易之凡非更易勿取出之

螺勢所以俯仰礮身凡有螺絲宜齊備而堅固也查之之法旋至極低礮身下稜必近架半寸其強于半寸者螺柱有阻滯也去下端之捎取螺柱而旋試之及其合度而復捎之縛以皮帶欲其

固也螺柱之外裹以油布欲其潔也查螺柱之鏽蝕灰垢而以皁門聽油潤之其洗擦也勿用砂石恐螺絲損薄易于動搖也凡礮已離架須旋至極低欲其堅固而穩便也

表尺欲其升降利便也苟有曲滯恐稽時刻而悞方向也凡植表尺宜直其孔勿斜倚焉勿執橫尺之一端以拔取焉表端橫尺欲其便于左右也旋之不動是有滯也先去其左蓋次旋其右蓋橫表兩端之螺絲名之曰蓋擦其螺絲而潤以皁門聽油凡無阻滯勿數旋其蓋焉

木襯所以推送藥裹恰及于彈底也使藥裹之底齊于礮膛之底而止焉

㊂之所掌洗桿也擺桿也礮尾礮門之油套也　洗桿上

端有毛蒙茸欲其堅密而潔淨也欲其出入無滯也毛已秃則不能洗刷來復綫中即易積穢恐其擠彈殼而傷礮管也交戰之時寬備一桿縛之欲其堅固也上端皮套欲其周密而塵土不入也　撬桿下端聯于架尾而上端易于調動其撬齒之入架尾也不可寬鬆搖動慮其定向之不正也　礮尾及礮門之左均有油套不可破損且縛之宜固恐塵土襲於門眼諸處而難以洗刷也預備用礮之時須解去之欲便于查檢而防火氣之洩出也

㈣之所掌藥裹盒也皮帶也　藥裹之盒紉皮爲之蓋盒也欲其密切啟閉也欲其利便紐搭也欲其堅固　皮帶

之長斟酌焉以爲度于未聞令時先宜審之

㈤之所掌垂綫也塞子也　垂線宜細麤也者弗良光滑而直欲其無結滯也　前口塞子尤宜潔淨

(礮目)之所掌礮身也礮架也子藥箱也自來火隔針之盒也象限儀也凡操演及交戰所有損汚俱責成礮目時時查察惟遷徙之頃路間偶有損汚則非礮目之責　礮身之上礮門最要礮膛礮管門眼及表尺望準均宜詳審礮之前身是爲礮管中有螺槽名曰來復欲其光潔而無損汚也門眼之內範銅爲管銅管之底須與礮膛相平也苟有不平以銼治之門眼阻塞以鑽治之鑽鋒有稜鈍曲短缺弗可用也每礮一行應設一匠以司其事

礮架之附麗者均須詳察約舉也則有四一則螺墊輪及撬桿是否齊全也一則架軸是否平正也驗之之法以螺墊漸次旋低視礮尾非常在架中而有迤右或迤左者知礮耳與架軸不平行也修之不易宜默識其偏度之率焉一則礮耳之環是否密合也太緊則艱澀太鬆則動搖宜酌其中焉一則全架之螺釘是否緊切也螺釘之上各有螺蓋以旋固之苟有鬆懈震動易脫貽悞匪輕焉　子藥箱車亦宜查察　自來火及隔針藏諸皮盒其啟閉也欲便捷而密合也　象限儀者範銅刻度綴以游表有佛逆以指度有酒準以取平須驗其器差而默識之以定用時

之加減也驗之之法以佛逆箭形指於起度置儀於礮之方尾以螺墊取平視酒準空點合中以爲率易儀之前後而更置之酒準宜仍合於中焉苟有不合驗其差而識之其游表之螺旋切勿輕動庶幾所差之有定焉

彈藥要旨

一開花彈及火彈　彈外鉛殼欲堅而滑苟破損凹突有浮脫活動之象者即棄勿用恐鉛出礮口飛散而妨人也　彈腹儲藥上有螺絲是名彈嘴中有銅盂底蒙以布所以透火而燃藥也盂之內函上有鋭鋒名曰活機所以射彈引而發火也彈引者即自來火螺絲與隔針並藏於礮

目之盒者也隔針所以間隔活機與彈引其插入也須壓於活機之上使彈過礮中活機不得跳動既出礮口循來復綫旋轉空中隔針即脫雖無間隔而活機尚未動也及其着物機即震動射發彈引而礄然裂矣故先插隔針擫以拇指欲其穩密也次加自來火螺絲旋之緊密欲其堅固而易於射發也

開花彈上半截總圖

自來火　螺絲之鼻　活機　銅盂及活機剖開圖　彈嘴　隔針　銅盂

更有七事（礮目）宜察之一則隔針宜平直光滑易於脫落也各種礮彈圓徑不同隔針過異切勿悞取凡針之內端宜全壓於活機之徑針之外端宜適合於礮管之腔其彎短鏽蝕出入艱澁者棄之二則銅盂不可提出恐安置難妥不能插入隔針也插之不入知其銅盂浮起即旋去彈嘴取銅盂而拂拭之去其塵垢而復納之苟敧側離乎原位及火藥旁溢即須更易之如可隨時修正則無煩更易或取以指或夾以鉗見盂口太弇則須漲侈其口而以銅杵推入彈內（凡每行須添一雜物車銅杵在第一雜物車中）以指撼試之欲其堅實而安貼也凡修銅盂須於下風五十步外襯毛氈以作之恐磨擦生熱而炸彈也二則銅盂及彈嘴之間不可有灰土水溼火

藥等物也既恐阻滯活機又恐磨擦沙土而生火也苟有乾灰即取皮氣袋以吹之（皮氣袋在第二雜物車內）一則隔針之孔不可有汚穢鏽蝕也苟有阻滯急用布纏鐵絲潤油以入之別用布纏鐵絲而乾拭之又視銅盂之口有無留汚而詳審之一則活機宜于滑動而鋒尖宜於直銳也滑動而直銳則能破自來火之錫箔滯鈍彎曲者概棄勿用一則自來火螺絲不宜潮溼而動搖也螺絲內外欲光而平其錫箔與銅苞之間積成綠鏽或錫箔有凸出之處知有水漬者均宜棄之螺絲中間有假銀白釘以釘固自來火也不見此釘知已動搖恐在礮管中湊射活機也亦宜棄之一則彈嘴螺旋不宜搖動敧側也彈嘴不正自來火即難妥貼恐機鋒不能正射也宜更易之

二洋鐵管彈　彈管外殼銲合之縫須防損裂彈殼四周平滑之處須防腫突有一於此弗可用焉若兩端銲處缺失數齒尚可用之

三藥裹　藥裹之衣以綢爲之苟在箱中稍有擦損及紉縫偶裂縛口偶鬆者急于雜物箱中取絲線以補綴之而束縛之若火藥已洩裹形較小者須權其輕重而去取之

四門藥管　管中藥引極宜乾潔包之以紙不可破損也縛之以綫不可鬆脫也行走震動慮其藥洩也陰雨潮溼

慮其水漬也藥洩水漬更換爲宜又須試演數管以驗其可用與否（若紙裹畧有潮氣可發開曬之）各種礮類門藥不同尤防悞取司其事者愼之

元和邱瑞麟繪圖
長洲胡樹榮校字

克虜伯礮說卷二 臨時致用

布國軍政局原書 美國 金楷理 口譯
崇明 李鳳苞 筆述

用開花彈及火彈

一洗礮管裝藥彈之時須按號令抽開礮門洗擦礮管苟有餘閒並洗礮門㈣至子箱中取彈（礮目）宜早備隔針及彈引（即自來火螺絲）㈠俟裝畢彈藥旋閉礮門即將門針插破藥裹㈡於旋緊螺柄後即按令提起表尺其各號臨時所掌分詳於左㈠之門針宜破藥裹如其未破必藥裹太前或裹小而低也亟開礮門而酌移其裹焉㈡司礮門先去柄尾之捎次乃旋動螺柄左轉半周平持而抽之每放一次即旋螺柄稍洩其氣恐其壓緊也如有餘閒旋起阻釘抽出礮門㈢以溼布擦淨鋼底㈠以左食指繞布擦淨鋼圈又擦門腔之前面因此處易於積穢也礮門圓劈須置於罈恐損其稜也既去礮門勿用洗桿恐帶動鋼圈也每洗礮門勿用沙石惟軟布及肥皂水爲良凡水一桶融肥皂油一磅爲率苟無肥皂但用溼布此爲要事宜速爲之既潔淨後底即膠合稍潤以油其輕如吹氣然若再開放用格力所令油若不開放用卑門聽油因卑門聽可以卻鏽而格力所令可以柔堅實之積垢也此時㈢由後口

擦洗礮膛及門膛前面若有微汚僅用溼布若有汚穢可用鐵爬其洗刷也宜以肥皂水或格力所令或清水次用布擦乾抽送礮門數次欲其油氣之均勻而普徧也㊂之洗桿須出於前口欲以管中積穢盡出於外也否則桿毛逆轉易於阻滯也其推彈也用力緩送深淺有常處苟忽深忽淺俾藥膛有大小則彈之遠近無定也推送之時須與礮管相直欲其平正也洗桿用畢套於鐵環力勿太猛恐其損傷也㊃與㊄先須聽應用何彈不得錯悞迨隔針已插則㊃之專責關係匪輕應思指撅隔針常勿鬆脫又思隔針入礮常須向上彈向之與礮管欲其相直也

彈底之與後口欲其相平也㊄之專司惟在箱之彈箱之有鐵架者於後第二行之彈先鬆其下螺（箱內彈架有螺絲兩層一上一下）以彈可橫臥爲度若螺絲結鏽旋動艱澁者㊅乃稍潤以油而拭乾之恐油多則震動時易於鬆脫也若回出之彈仍還於箱者㊄應察其自來火及隔針是否取去其安於箱底彈窩也須平正而妥貼先旋上螺俾象皮壓定彈嘴（每彈有象皮一片連於上螺以壓彈嘴）持之不動再將下螺旋緊恐上下一併旋動未必密合也㊅礮目於稽察各兵之外有專責二事隔針及自來火彈引也凡隔針在彈雖裝入礮中遷徙震動亦可無慮故於其裝放也先插隔針次旋彈引

及其回出也先去彈引次拔隔針其插隔針也須插至針根而止插之難入須更一彈俟閒時詳考其故焉（或針孔鏽澁或銅盂浮起說詳上卷）彈引之螺絲亦須旋足否則搖動而易脫也且恐活機太遠而不能射發也

一定方向之時㊀宜預備門藥管㊂宜蹺起架尾離地而移㊁則專司表尺之橫直度而旋定之正其頸項以一目望之使表端平於望準尖鋒而與所擊之物合成一點則發之必中焉

一開放之時㊀以門藥管之橫梁（門藥管形如丁字上有橫梁下有藥管）上鈎連堅固恐其鬆脫也其插於門眼也欲以橫梁密合於礮

面曳鈎之繩與之相直若手高於橫梁則斜曳而不發火也低於橫梁則易於折斷也門藥管之折斷者可出則出之否則以門眼鑽推入之曳之而未發火者可取出而另置之苟門藥管已罄即以棉紗火繩二寸燃火而夾於竿插未發火之管而從旁點之（若從上面點火恐火落悞事）其未發之管有二種一則橫梁去而橫梁之函尚在可將函口剝開以露其藥勿令縮入門眼也一則函口已盡可用線縛其端免致縮入門眼是皆可以權用也苟未發之管亦已用罄則剖一藥裹爲門藥而燃之但恐火藥散開貽悞匪輕焉每開放一次㊀將門針連探二次不必出而復入多稽時

刻也。設藥裹之衣阻塞門眼，止須燃一門藥管於空礮，以通其門眼而已。㊄須切記每開放時蓋固子箱（防有火煤飛入）。每開放三次，將格力所令油抹於洗桿上端，蓋此油能融化藥煤，易於刷去也。油太少則礮管積污，方向易差；油太多則礮管滑利，彈飛更遠（開放二三次後仍復原度）。故每用油時不可忽多忽少也。凡天氣陰溼，藥煤自浮，則以油罐小刷蘸抹一周；天氣燥熱，可抹兩周；若用洋鐵管彈，可勿抹焉。礮目見門藥不發及門藥發而礮未發者，即以刀取出其管。此時恐礮中有火，切宜慎之。凡但發門藥者，宜以門針探試驗其通塞，又宜查藥裹之是否在門眼下也。

一則定礮之時，各兵聞令，停止開放，預備扣上架尾。㊀先扣緊門藥盒，恐走動而鬆脫也。已裝彈藥者，㊀即插以門針，恐藥裹之游動也。㊀以礮門旋緊扣緊柄捎，恐移動而欹側也。又旋動螺墊，將礮身約畧取平，絆以鐵練，則扣架尾時可以穩便，而用洋鐵管時亦易於旋起也。㊂以架尾移於原處，與子箱相直，仍離八步，欲其便於扣也。㊃以藥裹盒藏於子箱，恐扣架尾時有所妨碍也。若礮已裝彈，仍將藥裹裝入，使移動後即可開放也。㊄須旋緊彈架之下螺，恐移動之時滑動擠軋，壞本彈而並壞別彈也。礮目於定礮之先，須令洗擦礮管，又令㊀㊁兩人洗

擦鋼底鋼圈，恐藥煤留滯，積久而難除也（法見上卷）。

用垂綫及象限儀

凡望準及表端相合時，不能見應擊之物者，㊄以垂綫於架尾後望之，綫勿太長，恐風吹而動也。望之之法，以架尾左右移，使望準之尖鋒、表端之缺口與應擊之物同一直綫而止焉。

凡架尾後亦不見其物，或應提之分寸過於表尺之長者，礮目用象限儀以定之。其用象限須知三事：一則佛逆之箭形宜正對所定之度分也；一則礮尾方面及象限儀下邊恐有灰土墊起也；一則游表之酒準空點須常合乎中

也。若遠於三千一百邁當，而物在平綫以上，自低擊高者，先昂礮以測之，使物與表端及望準相平，於是置定象限，提起游表，酒準取平，乃以所得之度加於應用之度焉。若遠於三千一百邁當，而物在平綫以下，自高擊低者，先俯礮以測之，乃以所得之度減於應用之度焉。

用洋鐵管彈

用洋鐵管以速爲妙，故預備一枚於架旁，以供㊁之取用也。㊂惟專司架尾之磨左磨右，而礮管可不洗也，因爲時甚迫，且彈在礮管，小彈已散，相爲磨擦，自能潔淨也。礮目所說之一指二指，㊁須詳細聽之。若逐礮開放之時，亦由

礮目指令某礮開放，因礮目專司木礮，可以確知其齊備與否也。

回出彈藥

彈藥既入，欲回出之，必自前口倒推而出也。其出之時，（二）則抽啟礮門，（三）則拭淨桿端，拭之不淨，恐垢墮礮中，且傷彈引之螺絲也，及其緩緩推送也，（四）則先接藥裹納諸盒中，次接彈子，謹攊針根，其藥裹已被門針刺破，須小心保護，恐藥洩而彈近也，再裝放時，先以此裹用之。其回出之彈仍置臂上，左拇勿鬆，急令礮目取去彈引及隔針，切勿遺忘而貽悞也。苟爲洋鐵管彈，則擦去藥煤，納諸皮罐。

開放餘事

開放已畢，厥有四事，礮目宜審之。一則詳細洗擦礮門及附麗之件，若鋼底鋼圈不能密合，急加銅片以墊之。二則彈藥及彈引等須收拾妥貼，詳細察看也。三則礮架及子箱尾箱用過之物，俱須復歸原處也。四則礮管中先擦卑門聽油，俟一週時後，再以肥皂水洗之，若來復綫內有鉛留滯，亦應取去，潔淨之後，以卑門聽油潤之，如有鉛塊堅積難以刮去者，須訴知分帶，飭匠搜剔，非礮目所治之事也。

克虜伯礮說卷三　礮門礮彈說

布國軍政局原書

美國　金楷理　口譯
崇明　李鳳苞　筆述

圓劈礮門

布國舊用之後開門礮，以雙劈左右捎緊，近時克虜伯廠始製整塊圓劈，屢經試驗，而知整塊圓劈實勝於左右雙劈，蓋礮門物件較爲簡省，門腔鋼質較爲堅厚，且有鋼圈銅底，火氣難洩，亦較爲密合也。克虜伯礮用藥演放一千二百次，始換鋼圈鋼底。其圓劈礮門門腔亦異，刳空礮身安置礮門之處，名曰門腔。左大右小，形如斷劈，前爲方形，後爲半圓桶形，如第一圖上。橫剖之，成兩邊平

行兩邊不平行之四角形，如第一圖下。甲丙與乙丁平行，甲乙與丙丁不平行，緣甲乙與礮管成直角，而丙丁與礮管不成直角也。門腔前面通於礮膛，中嵌鋼圈，門腔左上陷爲螺槽，以承螺鍵。門腔既明，礮門可詳焉。

第一圖

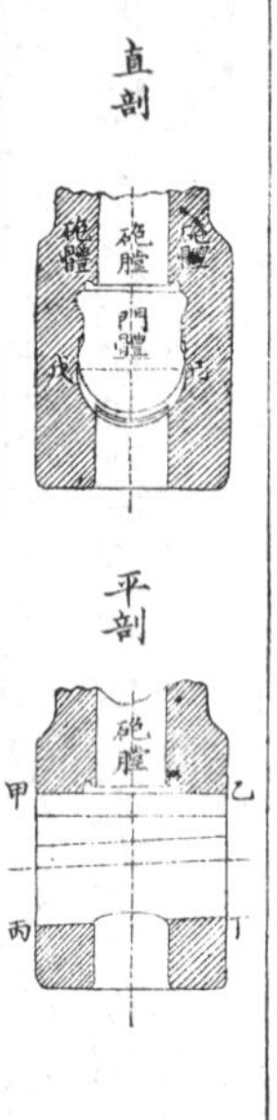

直剖　礮體　礮膛　門體

平剖　礮膛　甲　乙　丙　丁

一論礮門及附麗諸物，其目有十。　一爲門劈本體，煉鋼成之，堅緻而光，前爲方稜，後爲圓柱，如削去圓柱小半而加一斷方劈也。橫剖之，成兩邊平行兩邊不平行之方面

如第二圖直剖之成不全圓面與扁方面相合如第三圖門膛之形亦準此式任於何處依礮管之向直剖之其壬子綫必等丑寅綫亦必等惟庚辛綫則愈左愈長愈右愈短卽第二圖甲丙之大於乙丁也其出入於門膛也後之柱形常緊靠於門膛前之平面與門膛之前面漸抽則漸離惟任抽至何處其二面必平行常與礮管成直角也門劈之前中嵌鋼底門劈之右有筩中空爲彈藥所由入門劈之左上空方以安螺鍵門劈之上有阻釘之槽兩端有起訖二爲螺鍵直桿之上繞以螺稜疎闊而豎其內端鑲於門體其外端出於圓片以接螺柄使啟之易於旋動而閉之易於密合也且使火藥之力不能推出劈形也三爲圓片以螺釘合於門體之左有孔以承螺鍵之軸軸孔下有檔齒所以限制螺鍵祇旋半周也四爲螺柄接於螺鍵之軸上有橫柄兩手可持一端稍長有孔可揹其接於螺鍵軸也有擋齒以與圓片之檔齒相遇使旋之不過其度焉五爲鋼底圓扁而有邊邊高於面四分寸之一徑大於礮膛百分寸之數分鋼底之後留一淺孔以合門體之筩恐其動搖也有圓綫三周可與所墊之銅片相切欲其安貼也鋼底前窪所以盛火藥之煤也六爲鋼圈一名伯勞杜懷爾者創造之人也練最精之鋼以爲圓環嵌於圈膛礮膛近底處展大膛徑以安鋼圈者名曰圈膛而前留其鏬就礮管而平剖之形如第四圖其圈之外周甲磨之極光以緊合於圈膛之周其圈之後面乙磨亦極光以緊合於鋼底之邊有淺圓綫三周所以限火氣之迸洩也其內周如戊留隙如庚隙處成縫不宜太闊恐火氣溢於圈周之外也圈之內徑應與底之窪徑大小相等也凡新製之礮圈之後面出於礮膛平面百分寸之一方燃火之時藥力漲滿礮膛必自庚縫竭力擠逼使圈外之甲甲環周緊着於圈膛圈後之乙乙環底緊着於鋼底自無火氣旁洩之患矣故鋼圈之法較勝於銅圈舊制銅圈嵌於門體之前窪橫剖之如第五圖令火氣漲逼甲斜面則乙平面轉擠於礮身

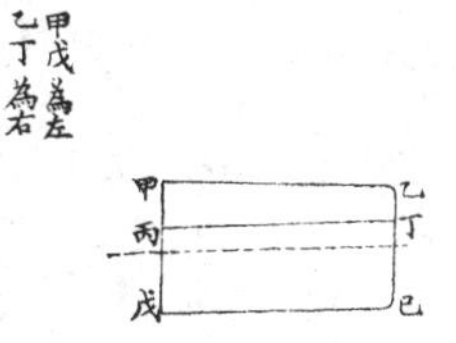

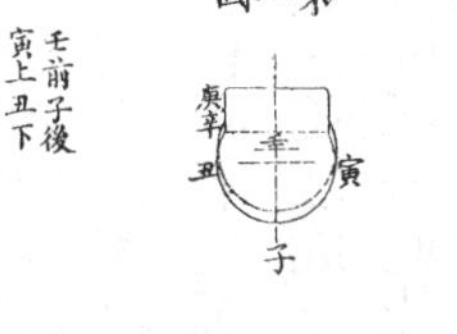

第二圖

甲戊爲左
乙丁爲右

第三圖

壬前子後
寅上丑下

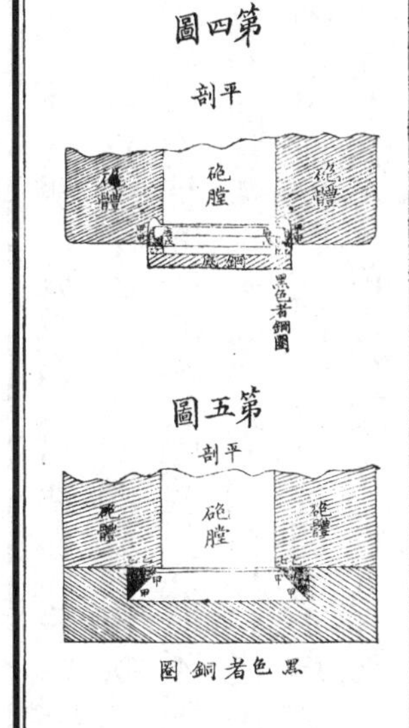

黑色者銅圈

然總不免有未漲於甲先洩於乙之患 七爲銅箭空徑與礮膛相等門啟之時銅箭前口與鋼圈緊合銅箭上下有小筍合於門腔槽其槽之中段漸迤而前銅箭即隨之前移合於鋼圈使洗礮管時不至有煤垢入於隙縫也 八爲阻釘有扁蒂露於礮尾之面有短槽刻於門體之上抽送之度以之爲限使啟門之時銅箭合於礮膛也 九爲門右銅緣有螺釘三枚釘固於門腔之右可以縛固包套使塵土不襲於礮門也 十爲銅墊片每礮宜備厚者二枚薄者四枚厚如百分寸之一二薄如千分寸之五其徑少於鋼底四分寸之一可以襯墊鋼底密合於鋼圈也

一論用鋼圈之法有三前論圈之形體此論修換之理 一爲磨試之法凡用時之久暫悉關造法之精粗故克虜伯廠中每盡心鑄成一礮必造鋼圈兩枚漸漸磨去圈周之外及圈腔之內以試之又用此法磨圈後之面及鋼底之邊以試之俟其可以密合即潤油於外周以嵌於圈腔乃取去礮門之銅箭推進礮門視其緊密與否苟螺柄不能旋動則以木槌擊圓片之外苟旋之太易則以銅片墊鋼底之下俟鬆緊適中而止焉次以一磅藥裹及實心彈試演數次取出鋼底視之若圈之外周及與底邊相切之處並無藥煤焦灼即知此圈可用其每礮寬備之一圈亦如此試之故廠

中試過之後雖開放數百次可無顧慮也此雖廠中之事而用礮者亦須知其法 一爲襯墊之法用礮者開放數百次或經加重火藥開放多次其圈必漸縮於圈腔與底邊不能緊合凡礮門易閉即其候也亟取出鋼底以銅片墊之用接力管旋緊螺柄再啟閉數次使一人可啟閉而止焉然必因開放已多漸次縮入非必時時計及此事也迨既墊銅片門已易閉則開放百次或數十次均可無慮若交戰之時開放不過五六十次不必有墊銅之事雖開放數月亦不必有換圈之事也 三爲更換之法凡門體前面及門腔之間積有藥煤不能旋緊知鋼圈之旁已有火藥洩出即宜取

出洗擦之並洗擦其圈腔又查圈腔及圈之外周有無燒蝕若並無燒蝕可以仍用舊圈但宜轉過四分圓周之一大約可以緊密若仍復不緊即宜更換凡取去之法將鐵爬自後口爬入隙縫以洗桿自前口緩抵之即可脫落矣既換新圈宜墊薄銅片於鋼底若鋼圈外周有煤即宜取出擦淨而更墊厚銅片於鋼底在交戰之時雖外周有煤亦無妨害俟戰畢後交廠修葺可與新礮無異焉若夫圈底之間偶有火煤則因門未閉緊或圈綫已傷之故門未緊者煤必如新月形也圈綫已傷者視三圈線中燒蝕一線尚有外周二線可以相切若竟不緊密亦須更換也

一論保護礮門各件其法有十 器雖精良而用不如法仍無益也克虜伯礮門各件至精至密用之無弊惟須用礮者洞悉其理而善爲保護則可常爲利器矣 一啟門之時不可驟抽須以兩手旋柄半周緩緩抽出覺有釘阻而止否則有摧折阻釘礮門墮地及過於抽出銅箍不合之弊 二閉門之時不可驟推須以兩手徐徐送進旋轉螺柄俟圓片切合而止否則有推損圓片及擠損圈底之弊 三鋼圈不可無端取出惟修換時可以取之 四洗礮管時應置礮門庶無帶出鋼圈之弊 五圈間底間勿留沙土鐵屑恐日久磨擦漸不緊密也 六圈底相切之

克虜伯礮說三

處宜於閉時洗擦潔淨則開放五十次或百次可以無慮苟洗擦不潔恐有沙土磨損之弊 七每換新圈開放三五十次即宜詳察之若此時密合諒能歷久密合也苟稍有可疑之圈切勿用於交戰之時 八閉緊礮門之時每思圓片四周須與礮體脗合 九將操將戰之時宜洗淨礮門及各件稍潤以油其阻釘螺絲及鋼底鋼圈亦須略潤之而仍以乾布拭之 十預備用礮之前每須查檢礮門各處螺釘一律旋緊

開花鐵彈

克虜伯礮之開花彈表鉛而裏鐵虛其腹以儲炸藥洞其嘴以函彈引其未及於物也永不炸開用火引者不及其穩妥其已及於物也裂成多塊用羣彈者不及其猛烈今先明其彈之體次詳其彈之用

彈之體可分爲四 一爲鐵膛冶鐵爲空柱形而穹其頂柱之底周繞以圈自下而上有五六匝如桶之有箍然箍之外周斷續而爲直槽或二焉或四焉膛之內腔如其外焉其頂之圓而剡者合於圓柱之周而有稜焉頂上有孔彈嘴所在孔分三段上段有螺槽中段爲空圓筩形下段爲小空圓筩形皆合於彈之中垂綫焉螺槽之下橫穿有孔以插隔針其孔與垂線成直角而偏於中垂線焉

克虜伯礮說三

開花彈直剖圖

甲丙戊己丁乙爲鐵膛
庚午壬癸未辛爲鉛殼
子寅丑卯爲彈內腔
丙甲乙丁爲彈稜
辰巳爲鐵膛之箍形
申酉爲箍間直槽
甲乙螺線爲上段
戊爲中段亥爲下段
亥申爲中垂線
斗牛爲鉛殼之徑

二爲鉛殼形如圓筩包於鐵外自底而上繞以箍形斷以直槽一如鐵膛之式有箍相函欲其鉛之堅切也鉛殼之徑如礮管之空合來復綫之凸面 其鉛箍之高如來復線之深 三爲炸藥滿儲於彈腹而略空其上以留銅盂之地焉 四爲彈引即自來火螺絲及相連之物也舊時布國及日

耳曼俄羅斯英吉利所用之自來火彈着物即炸失之太早今布國創製之彈引最爲精妙其中可分爲五件一曰銅盂薄銅爲之口外有邊置諸下段空圓之上如盂而底通底有夾層中留圓孔隔之以薄布使炸藥不得上溢也二曰活機質厚於盂而周徑較小下殺於上形如斷椎而中通上有侈口安於盂口在中段空圓之內口有横梁梁上有鋒鋭而上指鋒高百分寸之四所以射發彈引也三曰彈嘴以觔銅爲之上窪下平下連短管內外有螺線以旋入彈頂上孔而中容自來火之螺絲也旣安炸藥及銅盂活機之後可旋彈嘴以合之四曰自來火外有螺絲中有銅幬所以函自來火也固之以白釘恐其脫也包之以錫箔欲其易於發也五曰隔針亦觔銅爲之其插入也隔於彈嘴螺線之下及活機口邊之上防其非時之射發也

彈之用可別爲三 一爲裝合之時凡空彈之裝儲炸藥鑲合銅件須令礮兵習之(一)以鐵爬刮去彈膛垢滯更以刷子拂之(二)以漏斗裝入炸藥須小心照看勿留藥於嘴孔(三)以銅杵及木槌擊銅盂以壓之令盂邊合於下段空圓之邊鑲嵌堅固不能以一指提出爲度(四)置活機於盂上以小鈎提之起落數次所以試其利便也復插隔針以試之苟活機太高針擠難脫則因盂口之未能緊合也(五)俟裝合已畢用螺叉旋入螺嘴螺叉見雜物第十一號將彈置入子箱旋緊彈架若距敵甚遠可將銅盂活機另藏别盒俟近敵之時鑲合彈中 二爲裝放之時方彈之將裝於礮也(五)以起彈螺柄見雜物第十二號提起一彈置諸(四)之右臂走近(礮目)加以隔鍼(四)即撅以左拇(礮目)又旋以自來火(四)即納諸礮口以鍼根向上(三)用洗桿送之(四)於已旋自來火後須加謹捧持勿令隔鍼墮地勿將彈置地下 三爲飛落之時彈在礮管經火藥化氣急切推送彈外鉛殼擠逼無罅彈循來復綫繞行礮管之中此時隔鍼尚在彈中也迨彈出礮口仍循來復綫旋行空中鍼即脫落而活機在內與彈同速尚未能射及彈引也迨彈旣着物略經阻滯而彈內活機之鋒仍復前行即射破錫箔而生火火自鋒旁空隙下射穿燬盂底之布以燃發炸藥所以此式之彈能着物數步而後炸且能洞過船身而炸於船內也

試礮論

同治五年，布魯斯國王命考試兵官之將軍，名乃們，帶同礮將五員，至克虜伯礮廠，將兵部飭造之四磅彈礮四百尊內選取三尊，逐一演試。自西十一月二十五日至西十二月初二日試畢，係照兵部試礮成法：一試其藥多彈重之時，礮體能否堅固；二試其藥多彈重之時，礮門各件能否堅固；三試其藥少彈輕之時，礮底能否密合，或改用次色生鐵鑄成圓底能否堅固；四試其開放已多，礮體礮門各件何處最易損傷。以所試三礮分為一二三號，而度其長短輕重之數。（俱用布國權度）礮體均長七十四寸，有來復綫處曰礮管，長四十七寸八五，（小餘以十遞進，下仿此）無來復綫處曰礮膛，長十八寸二，（比尋常礮膛多十寸）礮管徑三寸，礮膛徑三寸一二。來復綫十二條，均後狹而前闊，其綫一周一百三十七寸，（今礮管僅長四十七寸八五，則每綫不及一周，約有三分圓周之一）礮膛鋼質之厚一寸七二，礮口鋼質之厚一寸二五，門眼離門劈前二寸五，礮耳徑三寸，兩礮耳相距六寸六，礮體重五百十六磅，礮門及附麗各件之重，第一礮四十磅，第二礮六十磅，第三礮五十五磅，平時所用火藥裹之重一磅，開花彈并炸藥彈引各件共重八磅六，詳考其礮門之制，則第一礮乃雙劈礮門，直剖之為兩長方形，螺稜在後劈，螺槽在柄，第二礮乃

克虜伯礮說三　十一

一方一圓之雙劈礮門，直剖之，前為長方形，後為半圓形，螺槽在後劈，而螺稜另具於旁，第三礮即前方後圓整塊之礮門，螺槽即在門腔之上，其鋼質最薄之處橫剖之，有面積二十六方寸，其鋼底鋼圈三礮同式，其試礮體礮門之堅否，則用十磅半之實心鐵彈，其試鋼底鋼圈之合否，則用八磅之空心彈，其試生鐵底之可用與否，則以極脆生鐵換去鋼底，其試最易損傷之處，則用鈍嘴之實心彈，連鉛殼重十一磅，又多鑄長一尺二尺之生鐵圓柱，每尺十二寸，徑三寸，重二十磅，其歷試之數及藥彈鐵柱之重，列表如左。

開放次數	藥裹重數	彈式	彈重數	鐵柱長數	鐵柱重數	
十	二磅	實心	十磅半			
十	[illegible]	空心	八磅六			圈底仍密合
十	二磅二	實心	十磅半			
十	二磅四	實心	十磅半			
十	二磅六	實心	十磅半			
十	二磅八	實心	十磅半			
一百五十	三磅	實心	十磅半			
一	三磅	實心	十磅半			生鐵底
一	三磅	實心	十一磅	一尺	二十磅	
一	三磅	實心	十一磅	二尺	四十磅	不甚損傷
一	三磅	實心	十一磅	三尺	六十磅	
一	三磅	實心	十一磅	四尺	八十磅	鐵柱露出五寸
一	三磅	實心	十一磅	五尺	一百磅	
一	三磅半	實心	十一磅	一尺	二十磅	火藥已滿礮膛
一	三磅半	實心	十一磅	二尺	四十磅	
一	三磅半	實心	十一磅	三尺	六十磅	
一	三磅半	實心	十一磅	四尺	八十磅	
一	三磅半	實心	十一磅	五尺	一百磅	

歷次演試，礮身未壞，雖火藥加至三磅半，鐵柱加至百磅，

克虜伯礮說三　十二

其礟仍可再用惟鐵柱百磅時其礟膛漲大十分寸之三其三礟之門劈各異而惟第三礟爲最良圈底仍復密合第二礟門劈略同第三礟而不能如第三礟之密合第一礟門劈雖遠不如第三礟然彈藥不加亦無他慮惟用三磅藥及實心彈開放數次後劈相連之螺槽略彎開放愈多彎勢愈甚門卽難閉至一百五次螺槽卽壞再換後劈及螺柄以試之開放數次螺槽又漸彎及用三磅藥及鐵柱則門劈亦漸次彎曲試畢之時後劈與後口壓成圓痕深百分寸之二壓力雖大礟仍未壞惟生鐵鑄底不免壓碎亦無妨礙其演試之時每開閉礟門以木槌擊之可信其門腔之堅固如此試之仍不炸裂别無可試之法矣

四磅彈礟雜物名目

一 火藥裹皮盒 每礟須備五具

二 皮肩帶 用以絡火藥裹盒 每礟兩條

三 門藥管皮盒并皮腰帶 每礟一具

四 自來火螺絲盒 卽彈引皮匣 并皮腰帶 每礟一具

五 表尺皮袋 香牛皮爲之 每礟二口

六 螺墊油套 或布或皮 每礟一具

七 鐵斗 用以量馬麥料 每礟一具

八 長繩 用以縛餵馬草料 每礟一條

九 韁桿皮帶 每礟一條

十 螺鉗 夾定螺蓋以起大螺絲釘 每礟一柄

十一 螺叉 騎定彈嘴兩淺孔以旋起之 每礟一柄

十二 螺柄 柄端旋入彈嘴以提起之 每礟一柄

十三 螺鑿 形如方鑿以旋起礟門圓片之螺釘 每礟一柄

十四 鐵鎚 每礟一柄

十五 鹿嘴鉗 每礟一柄

十六 鋼銼 每礟一柄

十七 門眼鑽 以鑽門藥眼阻滯 每礟一柄

十八 礟門刷子 用以洗刷礟門內膛 每礟一柄

十九 鐵鉤木套管并繩 用以勾曳門藥管 每礟二副

二十 鐵爬 用以刮礮膛之藥煤 每礮一柄

二十一 門針幷皮帶 針尖三稜 每礮二枝

二十二 皁門聽油壺 以馬口鐵爲之 每礮一具

二十三 格力所令 造肥皂時流出之水 油壺 每礮一具

二十四 皮帶幷鐵扣 大者六條小者二條 每礮共八條

二十五 繩一 一端有扣一端無扣 每礮二十條

二十六 布袋 每礮一口

二十七 馬料布袋 用以餵馬可以代礮目之坐墊 每礮三口

二十八 鐵扁擔 幫釘懸桿以防斷折 每礮二片

二十九 木襯 用以送火藥入礮 每礮一柄

三十 軸座上皮墊 每礮二方

三十一 軸座背上皮墊 每礮二方

三十二 馬口鐵圓油罐 用以加油于軸心 每礮二具

三十三 肥皂油罐 用以洗礮管 每礮一具

三十四 木槌 用以敲實彈內炸藥 每礮二柄

三十五 銅杵 用以舂彈內炸藥 每礮二桿

三十六 彈膛刷子 用以洗彈子內膛刷 每礮二柄

三十七 彈嘴刷子 用以洗彈嘴螺絲刷 每礮二柄

三十八 門眼小刷 用以洗門藥眼刷 每礮二柄

三十九 彈引木匣 內藏活機隔針自來火螺絲等 每礮二具

四十 銅絲鉤 用以鉤換活機 每礮二具

四十一 象限幷酒準 每礮一具

四十二 洋鐵管彈木匣 內藏四枚 每礮一具

四十三 雜件木匣 內藏零星物件 每礮一具

四十四 洗桿 每礮二桿

四十五 鐵鍬 用以取土挖濠 每礮一柄

四十六 烏嘴鋤 用以鑿礡石 每礮一柄

四十七 短木桿 礮架壞時用木桿插入礮之前後口懸于子藥箱車之下 每礮一桿

四十八 衡桿 在轅桿之前中有鐵環扣入轅桿前端 每礮一桿

四十九 鐵斧 每礮二柄

五十 水桶 置于架上內藏食物 每礮一具

五十一 馬後小橫桿 每礮一桿

五十二 長木樁 夜間縛懸桿 每礮一桿

五十三 皮袋 內藏二寸長之釘十六枚用以釘固鐵扁擔 每礮一口

五十四 燈籠 礮目執之 每礮一盞

五十五 操演時門藥銅管 若開放時則用鵞毛管 每礮二枚

元和邱瑞麟繪圖

長洲胡樹榮校字

克虜伯礮說卷四　礮表用法

布國軍政局原書　美國　金楷理　口譯
崇明　李鳳苞　筆述

見物遙擊

凡礮擊物，須定礮準，其檢表之法有二：一爲平擊，謂物與礮同在地平面，或同高于地面若干尺也。法以已知物距礮若干步，所用藥裹若干重，檢礮準表表卷第一第一行爲物距礮之步數，一舉足爲步，約二尺四寸。第二行爲直表尺之寸數，第三行爲橫表尺之寸數，每十六分爲一寸。第四行爲礮昂度，卽礮管與地平所成角。第五行爲彈落度，卽彈及地之斜綫與地平所成角，每十六分爲一度。第六行爲表尺每高低左右一分之彈差尺數，名曰尺較。第七行爲象限儀每高低一分之彈差尺數，名曰度較。檢表後卽知應用表尺橫直若干，或象限儀高度若干。一爲斜擊，謂物高于礮，而距綫斜向上，物與礮相距爲距綫。或物低于礮，而距綫斜向下也。若高低在數尺以內，仍用平擊法之表尺。若高低懸絕，則須以象限儀加減之。物高于礮者，先以象限儀測得物高若干度分，次以距礮步數檢礮準表礮昂度分，與物高度分相加，卽應用之高度。其物低于礮者，先以象限儀測得物低若干度分，物之斜高綫或斜低綫與地平所成角，卽物之地角。次以距礮步數檢礮準表彈落度分，內減物低度分，卽應用之高度。

附求平擊時縱綫法

旣知表尺若干分，礮彈能及若干步，欲求礮彈未及地時距礮若干步處之虛垂綫，名曰縱綫法。以縱綫之底點距礮若干步，檢礮準表，得其表尺之分，以減物距礮表尺之分，爲較分。以乘底點距礮步之尺較，礮準表內第六行。卽得縱綫之尺數。設六磅彈礮用藥一磅二，磅下小餘以十遞析，下同。物距礮一千五百步，求距礮一千三百步處縱綫。先檢礮準表一千五百步表尺七四寸與一千三百步表尺十三寸相減，得較分十一○爲法，以乘一千三百步之尺較五二尺，得縱綫長二十七尺半。

附求平擊時餘橫綫法

旣知彈落度若干，礮彈能及若干步，欲求礮彈將及地時飛過縱綫以後之平綫，名曰餘平綫。約以人身六尺爲縱綫，列表于左，各以彈落度檢彈過頭頂以後之平占步數，卽爲餘平綫。亦爲物平距綫。

彈落度		餘平綫		
度	分	百	十	步
一		一	八	七
一	二	一	五	八
一	四	一	三	八
一	六	一	二	三
一	八	一	一	一
一	十	一	○	一
一	十二		九	三
一	十四		八	五
二			七	九
二	四		七	○
二	八		六	二
二	十二		五	六
三			五	一
三	八		四	三
四			三	七
四	八		三	三
五			二	九
五	八		二	六
六			二	四
六	八		二	二
七			二	一

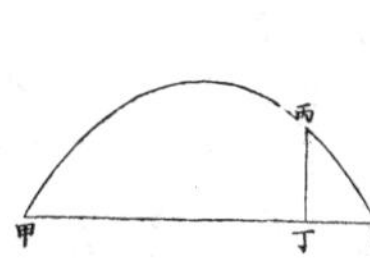

如圖甲爲礮。乙爲所擊之物。甲丙乙爲彈遇之曲綫。甲乙爲物距礮步數。丙丁爲縱綫。丁爲縱綫底點。丁甲爲底點距礮步數。乙丁爲餘平綫。

越隔遙擊

凡礮與所擊之物中有分隔。不能望見。如隔山峽城墻海岸之類須扣算礮彈恰能越過分隔而至應擊之處。舊時概用輕藥裹。昂礮飛擊。今則陸路之礮用一種藥裹而兵船礮臺之礮用輕重數種藥裹。但使越過分隔。不使從高下墜。有時亦

故意用輕藥裹者。一因不能確知物之遠近。則擊于太遠處。不如擊于略近處。一因土墻陡塹。不能爬越。重擊則洞墻而過。不如輕擊則彈嵌土中炸成圓窟。又如本宜用九分藥而未備九分藥者。可用八分藥而略昂其礮。凡言分者皆析一磅爲十分。惟不可以四分五分之兩藥裹相併。其常用之藥裹則四磅彈用藥一磅。六磅彈用藥一磅二分。十二磅彈用藥二磅一分。二十四磅彈用藥四磅。近年新鑄鋼礮有十二磅彈用藥餅九磅。二十四磅彈用藥餅十八磅者。今以常用之四磅彈六磅彈列表。其用表越擊。則須先知四事。爲分隔之高于礮數。高于物數。礮平距數。物平距數。然

後可求應用之藥裹及尺度焉。

如圖甲爲礮。乙爲所擊之物。甲乙爲距綫。卽礮物相距之斜綫甲己爲礮平綫。卽礮之地平綫甲丙乙爲彈過之曲綫。丙戊丁爲分隔縱綫。丙爲分隔之高界。乙丁爲物平綫。卽物之地平綫亦爲物平距綫。卽物平距縱綫數。甲戊爲礮平距綫。卽礮平距縱綫數。丙戊爲高界高于礮。丙丁爲高界高于物。丙庚爲高處抛物切綫。甲丙庚爲吠角。卽切綫與礮高距綫所成角。

丙乙戊爲亢角。卽礮高距綫與礮平綫所成角。丙乙丁爲氐角。卽物高距綫與物平綫所成角。己甲乙爲亢角。卽礮平綫與距綫所成角。

先求吠角。○法以已知之甲戊步數。丙戊尺數。檢角度表表卷第二。表內步數爲橫綫五步至二千步止。尺數爲縱綫一尺至五十尺止。對縱綫之角每度析爲十六分。得亢角。又以已知之乙丁步數。丙丁尺數。檢角度表得氐角。又以已知之甲巳步數。卽甲戊與乙丁相加。已乙尺數。卽丙丁與丙戊相減檢角度表得亢角。乃視物低于礮者。置氐角減亢角得吠角。物高于礮者。置氐角加亢角得吠角。　設知礮平距甲戊一千二百五十步。高于礮丙戊六尺。檢角度表得亢角二分。又知物平距乙丁五十步。高于物丙丁十三尺。檢角度表得氐

角六度三分。又以礮平綫甲巳一千三百步，兩高較巳乙七尺，檢角度表得亢角二分。因物低于礮，故以氐亢相減得𠯑角六度一分。凡檢角度表，縱綫多于五十尺或橫綫多于二千步者，折半其縱綫橫綫而檢角度。若已知角度，而又知之縱綫或橫綫過于表內數者，任設一數以除所知縱綫或橫綫，檢得其橫綫或縱綫，仍以所設數乘之。設已知角一度一分，橫綫一千六百步，乃任以二除一千六百得八百，檢表得三十五或三十六尺，仍以二乘之，得縱綫七十或七十二尺。

次檢藥裹及尺度法，有三。〇第一法：以已知礮平距甲戊檢礮準表相對之彈落角，視與已知𠯑角相等或略大者，即用其上格藥裹之輕重，若表無恰合之步數，則取最近兩數之間。並得礮平距應用之表尺橫直數。若用象限儀，則以亢角加氐角得應用昂度。來復礮彈，若藥裹不甚重，則與拋物綫無甚懸殊，雖物平距極遠，亦所差不多。

設六磅彈礮擊低于礮之物，已知礮平距一千二百五十步，高于礮六尺，物平距五十步，高于物十三尺，已得亢角氐角𠯑角如前。檢礮準表一千二百五十相對之彈落角，五分藥表內為三八度，六分藥表內為十六度，七分藥表內為十五度，惟六分藥表之十六度較𠯑角略大，知應用六分之藥裹，其表尺為八寸一分半左四分。按一千三百步表尺[illegible]，今物低于礮七尺，以二四尺除之得三分，以減表尺得八寸四分半，大于𠯑角，故可用也。若用象限儀，則以亢氐相加得六度五分，或以亢角加表內礮昂度六，得六度二分，仍大于𠯑角，亦可用。

設擊高于礮之物，已知礮平距一千五百步，高于礮十二尺，物平距二十步，高于物七尺，如法檢得氐角八度五分，亢角三分，亢角一分，加得𠯑角八度六分。檢礮準表一千五百相對之彈落角，六分藥表內為四八度，小于𠯑角，不可用；五分藥表內為三十度，大于𠯑角，可用。以[illegible]與七尺查角度，知彈落于牆後二十一尺；乃以[illegible]與七尺查角度，知彈落于牆後十六步。以一千五百步表尺[illegible]、一千五百五十步表尺[illegible]，約取一千五百二十步表尺為[illegible]，又以尺較[illegible]除兩高距五尺，得一分半，相加得應用表尺十二寸十分半左八分。若用象限儀，則酌取礮昂度九度五分半。〇第二法：視物低于礮者，以亢亢二角相加得準角，即丙甲乙角。物高于礮者，以亢亢二角相減得準角。次檢礮準表內礮平綫甲己與礮平距甲戊兩礮昂度之較分，擇其與準角相等或稍大者，即用其上格藥裹之輕重，若表無恰合之步數，則取最近兩數之間。並得應用之表尺橫直數。若用象限儀，則以礮平距之礮昂度加亢角得應用昂度。

設六磅彈礮擊高于礮之物，已知礮平距一千步，高于礮二十一尺，物平距一百步，高于物十五尺，已得亢角八分，亢角二分，相減得準角六分。次檢礮準表一千一百與一千兩礮昂度之較分，在六分藥表內[illegible]得較八分，七分藥表內[illegible]得較七分，八分藥表內[illegible]得較六分九分，藥表內[illegible]得較五分。應用八分藥裹，一千步相對之表尺四寸七分左一分半。按一千一百步表尺[illegible]，今物高于礮六尺，以尺較[illegible]除之得三分，以加表尺得四寸十分大于準角故可用也若用象限儀則以礮昂度三度五分加芃角得三度十三分此題若以第一法馭之得吠角三度十一分檢一千步之彈落角七分藥表內爲〔五度四〕八分藥表內爲〔二十度〕九分藥表內爲〔二度一〕今取畧大亦用八分○第三法先求丙辛綫甲己爲一率甲戊爲二率乙巳爲三率得四率爲辛戊以加減丙戊卽得物低于礮用加物高于礮用減次以礮平距之尺較爲法除之得較數乃檢礮準表內礮平綫甲巳與礮平距甲戊兩表尺之較分擇其與較數相等或畧大者卽用其上格藥裏之輕重此法比第二法更爲精確設仍用第二法數先以六尺乘一千次以一千一百除之得〔五五尺〕與二十一尺相減得較數十五尺半任取一千步之尺較〔九一尺〕爲法除之得八寸一分半乃檢礮準表一千一百與一千兩表

尺之較分在七分藥表內〔四五五〕得較九分八分藥表內〔七四〕得較八分半九分藥表內〔四五三半〕得較七分半應用八分藥裏一千一百相對之表尺四寸十五分半左一分半按第一法爲越擊所常用第二三法乃參考檢表之法

考驗彈差

凡礮同彈同藥同昂度亦同而屢次擊之彈未必定在一點或差而高下或差而遠近或差而左右用礮者須確知距礮若干步應差若干尺然後擊若干高長闊之物可知百次中能命中若干次咸豐十一年布國軍政局屢次試演得其適中之數著爲彈差表表第三表第四細玩其表可知差

數增減之故有六一距礮逾遠則直差逾大其漸增數恆大于平差二藥裏逾小其直差更逾遠逾大三直差逾大則橫差亦逾大增數亦大于平差四藥裏不同距礮同則橫差恆同惟礮昂十度以上時藥裏小或彈小則風力差逾大橫差逾增五藥裏不同距礮同則遠差亦同惟距礮逾遠差數逾增恆小于平差六礮徑逾大則橫差逾小而直差不減

檢用彈差表有五法○第一法已知距礮若干步欲百次中命中若干次求應用靶之高長闊數凡言長者指遠近說則檢彈差表直差表第三與定差表表第五彈相對之定差乘之爲靶高

數又以遠差表第四與定差乘之爲靶長數又以橫差與定差乘之爲靶闊數直差橫差論尺遠差論步設百彈中須中八十次以六磅彈礮用藥一磅二分距靶一千五百步處擊之應用靶高長闊幾何檢定差表八十彈相對〔一九〇〕以彈差表一千五百步直差〔三尺〇〇〕乘之得應高五尺七又以彈差表遠差〔二十三步〕乘之得應長四十四步又以橫差〔一尺四〕乘之得應闊七尺七九設問百彈皆中應闊幾何則檢定差表九十九彈爲〔八尺八〕是百彈應爲四以乘〔一尺四〕得闊十六尺四大約可百發皆中矣○第二法已知靶距礮及高或闊或長求百彈中能中幾何次則檢彈差表之直差遠差橫差各除其高長闊檢定差表得應中次數若得數多于四則爲百發皆中設靶高六尺寬

有餘距礮二千步礮藥同前百彈中應中幾何檢彈差表二千步直差[四尺九]以除高六尺得[一二二]檢定差表得中五十九次　設地長一百步寬有餘距礮四千九百步礮藥同前百彈中應中幾何檢遠差[五〇步]以除長一百步得[二〇〇]檢定差表得中八十二次○第三法已知礮之本差如差表尺之一分或二分又知靶高及距礮求百彈中能中幾何次較無差之礮少中幾何次則檢礮準表尺較乘本差與半高數相加減各如第二法求得次數爲本差上下兩點如俱在靶中則相加半之一在靶外則相減半之即得本礮應中次數用前法求得無差之礮應中幾何次與之相減得因本差而少中之次數　設礮有本差十六分寸

之二距礮一千步靶高六尺百彈中應中幾何檢礮準表一千步尺較[一尺九]與半高[三尺]相減得[一尺一]倍之以彈差表直差[一尺六]除之得[一三七五]檢定差得六十四次半又以[一尺九]與半高[三尺]相加得[四尺九]倍之以[一尺六]除之得[六一二]多于四可作百次相加半之得應中八十二次二五與無差之礮應中九十九次以[一尺六]除六尺得數檢定差表即得相減計少中十六次七五　設本差十六分寸之二餘事同前則以[一尺九]二乘得[三尺八]與[三尺〇]相減得[〇八]倍之以[一尺六]除得[一〇〇]檢定差得五十次又以[三尺八]與[三尺]相加得[六尺八]已在靶外倍之以[一尺六]除得[八五]多于四可作百次相減半之得應中二十五次計少中七十四次○第四法已知靶之高及闊并距礮數求百彈中能中幾何次則先用第二法推其高之次數闊之次數再以兩次數相乘百除之得應中次數　設城牆洞高四尺闊二尺距礮一千二百步礮藥同前則檢直差[二尺一]以除高四尺得[一九]檢定差得八十次又以橫差[三尺〇]除闊二尺得[〇六七]檢定差得三十五次兩次數相乘得百彈中應中二十八次○第五法彈差表僅紀二千步以內其更遠者以靶高與彈落角檢角度表之橫綫即餘平綫即以爲平靶如第二法求得百彈中應中次數　設靶高六尺距礮二千五百步礮藥同前檢彈落角[七度七]又檢角度表[七度七]與六尺相對約在十五步[九度七]二十步[七度二]之間詳推

之得十九步二五任以八乘六爲縱綫檢角度表[七度六]對一百五十五步[七度十]對一百五十步今[七度七]酌取一百五十四步仍以八除之即得檢遠差[三三步]以除之得[六〇]以檢定差得應中三十一次半

移改尺度

凡檢得應用尺度發礮擊之而彈落處恆差而高或低或左或右者視試發一彈其差數小于彈差表內數即不必改俟屢次試之而差有定者如恒高或恒低須改其表尺若試發一彈其差數大于彈差表內數亟須改其表尺改之之法用法有三○一見物遙則檢礮準表所差尺數而高低左右之擊時初次試發其高低左右或遠近大于彈差表內數約

至一二倍者急須查改尺度　設六磅彈礮用藥一磅二分距礮一千五百步初發一彈低于應擊處八尺偏右四尺較彈差表直差〔四尺二〕横差〔二尺八〕大至一倍即檢礮準表一千五百步尺較〔二尺五〕以除初發差數應改表尺更高五分半横尺更左二分半此時將同處之礮皆試發一次若差數均同均須改之若各礮再有互異須每礮詳審改之按陸路礮隊不恆用此法惟攻守時礮有定處或物有定處者用之〇二越隔遥擊時令人于遠處望之試發三四次確知其能越過分隔若欲擊更遠或更高之處可改其尺度　設城衣高十五尺城衣上界高于礮六尺外有護城分隔其上界亦高于礮六尺城衣平距護城上界五十步礮平距一千一百步礮藥同前檢得亢角二分亢角二分若欲擊低于礮六尺處則氐角五度十一分昳角五度九分檢六分藥表一千一百步彈落角〔五度十二〕乃查表尺高低每分之尺較〔二尺一〕今即以分隔高界以上二尺一爲中點則倍尺較得直差〔四尺二〕以彈差表一千一百步之直差〔三尺〇〕除之得〔一四〕檢定差表得中六十五次半之又與五十相減得應擊于護城者十七次半如或多或少于此數者應增減其表尺按百彈中五十次應在中點以下今中點高于高界二尺一則此五十次中三十二次半應越過高界十七次半不過高界即知所定中點不悞〇三不能確知距礮步數姑揣度其遠近查表尺以發一次再查更遠一百或二百步之表尺以發之其時令人于礮旁遠處望之若初彈不及次彈太過則酌中取之而再試之視其能恰到而止若不能見物無從知其到否則應于略近之處立靶試之視百彈中能中若干次即不致彈飛太高　設礮藥同前立六尺靶于一千五百步處百彈中九次不及靶立于二千步處二十次不及靶立于二千五百步處三十四次不及靶而不及靶之彈炸開小魄總可及靶所以失之太遠不如失之太近也

定準宜審

凡定礮之準用象限儀者不如用表尺若令明目者定之相距千步處上下左右僅差八寸其中有更宜詳審者三事〇一越擊時須定準點于分隔之上若分隔距礮近而距物遠者礮向旁移則横差甚大其礮旁移尺寸與横差尺寸之比例若礮平距與物平距　設礮平距一百步物平距一千步將礮移右一寸則彈差而左十寸所以既定之後不可移動如能在遠于所擊物處作識定之則所差甚少〇二礮架輪欹側不平則横差甚大所擊愈遠即差數愈增而其差恆向低輪一邊欲審此差應用象限儀定其昂度若干次于礮後用垂綫望照準之中尖與表尺項之缺口是否參直而旋表端横尺以消息之〇三擊移動

之物須審其漸左漸右或漸遠漸近或向左右斜行而約計其速率以定之列表如左

距礮步	彈行時秒
六磅彈礮用藥一磅二分	
五〇〇	一.二
一〇〇〇	二.五
一五〇〇	三.八
二〇〇〇	五.二
二五〇〇	六.七
三〇〇〇	八.三
三五〇〇	一〇.一
四〇〇〇	一二.〇
四五〇〇	一四.一
五〇〇〇	一六.三

每秒物行速率步數

物	步數
步兵	二.
馬兵砲兵	二.
走馬	五.
砲馬	八.三
奔馬	一〇.一
火車	一二.五
每小時十里之輪船	七.
每小時十二里之輪船	八.三
每小時十四里之輪船	九.七

用表者以距礮步數檢彈行秒數與物行速率相乘知應于物未到處若干步擊之若大船及成隊之兵則應定準點于起處方能中其中間之處若遠而甚速之船則應約

計其速率而定準點于未至之處如大兵船長八十或一百二十步每小時行十一里十四里者在三千步內可定準點于船頭三千步外須定準點于未至之處

速率宜詳

凡開花彈透物之深淺由于飛行之遲速速率表內所列藥裹若干重每秒速率若干尺第一橫行爲始速率以下爲五十步至二千步之末速率表卷第六○凡出礮時爲始速彈落時爲末速此可見任在何處有若干空氣阻力如過磚牆石牆木料土質等物欲知其能否透過則須兼檢透力表表卷第七表內所列若干彈藥能透某物若干深皆由實測而知凡彈同物同者已知若干速與若干深不能比其更速與更深但能比更小之速率凡言速率皆指末速率與更小之透深若物同速率同者已知彈之大小即知透力之深淺如六磅彈與十二磅彈二十四磅彈同于三寸五與四寸六與五寸七之比其透深之力總分爲三類曰牆曰木曰土凡論牆以舊築堅牆之透力爲一新造未堅者爲一.四完好石牆爲〇.七五合拉尼脫牆堅緻石名爲〇.六〇凡論木以栗木爲一稍次之而拉司脫木爲一.三松木爲一.八楊木爲二凡論土以半砂半磁之土爲一砂與粗粒合者爲〇.六三土沙相拌者爲〇.八七二沙一磁者爲一.〇九溼磁泥爲一.四四鬆土爲一.五〇新填土爲一.九〇若擊木壁及船身可改用火彈若擊厚土牆勿用大藥裹須用小藥裹以

彈嵌土中方能炸裂若擊極厚之土城不可直擊須取斜勢壞之若欲擊城牆成缺須向一處遞擊遞低惟近年西國城牆船身俱用鐵甲包裹非六磅彈所用透過大約厚二三寸之鐵甲須二十四磅彈鋼礮破之厚七八寸之鐵甲須以新製二十四磅彈鋼礮裝十八磅藥餅破之

凡用時彈引之子母彈彈引用藥扣定時刻發火炸裂者謂之時彈引發火太晚則摧滅彈引發火太早則中途裂散每有過與不及之弊故平時操演須以未至所擊處八十步發火者爲恰好蓋礮昂愈高彈落愈遲時引淺深應有不易之準今所列之時引表表卷第八前爲見物遙擊之表其第一至第四行與礮

準表同第五行爲彈引歷時之秒數第六行爲距礮八十步處之縱綫尺數第七行爲表尺每分移動炸處之尺數曰引尺較每高或低十六分寸之一其炸處較遠或較近若干尺第八行爲時引每八分秒之一移動炸處之步數曰引時較每加八分秒之一其炸處較遠若干尺後爲越隔遙擊之表其第一三行同于前表第四五六行同于前表之第五七八行第二行爲擊分隔高界之直表尺凡用礮時彈引有太早太晚者只須檢查表數改時引之深淺不必改表尺之高低矣若見物遙擊不可太遠雖未至物三百步處炸開仍可著物若用越擊則應在分隔高界以上炸開爲不先不後表內各數乃炸于高界以上六尺故無悞中分隔之患若距礮遠近尚未確知者則須用別種彈如法試其遠近然後以子母彈擊之

元和邱瑞麟繪圖

長洲胡樹棠校字

江南製造局科技譯著集成

軍事科技卷

第壹分册

克虜伯礮操法

《克虜伯礮操法》提要

《克虜伯礮操法》四卷，布國軍政局原書，美國金楷理（Carl Traugott Kreyer，1839–1914）口譯，崇明李鳳苞筆述，元和邱瑞麟繪圖，長洲胡樹棻校字，同治十一年（1872年）刊行。

此書與《克虜伯礮說》同册出版，介紹克虜伯礮的詳細操作方法。

此書內容如下：

目錄

卷一　置定獨礮

第一節分派執事，第二節預備用礮，第三節按令裝放，第四節出令定礮，第五節推礮向前，第六節拖礮向後，第七節趕快裝放，第八節停止開放，第九節用洋鐵管彈，第十節越隔飛擊，第十一節更換礮彈，第十二節回出彈藥，第十三節換補礮兵，第十四節交互演習，第十五節操畢解去

卷二　曳動獨礮

第十六節預備用礮，第十七節扣連時走法，第十八節同陣時放下架尾，第十九節同陣時扣上架尾，第二十節前進時扣上架尾，第二十一節前進時放下架尾，第二十二節扣上架尾時解去物件

卷三　礮兵乘馬

第二十三節放下時定位，第二十四節扣上時定位，第二十五節同陣時扣上架尾，第二十六節同陣時放下架尾，第二十七節前進時扣上架尾，第二十八節前進時放下架尾，第二十九節礮先快走

卷四　礮隊成行

第三十節相距部位，第三十一節分設管帶，第三十二節預備用礮，第三十三節詳細聽令，第三十四節按令裝放，第三十五節趕快裝放，第三十六節同時裝放，第三十七節解去物件

克虜伯礮操法目錄

克虜伯礮操法卷一　置定獨礮

布國軍政局原書　美國 金楷理 口譯
崇明 李鳳苞 筆述

是卷先論未曳動時一切操法

第一節　分派執事

凡礮並架與子藥箱車平列時前後相距八步操演應用之物均須齊備立靶於礮前或礮之左右約一千餘步凡四磅彈之礮（約以礮口可容四磅重之圓彈爲率）應用七人內以一人爲礮目其餘一號至六號俱依號立定初上操場時此七人應立於礮架後二步謂之初位（如第一圖）

第一圖

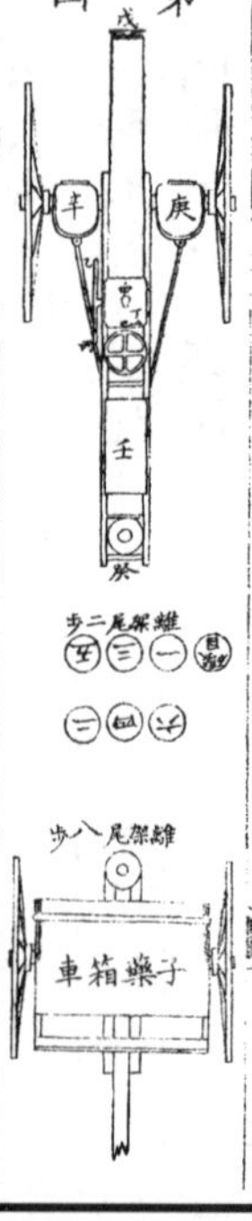

甲爲阻門螺釘乙爲礮門螺柄丙爲小指丁爲表窩戊爲塞子己爲後口庚爲右軸座辛爲左軸座壬爲架尾箱癸爲架尾

凡未操之先須分派礮兵各司其事如㊀即第一號之人（凡六人號數圍之圈綫以取簡明）掌門藥針（門針或省云門針）並針上之繩其腰帶前皮盒內藏有門藥管（操演時用銅管開放時用鵝毛管）另有一繩上綴一鈎鈎入門藥管內爲曳動門藥開礮之用㊁掌啟閉礮門（礮門即左

旁鑲進之門外有螺柄內有圓膀形爲礮膛之底手中執溼布以抹擦礮門紮木襯圓木一小段下綴以柄以推送火藥裹入礮㊂掌持洗桿洗淨礮管並以洗桿將彈送進礮管再用撬桿移動架尾磨左磨右㊃掌持送彈子並於子藥箱內取出火藥裹先藏於皮盒次裝於礮後口或省云後口其皮盒以皮帶自右肩斜絡於左腰際以藏火藥裹或省云藥裹㊄掌啟閉子藥箱助㊃取出彈藥又掌加油於洗桿之上端㊅備補缺礮目掌以隔針橫插入彈嘴又以自來火螺絲旋入彈嘴並查察餘六人所作之事其腰帶前皮盒內藏有自來火螺絲

以上七人所司之事先須各自認定俟出令後即可同時行動

第二節 預備用礮

凡礮並子藥箱車應用各物件齊備之後教練即出令云

預備用礮凡號令字圍以方形下仿此

一聞此令各兵齊動礮目將鑰匙開子藥箱或省云子箱並架尾箱或省去尾箱㊀以門藥管盒束於腰帶又以鈎繩之尾套入右掌將繩繞於右手至架尾箱內取出門針以針上繩縛於螺絲墊右邊之檔繩勿太長以門針不及地爲率㊁啟子藥箱蓋取溼布嵌入左軸座之墊下將表尺立於礮尾之表窩次將螺墊旋動令礮身取平又將送藥之木襯置於右軸座之墊下㊂取去礮尾油布套縛於右軸座下又取去礮門右邊油布套置於架尾箱內將撬桿調向架後㊃以火藥四裹裝入左腰之皮盒內㊄旋去礮前口塞子藏於子藥箱內凡礮排列齊整後即宜除去油套及塞子等件以便觀覽此時每人檢點所事礮目又檢點各人所事有無舛錯迨檢點既畢各立操練時位謂之原位如第二圖

第二圖

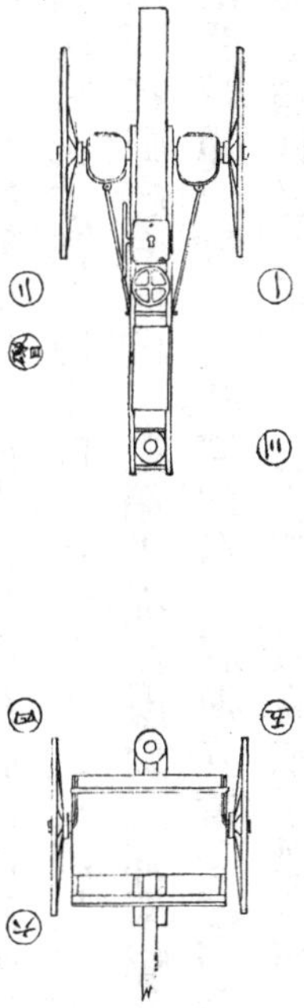

㊀立於礮右面向內在輪路外一尺恰在輪後可以橫走之處㊁立於礮左與㊀對面亦在輪路外一尺㊂與㊀同一直綫面向內正對架尾㊃與㊁同一直綫面向前右肩與子箱鐵紐相對㊄與㊀㊂同一直綫面向前左肩與子箱鐵紐相對㊅立於子箱後左與㊁㊃同一直綫面向前礮目立於㊁之右旁相距一尺面向內與㊁㊃㊅同一直綫凡左右相向謂之面向內前後參直謂之同直綫

凡操礮時設教練一名管帶一名教練應離礮八步庶遠近適中可以查察各兵所事 凡礮兵行動須按一定號令整齊步伐切勿舉動文弱手足雜亂 凡將礮門抽出

推進及旋動螺柄切勿用力太猛以防損壞

教練俟各兵立定即出令云[查檢礮位]聞此令時㈠以門釘探試門藥眼㈡即左旋螺柄半周抽出礮門檢點是否潔淨利便並查礮面阻門螺釘是否穩當又查表尺有無阻滯又查礮後螺墊有無窒礙㈢查看洗桿有無汙穢又蹲望礮管中是否潔淨又看撬桿是否穩便桿下撬齒是否合筍　以上各件倘有汙穢損壞者即訴礮目不許離開所立之地倘方操時忽見汙穢損壞者亦隨時訴於礮目礮目隨即設法修整各兵所事已畢仍立原位如第二圖〔礮目〕見各歸原位即知並無汙穢損壞可以俟令演放

第三節　按令裝放

此節專論常用之尖長開花彈與別種彈無涉

凡〔礮目〕手中須持礮度表此表附于礮表卷末以礮與所擊處相距邁當查取表尺上應用之密理邁當每邁當如英尺三十九寸又百分寸之三十七即美尺三十九寸又千分寸之三百六十八爲地球半徑一千萬分之一分每密理邁當爲千分邁當之一分表上直尺所以定礮之高度表端橫尺所以定礮之偏度

凡〔礮目〕先說用表尺之直度若干次說用表尺之橫度若干彈出礮口循來復綫繞行必較礮向稍偏於右設云六十二密理邁當左三是令提起表尺六十二分偏左三分也

凡操演開放之時先由教練出令云[用開花彈]使礮兵知應用開花彈裝放之法[向左]或向前或向右[一千六百邁當]礮目接說云[七十四密理邁當左三]使㈡知應用直尺及橫尺之度教練又云[洗礮管]以上四令一連說出聞用開花彈之令㈠㈡同時向前一步走近礮架左足先舉㈢亦同時向礮左足攏近一步右足平展一步設礮口向南時左足趾向西右足趾向北隨將兩手對虎口於架尾鐵環內俯取洗桿次將左虎口換向左執定洗桿少息令洗桿之上端離礮後口半尺許與礮管相直㈡拔去螺柄上小捎兩手虎口俱向右旋轉螺柄半周次對虎口抽出礮門用力勿猛左手用溼布拭淨鋼底扁圓鋼底附於門內即爲礮膛之底此時僅能拭其一半俟停放時旋起阻門螺釘取出礮門可將鋼底全身拭淨右手取木襯㈢聞洗礮管之令即將洗桿送進後口

俟洗桿上端出於前口外兩虎口換向右將洗桿作兩次拔出次將左手執洗桿中間右手離左手二尺許執定㈤聞用開花彈之令即啟子藥箱蓋從左邊旋起彈架螺絲取出開花彈一枚㈣同時轉向右㈤將彈立置㈣之右臂使彈上隔針之孔正對㈣之胸前㈣隨將左手抓定彈嘴走近〔礮目〕〔礮目〕轉身向右與之對面是時㈤已於子藥箱中再預備一彈將彈架螺絲旋起以便取用㈣既到〔礮目〕前〔礮目〕將隔針橫插入彈㈣急將左拇指撳定隔針之根〔礮目〕又將自來火螺絲旋入彈嘴即轉身向左立於原位檢點腰帶前皮盒　如操演而不開火者㈣將自來火螺

絲並隔針交還（礮目）仍納盒內

教練隨出令云［裝彈藥］㈣卽走近後口左手仍抓定彈子右手托彈底隔針根向上將彈送入後口令彈底與後口相平此時左拇指常攊定針根若稍鬆則恐針脫彈炸最易危險㈢以洗桿用力緩推彈子入來復綫力勿太猛俟推送妥貼後卽放下洗桿急走至架後捧撬桿立定㈣以右手於左腰盒內取出藥裹納於後口卽轉右（先舉左足）同到子箱助㈤再取一彈仍如前法立置臂上立定於原位㈤再將餘一彈旋鬆螺絲扣上子箱蓋立定於原位㈣離後口時㈡卽以木襯推送藥裹入恰好處卽置木襯於左軸

座兩手對虎口推閉礮門兩虎口向左旋緊螺柄用力勿猛㈠以右手取門針插入門藥眼刺破藥裹仍將針安於礮右之針環內若操演而不開火者每送進彈藥隨卽取出聽（礮目）先去自來火次去隔針再轉向右將彈送還子箱假作另換一彈仍立原位或彈藥後面綴以繩圈使易於曳出或但令空演不用彈藥

教練隨出令云［定方向］（如立靶操演可於礮前或左或右約一千邁當處立靶演之如但演定方向者止令㈡㈢兩人試演餘人立定觀看）聞定方向之令㈠以左手向盒中取一門藥管將鈎子勾入管孔以繩上木套管推近鈎靜候開放之令㈡將表尺按以上號令提起密理邁當旋定螺釘卽立近後口左腿畧彎左膝靠架右腿向後離架尾半尺蹲看表尺與照準以一目離表半尺許望之頭項須正右手拊礮尾方角右手取去螺墊輪之鐵練其時㈢已持撬桿預備移動架尾㈡用右手向後指令㈢磨左或磨右（若欲架尾向左則右手掌擊洗桿外邊欲向右則手背擊洗桿內邊重擊則大移輕擊則小移若以一指畧敲之則令移動少許不用撬桿）表尺照準及欲擊之物須在一直綫內照準之中尖與表尺頂相平（如第三圖）

第三圖

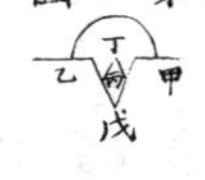

丁　甲　乙　戊

甲乙爲表尺之頂戊爲表尺頂之缺口丙爲礮面照準之中尖丁爲圓靶卽欲擊之物須使丙尖恰在丁之中心又與甲乙相平

方向已定㈡以左足就右足退一步仍持木襯立於原位

教練隨出令云［開放］（先說開字俟㈠立定後說放字）㈠聞開字急以左手插門藥管於門藥眼（此時早已鈎連）隨將左手撚木套管以左掌合於右手背左足退至原位右足踏左足後少許（兩足俱須踏輪路之外）曳定鈎繩兩手與門眼相平面向右望所擊之物及聞放字用力一扯礮卽開出隨將右足與左相並而立原位以鈎繩繞於右手（或右手將繩曳緊左手猛擊繩上或將木套管用力一撚較爲有力）開出時礮必乘勢退後㈠俟礮退急將門針插入門藥眼探試兩次抽出插入針環中仍回原位（若不開火者隨將門藥銅管拔出仍置盒內）次將門針探試如上法㈠㈡同時走近礮㈡置木襯於左軸座兩手

旋開礮門查看鋼底畢回至原位此後如再開放則須令推礮向前如不再開放則須令定礮詳解如後設欲推礮向前而前面原位土鬆泥濘有陷輪之患者礮目卽須察看地勢酌移穩便之處若不開火者本未退後不必推前

第四節　出令定礮

操演開放後隨出令云定礮㈠卽扣緊門藥盒蓋立於原位㈡卽旋緊礮門捎緊螺柄若已旋緊不必再動次將木襯溼布藏於架尾箱又將表尺摔進若未提起不必摔進旋緊螺釘令表尺不動又將螺墊旋起令礮身畧平以鐵練絆於螺墊輪上畧向左轉令緊㈢將撬桿移動架尾至原時方向仍與子箱

相對㈣將臂上之彈並火藥裹送還子箱中回至原位㈤開子箱蓋旋緊彈架螺絲並將㈣所送來之彈安置妥貼一律旋緊扣上子箱蓋回至原處此就不開火時言之若開火後欲令定礮礮目須先出令洗礮管㈡卽旋開礮門㈢以洗桿按法洗畢然後礮目出令定礮

第五節　推礮向前

開火後礮已退後卽出令云礮推向前㈠㈡兩人同時走近架輪㈠以左足踏右軸前之轂右足踏輪路外向礮前㈡以右足踏左軸前之轂左足踏輪路外向礮前㈠以左手把定上邊之轂向前扳動㈡以右手亦如之㈢以兩手持撬桿扶起架尾㈠出令云前則三人一律用力向前每說一前字前進一步若土鬆泥濘難於推動則礮目出令云幫助推前㈣將臂上之彈還置子箱中不必旋緊螺架卽與㈤分左右走近架輪旁各以兩手提起軸後之轂㈡凡及礮目所出之令須說分明使本礮各兵皆聞但勿太高聲凡礮推前至恰好處礮目卽出令云立定各兵同時立定礮目又出令云洗礮管卽按第三節法洗之若欲接連開放須按下文第八節之法快裝快放若不再開放則礮目但令定礮如第四節若立定之後再令推前則須再出礮推向前及定礮之令惟不用第四節之法

第六節　拖礮向後

欲將礮移後則出令云拖礮向後㈢以撬桿扶起架尾㈠以右足踏右軸後轂左足踏輪路外向礮後㈡以左足踏左軸後轂右足踏輪路外向礮後㈠之右手㈡之左手各持上轂㈠出令云後則三人用力向後至應定之處礮目卽出令云立定各兵同時立定若土鬆泥濘難以退動則礮目出令云幫助拖後㈣㈤按法走近提起軸前之轂

凡操演推前拖後時子箱車不須隨走

第七節　趕快裝放

礮與子箱車相距八步時欲接連開放愈速愈妙則不用

洗礮管裝藥彈定方向等令但出令云[用開花彈][向左]或前或右或[一千六百邁當][快裝]礮目接說[七十四密理邁當左三]聞快裝之令各按第三節之法趕快洗礮管裝彈藥定方向畢各回原位靜候礮目出令[開放]即按第三節法開放並按第五節法推礮向前暫時立定礮目又接連出令云[快裝]仍如前法　每開放三次㈤將格力所令油抹於洗桿上端

若接連開放時礮目所攜之自來火螺絲用罄即令㈤於子箱中取出補之若㈣所攜之藥裹用罄即於子箱中取出補之

若開放多次礮門內積有藥煤㈡以礮門取出用溼布蘸肥皂水洗擦乾潔㈢俟取去礮門後用刷子蘸肥皂水洗刷礮門空膛之前面　若開放時礮膛及礮門內見有藥煤㈡即於子箱中取鐵爬以刮去之俟洗刷潔淨後用布擦去水迹以卑門聽油抹之

第八節　停止開放

接連開放時欲使停止即出令云[定礮]聞此令時若已裝彈藥者㈠以門針揷入門藥眼內若已裝彈未裝藥者亦須將藥裝進然後用門針揷入門藥眼內若彈已預備尚未裝入者礮目先取去自來火螺絲次拔去隔針

若暫停片時仍須開放者則出令云[停放]各兵即就所立之處立定再出令云[立整]各兵乃回原位如第二圖俟再有裝彈藥或快裝之令然後按法行動

第九節　用洋鐵管彈

凡不用開花彈只用洋鐵管彈者出令云[用洋鐵管][裝彈][向前三百邁當]礮目接說[加一指]凡用洋鐵管貴乎神速故先有圓皮罐盛洋鐵管一枚釘於礮架左旁以待猝時之用及聞用洋鐵管之令㈡即於皮罐中取出納於後口㈣取藥裹推送後口回至子箱是時㈤已啟子箱另取一洋鐵管預備授㈣㈢不用洗桿急持撬桿磨左磨右㈡但

以左拇指加於表尺之頂約畧取準若相距多於三百餘邁當須加二指㈣將手中洋鐵管授於㈡㈡即納於架左皮罐若彈藥已裝者不必回出

事俱同開花彈法及出令云[定礮]

第十節　越隔飛擊

同治八年冬季以前布國所用之礮凡欲越過分隔之山峽城牆海岸以飛擊不能望見之物皆減少火藥昂起礮身而用高弧之度然其法有不便者三高弧所用垂綫及象限儀易致稽遲時刻一也用高弧時螺墊旋至低處若猝遇馬兵須用洋鐵管轟擊一時不能旋起二也高弧之彈自上而下只擊一處苟陷入地中雖炸不烈三也故近

年布國陸路之礮遇有分隔不用高弧仍用平度表尺亦不必減少藥裹惟須先知本礮之彈最低至若干密理邁當爲能飛過所隔物之限另表可查又應知所擊之物距礮若干即可用平度飛擊矣設有礮在稍高之海岸內二三千步能望見海岸外敵船之桅今欲擊中其船身則船身高距海面與所見桅上點高距海面之比若船距礮應用尺度與此時應用尺度之比既比得尺度欲擊其桅下若干及桅之前後左右可查礮度表第六行每密理邁當彈落所差若干於表尺之橫直度消息之

若並不能望見船桅而確知其距礮遠近又確知所用尺度能越過所隔之物則於所隔山峽城牆或海岸之上定一記識若彼岸更有高處可記者則須認彼岸高處以記之若表尺間不能望見而高處能望見者則立於礮後高處用垂綫定方向凡遠於三千一百邁當者應用垂綫或象限儀若倉卒間可暫看雲氣作識

凡試驗彈落遠近須分管官在高處望之使數礮或一礮次第試之視先試之彈應否移近移遠將所佩之刀指上或指下以示之

第十一節　更換礮彈

凡開花彈及洋鐵管彈有互換之法如先用開花彈欲換用洋鐵管者出令云定換洋鐵管裝彈向左三百邁當或向前或向右礮目接說加一指如先用洋鐵管欲換用開花彈者出令云立定換開花彈快裝向前一千六百邁當或向左或向右礮目接說七十四密理邁當左三

若聞換洋鐵管令已有開花彈在礮膛者姑按先出之令定向開放然後裝入洋鐵管彈若聞令時㊃手中有開花彈者送還子箱中㊄即旋緊彈架螺絲隨取一洋鐵管彈待㊃來取

若聞換開花彈令已裝洋鐵管者按下文第十二節之法回出藥彈㊁將此彈納於架左皮罐即按第七節之法裝入開花彈若聞令時㊃手中有洋鐵管者仍交還㊁納於皮罐㊄於子箱中取一開花彈待㊃來取

凡開花彈及火彈互換之法止須換彈不須改度緣開花彈與火彈彈式及尺度本無二致故先用開花彈試驗確知其遠近法見前節末然後改用火彈則出令云換火彈其裝法及方向仍與開花彈同若再須改用開花彈則出令云換開花彈若換火彈或換開花彈時礮中有已裝之彈仍先按法開放然後換用惟㊄須將子箱中應用之彈旋鬆螺絲不用之彈旋緊螺絲

第十二節　回出彈藥

彈藥旣裝不必開放則出令「回出彈藥」㊂取洗桿察看桿端是否潔淨次由前口揷進抵緊彈嘴用力緩推切勿急舂方察看桿端時㊁巳抽開礮門㊃將臂上之彈送還子箱（如已有隔針自來火者須令「礮目」取去）即走近後口接出藥裏藏於皮盒㊂仍緩緩推出㊃又兩手托接彈子小心攞定隔針須防失悞易有炸裂之險所回出之開花彈或火彈仍俟「礮目」取去自來火螺絲及隔針仍還於子箱若回出之洋鐵管彈則㊃授於㊁仍藏皮鑵

第十三節　換補礮兵

設臨陣時忽少「礮目」則以㊁補之而以㊅補㊁之缺設少他名亦以㊅補之設六名中少二名則更以㊄補之而以㊃兼㊄之事設六名中少三名則以㊂兼㊀之事設六名中少四名則以「礮目」兼㊁之事並兼他名之事設再少人則管帶及分帶酌令餘礮之人添補其缺設餘礮亦少人則管帶及分帶亦來相助（凡管理一行礮者爲管帶管理兩礮者爲分帶）

凡操演時亦須演此換人補人之法庶臨事不致倉皇無措如出令「某號換人」其號礮兵急將所執物件委地惟執洗桿者須將洗桿倚於輪軸上端勿着塵土趕速回走至轅桿後四步其應補缺之人即至其處拾取物件檢點潔淨按法作事如欲仍歸各名原位則出令「立整」所補之人即將物件委地仍回原位某號亦依舊走至原位

第十四節　交互演習

欲爲換補計必先交互更換兼習其事故平時操練之時常宜預爲演習如先出令「定礮」次出令「互換」聞定礮之令各按第八節之法聞互換之令則㊀作㊂之事㊂作㊄之事㊄改爲㊅㊅作㊃之事㊃作㊁之事㊁作㊀之事彼此交換所有物件已畢乃出令「立整」則就已換時原位立定若欲令隨便立之則出令「立便」即可隨意移動轉側惟不許離開立位及語言喧雜「礮目」可以離開立位至礮邊查察各件

凡立便之後須出立整之令使各兵立定然後再出他令

凡互換之令必在礮空時立整之令不必定在礮空時

第十五節　操畢解去

操演已畢欲使回營休息先須解去物件故已出令「定礮」又出令「解去」聞定礮之令各按第八節之法聞解去之令「礮目」將自來火盒並皮帶解下納架尾箱中㊀將門針鈎繩門藥盒共三件解下納架尾箱中㊁即拔出表尺並螺絲釘盛以香牛皮袋亦納架尾箱中又將螺螫旋低使礮尾擱定架上㊂將撬桿調過擱於架尾又將礮門油套及礮尾油套俱各包固縛緊「礮目」關鎖架尾箱及子藥箱所

事俱畢各退至礮架後二步(礮目)立於(一)之右如第一圖

如會經互換者須依未換之時立定

元和邱瑞麟繪圖

長洲胡樹榮校字

克虜伯礮操法卷二　曳動獨礮

布國軍政局原書　美國　金楷理　口譯

崇明　李鳳苞　筆述

是卷論馬架之礮在操演時應用數人曳子箱車前行以代馬力其教練之外可另設礮目一名以稽察各事

第十六節　預備用礮

將操之時以子藥箱車扣上架尾各礮兵立於礮口之後二步列作兩行(礮目)立於轅桿之前如第四圖及出(預備用礮)之令第一行左轉各向礮左旁前行第二行右轉各向礮右旁前行如第五圖

第四圖

第五圖

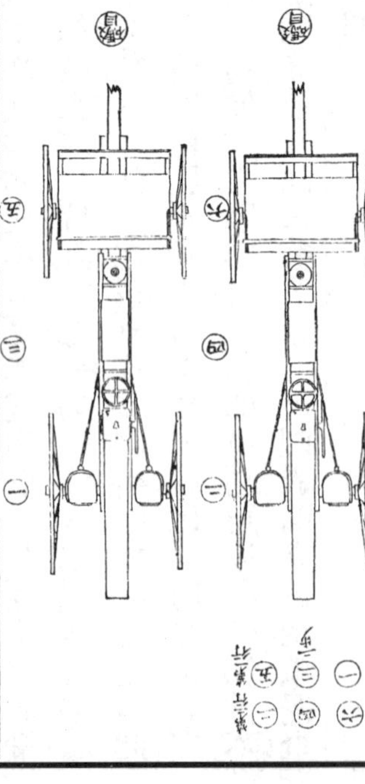

每人所執物件同第二節所不同者(三)不執撬桿(二)將螺螯旋起約以架尾放下時礮身恰平為率(五)取去轅下之撐桿其放下架尾以後應作之事已詳第二節按法作之

俟[查檢礮位]已畢卽回至第五圖之位。㊀與㊁立礮架軸兩旁。㊂與㊃立架箱兩旁。㊄與㊅立子箱車軸兩旁俱在輪路外一尺面向前。（以轅桿爲前）礮目立轅桿之前此第五圖。爲扣上時所立原位若走長路及不臨陣時各礮兵坐於架上具詳下節。

第十七節　扣連時走法

凡扣連架尾行走時欲令加速則出令[坐上]各兵卽坐於架上箱上。（如第六圖）㊀㊁之臂挽定軸座外鐵環切勿近輪以防磨擦。㊁之佩刀尤宜遠輪㊄從車左向前先坐子箱中間㊂亦從左向前坐於㊄左㊃從右向前坐於㊄右三人以臂互相挽定㊂之左臂㊃之右臂又挽定箱外鐵環㊅在礮口後隨走。若臨陣時從此處移攻彼處亦可按此法坐上以休息兵力惟必俟有坐上之令方許坐之不得隨意上下。

第六圖

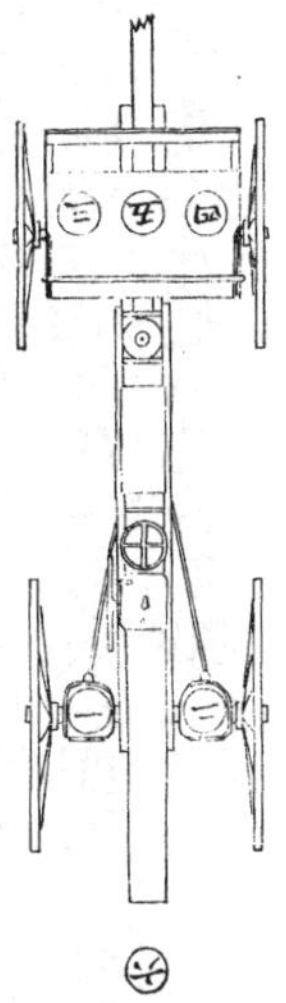

坐上後欲令下走則出令[下地]各兵卽趕快立起走至第五圖原位若無下地之令但出令云[放下架尾]則各兵下

地按下文第十八或第二十一節之法不必仍走至第五圖位也。

凡四礮成行每礮相距不及二十步時礮旁地狹不能如第五圖走法則各兵應隨於礮口後二步（如第四圖）俟行至大路再可相距二十步時仍走兩旁。（如第五圖）

凡礮行時各兵應快走。

欲令第五圖行走或立定時換如第四圖者出令[回走至礮後走]聞走字卽舉足回至礮後二步分作兩行。

欲令第四圖行走或立定時換如第五圖者出令[前走至礮旁走]聞走字卽舉足分左右走至礮旁。

如遇途間一邊有泥濘險阻須令六人或左或右併於一邊行走則出令[走右邊]凡在礮口後隨走如第四圖時則六人先向右走次向前走㊀㊅走至子箱軸旁㊂㊃走至尾箱旁㊁㊄走至礮架軸旁（如第七圖）凡在礮旁夾走如第五圖時則左三人卽回轉快走至右邊人之左。（如第七圖）

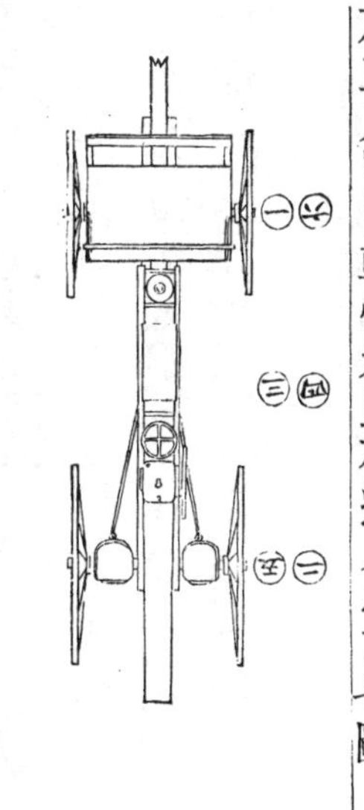
第七圖

凡走右邊時原在右邊之人須向外讓開一步如出令走左邊凡在礮口後隨走如第四圖時則六人先向左走次向前走㊁㊄走至子箱軸旁㊂㊃走至尾箱旁㊀㊅走至礮架軸旁如第八圖凡在礮旁亦走如第五圖時則右三人即回轉走至左邊人之左如第八圖

第八圖

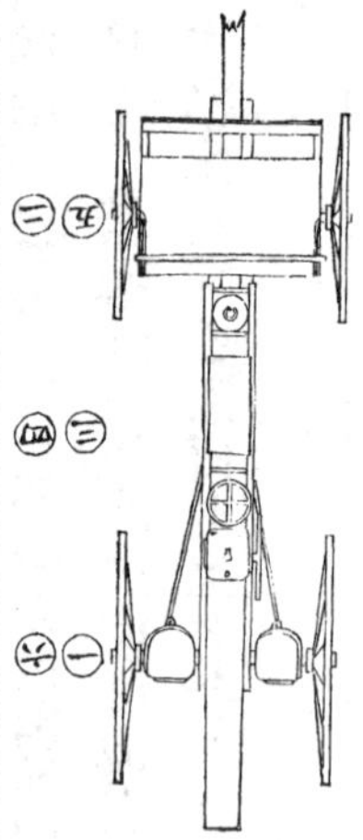

凡走左邊時原在左邊之人須向內攏近一步無論在右在左其㊀㊂㊄常須近礮

第十八節　回陣時放下架尾

回陣時已如第五圖行走復欲向敵開礮者先出令立定回轉欲令各礮兵回轉向敵也次出令放下架尾聞回轉之令㊂走近鐵紐面向礮架取去鐵練㊀立於㊂之右㊁立於㊂之對面聞放下架尾之令㊂之左手㊁之右手共持架尾紐環用力提起㊀以兩臂相助俟離開鐵紐時㊂出令云離開走曳子箱車者即曳離架尾八步而止其㊃㊄㊅三人亦隨子箱車而走　凡放下架尾須與礮行之向成直角如東西平列成行則礮架須直南北　若欲推礮向前以礮口為前而不動子箱車者放下架尾後隨出令推礮向前則離開鐵紐時㊃與㊄走近礮架齊力推動礮架離開子箱八步而止法見第五節其放下架尾後㊂將撬桿拔出各兵按法預備用礮具如第二節

第十九節　回陣時扣上架尾

開放後按第八節定礮畢立如第二圖時欲使回營則先出令回陣次出令扣上架尾聞回陣之令㊂即調置撬桿與㊀㊁兩人按十八節之法㊃㊄兩人持礮架轂預備拔動惟子藥箱車不動　聞扣上架尾之令㊀㊁㊂按十八

節法提起架尾高與胸齊㊃㊄相助曳就子藥箱鐵紐未扣上之時㊃與㊄將子箱車磨左或磨右使鐵紐正對架尾之環以便扣上此時已將轅桿畧提俟扣連後㊂將鐵練絆緊各兵走至兩旁如第五圖礮目見已扣畢走至轅桿之前

若遇泥濘土鬆難以人力曳動礮架須倒曳子箱車就礮架者則出令之後礮目接說退回子箱㊃㊄兩人即推子箱車就礮架之尾俟㊀㊁㊂三人扣上鐵紐餘如前法

第二十節　前進時扣上架尾

開放後按第八節定礮畢立如第二圖時再欲進攻則先

出令〔前進〕次出令〔扣上架尾〕聞前進之令各兵畧如十九節之法立近架尾惟㈤以架輪扳向礮口㈣以架輪扳向礮尾令礮並架左旋半周若須加力則㈣㈤各以兩手持上面之轂相距三轂用力扳之是時曳子箱車者亦左轉自礮右曳向礮前各兵見子箱車曳過礮右即將架尾旋向前面畧提轅桿扣上鐵紐㈢取鐵練絆緊各走至礮旁如第五圖〔礮目〕見扣畢即走至轅桿前俟令前走

凡旋轉礮架時㈣與㈤扳動架輪用力宜勻切勿離開本位總須兩輪齊動齊止以軸桿中段為旋轉之心

第二十一節　前進時放下架尾

凡前進如第五圖行走時欲使向前迎敵則先出令〔立定〕〔前望〕令向前開礮也次出令〔放下架尾〕聞前望之令各兵將礮並架左轉法同二十節惟㈢先取去鐵紐上之練〔礮目〕急走至應放下架尾之處聞放下架尾之令㈠㈡㈢三人提起礮尾㈢出令〔離走〕曳子箱車者即曳車左旋從礮左回走至〔礮目〕之後八步而止各兵扳動礮架左轉半周法同二十節將架尾置〔礮目〕之足趾前若〔礮目〕尚未至應放下之處則礮向須與礮行成直角如第十八節其子箱車移至礮尾以後各事俱同第十八節

凡行路時欲放下架尾令礮口向左或向右則出令〔向右〕〔放下架尾〕或〔向左〕〔放下架尾〕其放下之法並同惟架輪只扳轉一象限礮之前口向出令之方向或左或右子箱車移至架尾之後與礮參直

若停放後欲扣上架尾或向右走或向左走則出令〔立定〕〔向右〕〔扣上架尾〕或〔向左〕〔扣上架尾〕此處左右就開放時以礮口為前之左右凡扣上行走時以轅桿為前放下開放時以礮口為前凡云前後左右準此向右走則礮口旋向左向左走則礮口旋向右子箱車應曳至架尾其扣上之法同十九節

第二十二節　扣上架尾時解去物件

戰罷回營或操演已畢時礮架仍與子箱車相連各兵按第十五節之法解去物件㈤將轅下之撐桿合於轅桿各回走至礮口後立定如第四圖

元和邱瑞麟繪圖
長洲胡樹榮校字

克虜伯礮操法卷三　礮兵乘馬

布國軍政局原書　美國 金楷理 口譯
崇明 李鳳苞 筆述

前卷論礮有馬曳兵則步行此卷論曳礮之外又有坐兵之馬在操演時不必用馬約取其上馬下馬之地步及時刻而已其行走及立定時所司之事已詳於前二卷者茲不復贅但論騎礮兵與步礮兵不同之事如左

第二十三節　放下時定位

放下架尾預備開放時礮目及各兵所立之位一如第二節原位惟添㊆㊇二人爲收馬人以收掌七八之馬㊆在礮右收掌㊄㊂㊀及(礮目)之馬㊇在礮左收掌㊅㊃㊁之馬當礮目及各兵既近礮時㊆即收掌四馬走至轅桿後既放下時以礮口爲前則以轅桿爲後其駕轅之六馬俱向後立定此六馬兩兩相並謂之轅馬當先者爲頭馬次爲中馬又次近轅者爲尾馬與頭馬相距四步馬首相對面向前與駕馬人成直線六轅馬有三人駕馭之其所騎三馬爲鞍馬餘三馬爲手馬㊇即收掌三馬走至轅桿後立在㊆後四步面亦向前如第九圖

第九圖

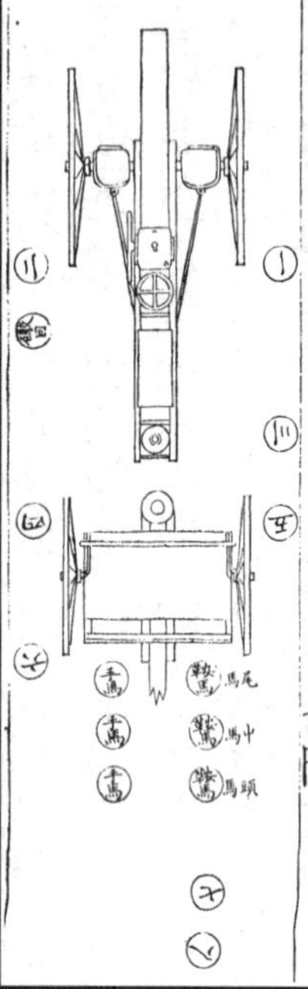

凡放下架尾後礮目礮兵及收馬駕馬人應按此式立定

第二十四節　扣上時定位

扣上架尾或止或行礮目礮兵及收馬駕馬人所在之位有二式一爲尋常定位一爲攏近定位其攏近定位又有攏近於礮後與攏近於礮旁之別

一尋常定位　各在礮口後列成二行第一行離前口五步第二行離第一行二步每人橫距一步約騎馬時不至擠軋自左而右第一行爲㊆㊄㊂㊀第二行爲㊇㊁㊃㊅使礮口正對㊄㊂之間㊄㊂二人先立定餘人依次而立相距適均每行內須視左第一人同一橫綫其橫距以㊄㊂兩人爲則其平列以㊆㊇兩人爲則(礮目)立於駕馬人之前如第十圖

第十圖

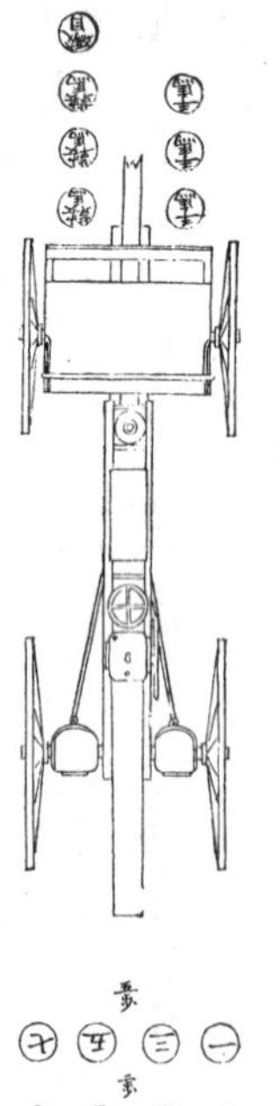

如欲預備用礮則分左右行至礮旁同第十六節

凡扣上架尾後礮目礮兵及收馬駕馬人應按此式立定或行走　凡前進放下架尾時先按此式立定　凡礮平列成行時亦按此式立定惟回陣放下架尾不按此式詳見下文第二十六節

二攏近定位。　數礮攏近並行或逐礮單行時每礮相隨魚貫而行爲單行。其礮兵等亦隨礮攏近不必另出攏近之令攏近時仍成兩行第一行距礮口二步第二行近第一行其每人橫距約如騎馬時不至相軋礮口仍對㊄㊂之間如第十一圖。

第十一圖

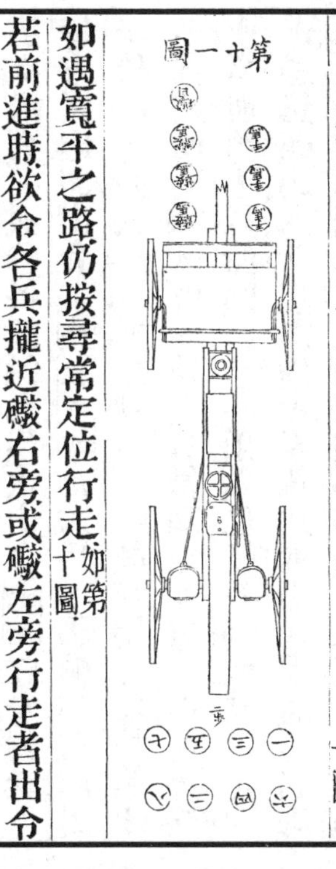

如遇寬平之路仍按尋常定位行走如第十圖。

若前進時欲令各兵攏近礮右旁或礮左旁行走者出令

走右邊或走左邊礮目即轉右或轉左至子箱車旁第一行向前至子箱軸旁第二行向前至礮架軸旁如第十二第十三圖。

第十二圖　第十三圖

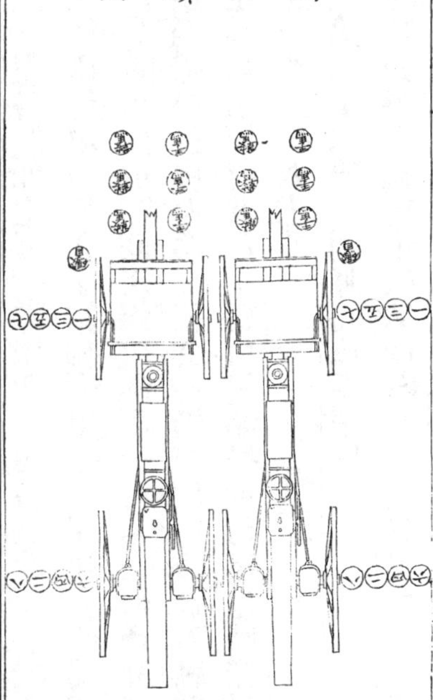

如遇稍狹之路礮旁不能四人並行須改爲兩人並行者出令成四行走說走字方舉足不論走右邊或走左邊時第一行右兩人前走左兩人隨走第二行右兩人又前走左兩人又隨走分爲四對在礮旁前走如第十四圖。

第十四圖

如遇寬平之路出令成兩行走則仍按礮旁兩行法行走如第十二圖。若礮旁走如第十二圖時欲令移至礮口後行走者出令礮後隨走礮旁之人俟礮曳過後即橫走於礮口之後次出令騎整仍分兩行立定面向前如第十一圖。若欲隨

便立定則出令騎便畧同第十四節立便之法惟礮目走至子箱之旁。

第二十五節　回陣時扣上架尾

開放後立如第九圖時欲使回營其號令行動具如第十九節步礮兵法礮目所事亦同惟事畢後走至駕馬人之前以轅桿爲前下同。㊆聞回陣之令即轉右走至駕尾馬人之旁二步㊇亦轉右隨至駕中馬人之旁二步㊅急走至㊇旁上馬礮目俟扣緊後急走至㊆旁將己馬帶前三步而上馬㊂於絆緊鐵練後隨同㊀㊁㊃㊄到收馬人旁上馬其㊂與㊃先將己馬帶前三步㊆已交還各馬亦向前三步

⑧已交還各馬卽走近⑦處相距二步各兵就⑦⑧之旁成前後兩行第一行在子箱軸旁第二行在轅桿前端之旁出令[回走]卽曳礮回走俟曳過第一行第一行各轉左橫走至礮口後曳過第二行亦然仍成兩行如第十圖方轉左橫走時均須攏近及走至礮口後始排開行走是時(礮目)已走至駕頭馬人之前

第二十六節　回陣時放下架尾

回陣時如第十圖行走復欲向敵開礮者先出令[預備]各兵知欲預備迎敵卽轉向右急趕至礮右旁第一行在子箱軸旁第二行在架軸旁⑦與⑧各離軸二步其餘各兵依次排列①與⑥各離軸九步次出令[立定]礮及礮兵八等方立定卽出令[回轉放下架尾]六兵下馬轉向右以馬交於⑦⑧兩人②④⑥之馬交於⑧⑤③①之馬交於⑦既交馬訖卽按第十八節之法(礮目)聞回轉之令急回至⑦處下馬交馬訖所事與第十八節同⑦⑧兩人已帶各馬照常行走⑦走過駕頭馬人八步卽橫走至駕馬人參直處與駕頭馬人對面相距四步⑧走過⑦處亦走至參直處在⑦之馬尾後四步三駕馬人與⑦⑧兩人相參直所立之位與第二十三節同其開放之令與步礮兵同

第二十七節　前進時扣上架尾

開放後立如第九圖時欲令前進其號令行動具如第二十節步礮兵法(礮目)所事亦同惟事畢後走至駕馬人之前⑦聞前進之令先向前行於離礮八步處立定⑧於⑦後四步處立定⑥急走至⑧旁上馬(礮目)俟扣緊後急走至⑦旁帶馬向前上馬而行③於絆緊鐵鍊後與④前行將馬帶前三步各上馬而行⑦已交還各馬亦向前三步離礮五步⑧已交還各馬卽走至⑦後二步各兵就⑦⑧之旁成前後兩行俟出令[前走]卽曳礮前走俟曳過第一行時兩行同走至礮口後如第十圖

第二十八節　前進時放下架尾

凡前進如第十圖行走時欲向前迎敵其號令具如第二十一節各兵聞前望之令各下馬右轉向後繞轉交馬訖走近礮架所事與第二十一節同(礮目)急走至⑦處交馬訖所事亦與二十一節同⑦與⑧既收各馬轉向左面緩步回走三十步再向左轉與三駕馬人參直同第二十六節其開放之令與步礮兵同

第二十九節　礮先快走

扣架尾後欲速離其地不待礮兵上馬卽出令[礮趕快走](礮目)接說[礮兵少定]一聞此令卽曳礮先走既上馬(礮目)卽走至①右若前進時卽出令[趕快前走]回陣時卽出令

趕快同走。向左轉身同走（礮目）接說趕快走各向礮快走及趕至礮後五步（礮目）卽說照常走乃隨礮而走不必加速（礮目）再自右向前走至羈馬人之前。當各兵趕上礮時挨尋常定位各馬離開如第十圖仍須依（七）（八）兩人列作兩行不得參差先後

元和邱瑞麟繪圖
長洲胡樹榮校字

克虜伯礮操法卷四　礮隊成行

布國軍政局原書　美國　金楷理　口譯
崇明　李鳳苞　筆述

是卷論平時操演以四礮列成一行若臨陣時則以六礮爲一行。

第三十節　相距部位

礮兵所事俱經熟習卽可成行操演成行時每礮自右而左爲礮之次序如第一礮第二礮每兩礮自右而左爲分行之次序如第一分行爲第一第二礮各礮橫距之遠近須相度地勢臨時酌定如演卷二卷三各法以子箱車繞走時不得礮旁各兵

爲率凡交戰時須距二十步操演時則不必二十步因恐相離太遠教練不能查察也其子箱車應離架尾後八步礮行之前及前左前右須立數靶或用步兵數名權作無彈時之靶總以每礮或前或左或右可擊三靶爲率

第三十一節　分設管帶

掌一行之員爲管帶掌一分行之弁爲分帶掌一礮之兵爲礮目管帶立礮行中間之前其離礮遠近以能顧全行爲率分帶立兩礮間架尾後十步此爲操演時原位非有要事不許離開凡每行各礮目之外另設兵目一名分派各礮目礮兵就各號礮位　凡六礮成行時分行之弁以

品級較貴者爲第一分帶稍次者爲第三分帶又次者爲第二分帶若乏弁差遣則以隊長代之

第三十二節　預備用礮

管帶出令〔預備用礮〕分帶卽掣出腰刀礮目礮兵按第二節各司所事已如法查礮訖如有汚穢損壞不妥之事礮兵報知礮目礮目報知分帶分帶報知管帶若本分行內可以隨時修整者卽由分帶設法修整仍報知管帶

第三十三節　詳細聽令

成行之礮號令行動俱與獨礮相同惟定礮開放等令須以一行冠之如云〔一行定礮〕〔一行開放〕是也操演獨礮時用敎練出令操演一行時由管帶出令故成行時第一要事是令各兵詳聽本行管帶之令又詳聽本分行分帶之令又詳聽本礮目之令止管本礮勿顧別礮不許招呼別礮之人及學習別礮之事

第三十四節　按令裝放

成行之時裝彈藥定方向及開放等事均與獨礮同法各兵早已練習但須管帶親自查檢各兵所事是否熟悉有無舛悞其所出令如〔用開花彈〕〔向右〕或左或前〔一千六百邁當〕〔洗礮管〕〔裝彈藥〕〔定方向〕〔一行開放〕〔一行推向前〕與第三節獨礮操法相同惟皆管帶出令不用敎練

第三十五節　趕快裝放

快裝彈藥接連開放同於第七節獨礮操法惟操演各種彈子及先後開放各法與獨礮不同另詳六款如左

一管帶先定何種彈子何處方向及相距遠近若干卽出令〔用開花彈〕〔快裝〕〔右〕〔一千六百邁當〕或出令〔用火彈〕〔快裝〕〔左〕〔一千六百邁當〕或出令〔用洋鐵管〕〔快裝〕〔前〕〔四百邁當〕凡用開花彈或火彈分帶卽接說表尺直度若干橫度若干礮表須熟習背誦凡用洋鐵管礮目卽接說應加一指或二指此時分帶及礮目所說表尺之度管帶須詳細審聽是否無悞

二用開花彈時須從一邊或左或右逐礮開放使未開放者可知應否磨左磨右以銷去風力之差凡管帶已出前款之令畧息片刻又出令〔從右開放〕或從左第一分帶卽令第一礮開放次令第二礮開放次第二分帶令第三礮開放其號令爲〔某礮開放〕如云一礮開放二礮開放其某礮數目字須高聲說之以免聽誤　若操演用彈時分管及礮目須立於旁面以觀彈落之準否如見彈落太遠或太近差於應擊之處約百步者卽出令〔左旋一百步〕或〔右旋一百步〕螺墊輪左旋三分之一爲移近一百步右旋三分之一爲移遠一百步挨次應放第二礮之㊁卽遵此令旋轉螺輪其第三礮爲時尙寬可將表尺升降百

步
若挨次應放之礮尚未齊備分帶卽令其更次之礮接放而俟再挨到時開放　凡從一邊開放須俟全行放畢周而復始
三開放一礮後接放次礮其間遲速之時須有定率凡平時操演並無別號令者（如趕快連放之類）分帶見一礮開放後欲探試門藥眼時卽出令「二礮開放」三礮以下亦仿此法
四用洋鐵管時如欲逐礮挨放者管帶出令「逐礮開放」則各分帶令本分行之兩礮裝畢彼礮開放此礮輪流裝放不使兩礮並空其礮目所出號令爲「某礮開放」如欲兩礮並放者管帶出令「分行開放」則各分帶出令於本分行云「某分行開放」使兩礮齊出勢更猛烈　凡每礮開放後探捅門眼旋試礮門畢推礮至原位本礮目卽出令「快裝」以預備下次開放
五改換方向改換遠近及換用別彈俱由管帶出令畧與獨礮操法相同所稍異者二事一爲但改方向遠近時管帶出令「左一千八百邁當」或「小藥裹」或「大藥裹」分帶接說「若干密理邁當左若干」此時未開之礮俱改用藥裹及表尺之橫直度一爲換用別彈時如先用開花彈換洋鐵管者管帶出令「立定」「換洋鐵管」「左四百邁當」再換開花彈者出令「立定」「換開花彈」「前一千六百邁當」用開花彈時換火彈者出令「換火彈」並同獨礮操法惟用開花彈及火彈時須有「從右開放」或「從左開放」之令（見第二款）用洋鐵管時須有「逐礮開放」或「分行開放」之令（見第三款）　凡聞換用別彈及改動方向之令未裝之礮及將裝彈而未入礮管者俱改用應換之彈若礮中有洋鐵管而欲換開花彈者按第十二節法取去之若礮中有開花彈而欲換洋鐵管者按第十二節法開放之
六管帶出令「一行定礮」或「一行立整」各兵具如獨礮操法每礮之㊂手持撬桿面向礮行前各分帶望礮行平綫卽出令「某礮應前」「某礮應後」其推前拖後並同獨礮　凡中間兩礮應先立整左右俱以中間爲準其分帶應知此意此就操演時論之若臨陣倉皇固不必如此之瑣細也

第三十六節　同時裝放

有時管帶欲統看一行裝放各事能否遲速相同一律整齊則令全行同時開放不必令從右開放從左開放而但令「一行開放」開放後每礮目出令「快裝」凡推前拖後扣上架尾放下架尾諸法俱須於全行操之使其坐作進退講若畫一以成節制之師　凡全行礮兵坐上時各礮之㊅須在礮行後中間走成兩行六礮成行以一三五礮之㊅

爲第一行以二四六礮之㈥爲第二行

第三十七節　解去物件

操演已畢管帶出令[一行定礮][解去物件]如在扣上架尾時但出令解去物件所事與第十五節獨礮相同管帶及分帶各將腰刀插入刀鞘回營休息

克虜伯礮操法四　六

元和邱瑞麟繪圖

長洲胡樹棠校字

江南製造局

科技譯著集成

軍事科技卷

第壹分册

克虜伯礮表

《克虜伯礮表》提要

《克虜伯礮表》，布國軍政局原書，美國金楷理（Carl Traugott Kreyer, 1839–1914）口譯，崇明李鳳苞筆述，同治十一年（1872年）刊行。

此書與《克虜伯礮說》同册出版，爲《克虜伯礮操法》的附表，列出了克虜伯礮彈道計算的詳細數據，共附表九份。

此書內容如下：

表一　四磅彈礮準　六磅彈礮準
表二　角度
表三　四磅彈橫直差　六磅彈橫直差
表四　四磅彈廣遠差　六磅彈廣遠差
表五　定差
表六　四磅彈速率　六磅彈速率
表七　六磅彈透力
表八　六磅彈時引
附　四磅彈礮準邁當表　二十四磅彈礮準表

四磅彈礟準 一

四磅彈礟 用藥一磅

距礟 步	直表 寸分	横表 分	礟昂 度分	彈落 度分	較尺 尺寸	較度 步
一○○	一半		二	三	四	四二
二○○	三半		五	六	八	四四
三○○	五		八	八	一二	三八
四○○	六半	半	十	十一	一六	三六
五○○	八半	半	十二	十四	二	三五
六○○	十	半	一	一一	二四	三四
七○○	十一	半	一三	一四	二八	三三
八○○	十四	半	一六	一七	三二	三二
九○○	一○	半	一九	一十一	三六	三一
一○○○	一二半	一	一十二	一十四	四	三一
一一○○	一四半	一	一十五	二二	四四	三
一二○○	一六半	一	二二	二六	四八	二九
一三○○	一八半	一	二六	二十	五二	二九
一四○○	一十一	一	二九	二十五	五六	二八
一五○○	一十二半	一半	二十二	三三	六	二七
一六○○	二○	一半	三一	三八	六四	二七
一七○○	二二半	一半	三四	三十二	六八	二六
一八○○	二五	一半	三八	四二	七二	二五
一九○○	二七半	二	三十二	四七	七六	二五
二○○○	二十半	二	四一	四十二	八	二四
二一○○	二十二半	二	四五	五三	八四	二四
二二○○	三○半	二半	四九	五九	八八	二三
二三○○	三三半	二半	四十四	五十五	九二	二三
二四○○	三六半	二半	五二	六五	九六	二二
二五○○	三九半	三	五七	六十二	一○○	二二
二六○○	三十二半	三	五十二	七三	一○四	二一
二七○○	四	三	六一	七十	一○八	二一
二八○○	四三	三半	六六	八一	一一二	二一
二九○○	四六半	三半	六十一	八九	一一六	二○
三○○○	四十	四	七	九一	一一九	二○
三一○○	四十四	四	七六	九九	一二三	二○
三二○○	五一半	四半	七十一	一○一	一二七	一九
三三○○	五五	四半	八一	一○九	一三一	一九
三四○○	五六	五	八六	一一二	一三五	一九
三五○○	五十二半	五	八十一	一一十一	一三九	一八
三六○○	六	五半	九二	一二五	一四三	一八
三七○○	六四	五半	九八	一二十四	一四七	一八
三八○○	六八	六	九十四	一三八	一五一	一七
三九○○	六十二	六	一○四	一四二	一五五	一七
四○○○	七	六半	一○十	一四十二	一五九	一七
四一○○		六半	一一	一五八	一六三	一六
四二○○		七	一一六	一六三	一六七	一六
四三○○		七	一一十二	一六十五	一七一	一六
四四○○		七半	一二三	一七十一	一七五	一六
四五○○		七半	一二十	一八七	一七九	一五
四六○○		八	一三	一九四	一八三	一五
四七○○		八	一三七	二○一	一八七	一五
四八○○		八半	一三十四	二○十四	一九一	一五
四九○○		八半	一四五	二一十一	一九五	一四
五○○○		九	一四十二	二二九	一九九	一四

四磅彈礟準 二

四磅彈礟 用藥十分磅之二分半

距礟 步	直表 寸分	横表 分	礟昂 度分	彈落 度分	較尺 尺寸	較度 步
五○	四半		七	七	○二	七
一○○	九	半	十四	十五	○四	七
一五○	十二半	半	一五	一六	○六	七
二○○	一二半	半	一十二	一十二	○八	七
二五○	一七	一	二三	二五	一	七
三○○	一十一半	一	二十	二十三	一二	七
三五○	二	一	三一	三四	一四	七
四○○	二五	一半	三八	三十二	一六	七
四五○	二十	一半	四	四四	一八	七
五○○	二十五	一半	四七	四十二	二	七
五五○	三四	二	四十四	五五	二二	七
六○○	三九	二	五六	五十二	二四	六
六五○	三十四	二	五十四	六六	二六	六
七○○	四三	二半	六五	六十五	二八	六
七五○	四八	二半	六十二	七八	三	六
八○○	四十二半	二半	七五	八一	三二	六
八五○	五三	二半	七十二	八十	三四	六
九○○	五八半	三	八六	九四	三六	六
九五○	五十四	三	八十四	九十四	三八	六
一○○○	六四	三	九七	一○八	四	六
一○五○	六十	三半	九十五	一一三	四二	六
一一○○	七	三半	一○八	一一十二	四四	六
一一五○		四	一一一	一二八	四六	五
一二○○		四	一一十	一三三	四八	五
一二五○		四半	一二三	一三十四	五	五
一三○○		四半	一二十二	一四十	五二	五
一三五○		五	一三六	一五五	五四	五
一四○○		五	一三十五	一六	五六	五
一四五○		五半	一四九	一六十二	五八	五
一五○○		五半	一五二	一七十一	六	五
一五五○						
一六○○						
一六五○						
一七○○						
一七五○						
一八○○						
一八五○						
一九○○						
一九五○						
二○○○						

克虜伯礮表二　四磅彈礮準　三

四磅彈礮用藥三分

距礮 步	直表 寸分	橫表 分	礮昂 度分	彈落 度分	尺較 尺寸	度較 步
五○	三半		五	六	○二	九
一○○	七		十一	十一	○四	九
一五○	十半	半	一	一一	○六	九
二○○	十四	半	一五	一六	○八	九
二五○	一一半	半	一十一	一十二	一	九
三○○	一五	半	二	二二	一二	九
三五○	一八半	一	二六	二八	一四	九
四○○	一十二半	一	二十一	二十四	一六	九
四五○	二	一	三一	三五	一八	九
五○○	二四	一	三七	三十一	二	九
五五○	二八	一半	三十三	四一	二二	九
六○○	二十二	一半	四三	四八	二四	八
六五○	三	一半	四九	四十五	二六	八
七○○	三四	一半	四十五	五六	二八	八
七五○	三八半	二	五五	五十三	三	八
八○○	三十二半	二	五十二	六四	三二	八
八五○	四一	二	六二	六十一	三四	八
九○○	四五	二半	六八	七二	三六	八
九五○	四九	二半	六十五	七十	三八	八
一○○○	四十三半	二半	七五	八二	四	八

四磅彈礮用藥三分

距礮 步	直表 寸分	橫表 分	礮昂 度分	彈落 度分	尺較 尺寸	度較 步
一○五○	五二	三	七十二	八十	四二	八
一一○○	五六半	三	八二	九二	四四	八
一一五○	五十一	三	八九	九十	四六	八
一二○○	五十五半	三半	九	一○二	四八	八
一二五○	六四	三半	九七	一○十	五	七
一三○○	六九	三半	九十四	一一三	五二	七
一三五○	六十四	四	一○五	一一十一	五四	七
一四○○		四	一○十二	一二四	五六	七
一四五○		四	一一三	一二十三	五八	七
一五○○		四半	一一十一	一三六	六	七
一五五○		四半	一二二	一四	六二	七
一六○○		五	一二十	一四九	六四	七
一六五○		五	一三一	一五二	六六	七
一七○○		五半	一三九	一五十三	六八	七
一七五○		五半	一四一	一六五	七	七
一八○○		六	一四八	一六十五	七二	七
一八五○		六	一五	一七六	七四	七
一九○○		六半	一五八	一八二	七六	七
一九五○						
二○○○						

克虜伯礮表二　四磅彈礮準　四

四磅彈礮用藥三分半

距礮 步	直表 寸分	橫表 分	礮昂 度分	彈落 度分	尺較 尺寸	度較 步
五○	二半		四	四	○二	一三
一○○	五半		八	九	○四	一二
一五○	八	半	十二	十三	○六	一二
二○○	十一	半	一一	一二	○八	一二
二五○	十三半	半	一五	一七	一	一二
三○○	一 半	半	一九	一十一	一二	一一
三五○	一三半	半	一十四	二一	一四	一一
四○○	一六半	一	二三	二六	一六	一一
四五○	一九半	一	二七	二十一	一八	一一
五○○	一十二	一	二十二	三	二	一一
五五○	二	一	三一	三六	二二	一○
六○○	二三半	一半	三六	三十二	二四	一○
六五○	二七	一半	三十一	四二	二六	一○
七○○	二十	一半	四	四八	二八	一○
七五○	二十三半	一半	四五	四十四	三	一○
八○○	三一	二	四十	五四	三二	一○
八五○	三四半	二	五	五十	三四	一○
九○○	三八	二	五五	六一	三六	一○
九五○	三十一半	二半	五十	六七	四八	九
一○○○	三十五	二半	六	六十四		九

四磅彈礮用藥三分半

距礮 步	直表 寸分	橫表 分	礮昂 度分	彈落 度分	尺較 尺寸	度較 步
一○五○	四二半	二半	六五	七五	四二	九
一一○○	四六半	三	六十一	七十二	四四	九
一一五○	四十	三	七	八二	四六	九
一二○○	四十四	三	七六	八九	四八	九
一二五○	五一半	三半	七十二	九	五	九
一三○○	五五半	三半	八一	九七	五二	九
一三五○	五九半	三半	八七	九十五	五四	九
一四○○	五十三半	四	八十三	一○六	五六	九
一四五○	六一半	四	九三	一○十三	五八	九
一五○○	六五半	四	九九	一一四	六	八
一五五○	六九半	四半	九十五	一一十一	六二	八
一六○○	六十三半	四半	一○五	一二三	六四	八
一六五○		四半	一○十一	一二十	六六	八
一七○○		五	一一一	一三一	六八	八
一七五○		五	一一七	一三九	七	八
一八○○		五	一一十三	一四	七二	八
一八五○		五半	一二三	一四七	七四	八
一九○○		五半	一二九	一四十五	七六	八
一九五○		六	一二十五	一五六	七八	八
二○○○		六	一三六	一五十四	八	八

四磅彈礮　用藥四分

距礮 步	直表 寸分	橫表 分	礮昂 度分	彈落 度分	尺較 尺寸	度較 步
五○	二		三	三	○二	一五
一○○	四半		七	七	○四	一五
一五○	六半		十	十一	○六	一四
二○○	九	半	十四	十五	○八	一四
二五○	十一	半	一一	一二	一	一四
三○○	十三半	半	一五	一六	一二	一四
三五○	一	半	一九	一十一	一四	一三
四○○	一二半	半	一十一	一十五	一六	一三
四五○	一五	一	二	二三	一八	一三
五○○	一七	一	二四	二七	二	一三
五五○	一十半	一	二八	二十一	二二	一三
六○○	一十三	一	二十二	三一	二四	一二
六五○	二	一半	三一	三七	二六	一二
七○○	二三	一半	三五	三十一	二八	一二
七五○	二六	一半	三九	四二	三	一二
八○○	二八半	一半	三十四	四七	三二	一二
八五○	二十一半	二	四二	四十二	三四	一二
九○○	二十四半	二	四七	五三	三六	一一
九五○	三一半	二	四十一	五九	三八	一一
一○○○	三五	二	五	五十五	四	一一

四磅彈礮　用藥四分

距礮 步	直表 寸分	橫表 分	礮昂 度分	彈落 度分	尺較 尺寸	度較 步
一○五○	三八半	二半	五五	六五	四二	一一
一一○○	三十一半	二半	五十二	六十一	四四	一一
一一五○	三十五	二半	五十五	七一	四六	一一
一二○○	四二	三	六四	七七	四八	一○
一二五○	四五半	三	六九	七十三	五	一○
一三○○	四八半	三	六十四	八三	五二	一○
一三五○	四十二	三半	七三	八十	五四	一○
一四○○	四十五半	三半	七八	九	五六	一○
一四五○	五三	三半	七十三	九六	五八	一○
一五○○	五六半	四	八二	九十三	六	一○
一五五○	五九半	四	八七	一○二	六二	一○
一六○○	五十三	四	八十三	一○八	六四	九
一六五○	六　半	四半	九二	一○十四	六六	九
一七○○	六四	四半	九七	一一五	六八	九
一七五○	六七半	四半	九十二	一一十一	七	九
一八○○	六十一	五	一○一	一二一	七二	九
一八五○	六十五	五	一○七	一二七	七四	九
一九○○		五	一○十二	一二十四	七六	九
一九五○		五半	一一一	一三四	七八	九
二○○○		五半	一一七	一三十	八	九

四磅彈礮　用藥四分半

距礮 步	直表 寸分	橫表 分	礮昂 度分	彈落 度分	尺較 尺寸	度較 步
五○	二		三	三	○二	一八
一○○	三半		五	五	○四	一八
一五○	五半		八	九	○六	一八
二○○	七半	半	十一	十二	○八	一七
二五○	九半	半	十四	一	一	一七
三○○	十一半	半	一一	一三	一二	一七
三五○	十三半	半	一四	一七	一四	一六
四○○	十五半	半	一八	一十一	一六	一六
四五○	一二	一	一十一	一十四	一八	一六
五○○	一四	一	一十五	二二	二	一五
五五○	一六半	一	二二	二七	二二	一五
六○○	一九	一	二六	二十一	二四	一五
六五○	一十一半	一	二十	二十五	二六	一四
七○○	一十四	一半	二十二	三四	二八	一四
七五○	二　半	一半	三一	三九	三	一四
八○○	二三	一半	三五	三十四	三二	一四
八五○	二五半	一半	三九	四三	三四	一三
九○○	二八	二	三十二	四八	三六	一三
九五○	二十一	二	四一	四十五	三八	一三
一○○○	二十二半	二	四五	五二	四	一三

四磅彈礮　用藥四分半

距礮 步	直表 寸分	橫表 分	礮昂 度分	彈落 度分	尺較 尺寸	度較 步
一○五○	三　半	二	四十	五七	四二	一三
一一○○	三三半	二半	四十四	五十二	四四	一二
一一五○	三六	二半	五二	六二	四六	一二
一二○○	三九	二半	五七	六七	四八	一二
一二五○	三十二	二半	五十一	六十二	五	一二
一三○○	三十五	三	五十五	七二	五二	一二
一三五○	四二	三	六四	七七	五四	一二
一四○○	四五	三	六八	七十二	五六	一一
一四五○	四八	三半	六十二	八二	五八	一一
一五○○	四上	三半	七一	八八	六	一一
一五五○	四十四	三半	七六	八十四	六二	一一
一六○○	五一	四	七十	九三	六四	一一
一六五○	五四	四	七十五	九九	六六	一一
一七○○	五七半	四	八四	九十五	六八	一一
一七五○	五十半	四半	八八	一○四	七	一一
一八○○	五十三半	四半	八十二	一○十	七二	一○
一八五○	六　半	四半	九二	一一	七四	一○
一九○○	六三半	五	九六	一一六	七六	一○
一九五○	六七	五	九十一	一一十二	七八	一○
二○○○	六十半	五	一○	一二二	八	一○

四磅彈礮 用藥五分

距礮 步	直表 寸分	横表 分	礮昂 度分	彈落 度分	較尺 尺寸	較度 步
五〇	一半		二	二	〇二	一〇
一〇〇	三		五	五	〇四	一〇
一五〇	五		七	七	〇六	一九
二〇〇	六半	半	十	十	〇八	一九
二五〇	八	半	十二	十三	一	一八
三〇〇	九半	半	十五	一	一二	一八
三五〇	十一半	半	一二	一三	一四	一八
四〇〇	十三半	半	一四	一六	一六	一七
四五〇	十五半	半	一七	一十	一八	一七
五〇〇	一一半	一	一十	一十四	二	一七
五五〇	一三半	一	一十三	二一	二二	一六
六〇〇	一五半	一	二一	二五	二四	一六
六五〇	一七半	一	二四	二十	二六	一六
七〇〇	一九半	一	二七	二十四	二八	一五
七五〇	一十二	一半	二十一	三二	三	一五
八〇〇	一十四半	一半	二十四	三七	三二	一五
八五〇	二 半	一半	三二	三十一	三四	一四
九〇〇	二三	一半	三五	四	三六	一四
九五〇	二五半	一半	三九	四四	三八	一四
一〇〇〇	二八	二	三十三	四九	四	

克虜伯礮表二 四磅彈礮準 十

四磅彈礮 用藥五分

距礮 步	直表 寸分	横表 分	礮昂 度分	彈落 度分	較尺 尺寸	較度 步
一〇五〇	二十半	二	四	四十四	四二	一四
一一〇〇	二十二	二	四四	五二	四四	一四
一一五〇	二十五半	二	四八	五七	四六	一三
一二〇〇	三二	二半	四十二	五十二	四八	一三
一二五〇	三四半	二半	五	六一	五	一三
一三〇〇	三七半	二半	五四	六六	五二	一三
一三五〇	三十	二半	五八	六十一	五四	一三
一四〇〇	三十二半	三	五十二	七	五六	一三
一四五〇	三十五半	三	六	七五	五八	一二
一五〇〇	四二	三	六四	七十	六	一二
一五五〇	四五	三	六八	七十五	六二	一二
一六〇〇	四八	三半	六十三	八四	六四	一二
一六五〇	四十半	三半	七一	八九	六六	一二
一七〇〇	四十三半	三半	七五	八十四	六八	一二
一七五〇	五	三半	七九	九三	七	一二
一八〇〇	五三	四	七十四	九八	七二	一二
一八五〇	五六	四	八二	九十三	七四	一二
一九〇〇	五九	四	八六	一〇三	七六	一一
一九五〇	五十二	四半	八十一	一〇八	七八	一一
二〇〇〇	五十五	四半	八十五	一〇十二	八	一一

四磅彈礮 用藥十分磅之五分半

距礮 步	直表 寸分	横表 分	礮昂 度分	彈落 度分	較尺 尺寸	較度 步
五〇	一半		二	二	〇二	二三
一〇〇	三		四	四	〇四	二三
一五〇	四		六	七	〇六	二二
二〇〇	五半	半	九	九	〇八	二二
二五〇	七	半	十一	十一	一	二一
三〇〇	八半	半	十三	十四	一二	二一
三五〇	十	半	十五	一一	一四	二〇
四〇〇	十一半	半	一二	一四	一六	二〇
四五〇	十三半	半	一四	一七	一八	二〇
五〇〇	十五	一	一七	一十	二	一九
五五〇	一一	一	一十	一十三	二二	一九
六〇〇	一三	一	一十三	二一	二四	一九
六五〇	一四半	一	二	二四	二六	一八
七〇〇	一六半	一	二三	二八	二八	一八
七五〇	一八半	一	二六	二十一	三	一八
八〇〇	一十半	一半	二九	三	三二	一七
八五〇	一十二半	一半	二十二	三四	三四	一七
九〇〇	一十四半	一半	二十五	三八	三六	一七
九五〇	二一	一半	三二	三十一	三八	一六
一〇〇〇	二三〇	一半	三五	四	四	一六

克虜伯礮表二 四磅彈礮準 八

四磅彈礮 用藥十分磅之五分半

距礮 步	直表 寸分	横表 分	礮昂 度分	彈落 度分	較尺 尺寸	較度 步
一〇五〇	二五半	二	三九	四四	四二	一六
一一〇〇	二七半	二	三十二	四九	四四	一五
一一五〇	二十	二	四	四十二	四六	一五
一二〇〇	二十二	二	四三	五二	四八	一五
一二五〇	二十四半	二半	四七	五六	五	一四
一三〇〇	三一	二半	四十一	五十一	五二	一四
一三五〇	三三半	二半	四十四	五十五	五四	一四
一四〇〇	三六	二半	五二	六四	五六	一四
一四五〇	三八半	三	五六	六八	五八	一三
一五〇〇	三十一	三	五九	六十二	六	一三
一五五〇	三十二半	三	五十二	七二	六二	一三
一六〇〇	四	三	六一	七六	六四	一三
一六五〇	四二半	三半	六五	七十一	六六	一三
一七〇〇	四五	三半	六九	八	六八	一三
一七五〇	四七半	三半	六十二	八四	七	一二
一八〇〇	四十	三半	七	八九	七二	一二
一八五〇	四十二半	四	七四	八十四	七四	一二
一九〇〇	四十五半	四	七八	九二	七六	一二
一九五〇	五二	四	七十二	九七	七八	一二
二〇〇〇	五四半	四	八	九十二	八	一二

四磅彈礮 用藥六分

距礮 步	直表 寸分	橫表 分	礮昂 度分	彈落 度分	尺較 尺寸	度較 步
五〇	一半		二	二	〇二	二七
一〇〇	二半		四	四	〇四	二六
一五〇	三半		六	六	〇六	二五
二〇〇	五		八	八	〇八	二五
二五〇	六半	半	十	十	一	二四
三〇〇	七半	半	十二	十三	一二	二四
三五〇	九	半	十四	十五	一四	二三
四〇〇	十半	半	一	一二	一六	二三
四五〇	十一	半	一二	一五	一八	二二
五〇〇	十三半	半	一五	一八	二	二二
五五〇	十五半	一	一七	一十一	二二	二一
六〇〇	一一	一	一十	一十四	二四	二一
六五〇	一二半	一	一十二	二一	二六	二〇
七〇〇	一四	一	一十五	二四	二八	二〇
七五〇	一六	一	二一	二七	三	一九
八〇〇	一八	一	二四	二十一	三二	一九
八五〇	一九半	一半	二七	二十四	三四	一八
九〇〇	一十一半	一半	二十	三二	三六	一八
九五〇	一十三半	一半	二十三	三六	三八	一八
一〇〇〇	一十五半	一半	三	三九	四	一七

克虜伯礮表卷一　四磅彈礮準　九

四磅彈礮 用藥六分

距礮 步	直表 寸分	橫表 分	礮昂 度分	彈落 度分	尺較	度較 步
一〇五〇	二一半	一半	三三	三十三	四二	一七
一一〇〇	二三半	二	三六	四一	四四	一七
一一五〇	二五半	二	三九	四五	四六	一六
一二〇〇	二七半	二	三十二	四九	四八	一六
一二五〇	二十	二	四	四十四	五	一六
一三〇〇	二十二	二半	四三	五二	五二	一六
一三五〇	二十四	二半	四六	五六	五四	一五
一四〇〇	三　半	二半	四十	五十	五六	一五
一四五〇	三二半	二半	四十三	五十四	五八	一五
一五〇〇	三五	三	五	六二	六	一五
一五五〇	三七	三	五四	六七	六二	一五
一六〇〇	三九半	三	五七	六十一	六四	一四
一六五〇	三十二	三	五十一	六十五	六六	一四
一七〇〇	三十四	三半	五十四	七三	六八	一四
一七五〇	四　半	三半	六二	七八	七	一四
一八〇〇	四二半	三半	六五	七十二	七二	一四
一八五〇	四五半	三半	六九	八一	七四	一四
一九〇〇	四七半	四	六十三	八五	七六	一四
一九五〇	四十	四	七	八九	七八	一四
二〇〇〇	四十二半	四	七四	八十四	八	一三

四磅彈礮 用藥六分半

距礮 步	直表 寸分	橫表 分	礮昂 度分	彈落 度分	尺較 尺寸	度較 步
五〇	一		〇二	〇二	〇二	二八
一〇〇	二半		〇三	〇四	〇四	二八
一五〇	三半		〇五	〇五	〇六	二七
二〇〇	四半		〇七	〇七	〇八	二七
二五〇	六	半	〇九	〇九	一	二六
三〇〇	七	半	〇十一	〇十一	一二	二六
三五〇	八半	半	〇十二	〇十四	一四	二五
四〇〇	十	半	〇十四	一	一六	二五
四五〇	十一	半	一一	一二	一八	二四
五〇〇	十二半	半	一三	一五	二	二四
五五〇	十四	一	一五	一七	二二	二三
六〇〇	十五半	一	一八	一十	二四	二三
六五〇	一一	一	一十	一十三	二六	二二
七〇〇	一二半	一	一十二	二	二八	二二
七五〇	一四	一	一十五	二三	三	二一
八〇〇	一五半	一	二一	二六	三二	二一
八五〇	一七半	一半	二四	二九	三四	二〇
九〇〇	一九	一半	二六	二十二	三六	二〇
九五〇	一十半	一半	二九	三	三八	一九
一〇〇〇	一十二半	一半	二十一	三三	四	一九

克虜伯礮表卷一　四磅彈礮準　十

四磅彈礮 用藥六分半

距礮 步	直表 寸分	橫表 分	礮昂 度分	彈落 度分	尺較 尺寸	度較 步
一〇五〇	一十四半	一半	二十四	三七	四二	一九
一一〇〇	二	一半	三一	三十一	四四	一八
一一五〇	二二	二	三四	三十四	四六	一八
一二〇〇	二四	二	三六	四二	四八	一八
一二五〇	二六	二	三九	四六	五	一八
一三〇〇	二七半	二	三十一	四十	五二	一七
一三五〇	二九半	二	三十五	四十三	五四	一七
一四〇〇	二十一半	二半	四二	五一	五六	一七
一四五〇	二十三半	二半	四五	五五	五八	一七
一五〇〇	三	二半	四九	五九	六	一七
一五五〇	三二	二半	四十二	五十三	六二	一六
一六〇〇	三四	二半	四十五	六一	六四	一六
一六五〇	三六	三	五二	六五	六六	一六
一七〇〇	三八	三	五五	六九	六八	一六
一七五〇	三十	三	五八	六十三	七	一六
一八〇〇	三十二	三	五十一	七一	七二	一六
一八五〇	三十四半	三半	五十五	七五	七四	一五
一九〇〇	四〇半	三半	六二	七十	七六	一五
一九五〇	四二半	三半	六五	七十四	七八	一五
二〇〇〇	四五	四	六九	八二	八	一五

四磅彈礮　用藥七分

距礮 步	直表 寸分	橫表 分	礮昂 度分	彈落 度分	較尺 尺寸	較度 步
五〇	一		二	二	〇二	二九
一〇〇	二半		四	四	〇四	二八
一五〇	三半		五	五	〇六	二八
二〇〇	四半		七	七	〇八	二七
二五〇	六	半	九	九	一	二七
三〇〇	七	半	十一	十一	一二	二六
三五〇	八	半	十三	十三	一四	二六
四〇〇	九半	半	十四	十五	一六	二五
四五〇	十半	半	一	一一	一八	二五
五〇〇	十二	半	一二	一三	二	二五
五五〇	十三	半	一四	一六	二二	二四
六〇〇	十四半	一	一六	一八	二四	二四
六五〇	一	一	一八	一十	二六	二四
七〇〇	一一	一	一十	一十三	二八	二三
七五〇	一二半	一	一十二	二	三	二三
八〇〇	一四	一	一十四	二二	三二	二二
八五〇	一五半	一	二一	二五	三四	二二
九〇〇	一六半	一半	二三	二八	三六	二二
九五〇	一八半	一半	二五	二十一	三八	二二
〇〇〇	一十	一半	二八	二十五	四	二一

四磅彈礮　用藥七分

距礮 步	直表 寸分	橫表 分	礮昂 度分	彈落 度分	較尺 尺寸	較度 步
一〇五〇	一十一半	一半	二十	三二	四二	二一
一一〇〇	一十三半	一半	二十三	三五	四四	二一
一一五〇	一十五	一半	二十五	三九	四六	二〇
一二〇〇	二　半	二	三二	三十一	四八	二〇
一二五〇	二二半	二	三四	四	五	二〇
一三〇〇	二四	二	三七	四三	五二	二〇
一三五〇	二六	二	三十一	四七	五四	一九
一四〇〇	二八	二	三十三	四十	五六	一九
一四五〇	二十	二半	四	四十四	五八	一九
一五〇〇	二十一半	二半	四二	五二	六	一九
一五五〇	二十三半	二半	四五	五六	六二	一八
一六〇〇	二十五半	二半	四八	五九	六四	一八
一六五〇	三一半	三	四十一	五十三	六六	一八
一七〇〇	三三半	三	四十四	六一	六八	一八
一七五〇	三五半	三	五一	六五	七	一八
一八〇〇	三七半	三	五四	六九	七二	一八
一八五〇	三九半	三半	五七	六十三	七四	一七
一九〇〇	三十一半	三半	五十	七一	七六	一七
一九五〇	三十三半	三半	五十三	七五	七八	一七
二〇〇〇	三十五半	三半	六	七九	八	一七

四磅彈礮　用藥七分半

距礮 步	直表 寸分	橫表 分	礮昂 度分	彈落 度分	較尺 尺寸	較度 步
五〇	一		二	二	〇二	三〇
一〇〇	二		三	三	〇四	三〇
一五〇	三		五	五	〇六	三〇
二〇〇	四		六	六	〇八	二九
二五〇	五		八	八	一	二九
三〇〇	六半	半	十	十	一二	二九
三五〇	七半	半	十一	十二	一四	二九
四〇〇	八半	半	十三	十四	一六	二八
四五〇	十	半	十五	一	一八	二八
五〇〇	十一	半	一一	一二	二	二八
五五〇	十二	半	一二	一四	二二	二八
六〇〇	十三半	半	一四	一六	二四	二七
六五〇	十四半	一	一六	一九	二六	二七
七〇〇	一	一	一八	一十一	二八	二七
七五〇	一一	一	一十	一十三	三	二六
八〇〇	一二半	一	一十二	二	三二	二六
八五〇	一四	一	一十四	二二	三四	二六
九〇〇	一五	一	二	二五	三六	二六
九五〇	一六半	一半	二三	二八	三八	二五
一〇〇〇	一八	一半	二五	二十一	四	二五

四磅彈礮　用藥七分半

距礮 步	直表 寸分	橫表 分	礮昂 度分	彈落 度分	較尺 尺寸	較度 步
一〇五〇	一九半	一半	二七	二十四	四二	二五
一一〇〇	一十一	一半	二九	三一	四四	二四
一一五〇	一十二半	一半	二十二	三四	四六	二四
一二〇〇	一十四	一半	二十四	三七	四八	二三
一二五〇	一十五半	二	三	三十	五	二三
一三〇〇	二一半	二	三三	三十三	五二	二三
一三五〇	二三	二	三五	四一	五四	二二
一四〇〇	二四半	二	三八	四四	五六	二二
一四五〇	二六半	二	三十	四七	五八	二二
一五〇〇	二八	二半	三十三	四十一	六	二一
一五五〇	二十	二半	四	四十四	六二	二一
一六〇〇	二十一半	二半	四二	五二	六四	二一
一六五〇	二十三半	二半	四五	五五	六六	二一
一七〇〇	二十五半	二半	四八	五九	六八	二〇
一七五〇	三一	三	四十	五十二	七	二〇
一八〇〇	三三	三	四十三	六	七二	二〇
一八五〇	三四半	三	五	六三	七四	二〇
一九〇〇	三六半	三	五三	六七	七六	一九
一九五〇	三八半	三	五六	六十一	七八	一九
二〇〇〇	三十半	三半	五九	六十四	八	一九

四磅彈礮 用藥八分

距礮 步	直表 寸分	橫表 分	礮昂 度分	彈落 度分	尺較 尺寸	度較 步
五〇	一		二	二	〇二	三一
一〇〇	二		三	三	〇四	三一
一五〇	三		五	五	〇六	三一
二〇〇	四		六	六	〇八	三一
二五〇	五		八	八	一	三〇
三〇〇	六	半	九	九	一二	三〇
三五〇	七	半	十一	十一	一四	三〇
四〇〇	八半	半	十三	十三	一六	三〇
四五〇	九半	半	十四	五	一八	二九
五〇〇	十半	半	一	一一	二	二九
五五〇	十一半	半	一二	一三	二二	二九
六〇〇	十二半	半	一三	一五	二四	二九
六五〇	十三半	半	一五	一七	二六	二九
七〇〇	十四半	一	一七	一九	二八	二八
七五〇	一	一	一八	一十	三	二八
八〇〇	一一	一	一十	一十四	三二	二八
八五〇	一二半	一	一十二	二	三四	二八
九〇〇	一三半	一	一十四	二三	三六	二八
九五〇	一五	一	二	二五	三八	二七
〇〇〇	一六半	一半	二二	二八	四	二七

四磅彈礮 用藥八分

距礮 步	直表 寸分	橫表 分	礮昂 度分	彈落 度分	尺較 尺寸	度較 步
一〇五〇	一八	一半	二四	二十一	四二	二七
一一〇〇	一九	一半	二六	二十三	四四	二七
一一五〇	一十半	一半	二九	三	四六	二七
一二〇〇	一十二	一半	二十一	三三	四八	二六
一二五〇	一十三半	一半	二十三	三六	五	二六
一三〇〇	一十五	二	二十五	三九	五二	二六
一三五〇	二半	二	三二	三十二	五四	二五
一四〇〇	二二	二	三四	三十五	五六	二五
一四五〇	二四	二	三七	四二	五八	二五
一五〇〇	二五半	二	三九	四五	六	二四
一五五〇	二七	二半	三十一	四九	六二	二四
一六〇〇	二八半	二半	三十四	四十二	六四	二四
一六五〇	二十	二半	四	四十五	六六	二三
一七〇〇	二十二	二半	四三	五二	六八	二三
一七五〇	二十三半	二半	四五	五五	七	二三
一八〇〇	二十五半	三	四八	五九	七二	二二
一八五〇	三一	三	四十	五十二	七四	二二
一九〇〇	三二半	三	四十二	五十五	七六	二二
一九五〇	三四半	三	四十五	六三	七八	二一
二〇〇〇	三六	三	五二	六六	八	二一

四磅彈礮 用藥八分半

距礮 步	直表 寸分	橫表 分	礮昂 度分	彈落 度分	尺較 尺寸	度較 步
五〇	一		一	一	〇二	三四
一〇〇	二		三	三	〇四	三四
一五〇	三		四	四	〇六	三三
二〇〇	四		六	六	〇八	三三
二五〇	五		七	七	一	三二
三〇〇	六		九	九	一二	三二
三五〇	七	半	十一	十一	一四	三一
四〇〇	八	半	十二	十二	一六	三一
四五〇	九	半	十三	十四	一八	三〇
五〇〇	十	半	十五	一	二	三〇
五五〇	十一	半	一一	一一	二二	三〇
六〇〇	十二	半	一二	一三	二四	二九
六五〇	十三	半	一四	一五	二六	二九
七〇〇	十四	一	一六	一七	二八	二九
七五〇	十五半	一	一七	一九	三	二八
八〇〇	一半	一	一九	一十一	三二	二八
八五〇	一一半	一	一十一	一十二	三四	二八
九〇〇	一二半	一	一十二	二	三六	二七
九五〇	一四	一	一十四	二二	三八	二七
一〇〇〇	一五	一	二	二五	四	二七

四磅彈礮 用藥八分半

距礮 步	直表 寸分	橫表 分	礮昂 度分	彈落 度分	尺較 尺寸	度較 步
一〇五〇	一六半	一半	二二	二七	四二	二六
一一〇〇	一七半	一半	二四	二九	四四	二六
一一五〇	一九	一半	二六	二十二	四六	二六
一二〇〇	一十半	一半	二八	二十五	四八	二五
一二五〇	一十一半	一半	二十	三一	五	二五
一三〇〇	一十二	一半	二十二	三四	五二	二五
一三五〇	一十四半	二	二十四	三七	五四	二四
一四〇〇	二	二	三一	三十	五六	二四
一四五〇	二一半	二	三三	三十二	五八	二四
一五〇〇	二二半	二	三五	四	六	二四
一五五〇	二四	二	三七	四三	六二	二三
一六〇〇	二六	二半	三十	四六	六四	二三
一六五〇	二七半	二半	三十二	四九	六六	二三
一七〇〇	二九	二半	三十四	四十二	六八	二三
一七五〇	二十半	二半	四一	四十五	七	二三
一八〇〇	二十二	二半	四三	五二	七二	二二
一八五〇	二十四	二半	四六	五五	七四	二二
一九〇〇	二十五半	三	四八	五八	七六	二二
一九五〇	三一	三	四十一	五十一	七八	二二
二〇〇〇	三三	三	四十三	五十四	八	二二

四磅彈礮　用藥九分

距礮 步	直表 寸分	橫表 分	礮昂 度分	彈落 度分	尺較 尺寸	度較 步
五〇	一		一	一	〇二	三七
一〇〇	二		三	三	〇四	三六
一五〇	二半		四	四	〇六	三五
二〇〇	三半		五	六	〇八	三四
二五〇	四半		七	七	一	三三
三〇〇	五半		八	九	一二	三二
三五〇	六半	半	十	十一	一四	三一
四〇〇	七半	半	十一	十二	一六	三一
四五〇	八半	半	十三	十三	一八	三〇
五〇〇	九半	半	十四	十五	二	三〇
五五〇	十半	半	一	一一	二二	三〇
六〇〇	十一半	半	一一	一二	二四	二九
六五〇	十二半	半	一三	一四	二六	二九
七〇〇	十三半	一	一四	一六	二八	二九
七五〇	十四半	一	一六	一八	三	二九
八〇〇	十五半	一	一七	一十	三二	二八
八五〇	一　半	一	一九	一十二	三四	二八
九〇〇	一一半	一	一十一	一十四	三六	二八
九五〇	一三	一	一十三	二	三八	二八
一〇〇〇	一四	一	一十四	二三	四	二七

四磅彈礮　用藥九分

距礮 步	直表 寸分	橫表 分	礮昂 度分	彈落 度分	尺較 尺寸	度較 步
一〇五〇	一五半	一	二一	二五	四二	二七
一一〇〇	一六半	一半	二二	二八	四四	二七
一一五〇	一七半	一半	二四	二十	四六	二七
一二〇〇	一九	一半	二六	二十二	四八	二七
一二五〇	一十	一半	二八	二十五	五	二六
一三〇〇	一十一半	一半	二十	三二	五二	二六
一三五〇	一十二	一半	二十二	三五	五四	二六
一四〇〇	一十四	一半	二十四	三七	五六	二六
一四五〇	一十五半	二	三	三十	五八	二五
一五〇〇	二一	二	三二	三十二	六	二五
一五五〇	二二半	二	三四	三十五	六二	二五
一六〇〇	二四	二	三六	四二	六四	二五
一六五〇	二五	二	三九	四五	六六	二四
一七〇〇	二六半	二	三十一	四八	六八	二四
一七五〇	二八	二半	三十二	四十	七	二四
一八〇〇	二九半	二半	三十五	四十二	七二	二四
一八五〇	二十一	二半	四一	五	七四	二三
一九〇〇	二十二半	二半	四四	五三	七六	二三
一九五〇	二十四	二半	四六	五六	七八	二三
二〇〇〇	二十五半	二半	四八	五九	八	二三

四磅彈礮　用藥九分半

距礮 步	直表 寸分	橫表 分	礮昂 度分	彈落 度分	尺較 尺寸	度較 步
五〇	一		一	一	〇二	四〇
一〇〇	二		三	三	〇四	四〇
一五〇	二半		四	四	〇六	三九
二〇〇	三半		五	五	〇八	三九
二五〇	四半		七	七	一	三八
三〇〇	五半		八	八	一二	三八
三五〇	六		九	十	一四	三七
四〇〇	七	半	十一	十一	一六	三七
四五〇	八	半	十二	十三	一八	三六
五〇〇	九	半	十三	十五	二	三六
五五〇	九半	半	十五	一	二二	三五
六〇〇	十半	半	一	一二	二四	三五
六五〇	十一半	半	一二	一三	二六	三四
七〇〇	十二半	半	一三	一五	二八	三四
七五〇	十三半	半	一五	一七	三	三三
八〇〇	十五	一	一七	一九	三二	三三
八五〇	一	一	一八	一十一	三四	三二
九〇〇	一一	一	一十	一十三	三六	三二
九五〇	一二	一	一十一	一十四	三八	三一
一〇〇〇	一三	一	一十三	二一	四	三一

四磅彈礮　用藥九分半

距礮 步	直表 寸分	橫表 分	礮昂 度分	彈落 度分	尺較 尺寸	度較 步
一〇五〇	一四	一	一十五	二三	四二	三〇
一一〇〇	一五半	一	二一	二五	四四	三〇
一一五〇	一六半	一半	二二	二七	四六	二九
一二〇〇	一七半	一半	二四	二十	四八	二九
一二五〇	一九	一半	二六	二十二	五	二八
一三〇〇	一十	一半	二八	二十四	五二	二八
一三五〇	一十一半	一半	二十	三一	五四	二七
一四〇〇	一十二半	一半	二十一	三三	五六	二七
一四五〇	一十四	一半	二十二	三六	五八	二六
一五〇〇	一十五	一半	二十五	三八	六	二六
一五五〇	二　半	二	三一	三十一	六二	二六
一六〇〇	二一半	二	三三	三十二	六四	二五
一六五〇	二三	二	三五	四	六六	二五
一七〇〇	二四半	二	三七	四二	六八	二五
一七五〇	二五半	二	三九	四五	七	二五
一八〇〇	二七	二	三十一	四七	七二	二四
一八五〇	二八	二半	三十二	四十	七四	二四
一九〇〇	二九半	二半	三十五	四十二	七六	二四
一九五〇	二十一	二半	四一	四十五	七八	二四
二〇〇〇	二十二半	二半	四三	五二	八	二四

四磅彈礮　用藥一磅

距礮 步	直表 寸分	橫表 分	礮昂 度分	彈落 度分	較尺 尺寸	較度 步
五○	一		一	一	○二	四二
一○○	一半		二	三	○四	四一
一五○	二半		四	四	○六	四○
二○○	三半		五	六	○八	三九
二五○	四		六	七	一	三八
三○○	五		八	八	一二	三七
三五○	六	半	九	十	一四	三七
四○○	六半	半	十	十一	一六	三六
四五○	七半	半	十二	十二	一八	三六
五○○	八半	半	十三	十四	二	三五
五五○	九半	半	十四	一	二二	三五
六○○	十	半	一	一一	二四	三四
六五○	十一	半	一一	一三	二六	三四
七○○	十二	半	一三	一四	二八	三三
七五○	十三	半	一四	一六	三	三三
八○○	十四	半	一六	一七	三二	三二
八五○	十五	半	一七	一九	三四	三二
九○○	一	半	一九	一十一	三六	三一
九五○	一一半	半	一十	一十三	三八	三一
一○○○	一二半	一	一十二	一十四	四	三一
一○五○	一三半	一	一十三	二	四二	三○
一一○○	一四半	一	一十五	二二	四四	三○
一一五○	一五半	一	二一	二四	四六	三○
一二○○	一六半	一	二二	二六	四八	二九
一二五○	一七半	一	二四	二八	五	二九
一三○○	一八半	一	二六	二十	五二	二九
一三五○	一十	一	二七	二十二	五四	二八
一四○○	一十一	一	二九	二十五	五六	二八
一四五○	一十二	一	二十一	三一	五八	二八
一五○○	一十三半	一半	二十三	三三	六	二七
一五五○	一十四半	一半	二十五	三六	六二	二七
一六○○	二	一半	三一	三八	六四	二七
一六五○	二一	一半	三二	三十一	六六	二六
一七○○	二二半	一半	三四	三十三	六八	二六
一七五○	二三半	一半	三六	四	七	二六
一八○○	二五	一半	三八	四二	七二	二五
一八五○	二六半	一半	三十	四五	七四	二五
一九○○	二七半	二	三十一	四七	七六	二五
一九五○	二九	二	三十四	四十	七八	二四
二○○○	二十半	二	四一	四十三	八	二四

六磅彈礮　用藥一磅二分

距礮 步	直表 寸分	橫表 分	礮昂 度分	彈落 度分	較尺 尺寸	較度 步
一○○	四	○	三	三	○二	三二
二○○	八	○	六	六	○四	三一
三○○	十二半	○	九	九	○六	三一
四○○	一一	○	十二	十二	○八	三○
五○○	一五	○	一	一	一○	三○
六○○	一九半	○	一三	一四	一二	二九
七○○	一十四半	○	一七	一八	一四	二九
八○○	二三	半	一十	一十二	一六	二九
九○○	二八半	半	一十四	二	一八	二八
一○○○	二十三	半	二二	二四	一九	二八
一一○○	三二	半	二五	二八	二一	二八
一二○○	三七	一	二九	二十二	二三	二七
一三○○	三十二	一	二十二	三二	二五	二七
一四○○	四一半	一	三一	三六	二七	二六
一五○○	四七	一半	三五	三十一	二九	二六
一六○○	四十二半	一半	三九	四一	三一	二五
一七○○	五二	二	三十二	四六	三三	二四
一八○○	五八	二	四一	四十二	三五	二四
一九○○	五十三半	二半	四五	五一	三七	二三
二○○○	六三	二半	四十	五七	三九	二三
二一○○	六九	三	四十四	五十二	四	二二
二二○○	六十五	三	五二	六三	四	二二
二三○○	七五	三半	五七	六十	四	二二
二四○○	七十一	三半	五十一	七	四	二一
二五○○	八一半	四	六	七七		二一
二六○○	八八	四半	六五	七十四	五一	二一
二七○○	八十五	四半	六十	八五	五三	二○
二八○○	九五半	五	六十五	八十二	五五	二○
二九○○	九十一半	五半	七四	九五	五六	一九
三○○○	一○四	六	七九	九十二	五八	一九
三一○○	一○十一	六	七十四	一○五	六○	一九
三二○○	一一二半	六半	八四	一○十二	六二	一八
三三○○	一一十	七	八九	一一五	六四	一八
三四○○	一二二	七半	八十四	一一十二	六六	一八
三五○○	一二十	八	九五	一二六	六八	一七
三六○○	一三二	八半	九十	一二十五	七○	一七
三七○○	一三十	九	一○	一三八	七二	一七
三八○○	一四二	九半	一○六	一四二	七四	一六
三九○○	一四十半	一○	一○十二	一四十一	七六	一六
四○○○	一五三	一○半	一一三	一五五	七八	一六
四一○○	一五十二	一一	一一九	一五十四	八○	一六
四二○○	一六五	一一半	一一十五	一六八	八二	一五
四三○○	一六十四	一二	一二六	一七二	八四	一五
四四○○	一七七半	一二半	一二十二	一七十一	八六	一五
四五○○	一七十五半	一三	一三三	一八七	八八	一五
四六○○		一三半	一三十	一九一	八九	一四
四七○○		一四	一四一	一九十一	九一	一四
四八○○		一四半	一四八	二○六	九三	一四
四九○○		一五	一四十五	二一一	九五	一四
五○○○		一五半	一五六	二一十二	九七	一四

六磅彈礮用藥三分

距礮步	直表寸分	橫表分	礮昂度分	彈落度分	較尺尺寸	較度步
五〇	九半	半	七	八	〇一	七
一〇〇	一三	一	圭	圭	〇二	七
一五〇	一西半	一半	一七	一七	〇三	六
二〇〇	二九	一半	一圭	一圭	〇四	六
二五〇	三四	二	二七	二七	〇五	六
三〇〇	三圭	二半	二圭	三	〇六	六
三五〇	四十	三	三七	三九	〇七	六
四〇〇	五五	三半	三圭	四二	〇八	六
四五〇	六〇半	四半	四八	四土	〇九	六
五〇〇	六土	五	五〇	五五	一〇	六
五五〇	七八	五半	五九	五圭	一一	六
六〇〇	八四	六	六二	六九	一二	六
六五〇	九	七	六土	七三	一三	五
七〇〇	九土	七半	七三	七西	一四	五
七五〇	一〇八半	八半	七圭	八九	一五	五
八〇〇	一一五	九半	八六	九四	一六	五
八五〇	一二二	一〇半	八圭	九圭	一七	五
九〇〇	一二圭半	一一半	九九	一〇十	一八	五
九五〇	一三圭	一二半	一〇三	一一六	一九	五
一〇〇〇	一四十半	一三半	一〇圭	一二二	一九	五

六磅彈礮用藥三分

距礮步	直表寸分	橫表分	礮昂度分	彈落度分	較尺尺寸	較度步
一〇五〇	一五八	一四半	一一七	一二圭	二〇	五
一一〇〇	一六七	一六	一二一	一三土	二一	五
一一五〇	一七五	一七半	一二土	一四八	二二	五
一二〇〇		一九半	一三五	一五五	二三	五
一二五〇			一四	一六二	二四	五
一三〇〇			一四十	一六圭	二五	五
一三五〇						
一四〇〇						
一四五〇						
一五〇〇						
一五五〇						
一六〇〇						
一六五〇						
一七〇〇						
一七五〇						
一八〇〇						
一八五〇						
一九〇〇						
一九五〇						
二〇〇〇						

六磅彈礮用藥四分

距礮步	直表寸分	橫表分	礮昂度分	彈落度分	較尺尺寸	較度步
五〇	七	半	五	六	〇一	九
一〇〇	一西	半	土	土	〇二	九
一五〇	一五	一	一	一一	〇三	九
二〇〇	一圭半	一	一五	一七	〇四	九
二五〇	二四	一半	一土	一圭	〇五	九
三〇〇	二土半	二	二一	二二	〇六	九
三五〇	三三半	二	二六	二八	〇七	九
四〇〇	三土	二半	二圭	二圭	〇八	九
四五〇	四三	二半	三二	三五	〇九	九
五〇〇	四十半	三	三七	三土	一〇	九
五五〇	五二半	三半	三圭	四二	一一	八
六〇〇	五土	四	四三	四九	一二	八
六五〇	六三	四半	四九	五	一三	八
七〇〇	六土	四半	四圭	五七	一四	八
七五〇	七四	五	五六	五西	一五	八
八〇〇	七圭半	五半	五圭	六六	一六	八
八五〇	八五半	六	六三	六圭	一七	八
九〇〇	八西半	六半	六九	七五	一八	八
九五〇	九八	七	七	七圭	一九	七
〇〇〇	一〇一	七半	七七	八五	一九	七

六磅彈礮用藥四分

距礮步	直表寸分	橫表分	礮昂度分	彈落度分	較尺尺寸	較度步
一〇五〇	一〇十半	八	七西	八圭	二〇	七
一一〇〇	一一四	八半	八五	九六	二一	七
一一五〇	一一圭半	九	八土	九西	二二	七
一二〇〇	一二八	九半	九三	一〇七	二三	七
一二五〇	一三二	一〇	九十	一一	二四	七
一三〇〇	一三圭	一〇半	一〇二	一一九	二五	七
一三五〇	一四六半	一一	一〇土	一二二	二六	七
一四〇〇	一五一	一一半	一一一	一二土	二七	七
一四五〇	一五圭	一二半	一一九	一三五	二八	六
一五〇〇	一六八半	一三	一二三	一三西	二九	六
一五五〇	一七三	一三半	一二九	一四八	三〇	六
一六〇〇	一七圭半	一四半	一三一	一五二	三一	六
一六五〇		一五	一三十	一五土	三二	六
一七〇〇		一六	一四二	一六六	三三	六
一七五〇		一六半	一四十	一七二	三四	六
一八〇〇		一七半	一五二	一七圭	三五	六
一八五〇						
一九〇〇						
一九五〇						
二〇〇〇						

六磅彈礮準　用藥五分

距礮 步	直表 寸分	橫表 分	礮昂 度分	彈落 度分	尺較 尺寸	度較 步
五〇	五半		四	四	〇一	一二
一〇〇	十一	半	九	九	〇二	一二
一五〇	一一	半	十三	十三	〇三	一二
二〇〇	一六半	一	一一	一二	〇四	一二
二五〇	一十三	一	一五	一六	〇五	一一
三〇〇	二二	一	一十	一十一	〇六	一一
三五〇	二八半	一	一十四	一十五	〇七	一一
四〇〇	二十四半	一半	二三	二四	〇八	一一
四五〇	三四半	一半	二七	二九	〇九	一一
五〇〇	三十一	二	二十一	二十四	一〇	一一
五五〇	四一	二	三	三三	一一	一一
六〇〇	四七半	二半	三五	三八	一二	一〇
六五〇	四十三半	二半	三十	三十三	一三	一〇
七〇〇	五四	三	三十四	四三	一四	一〇
七五〇	五十一	三	四三	四八	一五	一〇
八〇〇	六一	三半	四八	四十三	一六	一〇
八五〇	六七半	三半	四十三	五三	一七	一〇
九〇〇	六十四	四	五二	五九	一八	一〇
九五〇	七五	四	五七	五十四	一九	一〇
一〇〇〇	七十三	四半	五十三	六四	一九	一〇

六磅彈礮準　用藥五分

距礮 步	直表 寸分	橫表 分	礮昂 度分	彈落 度分	尺較 尺寸	度較 步
一〇五〇	八三	四半	六一	六十	二〇	九
一一〇〇	八十	五	六六	七	二一	九
一一五〇	九一半	五半	六十一	七六	二二	九
一二〇〇	九八半	五半	七一	七十三	二三	九
一二五〇	九十五半	六	七六	八七	二四	九
一三〇〇	一〇七半	六	七十一	八九	二五	九
一三五〇	一〇十四半	六半	八一	九	二六	九
一四〇〇	一一六半	七	八七	九六	二七	九
一四五〇	一一十四	七	八十一	九十三	二八	九
一五〇〇	一二六	七半	九二	一〇三	二九	九
一五五〇	一二十四	八	九八	一〇十	三〇	九
一六〇〇	一三六	八半	九十三	一一一	三一	九
一六五〇	一三十四	九	一〇三	一一八	三二	九
一七〇〇	一四六	九	一〇九	一一十五	三三	九
一七五〇	一四十四	九半	一〇十五	一二六	三四	八
一八〇〇	一五六半	一〇	一一五	一二十三	三五	八
一八五〇	一五十五	一〇半	一一十一	一三四	三六	八
一九〇〇	一六七半	一一	一二一	一三十一	三七	八
一九五〇	一七	一一	一二七	一四二	三八	八
二〇〇〇	一七八半	一一半	一二十三	一四十	三九	八

六磅彈礮準　用藥六分

距礮 步	直表 寸分	橫表 分	礮昂 度分	彈落 度分	尺較 尺寸	度較 步
五〇	四		三	四	〇一	一五
一〇〇	八半		七	七	〇二	一四
一五〇	十三	半	十	十一	〇三	一四
二〇〇	一二	半	十四	十四	〇四	一四
二五〇	一六半	半	一一	一三	〇五	一四
三〇〇	一十一半	一	一五	一七	〇六	一四
三五〇	二半	一	一八	一十	〇七	一四
四〇〇	二五	一	一十二	一十四	〇八	一四
四五〇	二十	一半	一十五	二二	〇九	一四
五〇〇	二十五半	一半	二三	二六	一〇	一三
五五〇	三四半	一半	二七	二十一	一一	一三
六〇〇	三九半	一半	二十一	二十五	一二	一三
六五〇	三十四半	二	二十五	三三	一三	一三
七〇〇	四四	二	三二	三七	一四	一三
七五〇	四九半	二	三六	三十一	一五	一三
八〇〇	四十五	二半	三十	四	一六	一三
八五〇	五四	二半	三十四	四五	一七	一三
九〇〇	五九半	三	四二	四九	一八	一三
九五〇	五十五	三	四七	四十四	一九	一二
一〇〇〇	六四半	三	四十一	五二	一九	一二

六磅彈礮準　用藥六分

距礮 步	直表 寸分	橫表 分	礮昂 度分	彈落 度分	尺較 尺寸	度較 步
一〇五〇	六十半	三半	四十五	五七	二〇	一二
一一〇〇	七半	三半	五三	五十一	二一	一二
一一五〇	七六	三半	五七	六一	二二	一二
一二〇〇	七十一	四	五十一	六五	二三	一二
一二五〇	八一半	四	六	六十	二四	一二
一三〇〇	八七半	四半	六四	六十五	二五	一二
一三五〇	八十三半	四半	六九	七十四	二六	一二
一四〇〇	九二	四半	六十三	七九	二七	一二
一四五〇	九九半	五	七一	七十五	二八	一二
一五〇〇	九十五	五	七六	八四	二九	一一
一五五〇	一〇五	五半	七十	八九	三〇	一一
一六〇〇	一〇十一	五半	七十五	八十四	三一	一一
一六五〇	一一一半	六	八三	九四	三二	一一
一七〇〇	一一七半	六	八七	九九	三三	一一
一七五〇	一一十三半	六半	八十一	九十五	三四	一一
一八〇〇	一二三半	六半	九	一〇四	三五	一一
一八五〇	一二十	七	九五	一〇十	三六	一一
一九〇〇	一三	七	九九	一〇十五	三七	一一
一九五〇	一三六半	七半	九十四	一一五	三八	一一
二〇〇〇	一三十三	七半	〇三	一一十一	三九	一一

六磅彈礮用藥七分

距礮步	直表寸分	橫表分	礮昂度分	彈落度分	較尺尺寸	較度步
五〇	三半		三	三	〇一	一八
一〇〇	七		六	六	〇二	一八
一五〇	十一		八	九	〇三	一八
二〇〇	十五	半	十一	十二	〇四	一八
二五〇	一二半	半	十四	十五	〇五	一七
三〇〇	一六半	半	一一	一三	〇六	一七
三五〇	一十半	半	一四	一六	〇七	一七
四〇〇	一十四半	半	一七	一九	〇八	一六
四五〇	二二半	一	一十	一十二	〇九	一六
五〇〇	二七	一	一十三	二	一〇	一六
五五〇	二十一	一	二	二三	一一	一六
六〇〇	二十五半	一	二三	二七	一二	一六
六五〇	三四	一	二七	二十	一三	一六
七〇〇	三八半	一半	二十	二十四	一四	一五
七五〇	三十二半	一半	二十三	三二	一五	一五
八〇〇	四一	一半	三	三五	一六	一五
八五〇	四六	一半	三四	三九	一七	一五
九〇〇	四十半	二	三七	三十二	一八	一五
九五〇	四十五	二	三十一	四一	一九	一五
一〇〇〇	五四	二	三十四	四五	一九	一五

克虜伯礮表一　六磅彈礮準　三十三

六磅彈礮用藥七分

距礮步	直表寸分	橫表分	礮昂度分	彈落度分	較尺尺寸	較度步
一〇五〇	五八半	二半	四二	四九	二〇	一五
一一〇〇	五十二半	二半	四五	四十三	二一	一四
一一五〇	六二半	二半	四九	五一	二二	一四
一二〇〇	六七	二半	四十二	五五	二三	一四
一二五〇	六十一	三	五	五十	二四	一四
一三〇〇	七一	三	五四	五十四	二五	一四
一三五〇	七六	三	五七	六二	二六	一四
一四〇〇	七十半	三半	五十一	六六	二七	一四
一四五〇	七十四半	三半	五十四	六十一	二八	一四
一五〇〇	八四半	三半	六二	六十五	二九	一四
一五五〇	八九半	四	六六	七四	三〇	一三
一六〇〇	八十五	四	六十	七八	三一	一三
一六五〇	九四	四	六十三	七十三	三二	一三
一七〇〇	九九	四半	七一	八一	三三	一三
一七五〇	九十四	四半	七五	八六	三四	一三
一八〇〇	一〇三半	五	七九	八十一	三五	一三
一八五〇	一〇八半	五	七十二	八十五	三六	一三
一九〇〇	一〇十四	五	八	九四	三七	一三
一九五〇	一一三	五半	八四	九九	三八	一三
二〇〇〇	一一八半	五半	八八	九十三	三九	一三

六磅彈礮用藥八分

距礮步	直表寸分	橫表分	礮昂度分	彈落度分	較尺尺寸	較度步
五〇	三		二	三	〇一	二一
一〇〇	六		五	五	〇二	二一
一五〇	九半		七	八	〇三	二一
二〇〇	十二半		十	十一	〇四	二一
二五〇	一		十二	十三	〇五	二一
三〇〇	一三	半	十四	十五	〇六	二一
三五〇	一六半	半	一一	一二	〇七	二〇
四〇〇	一九半	半	一三	一五	〇八	二〇
四五〇	一十二半	半	一六	一八	〇九	二〇
五〇〇	二一	半	一九	一十一	一〇	二〇
五五〇	二四半	半	一十一	一十四	一一	一九
六〇〇	二八半	半	一十四	二一	一二	一九
六五〇	二十二	一	二一	二四	一三	一九
七〇〇	二十五半	一	二三	二七	一四	一八
七五〇	三三半	一	二六	二十	一五	一八
八〇〇	三七	一	二九	二十四	一六	一八
八五〇	三十一	一	二十一	三一	一七	一八
九〇〇	三十五	一半	二十五	三五	一八	一八
九五〇	四三	一半	三二	三八	一九	一八
一〇〇〇	四七	一半	三五	三十一	一九	一七

克虜伯礮表一　六磅彈礮準　三十四

六磅彈礮用藥八分

距礮步	直表寸分	橫表分	礮昂度分	彈落度分	較尺尺寸	較度步
一〇五〇	四十一	一半	三八	三十五	二〇	一七
一一〇〇	四十五半	一半	三十一	四二	二一	一七
一一五〇	五三半	二	三十四	四六	二二	一七
一二〇〇	五八	二	四一	四九	二三	一七
一二五〇	五十二	二	四四	四十三	二四	一六
一三〇〇	六	二	四七	五一	二五	一六
一三五〇	六四	二半	四十	五五	二六	一六
一四〇〇	六七半	二半	四十四	五八	二七	一六
一四五〇	六十一	二半	五一	五十二	二八	一六
一五〇〇	七一半	三	五四	六	二九	一六
一五五〇	七六	三	五七	六三	三〇	一六
一六〇〇	七十	三	五十一	六七	三一	一五
一六五〇	七十四半	三	五十四	六十一	三二	一五
一七〇〇	八三	三半	六一	六十五	三三	一五
一七五〇	八八	三半	六五	七三	三四	一五
一八〇〇	八十二半	三半	六八	七七	三五	一五
一八五〇	九一	四	六十一	七十一	三六	一五
一九〇〇	九五半	四	六十五	七十五	三七	一五
一九五〇	九十	四	七二	八三	三八	一五
二〇〇〇	九十四半	四半	七五	八七	三九	一五

六磅彈礮　用藥九分

距礮 步	直表 寸分	橫表 分	礮昂 度分	彈落 度分	較尺 尺寸	較度 步
五〇	二半		二	二	〇一	二五
一〇〇	五半		四	四	〇二	二五
一五〇	八		六	七	〇三	二四
二〇〇	十半		八	九	〇四	二三
二五〇	十三半		十	十一	〇五	二三
三〇〇	一 半		十三	十四	〇六	二三
三五〇	一三半		十五	一	〇七	二三
四〇〇	一六半	半	一一	一二	〇八	二二
四五〇	一九半	半	一三	一五	〇九	二二
五〇〇	一十二半	半	一五	一七	一〇	二二
五五〇	一十五	半	一八	一十	一一	二二
六〇〇	二三	半	一十	一十二	一二	二二
六五〇	二六	半	一十三	一十五	一三	二一
七〇〇	二九半	半	一十五	二一	一四	二一
七五〇	二十二半	半	二一	二四	一五	二一
八〇〇	三	半	二四	二七	一六	二一
八五〇	三三半	一	二六	二十	一七	二一
九〇〇	三六半	一	二九	二十一	一八	二〇
九五〇	三十	一	二十一	三	一九	二〇
一〇〇〇	三十三半	一	二十四	三三	一九	二〇

六磅彈礮　用藥九分

距礮 步	直表 寸分	橫表 分	礮昂 度分	彈落 度分	較尺 尺寸	較度 步
一〇五〇	四四半	一	三一	三六	二〇	二〇
一一〇〇	四五	一	三三	三十一	二一	一九
一一五〇	四八半	一半	三六	三十三	二二	一九
一二〇〇	四十二	一半	三九	四	二三	一九
一二五〇	五	一半	三十二	四三	二四	一九
一三〇〇	五三半	一半	三十四	四六	二五	一九
一三五〇	五七半	二	四一	四十	二六	一八
一四〇〇	五十一半	二	四四	四十三	二七	一八
一四五〇	五十五	二	四六	五一	二八	一八
一五〇〇	六二半	二	四九	五四	二九	一八
一五五〇	六六半	二半	四十二	五七	三〇	一八
一六〇〇	六十半	二半	四十五	五十一	三一	一八
一六五〇	六十四	二半	五二	五十四	三二	一八
一七〇〇	七二	二半	五五	六二	三三	一七
一七五〇	七六	三	五七	六六	三四	一七
一八〇〇	七十	三	五十	六九	三五	一七
一八五〇	七十四	三	五十二	六十二	三六	一七
一九〇〇	八二	三半	六	七一	三七	一七
一九五〇	八六	三半	六三	七四	三八	一七
二〇〇〇	八十半	三半	六六	七八	三九	一七

六磅彈礮　用藥一磅

距礮 步	直表 寸分	橫表 分	礮昂 度分	彈落 度分	較尺 尺寸	較度 步
五〇	二半		二	二	〇一	二八
一〇〇	五		四	四	〇二	二八
一五〇	七		六	六	〇三	二七
二〇〇	九半		七	八	〇四	二七
二五〇	十二		九	十	〇五	二七
三〇〇	十五		十一	十二	〇六	二七
三五〇	一一半		十三	十四	〇七	二六
四〇〇	一四		十五	一	〇八	二六
四五〇	一六半		一一	一二	〇九	二六
五〇〇	一九		一三	一四	一〇	二五
五五〇	一十二	半	一五	一六	一一	二五
六〇〇	一十五	半	一七	一九	一二	二五
六五〇	二一半	半	一九	一十一	一三	二四
七〇〇	二四半	半	一十一	一十三	一四	二四
七五〇	二七半	半	一十四	二	一五	二四
八〇〇	二十半	半	二	二二	一六	二三
八五〇	二十三半	半	二二	二五	一七	二三
九〇〇	三 半	半	二四	二七	一八	二三
九五〇	三三半	一	二六	二十	一九	二二
一〇〇〇	三六半	一	二九	二十三	一九	二二

六磅彈礮　用藥一磅

距礮 步	直表 寸分	橫表 分	礮昂 度分	彈落 度分	較尺 尺寸	較度 步
一〇五〇	三九半	一	二十一	三	二〇	二二
一一〇〇	三十三	一	二十三	三二	二一	二二
一一五〇	四 半	一	三	三五	二二	二一
一二〇〇	四三半	一	三二	三八	二三	二一
一二五〇	四七	一半	三五	三十一	二四	二一
一三〇〇	四十	一半	三七	三十四	二五	二一
一三五〇	四十三半	一半	三九	四一	二六	二一
一四〇〇	五 半	一半	三十一	四四	二七	二一
一四五〇	五四	一半	三十四	四七	二八	二〇
一五〇〇	五七半	二	四一	四十	二九	二〇
一五五〇	五十一	二	四三	四十三	三〇	二〇
一六〇〇	五十四半	二	四六	五	三一	二〇
一六五〇	六一半	二	四八	五三	三二	二〇
一七〇〇	六五	二半	四十一	五六	三三	二〇
一七五〇	六八半	二半	四十三	五十	三四	二〇
一八〇〇	六十一	二半	五	五十三	三五	二〇
一八五〇	六十五半	二半	五三	六	三六	一九
一九〇〇	七三	三	五五	六三	三七	一九
一九五〇	七七	三	五八	六六	三八	一九
二〇〇〇	七十半	三	五十一	六十	三九	一九

六磅彈礮　用藥一磅一分

距礮 步	直表 寸分	橫表 分	礮昂 度分	彈落 度分	較尺 尺寸	較度 步
五〇	二		二	二	〇一	三一
一〇〇	四		三	三	〇二	三〇
一五〇	六半		五	五	〇三	三〇
二〇〇	九		七	七	〇四	三〇
二五〇	十一		九	九	〇五	二九
三〇〇	十二半		十	十	〇六	二九
三五〇	一		十三	十三	〇七	二九
四〇〇	一二		十四	十四	〇八	二九
四五〇	一四半		十五	一	〇九	二九
五〇〇	一七		一一	一二	一〇	二八
五五〇	一九半		一三	一四	一一	二八
六〇〇	一十一		一五	一六	一二	二八
六五〇	一十四半	半	一七	一八	一三	二七
七〇〇	二一	半	一九	一十	一四	二七
七五〇	二三半	半	一十一	一十二	一五	二七
八〇〇	二六半	半	一十三	一十五	一六	二六
八五〇	二九	半	一十五	二一	一七	二六
九〇〇	二十一	半	二一	二三	一八	二六
九五〇	二十五	半	二三	二六	一九	二五
一〇〇〇	三一半	半	二五	二八	一九	二五

六磅彈礮　用藥一磅一分

距礮 步	直表 寸分	橫表 分	礮昂 度分	彈落 度分	較尺 尺寸	較度 步
一〇五〇	三四半	半	二七	二十	二〇	二五
一一〇〇	三七	一	二九	二十二	二一	二五
一一五〇	三十	一	二十一	二十五	二二	二四
一二〇〇	三十二	一	二十二	三二	二三	二四
一二五〇	四	一	二十五	三五	二四	二四
一三〇〇	四三	一	三二	三七	二五	二四
一三五〇	四六	一	三四	三十	二六	二三
一四〇〇	四八半	一半	三六	三十二	二七	二三
一四五〇	四十一半	一半	三八	三十五	二八	二三
一五〇〇	四十四半	一半	三十一	四二	二九	二三
一五五〇	五一半	一半	三十二	四五	三〇	二二
一六〇〇	五四半	二	三十五	四七	三一	二二
一六五〇	五八	二	四一	四十	三二	二二
一七〇〇	五十一	二	四三	四十二	三三	二二
一七五〇	五十四	二	四六	五	三四	二二
一八〇〇	六一	二半	四八	五三	三五	二二
一八五〇	六四	二半	四十	五六	三六	二一
一九〇〇	六七半	二半	四十二	五九	三七	二一
一九五〇	六十半	二半	四十五	五十二	三八	二一
二〇〇〇	六十四	三	五一	五十五	三九	二一

六磅彈礮　用藥一磅二分

距礮 步	直表 寸分	橫表 分	礮昂 度分	彈落 度分	較尺 尺寸	較度 步
五〇	二		一	一	〇一	三三
一〇〇	四		三	三	〇二	三二
一五〇	六		五	五	〇三	三二
二〇〇	八		六	六	〇四	三一
二五〇	十		八	八	〇五	三一
三〇〇	十二半		九	九	〇六	三一
三五〇	十五		十一	十一	〇七	三〇
四〇〇	一一		十二	十二	〇八	三〇
四五〇	一三		十四	十四	〇九	三〇
五〇〇	一五		一	一	一〇	三〇
五五〇	一七		一二	一二	一一	三〇
六〇〇	一九半		一三	一四	一二	二九
六五〇	一十一		一五	一六	一三	二九
七〇〇	一十四半		一七	一八	一四	二九
七五〇	二半	半	一九	一十	一五	二九
八〇〇	二三	半	一十	一十二	一六	二九
八五〇	二五半	半	一十二	一十四	一七	二九
九〇〇	二八半	半	一十四	二〇	一八	二八
九五〇	二十一	半	二	二二	一九	二八
一〇〇〇	二十二	半	二二	二四	一九	二八

六磅彈礮　用藥一磅二分

距礮 步	直表 寸分	橫表 分	礮昂 度分	彈落 度分	較尺 尺寸	較度 步
一〇五〇	二十五半	半	二三	二六	二〇	二八
一一〇〇	三二	半	二五	二八	二一	二八
一一五〇	三四半	一	二七	二十一	二二	二七
一二〇〇	三七	一	二九	二十二	二三	二七
一二五〇	三九半	一	二十一	二十五	二四	二七
一三〇〇	三十二	一	二十二	三二	二五	二七
一三五〇	三十五	一	二十五	三四	二六	二七
一四〇〇	四一半	一	三一	三六	二七	二六
一四五〇	四四半	一	三三	三九	二八	二六
一五〇〇	四七	一半	三五	三十一	二九	二六
一五五〇	四九半	一半	三七	三十四	三〇	二五
一六〇〇	四十二半	一半	三九	四一	三一	二五
一六五〇	四十五	一半	三十一	四三	三二	二五
一七〇〇	五二	二	三十二	四六	三三	二四
一七五〇	五五	二	三十五	四九	三四	二四
一八〇〇	五八	二	四一	四十二	三五	二四
一八五〇	五十一	二	四三	四十四	三六	二四
一九〇〇	五十二半	二半	四五	五一	三七	二三
一九五〇	六半	二半	四七	五四	三八	二三
二〇〇〇	六三	二半	四十	五七	三九	二三

相距步數	一尺	二尺	三尺	四尺	五尺	六尺	七尺	八尺	九尺
五	四十三	九七	一四一	一八七	二二十	二六九	三〇四	三三十一	三六十四
一〇	二六	四十三	七二	九七	一一十三	一四一	一六四	一八七	二〇九
一五	一九	三三	四十一	六五	七十三	九七	一一	一二八	一四一
二〇	一三	二六	三九	四十一	五十五	七二	八五	九七	一〇十
二五	十五	一十五	二十四	三十三	四十三	五十一	六十	七十	八八
三〇	十三	一九	二六	三三	四	四十一	五九	六五	七二
三五	十一	一六	二一	二十一	三七	四一	四十三	五七	六二
四〇	十	一三	一十三	二六	三〇	三九	四三	四十三	五六
四五	九	一一	一九	二二	二十	三三	三十一	四四	四十三
五〇	八	十五	一七	一十五	二六	二十四	三五	三十三	四五
五五	七	十四	一五	一十三	二三	二十	三一	三七	三十四
六〇	六	十三	一三	一九	二	二六	二十三	三三	三九
六五	六	十二	一二	一七	一十三	二三	二九	二十五	三五
七〇	五	十一	一	一六	一十一	二一	二六	二十一	三一
七五	五	十	十五	一四	一九	一十五	二四	二九	二十四
八〇	五	十	十四	一三	一八	一十三	二一	二六	二十一
八五	四	九	十三	一二	一六	一十一	一十五	二四	二八
九〇	四	九	十二	一一	一五	一九	一十四	二二	二六
九五	四	八	十二	一	一四	一八	一十一	二	二四
一〇〇	四	八	十一	十五	一三	一七	一十一	一十五	二二
一〇五	三	七	十一	十五	一二	一六	一九	一十三	二一
一一〇	三	七	十	十四	一一	一五	一八	一十二	一十五
一一五	三	七	十	十三	一一	一四	一七	一十一	一十四
一二〇	三	六	十	十三	一	一三	一六	一九	一十三
一二五	三	六	九	十二	十五	一二	一五	一八	一十一

相距步數	十尺	十一尺	十二尺	十三尺	十四尺	十五尺	十六尺	十七尺	十八尺
五	三九十三	四二八	四五	四七五	四九六	五一五	五三二	五四十三	五六五
一〇	二二十	二四十	二六九	二八七	三〇四	三二	三三十一	三五五	三六十四
一五	一五八	一七	一八七	一九十三	二一四	二二十	二三十五	二五四	二六九
二〇	一一十一	一二十五	一四一	一五二	一六四	一七六	一八七	一九八	二〇九
二五	九七	一〇六	一一五	一二四	一三二	一四一	一四十五	一五十三	一六十一
三〇	七十五	八十一	九七	一〇四	一一	一一十三	一二八	一三五	一四一
三五	六十三	七七	八二	八十三	九七	一〇二	一〇十三	一一七	一二二
四〇	五十五	六九	七二	七十一	八五	八十四	九七	一〇一	一〇十
四五	五五	五十三	六五	六十四	七六	七十五	八七	八十五	九七
五〇	四十一	五四	五十一	六三	六十	七二	七十	八一	八八
五五	四五	四十三	五三	五十	六一	六八	六十五	七五	七十三
六〇	四	四六	四十三	五三	五九	五十四	六五	六十三	七二
六五	三十一	四一	四六	四十一	五二	五八	五十四	六四	六九
七〇	三七	三十三	四一	四七	四十一	五二	五七	五十一	六二
七五	三三	三八	三十三	四二	四七	四十三	五一	五六	五十一
八〇	三	三四	三九	三十四	四三	四七	四十一	五一	五六
八五	二十三	三一	三六	二十	三十三	四三	四八	四十一	五一
九〇	二十	二十五	三三	三七	三十一	四	四四	四八	四十三
九五	二八	二十一	三	三四	三八	三十一	四	四四	四八
一〇〇	二六	二十	二十四	三二	三五	三九	三十一	四一	四五
一〇五	二四	二八	二十三	二十五	三三	三七	三十	三十四	四一
一一〇	二三	二六	二十	二十三	三一	三四	三七	三十一	三十四
一一五	二一	二四	二八	二十七	二十四	三二	三五	三八	三十一
一二〇	二	二三	二六	二九	二十三	三	三三	三六	三九
一二五	一十五	二二	二五	二八	二十一	二十四	三一	三四	三七

相距步數	十九尺	二十尺	二十一尺	二十二尺	二十三尺	二十四尺	二十五尺	二十六尺	二十七尺
五	五七十三	五九一	六〇四	六一六	六二七	六三七	六四[illegible]	六五三	六六一
一〇	三八六	三九十五	四一三	四二八	四三十三	四五	四六三	四七五	四八六
一五	二七十三	二九一	三〇四	三一七	三二九	三三十	三四十三	三五十三	三六十四
二〇	二一十	二二十	二三十	二四十	二五十	二六九	二七八	二八七	二九六
二五	一七九	一八七	一九五	二〇二	二一	二一十三	二二十	二二七	二四四
三〇	一四十三	一五八	一六四	一七	一七十一	一八七	一九二	一九十三	二〇六
三五	一二十三	一三六	一四一	一四十一	一五五	一五十五	一六九	一七三	一七十三
四〇	一一三	一一十三	一二五	一二十五	一三八	一四一	一四十	一五二	一五十一
四五	一〇	一〇八	一一	一一八	一二	一二八	一三一	一三九	一四一
五〇	九	九七	九十五	一〇六	一〇十四	一一五	一一十三	一二四	一二十一
五五	八三	八十	九一	九七	九十四	一〇五	一〇十一	一一二	一一九
六〇	七八	七十五	八五	八十一	九一	九七	九十四	一〇四	一〇十
六五	六十五	七五	七十一	八	八六	八十一	九二	九七	九十三
七〇	六七	六十三	七二	七七	七十三	八二	八七	八十一	九二
七五	六	六五	六十	六十五	七五	七十	七十三	八三	八八
八〇	五十	五十五	六四	六九	六十三	七二	七七	七十一	八
八五	五五	五十	五十四	六二	六七	六十一	七	七四	七九
九〇	五	五五	五九	五十三	六一	六五	六十	六十四	七二
九五	四十三	五	五四	五八	五十一	六	六四	六八	六十一
一〇〇	四八	四十一	五	五四	五八	五十一	五十五	六三	六七
一〇五	四五	四九	四十三	五	五三	五七	五十一	五十四	六一
一一〇	四二	四五	四九	四十三	五	五三	五七	五十	五十三
一一五	三十五	四二	四六	四九	四十三	五	五三	五六	五十
一二〇	三十一	四	四三	四六	四九	四十一	四十五	五三	五六
一二五	三十	三十三	四	四三	四六	四九	四十一	四十五	五二

相距步數	二十八尺	二十九尺	三十尺	三十一尺	三十二尺	三十三尺	三十四尺	三十五尺	三十六尺
五	六六十三	六七八	六八三	六八十四	六九七	七〇	七〇九	七一一	七一九
一〇	四九六	五〇六	五一五	五二四	五三二	五三十五	五四十三	五五九	五六五
一五	三七十四	三八十四	三九十三	四〇十一	四一十	四二八	四三六	四四三	四五
二〇	三〇四	三一二	三二	三二十四	三三十一	三四八	三五五	三六二	三六十四
二五	二五	二五十三	二六九	二七五	二八一	二八十三	二九九	三〇四	三〇十五
三〇	二一四	二一十五	二二十	二三五	二三十五	二四十	二五四	二五十五	二六九
三五	一八七	一九一	一九十	二〇四	二〇十四	二一七	二二一	二二十	二三三
四〇	一六四	一六十三	一七六	一七十四	一八七	一八十五	一九八	二〇一	二〇九
四五	一四九	一五一	一五八	一六	一六八	一七	一七八	一七十五	一八七
五〇	一三二	一三九	一四一	一四八	一四十五	一五六	一五十三	一六四	一六十一
五五	一二	一二六	一二十三	一三三	一三十	一四一	一四七	一四十四	一五四
六〇	一一	一一六	一一十三	一二二	一二八	一二十五	一三五	一三十一	一四一
六五	一〇三	一〇八	一〇十四	一一四	一一九	一一十五	一二五	一二十	一三
七〇	九七	九十三	一〇二	一〇五	一〇十三	一一二	一一七	一一十三	一二二
七五	八十三	九二	九七	九十三	一〇一	一〇六	一〇十一	一一	一一五
八〇	八五	八九	八十四	九三	九七	九十三	一〇一	一〇五	一〇十
八五	七十三	八一	八六	八十	八十五	九三	九七	九十一	一〇
九〇	七六	七十	七十五	八三	八七	八十一	八十五	九三	九七
九五	七	七四	七八	七十一	八	八四	八八	八十三	九
一〇〇	六十	六十四	七二	七六	七十	七十三	八一	八五	八八
一〇五	六五	六九	六十三	七	七四	七七	七十一	七十五	八二
一一〇	六一	六四	六八	六十一	六十五	七二	七五	七九	七十一
一一五	五十三	六	六三	六七	六十	六十三	七	七四	七七
一二〇	五九	五十一	五十五	六二	六五	六九	六十一	六十五	七二
一二五	五五	五八	五十一	五十四	六一	六四	六七	六十	六十四

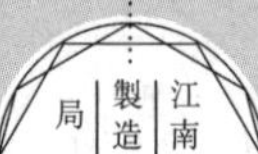

克虜伯礮表二　角度　五步以上

相距步數	三十七尺	三十八尺	三十九尺	四十尺	四十一尺	四十二尺	四十三尺	四十四尺	四十五尺
五	七二 一	七二 八	七二 十四	七二 五	七三 十一	七四 一	七四 七	七四 十三	七五 一
一〇	五七 一	五七 十二	五八 六	五九 一	五九 十	六〇 四	六〇 十三	六一 六	六一 十五
一五	四五 十三	四六 九	四七 五	四八	四八 十一	四九 六	五〇 一	五〇 十一	五一 五
二〇	三七 十	三八 六	三九 二	三九 十三	四〇 八	四一 三	四一 十四	四二 八	四三 二
二五	三一 十一	三二 六	三三	三三 十一	三四 六	三五	三五 十	三六 四	三六 十四
三〇	二七 三	二七 十三	二八 七	二九 一	二九 十一	三〇 四	三〇 十四	三一 七	三二
三五	二三 十二	二四 五	二四 十四	二五 七	二六	二六 九	二七 二	二七 十	二八 三
四〇	二一 一	二一 十	二二 二	二二 十	二三	二三 七	二四 二	二四 十	二五 二
四五	一八 十五	一九 六	一九 十三	二〇 五	二〇 十三	二一 四	二一 十一	二二 三	二二 十
五〇	一七 二	一七 九	一八	一八 七	一八 十四	一九 五	一九 十一	二〇 二	二〇 九
五五	一五 十一	一六 一	一六 七	一六 十四	一七 四	一七 十	一八 一	一八 七	一八 十三
六〇	一四 七	一四 十三	一五 二	一五 八	一五 十四	一六 四	一六 十	一七	一七 六
六五	一三 五	一三 十一	一四 一	一四 六	一四 十一	一五 一	一五 七	一五 十三	一六 一
七〇	一二 七	一二 十一	一三 一	一三 六	一三 十一	一四 一	一四 六	一四 十一	一五
七五	一一 十	一一 十五	一二 四	一二 八	一二 十三	一三 二	一三 七	一三 十三	一四 一
八〇	一〇 十五	一一 三	一一 八	一一 十三	一二 一	一二 五	一二 十	一二 十五	一三 三
八五	一〇 四	一〇 九	一〇 十三	一一 二	一一 六	一一 十	一一 十四	一二 三	一二 七
九〇	九 十三	一〇	一〇 四	一〇 八	一〇 十一	一一	一一 四	一一 八	一一 十一
九五	九 三	九 七	九 十一	九 十五	一〇 二	一〇 七	一〇 十一	一〇 十五	一一 三
一〇〇	八 十一	九	九 四	九 七	九 十一	九 十五	一〇 三	一〇 六	一〇 十
一〇五	八 六	八 九	八 十三	九	九 四	九 七	九 十一	九 十四	一〇 二
一一〇	八 〇	八 三	八 六	八 十	八 十三	九 一	九 四	九 七	九 十一
一一五	七 十	七 十三	七 一	八 四	八 七	八 十	八 十四	九 一	九 四
一二〇	七 五	七 八	七 十一	七 十五	八 二	八 五	八 八	八 十一	八 十四
一二五	七 一	七 三	七 六	七 十	七 十三	八	八 三	八 五	八 八

克虜伯礮表二

相距步數	四十六尺	四十七尺	四十八尺	四十九尺	五十尺
五	七五 六	七五 十一	七五 十五	七六 四	七六 八
一〇	六二 七	六二 十五	六三 七	六三 十四	六四 九
一五	五一 十五	五二 九	五三 二	五三 十一	五四 四
二〇	四三 十三	四四 六	四五	四五 九	四六 三
二五	三七 八	三八 一	三八 十一	三九 四	三九 十三
三〇	三二 九	三三 二	三三 十一	三四 四	三四 十五
三五	二八 十一	二九 四	二九 十三	三〇 四	三〇 十一
四〇	二五 十	二六 一	二六 九	二七 一	二七 八
四五	二三 一	二三 八	二三 十五	二四 六	二四 十三
五〇	二一	二一 六	二一 十三	二二 三	二二 十
五五	一九 三	一九 十	二〇	二〇 六	二〇 十一
六〇	一七 十一	一八 一	一八 七	一八 十三	一九 二
六五	一六 七	一六 十一	一七 二	一七 七	一七 十三
七〇	一五 五	一五 十	一五 十五	一六 四	一六 八
七五	一四 五	一四 十	一四 十五	一五 四	一五 九
八〇	一三 八	一三 十三	一四 一	一四 五	一四 十
八五	一二 十一	一三	一三 四	一三 八	一三 十一
九〇	一二	一二 四	一二 八	一二 十三	一三 一
九五	一一 七	一一 十	一一 十四	一二 二	一二 六
一〇〇	一〇 十四	一一 一	一一 五	一一 九	一一 十三
一〇五	一〇 六	一〇 九	一〇 十三	一一	一一 四
一一〇	九 十四	一〇 二	一〇 五	一〇 八	一〇 十一
一一五	九 七	九 十一	九 十四	一〇	一〇 四
一二〇	九 一	九 四	九 七	九 十一	九 十四
一二五	八 十一	八 十四	九	九 四	九 七

克虜伯礮表二　角度　一百三十步以上

相距步數	一尺	二尺	三尺	四尺	五尺	六尺	七尺	八尺	九尺	十尺	十一尺	十二尺	十三尺
一三〇	三	六	九	十一	十五	一 二	一 五	一 七	一 十	一 十三	二	二 三	二 六
一三五	三	六	八	十一	十四	一 一	一 四	一 七	一 九	一 十二	一 十五	二 二	二 五
一四〇	三	五	八	十一	十四	一	一 三	一 六	一 九	一 十一	一 十四	二 一	二 三
一四五	三	五	八	十一	十三	一	一 二	一 五	一 八	一 十	一 十三	二	二 二
一五〇	三	五	八	十	十三	十五	一 二	一 四	一 七	一 九	一 十一	一 十五	二 一
一五五	二	五	七	十	十三	十五	一 一	一 四	一 六	一 九	一 十一	一 十四	二
一六〇	二	五	七	十	十三	十四	一	一 三	一 五	一 八	一 十	一 十三	一 十五
一六五	二	五	七	九	十三	十四	一	一 三	一 五	一 七	一 九	一 十一	一 十四
一七〇	二	四	七	九	十一	十三	一	一 二	一 四	一 六	一 九	一 十一	一 十三
一七五	二	四	七	九	十一	十三	十五	一 二	一 四	一 六	一 八	一 十	一 十三
一八〇	二	四	六	九	十一	十三	十五	一 一	一 三	一 五	一 七	一 九	一 十一
一八五	二	四	六	八	十	十一	十四	一 一	一 三	一 五	一 七	一 九	一 十一
一九〇	二	四	六	八	十	十一	十四	一	一 二	一 四	一 六	一 八	一 十
一九五	二	四	六	八	十	十一	十四	一	一 二	一 四	一 六	一 七	一 九
二〇〇	二	四	六	八	十	十一	十三	十五	一 一	一 三	一 五	一 七	一 九
二〇五	二	四	六	七	九	十一	十三	十五	一 一	一 三	一 五	一 六	一 八
二一〇	二	四	五	七	九	十一	十三	十五	一	一 二	一 四	一 六	一 八
二一五	二	四	五	七	九	十一	十三	十四	一	一 二	一 四	一 五	一 七
二二〇	二	三	五	七	九	十	十一	十四	一	一	一 三	一 五	一 七
二二五	二	三	五	七	九	十	十一	十四	十五	一	一 三	一 四	一 六
二三〇	二	三	五	七	八	十	十三	十三	十五	一	一 二	一 四	一 六
二三五	二	三	五	七	八	十	十一	十三	十五	一	一 二	一 三	一 五
二四〇	二	三	五	六	八	十	十一	十三	十四	一	一 一	一 三	一 五
二四五	二	三	五	六	八	九	十一	十二	十四	一	一	一 三	一 四
二五〇	二	三	五	六	八	九	十一	十一	十四	十五	一	一 二	一 四

克虜伯礮表二

相距步數	十四尺	十五尺	十六尺	十七尺	十八尺	十九尺	二十尺	二十一尺	二十二尺	二十三尺	二十四尺	二十五尺	二十六尺
一三〇	二 九	二 十一	二 十五	三 二	三 五	三 八	三 十一	三 十四	四 一	四 三	四 六	四 九	四 十一
一三五	二 八	二 十	二 十三	三	三 三	三 六	三 九	三 十一	三 十四	四 一	四 四	四 七	四 九
一四〇	二 六	二 九	二 十一	二 十四	三 一	三 四	三 七	三 九	三 十一	三 十五	四 一	四 四	四 七
一四五	二 五	二 七	二 十	二 十三	二 十五	三 二	三 五	三 七	三 十	三 十三	三 十五	四 二	四 四
一五〇	二 四	二 六	二 九	二 十一	二 十四	三	三 三	三 五	三 八	三 十	三 十三	四	四 二
一五五	二 二	二 五	二 七	二 十	二 十一	二 十五	三 一	三 四	三 六	三 九	三 十一	三 十四	四
一六〇	二 一	二 四	二 六	二 九	二 十一	二 十三	三	三 二	三 四	三 七	三 九	三 十二	三 十四
一六五	二	二 三	二 五	二 七	二 十	二 十二	二 十四	三 一	三 三	三 五	三 七	三 十	三 十二
一七〇	一 十五	二 二	二 四	二 六	二 八	二 十一	二 十三	二 十五	三 一	三 四	三 六	三 八	三 十
一七五	一 十五	二 一	二 三	二 五	二 七	二 九	二 十二	二 十四	三	三 二	三 四	三 七	三 九
一八〇	一 十四	二	二 二	二 四	二 六	二 八	二 十	二 十三	二 十五	三 一	三 三	三 五	三 七
一八五	一 十三	一 十五	二 一	二 三	二 五	二 七	二 九	二 十一	二 十三	二 十五	三 一	三 四	三 六
一九〇	一 十二	一 十四	二	二 二	二 四	二 六	二 八	二 十	二 十二	二 十四	三	三 二	三 四
一九五	一 十一	一 十三	一 十五	二 一	二 三	二 五	二 七	二 九	二 十一	二 十三	二 十五	三 一	三 三
二〇〇	一 十一	一 十三	一 十五	二	二 二	二 四	二 六	二 八	二 十	二 十二	二 十四	三	三 二
二〇五	一 十	一 十二	一 十四	二	二 二	二 三	二 五	二 七	二 九	二 十一	二 十三	二 十五	三
二一〇	一 九	一 十一	一 十三	一 十五	二 一	二 三	二 四	二 六	二 八	二 十	二 十二	二 十三	二 十五
二一五	一 九	一 十一	一 十二	一 十四	二	二 二	二 四	二 五	二 七	二 九	二 十一	二 十二	二 十四
二二〇	一 八	一 十	一 十一	一 十四	一 十五	二 一	二 三	二 四	二 六	二 八	二 十	二 十一	二 十三
二二五	一 八	一 九	一 十一	一 十三	一 十五	二	二 二	二 四	二 五	二 七	二 九	二 十	二 十一
二三〇	一 七	一 九	一 十一	一 十二	一 十四	二	二 一	二 三	二 四	二 六	二 八	二 九	二 十一
二三五	一 七	一 八	一 十	一 十二	一 十三	一 十五	二	二 二	二 四	二 五	二 七	二 九	二 十
二四〇	一 六	一 八	一 九	一 十一	一 十三	一 十四	二	二 一	二 三	二 五	二 六	二 八	二 九
二四五	一 六	一 七	一 九	一 十一	一 十二	一 十四	一 十五	二 一	二 二	二 四	二 五	二 七	二 八
二五〇	一 五	一 七	一 八	一 十	一 十一	一 十三	一 十五	二	二 二	二 三	二 五	二 六	二 八

克虜伯礮表二 角度 百三十步以上

相距步數	二十七尺	二十八尺	二十九尺	三十尺	三十一尺	三十二尺	三十三尺	三十四尺	三十五尺	三十六尺	三十七尺	三十八尺	三十九尺
一三〇	四 十五	五二	五五	五八	五 十一	五 十四	六一	六四	六六	六九	六 十二	六 十五	七二
一三五	四 十三	四 十五	五二	五五	五七	五 十	五 十三	六〇	六三	六五	六八	六 十一	六 十四
一四〇	四 十	四 十三	四 十五	五一	五四	五七	五 十	五 十三	五 十五	六二	六五	六七	六 十
一四五	四七	四 十	四 十三	四 十五	五一	五四	五七	五九	五 十二	五 十四	六一	六四	六六
一五〇	四五	四七	四 十	四 十二	四 十五	五一	五四	五六	五九	五 十一	五 十四	六	六三
一五五	四二	四五	四七	四 十	四 十三	四 十五	五一	五四	五六	五八	五 十一	五 十三	六
一六〇	四	四三	四五	四七	四 十	四 十二	四 十五	五一	五三	五六	五八	五 十	五 十三
一六五	三 十四	四一	四二	四五	四八	四 十	四 十二	四 十四	五一	五三	五五	五八	五 十
一七〇	三 十三	三 十五	四一	四三	四六	四八	四 十	四 十二	四 十四	五一	五三	五五	五七
一七五	三 十一	三 十三	三 十五	四一	四四	四六	四八	四 十	四 十二	四 十四	五一	五三	五五
一八〇	三九	三 十一	三 十二	四	四二	四四	四六	四八	四 十	四 十二	四 十四	五	五三
一八五	三八	三 十	三 十二	三 十四	四	四二	四四	四六	四八	四 十	四 十二	四 十四	五
一九〇	三六	三八	三 十	三 十二	三 十四	四	四二	四四	四六	四八	四 十	四 十二	四 十四
一九五	三五	三七	三九	三 十一	三 十三	三 十五	四一	四二	四四	四六	四八	四 十	四 十二
二〇〇	三四	三五	三七	三九	三 十一	三 十三	三 十五	四一	四三	四五	四七	四八	四 十
二〇五	三二	三四	三六	三八	三 十	三 十一	三 十三	三 十五	四一	四三	四五	四七	四九
二一〇	三一	三三	三五	三六	三八	三 十	三 十一	三 十四	四	四一	四三	四五	四七
二一五	三	三二	三三	三五	三七	三九	三 十一	三 十二	三 十四	四	四二	四三	四五
二二〇	二 十五	三一	三二	三四	三六	三七	三九	三 十	三 十二	三 十四	四	四二	四四
二二五	二 十四	二 十五	三一	三三	三五	三六	三八	三 十	三 十一	三 十三	三 十五	四	四二
二三〇	二 十三	二 十四	三	三二	三三	三五	三七	三八	三 十	三 十一	三 十三	三 十五	四一
二三五	二 十一	二 十三	二 十五	三一	三二	三四	三六	三七	三九	三 十	三 十三	三 十四	三 十五
二四〇	二 十一	二 十二	二 十四	三	三一	三三	三四	三六	三八	三九	三 十一	三 十二	三 十四
二四五	二 十	二 十二	二 十三	二 十五	三	三二	三三	三五	三七	三八	三 十	三 十一	三 十二
二五〇	二九	二 十一	二 十二	二 十四	二 十五	三一	三二	三四	三五	三七	三八	三 十	三 十一

相距步數	四十尺	四十一尺	四十二尺	四十三尺	四十四尺	四十五尺	四十六尺	四十七尺	四十八尺	四十九尺	五十尺
一三〇	七五	七八	七 十一	七 十四	八	八三	八六	八九	八 十三	八 十五	九二
一三五	七一	七三	七六	七九	七 十三	七 十五	八一	八四	八七	八 十	八 十三
一四〇	六 十三	六 十五	七二	七五	七七	七 十	七 十三	七 十五	八二	八五	八七
一四五	六九	六 十一	六 十四	七一	七三	七六	七八	七 十一	七 十四	八	八三
一五〇	六五	六八	六 十	六 十三	六 十五	七二	七五	七七	七 十	七 十三	七 十五
一五五	六二	六五	六七	六九	六 十二	六 十四	七一	七三	七六	七八	七 十一
一六〇	五 十五	六二	六四	六六	六九	六 十一	六 十三	七	七二	七四	七七
一六五	五 十三	五 十五	六一	六三	六五	六八	六 十	六 十三	六 十五	七一	七三
一七〇	五 十	五 十二	五 十四	六	六二	六五	六七	六九	六 十二	六 十四	七
一七五	五七	五九	五 十一	五 十三	六	六二	六四	六六	六八	六 十	六 十三
一八〇	五五	五七	五九	五 十一	五 十三	五 十五	六一	六三	六五	六八	六 十
一八五	五二	五四	五六	五九	五 十一	五 十三	五 十五	六一	六三	六五	六七
一九〇	五	五二	五四	五六	五八	五 十	五 十二	五 十四	六	六二	六四
一九五	四 十四	五	五二	五四	五六	五八	五 十	五 十二	五 十四	六〇	六二
二〇〇	四 十二	四 十四	五	五二	五四	五六	五八	五九	五 十一	五 十二	五 十四
二〇五	四 十	四 十二	四 十四	五	五二	五四	五六	五七	五九	五 十一	五 十三
二一〇	四九	四 十	四 十二	四 十四	五	五二	五三	五五	五七	五九	五 十一
二一五	四七	四九	四 十	四 十二	四 十四	五	五一	五三	五五	五七	五九
二二〇	四五	四七	四九	四 十一	四 十二	四 十四	五	五一	五三	五五	五七
二二五	四四	四五	四七	四九	四 十一	四 十二	四 十四	五	五一	五三	五五
二三〇	四二	四四	四六	四七	四九	四 十一	四 十二	四 十四	五	五一	五三
二三五	四一	四三	四四	四六	四七	四九	四 十一	四 十二	四 十四	四 十五	五一
二四〇	四	四一	四三	四四	四六	四七	四九	四 十一	四 十二	四 十四	四 十五
二四五	三 十四	四	四一	四三	四四	四六	四八	四九	四 十一	四 十二	四 十四
二五〇	三 十三	三 十五	四五	四二	四三	四五	四六	四八	四九	四 十一	四 十二

表二 角度

377

克虜伯礮表二 角度 二百五十五步以上

相距步數	一尺	二尺	三尺	四尺	五尺	六尺	七尺	八尺	九尺	十尺	十一尺	十二尺	十三尺
二五五	二	三	五	六	八	九	一一	一二	一三	一五	一	一二	一三
二六〇	一	三	四	六	七	九	一〇	一二	一三	一五	一	一二	一三
二六六	一	三	四	六	七	九	一〇	一二	一三	一四	一	一二	一三
二七〇	一	三	四	六	七	九	一〇	一一	一三	一四	一	一一	一二
二七五	一	三	四	六	七	八	一〇	一一	一三	一四		一一	一二
二八〇	一	三	四	五	七	八	一〇	一一	一二	一四	十五	一	一二
二八五	一	三	四	五	七	八	九	一一	一二	一三	十五	一	一一
二九〇	一	三	四	五	七	八	九	一一	一二	一三	十五	一	一一
二九五	一	三	四	五	六	八	九	一〇	一二	一三	十四	一	一一
三〇〇	一	三	四	五	六	八	九	一〇	一一	一三	十四	十五	一
三〇五	一	三	四	五	六	八	九	一〇	一一	一二	十四	十五	一
三一〇	一	二	四	五	六	七	九	一〇	一一	一二	十四	十五	一
三一五	一	二	四	五	六	七	九	一〇	一一	一二	十三	十五	一
三二〇	一	二	四	五	六	七	八	一〇	一一	一二	十三	十四	一
三二五	一	二	四	五	六	七	八	九	一	一二	十三	十四	十五
三三〇	一	二	三	五	六	七	八	九	一〇	一二	十三	十四	十五
三三五	一	二	三	五	六	七	八	九	一〇	一一	十三	十四	十五
三四〇	一	二	三	五	六	七	八	九	一〇	一一	十二	十三	十五
三四五	一	二	三	四	六	七	八	九	一〇	一一	十二	十三	十四
三五〇	一	二	三	四	五	七	八	九	一〇	一一	十二	十三	十四
三五五	一	二	三	四	五	六	八	九	一〇	一一	十二	十三	十四
三六〇	一	二	三	四	五	六	七	八	一〇	一一	十二	十三	十四
三六五	一	二	三	四	五	六	七	八	九	一〇	十二	十三	十四
三七〇	一	二	三	四	五	六	七	八	九	一〇	十一	十二	十三
三七五	一	二	三	四	五	六	七	八	九	一〇	十一	十二	十三

相距步數	十四尺	十五尺	十六尺	十七尺	十八尺	十九尺	二十尺	二十一尺	二十二尺	二十三尺	二十四尺	二十五尺	二十六尺
二五五	一五	一六	一八	一九	一 十一	一 十三	一 十四	一 十五	二一	二二	二四	二五	二七
二六〇	一五	一六	一七	一九	一 十	一 十二	一 十三	一 十五	二	二二	二三	二五	二六
二六五	一四	一六	一七	一九	一 十	一 十一	一 十三	一 十四	二	二一	二二	二四	二五
二七〇	一四	一五	一七	一八	一九	一 十一	一 十二	一 十四	一 十五	二	二二	二三	二五
二七五	一三	一五	一六	一八	一九	一 十	一 十二	一 十三	一 十五	二	二一	二三	二四
二八〇	一三	一五	一六	一七	一九	一 十	一 十一	一 十三	一 十四	一 十五	二一	二二	二三
二八五	一三	一四	一五	一七	一八	一九	一 十一	一 十二	一 十三	一 十五	二	二一	二三
二九〇	一二	一四	一五	一六	一八	一九	一 十	一 十一	一 十三	一 十四	二	二一	二二
二九五	一二	一三	一五	一六	一七	一九	一 十	一 十一	一 十三	一 十四	一 十五	二	二二
三〇〇	一二	一二	一四	一六	一七	一八	一九	一 十一	一 十二	一 十三	一 十五	二	二一
三〇五	一二	一二	一四	一五	一七	一八	一九	一 十	一 十二	一 十三	一 十四	一 十五	二一
三一〇	一一	一二	一四	一五	一六	一七	一九	一 十	一 十一	一 十二	一 十四	一 十五	二
三一五	一一	一二	一三	一五	一六	一七	一八	一九	一 十一	一 十二	一 十三	一 十四	一 十五
三二〇	一一	一二	一三	一四	一五	一七	一八	一九	一 十	一 十一	一 十三	一 十四	一 十五
三二五	一	一二	一三	一四	一五	一六	一八	一九	一 十	一 十一	一 十二	一 十三	一 十四
三三〇	一	一一	一三	一四	一五	一六	一七	一八	一九	一 十一	一 十二	一 十三	一 十四
三三五	一	一一	一二	一三	一四	一六	一七	一八	一九	一 十	一 十一	一 十二	一 十四
三四〇	一	一一	一二	一三	一四	一五	一六	一八	一九	一 十	一 十一	一 十二	一 十三
三四五	十五	一一	一二	一三	一四	一五	一六	一七	一八	一九	一 十一	一 十二	一 十三
三五〇	十五	一	一一	一三	一四	一五	一六	一七	一八	一九	一 十	一 十一	一 十二
三五五	十五	一	一一	一二	一三	一四	一六	一七	一八	一九	一 十	一 十一	一 十二
三六〇	十五	一	一一	一二	一三	一四	一五	一六	一七	一八	一九	一 十一	一 十二
三六五	十五	一	一一	一二	一三	一四	一五	一六	一七	一八	一九	一 十	一 十一
三七〇	十四	一	一一	一二	一三	一四	一五	一六	一七	一八	一九	一 十	一 十一
三七五	十四	十五	一	一一	一二	一三	一四	一五	一六	一七	一八	一九	一 十

克虜伯礮表二　二角度　二百五十五步以上

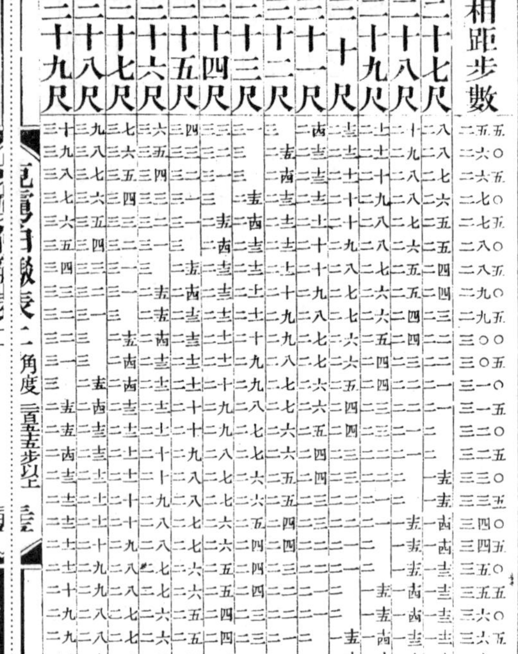

相距步數	二十七尺	二十八尺	二十九尺	三十尺	三十一尺	三十二尺	三十三尺	三十四尺	三十五尺	三十六尺	三十七尺	三十八尺	三十九尺
二五五	二 八	二 十	二 十二	二 十三	二 十四	三	三 一	三 三	三 四	三 六	三 七	三 九	三 十
二六〇	二 八	二 九	二 十一	二 十二	二 十三	二 十五	三	三 二	三 三	三 五	三 六	三 八	三 九
二六五	二 七	二 八	二 十	二 十一	二 十三	二 十四	三	三 一	三 二	三 四	三 五	三 七	三 八
二七〇	二 六	二 八	二 九	二 十	二 十二	二 十三	二 十五	三	三 一	三 三	三 四	三 六	三 七
二七五	二 五	二 七	二 八	二 十	二 十一	二 十二	二 十四	二 十五	三 一	三 二	三 三	三 五	三 六
二八〇	二 五	二 六	二 八	二 九	二 十	二 十一	二 十三	二 十四	三	三 一	三 二	三 四	三 五
二八五	二 四	二 五	二 七	二 八	二 十	二 十一	二 十二	二 十三	二 十五	三	三 一	三 三	三 四
二九〇	二 四	二 五	二 六	二 七	二 九	二 十	二 十一	二 十三	二 十四	二 十五	三 一	三 二	三 三
二九五	二 三	二 四	二 六	二 七	二 八	二 九	二 十一	二 十二	二 十三	二 十五	三	三 一	三 二
三〇〇	二 二	二 四	二 五	二 六	二 七	二 九	二 十	二 十二	二 十三	二 十四	二 十五	三	三 二
三〇五	二 二	二 三	二 四	二 六	二 七	二 八	二 九	二 十一	二 十二	二 十三	二 十四	三	三 一
三一〇	二 一	二 二	二 四	二 五	二 六	二 七	二 九	二 十	二 十一	二 十二	二 十四	二 十五	三
三一五	二 一	二 二	二 三	二 四	二 六	二 七	二 八	二 九	二 十	二 十一	二 十三	二 十四	二 十五
三二〇	二	二 一	二 三	二 四	二 五	二 六	二 七	二 九	二 十	二 十一	二 十二	二 十三	二 十五
三二五	二	二 一	二 二	二 三	二 四	二 六	二 七	二 八	二 九	二 十	二 十二	二 十三	二 十四
三三〇	一 十五	二	二 二	二 三	二 四	二 五	二 六	二 七	二 八	二 十	二 十一	二 十二	二 十三
三三五	一 十五	二	二 一	二 二	二 三	二 五	二 六	二 七	二 八	二 九	二 十	二 十二	二 十二
三四〇	一 十四	一 十五	二 一	二 二	二 三	二 四	二 五	二 六	二 七	二 八	二 十	二 十一	二 十二
三四五	一 十四	一 十五	二	二 一	二 二	二 四	二 四	二 六	二 七	二 八	二 九	二 十	二 十一
三五〇	一 十三	一 十五	二	二 一	二 二	二 三	二 四	二 五	二 六	二 七	二 八	二 九	二 十一
三五五	一 十三	一 十四	一 十五	二	二 一	二 二	二 四	二 五	二 六	二 七	二 八	二 九	二 十
三六〇	一 十三	一 十四	一 十五	二	二 一	二 二	二 三	二 四	二 五	二 六	二 七	二 八	二 九
三六五	一 十二	一 十三	一 十四	一 十五	二	二 一	二 三	二 四	二 五	二 六	二 七	二 八	二 九
三七〇	一 十二	一 十三	一 十四	一 十五	二	二 一	二 二	二 三	二 四	二 五	二 六	二 七	二 八
三七五	一 十一	一 十二	一 十三	一 十五	二	二 一	二 二	二 三	二 四	二 五	二 六	二 七	二 八

相距步數	四十尺	四十一尺	四十二尺	四十三尺	四十四尺	四十五尺	四十六尺	四十七尺	四十八尺	四十九尺	五十尺
二五五	三 十二	三 十三	三 十五	四	四 二	四 三	四 五	四 六	四 八	四 九	四 十
二六〇	三 十一	三 十二	三 十四	三 十五	四 一	四 二	四 三	四 五	四 六	四 八	四 九
二六五	三 十	三 十一	三 十二	三 十四	三 十五	四 一	四 二	四 四	四 五	四 六	四 八
二七〇	三 九	三 十	三 十一	三 十三	三 十四	四	四 一	四 二	四 四	四 五	四 七
二七五	三 八	三 九	三 十	三 十二	三 十三	三 十四	四	四 一	四 三	四 四	四 五
二八〇	三 七	三 八	三 九	三 十一	三 十二	三 十三	三 十五	四	四 一	四 三	四 四
二八五	三 六	三 七	三 八	三 十	三 十一	三 十二	三 十四	三 十五	四	四 二	四 三
二九〇	三 五	三 六	三 七	三 九	三 十	三 十一	三 十三	三 十四	三 十五	四	四 二
二九五	三 四	三 五	三 六	三 八	三 九	三 十	三 十一	三 十三	三 十四	三 十五	四 一
三〇〇	三 三	三 四	三 五	三 七	三 八	三 九	三 十	三 十二	三 十三	三 十四	四
三〇五	三 二	三 三	三 五	三 六	三 七	三 八	三 十	三 十一	三 十二	三 十三	三 十五
三一〇	三 一	三 二	三 四	三 五	三 六	三 七	三 九	三 十	三 十一	三 十二	三 十四
三一五	三	三 二	三 三	三 四	三 五	三 七	三 八	三 九	三 十	三 十一	三 十三
三二〇	三	三 一	三 二	三 三	三 四	三 六	三 七	三 八	三 九	三 十	三 十二
三二五	二 十五	三	三 一	三 二	三 四	三 五	三 六	三 七	三 八	三 十	三 十一
三三〇	二 十四	二 十五	三 一	三 二	三 三	三 四	三 五	三 六	三 七	三 九	三 十
三三五	二 十四	二 十五	三	三 一	三 二	三 三	三 四	三 六	三 七	三 八	三 九
三四〇	二 十三	二 十四	二 十五	三	三 一	三 二	三 四	三 五	三 六	三 七	三 八
三四五	二 十二	二 十三	二 十五	三	三 一	三 二	三 三	三 四	三 五	三 六	三 七
三五〇	二 十一	二 十三	二 十四	二 十五	三	三 一	三 二	三 三	三 四	三 五	三 七
三五五	二 十一	二 十一	二 十三	二 十四	二 十五	三	三 一	三 三	三 四	三 五	三 六
三六〇	二 十	二 十一	二 十二	二 十四	二 十五	三	三 一	三 二	三 三	三 四	三 五
三六五	二 十	二 十一	二 十一	二 十三	二 十四	二 十五	三	三 一	三 二	三 三	三 四
三七〇	二 九	二 十	二 十一	二 十二	二 十三	二 十四	二 十五	三	三 二	三 三	三 四
三七五	二 九	二 十	二 十一	二 十一	二 十三	二 十四	二 十五	三	三 一	三 二	三 三

克虜伯礮表二　二角度　三百八十步以上

相距步數	一尺	二尺	三尺	四尺	五尺	六尺	七尺	八尺	九尺	十尺	十一尺	十二尺	十三尺
三八〇	一	二	三	四	五	六	七	八	九	一〇	一一	一二	一三
三八五	一	二	三	四	五	六	七	八	九	一〇	一一	一二	一三
三九〇	一	二	三	四	五	六	七	八	九	一〇	一一	一二	一三
三九五	一	二	三	四	五	六	七	八	九	一〇	一一	一二	一三
四〇〇	一	二	三	四	五	六	七	八	九	一〇	一一	一一	一二
四〇五	一	二	三	四	五	六	七	八	九	九	一〇	一一	一二
四一〇	一	二	三	四	五	六	七	七	八	九	一〇	一一	一二
四一五	一	二	三	四	五	六	六	七	八	九	一〇	一一	一二
四二〇	一	二	三	四	五	五	六	七	八	九	一〇	一一	一二
四二五	一	二	三	四	五	五	六	七	八	九	一〇	一一	一二
四三〇	一	二	三	四	四	五	六	七	八	九	一〇	一一	一一
四三五	一	二	三	四	四	五	六	七	八	九	一〇	一一	一一
四四〇	一	二	三	三	四	五	六	七	八	九	一〇	一〇	一一
四四五	一	二	三	三	四	五	六	七	八	九	九	一〇	一一
四五〇	一	二	三	三	四	五	六	七	八	九	九	一〇	一一
四五五	一	二	三	三	四	五	六	七	八	八	九	一〇	一一
四六〇	一	二	三	三	四	五	六	七	七	八	九	一〇	一一
四六五	一	二	二	三	四	五	六	七	七	八	九	一〇	一一
四七〇	一	二	二	三	四	五	六	七	七	八	九	一〇	一一
四七五	一	二	二	三	四	五	六	六	七	八	九	一〇	一〇
四八〇	一	二	二	三	四	五	六	六	七	八	九	一〇	一〇
四八五	一	二	二	三	四	五	六	六	七	八	九	一〇	一〇
四九〇	一	二	二	三	四	五	五	六	七	八	九	九	一〇
四九五	一	二	二	三	四	五	五	六	七	八	九	九	一〇
五〇〇	一	二	二	三	四	五	五	六	七	八	八	九	一〇

相距步數	十四尺	十五尺	十六尺	十七尺	十八尺	十九尺	二十尺	二十一尺	二十二尺	二十三尺	二十四尺	二十五尺	二十六尺
三八〇	一四	一五	一	一一	一二	一三	一四	一五	一六	一七	一八	一九	一十
三八五	一四	一五	一	一一	一二	一三	一四	一五	一六	一七	一八	一九	一十
三九〇	一四	一五	一	一一	一二	一三	一四	一五	一六	一七	一八	一八	一九
三九五	一四	一四	一	一	一一	一二	一三	一四	一五	一六	一七	一八	一九
四〇〇	一三	一四	十五	一	一一	一二	一三	一四	一五	一六	一七	一八	一九
四〇五	一三	一四	十五	一	一一	一二	一三	一四	一五	一六	一七	一八	一八
四一〇	一三	一四	十五	一	一一	一二	一三	一四	一五	一五	一六	一七	一八
四一五	一三	一四	十五	一	一	一一	一二	一三	一四	一五	一六	一七	一八
四二〇	一三	一四	十五	十五	一	一一	一二	一三	一四	一五	一六	一七	一八
四二五	一三	一三	十四	十五	一	一一	一二	一三	一四	一五	一六	一六	一七
四三〇	一二	一三	十四	十五	一	一一	一二	一三	一四	一四	一五	一六	一七
四三五	一二	一三	十四	十五	一	一一	一二	一二	一三	一四	一五	一六	一七
四四〇	一二	一三	十四	十五	一	一一	一一	一二	一三	一四	一五	一六	一七
四四五	一二	一三	十四	十五	十五	一	一一	一二	一三	一四	一五	一五	一六
四五〇	一二	一三	十四	十四	十五	一	一一	一二	一三	一四	一四	一五	一六
四五五	一二	一三	十三	十四	十五	一	一一	一二	一二	一三	一四	一五	一六
四六〇	一二	一二	十三	十四	十五	一	一一	一二	一二	一三	一四	一五	一六
四六五	一一	一二	十三	十四	十五	一	一	一一	一二	一三	一四	一五	一五
四七〇	一一	一二	十三	十四	十五	十五	一	一一	一二	一三	一三	一四	一五
四七五	一一	一二	十三	十四	十四	十五	一	一一	一二	一二	一三	一四	一五
四八〇	一一	一二	十三	十三	十四	十五	一	一一	一一	一二	一三	一四	一五
四八五	一一	一二	十三	十三	十四	十五	一	一一	一一	一二	一三	一四	一四
四九〇	一一	一二	十二	十三	十四	十五	一	一	一一	一二	一三	一三	一四
四九五	一一	一二	十二	十三	十四	十五	十五	一	一一	一二	一二	一三	一四
五〇〇	一一	一一	十二	十二	十四	十五	十五	一	一一	一二	一二	一三	一四

克虜伯礮表二　角度　三百八十步以上

相距步數	二十七尺	二十八尺	二十九尺	三十尺	三十一尺	三十二尺	三十三尺	三十四尺	三十五尺	三十六尺	三十七尺	三十八尺	三十九尺
三八〇	一十一	一十二	一十三	十四	一十五	二	二一	二二	二三	二四	二五	二六	二七
三八五	一十一	一十二	一十三	一十四	一十五	二	二一	二二	二三	二四	二五	二六	二七
三九〇	一十	一十一	一十二	一十三	一十四	一十五	二	二一	二二	二三	二四	二五	二六
三九五	一十	一十一	一十二	一十三	一十四	一十五	二	二一	二二	二三	二四	二五	二六
四〇〇	一十	一十一	一十二	一十三	一十四	一十五	一十五	二	二一	二二	二三	二四	二五
四〇五	一九	一十	一十一	一十二	一十三	一十四	一十五	二	二一	二二	二三	二四	二五
四一〇	一九	一十	一十一	一十二	一十三	一十四	一十五	二	二一	二二	二二	二三	二四
四一五	一九	一十	一十一	一十二	一十二	一十三	一十四	一十五	二	二一	二二	二三	二四
四二〇	一九	一九	一十	一十一	一十二	一十三	一十四	一十五	二	二一	二二	二三	二三
四二五	一八	一九	一十	一十一	一十二	一十三	一十四	一十五	一十五	二	二一	二二	二三
四三〇	一八	一九	一十	一十一	一十一	一十二	一十三	一十四	一十五	二	二一	二二	二三
四三五	一八	一九	一九	一十	一十一	一十二	一十三	一十四	一十五	二	二	二一	二二
四四〇	一七	一八	一九	一十	一十一	一十二	一十三	一十四	一十四	一十五	二	二一	二二
四四五	一七	一八	一九	一十	一十一	一十一	一十二	一十三	一十四	一十五	二	二一	二一
四五〇	一七	一八	一九	一九	一十	一十一	一十二	一十三	一十四	一十五	一十五	二	二一
四五五	一七	一七	一八	一九	一十	一十一	一十二	一十二	一十三	一十四	一十五	二	二一
四六〇	一七	一七	一八	一九	一十	一十一	一十二	一十二	一十三	一十四	一十五	二	二
四六五	一六	一七	一八	一九	一九	一十	一十一	一十二	一十三	一十四	一十四	一十五	二
四七〇	一六	一七	一八	一八	一九	一十	一十一	一十二	一十二	一十三	一十四	一十五	二
四七五	一六	一六	一七	一八	一九	一十	一十一	一十一	一十二	一十三	一十四	一十五	一十五
四八〇	一五	一六	一七	一八	一九	一九	一十	一十一	一十二	一十二	一十三	一十四	一十五
四八五	一五	一六	一七	一八	一八	一九	一十	一十一	一十一	一十二	一十三	一十四	一十五
四九〇	一五	一六	一七	一七	一八	一九	一十	一十一	一十一	一十二	一十三	一十四	一十四
四九五	一五	一六	一六	一七	一八	一九	一九	一十	一十一	一十二	一十二	一十三	一十四
五〇〇	一五	一五	一六	一七	一八	一八	一九	一十	一十一	一十一	一十二	一十三	一十四

相距步數	四十尺	四十一尺	四十二尺	四十三尺	四十四尺	四十五尺	四十六尺	四十七尺	四十八尺	四十九尺	五十尺
三八〇	二八	二九	二十	二十一	二十二	二十三	二十四	二十五	三	三一	三二
三八五	二八	二九	二十	二十一	二十二	二十三	二十四	二十五	三	三一	三二
三九〇	二七	二八	二九	二十	二十一	二十二	二十三	二十四	二十五	三	三一
三九五	二七	二八	二九	二十	二十一	二十一	二十二	二十三	二十四	二十五	三
四〇〇	二六	二七	二八	二九	二十	二十一	二十二	二十三	二十四	二十五	三
四〇五	二六	二七	二八	二九	二九	二十	二十一	二十二	二十三	二十四	二十五
四一〇	二五	二六	二七	二八	二九	二十	二十一	二十二	二十三	二十四	二十五
四一五	二五	二六	二七	二八	二八	二九	二十	二十一	二十二	二十三	二十四
四二〇	二四	二五	二六	二七	二八	二九	二十	二十一	二十二	二十三	二十三
四二五	二四	二五	二六	二七	二八	二八	二九	二十	二十一	二十二	二十三
四三〇	二四	二四	二五	二六	二七	二八	二九	二十	二十一	二十二	二十二
四三五	二三	二四	二五	二六	二七	二七	二八	二九	二十	二十一	二十二
四四〇	二三	二四	二四	二五	二六	二七	二八	二九	二十	二十一	二十一
四四五	二二	二三	二四	二五	二六	二七	二七	二八	二九	二十	二十一
四五〇	二二	二三	二四	二四	二五	二六	二七	二八	二九	二十	二十
四五五	二二	二二	二三	二四	二五	二六	二七	二七	二八	二九	二十
四六〇	二一	二二	二三	二四	二四	二五	二六	二七	二八	二九	二九
四六五	二一	二二	二三	二三	二四	二五	二六	二七	二七	二八	二九
四七〇	二一	二一	二二	二三	二四	二五	二五	二六	二七	二八	二九
四七五	二	二一	二二	二三	二三	二四	二五	二六	二七	二七	二八
四八〇	二	二一	二一	二二	二三	二四	二五	二五	二六	二七	二八
四八五	二	二	二一	二二	二三	二三	二四	二五	二六	二七	二七
四九〇	一十五	二	二一	二二	二二	二三	二四	二五	二五	二六	二七
四九五	一十五	二	二	二一	二二	二三	二三	二四	二五	二六	二七
五〇〇	一十五	一十五	二	二一	二二	二二	二三	二四	二五	二五	二六

表二　角度

379

克虜伯礮表二　角度　五百十步以上

相距步數	二尺	三尺	四尺	五尺	六尺	七尺	八尺	九尺	十尺	十一尺	十二尺	十三尺	十四尺
五一〇	二	二	三	四	五	五	六	七	八	八	九	十	十一
五二〇	一	二	三	四	四	五	六	七	七	八	九	十	十
五三〇	一	二	三	四	四	五	六	七	七	八	九	九	十
五四〇	一	二	三	四	四	五	六	六	七	八	九	九	十
五五〇	一	二	三	三	四	五	六	六	七	八	八	九	十
五六〇	一	二	三	三	四	五	五	六	七	八	八	九	十
五七〇	一	二	三	三	四	五	五	六	七	七	八	九	九
五八〇	一	二	三	三	四	五	五	六	七	七	八	九	九
五九〇	一	二	三	三	四	五	五	六	六	七	八	八	九
六〇〇	一	二	三	三	四	四	五	六	六	七	八	八	九
六一〇	一	二	三	三	四	四	五	六	六	七	八	八	九
六二〇	一	二	二	三	四	四	五	六	六	七	七	八	九
六三〇	一	二	二	三	四	四	五	五	六	七	七	八	九
六四〇	一	二	二	三	四	四	五	五	六	七	七	八	八
六五〇	一	二	二	三	四	四	五	五	六	六	七	八	八
六六〇	一	二	二	三	三	四	五	五	六	六	七	八	八
六七〇	一	二	二	三	三	四	五	五	六	六	七	七	八
六八〇	一	二	二	三	三	四	五	五	六	六	七	七	八
六九〇	一	二	二	三	三	四	四	五	六	六	七	七	八
七〇〇	一	二	二	三	三	四	四	五	五	六	七	七	八
七一〇	一	二	二	三	三	四	四	五	五	六	六	七	八
七二〇	一	二	二	三	三	四	四	五	五	六	六	七	七
七三〇	一	二	二	三	三	四	四	五	五	六	六	七	七
七四〇	一	二	二	三	三	四	四	五	五	六	六	七	七
七五〇	一	二	二	三	三	四	四	五	五	六	六	七	七

相距步數	十五尺	十六尺	十七尺	十八尺	十九尺	二十尺	二十一尺	二十二尺	二十三尺	二十四尺	二十五尺	二十六尺	二十七尺
五一〇	十一	十一	十二	十三	十四	十五	一	一	一一	一二	一三	一三	一四
五二〇	十一	十一	十二	十三	十四	十五	十五	一	一一	一二	一二	一三	一四
五三〇	十一	十一	十二	十三	十四	十四	十五	一	一一	一一	一二	一三	一四
五四〇	十一	十一	十二	十三	十三	十四	十五	一	一	一一	一二	一二	一三
五五〇	十	十一	十二	十三	十三	十四	十五	十五	一	一一	一一	一二	一三
五六〇	十	十一	十二	十二	十三	十四	十四	十五	一	一	一一	一二	一二
五七〇	十	十一	十一	十二	十三	十三	十四	十五	十五	一	一一	一一	一二
五八〇	十	十一	十一	十二	十二	十三	十四	十五	十五	一	一	一一	一二
五九〇	十	十	十一	十二	十二	十三	十四	十四	十五	一	一	一一	一一
六〇〇	十	十	十一	十一	十二	十三	十三	十四	十五	十五	一	一一	一一
六一〇	九	十	十一	十一	十二	十三	十三	十四	十四	十五	一	一	一一
六二〇	九	十	十一	十一	十二	十二	十三	十四	十四	十五	十五	一	一一
六三〇	九	十	十	十一	十二	十二	十三	十三	十四	十五	十五	一	一
六四〇	九	十	十	十一	十一	十二	十三	十三	十四	十四	十五	一	一
六五〇	九	九	十	十一	十一	十二	十二	十三	十三	十四	十五	十五	一
六六〇	九	九	十	十	十一	十一	十二	十二	十三	十四	十四	十五	一
六七〇	九	九	十	十	十一	十一	十二	十三	十三	十四	十四	十五	十五
六八〇	八	九	十	十	十一	十一	十二	十二	十三	十三	十四	十五	十五
六九〇	八	九	九	十	十一	十一	十二	十二	十三	十三	十四	十四	十五
七〇〇	八	九	九	十	十	十一	十一	十二	十三	十三	十四	十四	十五
七一〇	八	九	九	十	十	十一	十一	十二	十二	十三	十三	十四	十五
七二〇	八	八	九	十	十	十一	十一	十二	十二	十三	十三	十四	十四
七三〇	八	八	九	九	十	十	十一	十二	十二	十三	十三	十四	十四
七四〇	八	八	九	九	十	十	十一	十一	十二	十二	十三	十三	十四
七五〇	八	八	九	九	十	十	十一	十一	十二	十二	十三	十三	十四

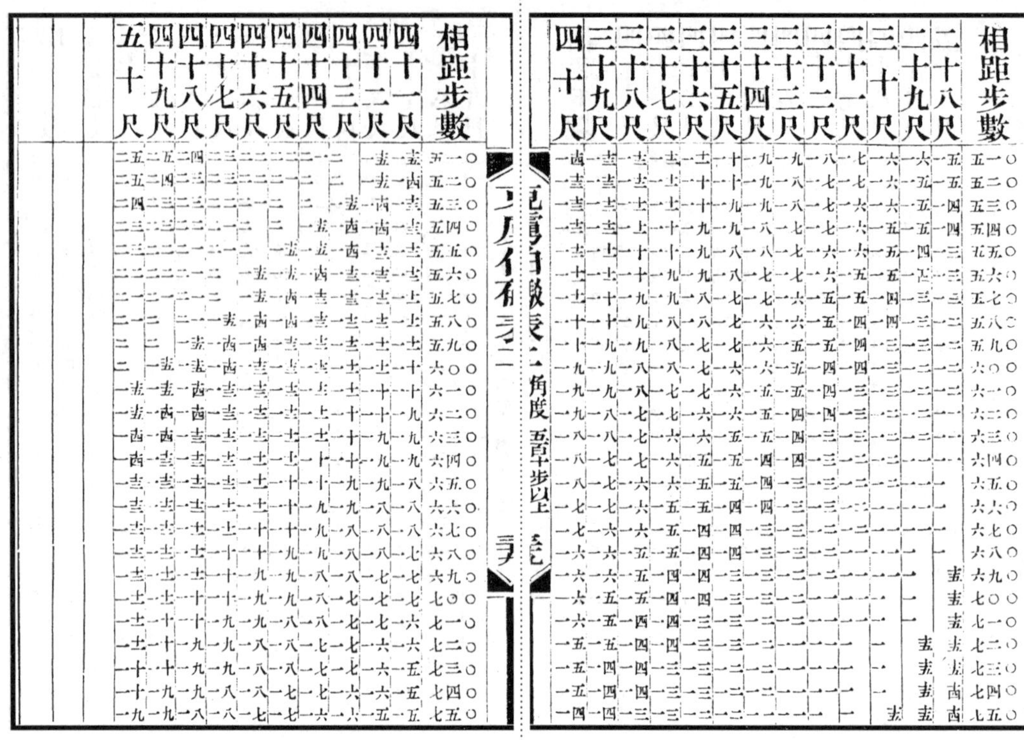

克虜伯礮表二 角度 五百十步以上

相距步數	二十八尺	二十九尺	三十尺	三十一尺	三十二尺	三十三尺	三十四尺	三十五尺	三十六尺	三十七尺	三十八尺	三十九尺	四十尺
五一〇	一·五	一·六	一·六	一·七	一·八	一·九	一·九	一·十	一·十一	一·十二	一·十二	一·十三	一·十四
五二〇	一·五	一·五	一·六	一·七	一·七	一·八	一·九	一·十	一·十	一·十一	一·十二	一·十三	一·十三
五三〇	一·四	一·五	一·六	一·六	一·七	一·八	一·九	一·九	一·十	一·十一	一·十二	一·十二	一·十三
五四〇	一·四	一·五	一·五	一·六	一·七	一·七	一·八	一·九	一·九	一·十	一·十一	一·十三	一·十三
五五〇	一·三	一·四	一·五	一·六	一·六	一·七	一·八	一·八	一·九	一·十	一·十	一·十一	一·十二
五六〇	一·三	一·四	一·五	一·五	一·六	一·七	一·七	一·八	一·九	一·九	一·十	一·十一	一·十一
五七〇	一·三	一·三	一·四	一·五	一·五	一·六	一·七	一·七	一·八	一·九	一·九	一·十	一·十一
五八〇	一·二	一·三	一·四	一·四	一·五	一·六	一·六	一·七	一·八	一·八	一·九	一·十	一·十
五九〇	一·二	一·三	一·三	一·四	一·五	一·五	一·六	一·七	一·七	一·八	一·九	一·九	一·十
六〇〇	一·二	一·二	一·三	一·四	一·四	一·五	一·六	一·六	一·七	一·八	一·八	一·九	一·九
六一〇	一·二	一·二	一·三	一·三	一·四	一·五	一·五	一·六	一·七	一·七	一·八	一·九	一·九
六二〇	一·一	一·二	一·二	一·三	一·四	一·四	一·五	一·六	一·六	一·七	一·七	一·八	一·九
六三〇	一·一	一·二	一·二	一·三	一·三	一·四	一·五	一·五	一·六	一·六	一·七	一·八	一·八
六四〇	一·一	一·一	一·二	一·二	一·三	一·四	一·四	一·五	一·五	一·六	一·七	一·七	一·八
六五〇	一	一·一	一·二	一·二	一·三	一·三	一·四	一·五	一·五	一·六	一·六	一·七	一·八
六六〇	一	一·一	一·一	一·二	一·三	一·三	一·四	一·四	一·五	一·五	一·六	一·七	一·七
六七〇	一	一·一	一·一	一·二	一·二	一·三	一·三	一·四	一·四	一·五	一·六	一·六	一·七
六八〇	一	一	一·一	一·一	一·二	一·三	一·三	一·四	一·四	一·五	一·五	一·六	一·六
六九〇	十五	一	一·一	一·一	一·二	一·二	一·三	一·三	一·四	一·四	一·五	一·六	一·六
七〇〇	十五	一	一	一·一	一·一	一·二	一·三	一·三	一·四	一·四	一·五	一·五	一·六
七一〇	十五	一	一	一·一	一·一	一·二	一·二	一·三	一·三	一·四	一·四	一·五	一·六
七二〇	十五	十五	一	一	一·一	一·一	一·二	一·三	一·三	一·四	一·四	一·五	一·五
七三〇	十四	十五	一	一	一·一	一·一	一·二	一·二	一·三	一·三	一·四	一·四	一·五
七四〇	十四	十五	一	一	一·一	一·一	一·二	一·二	一·三	一·三	一·四	一·四	一·五
七五〇	十四	十五	十五	一	一	一·一	一·一	一·二	一·二	一·三	一·三	一·四	一·四

相距步數	四十一尺	四十二尺	四十三尺	四十四尺	四十五尺	四十六尺	四十七尺	四十八尺	四十九尺	五十尺
五一〇	一·十五	一·十五	二	二·一	二·二	二·二	二·三	二·四	二·五	二·五
五二〇	一·十四	一·十五	二	二	二·一	二·二	二·三	二·三	二·四	二·五
五三〇	一·十三	一·十四	一·十五	二	二	二·一	二·二	二·三	二·三	二·四
五四〇	一·十三	一·十四	一·十四	一·十五	二	二	二·一	二·二	二·三	二·三
五五〇	一·十二	一·十三	一·十四	一·十五	一·十五	二	二·一	二·一	二·二	二·三
五六〇	一·十二	一·十三	一·十三	一·十四	一·十五	一·十五	二	二·一	二·二	二·二
五七〇	一·十一	一·十二	一·十三	一·十三	一·十四	一·十五	二	二·一	二·一	二·一
五八〇	一·十一	一·十二	一·十二	一·十三	一·十四	一·十四	一·十五	二·一	二	二·一
五九〇	一·十一	一·十一	一·十二	一·十二	一·十三	一·十四	一·十四	一·十五	二	二
六〇〇	一·十	一·十一	一·十一	一·十二	一·十二	一·十三	一·十四	一·十五	一·十五	二
六一〇	一·十	一·十	一·十一	一·十一	一·十二	一·十三	一·十三	一·十四	一·十五	一·十五
六二〇	一·九	一·十	一·十	一·十一	一·十二	一·十三	一·十三	一·十四	一·十四	一·十五
六三〇	一·九	一·九	一·十	一·十一	一·十二	一·十二	一·十二	一·十三	一·十四	一·十四
六四〇	一·九	一·九	一·十	一·十	一·十一	一·十一	一·十二	一·十三	一·十三	一·十四
六五〇	一·八	一·九	一·九	一·十	一·十	一·十一	一·十二	一·十二	一·十三	一·十三
六六〇	一·八	一·八	一·九	一·九	一·十	一·十一	一·十一	一·十一	一·十二	一·十三
六七〇	一·八	一·八	一·八	一·九	一·十	一·十	一·十一	一·十一	一·十二	一·十二
六八〇	一·七	一·八	一·八	一·九	一·九	一·十	一·十	一·十一	一·十一	一·十二
六九〇	一·七	一·七	一·八	一·八	一·九	一·九	一·十	一·十一	一·十一	一·十二
七〇〇	一·七	一·七	一·七	一·八	一·九	一·九	一·十	一·十	一·十一	一·十一
七一〇	一·六	一·七	一·七	一·八	一·八	一·九	一·九	一·十	一·十	一·十一
七二〇	一·六	一·六	一·七	一·七	一·八	一·八	一·九	一·九	一·十	一·十一
七三〇	一·五	一·六	一·七	一·七	一·八	一·八	一·九	一·九	一·十	一·十
七四〇	一·五	一·六	一·六	一·七	一·七	一·八	一·八	一·九	一·九	一·十
七五〇	一·五	一·五	一·六	一·六	一·七	一·七	一·八	一·八	一·九	一·九

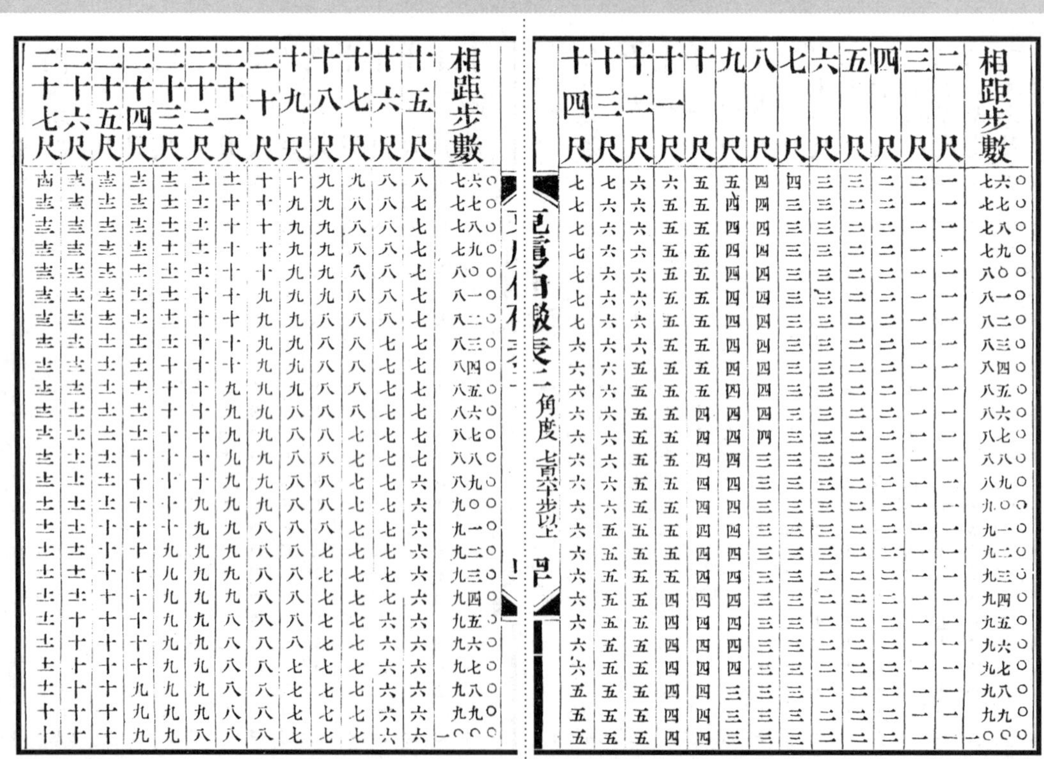

克虜伯礮表二 角度 七百六十步以上

相距步數	二尺	三尺	四尺	五尺	六尺	七尺	八尺	九尺	十尺	十一尺	十二尺	十三尺	十四尺
七六〇	一	二	二	三	三	四	四	五	五	六	六	七	七
七七〇	一	一	二	二	三	三	四	四	五	五	六	六	七
七八〇	一	一	二	二	三	三	四	四	五	五	六	六	七
七九〇	一	一	二	二	三	三	四	四	五	五	六	六	七
八〇〇	一	一	二	二	三	三	四	四	五	五	六	六	七
八一〇	一	一	二	二	三	三	四	四	五	五	六	六	七
八二〇	一	一	二	二	三	三	四	四	五	五	六	六	七
八三〇	一	一	二	二	三	三	四	四	五	五	六	六	六
八四〇	一	一	二	二	三	三	四	四	五	五	五	六	六
八五〇	一	一	二	二	三	三	四	四	五	五	五	六	六
八六〇	一	一	二	二	三	三	四	四	四	五	五	六	六
八七〇	一	一	二	二	三	三	四	四	四	五	五	六	六
八八〇	一	一	二	二	三	三	三	四	四	五	五	六	六
八九〇	一	一	二	二	三	三	三	四	四	五	五	六	六
九〇〇	一	一	二	二	三	三	三	四	四	五	五	六	六
九一〇	一	一	二	二	三	三	三	四	四	五	五	五	六
九二〇	一	一	二	二	三	三	三	四	四	五	五	五	六
九三〇	一	一	二	二	二	三	三	四	四	五	五	五	六
九四〇	一	一	二	二	二	三	三	四	四	四	五	五	六
九五〇	一	一	二	二	二	三	三	四	四	四	五	五	六
九六〇	一	一	二	二	二	三	三	四	四	四	五	五	六
九七〇	一	一	二	二	二	三	三	四	四	四	五	五	六
九八〇	一	一	二	二	二	三	三	三	四	四	五	五	五
九九〇	一	一	二	二	二	三	三	三	四	四	五	五	五
一〇〇〇	一	一	二	二	二	三	三	三	四	四	五	五	五

相距步數	十五尺	十六尺	十七尺	十八尺	十九尺	二十尺	二十一尺	二十二尺	二十三尺	二十四尺	二十五尺	二十六尺	二十七尺
七六〇	八	八	九	九	十	十	十一	十一	十二	十二	十三	十三	十四
七七〇	七	八	八	九	九	十	十	十一	十一	十二	十二	十三	十三
七八〇	七	八	八	九	九	十	十	十一	十一	十二	十二	十三	十三
七九〇	七	八	八	九	九	十	十	十一	十一	十二	十二	十三	十三
八〇〇	七	八	八	九	九	十	十	十一	十一	十一	十二	十二	十三
八一〇	七	八	八	九	九	九	十	十	十一	十一	十二	十二	十三
八二〇	七	八	八	八	九	九	十	十	十一	十一	十二	十二	十三
八三〇	七	七	八	八	九	九	十	十	十一	十一	十一	十二	十二
八四〇	七	七	八	八	九	九	十	十	十	十一	十一	十二	十二
八五〇	七	七	八	八	九	九	九	十	十	十一	十一	十二	十二
八六〇	七	七	八	八	八	九	九	十	十	十一	十一	十一	十二
八七〇	七	七	七	八	八	九	九	十	十	十一	十一	十一	十二
八八〇	七	七	七	八	八	九	九	十	十	十	十一	十一	十二
八九〇	六	七	七	八	八	九	九	十	十	十	十一	十一	十二
九〇〇	六	七	七	八	八	九	九	九	十	十	十一	十一	十一
九一〇	六	七	七	八	八	八	九	九	十	十	十	十一	十一
九二〇	六	七	七	七	八	八	九	九	九	十	十	十一	十一
九三〇	六	七	七	七	八	八	九	九	九	十	十	十一	十一
九四〇	六	七	七	七	八	八	九	九	九	十	十	十一	十一
九五〇	六	六	七	七	八	八	八	九	九	十	十	十	十一
九六〇	六	六	七	七	八	八	八	九	九	十	十	十	十一
九七〇	六	六	七	七	七	八	八	九	九	十	十	十	十一
九八〇	六	六	七	七	七	八	八	九	九	九	十	十	十一
九九〇	六	六	七	七	七	八	八	九	九	九	十	十	十
一〇〇〇	六	六	七	七	七	八	八	八	九	九	十	十	十

克虜伯礮表二　角度

相距步數	二十八尺	二十九尺	三十尺	三十一尺	三十二尺	三十三尺	三十四尺	三十五尺	三十六尺	三十七尺	三十八尺	三十九尺	四十尺
七六〇	十四	十五	十五	一	一	一一	一一	一二	一二	一三	一三	一四	一四
七七〇	十四	十四	十五	十五	一	一	一一	一一	一二	一二	一三	一三	一四
七八〇	十四	十四	十五	十五	一	一	一一	一一	一二	一二	一三	一三	一四
七九〇	十四	十四	十四	十五	一	一	一	一一	一一	一二	一二	一三	一三
八〇〇	十三	十四	十四	十五	十五	一	一	一一	一一	一二	一二	一三	一三
八一〇	十三	十四	十四	十五	十五	一	一	一	一一	一一	一二	一二	一三
八二〇	十三	十四	十四	十四	十五	十五	一	一	一一	一一	一二	一二	一三
八三〇	十三	十三	十四	十四	十五	十五	一	一	一一	一一	一一	一二	一二
八四〇	十三	十三	十四	十四	十五	十五	十五	一	一	一一	一一	一二	一二
八五〇	十三	十三	十三	十四	十四	十五	十五	一	一	一一	一一	一二	一二
八六〇	十二	十三	十三	十四	十四	十五	十五	一	一	一	一一	一一	一二
八七〇	十二	十三	十三	十四	十四	十五	十五	十五	一	一	一一	一一	一二
八八〇	十二	十三	十三	十三	十四	十四	十五	十五	一	一	一一	一一	一一
八九〇	十二	十二	十三	十三	十四	十四	十五	十五	十五	一	一	一一	一一
九〇〇	十二	十二	十三	十三	十四	十四	十四	十五	十五	一	一	一一	一一
九一〇	十二	十二	十三	十三	十三	十四	十四	十五	十五	一	一	一	一一
九二〇	十二	十二	十二	十三	十三	十四	十四	十五	十五	十五	一	一	一一
九三〇	十一	十二	十二	十三	十三	十四	十四	十四	十五	十五	一	一	一
九四〇	十一	十二	十二	十三	十三	十三	十四	十四	十五	十五	十五	一	一
九五〇	十一	十二	十二	十二	十三	十三	十四	十四	十四	十五	十五	一	一
九六〇	十一	十二	十二	十二	十三	十三	十三	十四	十四	十五	十五	一	一
九七〇	十一	十一	十二	十二	十三	十三	十三	十四	十四	十五	十五	十五	一
九八〇	十一	十一	十二	十二	十二	十三	十三	十四	十四	十四	十五	十五	一
九九〇	十一	十一	十二	十二	十二	十三	十三	十四	十四	十四	十五	十五	十五
一〇〇〇	十一	十一	十一	十二	十二	十三	十三	十三	十四	十四	十五	十五	十五

相距步數	四十一尺	四十二尺	四十三尺	四十四尺	四十五尺	四十六尺	四十七尺	四十八尺	四十九尺	五十尺
七六〇	一五	一五	一六	一六	一七	一七	一八	一八	一九	一九
七七〇	一四	一五	一五	一六	一六	一七	一七	一八	一八	一九
七八〇	一四	一五	一五	一六	一六	一七	一七	一八	一八	一八
七九〇	一四	一四	一五	一五	一六	一六	一七	一七	一八	一八
八〇〇	一四	一四	一五	一五	一五	一六	一六	一七	一七	一八
八一〇	一三	一四	一四	一五	一五	一六	一六	一七	一七	一八
八二〇	一三	一四	一四	一五	一五	一六	一六	一六	一七	一七
八三〇	一三	一三	一四	一四	一五	一五	一六	一六	一七	一七
八四〇	一三	一三	一四	一四	一四	一五	一五	一六	一六	一七
八五〇	一二	一三	一三	一四	一四	一五	一五	一六	一六	一六
八六〇	一二	一三	一三	一四	一四	一四	一五	一五	一六	一六
八七〇	一二	一二	一三	一三	一四	一四	一五	一五	一五	一六
八八〇	一二	一二	一三	一三	一四	一四	一四	一五	一五	一六
八九〇	一二	一二	一三	一三	一三	一四	一四	一五	一五	一五
九〇〇	一一	一二	一二	一三	一三	一四	一四	一四	一五	一五
九一〇	一一	一二	一二	一二	一三	一三	一四	一四	一五	一五
九二〇	一一	一二	一二	一二	一三	一三	一四	一四	一四	一五
九三〇	一一	一一	一二	一二	一二	一三	一三	一四	一四	一五
九四〇	一一	一一	一二	一二	一二	一三	一三	一三	一四	一四
九五〇	一	一一	一一	一二	一二	一二	一三	一三	一四	一四
九六〇	一	一一	一一	一一	一二	一二	一三	一三	一四	一四
九七〇	一	一一	一一	一一	一二	一二	一三	一三	一三	一四
九八〇	一	一	一一	一一	一一	一二	一二	一三	一三	一三
九九〇	一	一	一一	一一	一一	一二	一二	一三	一三	一三
一〇〇〇	一	一	一	一一	一一	一二	一二	一二	一三	一三

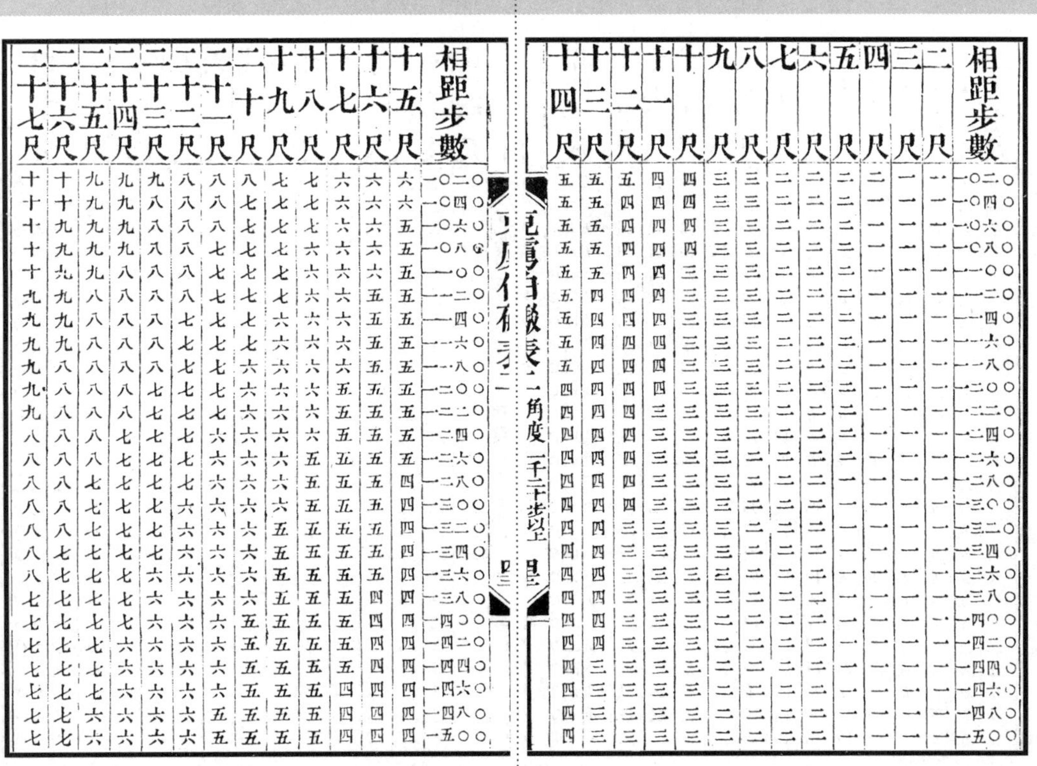

克虜伯礮表二　角度

相距步數	二尺	三尺	四尺	五尺	六尺	七尺	八尺	九尺	十尺	十一尺	十二尺	十三尺	十四尺
一〇二〇	一	一	二	二	二	二	三	三	四	四	五	五	五
一〇四〇	一	一	一	二	二	二	三	三	四	四	四	五	五
一〇六〇	一	一	一	二	二	二	三	三	四	四	四	五	五
一〇八〇	一	一	一	二	二	二	三	三	四	四	四	五	五
一一〇〇	一	一	一	二	二	二	三	三	三	四	四	五	五
一一二〇	一	一	一	二	二	二	三	三	三	四	四	四	五
一一四〇	一	一	一	二	二	二	三	三	三	四	四	四	五
一一六〇	一	一	一	二	二	二	三	三	三	四	四	四	五
一一八〇	一	一	一	二	二	二	三	三	三	四	四	四	五
一二〇〇	一	一	一	二	二	二	三	三	三	四	四	四	四
一二二〇	一	一	一	二	二	二	三	三	三	三	四	四	四
一二四〇	一	一	一	二	二	二	二	三	三	三	四	四	四
一二六〇	一	一	一	二	二	二	二	三	三	三	四	四	四
一二八〇	一	一	一	一	二	二	二	三	三	三	四	四	四
一三〇〇	一	一	一	一	二	二	二	三	三	三	四	四	四
一三二〇	一	一	一	一	二	二	二	三	三	三	三	四	四
一三四〇	一	一	一	一	二	二	二	三	三	三	三	四	四
一三六〇	一	一	一	一	二	二	二	三	三	三	三	四	四
一三八〇	一	一	一	一	二	二	二	三	三	三	三	四	四
一四〇〇	一	一	一	一	二	二	二	二	三	三	三	四	四
一四二〇	一	一	一	一	二	二	二	二	三	三	三	四	四
一四四〇	一	一	一	一	二	二	二	二	三	三	三	三	四
一四六〇	一	一	一	一	二	二	二	二	三	三	三	三	四
一四八〇	一	一	一	一	二	二	二	二	三	三	三	三	四
一五〇〇	一	一	一	一	二	二	二	二	三	三	三	三	四

相距步數	十五尺	十六尺	十七尺	十八尺	十九尺	二十尺	二十一尺	二十二尺	二十三尺	二十四尺	二十五尺	二十六尺	二十七尺
一〇二〇	六	六	六	七	七	八	八	八	九	九	九	十	十
一〇四〇	六	六	六	七	七	七	八	八	八	九	九	十	十
一〇六〇	五	六	六	七	七	七	八	八	八	九	九	九	十
一〇八〇	五	六	六	六	七	七	七	八	八	九	九	九	十
一一〇〇	五	六	六	六	七	七	七	八	八	八	九	九	十
一一二〇	五	五	六	六	七	七	七	八	八	八	八	九	九
一一四〇	五	五	六	六	六	七	七	七	八	八	八	九	九
一一六〇	五	五	六	六	六	七	七	七	八	八	八	九	九
一一八〇	五	五	六	六	六	六	七	七	八	八	八	八	九
一二〇〇	五	五	五	六	六	六	七	七	七	八	八	八	九
一二二〇	五	五	五	六	六	六	七	七	七	八	八	八	九
一二四〇	五	五	五	六	六	六	六	七	七	七	八	八	八
一二六〇	五	五	五	五	六	六	六	七	七	七	八	八	八
一二八〇	四	五	五	五	六	六	六	七	七	七	七	八	八
一三〇〇	四	五	五	五	六	六	六	六	七	七	七	八	八
一三二〇	四	五	五	五	五	六	六	六	七	七	七	八	八
一三四〇	四	五	五	五	五	六	六	六	七	七	七	七	八
一三六〇	四	五	五	五	五	六	六	六	六	七	七	七	八
一三八〇	四	四	五	五	五	六	六	六	六	七	七	七	七
一四〇〇	四	四	五	五	五	五	六	六	六	七	七	七	七
一四二〇	四	四	五	五	五	五	六	六	六	六	七	七	七
一四四〇	四	四	五	五	五	五	六	六	六	六	七	七	七
一四六〇	四	四	四	五	五	五	六	六	六	六	七	七	七
一四八〇	四	四	四	五	五	五	五	六	六	六	六	七	七
一五〇〇	四	四	四	五	五	五	五	六	六	六	六	七	七

克虜伯礮表二　一角度　一千二十步以上　四十三

相距步數	二十八尺	二十九尺	三十尺	三十一尺	三十二尺	三十三尺	三十四尺	三十五尺	三十六尺	三十七尺	三十八尺	三十九尺	四十尺
一○二○	十一	十一	十一	十一	十二	十二	十三	十三	十三	十四	十四	十五	十五
一○四○	十	十一	十一	十一	十二	十二	十二	十三	十三	十四	十四	十四	十五
一○六○	十	十	十一	十一	十一	十二	十二	十三	十三	十三	十四	十四	十四
一○八○	十	十	十一	十一	十一	十一	十二	十二	十三	十三	十三	十四	十四
一一○○	十	十	十	十一	十一	十一	十二	十二	十三	十三	十三	十三	十四
一一二○	十	十	十	十一	十一	十一	十一	十二	十二	十三	十三	十三	十四
一一四○	九	十	十	十	十一	十一	十一	十二	十二	十二	十三	十三	十三
一一六○	九	十	十	十	十一	十一	十一	十二	十二	十二	十三	十三	十三
一一八○	九	九	十	十	十	十一	十一	十一	十二	十二	十二	十三	十三
一二○○	九	九	十	十	十	十一	十一	十一	十二	十二	十二	十二	十三
一二二○	九	九	九	十	十	十	十一	十一	十一	十二	十二	十二	十三
一二四○	九	九	九	十	十	十	十一	十一	十一	十一	十二	十二	十二
一二六○	九	九	九	九	十	十	十	十一	十一	十一	十二	十二	十二
一二八○	八	九	九	九	十	十	十	十一	十一	十一	十一	十二	十二
一三○○	八	九	九	九	九	十	十	十	十一	十一	十一	十一	十二
一三二○	八	八	九	九	九	九	十	十	十	十一	十一	十一	十二
一三四○	八	八	九	九	九	九	十	十	十	十一	十一	十一	十一
一三六○	八	八	八	九	九	九	十	十	十	十	十一	十一	十一
一三八○	八	八	八	九	九	九	九	十	十	十	十一	十一	十一
一四○○	八	八	八	八	九	九	九	十	十	十	十	十一	十一
一四二○	八	八	八	八	九	九	九	九	十	十	十	十	十一
一四四○	七	八	八	八	八	九	九	九	十	十	十	十	十一
一四六○	七	八	八	八	八	九	九	九	九	十	十	十	十
一四八○	七	八	八	八	八	八	九	九	九	十	十	十	十
一五○○	七	七	八	八	八	八	九	九	九	九	十	十	十

相距步數	四十一尺	四十二尺	四十三尺	四十四尺	四十五尺	四十六尺	四十七尺	四十八尺	四十九尺	五十尺
一○二○	十五	一	一	一	一	一	一	一二	一二	一三
一○四○	十五	十五	一	一	一	一	一	一二	一二	一三
一○六○	十五	十五	十五	一	一	一	一	一	一二	一三
一○八○	十四	十五	十五	一	一	一	一	一	一	一三
一一○○	十四	十五	十五	十五	一	一	一	一	一	一
一一二○	十四	十四	十五	十五	十五	一	一	一	一	一
一一四○	十四	十四	十四	十五	十五	十五	一	一	一	一
一一六○	十三	十四	十四	十五	十五	十五	一	一	一	一
一一八○	十三	十四	十四	十四	十五	十五	十五	一	一	一
一二○○	十三	十三	十四	十四	十四	十五	十五	十五	一	一
一二二○	十三	十三	十三	十四	十四	十四	十五	十五	十五	一
一二四○	十三	十三	十三	十四	十四	十四	十五	十五	十五	十五
一二六○	十二	十三	十三	十三	十四	十四	十四	十五	十五	十五
一二八○	十二	十三	十三	十三	十三	十四	十四	十四	十五	十五
一三○○	十二	十二	十三	十三	十三	十三	十四	十四	十四	十五
一三二○	十二	十二	十二	十三	十三	十三	十四	十四	十四	十四
一三四○	十二	十二	十二	十三	十三	十三	十三	十四	十四	十四
一三六○	十一	十二	十二	十二	十三	十三	十三	十三	十四	十四
一三八○	十一	十二	十二	十二	十二	十三	十三	十三	十三	十四
一四○○	十一	十一	十二	十二	十二	十二	十三	十三	十三	十三
一四二○	十一	十一	十一	十二	十二	十二	十三	十三	十三	十三
一四四○	十一	十一	十一	十二	十二	十二	十二	十三	十三	十三
一四六○	十一	十一	十一	十一	十一	十二	十二	十二	十三	十三
一四八○	十一	十一	十一	十一	十一	十一	十二	十二	十二	十三
一五○○	十	十一	十一	十一	十一	十一	十二	十二	十二	十三

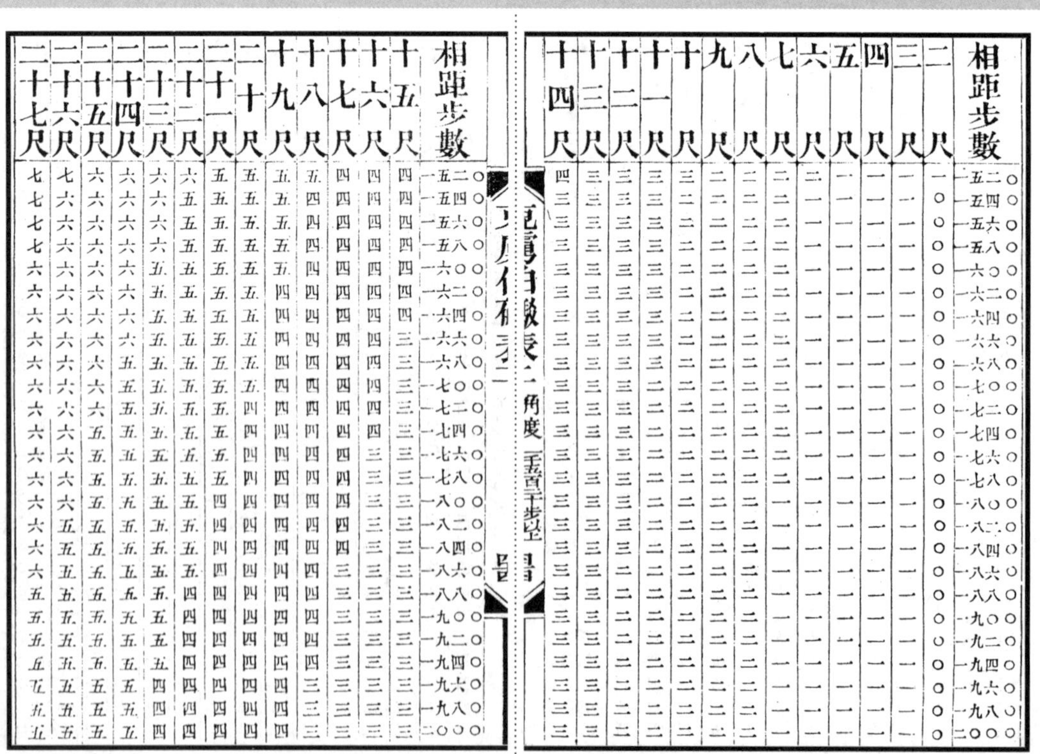

克虜伯礮表二　一角度　一千五百二十步以上　四十四

相距步數	二尺	三尺	四尺	五尺	六尺	七尺	八尺	九尺	十尺	十一尺	十二尺	十三尺	十四尺
一五二○	一	一	一	一	二	二	二	二	三	三	三	三	四
一五四○	○	一	一	一	一	二	二	二	二	三	三	三	三
一五六○	○	一	一	一	一	二	二	二	二	三	三	三	三
一五八○	○	一	一	一	一	二	二	二	二	三	三	三	三
一六○○	○	一	一	一	一	二	二	二	二	三	三	三	三
一六二○	○	一	一	一	一	二	二	二	二	三	三	三	三
一六四○	○	一	一	一	一	二	二	二	二	三	三	三	三
一六六○	○	一	一	一	一	二	二	二	二	三	三	三	三
一六八○	○	一	一	一	一	二	二	二	二	三	三	三	三
一七○○	○	一	一	一	一	二	二	二	二	二	三	三	三
一七二○	○	一	一	一	一	二	二	二	二	二	三	三	三
一七四○	○	一	一	一	一	二	二	二	二	二	三	三	三
一七六○	○	一	一	一	一	二	二	二	二	二	三	三	三
一七八○	○	一	一	一	一	二	二	二	二	二	三	三	三
一八○○	○	一	一	一	一	一	二	二	二	二	三	三	三
一八二○	○	一	一	一	一	一	二	二	二	二	三	三	三
一八四○	○	一	一	一	一	一	二	二	二	二	三	三	三
一八六○	○	一	一	一	一	一	二	二	二	二	二	三	三
一八八○	○	一	一	一	一	一	二	二	二	二	二	三	三
一九○○	○	一	一	一	一	一	二	二	二	二	二	三	三
一九二○	○	一	一	一	一	一	二	二	二	二	二	三	三
一九四○	○	一	一	一	一	一	二	二	二	二	二	三	三
一九六○	○	一	一	一	一	一	二	二	二	二	二	三	三
一九八○	○	一	一	一	一	一	二	二	二	二	二	三	三
二○○○	○	一	一	一	一	一	二	二	二	二	二	三	三

相距步數	十五尺	十六尺	十七尺	十八尺	十九尺	二十尺	二十一尺	二十二尺	二十三尺	二十四尺	二十五尺	二十六尺	二十七尺
一五二○	四	四	四	五	五	五	五	六	六	六	六	七	七
一五四○	四	四	四	四	五	五	五	五	六	六	六	六	七
一五六○	四	四	四	四	五	五	五	五	六	六	六	六	七
一五八○	四	四	四	四	五	五	五	五	六	六	六	六	七
一六○○	四	四	四	四	五	五	五	五	五	六	六	六	六
一六二○	四	四	四	四	四	五	五	五	五	六	六	六	六
一六四○	四	四	四	四	四	五	五	五	五	六	六	六	六
一六六○	三	四	四	四	四	五	五	五	五	六	六	六	六
一六八○	三	四	四	四	四	五	五	五	五	五	六	六	六
一七○○	三	四	四	四	四	五	五	五	五	五	六	六	六
一七二○	三	四	四	四	四	四	五	五	五	五	六	六	六
一七四○	三	四	四	四	四	四	五	五	五	五	五	六	六
一七六○	三	三	四	四	四	四	五	五	五	五	五	六	六
一七八○	三	三	四	四	四	四	五	五	五	五	五	六	六
一八○○	三	三	四	四	四	四	四	五	五	五	五	六	六
一八二○	三	三	四	四	四	四	四	五	五	五	五	五	六
一八四○	三	三	四	四	四	四	四	五	五	五	五	五	六
一八六○	三	三	三	四	四	四	四	五	五	五	五	五	六
一八八○	三	三	三	四	四	四	四	四	五	五	五	五	五
一九○○	三	三	三	四	四	四	四	四	五	五	五	五	五
一九二○	三	三	三	四	四	四	四	四	五	五	五	五	五
一九四○	三	三	三	四	四	四	四	四	五	五	五	五	五
一九六○	三	三	三	三	四	四	四	四	四	五	五	五	五
一九八○	三	三	三	三	四	四	四	四	四	五	五	五	五
二○○○	三	三	三	三	四	四	四	四	四	五	五	五	五

相距步數	二十八尺	二十九尺	三十尺	三十一尺	三十二尺	三十三尺	三十四尺	三十五尺	三十六尺	三十七尺	三十八尺	三十九尺	四十尺
一五二〇	七	七	八	八	八	八	九	九	九	九	十	十	十
一五四〇	七	七	七	八	八	八	八	九	九	九	九	十	十
一五六〇	七	七	七	八	八	八	八	九	九	九	九	十	十
一五八〇	七	七	七	八	八	八	八	八	九	九	九	九	十
一六〇〇	七	七	七	七	八	八	八	八	九	九	九	九	十
一六二〇	七	七	七	七	八	八	八	八	九	九	九	九	九
一六四〇	七	七	七	七	八	八	八	八	八	九	九	九	九
一六六〇	六	七	七	七	七	八	八	八	八	九	九	九	九
一六八〇	六	七	七	七	七	八	八	八	八	八	九	九	九
一七〇〇	六	七	七	七	七	七	八	八	八	八	九	九	九
一七二〇	六	六	七	七	七	七	八	八	八	八	八	九	九
一七四〇	六	六	七	七	七	七	七	八	八	八	八	九	九
一七六〇	六	六	七	七	七	七	七	八	八	八	八	八	九
一七八〇	六	六	六	七	七	七	七	七	八	八	八	八	九
一八〇〇	六	六	六	七	七	七	七	七	八	八	八	八	九
一八二〇	六	六	六	七	七	七	七	七	八	八	八	八	八
一八四〇	六	六	六	六	七	七	七	七	七	八	八	八	八
一八六〇	六	六	六	六	七	七	七	七	七	八	八	八	八
一八八〇	六	六	六	六	七	七	七	七	七	八	八	八	八
一九〇〇	六	六	六	六	六	七	七	七	七	七	八	八	八
一九二〇	六	六	六	六	六	七	七	七	七	七	八	八	八
一九四〇	六	六	六	六	六	六	七	七	七	七	七	八	八
一九六〇	五	六	六	六	六	六	七	七	七	七	七	八	八
一九八〇	五	六	六	六	六	六	七	七	七	七	七	八	八
一〇〇〇	五	六	六	六	六	六	七	七	七	七	七	八	八

相距步數	四十一尺	四十二尺	四十三尺	四十四尺	四十五尺	四十六尺	四十七尺	四十八尺	四十九尺	五十尺
一五二〇	十	十一	十一	十一	十一	十二	十二	十二	十二	十二
一五四〇	十	十	十一	十一	十一	十一	十二	十二	十二	十二
一五六〇	十	十	十一	十一	十一	十一	十一	十二	十二	十二
一五八〇	十	十	十	十一	十一	十一	十一	十二	十二	十二
一六〇〇	十	十	十	十一	十一	十一	十一	十一	十二	十二
一六二〇	十	十	十	十	十一	十一	十一	十一	十一	十二
一六四〇	十	十	十	十	十	十一	十一	十一	十一	十二
一六六〇	九	十	十	十	十	十一	十一	十一	十一	十一
一六八〇	九	十	十	十	十	十	十一	十一	十一	十一
一七〇〇	九	九	十	十	十	十	十一	十一	十一	十一
一七二〇	九	九	十	十	十	十	十	十一	十一	十一
一七四〇	九	九	九	十	十	十	十	十一	十一	十一
一七六〇	九	九	九	十	十	十	十	十	十一	十一
一七八〇	九	九	九	十	十	十	十	十	十	十一
一八〇〇	九	九	九	九	十	十	十	十	十	十一
一八二〇	九	九	九	九	九	十	十	十	十	十
一八四〇	九	九	九	九	九	九	十	十	十	十
一八六〇	八	九	九	九	九	九	十	十	十	十
一八八〇	八	九	九	九	九	九	十	十	十	十
一九〇〇	八	八	九	九	九	九	九	十	十	十
一九二〇	八	八	九	九	九	九	九	十	十	十
一九四〇	八	八	九	九	九	九	九	十	十	十
一九六〇	八	八	八	九	九	九	九	九	十	十
一九八〇	八	八	八	九	九	九	九	九	十	十
二〇〇〇	八	八	八	八	九	九	九	九	九	十

表三　四磅彈橫直差　六磅彈橫直差

四磅彈百礮中五十彈之橫直差

距礮（步）	直差 一磅藥（尺）	直差 九分藥（尺）	直差 八分藥（尺）	直差 七分藥（尺）	橫差（尺）
五〇	〇	〇	〇一	〇一	〇一
一〇〇	〇一	〇一	〇二	〇二	〇二
一五〇	〇二	〇二	〇三	〇三	〇三
二〇〇	〇二	〇三	〇四	〇四	〇四
二五〇	〇三	〇四	〇五	〇五	〇六
三〇〇	〇四	〇五	〇六	〇六	〇七
三五〇	〇六	〇六	〇七	〇八	〇八
四〇〇	〇八	〇八	〇九	〇九	〇九
四五〇	〇九	一	一	一一	一一
五〇〇	一	一一	一二	一三	一二
五五〇	一二	一三	一四	一五	一三
六〇〇	一三	一四	一六	一八	一四
六五〇	一五	一六	一八	二〇	一六
七〇〇	一七	一八	二	二三	一七
七五〇	一九	二	二二	二五	一九
八〇〇	二	二二	二五	二八	二一
八五〇	二二	二五	二七	三一	二二
九〇〇	二四	二七	三	三四	二四
九五〇	二七	三	三三	三七	二六
一〇〇〇	二九	三二	三六	四一	二八

四磅彈百礮中五十彈之橫直差

距礮（步）	直差 六分藥（尺）	直差 五分藥（尺）	直差 四分藥（尺）	直差 二分半藥（尺）	橫差（尺）
五〇	〇一	〇二	〇二	〇二	〇一
一〇〇	〇二	〇三	〇三	〇四	〇二
一五〇	〇三	〇四	〇五	〇六	〇三
二〇〇	〇五	〇五	〇七	〇九	〇四
二五〇	〇六	〇七	〇九	一二	〇六
三〇〇	〇七	〇九	一一	一五	〇七
三五〇	〇九	一一	一四	一八	〇八
四〇〇	一一	一四	一七	二二	〇九
四五〇	一三	一六	二	二六	一一
五〇〇	一六	一九	二三	三一	一二
五五〇	一八	二二	二七	三七	一三
六〇〇	二一	二六	三二	四四	一四
六五〇	二四	三	三七	五一	一六
七〇〇	二七	三四	四二	六	一七
七五〇	三	三八	四八	七一	一九
八〇〇	三四	四三	五五	八四	二一
八五〇	三八	四七	六二	九九	二二
九〇〇	四二	五二	六九	一一六	二四
九五〇	四六	五八	七七	一三六	二六
一〇〇〇	五一	六四	八六	一六	二八

四磅彈礮百彈中五十彈之橫直差

距礮（步）	直差 二磅藥（尺）	直差 九分藥（尺）	直差 八分藥（尺）	直差 七分藥（尺）	橫差（尺）
一〇五〇	三一	三五	三九	四五	三〇
一一〇〇	三三	三八	四三	四九	三三
一一五〇	三六	四一	四七	四三	三五
一二〇〇	三九	四四	五	五七	三七
一二五〇	四一	四七	五三	六一	三九
一三〇〇	四四	五	五七	六六	四二
一三五〇	四七	五三	六一	七一	四四
一四〇〇	五	五七	六五	七六	四六
一四五〇	五四	六一	六九	八一	四八
一五〇〇	五七	六五	七四	八六	五一
一五五〇	六	六八	七八	九一	五三
一六〇〇	六四	七二	八三	九七	五五
一六五〇	六七	七六	八七	一〇二	五七
一七〇〇	七一	八	九二	一〇八	六〇
一七五〇	七四	八四	九七	一一四	六二
一八〇〇	七八	八八	一〇三	一二	六四
一八五〇	八二	九二	一〇七	一二六	六六
一九〇〇	八六	九七	一一二	一三二	六九
一九五〇	九	一〇二	一一八	一三八	七一
二〇〇〇	九四	一〇七	一二四	一四五	七三

四磅彈礮百彈中五十彈之橫直差

距礮（步）	直差 六分藥（尺）	直差 五分藥（尺）	直差 四分藥（尺）	直差 二分半藥（尺）	橫差（尺）
一〇五〇	五五	七	九六	一八七	三〇
一一〇〇	六	七七	一〇七	二一六	三三
一一五〇	六五	八四	一一八	二四八	三五
一二〇〇	七二	九一	一二九	二八二	三七
一二五〇	七八	九八	一四三	三二	三九
一三〇〇	八四	一〇九	一五八	三六	四二
一三五〇	九	一一八	一七四	四〇二	四四
一四〇〇	九七	一二八	一九二	四四六	四六
一四五〇	一〇四	一三九	二一二	四九二	四八
一五〇〇	一一一	一五	二三二	五三八	五一
一五五〇	一一九	一六一	二五二	五八六	五三
一六〇〇	一二六	一七三	二八三		五五
一六五〇	一三四	一八五	三一四		五七
一七〇〇	一四二	一九七	三四六		六〇
一七五〇	一五	二一	三八		六二
一八〇〇	一五八	二二三	四二四		六四
一八五〇	一六七	二三六	四六三		六六
一九〇〇	一七四	二四八	五〇四		六八
一九五〇	一八三	二六二	五四七		七一
二〇〇〇	一九二	二七六	五九三		七三

六磅彈礮百彈中五十彈之橫直差

距礮（步）	直差 一磅二分藥（尺）	直差 一磅一分藥（尺）	直差 一磅藥（尺）	直差 九分藥（尺）	直差 八分藥（尺）	橫差（尺）
五〇	〇	〇	〇	〇	〇一	〇一
一〇〇	〇一	〇一	〇一	〇一	〇一	〇二
一五〇	〇一	〇一	〇二	〇二	〇二	〇三
二〇〇	〇二	〇二	〇二	〇二	〇三	〇四
二五〇	〇二	〇二	〇三	〇三	〇四	〇五
三〇〇	〇三	〇三	〇三	〇四	〇五	〇六
三五〇	〇三	〇四	〇四	〇五	〇六	〇七
四〇〇	〇四	〇五	〇五	〇六	〇七	〇八
四五〇	〇五	〇六	〇六	〇七	〇九	〇九
五〇〇	〇六	〇七	〇七	〇八	一	一〇
五五〇	〇七	〇七	〇八	一	一二	一一
六〇〇	〇七	〇八	〇九	一一	一三	一二
六五〇	〇八	〇九	一一	一二	一五	一四
七〇〇	〇九	一	一二	一四	一七	一五
七五〇	一	一二	一三	一六	一九	一六
八〇〇	一一	一三	一五	一七	二二	一八
八五〇	一二	一四	一六	一九	二四	一九
九〇〇	一三	一五	一八	二一	二七	二一
九五〇	一四	一七	一九	二三	二九	二二
一〇〇〇	一六	一八	二一	二五	三二	二四

六磅彈礮百彈中五十彈之橫直差

距礮（步）	直差 七分藥（尺）	直差 六分藥（尺）	直差 五分藥（尺）	直差 四分藥（尺）	直差 三分藥（尺）	橫差（尺）
五〇	〇一	〇一	〇一	〇一	〇一	〇一
一〇〇	〇二	〇二	〇二	〇三	〇三	〇二
一五〇	〇二	〇三	〇三	〇四	〇五	〇三
二〇〇	〇三	〇四	〇五	〇六	〇八	〇四
二五〇	〇五	〇五	〇七	〇九	一	〇五
三〇〇	〇六	〇七	〇九	一一	一三	〇六
三五〇	〇七	〇九	一一	一四	一六	〇七
四〇〇	〇九	一一	一三	一七	二	〇八
四五〇	一一	一三	一六	二	二四	〇九
五〇〇	一三	一六	一九	二四	二九	一〇
五五〇	一五	一八	二二	二八	三三	一一
六〇〇	一七	二一	二六	三二	三九	一二
六五〇	一九	二四	三	三七	四五	一四
七〇〇	二二	二七	三四	四三	五二	一五
七五〇	二四	三一	三九	四八	六	一六
八〇〇	二七	三五	四四	五五	六八	一八
八五〇	三	三九	四九	六二	七八	一九
九〇〇	三四	四三	五五	六九	八八	二一
九五〇	三七	四七	六二	七七	九九	二二
一〇〇〇	四一	五二	六七	八六	一一二	二四

六磅彈礮百中五十彈之橫直差

距礮 步	直差 一磅二分藥 尺	直差 一磅一分藥 尺	直差 一磅藥 尺	直差 九分藥 尺	直差 八分藥 尺	橫差 尺
一〇五〇	一 七	一 九	二 二	二 七	三五	二 五
一一〇〇	一 八	二 一	二 四	三	三八	二 八
一一五〇	二	二 二	二 六	三 二	四一	二 九
一二〇〇	二 一	二 四	二 八	三 五	四四	三
一二五〇	二 二	二 六	三	三 七	四七	三 二
一三〇〇	二 四	二 七	三 二	四	五一	三 三
一三五〇	二 五	二 九	三 四	四 二	五五	三 五
一四〇〇	二 七	三 一	三 六	四 五	五八	三 七
一四五〇	二 九	三 三	三 八	四 八	六二	三 九
一五〇〇	三	三 四	四	五 一	六六	四 一
一五五〇	三 二	三 六	四 三	五 四	七	四 二
一六〇〇	三 三	三 八	四 五	五 七	七四	四 四
一六五〇	三 五	四	四 七	六	七八	四 六
一七〇〇	三 七	四 二	五	六 三	八二	四 八
一七五〇	三 九	四 四	五 二	六 七	八七	五
一八〇〇	四 一	四 六	五 五	七	九一	五 二
一八五〇	四 三	四 八	五 八	七 三	九九	五 四
一九〇〇	四 五	五	六	七 七	一〇	五 六
一九五〇	四 七	五 二	六 三	八	一〇五	五 九
二〇〇〇	四 九	五 五	六 六	八 四	一一	六 〇

六磅彈礮百中五十彈之橫直差

距礮 步	直差 七分藥 尺	直差 六分藥 尺	直差 五分藥 尺	直差 四分藥 尺	直差 三分藥 尺	橫差 尺
一〇五〇	四四	五七	七四	九六	一二五	二 五
一一〇〇	四八	六三	八一	一〇六	一四一	二 八
一一五〇	五二	六九	九	一一七	一五八	二 九
一二〇〇	五七	七五	九八	一三	一七七	三
一二五〇	六一	八一	一〇七	一四三	一九八	三 二
一三〇〇	六六	八八	一一七	一五八	二二二	三 三
一三五〇	七一	九五	一二九	一七五	二五	三 五
一四〇〇	七六	一〇三	一四一	一九三	二八	三 七
一四五〇	八一	一一一	一五四	二一三		三 九
一五〇〇	八六	一二	一六八	二三五		四 一
一五五〇	九二	一二八	一八三	二五九		四 二
一六〇〇	九八	一三八	二〇	二八五		四 四
一六五〇	一〇四	一四七	二一七			四 六
一七〇〇	一一	一五七	二三六			四 八
一七五〇	一一六	一六七	二五六			五
一八〇〇	一二二	一七八	二七六			五 二
一八五〇	一二九	一八九	二九八			五 四
一九〇〇	一三五	二〇	三二			五 六
一九五〇	一四二	二一一	三四四			五 九
二〇〇〇	一四八	二二二	三六八			六 〇

四磅彈礮百中五十彈之廣遠差

距礮 步	遠差 步	廣差 步	距礮 步	遠差 步	廣差 步
四〇〇	二六八	〇 四	二八〇〇	五四五	五 一
五〇〇	二八五	〇 五	二九〇〇	五五二	五 四
六〇〇	三〇一	〇 六	三〇〇〇	五五六	五 七
七〇〇	三一六	〇 七	三一〇〇	五六五	五 九
八〇〇	三三一	〇 八	三二〇〇	五七一	六 二
九〇〇	三四六	一 〇	三三〇〇	五七七	六 五
一〇〇〇	三六〇	一 二	三四〇〇	五八三	六 八
一一〇〇	三七四	一 四	三五〇〇	五八九	七 一
一二〇〇	三八七	一 五	三六〇〇	五九五	七 四
一三〇〇	四〇〇	一 七	三七〇〇	六〇〇	七 七
一四〇〇	四一二	一 九	三八〇〇	六〇五	七 九
一五〇〇	四二四	二 一	三九〇〇	六一〇	八 二
一六〇〇	四三五	二 三	四〇〇〇	六一五	八 五
一七〇〇	四四六	二 五	四一〇〇	六二〇	八 八
一八〇〇	四五七	二 七	四二〇〇	六二五	九 一
一九〇〇	四六七	二 九	四三〇〇	六三〇	九 四
二〇〇〇	四七七	三 一	四四〇〇	六三四	九 七
二一〇〇	四八六	三 四	四五〇〇	六三八	一〇 〇
二二〇〇	四九五	三 六	四六〇〇	六四三	一〇 三
二三〇〇	五〇四	三 八	四七〇〇	六四七	一〇 六
二四〇〇	五一三	四 一	四八〇〇	六五一	一〇 九
二五〇〇	五二一	四 三	四九〇〇	六五五	一一 二
二六〇〇	五二九	四 六	五〇〇〇	六五九	一一 五
二七〇〇	五三七	四 九			

六磅彈礮百中五十彈之廣遠差

距礮 步	遠差 步	廣差 步	距礮 步	遠差 步	廣差 步
四〇〇	一二四	〇 三	二七〇〇	三三七	三 八
五〇〇	一三四	〇 四	二八〇〇	三四五	四 〇
六〇〇	一四四	〇 五	二九〇〇	三五三	四 三
七〇〇	一五四	〇 六	三〇〇〇	三六一	四 五
八〇〇	一六四	〇 八	三一〇〇	三六九	四 七
九〇〇	一七四	〇 九	三二〇〇	三七七	四 九
一〇〇〇	一八三	一 〇	三三〇〇	三八五	五 一
一一〇〇	一九三	一 二	三四〇〇	三九三	五 四
一二〇〇	二〇三	一 三	三五〇〇	四〇一	五 六
一三〇〇	二一三	一 四	三六〇〇	四〇八	五 八
一四〇〇	二二二	一 五	三七〇〇	四一六	六 一
一五〇〇	二三二	一 七	三八〇〇	四二三	六 三
一六〇〇	二四一	一 八	三九〇〇	四三一	六 五
一七〇〇	二五〇	二 〇	四〇〇〇	四三八	六 七
一八〇〇	二五九	二 二	四一〇〇	四四五	七 〇
一九〇〇	二六八	二 三	四二〇〇	四五二	七 三
二〇〇〇	二七六	二 五	四三〇〇	四五九	七 五
二一〇〇	二八五	二 七	四四〇〇	四六六	七 八
二二〇〇	二九四	二 九	四五〇〇	四七三	八 〇
二三〇〇	三〇三	三 一	四六〇〇	四八〇	八 二
二四〇〇	三一一	三 二	四七〇〇	四八七	八 五
二五〇〇	三二〇	三 四	四八〇〇	四九三	八 七
二六〇〇	三二八	三 六	四九〇〇	五〇	九 〇
二七〇〇	三三七	三 八	五〇〇〇	五〇七	九 三

定差表

彈數	差	彈數	差	彈數	差	彈數	差
一	○.○二	二六	○.四九	五○	一.○○	七五	一.七一
二	○.○四	二七	○.五一	五一	一.○二	七六	一.七四
三	○.○六	二八	○.五三	五二	一.○四	七七	一.七八
四	○.○七	二九	○.五五	五三	一.○七	七八	一.八二
五	○.○九	三○	○.五七	五四	一.○九	七九	一.八六
六	○.一一	三一	○.五九	五五	一.一二	八○	一.九○
七	○.一三	三二	○.六一	五六	一.一四	八一	一.九四
八	○.一五	三三	○.六三	五七	一.一七	八二	一.九八
九	○.一七	三四	○.六五	五八	一.一九	八三	二.○三
十	○.一八	三五	○.六七	五九	一.二二	八四	二.○八
十一	○.二○	三六	○.七○	六○	一.二五	八五	二.一三
十二	○.二二	三七	○.七二	六一	一.二七	八六	二.一八
十三	○.二四	三八	○.七四	六二	一.三○	八七	二.二四
十四	○.二六	三九	○.七六	六三	一.三三	八八	二.三○
十五	○.二八	四○	○.七八	六四	一.三六	八九	二.三七
十六	○.三○	四一	○.八○	六五	一.三九	九○	二.四四
十七	○.三二	四二	○.八二	六六	一.四二	九一	二.五二
十八	○.三四	四三	○.八四	六七	一.四五	九二	二.六○
十九	○.三六	四四	○.八六	六八	一.四八	九三	二.六九
二○	○.三八	四五	○.八九	六九	一.五一	九四	二.七八
二一	○.四○	四六	○.九一	七○	一.五四	九五	二.九一
二二	○.四一	四七	○.九三	七一	一.五七	九六	三.○四
二三	○.四三	四八	○.九五	七二	一.六○	九七	三.二二
二四	○.四五	四九	○.九八	七三	一.六四	九八	三.四五
二五	○.四七	五○	一.○○	七四	一.六七	九九	三.八二

四磅彈礮每秒速率

距礮步	一磅藥 尺	九分半藥 尺	九分藥 尺	八分半藥 尺	八分藥 尺	七分半藥 尺	七分藥 尺	六分半藥 尺
○	一一七五	一一四一半	一一○八	一○七四	一○三九	一○○三	九六五	九二六
五○	一一六六	一一三二	一○九九半	一○六五半	一○三一	九九五	九五七	九一八半
一○○	一一五七	一一二三	一○九一	一○五七	一○二三	九八七	九四九半	九一一
一五○	一一四八	一一一四	一○八二半	一○四八半	一○一五	九七九	九四一半	九○四
二○○	一一三九半	一一○五	一○七四	一○四○	一○○七	九七一	九三四	八九七
二五○	一一三一	一○九六半	一○六六	一○三二	九九九	九六三半	九二六半	八九○
三○○	一一二二半	一○八八	一○五八	一○二四	九九一	九五六	九一九	八八三
三五○	一一一四	一○八○	一○五○	一○一六半	九八三半	九四八半	九一二	八七六
四○○	一一○五半	一○七二	一○四二	一○○九	九七六	九四一	九○五	八六九
四五○	一○九七	一○六四	一○三四	一○○一半	九六八半	九三四	八九八	八六二半
五○○	一○八九	一○五六	一○二六	九九四	九六一	九二七	八九一	八五六
五五○	一○八一	一○四八	一○一八半	九八六半	九五四	九二○	八八四半	八四九半
六○○	一○七三	一○四○半	一○一一	九七九	九四七	九一三	八七八	八四三
六五○	一○六五	一○三三	一○○三半	九七二	九四○	九○六半	八七二	八三六
七○○	一○五七	一○二五	九九六	九六五	九三三	九○○	八六六	八三一
七五○	一○四九半	一○一八	九八八半	九五八	九二六半	八九三半	八六○	八二五
八○○	一○四二	一○一一	九八一	九五一	九二○	八八七	八五四	八一九
八五○	一○三四半	一○○四	九七四	九四四半	九一三半	八八一	八四八	八一三半
九○○	一○二七半	九九七	九六七	九三八	九○七	八七五	八四二	八○八
九五○	一○二○半	九九○	九六○	九三一半	九○一	八六九	八三六半	八○二半
一○○○	一○一三半	九八三半	九五三	九二五	八九五	八六三	八三一	七九七

四磅彈礮每秒速率

距礮步	六分藥 尺	五分半藥 尺	五分藥 尺	四分半藥 尺	四分藥 尺	三分半藥 尺	三分藥 尺	二分半藥 尺
○	八八五	八四三	八○○	七五五	七○七	六五八	六○二	五四五
五○	八七八	八三六半	七九三半	七四九	七○一半	六五○	五九七半	五四○半
一○○	八七一	八三○	七八七	七四三	六九六	六四六	五九三	五三六半
一五○	八六四	八二三半	七八○半	七三七	六九○半	六四一	五八八半	五三二半
二○○	八五七	八一七	七七四半	七三一半	六八五	六三六	五八四	五二八
二五○	八五○半	八一○半	七六八半	七二五半	六七九半	六三一	五七九半	五二四
三○○	八四四	八○四	七六二半	七二○	六七四半	六二六	五七五	五二○
三五○	八三七半	七九八	七五六半	七一四半	六六九	六二一	五七○半	五一六
四○○	八三一半	七九二	七五一	七○九	六六四	六一六	五六六	五一二
四五○	八二六	七八六	七四五半	七○三半	六五九	六一一半	五六一半	五○八
五○○	八一九	七八○	七四○	六九八	六五四	六○七	五五七	五○四
五五○	八一三	七七四	七三四	六九二半	六四九	六○二半	五五三	五○○半
六○○	八○七	七六八	七二八半	六八七	六四四半	五九八	五四九	四九七
六五○	八○一	七六二半	七二三	六八二	六三九半	五九三半	五四五	四九三半
七○○	七九五	七五七	七一七半	六七七	六三五	五八九	五四一	四九○
七五○	七八九半	七五一半	七一二半	六七二	六三○半	五八四半	五三七	四八六半
八○○	七八四	七四六	七○七半	六六七	六二六	五八○	五三三半	四八二
八五○	七七八半	七四一	七○二半	六六二半	六二一半	五七六	五二九半	四七九半
九○○	七七三	七三六	六九八	六五八	六一七	五七二	五二六	四七六
九五○	七六七半	七三一	六九三	六五三半	六一二半	五六八	五二二	四七二半
一○○○	七六二半	七二六	六八八半	六四九	六○八	五六四	五一八半	四六九

四磅彈礮每秒速率

距礮步	一磅藥 尺	九分半藥 尺	九分藥 尺	八分半藥 尺	八分藥 尺	七分半藥 尺	七分藥 尺	六分半藥 尺
一〇〇〇	一〇一三半	九八三半	九五三	九二五	八九五	八六三	八三一	七九七
一〇五〇	一〇〇六半	九七七	九四六半	九一八半	八八九	八五七半	八二五半	七九一半
一一〇〇	一〇〇〇	九七〇	九四〇	九一二	八八三	八五二	八二〇	七八六
一一五〇	九九三半	九六三半	九三三半	九〇六	八七七	八四六半	八一四半	七八〇半
一二〇〇	九八七	九五七	九二七半	九〇〇	八七一半	八四一	八〇九	七七五
一二五〇	九八〇半	九五〇半	九二一半	八九四	八六五半	八三五半	八〇三半	七七〇
一三〇〇	九七四	九四四半	九一五半	八八八	八六〇	八三〇	七九八	七六五
一三五〇	九六七半	九三八半	九〇九半	八八二	八五四	八二四半	七九三	七六〇
一四〇〇	九六一	九三二半	九〇四	八七六	八四八	八一九	七八八	七五五
一四五〇	九五四半	九二六半	八九八半	八七〇半	八四二半	八一三半	七八三	七五〇半
一五〇〇	九四八半	九二〇半	八九三	八六五	八三七	八〇八	七七八	七四六
一五五〇	九四二	九一四半	八八七半	八五九半	八三二	八〇三	七七三	七四一半
一六〇〇	九三六	九〇八半	八八二	八五四	八二七	七九八	七六八	七三七
一六五〇	九三〇	九〇三	八七六半	八四八半	八二二	七九三	七六三	七三二半
一七〇〇	九二四	八九七半	八七一	八四三	八一六半	七八八	七五八半	七二八
一七五〇	九一八半	八九二	八六五半	八三八	八一一半	七八三	七五四	七二三半
一八〇〇	九一三	八八六半	八六〇半	八三三	八〇六半	七七八	七四九半	七一六
一八五〇	九〇七半	八八一	八五五半	八二八	八〇一半	七七三半	七四五	七一四半
一九〇〇	九〇二	八七六	八五〇半	八二三半	七九六半	七六九	七四〇半	七一〇
一九五〇	八九六半	八七一	八四五半	八一九	七九二	七六四半	七三六	七〇六
二〇〇〇	八九一	八六六	八四〇半	八一四半	七八七半	七六〇	七三一半	七〇二

克虜伯礮表卷六　四磅彈速率　三三

四磅彈礮每秒速率

距礮步	六分藥 尺	五分半藥 尺	五分藥 尺	四分半藥 尺	四分藥 尺	三分半藥 尺	三分藥 尺	二分半藥 尺
一〇〇〇	七六二半	七二六	六八八半	六四九	六〇八	五六四	五一八半	四六九
一〇五〇	七五七	七二一	六八三半	六四四半	六〇四	五六〇	五一四半	四六五半
一一〇〇	七五二	七一六	六七九	六四〇	六〇〇	五五六	五一一	四六二
一一五〇	七四七	七一一	六七四半	六三六	五九六	五五二半	五〇七半	四五九
一二〇〇	七四二	七〇六	六七〇	六三二	五九二半	五四九	五〇四	四五五
一二五〇	七三七	七〇一半	六六五半	六二八	五八八半	五四五半	五〇〇半	四五三
一三〇〇	七三二	六九七	六六一半	六二四	五九五	五四二	四九七半	四五〇
一三五〇	七二七半	六九二半	六五七	六二〇	五八一	五三八半	四九四	四四七
一四〇〇	七二三	六八八	六五三	六一六	五七七半	五三五	四九〇	四四四
一四五〇	七一八半	六八三半	六四九	六一二	五七三半	五三二	四八八	四四一
一五〇〇	七一四	六七九半	六四五	六〇八	五七〇	五二八半	四八五	四三八
一五五〇	七〇九半	六七五	六四一	六〇四	五六六	五二五半	四八二	
一六〇〇	七〇五	六七一	六三七	六〇〇	五六二半	五二二	四七九	
一六五〇	七〇〇半	六六七	六三三	五九六半	五五九	五一九	四七六	
一七〇〇	六九六	六六三	六二九	五九三	五五五半	五一六	四七三	
一七五〇	六九二	六五九	六二五	五八九半	五五二	五一三	四七〇	
一八〇〇	六八八	六五五	六二一	五八六	五四八半	五一〇	四六七	
一八五〇	六八四	六五一	六一七	五八二半	五四五	五〇七	四六四半	
一九〇〇	六八〇	六四七半	六一一	五七九	五四二	五〇四	四六二	
一九五〇	六七六	六四四	六〇九半	五七五半	五三九	五〇一		
二〇〇〇	六七二	六四〇半	六〇六	五七二	五三六	四九八		

表六　四磅彈速率　六磅彈速率

387

六磅彈礮每秒速率

距礮步	一磅二分藥 尺	一磅一分藥 尺	一磅藥 尺	九分藥 尺	八分藥 尺
〇	一〇五五半	一〇〇一半	九四六半	八九〇半	八三三
五〇	一〇四六半	九九六	九四一半	八八五半	八二八半
一〇〇	一〇四三半	九九〇半	九三六	八八一	八二四半
一五〇	一〇三七半	九八五	九三一	八七六	八二〇
二〇〇	一〇三二	九八〇	九二六	八七一半	八一五半
二五〇	一〇二六半	九七五	九二一	八六七	八一一
三〇〇	一〇二一	九六九半	九一六	八六二	八〇七
三五〇	一〇一五半	九六四	九一一	八五七	八〇二半
四〇〇	一〇一〇	九五九	九〇六	八五二半	七九八
四五〇	一〇〇四半	九五四	九〇一半	八四七半	七九三半
五〇〇	九九九	九四八半	八九六半	八四三	七八九
五五〇	九九三半	九四三半	八九二	八三八半	七八五
六〇〇	九八八	九三八	八八七	八三四	七八一
六五〇	九八三	九三三	八八二半	八二九半	七七七
七〇〇	九七[illegible]半	九二八	八七七半	八二五	七七二半
七五〇	九七二	九二三	八七二半	八二〇半	七六八
八〇〇	九六七	九一八	八六七半	八一六	七六四
八五〇	九六一半	九一三	八六三	八一二	七六〇
九〇〇	九五六	九〇八	八五八半	八〇七半	七五六
九五〇	九五〇	九〇三	八五四	八〇三	七五二
一〇〇〇	九四五	八九八	八四九半	七九八半	七四八

克虜伯礮表卷六　六磅彈速率　三四

六磅彈礮每秒速率

距礮步	七分藥 尺	六分藥 尺	五分藥 尺	四分藥 尺	三分藥 尺
〇	七七二半	七〇四	六二七	五四七	四六七半
五〇	七六八	七〇〇	六二三	五四三半	四六五
一〇〇	七六三半	六九六半	六一九半	五四〇半	四六二半
一五〇	七五九半	六九二半	六一六	五三七半	四六〇
二〇〇	七五五半	六八八半	六一二半	五三五	四五七
二五〇	七五一半	六八五	六〇九半	五三二	四五四半
三〇〇	七四七半	六八一半	六〇六	五二九	四五二
三五〇	七四三半	六七七半	六〇二半	五二六	四四九半
四〇〇	七三九半	六七四	五九九半	五二三	四四七半
四五〇	七三五半	六七〇半	五九六半	五二〇半	四四五
五〇〇	七三一半	六六七	五九三	五一七半	四四二半
五五〇	七二七半	六六三半	五九〇	五一五	四四〇
六〇〇	七二三半	六六〇	五八七	五一二半	四三七半
六五〇	七二〇	六五六半	五八三半	五〇九半	四三五
七〇〇	七一六	六五三	五八〇半	五〇七	四三二半
七五〇	七一二	六四九半	五七七半	五〇四半	四三〇
八〇〇	七〇八	六四六	五七四半	五〇二	四二七半
八五〇	七〇四	六四二半	五七一半	四九九	四二五半
九〇〇	七〇〇半	六三九	五六八半	四九六半	四二三半
九五〇	六九七	六三六	五六五半	四九四	四二一
一〇〇〇	六九三	六三二半	五六二半	四九一半	四一八半

六磅彈礮每秒速率

距礮步	一磅二分藥尺	一磅一分藥尺	一磅藥尺	九分藥尺	八分藥尺
一〇〇〇	九四五半	八九八	八四九半	七九八半	七四八
一〇五〇	九四〇	八九三半	八四五	七九四半	七四四
一一〇〇	九三五	八八九	八四〇半	七九〇	七四〇
一一五〇	九三〇	八八四	八三六	七八六	七三六
一二〇〇	九二五	八七六半	八三一半	七八二	七三二
一二五〇	九二〇	八七四半	八二七	七七八	七二八
一三〇〇	九一五	八七〇	八二二半	七七四	七二四半
一三五〇	九一〇	八六五	八一八	七七〇	七二〇半
一四〇〇	九〇五	八六〇半	八一三半	七六六	七一六半
一四五〇	九〇〇	八五六	八〇九半	七六二	七一二半
一五〇〇	八九五	八五一半	八〇五	七五七半	七〇九
一五五〇	八九〇	八四七	八〇〇半	七五三	七〇五
一六〇〇	八八五五	八四二	七九六半	七四九	七〇一
一六五〇	八八〇五	八三七半	七九二	七四五	六九七
一七〇〇	八七六	八三三半	七八七半	七四一	六九三
一七五〇	八七一	八二八	七八三	七三七	六八九半
一八〇〇	八六七	八二三半	七七八半	七三二半	六八五半
一八五〇	八六二半	八一九	七七四半	七二八半	六八二
一九〇〇	八五七半	八一四半	七七〇	七二四半	六七八
一九五〇	八五二半	八一〇	七六五半	七二〇半	六七四
二〇〇〇	八四八	八〇五半	七六一	七一六半	六七〇

克虜伯礮表六 六磅彈速率

六磅彈礮每秒速率

距礮步	七分藥尺	六分藥尺	五分藥尺	四分藥尺	三分藥尺
一〇〇〇	六九三	六三二半	五六二半	四九一半	四一八半
一〇五〇	六八九半	六二九	五五九半	四八九	四一六
一一〇〇	六八五半	六二五半	五五六半	四八六半	四一四
一一五〇	六八二	六二二半	五五三半	四八四	四一一半
一二〇〇	六七八	六一九	五五〇半	四八一半	四〇九
一二五〇	六七四半	六一五半	五四七半	四七九	四〇六半
一三〇〇	六七一	六一二半	五四五	四七六半	四〇四
一三五〇	六六七半	六〇九半	五四二半	四七四	
一四〇〇	六六四	六〇六	五三九半	四七一半	
一四五〇	六六〇半	六〇二半	五三六半	四六八半	
一五〇〇	六五七	五九九半	五三三半	四六五半	
一五五〇	六五三	五九六	五三一	四六三	
一六〇〇	六四九半	五九二半	五二八	四六〇半	
一六五〇	六四六	五八九半	五二五		
一七〇〇	六四二	五八六	五二二半		
一七五〇	六三八半	五八二半	五二〇		
一八〇〇	六三五	五七九半	五一七半		
一八五〇	六三一	五七六	五一四半		
一九〇〇	六二八	五七三	五一一半		
一九五〇	六二四半	五七〇	五〇八半		
二〇〇〇	六二一	五六七	五〇六		

六磅彈礮每秒速率

距礮步	一磅二分藥尺	距礮步	一磅二分藥尺
〇	一〇五五半	二五〇〇	八〇三半
一〇〇	一〇四五半	二六〇〇	七九五
二〇〇	一〇三二	二七〇〇	七八六半
三〇〇	一〇二一	二八〇〇	七七八
四〇〇	一〇一〇	二九〇〇	七七〇
五〇〇	九九九	三〇〇〇	七六〇
六〇〇	九八八	三一〇〇	七五四
七〇〇	九七七半	三二〇〇	七四六
八〇〇	九六七	三三〇〇	七三八
九〇〇	九五六	三四〇〇	七三〇半
一〇〇〇	九四五半	三五〇〇	七二三
一一〇〇	九三五	三六〇〇	七一五半
一二〇〇	九二五	三七〇〇	七〇八
一三〇〇	九一五	三八〇〇	七〇一
一四〇〇	九〇五	三九〇〇	六九四
一五〇〇	八九五	四〇〇〇	六八七
一六〇〇	八八五半	四一〇〇	六八〇
一七〇〇	八七六	四二〇〇	六七三半
一八〇〇	八六七	四三〇〇	六六七
一九〇〇	八五七半	四四〇〇	六六〇
二〇〇〇	八四八	四五〇〇	六五三
二一〇〇	八三八半	四六〇〇	六四六半
二二〇〇	八二九半	四七〇〇	六四〇
二三〇〇	八二〇半	四八〇〇	六三三
二四〇〇	八一二	四九〇〇	六二七
二五〇〇	八〇三半	五〇〇〇	六二一

克虜伯礮表六 六磅彈速率

六磅礮彈透力表

質	藥重 磅	距礮 步	每秒速率 尺	彈重 磅	彈內藥	透深 寸	彈行綫與靣所成角
格來乃脫堅石	一.二	一二〇.	一〇四一	一三.九	滿	一三.五	成直角
新堅磚	一.二	五〇.	一〇四九半	一三.八	滿	二〇.八	成直角
含水磚	一.二	六〇.	一〇四八	一三.八	少	一五.〇	成十六度角
松木 厚一尺各層相隔距一步	.〇九	一四〇〇	九〇五	一三八	滿	透過 四八.	
栗木 厚三尺之木牆內有木料一尺半至二尺外用木板後用支柱	一.二	一二五〇 二五〇〇 三七五〇 五〇〇〇	九二〇 八〇三半 七〇四半 六二一	一三.八	彈內用藥 透過 二六半 二三. 一七.二	彈內用火藥 二三半 二三半 二二. 一九半.	
堅滑之泥	一.二	八〇〇	九六七	一三.八	少	一二五. 一五六.	
堅重之乾泥	一.二	八〇〇	九六七	一三.八	滿	牆厚 七二. 透過 四二.	

六磅礮子母彈引表　藥重一磅二分

距礮步	見 直表 寸	見 橫表 分	見 礮昂 度 分	見 彈引 時秒	擊 縱線 尺	擊 引尺較 尺	擊 引時較 步
一〇〇	五		四		三	〇	四 六
二〇〇	十	半	七	三	四	〇 二	四 六
三〇〇	圭	半	土	五	五	〇 四	四 五
四〇〇	一 四	半	圭	七	六	〇 六	四 五
五〇〇	一 九	一	一 三	一 二	七	〇 八	四 五
六〇〇	一 圭	一	一 七	一 四	八	一 〇	四 四
七〇〇	二 四	一	一 土	一 六	九	一 二	四 四
八〇〇	二 十	一 半	一 圭	二	一 〇	一 四	四 三
九〇〇	三	一 半	二 四	二 三	一 一	一 六	四 三
一〇〇〇	三 五	一 半	二 八	二 五	一 二	一 八	四 二
一一〇〇	三 土	二	二 土	三	一 三	一 九	四 二
一二〇〇	四 十	二	三	三 二	一 四	二 一	四 一
一三〇〇	四 七	二 半	三 五	三 五	一 六	二 三	四 一
一四〇〇	四 圭	二 半	三 九	三 七	一 七	二 五	四 一
一五〇〇	五 三	三	三 酉	四 一	一 八	二 七	四 〇
一六〇〇	五 九	三	四 二	四 四	一 九	二 九	四 〇
一七〇〇	六	三 半	四 七	四 七	二 〇	三 一	四 〇
一八〇〇	六 六	三 半	四 土	五 一	二 二	三 三	四 〇
一九〇〇	六 土	四	五 一	五 四	二 三	三 五	三 九
二〇〇〇	七 三	四	五 五	五 六	二 四	三 七	三 九
二一〇〇	七 九	四 半	五 十	六 一	二 五	三 九	三 九
二二〇〇	八	四 半	五 圭	六 三	二 七	四 一	三 八
二三〇〇	八 七	五	六 四	六 六	二 八	四 三	三 八
二四〇〇	八 酉	五	六 九	七 一	二 九	四 五	三 八
二五〇〇	九 五	五 半	六 酉	七 四	三 一	四 七	三 七
二六〇〇	〇 九 土	五 半	七 三	七 六	三 二	四 九	三 七
二七〇〇	一〇 三	六	七 八	八 一	三 三	五 一	三 七
二八〇〇	一〇 十	六 半	七 土	八 四	三 五	五 三	三 六
二九〇〇	一一 一	六 半	八 三	八 七	三 六	五 五	三 六
三〇〇〇	一一 八	七	八 八	九 一	三 七	五 六	三 六

六磅礮子母彈引表　藥重一磅二分

距礮步	越 分隔高點 直表	越 橫表 分	擊 彈引 時秒	擊 引尺較 尺	擊 引時較 步
六〇〇	二 五	一	一 六	一 二	四 四
七〇〇	二 六	一	二 〇	一 四	四 四
八〇〇	二 酉	一 半	二 二	一 六	四 三
九〇〇	三 三	一 半	二 五	一 八	四 三
一〇〇〇	三 九	一 半	二 七	一 九	四 二
一一〇〇	三 酉	二	三 二	二 一	四 二
一二〇〇	四 四	二	三 四	二 三	四 一
一三〇〇	四 九	二 半	三 六	二 五	四 一
一四〇〇	四 圭	二 半	四 一	二 七	四 一
一五〇〇	五 五	三	四 三	二 九	四 〇
一六〇〇	五 土	三	四 四	三 一	四 〇
一七〇〇	六 十	三 半	五	三 三	四 〇
一八〇〇	六 八	三 半	五 五	三 五	四 〇
一九〇〇	六 酉	四	五 六	三 七	三 九
二〇〇〇	七 五	四	六	三 九	三 九
二一〇〇	七 土	四 半	六 三	四 一	三 九
二二〇〇	七 二	四 半	六 六	四 三	三 八
二三〇〇	八 八	五	七	四 五	三 八
二四〇〇	八 圭	五	七 三	四 七	三 八
二五〇〇	九 六	五 半	七 六	四 九	三 七
二六〇〇	九 圭	五 半	八	五 一	三 七
二七〇〇	〇 四	六	八 三	五 三	三 七
二八〇〇	〇 土	六 半	八 六	五 五	三 六
二九〇〇	一 二	六 半	九 一	五 六	三 六
三〇〇〇	一 九	七	九 四	五 八	三 六

四磅彈礮 用藥半克羅閣冷 合英國二磅二○六四

距礮 邁當	直表 密理	橫表 密理	礮昂 度	礮昂 分	彈落 度	彈落 分	表左右較 每一密理彈差若干邁當	表高下較 每一密理彈差若干邁當
一○○	四	○	○	四	○	四	○.一○	三三
二○○	七	○	○	七	○	七	○.一九	三二
三○○	一○	一	○	十	○	十一	○.二八	三一
四○○	一四	一	○	十三	○	十四	○.三七	三○
五○○	一八	一	一	一	一	二	○.四六	二九
六○○	二二	一	一	四	一	六	○.五五	二八
七○○	二七	一	一	八	一	十	○.六四	二七
八○○	三二	二	一	十二	一	十四	○.七三	二六
九○○	三六	二	二	一	二	三	○.八二	二五
一○○○	四一	二	二	六	二	九	○.九一	二四
一一○○	四六	二	二	十一	三		一.○○	二三
一二○○	五二	二	三		三	七	一.○九	二二
一三○○	五七	二	三	五	三	十四	一.一八	二一
一四○○	六二	三	三	十	四	五	一.二七	二○
一五○○	六八	三	三	十五	四	十二	一.三六	一九
一六○○	七四	三	四	四	五	三	一.四五	一八
一七○○	八○	四	四	十	五	十一	一.五四	一七
一八○○	八七	四	五		六	三	一.六三	一六
一九○○	九四	五	五	六	六	十二	一.七二	一五
二○○○	一○一	五	五	十二	七	五	一.八一	一四

四磅彈礮 用藥半克羅閣冷 合英國二磅二○六四

距礮 邁當	直表 密理	橫表 密理	礮昂 度	礮昂 分	彈落 度	彈落 分	表左右較 每一密理彈差若干邁當	度高下較 每四分度之一彈差若干邁當
二一○○	一○八	五	六	二	七	十四	一.九一	五七
二二○○	一一五	六	六	九	八	七	二.○○	五六
二三○○	一二二	六	七		九	一	二.○九	五五
二四○○	一三○	七	七	八	九	十二	二.一八	五四
二五○○	一三八	七	八		一○	八	二.二七	五三
二六○○	一四六	八	八	八	一一	四	二.三七	五三
二七○○	一五七	八	八	十五	一二	○	二.四六	五二
二八○○	一六二	九	九	七	一二	十三	二.五五	五一
二九○○	一七一	一○	九	十五	一三	十	二.六四	五○
三○○○	一八○	一○	一○	七	一四	八	二.七三	四九
三一○○	一九○	一一	一○	十五	一五	七	二.八三	四八
三二○○		一一	一一	八	一六	六	二.九二	四八
三三○○		一二	一二	一	一七	五	三.○一	四七
三四○○		一二	一二	九	一八	五	三.一○	四六
三五○○		一三	一三	二	一九	六	三.一九	四五
三六○○		一三	一三	十一	二○	七	三.二八	四四
三七○○		一四	一四	四	二一	八	三.三八	四三
三八○○		一四	一四	十三	二二	十	三.四七	四二
三九○○		一五	一五	六	二三	十一	三.五六	四一
四○○○		一五	一六		二四	十三	三.六五	四○

二十四磅鋼彈礮 礮口徑十五桑的邁當

度尺距照星一千五百九十五密理

距礮邁當數	彈差 每上下左右十六分度之一彈差邁當數	硬鐵短開花彈用藥八克羅閣冷 直 度	直 分	橫 度	橫 分	彈落 度	彈落 分	彈遠近較 每高低十六分度之一彈差邁當數	彈歷時 秒	次鐵長開花彈用藥六克羅閣冷半 直 度	直 分	橫 度	橫 分	彈落 度	彈落 分	彈遠近較 每高低十六分度之一彈差邁當數	彈歷時 秒
一○○	○.一一	○	二半	右	半	○	二半	四一	○.二一	○	二半	右		○	二半	四二	○.二五
二○○	○.二二	○	四半	右	半	○	五	四○	○.四四	○	五半	右	半	○	五半	四一	○.五一
三○○	○.三三	○	七	○	○	○	七	四○	○.六七	○	七半	右	半	○	八	四○	○.七六
四○○	○.四四	○	九半	左	半	○	十	三九	○.九○	○	十		○	○	十一	三八	一.○二
五○○	○.五五	○	十二半		半	○	十三	三八	一.一四	○	十三		○	○	十四	三七	一.三○
六○○	○.六六	○	十四		半	○	十五	三七	一.三八	○	十五		○	一	一半	三六	一.五八
七○○	○.七六	一	一		一	一	二半	三六	一.六三	一	二半		○	一	五	三五	一.八六
八○○	○.八七	一	三半		一	一	五半	三六	一.八九	一	五半	左	半	一	八半	三四	二.一六
九○○	○.九八	一	六		一	一	八半	三五	二.一五	一	九		半	一	十一半	三三	二.四六
一○○○	一.○九	一	九		一	一	十四半	三四	二.四一	一	十一		半	一	十五半	三二	二.七六
一一○○	一.二○	一	十二		一	一	十五	三四	二.六八	一	十五半		半	二	四半	三一	三.○八
一二○○	一.三一	一	十五		一半	二	二半	三三	二.九五	二	三		半	二	八半	三○	三.四六
一三○○	一.四二	二	一半		一半	二	六	三二	三.二三	二	六		一	二	十三	二九	三.七四
一四○○	一.五三	二	五		一半	二	九	三一	三.五二	二	十		一	三	一半	二八	四.○九
一五○○	一.六四	二	八		一半	二	十三半	三一	三.八一	二	十四		一	三	六半	二七	四.四四
一六○○	一.七五	二	十一		二	三	一半	三○	四.一○	三	二		一	三	十一半	二六	四.八○
一七○○	一.八五	二	十四半		二	三	六	二九	四.四○	三	六		一半	四	一	二五	五.一六
一八○○	一.九六	三	二		二	三	十半	二九	四.七一	三	十		一半	四	六半	二四	五.五三
一九○○	二.○七	三	五半		二	三	十五	二八	五.○二	三	十四半		一半	四	十三	二三	五.九○
二○○○	二.一八	三	九		二半	四	三半	二八	五.三四	四	二半		一半	五	三	二三	六.三○
二一○○	二.二九	三	十二半		二半	四	八半	二七	五.六六	四	七		二	五	九半	二二	六.七○
二二○○	二.四○	四	半		三	四	十三半	二七	五.九八	四	十一半		二	六	半	二二	七.一○
二三○○	二.五一	四	四		三	五	三	二六	六.三一	五			二	六	七半	二一	七.五○
二四○○	二.六二	四	七半		三	五	八半	二六	六.六五	五	四半		二	六	十五	二一	七.九二
二五○○	二.七三	四	十一半		三半	五	十四	二五	六.九九	五	九半		二半	七	六半	二○	八.三四
二六○○	二.八四	四	十五半		三半	六	四	二五	七.三四	五	十四半		二半	七	十四半	二○	八.七七
二七○○	二.九五	五	四		四	六	十半	二四	七.六九	六	三半		二半	八	六半	一九	九.二一
二八○○	三.○六	五	八		四	七	一	二四	八.○五	六	九		三	八	十四半	一九	九.六五
二九○○	三.一七	五	十二半		四半	七	七半	二三	八.四一	六	十四半		三	九	八	一九	一○.○九
三○○○	三.二八	六	半		四半	七	十四	二三	八.七八	七	四		三	一○	一半	一八	一○.五五
三一○○	三.三九	六	五		五	八	五	二三	九.一五	七	九半		三半	一○	十四半	一八	一一.○三
三二○○	三.五○	六	九		五	八	十三	二二	九.五三	七	十五		三半	一一	四半	一七	一一.五二
三三○○	三.六一	六	十三半		五半	九	○半	二一	九.九一	八	五		四	一一	十四	一七	一二.○二
三四○○	三.七二	七	二半		五半	九	十一半	二○	一○.三○	八	十一		四半	一二	八	一六	一二.五三
三五○○	三.八二	七	七		六	一○	四	一九	一○.六九	九	一半		四半	一三	二	一六	一三.○三
三六○○	三.九三	七	十三		六	一○	十三	一八	一一.○八	九	七半		五	一三	十一半	一五	一三.五五
三七○○	四.○四	八			六半	一一	四半	一七	一一.四七	九	十四		五	一四	六半	一五	一四.○五
三八○○	四.一五	八	五半		六半	一一	十三半	一五	一一.八七	一○	四半		五半	一五	三半	一四	一四.五七
三九○○	四.二六	八	十半		七	一二	四半	一四	一二.二七	一○	十一		五半	一五	十四半	一四	一五.一一
四○○○	四.三七	八	十五半		七半	一[illegible]	四	一三	一二.六七	一一	一半		六	一六	九	一三	一五.四六

○硬鐵彈滿藥時共重[illegible]克羅閣冷始率每秒[illegible]邁當○次鐵彈滿藥時共重[illegible]克羅閣冷始速每秒[illegible]邁當

江南製造局科技譯著集成

軍事科技卷

第壹分冊

克虜伯礮彈造法

《克虜伯礮彈造法》提要

《克虜伯礮彈造法》兩卷，附圖一冊。布國軍政局原書，美國金楷理（Carl Traugott Kreyer, 1839–1914）口譯，崇明李鳳苞筆述，元和邱瑞麟校，同治十一年（1872年）刊行。此書主要介紹克虜伯礮彈製造工藝、所需設備、檢驗工序諸事。

此書内容如下：

卷上

彈房爐竈，彈房器具，用鐵體量器，查鐵體法，用彈引各件量器，用包鉛諸器，查包鉛模法，用子母彈諸器，用裝進回出開花子母彈諸器，用洋鐵管諸器，用造藥裹諸器，彈房物料，總論查收各件，查造漆料及紙袋，查收彈引各件，查收各種彈體，查收洋鐵管

卷下

完備時工程，運用時工程，趕備多彈工程，回出彈中藥物，洋鐵管彈工程，造藥裹工程，收藏時工程，發運時工程，物件細數，附新樣子母彈

附圖

克虜伯礮彈造法卷上

布國軍政局原書

美國 金楷理 口譯
崇明 李鳳苞 筆述

克虜伯廠所製來復礮爲布國第一利器固由製礮之良尤在製彈之精彈形長圓平其後而穹其前空其腹以儲炸藥穿其頂以銜彈引表鉛而裏鐵鐵者爲彈體鉛者爲彈殼各有箍形圜之數而礮發時彈循來復綫旋轉而出鉛箍擠成螺綫使藥力不致旁洩所以能及遠而命中也其製造之法至精且密大致不外鑄鐵體包鉛殼配彈引儲炸藥之數事而鉛殼彈引關係最大故卷內於此尤反覆而詳盡焉

彈房爐竈

製彈時惟包鉛之處最爲要地闢土葢屋以作彈房酌量其寬窄而定其等級爲大彈房次彈房小彈房其所備器具亦因之而多寡焉一

鎔鉛爐 彈房之內築以方爐爐之四周圍以磚牆可容鎔鉛之鐵鍋爐內空處高三尺二寸外徑五十七寸百分寸之三十外闊四十七寸百分寸之三十界爲兩方上方爲爇火處下方爲容灰處其分界之鐵墊如第三四圖未以鐵條或八或十二界之下方之底作迤斜面使灰易出於呷桶內也呷爲窄面處而在地平下 第一圖之酉酉爲二門下爲出灰門上爲爇火門第六圖之庚爲鐵鍋有四耳如甲擱於四周之鐵墊如戊鍋下有兩鐵條申申以承鍋底使鑪火燃鍋氣出於鐵管鐵管最窄處有二尺其爐之上界及兩門之間俱有鐵壁其煙通須高三十尺若低則鎔鉛時須接鐵管否則風氣不舒第五圖爲生鐵架圖是十二分之一此架安於爐上兩旁有豎壁以磚砌之上有穹形之鐵葢爐上有大葢高六尺或八尺上有鐵頂有洩氣之鐵管管徑四寸或六寸恐鉛氣不洩觸入成病也葢之長徑兩端有門可以取已鎔之鉛兩旁有門可以入未鎔之鉛二

鎔鉛鍋見第六圖 圖係十二分之一鍋形橢圓有四耳如甲置於磚上此是次等彈房之鍋可鎔一十六擔若鍋更大則爐亦大三

烘彈爐見第七八九圖 自前視之如第七圖爲十六分之一自呷吃剖開如第八圖爲十六分之一自呐叮剖開如第九圖自戌吧剖開如第十圖皆十二分之一此爐有兩段下段爇火並容灰上段以熟鐵皮作方箱厚四分寸之一爐之內膛用火磚砌之令箱嵌於磚中高二十七寸半闊四十四寸長二十三寸其下與火門同闊之處不用火磚令

彈易烘紅鐵箱之下有鐵梁火從兩管而入以燒熱其箱其兩管至箱上火門之面合成一管又過鐵管以洩於煙通煙通亦須高三十尺其箱分爲上下兩格以諸鐵條界之鐵條之下有橫梁承之上下格俱有雙門此等烘爐可裝二十四磅彈五十二枚十二磅彈七十二枚六磅彈九十六枚每格可平置兩層每層兩排若六磅彈作三排三層可裝二百枚若彈房不大其箱可少於四十四寸而其高闊之數不可少若房太大則可多於四十四寸然莫如分造兩爐爲妥四

若造烘彈爐近於鎔鉛爐則可省搬運之工其煙通之管

應在火門之背面鎔鉛爐上之鐵管可與烘爐上煙通合而爲一以磚砌之方六寸若彈房太窄不能造烘彈爐則造一鐵箱以鎔鉛爐之煙通繞過箱下不以鐵皮爲箱板只以鐵條架空之令彈易於烘熱然究不穩便不如另造鐵爐爲妥五

彈房器具

鐵體量器

器名	圖		大彈房	次彈房	小彈房
量彈空腔	見一百七圖	四磅六磅十二磅二十四磅每種彈	一	一	一
腔準	見一百十圖	每種彈	一	一	一
量稜圈	見一百八圖	每種彈	一大一小	一大一小	一大一小
量底圈	見一百九圖	每種彈	一大一小	一大一小	一大一小
鋼爬	見六十圖		六	六	六
子母彈之底螺鑽	見一百十一圖		一	一	一
子母彈之底螺套	見一百十二圖		一	一	一
隔針孔刷	見五十八圖		六	四	三
嘴底孔刷	見五十九圖		八	六	四
嘴螺鑽	見一百二十二圖		一	一	一
大圓杵	見一百二十三圖		一大一小	一大一小	一大一小
小圓杵	見一百二十四圖		一大一小	一大一小	一大一小
針孔鑽	見一百二十五圖		一大一小	一大一小	一大一小
針孔準	見一百二十六圖		一大一小	一大一小	一大一小

包鉛模諸器

器名	圖		大彈房	次彈房	小彈房
模體並附件	見十二至十四圖	每種彈	四	三	二
模準腔	見一百三十七至一百三十九圖	每種彈	一	一	一
模準	見二十一圖	每種彈	一	一	一
上段分模準	見一百三十圖	每種彈	一	一	一
下段分模準	見一百三十一圖	每種彈	一	一	一
活尺	見一百三十二圖		一大一小	一大一小	一大一小
密分尺			一	一	一
量彈圈	見四十六圖		二	一	一

彈引各件之量器

器名	圖		大彈房	次彈房	小彈房
嘴準片	見十一圖		一	一	一
嘴螺套	見十二圖		一	一	一
彈引螺準	見十三圖		一	一	一
彈引準片	見十四圖		一	一	一
彈引螺套	見十五圖		一	一	一
火引準片	見十六圖		一	一	一
活機準片	見十七圖		一	一	一
火道準	見十八圖		一	一	一
銅盂準片	見十九圖		一	一	一
隔針準片	見二十圖	每種彈	一	一	一
銅絲鉤	見六十九圖		一	一	一

包鉛殼諸器

鎔鉛鑪並鍋	見一至六圖		一	一	一
烘彈鑪	見七至十圖		一	一	一
方櫈	見三十九圖		四	三	二
大杓	見四十三圖		八	六	四
漏杓	見四十二圖		二	二	二
木槌上有鐵箍	見三十八圖		八	六	四
尖桿	見四十一圖		八	六	四
大鉗	見四十圖		四	三	二
實心體大鉗	見四十五圖		二	一	一
實心彈大鉗	見四十四圖		二	一	一
帚			八	六	四
皮長八寸餘闊四寸未可太軟			八	六	四
鐵槌			十六	十二	八
鋼鏨			二十四	十八	十二
半圓粗鑢			二十四	十八	十二
堅鋼大鑢			四	三	二
醋酒化紅波羅斯瓶並筆			一	一	一
量彈圈	見四十六圖	各種彈	二	一	一

子母彈諸器

虎鉗並桌			八	六	四
鎔礦鍋			二	一	一
三足鍋架			二	一	一
毛布包之木盞			四	二	二
盛子彈之鐵盆重十五磅			一	一	一
鋼圓杵	見四十七圖		十	八	六
漏斗	見四十八圖		十六	十二	八
取漏斗之鉗	見四十九圖		四	三	二
通漏斗之鐵條			四	三	二
礦杓	見五十圖		二	二	二
鐵絲長六寸徑六分寸之二十五			八	六	四
鋼鏨	見五十三圖		四	三	二
底鑽	見五十一圖		四	三	二
鑽柄	見五十二圖		四	三	二
嘴孔刷	見五十九圖		十六	十二	八
螺夾	見五十四圖		四	三	二
嘴螺柄	見五十六圖		六	四	二
漆限圈	見五十五圖		二	二	一
螺鑽	見五十七圖		八	六	四
紅漆桶			一	一	一
紅刷子			四	三	二

裝進回出開花子母彈諸器

鋼爬	見六十圖		十	八	六
鋼方錐	見六十一圖		十六	十二	八
鋼錐	見六十四圖		六	四	二
大刷			十六	十二	八
失臈克桶			一	一	一
失臈克筆			二	二	二
量管準	見六十六圖		二	一	一
漲鏨	見六十七圖		六	四	三
銅杵	見六十八圖		十二	八	六
硬銅尖杵	見七十圖		二	一	一
淡養水大瓶			一	一	一

洋鐵管諸器

管準片	見七十二圖	四磅彈不用此	二	二	一
管空準片	見七十一圖	每種彈	二	二	一
腰圈	見七十四圖	四磅六磅兩種彈	大一 小一	大一 小一	大一 小一
量底圈	見一百九圖	每種彈	大一 小一	大一 小一	大一 小一
子彈準	見七十五圖	四磅彈	二	二	一
底準片	見七十三圖	四磅六磅兩種彈	二	二	一

造藥裹諸器

鐵準量藥裹布	見七十八圖	每種彈	四	三	二
圓底準	見七十六圖	每種彈	四	三	二
模印	見七十七圖		二	一	一
量已包之袋圓筩	見七十九圖	每種彈	六	四	三

以上應備物件均以彈房大小酌定其數其用之之法詳列於後六八

用鐵體量器

咸豐四年西一千八百五十四年布國新定派員查收彈體之法凡廠中所鑄鐵體須由軍政局所派之員查量分寸合否質料良否然後收受故不論廠中何處該員俱可查看不可阻擋七之一

彈體之量器有二十二件一量彈空腔用生鐵爲圈以量鐵體之長闊每一種彈備此一器別有一純鋼者可比較其準否其內腔爲彈最大之限下有活閘可進退以量其

長其嘴弧與鉛模之嘴弧相同量時須作數次直過之不可以彈在腔中轉動若不能過此腔者即棄此彈及用之已久空腔更大百分寸之一即棄去不用二 腔準每一種彈有此器以鋼爲片形如量彈空腔長如最長之彈凡新鑄之量彈空腔即以此器量之平持之恰過其腔又反轉平持之亦恰過其腔乃爲合用若太易過或不能過均應換去量彈空腔三 量稜圈所以量體稜之大小每種彈有二具一爲最大限一爲最小限凡彈定須套過最小之圈四 量底圈乃生鐵所製又有量此圈之器以鋼爲之亦一爲最大一爲最小凡彈須過最大而不過最小以上四器之分寸列如下表七之二

	百分寸之若干	四磅彈	六磅彈	十二磅彈	二十四磅彈
空腔及空準	空腔長同於腔準長	六二二	七一八	九〇三	一一一九
	嘴弧長	一八八	二二〇	二五八	三五四
	嘴空小弧高	四八	五八	三四	五二
	柱形長	三六八	四二七	五六七	六七三
	底圈之高	七一	七一	七八	九二
	嘴平橫闊	七五	七五	七五	七五
	大弧小弧闊徑	一九六	二一八	一九六	二五八
	大弧下徑	二七七	三二四	四三二	五四二
	柱徑	二七七	三二四	四三二	五四二
	底徑	二九四	三四四	四五二	五六〇
	大弧半徑	二六五	二九六	四〇一	五五一
	小弧半徑	一一五	一七六	一四一	一七六
	空高出	七	七	九	一二
	空腔邊闊	七五	七五	七五	七五
	空腔質厚	三五	三五	三五	三五
	腔準質厚	一〇	一〇	一〇	一〇
量稜圈	最大徑	二七七	三二四	四三二	五四二
	最小徑	二七三	三二〇	四二八	五三八
	邊闊	七五	七五	七五	七五
	質厚	三五	三五	三五	三五
量底圈	最大徑	二九四	三四四	四五二	五六〇
	最小徑	二九〇	三四〇	四四八	五五六
	邊闊	七五	七五	七五	七五
	質厚	三五	三五	三五	三五

五 量子母彈之底螺鑽以硬鋼爲之六 底螺套爲量底螺絲之器亦硬鋼爲之七 嘴螺鑽各種彈相同以鋼爲之外形如截圓錐應與嘴脣相合八 大圓杵以量嘴孔上半截之空圓柱有最大最小二枚中有腰綫可以知空圓之長是否相符九 小圓杵以量下半截之空圓柱亦有最大最小二枚以量其徑中有凸腰綫合於空圓柱之上截十 針孔鑽有最小最大二枚前有三角形鑽齒上有木柄十一 針孔準以量隔針孔在恰好否形如無鋒之活機上有柄七之三

量器之外又有雜物亦爲查收鐵體者所不可少十二 密分尺一枚可量百分寸之半分十三 鋼爬可以刮垢十四 天平并法碼十五 鐵絲并鋼針可以量缺損處之深十六 上有尖齒之鐵槌十七 兩端平正之鐵槌重八磅或十磅并鋼鑿以刮鐵體十八 四角形鋼銼英國製者良十九 嘴底孔刷二十 大刷長三寸闊四分寸之三有柄可以刷鋼鐵物及子母彈底螺二十一 彈引各物俱宜備數件用以試驗二十二 木墩見一百四及一百六圖即打印之木胚內有窪形可安體嘴七之四〇見一百七圖至一百二十六圖

以上諸器先應查察妥善如空腔則以腔準量之其餘各器以密分尺量之若有疑竇即以軍政局鋼造之準量之

考其器之合否凡收掌之員須專司各量器之合否若有舛悞惟此員是問生鐵所造之器用久須換若或大或小於新造時百分寸之一者即不可用七之五

布國來復礮所用之彈體有二十四磅實彈二十四磅十二磅六磅開花彈又有六磅子母彈其各體之分寸詳於下文第八十七節因實彈與開花彈長短相同所以鑄體之模亦同若鑄體之廠不能造嘴底螺孔則查收之員應知嘴孔須形如圓柱子母彈底孔亦然其未車螺綫之分寸列表於左七之六

百分寸之若干	六磅彈	十二磅彈	二十四磅彈
嘴孔鐵質厚	一四 可加一 可減二	二二○ 可加二 可減二	二七○ 可加一 可減二
圓柱高	六一 可減四	六二 可減四	六三 可減四
上徑	七五 可加一 可減一	七五 可加減一	七五 可加減一
下徑	五八 可加二 可減一	五八 可加減一	五八 可加減二
底孔徑	五七 可加二 可減二	五七 可加減一	五七 可加減三

查鐵體法

查體長及外徑　凡查彈體先刮去鐵質內外之沙土乃平持彈體縫痕以透過彈腔又轉過以縫痕直對上下再透過之但須取出後再透之不可在腔內轉動若未作螺槽者其嘴應緊合於彈腔又以活閘推抵量其體長若不能抵底即知彈體太短不可用若嘴旁不合當鏟平之其不透過者不必鏟動仍還於廠七之七

稜與底之徑以量底圈量稜圈量之兩手平持其圈而透過之大圈宜過小圈不宜過其更大更小之彈不可用若有凸出而不透過者即鏟平之其鐵箍可以不量凡收到鐵體時須查嘴弧有記號否見下八十六節其不可用之鐵體以紅粉作記號於嘴弧縫上查畢後擊碎之七之八

查外周完否　鐵體外面詳細查看須平正堅實除模縫處及灌鐵處之外不可用鏟損之其鐵體外周不可有缺口及凹泡其泡深之限各處不同若十二磅二十四磅之彈嘴弧并中鐵箍上有泡不可深於百分寸之十五六磅者不可深於百分之八其鐵箍間及底箍處二十四磅實彈不可過百分寸之十五十二磅并二十四磅開花彈不可過百分寸之十六磅者不可過百分寸之五過此限即不可用宜速棄之若模之合縫處廠中已鏟平者亦不可收領七之九

查體質厚薄　嘴弧及底之質用螯分尺量之若僅量開花彈底之厚即用量圓彈之法量之七之十

若量鐵體柱形之厚及鐵體之中綫與中心合否即以不

可用之鐵體擊碎量之其分寸大小詳下八十七節表內旣量之後即知本廠所製彈體合用與否若收領此鐵體者亦須每百枚中量其一枚倘竟無不可用之彈即將完固者擊碎一枚以試之苟不如式即應報明廠員設法更換七之十一

已按上文三法查畢即以彈倒安于木墩見一百四圖在其底處印一記號七之十二

查嘴孔　嘴孔在模中鑄成或用鑽鑽成與查收之員無涉惟此孔分寸總須合式因內藏銅盂螺絲之處各種彈俱一律大小任安一銅盂及螺絲俱可相合故每一廠有預備一彈以爲準造螺孔之螺鑽亦有預備一具以爲準七之十三

查嘴孔螺槽之器用嘴螺鑽見上七之三　螺須易旋惟不可寬而搖動彈脣處亦須相合又用大圓杵探查上段空圓柱之長及徑其最大者不可入最小者應易入其杵上腰綫應與彈嘴相合杵有上下兩綫若上綫在脣下知上段柱形太長不可用若下綫在脣上知上段柱形太短須再鑽深之次用小圓杵探查下段空圓柱之徑最大者不可入最小者應易入若最大可入者徑太大不可用最小不入者再鑽寬之次用針孔鑽探查針孔最小者宜易入最大

者不可入上有鑽齒可以去孔內不平次用針孔準探查隔針孔之高低旣插入後以前用最小之針孔鑽插之若不能入知孔太低不可用惟查看之員須細察若因針孔太細而不能入者俟鑽寬後仍可用若孔太高則恐過極長之自來火易致悞事亦須修改之七之十四

隔針孔內應平滑而無缺口亦不可粗糙若孔外有缺應查上第九節之深限以定去取七之十五

嘴孔圓柱等處宜平滑而不可粗糙其螺槽亦然凡螺槽惟沿脣及脣之上口最易損壞尚可用以操演不必棄去但彈引不易發火須修整之七之十六

修整此種彈後應知四事一嘴內螺絲易於旋入脣口僅壞三分周之一者尚不妨事二已旋入後隔針易入三此種彈嘴修補處須鎈平不可留稜四此種彈內須取一枚裝以彈引各件取去隔針略用力擲其嘴若能發火即知此種修整之彈俱屬可用其擲試時針孔須向下若擲試子母彈時火從底孔出二尺許人須躱避如有別種可疑處亦可以此法擲試之七之十七

查子母彈底孔並螺絲　底孔之螺槽或鑽成或鑄成不可有缺口應如圓柱形不可有內外大小之殊用底螺鑽向左旋入亦不可搖動其螺鑽其底螺絲之綫宜鋒利而

無缺口用底螺套旋試之其底螺柄之高須用密分尺量之查過可用印一記號其鉛圈用密分尺量其內外徑每百枚中查量數枚七之十八

舊式開花彈有底孔同於子母彈其底孔用熟鐵螺塞與底平而無柄若查此種彈須知底與螺絲密合不令火入又應細察有無工匠用鉛彌補之弊七之十九

查嘴孔及底孔　咸豐十一年西一千八百六十一年布國軍政局議定新法製造螺絲最爲妥善乃以所造者頒發各廠謂之螺準有兩種準屬嘴螺者五件一螺柱準見一百十三圖形如圓柱其螺絲外徑百分寸之九十六螺深百分寸之四每一寸又百分寸之十五有十三周二螺套準見一百十四圖六角形螺絲與前螺柱準相合其小徑八十八此二器俱硬鋼爲之用以造各彈之嘴孔螺三螺鑽見一百十五圖其螺綫之密同於前器大徑一寸百分寸之十五有空斜綫可以鑽成螺槽四螺夾見一百十六圖兩端有柄內函螺齒可以成螺釘五螺鑿見一百十七圖其形如鑿上有螺絲可量螺柱準及螺鑽兩器或於已成之螺槽去其銹鈍處以上五件皆右旋爲嘴螺絲之準　屬底螺者亦有五件一底螺柱準見一百十八圖畧同前第一器大徑百分寸之七十五深百分寸之七每寸十二周二底螺套準見一百十九圖畧同前第二器其螺絲之密同第一器小徑六十一皆以硬鋼爲之此二器爲底螺孔之準三底螺鑽見一百二十一圖螺綫亦同密大徑百分寸之八十畧同前第三器四底螺夾上見畧同前第四器五底螺鑿見一百二十一圖畧同前第五器以上五件皆左旋爲底螺絲之準共計十件俱須詳細造成不可錯悞若遇損壞則百耳靈之軍火局名阿鐵六尼阿耳鐵勒里對浦可以購之七之二十

查彈體輕重　每收領鐵體二三十枚中查取一枚衡其輕重最輕者擊碎之量其各處之厚薄每塊詳查有無空泡蜂窩又查鐵質是韌是脆若查得韌而堅且無蜂窩者卽衡其重數記于簿册爲本次所鑄各彈最輕之率如鐵脆而有蜂窩再碎畧重者一枚驗其最輕之故是否因蜂窩而然若畧重一枚仍有蜂窩再取更重者碎之以爲率及換一種鐵質鑄成者又如法碎而衡之七之二十一

已定最輕之率卽以各枚衡之如有更輕者卽碎之而量其質之厚薄如有更重者或因鐵質太大或因膛內沙泥未去此等更輕更重之彈須詳查有無他故而取去之今列各彈最大最小及中數於表

六磅子母彈	磅	羅斯盼朵
最大	六	二
最小	六	三
中數	六	一三
較數	〇	二〇

磅下爲羅脫數

六磅開花彈 羅磅丹郎	七.二九	丹郎	七.一二		七.二○五	○.一七
十二磅開花彈 羅磅斯盼朵	一八.八	首靈	一六.二八		一七.一八	一.一○
二十四磅開花彈 羅磅丹郎	三七.一四	首靈	三五.一四		三六.一四	二.○
二十四磅實心彈 羅磅首靈	五○.二一	首靈	四九.一七		五○.四	一.四

下表記二十四磅彈與各款鐵質相對之磅數有米者為最小或最大之數凡鐵體之重應在最大最小之間七之二十二

鐵與水重之比		七.○羅磅	七.一羅磅	七.二羅磅	七.三羅磅	七.四羅磅	七.五羅磅
二十四磅開花彈	中數	三六.一八	三七.○四	三七.一九半	三八.○五半	三八.二一	三九.○七
二十四磅開花彈	最重	三七.一九半	三八.○六	三八.二二	三九.○八	三九.二四	四○米.一○
二十四磅開花彈	最輕	三五米.一三	三五.二八半	三六.一四	三六.二九	三七.一四	三七.二九
二十四磅實彈	中數	五○.一五	五一.六五	五一.二八	五二.一九半	五三.一一	五四.○三
二十四磅實彈	最重	五一.九五	五二.一五	五二.二三半	五三.一五半	五四.○○半	五五米.○○
二十四磅實彈	最輕	四九米.一六	五○.○七	五○.二八半	五一.一九半	五二.一一	五三.○二
十二磅開花彈	中數	一七.一七半	一七.二五	一八.○二半	一八.一○	一八.一七半	一八.二五
十二磅開花彈	最重	一八.○二半	一八.一○半	一八.一八	一八.二六	一九.○三半	一九米.一一半
十二磅開花彈	最輕	一七.○○半	一七.○八	一七.一五	一七.二二半	一八.○○	一八.○七
六磅開花彈	中數	七.二一	七.二四半	七.二七半	八.○一	八.○四	八.○七半
六磅開花彈	最重	八.○○半	八.○四	八.○七半	八.一一	八.一四	八米.一七半
六磅開花彈	最輕	七米.一一	七.一四	七.一七半	七.二○半	七.二四	七.二七
六磅子母彈	中數	六.○七半	六.一○	六.一三半	六.一五半	六.一八	六.二一半
六磅子母彈	最重	六.一八	六.二○半	六.二三半	六.二六半	六米.二九	七.○二
六磅子母彈	最輕	五米.二七半	六.○○	六.○二半	六.○五	六.○七半	六.一○

查鐵質精麤　開花彈所用鐵質宜細緻堅韌不可太硬恐不能造螺槽也惟實彈可用硬重之鐵造之鐵質中須有銀色其顆粒不可粗大彈底及彈旁尤不可有空泡凡鐵體愈重鐵質愈好若有最輕者即知質內有蜂窩須用上法擊碎查之七之二十三

凡查得不可用之鐵體若尚可修改宜送還廠中者須於其不妥處作一記識設嘴孔有紅粉圈者是螺槽太淺也針孔作圈者是針孔太小也修改後再細察之其應否修改須別儲一處稟明軍政局大員而去取之若不能修改者定須碎之切不可用其碎之之法以鋼杵入嘴孔用鐵槌擊之實彈不能碎者於嘴弧上深擊三圈免致廠中工匠再圖攙混七之二十四

凡查過可用之鐵體開一彈體數目清單送軍火局存案並製收條交存製造廠備案若發運於他處須用下二百十二節之法七之二十五

用彈引各件量器

量彈嘴孔者三器一嘴準片硬鐵板為之形如王字可量嘴螺絲最大或最小又可量全螺之高有螺綫處之高及螺絲之徑嘴孔之徑嘴孔之深又可量嘴螺絲之中心以考其內層螺絲之居中與否二嘴螺套以鋼板作六角形

可量彈嘴之螺絲及嘴脣之邊每一寸又百分寸之十五螺絲十三周三彈引螺準以鋼爲之可量嘴孔中心自來火之螺綫每一寸百分寸之一螺絲十七周　量自來火螺絲者亦三器一彈引準片堅鐵片爲之有最大最小之限此器一可量自來火處之長公螺絲不在內二可量自來火螺絲兩端不在內三可量頂上拈手之小圓徑四可量下端無螺絲處之徑二彈引螺套以鋼板作六角形可量彈引螺絲之線每一寸又百之一爲十七周三火引準片鐵板爲之可量自來火之大小　量活機者二器一活機準片此器一可量其體之合度否及鋒之在中否高之

適中否二可量其全體之高三可量其口外之徑四可量其口下之頸五可量其底之徑二火道準可量活機中間火道之徑最大爲百分寸之二十一最小爲百分寸之十九　量銅盂者一器曰銅盂準片亦以鐵板爲之有最大最小之限一可量銅盂之高二可量盂口外徑及外徑之下邊　量隔針者一器曰隔針準片每類礮彈有一具各有最大最小之限一可量隔針之長二可量針頭之徑三可量頸之徑四可量針尾之徑　以上一切器具大小分寸俱記於圖內造時須詳細查明其大小參差不得過四百分寸之一若用之既久損去百分寸之一即宜易以新器八○見十一圖至二十圖

用包鉛諸器

凡來復彈之勝于他種彈者皆由鉛殼之良而實由鉛模之良故造模一事尤宜精細今布國之百耳靈及斯盼朵兩處製造極良頗易購辦九

模體以點銅爲之有柄可持其內可函彈體及彈外之鉛模有二式一係舊式西一千八百五十九年造一係新式西一千八百六十一年造其用法亦異舊者彈嘴向下新者彈嘴向上新式之模見二十七至三十二圖分爲兩半一半有孔可以相合其模質每點錫之銅百分可加白鉛二分此二半模有鐵螺捎鐵墊片及

螺蓋如乙每一半有熟鐵底如丙有四螺釘如丁與銅模釘合兩半各有柄可以開合柄以熟鐵爲之固之以兩螺釘模旁有兩耳可用桿提之亦固之以兩螺釘兩半之空膛相同弧綫以上爲圓錐形更上爲圓柱形柱有四箍形最上有底箍可持定彈體安於模內不使鉛有偏厚偏薄也模樞邊有出風之孔凡出風孔及入鉛孔俱近圓錐形處其與模相連之器有搭鈎見三十一圖及開耳之桿見三十七圖所以扣緊兩半模而使之密合四磅彈之模無耳無桿而有三十一及三十六圖之鈎及柄十

舊式之模見二十二至二十六圖近年新造者已無此式各段均與

新式相同模內有容彈嘴之孔圓柱形之四箍亦與新式相同其底箍處能將彈體合於中心上有出風孔第一箍起處內口在焉又有入鉛孔二十四磅彈有兩入鉛孔其相連之物桿及搭鉤之外又有套圈見三十四圖將彈圈在中間置於模內若新式者不用此圈十一

每日開工前先量其模最切要者量內膛各箍之徑弧綫與圓錐綫相接之處底圈之合模處及底圈之徑此等事俱用模準量之凡量得參差之數四磅六磅彈模之內徑不得大於百分寸之二十二磅二十四磅者不得大於百分寸之三若不過此限卽知所包之彈方向可準然須先

包一彈用之可用則更包餘彈不可用則棄此器若已過此限卽應修改其模可將兩半模相合處略刨其質仍將內膛鑽大以合彈式若模樞太寬則更鑽大之而換以更大之捎若模內配底圈處太寬彈體不在中心則換一更緊之圈若底圈太大彈在模內活動亦換其圈凡有可疑之器卽應先包一彈試之若方向不準應換其模十二之一

量模者六器　一模準鋼板爲之每種彈有一具可以量模之空膛二模準膛亦以鋼板爲之每種一具可量模準之準否模準爲量模之要器須兩邊如一廉隅方正三上段分模準四下段分模準一以配上段之箍形一以配下段之箍形若箍相離之度不合模準之式者卽以此分模逐段量之其大小與模準相合五活尺有大小兩具小者量六磅彈大者量十二磅二十四磅彈此器中有密分活尺旁切螺釘有齒可以移動可量模之箍并箍間空處第一百三十二圖之甲爲有齒活尺丁爲移齒之螺釘乙爲活尺之尾作半圓形乙上銅圈有小螺釘合于乙可以量百分寸之半分大活尺可量四寸至六寸小者可量二寸六至四寸二八尺上有佛逆可量百分寸之半分六密分尺亦可量百分寸之半分十二之二

每量模時先詳察量模之器模準須合準腔分準須合準

腔之箍小活尺之佛逆合於初度時應是二寸六大者應是四寸若不合此數卽應算定其器差其佛逆與活尺之末端相平時其初度應相合祇可進退不可搖動若有疑竇用密分尺量之十二之三四

查包鉛模法

查模質　模質之銅通體一色其質應較造礮之銅多加白鉛鋅也每包鉛後須查其切鉛之處如有缺口深百分寸之一卽不可用其舊式鐵體弧合模處起至底圈合底處或新式合底及模樞之相近處有缺口深百分寸之十者尚不妨事更深則釘補之惟將釘補時及已釘補後俱須

京商局員詳細察看十二之五
查模樞　樞間相合之面應令緊切相距之縫不得闊於百分寸之五若過此限則須刨平其面補以鋼片其樞間之捎應判令緊合不可搖動其模樞開合不可太緊太寬每開合時須察其闔合處及四面有無隙縫十二之六
查套圈　舊式之模已閉合時以此圈套之察其緊密與否既緊密矣須易於轉動圈之背面有記號與模之記號相符其相合之縫不能闊於百分寸之半分內膛之徑用活尺量之不可小於最小之彈亦不可大於最大之彈其柄與圈桿合處不可有縫柄之長可加減于圖內數四分寸之一柄之徑可加減於圖內十分寸之一十二之七
查模質厚薄　厚薄之數列表於下文十二之十九查時以密分尺量之模柄處爲最薄不能更薄於表內數二十四磅彈模尤不可薄於表內數十二之八
查模膛　用模準量之應各處與模相合又查箍間之闊是否相合圓錐及弧形兩段須遵表內長數用密分尺量之若上段箍形與中間箍形稍高或稍低即用分模準量之其最下一箍離頸棱有一定尺寸不可改易若太近則下鉛箍不合於底箍若太遠則下鉛箍函底箍太深均不合用箍間空處及箍處橫徑用活尺量之六磅彈模不能出入百分寸之半分十二磅者不能出入百分寸之一切不可更小於表內之數舊式之模用密分尺量其底箍相近之槽六磅彈模不能出入百分寸之一十二磅者不能出入一分半二十四磅者不能出入二分再用密分尺量模中安置底圈處之徑不能出入百分寸之半分十二之九
查入鉛孔及出風孔　舊式之模鑄時已有下風孔其徑可加減百分寸之十模之各段俱已合式乃鑽通上風孔查此孔時須察上風孔部位恢否又按表內數以密分尺量之十二之十
模體在未裝二柄時或新式未安底時應衡其輕重記於冊內其重數及可加減數列表如左十二之十一

新式模數	磅	
四磅彈	四六	可加減二
六磅彈	八三半	可加減三
十二磅彈	一一〇	可加減三
二十四磅彈	一六五	可加減四

舊式模數	磅	
六磅彈	一二二	可加減三
十二磅彈	一六七	可加減四
二十四磅彈	二七〇	可加減五

查模柄及模耳　此二器應與模相同不可動搖桿之長不可加減百分寸之二十五桿之厚不可加減百分寸之十模耳之圈徑不可加百分寸之五必不可更減十十二之
查模底　新式所用之鋼底應與模體緊合中間應留凹處以承彈底之凸處中低於邊百分寸之五以螺釘合於模上螺釘須與模面相平十二之十三
查搭鈎及桿　兩桿及搭鈎以堅鐵爲之須查其合否桿

端須磨光其桿徑可減於表內百分寸之五不可更大十二之十四

模內箍徑及箍間之徑應依表內數量之若小於表內數可修其模若大於表內數即不用此模十二之十五

凡查過不可用之模如弧形處不合應由局員商定可用與否若有疑竇之模須先包十彈之鉛殼用合式之礮距靶一千二百步擊之其靶方十六尺檢礮準表見礮法四卷定表尺若干以試之其不可用之模以鐵槌敲模之內膛而碎之十二之十六

凡查得可用之模由查收之員於近底兩箍間刻模之記號庶所包之鉛殼俱有此印記蓋因各模稍有不一惟一模所成者大約無遠近輕重之差模之外周刻局員姓名及查看月日十二之十七

查收後即開單親送軍火局若運往他處應裝於堅固箱內不可搖動其套圈之內外須以專門聽油潤之其餘諸件以草包之十二之十八

每收模時須逐細查察而列表如左十二之十九

此表記六磅彈第八第六第十二等號及二十四磅彈第八十五第八十六第九十等號並詳記年月及廠名表內各數每寸百分

	六磅彈		十二磅彈		二十四磅彈	
新模重除桿耳及底	八三半	加減二半	一一〇	加減三	一六五	加減四
舊模重除桿耳	一一二半	加減三	一六七	加減四	二七〇	加減五
模膛不過鉛處損缺闊深	〇	十	〇	十	〇	十
模膛過鉛處損缺闊深	〇〇	一五	〇〇	一五	〇〇	一五
模樞圓柱面開合及模捎鬆緊	〇	〇	〇	〇	〇	〇
樞之平圓面脗合鬆緊	〇	五	〇	五	〇	五
不緊處曾否加墊鋼片	〇	〇	〇	〇	〇	〇
模筍及圓錐圓柱各段鬆緊	〇	〇	〇	〇	〇	〇
套圈是否密合轉動是否靈動	〇	〇	〇	〇	〇	〇
套圈內徑	〇	減十	〇	減十	〇	減十
套圈並下面之外徑	三四四	加一	四五二	加一半	五六〇	加二
套圈柄厚	三三四	加減一	五〇八	加減二	六二〇	加減三
套圈柄長	〇	加減十	〇	加減十	〇	加減十
套圈厚	六〇〇	加減二五	六〇〇	加減二五	六〇〇	加減二五
舊模闊	七〇〇	加減五	八〇〇	加減六	八八〇	加減八
舊模厚	六五〇	加減五	七五〇	加減六	八五〇	加減八
新模闊	七〇〇	加減五	八〇〇	加減六	八八〇	加減八
新模厚	五七五	加減五	六八五	加減六	八四五	加減八
舊模最薄處之厚	一四五	加減五	一四〇	加減六	一三四	加減八

新模最薄處之厚	一四五 加減五	一四五 加減六	一六三 加減八
模準量之合否	○ ○	○ ○	○ ○
或上三箍不合以分準量之	○ ○	○ ○	○ ○
第二三箍偏上或偏下若干分	○ 加減五	○ 加減六	○ 加減八
第二三箍間徑	三五○ 加半	四六○ 加一	五七○ 加一
四鉛箍最大徑	三六○ 加半	四七○ 加一	五八二 加一
頸稜徑	三二四 加半	四三二 加一	五四二 加一
套圈下最小徑	三四四 加一	四五二 加一半	五六○ 加二
模口徑大於套圈外徑若干分	○ 加半	○ 加一	○ 加一
出風孔徑	二五 加減五	二五 加減五	二五 加減五

灌鉛孔徑	一一○ 加減一○	一一○ 加減一○	一一○ 加減一○
零件大小妥否長	○ 一五	○ 加減一五	○ 加減一五
模耳桿柄合否厚	○ 加減一○	○ 加減一○	○ 加減一○
新模圓錐形徑	三四四 加半	四五二 加一	五六○ 加一
新模圓錐形高	四一 加一	四七 加一	六○ 加一
模底片合否螺釘與模面平否	○ ○	○ ○	○ ○

包鉛殼處需用之器有十 一方櫈以厚二寸之松板為面長闊三尺或三尺半上有鐵板下有四足高一尺半或用兩長櫈以板擱之 二大杓以鐵為之有木柄可取已鎔之鉛十磅 三漏杓所以去鉛面之浮渣 四木槌兩端有鐵箍 五尖桿以鐵為之長四尺一端有圓錐形二寸 六大鉗以鐵為之翦嘴一長一短短者略向內彎 七實心體之大鉗以取二十四磅實心彈體其嘴甚長 八實心彈之大鉗以取已包鉛之二十四磅實彈翦股略同翦嘴更闊 九半圓麤銼其形半圓半平長十二或十五寸有木柄可去模縫溢出之鉛 十量彈圈其圈如空圓柱以鋼為之厚百分寸之十五其高可函彈上兩鉛箍于內其徑較礮膛之徑少百分寸之三四磅彈所用者其高一寸又百分寸之六十六磅者一寸又七十五十二磅者二寸又二十五二十四磅者二寸又七十五其內徑四磅者三寸十二六磅者三寸六十三十二磅者四寸七十五二十四磅者五寸八

十七外有兩柄螺釘固之十三○見三十九至四十五圖

用子母彈諸器

子母彈需用之器十六 一虎鉗并桌其桌不可搖動虎鉗之重八十磅裝硫磺房內有此二器鑽彈房亦有此二器 二鎔磺鍋其重不過五十磅下有三足架若無足者用下文之架支之 三三足鍋架用以支硫磺之鍋 四鐵盆以生鐵為之寬而不深內盛馬兵子彈 五鋼圓杵上有大小四節可合彈嘴內上下空圓形下端有小圓筍柄有橫孔可貫細鐵桿以旋之 六漏斗以鐵車成其質甚厚下旁有孔可出硫磺 七取漏斗之鉗以鐵為之其嘴有齒兩面大

小不等。八、礦杓。同鉛杓而小。九、鋼鏨。生鐵爲之。內有鋼挺簧。以熟鐵爲釘。以堅鋼爲口。下有兩半圓。有齒如鎈。可合彈嘴。十、底鑽。下有尖方錐。可以鑽彈底。中段有鋼螺絲。深百分寸之七。鑽路左旋。上有方頭。可套鑽柄而旋之。下有鑽鋒。十一、鑽柄。所以套前件底鑽之方頭。十二、螺夾。所以鑽底螺絲。有螺釘并小鐵條。可以貫入螺柄而旋之。外以生鐵爲之。中有夾齒。以鋼爲之。圖中戊爲夾處。丁爲螺釘。十三、嘴螺柄。以鋼爲之。上有熟鐵橫柄。形如丁字。橫剖之形如斜長方。其上段對角綫合於彈嘴內上下截空圓柱形。大者百分寸之七十五。小者百分寸之六十四。十四、螺鑽。所以鑽淨彈嘴螺絲。每一寸又百之十五。有十三周。以鋼爲之。合於嘴孔之螺槽。其柄以熟鐵爲之。十五、漆限圈。以馬口鐵爲之。定彈上應漆之界限。其小徑與彈之嘴弧相合。十六、紅刷子。用以染色。又有嘴底孔刷。所以刷彈之嘴孔底孔。十四○見四十七至五十九圖

用裝進回出開花子母彈諸器

裝進回出之器有十一。一、鋼爬。其徑百分寸之二十五。二、鋼方錐。可以鑽淨隔針之孔。錐有四稜。上有木柄。其鋒如鑿。以韌鋼爲之。三、大刷。即嘴底孔刷。四、鋼錐。以硬鋼爲之。五、量管準。可量炸藥之膛。圖內爲最短之限。六、漲翦。以熟鐵爲之。可以漲開銅盂嘴上微圓。嵌之以鋼。有齒如鎈。其翦乃兩股相並而非十字交互。七、銅杵。以韌銅爲之。八、螺叉。以鋼爲之。其柄以生鐵爲之。九、螺提。用以提起彈子。其鋼螺絲合於彈嘴之孔。有熟鐵圈柄。可以提攜。十、銅絲鈎。用以鈎出活機。十一、硬銅尖杵。下端尖圓。上端有孔。可以貫鐵條而旋之。十五○見六十一至七十圖

用洋鐵管諸器

洋鐵管需用之器有四。一、量底圈。即量六磅彈底箍之器。可以量洋鐵管之徑。見上七節二之第四器。二、管準片。以鐵板爲之。形如千字。厚百分寸之八。有最大最小之限。三、管準空片。乃中空之扁長方。下連以柄。可以量白鉛底片。四、白鉛子彈。凡六磅彈礮洋鐵管內所用之白鉛彈與三兩重之鐵彈徑同。今四磅六磅洋鐵管彈中腰有凸綫。不用此一二三器。其無凸綫處之徑。以量彈圈量之。有凸綫處用腰圈量之。又有底準片。用以量白鉛底有四磅彈六磅彈兩器。又有子彈準。以鋼板爲之。兩端有圈。爲最大最小之限。十六○見七十一至七十五圖

用造藥裹諸器

造藥裹之器有四。一、鐵準。以鐵片爲之。可依此而裁造藥裹之布。四磅彈者。用長方片。六磅以上者。用長斜方片。

下面俱作弧形。下兩角相距爲弧形之弦。弦與下弧相距俱百分寸之十五。從弦向上至黑横綫爲操演所用藥裹長。計六寸。四磅彈者。有上下兩節。見七十五圖 其各種彈鐵準之分寸列如下。二 圓底準以鐵片爲之。其徑之分寸列如下表

鐵準	弦距上界	上面之闊	下面兩角相距之弦	圓底準 底徑
四磅彈一磅藥	七寸	四寸六		二寸九
四分藥	七寸	二寸九	四寸五	一寸八五
二分藥	七寸			
六磅彈	七寸二	四寸四	五寸三	三寸四
十二磅彈	九寸	五寸四	六寸七	四寸二五
二十四磅彈	十寸	六寸六	八寸七	五寸五

三。模印。以銅薄片鏤空爲字。用以印操時所用之藥裹。恐行軍時悞取也。四 圓箍。以薄鐵片爲之。上下各有馬口鐵圈以固之。所以試空布袋之合否。其片厚百分寸之三。馬口鐵厚百分寸之六。四磅彈所用圓箍之內徑。最大三寸〇五。最小二寸九六。六磅者三寸五六。十二磅者四寸六六。二十四磅者五寸七八。俱高六寸。圈闊一寸。十七。見七十六至七十九圖

彈房物料

一曰銅。在礦產取出時。有硫磺夾雜其中。須以炭及他物鎔之。分去其雜質。則爲純銅。其紅色軟韌。有引長之性者。

雖用久亦不損。若以此質鎔化。與水重相比。則銅爲八八五。水爲一。不鎔化而打成者。則銅爲八九五。水爲一。其鎔化時。以雷烏謬寒暑表八百八十爲度。凡製造廠內。除彈引銅帽之外。用銅處甚多。舊時用電氣鍍銅法。以鍍鋼鐵之隔針活機嘴螺等。以免銹壞。今隔針等件。概用銅造。較爲精緻。八十二曰白鉛。即鋅。在礦產時。雜有養氣及硫磺之質。其質粗而如葉。成瓦灰色金類之光。熱度不甚則脆而不韌。熱至九十六度及一百二十度。可以引長爲板或抽爲絲。至一百六十度可以碎成粉。至三百二十九度又十分度之六。即鎔化。此時與水重比若六八六與一。打堅時與水重比若七一一與一。大約含有炭及別種金類之質。製造廠中可用此鉛作子彈及洋鐵管之底。十九

三曰點錫銅。用銅八分錫一分合成。此最硬之質。較尋常之點錫銅。硬而又脆。用以造硬銅尖杵。二十

四曰黃銅。用錫三十分或三十四分。銅六十六或七十分合成。此質較尋常之銅堅硬。而色黃。若加錫不多。則可引長。其質其與水重比若八七七與一。或八四八與一。若加鉛則質更硬而不能引長。其斷折處即見有灰色而暗。製造廠用此銅造彈引螺絲並活機鋒及子母彈之藥管。二十一

五曰字鉛。用安的麻尼即銻二十三分。鉛七十七分。合成

此鑄字之鉛舊時礮臺及城上所用礮彈內之活機皆以此質爲之二十二

六曰自來火如下圖又見八十四圖以銅片裹之頭形扁圓中有圓孔以錫箔滿之取其易於射破也其頭與管之半俱爲含自來火處圖內黑色處有隔片如丁以分隔之其各段分寸列左二十三

	數爲百分寸之若干	
甲乙	四三	不可加減
乙丙	九	可加一
甲丙	五二	可減一
乙丁並隔片之厚	九一	可加減一
戊己	○三	可減一
庚辛	六二	可減半分
孔徑	一一	可加一
銅並錫箔之厚	半分	孔中心與錢中可差二分

其自來火乃格來生及殼倫布司所造及其函於銅帽也須詳細查之一查其銅帽外面之形每百枚內取一二枚用火引準片量之二查其扁圓面須畧平恐活機之鋒滑向旁也三查其錫箔應在中心不可活動四查其錫箔不可有缺洞口與錫箔應合處不可相離恐水氣走入也五查其隔片四周須與銅管緊合六查其銅帽不可損斷折縐七查其銅帽之外不可破損污穢八查每枚乙丁之高九查每百枚銅帽內取一二枚以針刺開試之二十四

七曰紅質即以鉛養與鉛養相合之質有時市人以紅磚粉攙和之若恐攙和則用吹火管鎔之即留攙和之石粉不能鎔化或烘熱之而用琉養三和水即礦鏹水消化之若有粉即不能化此紅質可染已裝滿之洋鐵管亦可染子母彈之嘴二十五

八曰燥質即和入漆內易於乾燥之物用煨熟石膏二磅煨熟之翁白拉二磅翁白拉即雜鐵養之黃色泥又昔那拜二磅昔那拜即鉛養所成之紅黃色又密陀僧二磅熟桐油三磅合燒存性再用松香油一葛楞又四分葛楞之三和之凡紅漆每磅加此燥質一二兩二十六

九曰失騰克即印度無花果之香鎔化之濾去渣又燒乾成簿葉色黃而韌硬應收藏於燥處勿沾水氣二十七

十曰卑門聽油此油用菜油造成而分去一切成銹之質在布國之百耳靈採買甚便以抹鐵鋼等器可免銹蝕二十八

十一曰灰水即鈉養合輕養之質在水鎔化爲清而無色之水若有雜質在內即易變黃色若其水不潔則烘熱之即成辣而難嗅如醶水之氣其沸度多於水之沸度與水重比則視百分中有七十七分灰水者若二與一有三十十六分又十之八者若一·五與一有四分又十之七者若一·六與一有灰水○·三○二者若一·○○四與一此水應貯玻璃瓶內上有玻璃塞子每用過後即用羊油抹其塞子因其水易吸空中

之炭養氣故須緊塞之若此水著人身卽皮脫而爛凡子母彈中有硫磺留滯成汚可以此水去之 二十九

十二日薄絨布卽康白來用以糊銅盂之下孔 三十

原書此下數節論鐵盂舊法今已不用不必譯

總論查收各件

凡來復礮彈施放之準炸發之烈爲最要之事故造彈時須盡心攷察妥善造竣後亦須盡心收藏妥爲保護每造彈之前先須查量所用之器因彈之外形稍有不合卽施放難于取準又須查包鉛之模不得太大太小凡包鉛及裝子母彈膛等事應用熟手之人若無熟手則匠頭必須熟手方能專管其事但熟手之人作工一月卽須換班而每日作工亦不可過十小時因鉛氣易於傷人不可不愼也每一處工程已完欲移往他處時先須查看妥否免致枉費工料如包鉛處移于裝子彈處之類 四十五

凡來復礮彈之彈引各件設有不妥卽難炸發不比圓彈之易於炸開也故須將自來火及彈引相連各件詳細查看方能必炸 四十六

查造漆料及紙袋

調和紅漆　若採買之紅漆須用桐油攙薄再加燥質卽可備用如一時不便採買卽用法造之法以二十五節之紅質三磅桐油漆西國有之二磅黃色之松香油四分磅之一以上三料置石上磨和之再加燥質十兩或十二兩半 四十七

鎔化失臘克漆　先以失臘克二兩於石舂中打成細粉若不能打細則以粗沙半兩和入打之次將失臘克貯于瓶內以醋酒六十四分葛樓之一和之置於日光下或火爐邊將失臘克頻頻搖動恐瓶底積塊則以木條攪之一二日後在酒中消化成深黃色之漆其漆易黏而易燥用以黏貼礮臺所用銅盂底孔之布可以不用夾底惟歷時太久恐黏處易脫故造時只須敷用不必多備又陸路礮彈之銅盂亦可用此黏之但須和以醋酒一半則稠稀適中若將此漆藏之日久須塞嚴其瓶口置於涼處 四十八

漆陸路礮彈之隔布　已裝炸藥之彈收藏不用則應漆其銅盂之隔布免致水氣沁入炸藥其布須兩面漆之俟燥可用 四十九

製收儲銅盂活機之紙袋　以堅韌之紙長十二寸寬五寸用方木胚爲模長三寸六寬一寸四高四寸以牛皮膠黏成袋 五十

查收彈引各件

來復礮所用開花彈子母彈之彈引各件惟隔針則各種

彈不同其餘彈嘴等件之大小各彈相同舊時嘴螺絲用生鐵鑄成今則用銅其自來火螺絲及銅盂活機並鋒亦以銅爲之惟隔針用鋼或亦用銅五十一

查嘴螺絲見八十一圖每一寸又百分之十五有十三周其中間母螺絲每一寸又百分寸之一有十七周可以旋入彈嘴而又旋自來火螺絲於其中五十二

舊用堅緻生鐵今用韌銅上有二淺孔可用螺叉旋之其中自來火母螺絲之上邊須合於彈嘴之脣中空之上半可容活機之口下半又分兩截上截爲圓柱形下截爲侈口五十三

嘴螺絲各段大小並最大最小之限列於左五十四

嘴高	五〇	可加減二
螺絲高處	三〇	可加減一
脣片高	二〇	可加減一
脣片徑	一〇〇	可加減一
螺絲徑	九五	
螺絲深	四	
下截高	二八	可加一
上半之闊	七四	可加一
下半之闊	八〇	可加一
淺孔闊	一五	可加一
淺孔距中心	二三	可加一
母螺絲徑	三九	
母螺絲徑	三	
	百分爲一寸	

嘴螺絲以上文第八節之螺準片量其分寸大小使過最大之孔而不過最小之孔切不可用力推過其鐵嘴孔之螺絲不可有缺裂螺絲上不宜有孔若舊式之鐵鑄者用電氣鍍銅厚薄須勻不可太厚五十五

查畢後欲運往他邑須裝箱內以紙層層隔之不令擠軋損壞每箱有三千二百枚嘴螺絲連箱重一百三十二磅每嘴螺絲重二十至二十四羅脫五十六

若不運他邑而藏儲庫中則用有邊之板高十分寸之六每板可置一百或二百枚置百枚者方十一寸置二百枚者長二十一寸闊十一寸其板用乾木爲之可以十板相疊五十七

查自來火螺絲見八十二圖 自來火螺絲之內函有自來火銅帽可以發火炸彈五十八

其螺絲分爲二段上爲頭下爲足足之上截有螺綫合彈嘴中心之螺綫中有圓孔可函銅帽以假銀釘固之而平其釘之兩端外周視之似二白點五十九

自來火螺絲各段大小並最大最小之限列于左六十

全體高	六六	可加二	可加一
頭高	三一	可加二	可減一
螺高	二〇	可減一	
無螺處高	一五	可加一	
頭徑	四八	可加二	可減二
螺徑	三八		
無螺處徑	三一	可加二	
螺絲深	三		
每一寸又百分之一	十七周		

自來火螺絲以上文第八節之嘴螺套量之先查螺絲完善否次量下段之高與徑又查假銀釘妥否銅帽頭及錫

箱堅固否。六十一

凡收藏此物，用硬紙匣，厚百分寸之五，內長二寸四，寬二寸，高百分寸之八十。匣蓋有套，高百分寸之六十。每匣可置二十枚，直五橫四，以頭立置之。下鋪一布，上護棉花或絨，再用潔布蓋之。不可著以灰塵，次以十八寸長之綫十字縛之。因此物易炸，故須謹慎覆護，不令碰動。每匣重十二羅脫。五匣相合，外用堅固皮紙包之，共計百枚，次用三十寸長之綫十字縛之。存儲庫房時，以匣側立之。六十二

凡運往他邑，裝以木箱，其箱板厚八分寸之三，每箱一千或二千枚，亦以前節小匣側置之。裝千枚者，內長二十二寸，寬四寸半，高二寸又四分寸之三。裝二千枚者，內長二十二寸，寬四寸半，高五寸半。內襯以紙，裝畢後加以抽蓋，以油布包之，而緊縛以繩，繩之兩端以火漆印封之。若不滿一箱者，其空處取潔淨之乾紙或麻以實之。六十三

查活機見八十五圖　活機之口，在上截之空圓柱中，口下之體在銅盂中，其鋒可以湊射自來火。舊用字鉛為之，今礮臺上之彈內，尚用字鉛。其頭之上口略圓，口內有縫，可嵌尖鋒之橫梁，其底亦略圓。凡活機中，有空圓柱形火道，當射發自來火時，火自火道穿過，而下燃炸藥。六十四

查活機尖鋒見八十六圖　舊時用鋼造尖鋒，而以電氣鍍銅，今用硬黃銅為之。上段為鋒，高於橫梁百分寸之四。鋒及活機各段大小，及最大最小之限，列于左。六十五

活機體長	一〇〇	可加二
頭長	三〇	可加一
下段長	七〇	可加一
頭之中段徑	七三	可加減半分
口徑	六三	可加減半分
頸徑	六〇	可加減半分
底徑	五五	可加減半分
上段深	一一	可加減一
空圓柱徑	三五	可加一
火道徑	二〇	可加一
橫梁並鋒共高	二八	可減一
鋒高	一五	可減一
鋒合橫梁之處闊	五	可加半分
鋼鋒厚	三	〇
橫梁高	二四	可加一
橫梁闊	五六	可加一

活機並鋒，用第八節之彈引準片量之，不可過最大最小之限。其火道用第八節之火道準量之，又自底入之，以試其鋒之堅固否，又察針鋒銳否，合火道中綫否，鋒出於口上，是百分寸之四否。皆用第八節活機準片量之。若用鋼造之鋒，應鍍以銅。六十六

凡收藏活機，可與銅盂並裝於紙袋，每袋二十枚，詳下第七十一節。六十七

查銅盂見八十七圖　銅盂所以分隔炸藥與嘴孔，又可免受潮溼，所以隔布內外俱須漆之。下節略如圓錐，底邊略圓，厚千分寸之十五，或百分寸之二。口有銅邊如箍，厚百分寸之五，用銀銲之。箍以下，前後有直縫，可以漲翕，漲令略侈。底有圓孔，名曰火門，內有夾底，有三銅齒鉤，令妥帖，可以夾隔布。舊有單底者，以失臈克黏之，今已不用。六十八

銅盂各段大小及最大最小之限列于左。六十九

全長	六七	可加減一
內長	三七	可減一
箍厚	五	加一
箍外徑	四七	加一
箍下盂徑	四六	加一
盂下徑	一六	加一
火門徑	二二	二
盂口內徑	一六	加一
盂底徑	八五	加一
縫長	二	加一
縫闊	半分	〇
質厚	一分半	加半分
底厚	一	可加半分

銅盂用第八節銅盂準片量之其高及箍徑底徑盂外徑應合于準其內徑則以七節之三之針孔準量之此準又可量隔針孔之所在其盂內須極光滑。七十

凡收藏銅盂用上文五十節之藍紙袋同活機裝之每袋二十枚袋下有氈底氈上置一燥布將銅盂活機先裝兩排尖鋒向下再加一氈一布又裝兩排尖鋒向上然後以紙袋包之牛皮膠黏之膠勿太多氈寬一寸長三寸布氈須潔淨不可塵汙裝成一袋重一磅又二十三羅脫若欲發運他邑或裝箱或裝桶不可重過一擔。七十一

查隔針見八十三圖　舊以鋼造韌硬如鐘表之法條有根如圓柱形上端為圓柱形下為圓錐形各種礮彈有各種隔針作橫圈綫以別之不致臨時悞取其頭之徑及長條之徑皆同其不同之數列于左。七十二

	四磅彈	六磅彈	十二磅彈	二十四磅彈	
頭長	四十二	四十八	九十三	一百三十八	可加二
針長	一百二十	一百三十八	一百五十三	一百六十八	可加二

頭徑	二十五	二十五	二十五	二十五	可加減一
頸徑	十四	十四	十四	十四	可加減一
末徑	十二	十二	十二	十二	可加減一
橫圈綫	無	一綫	二綫	三綫	

舊用鍍銅鋼針今用黃銅以第八節針孔鑽量其各處之長及徑又查兩端須勻圓其各種針之圈綫不可相混若用鍍銅鋼針須查其圓條是否光滑不可損汙。七十三

包隔針之紙袋有徑一寸之圓木作模以紙圍之其底以紙簸成而折轉包緊之每袋二十枚半向上半向下袋須長於隔針四分寸之三各種之紙袋長短不同四磅彈者每袋重八羅脫半六磅者重七羅脫十二磅者重十羅脫半二十四磅者重十六羅脫若運往別處或箱或桶不得重過一擔。七十四

收領彈引各件　布國製造廠所造彈引各件俱查妥量器所造一具存於廠中以為準式及其發運礮營亦有官員專司收領又須逐件查察如有疑惑可至原廠與準式比較。七十五

收領之員均須親查其分寸大小最大最小之限及螺絲各件俱如上文各法詳查之。七十六

營中收到各件後即責成親查之人細心收貯各有木架

可以安置并詳記其查收之月日職名七十七

查收各種彈體

來復礮所用之彈有實彈開花彈子母彈其外周之形大約相同彈頸之下皆包鉛殼未包鉛時謂之鐵體惟洋鐵管但用洋鐵內有白鉛圓彈　查收鐵體之法已詳上文第七節茲再分析論之七十八

查實彈見八十圖　凡欲擊破鐵甲船及硬石牆則用二十四磅實彈其餘祇用開花彈此實彈鐵體一爲嘴弧二爲圓錐形三爲圓柱形四爲平圓底其圓錐及圓柱形包以鉛殼圓柱外有四箍使鉛殼不致脫落若以箍直剖之爲二綫平行上小下大之方形其箍斷處之直槽所以使鉛殼不能轉動直槽之底即鐵體之面其彈底之下略有穹勢高百分寸之五七十九

實彈在鑄鐵廠時已按第七節各法量查之及運至製造廠時再查遷運時有無損壞尤須察看彈外各處稜邊有無磨鈍若稜邊有缺過於百分寸之十五者即不可用八十

此等來復彈之鐵體費鉅而造且不易故損缺百分寸之十五尚可用以操演惟不可用之臨陣凡實彈但須包鉛磨光而已不似開花彈之有彈嘴等事工程更爲繁重八十一

查開花彈見八十八至九十四圖　開花彈有四磅六磅十二磅二十四磅計四種又有六磅之子母彈其彈外包鉛與實彈相同但開花彈上有嘴孔而子母彈之底又有底孔八十二

嘴孔在嘴弧之頂中其孔之上口略侈如仰盂形爲容嘴螺絲之唇其下段有螺槽可以容嘴螺絲之下截其下有大小兩段空圓柱形大者容銅盂之口小者容銅盂之體孔之中垂綫合於彈體之中心孔徑之大小各種彈俱同惟下段空圓柱形長短不同耳螺槽下界有隔針孔此孔應對中垂綫之旁八十三

二十四磅彈膛之空圓柱形上下徑相同其餘之彈上段圓錐形下段圓柱形其內膛之頂穹勢二十四磅則爲半渾圓形其餘則不及半圓八十四

查子母彈見九十至九十四圖　子母彈嘴弧長而膛大體薄且有底孔與開花彈不同其底孔中心亦合彈之中綫孔有左旋螺捎裝滿子彈後即將底螺旋入底孔見九十二圖底螺絲有圓柱形之柄又有鉛圈壓于柄下令其緊密八十五

各處廠中所造彈體其嘴弧有記號百耳靈之開花彈作丨子母彈作Ⅱ斯盼枲之開花彈作一子母彈作二丹即

之開花彈作D，子母彈作冂，斯豆克拉得之開花彈作工，子母彈作凵（八十六）。每種來復彈之鐵體各段大小及最大最小之限，（見八十八、八十九圖）列于左。

	直量各				
	體長	嘴弧長	圓錐形長	四箍外闊	四箍內闊
四磅開花彈	六二〇 可加二可減一	一六八 可加二可減一	一〇〇 可加二可減二	三二 可加二可減二	三六 可加二可減二
六磅子母彈	七一六 可加二可減五	二一八 加二減一	一一三 加二減四	三八 加二減四	四二 加二減四
六磅開花彈	七一六 可加二可減五	二一八 加二減一	一一三 加二減四	三八 加二減四	四二 加二減四
十二磅開花彈	九〇〇 可加三可減六	二五五 加三減二	一五〇 加三減五	五〇 加三減五	五五 加三減五
二十四磅開花彈	一一一五 可加四可減八	三五〇 加四減三	一五三 加四減七	六三 加四減七	六八 加四減七
二十四磅實彈	一一一八 可加四可減八	三五三 加四減三	一五三 加四減七	六三 加四減七	六八 加四減七

	長數					橫量各					
	箍空 外闊	箍空 內闊	箍縫寬 外闊	箍縫寬 內闊	底邊	底邊凹深	箍槽 外闊	箍槽 內闊	頭棱高	圓錐形上徑	圓錐形下徑
四磅開花彈	四〇 可加二可減一	三六 可加二可減一	三九 加二減一	四七 加二減一	四五 加二減一	一〇	五〇 加減三	六〇 加減三	二七五 加減一	二〇五 加減二	二五五 加減二
六磅子母彈	四六 加二減四	四二 加二減四	四六 加二減四	五五 加二減四	四四 加二減四	一〇	五〇 加減三	六〇 加減三	三二二 加減一	二四二 加減一	二八二 加減一
六磅開花彈	四六 加二減四	四二 加二減四	四六 加二減四	五五 加二減四	四四 加二減四	一〇	五〇 加減三	六〇 加減三	三二二 加減三	二四二 加減三	二八二 加減三
十二磅開花彈	六〇 加三減五	五五 加三減五	六〇 加三減五	六八 加三減五	五〇 加三減五	一〇	一〇〇 加減四	一一〇 加減四	四三〇 加減四	三五〇 加減四	三八四 加減四
二十四磅開花彈	七三 加四減七	六八 加四減七	七三 加四減七	八一 加四減七	六三 加四減七	一〇	一一五 加減五	一三〇 加減五	五四〇 加減五	四六〇 加減五	四八六 加減五
二十四磅實彈	七三 加四減七	六八 加四減七	七三 加四減七	八一 加四減七	六三 加四減七	一〇	一一五 加減五	一三〇 加減五	五四〇 加減五	四六〇 加減五	四八六 加減五

徑數				彈膛					
箍外徑	箍內徑	箍槽底徑	底外徑	彈膛全長	柱形長	柱形徑	各種彈錐形並半圓之高或二十四磅彈半圓之高	上圓空半徑	下角圓半徑
二七五 加減二	二五五 加減二	二五五 加減二	二九二 加減二	四四〇 加減二	二九九 加減一	一八五 加減二	一四一 加減一	四八 加減一	二二
三二二 加減二	二八二 加減三	三〇二 加減二	三四二 加減二	五三〇 加減二	三四〇 加減一	二三二 加減二	一九〇 加減一	九八 加減一	二五
三二二 加減三	二八二 加減三	三〇二 加減三	三四二 加減三	五三〇 加減二	三四〇 加減一	二〇二 加減二	一九〇 加減一	八〇 加減一	二五
四三〇 加減四	三八四 加減四	四〇四 加減四	四五〇 加減四	六〇五 加二減三	四二〇 加減一	二七三 加減二	一八五 加一減二	一三〇 加減一	五〇
五四〇 加減五	四八六 加減五	五〇六 加減五	五五八 加減五	七二〇 加三減四	五五七 加一減二	三二六 加減三	一六三 加減三	一六三 加減一	六〇
五四〇 加減五	四八六 加減五	五〇六 加減五	五五八 加減五						

鐵體			底孔		底螺絲					
底凸處厚	箍前寬膛	箍後寬膛	底孔徑	底螺槽徑	全高	頭高	螺絲外徑	螺絲內徑	頭徑	高
四〇 加一減二	四五 加減二	三五 加減一								
四五 加一減二	四五 加減二	二五 加減二	六一	七五	八〇 加減四	三〇 加減二	七五 減半	六一 減半	一〇〇 加減五	一〇 ○
四五 加一減二	六〇 加減二	四〇 加減三				○ ○	○ ○	○ ○	○ ○	○ ○
七五 加一減三	一七八半 加減三	五五半 加減三				○ ○	○ ○	○ ○	○ ○	○ ○
一二五 加二減四	一〇七 加減四	八〇 加減四				○ ○	○ ○	○ ○	○ ○	○ ○

鉛圈外徑	鉛圈內徑	無螺之徑	唇高	嘴孔 螺絲徑	螺絲合緊處長	螺絲連唇	螺絲深	每一寸又百分寸之七十五	上段孔長	上段孔徑	下段孔徑	隔針孔 孔心距嘴	孔徑	孔心離中垂線
		一·○○	九	九六	三二	五二	四	十三周	四八	七六	六五	四七	一六	二二
		加減一	加減一	○	○	加減一	○		加減一	加二減一	加減一	加一	加一	加減二
九五	七五	一·○○	九	九六	三二	二五	四	十三周	四八	七六	六五	四七	一六	二二
○	○	加減一	加減一	○	○	加減一	○		加減一	加二減一	加減一	加減一	加一	加減二
○	○	一·○○	九	九六	三二	五二	五二	十三周	四八	七六	六五	四七	一六	二二
○	○	加減一	加減一	○	○	加減一	○		加減一	加二減一	加減一	加減一	加一	加減二
○	○	一·○○	九	九六	三二	五二	四	十三周	四八	七六	六五	四七	一六	二二
○	○	加減一	加減一	○	○	加減一	○		加減一	加二減一	加減一	加減一	加一	加減二
○	○	一·○○	九	九六	三二	五二	四	十三周	四八	七六	六五	四七	一六	二二
○	○	加減一	加減一	○	○	加減一	○		加減一	加二減一	加減一	加減一	加一	加減二

查收洋鐵管

查已裝子彈之四磅六磅洋鐵管用量底圈及腰圈每種彈俱有兩具一大一小又密分尺一應查其外周完固否合于圓柱形否有凸凹處否兩白鉛底堅固否鉛底與洋鐵管面成直角否其中子彈是稍有活動否其兩端之齒有無折角僅壞數齒別無他弊者尚可用之又用量底圈量其腰箍用密分尺量其管長四磅之洋鐵管不能短於六寸又百分寸之五十二不能長於六寸八十七六磅者不能短于六寸九十三不能長于七寸三十三若運往別處裝於箱內則空隙處用麻及軟物襯之以免碰壞八十七

元和邱瑞麟校

克虜伯礮彈造法卷下

布國軍政局原書

美國　金楷理　口譯
崇明　李鳳苞　筆述

完備時工程

彈之鐵體既具須講完備及運用之事完備者包其外滿其內也實彈有二事一爲包鉛二爲磨光開花彈有三事一爲包鉛二爲磨光三爲抹油於嘴孔及針孔或用物塞之子母彈有四事一爲包鉛並磨光二爲裝子彈並硫磺三爲旋緊底螺並加紅漆四爲抹油於嘴孔針孔或用物塞之運用者操演及戰陣也開花子母兩種俱有二事一

爲裝炸藥二爲安彈引八十八

凡包鉛之前須擦淨鐵體逐細查看其查空心實心之鐵體具詳於前卷第八十節應並查其體長及嘴徑底徑與夫嘴孔及針孔其查之之法及應用之器已詳於七節之二須思此等礮彈不易造成其空心彈尤不易造所以少有不合倘可用於操演之時八十九

開花彈實彈包鉛法　彈之用鉛殼欲令彈在礮管循來復綫轉動將鉛擠成螺綫而與礮管脗合也此殼從頸下起如圓錐形至第一鉛箍以下如圓柱形鉛箍有四上三箍合於三鐵箍之上第四鉛箍從第四鐵箍中界至底上而包過鐵底箍百分寸之二三鉛箍外徑等於礮管徑來復之凹面箍間外徑合於來復之凸面鐵底四周之稜微斜向上恐鉛向下脫也九十

包彈處有專司彈藥等事之匠頭一名又有鎔鉛及烘熱鉛模者一匠司烘彈爐者一匠又有一匠目并四匠司模此四匠中一持鐵體來擦淨之一置鐵體於模中又自模中取出一持彈模一灌鉛汁再有一人持一切什物來至彈房以上一匠頭并七匠五小時內應包成四磅彈三百枚或六磅彈二百枚或十二磅彈一百六十枚或二十四磅開花彈一百二十枚或二十四磅實彈七十五枚包鉛

處什物一爲鎔鉛爐見二節一爲烘彈爐見四節一爲模與彈之大小相合見十節一爲模準見九節每模有櫈木槌各一一爲量彈圈一爲長短鉗一爲揭模之兩桿二十四磅之實彈又應用大鉗一爲取彈之大鉗又有一刀一刷帚一鉛杓另備牛皮一方不可太軟長八寸至十寸闊四寸一爲撈鉛面浮渣之漏杓以上俱見十三節若包二十四磅彈又用鐵槌及鑿一爲貯紅色之小瓶及色筆一爲鐵斧可以打碎松香一爲大鑢可以鑢減彈徑之過大者另有火剪鐵條鐵鉤一切火具九十一

凡包鉛之前應作四事　一用紅色抹模內以免鉛與模

乘熱相粘法以醋酒并化粉之羅路司相合釀成如糖色用筆薄抹於模內遇鉛之處凡模未烘熱時須抹一次用至二三日後再抹一次　二鎔鉛鍋處匠頭匠人須於開工前二小時生火及開工時鉛已鎔化此時以紙試之紙燃則可用匠頭以碎松香二掬投於鍋內令匠人以杓調和之再以漏杓取去浮面之渣其渣有鐵箱盛之若鎔不淨之舊鉛須屢次以松香調和之每百分舊鉛須加二十五分之新鉛若全用舊鉛恐鉛質太硬在礮管時不易擠成螺綫迨已去滓後即用木炭粉一名木灰糝於鉛面可免天空之養氣與鉛相合又可免鉛氣之傷人若再加鉛時須

由匠頭督令以冷鉛盛於筐內先置爐旁烘令熱燥然後加入鍋中　三應先烘熱其模以免灌鉛時冷氣凝結而有不光之處其烘之之法應於未置鐵體於模時以鉛汁灌入空模結硬後仍還於鍋如是二三次乃以水一點滴於模上如立時沸乾有聲即可用矣　四應烘熱其鐵體令包鉛時能相黏合先於烘彈爐中裝滿鐵體亦於開工前二小時生火及開工時鐵體之熱度約與彈模相等烘彈之人手持鐵條察看工人不許將冷鐵體持近爐旁因恐誤取包之殼與冷體不能相黏致開放時在礮管中脫殼而彈之方向不正也若此等彈用諸操演之時其鉛迸

散易致傷人然亦不許以太熱之體持近爐旁因恐鉛遇甚熱之鐵燒枯而不能相黏且恐體太熱則出模之時鉛仍未凝致鉛有偏重開放時不能正合來復綫也惟用上節之法烘之即無此弊若無特造之烘彈爐而隨便於別種爐烘之者恐難免此弊凡知鐵體太熱可安置爐旁以涼之九十二至九十六

凡用舊樣之模每日起工前應用量模器查驗模之大小次用紅色抹其內再如上法烘熱之乃置模於機其機須在鎔鉛爐之旁第三匠開模之一半以模下風孔對第二匠第一匠以長短剪夾取鐵體之底令剪之長嘴合底下

短嘴合底上用一手剪持之令彈嘴向下暫擱於機一手以帚掃去灰塵再停頓二次使體內之渣從嘴洩出第二匠以尖鐵桿貫入彈嘴安於模之下半不可猛力須將箍間二直槽一合於下半模之風孔一合於上半模之風孔又須詳察令嘴孔合於模內之孔第一匠於未置彈體時以牛皮一方襯於模之近底稜處第三匠閉合彈模以上半切於下半乃加柄上搭鈎以木槌擊鈎令模緊合第二匠先取去牛皮勿令彈在模中轉動第一匠持一套圈見圖十四套於彈底是時第四匠用杓取鎔化之鉛以杓嘴合於模上灌鉛之孔接連灌之灌滿而止俟冷縮時再加灌

少許若不加灌則鉛孔處有缺彈即無用鉛既凝時第一匠將套圈取去仰置於櫈切勿磨損下稜第三匠以木槌擊鬆搭鈎將模翻轉令底下之孔再向第二匠第二匠以尖桿由模孔貫入彈嘴第三匠即提開模之上半令第二匠取出其彈置於別處以涼之謹防碰損其鉛隨察模內有無黏𠺕之鉛有則以刀括去之第一匠又以牛皮襯入再包第二彈如上法九十七

凡用模時須知十三事 一第一匠專管烘彈之人不許夾帶別種及冷彈 二鐵體上沙滓等物應於未入模時掃刷淨盡其箍間空處及頸稜底稜等處尤不可忽如有𠺕滯則鉛不相黏且底圈不能脗合 三加套圈不可欹側須令彈之中綫合模之中綫庶鉛殼無厚薄之弊 四若鐵體之底太大不能加套圈者即以此彈別置於旁用鎈鎈之 五若已包之彈模縫處有鉛綫凸出即知模合不緊須令第三匠以木槌用力擊其搭鈎又須察模之相合處有無鉛屑𠺕滯以刀刮去之若仍不密合則此模不可用俟涼後查看之 六若所用之模太熱鉛不易凝可除去套圈𠺕彈於模以涼之若鍋中新加冷鉛亦應𠺕方灌之彈於模俟鍋中熱度已足乃出其彈續包後彈 七若久用之套圈內徑已鬆致彈底稍有搖動即棄去此圈不用若新樣之模所用底箍鬆而搖動即將兩半網圈套緊之 八灌鉛之杓不可太小須一氣灌成一彈以杓內可容二十磅熱鉛爲度 九舊樣二十四磅之模近樞者爲風孔一名出氣孔較他模小異恐風孔有鉛流出滯於樞間故方灌之時第二匠以尖桿斜插此孔使溢出之鉛流向旁邊不致滯於樞間 十凡已包鉛之二十四磅彈第一匠用鑿鑿去灌鉛管處所餘之鉛 十一杓應常熱不灌之時須浮於鎔鉛鍋內 十二用一鐵環浮於鉛面撈去環中浮滓恆以杓取環中之鉛灌之庶免浮渣帶入模內 十三一日工畢以末次包鉛之彈𠺕於模內令模不致驟冷驟縮不合原度惟套圈須除去之而仰置於模上九十八

凡包二十四磅實彈之鉛殼其取彈之法與前不同因彈無嘴孔不用鐵桿其置彈於烘爐及彈模之時用一大鉗鉗口有圓窪形見十三節其自模中取出時別有一大鉗亦見十三節可持定彈上第一鉛箍俟第二匠於第二鉛箍處以鉗承之暫置於櫈仍以此鉗持定此彈移至他處九十九

凡用新樣之模如法烘染置於櫈上第一匠以熱彈刷淨亦如前法第二匠以尖桿入彈嘴置彈模中謹防彈底與模底相擦缺損隨將尖桿取去第三匠閉緊彈模而翻轉

之以底合於櫈令彈嘴向上第三匠以木槌擊緊搭鉤第四匠取鉛灌之俟凝時第三匠擊鬆搭鉤仍將模翻正第二匠又以尖桿入彈嘴取彈置地刷淨模內再包第二彈新樣之模較舊樣之模更輕故易於遷移運用又無套圈之費事故較舊樣者每百彈中可多包五十彈。一百

四磅開花之鉛殼重三磅五羅脫（每三十二羅脫爲一磅）六磅開花彈及子母彈之鉛殼重五磅十四羅脫十二磅彈者重十磅十四羅脫二十四磅彈者重十六磅十八羅脫凡鐵箍以上鉛之最薄處四磅彈厚百分寸之十八六磅彈厚百分寸之十九十二磅彈厚百分寸之二十二十四磅彈厚百分寸之二十一。一百一

開花彈實彈磨光法　凡彈既包鉛應磨光其外周磨彈處用匠頭一名工匠八名其中二名搬彈六名磨之此外有一人專司查彈每五小時可磨光四磅彈三百枚或六磅者二百枚或十二磅者一百六十枚或二十四磅者一百二十枚其應用之器有鐵槌八鐵鑿八刀八鎈四量彈圈一（見四十六圖）印子一厚木櫈并鋪氊各二三。一百二

凡彈須俟冷定時磨之大約小彈在四小時後大彈在六小時或八小時後方冷定所以須於包鉛之次日作之磨時一匠騎坐於櫈以鑿除去彈上溢縫之鉛如彈頸以上有鉛留滯亦須除淨鎈平使與鐵稜緊合彈之四周亦須刮平而鎈光之凡用新樣之模餘鉛必在圓錐形處故磨之較易既磨後將彈搬至查彈人處查其平否上下與鐵稜合否其鉛凾於底箍是百分寸之二否鉛箍上不平處不可闊於百分寸之五不可深於百分寸之二圓錐形不平處亦不得過此限若鉛箍處極光則圓錐形處稍有不平或過於百分之五之二尚不妨事。一百三

舊模內所包之彈模縫處有溢出之鉛須以刀細細刮之不可刮損鉛箍若不能刮至極平須以量彈圈試之凡遇應試之彈須立置於地而持量彈圈之兩柄以套於彈上如不能套過則鎈其凸出之處既鎈後仍不能過即不可用須統查已包之彈並查彈模恐模亦不合用也。一百四

查得不合用之包鉛彈匠頭即以鐵槌打一大缺庶不誤用俟後剝去鉛殼以鐵體還於彈房磨彈處鑿下之餘鉛不可留於櫈上致壞他彈須每人另備一箱以盛之其查過合用之彈於上箍模縫處印一軟戳其查過之實彈即按下卷收藏法藏之查過之開花彈須用下文抹油之法。一百五

開花彈抹油法　彈之嘴孔並隔針孔受溼成鏽必壞螺絲故應於包鉛之後用皁門聽油或不鹹之猪油以抹之

其嘴孔內以食指裹絨布蘸油抹之令一匠專司此事若欲久藏或運往他處者舊時用燥木塞之今不用木而以白鉛螺絲塞之其隔針孔內則用木塞此二塞先須浸以桐油凡各種彈所用之塞須另隔別器不得淆混一百六

子母彈內裝子彈等物之法 子母彈包鉛磨光之法俱同上文開花彈法而子彈硫磺及炸藥管惟子母彈有之其裝儲之法尤宜詳考一百七

裝子母彈處用匠頭一名匠目一名有二匠專司裝儲子彈一匠鎔化硫磺灌入彈內二匠執漏斗並於木條上取彈一匠刷淨彈膛並移彈於裝儲處以上六人八五小時內

應裝六磅子母彈八十枚應用之器一爲鎔硫磺鍋並蓋蓋上有氈又有三足架一鐵盆二可以貯抹油之子彈鋼圓杵六枚漏斗六鐵鉗二硫磺杓一大木桌一虎鉗二以上俱見十四節鐵絲二條各長六寸徑百分寸之二十五木槌二每重半磅刀二鐵槌二圓鐵條二各長三寸徑百分寸之四十可以通漏斗之孔菜油瓶一油碗二皮風袋一洋鐵盆一以貯不潔之硫磺又須寬備一桌並坐櫈一百八

凡裝子母彈處須將彈及漏斗鋼圓杵等常常烘熱令硫磺不致易冷而鬆故將彈置於近爐處頻以手旋轉之烘令周圍同熱其鋼圓杵及漏斗置於火上烘令常熱頻頻擦淨以油抹之令硫磺相遇處不致黏滯亦不可烘之太熱一百九

未裝之時先用油抹子彈使發出時易於散開若發出時有硫磺黏固則減其速率并減其透力故須將一千子彈置鐵盆之中調以菜油用手攪之使周圍勻潤一百十

鎔硫磺之鍋以可鎔二十五磅成條硫磺爲度先用木柴燒之次用炭火烘之令常不冷如恐其太熱則留數條未鎔之硫磺陸續添於鍋內若硫磺燒濃或至發火急以鍋移置於地潤水於皮蓋以覆之所用硫磺須揀淨若鍋底有渣應先用去鍋面之磺而留鍋底之不潔者傾於洋鐵

盆中此盆內先須潤以油既傾去後以鐵爬刷去鍋底之渣一百十一

裝子彈時二匠立於桌旁桌上鐵盆備有子彈每人持已抹油之鋼圓杵從嘴孔插入令與空圓柱相合不使硫磺從嘴漏出鋼圓杵之末離底孔不遠恰合彈之中綫以抹油之子彈從底孔裝入頻頻搖動令子彈滿於四旁其搖動時鐵條之柄勿離桌面每搖動一次須察杵末是否仍對底孔已裝半彈後即不患杵之偏倚既裝滿時即以六寸之鐵絲推令子彈向旁凡六磅彈可裝子彈八十八或九十四枚約以九十枚爲中率一百十二

子彈裝畢即將漏斗套於杵末漏斗旁孔亦須以小帚蘸油抹之既套入時漏斗之頸應合於彈底如不能相合或難於套入即知杵已偏倚一百十三

漏斗套合後將彈移置虎鉗之桌鉗固杵柄以漏斗向上若裝子彈之匠不能兼為可授於掌虎鉗之匠為之俟匠頭出令灌硫磺掌杓者即舀取硫磺約重一磅灌於漏斗他匠以手或以小木槌略敲彈嘴之不包鉛處俟灌滿而止以兩手捧彈緩轉之若硫磺太熱約須再加少許則掌虎鉗者須說加字一百十四

俟漏斗內硫磺已冷即用鐵鉗持定轉動而取出之次旋鬆虎鉗將彈取下拔去鋼圓杵若杵上無油恐有阻滯則用徑百分寸二十五之鐵絲插入杵柄之孔旋動拔出之乃以彈交於匠頭向有光處窺看內膛是否光滑有無缺少凡彈內圓杵切不可於未冷時拔之設內膛有缺少之處即將此彈用下文一百三十七節法取去硫磺及子彈

此時擦淨鋼圓杵所留之磺再抹以油不必再烘祗以漏斗交於第一匠用三寸長之鐵條并鐵槌從漏斗底孔鑿去留滯之磺可安於中空之木墩上作之其留於漏斗口中者以刀刮去之再灌第二彈一百十五

子母彈加底螺并記號法　凡匠頭查過已裝之彈移至別房俟其冷定可以旋入底螺大約於次日作之應用匠頭一名又二匠掌虎鉗一匠掌擦抹一匠掌記號外有搬彈者一人以上五人五小時內能成六磅子母彈八十枚其應用之器桌一虎鉗二鋼螯二底鑽二鑽柄二底孔刷二螺夾二嘴螺柄一螺鑽一洋鐵圈一以上俱見十四節又有紅色器并紅刷各一刀二條櫈一一百十六

先將鋼螯掛於虎鉗令螯樞在下以彈嘴嵌於螯內之底鉛殼上界齊於螯之平面遂旋緊虎鉗以刀刮去底孔第一螺絲內之磺將底鑽左旋入於孔底如手不能旋裝柄以旋之旋入半寸再三左右之以去其磺底鑽之末更有鑽齒以旋去漏斗與鋼圓杵合處之磺及取出底鑽刷去磺屑以合用之底螺及鉛圈用手旋入再以螺夾旋緊之視鉛圈壓扁溢出而止乃以刀削去溢出之鉛各種彈俱同此法他匠又以刀刮淨外面黏留之磺後以嘴螺柄及螺鑽鑽淨嘴孔一百十七

子母彈之頂須用紅色染之庶與開花彈有別一匠騎坐櫈上用洋鐵圈套於彈上以護其不必染色之處餘處以紅色染之不可太厚恐流至鉛殼也染時以指擫隔針之孔或用木釘釘之恐流至孔中俟紅色已乾即按上文一百六節之法抹以油而塞之一百十八　百十九

運用時工程

凡收儲之彈已有鉛殼及子彈等物遇攻戰或操演之時須於開花子母兩種彈中加裝炸藥彈引等物尤宜洞悉其法惟實心彈包鉛之後無須加藥不在此列 一百二十

糊彈內銅盂法 舊時城牆及礮臺所用之礮彈其銅盂之孔以紙糊之糊紙時一匠以空圓鋼鑿打布成錢形二匠糊於盂底此三人五小時可糊一千枚所用之器爲徑半寸之圓鑿一鐵槌一厚二寸之鉛片一以墊於布下先臈克瓶二小刷一桌一將布四五層相疊以鑿打之二人以筆抹失臈克於盂底以糊之糊畢後翻過盂底置於桌

上今銅盂之孔以夾底函布較爲妥善 一百二十一

開花彈子母彈內加炸藥及彈引有四事一擦淨彈膛並查膛內光滑完固又須作記號以別行軍及操演所用二稱量炸藥凡開花彈與子母彈炸藥不同不可淆混三漲緊銅盂令合於嘴孔四配裝彈引 一百二十二

擦彈並查膛處用掌軍火匠頭一名匠目一名匠人八人內派二匠擦嘴孔針孔並鉛殼等處又二匠擦淨內膛惟子母彈可省此二匠又有二人作記號於有藥之彈因操演時有時用藥有時不用也若行軍所用之彈又用二人搬彈此八人或六人五小時查四磅彈四百五十枚六磅彈

四百枚十二磅彈三百枚二十四磅彈二百五十枚應用嘴螺柄二(見十四節)鋼方錐二(見十五節)螺鑽二(見十四節)鋼爬二孔刷二(俱見十五節)惟子母彈可省此兩器刷子二(見十四節)以刷子母彈嘴孔并膛量彈圈一(見十三節)鐵槌二剪二鋼錐二(見十五節)鋼鑿一其鑿口約闊五分又桌一櫈一並擦抹之麻 一百二十三

量藥并裝藥處 若裝開花彈只用匠目一匠人三內派一人量藥二人搖動其彈五小時內可裝四磅開花彈四百五十枚六磅者四百枚十二磅者三百枚二十四磅者二百五十枚炸藥之外應備量藥之盂一刮去餘藥之木板一漏斗二鉛粉塊一櫈一有絨罩之桌一若裝子母彈

則用匠目一匠人三內派一人量彈膛大小五小時內可裝彈四百枚除應備細鎗藥並鐵條外又用量膛之管一木盆二漏斗二量藥之盂一鉛粉塊一銅杵一有絨罩之桌一 一百二十四

漲銅盂處須用二匠五小時內可成四百枚應用漲剪二(見十五節) 一百二十五

裝彈引處用匠頭一匠目一匠人五內派一匠敲銅盂入彈並裝活機一匠鑽螺絲又三人搬彈五小時內可成六磅者四百枚十二磅者三百枚二十四磅者二百五十枚應用銅杵一重一磅之木槌一彈嘴螺提二銅絲鈎一螺

叉一。前見十五節與所裝彈相配之隔針二。車門聽油瓶一。有絨罩之桌一。一百二十六

擦彈並查膛法。　先查鉛殼及嘴孔內螺槽有無傷損。見第七節又用量彈圈試之查時先去嘴螺塞及針孔塞若扳斷針孔塞則以鋼錐用槌擊出之若木螺塞折斷則鑿去之。又擦淨其膛翻轉舂之出其碎屑以孔刷刷之並刷嘴孔之螺槽又以螺鑽去嘴螺之鏽以鋼方錐去針孔之鏽以鋼爬去嘴邊之鏽而用麻擦之子母彈亦同此法凡擦時須置彈於絨罩恐損鉛殼也其操演用過之彈無論有藥無藥應於針孔之下鑿一十字記號。一百二十七

量裝炸藥法。　彈已擦淨查過搬至別房以裝炸藥凡開花彈內之藥應搖動堅實僅剩出安置銅盂之處四磅彈內可裝十羅脫六磅者可裝十五羅脫十二磅者可裝一磅二十四磅者可裝一磅又二十五羅脫一匠持量藥器及貯藥器並擊動彈旁以令堅實灌之未滿再加少許太滿則傾去少許裝畢後以鉛粉作記號於彈上須防嘴孔及隔針孔有藥留滯。一百二十八

凡子母彈炸藥裝於銅管而納於彈中因恐開放時動時炸藥與硫磺相雜銅管之形如斷圓錐。見六十五圖厚百分寸之二。有一底銲固連底長百分寸之四百八十六。可加減二。口外徑六十。可加二減一。底外徑五十四。可加二減一。用此管時應用量膛管。見十五節量其大小其重有百分羅脫之二十五管內約裝好鎗藥一羅脫又十之二裝時用漏斗灌之搖令堅實下承木盆。見一百二十四節裝滿後從彈嘴鑲入彈內以銅杵推進。見一百二十四節若不推足即阻碍銅盂。一百二十九

漲開銅盂法。　未加彈引各件時先須漲開銅盂令銅盂堅靠於孔中免致搬動時火藥上洩阻碍機鋒此事須詳細爲之先東西漲之又南北漲之使四面勻圓乃納活機試之視其能否活動試畢後置於桌上。一百三十

裝彈引法。　凡裝彈引各件宜在裝炸藥之處其處亦不可有多彈聚積須陸續搬來置彈於絨罩桌上查看已有白粉記號則以銅杵。見十五節推銅盂於彈中漸漸推入不可猛力須邊口恰合於彈孔之圓柱上邊以指試其活動否若仍活動再取出漲開之俟堅定後即以活機放入又插配用之隔針試之視其有無阻礙若不能插入即以銅絲鉤。見十五節提出活機再敲銅盂深入俟隔針能入即以嘴螺用手旋於嘴孔再以螺叉旋緊其自來火及隔針須俟臨用時裝之已裝嘴螺後以螺提旋入每人取二枚搬於別房。一百三十一

附記來復礮內所用彈之平常重數一百三十二

磅下為羅脫數	四磅開花彈	六磅子母彈	六磅開花	十二磅彈開花	二十四磅彈開花	二十四磅彈實心
鐵體	五、一半	六、一三	七、廿半	一七、一八	三六、一四	五、〇四
鉛殼	三、五	五、一四	五、一四	一〇、一四	一六、八	一六、八
子彈		三、一				
磺并底螺		〇、二三				
嘴針之外彈引各件	四	〇、四	〇、四	〇、四	〇、四	
炸藥	十	〇、一又十之三	〇、一五	一、	一、二五	
彈并彈引	八、廿半	一五、二八	一三、二三	二九、六	五四、二一	六六、一二

趕備多彈工程

凡預備接陣須於數日間速備數千彈應按以上工程各法算定日期次第作之其第一要事是匠頭及工匠等俱宜挑選熟悉之人方不誤事一百三十三

趕備多彈歷次工程非一日所能兼作大約第一日能包鉛第二日能包鉛又能磨光第三日能裝磺第四日能加底螺第五日能裝炸藥若不用子母彈則第三日即裝炸藥若期甚緊迫即可於裝子彈硫磺之日兼裝螺底但須俟其冷透令裝磺與裝底螺相隔半日方不誤事每班作五小時每日共作十小時一百三十四

設房中僅可安置鉛模二具則用兵官二員最諳練之匠頭十名或參用稍次之匠頭又用匠目十六名匠人一百三十四名若但用開花彈則用兵官二匠頭六匠目十二匠人九十其分派之法則包鉛處用匠頭一匠目二匠人十一內派八人搬模磨彈處用匠目一匠人十八裝子彈處用匠頭一匠目一匠人十二用虎鉗四具加底螺處用匠頭一匠目一匠人十用虎鉗四具以上五十一人五小時內可成六磅彈四百枚內有子母彈一百六十枚同時有二十九人可成十二磅彈三百二十枚或成二十四磅開花彈二百四十枚若有一百二人可分兩班各作五小時則成六磅彈八百枚內有子母彈三百二十枚或成十

二磅彈六百四十枚或成二十四磅彈四百八十枚若欲裝炸藥則須加工匠如下裝炸藥處匠目一匠人八量藥並裝藥處匠頭一匠目一匠人三裝彈引處匠頭一匠目一匠人五以上兩班共四十二人一百三十五

設欲預備一營所用之彈須備三千二百五十枚內有子母彈一千一百枚若限八日成之則起工時先包子母彈之殼用匠頭一匠目三匠人十六每五小時一班每日可包一千一百或一千二百枚三日內即可包竣第二三四日可兼磨彈用匠目一匠人二十七亦作兩班第三日早工時裝子彈及硫磺用匠頭一匠目二匠人十八亦作兩

班第三日晚工時兼裝底螺用匠頭一匠目一匠人十六亦作兩班每日可成子母彈四百五十枚計二日半即可蕆事第三日早工時將第二日所磨之開花彈裝炸藥用匠頭二匠目三匠人十八內派二人漲開銅盂第五六日應加匠人數名因此時子母彈已有子彈俱須加裝炸藥也以上工程詳列如下一百三十六

	匠頭	匠目	匠人	
第一日包鉛	二	六	三十二	
磨彈	○	二	五十四	
第二日包鉛	二	六	三十二	
磨彈	○	二	五十四	
第三日包鉛	二	六	三十二	
磨彈	○	二	五十四	
裝子彈	二	四	三十六	
鑽底螺	一	一	六	共五百五十四
裝炸藥	四	六	三十六	工每工五小時
第四日磨彈	○	二	四十	共二千七百七
裝子彈	二	四	三十六	十小時
鑽底螺	二	二	三十二	
裝炸藥	四	六	三十六	
第五日裝子彈	一	二	十八	
鑽底螺	二	二	三十二	
裝炸藥	四	六	三十六	
第六日裝炸藥	四	六	三十二	

回出彈中藥物

凡開花彈子母彈內之炸藥彈引或硫磺子彈等物如須取出則與圓彈內去藥相同惟彈引與圓彈不同故其法尤宜詳慎凡應回出之彈共有三種一因戰事已畢不用此彈故須回出二因此彈在礮中用過未曾炸發三因操演之時或不裝眞藥但用豆及炭粉實之三種工程相同先須去彈引各物次傾出炸藥次查彈之內膛若子母彈則又須去磺藥子彈次查鉛殼完否不完者剝之次查鐵體完否不完者棄之此三種彈惟第二種最爲危險一百三十七

第一種戰畢不用若應回出者爲開花彈則用匠頭一匠目三匠人十四其中一匠目二匠人去彈引各件一匠目四匠人去彈內炸藥又用三人搬彈一匠目五匠人去鉛殼而查察之并擦淨鐵體若鉛殼不完者可省此十四人凡五小時內應回六磅彈之炸藥二百五十枚或十二磅者一百八十枚或二十四磅者一百五十枚若百彈中有十枚壞殼者須添派工人應用螺提二螺叉二銅絲鈎二漲剪二銅尖杵一木槌一嘴螺柄二螺鑽二銅爬二針

孔刷二嘴孔刷二鋼方錐二俱見十五十六節又用去灰塵之帚及量炸藥之盂各二桌上有二木條可以推動一篩以篩囘出之礮藥若彈內是鎗藥則用鎗藥之篩又用二木桶以盛藥二木盆以盛彈沸水一桶量彈圈一具按彈之大小而備鐵鑿四鐵槌四小鑿二其嘴闊百分寸之三十萊油一瓶此外又有絨單麻皮及盛彈引之小箱並桌櫈木盆等件一百三十八

凡囘出炸藥等事不可在室內須於庭中爲之以防火星飛爆其囘出時分爲四事 去彈引各件爲第一事應用一有毛氈之桌此時二匠對立桌旁相離不遠彈自室中

搬出置於離桌五十步或百步之毛氈上桌上有量炸藥之盂及裝火藥之木桶其旁有篩架并篩又有針孔刷及嘴孔刷各二一百三十九

去彈引各件時先以帚刷淨毛氈令逐彈搬至二匠對立處其桌上祇可有二彈切不可再多此二匠中一匠以螺又去嘴螺若旋之不動即以蜜蠟於嘴螺邊作一圈將萊油灌入螺絲置於他處大約次日即能旋出已去嘴螺者以銅絲鈎去活機又一匠手接此彈以漲剪入銅盂之底而轉向左右俟盂活動而取出之有時屢次搬運銅盂嵌緊不易取出應暫置於旁用下節法取出之其取出之彈

引各物須盛於小箱再查螺絲有無鏽蝕活機是否鋭利若俱無恙即按五十六節以下之法收藏之一百四十

去炸藥並篩藥爲第二事已去彈引各物由工人搬至第二地方傾出炸藥而篩之其藥盛以量藥之盂而驗其彈膛尚有存藥否此量藥盂常置於毛氈上之木盆中若彈內藥不易出則以小棍擊彈底及彈頭已去藥後即以嘴孔刷刷之所出之藥須篩去其細粉及灰塵若彈膛內有結塊囤滯則量藥器必不滿須以沸水傾入彈內浸之又連次浸之俟水色潔白即知藥盡再灌沸水置於旁地若次日水仍黑則換水再灌潔白乃止總以彈藥淨盡爲要

一百四十一

若銅盂不能去則搬彈於別處用硬銅尖杵一枚形如圓錐長六寸徑半寸以木槌擊入彈中俟盂底既破乃去杵傾出炸藥所留炸藥以沸水浸之滿水時以小鑿並鐵槌鑿碎銅盂之邊而以漲剪拔出之一百四十二

去鉛殼爲第三事凡已去炸藥由工人搬至第三地方查看有鉛殼不完者即須去之若搬彈時偶然碰缺其殼視所缺處過於百分寸之五或三亦須去其殼恐彈有凸出之處則以量彈圈試之其去殼之時安彈於工匠之條櫈上循彈箍間之直縫鑿開因此處之鉛可以剖破至頸及

底處須循直綫鏨開次向斜面鏨去其殼俟後可以重包一百四十三

查驗鐵體為第四事恐彈子搬動時或去鉛殼時打有缺口亦不能過於百分寸之五三凡查過之彈刮去其鏽用油抹其針孔嘴孔而塞之一百四十四

若應囘出者為子母彈既用上法去炸藥之後又須去子彈及硫磺故開花彈應用之人外須添匠目一匠人七內一人旋底螺四人去彈內子彈并磺餘人搬彈並去子彈上所黏之磺五小時內可去磺并子彈一百枚除開花彈應用之物外須添木桌虎鉗銅鏊鉗底鑽螺夾等器（俱見十四節）又有鋼鏨四口闊一百分寸之三十鋼爬四木盆二可盛磺及子彈大眼篩并篩箱各一可篩去硫磺而留子彈又有灰水（即二十九節之鈉養輕）一瓶外有盛子彈之鐵盆一（亦見十四節）一百四十五

既按上法去彈引各件乃以漲剪拔去炸藥管若不拔銅盂即不能拔此管則納彈嘴於鋼鏊鉗而置諸虎鉗內以旋柄取底螺向右旋去之將彈翻轉大約炸藥管可以脫下須頓擊二三次或用銅杵入彈後以木槌擊退銅盂傾出炸藥而篩之向有光處察看膛內平滑與否若仍平滑即用油抹其嘴孔針孔而塞之若硫磺有缺口或小彈活

動或鉛殼有缺均如下法取去之一百四十六

凡去子母彈鉛殼并硫磺子彈先以子母彈移至虎鉗桌上二匠以鋼鏊嵌入虎鉗旋去底螺仍以手鬆鬆旋入之將彈搬至去鉛殼處當去鉛殼時膛中硫磺及子彈易致震壞故又須搬至去磺及子彈處有四匠每匠以一彈用鏨從底孔或嘴孔鏨去膛內物件又用一鐵爬刮去膛內之磺次以磺及子彈置於箱內其傾出時頻頻舂動或以鐵槌輕擊其底用爬以去膛內所黏之磺用刷以去孔中所留之屑次查鐵體是否完好乃抹油於底孔及底螺旋入而收藏之一百四十七

子母彈中取出之子彈若仍能滑潔無硫磺相黏則將硫磺及子彈同置篩中大約磺之成粉者十之七八惟餘篩面之大塊可以手取之若子彈上留滯尚多即以子彈半擔置生鐵器內用鈉養輕（即灰水）浸之以木棍攪之則磺不黏矣若鈉養輕不濃則須浸一夜凡工匠應知鈉養輕勿着手及衣服一百四十八

子彈浸在灰水時察其硫磺易脫即濾去鈉養輕又以清水浸之以手搓去子彈上之磺換水再浸浸至水色無污即知可用若子彈形如橢圓不可復用須再鎔化其囘出之磺每有別質相雜須先提淨方可再用凡洗一擔子彈

須用灰水一可脫半。一百四十九

第二種用過未炸　凡未炸之故彈外不能察見或因活機之針未遇自來火者則搬動時謹防活機射發所以應置彈於空闊無人處令一匠頭一礮目掌之匠頭用鋼方錐見十五節鑽淨針孔以水灌之插以隔針若易插入則知活機尚在銅盂中可用螺叉將自來火螺絲及嘴螺一并旋去遂無危險餘法並同一百四十節若隔針孔有阻即以銅絲通之若孔無汚滯而針不能入者切不可旋動嘴螺恐旋時磨擦而炸也有時嘴螺遇石墻等堅物碰缺碰曲不能去彈引各件則用下法去之。一百五十

若開花彈則先用鋼方錐及銅絲除去針孔一切阻滯乃從隔針孔灌沸水入彈令彈內藥溼不至危險而後去彈引各件若針孔不通或絨布不通水不能入即應壞之壞之之法乃裝藥於隔針孔內置諸地窟以長藥綫引火炸之若不能炸即應將此彈浸水中七日再以水灌之　有時活機嵌於嘴孔內不能勾出應用尖錐從中間刺破絨布以沸水灌之而後漸去其藥若彈內仍留餘藥則先鑿去鉛殼而查看之若鐵體完固即用車床取去嘴內活機等件凡此等彈已去炸藥後須查其鐵體有無裂紋而去留之其僅壞鉛殼未傷鐵體者尚可重包。一百五十一

若子母彈則先插隔針試之插之易入即按一百四十節之法去彈引各件如插之不入則用鋼螯虎鉗去其底螺細心將彈翻正令底向下置木盆上按一百四十六節法去其炸藥乃用嘴孔刷去其留滯之藥若礦膛已壞炸藥已洩數分即灌沸水於膛然後取出彈引各物又鑿去鉛殼取出子彈及礦查看鐵體是否完固而去取之。一百五十二

第三種彈中去荳　操時所用開花彈子母彈內每裝荳及炭粉等件欲其與裝藥及子彈者等重也其去之之時本無危險只須不壞鐵體用匠頭一匠目二匠人十二其中一匠目二匠人則旋出彈引二匠則倒出荳炭而篩之四匠鑿去鉛殼一匠目二匠人擦淨鐵體並查完固與否餘二人搬彈若子母彈則另用一匠目七匠人去礦及子彈以上十二人或十九人五小時內可四磅或六磅之子母彈開花彈一百枚若十二人則可十二磅彈七十五枚或二十四磅彈六十枚應用之器並同前節惟不用藥篩及火藥桶其搬彈時應有一器以盛荳炭又用粗篩以篩之。一百五十三

子母彈中去彈引各件同炸藥之彈可將嘴并自來火螺絲一併旋出其未發火之自來火可取出置於木箱若嘴螺鏽黏于嘴孔螺叉不能旋動則以鑿向叉孔斜鑿之但

不可鑿壞嘴上之唇，其取出之彈引各物，均可收藏備用。既回盡後，裝以木箱，去其灰塵，鑿去鉛殼，旋去底螺，取去磺及子彈，擦淨內膛，查看鐵體，各法俱同上節。一百五十四

洋鐵管彈工程

陸路來復礮中所用洋鐵管彈，以三件合成，一為空管，一為兩端之底，一為管中之彈。一百五十五

空管見九十六圖。用馬口鐵作空圓柱，厚百分寸之四，縫闊百分寸之二十五，應先敲成腰箍一道，厚百分寸之六半，寬百分寸之十二或十三，箍上鑿孔，以滿鉛銲固其縫，兩端剪成齒形。此種鉛每方尺約重十五羅脫或十三十七羅脫。一百五十六

空管應用尺度及可加減之限，詳于下表，俱百分寸之若干。一百五十七

	四磅彈	六磅彈	各可加減
外徑除箍	二九二	三四二	二
箍徑	三〇六	三五六	加三減二
管並齒長其長	七九四	八三七	四
後齒長	七〇	七〇	二
前齒長	八八	九〇	二
齒寬	二五	二五	二
縫寬	二五	二五	二

管徑之合否，須用量底圈試之，其凸出處，用量管片量之，見十六節。其管長並齒長，用寄分尺或平常尺量之，其箍內須用鉛滿之，其銲縫須防裂損。一百五十八

白鉛底見九十七圖。用白鉛作平圓片，其外面之邊稜略鈍，令鉛齒面之不致折齒。此鉛乃用碾壓薄，非經火鎔。一百五十九。鉛底用底準片量之，見七十三又圖。其應用尺度及可加減之限，詳於下表。一百六十

	四磅彈	六磅彈	可加減
底徑	二七七	三二七	一七
底厚	五〇	六〇	二

子彈見九十八圖。亦用白鉛為之。六磅管內者，其徑等於六羅脫之鐵彈。四磅管內者，其徑略重於四羅脫之鐵彈，大約六磅管所用者，每六枚重一磅。四磅內所用者，每十枚重一磅。其彈之徑，用子彈圈量之，見七十二圖。其子彈之大小并量器之徑，詳於下表。一百六十一

	子彈徑	可加減	子彈徑大小限
四磅彈	九三	七二	大九五 小九一
六磅彈	一〇九	加三減二	一一二 一〇七

子彈之重，大約每一擔即十磅一百六磅彈中之子彈，不能多于六百二十枚，不能少於五百四十枚。四磅彈中者，不能

多於一千零三十枚少於九百三十枚每收儲時只須查看數桶子彈之裝於箱中或桶中不能重於二百十磅取其便於搬運也。一百六十二

凡洋鐵管工程約有五事。一爲函上後底之齒。二爲置後面鉛底。三爲裝子彈。四爲置前底。五爲函上前底之長齒。用匠頭一。匠目一。匠八。内二人裝子彈。二人搬子彈。四人安鉛底並函齒。五小時内可成二百枚。應用前十六節所備之器具並鐵槌剪刀及桌櫈手帚毛氈等。一百六十三

函後齒時須以圓木柱緊套入空管中。然後逐齒向内扳轉。或馬口鐵太厚恐折裂。其齒先扳縫旁第一齒。挨次相壓。最後方扳縫上一齒。其扳過時毋許工人將管凹凸不圓。若有數齒缺壞亦不妨事。將白鉛後底嵌入。置子彈六枚于旁。置第七枚于中。六磅彈内計五層。每層七枚。又上加六枚。共四十一枚。四磅彈内計六層。每層七枚。上加六枚。共四十八枚。已裝子彈即安前面之新鉛底。倘不能挨入。以齒略扳向外。函上前齒亦同此法。其鉛底須緊合於子彈。又須與彈中直綫成直角。次以鐵槌平其齒痕。而以量底圈再量之。凡扳齒須用熟手工匠。齒縫須恰齊底邊。若太淺則剪深之。一百六十四

六磅洋鐵管已裝子彈後其重十磅半。四磅者其重七磅半。收藏時應立置板上。切不可横疊以壓之。一百六十五

造藥裹工程

藥裹不與彈相連。另用圓底布袋以易燒之薄棉布爲之。凡前口裝彈之礮若用棉布。妨有危險。恐開放後有火留滯。則裝第二礮時易致失火。若後裝彈之礮。可用棉布。陸戰所用者。用堅薄之棉布。名曰以塔棉。城墻礮臺所用者。可用棉布。一百六十六

來復礮之藥裹各按礮類。如十二磅彈礮。則用實重二磅一分。又須辨操時所用者。緣操時藥少而戰時藥多也。一百六十七

造袋法。用匠頭一。匠目二。匠八二十四内。一匠目四匠人彈綫於布以定大小。又一匠目二十匠人縫紉其袋。若操時之藥另用一人印記號於上。五小時内稍熟悉之工匠可成四磅彈所用之袋三百五十枚。若造四分或二分之袋可成四百枚。或六磅者三百枚。或十二磅者二百五十枚。或二十四磅者二百枚。或操時所用六磅者三百五十枚。或十二磅者三百枚。二十四磅者二百五十枚。操時用者作記號以别之。見七十四圖 又用紅漆色及筆。一百六十八

一百六十九

造此袋時應知四事。一彈綫時以布疊作數層。應寬於布

準下弧半寸處彈之。見七十五圖。若作操時藥裹卽以布準之頭綫爲上界。二恐操時藥裹不能辨別故用紅色印一記號作時應置記號板于布之正面以紅色刷之每用過時以布擦淨其下將布晒一周日而後縫之。三縫袋底時不可粗率。四縫畢後卽以百袋作一包置空火藥桶內收藏於風燥之處。一百七十

裝藥法 戰時所用者應以上號礮藥稱準而裝之操演時所用者可裝略次之藥四磅開花彈並洋鐵管所用者重一磅若擊高弧應備二分四分之藥裹六磅彈所用者重一磅二分子母彈洋鐵管所用者俱同操時用者重一磅十二磅彈銅礮用二磅一分操時用者一磅五分二十四磅彈生鐵礮用四磅操時用者二磅。一百七十一至七十六

天晴時應在庭中裝藥於袋雨雪時可在室內透風處裝之用匠頭一匠目二兵二十五內一匠目二兵評量火藥八兵裝藥三兵以綫縛口二兵搬火藥來搬藥裹去一匠目量藥裹之大小又查其完固否五小時內二十五人應成六磅彈者五百枚或十二磅者四百五十枚或二十四磅四百枚操時用者亦同應用天平幷砝碼二具內有重十分磅之一幷一磅二磅之砝碼又有量火藥之器二漏斗一布準六刀三剪刀三鐵針十餘綫一軸木槌幷條木毛氊刷帚俱備二三具又有木盆藥桶條櫈等件。一百七十七

藥已稱準卽用漏斗灌入布袋搖令堅實其十二磅二十四磅之彈須分先後作兩次灌入而搖之操時所用者仍不分兩次。一百七十八

藥裹已堅實卽以綫縛其口其口須在藥裹頂之中間平時之足藥裹不剪其餘布減少者剪去餘布只留一寸。一百七十九

已裝藥後由匠目查其縫處是否完固又查所縛之口恰在中間否又查縛處綫痕是否整齊不成兩截若不如式須重縛之。一百八十

已裝藥之藥裹應裝於火藥桶內收藏時不可着溼。一百八十一

舊時收藏藥裹用麻布包之究恐移動時易於搓損今不用麻布只用斜紋洋布外袱包之用堅韌之麻綫縛之用匠目一匠人八內二人彈綫裁布六人縫之五小時內應成外袱一百方四磅彈所用之藥裹以麻布爲袱其四分二分之藥裹不用袱。一百八十二

收藏時工程

收藏來復礮彈之器具及軍火較平常礮彈尤宜謹愼緣包鉛器具及鐵體彈引等件造之不易故收藏時不可疏

忽。一百八十三

凡包鉛之模應有日記一本，其記號與模之記號相符，內記此模已包過若干彈，又記何處修好共若干次，匠頭察看此模如不能用，則將此模包過若干彈，如何不合用，報明軍政局另換新模。一百八十四

查模查彈查彈引各器須收藏於匣，以匣置諸櫃內，而加鎖焉，每用此器後以油抹之，勿令鏽壞。一百八十五

若將一切軍火及器具運往他處，由軍政局委員裝入箱內，須眼同塡砌堅實，恐致搖動碰壞。一百八十六至一百八十八

一收藏鐵體尤不可近潮溼之處，應藏於無風雨之燥處。收藏之先須按一百六節抹油諸法。一百八十九

須將鐵體橫置於木板上逐層疊之，旁以兩柱限之，若無柱處卽壘成方錐，高不過五尺，下層之四邊須以數木條限之，使不走動。一百九十

子母彈之底螺及鉛圈須藏於一處，每百圈可作一包，又以油抹底螺，而同置於箱，每箱不得過二千枚，各箱外簽明記號。一百九十一

既收藏後須有一定之期，查其嘴孔針孔底孔各處，而專司其擦鏽抹油等事。一百九十二

二收藏已包鉛之彈，其地宜寬大，不可橫疊，只可逐層分行立置於有地板之室，其嘴孔針孔應用木塞。子母彈下作木格條二，高於地板一寸，闊一寸又四分寸之一，相離亦一寸四分寸之一，其格條兩兩相並，子母彈不可疊作兩層。開花彈上可置板，板上再裝彈一層，其板平擱於彈嘴之方木塞，惟不可疊作三層，凡出於一模者須置於一處，別模出者另置一處，各作記號，若地太狹，卽應用木架，見一百〇三圖。五木架疊之，其高八尺，若子母彈則另有木架。一百九十三

既收藏後亦須有一定之期，查其嘴孔針孔底孔並鉛殼妥否，若鉛殼損壞，卽以量彈圈量之，而鏟其凸出之處，掌此事者謹防碰損。一百九十四

三收藏有炸藥之彈，不須塞針孔嘴孔，只於嘴孔上蓋板，以免灰塵潮溼，收藏處須在乾燥透風之地，餘法與收藏包鉛之彈相同，亦不可疊作兩層。一百九十五

四收藏未裝之洋鐵管，須以子彈裝於木箱，箱外簽明數目，以空洋鐵管藏于乾燥之處，須防損壞，可以疊作數層，兩端之白鉛底另藏於箱內，若收藏已裝子彈之洋鐵管，則立置於地板之房內，不得過一層，若收藏日久者，應查其有無鏽蝕，去盡鏽處，而敷以紅漆。一百九十六

五收藏子母彈中之藥管，此管藏於箱內，與收藏彈引管

相同須防潮溼箱外亦簽明之。二百九十七

六收藏藥裹之衣應屢次取出曬之凡陸路礮之藥裹亦同此法。二百九十八

七收藏已裝藥之藥裹大約與平常礮之藥裹相同。二百九十九

八收藏彈引各件除嘴螺以外俱裝於小紙匣內每匣二十枚見上五十七節每數匣成一包包外簽明數目及某局收到日期如云包內銅盂二十活機二十某礮廠造某年月某匠頭查收于某處軍政局或云包內自來火二十某礮廠造某年月某匠頭查收于某局。二百

九收藏彈引各件須防與火相近應以各包藏于櫃內而封鎖之本局礮弁掌其鑰自來火之包須側立使包中自來火橫臥。二百〇一

凡查彈引各件應有一定日期欲查交戰時可用與否應知下文五事。二百〇二

一查銅盂若底孔之布霉爛恐彈內炸藥漏出與彈引相遇須令諳練之兵以刀削開夾底換以新布不必送廠修理也若移動時損壞銅盂之口及底即不可用若盂內有銅絲以刀刮去之庶不致阻滯活機。二百〇三

二查活機內外有鏽亦以刀刮之須詳審活機之鋒不可搖動脫落。二百〇四至二百〇六

三論隔針灣曲或裂壞即不可用有鏽者須刮去之。二百〇七

四查嘴螺螺絲之中不可有鏽其螺綫最為緊要舊時曾用鐵製鍍銅今已不用。二百〇八

五查自來火螺絲此螺絲為彈引各件中最要之物所以查時亦須詳細用顯微鏡細看銅帽外錫箔上有無小顆粒或凸腫之處方查時亦不可以汗手持之又不可用油抹之每查過時以乾驥皮拭之收藏於箱若自來火之頭完固四邊稍有鏽者尚不妨事若錫箔上有綠色者曾屢次試過其發火時較速於無綠之自來火。二百〇九

凡查無用之彈引有五種一銅帽外有損壞或銅帽在螺絲中搖動或假銀釘搖動二銅帽與錫箔相合處裂開三自來火露出四錫箔有浮泡或錫箔搖動五箔上或箔旁有小顆粒以上五種皆不可用第五種尤不許用其棄之也須毀之切不可惜費再用易蹈危險。二百十 二百十一

發運時工程

凡發彈於別處須謹裝於箱以免路上損壞若發鐵體並包鉛之彈則針孔嘴孔須用木塞若發子母彈體須以底螺絲並相連之鉛圈另置箱內每箱不得重于一擔其鐵

體凡車舟運到時須查看其有無碰損其包鉛之彈有堅固之箱裝之箱底有圓窩可安此彈上有蓋可合彈嘴令不活動今四磅并六磅彈發運他處概用新式木箱見一百至一百○二圖子母彈之底窩中又有底螺絲之窩其已裝炸藥之彈只可發運近處不可發運遠處若交戰時可以木箱裝入軍火車隨礮而行二百十二

已裝滿之藥裹置於木桶或木箱之中恐其搖動須以麻護之其桶箱亦不得重於一擔半二百十三

彈引各物發運他處已見前節若箱中有空處即用廢紙及麻絮塞滿之總須揀選潔淨切不可附裝於別種箱內二百十四

物件細數

凡預備彈體及鉛與柴火須審是否諳練之工人所定工程是五小時抑十小時若十小時則可省鉛及柴火其烘彈爐內應用之炭火尚無定數宜按下第一表核其多寡若用賸之柴火物料應還於局中惟所用炸藥須多備十分之一恐用之不敷也各物應用之數分別四表於後

第一表包鉛（每一千彈）

	四磅開花彈	六磅開花彈	六磅子母彈	十二磅開花彈	二十四磅開花彈	二十四磅實心彈
鉛擔數	三六	六二	六二	一一六	一八○	一八○
松香膠磅數	四	四	四	六	一○	一○
柴火五小時方尺數	一三五	一六二	一六二	一五○	三七八	四四○
柴火十小時	一○八	一三五	一三五	一九○	三○○	三六○
子彈枚數			九四五○			
硫磺磅數			九○○			
木炭麥數			八○			
菜油磅數			一○			
底螺絲枚數			一○五○			
紅漆磅數			五			
白鉛嘴塞枚數	一○五○	一○五○	一○五○	一○五○	一○五○	
針孔塞枚數	一一○○	一一○○	一一○○	一一○○	一一○○	
卑門聽油	半	半	半	半	磅半	

第二表裝炸藥及彈引（每一千彈）

	四磅開花彈	六磅開花彈	六磅子母彈	十二磅開花彈	二十四磅開花彈
礮藥磅數	三六五		五五○	一一○○	二○三五
槍藥磅數		四五			
嘴螺枚數	一○五○	一○五○	一○五○	一○五○	一○五○
活機枚數	一○五○	一○五○	一○五○	一○五○	一○五○
銅盂枚數	一一○○	一一○○	一一○○	一一○○	一一○○
藥管枚數		一○五○			
隔針以用探試	二	二	二	二	二

第三表洋鐵管彈質（每一千彈）

	四磅開花彈	六磅開花彈
洋鐵空管	一○○	一○○
白鉛片底	二○○	二○○
子彈	四八九六	四一八二

第四表藥裹及包袱

	四磅彈藥二分	四磅彈藥四分	四磅彈藥一磅	六磅彈藥一磅	六磅彈一磅二分藥	十二磅彈一磅半藥	十二磅彈二磅一分藥	二十四磅彈三磅藥	二十四磅彈四磅藥	每一百彈藥裹外袱
以搭棉或布闊一尺半者長尺數	一八、	二八、	五〇、	五四	六〇、	六四、	八〇、	一〇〇、	一六、	
闊二尺半者長尺數				三四、	四〇、	四二、	五六、	五二、	八四、	
綫羅脫數約半兩	二、	二半	三、	三、半	三、半	四	四、	五、	五、四之一	
或棉綫羅脫數				二、四之三	二、四之三	三、四之一	三、四之二	四、	四、四之一	
肥皂羅脫數	二、	二、半	三、	三、半	三、半	四、	四、	五、	五、四之一	
粉羅脫數	二、	二、半	三、	三、半	三、半	四、	四、	五、	五、四之一	五、
彈綫之綫磅數	四之一	四之一	四之一	四之一	四之一	四之一	四之一	四之一	四之一	
綳袋口斜紋布之中等闊二尺半碼數										七〇、
麻綫碼數										三五.
紅漆磅數				四之一		四之一		四之一		
縫紉之絲綫磅數	十之五	十之六	十之七							

附新樣子母彈

新樣子母彈有時彈引不與開花彈之彈引相同其製備查收及藏運之法備詳如左

凡守城或攻城時所用子母彈有薄鉛殼及時彈引者亦有六磅十二磅二十四磅諸彈用之於各種來復礮中其外有彈體並薄鉛殼內有子彈及礦及藥管炸藥上有堅固之時彈引其時引析作秒數凡軍政局收彈時其薄鉛殼必已包竣祇須裝以子彈及礦并炸藥又旋以時引其囘出所裝藥物之法亦與前所論尋常六磅子母彈稍異一

論彈體見一百三十三至一百三十五圖　其彈體分爲二一爲鐵體二爲薄鉛殼其鐵體外面嘴孔及內膛與開花彈不同嘴弧削成仰盂形之一段內有嘴孔通於彈膛其下一段爲圓錐形又下一段爲柱形又下爲底各段分寸記于下節表中其嘴與開花彈同惟上段橫割較多許耳唇邊有兩孔可以定時刻彈引此兩孔須離時藥引最遠之針以銅釘定之本須一孔惟恐針在孔處則釘入時致有損動故預備二孔也唇中有嘴孔並嘴螺槽以容時彈引之螺絲嘴孔中心須合於彈體之中線近嘴孔之膛係渾圓形以下漸爲圓錐形膛與底合處作略圓邊體之中心應與膛中心相合其嘴孔上段爲圓錐形又下爲圓柱形彈外無箍形其底稜則須磨令稍圓近年此種鐵體惟斯盼桀廠鑄之鑄成後即去一切模內之沙鑽成嘴唇再將應包鉛殼之處刮去生鐵腐皮專司之員查其分寸其查法與尋常來復礮之開花及子母彈相同二

鐵體各段分寸及最大最小之限列表如左三

直量	六磅彈		十二磅彈		二十四磅彈	
全長	五九七	可加三可減四	八四	可加四可減四	一〇七	可加五可減五
嘴弧長	一二五	可加三可減四	二五〇	可加四可減四	三五〇	可加五可減五
半徑一百七十五所成嘴弧長	〇	可加三可減四	〇	可加四可減四	九	可加五可減五
半徑五百五十所成嘴弧長	〇	可加三可減四	〇	可加四可減四	三四	可加五可減五
圓錐形長	八六	可加三可減四	九〇	可加四可減四	一〇三	可加五可減五

長數	內膛柱形	三八六	可加三減四	五〇〇	可加四減四	六一七	可加五減五
	唇深	二〇	可加半分減半分	二〇	可加半分減半分	二〇	可加半分減半分
	嘴孔長	五六	可加五減二半	六〇	可加五減二半	六〇	可加五減二半
	唇去底下	五五七	可加二減二	七[illegible]〇	可加二減二	九[illegible]〇	可加三減三
	孔之長	四八一	可加四減六	六九[illegible]	可加四半減七	八七〇	可加四半減七
	膛內穹形長	一〇六		一七五		一七〇	
	膛內圓錐形長	三〇		九〇		一〇〇	
	膛內圓柱形長	三四五		四五		五〇〇	
橫量徑數	唇外徑	二三五		二三五		二三五	
	圓錐上外徑	三六半	可減一	四四一	可減一	五四九	可減一
	圓柱外徑	三四二	可減一	四五〇	可減一	五五八	可減一
	嘴孔	五六		六〇		六〇	
鐵質厚	圓錐及圓柱上段	二五	可減半	三七半	可減半	五〇	可減半
	圓柱下段	二五	可加二減二	三七半	可加四減四	五〇	可加五減五
	底厚	四〇	可加二減二	七〇	可加一減三	一〇〇	可加二減四

每彈嘴之上有二淺孔，深二十五，闊十二，唇口之修角各彈相同。嘴孔螺槽同前卷十四節。嘴孔分寸、嘴弧圓勢之半徑長數、中心處綫之交點各分寸列表於左。四

		六磅彈	十二磅彈	二十四磅彈
一	成嘴弧之半徑最長數	二九五	四〇〇	五五〇
二	嘴半徑中心低于唇下	一五三	二六八	三八四
三	中心橫距中綫	一三四	一八〇	二七四
四	嘴弧小半徑長			一七五
五	膛之上半段公中心	在大半徑與中垂綫交點處	在大半徑與中垂綫交點處	
六	膛上半段半徑長數	一二五	一九四	三四八
七	中心低於唇下	一九二	二六〇	三七五
八	中心橫距中綫	一五	一二	一二五
九	膛底四周之小圓角半徑	二五	五〇	六〇
十	外底圓角半徑	五	五	五
十一	鉛箍大弧半徑其中心合於彈心	一八〇	二三五	二九一
十二	鉛箍小弧半徑近底之箍不在內	三〇	六〇	七五
十三	近底之箍下最小半徑	二〇	二四	三〇
十四	每箍二大半徑與彈面交點相距	一六半	一九半	二六半

凡查過可用之鐵體，惟斯盼朵廠能包薄鉛。其法先將鐵體烘熱，滴水試之，立時沸乾有聲者，是其候也。乃取鐵體浸强水中，其强水以水八分、煞米耶克一分為之，可以浸去鐵體一切穢垢。次以彈置於鎔化之鋅內，以雷烏謬寒暑表四百分熱為率，留在水中一百八十時秒，不可太久，恐鐵質與鋅鎔化成濃，不能用也。取出時已鍍薄鋅一層矣。再置鎔化之鉛內，以雷烏謬二百六十分為率，取出時又鍍薄鉛一層矣。再置於模內以包薄鉛殼，因先已包鉛，故不必用鐵箍鐵底，再用車床車成鉛箍形，而後量其分寸，以驗合否。五

鉛殼各處分寸及最大最小之限列表如左。六

		六磅彈		十二磅彈		二十四磅彈	
直量長	唇與鉛起處相距	一三六		二五〇		三[illegible]〇	
	唇與第一箍上界相距	二一一	可加減二	三四〇	可加減三	四五三	可加減四
	每鉛箍之長	六〇	一	七五	一	九五	一
	箍間三凹之長	三五	一	五〇	一	五八	一
	小箍距底	四一	二	五〇	三	六三	四
鉛之厚	鉛起處至第一箍上界	四	可加減半	五	可加減半	六	可加減半
	箍上最厚處	九	半	一〇	半	一二	半
	箍間最薄處	四	半	五	半	六	半

軍政局收此已包鉛之彈再須如法查之恐運送時碰損也一查鉛殼二查針孔三查唇稜四查螺槽五查底稜鉛之厚用量彈圈量之若不能過圈即以細鑢平之其查知可用與否須按前一百三節及八十八十一等節定之若不能用於行軍并不能用於操演者仍發回斯盼朶廠修之七

論時彈引見一百三十七至一百三十九圖 三種彈有同法之時引可旋入嘴孔與嘴弧脗合此時引內有自來火俟隔稍脫時自能碰針而發火若表合於○即燃引藥而發炸藥若表不合○則自來火發時先燃時引藥緩燒至引藥而炸之

大約合○則彈出礮口外二步及十步時其彈必炸八

彈引中盂形大底名曰火碟如子見一百三十七圖 其中貫以螺釘如乙其上有時引函如丁自來火函如戊隔捎如丑銅墊片如丙嘴蓋如甲以上各件惟螺釘及銅片以銅為之其餘用錫或鑄成或車成之九

一論碟並螺釘如子乙 碟并螺釘所以塞彈孔而包函彈引各件分為兩段一為碟並銅螺二為彈嘴螺絲如子四碟有邊如子三可以安時引函之底內外俱圓錐形外如子六內如子五其子六處有兩缺口如子八有三岔之鑰可相合而旋動之兩缺之間有尖銳形如子七為表指刻其度而塡黑之表

指左右染以赭色使更分明嘴螺絲須合於嘴孔之母螺碟上面為引藥膛上口如子其火道如子壬膛內裝以粗粒壓實之引藥蓋不壓實則藥易溢出而彈引旋轉不便也火道下有紙一層紙下有錫片如子壬碟上有紙及皮如辛紙內有孔如辛此孔合於引藥膛之上口有此紙則藥函與碟兩相脗合火不旁洩紙孔以紗糊之碟中心有螺絲釘以固各件於碟上其螺絲在碟以上為圓柱形如乙四更上為六角形如乙三更上為螺絲如乙五 十

論時引函如丁 此件外為斷圓錐形下一段為圓柱形如丁又下為環形內為時引如丁上圓下平用法壓實可以

燒九秒半之時其錐形外刻有時分可以析八分秒之一及四分秒之一二分秒之一匀分其數而染以紅色若欲較速一秒即旋轉一秒合於尖形之上函中有孔可容螺絲下節之圓柱函內有自來火函如丁六下節為圓柱上節為更闊之柱其上空圓之下邊四周同高其下段圓柱之空處可以容隔捎其自來火函之底有針如丁五函底之旁又有火孔如丁三其旁有時引藥火孔之外口更侈如丁四可以納鑰而啟之十一

論自來火如戊 自來火亦環形上有兩端下有孔如戊可盛自來火函其高闊數皆減於中空之處置自來火函于

平周處使與尖鋒可以相遇十二

論隔揹如丑　揹形前闊而後斜銳若移動其彈時即以此揹插入底自來火不致誤碰尖鋒前之外面與藥函之圓錐面相平旁有淺孔可容鑰齒恐其遺脫外糊以布布上有記號如子即○處時秒所始十三

論銅片如丙　圓銅爲片邊有斜勢合於外面中有六角孔合於螺絲使柱蓋旋固於銅片而藥函不致搖動十四

論嘴蓋如甲　蓋如截渾圓之一段內有螺槽可配螺柱上有二淺孔可入螺叉當旋此蓋時使銅片壓固於藥函並切緊於碟上十五

查時彈引　凡收藏或搬運時彈引之後均須查察若藥引外面挫損或沾潮溼即須棄之其碰損者僅壞上面銅錫之件尚可修換其潮濕者並引藥亦無用且碰壞與否一覽而知且可以鑰旋動而察其滑利與否若欲試燃時引以驗其所定之時秒合否即需試燒數枚凡平時查看須百枚內查看數枚若銅質上有鏽爛者即須逐枚查之詳見下二節十六

查外面碰損者應知十事一嘴孔螺絲略壞少許者以三角銼平之二碟邊彎曲而不碍藥函之墊皮處又便於旋轉者即無妨事若礙則銼之三外面時表分綫須明四蓋內螺槽不可阻滯五螺柱之線不可損壞螺柱不可彎曲彎曲則旋轉不能密合且自來火不能活動嘴蓋亦不可曲恐一邊緊而一邊鬆也查時應旋鬆又旋緊以試之六凡搖動自來火時宜活動有聲自來火函兩端尤不可損壞又須去蓋取出查察函膛之內七尖鋒須銳而堅固八外糊之紙不可有破損浮起九碟上皮紙及洞口之紗不可損壞火房左邊宜與外面尖形參直十火道下錫片不可損壞十七

查潮溼及雨漬者應知二事一曾經水漬者銅上必有鏽二時引藥及引藥曾經潮溼者旁有水氣可辨應查自來火及時引藥紗下引藥三件有無潮溼若曾受溼則自來火漆色不光若時引不甚潮者燒數枚試之試時應定於九秒卧彈於土內去其隔針揹孔向上以鐵槌擊其彈底使彈動鋒震而發自來火此時以時辰表核之是否九秒而發發時自來火及引藥須聲如爆竹其時引須平速燃之不可忽遲忽速若碰壞太多不能修補及多含水氣不合用者即應送還斯盼杂廠十八

論炸藥管見一百四十一圖　炸藥管下有象皮塞子管以銅爲之上節漸大亦形如圓柱下節高百分寸之三十下有銅底上有銅圈并隔布不使炸藥洩出其象皮自下塞之微

露八分寸之一令管緊靠彈膛之內且管底所露象皮可使礮藥驟發不致震壞彈引各件凡裝炸藥之先以木輭塞置於管內令藥不多而恰平於管口 彈嘴釘分寸大小具詳一百四十圖凡造成彈引各件後查量之器乃斯盼朵廠之事故查量之器可以不備十九

擦彈並查彈之器有三 一嘴孔鑽見一百四十六圖以鋼爲之與嘴孔螺絲相合上有孔可貫桿以旋之灌礦後以此器旋淨之二杓鑽見一百四十三圖熟鐵爲之下有鋼齒上有圈貫桿以旋之可將彈內磺膛鑽大鑽深此器有二種一爲六磅彈所用一爲十二及二十四磅彈所用三釘孔鑽見一百四十五圖可去釘孔之積垢二十

擦藥管並查藥管之器一曰藥管準見一百四十二圖以鐵板爲之所以查炸藥管長短大小之分寸二十一

裝硫磺子彈之器有三 一漏斗見一百四十九圖熟鐵爲之每種彈一具上有漏斗下連以柱旁有二孔孔內螺絲可以旋入二柄中段螺絲合於彈嘴旋入後令柱中心與彈中心相合螺絲之下兩旁有孔外斜向下使磺易流出且子彈亦易入于旁二小杓鑽見一百四十八圖以鋼爲之下有齒上可套柄或可夾入虎鉗以旋去漏斗中之餘磺三桌一虎鉗見一百四十七圖虎鉗有圓嘴可以夾彈底二十二

裝入藥物並回出藥物之器有四 一時引鑰見一百五十圖以鋼爲之柄以木夾之下有孔可貫皮帶其鑰齒從旁視之一邊有鈎可去隔捎一邊有方齒可入蓋之淺孔二火碟鑰見一百五十一圖以鋼爲柄柄有圓片上作三齒合於火碟三孔上有螺絲緊壓于無蓋之火碟三釘孔刺見一百四十四圖四上爲四角形下爲圓尖形可將碟邊之釘固於彈內四木柱見一百五十二圖所以推炸藥管入於彈底其大中小三等器具之數列表於左表外應用各器俱與尋常子母彈相同二十三

		大彈房	次彈房	小彈房
漏斗	每種彈	十	八	六
杓鑽	每種彈	三	二	一
小杓鑽	每種彈	二	一	一
嘴孔鑽	每種彈	六	四	二
針孔鑽	每種彈	六	四	二
時引鑰	每種彈	四	三	二
火碟鑰	每種彈	四	三	二
針孔刺	每種彈	六	四	二
木柱	每種彈	六	四	二

論裝子彈

裝子彈有五事一擦查彈之內外二裝子彈并磺三去溢出之磺四查看螺絲合否及裝炸藥加管蓋五裝炸藥管於彈內而釘固於火碟二十四

擦彈處用匠頭一匠目一匠八三應用量彈圈一具鐵爬三具彈膛刷子三具若彈孔有鐵屑沙土則以彈輕輕倒舂於木橙以洩出之若彈外有垢切不可用鐵爬須用布

條麻皮等擦之次按上法查其鉛殼及彈膛不可用者另置之二十五

論裝礦及子彈 裝之之法已詳一百九節至一百十一節尋常子母彈法應用匠頭一匠目一抹油匠一裝子彈者二人又一人裝彈于虎鉗預備灌礦一人去漏斗內之礦又司搬運各彈一人鎔礦以灌彈以上七人用礦鍋一毛氈包之木蓋一三角架一抹小彈之油具一漏斗六均配應用之彈礦杓二虎鉗之木桌一鐵絲二條長六寸徑百分寸之二十五杓鑽一可以去餘礦活鉗一嘴底孔刷一菜油瓶一瓦油盆二風袋一盛不潔礦之馬口鐵盆一盛子彈之盆四每盆子彈可裝子母彈一枚餘件俱同上文四十節二十六

裝子母彈藥物時兩人立於桌邊桌上有數盆每人持一漏斗以油敷之旋入已烘熱之彈嘴孔內若不能旋入用虎鉗夾彈持漏斗柄而旋之以下柱合於彈底為度每裝子彈時時持漏斗柄搖之使周圍布徧若子彈阻塞漏斗孔中以鐵絲插之至不能再裝而止若盆內子彈不彀再加裝之六磅彈內平時可裝一百六十四至一百七十六枚若馬兵子彈則大約一百七十枚十二磅彈內二百三十七至二百四十八枚平時步兵子彈則二百四十二枚二十四磅彈內四百五十至四百七十五枚平時則四百六十二枚已裝滿後即可灌礦用虎鉗夾定彈之底箍即令灌礦工人以杓內已鎔之礦約有一磅灌入漏斗司虎鉗者右手用木槌擊無鉛之處勿太重擊左手持定漏斗之一柄灌滿後從虎鉗中取下置諸地又一人俟漏斗礦凝再置虎鉗中旋出漏斗勿太猛力二十七

匠目持彈至有光處望其內膛光滑與否亦同六磅子母彈法其不合用者即按下文三十七節法回出之將漏斗并柱夾定於虎鉗之有鉛處以杓鑽置活鉗內取去漏斗中餘礦下有馬口鐵盆盛之又以大刷洗淨漏斗仍敷以油二十八

論擦淨嘴孔及藥膛 匠目已見膛內光滑即遷彈于別房俟其凝透大約須次日作之用匠目一人又擦淨彈嘴螺槽并內膛者一人擦淨彈外者一人共三人應用桌一虎鉗二嘴孔鑽一鑽夾柄一杓鑽并柄一嘴孔并底孔鑽一釘孔鑽一活鉗一刀二二十九

擦淨嘴孔時將彈底箍夾入虎鉗以右手旋其鑽加柄旋入三分之二再左右旋之而去其螺槽之礦若有嵌固之礦以刀去之若有成粉之礦以刷去之務使螺槽潔淨若彈底有礦以杓鑽去之若旁有凸邊亦以此法去之彈體

外所留之積。又一工人以刀削去。而用布條揩之。再以孔鑽旋其釘孔。若不必同時裝炸藥者。即抹油于唇口。抹油時。須立彈於桌。而抹令勻潤。若立待裝藥備用。則不必抹油。但擦令乾潔而已。若操演而未炸之子母彈。有炸藥在內者。於釘孔處作十字記之。三十

論對時引於彈並裝炸藥於管。 此處有匠頭一。匠目一。工人五。第一工人于箱中取出時引。去其嘴蓋及藥函。第二人在釘孔處試擊之。以驗其妥否。第三人搬送各彈。俟第二人旋入時引後。第三人以手捧之。第四人刷淨炸藥管。以輭木塞裝入。第五人灌炸藥。并閉其蓋。下面墊以象皮輭塞。此五人五小時中查對并裝藥。可成六磅者二百枚。十二磅者一百八十枚。二十四磅者一百六十枚。用桌一。皮氈一。時引鑰一。另有馬口鐵匣內洋槍藥五磅。又有盛火藥之盂二。一盂可盛藥十分磅之三。一盂可盛藥一磅。又木盆一。嘴孔刷一。若預備一千彈者。即須有炸藥管蓋一千五十枚。象皮塞。輭木塞。俱一千五十枚。凡一千彈中。六磅者三十五磅。十二磅者七十磅。二十四磅者一百五磅。皆用洋藥內好藥。三十一

論裝配藥引。 彈與彈引有大小參差。應以碟邊下稜合於彈唇為度。第一工人自桌上箱中取一彈引。以時引鑰旋鬆其蓋。置蓋於桌。其餘物件。交存第二人。是時以各彈排列桌上。切勿交互其蓋。第二人用紅粉作識于彈嘴。以記兩釘孔之所在。又以所受物件與三齒鑰相配。乃旋緊鑰上螺絲。使鑰與彈引相合。次將彈引旋入第三人手中彈內。旋入之後。一須視碟下周邊與唇相合。二須視碟與唇面相平。成為圓錐形。配合之後。第二人先用鑰旋動少許。再用手旋取。去彈引。以蓋旋上。乃安排彈引并彈子。送於第五人灌炸藥處。凡取碟時。須防鑰上螺絲。與碟面相壓。又防鑰齒擠損錫件。凡裝藥入炸管。并加蓋。均一桌上作之。輭木塞之長度。應由匠頭定之。見前第十九節。當炸藥管已刷淨後。即置輭木塞於內。而裝炸藥。六磅彈計一羅脫。十二磅者二羅脫。二十四磅者三羅脫。既裝後。即加藥管之蓋。再用象皮塞自下塞之。此塞亦各種不同。既塞後在底下露出八分寸之一。三十二

論裝炸藥並釘彈引。 此處用匠頭一。匠目一。工人五。其第一工人以紅粉作記於釘孔處。又旋上彈引。第二人插炸藥管於膛內。第一人旋上彈引時。第二人將彈捧定。第三人敲釘於內。第四五人搬運彈子。此五人五小時中應裝管并釘引。六磅彈二百枚。或十二磅一百八十枚。或二十四磅一百六十枚。應用有毛氈之桌一。有毛氈之條櫈

二時引鑰一三齒鑰一木盆一內儲已裝之藥管又有木杵可以插之又有圓木片一方一寸之鐵錐一剪一鋼刺一地板上舖以毛氊工人之鞋亦以毛氊作之凡裝一千彈者應備一千一十彈引一千五十釘子又有紅粉筆一羅脫三十三

房內只宜存已裝藥者兩彈其一彈旋以彈引一彈裝以釘子作工時以木盆盛管置於桌上搬彈者將彈並相配之引置條櫈上第一工人以手旋去彈引又旋去蓋若紅粉已脫再作一記識此時第二人以炸藥管插入若不能入以木杵輕輕送之次以兩手持定其彈俟第一人按三十二節法旋彈引於彈內又旋以蓋而定外面尖形與中間藥房左邊相對次以時引鑰旋定其蓋搬彈者以此彈置於第二條櫈以紅粉記號向第三人之面第三人已騎坐此櫈將鋼刺對準紅粉處離碟邊下稜八分寸之一以鐵槌擊刺成孔以釘子緩緩擊入之所用鋼刺應極尖銳不可鈍折三十四

彈體併附件之重數列表如左三十五

	空彈	子彈	橫管	炸管	炸藥	彈引	全彈	
六磅彈	二、六	二、	二九、六	一二六	一、	二八、四	二四、二	羅脫
	六	五					一三	磅
十二磅彈	六、四	一三	九、八	三	二、	二八、四	二六、	羅脫
	一五	一三	二				三二	磅
二十四磅彈	一四、七	一三	一九、七	三、七	三	二八、四	二五、	羅脫
	三一	二五	三				六二	磅

論回出彈內藥物　一爲有炸藥而未用之彈有匠頭一工人四隔百分之三十之鑿四鐵爬四裝子彈硫磺之箱四篩并篩箱各一浸子彈之强水盆一儲子彈之熟鐵盆一嘴孔鑽一鑽桿一嘴孔底孔刷一若彈上已有配好之彈引即須備鐵槌一時引鑰一火碟鑰一其去彈引之法先用鑿并槌擊碎或提出其釘次以火碟鑰旋鬆彈引取出彈引取出炸藥管若不能取即應先去管蓋以水浸去炸藥三十六

已去炸藥管即搬彈至有光處看膛內完固否若不完固即應回去之有工人四名每人持一彈用一鑿一鐵槌鑿去彈內各物置於箱內同上文四十八四十九等節之法既去淨後應查彈上鉛殼有無傷損若完固再可裝子彈等物若不完固即送還斯盼朶廠三十七

二爲已用而未炸之彈此等彈大約碟與嘴螺絲尚在其餘已壞有時全彈引俱未壞者手執時須以彈嘴向下若彈引所壞不多先應緩緩旋去其蓋次去自來火面若旋之不動即以溫醋酒灌隔捎孔內頻灌頻洩之見酒化爲

黑即知各藥已濕可以旋去其蓋取出各件矣其餘卸出之法與僅留火礮之彈相同其法先用水洗淨塵土次去引藥上之紗灌以溫水瀉洩數次俟水色不黑大約藥盡再留水二十四小時無黑色即信爲藥盡其去彈引之法見上三十六節三十八

三爲操時所用裝豆之彈其卸出之法並同前節三十九

論物料細數　凡預備千彈應用物料列表于左四十 四十一

		六磅彈	十二磅彈	二十四磅彈
裝礦及子彈時	馬兵槍彈	一七五〇〇	〇	〇
	步兵槍彈	〇	二四五〇〇	四七〇〇〇
	礦條磅數	一四〇〇	三〇〇〇	四五〇〇
	木炭麥次磅數	一〇〇	二五〇	四〇〇
	萊油磅數	一八	二七	五〇
裝炸藥時	炸藥管	一〇五〇	一〇五〇	一〇五〇
	管蓋	一〇五〇	一〇五〇	一〇五〇
	象皮塞	一〇五〇	一〇五〇	一〇五〇
	洋槍藥磅數	三五	七〇	一〇五
	時引	一〇一〇	一〇一〇	一〇一〇
	銅釘	一〇五〇	一〇五〇	一〇五〇
	紅粉筆	一羅脫	一羅脫	一羅脫

論收藏　凡收藏此等子母彈與尋常子母彈略同其不同者四事一預備物件用上文一百八十三及一百八十六節之法二此等彈在廠已包薄鉛故發往他處時裝於箱內不用嘴螺塞見一百三十六圖一名嘴蓋三若存儲廠中則須裝此嘴螺塞凡已完備之彈勿令彈引外所糊之紙受溼或浮起不可橫臥亦不可近地須以板隔之若未裝炸藥之彈應用嘴螺塞廠中有一定查察之期其查時切勿碰損鉛殼三發運彈引須專裝於箱箱底有板板有彈窩用紙包好礮下螺絲置於窩中箱上有蓋有木螺絲固之又須與上文二百一節參看之四炸藥管已蓋固置於箱中須收藏於乾燥之地

元和邱瑞麟校

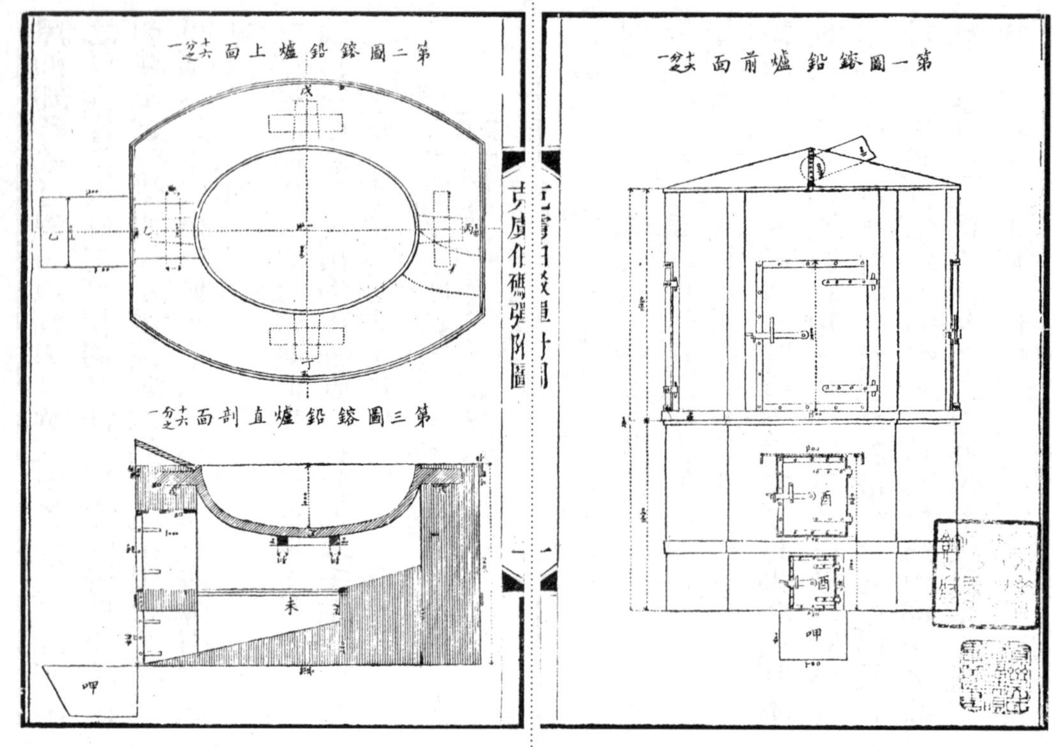
第一圖鎔鉛爐前面 十六之一
第二圖鎔鉛爐上面 十六之一
第三圖鎔鉛爐直剖面 十六之一
克虜伯礮彈造法附圖
一
呷
酉

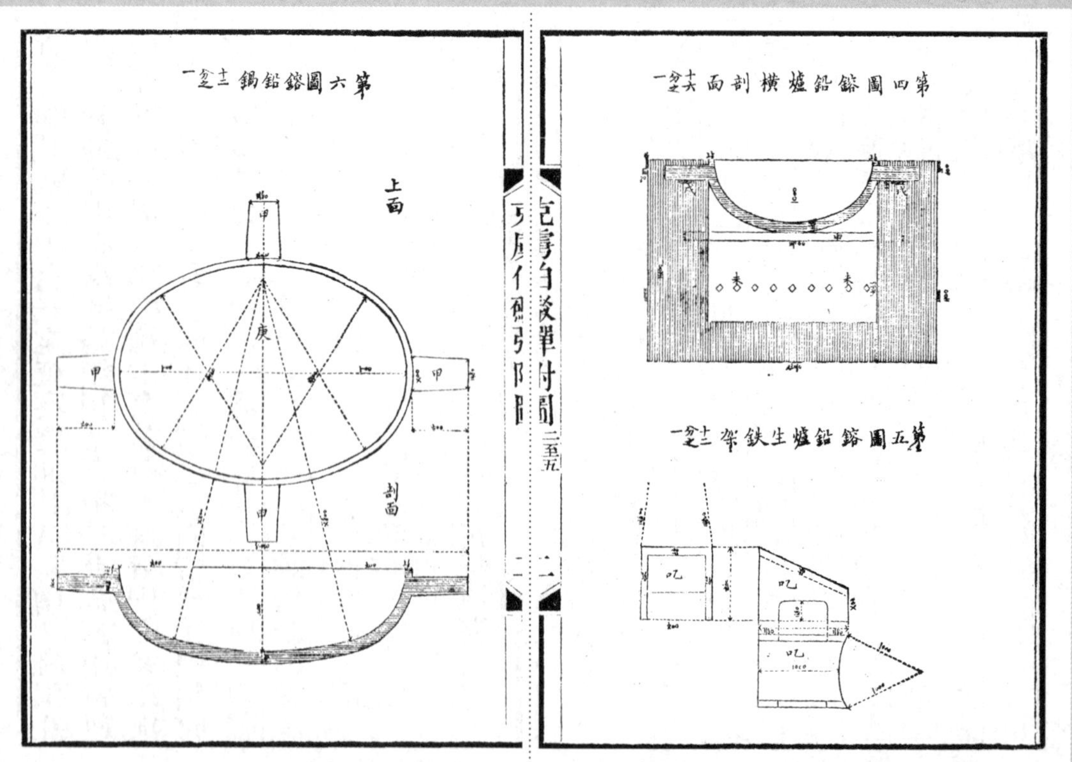
第四圖鎔鉛爐橫剖面 十六之一
第五圖鎔鉛爐生鉄架 十二之一
第六圖鎔鉛鍋 十二之一
克虜伯礮彈附圖
二
上面
剖面
甲
庚
吒

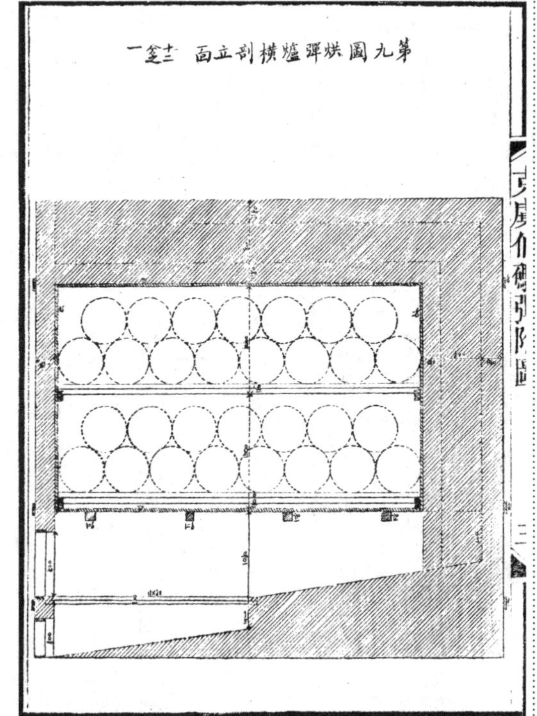
第九圖烘彈爐横剖立面 十二分之一
克虜伯礮彈附圖
三

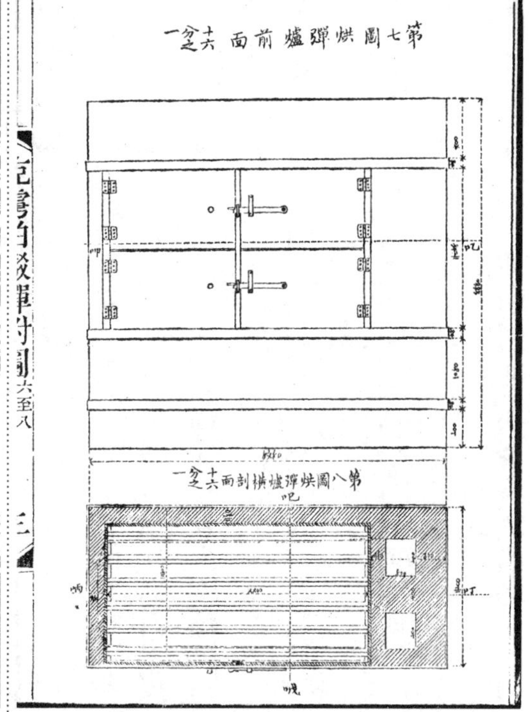
第七圖烘彈爐前面 六十分之一
第八圖烘彈爐横剖面 六十分之一
克虜伯礮彈附圖 六至八

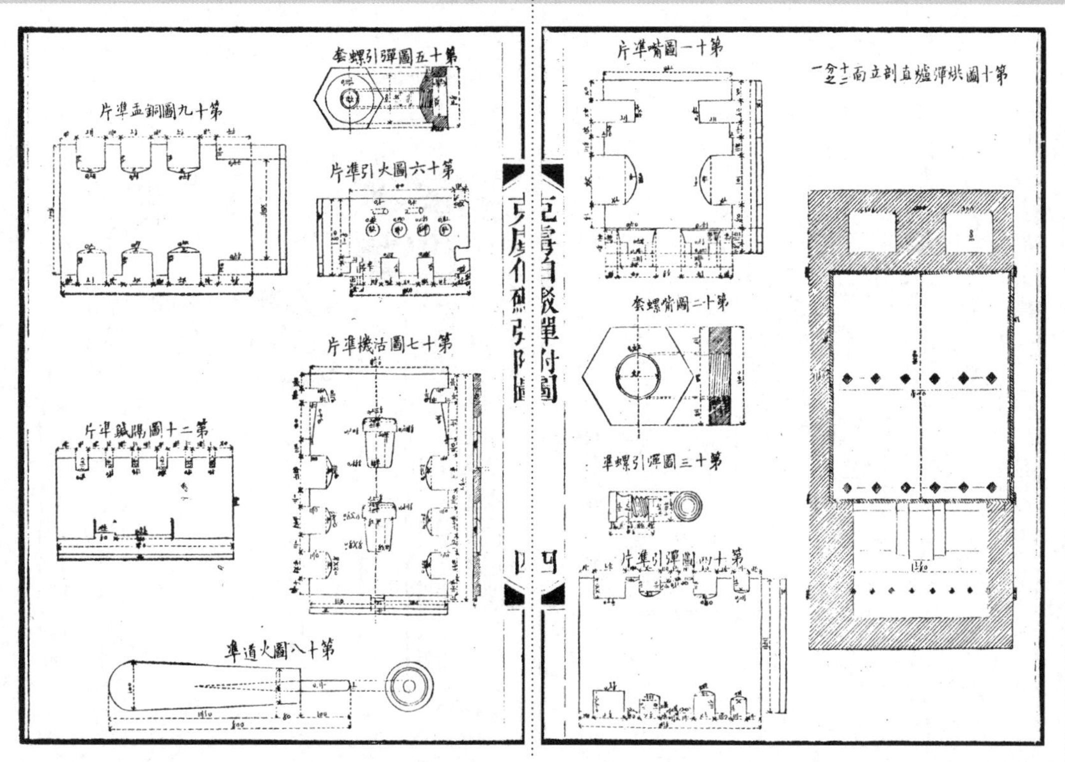
第十圖烘彈爐直剖立面 十二分之一
第十一圖嘴準片
第十二圖嘴螺套
第十三圖引彈螺準
第十四圖引彈準片
克虜伯礮彈附圖
四
第十五圖引彈螺套
第十六圖火引準片
第十七圖活機準片
第十八圖火道準
第十九圖銅盂準片
第二十圖腸贓準片

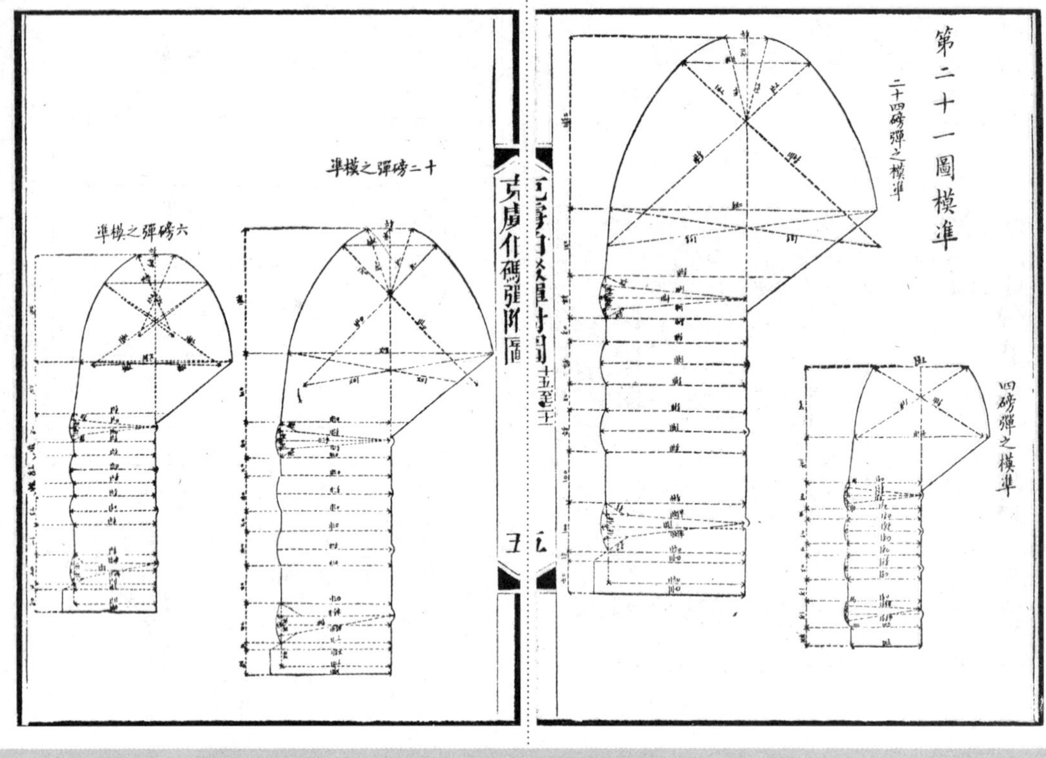
第二十一圖模準
二十四磅彈之模準
十二磅彈之模準
六磅彈之模準
四磅彈之模準
克虜伯礮彈附圖

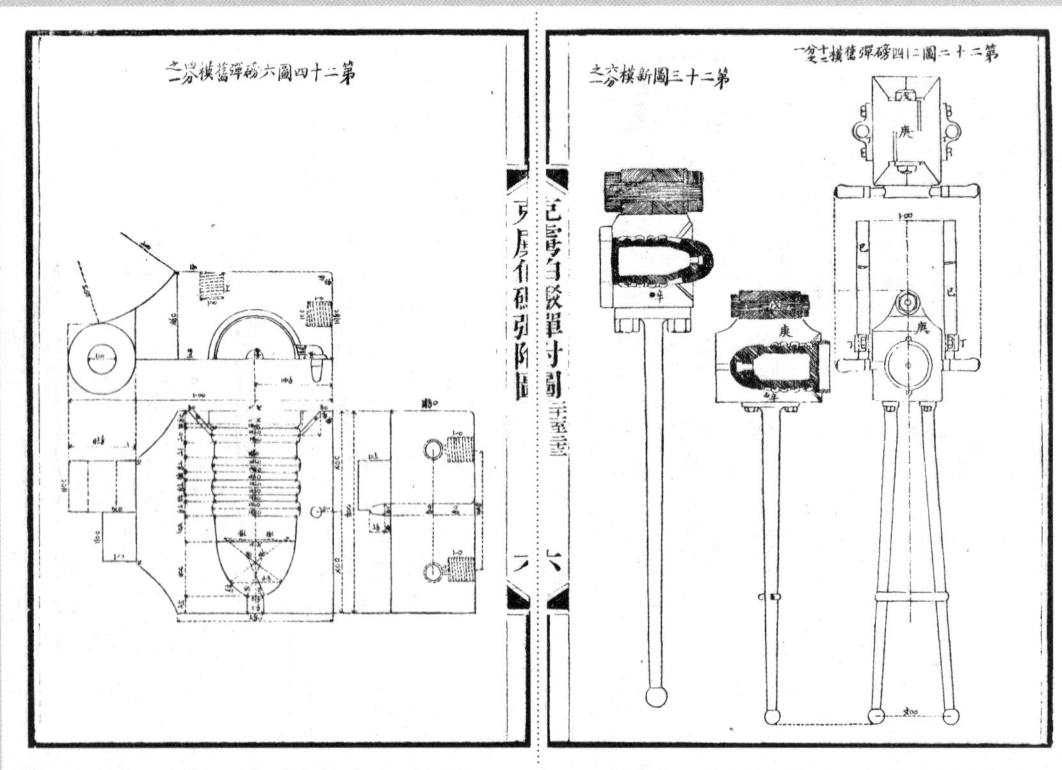
第二十二圖二十四磅彈舊模之一分
第二十三圖新模分之二
第二十四圖六磅彈舊模分之一
克虜伯礮彈附圖

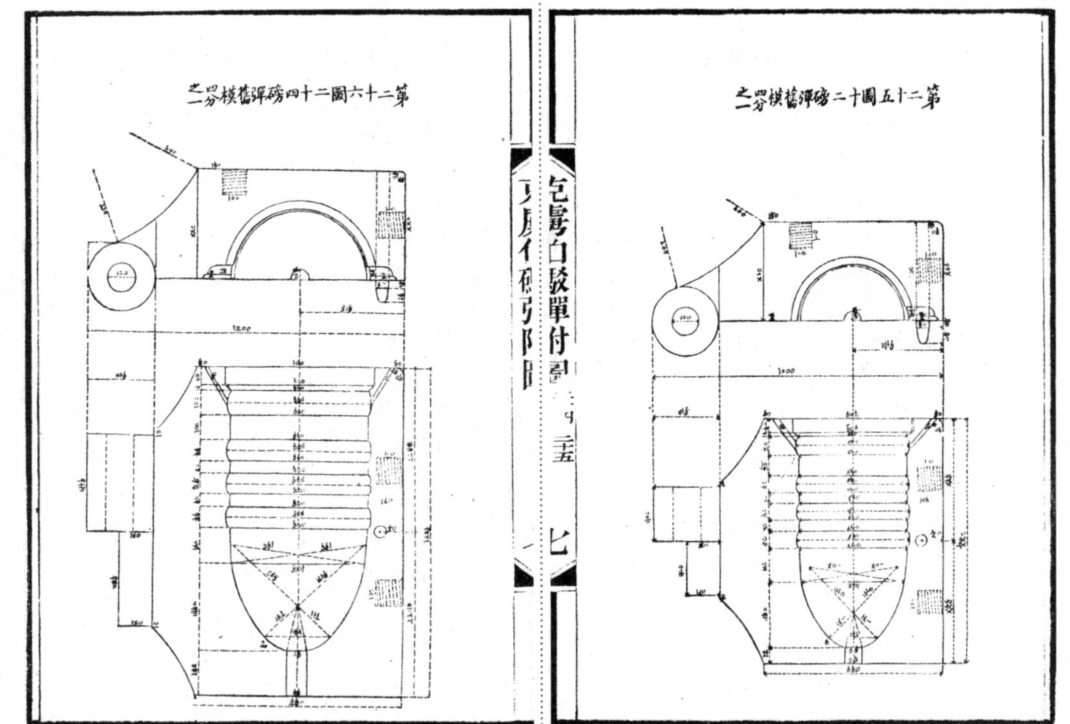
第二十五圖二十磅舊彈模四分之一
第二十六圖二十四磅舊彈模四分之一

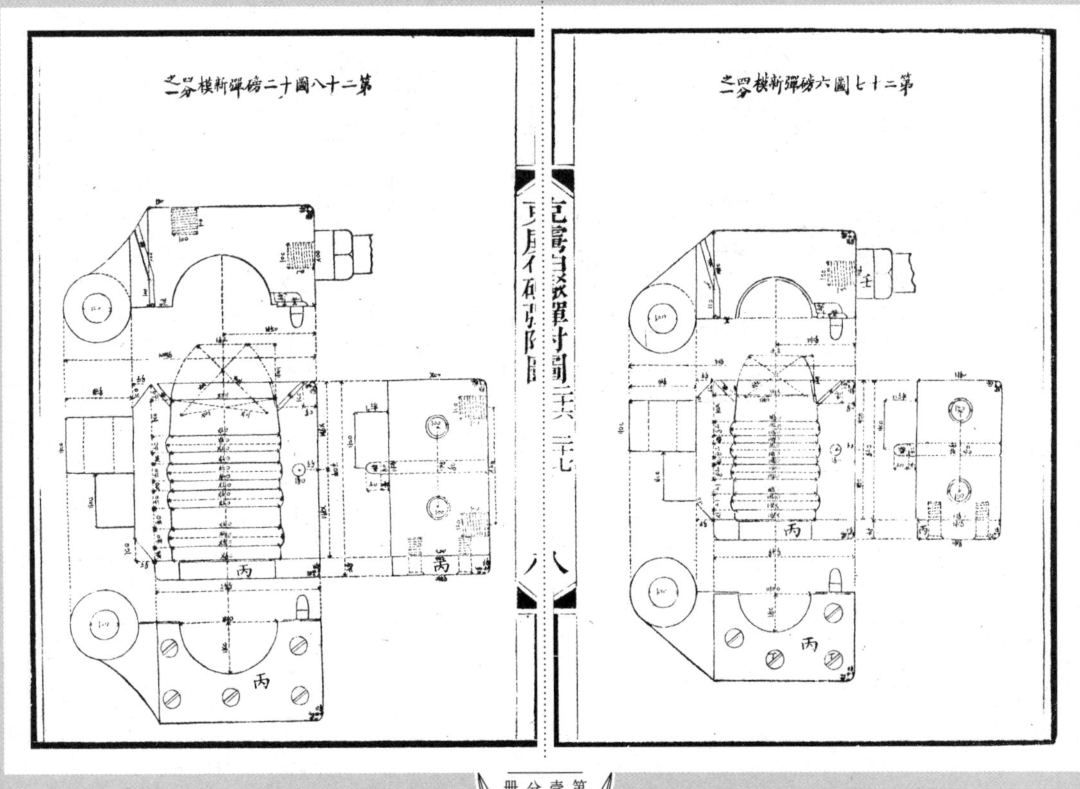
第二十七圖六磅新彈模四分之一
第二十八圖二十二磅新彈模四分之一

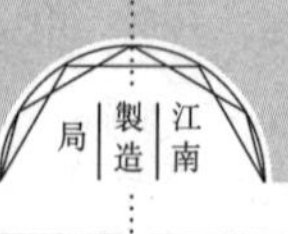

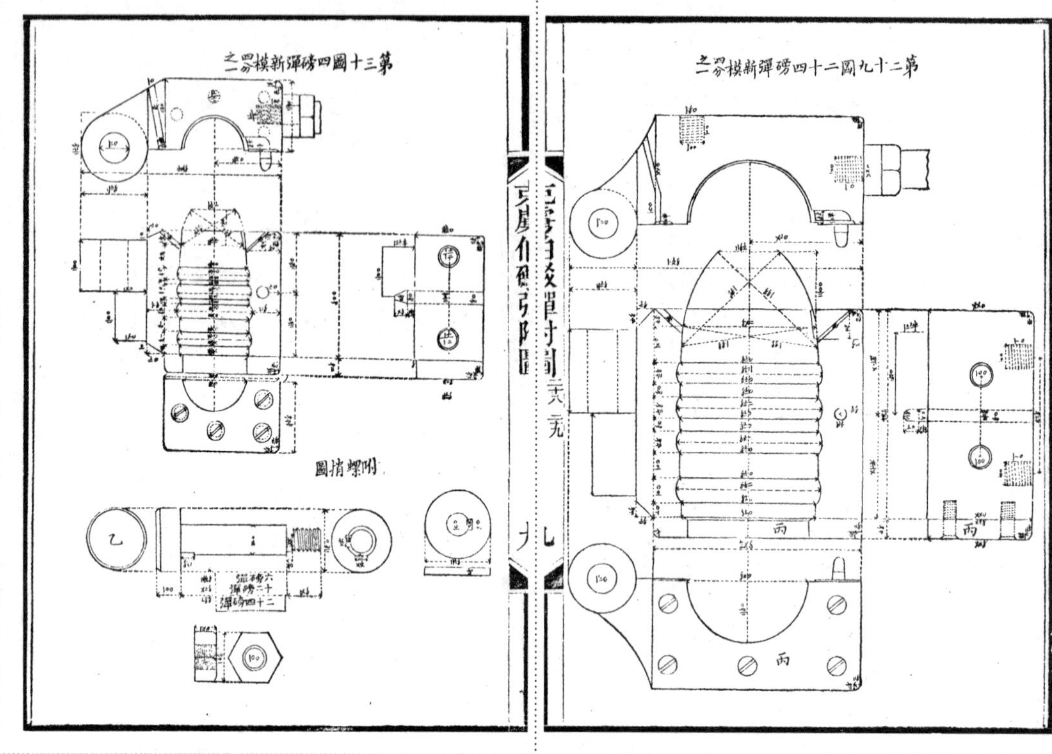
第三十圖四磅彈新模之四分
附捎螺圖
第二十九圖二十四磅彈新模之四分
克虜伯礮弾附圖

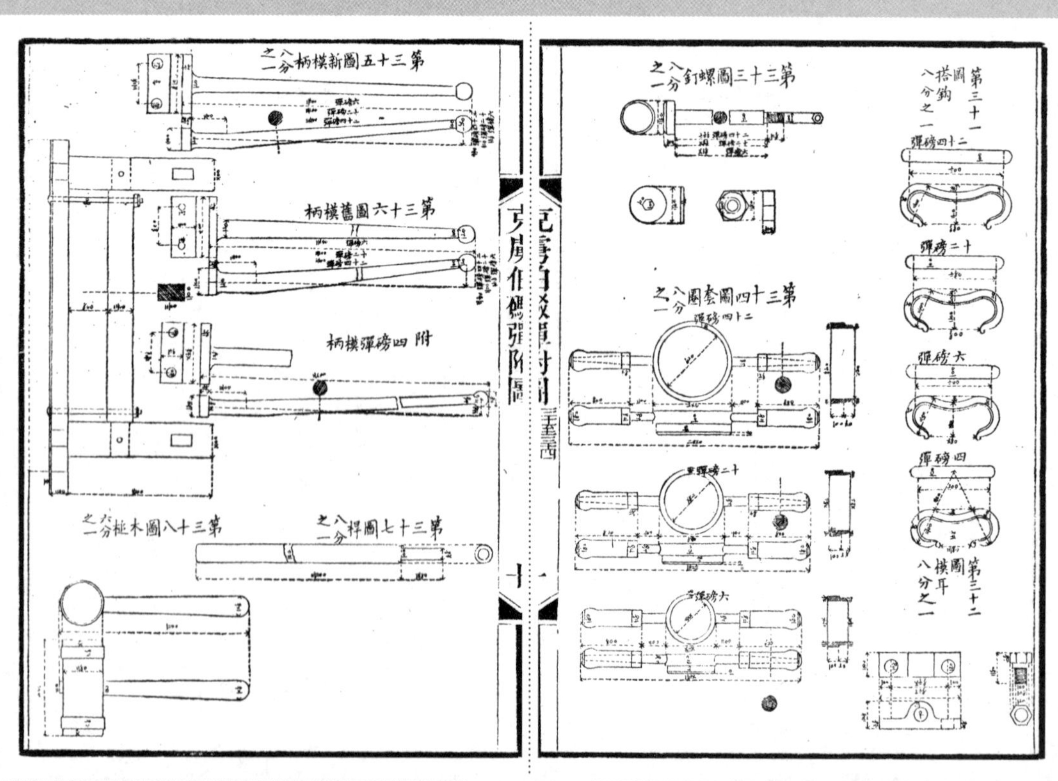
第三十五圖新模柄之八分一
第三十六圖舊模柄
附四磅彈模柄
第三十八圖木柾之六分一
第三十七圖桿之八分一
第三十三圖螺釘之八分一
第三十四圖套圈之八分一
第三十一圖搭鈎八分之一
第三十二圖模耳八分之一
克虜伯礮弾附圖

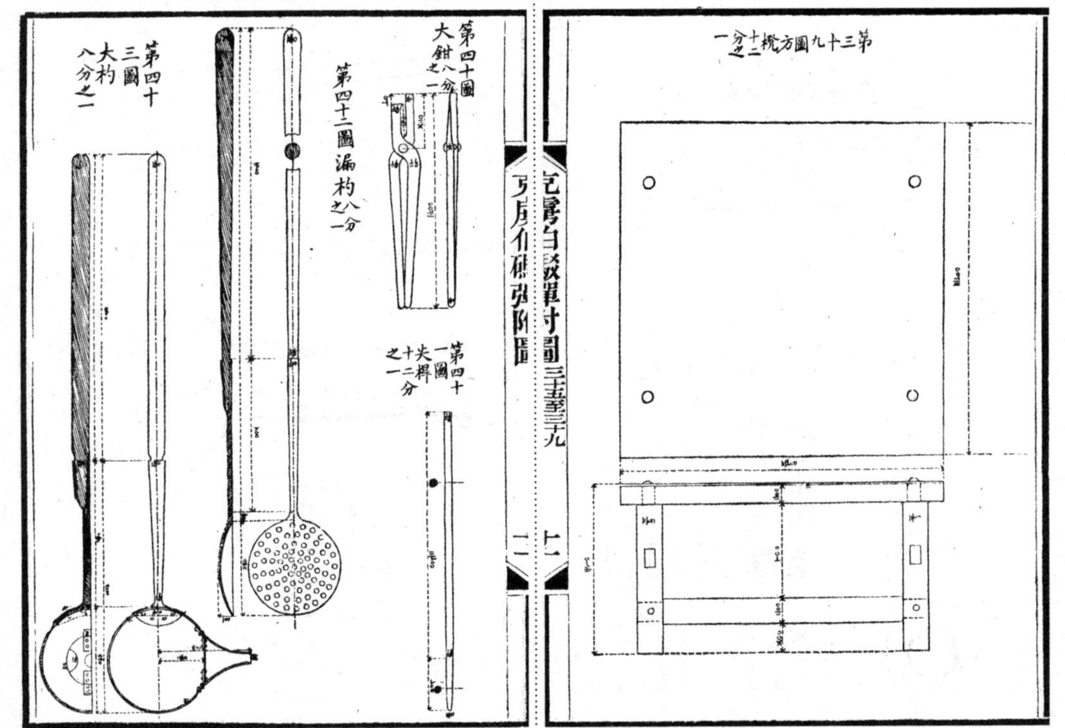

第四十六圖 量彈圈 四分之一

第四十七圖 鋼圓杆 四分之一

第四十八圖 漏斗 二分之一

第四十四圖 實體大鉗 八分之一

第四十五圖 實彈大鉗 八分之一

四分之一

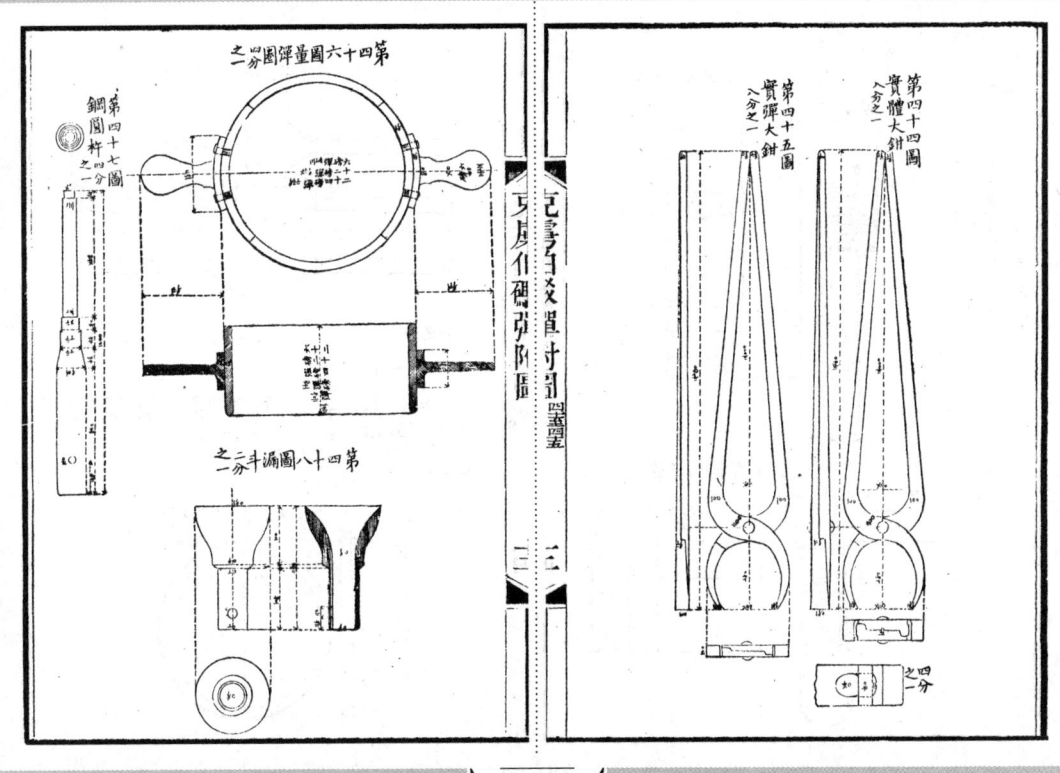

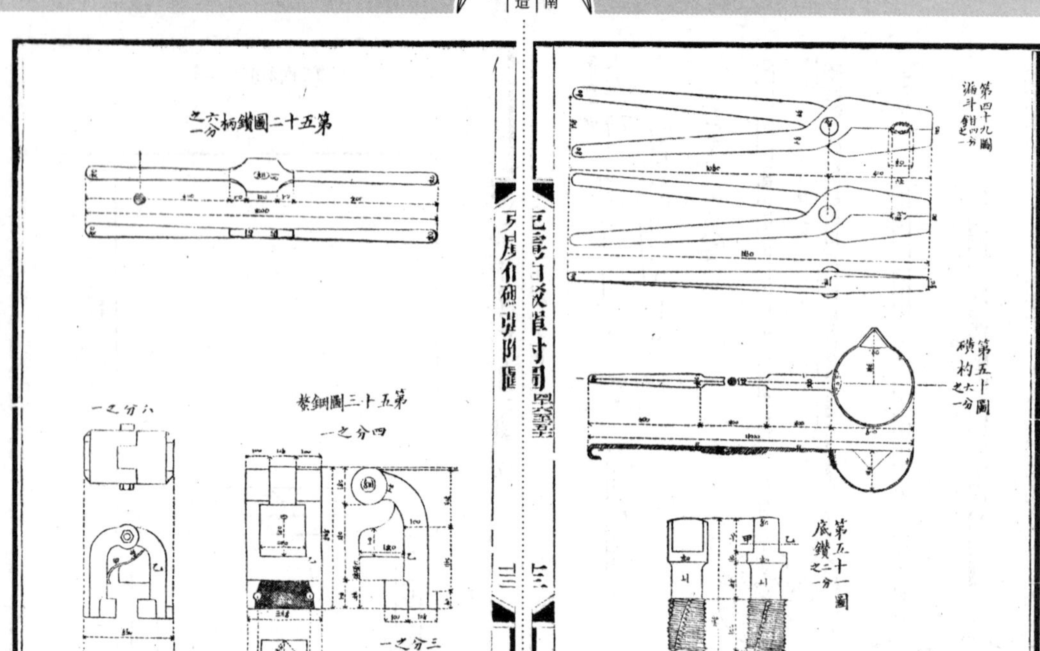
第五十二圖鑽柄六分之一
第五十三圖銅鉗四分之一
六分之一
三分之一
第四十九圖滴斗鉗四分之一
第五十圖礮杓六分之一
第五十一圖底鑽二分之一
甲乙剖面
克虜伯礮彈附圖
克虜伯礮彈附圖

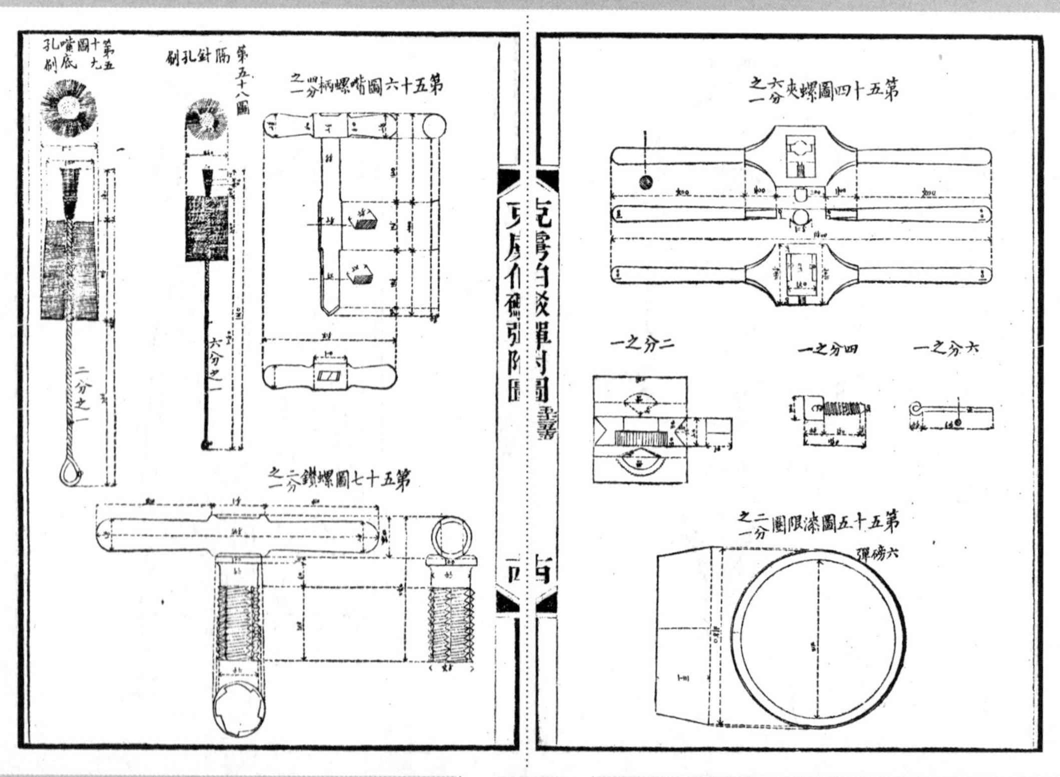
第五十九圖底嘴孔刷
第五十八圖隔針孔刷
第五十六圖嘴螺柄四分之一
六分之一
二分之一
第五十七圖螺鑽二分之一
第五十四圖夾螺六分之一
二分之一
四分之一
六分之一
第五十五圖漆限圖二分之一
六磅彈
克虜伯礮彈附圖
克虜伯礮彈附圖

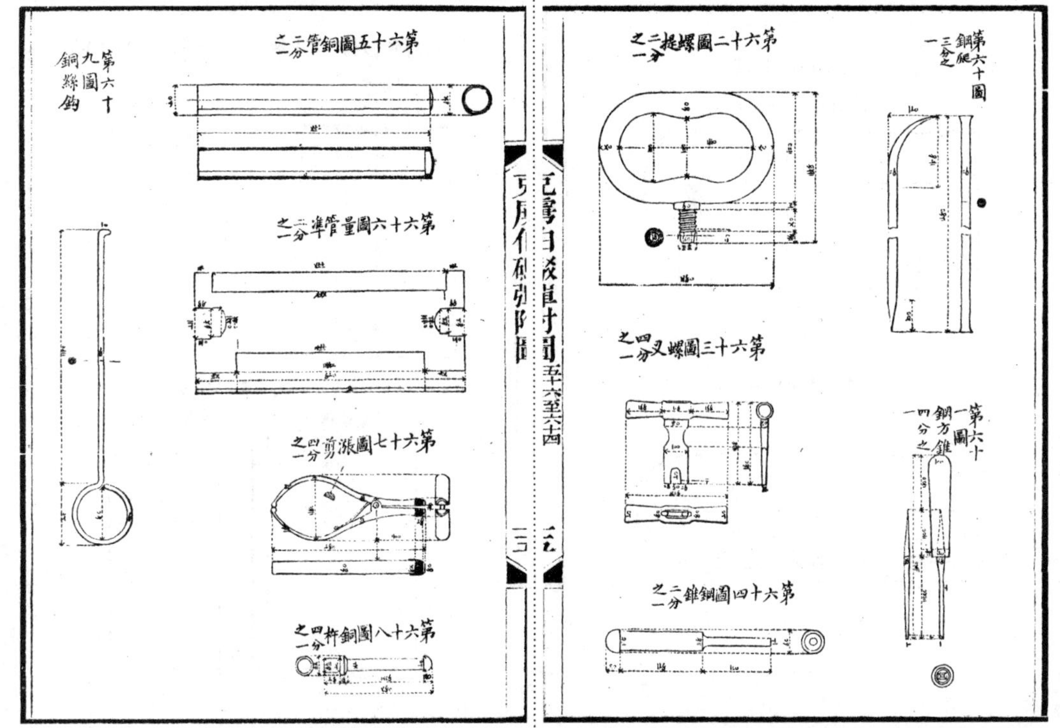
第六十圖 鋼腿 三分之一
第六十一圖 鋼方錐 四分之一
第六十二圖 螺提 二分之一
第六十三圖 螺叉 四分之一
第六十四圖 銅錐 二分之一
第六十五圖 銅管 二分之一
第六十六圖 量管準 二分之一
第六十七圖 漲剪 四分之一
第六十八圖 銅杵 四分之一
第六十九圖 銅絲鈎

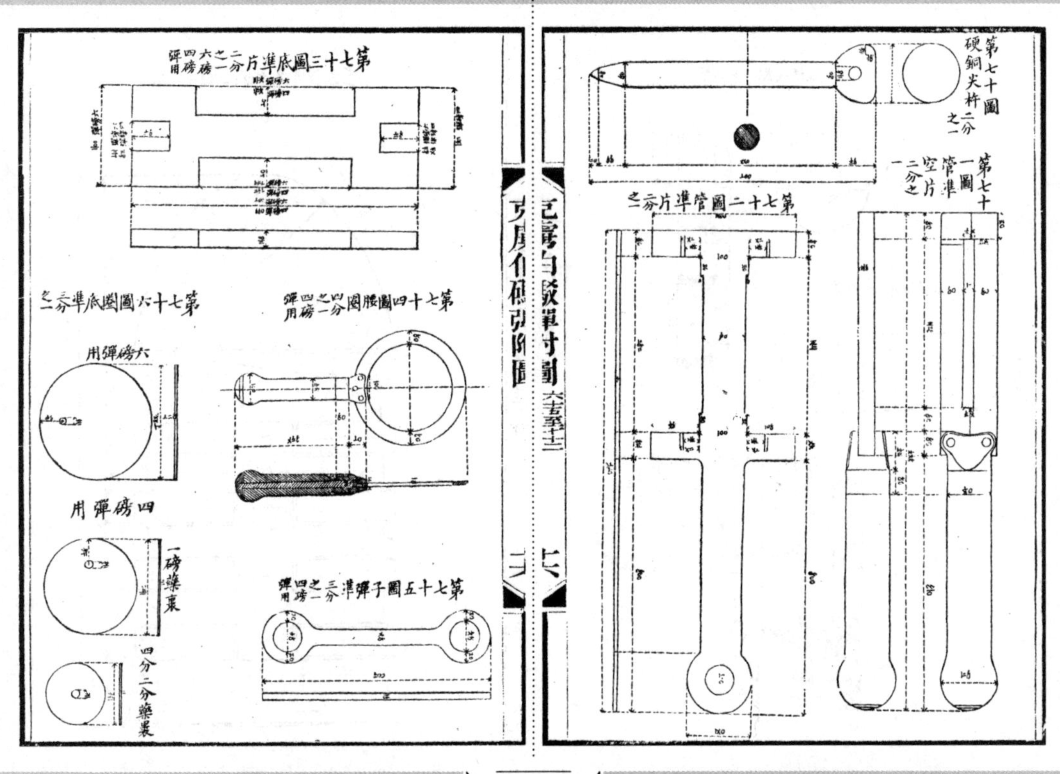
第七十圖 硬銅尖杵 二分之一
第七十一圖 空管準片 二分之一
第七十二圖 管準片
第七十三圖 底準片 二分之一 六磅四磅彈用
第七十四圖 腰圈 二分之一 四磅彈用
第七十五圖 彈子準 三分之二 四磅彈用
第七十六圖 底圈準
六磅彈用
四磅彈用
一磅藥裹
四分二分藥裹

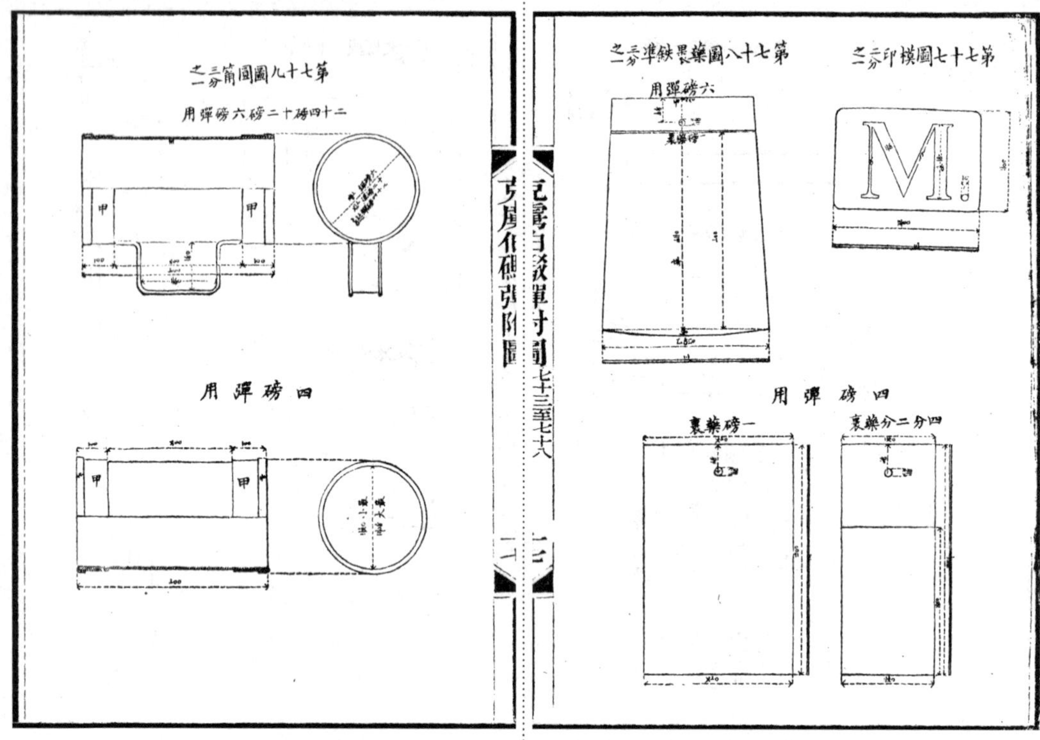
第七十七圖印模三分之二
第七十八圖藥裹鉄準分三之
六磅彈用
四磅彈用
一磅藥裹
四分二分藥裹
第七十九圖箭圖三分之二
二十四磅十二磅六磅彈用
甲
甲
四磅彈用
甲
甲
克虜伯自發彈引副七十三至七十八
克虜伯礮彈附圖
二十三

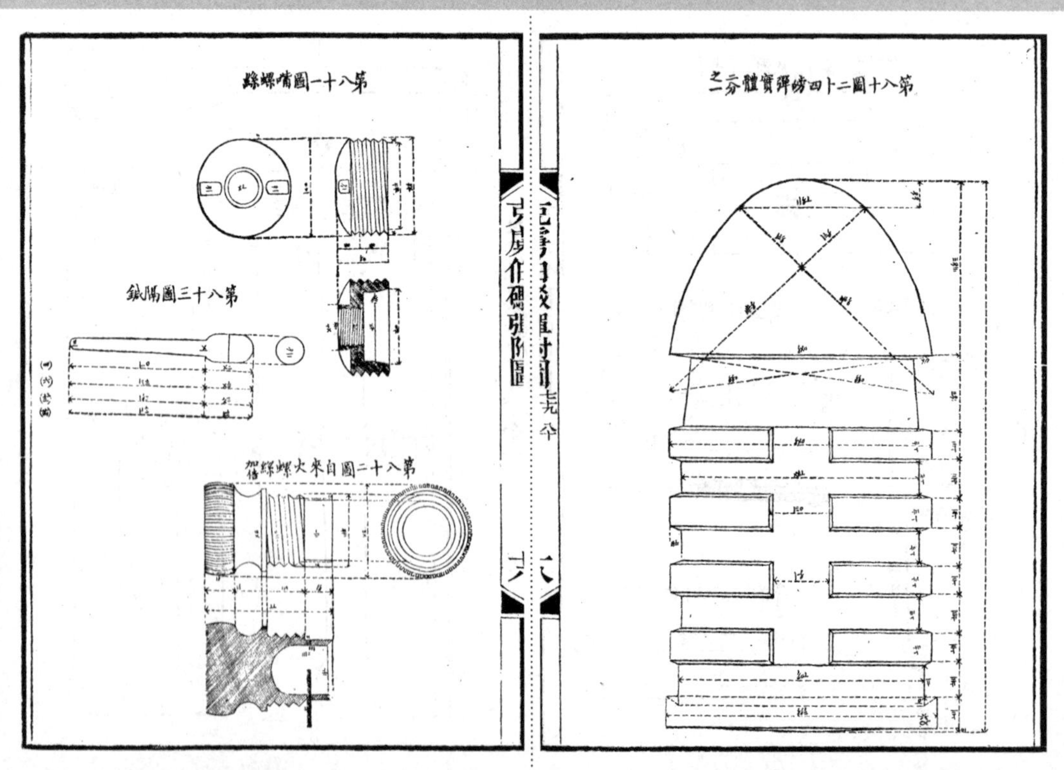
第八十圖二十四磅彈實體分三之二
第八十一圖嘴螺絲
第八十三圖鍋鉗
第八十二圖自來火螺絲帽
克虜伯自發彈引副七十九八十
克虜伯礮彈附圖
二十六

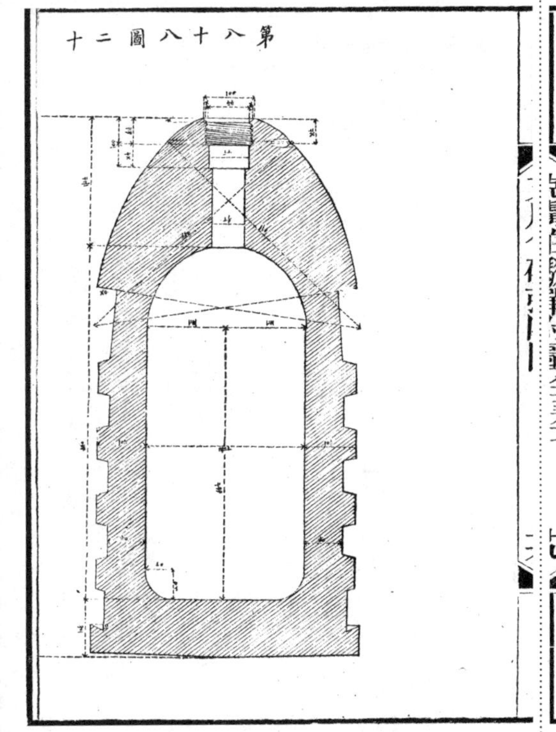
第八十八圖二十

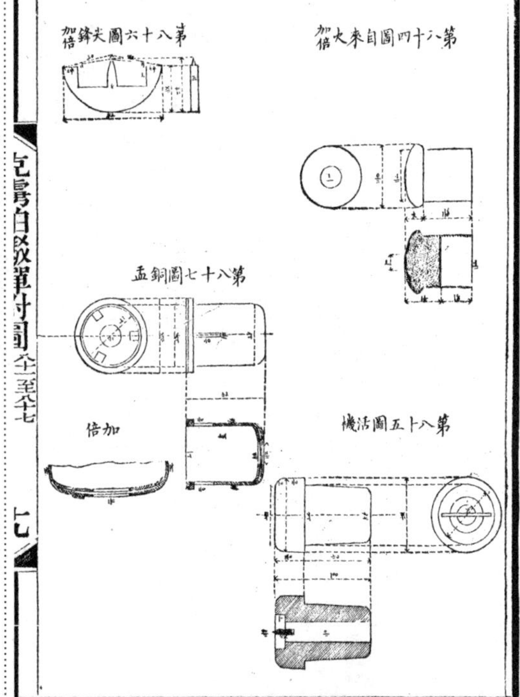
第八十四圖自來火加倍
第八十六圖尖鋒加倍
第八十七圖銅盂
加倍
第八十五圖活機

附圖

455

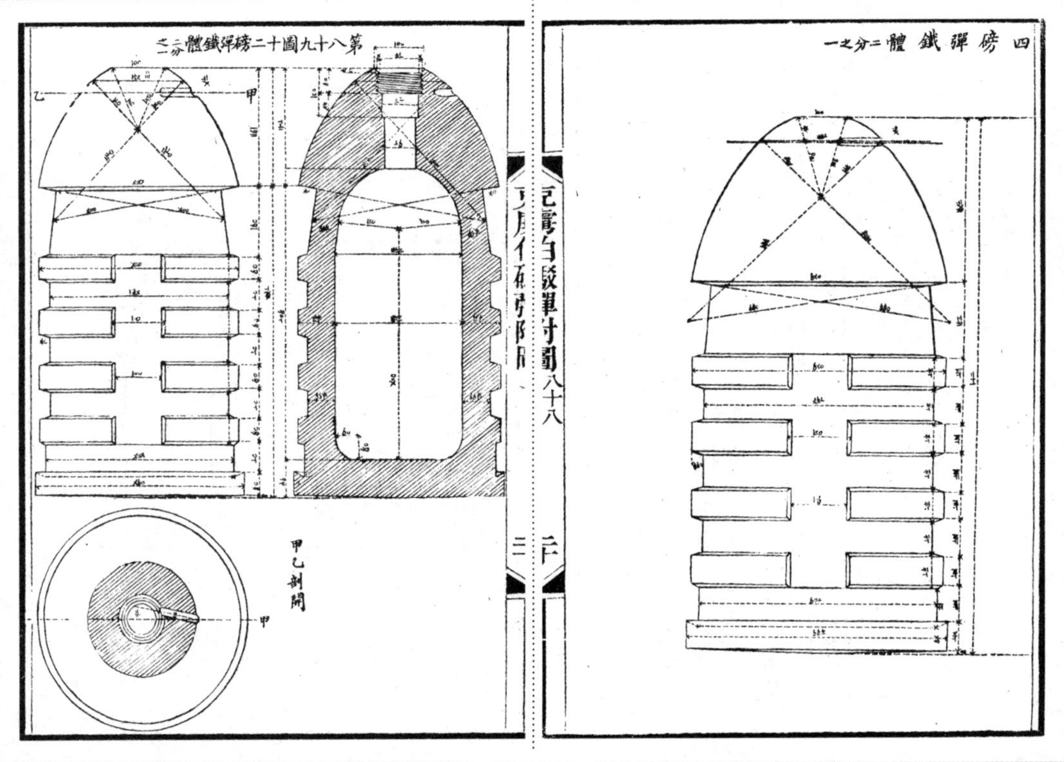
第八十九圖二十磅彈鐵體三分之二
甲乙剖開
四磅彈鐵體二分之一

江南
製造
局

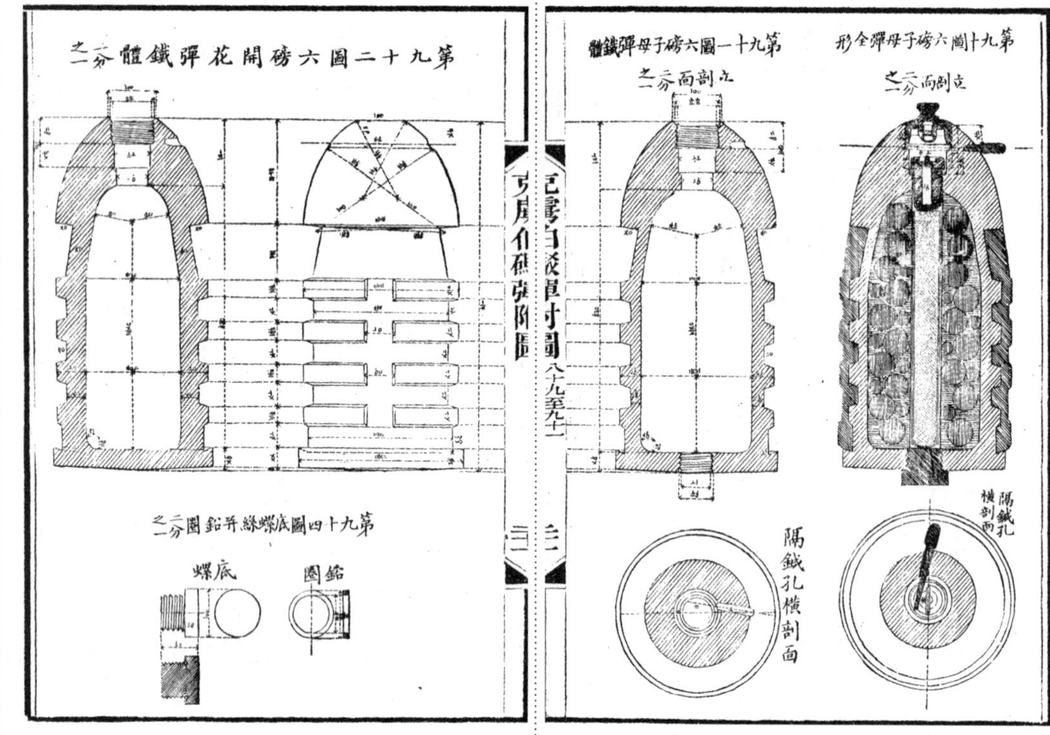

第九十二圖六磅開花彈鐵體二分之一
第九十四圖底螺絲并鉛圈二分之一
底螺
鉛圈
克虜伯礮彈附圖
第九十一圖六磅子母彈鐵體
立剖面二分之一
第九十圖六磅子母彈全形
立剖面二分之一
隔鈸孔橫剖面
隔鈸孔橫剖面

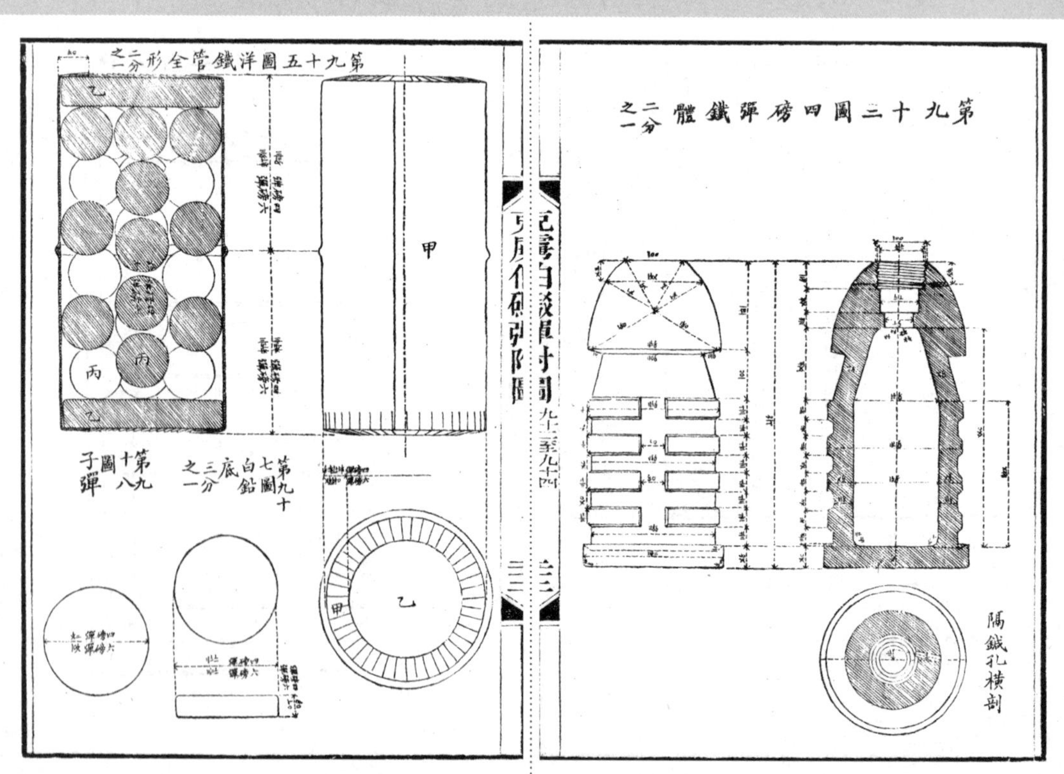

第九十五圖洋鐵管全形二分之一
乙
甲
丙
第九十七圖白鉛底三分之一
第九十八圖子彈
克虜伯礮彈附圖
第九十二圖四磅彈鐵體二分之一
隔鈸孔橫剖

克虜伯礮彈造法

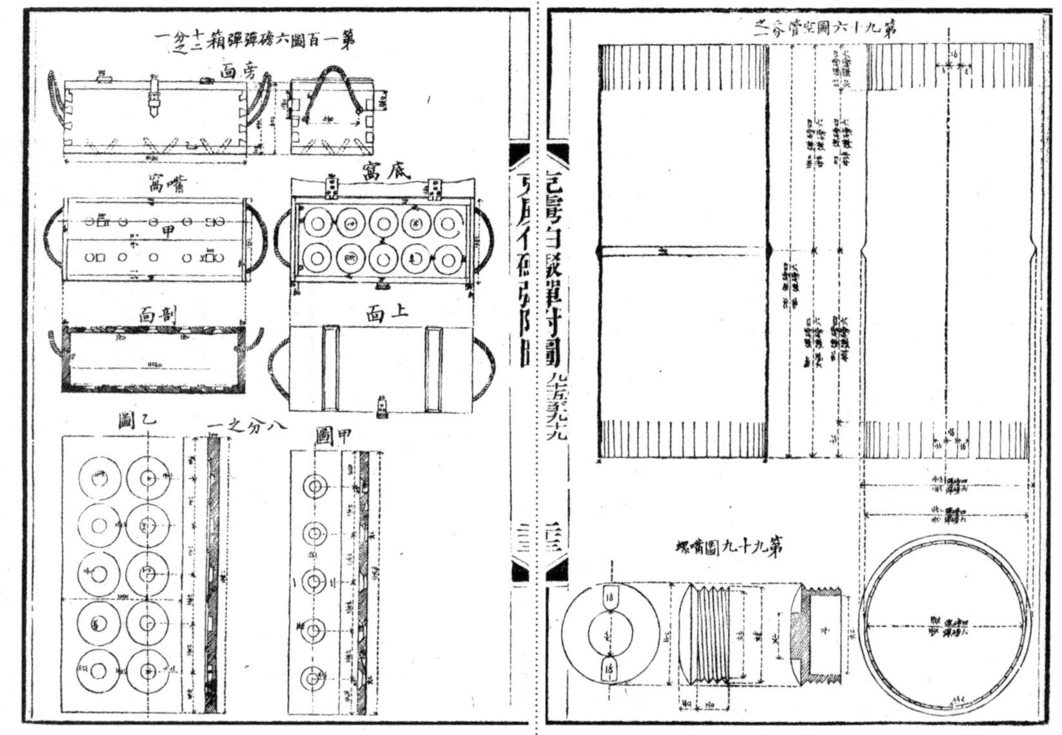
第一百六圖六磅彈彈箱 十二分之一
旁面
嘴窩
底窩
剖面
上面
乙圖
八分之一
甲圖
第九十六圖
第九十九圖螺嘴

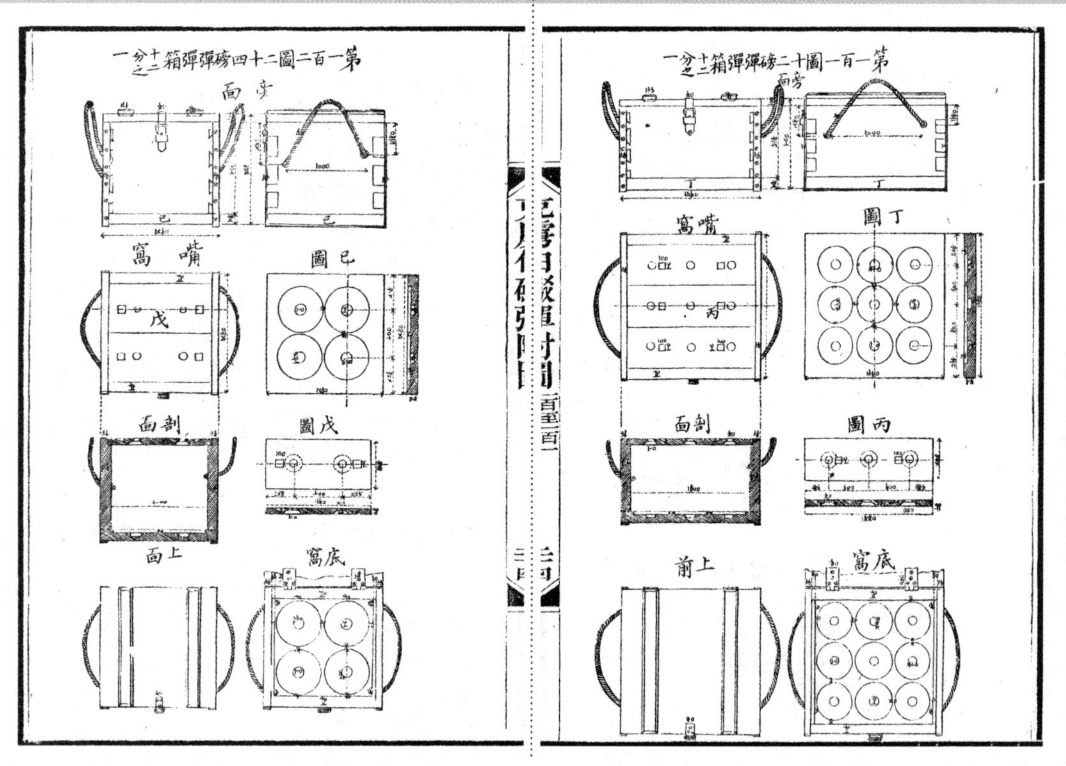
第一百二圖二十四磅彈彈箱 十二分之一
旁面
嘴窩
己圖
剖面
戊圖
上面
底窩
第一百一圖十二磅彈彈箱 十二分之一
旁面
嘴窩
丁圖
剖面
丙圖
底窩

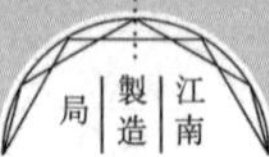
江南
製造
局

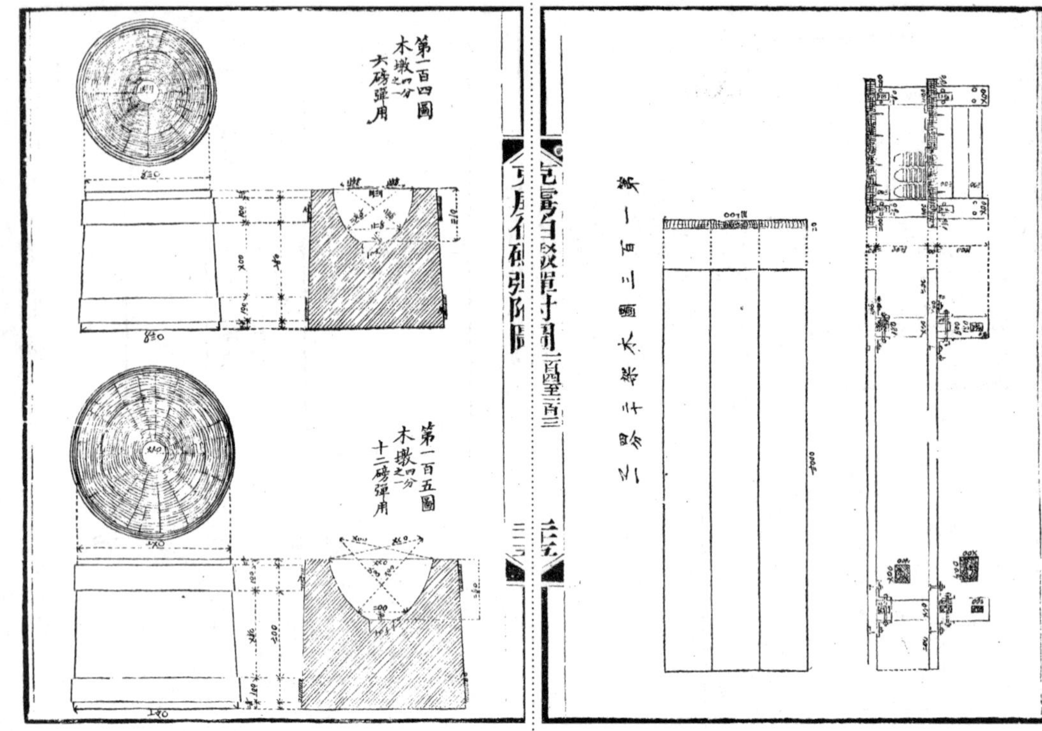
第一百四圖
木墩四分之一
六磅彈用
第一百五圖
木墩四分之一
十二磅彈用
克虜伯礮彈附圖
第一百三圖木架全圖二十分之一

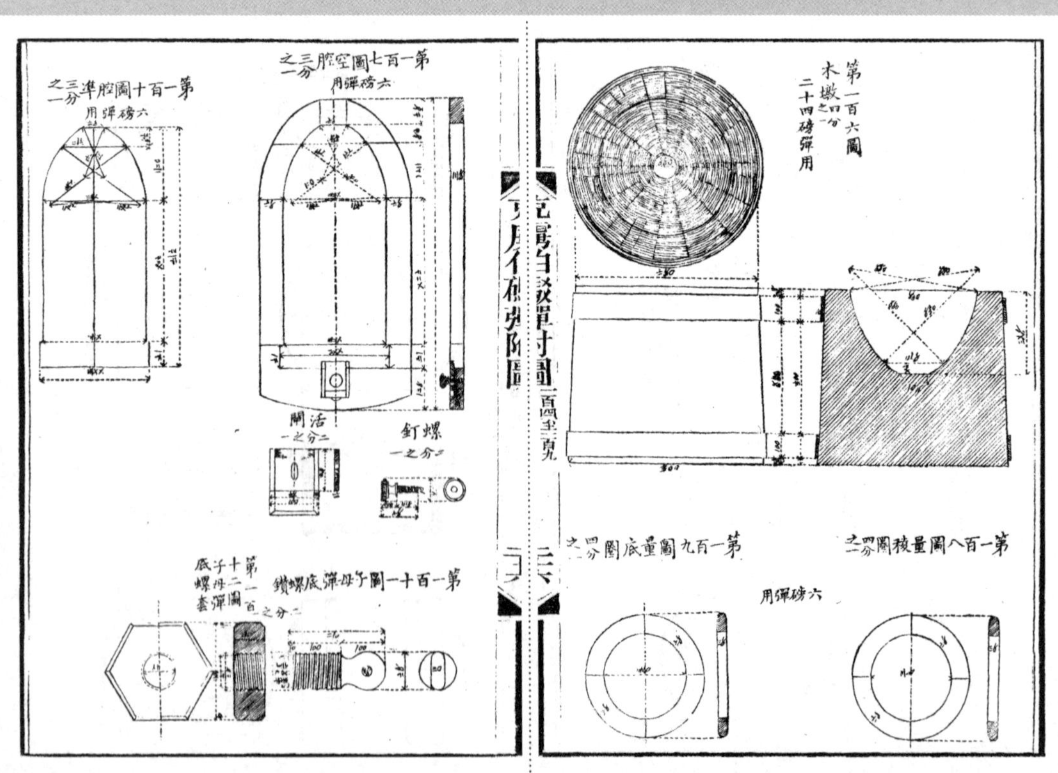
第一百十圖準膛三之一分
六磅彈用
第一百七圖空膛三之一分
六磅彈用
活閘
螺釘
第一百十一圖子母彈螺底鑽
第十二一百圖子母彈螺底套二之一分
克虜伯礮彈附圖
第一百六圖
木墩四分之一
二十四磅彈用
第一百九圖量底圖四分之一
第一百八圖量積圖四分之二
六磅彈用

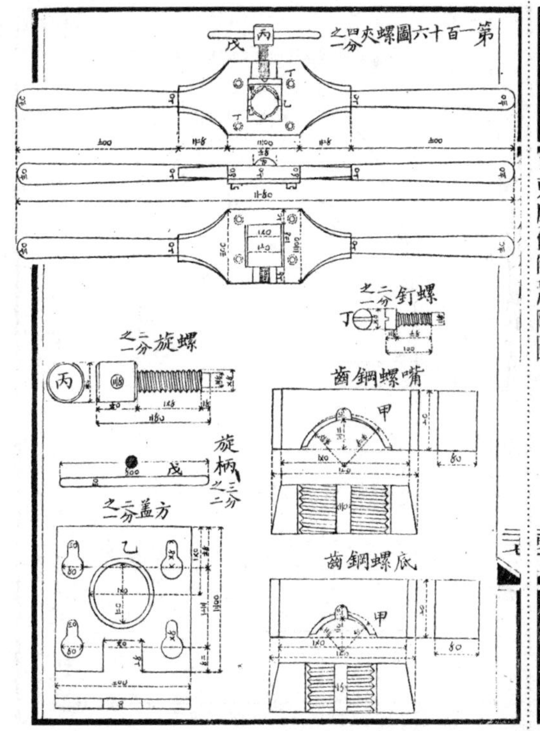
第一百十六圖螺夾
螺釘
螺旋
嘴螺鋼齒
旋柄
方蓋
底螺鋼齒

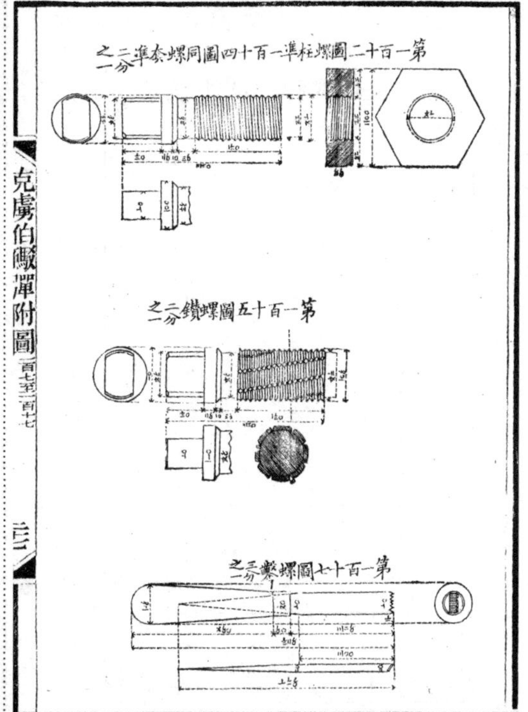
第一百十二圖螺柱準一百十四圖同螺套準
第一百十五圖螺鑽
第一百十七圖螺鑿

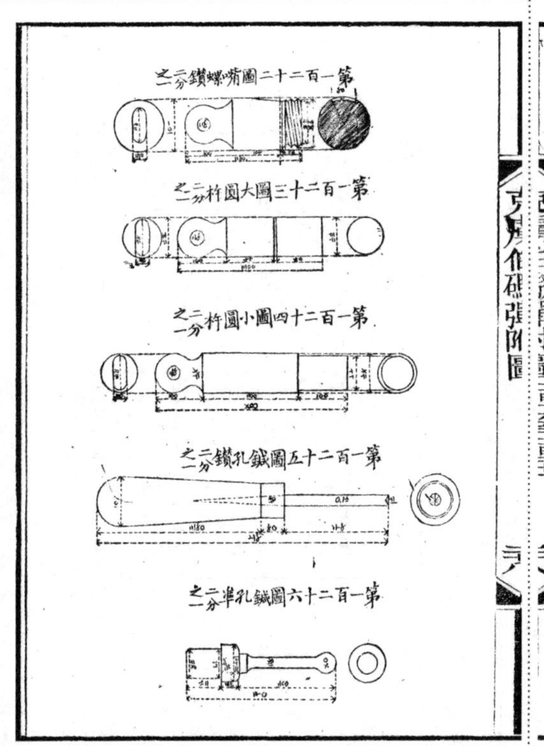
第一百二十二圖嘴螺鑽
第一百二十三圖大圓杵
第一百二十四圖小圓杵
第一百二十五圖鍼孔鑽
第一百二十六圖鍼孔準

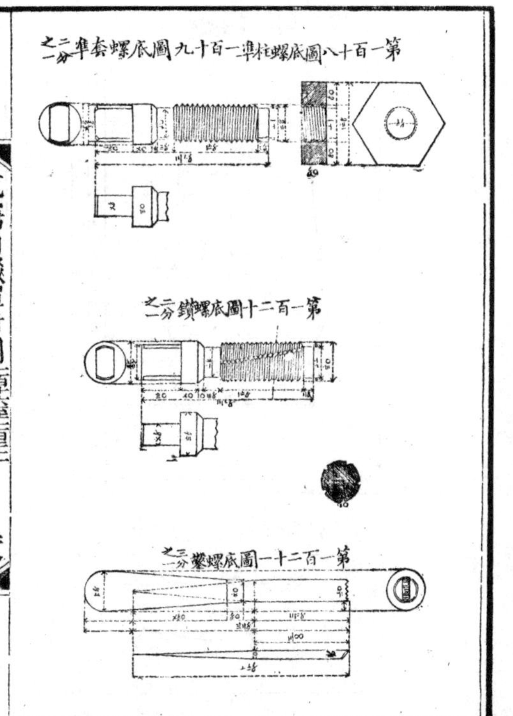
第一百十八圖底螺柱準一百十九圖底螺套準
第一百二十圖底螺鑽
第一百二十一圖底螺鑿

江南
製造
局

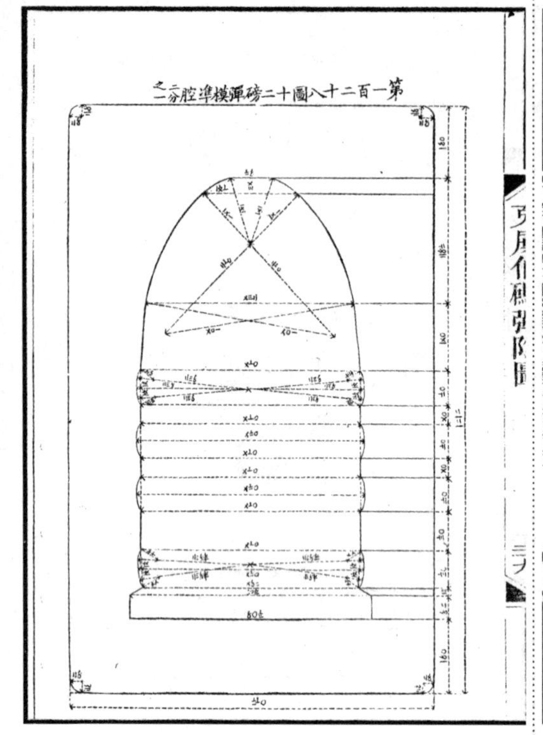
第一百二十八圖十二磅彈模準腔分之二

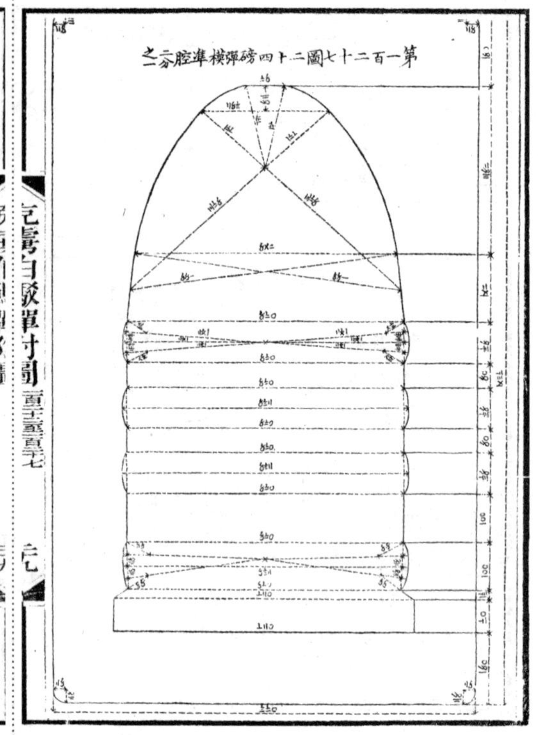
第一百二十七圖二十四磅彈模準腔分之二

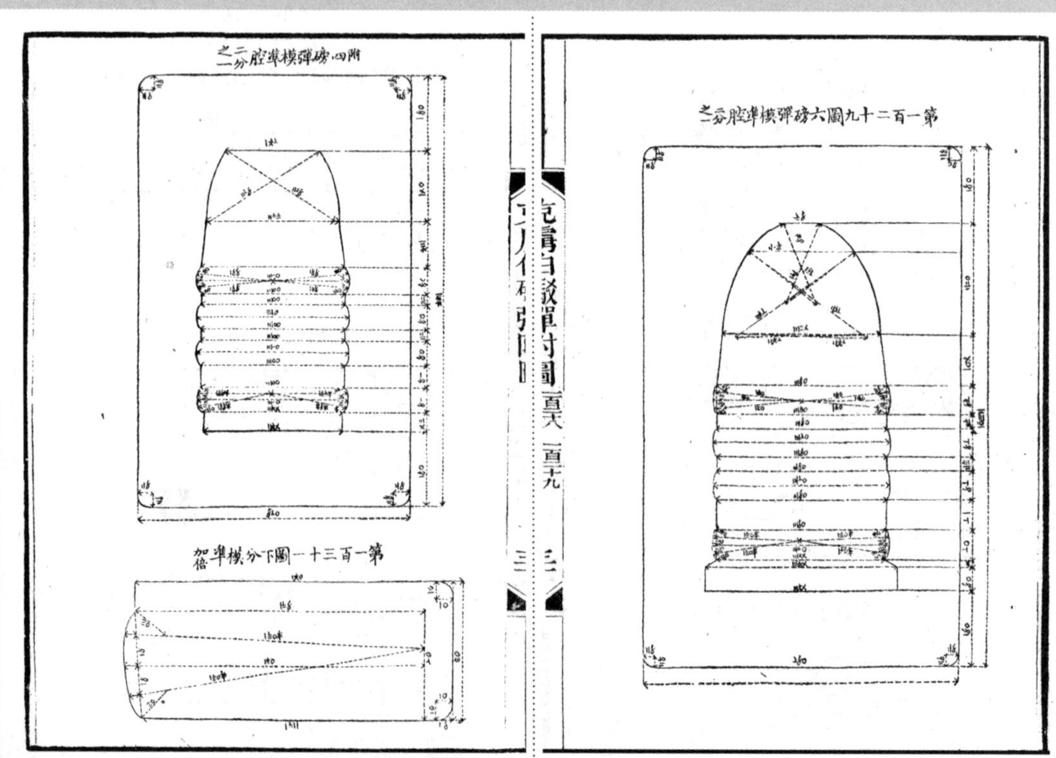
附四磅彈模準腔分之二
第一百三十一圖下分模準加倍
第一百二十九圖六磅彈模準腔分之二

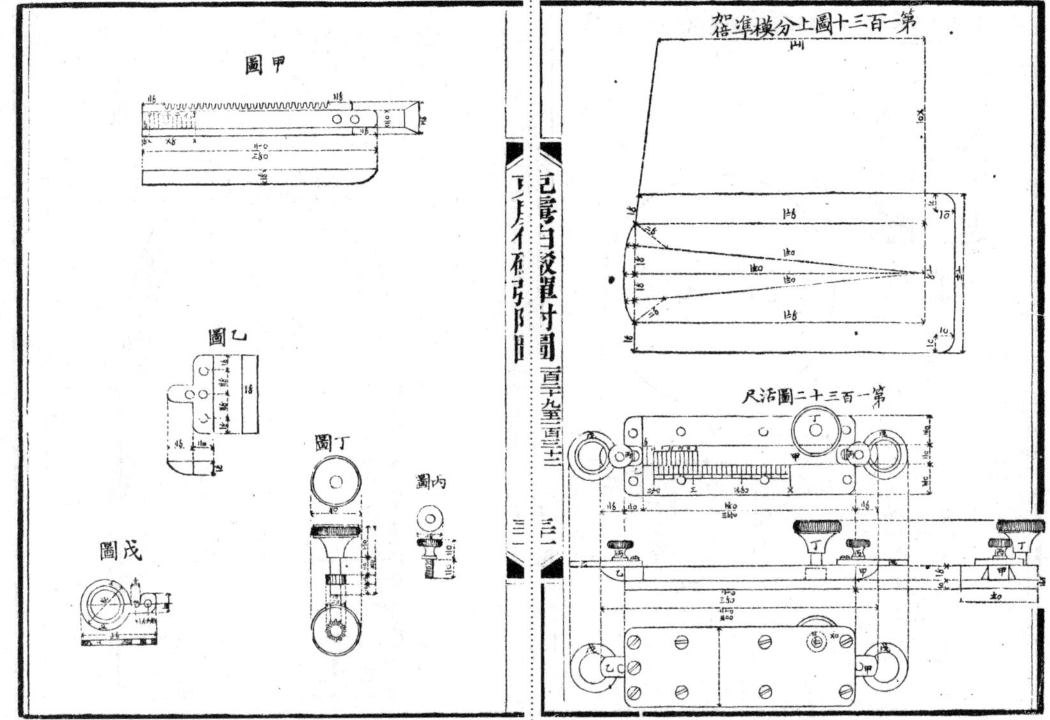
甲圖
乙圖
丁圖
丙圖
戊圖
克虜伯砲彈附圖
第一百三十圖上分橫準加倍
第一百三十二圖活尺

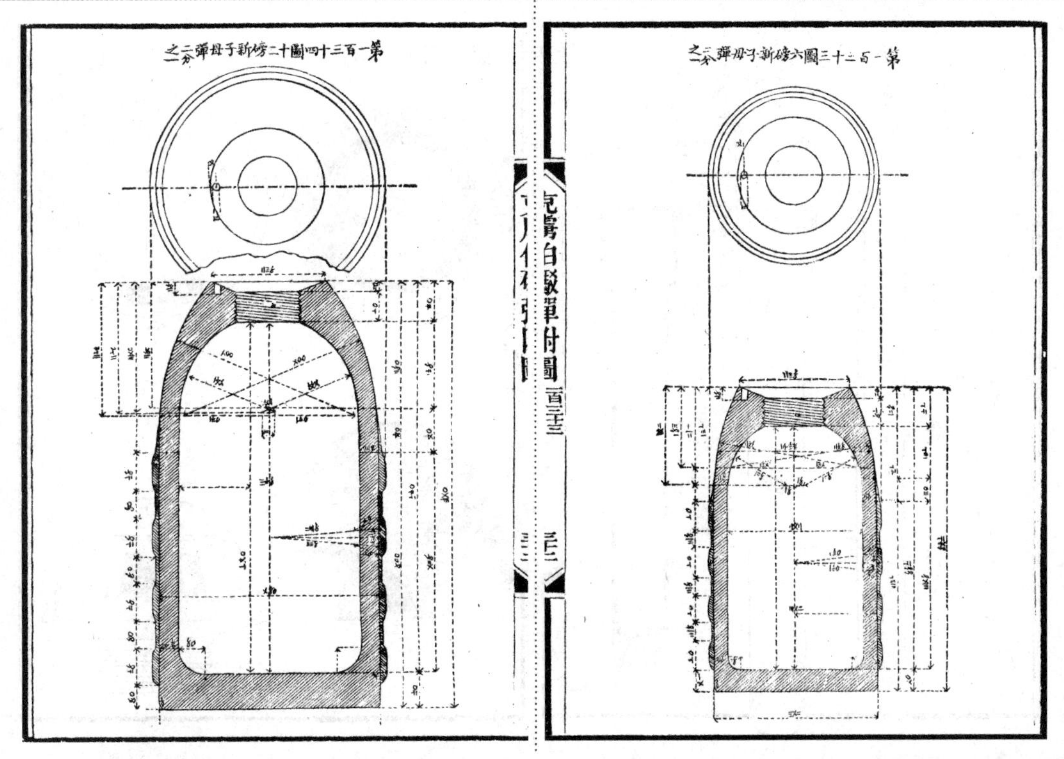
第一百三十四圖十二磅新子母彈二分之一
克虜伯砲彈附圖
第一百二十三圖六磅新子母彈二分之一

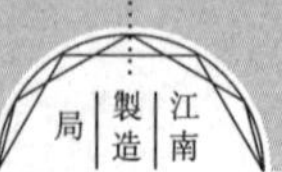
江南
製造
局

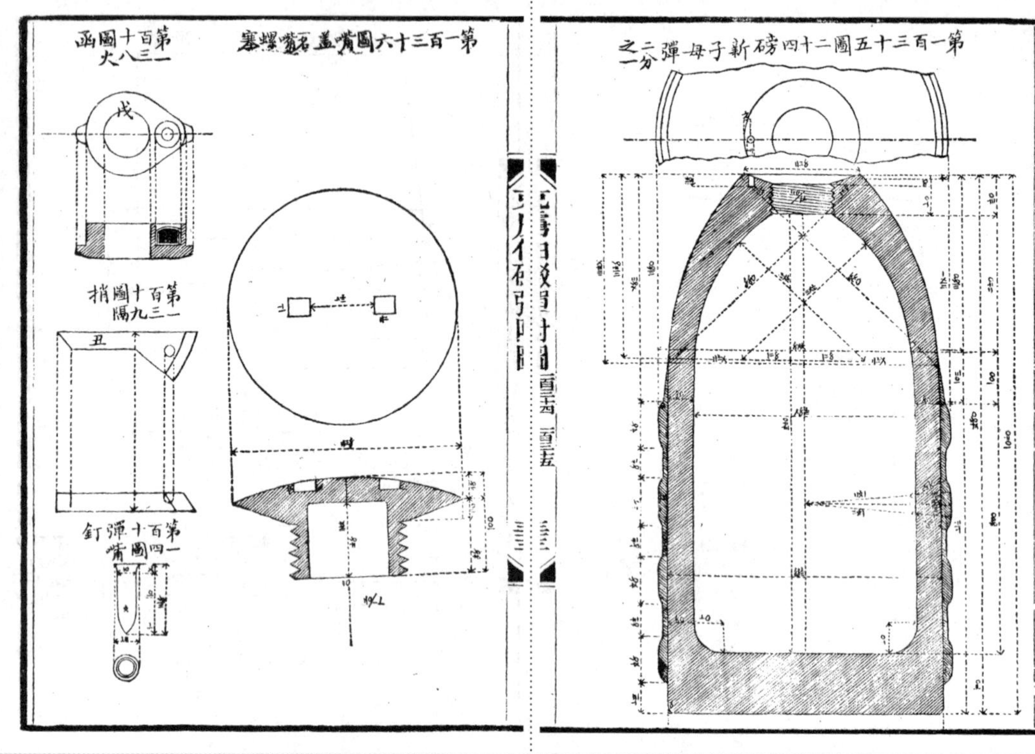
第一百三十五圖二十四磅新子母彈之二分一
第一百三十六圖嘴蓋螺塞
第一百三十八圖函
第一百三十九圖梢
第一百四十圖彈嘴釘

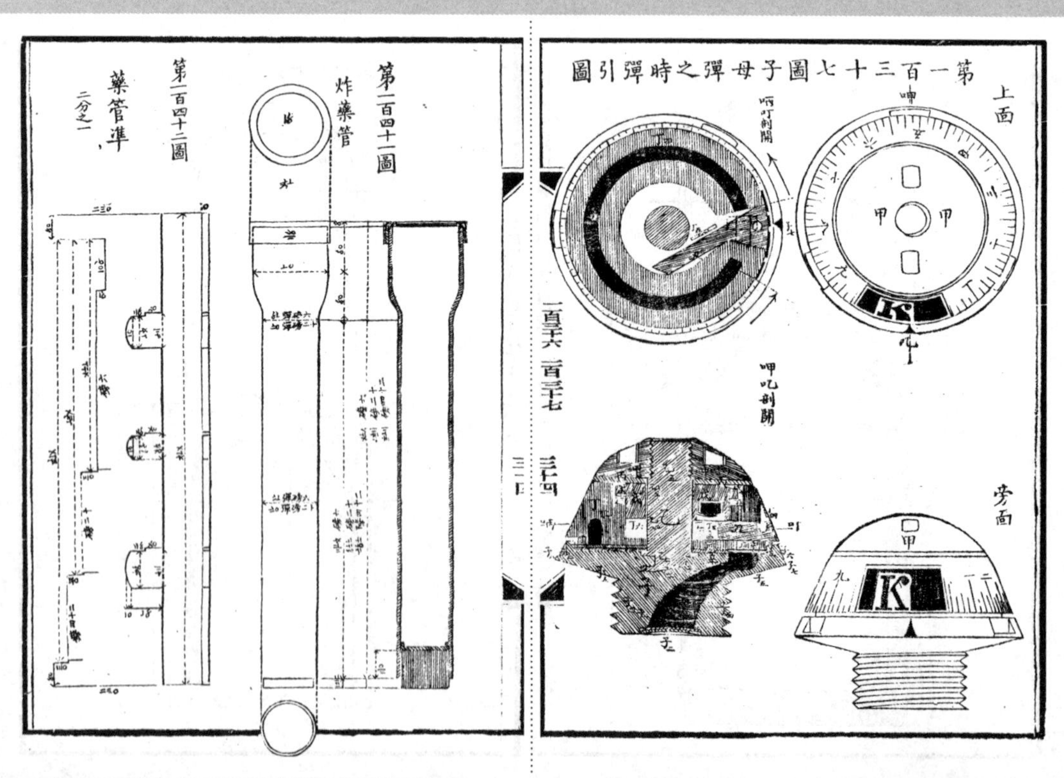
第一百三十七圖子母彈之時彈引圖
上面
旁面
第一百四十一圖
炸藥管
第一百四十二圖
藥管準
二分之一

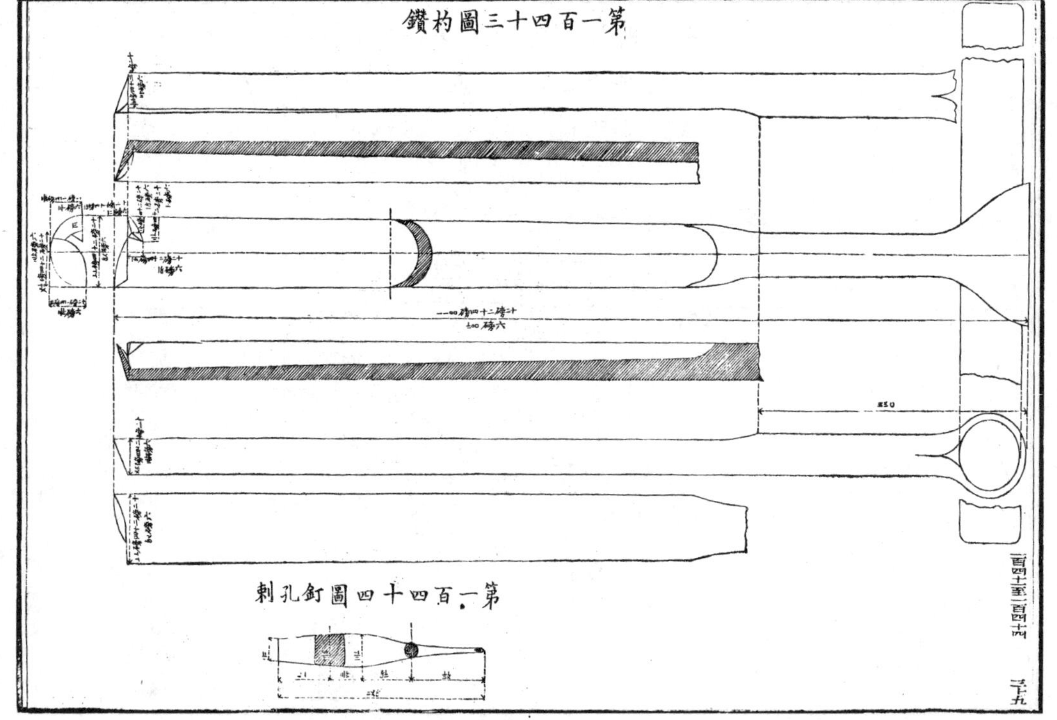
第一百四十三圖杓鑽
第一百四十四圖釘孔刺

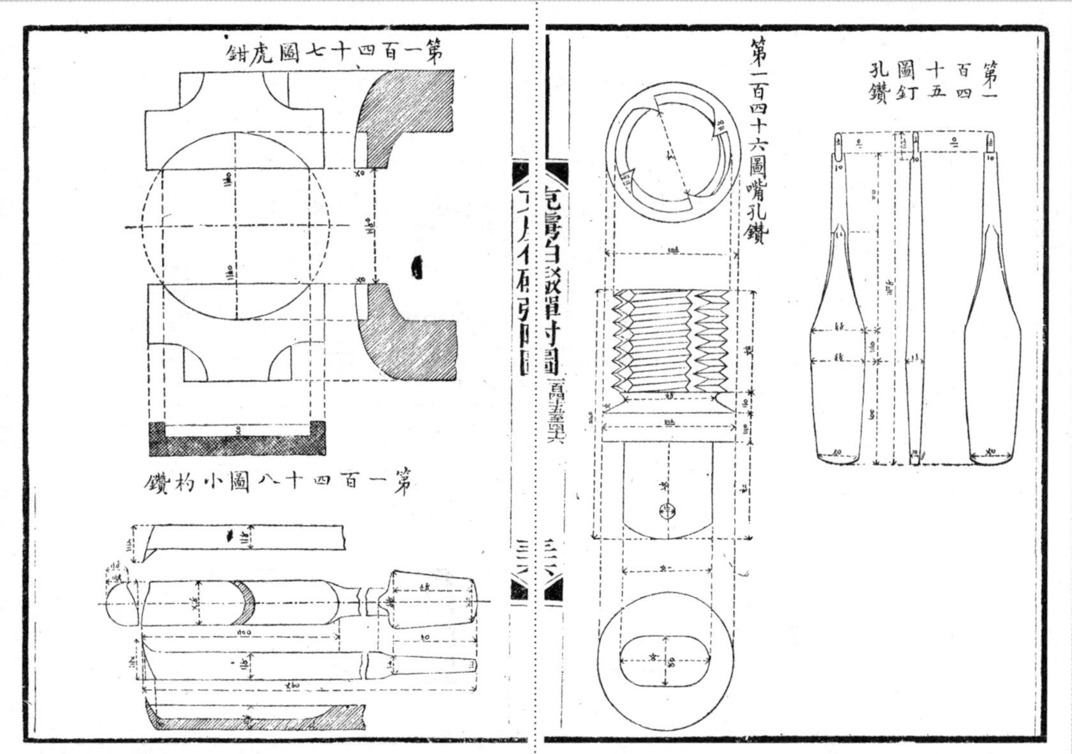
第一百四十七圖虎鉗
第一百四十八圖小杓鑽
第一百四十六圖嘴孔鑽
第一百四十五圖釘孔鑽

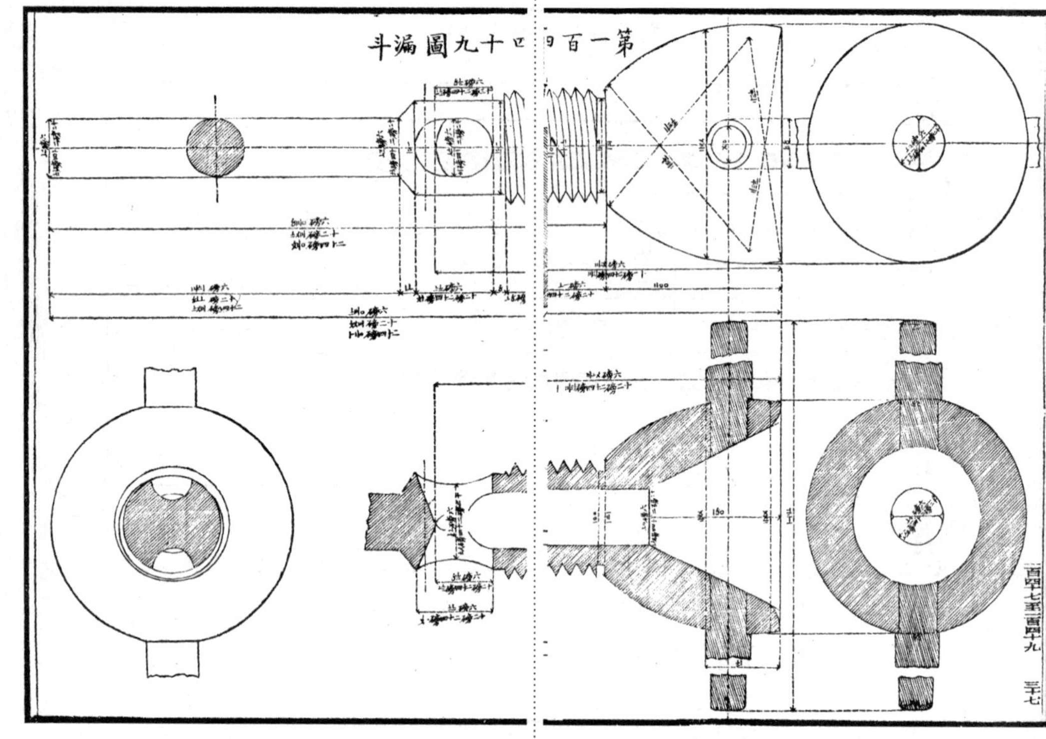
第一百四十九圖漏斗
一百四十七至一百四十九
三十七

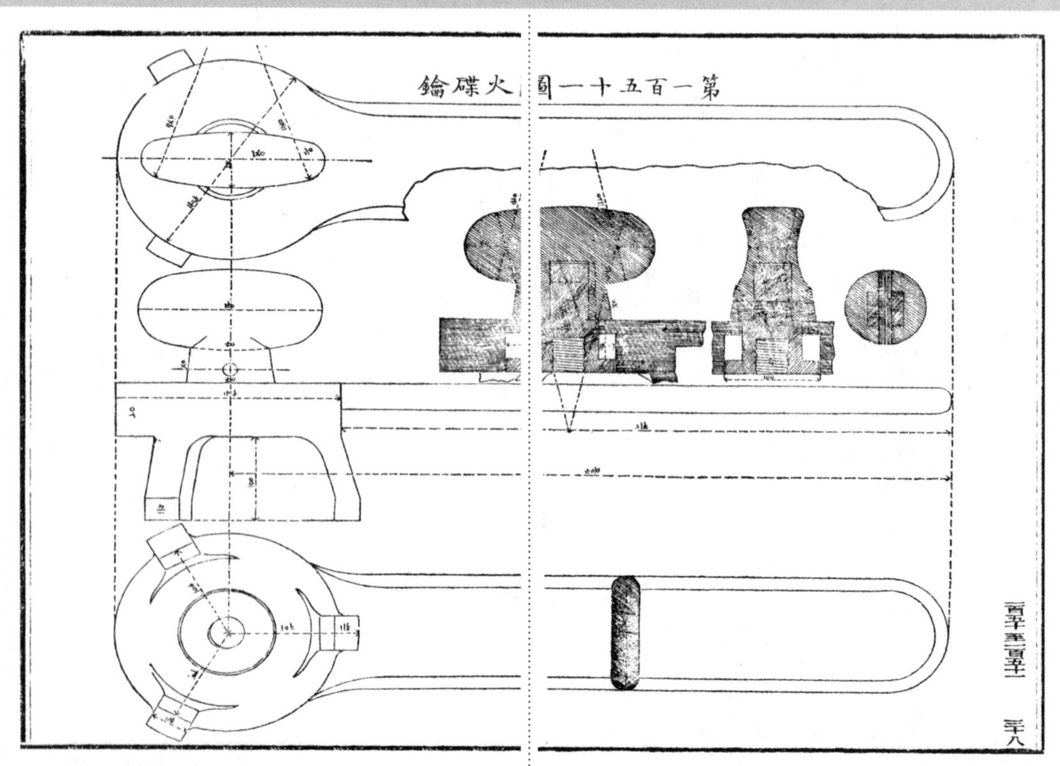
第一百五十一圖火碟鑰
一百五十至一百五十一
三十八

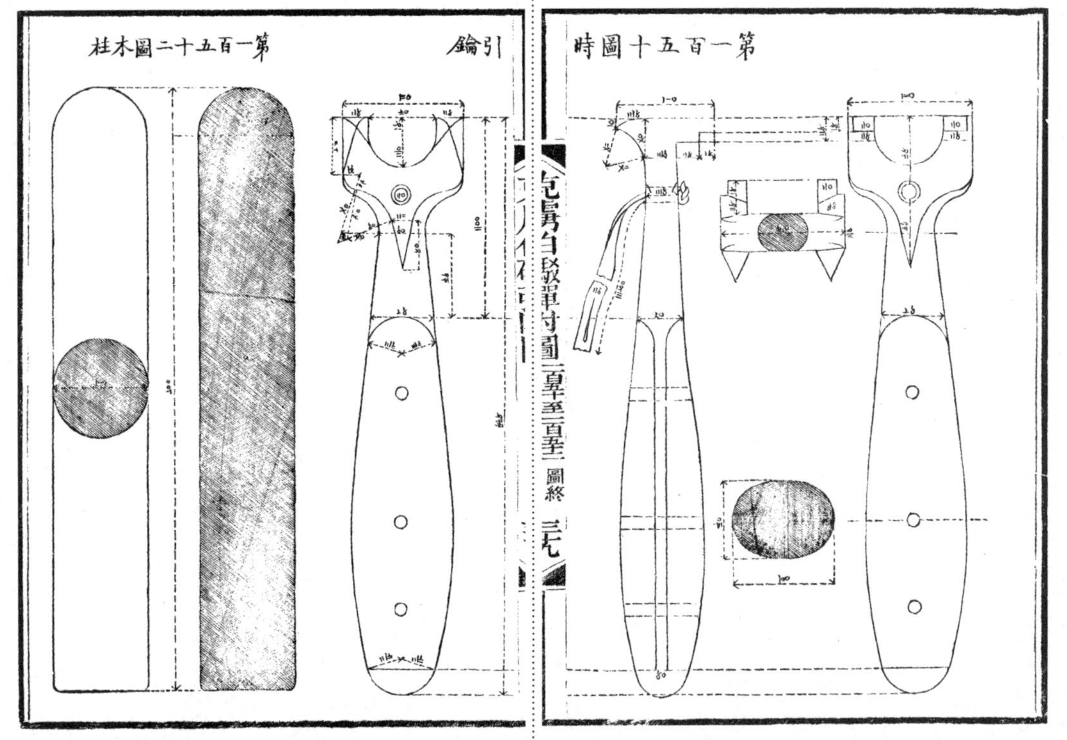
第一百五十圖時
引鑰
第一百五十二圖木柱
圖終

江南製造局

科技譯著集成

軍事科技卷

第壹分冊

餅藥造法

《餅藥造法》提要

《餅藥造法》一卷，布國軍政局原書，美國金楷理（Carl Traugott Kreyer, 1839–1914）口譯，崇明李鳳苞筆述，番禺張福謙繪圖，元和邱瑞麟校字，同治十一年（1872年）刊行。

此書主要介紹藥餅的測試和製造方法。

此書內容如下：

上篇　試藥說

比利時試鈀藥說，美國試餅藥說，俄國試餅藥說，英國試餅藥說，後開門礮試餅藥說，布國試餅藥說

下篇　造藥法

重碾法，壓餅法，烘乾法，收藏法

附圖

餅藥造法

布國軍政局原書　美國　金楷理　口譯
崇明　李鳳苞　筆述

上篇試藥說

凡欲加增火藥之漲力須加大其火藥之塊粒古時格致之士早已講明其理惟古時大小諸礮槪用一種藥而未知大礮中應用大塊之藥其時布國以二十四磅彈礮爲最大亦不必另造大塊之藥迨有二十五磅及五十磅之開花彈礮而礮員但思短其礮式堅其礮質所用之藥爲彈重八分之一其時不欲再加其速率故仍未改造大塊

之藥及初用來復礮時因見用藥更輕速率更少方思加其速率而尚未改造藥式有鐵甲船之後既欲加其末速率以透鐵甲又欲減其始速率以免損礮于是集思廣益始而改造其礮式繼乃改造爲餅藥而後知粉不如粒粒不如塊塊不如餅餅藥之妙在初燃時不甚猛烈出礮後漸加猛烈所以餅藥爲凡藥之冠布國嘗參考諸國之說推廣造藥之理以筆之于書著爲成法

比利時試鈀藥說上之一

同治四年西一千八百六十五年傳聞比利時國試驗火藥時用二十四磅彈之來復礮其藥不用鉀淡養之硝而用鈀淡養之硝礦與炭與常藥同其分兩重於常藥其顆粒等於常藥名之曰鈀藥鈀一作鋇依化學之理知其燃火較緩今觀比利時試藥之事可以悟改造良藥之法其試時用常藥八分配合鈀藥二分名曰鈀二藥彈重二九三七克羅凡稱克羅皆克羅闊冷之數藥重四克羅試得始速三五三邁凡稱邁皆邁當數漲力二三〇四空氣凡稱空氣以每方寸壓力十四磅爲率又用常藥二六克羅得始速三〇〇邁漲力三〇九八空氣昔用二十四磅圓彈常礮凡稱常礮皆無來復綫之礮用藥爲彈重三分之一而所試之後開門來復礮用常藥爲彈重一三分之一用鈀藥爲彈重七三四分之一是知鈀藥之速率多於常藥百分之十三而鈀藥之漲力少於常藥四分之一

美國試餅藥說上之二

美國不用化學之理而但改大其塊粒以減其始燃時之漲力又用焠火造法令生鐵礮增其堅固其時新造十寸徑礮即二五四桑的礮凡稱桑的皆桑的邁當數又造十五寸徑礮即三八一桑的之礮小礮中用藥七二克羅大礮中用藥八一克羅其餅藥圓徑半寸用之不覺有益其故蓋因餅質太鬆積點之間尚有微隙可通火氣所以燃時仍嫌太速且其餅形圓周邊之處尚未擠壓堅實于是知壓餅之時四邊須有界限因思壓成稜角餅式以六角爲最良取其鈍角不致磨損且可合衆塊爲一塊然方在礮膛時稜角切于圓膛四周

尚有火氣旁洩惟于每塊中間穿一孔則火氣中通旁洩自少其穿孔之處又易於壓實蓋火自外燃必漸殺其外周不如火自內燃可漸發其漲力且自內而外燒去之藥質可以平速而漸殺也凡欲造此有孔之餅大約餅愈大者其孔亦應愈大然孔太大則餅易碎裂故孔之大小貴乎適中其後又知每餅中須作數孔其孔數亦有定理若只作一孔而改小其餅式則既不便于製造又不便于收藏故作六角餅而欲各處緊密各處勻燃必須每餅七孔一孔在中六孔俱稍近于角其孔徑須上小下大形如圓錐庶壓畢後易于取出如孔徑四·四密凡稱密皆密理邁當數則六角

之對角綫爲四〇密有時壓之更緊則徑可小于四〇密而其高數總須小於對角綫約二十五密用此分寸則製造收藏均能利便凡十寸徑礮內可用六十一枚爲一層十五寸徑礮內可用三十七枚爲一層周圍稜角恰好鬬合當時美國既造成此餅藥而以造法傳諸俄國未幾而又傳諸布國廠後試此餅藥而知用餅藥較重四分之一其所得之始速仍相等如十寸徑礮用常藥七·二克羅或用餅藥九·〇克羅其始速必等十五寸徑礮用常藥一八·克羅或用餅藥二二·七克羅其始速亦等又如十寸徑礮用粒徑一·三桑的之常藥得漲力一〇一四·空氣對角二五四·密之餅藥得漲力六一四·空氣十

五寸徑礮用常藥得漲力一二九〇·空氣用餅藥得漲力五四八·空氣此等漲力數皆本而老得門所著書中其推算漲力雖未確鑿然近年英國以常藥餅藥相等重用前裝礮試之亦知餅藥漲力約爲常藥漲力之半

俄國試餅藥說上之三

美國試藥之礮係用前裝之礮廠後俄國用一五·二桑的二〇·三桑的兩種之後開門來復礮試之即六寸及八寸礮復用而老得門之器試驗餅藥在礮中最大漲力亦知餅藥漲力小于常藥漲力布國亦嘗以此器試之器爲圓柱形之桿桿之剖面積十分方寸之一即百分方桑的之六十四此桿穿入

礮膛孔極密合桿之外端橫綴小刃刃口尖鋒向前略曲此尖鋒于未發礮時恰與銅板相切銅板嵌于小盒小盒堅附于礮體或門劈之體火藥燃時發爲漲力推令桿刃向外刻于銅板因推力之大小而爲刀痕之長短漲力大則刻痕長漲力小則刻痕短若欲知若干長應有若干力則先用壓水櫃試定其數以爲準如用壓水櫃力二八〇〇〇磅其刻痕長〇·八寸又用火藥試之亦長〇·八則其力亦爲二八〇〇〇磅所以桿面積十分方寸之一則漲力爲二八〇〇磅即爲二〇〇〇空氣然其水壓之時與藥發之時有不可一律比例者不但水壓恆遲而藥發恆速即一種藥之遲速亦不同各種藥之遲

速又不同其桿刀之動愈緩則銅板之裂愈易所以水壓之刻痕必更長而藥發之刻痕必更短且有時漲力既同而力之漸漲驟漲又有不同皆難定其比例故而老得門試驗漲力之法未必確準

英國試餅藥說上之四

英國格物院師奴白爾會將俄國餅藥與英國大粒藥比較其速率及漲力係用八寸徑之礮二百八十磅之彈其所得各數俱用英國尺寸列于下表

	英粒藥		俄餅藥	
藥重	二四磅	三〇磅	二四磅	三二磅
漲力最大時彈行管中之寸數	〇六五	〇五	一二六五	六〇〇
彈初動時至最大漲力時之秒數	〇〇〇〇二五	〇〇〇〇二	〇〇〇八五	〇〇〇三七
最大漲力之空氣數	三七〇〇	四二九一	一六一二	一九五二
彈離原處三十四寸時每秒速率之尺數	九二五	一一一〇	九〇五	一一〇〇
彈在礮口時每秒速率之尺數	未定	一三二七	未定	一三六六

以上俱為約數尚須詳考表中二十四磅行下餅藥最大漲力之時秒大于常藥三十四倍即兩藥同發而餅藥最大漲力時較緩於常藥最大漲力時三十四倍（常藥即英粒藥）

後開門礮試餅藥說上之五

布國後開門礮所試漲力大於英礮之漲力蓋因英礮之彈徑小於管徑又無鉛殼脗合所受漲力尚小布礮之彈初動時有鉛殼擠緊已受大漲力及各鉛箍逐一與來復面相擠而又受大漲力此時藥在膛中已燃去數分因彈離未遠故容藥氣之空處尚小空處小則漲力甚大故後開門礮不能用英礮所試各處之漲力及各時之漲力然彈在礮中第一處移至第二處所歷之時仍易定之既定此數即可算礮管中各處之速率惟前裝之礮知礮中各處之速率又知彈之磅數即可算各處之漲力而後開門礮尚不能算其漲力因鉛箍擠入之面阻力有時大時小之異故無可推算昔時曾試八桑的後開門礮用一〇〇〇克羅之重物將彈擠入來復綫中亦可約算其擠力之大小近年俄國又以八桑的礮用物推壓其彈而再以法條量其物之壓力（物之壓力即同火藥之漲力）因恐法條不堅遂改用二法一法只留一道鉛箍一法將各鉛箍只留一段長如兩來復綫相距數試得一道鉛箍之壓力二二六四克羅一段鉛箍之壓

力（二四九〇）至（二四〇〇）克羅不等但所試係八桑的之小礮若大礮之漲力則應如礮管徑平方之比舍此法之外更無他法可量其彈動時之漲力矣惟最大之漲力則舍而老得門之外尚有別法可試之如用長短不同之礮亦可試各種藥最大之漲力設有兩種藥用于長礮而礮口處速率相同又用於短礮而礮口處速率不等即可知速率愈大者漲力愈大然此法尚難定兩藥漲力之差因短礮不能過短且試其一礮未可概其餘礮則此法仍不足恃厥後思得一法可較其漲力之大小係察其彈落之處方向不準者必因藥燃太快方向較準者必因藥燃較慢燃之快者漲

力必大燃之慢者漲力必小又可察彈落時鉛殼之綫痕而知之布國之礮于彈初動時欲令其緩循來復綫宛轉向前而慮其不循來復綫驟然直透故來復綫斜勢之角度愈大其彈亦應愈緩若漲力大而初動太速則鉛殼之來復綫痕必前寬後窄（如乙圖）若漲力小而初動甚緩則鉛殼之來復綫痕必前後同窄（如甲圖）其前寬後窄者第一箍處綫痕或更濶于礮口之來復面故彈在礮管搖動而方向必不能準此法可取未炸之彈觀之甚易易耳然有時綫痕之寬窄相同而方向仍

甲　乙

不能準者則因藥裹太大之故如二十四桑的短礮用常藥（一五）克羅或（二一）克羅其彈落之方向（二一）克羅者更準于（一五）克羅若加常藥至（二一六）（二四）（二五）克羅則方向漸漸不準然若用（二四）克羅之餅藥則方向極準非他藥所能比且（二四）克羅餅藥之速率更大于（二五）克羅常藥之速率今以各種藥俱用而老得門法試其最大漲力之數列於下表

藥	重克羅數	漲力空氣數
常藥	一六五 一九五 二一	二四二三 三一七一 三一七六
力特耳所造餅藥	二一 二二五 二四	一七五四四 二一三一 二四〇〇
俄國餅藥	二四	二六八八
斯盼桑餅藥與水比如（六四）與一	二四 二三二五	三七四五 三五八八
斯盼桑又一種餅藥與水比如（六六）與一	二四	二一六九

觀表而知用餅藥於大礮中可得大速率以透鐵甲而方向且極準又不必加重其礮體自此以後布國以此藥（二四）克羅用於（二四）桑的礮中開放六百次而礮仍無恙遂定議凡用大礮必用此藥

布國試餅藥說上之六

同治四年（西一千八百六十五年）秋季布國軍政局與製造局議造藥之法或仿比利時之鈀藥或仿美國俄國之餅藥其時因機器未備先於斯盼桑廠試造鈀藥二千克羅用鈀淡

養分磺分炭分造成後與常藥等分相和名曰鈀五藥用試藥礟試之知此鈀藥與比利時國鈀藥不同比國常藥遠邁比國鈀四藥遠邁布國常藥遠邁布國鈀四藥遠邁同治五年西一千八百六十六年仲春布國軍政局始議造手架壓成之餅藥二千克羅以用於十五桑的礟及二十一桑的兩種礟中餅高密對角徑密十五桑的礟中每層十九餅二十一桑的礟中每層二十七餅其藥裹成六角柱體每餅重閣冷朗羅脫藥與水比重如餅有七孔次年遂以十五桑的短礟試較鈀藥餅藥之優劣先用開花彈試之用鈀五藥加至克羅則所得

速率等於常藥克羅亦等於餅藥克羅又用實彈試之用鈀五藥克羅則所得速率等於常藥三克羅亦等於餅藥克羅惟用常藥時之方向最爲不準又用十五桑的長礟試之而知鈀藥之力不過與常藥等惟餅藥之力能過於常藥然恐用於大礟中尚無大益其後又用銅礟三尊試之一用常藥三克羅一用鈀藥克羅一用餅藥克羅試畢後量其銅礟漲長之數則用餅藥者微長用常藥者較長用鈀藥者更長其後又用二十一桑的之鋼銅短礟即七十二磅彈礟亦即八寸徑礟以試新造之餅藥及鈀藥此二種礟舊用常藥克羅今用鈀五藥十克羅先試單磅

鋼礟二次而鋼底下半已壞又試雙磅銅礟一次而震移其底二次而炸裂其膀且漲大其膛及用餅藥克羅而礟仍無恙其試時用克羅之實彈昂度相等用餅藥時遠至邁用鈀五藥時遠至邁是知鈀藥既易壞礟又不及餅藥之遠且見收藏鈀藥處所吸水氣較多於他藥遂議定不用鈀藥惟于餅藥專心講究以求其大益

同治六年西一千八百六十七年冬初俄國派員至克虜伯廠試餅藥布國亦派員至此廠將九寸徑箍礟用彈克羅用藥克羅先試而力得所造布國常藥得始速邁得最大漲力空氣又試俄國所造餅藥得始速邁最大漲力

空氣俄國餅藥對角寸高一寸與水比重若至不等觀所試之數知常藥與餅藥同重則常藥漲力小於餅藥其比例如兩速率平方之比于是嫌餅藥之力太大似無大益且見無孔之餅在出礟口時尚未燒盡因而思造更堅更重之餅藥

同治七年西一千八百六十八年布國試造四種餅藥甲藥有孔與水比重若乙藥無孔重與甲等丙藥有孔與水比重若丁藥無孔重與丙等若欲更求堅實則非手架所能造試此四藥于十五桑的之銅長礟先用乙藥克羅得速率與常藥三克羅之速率相等礟昂二度半時乙藥遠

邁常藥遠九四邁又用甲藥三二五克羅得九八三邁又用丙藥三二五克羅得五〇三邁又用丁藥得三四二邁其用丙藥時見礮口外十五邁尚多未燒之餅用丁藥時見礮口外三十八邁尚有未燒之餅觀此而知丙丁兩藥燃時甚慢而十五桑的礮中燃之更慢惟用更大之礮諒無未燒之餅出於礮口厥後用二十一桑的水師鋼礮加大其膛一三一密俾可裝藥十克羅所得速率與未加大時九克羅相同若未加大之礮各藥俱用十克羅礮之昂度亦同則常藥遠一〇一七邁丙藥遠八〇五邁丁藥遠二八二邁丙藥至礮口外十五邁尚有未燒之餅丁藥至三〇邁尚有未燒之餅又試而力得所造俄式餅藥與水比重若一六六遠至一〇一六邁實彈重一〇〇克羅在礮口外四八邁時其速率爲三一九八邁其後同治七年西一千八百六十八年新製二十四桑的礮即九十六磅彈鋼礮知常藥之不能透鐵甲遂令而力得將二十四及二十一桑的兩種大礮試常藥及餅藥以所得各次速率取其平數列表如下

礮類	彈類	藥重克羅	常藥速率邁當	餅藥速率邁當
二十四桑的礮	實彈一五三三克羅	一九五 二一 二二五 二四 二五	三三七二 三四四四 三五一八 三五五五 三六八八	三四六八 三六四 三七九一 三九一七 四〇〇二
	開花彈一三四克羅	二四	〇	四一六五 礮口外二十二邁尚有未燒之藥
二十一桑的短礮 礮長九二三邁	實彈一〇〇克羅	九 一〇 一一 一二五 一三	三〇四五 三一七九 三二七三 三三二五 三三六四 〇	〇 三一九八 三三八九 三五七四 三六五六 三七五
二十一桑的長礮 全礮更長五五密 礮膛更長四四密	實彈一〇〇克羅	一〇 一一 一二五 一五 一七	三一五五 三二七九 三四八 〇 〇	三一二三 三二七九 三五三四 三九三九 四二〇六
	開花彈八七五克羅	一七	〇	四四八

表內所測速率係用比利時八電綫之法觀此而知藥重與彈重比若一與九〇或一與一〇則餅藥速率與常藥等比數更大則餅藥速率大於常藥比數更小則餅藥速率小於常藥又表內二十一桑的礮兩尊一爲短膛一爲長膛短膛者用藥十克羅而常藥餅藥之速率等長膛者用藥十一克羅而兩藥之速率亦等若兩礮中俱用餅藥十一克羅則兩礮之速率不同短礮爲三三八九邁長礮爲三二七九邁欲將長礮速率等于短礮則必將長礮之餅藥增至一六五克羅其後又將長礮改短其膛不改短其管遞試以一三一四一五一六克羅之餅藥則知每減一克羅必減其膛長七八五密而後所得之速率乃等按此推算而欲令其更長一四四之膛增其所減之速率則必增其藥裏一八二克羅然上文所算一六五僅增六五克羅而兩速率已相等者因礮管較長之故然則礮膛愈長固減其速率而礮管愈長卻能增其速率

歷觀所試各數而知六事一餅藥與常藥同重則餅藥之始速少于常藥而末速多於常藥二各礮用最大之常藥及餅藥可令速率相等列入下表

	常藥 克羅	餅藥 克羅	兩藥較 常藥為一
九桑的鋼礮	〇.九	〇.七二	一.二
十二桑的銅礮	一.〇五	一.二五	一.一九
十五桑的銅礮開花彈	二.二五	二.六三五	一.一七
十五桑的銅礮實彈	三	三.二五	一.〇八三
二十一桑的短鋼礮	一.〇	一.〇	一
二十一桑的長鋼礮	一.一	一.〇四	〇.九四五
二十四桑的短鋼礮實彈	二.一	一.九〇五	〇.九〇七

三. 表內兩藥之輕重不等而速率恰相等若漸加兩藥之重卽遞增其速率而餅藥遞增之速率恆大於常藥若用藥若干而欲速率每次皆同須將藥餅疊齊各孔上下相對蓋餅藥可以一律大小一律堅實只須裝疊整齊不似常藥之疎密大小本無定式故所得之速率亦恆無定數

四. 常藥加重則所得始速太大鉛殼之綫痕必前寬後狹知彈在礮中始則直透繼則旋轉其方向必不能準若用餅藥如彈重五之一則鉛殼綫痕前後同窄而所得速率各彈皆等其方向亦較準于他礮故知餅藥初時漲力雖少於常藥而彈動後之漲力卻較大於常藥蓋因餅藥燃遲化氣又猛故能恆加其力

五. 用餅藥時減輕其彈或壓重其藥或減來復面之阻力仍能以平等漲力送彈至礮口不致驟發大力損其礮體且礮管愈長則餅藥愈爲有益

六. 俄式餅藥用諸大礮永無損裂之患嘗用此藥試礮三尊一爲布國二三.五桑的之礮卽所稱二十四桑的礮一爲俄國二二.八桑的礮一爲俄國二七.九桑的礮所用藥彈若一與六之比每尊試演六七百次而礮皆無恙亦不漲大其膛益信餅藥之宜於大礮

下篇 造藥法

布國定餅藥之制對角徑四〇.密餅高二四.八密每餅直穿七孔孔徑上小而下大下徑四.七密上徑四.二密一孔在餅之中心餘六孔之心各距角八.二密造此餅藥時將未經磨光之藥粒兩次碾和然後用架壓成六角之餅及烘乾後連所留水氣約重三八.一閣冷卽二二八.六羅脫以水比重若一.六六造此餅時分爲四事一爲重碾二爲壓餅三爲烘餅四爲收藏

重碾法下之一

凡造餅藥將未壓實之塊藥及未磨光之藥粒與水比若一.五按造藥舊法用大力壓實令與水比若一.六六如果藥粒已若一.六六則不用大力但須壓令堅實不留空隙倘用碾過一次之藥壓成餅式則質料太鬆壓後必復漲大故欲造不復漲之餅必用斯盼朵之法其法之異于常藥者常藥之粉屑另器分儲而餅藥之粉屑和于藥中造時先將成粒之藥烘至百分中留水氣一分半然後再置碾藥架碾之再入和藥箱和之和之之時以藥粒及粉屑一百克羅納於和藥箱中又納圓徑六.五密之銅球一百五克羅與藥同

轉一千四百四十次每分時約轉十次則箭內之藥變爲細粉乃加水十分之一再用轆轤輥壓令與水比若一.六七五至一.七俟壓成堅塊之後按舊法碎之成粒而分別三類一爲礮藥一爲槍藥一爲細粉乃將礮藥攤置淨室陰乾俟百分中留水氣六分二五之時移於分粒架上分去其更粗更細之粒俟百分中留水氣五分七五之時若太燥須稍加以水儲于桶中桶面蓋以溼布將所留槍藥及細粉再併入和藥箭中切勿攙入藥桶恐壓餅時易于阻滯

壓餅法下之二

一論壓架之制布國之斯盼朵有壓架四具俄國之俄克

塔有壓架六具布國之架式與俄國略異每方寸有壓力三〇〇〇克羅架分三段圖附卷末上段及下段有直槽可令上下壓機升降機有印六枚上下俱有合筍用硬點銅造之每印上下穿以七孔中段有六角之模下段有堅定之横檔檔上有七鋼針直立其針之上徑小於下徑五釐此鋼針可透過下模之孔而近至中段之上界其壓架兩旁有兩心搖軸二具令上下壓機可以升降離合上機之兩心搖軸連於兩齒輪其一齒輪與衆機器同動此兩心搖軸令上印至最低之時方令下印向上兩相擠壓此爲壓力最大之時又因上搖軸大于下搖軸故上機之上升甚速而下

機仍緩緩上升推起已成之餅至中段之上界其下段之鋼針僅在中段模中升降而不與相離其裝藥於模者有一銅盤進退於中段之上盤有六孔爲量藥之器其上段外面有漏斗各漏斗有下口方銅盤退時盤孔合於漏斗下口以盛其藥及銅盤進時盤孔合於餅模上口而洩其藥藥既洩滿模中而銅盤又退俾上下機相壓壓畢後下架纔推起其餅而恰值銅盤又進將餅送至斜面工人可取去此餅矣銅盤之孔可按藥之輕重而定其大小則藥質雖有重輕而成餅之後可以等重此架甚爲靈便有時可令銅盤不動而機動有時可令機及銅盤忽然不動每

壓架須有兩間屋一置壓架一儲已成之餅中隔壁門以便傳送

二論成餅之法未壓之前先將餅模餅印及鋼針俱抹以稀薄之油乃定其銅盤但令上下機升降俾油氣勻潤數分時後即定其機裝藥于漏斗拭淨其上下印然後令機與銅盤同動爲開工之始凡未磨光之礮藥大約百分中含水五七五分壓成餅後每枚應重四〇.一閣冷最重最輕者可加減〇.三三三閣冷若量藥器中之藥忽多忽少則成餅後輕重不等故須衡試初壓之餅以驗其量器之準否其開工時初壓兩次所成之十二枚須棄去不用恐餅中有油氣第三次

所成者仍須衡其輕重量其大小恐上下兩印有太近太遠之弊如有此弊可升降下機之螃將餅改厚或改薄又恐模之周邊用久漲大須隨時換以新模凡用壓架每分時可壓三次共得十八餅用工人四名內有一名運藥或用天平衡其輕重或量其高量其高者有一空準遇太高之餅即不能過準大率最高者二五·密最低者二四七·密若衡之而近於最輕之數則掌漏斗之工人須通其漏斗下口恐溼藥凝結不能漏滿量藥之器也其不滿量器而不能成餅者急用毛帚掃去之若不掃去漸漸積多勢必擠壞其印若下機已降不及掃去則將桿撥動離開齒輪令機架

少停然後掃去之每三刻時間鋼針上有澁滯之聲且機架有震動之形急須加抹以油若不及抹油而餅在鋼針不能脫落急須扳其鋼針凡扳鋼針必停其機恐鋼針不正刺壞其上印也

三論查察之事凡藥含水愈多愈易成餅但不可過於百分之五·七五分若水過多則烘乾後失之太輕且硝氣必浮于外面如値氣候乾熱則方壓之時藥質漸燥其餅必復漲而高故察其機架震動時急須稍潤以水約萬分中加水二十五分其加水之法將藥納于輥筩內有細管沁以水點令與藥質和勻機架中之餅模舊用輭鋼爲之惟折角處

易有裂痕既有裂痕則餅角外必有餘藥其後改以中等之硬點銅爲模雖有用久漸漲之弊而折角處可免裂痕凡六角形之平行邊過於三四九·密即須換以新模否則餅愈大而藥愈多且裝藥裹時不能關合有時以玻璃同硬之鋼爲模雖質勝於銅而價亦較貴

烘乾法　下之三

凡壓成餅時所留水氣尚過於百分之五故須烘令乾燥至萬分中留水氣七十五分而止若太乾燥則藥必反吸空中之水氣當時將壓成之餅移至無火之房置餅于盤盤有直木爲楞每盤可置餅藥一七·五克羅庶易於搬動盤留

架上兩三晝夜將盤移至汽房房內熱度以雷烏誄表三五·或四〇·度爲率盤留架上二晝夜俟萬分中留水氣七十五分時即收藏於箱中

收藏法　下之四

凡收藏餅藥須擇乾燥之房其儲餅藥之箱不可用松香之木其底蓋及旁均厚七·二密約一寸箱內空際高一五八·五密約六寸餘長七〇九·三密約二十七寸餘闊三五一·八密約十三寸半每箱可裝一千三百十四餅裝作六層每層二百十九塊其輕重在四九·六二與五〇·五克羅之間又恐搬運時搖動碎裂則用氊大小各一塊厚一〇·五密小塊襯于旁面大塊襯于上面令面面擠緊餅不搖動蓋上

用木螺絲旋令堅固箱之兩端各有繩環可以提挽削去外面木質以嵌繩環使衆箱相並不致窒碍其繩環之孔內又有木板一層不致滲入水氣每箱前面大書標明餅藥五十克羅某年月日某廠造

番禺張福謙繪圖
元和邱瑞麟校字

壓力最大時

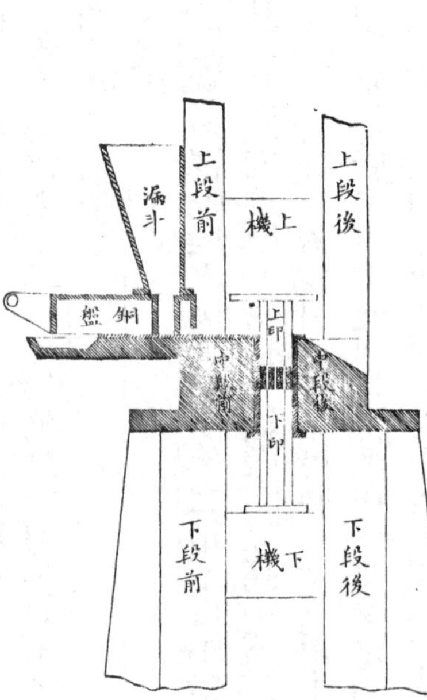

上段前 上段後 漏斗 上機 上印 銅盤 中段前 中段後 下印 下段前 下段後 下機

上下機相離時

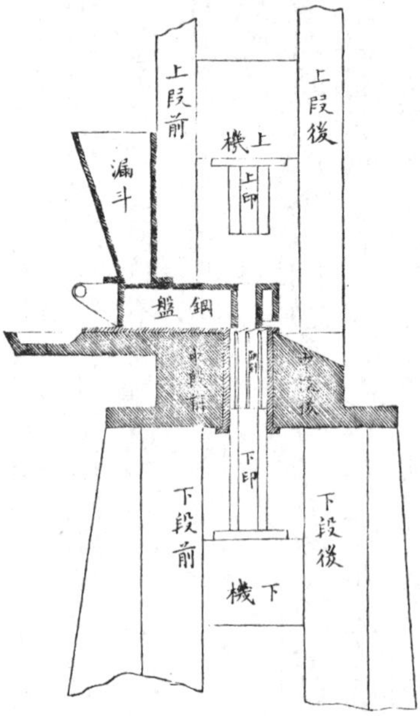

上段前 上段後 漏斗 上機 上印 銅盤 中段前 中段後 下印 下段前 下段後 下機

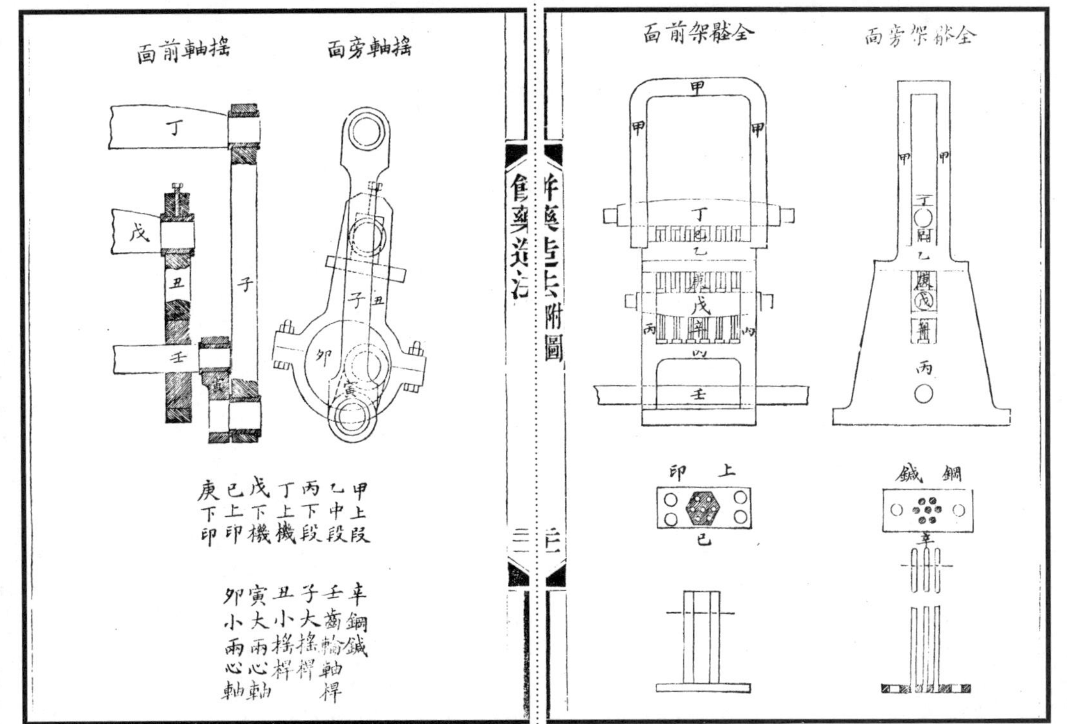
搖軸前面
搖軸旁面
甲上段
乙中段
丙下段
丁上機
戊下機
巳上印
庚下印
辛鋼鍼
壬齒輪軸桿
子大搖桿
丑小搖桿
寅大雨心軸
夘小雨心軸
全鞲架前面
全鞲架旁面
上印
鋼鍼

《克虜伯礮準心法》提要

《克虜伯礮準心法》一卷，布國軍政局原書，美國金楷理（Carl Traugott Kreyer，1839—1914）口譯，崇明李鳳苞筆述，元和邱瑞麟校字，光緒元年（1875年）刊行。

此書詳細介紹克虜伯礮瞄準操作、彈道計算、威力估算諸事。

此書內容如下：

上　察礮體　考彈藥　辨地段　審氣候　度遠近　擇位置　明用法　校礮準

下　拋物綫曲直　能力之强弱　炸時之遲早

克虜伯礮準心法

布國軍政局原書

美國 金楷理 口譯
崇明 李鳳苞 筆述

礮之利用在乎命中在乎攻堅然非詳考礮彈之準點則雖有礮表可查亦難以命中非詳考礮彈之能事則雖造彈如法亦難以攻堅今譯成上下卷曰察礮體曰考彈藥曰辨地段曰審氣候曰度遠近曰擇位置曰明用法曰校彈準皆所以定其準點也曰拋物綫之曲直曰能力之強弱曰炸時之遲早皆所以盡其能事也神明乎此則可以命中可以攻堅

察礮體上之一

一論礮質　礮質之能改變礮準因其質有易受積污難受積污之異尋常所用之礮大約或生鐵或銅或鋼三種之質遇溫燥之時則銅較生鐵易污生鐵又較鋼易污且銅質最輭礮膛內易有不平之處而彈殼之鉛又易與銅質相黏每致擠軋彈路變其方向故欲彈準不變者鋼爲最良生鐵次之銅又次之或謂質愈輭則得熱而漲故藥力愈猛彈飛易遠然尚未考定其確數

二論礮徑　統核礮準表而知管徑愈大則左右差愈減而高下差不減其左右差愈減者大約因彈徑大則送力亦大空氣阻力漸不能與之相抵故礮準之左右差大徑之礮應少于小徑之礮

三論製造　造礮之時惟礮膛來復綫門眼表尺四事最與礮準相關宜細心審察　一礮膛之與礮準相關又有三端一膛愈大藥之擠力愈減設有兩礮各件俱等惟膛徑之大小不等即不能以等重之藥成等遠之速率又不能用相同之砲表如六磅彈鋼砲樞門者與雙膀者之礮表必不同因雙膀者之膛比樞門者更長十分寸之八故藥之輕重與路之遠近皆等之時須以兩礮一昂一俯方能皆中設兩砲均用藥一磅二分以擊五千步之遠則大膛

之砲須更高一度若等高則大膛者較近二百步至於兩砲之來復綫同異却與遠近無干故六磅彈鐵砲來復綫數不同者其所用砲表仍同二膛徑愈大于彈徑則彈差愈大舊鑄之砲管徑與膛徑相直而彈之中軸綫不與相直因彈徑小於膛徑故彈在膛時上有空隙火藥推送之力不能正對彈底中心及彈過來復綫時亦不循中綫而出試觀用過之彈其鉛痕有兩邊深淺或兩端深淺之不同故其彈差甚大近年新造者不用此式或以彈底放大令彈之後身略高或以砲膛略高于砲管使兩中軸綫不相參直或可除去舊法之弊尚須俟試驗確實頒行其法

三膛與管相接處有圓錐空形之一段於彈過此處時或鬆或緊尤與彈準相關若鬆而易過則減送彈之力若緊而難過則變彈出之向故鬆緊適中乃爲盡善二來復綫之與礮準相關又有四事一爲來復綫之角度蓋論來復綫之彎勢須論來復綫循管一周當管之直長若干謂之周長命爲股命管周爲勾來復綫一周之斜長爲弦而取其角度如四磅彈砲以一百四十四寸爲股管周九寸七分寸之三爲勾以法算其角度如二十四磅彈砲三十尺一周者得角三度二十五尺一周者得角三度半六磅彈砲得角三度半四磅彈砲得角四度十二磅彈銅砲得角

四度半觀此而知角度相等之砲其周長與管徑之比例恒等周長相等之礮其角度與管徑之比例亦恒等今周長與彈旋之力雖未確定其比例而已知砲徑不等者其周長亦應不等用藥不等者其周長亦應不等用彈不等或砲昂度不等者其周長亦應不等且來復綫式様不等其周長亦應不等凡周長及藥裹彈形總須酌量相配雖各種彈落角有或高或低之異而其彈既出砲後務使彈之中軸綫循抛物切綫而不令橫眠斜礙二爲來復之綫式與數布國之砲有兩式一是前後平行綫一是前後不等劈形綫其用劈形者欲其彈入綫槽滑利可用較重之

葯裹而使彈出砲時直而且遠較勝于平行綫之一邊有力一邊無力也其綫數愈多則彈飛愈正今四磅彈砲十二綫六磅彈砲之樞門者十八綫雙劈者十六綫鐵雙劈者十五綫鐵樞門者十二綫二十四磅彈鐵砲亦十二綫十二磅彈銅砲之雙劈者十八綫以舊式改來復者三十四綫銅鋼鐵二十四磅彈之雙劈者俱二十四綫二十四磅彈舊銅砲改來復者三十綫三爲來復綫砲管之徑布國所用砲管前後同徑且來復凹綫徑等於彈上鉛箍之外徑來復凸綫徑一名來復面等於鉛箍間之徑然每砲之徑各處微有大小之差用之既久往往管徑愈大不能

與彈徑密合易洩其推送之力今四磅彈砲凸徑三寸凹徑三寸一六磅者三寸五及三寸六十二磅者四寸六及四寸七二十四磅者五寸七及五寸八二四爲來復綫砲管之長設砲內各件俱等而但加長此管仍令與葯裹相配不致太長減力則其抛物綫必愈直速率必愈大如十二磅彈鐵砲較銅砲之管更長二十一寸或二十四寸試均用葯二磅一分則鐵砲始速率九五〇尺銅砲始速率九〇四尺又均用葯七分則鐵砲五四二尺銅砲五〇〇尺又均用葯二磅一分以擊五千步則鐵砲應昂十六度三而銅砲應昂十七度十五是知來復綫一段之砲管愈短其抛物綫必愈曲

今四磅彈砲管長五十七寸八五六磅彈砲之樞門者長五十九寸雙劈者六十一寸三鐵雙劈者六十寸十二磅彈鐵砲之樞門者八十二寸銅雙劈者六十寸八四舊式改雙劈者五十七寸八四二十四磅彈鋼砲之雙劈者八十九寸二二舊式改雙劈者八十九寸三二鐵雙劈者八十七寸一二鐵樞門者八十七寸二五

三門引眼亦與砲準相關一論其部位一論其空徑布國所造門眼最為妥善不可改易其眼之軸綫與砲軸綫成直角離砲門前面有一定之分寸如四磅彈砲離二寸五六磅彈砲之樞門者舊一寸六新二寸五銅鋼雙劈者三寸鐵樞門者一寸

六銕雙劈者二寸五十二磅彈銅砲之舊改者一寸八他種俱三寸五鐵樞門者一寸八二十四磅彈鐵砲之樞門者二寸舊改銅雙劈者二寸五他種俱四寸五大約門眼離門遠近頗能增減藥力近年試移眼於砲尾正中與砲軸綫相直則藥力既不減而砲膛可更堅其門眼之空徑則布國之砲為四分寸之一各種砲俱同若眼太大則火藥洩出必減推送之力其洩火之時雖改變砲準無多而砲尾下壓易損螺墊

四表尺用于舒緩之時固可詳細測望若遇趕速連放匆遽之時每致砲準參差不定其鑄造之時先須留心四事一為近礮耳處之照星須大而直有

尖鋒上指不可有回光眩目其濶狹須與距目遠近相稱又須與表尺岔之大小相稱設表尺岔濶百分寸之二深百分寸之四人目離表六十寸尺岔與照星相距六十寸則照星應濶十分寸之二應高十分寸之四其尖鋒須易于辨識二為表尺岔不可太濶亦不可有回光眩目三為表尺距照星愈遠愈準四為表尺之密分及橫尺之密分均須易于辨認且既定向後不可搖動

四論新舊　凡新鑄之礮雖各砲有本差不能一律然造之甚精則其差甚少當砲局送至營中時即量其各叚相符與否若有差錯可距砲一千二百步立高濶十六尺之

方靶試之至於用久之舊砲其來復綫及藥膛門眼照星等處未免已有改變而來復綫一叚之改變尤與砲準相關凡城堡之砲差數易識而陸路行動之砲每行中之差數約須相等今約定為四事一為砲膛用久漸大或鏽蝕不平或燒損下邊均能變其方向及遠近惟布國鋼砲永無此慮一為門眼徑用久漸寬則火藥氣易於洩出所洩之多寬如空徑平方之比例表尺用久損壞難定砲準雖差數不大亦應速修一為來復綫之砲管苟非硬鋼所造其來復面之徑用久必漸大銅砲則燒損更易或被隔針根磨損若燒損者不在近膛及近口處尚不致改變礮準

但不可有凸出之處倘舊砲之管內有凸出處則試之之法與新砲同曾與新砲並試比較其差如四磅彈砲用葯一磅試得新砲之上下左右平差二十八寸舊砲之平差三十四寸新六磅彈樞門鋼砲用葯一磅二分平差二十九寸舊六磅彈樞門銕砲平差三十三寸新六磅彈鋼雙層砲用葯一磅四分平差二十五寸舊者二十八寸新十二磅彈銅砲用葯二磅一分平差三十二寸舊者四十寸鐵十二磅砲平差二十八寸新二十四磅彈銅砲鋼砲用葯四磅平差二十五寸舊者二十九寸

五論積煤　一因火藥有精粗而所花之煤亦因之而多寡一因所用之葯愈輕于彈則積垢愈多一因天氣愈熱空中愈燥則藥煤愈硬阻力愈大一因一分時中開放二三次而用之又久則煤堅而多故每放一次必須除去內面之煤一因用油與肥皂水之不同而煤亦不同大約城堡之砲可用肥皂水而陸路砲不便用此則用格力所令油此油雖不及肥皂而較良于尋常之油　藥膛有煤空徑漸窄彈力必愈大又納彈時不能至恰好處則膛愈短而彈力愈大又彈中心不合管中綫則推送之力必一邊輕重　砲管有煤則能阻滯彈出之力及所結之煤日久愈多必致擠脫鉛殼或擠壞彈體或擠裂砲管其害匪輕

六論定架　凡砲架須定之則靜移之則動雖砲架有微差非若砲體之差必須修改然其與砲準相關者亦有三事一為定向時視其利便與否若砲手熟諳者雖磨架時不甚利便亦不妨事若非熟手則利便與否大與礮準關係故磨左磨右之事必熟手為之惟表尺之高低係一人所為倘非難事二為開放時視其震動與否凡鵞毛管難于扯破者必震動其砲若砲在滑地更易變其方向用輕砲者惟沙泥之地可以不變又四磅六磅彈砲之耳環太寬亦易震動故第二砲兵先須向右推足則扯鈎繩時自不變動凡四磅彈砲耳徑三寸耳環三寸又百分之二六磅彈砲耳徑三寸五耳環三寸五二四磅彈砲耳根左右相距六寸六架內界相距六寸六五六磅彈者相距九寸亦鬆百分寸之五惟開放後接續連放不及覆定方向者其砲準之差數必大夜間尤甚須因地制宜設法以定之

考彈藥上之二

砲彈砲藥造之不易須詳考試準方不致虛發浪費今所用來復砲內有開花實心子母三種彈每種彈又分鐵體鉛殼及全重三事其用又論良楛及多寡

一論鐵體　即外形及重數與前後之輕重也外形缺損之彈最能改變砲準查收時須發回原廠凡彈之頂長而

銳者易于透物短而鈍者不易透物其鐵體之重二十四磅彈最輕最重約差二磅十二磅者一磅十羅脫六磅者十七羅脫若鐵質不同則二十四磅者可差至五磅十二磅者二磅半六磅者一磅四之一其前後輕重之故如實心彈因有空泡開花子母彈因空腔之中綫與全體之中心不合故彈體有一邊輕重每致改變砲準然所差甚微不似鉛殼一邊偏重之改變更大

二論鉛殼　鉛殼有二類一薄一厚有時引之子母彈及二十四磅七十二磅九十六磅砲內之彈俱用薄殼格羅生法之硬質彈亦用薄殼二十四磅砲之實彈並其餘之

開花彈均用厚殼惟斯班朵丹卽德齒三處能造薄殼之彈其厚薄之差不過百分寸之一若厚殼之彈雖有查量章程然厚薄之差必多于薄殼凡鉛殼之關係砲準者五事一鉛質有輭硬鎔化一二次之鉛變爲硬質不及新鉛之輭每不易循繞來復之綫所以鎔新鉛時百分中僅和舊鉛二十五分其方鎔之時又須頻頻攪之加以松香惟試新砲之彈不可和以舊鉛二火候不一使灌模時冷熱不同則鉛質亦因之而異三體殼必須黏固當未包鉛時應烘熱其體否則不能相黏易致脫落既變砲準且恐傷人或前脫而後不脫則擠力愈大砲準必失之遠惟烘體

亦不可太熱因恐鉛性已枯亦不相黏且恐在砲管中火藥自鉛隙洩出也四包鉛之先應量模之分寸倘模樞不密則殼必太厚或殼有偏輕偏重俱能改變砲準故查彈時應令熟手細心量察如覺殼徑太大須察模之合縫處曾否被匠人磨鎈其殼徑太大之彈在砲中不易過管則膛愈小而力愈大來復綫處之阻力亦愈大最爲危險五包鉛之後應衡彈之輕重先查其彈徑彈長彈頂又查其通體前後左右是否輕重停勻若有偏輕偏重則彈出砲口漸漸橫臥彈橫則阻力愈大而彈落處恆失之近

三論全重　凡重彈之體必大於輕彈故重彈之始速率

恆緩於輕彈然重彈之重力却大於輕彈故重彈之及遠恆過於輕彈因體所受之阻力如彈徑平方之比而重力所生之動重力則幾如立方之比故重彈之阻力雖小而所及更遠然又有彈質相同而輕重不同者故每一行砲中須擇同重之彈用之庶無遠近之差如六磅彈砲用藥一磅二分開花彈重十三磅八昂一度十六分之三可擊六百步又藥同昂度同用舊式子母彈重十五磅七可擊五百步若俱昂四度十六分之五則開花彈可擊一千九百步子母彈可擊一千七百步若俱昂五度七則開花彈二千三百步子母彈二千一百步是知較重之彈擊近處

則減一百步擊遠處則減二百步若輕重差至一磅則近處加減五十步遠處加減一百步若差至半磅則近處加減三十五步遠處加減五十步然兩種彈之重心不同未可據此爲確數凡用同類彈而輕重不同者其始速率如重數立方根之反比例

四論藥之良楛　凡藥須辨其新舊布國驗收新藥每裝於短砲內試之先用最良之藥以爲準藥試其遠近次以新收之藥連放五次若或遠或近于準藥所試處十五步者其藥即不可用若二三年前所造之藥必含溼氣往往燃時緩而發力小又裝桶之藥運往遠處往往搖動成粉

亦不及新造之良其縛藥裹之口鬆緊不同亦有參差惟六角餅最堅實而不受溼氣即藏至數年仍同新造

五論藥之多寡　凡用數種藥裹易度不同擊平靶其彈差略同若擊立靶則藥愈少者高下差愈多而左右仍同故凡擊立面應概用大藥裹惟用以跨擊則可暫用小藥裹至於鵞毛管之門引與火藥力不甚關係亦不能改變砲準

辨地段上之三

凡所擊處之遠近高低平面立面或濶或狹或定或行均須詳審如擊平面愈遠則彈差愈增惟遠近差愈減而俱

非平差擊略高略低之平面則與平面略同擊更高更低之處則所差愈大跨擊亦與見擊相同惟定向較難且不能見彈落最近之處故所差更大惟擊立面較平面易準且彈落角愈小則差數亦愈少其所擊之寬狹高低長短應于五十彈表內比例之若極寬而短或極高而狹不合表中比例即難命中若擊不定之物如一船或一隊兵則既擊一彈即知應否漸改而遠漸改而近惟初擊之一彈尚難定其遠近若擊地面高低之物或山林房屋其差數亦同惟叢樹亂山不能辨彈落之處較爲難定耳

審氣候上之四

天氣之寒煖燥溼與砲準相關者三事一藥發之遲速因天氣之溼燥若遇潮溼則燃發較遲而彈落較近其藥裹小者差數更大若天氣凝寒則燃藥亦遲其第一次開放時砲體尚冷故藥更遲而彈更近昔時曾試得冬夏時遠近相差最大者有數百步二時藥引亦因之而遲速凡子母彈之時藥引亦應量冬夏寒暑而定其遲速若天氣溫和則用表內之數若遇陰雨須較表內數更高一百步並減時引一百或二百步三空氣有疏密則阻力不等風力有大小順逆則遠近左右不等凡空氣愈冷愈密阻力亦愈大含水氣愈多則阻力亦愈多設終日置定一砲常擊

一處則改變不多若屢換方向屢移地段則改變必多至於風力尤能改變砲準如順風則更遠逆風則更近旁風則更偏風力風向相同而彈愈輕速率愈遲則其改變愈大若風力不同則因風力大小而改變昔曾試得彈擊五千步處因逆風而改近三四百步

度遠近上之五

凡詳知距砲步數者固可檢查砲表其未知距砲步數者必須試擊數次以考其相距然後可用砲表其初試時須約定爲若干步而檢表擊之以觀其應否改遠改近如遇距砲甚遠者愈難猝定宜多試數次以定之所以初試時

約定步數爲第一要事其約定之法有四一查地圖地圖但詳城市通衢而不詳村落野地故攻城守城者可于圖中量取遠近若郊野之地須略定其遠近二用儀器凡陸路及攻城守城時俱可用儀器測之但不可用猝難校正之器如能于敵未到時先測定其各處準望之地默記其遠近俟敵到擊之較有把握三辨敵砲聲音之遲速則看時辰表之秒針或以手指勻招之以數其見光時至聞聲時之秒數每秒約四百二十步然有空氣風力之差難以取準四以目力約定遠近則由平時學習非能猝辨最佳之目力不免有一百步之差其學習之法只在隨時試驗

非可言傳

擇位置上之六

凡置砲之處以砲面望見所擊之物爲則若高于砲面處方見其物而須用垂綫法者即不免有差架輪偏高則砲耳不平于平擊時雖不甚差而昂擊時所差甚大乃因表尺斜立之故惟高於砲面處見物者其差不多如圖甲乙爲尺丙甲乙角爲砲耳與地平所成角甲丙爲垂綫其所減高數若角餘弦之比如斜一度之餘弦○九九九八斜二度之餘弦○九九九四可見斜至八度者所減表尺不及百分表尺之一設用六磅彈陸路砲擊二千步用表尺六百寸二六四則減少十六分

寸之一即改近十五步是直表差數不多而橫表差數甚大設兩輪相距五十八寸半高低一寸則砲耳之欹側即五十八寸半與一寸若半徑與正弦之比而表尺之欹側亦如之如尺欹與望準俱在斜立面內而欹鋒又差向旁低其差如表尺之長五十八分之一故每十六分寸之五十八即減十六分寸之一觀圖中甲乙丙辰寅丑兩三角形即知表尺甚欹側而砲體不甚昂者其橫差必甚大設右輪偏高二寸用六磅彈一磅二分藥擊一千三百步表尺三寸十

二分橫表向左十六分寸之二則彈落處更偏于左五尺若左輪偏高三寸用半磅藥擊一千四百步表尺十一寸六分半橫表向右十六分寸之九則彈落處更偏于右二十四尺橫表本數爲左十六分寸之七因有欹側故似移向右邊一寸雖平時架輪欹側無如此之甚然用砲之時總須察其所偏之多寡而隨時改其橫表若守城之砲儘可試定或加或減之數而去其差若既定橫表應加減之數而遇泥濘之地移動其輪又變其高低之勢則須重定其加減之數

明用法上之七

凡用砲須先檢點砲管及彈藥再酌量定向之難易約分爲二事一開放之前定須洗淨砲管若有積垢則納一藥裹燃之令其乾燥以便用肥皂水洗擦洗擦之後不可稍留水迹致火藥受溼其所用之彈須擇輕重相等一模中所包者庶幾差數相同若用兩模所包之彈用盡此模之彈再用彼模之彈若模同而鉛殼之厚簿不同者用薄殼之彈再用厚殼之彈如有搬運時碰傷成缺者先用未經碰傷之彈倘缺口在隔針對面者棄去不用若彈有輕重不等者則每砲應用等重之彈若一砲之子箱內有輕重兩種者應先用重彈後用輕彈俱須預期分別儲之若

藥裹有略大略小應先用大裹後用小裹倘藥裹潮溼即送還軍火局當納彈于砲時推送砲彈之兵須有一定分寸不可驟深驟淺應於洗桿上作一記號二開放之頃須知所定方向不能無差人之目力不同其平差爲五十六秒所以距一百步處即有上下差八寸若目力不佳又加六倍或八倍則上下差可大至四尺交戰時或因畏怯而所差更大其表尺距望準愈近則差數愈多設四磅彈表尺距望準三十七寸六六可命爲三十六寸其尺分之深百分寸之五若有時令尖齊于分頂有時令尖合于分底則差百分寸之五約爲尺距望準七百二十分之一等於

十二分度之一則每遠百步有上下差三分尺之一遠至一千二百步即差四尺若六磅彈砲尺距七十七寸其差不及四磅彈之半即尺距愈遠目差愈少之證至於尖鋒稍偏亦加差數舊時尺分闊百分寸之七今闊百分寸之四所以左右亦可差百分寸之五交戰之時不及詳察則此差愈大夫當操演之時且有風沙之迷目日光之眩目尚恐難以取準況戰場急遽之時既已心神恐怖重以敵壘烟塵豈能辨晰毫芒一無舛錯故砲而能見所擊處者差數尚少而用象限及垂綫者差數必大若用越擊應於分隔處先作記識以定其左右差苟分隔近而記識難辨

則差數更大分隔遠而記識易辨則差數較少設記識處距砲一百步分隔上偏左或偏右一寸則每遠百步加差一寸再將砲左右移動一寸則每百步又加差一寸此外又有高下差者分隔距砲愈遠則差數愈大設距砲二十步處有分隔若視分隔記識時上下半寸則遠至二千步處即加高下差五十寸高下差即直差左右差即橫差

校礟準上之八

既知關係砲準之諸事而礟準可定矣然必有以考驗其彈落之處試定其中點所在而後可以臨時致用又必知其用諸陸路能擊兵馬用諸攻守能擊城牆而後可以因

地制宜今分論如左

一論考察砲準之法有三一既擊一彈後欲改擊更高更下或左或右者可檢砲準表然臨陣檢表既費工夫又易悞事風雨之時尤爲不便且表內數目最易檢錯故日後砲隊官兵不可徒恃砲表表尺之寸數宜改爲步數每距砲若干即提表尺若干如欲改擊高下左右者凡在十五度以內每昂起四分度之一即每距百步改高一尺不必查檢砲表二欲考用藥幾何每百彈中命中幾何雖有表可查然亦不免有悞不如平時試演察其若干遠時應有最大差若干步庶幾臨用之時胸有成竹三苟不知彈落

處能否及所擊之物能否壞所擊之物即不能知應改高下左右故砲隊官弁惟詳察彈落處爲最要分爲三則一爲察看之法欲察彈至何處所壞何物必精極明之目又須平時練習以長見識遠而難見者可用遠鏡若每日練習可以不用遠鏡者尤妙惟攻城時彈落甚遠必用遠鏡布國近日用回光鏡可以避於砲後低處望其彈之所及尤爲穩便夜間用砲則先用光彈照之若用實心彈則擊到硬物有聲可聞若開花彈則有彈炸之音相混不能確知二爲察看之處不可離砲後太遠恐砲位易悞指示難聞且恐奔走來往延悞工夫也又不可離砲左右太遠恐

不能察彈之偏左偏右也設彈未及物而砲右遠處望之似落于物左故須立於近砲旁處則既易察看又易指示改尺然亦不可太近須立於火藥烟外方爲適中之地惟攻守之時可以立於遠處用電報通信以指示改尺若砲後有妥便處可以高望則更妙或騎馬可以遠望而不便用遠鏡或用氣球升空望之而不免危險三爲察看之事見擊時立于砲後可趁天光以望其彈落偏否偶有黑雲即不能見越擊時欲知距分隔以上若干則非砲後所能見惟立於砲旁與分隔同高之處或可約略辨之而未諳練者仍不能辨也若擊城墻等物則最易望見若擊一隊

敵兵見有空隙處及擁擠散亂處卽知已中若彈透薄板炸於板後則難定其中否惟見彈先及地而炸則知其未及物越擊時有分隔遮蔽難定其及物與否但能憑上下差數而約定之有時見分隔內有塵土上升亦可知其已中若用子母彈又須察其炸開處高于地平若干尚距物若干凡用砲者應知欲擊處是石是木是土爲大爲小又應知遍處宜擊抑止有要害處宜擊總在隨時酌量神而明之存乎其人

二論定砲準之法有四一不知彈及處則無從校試故試第一彈時須令略近可以望見以後漸漸改遠二校試砲準時若差數小於此砲之本差卽不必再改三砲弁於平時應知砲彈之中點須歷演多次以得定準方可校正臨用時之砲準四若砲之本差甚少卽可詳定其砲準若本差甚大須平時多方試演以考定其差 校試中點之法詳于下圖設四磅彈砲用開花彈一磅藥擊距砲一千八百步之平面其中點相對遠近差四五.七步此差限內百彈可中五十因此五十彈總在甲乙間卽一千七百七十七步一五與一千八百二十二步八五之間此外二十五彈在丁甲間卽一千七百八步六至一千七百七十七步一五又二十五彈在乙戊間卽一千八百二十步八五至一千八百九十一步四如見第一彈在丁安知其中點非在丙苟竟憑第一彈慨以丁爲中點則距原中點極遠矣如第一彈在戊者亦然若連發十餘彈俱在甲乙間則大約中點已在其間可不必再試若第一彈或遠于乙或近于甲則中點未必在甲乙間若第一彈欲擊丙而落於或丘或遠所差數倍于甲乙之距者卽應改其表尺其第一彈既在甲乙間者亦不能遽定爲中點總宜多試數彈爲是設第一彈在丙安知非百彈中最遠或最近之一彈及再試多彈若半遠于第一彈半近于第一彈卽可定第一彈爲中點若三彈中二遠一近是百彈中應有六十六彈遠於第一彈三十二彈近於第一彈卽定中點于一千八百步以外法以定差表三十二彈相對之差六.一乘前圖內四五.七而得二七八.七七約二十八步爲遠近差折半加于原中點得新中點在一千八百十四步如下圖

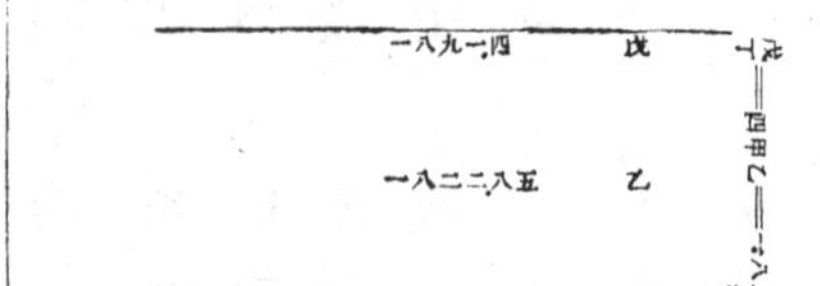

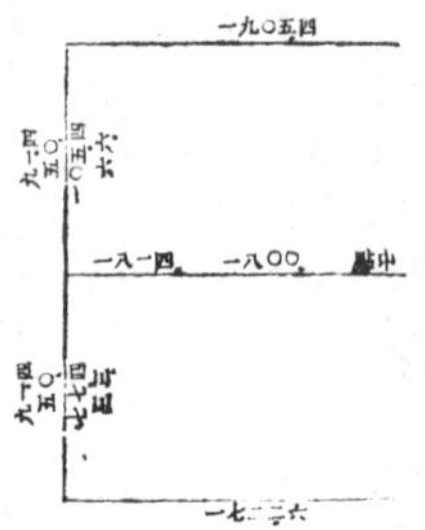

三論陸路校正之法有六 一每砲改準之法凡陸路之砲遷徙不常其砲準必隨時校改茲約爲三事一爲遠近如察定步數舉砲擊之而失之太遠或太近皆須查尺上步數改之若尺上無步須檢砲表改之若昂度甚高不能用尺須用象限改之惟昂度在十五度以內者不必檢表可用第一論內每百步改一尺之法設六磅彈砲擊一千七百步用藥半磅昂十度半而彈落太近則不必檢表只定欲改之數按四分度之一每百步改一尺則一千七百步可改七步是彈落角更大且彈愈遠則落角愈大于昂度可約定落角爲十二度其十二度正切與半徑同于十二

與六十或一與五之比故每加四分度之一卽更遠五×七三十五步如欲改遠五十步須加八分度之三若用象限時未知應否改高改低則先用表尺試發數彈定其遠近然後換用象限再加減其角度設六磅彈砲常藥裏擊三千四百步處低于砲一度確知太近五十步若換用象限必減去角度一度二爲左右已發之彈嫌其偏左偏右須將橫表尺合于初點視所偏若干檢表內較數而改向左右若干三爲高下攻守之砲兼論高下陸路之砲但論遠近左右惟擊城垣山壁時陸路砲亦間用高下詳下文攻守法內 二全行砲改準之法一行砲內須由明眼人約定遠近先發一彈擊其近處漸移而遠若見第一彈太遠而始減表尺央不能取準故須由近及遠多試數次爲妙其校改之法隨時不同已知步數者較易於未知步數擊遠與擊近者不同重藥換用輕藥者又不同設四磅彈礮用藥一磅遠近適中時每加減四分度之一卽差一百步用藥半磅者每半度差一百步用藥二分半者每一度差一百步又應辨校改之法便捷與否按舊法第一行礮弁使全行俱遵約定之步數定其表尺若先發一礮不中則使餘礮升降其表尺如此屢改殊費工夫同治七年新章西一千八百六十八年礮弁使第一礮定若干步餘礮遞遠一百步而先

發其最近之礮苟遇他行礮隊同擊此敵卽不能辨已彈所到之處且有烟氣迷漫萬難辨認若第一彈已中敵兵則各礮俱須改近若第一彈先失之遠則餘礮更費周折又恐第一彈第二彈俱不能見終難定其應遠應近是新章尙未妥善故別立新法不改表尺但旋螺墊凡四磅六磅彈礮每旋一周遠近三百步約定遠近時各礮之表尺同高視第一礮之太過不及而令餘礮改遠改近俱將螺墊同時進退迨至擊中時各礮之螺墊同高其未發之礮可以詳改表尺此法之勝於新章者因各礮昂度已同一中後卽可齊發故於礮烟濃重之時可將螺墊進退以濟

表尺之窮又各礮之本差不同一行礮之本差恒多于一礮之本差本行之礮弁均宜熟察而詳記之三 擊成排敵兵之法凡遇敵兵排列極濶宜先擊其前面不遠處若遇一行礮兵排列極疎第一彈或爲適中或爲太近或爲太遠均難分別蓋彈落于敵軍之空處而自已瞥望之决難詳定其所落之地惟視其炸開之烟吹向旁邊遮蔽與否可定其太過不及若不遇旁風則視烟散之濶狹而約定其遠近然又有敵礮之烟易于迷混不可不知設遇他行礮同擊此敵則須各擊一處若欲同擊一處則須兩礮同發兩彈齊落庶不與他行之彈相混四 擊移動敵兵之法

移動遲速其詳礮說卷四有時距礮一千五百步以外難辨其移動與否且橫移者易辨而直移者難辨其橫移者只須改橫表橫移甚速者須酌量其速率而擊其未到之處若直移遠近而有高低升降者可約定遠近量其或步或馬之速率而先擊其前漸改于後以確定其遠近乃改正表尺俟其移到命中之處而齊發之然須明眼人平時演習其演習之法多置立靶令人次第舉掩以試礮準此時不及用尺只用螺墊進退若敵係斜移尤須約定其未到之二點俟其移到而齊擊之若用越擊則分隔以外難於望見礮弁苟能預識其遠近而又確知第一彈之太近

者卽用分行校正之法見礮說卷四設四磅彈礮行擊一千二百步之步兵已見第一彈落於太近處而欲改全行之礮則作立靶高六尺論之檢一千二百步之直差二九尺以除六尺得一五檢定差表相對得百彈可中六十九次中點應高于平地三尺百彈中減六十九餘三十一折半得百彈中有十五次不及靶是六礮每齊發一次約有一彈不及靶如欲發之多而且久再須每礮改之若六彈中無不及靶者不可再升其昂度若六彈中一彈不及靶者不必升改第二次仍然尚可不改第三次仍然始可改之若擊六尺或九尺之靶同于步兵馬兵而礮之本差甚小欲知百彈

中有不及靶者若干則檢附卷第十七十八圖將圖內可中若干彈與百彈相減折半卽不及靶之彈數若欲改正此不及靶之彈應升其中點三尺卽靶之半高數如表尺有度數者一千二百步處升三尺應加十六分度之一一千八百步處升三尺應加二十四分度之一二千四百步處升三尺應加三十二分度之一如表尺有寸數者用常藥裹時升四磅彈礮十六分寸之一則一千二百步處更遠四十一步或更高四尺八一千八百步處遠三十六步或高七尺二二千四百步處遠三十三步高九尺六若升六磅彈礮八分寸之一則一千二百步處遠三十九步高四

尺七一千八百步處遠三十六步高七尺二千四百步處遠三十三步高九尺三觀此八分寸之一之六磅彈與十六分寸之一之四磅彈所差不多故拋物綫有漸遠漸高之理如將四磅彈礮準更高三尺則一千二百步處必更遠十五步一千八百步處更遠二十一步二千四百步處更遠二十三步如六磅彈礮準更高三尺則一千二百步處更遠十四步一千八百步處更遠二十一步二千四百步處更遠二十二步總須定中點于敵兵稍前之處則不及之彈炸成多塊亦能傷敵五擊敵兵大隊之法若一千人成方陣遠近占長四十步擊以六磅彈礮用藥一磅二分距礮一千二百步則用平靶立靶之理以直占四十步為平靶長人高六尺為立靶高立靶在平靶之中段其中點高于地平三尺檢表中六磅彈直差二尺按定差表之理百彈俱中者以四相乘得立靶應高八尺半作百彈能中一千二百步之八尺半立靶論之檢彈落十二度以檢角度四十步相對為四三尺折半加入八尺半得靶之全高十尺三又以彈落十二度檢角度六尺相對為五〇步加入四十步得靶之全長九十步而檢表中一千二百步之遠差為二〇三步四乘之為八十一步二如果所發百彈俱在此八十一步限內則所定中點為恰好然陸戰時不必定中四十步之中段而可略改于近處惟確見每發皆中者卻不必故意改近也若距此方陣二千四百步則檢遠差三十步四乘之為一百二十四步檢彈落七度以檢角度六尺相對為二〇步加入四十步得靶之全長六十步以三十除之得一九二檢定差相對得百彈能中八十一次此外有十九次失之太遠太近然彈落角太大則其彈直墜土中或遇泥濘炸飛不遠故不可失之太近與前法不同若距靶更遠彈落角更大則六尺以後之餘平綫愈短若遠至五千步彈落角二十二度則六尺以後之餘平綫僅有六步故距礮極遠者難以命中六擊敵兵礮隊之法敵之礮行與已之礮行皆排列甚疎尚多隙地若以一行礮擊一敵礮則每礮橫表應各異礮并架約濶五尺查橫直差表四磅彈礮一千五百步之橫差五尺六磅彈礮一千七百五十步之橫差五尺大約百彈可中五十次然自同治五年以來西國之擊中敵礮者不數見擊壞敵礮者尤不數見是年布澳交戰皆在一千步外擊之恒偏于礮之空處故欲擊敵礮似須于近處擊之其偏于空處者皆因彈有左差之故如四磅彈一千五百步表內橫差五尺以四乘之得百彈皆中之全橫差二十尺又因戰時人目不定礮架搖動或烟塵迷亂或架輪偏陷或礮經震動方向稍移故萬難校定

所偏之數若遇輪平風緩時定敵礮為中點或可擊中然敵礮雖難命中而苟能擊傷其礮車礮兵亦足以破敵之膽矣

四論攻守校正之法攻城守城之礮與陸路礮不同而有時礮準與陸路無異則用上節陸路校正之法有時以陸路礮攻守則用本節攻守校正之法其不同者惟所擊之物及所用之彈藥如欲擊堅固之牆必須屢次疊擊欲試輭硬之質必先減輕藥裹是也陸路之礮轉徙無常所定準點亦時時移換攻守之礮安置一處既定準點可以詳考差數陸路者不知距礮步數須頻用由近及遠試驗之法攻守者已知各地之相距偶一試驗不須頻用陸路礮必成一行一隊攻守礮或僅置一尊無別礮比較陸路但用一種彈藥攻守則用各種彈各種礮及輕重不等之藥裹有時數種礮同擊一墻則各礮差數懸殊陸路礮但用於晝能見彈落之處攻守礮兼用於夜不易見彈落之處然其應知距礮之步數應考礮準之差數則攻守與陸路相同惟攻守時所擊之物多于陸路如或人或礮或磚石或沙土或舟筏之類今約舉其法有七一見擊敵礮應分二類一為壘礮安置高壘可以旋攻之礮也凡壘礮必有城墻相隔擊之者不易辨彈落之偏否應於擊中城墻處

定為中點次從中點移上或左或右以移至應擊之壘如壘礮高于城之上界若干尺欲于距若干步處擊之以應擊之處橫直相乘為壘礮面積又檢相距若干步之直差橫差相乘為半差面積次以兩面積相比若等則百彈可中二十五次若壘礮面積小于半差面積則所中不及二十五次設壘礮並架高一尺半濶二尺得面積三方尺用十二磅銅礮距一千步處擊之檢直差二尺橫差一八尺乘得半差面積三尺六其比例如三六三〇二五二〇即知百彈中可中二十次若能中于礮體及架上鐵件者可聞聲而知之一為門礮牆有斗門裏窄外寬礮置其內略可旋動者也凡擊門礮須辨斗門之或土或磚或石而定其欲擊之點若擊磚石斗門須并壞其苫蓋之屋若擊土壁之門缺太高則越過上界太低則陷于土墻均不濟事惟能壞缺門或斗門之內口卽能壞其礮若兩邊有女牆遮護者須用大彈擊之若大彈中其門缺之底則炸磈上升仍不濟事惟能中其土門之兩顋為最妙故擊此種斗門須酌門之大小及本礮之差而定其中點小礮則定中點于兩顋近內口處大礮則定中點于近外口處如用六磅彈礮恐嫌太小只可偶用之以擊七百步處高三尺半之斗門其直差不及一尺橫差約一尺半可定中點于兩顋之上下適中處約

距內口以外四尺如用十二磅彈礮則定于內口外六尺如用二十四磅彈礮則定于內口外八尺至距礮一千步處用六磅彈礮可定內口爲中點用十二及二十四磅彈礮可定于內口外八尺至距礮一千步以外則各種彈俱以內口爲中點若不見內口但見其旁顋者先擊其顋而以横表稍移左右務必擊壞一處漸漸寬展之凡距礮不甚遠必能見其彈到之處惟太高越過或恰穿內口者均不能見故初擊時不可太昂宜先擊其旁面而左右移就之然雖見初擊之彈太高亦不必過於改低因恐初擊處恰在直差之高點也若擊磚石之牆與土壁略同惟斗門較土壁愈窄且各種牆壁堅固不同須試擊數次方能辨之西國於咸豐十年用十二磅彈礮擊四百步處厚五尺高二十尺之斗門中七彈之後始坍去兩門間之牆八尺又擊厚十二尺之牆中四十一彈之後僅壞斗門之一邊故知欲擊此等堅牆須擊壞其兩腮漸漸展寬然後再擊斗門以上之中間方能坍塌至距礮四百步以外須定中點于內口稍上處其彈到之處較擊土牆者易於識別若有數斗門並列須壞其兩門間之牆總之斗門面積雖小於壘礮面積而苟能壞其斗門兩腮即有開花彈炸碎飛入門中亦能傷敵二見擊土城凡土城須用大礮頻擊或羣擊不必定用來復礮也其擊法有四一爲擊令坍卸凡陡直之城欲令坍成斜坡使吾兵易登須以大炸彈擊之其炸力宜令向上然亦不可太高而越過惟先擊鬆最上一層又稍降其表尺以擊較低之一層務令逐層坍卸爲妙有時欲擊城內之隔壁段段間隔俱與城面成直角可用越擊法大約土城上界厚六尺者可用六磅彈礮擊之遠至六百步以外者必須改用十二磅彈礮厚十二尺者用十二磅彈礮厚十六尺者一千二百步以內可用二十四磅彈礮凡用六磅彈礮須定中點於上界以下一尺半或二尺先擊一孔而後移擊左右以展寬之用十二磅者定於上界以下二尺或二尺半用二十四磅者定於上界以下三尺已成孔後按礮之大小于左右四尺或二尺處再擊之若見太高越過即宜稍降其表尺二爲擊令透過凡不必逐層坍卸而但欲穿透者應用緩藥時引透入而炸開之若未備此種彈則用實心彈然堅厚之牆究難透過西國于同治元年用緩藥時引在麻哈氏倍克城試尋常二十四磅彈礮只能透沙土五六尺而已其彈到之處易于望見若距礮極遠則擊磚石時易見擊土牆時難見三爲擊成缺口欲擊缺口須于近處屢次擊定其一處此時有敵兵所發之鎗彈及已礮炸回之彈塊故須避于短牆之內用回

光鏡返照其彈到之處其擊處須成一橫綫若有數礮同擊則每礮各擊橫綫之一段各自分段之點向右或向左每四尺擊一彈周而復始次擊其各四尺之間逐漸聯成平綫若距礮甚近仍須于應擊之點先試數彈以定其直差如各礮差數既在本差以內卽不必再改同治三年西一千八百六十四年麻哈氏城試六磅四磅彈兩種礮于二百五十步處定準齊發究不能兩彈同中一處則因有本差之故設四磅彈礮用藥一磅檢直差○三三尺四乘之爲全直差一尺二橫差○六六尺四乘之爲全橫差二尺四如能試定中點則其彈不出直一尺二橫二尺四之中四爲擊成腰縫凡極厚之牆不易攻坍須先於腰間擊成橫縫惟彈力恒向上向右故初擊時須于應擊腰綫之稍低處擊之若城面不與礮成直角者如礮向正北而城自東南斜向西北須先擊其近處成一極大之缺口次漸移橫表擊其遠處既成腰縫後再于腰以上四尺處循腰縫擊之或更高四尺處擊之則定能坍缺矣三越擊立靶凡越擊時大約應擊之中點低于分隔須於能見之處定一借點如用常藥裹凡四磅彈礮用一磅藥名曰常藥裹則拋物綫太直不能擊到低處如用輕藥裹則直差甚大故欲越過分隔或擊缺分隔而別處能見其中點可用常藥裹者固爲甚妙若必須用輕藥裹以取曲綫則恐直差

較大難於定準若欲擊城之下段磚石而但見上段沙土別處亦不能見其中點則須先擊其可見處又稍減其昂度而移下之總宜多試數礮方能定準已中於磚石處或僅中於沙土處可望其飛灰而別之若常藥裹不能擊至磚石則須改用輕藥裹其最難擊者別處既不能見上段亦不顯露則須先知距礮若干分隔高若干城在分隔內若干按法以定應用之藥如果可用輕藥裹兼可用常藥裹者不如竟用常藥裹或失之太低中於分隔亦易望見如用輕藥裹恐雖能越過而失之太近仍不及中點設距礮一千步濠中有護臺高十尺上有土城高四尺距濠前二百步有四尺高之分隔其上界高於土城一尺卽高于護臺根十五尺用十二磅彈銅礮不計高低之角度檢常藥裹一千步彈落角一·一四度檢二百步與十五尺相對之角度一·一三度當擊一千步時八百步之處縱淺十八尺四是恰中護臺根之時彈過分隔以上三尺四若令彈恰過分隔則有比例[illegible]卽更低于護臺根四尺七以檢角度表與一·一四度相對爲三十八步半是爲護城以前能擊之地可命爲平靶之長檢十二磅彈銅礮一千步之遠差十七步以除三十八步半得二·六檢定差表相對得百彈中八十七次中于平靶有六次半中於護臺根以上又有六次半中于分

隔若欲中於護臺根以上五尺則八百步處應更高四尺共高於分隔七尺四而檢一千步直差僅二尺是最低之彈亦不中於分隔無從知其彈到之處苟四彈中有一次中於分隔則其三次决不能到護臺根處蓋因八百步處直差爲二四尺今見百彈之二十五次中於分隔則與百相減得七十五檢其定差二七乘直差一四得七十五彈全差二五尺爲七十二次中最高於分隔之數然分隔以上三尺四方中臺根則此七十二次皆未及臺根矣設分隔離護臺一百步檢十五尺相對之角爲三九度若以護臺根爲中點則檢一磅七分藥一千步處彈落三八度爲恰過分隔而中於護臺根大約百彈之五十次中分隔五十次越過若欲中於護臺根以上五尺則應高於分隔四尺半而檢九百步直差爲二三尺亦不中於分隔無從知其彈落之處若欲百彈之二十五次中分隔應高于分隔一尺一若欲中於護臺根以上三尺三應高于分隔三尺四越擊平靶平靶如城上或濠閒敵兵站立之地其法具詳礮說卷四若分隔處爲漸高之斜坡則未過分隔之彈中於斜坡雖明目人亦難辨其遠近五用子母彈見擊者應知炸開處高于地平若干惟諳練之人平時演試而酌定之又應知炸開處距欲擊處若干惟礮旁遠處可以望見倘不便至礮旁

遠處則望其炸魄墜地而約定其炸開處地面有草者仍不能辨其墜地處若見敵兵前有炸魄多而且濶即知離敵尚遠若不見敵兵前有炸魄而但見敵兵之旁有烟起者知已飛過敵兵有時可因炸塊散墜之濶狹而約定敵兵之遠近如炸散時漸遠漸闊之圓錐形角爲二十度則炸處及中處距數與濶數若三與一之比二十五度者若五與二之比大約炸處須距敵兵八十步故炸散之濶應爲二十五步或三十步惟初試一次時引差燥溼不同須多試數次而定之有時藥溼燃遲應減其引秒而昂其礮度漸漸移遠一百步而徐改正之其礮之昂度檢表時最宜詳審若未知其距礮若干先以開花彈試之因六磅子母彈與開花彈等重故可用開花彈之昂度表十二磅二十四磅者子母彈重於開花彈則須高於開花彈之昂度其定時引之法須令炸開處距敵尚遠如炸處距敵八十步引秒差一百五十步則知最大差數一百五十五步最小五步如炸處距敵一百步引秒差一百五十步則知最大差數一百七十五步最小二十五步是知一百步處尚可用之如炸處距敵六十步引秒差一百五十步則最大差已過敵兵十五步矣故距八十步以外須稍增昂度使抛物綫愈長炸散愈濶六用子母彈越擊者應在分隔以

上六尺處炸開如一百六十步處有分隔則百彈之五十次炸于分隔以後七十五步因有直差可更遠于七十五步故不能傷敵如用二十四磅子母彈一千九百步處有分隔而炸開于分隔以上六尺則因有直差而百彈有九彈中於分隔不能飛過其越擊遠近可用見擊之表設擊一千二百步之敵兵而中有分隔應檢見擊表內尺度及秒數令炸散圓錐形內之炸磈以少許着于分隔而以多許飛過之總不可令多中於分隔若在分隔以上六尺處炸開而分隔亦高六尺如彈落角三度圓錐角二十度則分隔後十步處圓錐中軸綫尚高於地十尺或十一尺其炸磈散開僅濶三四步尚不能傷十步內之敵兵若敵兵在分隔外二百步分隔距礮一千二百步則用一千三百步見擊法擊之定能命中應在分隔後二十步處炸開加減引秒差一百五十步則最遠者在分隔後九十五步最近者在分隔前五十五步平分拋物綫約在分隔上十五尺最低者十尺最高者二十尺如彈落角爲三度或四度則最低者尚可傷敵七校正夜間礮準者若乘月色用遠鏡約可知彈到之處若擊之太遠即不能見只可按表中之數上下左右約取之此處宜用象限而不宜用表尺其偏向左右不能用横表尺只可立標借點而定之至於子母彈炸開之高數夜間或可望見可按此數而定其應昂之度數及時引之秒數務令炸於空中而不致炸於地上或夜間能用火箭火彈及錫養火霓氣火者可用晝間校正之法

拋物綫曲直下之一

一論拋物綫之定差爲發礮時有定之差即礮準表中横尺及礮昂彈落之差也凡彈在空中本行拋物綫因其循來復綫旋繞遂成二種曲勢一差而低一差而右漸與拋物綫不合可按表以晝各段之圖此二種曲勢與藥之多少相關藥愈少則向低向右愈曲而與拋物綫不合佈國所用礮彈甚準幾與拋物綫相合凡速率愈小或彈愈重距礮愈近則愈合拋物綫彈愈輕速率愈大距礮愈遠則愈不合拋物綫然所不合者無多故礮準表內越擊之法仍以弧綫布算謂必合於弧綫如圖呎爲絃與切綫所

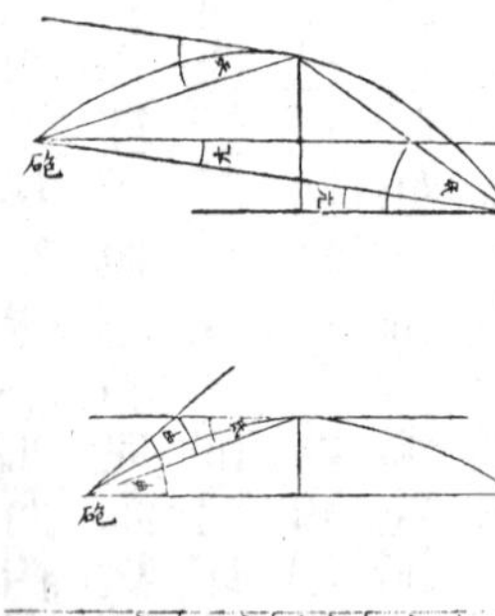

成之角茲之兩端與弧綫相交故不能不合弧綫見礮說卷四其合於弧綫之理有二一爲礮平綫即礮與物相距之平綫二爲最長之縱線即上與拋物綫頂點切綫下與地平

綫成直角之縱綫也。圖內甲角礮昂度加氏角，卽得甲角。設六磅彈樞門銅礮用開花彈及常藥裹，擊一千七百步，檢礮昂爲十二度，又檢九百步礮昂一十四度，彈落二度，相併得三度十四，又檢八百步礮昂一十度，彈落一十三度，相併得三六。知擊一千七百步者，其最高縱綫應在九百步以內，八百步以外，以三度十四分折半得一十五度，檢角度無九百步相對數，乃以九百步折半得相對三十七尺半，倍之爲最長縱綫七十五尺。此縱綫距礮九百步，距所擊處八百步，不似抛物綫之縱綫前後等距也。其所擊愈遠，抛物綫愈不合之理，則見附卷第一圖礮昂與彈落之差數，觀圖而

知小礮與大礮不同，設小礮速率昂度與大礮等，其昂角與落角之差大於大礮，則因大礮彈能敵空氣阻力，而小礮彈敵力稍遜之故。不但大小礮有此差也，卽兩礮等而藥不等者，其藥裹愈大，則敵力愈大，差數必愈小，卽不但輕重藥有此差也，卽均用常藥裹而擊於更遠處，必較抛物綫更曲，則因彈藥輕重比例甚小之故。凡四磅彈礮藥一彈五·八·其比例如 八五/一=〇·一一七六 六磅者如 二三八/二二=〇〇八七〇 十二磅者如 二九/二二=〇〇七二四 二十四磅者如 五四三/四=〇〇七三七 若舊用之輕銅礮，其比例亦略同，且其綫甚曲。

則彈落處之餘平線甚短，非確知相距之步數者，不甚有益。○餘平綫見附卷第二第三圖，係布國礮開花彈及常藥裹所得之數，其第二圖爲陸路之礮，第三圖爲礮臺及城墻之礮。餘平綫以步兵高六尺爲率，若高九尺之馬兵，則餘平綫更長十分之五。近年新造海岸及船上大礮藥與彈比如一與六，則其抛物綫更直，卽餘平綫更長，有時不論餘平綫之長短，而但取曲綫越過分隔，則此等新造之礮，亦不用常藥裹，而用輕藥裹，有時欲透過土壁城墻，則用常藥裹以取直綫。○其不合抛物綫而愈遠愈差者，爲偏差，見附卷第四圖，其差之多少本乎製造之精粗，圖

內係布國礮所得之數，其十二磅彈銅礮之差大於鐵礮者，因銅礮來復綫角更小，速率更大之故。圖內二十四磅彈礮之差最小，五千步處不過七十尺；十二磅銅礮之差最大，五千步處竟有二百七十五尺。第五第六圖明六磅二十四磅彈礮輕藥裹之偏差，知藥愈少則偏差愈大，其差數又時多時少，故礮準表內橫表尺不用平加之數，而用試準之數，且空氣鬆密及風氣移動與此差大有關係。凡試礮時須用同藥同礮，觀其今日偏差是否等於明日偏差。開放一次後，以礮稍移向左，又稍移向右，觀其偏差之同否。若窄路兩旁有樹木，欲令礮彈穿過，須知彈出礮

時必先偏向左又偏向右切不可令彈着樹木而炸之太早附卷第七圖但作十二磅銅礮五千步之一綫以明距礮若干即有偏差若干凡各礮偏差俱以横表尺消息之具見礮準表

二論抛物綫之活差爲發礮時無定之差即礮準表中横直差及廣遠差也凡用同礮同藥同彈同昂度者亦不能定中於一點其上下左右遠近必每次不同故礮表中取百彈中有若干直差而平分其半爲百彈中五十次可中之數其横差遠差廣差亦然或謂大礮之差少於小礮然大礮造法與小礮不同其彈形及藥彈之比例亦不同故

未能信大礮之長于小礮凡按礮表算得之百彈中應中若干次法見礮說卷四用於戰陣匆遽之時尚不能爲確數且所定中點係約略取之不能竟定爲命中之點或云應以表内所有之横直差及廣遠差與〇八四五二相乘即確實之差數○設已知立靶之高濶數與表中直差横差相等則百彈應中二十五次已知平靶之長濶數與表中遠差廣差等者亦應中二十五次附卷第八圖即距礮二千步之立靶用二十四磅開花彈四磅藥所中百彈之式可以知若干高濶之靶應中若干次○第九至十五圖爲平分差數即百彈中平分其高或濶或長或廣亦即表中之横直差廣遠

差也可知六磅二十四磅兩種礮雖造法門法來復綫法有不同而其平分之差卻相似惟十二磅彈礮較異則因來復綫之不同也○第九圖係各種礮用常藥裹開花彈擊立靶之横直差其横差有一定之理愈遠愈大而增數漸大鋳與銅之十二磅彈礮在九百步以内則横差相等九百步以外則銅礮横差大於鋳礮兩礮之差較愈遠愈大十二磅彈及二十四磅彈礮在六百步以内則横差相等六百步以外則不等其直差無一定之理六磅彈礮直差最少銅十二磅者次之鋳十二磅者又次之十二磅者在一千五百步以外直差多于二十四磅彈礮四磅者在

六百步内直差少於二十四磅六百步以外直差恒增至二千步以外直差倍於二十四磅彈若加重其藥則可減其差六磅者較之十二磅二十四磅者則直差甚小大約因六磅礮之藥彈比例〇〇八七〇大於他礮所致然四磅礮之藥彈比例〇一一七六更大於六磅而考第十圖則又不合大抵横直差表亦不盡確或僅試十五或二十次因天氣燥溼而差數不一近來試四磅彈礮亦覺直差表稍有不合故用表者亦不過知其大略而已又試以直差横差相乘之面積比較其漸增之數如距礮一千步時六磅彈礮直差横差之面積三方尺八四銅十二磅者三方尺六鋳十二磅者

三方尺七四二十四磅者三方尺七四四磅者八方尺一二除四磅彈礮外大約一千步時各礮面積皆爲二尺之平方又如距礮二千步時六磅者面積二十九方尺四銅十二磅者二十九方尺五八銕十二磅者三十方尺三六二十四磅者三十方尺三六四磅者六十八方尺六二除四磅彈礮外大約二千步時各礮面積皆爲五尺四之平方然則一千與二千步之間俱可以中比例得之○第十圖至第十四圖爲各種彈之立靶卽百彈中五十次之橫直差也觀比而知不論藥裹若干其橫差必等其直差則藥愈少者愈大減至常藥裹之一半則所加直差過於一倍又礮徑愈小者直差愈大若四磅六磅礮用最小之藥裹則遠處之立靶必不能準大約二千步以內尚可取準欲知擊更遠之立靶可用平靶及彈落角算之其高與遠恒若一與六十之比設六磅彈礮常藥裹擊二千三百步其彈落角六度更遠三十步二則以三十步平靶爲句以更遠三十步之直差較爲股若角度不過於十五步者可將句分爲六十分每分與角度相乘而得直差如以六十約三十步二又以六度十乘之則得三步十六分步之五爲直差卽立靶之高若既知立靶及彈落角轉求更遠之平靶者亦同此理○第十五圖爲各種礮之平靶卽百彈中五十次之廣遠差也其廣差在二千步以內各礮不甚懸殊二十四磅彈礮廣差最小銕十二磅者次之銅十二磅者又次之六磅四磅者又次之各礮廣差恒爲漸大之增數距五千步時二十四磅彈礮之廣差七步四四磅者十一步五若欲約計各處之廣差則一千二百步以內與距礮相比約爲千分之一五千步處爲千分之二其遠差惟銅十二磅者最小六磅者次之二十四磅者又次之銕十二磅者又次之四磅者又次之惟四磅者差數較大其餘各礮大約相等各礮遠差恒爲漸小之增數若欲約計各處之遠差則五千步處與距礮相比約爲千分之十一五百步處爲千分之三十一千步處爲千分之二十其子母彈實心彈與開花彈略等大約藥等速率等者實心彈之直差恒小於開花彈○第十六圖卽礮表之定差以若干彈相對之差乘彈差而知應用靶之高濶長廣凡查圖較便于檢表惟查得百彈中若干次可以中靶尚爲約定之數若臨陣時或用越擊或隔烟雲或因恐怖與查得之數不能盡合○第十七十八圖爲與步兵馬兵同高之靶距礮若干遠能中若干彈之數其濶至三十六尺則橫差可以不論只論其直差其見擊時若有遠近數靶相距各十步則與逐漸增高其靶相同每彈落角一度則每十步

加高四寸如有三靶自一千五百步起遞距十步用六磅彈礮擊之檢彈落角三一度乘相距二十步又乘四寸得三尺故三層六尺靶遞距十尺與高九尺之靶等其越擊時欲取更曲之綫須用輕藥裹方能越過分隔而所中更多然亦有仍用常藥裹者須因時制宜非可膠執設一千四百五十步處有靶高十二尺不能見其橫差可以不論一千四百步處有分隔上界高于靶四尺半礮與靶平用二十四磅彈礮四磅藥檢彈落角四一度彈至末五十步時計低八尺半最低處在靶上界以下四尺大約百彈可中五十次因一千四百五十步四磅藥之直差恰為四尺也若

用三磅藥檢彈落角五七度彈至末五十步時計低十一尺半最低處在靶上界以下七尺而一千四百五十步三磅藥之直差為五尺以除七尺得一四檢定差表得百彈可中六十五次然所中處愈低愈妙若用二磅藥如法除得一五四則百彈可中七十次是二磅藥更勝于三磅又設分隔高于靶半尺則用四磅藥百彈可中八十二次用三磅藥百彈可中八十六次故用礮者必欲飛過分隔且欲多中數彈不得不用輕藥裹如果重藥裹恰過分隔且所中之數不甚懸殊者不如仍用最重之常藥裹為妙

能力之強弱 下之二

礮彈之能力皆因彈有本重受地心之吸力又受藥力推送之速率而後積成此大力其强弱之理分論如左

一論原本速率第十九圖為各礮開花彈常藥裹之速率觀圖而知藥重愈近于彈重及礮管愈長則始速率愈大而礮膛愈大則始速率愈小其始速至末速遞減之數又各礮不同四磅彈礮藥彈之比如〇〇八七十二磅者如〇〇七二四二十四磅者如〇〇七三七其始速率皆遞小如一一七六其始速率一一七五六磅者於四磅者此彈愈重始速愈大之証鋼六磅彈樞門礮藥膛長八四五寸其始速一〇五五尺而有劈之鋼礮藥膛更長八〇寸其始速僅有一〇二九五尺此膛愈大始速愈小之証銕十二磅者始

速九五〇尺其銅十二磅者礮管更短而始速僅有九〇四尺此管愈長始速愈大之証又管徑愈小始速愈大者彈離礮以後遞減之速率必愈快如二十四磅者始速九四六尺五千步之末速七〇七五尺計減二三八五尺是減始速四分之一十二磅者始速亦九四六尺五千步之末速僅六六四尺計減二八二尺是減數過於四分之一四磅者始速一一七五尺五千步之末速僅有六五一尺計減五二四尺是減始速之半且其減數較二十四磅者加倍有餘較十二磅者不及加倍○第二十及第二十一圖為四磅二十四磅兩種開花彈礮用各種藥裹之末速率若用更輕之藥裹則遞減之速率更快如減藥一半則五千步

處減始速三之一，大于原應減四分之一，因藥少則膛之空處更多，故藥力更弱。設四磅彈礮擊二千步，減始速二八四尺，爲四分之一；二十四磅彈礮一磅六分藥擊二千步，減始速六七五尺，爲八之一。可知擊二千步時大小各礮之減數總在四之一與八之一之間，此始速至末速遞減不同之証。○第二十二圖爲二十四磅彈礮用四磅藥之速率，可知實彈始速少於開花彈之始速，實彈遞減數亦少於開花彈之遞減數。

二論推算能力。既明速率，可求能力。蓋能力者，彈之重力折半與速率平方相乘之數也。其式如下：

寅＝$\frac{吧}{庚}$＝$\frac{二丑}{亥^2}$

又 丑＝$\frac{寅亥^2}{二}$

式内

寅＝彈重

吧＝彈重磅數

庚＝地心攝力

丑＝彈能力

亥＝速率

所以丑爲能力之磅數，即彈能透若干深之力，或物若干堅始能阻彈之力。方彈在透入被阻之處，阻力必等于透力，故彈到此處不能再深。惟各質之阻力因質之輭硬脆韌而異，且彈透愈深，阻力亦愈大，故知透入之力已不能與能力有一定之比例，況透入之力又與彈徑之大小相關，彈嘴之鋭鈍相關，彈中心綫及抛物綫之合否相關，彈循來復綫之旋動相關，彈質之輭硬疏密相關，故上文算式中之丑，究難得其確數。若有大小數種礮之彈，不以彈之磅數爲吧，只以彈體橫截之圓面積爲吧，則靶雖相等而礮之速率必不同，大約已知大速率之能力，即可約比小速率之能力，但不能以小比大。礮彈透力見礮表中透力表。

三論比輪功效。凡能力所成之功效可分爲四。一欲擊壞土牆墩堡。曾于咸豐十年西一千八百六十年在布國試驗，先以土寨試之。將堅好土囊疊成礮門，距城一千一百五十步，城上用二十四磅彈礮常藥裹，凡中四次而壞之；用十二磅者，凡中五次而壞之。然其壞之之力，二十四磅者實倍于十二磅。次用六磅彈礮，凡中十三次而仍不甚壞，因其透之不深，炸之不烈也。有時用六磅彈礮亦能壞者，大約非堅好之土囊。又以沙袋城試之，距城一千一百五十步，城上用二十四磅彈礮，中七次而壞之。其沙袋或被擊碎，或被冲散。用十二磅及六磅者，亦可擊壞，但須多擊數十次。又以高六七尺之大輥籃城試之，即圍城時平行道上所築之土城，其上界厚十六尺，距城七百步以内，可以六磅彈礮壞之；七百步以外，須以十二磅彈礮壞之；遠至一千步，須以二十四磅彈礮中二十次而壞之。若欲壞圍城者之藥房，必須透過十二尺厚之土牆，惟二十四磅彈礮能透之。若用逐層擊坍之法，頗費彈藥，亦惟二十四磅彈礮能之。若遇峭城不能爬越，亦惟二十四磅者能擊坍之，餘礮均不濟事。二欲擊壞磚石之城牆則四磅彈礮太輕不可用其不甚遠不甚厚之石城可用六磅彈礮擊之。布國試驗時先以堅固磚牆試之高十五尺寬六十尺有磚柱處厚六尺無柱處厚三尺距五十步處以六磅彈礮中無柱處三百次而壞之故凡見擊不甚遠處須用十二磅彈礮凡越擊不甚遠處又須減輕其藥恐十二磅者尚難奏效也嘗以十二磅彈礮常藥裹擊四百步處之礮洞其石牆厚十二尺餘中四十一次而壞之又以此礮擊兩礮洞間之牆計高二十尺厚五尺中七次而兩洞間之牆已坍低八尺又以此礮擊上文六十尺之牆于八百步處用越

擊法中一百三十二次而坍處寬四十八尺又以此礮用藥一磅一分于一千二百五十步處擊小方堡在分隔後高十尺厚四尺凡發六十四次而中四十七次擊成缺口高六尺上濶十尺又以此礮用藥一磅一分擊一千二百步處之礮臺高五尺二五厚二尺七五凡發三十二次而中八次擊成二缺其左缺上寬六尺高四尺右缺上寬四尺高二尺又以二十四磅彈礮常藥裹擊一百步處之牆厚七尺高二十四尺牆內有稍薄處寬三尺厚亦三尺凡發一百二十次擊坍六十尺其一百二十次之內有九十次中於中腰之平綫又以此礮擊高四十尺厚十二尺之

牆其城內有磚柱處厚二十四尺柱濶六尺兩柱之間形如橋環更爲堅實其上又有一環環間實以堅土內有副牆厚二尺半距一百三十三尺處擊三百次而坍成缺口濶六十尺若能擊成中腰平綫則二百次內即可坍塌。三欲擊透鐵甲凡常用之二十四磅彈礮不能透四寸以上之鐵甲如藥裹加至六磅或可透之惟二十四磅彈礮內用餅藥者能透五寸之鐵甲若餅藥加至十四磅則能透六寸之鐵甲。四欲擊敵兵及礮架藥車凡四磅六磅彈礮擊中敵礮俱能損壞曾有六磅彈礮開花彈于一千步處擊中敵人之六磅彈鋼礮碎其近礮口處一尺五寸若敵

礮之架輪架軸相距不遠則用四磅彈之礮亦能壞之然同治七年西一千八百六十八年布奧交戰時奧人礮彈擊壞布礮至不能用者僅有五次其中二次壞其礮架三次壞其礮門布人礮彈擊壞奧礮者僅有七次凡擊透敵人火藥箱者亦能轟炸若僅有彈塊飛入箱中仍不轟炸奧礮轟布國藥箱者三次而布礮轟奧國藥箱者四十九次凡擊敵兵則二十四磅彈與四磅彈無異其炸塊俱能傷敵惟以大礮比小礮則方向較準彈落角較小故餘平綫亦較長小礮之彈落角大每遇彈入溼地炸塊不飛大礮之彈落角小必能炸塊四散貼地遙飛故大礮終勝于小礮

炸時之遲早下之三

一論開花彈。布國之開花彈，不遇物不炸，稍遇物即炸，雖穿過厚紙，已能炸開，若平擦地面，亦即炸開，炸處與擦處僅離五尺或十尺，有時擦壞嘴螺，則活機不能正射自來火，或擦地時有沙土自針孔襲入，嵌緊活機，均不能炸。凡彈離礮一百二十步時，隔針必脫，有時離五十步處亦能炸者，則因針已略出，活機鋒與自來火可以相射之故。

二論子母彈。布國所用子母彈，無論見擊越擊，必兼四長：一為方向甚正，二為拋物綫甚合，三為時秒引甚準，四為炸塊及子彈甚猛。上文俱已論列。大約子母彈與開花彈略同，雖中點不準，而子彈亦能散及。其最要者，惟在時秒引定須扣準敵兵前若干步，為必炸之處。今陸路礮所用秒數，尚未考定，其遲早差數可大至一百五十步。惟城牆礮臺所用之時秒引，較易扣準，常試驗其藥引歷時，僅差百分秒之五，炸處之遠近，幾差百步，故僅能約略定其所炸之處。有時藥引收藏已久，燃時必失之遲。凡二十四磅彈內有步兵子彈四百六十二枚，十二磅者有二百四十二枚，其炸時各小彈及炸塊漸漸離散，成為圓錐形，其角為二十至二十五度。若敵兵離炸處八十步，則遇敵兵處約濶三十步；離炸處一百六十步，約濶六十步。六磅彈內用馬兵子彈一百七十枚。凡六磅彈之飛力，更大于二十四磅、十二磅之彈，惟因子彈較輕，故炸處不可離敵太遠，恐子彈力弱不能傷敵也。無論何種礮彈，其炸散之圓錐形角恒等。

三論洋鐵管及火彈。布國常試洋鐵管，用高六尺、濶四十步之靶，六磅彈、四磅彈礮內俱用常藥裹，則六磅彈距靶六百步，有子彈十一枚或十二枚遇靶，其試得各數列如下表。

六磅礮彈	
六百步	十一或十二
五百步	十六或十七
四百步	十六或十七
三百步	十七或十八

四磅礮彈	
六百步	十三或十四
五百步	十六或十七
四百步	十六或十七
三百步	十九或二十

近年又經試演，知六磅彈距三百至四百五十步，有十一枚七分遇靶，內有九枚能傷敵；五百至七百步，有七枚八分遇靶，內有六枚能傷敵。四磅彈距二百至四百五十步，有十一枚四分遇靶，內有八枚能傷敵；五百至六百步，有七枚三分遇靶，內有五枚能傷敵。故六磅彈較勝于四磅彈，然洋鐵管僅能于近處保護，而究不能于遠處擊敵。火彈能燒敵兵房屋帆帳等物，用法與子母彈相等。

四論發礮之遲速。凡礮接連開放時，每次相隔必有一定之時今酌定六磅四磅兩種彈礮用洋銕管則每分時兩次用開花彈則每四十五秒時一次城牆上之六磅彈礮則每分時一次十二磅者每二分時一次二十四磅者每三分時一次六磅子母彈每二分時一次十二磅子母彈每三分時一次二十四磅子母彈每四分時一次尋常用礮以此爲準若方向難定則相隔之時可以略遲若所擊之物濶而近者則相隔之時可以更速

元和邱瑞麟校字

江南製造局科技譯著集成

軍事科技卷

第壹分冊

攻守礮法

《攻守礮法》提要

《攻守礮法》一卷，布國軍政局原書，美國金楷理（Carl Traugott Kreyer, 1839–1914）口譯，崇明李鳳苞筆述，光緒元年（1875年）刊行。

此書介紹多型火礮及彈藥的使用與保養制度。附《克虜伯腰箍礮說》《克虜伯礮架說：船礮》《克虜伯船礮操法》《克虜伯礮架說：堡礮》《克虜伯螺繩礮架說》五種書。

此書內容如下：

選擇操地
安設礮位
平時位置
預備彈藥
臨時審察
裝納彈藥
審定彈準
六磅彈礮用法
十二磅彈礮用法
二十四磅彈礮用法
每礮應備物件
附《克虜伯腰箍礮說》《克虜伯礮架說：船礮》《克虜伯船礮操法》《克虜伯礮架說：堡礮》《克虜伯螺繩礮架說》五種書

攻守礮法

布國軍政局原書

美國　金楷理　口譯
崇明　李鳳苞　筆述

凡礮之用於水者有兵船之礮用於陸者有陸路之礮又有攻守之礮攻守之礮置有定所非若陸路礮之隨營移動也或可憑城以守險或可築壘以攻堅雖攻與守不同而其布置運用無不同蓋守險者固有所據之城而攻堅者必有所築之堡城與堡均有長壁直壁帮壁遮壁女牆外濠外護牆故其礮類及用法亦無稍異無論舊造之常礮及新造之來復礮句能布置得宜均可適用而要以新

製之六磅十二磅二十四磅彈礮爲最良然尤在司閫外者講求之熟訓練之勤則臨事始有臂指之助

選擇操地一

凡操守城之法須於城上操演或於他處另築一堡爲操演之地一切城上需用之礮車礮架鍬鍤等器俱備於堡中若有新樣之礮及新樣車架兵械本處不用而他處合用者亦須操演以備不時之需凡操演攻守須與交戰無異堡上應有直壁帮壁遮壁應置礮一層或二三層雖城外小路可用槍護而操時總須用礮應有軍火房與堡相連或仿攻城式暫造此房以演之房有四區一儲臨用之

藥二爲彈房中分數格以儲各種之彈三爲裝炸彈之場四爲裝彈引之房其房須就本處採料令兵丁建造以練習其事四房所備一切軍械如有短缺隨時添補又應有礮房以苫蓋其礮若操地無礮房者就有礮房處演之由管帶擇定操地使一切俱與對敵時無異礮房內應有數礮可以輪流演習近操地處應造軍械房以藏一切應用之物及隨礮器械鍬鍤木簍等件再須寬備房屋使陰雨時亦可操演如操地在城外者可演攻城之事又須於城上演礮洞藥房及保護城牆之法又令築土爲山以置壘礮其城堡均須造之極堅

安設礮位二

凡操地置礮須與對敵無異且各樣礮架俱須演習如來復礮之高者不置礮房而置城上其洞缺淺而上侈缺底應高於置礮之地五尺許故來復礮不必用遮門其高於地六十寸者可用遮門其更低之礮則洞缺較深必用遮門凡用尋常礮架須以木方臺作基址帮壁上可用四磅六磅之常礮有深缺而無遮門或可置於帮壁之礮房中十二磅彈礮須對來往通衢可置於用子母彈洋鐵管之處其長壁兩旁之帮壁亦宜置此二十四磅常礮須置於敵兵不能遠攻而我礮可以遠擊之地大約此種礮可護

外堡或置於木基或置於盤基盤基下有輪可轉若遇敵兵爬城須連發其礮則洞開遮門若敵兵用槍攢擊礮鈌則急閉遮門輕礮須對城外地勢高低必用越擊之處小輕礮可置帮壁大輕礮須用深鈌及遮門開花彈礮須對城外平地敵營滑遠之處因其在壁之本面能擊至左右面之外也田雞礮應置木基及立柱之上不可阻碍別礮大約宜置於外面城根若置城上應作淺鈌另有陸路礮架之六磅鋼礮以備敵城衝擊無來復者謂之常礮可擊城外近地可護兩旁帮壁不可棄去惟圓開花彈今已無用輕礮與田雞礮可用高弧以備越擊亦不可棄去

平時位置三

凡不用礮時有一定章程如暫時不用則高輪礮退後數步以離礮鈌如數小時不用則拖向旁邊女牆之內或移至遮壁後面惟帮壁之輪礮不可暫離洞鈌且不可退後因已裝彈藥欲藉以防護長壁也高盤基礮置於近遮壁處如經久不用但將上架拖後礮房內礮經久不用則移於兩礮間之女牆內循牆安置若磨盤礮則將上架拖後而閉其洞鈌但拖後時須於礮後剩路以便兵丁來往其在帮壁之礮房者不可拖後惟敵兵能見之處亦須拖後木架大田雞礮經久不用亦移於後面之旁若鐵架者不必移動凡不用礮時不論何礮俱應尾高於口常礮則以木墊擱於最高之級房內之來復礮應用皮套及口塞房外之來復礮應用木簷蓋之以釘塞其門眼來復礮經久不用則取出門閂隨時擦淨按法置於箱中其螺墊之槽綫切不可有鏽蝕亦應裝入箱內又有礮表表尺象限及隨礮零件俱須收藏箱內

預備彈藥四

凡操時藥裹各礮不同常礮內用斜紋布實以木屑來復礮內用麻且操時藥裹有一綫痕前後貫以索而尾留其餘庶操畢易於曳出來復彈底有圈可以曳出常礮之彈

亦綴一索可由前口曳出臨用時將圓彈數枚置第二礮兵處餘彈俱儲彈房惟帮壁所用之彈藏於有蓋之箱置於近礮處他種之礮各將須用若干彈藥置於箱中其餘藥及藥裹俱儲藥房又將需用之自來火隨身攜帶其餘彈引等件亦置藥房如彈房藥房相距稍遠可另派兵丁運送平時操演可將需用之實彈置於礮後已裝炸藥之來復彈置於礮後之彈箱輕礮田雞礮之圓彈置於草圈之上

臨時審察五

凡臨敵及操演時礮弁應察之事有七一察礮在架時耳

環有無搖動可否低昂二察螺墊是否靈便三察來復礮門劈是否靈便門劈各件配合準否藥膛妥否四察所用彈藥自來火等頁楛大小是否合用五察礮鈌之遮門開閉是否利便六察礮並礮架一切襍件曾否完備象限螺夾等物曾否整頓七察礮架各處鐵環鐵釘螺捎是否完密若開放已久尤須屢次查察防其震脫

凡臨用時先將所用之礮各定號次管帶派弁兵各赴礮所礮弁已至礮所查察各件並令兵丁預備物件及查察已畢隨即面稟管帶有無弊病管帶但令裝礮其餘號令皆礮目所出出令裝礮及查礮時須將佩刀出鞘高舉管

帶於將操時預定每礮宜擊若干步或令所擊處離若干遠或某彈某藥能擊幾何等事又應思用礮時如有弊病或修或棄及開放時彈落何處有無太遠太近應否升降表尺手中常執礮尺及出裝礮之令每礮之兵按本礮預備各事遵令次第開放一切號令不必高聲但令城上礮兵可聞勿令城外敵兵得聞若欲全堡停放或一隊停放管帶可出令云一堡停放或一隊停放然後解去物件此後再欲收拾礮上一切物件即將盒中所餘藥裹還於礮房礮管內及門眼門劈各件俱須洗淨一切雜件各還本處若礮有損汚即須稟知管帶事畢每礮目帶本礮之兵

立於初時聚會之地

凡用來復礮須詳定上下左右理會橫表分寸倘表尺不妥更比常礮不準又恐兵丁祇習舊時操法㈠㈡㈢驟然移動致壞門劈及彈藥故須緩緩移動細細察看均由礮目用心管束開門劈時勿用猛力裝彈藥時不可誤用大小不同之彈輕重不同之藥（當軍械所收彈時應有天平一架較其輕重）又察彈上自來火曾否裝妥子母彈時引秒數曾否定準

凡用常礮一為帮壁之礮須移動靈快便於用子母彈洋鐵管凡諳練之兵能於一分時內放洋鐵管兩次其撬桿人必熟手為之庶磨動神速二為擊遠之礮此礮既可用

炸彈實彈子母彈以擊遠處又可用洋鐵管以擊近處亦應每分時開放兩次凡以此礮始擊一處又改擊一處其彈藥方向之變換礮兵早須熟悉三為輕礮此礮用淺門鈌故運用較難於深門鈌最要者納彈於前口時須察圓彈上記號此等礮不須連放可以詳定方向若用之於帮壁亦應快放四為田雞礮與輕礮畧同其彈不可偏倚又須評準其藥用垂綫定其方向又定其彈引之秒數其木引須與彈外平滑

凡用他種之礮則第一要事宜置於恰好轟擊之處第二要事宜置於隱蔽難窺之處若用大輪架即須察看兩輪

平正如有高低則彈落恆偏於低邊愈低則愈偏礮管愈短又愈偏表尺愈高又愈偏距物愈遠又愈偏惟帮壁之礮所擊不遠可以不論此事但來復礮及擊遠之常礮總須察架輪之平側若用輕礮先取平度定其方向次用象限昻起其礮苟有不平彈即不正如不能改平即按表尺及橫尺以消息之若用來復礮或輕礮於女牆後越擊城外則昻角愈大可愈近女牆令敵礮不能攻我故礮目須早定最遠處應在何綫應於城上劃一記號大輪架之礮須預知其震退若干勿令退墜於城下倘餘地無多須用阻劈以節其退力不可用後塹之坡致斜擊時安置不穩

凡用大輪架之來復礮應置阻劈於輪後若干尺如下表

礮以彈磅數分類	架	彈藥	阻劈離輪後尺數
二十四鋼礮	攻城礮架一千八百六十四年式	實六磅	四尺半
二十四鋼礮	攻城礮架	實六磅	四尺半
二十四舊料鋼礮	各架	開花四磅半	四尺
二十四門劈鐵礮	各架	開花四磅半	四尺
二十四門樞鐵礮	各架	開花四磅半	三尺半
十二鋼礮	陸路高架	開花二磅一分	五尺半
十二舊改鋼礮	陸路高架	開花二磅一分	五尺半
十二銅礮	各架	開花二磅一分	三尺半
十二舊改銅礮	各架	開花二磅一分	三尺半
十二舊改鐵礮	攻城礮架	開花二磅一分	三尺
六鐵礮	舊改城上架	開花一磅二分	三尺
六鋼礮	攻城礮架	開花一磅二分	三尺半
六鋼礮	陸路高架	開花一磅二分	四尺半

劈之中心應與輪對視礮退一次即知應移左右常礮中惟二十五磅彈輕礮用劈其架輪有鐵軸者可用劈木軸者不可用劈若礮後地寬不必用劈惟二十五磅炸彈礮及五十磅輕礮必須用劈先試一二次視其應移遠近如遇結冰先用灰沙等物糝地礮後地勢不可向後斜低致

退之太遠礮目詳察礮兵旋動進退是否無礙如欲推右或左則令撬桿人將架尾磨向左右亦須熟悉靈便如欲移大輪架於他處則㊀㊁兩人助之移前㊀之右手㊁之左手持後面近平之輻㊀之左手㊁之右手持上面近直之輻若兩人不敷再加一二人助之助㊀者以右手在㊀之兩手間又一手提後面之輻助㊁者亦如之如推向後者反其法而爲之如用木桿撬動其輪者應用一手持桿之中段一手對虎口持近上端之數寸若有鐵架基者礮目須察下輪與弧軌不可前後高低用田雞礮時愈近女牆愈妥其柱須推入架中不可透起若不用此柱恐擊橫

而時震墜其礮

裝納彈藥六

操演時可以按令裝礮至臨敵時則只用快裝不必俟令裝時彼此察看勿令彈在礮外誤炸傷人用來復礮者須詳洗礮膛並於停放時詳洗門劈持彈之人須切記彈嘴向上其二十四磅彈兩人抬時彈嘴向旁切勿搖動如彈內已有自來火或子母彈已去隔捎者切不可令彈誤墜如裝入之頃脫下隔鈄即須持彈向上令旁人拾取隔鈄仍復插入切不可自己俯拾如天氣燥熱時膛有積污即用鐵爬出之凡來復礮欲換他種藥裹不可以兩藥裹相

併當縛藥時不剪所餘之布正預為加藥計也若演常礮用藥而不用彈須兩次推洗礮管若用帮壁上之常礮各兵須齊速裝放㊀於洗礮後尚未撲去桿端之煤則㊁不可將藥持近礮口若用洋鐵管則㊀須看㊁不可將洋鐵管倒納若用大輕礮亦須兩次推洗礮管又洗其礮膛洗過一次用鐵爬去其火煤然後再用洗桿二次洗畢見膛中尚有火煤再須爬洗每放礮時須詳察門眼勿令火煤留滯其藥裹之口不可向內有時礮體已昂藥裹已裝而須稍俯其礮始能裝彈者須將門針插於門眼恐藥裹滑動也若小輕礮則以大藥裹之口向前小藥裹之口向後

如加帮助之藥裹則橫納之應以桿揰實其揰力須每次相均輕礮中不可重揰用輕礮田雞礮者用爬取去火煤此時持彈者已將木引納於彈中以手掩定木引勿令火煤飛入用田雞礮之前先納藥少許燃去其水氣污穢此礮因欲擊遠近不定之處故不用裹藥久擊一處者可用藥裹惟夜間秤藥不便可概用藥裹如昂三十度以內而用碎藥甚多應將礮體搖令堅實如昂度不大而彈重者以輕滑之肥皂水抹之

審定彈準七

一定左右凡定礮準方向須令望準正對所擊之物有見

擊越擊之不同用常礮者止可見擊有時十二磅陸路礮及二十四磅短礮可用以越擊用來復礮者恆用見擊而間用越擊深缺中之輕礮用以見擊居多唯淺缺之輕礮及田雞礮則越擊居多大輪架礮之在深缺中者應置於恰對所擊之處然後旋動架尾磨向左右礮後定向人所立處須與礮軸心及所擊處參直（如磨礮向右則立處在後左向左則立處在後右）其礮目視所擊處在前者先立於中後然後推架至中點在左者先立於後右然後推架至中點而再磨架尾向右庶易於定向如本礮處見敵槍來擊則礮目於閉遮門時立於尾後開遮門時避於左右亦不可太遠庶便於指

令礮兵其幫壁上不甚大之常礮若有輪架則礮尾兵於移礮向前時早已定準左右若下基重大之礮則尾有齒輪可令旋動左右無論來復礮常礮必有表尺與望準以資定向如用來復礮於昂度甚高時不能在礮尾處定向須先放平其礮如放平仍不見物須將礮尾稍高者乃(五)之事若用常式之輕礮及開花礮於昂度高時則表尺上裝一接桿不可移動其礮因恐礮內開花彈震動相離也其昂度極高者必先提起礮尾望之然後昂其礮口若用炸彈之常礮而表尺在礮體中綫者可望礮口上之缺若用田雞礮見擊則與越擊同法而可省準樁有時輕礮及

來復礮在淺缺女牆之後亦用越擊蓋不能見者有二故已礮在女牆以後或欲擊處在敵牆之內其礮在女牆後者先試一礮如易於定向可以不用準樁或所擊之前後有高物參直可以作識者即定高物之方向若用田雞礮則用平弧或垂綫用平弧者應於礮之鐵柱與所擊物同直綫之中間釘一準樁若無柱但用垂綫者則令所擊物與準樁及礮基中心或中心略前後處參直倘太近門缺須防彈壞門缺之旁若有柱之田雞礮則在柱與所擊物間之女牆上先作前後二樁然後立於礮後移後樁與物參直又立於後樁後移前樁與物參直他種礮亦然若用輕

礮及來復礮而用準樁已定樁後礮弁先立於礮後與準樁參直然後令礮推前或推後其前後時須稍磨向左右令輪軸心亦與參直及恰好時礮弁即說定字掌垂綫者立礮後令物與礮及準樁參直以一目望垂綫執以不震動之手若定向於已定準樁之後而能於表尺望準處見準樁者不必用垂綫操演時須多定數樁以演習之凡用越擊必以彈過分隔上界爲準其用垂綫及象限其如上法有時敵在分隔以內吾礮又在女牆以內者兼用兩法二定高下若可用表尺定其高下即不用象限不能用表尺者方用象限

六磅彈礮用法八

六磅彈鋼礮用諸城上同于四磅彈礮操法惟省抑御架尾等事且可用門藥代自來火以節經費惟圍城時必用自來火又六磅彈礮無子藥箱故可省兩兵僅用四兵未操時推礮近女牆及門缺處取去皮套口塞置于槍兵所立之低墩(二)掌表尺及尺上螺釘沿牆有叉架可承洗桿火繩竿插于礮旁土中其右有一木桿以備撬移架輪與輪下阻發同置于礮架之右每礮有箱以儲礮上零件礮內所用之彈置于彈房距礮不遠

分派執事　每礮一目四兵(一)掌洗礮又用洗桿送彈並

掌門針門藥用自來火時有勾繩及皮盒又助推向前後定向時專司螺墊㊁掌啟閉門劈助㊀洗礮又助推向前後送彈藥于礮之後口並掌定方向用門藥時注門藥于門眼中有藏門藥管之皮盒㊂助推向前後左右俱用木桿撬動之㊃取彈藥至礮所又以螺提提彈掌藥裹盒及木襯以推送藥裹立于礮之後左㊂㊀近礮㊁㊃立于㊂㊀之後礮目總司各事稽察各兵小皮盒內有自來火隔針小鉤手持礮表用子母彈時掌旋定彈引之秒數皮帶左旁又有皮袋內儲子母彈之隔梢其餘各件留于零件箱中

預備開放聞令之後各至礮所取應用之物齊整扣緊如㊀取門藥盒中之藥引鉤繩以門針通其門眼立于門劈對面軌道外一尺㊁與㊀對面㊂㊃立于架後與㊀㊁參直㊂將撬桿倒轉㊃將藥裹盒內裝裹五枚行動時將右手壓于盒蓋左手持木襯礮目立於礮旁以便照顧各兵

查礮聞令後各兵檢點所用零件曾否妥當㊁察門劈各件是否脗合表尺及螺絲是否齊備㊀查礮管門眼曾否潔淨㊃將螺提置彈房中以便取彈不必帶出

推礮向前或向後向左向右洗礮管向前若干或向左右用何種彈聞向前之令㊀㊁按法推之㊂用撬桿如太重滯則㊃以兩手助之俟㊀說向前則各兵齊力推動若推向後與四磅彈操法同礮目應立架尾之後令㊂將架尾磨向左右指之以手若欲多向右則急搖其手以示之勿令兩輪前後參差其餘各事俱同四磅彈礮惟㊁既啟門劈又助㊀洗礮㊂以右手提洗桿中段舉至齊額以授於㊀㊃至彈房按令取彈將螺提提取置於右臂仍置螺提而送彈於㊁其持彈時須掩針孔㊁以此彈就礮目令裝彈引如用子母彈則㊃用兩手自彈房捧出送於㊁㊁就礮目用鑰旋定秒數又旋固其釘然後拔去隔梢

裝彈藥聞令後如法納彈於礮㊁用洗桿推彈交洗桿於

㊂㊂置桿於叉架各回原處此時㊃已取一藥裹交於㊁㊁納於礮以木襯推之交木襯於㊃㊃亦回原處㊁閉門劈㊀以門針插通門眼而回原處若平時空演則已交木襯即曳出藥裹還於㊃又曳出彈子置於左臂就礮目處取出嘴螺及隔針用子母彈時應令礮目插入隔梢而還於㊃

定方向聞令後將橫表尺旋動法同四磅彈礮㊀掌螺墊螺墊如須升降少許則㊁自將螺墊稍稍旋動定向之後㊂持撬桿㊁令㊂磨向左右又以手上下指令㊀升降其如用門藥則㊁司之如用自來火則㊀司之　如不用表

尺而用象限，(礟目)出令云用象限定方向㈣以象限交(礟目)，(礟目)定其佛逆度分而令㈡離礟首置象限於礟尾方處而令㈠升降其螺墊俟酒準已平(礟目)云定，㈠即回轉原處　如用垂綫，(礟目)出令云用垂綫定方向㈡即拔表尺一半而按令旋定其橫尺㈣至箱中取出垂綫立於架後一步，令表尺望準與準樁或與所擊物俱在垂綫中參直㈣以手指示令㈢稍動架尾，俟恰好後各回原處㈡執毛皮遮蓋門藥，以防風雨，㈠執火繩立原處及聞開放之令㈡即立於女牆內之矮墩以望彈落之左右遠近　㈠於開放後仍將火繩桿插於原處若空演時須出令推礟向後分作三次推之及㈠云向前乃仍推至礟缺處如用自來火則㈠查門眼中是否潔通若用碎門藥㈡取去門眼所留之管俟㈠查看各件均妥㈡將左拇指掩門眼用皮周圍擦抹而回原處　若有定礟之令即閉門鐍推礟至木基中間㈠旋螺墊令礟前後相平

快裝聞令後接連裝放與四磅彈礟略同若彈房離礟甚遠㈣乘取彈之暇每放五次再備藥裹四枚㈠俟每五六次乘便到箱邊取油抹其洗桿每十五或二十次以肥皂水洗礟管

若欲停止即出令云定礟解去聞令後各將物件置於箱中表尺藏於匣中包固皮套裝以口塞而苫蓋其礟體仍立原位礟後之左

有門樞之後裝礟與用門劈者同置一處則有數事不同如不用鋼底而每彈用輭底不用定表尺而以表尺置於礟面預備開放時㈡不插表尺於尺孔又有㈠拔橫柱㈡開樞門等事如聞預備開放之令則㈠立於橫柱之對面㈡持表尺插於腰帶聞門藥匣之後面如聞裝開花彈等令㈡持門柄左轉半周㈠即拔出橫柱㈡即展開樞門勿用猛力致壞樞紐㈡須立於開門妥便之處既開門後將身左靠定樞門不令關閉隨將表尺按令定其高低及聞裝彈藥之令㈢將彈及藥裹次第納入推至橫柱以內次以輭底稍側令右先向前而斜入之至橫柱以內推令平正使與礟軸成直角而以右拇推實其左邊㈡即細心閉上樞門㈠即推進橫柱㈡又旋緊門柄向右半周及聞定方向之令㈡將表尺從右邊擱於礟面令橫尺應用分數恰合於礟面缺槽

十二磅彈礟用法九

此礟可用開花彈子母彈火彈用礟之先須推至應擊之處距遮門以內一尺取去苫蓋門塞等件礟右之叉架上有二洗桿操時只用一洗桿架上左右各有一起桿出於

架後數寸火繩插於架旁土中每礮有零件箱一又有彈房一以儲所用之彈

分派執事 每礮一目六兵㊀洗礮管並用桿推彈兼掌門針火繩又助推向前後定向時掌旋轉螺墊㊁啟閉礮門又助㊀洗礮管又助推向前後或傾注門藥並掌木表尺及門藥之盒㊂取彈來納入礮中又掌提彈之螺柄㊃掌藥裹之盒並將藥裹納入礮中㊄㊅助推向前又磨向左右未聞令時立於礮之後左前行㊀㊂㊄後行㊅㊃㊁俱自右而左面向礮前(礮目)須備自來火及子母彈之鑰預備用礮聞令後各兵取應用之物趨至礮所㊄㊅提動

兩起桿令便於取出㊀面向門劈立於礮右軌道外一尺以門針插架旁孔中㊁立礮左與㊀相對掌門藥盒及表尺㊄㊅立於㊀㊁之後在架尾後二步㊂㊃立於㊄㊅之後一步面俱向前㊃掌藥裹皮盒與前節同(礮目)立於礮旁便於照顧各兵

查礮聞令後各兵檢點零件曾否妥善㊁即配合門劈令易於啟閉㊀查礮管門眼㊂取螺柄開放之時須將螺提留置彈房

推礮向前或向後向左向右聞向前之令㊁持輪輻㊄㊅持起桿撬起架尾之橫條餘事同前推礮向後時亦同此法(礮目)

出令向左或向右俱以搖手示之大搖則多移少搖則少移方移向左右時㊄㊅二人同在一邊推之

洗礮管向前右或左若干用何種彈表尺若干裝彈藥閉洗礮之令㊁啟礮門㊀轉右取洗桿俱同前法㊁助推拔洗桿㊂之右手在㊀兩手之間㊂自彈房中以螺柄取彈而令(礮目)加彈引隔針俱同前法如用子母彈見前子母彈法及閉裝彈藥之令㊂即按法送彈入礮而回原處㊃右手將藥裹洗桿推彈右轉置洗桿於叉架而回原處㊀取納於礮中㊁閉礮門㊀取門針通其門眼若用小藥裹則於未閉門時㊀已插入門針若有遮門不可先去門針若但空演㊂於已納彈後退後一步以讓㊃納藥仍復曳出還於盒中㊂亦曳出其彈置諸左臂而就(礮目)是開花彈則去自來火及隔針是子母彈則插入隔梢

定方向有遮門時㊀㊁兩人開遮門㊀出令云推礮向前並同前法推至女牆即說定字㊀取門針通門眼各兵至礮所以助定向無遮門時但按令定向㊁至架後中間㊄㊅持起桿擱於架尾㊀旋螺墊㊂定表尺㊄㊅磨向左右既定準後㊁即揮令各歸原位其用垂綫及象限俱同前法既定方向㊁注門藥㊀取火繩及閉開放之令亦與前章同惟開放後礮已震退㊀㊁將遮門閉緊餘事同前若

但空演則推向後又推向前若有定礟之令㊀旋螺墊令平又閉緊遮門

快裝快裝接放與前章同每五六次用肥皂水洗之

二十四磅彈礟用法十

此礟於未開放時推近遮門只許取去苫蓋及口塞俱同十二磅彈礟礟右亦有叉架洗桿前端向女牆左右俱有起桿稍出於架後㊀㊁亦有兩桿㊂有籭桿俱置地上每礟有雜件箱一其彈儲於彈房

分派執事每礟一目六兵㊀掌洗礟管並爇門藥及洗桿門針火繩又助推向前後定方向時掌旋螺墊有一起桿備用㊁掌啟閉礟門助㊀洗礟管又助推向前後掌礟上表尺用門藥時有門藥盒及毛皮一方亦有一桿備用㊂㊃取彈至礟所㊂掌螺提及彈籭籭桿㊃助㊂取彈又納藥於礟又助推向前後有藥盒皮盒㊄㊅助推向前後又磨向左右各有起桿推彈入膛未聞令時立於礟之後左與十二磅彈礟同

預備用礟聞令後各取箱中應用之物㊀取門針插於架孔與他礟同㊁與㊀對扣上皮盒又掌表尺如用移動之表尺則藏於身間㊄㊅立架尾後二步面向礟前㊂㊃立處同十二磅礟㊃掌藥盒內有藥束兩枚及聞查礟之令與上節同

推礟向前或向後左向右聞令後㊀㊁㊄㊅取起桿㊀㊁撬輪下㊂㊃以手扳輪㊄㊅以桿撬架尾之橫條㊂說向前則齊力向前推㊄㊅勿將架尾提空須切地推移若欲向後則㊀㊁撬動架下之中段而面向架尾㊂㊃助㊀㊁之桿不必另用他桿㊄㊅以兩桿撬架尾橫條㊂說向後則齊力向後若欲向左向右則礟目搖手指示令㊄㊅磨之㊄㊅亦同至一邊若欲架尾向右則㊀推輪向前㊁令輪不動以桿擋之若欲架尾向左則反是及礟目說定各回原處

洗礟管用開花彈實彈或子母彈火彈向前左或右若干聞令後按法洗礟㊁掌礟門又助㊀洗管㊀洗畢後轉右而置桿於叉架仍回原處㊂以螺柄提彈置於彈籭以隔針孔向上旋去螺柄貫以籭桿㊂㊃撬近礟目礟目見彈嘴及活機俱備乃插隔針而旋以自來火然後撬近礟後口用子母彈時亦用上法惟隔捎及時秒由礟目為之用實彈時不必就礟目處徑撬近礟後口而俟裝彈藥之令

裝彈藥聞令後㊂㊃撬起籭桿令彈嘴合於後口後口有缺可將彈籭嵌入兩人推靠於礟令不移動㊄用桿細心推彈入礟而回原處此時㊃已取藥束口向前推入之而

回原處，若但空演，則㊂㊃隨將彈籠擱於後口，㊃將藥裹曳出，仍置盒內，㊂㊃又提取彈籠，置於後口，即曳出其彈，置於籠中，㊂㊃擡至礮目處，去其彈引各件，若子母彈則插隔捎，㊂㊃擡彈還房，而回原處，此時㊂㊃已離架後，㊁即閉門，㊀將門針通其門眼。

定方向聞令後，㊀㊁㊄㊅俱至礮所，㊁立於架尾中間之板，㊄㊅執桿立於架尾旁，以桿下端撬入架底，㊀掌螺墊，餘事同前，若用象限垂綫法亦同前，㊄㊅須聽㊁之指示。

既定方向，㊂自板上跨下，注門藥於門眼，此時㊀執定火繩，俟開放之令，㊁已立於低墩，及聞開放之令，按令開放後，㊀以火繩插地，若但空演，則須推礮向後，仍復推礮向前，至近女牆而聽令，㊀㊁立於架尾板，㊀察看門眼，㊁以左拇指掩門眼，右手用毛皮周圍擦抹，及聞定礮快裝等令，並與前同。

每礮應備物件

勾繩二，表尺一，斧一（每兩礮一具），皁門聽油二磅，鏟鉗錘并袋（每兩礮一具），大洋鐵盒（可裝格力所令油十三磅半，每七礮一具），燈籠（可明可暗，每礮一），銅絲勾一，半圓刷（每兩礮一具），劈孔刷（每兩礮一具），水桶（每一），長爬（用以去來復綫之滯鉛，每十礮一具），彈抓（用以回出彈藥，每二礮一具），螺柄一，彈籠一，礮尾皮套一，格力所令油（每礮二磅半），鐵錘（每二礮一具），桿（長七尺，每礮五桿），阻劈（每礮二具），礮上木檐一，門針并鋼柄（每二礮三具），藥裹皮盒及皮帶一，零件箱一，門劈箱一，開花彈箱（每礮十），子母彈箱（每礮六），實彈箱（每礮四），城上零件箱（每六礮一），大衣（每礮二），爬（每二礮一），抹布（每礮二），鐔毯（每礮三），火種夾（每二礮一），火繩夾（長四尺，每礮二），彈嘴螺义（每礮一），螺柄（每礮一），口塞一，毛皮（二方），門藥注一，象限（每二礮一），鏟一，銅絲（一綹），垂綫一，鐵準樁（每二礮三），門藥盒一，礮表（一本），輭肥皂（每礮十磅），子母彈鑰（每礮二具），半圓鏟（每二礮一），望準蓋（每二礮一），銅鎖（每箱一，惟彈箱上不用），毛帚一，洗桿二，义架一，洗桿套（守城時不用），袋內鐵鉗（二礮一），門眼鑽一，自來火螺盒并隔針及皮帶一，皁門聽油盒（二或儲格力所令油），皁門聽油大盒（可裝油十磅，每六礮一具）。

克虜伯腰箍礮說二十一桑的長礮

布國軍政局原書

美國 金楷理 口譯
崇明 李鳳苞 筆述

同治八年西一千八百六十九年布國礮局所著書云近十年來歷試大礮透過鐵甲之理至同治七年始創新式造七十二磅彈之腰箍鋼礮稱爲二十一桑的腰箍新礮用餅藥十七克羅以備海岸及兵船之用是年又將無腰箍之舊礮自膛後口至礮耳前加以腰箍其膛本爲二〇二·九七桑的又鑽寬之至二〇九·一四桑的稱爲二十一桑的腰箍舊礮此書詳記新礮勝於所改之舊礮蓋因來復綫之角小於舊礮門劈之制

亦精於舊礮是以方向更準觀是年試礮之事可知新式之礮實爲盡善故德意志海口近年俱用此等新礮間用舊造之二十一桑的鋼礮及銅礮大率十五桑的二十一桑的二十八桑的之礮俱可用諸海口惟鋼價甚貴故近年十五桑的二十一桑的礮又間用銅製以節經費其式樣悉照鋼礮庶能力相等而用法亦同今德意志兵船亦用此三種礮間用十七桑的二十四桑的二十六桑的三種之礮茲以二十一桑的新礮之造法用法詳著如左

礮體一

一論礮質及造法　欲造此礮先鑄鋼爲圓柱形用閣拉斐特罐每罐約容鋼三十克羅俟鎔化時一齊傾入模中鑄成圓柱形其鎔化之鋼係用炒鋼及熟鐵相合之質此法乃歷試多年而攷得者凡鋼有二品一爲炮鋼係既成熟鐵而煉成鋼質一爲炒鋼於未成熟鐵時用桿炒成鋼質克虜伯取數品礦鐵煉成熟鐵其質之艮確有可信其未入罐時將熟鐵及炒鋼各鎚成或輥成長薄之鋼條與熟鐵條均須各段緊密停勻然後各斷爲小塊入罐鎔化其所和熟鐵非大熱不能鎔化停勻故其罐須能受極大之熱用過之罐不能再用其造罐法爲克虜伯不傳之秘既鑄成大圓柱形即截去其上段浮渣再用大汽鎚鎚令堅實漸漸鎚成礮形再磨光其外而去其不

平處

礮之全體如第一圖以內管爲體之大半最堅處在門劈處如甲甲爲圓柱形後角圓坦中有門劈之膛遞前略小之一段如乙亦圓柱形有箍八道如丙至丙更前之一段如丁後大前小形如截圓錐第一箍與甲段相銜第二三四箍厚闊俱等外徑亦等第五箍爲最闊礮耳及耳基俱與相連第六七八箍外徑漸小至此而圓柱漸變爲圓錐外層第一二箍之間又有第九箍外角圓坦此處爲最受力之處乙段及丁段之箍皆圓柱形惟箍之內徑略小於乙段之外徑因已成箍時加熱至四五百度令其漲大然後套於管上故涼

時自能束緊因甲段大於乙段故各箍不能卸向後因第十箍係兩半圓相合故各箍不能卸向前其餘各事與別礮同凡大礮中須用大藥裹即須加厚礮體令其堅固然其質太厚則外質未必助內質惟此腰箍之法可令內外相助設礮無腰箍質厚如一管徑者其外層質與內層質所受藥力若一與五之比設質厚一管徑有半者若一與五八之比設質厚二管徑者若一與一三之比不論銅鐵鋼俱有此比例且鍾鍊大礮時往往外層鍾實而內層未能鍾實其礮耳處尤難鍾實故惟腰箍之法最爲妥善曾經俄國將軍噶得而令推算見同治八年俄國礮局所著書中

其算法以鋼質之漲限爲噸則七十二磅彈箍礮之漲限等於一二七噸若有等大之無箍礮則漲限等於〇八五噸所以箍礮較無箍礮之堅若一與一五克虜伯廠造成此礮後方請局員查驗而其造之之時局員不必與聞因克虜伯廠中選料督工俱有專門之藝可以確信無疑

二論礮體外形　上有望準表尺門劈等件其礮體與螺墊相連處在第九箍兩旁以精銅爲片離門劈前處之下有四螺釘固之如第五圖亥礮體軸綫應合於礮管之軸綫其差數不可過一六密礮耳軸綫應與管軸綫成直角其差不可過六十分度之八分耳軸兩綫可差至三分密理之一

礮體重九千九百五十克羅可加減五十五克羅門劈重三百七十七克羅右礮耳上有體及門劈之共重數此礮前後同重因螺墊與礮體相連故不必加重其後身礮體後面有克虜伯廠造成年月其餘記號詳見下文查收條內

三論礮體內景　此礮外體之軸綫與內管之軸綫相合不與內膛之軸綫相合因礮膛軸綫較礮管軸綫更高一二密而礮膛徑却大於來復內徑二六密故雖膛高於管而膛下面與管下面仍前後相平如第一圖庶開放時彈體不須上升只循直綫向前而彈軸綫自合於管軸綫此等造法彈

出礮時最有定準其管膛間之斜圓錐形剖開成勾股其勾與股若一與一六六之比作此圓錐空形時車刀之軸後半高於前半與礮軸綫所成之角前後相同漸與圓柱空形相接故圓柱形之下半長而上半短來復綫即起於圓柱形相接處其起處之面與軸綫成直角圓錐形一段之後半下與膛底相平上與斜面相合　門膛之中心合於礮膛之軸綫膛之後口略侈可以套合鋼圈其空處如截圓球之一片如第三四圖門膛之前面與礮體軸綫成直角其門劈之槽左後而右前其差數爲門劈前至後三十分之一所以抽出門劈時相離三十分劈厚之一門膛之後左有

三齒槽以關合門劈。礮管內有來復綫三十道，俱前狹後寬，每周長五百四十四寸，即六十八倍管徑，可加減密來復綫之角二度三十八分四十二秒六，因礮中用大藥裹，故來復綫須用小角，若用大角，恐彈在管中直透向前，而不循來復綫也。門藥眼在門劈後正中。

門劈三

凡小礮之藥裹小，可用雙劈及銅圈，大礮之藥裹甚大，若亦用雙劈及銅圈，則銅圈四周之方稜底邊易於毀壞，且鋼底嵌入前劈，則前劈不甚堅固，故每至碎裂，并壞其礮體，若加堅其雙劈，則重而難移，且洗擦藥煤時須將兩劈

一併取出，殊費周折，所以大礮中定用整劈，而不用雙劈，但整劈之銅圈開放數次後，偶有些少藥煤，即不能密合，每致銅圈斷缺，惟用克虜伯之鋼底鋼圈為最佳。其門劈係鑄鋼所成，見三四五六圖後為半圓柱形，前為方劈形，相合為一體，右小而左大，從左邊插入膛中，自左而右，用快行螺桿移動之，如甲其螺桿有兩處靠實於門劈上半，如乙門膛之上左有螺桿相配之螺槽，外有螺柄，如申旋轉一周又四分周之三，已將門劈旋出，此螺柄可以脫卸。又因螺桿不甚堅固，別用櫻緊之螺鍵，如丁能令鋼底鋼圈脗合無隙，此係慢行螺絲，有活動之母螺絲，如戊方推入時，母螺藏於劈中，

其後面適平，及向右轉，則母螺同轉，而嵌於膛後齒槽，此時門劈已定，再將螺鍵右轉，則門劈更能密合。此處各件皆鑄鋼為之，今以門劈各件分別論列如下。

一論門劈體。門劈形式已詳上節，其長如門膛，惟前面方形小於後面圓形，前面左右俱略殺，惟嵌鋼底處凸出，其方形前分小而後分大，其後面與圓柱徑等，而成為兩稜槽，其稜槽與後面平行，其前面有鋼底，如辰底內有釘，不令轉動，其底之上下恰當門劈之缺處。半圓柱上有容螺桿之空處，此空處兩端有兩螺絲釘固，如乙劈之後左又有容螺鍵之缺，缺長如門劈全長四分之一，缺徑如門

劈高之半，缺軸與門劈後面平行，其三分之二在劈內，三分之一在劈外，缺之內面又有圓柱形淺孔，為螺鍵之箭。劈之左邊另有螺釘孔五，以釘固其圓片，如已一螺釘合於圓柱形中心，其餘四螺釘在圓片四角，前兩螺釘間又有一螺釘可以裝環柄，如未倘螺桿損壞，可持環柄抽出其門劈。之右邊有半圓空處，可容裝筒，如庚見第三圖門劈後面正對礮膛軸綫處有門眼，其孔徑前寬於後，門眼外口有淺缺，如壬可容自來火門藥。

二論圓片。如已圓片有螺釘五枚，釘於門劈，其螺鍵之孔剜入劈內，此孔內大而外小，後面有缺，以容螺鍵，又有母螺

之鼻(如丑)以限其所旋之度視螺鼻旋足卽知圓片與母螺已合而門劈已閉上有半圓缺透過快行螺絲片之下半有鈎(如寅)可以鈎連鐵鏈其鏈有螺釘定於礮體(如酉)鏈長以門劈抽足時爲度五螺釘俱有六角頂露出圓片之外

三論螺鍵　螺鍵及母螺可分五件一爲露出之方頂二爲片內之圓頸三爲頸內一段四爲內螺絲五爲後箭(見第三四五圖)此乃左旋螺絲螺角甚小內有空處令圓片可以函入母螺母螺之外有四箍左第一箍形如圓柱餘三箍向右作斜面此三箍削去三分全周之一削去處與劈之後面相平方閉緊時三箍合於門腔後之齒槽母螺之左有

鼻(如丑)其旋轉約一百二十度時鼻已向下卽知三箍與齒槽相合再旋螺鍵則母螺又向左而旋令益緊俟外面圓片與母螺相合則爲鋼底恰與鋼圈密合之時若欲啟之則旋螺柄向左令母螺向內稍離次循螺鍵轉過一百二十度俟鼻已向上卽不能再轉此時削面與劈後相平再旋向內俟外箍合於礮體螺鍵合於圓片則門劈已鬆火氣可洩乃旋動螺桿而抽出之

四論螺桿(見四五六圖甲乙丙)　外端爲方頂向內爲兩小圓片中間有頸有右旋螺綫八又有後箭門劈上有凹槽可容此螺桿凹槽在頸處更窄在兩圓片處更闊其頸及後箭俱

釘半圓形以函之(如乙)其螺絲稍向左右活動其礮膛上螺桿槽爲螺桿長六分之一但有上半而無下半此桿槽在圖內之丙內外俱有鋼片釘固於礮體方螺桿旋進時外片靠乙及旋出時內片靠乙

五論螺柄　凡螺鍵及螺桿係用一螺柄旋之柄有方孔穿通形如丁字可用一人或兩人旋之有時可套助桿旋之

六論鋼底鋼圈(見三四圖辰)　底之徑稍大於劈之高劈前上下有缺口

七論裝箭及彈籠鈎　裝箭用以透送藥彈形如空圓柱

以鋼爲之口外展邊左右有關鍵可以扣緊又有兩鈎在礮後口之左右鈎有兩缺外缺可扣彈籠內缺可扣裝箭或止用下半箭似較輕便

八論門眼　劈後正中穿以門眼可保礮體常堅惟洩出之火至五尺之遠尚可燃紙又不能用銅管自來火恐銅管射出傷人也故用鵝毛管爲最宜其扯動之舌係向後直扯(見十二圖)門眼之前口畧大後口鑲以銅質近口處畧侈鋼底之孔亦畧侈後面有鋼蝶可畧掩門眼外孔(如壬)以減火藥所洩之氣鋼蝶之上片恰蓋於自來火之銅絲

表尺三

凡用表尺審定以擊兵船兵隊游動之物須知五事一表尺應與礮相連有時先定方向而俟其行至望綫之中二後開門礮望綫在礮旁而望準與表尺相距甚近三凡船旁及鐵甲礮臺之礮門缺甚窄近左近右時應有兩望準兩表尺庶可左右互用四望準不可太高不可離礮之中軸綫太遠亦不可被腰箍遮蔽五表尺每度析作十六分横尺每度析作三十二分礮表所用之度過於一千邁當即可用度數若擊近處則用右望準時應將横尺改向右用左望準時將横尺更向左若擊遠處仍用表內之横尺數

表尺安於礮尾左右有兩直孔下窄而上寬上有鋼管露出於礮外可以旋入見四五圖下有梃簧常令上升有螺絲以夾緊之其表尺以銅爲之而空其中外如剖圓柱形剖面上勻析爲十五度上有横尺長七·八五密横尺上有岔　望準以鋼爲之下有螺絲可以旋入

查收四

凡查收時礮上各件最大最小之限開列如下

一劈在膛中畧可活動在半密與一密半之間

二鋼底活動不可過於半密

三鋼底不可高低其綫痕須極平極光

四甲空膛空管之直剖空面上下俱作記號如口及尾俱上下作一小缺兩表尺間兩望準間俱作一直綫乙横剖面作綫於礮口礮尾外面望準之下丙表尺及望準之直面亦於礮上外面各作一綫約長寸許丁礮耳軸之平面各作識於耳外之圓面

五望準及表尺之高既經校準又以丙綫在表尺及望準上各作一識

六表尺度分應以準尺相校望準之相距數應鐫於横表尺之前面

七本礮之表尺螺柄裝簡表尺管望準須左右相同故左右孔可以互易須用量器量之

八表尺管及望準已定其左右即應鐫明左右字

九望準之高數鐫於望準上又刻於礮尾後面

十劈上一切寬備之件記明副字論礮體造法應知四事甲鋼體不可有空泡雖有之不可深於五·二密其長闊不可過於深數一倍有半乙礮膛中錐形及錐形以前一·五六九密均不可有泡痕丙礮管內泡痕之深不可過於〇·六密如有數泡痕相距不可過於五·二密其深不可過於二·一密丁來復面上不可有左邊聯於右邊之泡戊開放後先時所查之泡痕不可加大開放多次後其管徑及膛徑不可漲大半密

彈藥五

一論彈。凡防海岸之礮須用兩種彈，一能透鐵甲，一能壞木板。又有子母等彈，須擇地用之。透鐵甲之彈，其彈質須堅硬而難碎，其形須尖銳而易入。凡透過鐵甲之後，又須炸壞甲後木料及木後之人物，故硬彈亦應用炸藥，必須彈質厚而藥膛小，則堅固而力猛。惟尋常之炸彈可以畧薄，然太薄者亦輕而不準，且彈內炸藥易燃，而炸塊之飛散無力。今硬彈用淬火之鐵，而尋常炸彈只用尋常生鐵，惟較舊式更長，故名爲長炸彈。今十五桑的礮內亦用此種彈。二十一桑的礮之硬炸彈，係仿同治八年造法，

見七圖彈嘴之長如一·三其管徑從頸至尾漸減一·二密（卽管徑百分之一）頸至底計長二五·一密（卽管徑百分之一百二十七）彈之全長五三·二一密（卽管徑百分之二百五十）能裝炸藥一·一克羅。藥膛前界離彈嘴二四·○密，其炸藥自底螺孔內裝入之，因硬質不能造甚精之螺槽，故底中有鍍錫之熟鐵與硬質相合於熟鐵中造成螺槽，又有底螺外蓋護其相合之縫。蓋下以鉛片墊之。底螺絲可分四段：一爲螺絲，二爲外蓋，三爲鉛片，四爲方頂及鐵圈。螺絲長五·一寸，稍透於膛內。船上二十四桑的礮硬彈亦用此底螺，故須畧長。外蓋徑一四·七密，高七·九密，其鉛片於旋緊時尚厚一·三密。彈底有凹處以嵌外蓋，深一○·五密，方頂厚二六·二密，高一·七密，可

套螺柄旋之。方頂有孔貫以熟鐵圈，令便於曳出。圈之內徑五·二二密，粗九·八密。彈外有鉛殼，自底向上至鉛界，有鉛箍寬四·八密。前四箍寬二六·二密，箍間空處各寬二·九二·九密，前箍以前鉛殼厚一·七密，圓坦如弧，弧之半徑如管徑之半。此等薄殼造法，與子母彈相同。彈已裝藥後重九八·五克羅，彈並底螺重八九·九克羅，鉛殼重七·五克羅，炸藥重一·一克羅。二十一桑的礮之長炸彈，亦仿同治八年造法，見八圖。舊時試二十一桑的田雞礮，只用旁厚二六·二密、底厚四七·一密之彈，然用十一克羅常藥，則彈嫌太薄，往往碎於礮中。其後造更厚五·二密之彈，則用餅藥一五·五克羅，尚可無恙。其後又試二十四桑的礮

而知炸彈之長如管徑三倍者，其出礮口不遠處彈必倒轉。若長二·七五管徑，尚有倒轉之勢。惟長二·五管徑之彈，則方向甚準。今二十一桑的礮中亦用此法。彈體之柱形長一·五管徑，柱形以上長一管徑，其嘴用常法，與上文硬彈異。其隔針孔距嘴尖甚遠，內有甚長之嘴螺，及甚長之自來火螺絲。見第九圖嘴旁兩孔，可以螺叉旋之。兩孔之軸綫與彈軸綫成直角。柱形處鉛殼厚一·六密，上有鉛箍七匝。上箍之上半大如管徑，其半徑一○·九二密，上箍之下半箍如柱形，更大於別箍，寬四○·三密。下箍距底二○·九密，中間五箍寬二六·一密，箍間寬一·六密。其上箍之下半甚厚，故早能旋入來復綫中。彈內藥膛長

二六·六一密可裝炸藥四八至五〇克羅造時用松香光其膛內恐糙質與藥相磨而先時發火也其炸藥雖自嘴孔裝入而亦作底孔者欲造時便於提挈也此孔有底螺及鉛片封之螺絲下片周厚而中薄約深一六·六密其空處有鉛片可以壓緊使火不外洩兩旁淺缺可以螺叉旋之底螺用左旋者欲令彈在空中與底螺相反旋轉則不致鬆而先炸嘴孔之唇畧侈成角嘴上螺槽比舊式更密其下段無螺絲直至隔針孔處其針孔軸綫離彈嘴四四·五密離彈之中軸綫五密嘴孔內銅盂活機等件俱同舊式在針孔合嘴孔對面處擬作缺痕長一〇·五密寬五·二密以墊活機之頸令其燃火稍

緩但尚須詳試故未用此造法也此彈惟自來火螺絲甚長其餘俱與他種開花彈相同其隔針甚鬆出礮口時一轉即脫已預備之長炸彈重七·九克羅其彈引炸藥各件重五克羅

二論藥 此礮用藥裹有二種硬質彈用藥一·七克羅長彈用藥一·四克羅每層餅藥十九枚如圖十一共一千三百十四枚計重五十克羅是十七克羅有四百四十七枚作二十三層又加上層十枚或九枚裹用裯造上口縛繩藥裹全長六一·四六密其十四克羅者三百六十八枚作十九層又加上層七枚或六枚全長五二三·一密下有圓底與舊法同惟熟諳之人易於裝縛既縛成後如六角柱形

三論鵞毛管見十二圖 管口有木塞令銅絲舌貫過木塞再以畧大之毛管套於其外以線縛之其縛口處敷以失臘克漆令不受潮溼

四論收發彈藥 凡查收餅藥有一定章程茲不必贅惟收硬彈者每一千中須取二枚裝藥試之若二枚中有一枚炸於礮中則每五十枚中再取一枚試之若又有一枚炸開則一千枚俱不收用然從未有炸於礮中者 硬質彈包於柳條筐中外繞以草下有木底底有淺孔可嵌彈之底螺令彈嘴自筐上露出此時未裝炸藥故底螺須鬆

旋入長彈之底螺亦然其嘴孔上有白鉛螺蓋或用柳筐或用彈箱盛之凡取長彈應用彈鉗見十四圖鉗有長圈可以軋緊兩股不許相離此兩種彈底螺俱先抹以油而旋入之硬彈膛內又須敷漆收藏時立置最妥若欲橫置層層架起則前後有鐵叉承之庶不磨損鉛殼若欲從架取下則用繩圈一端之口套於彈嘴一端之鈎搭於底螺之圈見十三圖再以活車勾入鐵圈可以轆行於車槽而移至他處其長彈亦移於此槽中

能力一六

今所用防海之礮以能透厚鐵甲爲最要然苟知其透力

炸力而方向不準仍不足恃有時可緩緩審定者尚可用之有時連裝快放即不免有差其爲快爲慢與礟體礟架皆有關係大凡透之深擊之準發之快無論何礟不能兼擅其長惟此布國之二十一桑的礟則能兼擅之且較英國九寸徑前裝之來復礟更勝數倍因英礟管徑較大二桑的其彈較輕十六克羅其藥更多(二·五)克羅其礟體較重(三千)克羅故其能力亦不得不稍遜茲將本礟能力詳述如下

一論透力　礟彈透力不但與算得之重積力關係與彈形彈質亦有關係故欲試透力宜立靶擊之而詳記其事如欲知更遠處之透過與否則但改輕其藥裹令減少其末速即與原藥裹擊更遠處相同是不必移遠其靶矣昔時試二十一桑的礟之透鐵甲大半用厚鉛殼之彈而今之薄殼彈較輕厚殼彈重(一〇〇)克羅薄殼彈重(九八·五)克羅故新彈之末速率較多於舊彈且厚殼上之鉛每於中途剝落數分及到靶時未必仍重(一〇〇)克羅又舊彈有鐵箍新彈止有鉛箍依此推之即知新彈之重積力必較大於舊彈今試論重積力之理凡某體自眞空中下墜無空氣之阻必有愈下愈速之定理設體至每點有若干速率又自某點向上漸上漸減其速率而至於不能再升之點則以體重

克虜伯腰箍礟說　十五

數與下墜所過之高數相乘即爲重積力其自某點向上至不能再升時減盡速率則亦減盡重積力設有移動之體非因上升而減其速率却因他故相阻減令不動則亦與上升之力相等若有體在眞空中下墜其末率爲亥其墜過之高數爲辛則(亥方/二辛)庚爲每秒所加之速率即(三二·一五)尺同于(九·八一)邁試以物爲體重數則重積力爲(物乂辛)或爲(物亥方/二庚)若物爲磅數亥庚爲尺數則所得爲尺磅若物爲墩數(每墩即二千磅)亥庚爲尺數則得尺墩若物爲墩數(克羅)亥庚爲邁當數則得邁墩向用尺墩以定重積力今用邁墩

凡彈大小不同則透力亦異此不係體積之輕重而係面積大小面積愈大則擋力愈大故必加其重積力而方能透過昔用前鈍或前穹(半圓形)之彈則靶之擋力甚大其重積之大小英國仍用舊法以其圓周爲比例俄國所試尖嘴之彈則以其橫剖面積爲比例故英國得其周之每寸有若干重積力俄國得其面之每方桑的有若干重積力其相比之式(一)(物亥方/二庚周)(二)(物亥方/二庚面)英國用第一式俄國用第二式布國則兩式並用緣較大於二十一桑的之礟向來試驗未多似彈之全周亦稍與重積力相關今詳攷二十一桑的硬彈按數種速率所得之重積力備列算式並用二十一桑的礟試演其數

克虜伯腰箍礟說　十六

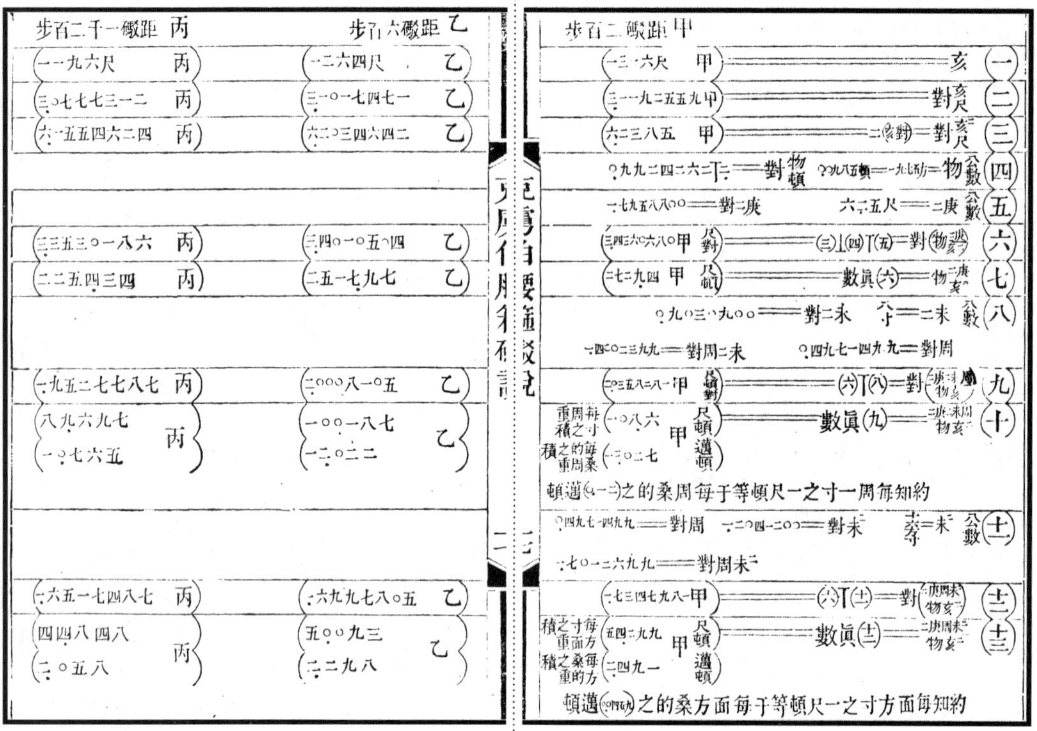

甲距礮二百步

（一）亥＝甲 一三·六尺

（二）亥尺對＝甲 三·一一九二五五九

（三）亥二尺對＝二（亥對）＝甲 六·二三八五

（四）公數 物＝一九七〇磅＝〇·九八五頓 物頓對＝丁二＝〇·九九二四二六二

（五）公數 庚二＝六·二五尺 庚二對＝一·七九五八八〇〇

（六）物亥二 庚二 對＝（三）丄（四）丅（五） 甲尺對 三·四三六〇六八〇

（七）物亥二 庚二＝數眞（六） 甲尺頓 二七二·九四

（八）公數 未二＝八寸 未二對＝〇·九〇三〇九〇〇

周對＝〇·四九七一四九九 未二周對＝一·四〇〇二三九九

（九）庚二未周 物亥二 對＝（六）丅（八） 甲尺頓對 二·〇三五八二八一

（十）庚二未周 物亥二＝數眞（九） 甲 每寸周之重積 一〇八·六 尺頓 每桑的周之重積 一二·〇二七 邁頓

約知每周一寸之一尺頓等于每周桑的之（〇·一一二）邁頓

（十一）公數 未二＝六十四寸 未二對＝一·二〇四一二〇〇 周對＝〇·四九七一四九九

未二周對＝一·七〇一二六九九

（十二）庚二未周 物亥二 對＝（六）丅（十一） 甲 一·七三四七九八一

（十三）庚二未周 物亥二＝數眞（十二） 甲 每方寸面之重積 五四·二九九 尺頓 每方桑的之重積 二·四九一 邁頓

約知每方面寸之一尺頓等于每方面桑的之（〇·〇四五九）邁頓

	乙距礮六百步	丙距礮一千二百步
（一）	乙 一二六四尺	丙 一一九六尺
（二）	乙 三·一〇一七四七一	丙 三·〇七七七三一二
（三）	乙 六·二〇三四六四二	丙 六·一五五四六二四
（六）	乙 三·四〇一〇五〇四	丙 三·三五三〇一八六
（七）	乙 二五一七·九七	丙 二二五四·三四
（九）	乙 二·〇〇〇八一〇五	丙 一·九五二七七八七
（十）	乙 一〇〇·一八七 一一·〇二二	丙 八九·六九七 一〇·〇七六五
（十二）	乙 一·六九九七八〇五	丙 一·六五一七四八七
（十三）	乙 五〇·〇九三 二·二九八	丙 四四·八四八 二·〇五八

若用方格紙定上文甲乙丙所得重積力，次以曲綫聯之，可知彈自礮口處至一千二百步（即九百四邁）各處之重積力。其一千二百步以外，則用礮表檢其末速率，以按法推之。既知上文之重積力，而欲知能透鐵甲幾許，則如每方寸重積力有五十一尺墩，或每寸周有一百二尺墩，或每方桑的面有（二·三四）邁墩，或每桑的周有（一·二四）邁墩者，已能透八寸之甲，及透甲後之十寸鐵木，又透木後之二層鐵皮，每層鐵皮厚四分寸之三（即一八密），而尚有餘力。故此靶若距六百步（即五四〇邁），則但能透靶而無大餘力。上文之重積力又能透九寸之甲，而陷於甲後木中一百六十四密。惟距二百步時能透九寸厚之甲，因二百步時重積力更大百分之六。又如每方寸有（四四·五）尺墩者，已能透七寸之甲（即一七八密），及甲後二十九寸之木，而尚有餘力。又如每方寸有（四〇·七）尺墩者，有時亦能透過。又如每方寸有（四二）尺墩，即每寸周有（八四）尺墩，或每方桑約有（一·九二七）邁墩，即每桑的周有（一·〇〇八）邁墩者，惟硬彈距一千六百步能透七寸甲及二十九寸之木。又如每方寸面有（四〇·四）尺墩，即每寸周有（八〇·八）尺墩，或每方桑的有（一·八五四）邁墩，即每桑的周有（九·六九八）邁墩，則距一千八百或一千九百步能透六寸厚之甲，及十寸厚之鐵木，並兩層（〇·七五寸）之鐵皮。又如每方寸面有（三八）尺墩，即每一寸周有（七六）尺墩或

每方桑的有一七四三邁墩卽每桑的周有九一二邁墩者則二千二百或二千三百步能透七寸之甲并甲後不堅之木又如每方寸周有三一二尺墩卽每寸周六四尺墩或每方桑的一四六八邁墩卽每桑的七四四邁墩者則三千五百步能透五寸之甲及十寸鐵木並兩層鐵皮　以上所試皆用厚殼之彈且彈與靶面成直角其後用薄殼彈令與靶面成六十度角試過數次尙未攷定其力又如每方寸四二八尺墩卽每寸周八五六尺墩或每桑的面一九六四邁墩卽每桑的周二〇七邁墩者則一千五百步處能透六寸之甲及甲後栗木又用每方寸五四三尺墩者於二百步處試擊七寸甲及甲後二九寸木凡擊二次

一透一否俱能炸壞其靶此爲斜擊六十度時彈最大之能力間有但入木而不透過者大約因靶質之疏密非因彈力之强弱

二論方向　欲攷礮彈之準否應知三事一爲彈落之餘平綫二爲平差數之比例三爲百彈中五十次者應有若干高闊之靶　凡彈落時加大其速率卽可加長其餘平綫然速率既加則方向必差或因其增減之差甚大或因彈在礮中不循來復綫故必不能準若欲減此差則又嫌太遲惟硬彈與來復綫角相合乃爲恰好若長彈則外無重質未免太輕又宜稍減其藥以合來復綫角舊時用藥

十三克羅今酌定爲十四克羅其兩種彈所試之數詳列如下

遠邇		硬質彈一千	硬質彈二千	硬質彈三千	硬質彈三千八百	長彈一千	長彈二千	長彈三千	長彈三千八百
高二邁之餘平綫		六四·七	二六·三	一三·六	八·六	六四·七	二三·五	一二·六	八·二
百彈中五十次	靶高	〇·五	一·五	三·三六	七	〇·七三	一·九八	四·八九	七·三
	靶闊	〇·二八	一·三七	三·一	七	〇·六	〇·七八	一·六	三
	靶遠	二二	一·九	二·二八	三〇	二·三六	二·三二	二·五一	二·九八

平差與全差比		硬質彈	長彈
	遠	一與四·二四之比	一與六六·四
	高闊	一與八五·三之比	一與五·四

凡百彈內五十次可中之靶爲平差數一·六九倍故可用上表推其左右上下之差如距三千八百邁其硬彈差爲一·六九/三〇×四二·四一七五邁長彈差爲一·六九/一九×四·六六一八邁距一千邁五十次可中之平靶其比例必小於二千邁因二千邁之彈落角大於一千邁之故

今以彈礮藥相比之數列於下表

	硬質彈	長彈
藥與彈比	[illegible]〇·一七六	[illegible]一七七
礮口處彈之速率邁當	四二二	四三〇
每秒旋轉之速率次數	二九六	三〇二
礮內彈繞本軸數爲一周	〇·二二二	〇·二二二
彈底至彈後面卽藥膛長數邁當	〇·六六六	〇·六〇七
藥膛體積剖面積三百七十一方桑的	二·四六五二	二·二四六七
每克羅藥之藥膛體積	一·四五〇	一·六〇五
每彈克羅有若干剖面方積桑的	三·四九	四·三五

三論炸力 凡礮彈擊靶與擊船之同異布國尚未確知但將已試之事推知未試之事又察他國之彈與我國之彈而比較以知我彈之能力昔以二十四桑的礮用厚殼硬彈裝炸藥一、二六克羅已透七寸鐵甲而在甲後二十九寸厚之木內炸開且裂其後面之木又試一彈裝炸藥一、八克羅遇鐵甲以下之木基透過而炸其炸塊入地四尺又曾在比利時試二十二桑的礮用硬彈及鋼炸彈不用彈引而藉擦力生火雖透入土中亦間有炸開者惟用硬質彈裝藥一、二克羅以擊土城則轟裂之土不甚多蓋因炸藥太多故成孔不大又以二十四桑的礮用硬彈擊九百四十

邁十八寸厚之土城透而不炸是以布國新製硬彈欲將彈引裝於彈底令彈透不堅之處亦能炸開但此法尚未試準須行因恐遇極堅之甲炸之太早仍不透過他國或將炸藥納於皮包以令緩炸然亦無大益今布國欲硬彈遲炸尚未思得其法 其每彈可炸若干塊曾用十五桑的礮硬彈埋於地坑試之炸藥平重三五、一八克羅所炸塊數各次不同失去炸塊二、一七至八、三三克羅所存不碎之彈頂計重四、一七至九、○八克羅其平重約爲五分全重之一未失之炸塊有二十一或三十八枚每枚之重過於○、○五克羅內有十二或二十枚重○、三七至四、七五克羅內用炸藥○、四克羅其後又用二十一

桑的礮長彈試之將舊時二十一桑的田雞礮內所用炸藥七、五克羅體厚一寸之彈與今之長彈各埋土中深五尺則田雞彈所炸圓錐孔徑八尺四寸長彈所炸之孔較小二寸又以此二種彈埋深七尺則長彈之孔徑六尺九寸深三尺七寸田雞彈之孔徑五尺四寸深三尺一寸五其後又用重八八、三五克羅厚三、二七密之田雞彈裝炸藥六克羅與二十一桑的長彈各埋深一、六邁得孔徑二、三五邁深一、○四邁又埋深二、二邁得孔徑二、三五邁深○、九四邁遞增炸藥則孔徑最闊至七、六邁觀此而知二十一桑的礮雖僅置海口不擊土城而其炸力卻亦不小又用二十一桑的長彈不埋土中令其炸裂

有一塊重一、二五克羅飛向旁邊一百十二邁又有一塊重三、七五克羅飛向旁邊四百五十邁此二塊皆係彈旁邊之質

四論開放快慢 試礮於海岸時鋼底下之銅片受藥力擠壓上厚下薄劈不易開用接力管旋動其柄且每次必詳細定向爲時十三分半計放十次若不用接力管可詳細定向每分放一次

用礮七

凡用鋼礮有一定之法其與別礮不同者詳記於下

一論查礮 將用礮時旋鬆螺柄抽出門劈查其鋼底鋼圈擦去其油又察其有無燒損如出入不甚便利即應抹

油於螺桿螺鍵及門劈之膛令其活動凡查鋼底時須抽出全露其底然後將底取出須思銅片之徑必小於鋼底之徑銅片應在中間不可偏倚如有不合卽須更換若用礮時見有損汚須詳細擦抹或改換切勿延誤工夫如鋼底鋼圈之後面燒成數小缺則須送還廠中磨令平滑其門劈上之螺釘須緊密平貼鬆則旋緊之又查門眼後口之斜面合否其螺蓋活否詳查已畢推進門劈搭上其鏈以洗淨之裝筩推入後門而扣緊兩鈎此裝筩應推至近鋼圈處其旁邊及下邊不可與鋼圈相碰若欲察來復綫有無損汚則可窺望而知之開放數百次須望彈膛以前近圓錐形處若見黝闇無光知已燒損其鋼質然尚不妨事若見有闊深之損處卽用格得倍出印出其式法以格得倍出置熱水中成爲稠物置木桿上其木桿一邊圓如礮膛納於礮膛墊起之留十分或十五分時其質已凝卽可取出觀之若所燒之缺圓而不長且有多支其長相等則視最闊之支在旁者尚可無妨若循礮軸直綫者須防炸裂若向前向後之支闊而且多則視平坦者無妨縐折者甚險見有此事本礮臺管帶將所印之式呈報兵部若在交戰時尚可無慮蓋一時尚不炸裂也若見所印之式形似直綫前後同闊則爲欲裂之時此礮定不可用若交

戰之時見縫道兩端尖銳而不過前後界者仍可用之如遇界者定不可用大抵已成此縫卽有積煤留滯必能望見若來復面壓扁較闊於舊式則用匠人鎈令端好其表尺管上及望準之記號應與礮體之直綫相合 推進鋼圈鋼底及銅片俱詳四磅彈礮說

二論用礮諸事 一啟閉門劈凡啟門時須看鐵鏈是否扣緊又螺鍵左旋時須旋至不能再旋不可忽右忽左以致擠壞其右旋時亦須徑向右旋俟圓片合於母螺之圓轉否則鋼底鋼圈尚未密合開放時必致損壞其圈 二洗礮之事平時每放一次用洗桿帚浸肥皂水洗之其帚用比阿沙瓦木質之皮及椰瓢之皮爲之後如圓錐形俾推出礮口之外仍可抽回另有一帚帚毛更長以抹油於管中有時因礮地太窄又欲連放不能每次必洗則彈外以本齊哂內融化之蜜臘罯罯蘸起刷於彈外恐蜜臘有堅凝之塊則置洋鐵管中燉於熱水中則連放二十五次而彈仍甚準凡欲洗礮先套裝筩卽裝礮之時亦以套上裝筩爲開門劈後第一事 三裝礮凡海岸所用礮架甚高故架上有起重架提起彈藥納入後門架有活車鈎於硬彈之底圈令彈嘴向下礮兵以彈嘴先入而後漸鬆活車以推進之若用長彈無論洗礮不洗礮俟已套裝筩卽將彈麓扣上

礮尾以活車鉤於彈鉗上環令彈嘴向上隔針孔向後俟至後口處先插入隔針乃鬆其彈置於箆中令彈嘴向前一人攔定隔針不令脫落而後放去彈鉗旋入自來火螺絲即推彈入筩而取去彈箆用大力徐推其彈入來復綫切不可停頓其木襯長十尺木襯前端有孔合於底螺已推進時置藥裹於裝筩亦以木襯推進木襯前端以後六二七密處有鐵圈為記號以齊礮之後口又取去裝筩旋動螺桿閉其門劈又旋螺鍵以緊之以門針通其門眼四定向此礮定向與他礮同大約擊活動之舟船等物者先定其準俟物至準綫中然後開放故架後七五或二邁處須有站立之處以便定向五開放開礮所用之繩歧出兩端一長一短繩後有一木柄見十四圖長端有紐扣於右表尺管上短端有簧鉤搭於門藥管之銅絲圈另有小紐扣於右邊彈箆鉤上聞預備開放之令礮目放下小紐用力一曳以放之隨以此繩盤置右表尺處勿曳於地如簧鉤中留有銅絲須摘去之又查門眼有無損污雖啟門後仍可查之惟不可與推礮向前之人相擠

三論收拾礮件凡用礮後即應抽出門劈以肥皂水洗之以布擦之又以皁門聽油抹之礮尾有皮套礮前有口塞以免塵沙襲入口塞有螺柄內係二斜面相合可以旋鬆旋緊又將表尺放下若非室中之礮則以油帆布蓋之若可經久不用則將門劈取去擦其門膛抹之以油又以門劈分開逐件擦淨抹以皁門聽油再裝合齊備藏諸箱中礮體用羊油或猪油與鉛養粉即鉛粉或灰粉抹之礮之前後口俱用木塞封之如久遠不用須屢次查看如有將鏽之像即復擦淨而抹以油與鉛粉如已成鏽非炭粉與油所能擦淨者即以細沙粉與油和勻皮蘸輕擦但須熟手循車成繞成之紋擦之外用油帆布蓋之其寬備之鋼圈鋼底另有小盒藏之其鋼底鋼圈緊要處有鋒鋩處俱須緊靠於皮不可近於木箱以防磨損後附二十一桑的各種礮表

	礮名	二十一桑的長箍砲	二十一桑的短箍水師砲	二十一桑的鋼砲	二十一桑的短箍鐵水師砲	二十一桑的短箍銅水師砲
	用處	海岸 海船	海船	海岸	海岸	海岸
礮體	連門重 克羅	九九五〇	九〇〇〇	九〇〇〇	六七五〇	八〇〇〇
	後重于前	〇	〇	四五〇	四五〇	六四五
	全長 邁	四七〇八	三九二三	三九二三	三七六六	三七六六
	耳軸離礮面之前 密	一七一六二	二四七六 一四七八	一六一五	一五〇四	一四三三
	兩耳底相距 密	六八九二	六八九二	六四〇八	六四〇八	六四〇八
	耳軸低于礮體軸 密	〇	〇	二六	二六	二六
	礮管最大外徑 密	八六三一	八八二七	七五八五 八一三八	七三三三 七五八五	七一九二
	礮膛最小外徑 密	七五八五	七六六三	六四〇八	六三五三	六六一
	礮膛軸與管軸相差	不合			合	
	礮膛及圜錐一段長	九四六	八六三一	七五八五	七〇六二	七〇六二
	來復綫起至礮口長	二二〇八四	二五〇	二六〇六八	二五〇	二六〇六八
	來復綫一周長 邁	一四二八	一二三六五	一二三六五	一二三六五	一二三六五
	來復角度	[illegible]	三度二十六分	三度二十六分	三度二十六分	三度二十六分
餅藥	硬炸彈 克羅	一七	一五	一二	一一	一一
	硬實彈	〇	〇	〇	一一	一一
	長炸彈	一四	一二	一〇五	九五	九五
	舊式炸彈	〇	〇	〇	一〇	一〇
始速率	九八五克羅硬炸彈 邁	四二二	三八九	三六四	三四二	三四二
	一〇〇克羅硬實彈	〇	〇	〇	三三〇	三三〇
	礮口重力積邁頓每周桑的	一三六〇四	一五五九	一〇一二	八九三五	八八四四
	礮口重力積邁頓每方桑的	二六〇一	二二一〇	一九五三	一七〇八	一六九〇
	門劈	單圜劈有螺鍵螺桿鋼圈	全上	圜劈無螺鍵上無螺桿有活鋼圈	雙劈後有半圜鋼圈	雙劈後不用圜或改用方正鋼圈
	門眼	在劈後	全上	全上	上面	上面
	望綫之長 密	一八三〇八	一五九五四	一四八二	一四八二	一四七五

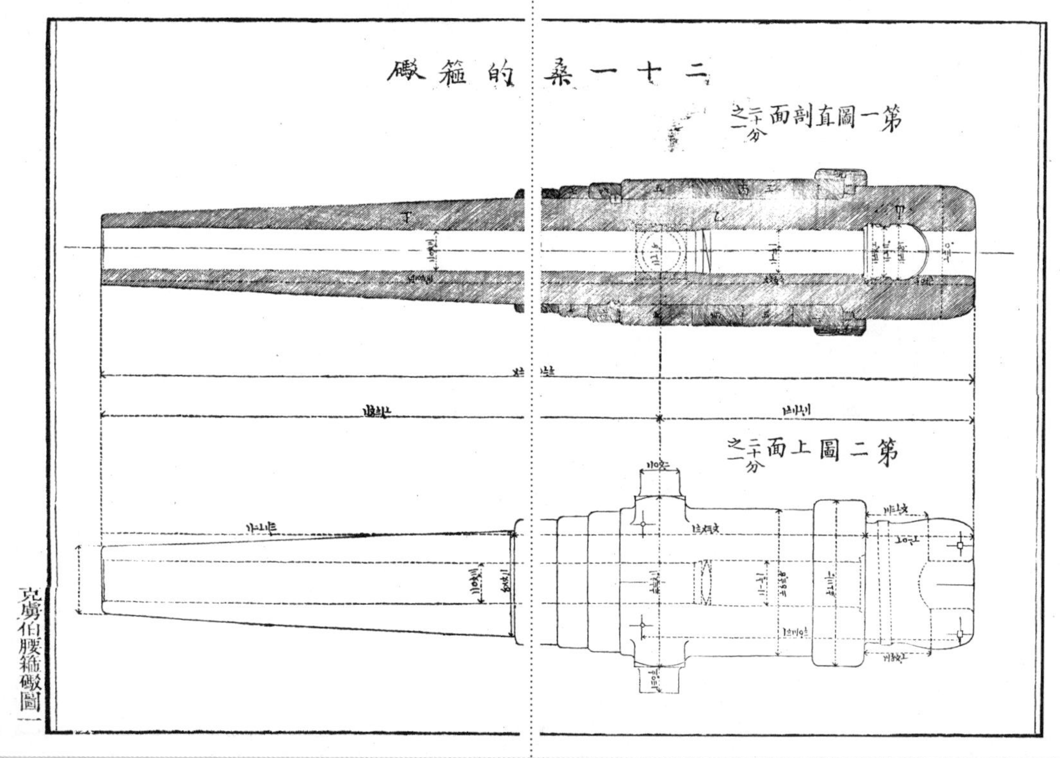
二十一桑的箍礮
第一圖直剖面 二十分之一
第二圖上面 二十分之一
克虜伯腰箍礮圖

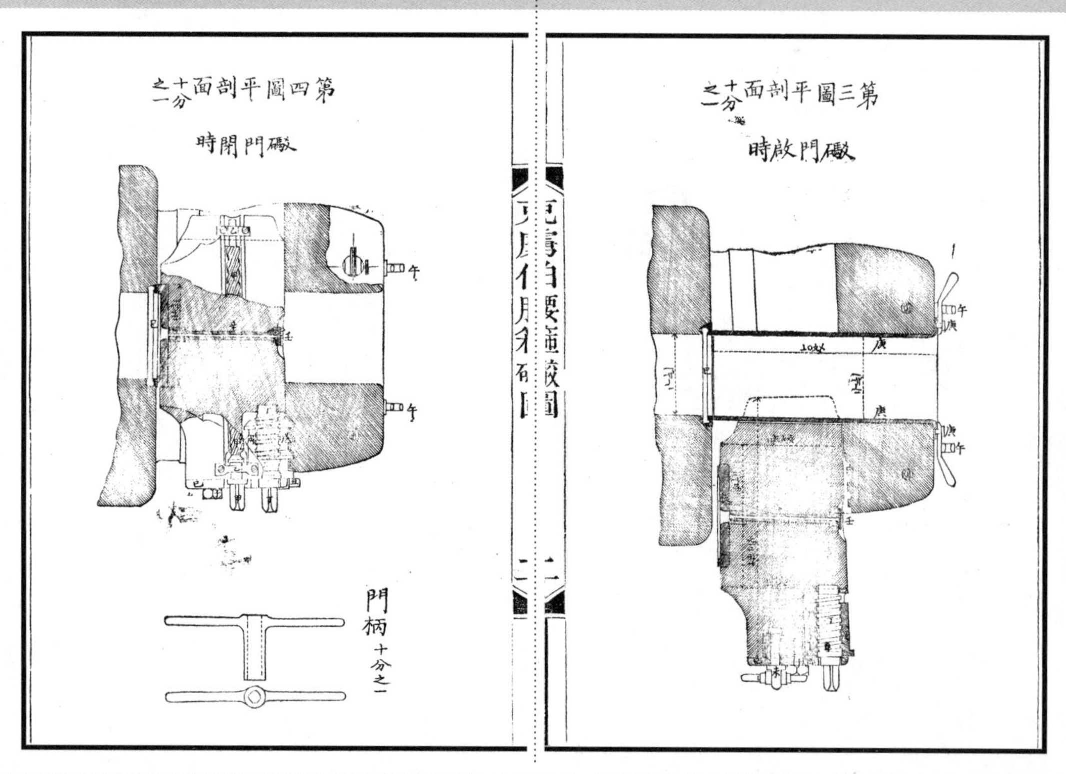
第四圖平剖面 十分之一
礮門開時
門柄 十分之一
克虜伯腰箍礮圖
二
第三圖平剖面 十分之一
礮門啟時

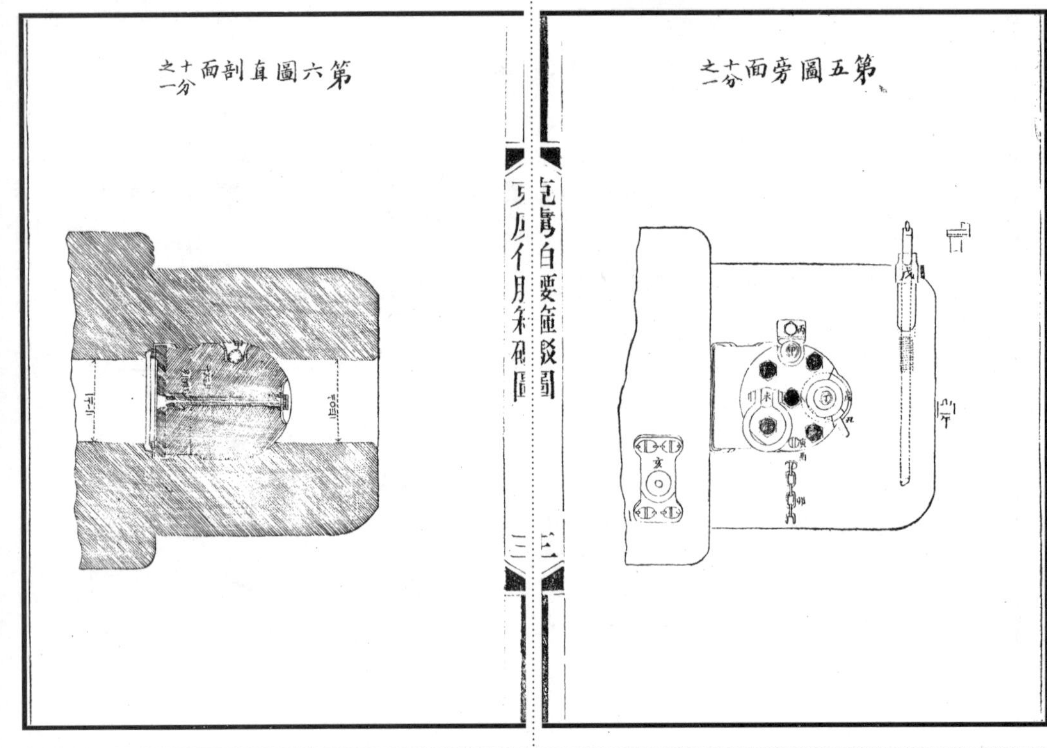
第六圖直剖面十一分之一
克虜伯要塞礮副
攻守礮用新礮圖
三
第五圖旁面十二分之一

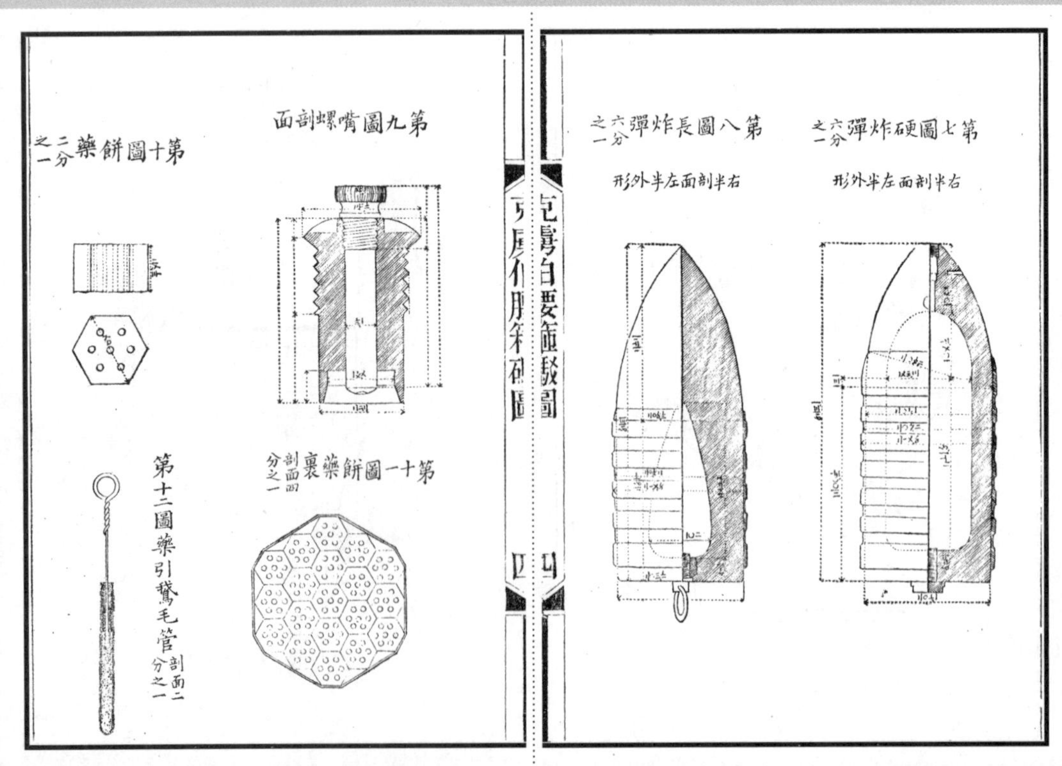
第十圖餅藥二分之一
第九圖嘴螺剖面
第十二圖藥引鵞毛管剖面二分之一
第十一圖餅藥裏剖面二分之一
克虜伯要塞礮副
攻守礮用新礮圖
四
第八圖長炸彈六分之一
右半剖面左半外形
第七圖硬炸彈六分之一
右半剖面左半外形

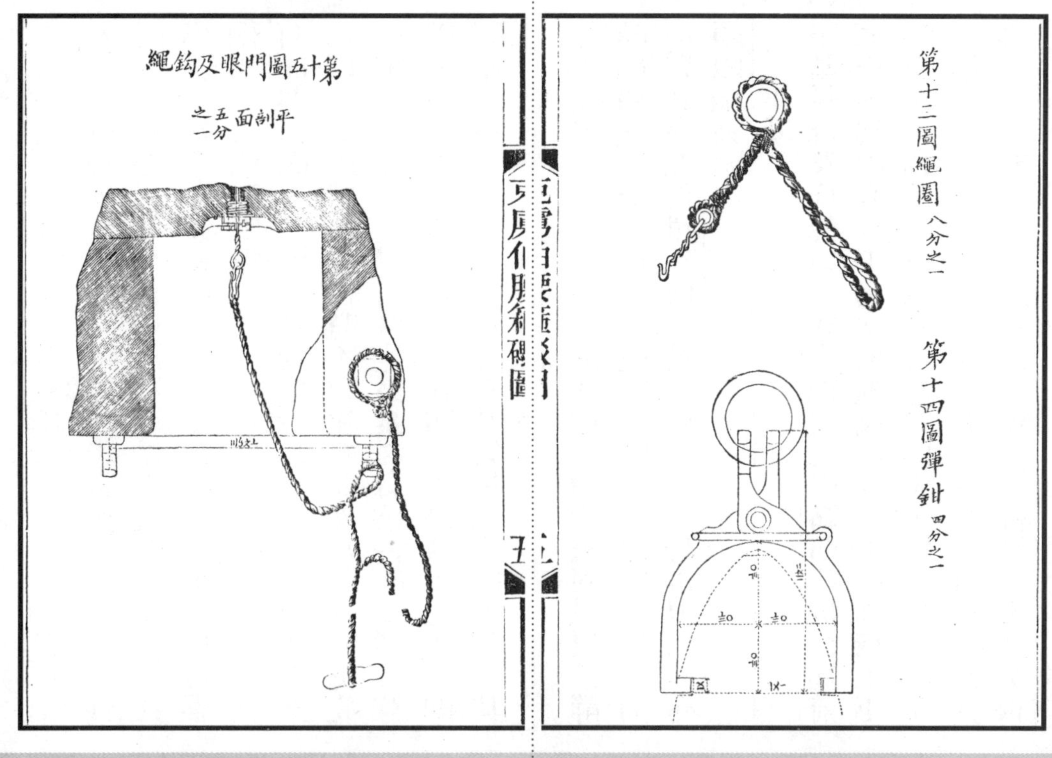

克虜伯礮架說 十五桑的船礮

布國軍政局原書

美國 金楷理 口譯
崇明 李鳳苞 筆述

凡船旁所用十五桑的之礮有上架如丑有下基如未申爲艙面之弧軌巳爲船旁之定柱圖附卷末

上架

上架有兩旁如甲橫板如乙底板如丙皆鐵爲之底板合於下基處有二銅條其旁板厚二十六密橫板底板與旁板相連處有角鐵上有耳鈌如戊鈌蓋如丁礮耳外護以銅環架旁有昂俯礮體之齒弧可昂十三度可俯六度上

架有四輪在旁板之內前軸定於銅管有卯螺釘固之再用卯螺釘以備移動法同堡礮架法當後輪着於下基時前輪亦着於下基有起桿如辰架尾有兩鈎如巳用桿撬起時四輪常着於下基推向後時則用活車曳之活車之一端鈎於架旁如午一端鈎於下基後環推向前時係滑向低處可以不用大力故無須活車若船受風浪欹側則以活車一端搭於船旁曳之上架前有小檔木如未令與下基之木相碰

擠板

此礮架用擠阻力之鐵板以減礮之退力下基之中有立

鐵板六塊如中前後各有橫鐵條一鐵條中間上架下有方鐵板五塊如亥釘固於橫板其後有橫條如物橫條有兩螺釘固之上架又有橫桿及螺槽兩邊有鈎如天令其抓緊下基之六鐵板兩抓鈎之軸在底板之下橫軸有螺槽如地可以鬆緊抓鈎上之螺絲如人上架之右有旋柄向後則緊向上則鬆擠緊其柄令其常定之處如八上架右環有象皮墊令放柄時不致相碰如九凡開放時應先放下其柄或令震退時自能夾緊則有檔舌如二檔舌釘固於橫片如三舌靠於下板如四欲加減其阻退之力則圓片上有孔二十如五可移右其釘柄之捎以加阻力其

梢如七若風浪搖盪時則開放以前須先夾固風浪恬靜時則用檔舌令其自能夾緊以生阻力既退時將柄放開仍鬆其夾然後推礮向外若受風欹側時恐推力太猛亦須以柄夾緊之

下基

下基長條及橫條皆工式生鐵爲之甲爲前蓋板乙爲前底板丙爲中底板丁爲立橫板戊爲後底板後橫板上下俱有角鐵相連前蓋板之後邊曲向上可與上架之檔木相遇上有檔繩之木如巳此木有六螺絲釘釘於前蓋板之上其上有鐵板蓋之木前有槽可嵌檔繩上架之旁板後有梢如庚以貫檔繩此檔繩所以防擠板之壞也前蓋板上有鉸鏈如辛後底板下有鉸鏈如壬可以扣定於艙面之柱用礮時將鉸鏈翻轉即易於磨動架之前後有生鐵輪稍偏向外近軸處有礮銅管函之前軸有捎捎端有環可以搭活車之鈎恐前輪損壞故又作平墊於弧軌之上所以防前輪之損壞其後輪亦用不同心法後軸有孔其容桿處如丑可令下基磨動震退時下基靠於後墊如寅若欲常令活動則用卯螺釘而拔去其桿若稍稍磨動即不用卯螺釘只用活車曳之撬桿動之其中段之墊如辰其下基中之擠板如第十二圖前橫捎靠定於兩鐵板及

前蓋間如巳後橫捎靠定於後底板之角鐵如午下基右旁之前半有擋舌後面左右有環如未樁同陸礮臺其擠板左右又有木板以便人行此板擱於前後底板

零件

船礮所需之件一爲前柱二爲弧軌三爲後柱以熟鐵爲之或以鋼爲之恐靠木處鏽壞則以錫鍍之前柱如甲合弧軌之中心柱架如乙熟鐵爲之以四螺釘固之前柱有環可以拔去此礮架可左右各三十度下有弧軌三道以鋼爲之每道以兩弧相接用木螺釘定於艙面又有後柱如丁其底稍圓有四螺釘定於艙面下亦有板用螺蓋定

之凡定礮時扣上鉸鏈而捎緊之如嫌太長則可鏇短一爲兩桿桿柄如申以堅韌之木爲之下端有熟鐵如酉與昂俯礮體之齒弧相合又與下基後輪之孔相合二爲兩活車及繩繩徑二十密其活車以熟鐵爲之外鍍以錫用以移動下基偏向左右每活車內有銅轆轤二

安置及收拾法

法與堡礮架同惟船旁斜低故弧軌之兩端須高於艙面則軌道可平其擠板製造極精不可移動若用之已久視震退時擋繩太緊即知擠板已鬆須加緊之然太緊則亦易損壞故每加緊時只須移緊半孔以一人之力能壓下

其柄爲度每用礮時前後各件須細細查察如見鏽污即須去盡或加油於螺絲桿上切不可流於擠板以防太滑亦不可令擠板發鏽如用自能夾緊之法則柄須向上若風浪大時先用人力扣緊其柄其下基之上面亦須光滑行海時縛定其礮令與船向成直角將後鉸鏈放下而捎緊之再用活車推礮向內令擋繩緊直乃放下上架之面與下基相合以活車繩縛緊擋繩之中段又夾緊其下基之擠板若風浪甚大則左右用大繩緊縛其礮另用木塊墊其礮尾庶不致損壞齒弧

克虜伯礮架圖 船礮一至三圖

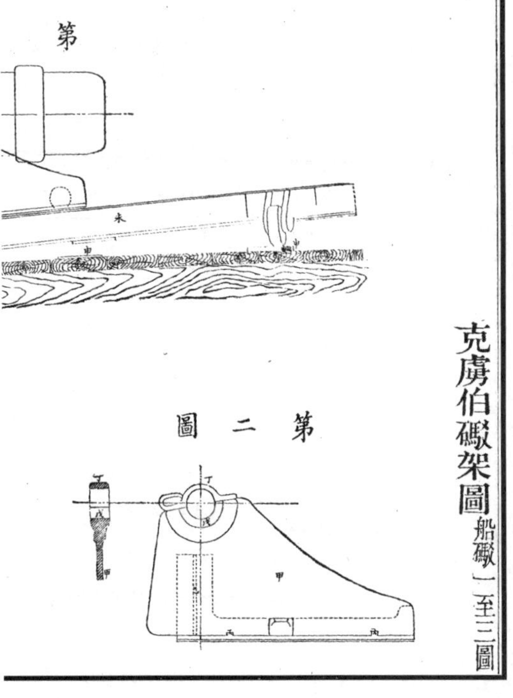

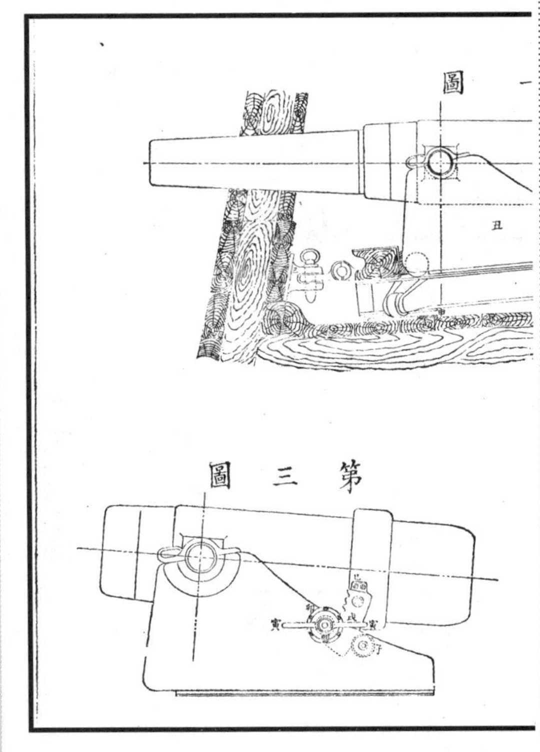

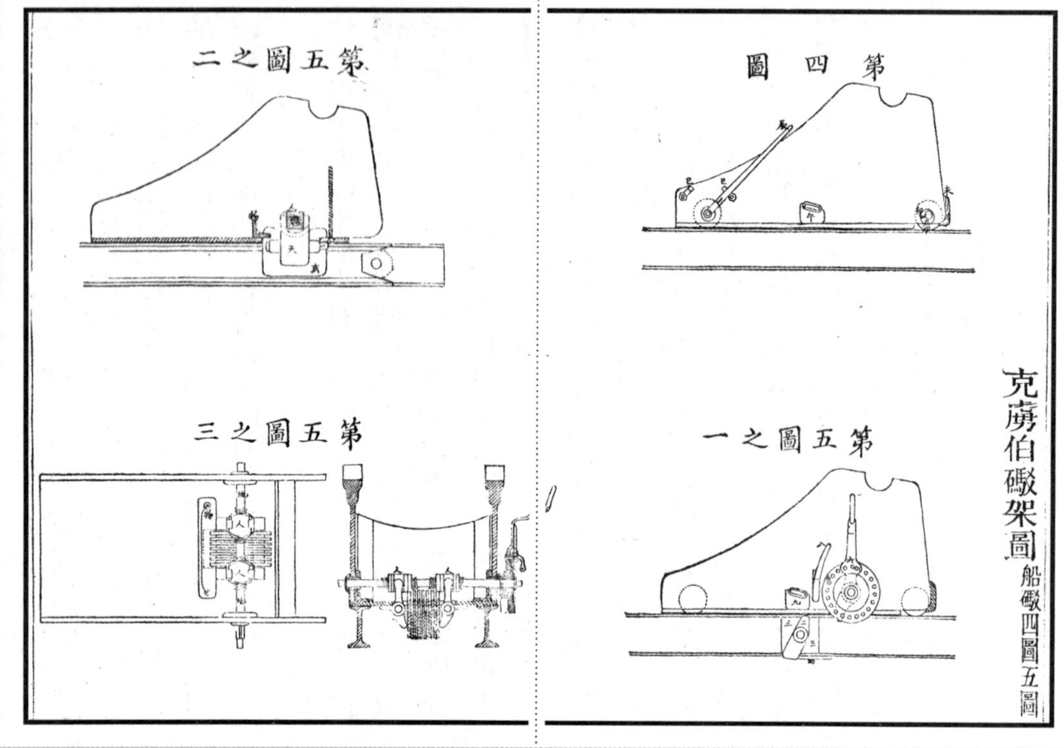
克虜伯礮架圖
船礮四圖五圖
第四圖
第五圖之一
第五圖之二
第五圖之三

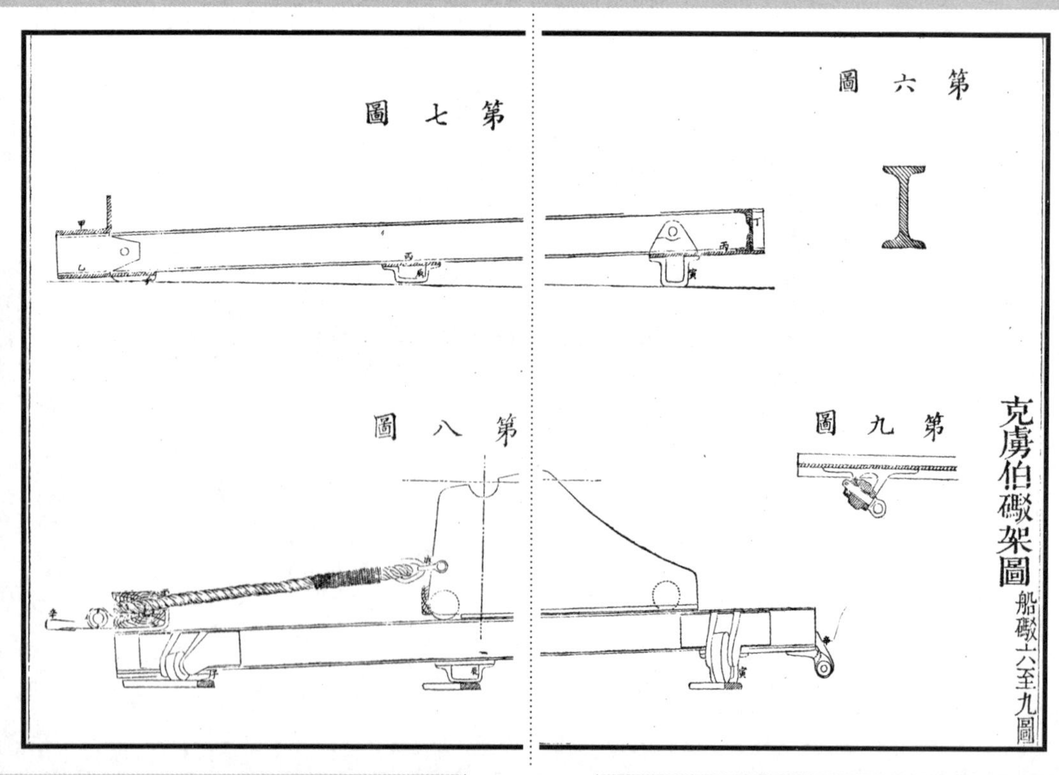
克虜伯礮架圖
船礮六至九圖
第六圖
第七圖
第八圖
第九圖

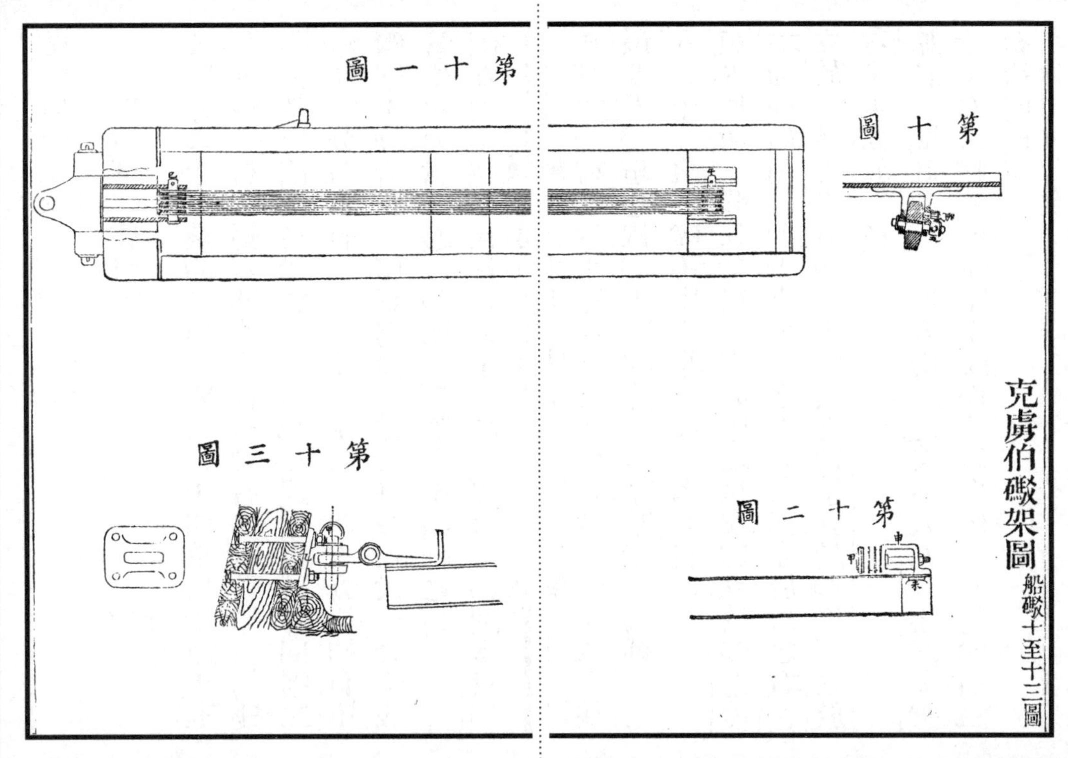
第十一圖
第十圖
第十三圖
第十二圖
克虜伯礮架圖 船礮十至十三圖

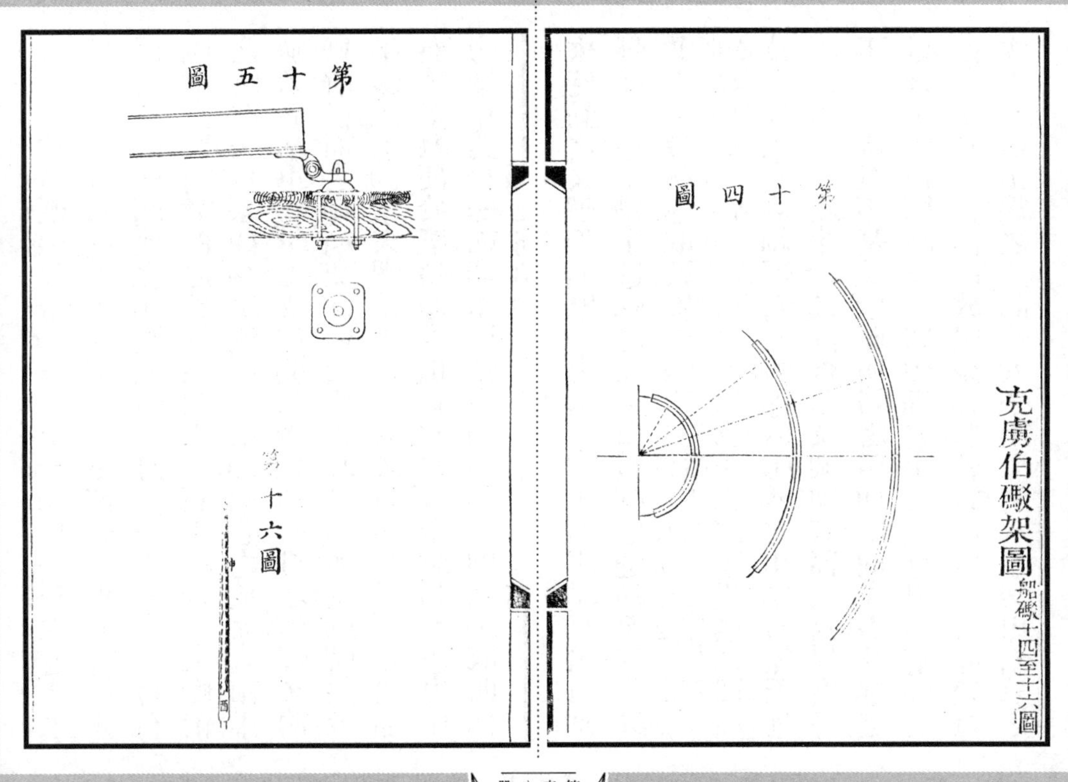
第十五圖
第十四圖
第十六圖
克虜伯礮架圖 船礮十四至十六圖

克虜伯船礮操法 二十一桑的二十四桑的兩種礮

美國 金楷理 口譯
崇明 李鳳苞 筆述

布國軍政局原書

凡船旁二十一桑的礮用十四人二十四桑的礮用十五人每礮另有掌藥人運藥人各一船右為單數船左為雙數號數自前而後船右邊為右行左邊為左行每同邊二礮為一分行右有一三五分行左有二四六分行如有單礮則未分行管三礮每邊設一管帶每分行設一分帶或管帶可兼管一邊每礮第一二號須用諳練之兵

礮在縛定時礮兵各有分掌㊀為正礮目㊁為副礮目㊂㊃掌定向桿㊄㊅夾定左右㊆㊇夾定進退以上八人為最要㊈㊉掌起桿(十一)(十二)掌取彈(十三)(十四)掌裝礮(十五)為補空之人二十一桑的礮不用(十五)掌藥運藥者又有二人 一

預備操演 聞此令後㊀立於礮之後左㊁立於礮之後右面向礮前㊂㊄㊆立於一之左㊃㊅㊇立於二之右㊈立於㊂後(十一)立於㊄後(十三)立於㊆後㊉立於㊃後(十二)立於㊅後(十四)立於㊇後 二

原位 聞此令㊀㊁兩人仍立定後行人亦立定㊂㊄㊆走至右邊㊃㊅㊇走至左邊面皆斜向礮前左行向前右右行向前左 三

解礮 管帶既出此令㊀掌礮上一切事又查左邊之表尺望準㊁查右邊之表尺望準又掌門眼自來火等件此兩人各取一門藥盒扣緊於帶㊀另有自來火盒㊁另有隔針盒又有放礮之鈎繩掛於表尺管上㊆㊇解去礮前之繩取去口塞如為磨盤礮則解開磨心之機㊄㊅預備解旁面活車㊂掌毛皮俟開放後擦淨後口之藥煤又助㊃解後面之繩而交此繩於(十三)(十四)此時㊂㊃旋動螺墊放平礮體㊄㊅掌夾螺墊之器㊂㊃又查下基是否合於船面之弧軌便於磨動㊄㊅捎緊架輪勿令脫動㊈㊉曳尾旁活車鈎於艙面若不用活車而用齒輪則㊈㊉取曲柄

來旋動之又解後面磨心之機(十二)掌木襯(十一)掌套管(十四)掌彈箙(十三)掌輪槽上運彈之器又自發彈處運彈至礮所運藥人至發藥處取藥裹至礮所若彈欲自下艙運至上艙已在礮所則(十五)掌取彈活車自下艙取出而待(十一)(十三)(十五)及別號取彈至上艙(十一)(十二)(十三)(十四)(十五)既預備後即回原位 凡㊀宜詳細察看㊂㊃㊄㊅㊆㊇之事㊁宜察看㊈㊉(十一)(十二)(十三)(十四)之事㊀又詳查礮及架與夾器表尺昂度等事㊁又詳查下基及近礮所司之事如磨向左右及運藥運彈裝礮啟門缺及一切預備之事 凡每出令解礮之後必須查察各件停放以後亦然若有**洗礮**之令亦須查礮俱㊇以上為之故此八人必用上等水手勿用新募之

人其查法如下㊄先抽開門劈察看螺桿螺鍵及門劈是否潔淨既洗礮後㊀即詳看管內潔否又看鋼圈內面有無損汚㊁查門眼鈎繩及左右表尺望準㊃查門腔潔否㊂查上下架之後輪及螺墊夾器靈便與否㊆㊇查架旁之夾桿又查上架之前輪㊄㊅查下架之輪及輪下弧軌如有損汚即訴於㊀轉訴分帶如不能猝修即禀知管帶四

推礮向外　聞令後㊀㊁持㊂㊃之桿擱於上架輪上推動之時此二人掌起桿若人數不敷則推礮時㊀㊁先夾定其輪不令左右亦赴旁活車處曳之㊄啟螺鍵㊇掌夾

克虜伯船礮操法　三

器其餘俱相助推礮其曳繩時八人俱在繩內近礮處曳之既推足時㊀遂出令曰(定)即以上架擱實放下其桿若風浪搖動則㊇掌夾器而與㊆盤聚旁活車繩於艙面若搖動甚大恐推出之力更猛㊇應另用檔繩從後漸漸鬆令向前此時可將上架擱實又將下基之旁尾活車夾定不令下基向左右移動五

啟礮門　聞令後㊄即旋動螺桿抽出門劈㊁察運彈之人㊃㊅兩人套上裝筩此時㊂將毛皮擦淨套管之腔(十二)(十四)將木襯預備推送藥彈㊈㊉將彈簏帶至礮所㊂㊃鈎彈簏於礮後(十三)鬆彈簏之活車六

裝礮　聞令後㊂㊃推彈入礮若為長彈應常令隔針根

向上(十三)(十四)以木襯用力推抵入於來復綫(十一)(十二)助之既推入後(十一)即取去彈簏掌藥人帶藥裹盒及藥裹走至㊂處開其盒蓋㊂以藥裹納於後口(十三)(十四)以木襯推送藥裹至記號而止㊃㊅取去裝筩若為硬彈則用大藥裹長彈則用小藥裹洋鐵管則用操時藥裹七

閉礮門　聞令後㊄以螺桿旋進門劈又旋緊螺鍵㊁用門針通其門眼又取鈎繩鈎於自來火之銅圈八

門藥　聞令後㊁以門藥管用左手推入門眼以鈎繩紐扣於左邊彈簏鈎上九

定方向　聞令後㊀執鈎繩立礮後按令定向㊂㊃掌螺

克虜伯船礮操法　四

墊㊄㊅持夾螺墊之器㊈㊉及(十一)(十二)掌下基之旁活車㊀以手指示令曳向左右㊁則細心察看勿令太過十

預備開放　聞令後㊄㊅夾定螺墊㊂㊃抽出起桿而離開其礮㊁即取去鈎繩之紐十一

開放　聞令後㊀將鈎繩用力一曳而退至退限之外㊄即旋動螺鍵㊂㊃以起桿交於㊀㊁十二

若有洗礮之令則㊀又出令將礮磨左或磨右移於妥便之處然後推礮向外若礮已裝好而聞洗礮之令則俟放過時洗之若不必再放則回出彈藥然後洗之凡洗礮時㊄先抽開門劈(十一)(十四)掌洗礮㊀掌察看潔淨與否俟㊀出

令(裝礮)而後推礮向外以頭所用之彈藥裝之十三
設未啟船旁門鈌而先裝礮者則裝畢後出令(推礮向外)
掌起桿人推鈌向外其餘㊈㊉以下俱曳活車而開其門
鈌(十四)夾緊門鈌之活車其㊂㊃㊄㊅㊆㊇推礮向外惟㊁
即率領㊈㊉以下啟鈌故以㊃代㊁與㊀持桿撬起上架
令輪着下基易於推動若開放後仍須閉鈌則㊀即搖手
示之令(十四)鬆門鈌之活車將門鈌放下十四
設用磨盤礮推往別鈌中則㊀掌解礮㊆㊇等人將鏈解
去（新法不用繩）取去口塞乃以艙面活車旋動令礮向應到之
鈌若無此活車則以定向之活車代之則㊇(十一)或㊆㊈移
活車於應鈎之處㊁掌磨心之樁㊂㊃令下架輪着於艙
面以便轉動　若改向時又改移於別門鈌者則各兵所
掌與上同十五
以上操法係向左開門之礮若向右開門者㊃㊅㊇(十二)(十四)
所掌之事改爲㊂㊄㊆(十一)(十三)十六
若用操時藥裹每開放後必須查擦鋼底因藥裹甚小不
能密合恐有藥煤留滯也十七

克虜伯礮架說十五桑的堡礮

布國軍政局原書
美國　金楷理　口譯
崇明　李鳳苞　筆述

凡防海之十五桑的礮架有上架如丑進退甚便下基如
未圓心柱如巳心柱之臼及申申兩軌道定於架墊如乙
其礮口能向下六度置於丶八九邁之短牆架上甲甲爲礮兵
所站之鐵板亦勿太高太高則易於受擊（圖附卷末）

上架

上架有甲甲兩旁板有乙前板有丙後板有丁底板底板
合於下基處有銅條此礮兩旁用單層鐵板更大之礮則
用雙層有戊戊相連之邊上有礮耳鈌有鈌蓋如巳礮耳
外護以銅管兩旁有墊輪可令俯仰庚爲齒輪辛爲齒弧
合於齒軸弧與礮箍外壬處相連子爲齒弧內面令齒弧
不離齒輪架左有丑爲圓板其邊有孔可用起桿撬動之
架右有寅爲有柄之輪凡小礮即以此輪移動齒弧相接
之輪大礮則再接一輪以移動之左邊有卯可以夾定齒
輪令其不動卯有兩柄右旋之則齒輪與架緊合不動
欲開放時將上架合於下基使輪不相遇以減其退力若
欲人力推向內外則用上架四輪因後輪之軸用不同心
法故可將桿撬起架面令輪着下基後輪既著則前輪亦

着前後各一鐵桿以貫兩輪四輪俱在架旁之內面後輪係從底板中透出著於下基其軸桿出於架左

十七桑的以上之礮上架四輪在雙鐵板中間每輪一軸此等礮旣退時因下基上有劈形故其輪能自着於下基不似十五桑的之需人撬動也劈形用螺釘定於下基開放時上架退至劈前輪卽着於下基其上架仍復滑動向前後輪有一鐵條如巳可令不動若用人力向後須先去鐵條以桿套入午孔（如五圖）壓下後輪其前輪亦用不同心法有小螺釘定其輪如未或推動時輪不隨轉必磨損輪周之一面故須稍轉其輪而再以二小螺釘定之底板下有

申申（如六圖）不令礮退時離向左右有酉酉不令礮退時離起下基底板前後有一鐵拒以抵前後之挺簧庶不驟然震壞惟十五桑的礮架不須另加鐵拒祇以底板旁板相接處之角鐵畧彎曲以抵之當人力推後時有架旁後面鐵環可以貫繩曳之

韝鞴

此種礮架有韝鞴以節礮之退力其圓筩如甲（如七圖）以鋼爲之車光其內有底如乙定於架後橫檔筩前有丙亦定於橫檔又前有圈如丁上有筩蓋如戊底圈有螺絲如巳以納流質前蓋有螺絲如庚以洩流質筩內韝鞴稍可活動如辛內有四孔其桿如壬以鋼爲之前蓋有銅護軸如子軸前有桿如丑以兩螺釘定於上架底板以格力所令油納於筩中使冷不冰而燥不涸礮震退時其油自四孔流出入於前段令其退力漸定因油未裝滿與輭墊相似不致驟然漲裂其筩及推向外時緩緩流於後段又與無阻者相同

下基

下基有左右兩片及相連之橫檔兩旁用工式輥成之鐵若十七桑的以上之礮架則用丌式錘成之鐵乙爲上板丙爲下板令兩旁前面相連中有工式之兩鐵條相連後

有丁上板戊下板亦兩鐵條相連如巳巳又有角鐵相連以釘固之此兩條之前卽筩底所靠處兩鐵條爲庚係一鐵板一角鐵卽筩蓋所靠處惟十五桑的礮前後各用立鐵板而不用上下板祇用角鐵以固其立板

下基之下有輪架前後各有辛旁板有壬平板又有子平板另有角鐵固之後輪架高於前輪架用等徑之輪每架另有軸架如丑係生鐵製成之角形前後各有兩鋼輪如寅周有凹面如卯合於弧軌但令相合而不令夾緊後輪四周有孔可入撬桿以動之旁面前後有挺簧如辰係用鐵板與象皮逐層間隔以擠入空圓柱形中架前有扣柱

之環如巳圖架此環與前橫鐵相合或與前輪架下半相合有鉸鏈式如巳

當上架推向後時有齒輪柄如午圖架將上架之繩嵌於午軸而旋轉之若十七桑的以上之礮則用兩齒輪其鐵架靠下基尾如未兩旁俱有之此架定於架旁之孔如申推向後時可鈎緊其繩而以柄搖轉之惟十五桑的者無此架只用活車連於上下架之環以曳之其十七桑的以上亦有鐵環在申孔之旁用活車以磨向左右凡二十一桑的以上海岸礮架有鏈車在架後如酉圖架其輪有鏈股之鉠鏈之兩端定於樁兩旁各有兩轆轤一側一平不論鏈在何處總可合於酉輪外用曲柄及齒輪搖動令可左右倘鏈有斷時則用活車代之

二十一桑的以上之礮下基之右有起重架如亥圖架架根抵物中段有鐵架如天令合垂綫有柄如地可令旋轉又有搖輪如人可上下其繩按彈之輕重而用一齒輪或二齒輪以運動之其繩一端定於轆轤一端有鈎將彈簏上圓桿除去扣上此鈎乃旋地柄令掛於礮之後口已推入礮時仍復鬆下其鈎

下基之上有數角鐵成架以釘栗木之板令礮兵可以站立架後有木臺令定向人可以站立下基左右各有旁外行走之板旁內亦有板令抽門勞人及置藥人可以站立

架墊

架墊以磚造成圖架按礮之大小定其厚薄約一二邁築砌堅實以防天雨冰凍之改變海岸上而大半淤陷須先釘樁樁上用火車路之鐵條加以磚牆牆上築架座如甲孔內植鋼柱如巳柱之四周有鐵條七八狀如車轂內植長螺柱如乙下有生鐵片定其螺柱之腳令堅定於磚牆之內有半周形為礮架前輪之軌道其後輪軌道分為兩弧大礮則後軌道為生鐵之長方片此長方片以石膏灌固於磚牆之內令礮架向左右各四十五度計用五片若更輕之礮則不用此長方片而但用弧形之生鐵墊以螺釘定於墊上如戊而再鎔鉛以灌之若暫時駐防二三月則用木樁而不用磚牆軌道之後有移動礮架之鏈靠定五樁兩端鈎定惟中間三樁上可離開其鏈如辛

零件

海岸礮架所需之件一為勒木桿二一端有鐵斜口可以撬起螺墊又可入上架後不同心輪之孔又入下架後軌輪之孔二為大螺鑰可啟鞲鞴之蓋三為小螺鑰可啟格力所令油之孔四為活螺鑰可啟各種螺絲五為彈簏下有小輪連仰瓦形之兩鐵板可以承彈如甲上有鐵環如

乙環內有兩螺絲如丙可令彈不活動環上有鐵圈如丁可以鉤提前有向外之兩鉤如戊可搭礟後之環前下之鼻如巳靠礟後裝筩之邊中間稍前處有兩輪如庚後有托板如子令彈不能退後托板上有兩柄鉤定如壬鐵環兩旁有耳以爲柄根欲運彈時其彈方立置於彈房中將托板先墊彈下而平臥於篚中然後持柄曳之

每三尊礟另有曲柄及輪兩副以曳推礟之器及繩與活車又有一螺絲門之油壺其無鏈之小礟則每礟架用兩活車曳動之

安置及收拾法

克虜伯廠發售之礟及礟架均先安置試放然後發售所以安置於礟臺時止須築一平基柱架須平直恰合軌道中心不可欹斜若十五及二十八桑的之礟其半徑爲四五九五密卽柱至後軌弧之數軌道螺絲須與軌面相平其三辛鉤須與半徑參直而稍向外下架下繞鏈之輪須在辛鉤以後二十密底不相擠其釘鏈之時勿令鏈股絞轉其韝韛等件於發售時查驗安貼不可輕改如有格力所令油洩出須隨時添入先開上面之蓋而量其深十五桑的礟須深四四密其油爲十六羅脫各礟架應有之油數如下

二十一桑的礟　一百密　三十六半羅脫

二十四桑的礟　九十六密　四十一羅脫

二十八桑的礟　一百十五密　六十羅脫

若不及此數須開其蓋以油壺加之克虜伯所用之油爲最良與水相比如一九此油不凋亦不冰若無此油則添極潔之水不可含鹹質但不可過四分之一其添油或水總不可過應用之數又大礟架後有螺絲門可以洩至應深之數而止後面鑴明應深之數可以查看恐有洩出則須加緊上面之蓋其前面庚螺絲門亦須旋固以木螺塞及羊油塞之若上面油蓋不緊則加線於螺絲中而旋入之若前面韝韛蓋不緊則以螺鑰緊之

每用礟之前必細查韝韛及一切鋼鐵活動之件開放時查有無弊病甫開放時須察後輪距劈尖以前是否四十密若見更近則抹以油其油只宜抹於四十密之處有時輪下磨平而不肯滑向前者可稍移其不同心輪下基之上常令光滑不可留鐵屑鐵鋒須以光鑢平之設開放時忽斷其鏈則棄去其鏈而用撬桿左右之設螺柱不固則有前後軌道能阻其退力尚可開放二三次

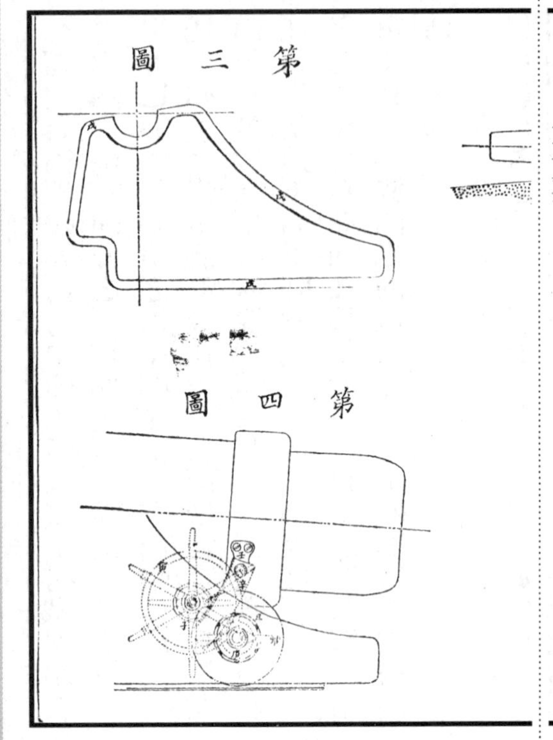

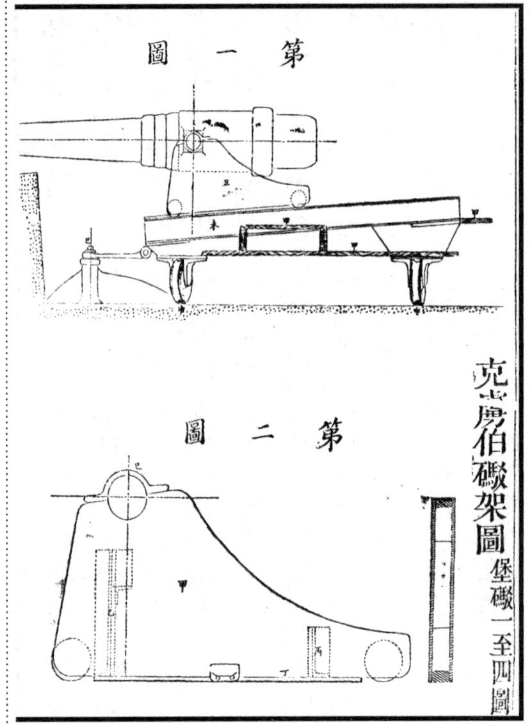

克虜伯礮架圖堡礮一至四圖

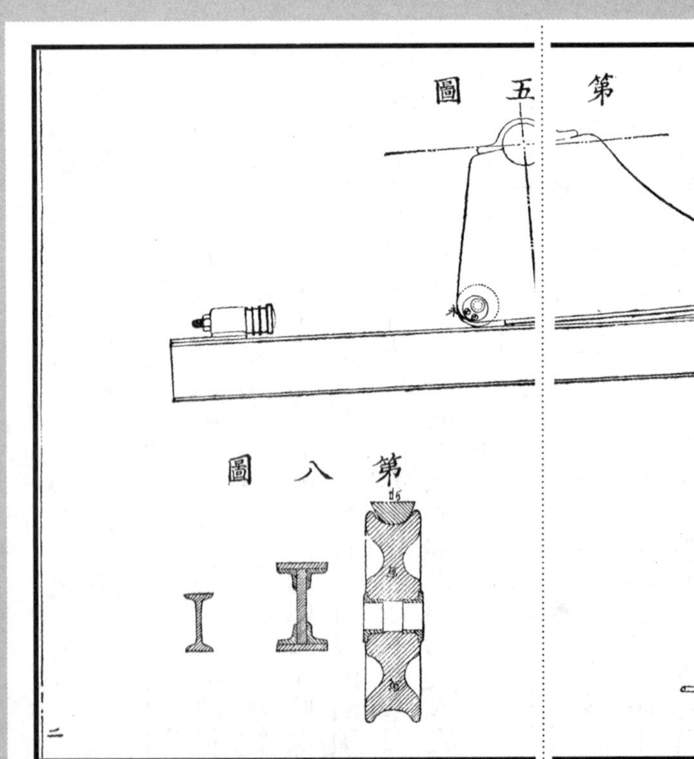

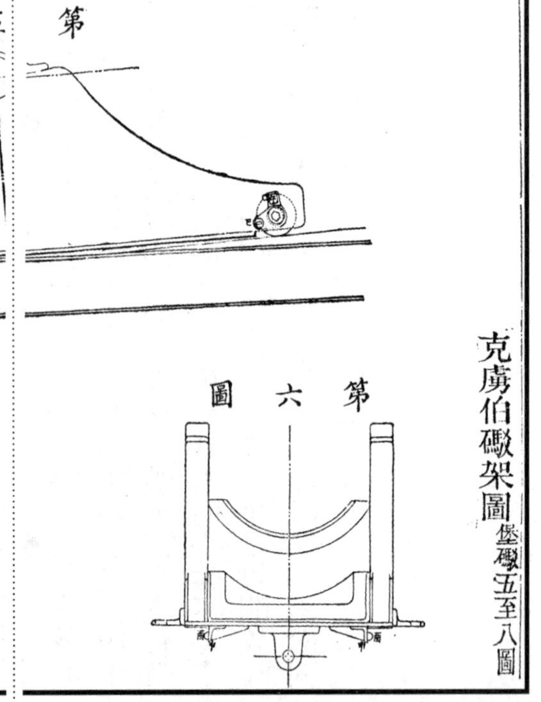

克虜伯礮架圖堡礮五至八圖

二

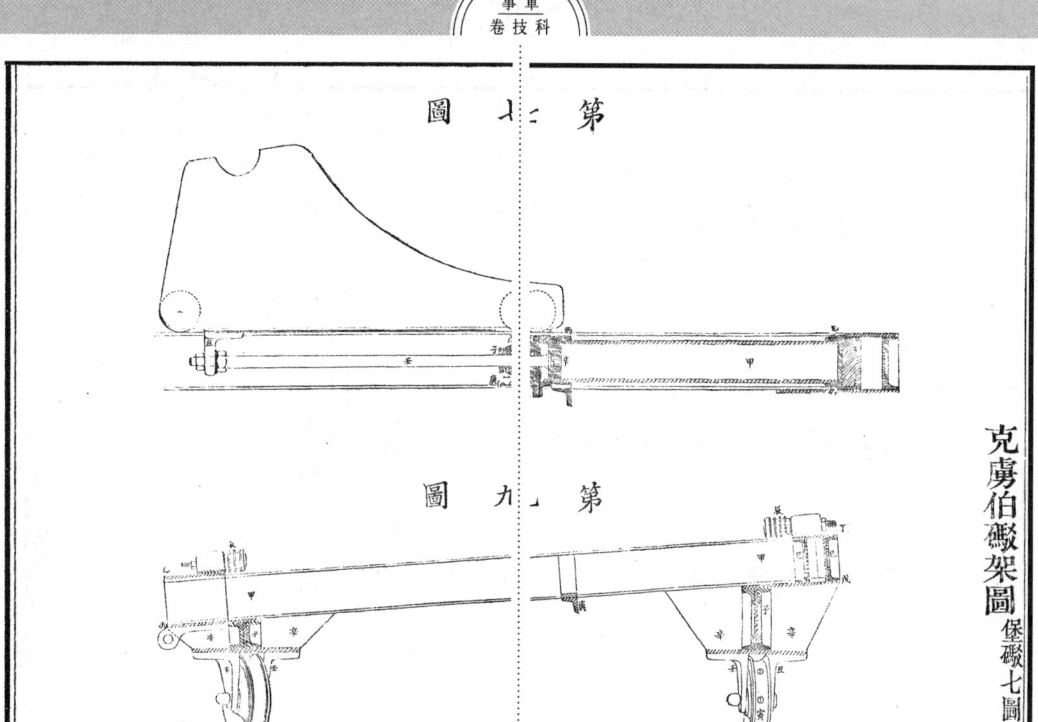
第七圖
第九圖
克虜伯礮架圖 堡礮七圖九圖

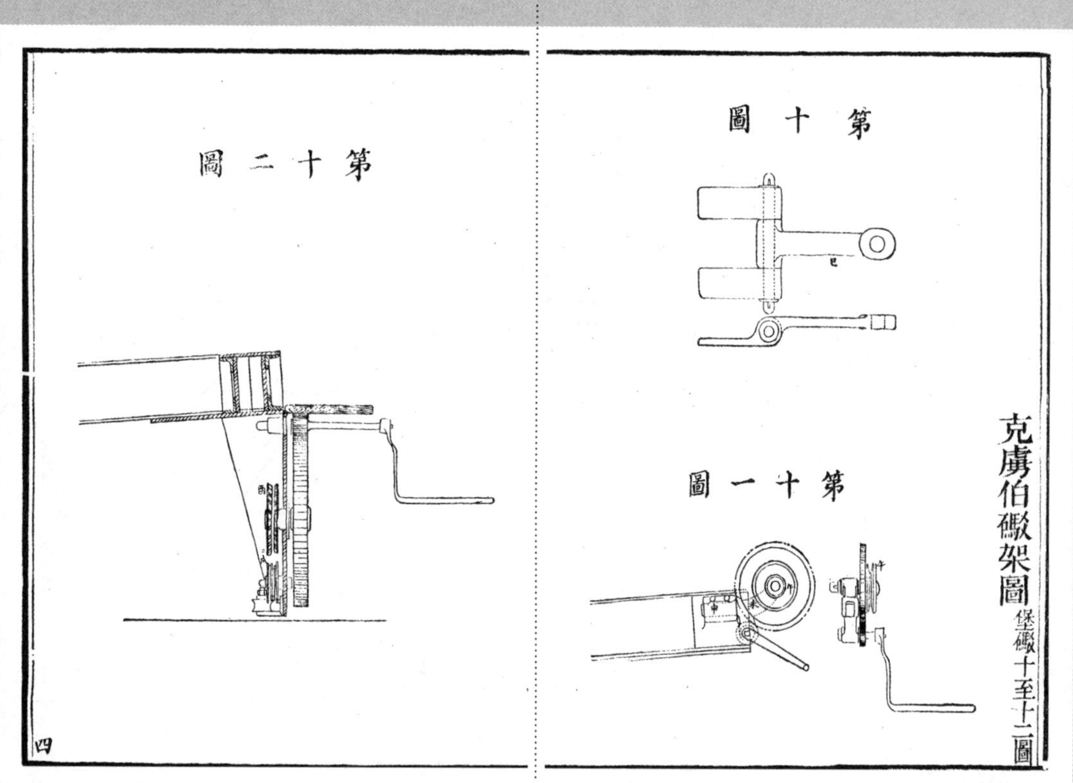
第十二圖
第十圖
第十一圖
克虜伯礮架圖 堡礮十至十二圖
四

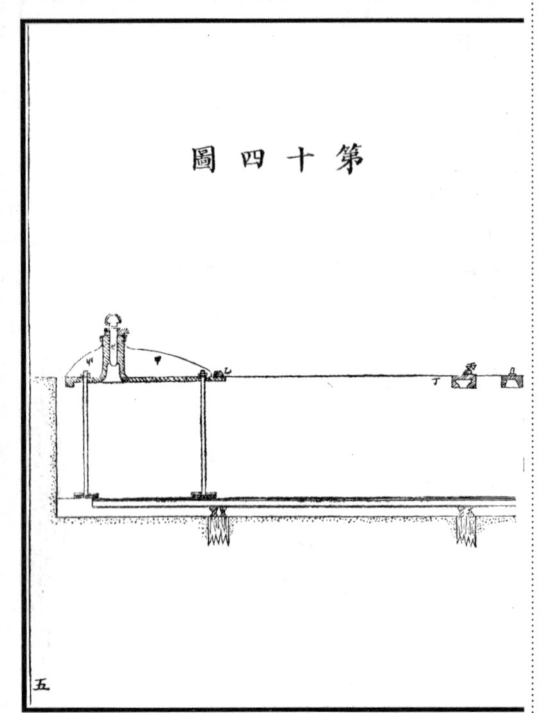
第十四圖
五

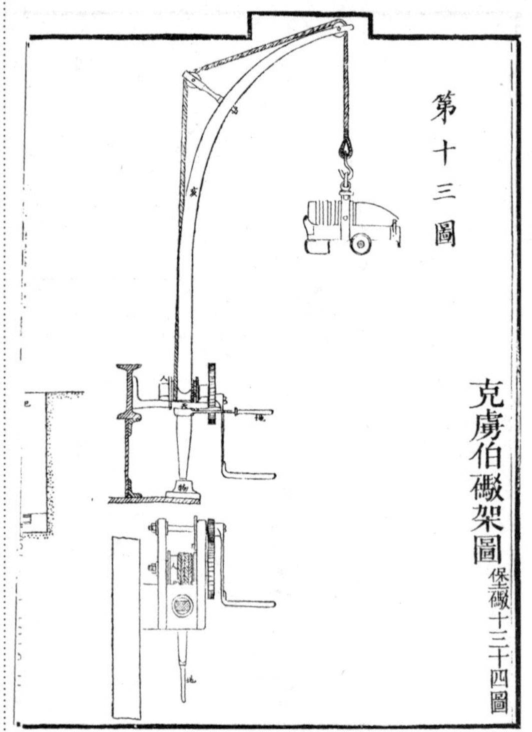
第十三圖
克虜伯礮架圖堡礮十三十四圖

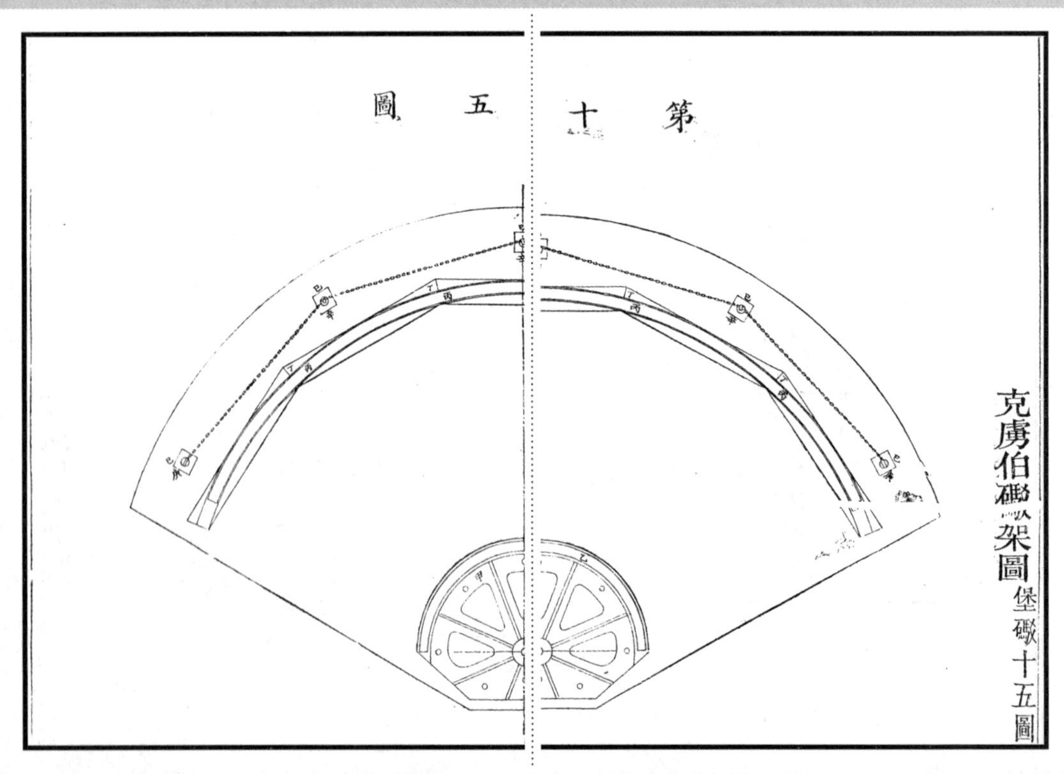
第十五圖
克虜伯礮架圖堡礮十五圖

克虜伯礮架圖 堡礮十六至十九圖

第十六圖

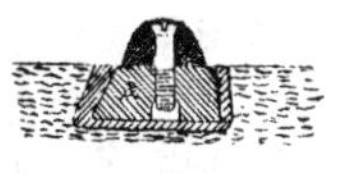

第十七圖

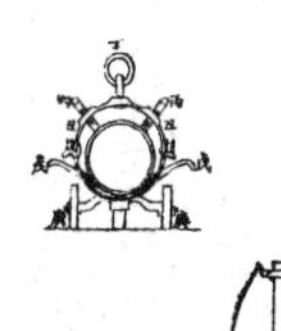

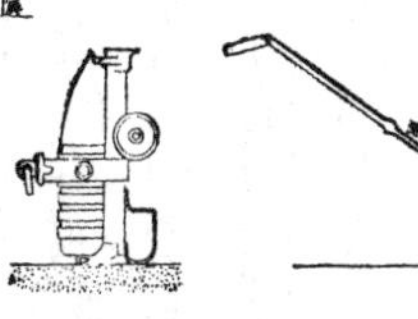

第十八圖

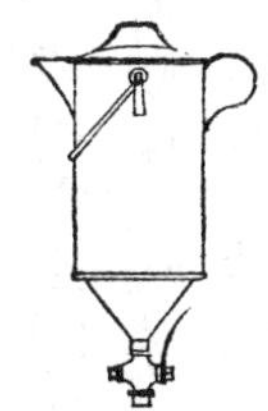

第十九圖

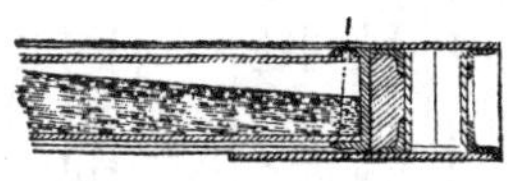

克虜伯螺繩礮架說 西名卜洛克懷耳架

布國軍政局原書

美國 金楷理 口譯
崇明 李鳳苞 筆述

礮架說

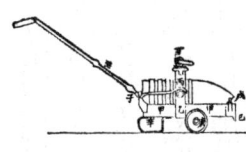

凡十二及十五桑的有腰箍之礮所用藥裹甚大且用硬質彈及鋼彈以透鐵甲或用更輕之彈以透無甲之物彈力愈大則礮退愈猛若仍用尋常之擋繩礮架必須加礮體之重方能減其退力若非加重其礮體則必加粗其擋繩然加重加粗殊嫌滯笨且繩雖極粗而僅恃一繩以限其退力究恐易於毀斷礮既極重必用下基之礮架礮架愈高祗可用於船面船面有風帆之繩易於混亂則祗可用於船之首尾近年布國丹郎廠中華亨克乃希特思得一法夾定其螺軸之輪以減退力令架上可安十二及十五桑的之礮昔用兩輪礮架後半有木與鎗面相磨以成阻力又用尋常擋繩以限退力今則置螺軸於兩輪間而繞之以繩連於礮鈌中間之下螺軸有輪輪外束以鐵帶可夾緊輪周以緩其退力舊法礮架驟然擋緊易斷其繩新法礮架藉夾力阻滯令礮漸定故退力雖大而用略細之繩仍得無恙十二桑的礮即十二磅彈礮十五桑的礮即二十四磅彈礮

阻輪內夾

架之中間橫以大軸外有螺槽形如轆轤轆轤兩端用銅函之其轆轤中空用尋常生鐵鑄成左有更大之阻輪以熟鐵大圈束之如甲其外又以熟鐵簿帶束之如乙凡欲令礮退後時阻輪與轆轤相合同轉推前時不與同轉則用內齒輪法如一圖或用內挺圈法如二圖

內齒輪法者轆轤一端空處嵌有挺簧如戊及挺簧之舌如丁外有內齒之阻輪如甲若礮退後時挺簧卽擋其輪齒及推向前時則挺簧不擋而轆轤易轉故退後時阻輪同轉而推前時阻輪不動也

內挺圈法者轆轤一端空處內有向外之挺條其阻輪如丙內挺條如丑有庚辛己楕圓片如第二圖庚爲定點當其退後時楕圓片漸與阻輪半徑相直令己戊兩端漸遠則挺圈徑漸大自能夾緊與阻輪同轉因其內挺條不與轆轤相連而一端連於楕圓之己一端自戊連於楕圓之辛楕圓片定於庚釘庚釘在轆轤凹槽內旋轉令楕圓片可左右磨動退後時轆轤右轉故楕圓片之辛己漸與庚點相直而阻輪同轉及推前時轆轤左轉楕圓片之辛己漸移於庚點之左則挺圈徑小而阻輪不動兩法中內挺圈法較爲妥便故近年新鑄礮架不用內齒輪法凡推前時右面大齒輪之上又有小齒輪相接其軸出於架旁之外有

方軸端可裝曲柄搖之

阻輪外夾

凡欲人力易於推後則須放鬆其輪外之鐵帶欲開放時漸漸退後則須夾緊其輪外之鐵帶其或鬆或緊之故由於阻輪外之鐵帶此鐵帶以兩段合成其相合處兩端略大上有一孔旋以螺釘可進退螺釘而令其緊合此帶之兩端更大一端有鉤形如壬其上段鐵帶釘于架上此十二桑的礮之架也若十五桑的礮則不釘於架上而釘于底片其鉤與上片相接之鋼桿出於架外有柄可以收放其柄須緊切于架旁不可游動其鉤之中心與桿之中心爲不同心圓形故橫放其柄則鉤向下移而帶徑稍大阻輪易於轉動直立其柄則鉤向上移而帶徑稍小阻輪難于轉動

螺繩

螺軸上之擋繩用呂宋麻爲之凡十五桑的礮繩周五寸半十二桑的礮周四寸半兩端有鐵圈定于轆轤上有螺槽以容此繩繩之中間有前圓後銳之鐵圈定于門鈌下之鐵柱其架前有鐵叉緊靠于鐵柱令可旋轉則擋繩無一邊鬆緊之弊或同擊一點時其角度甚准較勝於別礮

雜件

十二条的礮有架尾之撬孔可以撬桿引正其路不令架前之鐵叉游移於外十五条的礮及別種重礮則後尾底片以下有旋動之架下有相連之輪若欲架尾活動者即以撬桿撬起其架令輪着于艙板則架尾易于進退又有屈曲之鐵柄二可令架尾向左右磨動其大礮之架不易磨動則礮架前輪之前有二足欲磨動時令二足着於鋼弧前輪離空易于左右

螺繩之礮架應抹猪油於各軸以防鏽壞凡用內齒輪者套曲柄後先須向後略轉令各舌落于內齒缺內然後旋轉向前或桿外先作機關令礮兵不能不先向後轉則可

以不壞挺簧之舌仍須每船寬備一齒輪所用之挺簧以防猝時損壞其外面大小齒輪亦須寬備二具

螺繩礮架操法

凡出令必分兩次先令預備次令舉動惟預備操演及按令裝放時無須分作兩次若欲換令而使停放則吹號笛令全行可以聞知今舉十二条的礮為率每礮用六兵自一至五各定以號第六人為運彈人每二礮加一運藥人若欲曳礮退後則用尾活車若船體搖動時欲推礮向前則亦用尾活車漸漸鬆令向前其餘俱不用此尾活車

預備操演　聞此令後各號立礮後排成單行面向礮前㊀立于礮後二尺迤右為㊁㊃迤左為㊂㊄運彈人立于㊁後艙板中間運藥人立於兩礮間與運彈人相並

原位　聞此令後㊁㊃走至右邊㊂㊄走至左邊立近船旁㊁㊂隨其後面皆斜向礮前左行向前右行向前左行仍如初式

預備操演　聞此令後一齊回轉與㊀立於礮後排成單

解礮　此時長鐵叉向上短鐵叉靠於鐵柱架之兩前輪甚近船旁其表尺等置於礮下橫木既聞此令則㊀扣上白來火隔針盒查看門眼並左望準掛鈎繩于右望準管上另備一鈎繩藏于帶間又備小銅絲鈎以取活機又將尾活車鈎于架尾凡解礮時之令但以搖手指示此時將左望準旋緊令與礮體脗合記號與直綫相對又將左表

尺及螺釘旋緊㊀將門藥盒扣于腰帶方解礮時尾活車尚在礮架之旁㊁用兩手接㊃之尾活車以一端授於㊁一端鈎于艙板中間以其繩盤于礮之後右退限以外又查螺墊隨將右表尺右望準按法插好取架旁所備之撬桿擱於立處之後右令桿尾鐵面向上循船之橫綫置之㊂即曳鬆右活車以毛皮擦其門㔹及夾柄逐一查驗妥當將門㔹之皮套授于㊃㊃取去上門鈌平置於礮右中環之下白面向上圓鈌向船旁置皮套於上門鈌近右之處及解礮時㊃既捧尾活車授于㊁旋將右活車移至兩礮間之環一端仍留於架尾盤其繩于艙面中間又查螺繩及各件會否妥洽又持曲柄置於上門鈌夾助㊃取去上門鈌而放下其下門鈌其移左活車與㊃略同又查看鐵义鐵柱隨將曲柄移置于礮門左邊運彈人將彈簏置于身旁取螺柄提彈至礮所運藥人取藥裹四枚藥裹有記號如有圖者爲大藥裹之類裝入藥簏置運彈人之旁待用畢後以空簏攜至取藥所

推礮向後　聞此令後㊂㊃解旁活車之繩㊂又放下夾柄㊁㊂㊃㊄左右各二人曳尾活車繩令礮退後俟可放下架前之鐵义則㊀以手拍于礮體即不必再曳㊁即夾緊尾活車餘人曳緊旁活車㊁㊂俟既退後時即立起其夾柄其放下長鐵义時㊃㊄先除去螺繩中間之紐先放長义次加繩紐此時可察看其轆轤之一邊鬆緊而移令適中若螺繩太鬆則須加緊其轆轤乃除去礮尾皮套及礮口塞㊃以皮套口塞置于上門鈌次以曲柄套于方桿㊂則專司夾柄㊀以撬桿入架尾令义柱相對

推礮向外　聞此令後㊀以撬桿向下捺緊漸漸前進若船體搖動時用尾活車者可不用撬桿㊃以小齒輪合于大齒輪然後轉其曲柄㊁㊂曳緊旁活車㊁仍立于尾活車處俟推向外後即曳緊其尾活車而㊁㊂同時夾緊其繩㊃以小齒輪離開大齒輪㊃㊄卸下曲柄置于原處又盤旁活車之繩㊁取尾活車交於㊀㊀即盤其繩于艙面中間既推近船旁須令礮體前後相平

向前若干步或向右或向左用某種彈藥按令裝礮　聞此令後㊀即檢表取應用直表橫表之數拔取左表尺㊂亦拔取右表尺各立原位

啟礮門　聞此令後㊀即左轉一步凡船右之礮面向船後船左之礮面向船前㊂即細心抽出門㔹

裝礮　聞此令後運彈人將彈簏及應用之彈扣于礮之後口如爲自來火之開花彈則以右手掩其針孔以就㊀㊀即先查活機次插隔針次加螺絲㊁以撬桿之上端推

彈入礮俟鉛殼遇來復綫而止又退一步置桿於下運彈人亦回原處置彈簏于艙面中間又取藥裹簏掖于左腋下立近㊀處以右手去藥簏之蓋㊀以左手取出藥裹送入礮之後口俟恰可閉上礮門而止運彈人仍回原處

閉礮門　聞此令後㊂即緩推其門劈又旋轉其螺柄㊁以門藥管扣上鈎繩

門藥　㊁以門藥管納入門眼須令門眼外之蝶蓋可以關合庶曳動時不將門藥管一併拔出

定方向　聞令後㊀退向後右手拱執鈎繩左足在旁右足下跪以睨視左望準其磨左磨右以手指示定準後以左手輕拍于右手其未定準時左右手不可相遇若欲大高大低大右大左則以手兩次指示之凡遂礮開放時欲大右大左則置鈎繩于礮尾上以手兩次指示之定準後以手輕拍礮尾再定其應否高低此時㊁以兩手持螺墊詳細升降之其于定左右時亦助曳其旁活車㊁㊃及㊂㊄面向㊀而曳旁活車之繩各立於退限之外所餘之繩置于㊃㊄之左臂庶不致受扐其曳動時須用力均勻不可震動其礮曳繩之人俱背向船旁惟近左近右時或㊄或㊃可以面向船旁

預備開放　聞令後㊃㊄放鬆旁活車之繩面向繩旁㊁㊂留繩于手中而立退限之外凡遂礮開放時則㊀用左手拍腿以代預備開放之令若船體搖動時㊁即曳緊尾活車之繩而㊃掌右活車之繩

開放　聞令後㊀將鈎繩順礮體直綫用力一曳切勿曳斷㊁㊃放鬆旁活車之繩若㊁在尾活車處則㊂放旁活車礮既退後即結定其尾活車

推礮向外　既開放後聞此令㊂即鬆其門劈之螺鍵以毛皮擦之其毛皮早已浸入肥皂水中㊀即查看門眼

近左或近右　聞此令時定須放去尾活車㊀將尾活車拋向艙面中間各人俱立于繩與礮之間其繩由㊃或㊄置于左臂如近左則齊走至右原右邊者皆向船旁跨出活車之繩原左邊者走至礮右面向船旁㊀以鈎繩置礮體上一齊用力曳動俟近左恰好時即拍其礮體各回原處近左時之㊃近右時之㊄立于兩礮間之鐵環處

縛礮　各號聞令後所司之事略同解礮而反之其餘各事俱同尋常水師操法

船尾用礮　凡船旁之礮欲移至船頭或船尾之礮缺則用第一二九十十三十四等礮其餘之礮不必移動因此六礮外面有繩梯脚阻碍不便近左近右故宜移置于首尾其第一二礮可移至船頭餘四礮可移至船尾及閏船尾用

礮之令各礮俱斜向船後其一二九十十三十四等礮既開放後卸下表尺若已裝藥彈者切不可移其礮之㊃㊄放下螺繩盤于轆轤㊄將螺繩之紐掛于左礮耳盖若船右邊之礮則㊃爲之運彈入以彈籠置于架尾㊂以尾活車移于前面鄰礮船面之環先推礮向內㊃㊄卸下旁活車掛于礮體㊀以撬桿入架尾孔而磨動其礮令礮口向船尾又卸去尾活車㊁即盤聚其繩㊃㊄旋轉其曲柄餘人以後面旁活車之一端鈎於架前鐵叉一端鈎于船尾環上㊀以撬桿引正其路出令向前則羣曳而前出令向後則以手齊推其礮及既到船尾礮鈌時㊃㊄扣上螺繩之紐然後推礮向外其礮上零件如口塞皮套尾活車等俱留于原處不必移動凡第十三十四礮移于船尾正中之兩鈌第九十礮移于其左右兩鈌

礮歸原鈌　聞此令後將船尾之礮仍還于船旁其法略與前同惟以礮前之旁活車鈎于架前鐵叉而向船前曳之

船頭用礮　第一二礮推向船前法同船尾用礮其未移之各礮俱斜向船前

縛緊各礮　凡船行海中須將各礮縛近船旁聞令後先取去望準表尺螺柄以礮近左而推向內鬆其右活車俟礮口合於門鈌之中間即結緊其右活車次將下門鈌弔緊將上門鈌裝緊又卸去螺繩之紐㊂以左活車鈎于架前鐵叉以一端鈎于兩礮間之環乃曳礮至門鈌㊀以撬桿引正其向令船右之礮口向前船左之礮口向後以左活車之繩縛礮口以右活車之繩縛礮尾而鈎緊于礮鈌左右之副擋繩環中前面餘繩貫過擋繩槽以縛前架後面餘繩則縛其架尾㊀㊁㊅盤尾活車之繩置于架尾上或包以皮套或置于礮下餘件亦置妥處

解開各礮　前之解礮在短鐵叉靠柱之時今之解礮係船行海中各礮縛近船旁之時及聞解礮之令則㊁㊃㊂㊄解兩旁活車以一端鈎于礮架一端鈎于兩礮間之環㊄取去口塞㊅取尾活車鈎于近處艙面之環先推礮向內其㊃可不管右活車其㊁視礮口已對門鈌中間即結緊其尾活車㊀于推礮時立于礮口處不令礮口碰于船旁俟已對門鈌即以手拍其礮此時㊃㊄啟其上門鈌又卸其下門鈌而置于兩礮間之環下㊄放下架前長鐵叉扣上螺繩當㊃已啟上門鈌時即趨至㊄處助之門鈌既開可推礮向外矣㊃解右活車而鬆之餘人皆曳左活車俟礮體與船旁成直角而止即以表尺望準及螺柄一一裝好若先期裝好恐移動時易致損壞事畢後各繩盤于

艙面各零件置于原處各兵歸于原位

遮蔽前面或後面用礮　未出令時管帶須察看如能先裝彈藥則甚妙如不及先裝則先出遮蔽之令㊀即卸下尾活車拋于艙面中間㊁以撬桿置船旁之擋水邊內㊅及運彈人置藥彈于妥處各兵避于礮後遮蔽後面時避于礮前㊀必手執表尺若礮已退後時急須推向外然後避之已出遮蔽之令管帶須預定表尺若干令各礮之㊀先行配準然後出令用礮各兵齊出按令開放若未裝礮者須于聞用礮時速裝彈藥

倘門藥不發火者㊀即向左一步而少待之以鈎繩置礮上手執門針㊂乃啟其門劈㊀即旋鬆阻螺釘將門劈抽出少許令可通其門眼㊀以門針插入門眼將鵝毛管退出此時㊁已鈎好新門藥管俟㊂推進門劈時㊀仍旋緊限螺釘重定方向按法開放

倘夾柄不能夾緊阻輪之鐵帶者須加大擋繩于架上㊁鈎上尾活車㊃㊄將旁活車鈎于門鈌旁之環應先推礮向後拔去鐵柱此時㊃㊄稍鬆旁活車而結緊之即赴尾活車處助其將礮推後即卸去螺繩之紐㊃來相助取去螺繩俟㊁已鈎緊尾活車時即攜所餘之擋繩交于㊂㊄㊂㊄即將此繩貫過架中之擋繩槽而縛定之事畢後仍按令裝礮凡不用螺繩時不可卸去尾活車㊁曳尾活車之繩以備礮退又將旁活車手曳之一端換轉以鈎于船旁及推礮向外時㊀以撬桿插入架尾㊁即放下尾活車之繩㊁㊃㊂㊄曳旁活車繩面向船旁㊃㊄須思大擋繩不可與他繩相紊㊁㊂結緊其旁活車凡定向時旁三人俱面向㊀在一邊曳之其或㊁或㊂仍在原處鬆活車之繩若近左近右時即以手曳之一端鈎于兩礮間之環㊀即插入撬桿相助推之其或㊁或㊂鬆旁活車之繩已定方向後仍移旁活車于門鈌旁之環㊁以尾活車鈎于鄰礮尾活車之環㊀于此時曳鬆尾活車㊃㊄盤聚旁活車之繩恐開放時紊亂其繩也其繩須盤于礮兵及旁活車之間㊃㊄應思擋繩不可一邊偏鬆以致誤爲輪軸所阻

倘欲專向一邊攻擊者須令餘礮補至右邊或左邊凡常時每邊七礮首尾各有四空鈌今欲補其一邊之四鈌則出令云餘礮補右即以船首左邊二礮移于船首之右船尾左邊二礮移于船尾之右其移動之法與移向船首船尾之法相同

倘欲操演缺少人數者則㊃改爲㊁㊄改爲㊂㊂改爲㊃仍兼掌旁活車及鐵柱或仍啟閉門鈌㊃以一人搖動曲柄令礮向外如少別號則各號俱升前一步大約㊀㊁㊂

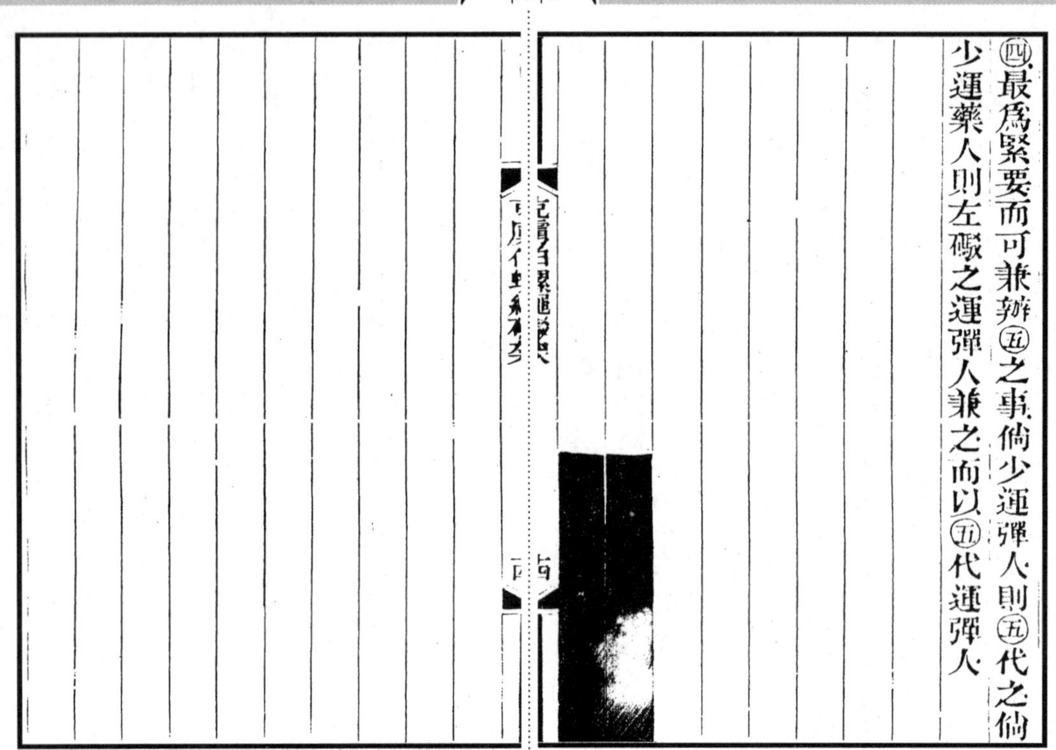

四最為緊要而可兼辦五之事倘少運彈人則五代之倘少運藥人則左礮之運彈人兼之而以五代運彈人

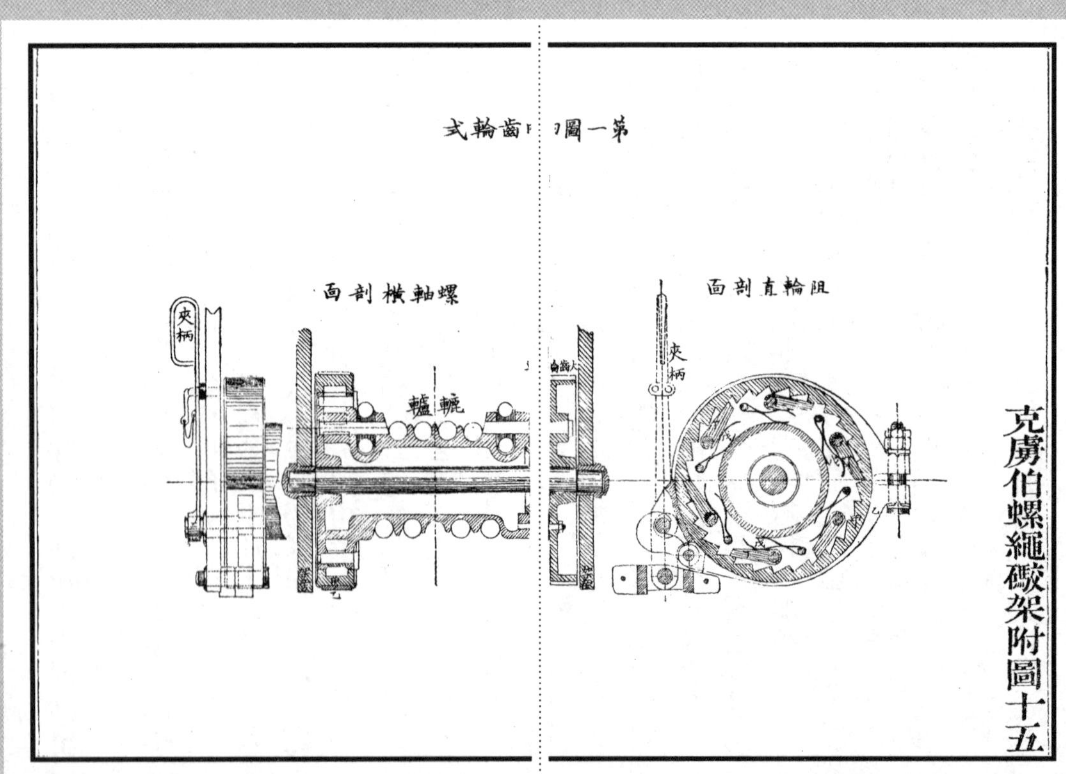

克虜伯螺繩礮架附圖十五

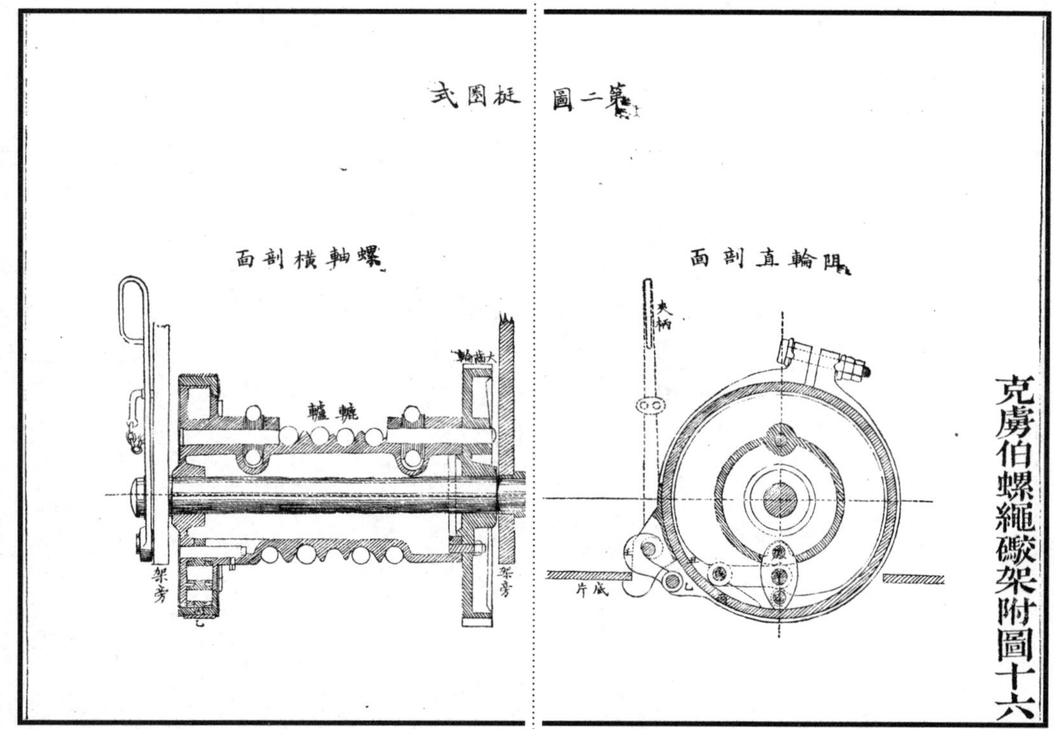

克虜伯螺繩礮架附圖十六

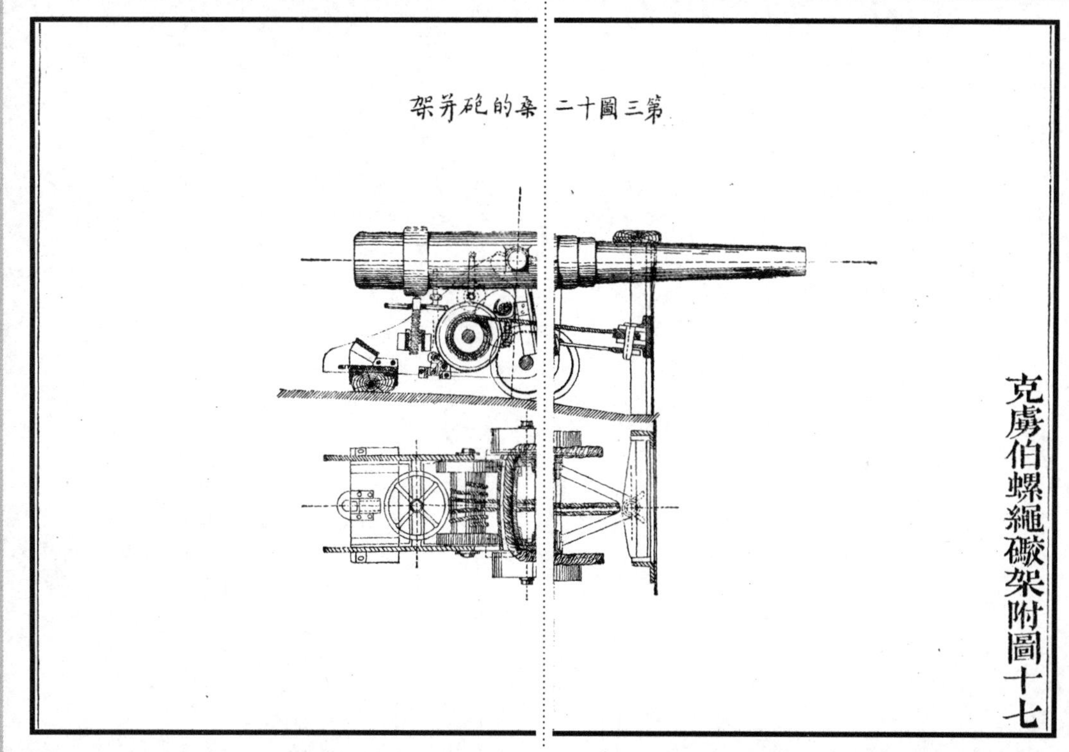

克虜伯螺繩礮架附圖十七

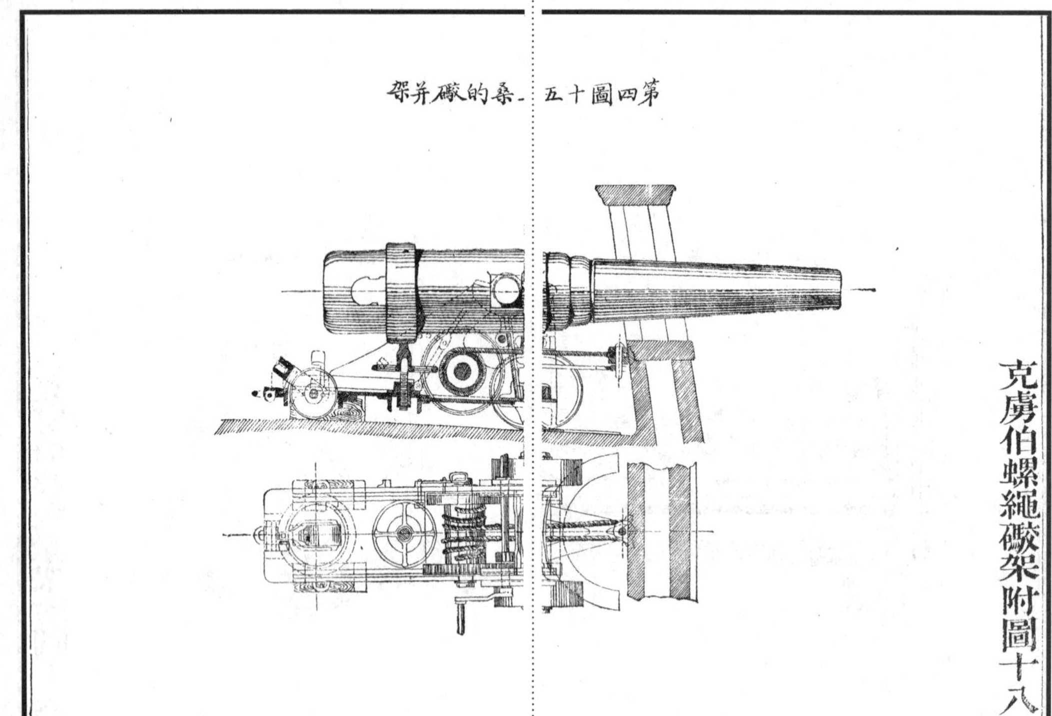

克虜伯螺繩礮架附圖十八

江南製造局

科技譯著集成

軍事科技卷

第壹分册

礮乘新法

《礮乘新法》提要

《礮乘新法》三卷，首一卷，附圖一卷共一百四十一幅，英國製造官局原書，慈谿舒高第口譯，海鹽鄭昌棪筆述，光緒十六年（1890年）刊行。

此書詳細介紹火礮在陸地與海上裝載運輸和固定的方法及相關設備。

此書內容如下：

卷首

第一序　論木料

第二序　論金類

第三序　論皮條繩索

卷一　論陸路礮車

第一款　輪軸

第二款　陸路礮車

第三款　攻堅礮車　山礮車

第四款　轉運車　行營各車

卷二

第一章　營屯礮架

第二章　營屯木礮架並平臺

第三章　田雞礮座

第四章　熟鐵有輊礮架或後搴礮架

第五章　熟鐵無輊礮架以單層鐵板造

礮乘新法卷首

英國製造官局原書

慈谿 舒高第 口譯
海鹽 鄭昌棪 筆述

第一序 論木料

樹木橫截、則見其心、而木理由中心發出、直達樹皮、猶車輻然、至其截面周圍、自小而大、一歲一圈、幾與樹體同一中心、每圈即每歲滋生之料、是以號爲歲圈、內層爲中心料、木理最堅、外層近皮爲汁料、新成木理較鬆、求其合用之料、必先袪其楛、約有數端、一爲中心發出裂紋、一爲層層歲圈處有分裂、一木理有擠緊處成卷曲形、此卷曲形愛虛樹最多 樹皮內傷者、樹之稈年、樹皮有傷而新層料質未經補滿、亦有天然生成者、大都根腳穿出處較多、 腐節者、即枝幹斫去處、疤內朽爛成空隙、及腐敗、 有木料浸水腐爛、其易爛者莫如愛虛樹、愛虛或作阿書或謂即槐樹未知是否 哀爾姆樹、或謂即楡樹 然必截鋸成板、於黃色斑點內看出爛紋歪斜、凡屬緊要工作不可用、此木板懼其隨斜紋碎裂也、 木之美者、肌理縝密、新劈開時、無鬆散形、鋸齒無碎屑黏滯、鋸開後板面光潔而明、有白石粉者不合用、總之歲圈愈密愈佳、 英國官廠礮架所用多者、爲獲克樹、一作楢樹 愛虛樹、皮鼠樹、或作椎樹

恐非是 獲克樹、質最堅最韌、且能經久、新時有淡黃色、面堅有光彩、歲圈密而齊整、有大而堅之白輻紋、以其白痕清潔、號爲銀紋、若歲圈厚者面色黑暗、有紅色、或多大孔者不合用、此樹有酸質、鐵遇之則鏽、 愛虛樹、質亦堅韌、有凹凸力、極合車之轅輈與手柄輪輻等之用、色如獲克、略淡較青、歲圈頗厚、此樹料不可常露處、又久藏亦易蠹、 哀爾姆樹、爲斜紋韌木、不易碎裂、且常受潮濕、轉能經久堅固、 皮鼠樹、質頗堅、然甚畏潮濕、 又用他國木料、如阿非利加洲之獲克樹、賽皮扣乎木、梯克樹、一作柚樹 麥好掰內樹、或謂即紅木 勞克哀爾姆、或謂即山楡 息廓而后樹、松樹、一作吸廓留 阿非利加洲獲克樹、質堅硬經久、肌理縝密、較英國獲克樹更堅更重、顏色亦更深、 賽皮扣乎木、極堅固、又重、凡在鐵件磨擦處、必用此木、取其堅也、產自西印度各島者色較暗、 梯克產於東印度暨阿非利加等處、色似獲克而較深、歲圈更密、且整齊、此木有油、是以與鐵並用、鐵可免鏽、並能免蠹、凡軍械運往外洋各軍用者、則以梯克樹作車架也、 麥好掰內樹有二種、自中亞美利堅杭度辣來者、號曰陪麥好掰內、譯言海灣麥好掰內 自古巴西印度各島來者、號曰西班牙麥好掰內、其肌理縱橫皆堅、經熱與濕毫

不澀伸變形杭度辣之麥奸搿內較西班牙產更輕細孔內有白粉　勞克哀爾姆樹暨息廓而后樹產於美國紋直而韌勞克哀爾姆每作輈轅及撬桿又與息廓而后樹作礮旁撬桿　松樹質較輕爲有凹凸力之木松有數種最佳者黃松來自德國者爲大方段來自俄國者已鋸成板條板厚三寸闊九寸至十一寸較德之方段更佳　黃松者車軫箱邊用之其次者柏是也爲墊襯礮位及踐板之用　起重架之立柱由俄國犂搿來更有製木梯用者爲拉鼠木

樹木欲其陳久或設法收去其內汁常法將樹鋸開置高燥處令通風以陳之其時之久暫視各樹性質並料之厚薄如六寸厚愛盧木塊或哀爾姆木塊須候五年之久始得乾燥若同體積之獲克木乾燥須候八年　有用熱汽令乾燥法有置極熱天氣中令乾燥法皆不及陳久之堅好也官廠木料堆積陳久而後用不用以上二法是以木質收縮肌理緊密蓋木汁漸自乾也　木質收縮在縱直處縮不多中間輻紋亦不甚縮大都縮在肌理間耳凡收縮不齊者即有不平而碎裂之弊施用亦難經久更有新料加漆則微細汁孔爲漆所封內易腐爛　凡擱置候陳先須劃線作成物件坯子其作

坯之法須順其肌理爲要

第二序 論金類

官廠熟鐵照合用之數或板或條在他廠購用　鐵條有丁字式有鐵楔西名垢特形同H　有轉角鐵有瓦形鐵有圓梗有方條有扁鐵條各以其形狀名之　廠內舊鐵重爲鎔錘儲以備用號爲重錘鐵此鐵與上等鐵異者以肌理不整齊耳　新購各種鐵欲知其合用何若須試而得之即如圓鐵條燒熱令成羊角鐵法將鐵燒未到鎔度於鐵條一端打一洞拉成兩開彎下分貼左右如羊角然見第一圖甲甲復於中間打一洞如圖乙用物擠令成大洞鐵質佳者彎之擠之而脈絡不斷　圓鐵條之細者不必燒熱彎而絞之以試其韌性　鈍頭短釘如鍋鑪上短釘鐵須堅韌能敲令澀伸雖屢彎屢絞均不爲斷　扁鐵條方鐵條試法如上羊角法惟扁鐵打兩洞拉作三開成三羊角形同錨方鐵亦打兩洞一洞近邊拉作狹條一洞拉作兩條彎成羊角　小雙丁形鐵即H鐵試法於燒熱時彎成直角視轉角處無裂碎爲佳　鐵板試法於燒熱時置於生鐵鈍角邊彎之冷時順其縱理或橫理彎之至成若何角度　冷試法如下

鐵板　厚一寸　順理彎十五度　橫理彎五度

又	八分寸之七	又	彎二十度	又	彎五度
又	四分寸之三	又	彎二十五度	又	彎十度
又	八分寸之五	又	彎三十五度	又	彎十五度
又	半寸	又	彎三十五度	又	彎十五度
又	八分寸之三	又	彎五十度	又	彎二十度

鐵板不論厚薄如何燒熱後順理可彎至一百二十度、橫理可彎至九十度　鐵條鐵板在順理時牽力須能抵拖力二十二噸重、鐵板在橫理時須能抵拖力十八噸重　陸營水師礮車扶鐵條並齒輪配三十八噸重鐵磨盤軌等以生鐵為之　用生鐵者取其價廉而質

較堅硬即如套輪相磨擦必以生鐵為之　生鐵有可錘打者為一種紅礦鐵與生鐵相併燒至鎔度則生鐵內之炭氣為鐵養化合而炭氣均去便有熟鐵性情可錘矣　此鐵既成韌性然未經錘鍊炭氣雖去尚有雜質在內鐵難錘得融洽欲令融洽務使鐵質純淨而後可此法常用一種白鐵為之　鑄鋼可照上法用鐵養燒成鎔度而後錘鍊較尋常鋼更純淨可錘　孛律斯得鋼並剪刀鋼專製鋒鍔用之試法以此鋼製成鑿子燒鍊令其堅硬以最堅者試熟鐵次則以堅木試之簧鋼試法鋼捲成圈燒熱候涼力拉直之一釋放鋼仍

捲還原形　礮車轉轅並大礮磨盤鐵軌等件所用鋼為軟熟之鋼鋼內炭質甚微較好熟鐵更堅韌即合此種器具之用若用更硬鋼為之恐礮之退力大而易致激碎也　廠內所用礮料雜質如下礮料西名麥脫兒

銅八六・四九　錫一〇・八三　白鉛二・六八此三項配製小軒手輪等用

銅八四・二三　錫七・九二　白鉛五・二四

鉛二・六二此四項配小零件並螺套襯圈等用

以第二種雜質金類與鐵對分劑合製陸礮車之轂軝所以裝輻股者並齒輪等用此為第二種雜質鐵

第一種雜質金類較第二種更堅韌以其錫較多第二種雜質金類較第三種更硬凡韌性與硬質有反比　白鉛受鑄更勻淨鉛質上車床車之較更便易　此外更有雜質金類曰燐銅合於新式輪之軸函及轆轤殼等用此製燐銅公司奉有獨售牙帖他人不得擅製

第三序論皮條繩索

礮車廠皮條以獲克樹皮水消之其不用化法消者以化學藥水消蝕過甚或恐傷其皮也　凡皮條欲試知其消用何物祇須割下一條蘸水視之以化學水消者皮間顯有一條細黑線如以獲克水消者皮顯一條紫

色線 皮條消果合法摺疊而邊不碎 皮須隨時抹油抹之先須洗淨當施用時每三個月抹一次藏儲不用每歲抹一次油用鯨魚油二觔尼黃福脫油八觔橄欖油四觔牛油十三磅 牛皮條有輕重之別馬鞍背皮條較厚為其麤而外用也更有用以遮蔽礮車又車內縛梱用又為藥裹袋又為山礮車箱用 羊皮有二種麤者箱內扣縛用細者為墊褥及鐵工帷裳 繩索大小不同以其股數多寡與其圓周粗細而定名稱或抹柏油或不抹油 論繩索力量以圓周數自乘以六約之即得其任拖力之重數假如圓周六寸自乘為三十六以六約之即六便知其能任六噸重 繩索發用每繞計一百十三發騰發騰合中國一拓之數 其小者為碼闌繩喊孛洛繩以架論棉紗線以磅論 英國官用者有別繩中嵌有顏色線或紅或黃或藍繩論圓周數各別其用附列於左

圓周 十二寸本色 起重架拖曳用
又 九寸 又 起重架頂紐用
又 六寸 又 起重架轆轤用或扱繩或作環
又 五寸 又 小起重架拖曳用
又 四寸 又 又
又 三寸 又 拖礮位用或作攔礮環
又 二寸半 又 又
又 四寸半 抹油 小起重架用或扱繩或作環
又 四寸 又 扣套重具
又 三寸 又 轆轤用
又 二寸半 又 連環轆轤用
又 二寸 又 撬桿用

繩索久藏易朽而本色白者更易變壞股內顯有霉形即不合用急拉之必易斷 車及各件新製者須漆三次初層揩以薄漆有細孔復抹一層然後再上好漆每次候漆乾約須二十四小時乾後再加漆 鐵車漆用普爾福特黑漆若陸路鐵車再加鉛漆各層雜質漆料分兩如下表

雜質漆料			第一次 磅	第一次 兩	第二次 磅	第二次 兩	第三次 磅	第三次 兩
鉛漆	洋鉛色	白鉛粉	六三	一一	六五	一一	六四	〇
		燈煤粉	一一	六	一〇	一〇	一一	七
		秘法乾燥料	九	一	八	三	九	二
		生胡麻子油	二七	一四	一九	五	二五	一一
		松香油			八	三	一	一二
	白色	白鉛粉	二八	〇	五六	〇	二八	〇
		秘法乾燥料	二	〇	三	一二	二	四
		生胡麻子油	九	四	九	一二	七	八
		松香油			五	〇		

雜質漆料			第一次 磅	第一次 兩	第二次 磅	第二次 兩	第三次
鉛漆	灰色	白鉛粉	五六	〇	五六	〇	
		燈煤粉	〇	八	〇	八	
		佛宜興紅	〇	四	〇	四	
		秘法乾燥料	四	八	四	八	
		生胡麻子油	一五	〇	一五	〇	
	紅色	紅鉛粉	三〇	〇	三〇	〇	
		鉛養(西名律他住)	一一	〇	一	〇	
		熟胡麻子油	三	一二	三	一二	
		松香油	〇	八	〇	八	
	普爾福黑色	普爾福黑漆粉	一一二	〇	一一二	〇	
		鉛養粉	九	〇	九	〇	
		熟胡麻子油	三一	〇	三一	〇	
		松香油	八	〇	八	〇	

先將各料磨細調勻，置器內，應用若干油，先用三分之一調和，無結實小塊，然後將餘油傾入調令不見油，用榨法榨之　各色漆臨用仍隨時調之　鐵件先須擦令潔淨，然後加漆，如有鏽應先刮去，有油膩則以松香油洗刷之　塗木節之漆為一種秘法漆(有專售之牙帖，他人不得製賣)，凡木遇有節則先塗此漆，然後用他色漆漆之　鐵頭撬桿木柄等亦以此漆塗之，此漆易乾，塗抹宜速　凡木有空孔裂縫應用硬物嵌補，如白鉛粉或白鋅粉，照所用之某料漆或鉛或鋅塗之　法用膠水四兩、白鉛粉或白鋅粉一磅調和　嵌木縫常法用白石粉與生

胡麻子油，每白石粉一擔用油二十觔搗和之　亮油以哥巴辣與熟油對分劑為之，礮旁零件用以抹染　又藏儲明亮鐵件用牛油四觔、白鉛一觔調勻抹之，令不生鏽　愛孛爾不漏水物料敲碎烊化於同分劑之火油內，加燈煤少許(每磅不漏水物料加燈煤二三兩)，用硬刷帚刷於篷布，以熱烙鐵熨令透入　克拉克伸物料製來福前膛大礮藥囊用之法，以篷布為裏，用像皮膠黏合軟木一層，外加皮包　像皮膠以像皮烊化於那普塔油內(火油類)，每一碎像皮用八觔那普塔，此像皮膠即塗於欲膠合之兩面物上　克拉克伸料又為浮橋躉船活碼頭之用，以杉木板代軟木膠之

礮乘新法卷一 論陸路礮車

英國製造官局原書 慈谿 舒高第 口譯
海鹽 鄭昌棪 筆述

第一款 輪軸

其一 未講造輪之法試先言用輪之益並表明地面阻力 車何以用輪車若無輪地面阻力即多而不能行走自如一有輪則於地微至而面阻力極少祇軸與軸函間略有磨擦此其所以異者車軫底面切地遇高下不平處人力即不能施若僅在軸函間磨擦可改減其阻力抹油則阻力亦減且軸函之阻力減少視軸之半

直徑爲定軸之半直徑與輪之半直徑有正比輻徑愈小則阻力愈減是以製車輪者首要減面阻力並遇有阻物力能勝之蓋輪之圜轉可借力而過所阻之物無異前拖後撬如第二圖辛乙線馬之拖力在辛地面阻力在乙輪於此可勝車之重壓力與地面阻力不啻一拖一撬其乙丙撬力實助辛之拖力而行也 輪行阻力多半由於地面不平或地面沙土太輭無凹凸力無凹凸力則陷下即不能送上或輪有不甚圓地有不盡平每多阻滯而欲上不平之顛並欲輪勝重載壓力而輪更喫重地又無凹凸力則輪陷下成槽欲令前行不啻步步遇阻物

矣若地面堅凝有凹凸力縱重載壓力加多而地不啻或推或送以助輪行 轂有木有鐵以木爲者以哀爾姆樹爲之哀爾姆肌理縝密其體亦輕或有以獲克樹爲之者須順其木理以受各輻之菑柄轂木紋理與輻紋作正交即與輪面作正交然木理雖順慮或迸裂則轂之兩端有鐵輨以約之 輻之長短數視其壓力大小定之又視轂空轃之深淺其分寸見後 輻之菑柄鑿在轂正當車之壓力中心其當壓力中心常以爲在轃間實則更進在內輪之阻力中心在輮輞間與地相切處 轂中之轃徑與軸徑相合惟令利轉而已 轂

釭不可短於末有間可以加油釭與軸鐗相礦不可過緊致磨擦相損 轂釭之金類與軸轄不相磨擦即磨擦而不致損且遇石屑亦無痕此金類爲燐雜質銅與軸端熟鐵極少磨擦之弊惟常須抹油燐雜質銅質堅不受硬物之累並不生熱即油漸乾不熱亦不輭舊式車之轂釭用鐵每有生熱而軟之弊並爲軸鐵擠令轂釭脫出也有時軸轄與轂釭相凝滯而不能轉以其油乾耳 製木轂大略與鐵轂法同 輻菑不直達鐵釭預備轂木收縮鑿孔轉寬可搥輻菑令沒鑿也輪行近地之輻最爲著力若輻近地則沒鑿而轉上則寬鬆勢

不支久矣　轂若以鐵爲之則無此弊輻菑盡連轂釭然鐵轂過重價亦不廉　輻固貴細而其喫重在中段處必以堅韌木爲之如英之獲克樹或阿非利加之獲克須順木之直理爲之　輻數常例輪徑五尺用輻十二條　欲木理端整按照樹身中心剖成輻條而輻之中段扁闊足勝輪側之力輻股與枘較大於輻體欲輻裝合度足敵側力則必輪心弓曲立如側盆形如第三第四圖比較式無異橢圜著力而輻力齊聚於轂也各輻既著力而側力即變爲壓力轂輻均愈堅固以敵之也　側盆形愈深則禦輪側力愈大然亦不得過深深

有例定之限否則輻反受損說見後　輪既似側立盆形則度輪輞平面便成角度名爲盆角凡新式輪陸礮車轉運車用者其角度皆同若攻堅礮車輪暨舊式車輪角度更大　度盆角度由軸心量起如第五圖甲處至乙處之數甲爲軸心線即輻線相交處乙爲輻骹上端由輪輞垂線與軸心線作正交　新式陸礮車輪並轉運車輪直徑五尺者角度甲乙距二寸即名爲二寸盆角度輪攻堅礮車輪暨舊式輪甲乙之間距二寸半

輪徑五尺以下者盆角與直徑有正比即如圖內盆角甲乙距二寸設輪徑四尺或三尺則軸心移近輻之

中段甲乙距自減小矣　試度盆角便法於輞面擱一條鐵以尺垂至轂視尺之齊鐵條有若干分度便得之矣此分度與同三角分度等並與同分度之輪盆角等

盆角輪之軸與地面相平者輻由轂出之斜度四周均勻見第十七圖顧其所著力之輻正當軸下者最爲艱險以軸上壓力直下至輻骹而地面阻力由輪輞直上者又與輻不直對是上下二力不在一直線內而爲相差之勢且輻不整承軸而軸亦力不相貫未免有跌盤之弊矣　欲袪此弊必使著力之輻正直形同垂線將軸兩臂略下俛則輻成垂線形如第十六第十八圖

視十六圖內軸臂下乙條平邊即知其俛輪之盆角與軸臂下俛此二式爲最得用且輪軸上載物處更爲參闊　軸既下俛輪成盆角欲輞與地面切處著實須將輪之外邊角略鏟平即爲改小輞之外面直徑輪之圜周成截錐形如第六第七圖　凡圓錐體或截錐體在平面滾行必環轉而不肯徑直即以錐尖所指爲規圜之中心輪周既鏟成截錐形欲強令直前行走必不能改其環旋之勢且既鏟之小徑邊角必隨未鏟之大徑邊角而滑溜同行則害孽西名林鼠撞　更爲喫重然軸端既下俛彎度充足害孽尚不至十分磨拆　如軸端彎度

不足即不能令近地著力之輻成垂線形仍略斜向外則此著力之輻即有斜出之勢西名斯脫勒脫欲量度斜勢與度盃角法同惟從輻蚤起一條立線量之以軸端已略下俛不能按照軸心線量也　行平地輪輻斜出即爲弊患因軸上壓力而地面阻力不在一直線內故也若在不平崎嶇間反足助益一似輪銜低陷處輻轉正直不爲彎折　新式陸路礮隊車輪則無此斜出之弊然重礮車輪暨轉運車輪特製爲斜形每五尺徑輪斜有五分之數餘照直徑有比例　輞以愛盧樹爲之以有凹凸力也輞分段不可多須順木理彼此相對段多則

接多即弱處多也常例輞以六段爲度每段建兩輻排勻則輻上壓力分給勻稱　鋸輞料之半直徑必較輪之半直徑略長所以預防料之收縮故新輪不盡渾圓以相接處直徑較他處略凸　輞之外邊角略鏟平照軸彎度輞外鐵箍全切地面　輪外鐵箍以熟鐵爲之鐵之肌理亦順圜周箍欲其闊而並求其固所以總束全輪期支久也　以全圜周之箍與數段接成之箍相較自以全周爲勝以數段相接用釘較多輞必多損若全周每輞不過二三銷釘且總束更緊切也　輪之高低以直徑論並指內邊角而言輪大則勝地面阻力與

地面輭泥滯力然輪大亦有弊裝載不穩而礮之回退力亦更大是以陸礮車輪以五尺徑爲最合轉運車輪以四尺八寸徑爲最合他輪則視所用定之　輪之重數以輕便爲宜礮車須防其回力而人力足以制之每輪須令二人可舁

其二　論輪之等類與造法　前章指明輪之各要件如轂輻輞箍釭其等類分一二三並額外一等以釭之內徑爲別一等最大以次遞減輪徑亦遞減一二三等轂釭皆同若額外一等釭之大小與輪各不等　今各路軍營礮車輪有兩種一用木轂一用鐵轂鐵轂爲著名

麥搭賴斯式舊式輪雖同等同徑與新式車輪不能互換爲用下列舊式輪表今尚用者

鐵箍闊數（寸）	直徑（寸）	直徑（尺）	重數（磅）	重數（廓推）	重數（擔）	施用	類等
六	○	五	○	二	四	大礮車	一
三	二	四	二六	二	一	架十寸並八寸田雞礮 濠濮用車	二
三	○	五	一二	一	二	陸路重車	二
三	○	五	七	○	二	陸路輕車	二
四	○	四	九	○	二	礮隊前用粗車	二
四	○	五	○	○	三	礮隊後用粗車	二
三	二	四	○	一	一	手車 六磅彈來福後膛車 雜用粗車	三
三	○	五	五	二	一	額外六磅彈來福後膛車	三
一又四分三	○	三	一八	一	○	牌綠軍火零件車	額外

陸路各軍輕輪各木轂　轂以哀爾姆木爲之如第九圖橫剖形第十圖甲此直剖形內有生鐵釭與長軸同中心轂外兩端有熟鐵箍束之有鐵銷三個銷之其裝輻之鑿裝法略斜輻與轂心線成角度輻斜向外即爲盃角度此角度距二寸半　生鐵釭大小穿納軸處徑大近轄處徑小長十三寸其腹加寬所以受油承軸處之鐵以竪成之釭外有凸處銜於轂之凹以獲克木㮶之俾釭與轂相連同轉不爲軸所滯則所受之油可勻抹於軸矣用木㮶者欲令釭與輪同中心　第十圖丙爲輻其數十二以獲克木爲之建轂中者之𦝫西名福脱譯言脚建牙

中者之蚤西名吞譯言舌輻骹直而股微弓蚤與輻面成斜度是以輪雖盃形而蚤仍正建於牙蚤端中分而以獲克木㮶嵌入俾不脫出然後外束鐵箍　第八圖丁爲輞分六段以愛虛樹爲之順木理鋸成其外邊角鏟平初斬木爲輞料較已成輞之半直徑每尺加四分寸之一輞之相接處嵌以丁字式橫簨輞之外周號爲足底其內號爲胸輪之外面號爲面其近車內面號爲背有鐵箍以多段成者輞之每端必用鐵銷此鐵箍銷孔亦多

第八圖戊箍以熟鐵爲之厚八分寸之五一千八百六十八年前箍用六段熟鐵接成彼時始改爲統連全

圈箍箍之圜周稍輞之大小乘熱束於輞以鐵銷連貫銷端旋以螺套並有襯鐵墊於其間　製成後烙印於轂並烙一輕字記號輪用鉛漆三次　重輪與輕輪異者輞加闊四分寸之一轂徑加大一寸輻蚤亦加大堅固亦加倍也新車輪式如下表

等類	應用	重數 擔	重數 廓推	重數 磅	直徑 尺	直徑 寸	鐵箍闊數 寸
一	軍用鏈環絡礮七磅	六	三	一二	七	〇	六
	攻堅二號車	四	三	〇	五	〇	六
	攻堅三號車	五	一	〇	五	〇	六
二	軍械彈藥車　西名阿姆業賁	一	二	四	五	〇	二半
	鐵架有簧車	二	一	九	五	〇	二半
	陸路重車二號	二	〇	二六	五	〇	三
	陸路輕車二號	二	〇	六	五	〇	二半
	陸路三號車	二	一	二	五	〇	三
	禁旅礮隊前車一號	一	二	四	三	四	二半
	禁旅礮隊車二號	一	二	六	三	四	三
	禁旅礮隊後車二號	二	〇	六	五	〇	三
	軍火鐵件有鏈環粗車　西名林亭	二	〇	二七	五	〇	三
	前路：雜用鐵架有簧重車／食物車饅頭／又　饅頭肉	一	二	三	三	六	二半
	後路：雜用鐵架有簧重車／食物車　饅頭／又　饅頭肉／鐵架後門卸貨車　西名[illegible]／鐵架有簧車	一	三	二六	五	〇	二半
	工匠木料前車	一	三	一四	三	四	四
	工匠木料後車	二	一	二七	四	八	四
三	七彈開富拉利亞礮車	一	三	四	五	〇	三
	格林礮車	一	一	七	四	八	二
	鐵架有簧粗車　不轂　西名卡殼	一	二	八	四	八	二半
	前路：載受傷兵勇人等車　三號　西名安凱蘭賁／藥料車／有簧輕木車	〇	三	二二	三	〇	二半
	後路：載受傷兵勇人等車　三號／藥料車／有簧輕木車	〇	一	一〇	四	八	二半
	雜用前車　四號	一	〇	二〇	三	四	二半
	雜用後車　四號	一	二	六	四	八	二半
	工匠前車	一	〇	一八	三	四	三
	工匠後車	一	二	四	四	八	三
	七磅彈二百二十四磅重纏實鋼礮成二百磅崔鋼礮車	〇	三	一六	三	〇	二
	七磅彈一百五十磅重纏礮成二百磅纏實鋼礮車	〇	二	七	二	六	二

鐵轂陸礮各式車輪 轂有三要如第十一圖轂釭甲轂端鐵箍近車大穿如乙小穿如丙 轂釭以燐雜質銅為之其中空較寬盛油又慮軸之切磨處略高油或未能滲入則於轂內端開槽通油 釭有熟鐵銷所以裝鐵箍帽而箍帽有凹處配釭之凸鑱彼此銜定則釭連箍帽與輪同轉釭長十寸較陸路輕輪木轂短三寸箍帽之鐵較釭料更韌鐵箍帽沿邊皆鏇令熨貼於輻以合盆形分度較舊式陸輪鏇去一寸半至二寸許箍帽裝上轂釭兩端有餘鐵俾沙礫不能入隙處軸端墊有鐵圈以彌補帽餘空處外用熟鐵銷子連貫內外箍帽如第十二圖 鐵銷在各輻間所露鐵銷上端三角式是以外鐵箍帽銷孔亦三角形內鐵箍帽孔形圓銷子脚亦圓有螺套旋緊又恐鐵銷受潮有獲克木蓋釘連旁輻 鐵轂之輻所以異於木轂輻者在股菑耳鐵轂之輻菑建於轂鑿適合釭而成圜周釭與鐵銷間輻股貼合無縫如第十三圖 輞與木轂輪輞相同惟輞內前即所謂胸平而不鏇較木轂輞深四分寸之一 輪為全圈鐵箍厚八分寸之五輞背烙製造年月 此種輪今以之代陸軍輕重二號車輪舊式箍闊二寸半輞較淺四分寸之一釭用生鐵 礮隊車輪之箍帽以鐵為之

工匠所用轉運車輪之箍帽以可錘之生鐵為之攻堅礮車輪如第十四圖並山間礮隊車輪之鐵箍帽與轂釭齊 第三等輪為工匠轉運車輪其轂之釭近與大穿口徑漸大如第十九圖 各新式輪之轂釭初以雜質金類之軨料為之嗣用較堅雜質金類在小穿處烙一堅字記號一千八百七十六年正月始用燐雜質銅為之為陸路攻堅礮車之新式輪七十七年六月他用之新式輪亦然俱烙有記號 軍械大車輪特設新樣輻輞以第三等材料為之 又轉運車輪有簧者為丕鏗式轂以生鐵鑄成而以硬熟鐵為釭輻則以熟鐵為之以螺釘旋於鐵轂而以鐵銷連貫於輞外鐵箍此箍以韌熟鐵錘成箍有凹槽輞相接處與輪之半直徑線不直對而成角度輞之接處適為輻上之螺套旋緊

其三 論查驗車輪與修理法 輪不可久竪一邊必常轉動若在潮濕處尤須審察 木漲確是朽爛之徵驗疑或有朽用鐵鎚敲之若有呆實聲知其中有壞處以鐵錐鑿取出視其木理如何 錐鑿深入確至其壞處勿以外漆堅固而止 木轂之輻鑿處最易壞朽朽處若小挖出重補若有裂縫而縫順木理者尚不為害可以油灰嵌補倘橫紋輻菑間有朽則不能復用矣 轂

箍每因木縮而寬鬆可將箍車去若干仍鎔鍾成箍再爲束上　釭鐧相礳釭或寬損或行迅成熱復冷則鬆須重䇲緊如因熱鬆脫油膩漏入轂釭夾縫則將釭取出刷淨油膩四圍襯以有漆篷布而䇲之須令釭與輪同中心不可略有偏倚　木轂之輪查欲脩整須審釭在中心與全輪同中心與否　金類之轂有大損者即易新轂凡釭與軸間有石屑摻入行走時有聲轂內生熱釭必有損痕應將輪之釭與軸卸下洗淨如有毛碎痕以銼具銼平之抹以新油裝上　陸路攻堅礮隊車之釭內徑與軸外徑大小相差有百分寸之五轉運車

之軸與釭差有千分寸之三十二　輻固不易朽爛然木轂因重載有損或轂縮輻鬆應取下輞箍截去若干重鎔成箍若數段相接之箍或於兩端接處鋸去若干慎毋鋸斷橫雙須審鋸到橫雙處將橫雙取出再鋸令輞仍相接縫將橫雙裝入然後將截短之鐵箍束上木轂輪之輻或斷折有修接簡法將輻近輞之䡔鋸下即於舊輻鑿一凹槽而轂槽略斜上將新輻如十五圖甲之短枘裝進輞槽復將輻舊敲入轂槽用䇲如圖乙將輻䇲緊以釘定之第四號軍械雜物車輻有損者每以此法修之修時須將轂箍取下爲之　金類轂輻

亦有暫接簡法將近轐之轂端鐵輨（譯西書義謂爲鐵箍帽以輨式如帽也）束上　及釭取出如輻已斷則鋸去輻股其上枘由輞取出即於輞鑿孔深一寸以配輻蛋鋸斷之舊輻沒鑿處後半鏟削配裝新輻之後半舊仍令轂內之舊舊與旁輻各舊密切而不散新輻舊與各輻製成一式裝成加漆然後將各件裝配齊完　輪之最易損者輞是也往往鐵箍內輞之接縫處易於朽壞以彼處多受潮濕耳木轂縮或輻退則輞之接處散開應將鐵箍除下改小再爲束之　輪裝新輞照舊輞分寸鑽孔漆其兩端將壞朽之舊輞一段取去並將不去之輞兩端敲鬆以新

輞鑲進並嵌兩橫雙令新舊銜接仍將舊輞兩端敲令合縫然後以箍束上凡敲時輻蛋易激斷是以換新輞時亦有兼換新輻　製輪箍法擇熟鐵條之合分寸者挈全輪一周得其長數截之工匠之有識者能於未截之先預計輞相接之縮度並鐵箍束上亦有縮度不於裝束後嫌寬鬆再截也既經截後將鐵條一端用鏈連於有鐵箍輪上而滾令成圈今取輪之圜周確數用脫賴佛勒法即以一片熟鐵約六寸徑裝於磨心針而磨心又裝叉形柄沿輪邊旋行以取圜周而所劃之線適在箍內面中線上再預計大箍厚薄分寸以補鎔時之

剝落又除輞端相接擠緊之縮數欲量輞接未緊時之數須於輞中間量之令輪箍減短以合縮數較之輞未緊時數又加倍如統計未緊接數不及半寸則鐵箍收小一寸如過半寸則鐵箍收小不至倍數　輪箍相接之兩端各斜鏟以便鎔接鎔時將接處釘住凡輪箍宜短乃可牽令合度若過長而復截即費事矣又箍裝配輞之鏟邊角處冷時祗搥箍內邊勿於箍之上邊敲之再查有不合度如法改配　箍料闊三寸以上者未成全圈時於兩端敲令略平庶鎔鍾連接一律勻稱是以鐵條截時略放長數分並以補鎔鍾時剝落之數

鐵箍改小法凡輞木收縮箍即寬鬆箍係全圈者將箍取下量準減短若以數段接成者即於所接兩端照數減短凡箍減短數須按照輞之收縮離縫數爲三與四之比輞縫離間數爲三則箍截短數爲四欲令箍束更緊也顧減短箍法非竟截去若干也但燒令中段發熱而敲其兩端鐵即擠緊敲必視分寸合度即止若然則銷釘孔眼仍能相對也　行營中束輪箍便法祗於石板上置木柴火燒箍略紅將輪面向下以箍套於輪視合度澆以冷水令收束緊切當套箍時小心令勻整並視輞接處令束合度如爲木轂之輪尤要行細審視欲

助令收束緊切即於對輻處以木槌略敲之可也　箍既冷後可鑽銷孔以螺腳銷子插下復用螺套於螺腳旋緊若輪舊換箍則留一可用之銷孔其餘銷孔悉行塞滿　輪轉行時常須留意箍銷螺套常須旋緊　裝配輪件不可用油恐其阻緊切之用惟抹以水則可耳　輪既配成可於修處加漆或遍身漆之如有洞眼嵌以油灰令平

其四　論造軸法　軸用熟鐵取其堅韌必順其牽長紋理爲要　轂釭用硬質生鐵者軸鐗用鋼可免礳損之弊如第二十二圖　軸爲全車之要必其堅固足任運

行重數並能勝激動之力而軍械車尤屬緊要有時迅行崎嶇之路又欲其能勝大礮回力凡軸當轂釭一段均名爲軸臂分作一二三等如攻堅礮車軸尋常礮隊車軸轉運重車軸是也此外更有特設之軸　軸臂長數並當轂釭之數均照轂釭數定之兩轂中間軸體之長數照兩輪軌道若干闊數而定　軸臂徑小而軸體徑大其交界高處謂之軸肩常例軸臂長數自軸肩至轄轄孔眼爲止　軸臂直徑不可過小所以減小者祗取其輕便能減轂釭間礳力並減其撬力是以軸臂直徑成截錐形而直徑之最大者在軸肩處以此處甚喫

重也此式甚佳套輪亦便軸臂三等截錐徑各不同軸末鏇圓　軸用木扶或鐵扶而橫剖形成長方軸與扶兩相緊切當軸肩處最粗壯是以彼處扶力較少而軸體中段嵌緊扶內得扶力爲多軸肩斜削至中段而平形見第二十圖上有彎形下體平直鐵扶下邊與軸下邊相平　機器工匠所用有簧之車並新式無簧之雜用車不用鐵木扶以嫌累墜也此等車不論輪之盌形與否而著力全在軸肩軸之中段並不著重是以中段徑雖小而無庸扶助也且無回力激動軸任亦輕　前言軸臂下俛名爲彎空欲令著力之輻成垂線形則軸

臂中線與平線所成角度謂爲空角度此空角度與盌角度略相等輻有一定斜度西名斯脫勒脫則此空角等於盌角除斜度之數　量軸端空角度如第二十圖甲點起竪線至乙點此甲點在軸下距軸肩處適如釭之長數乙點在與軸心線平行之線上此線與軸肩下邊相交　軸臂下俛成彎空角度並且略向前而成領路前導之用西名黎特　此法令輪破險前進以輪既成側立盌形而軸臂略前使輻轉至地條條正直不失其力并無有側出之虞以故經歷崎嶇輻仍直前　軸臂向前之數甚微軸臂中線與軸體引長之中線所成角度由軸肩

中線引長十寸許垂下至軸臂中線距有十六分寸之一如第二十一圖此即黎特之數　黎特與彎空兩法正所以保全銷鍵與釭外襯圈　彎空與黎特爲軸臂成式西名釋脫即軸臂到相合地步　彎空角度與黎特角度以量鉗量之或以平邊板片或以線量之從軸肩至轂釭盡處起點至彼端轂釭盡處作一平線或從軸肩垂一線與平線交是爲彎空角度若將轂釭盡處之平線提高與軸平而量其間距數是爲黎特角度

其五　論軸並修理法　前言軸以熟鐵成其中段爲體兩端套轂處爲臂臂與體交界處爲肩茲論其式分兩

類一爲舊式車用一爲新式車用舊式輪軸如下表

等	軸式	重數 擔	重數 廓推	重數 磅	軸體長數 尺	軸體長數 寸	軸臂至轄末銷孔長數 寸
一	攻堅礮車	一	三	九	三	四半	一六又八五
二	十寸並八寸徑田雞礮車並林孛車	〇	三	二〇	三	〇	一四
	開濠載砂土兩輪車	〇	三	九	三	〇	一四
	戰場車	一	〇	一七	三	八	一四
	攻堅物件車	一	〇	二	四	五	一四
	前踏板車	一	〇	二二	三	九	一四
三	兩輪手車	〇	一	二一	三	三半	九又八之三
	六磅彈來福後膛礮車	〇	一	一五半	二	九半	又
	六磅彈來福後膛礮車額外；兩輪馬料車	〇	二	二半	四	二	又
	前後同徑輪雜用車	〇	二	六半	四	八半	九又八之三
	牌絡醫車西名唵皮闌手並並貨物車	〇	〇	一五又十六之三	二	〇三之一	六又八之三

等	軸式略新		重數 擔	夸脫	磅	軸體長數 尺	寸	軸臂至轄末銷孔長數 寸
一	懸礟鐵車　重七噸					四	四又四之三	一二、六二八
	攻堅礟車					三	八半	一二、六二八
二	兩輪槍隊車		○	三	二四	四	一半	一一、三七八
	鐵架有簧兩輪車　丕壆式		○	三	二六	四	○半	又
	戰場輕車一等		一	○	九	四	一半	又
	戰場輕車二等					四	一半	又
	戰場重車二等					四	一半	又
	礟隊前車		○	三	二二	四	○、九	又
	礟隊後車		○	三	二二	四	○、五五	又
	鐵架有簧雜用重車 饅頭車 饅頭肉車	前	○	三	二六	四	○、五	又
	鐵架有簧雜用重車 饅頭車 饅頭肉車	後	○	三	二六	四	○、九	又
	鐵架自卸車　兩輪							
三	鐵架簧車　兩輪		○	三	一	四	三、二	九、七三三
	格林礟車並林字車		○	二	二六	四	二、六	又
	鐵架簧車　兩輪							
	鐵架有簧雜用輕車 醫車二等	前	○	二	九	四	三、六	又
	鐵架有簧雜用輕車 醫車二等	後	○	二	九	四	三、二	又
	雜用車二等	前	○	二	二四	四	八、六	又
	雜用車二等	後	○	二	二四	四	八、二	又
	工程車	前	○	二	二○	四	一○、五	又
	工程車	後	○	二	二○	四	一○、二	又
	工程兩輪車		○	二	六	四	二、二	又
額外	七磅彈二百二十四磅重雜質銅礟或二百磅重銅礟車		○	一	一四	一	五、五	七、○○
	七磅彈二百磅重雜質銅礟或一百五十磅重銅礟車		○	一	一○	一	五、五	八、○○

新式車軸今有三種一配木扶二配鐵扶三無扶　茲論戰場車軸可爲各種軸造法之宗　軸分兩份以汽錘製成初製時當預備軸臂彎空角度與黎特偏前數　軸臂既車成後將兩份鎔錘一統以量鉗量其大小確實分度此分度西名釋脫　軸體橫剖成長方形而上面至肩處斜上更高是以橫剖形加大以成肩形又鐵扶與木扶各異鐵扶套於軸體旁有孔眼爲鐵銷之用　新式

軸有木扶者中段軸體有長孔鑲配木扶是以長孔處軸徑加大舊式軸體中間有圓孔兩旁有扁長孔以配木扶其孔扁長者以各車揷銷有不定其處耳　軸臂成截錐形新舊式皆然惟新者略短新式彎空分度爲○四寸舊式空彎分度爲○四三七寸其黎特偏前數則皆爲十六分寸之一　新式軸肩有領領如稜與軸連一體所以代墊圈之用　此領配合轂之大穿口者　有簧車雜用車及裝簧處有不同耳　工匠並轉運車軸臂之大穿處加重車又饅頭肉車重數相等而後輪之軸不能調用以壯見第十九圖　二百磅重七磅彈礮車之軸臂較上

三等軸略短　丕鏗輪之軸臂更加堅料　戰場施用時亦可修接軸體惟軸體長短尺寸悉照舊時軌道闊狹爲之　軸臂常須查察成式是否相合其喫重處如鋼圈等有礳損者即易之凡試驗軸臂成式合否以平邊木板或直線測之欲改正者將軸臂擱置鐵碪上審相合彎度而錘其軸肩令合成式分度此成式分度西名釋脫兼彎空偏前言　軸臂在大穿處或有礳損可鎔附熟鐵錘如成式以銼刀銼令合度此須熟諳工匠爲之　軸臂在小穿處礳損多者將軸臂燒紅敲其端令縮進粗壯銼轄端轄孔令長俾足以鍵住轂末　又軸肩礳損輪轉過

寬、照上法、將軸臂燒熱敲縮其端、令肩加壯、若軸體因敲而縮短、則燒軸體、錘令伸長、如度即止、　軸肩礳損、轂釭或鐧圈鐵面有損、祗如其厚薄數、用鐵或皮襯之、　舊式軸鐧礳損、即於鐧鑿孔、以新鋼鑲之、用量鉗量準分寸、銼令如度、置火燒紅、淬以冷水、令急冷以成堅料、　轂轄不論新舊軸式、一二三等、皆可通用、惟額外軸式則否、轄向以熟鐵爲之、現礮車改用鋼、上烙鋼字、　轄體橫、剖爲長方形、下端有長孔、可有皮帶穿紮、新式用鋼銷、而端孔貫以橫銷、銷頂俱侈、惟削其後、與銷體平、其前有凹處、爲敲起銷子之用、　轄常有偏欹之弊、必燒熱敲令正直、爲要、鐧圈亦易礳損、當爲修整、　鐧圈所以間阻轂釭、不令與轄鐵相礳、鐧圈亦視軸式類、分新舊式、各有鐧圈配之、凡鐧圈有兩式、一爲整圈、一有環柄、蓋柄有環孔、爲拉拽繩索之鉤、所用向祗後輪有之、今前後輪軸皆用、　攻堅礮之林孛車、（裝載彈藥）鐧圈有異、此林孛車、用大馬四匹、拖之、圈之環柄、較更粗壯、可勾凹得律豜繩、（凹得律豜、即車之兩旁、矗出橫桿上、擱木架者、有繩牽連墊圈環柄）

輪軸與轂釭膏沐之油、用杏納油、

第二款　陸路礮車

其一　論製造法之理　先須籌畫其大端、而後及各式精求之益處　所不可少者、有數端、一欲其靈、凡方向位置、均能如我意之所到、一欲其穩、經歷險阻、不致有覆轍之虞、一欲其堅固而經久、並簡便、此皆人所共曉、又欲其轉運利便、英國屬地多而遼遠、則轉運尤當講求也、　礮車務須靈動、若兩輪四輪各有軒輊、茲不深論、而轉運以四輪爲佳、各式車用兩馬者、輈轅之制、卸夫脫較帕爾便捷多矣、（卸夫脫、駕馬之輈、用四短木桿、而頸與韁皆用鐵鏈、俾馬轉行便利、若帕爾、則兩馬中間用一木桿、頸韁亦繫連鐵鏈、而轉行時較不靈便）　靈者、車欲其輕、在狹隘處轉輪回旋、務使便利、行崎嶇之路、用力愈少、爲佳、　車欲減少重數、不可過減其力、欲得輪軸性之大益、輪以大爲貴、軸以小爲貴、顧輪徑必合相稱重數、並有礮位相稱之限、是以戰場礮車輪徑以五尺爲度、與前牽馬皮帶高低、視拉緊時、與平線成角六度半、（此平線、即從輿前所出皮帶引長之平線）車之重數、前後軸各照任載之力而分、且其分任之力、仍依輪徑大小、並籌及前輪先導而後輪即隨其軌道而行、以故前輪載當輕、而後輪載較重也、若礮車任載重數、前後不能確定、惟轉運車輪前小後大、任載之力各得其輕重之準耳、　車在狹隘處回旋並行崎嶇之路能不竭盡其力全賴車式與前後輪裝法 陸路礮車任載之力前後均分其力各聚於軸前後兩軸以鐵軥鈎連（鐵軥西名潑鼠又名脫留兒）此種車前輪可回旋轉行與後輪同直徑也 裝輪於車欲其輕便當經行崎嶇間此端震動不致有礙彼端至車體相接各件不令盡竭其力量 林孛車裝法最靈便寬舒數輛相接後車帕爾之端有孔為前車鏈端之鈎勾之縱橫回旋均不相礙 礮車前後剖分為二迨用時前後鈎連

穩者經行險阻不為側翻車翻總在左右側而車之重心在車之直剖面內此直剖面正直如垂線若然則車之穩行全賴軌道之闊與重心之低 軌道固宜闊矣然若過闊亦有窒礙是以常例軌闊五尺二寸 軌闊既有定限則平穩祇視重心 重心以低為貴假如車側一邊重心若愈高則重心向地垂線即易於出車位而為地心吸力拖倒矣以故車可側至某度而不翻者所成角度為側度極限不可過之若一過限即翻矣此極限角度即九十度中之三十五度是也

堅固而經久者料須堅靭而輕各件不務重大但期能禦阻力足矣既能禦阻力及震激力並不患潮濕即久儲不用亦不為壞 近年製造以熟鐵代木較更堅久與英國獲克木較重不甚多且更能抵當大激力然熟鐵無木之凹凸力不能如樹木質之能耐彈激有損必重且熟鐵易於變樣略彎曲即失力而不能用是以熟鐵製造時預計其變樣之弊必於能禦激力之體積而復加重庶久用可不改變

簡便者欲車架件數清楚而少一無兜搭即稍損壞亦易修整其新製零件各車皆可配用

轉運利便者車件皆可拆卸裝箱運送車欲其短短則靈便兵行時不多佔地步 礮車以此為最合用並便於拖礮給戰戰時車極穩重軍火各件便於取用又便於轉運貨物並可乘坐合用之人

礮車欲趲行險遠堅固不壞並於昂度最高時燃放回力能抵當不損 車受礮之回力此力著重於礮軸直線

假令車無抵禦震激之力則開礮時車之動勢有二一在重心處旋行一在礮直線退行 礮車停住者以輪與轅前端立於地面開放礮時旋行勢力幾將礮轅前端送入地土內蓋車轅受大激力故也 礮轅前端送入地土內地土有磨擦阻力又有凹凸力能抵禦之所有全車大有旋行之勢因此礮向前跳以車轅重不致仰翻

礮如昂度高者礮軸直線內勢力有兩徵驗一將輪軸壓斷一在地平面向後退行 由是觀之礮

車有兩激勢、一在轅直線內幾為回力折斷、一在車軸中間幾為壓力壓斷、礮之動勢亦有二、一向車前仰跳、一向後退行、 礮向後退平行、亦足拉斷輪軸、蓋兩輪停住地面軸為輪所定、猝然礮從軸中間後拽其勢力足以斷之、 此勢力甚猛、若輪銜住於地土內、尤覺震撼或有他物阻礮回力亦頗喫重、此外更有舉礮螺柱亦受震動、蓋礮耳擱於礮車之凹座、凹口兩邊寬舒礮退行則凹座受磨擦為切圓形、礮尾即壓下螺柱矣、礮尾壓力大小視礮耳磨擦處之撬力遠近、撬力遠近即視礮耳半直徑之長短、半直徑愈短則壓力愈大、顧

礮耳中心至舉礮螺柱頂所遇處相隔愈遠、則壓下之力愈少、 燃放礮時礮必退行、礮車因以受最大回力、凡此壓力所在、即表明製造礮車應於某處加工令堅、惟車式各異、不能設一定之數、亦可依據、 礮之濺碎震力最猛處在車轅、是以轅須加堅、而受力最重者為受軸處、製造時於轅之受軸處尤留意堅固、由此遞殺以至轅端、西書譯義作轅尾 軸受礮之壓力既重、則軸與軸函須加堅、至若礮之平行濺力、則軸肩與轅有相連鐵條以禦之、 平行濺力即回力 令礮退行、衹可任其退行不禁阻之、所以保全車架、當攻戰時勢不可盡任退行、

是以車必設一阻行法以阻之、 轅尾減短則著地處勢力加大、即此可為阻礮退行之一助、 輪軸業詳於前、茲以礮力迅猛易壞輪軸、是以輪之重數減輕便行動便利、即退行亦靈、 輪固以小為美、然亦不可過小、須合於行動之力、製輪者弗忘此意可耳、 軸之用木扶者、令行動裝運軸力均勻、開礮時壓力亦得勻稱、然軸用木扶、尚未盡善、以木與鐵合併擔當凹凸力不勻、鐵必先受激勢、是木尚未得其力、而鐵或已為所壞、以故礮車不用木扶、而用鐵扶、 礮轅距地有相合高數、俾在土垣內開放、礮俯至五度、彈亦可出土垣之上、

約礮軸線高三尺許、而礮之昂俯得相合角度、昂可至二十度、俯可至五度、 轅板欲其重、故愈闊愈堅、礮之位置過高、則垂下壓力愈大、勢將旋行而全車皆不穩矣、 轅板之礮耳凹座處不可後於軸、壓力喫重於林孛之鈎、必令位置得宜、俾擡起轅尾鐵圈脫鈎便利、又必軸前後壓力均勻、而礮耳凹座又不可過前、開礮時林孛鈎已拆開、致轅尾跳起、車與礮向前傾翻、再林孛鈎重數不可減輕、輕則行崎嶇斜路、轅尾常患翹起碰壞林孛鈎銷、 陸路輕車拆卸置平地時、礮耳軸心與車輪軸心皆須在垂線面內、不得有前後之差、 重礮

車不可用一副礮耳凹座迨燃放礮時礮耳凹座必重換一副　轅以短爲貴不僅觔兩減輕並能禦礮之退行回力且以之搘拄輪軸蓋轅短則堅前後輪軸距數亦近　然轅又不可過短須令合度開礮時車不倒翻礮手於前後輪間亦可出入　林孛車轉運彈藥與礮車同行此車有三要一堆垛一鈎一定拖車皮帶高下之度　前軸上之堆垛須較後軸上之堆垛減少然其數之多寡須照礮所應帶彈藥數料量之　堆垛重心處須略向前其穿過重心之垂線可垂於軸前如是不致翻向後或堆垛與後軸重數均勻令馬背合宜　彈

藥皆裝於箱匣便於車船轉運　林孛車之鈎距地面高下照裝卸時舉轅高下而定兩軸間距數照轅尾長短又照馬背所合宜之重數並與林孛車體能否勝任有相關　彈藥大車與礮車同行造法靈便皆同今彈藥大車與林孛車皆依新近試驗後所得好意見而造又有特用所在造之其中件數有能與礮車互換用者必精心製造俾便於調用　前後軸上堆垛箱匣例有一與二之比設後軸兩箱則前軸一箱以此類推令軸上力量均勻較礮車更易　大車各件茲不詳述惟計礮車行動所需物件恰合此大車所用大車之轅猶礮車轅尾

其二　論陸路木礮車並彈藥大車大車西名懷根彈藥大車西名晻米呢興根懷　今各廠不用木造而用鐵爲之惟陸路各營尚有新近木車常爲修理見下表

噸數	重數 裝足	重數 空	車式
	擔	擔	
二、七	一五又四之三	一一又四之三	六磅彈來福後膛礮車並林孛車全副
二、六	一九	一五	六磅彈來福後膛懷根並林孛車全副
四、二	二一半	一六又四之一	六磅彈來福後膛礮車特設式樣全副
四、一	三三又四之一	二二	六磅彈來福後膛懷根特設式樣全副
四、四	三一又四之一	二一	九磅彈來福後膛礮車並林孛車全副
六、五	四〇又四之一	二八	九磅彈來福後膛懷根並林孛車全副
四、四八	三七	二三半	十二磅彈來福後膛礮車並林孛車全副
六、五	四三又四之一	二八	十二磅彈來福後膛懷根並林孛車全副
五、一八	四八半	二八	二十磅彈來福後膛礮車並林孛車全副
六、五	三八又四之一	二八又四之三	二十磅彈來福後膛懷根並林孛車全副

十二磅彈來福後膛礮木車營存獨多茲具論之餘可類推　車有要件如轅尾如兩轅如軸如軸匣如輪轅尾以獲克木爲之常式一塊有時兩條合成獲克木與鐵條併連一體鐵條有鋼圈所以套林孛鈎者轅用獲克木或哀爾姆樹爲之有合縫篓並三鐵銷鑲連於轅尾又軸扶與轅及轅尾以鐵條連之並與軸連軸體與舊式輕車軸同軌道闊五尺二寸　礮車有移動礮法鐵鞍兩旁爲礮耳凹座座上有鐵瓦蓋成礮耳座圈鞍在礮耳座有槽篓西名斯勞脫　相銜以鐵梗連於轅尾鐵梗之在轅尾處有手輪可轉動以移礮向且轅尾有鐵

閘可任礮左右偏移一度半許　礮車零件有鋼臼為舉礮螺柱之用行動時有鉤鏈所以絡盛礮之前段礮尾有撬柄有牽住礮車輪之鏈並洗桿等有備用軸𦈢有輪拖鞋各件　螺柱有球形頂之螺套旁有熟鐵柄左右旋以升降之球形頂即活節銜於礮尾雌龔以鐵銷貫之礮旁帶有移礮撬桿並愛虛木洗礮桿桿端繊蔴以篷布紮縛平時有篷布套以套之洗桿彼端為送彈入礮之用桿體上有銅圈分誌尺寸軸𦈢左右帶有兩個子母彈藥裹並小零件礮車之林孛有軸扶以哀爾姆木襯之有一愛虛木斯撇令脫脾見二十四圖丙有三條愛虛木福脫卸爾斯見後四十二圖辰有帕爾見三十六圖甲有愛虛板並哀爾姆踏板釘於福脫卸爾斯之前更有一條愛虛木塡於斯撇令脫脾與踏板之間哀爾姆木塊生林孛鉤其軸與輪與礮車同軸用鐵銷連貫木扶又用軏形鐵條西名浴克辦匹虫騎跨木扶而以鐵銷在鐵條兩脚銷住軸用軏形釘釘於牽連之鐵板上西名克潑林潑留虫此林孛車轉運彈藥又運工程器具與九磅彈來福前膛礮之鐵林孛同　林孛裝彈藥箱分左右中三箱左右兩箱有篷布罩箱與鐵林孛之箱同左右箱每裝彈藥裹十七個若裝炟纇潑內爾炸彈每個須置像皮圈內

唵米呢與懷根下四圍有軫並三條愛虛木為軫間之襯木是為輿底前後有踏板軸𦈢以哀爾姆樹為之有獲克木薄板兩片軸與輪與礮車同式潑鼠即單轅又為軫間收輿總木所以合衆材者之端及車旁軫木以鐵銷連於鐵軸扶而軫圍以鐵條包之潑鼠端有鐵鼻鋼圈配林孛鉤用軸與軸扶用軥式鐵條釘連於牽連之鐵板上此鐵板西名克潑林潑留虫以木板橫鋪於軫間潑鼠襯木上更加以獲克薄板而裝彈藥箱　懷根之軸臂有養皮扣乎木轆轤帶一備用輪其任載堆垛與礮車林孛同　懷根任載有彈藥箱六個篷布藥裹袋四個車底置木箱四個所裝輪用之鐵拖鞋一具並鐵鏈及皮條等而以彈藥箱置其上左二中二右二左右箱式與林孛箱同惟皮條紮法有異居中之箱與林孛不同車底箱一個盛油物餘並置馬蹏鐵鞋　懷根之林孛車與礮車林孛同惟烙有懷根字樣以別之　九磅彈礮車兩轅前有橫木礮不能自旋其軸輪與十二磅彈礮車同　九磅彈礮之林孛車與唵米呢與懷根同而懷根箱內分槅有異二十磅彈礮車轅有左右旋轉法與十二磅彈礮車轅略異軸與陸路礮車同輪與陸路重礮車同　林孛有重輪餘與十二磅彈礮之林孛同　唵米呢與懷根與

十二磅彈礮車同惟箱內分槅有異與林孛箱亦異
六磅彈礮車有二式一爲新疆用一特配開福拉律亞
用其外特以木製軸輪皆三等式新疆用者輪徑四尺
二寸軌闊三尺十寸特設爲開福拉律亞用者輪徑五
尺軌闊五尺二寸　尋常林孛爲一木架前端橫有狹
板釘於軸扶特設皮帶卸夫脫用一馬拖行裝三長方
箱其左右兩箱向左右旁開闔而鉸鏈在下是以旁無
插桿特設之林孛與戰場林孛同軸輪爲三等式與礮
車等　六磅彈礮之唵米呢輿懷根有二號合各礮手
之用造法與十二磅彈礮懷根同常式有箱三個同林

孛輪軸無備帶副輪托件而副輪即於架帶之六磅彈
林孛與六磅彈礮車之輪軸皆可互用
其三　輪查修木車法　木車疵累或收縮或枯裂或霉
爛或蠹蛀或尋常損傷　收縮枯裂乃暴露所致或久
儲棧房過於燥熱亦有之　縮必從鑲鬆見之爛則鐵
件接處有溯濕透入所致用槌或錐一試即知　車以
愛盧木爲者儲藏日久必生蟲蛀其面有微孔孔外有
白色木屑　鐵件修理法見鐵車修理項下　車轅板
如有枯裂細縫拆卸之以查其縫之長短此從開放礮
時激而裂者時或有之在轅至軸圅之鐵板處最顯見

第二十三圖其裂縫直至銷孔如裂縫不大則轅木工
字式可於工字脚兩旁用釘管住如轅裂過多則必換
新　轅爛多處亦不能用若小損爛處可鏟出以新木
嵌之　轅板有細裂紋不甚緊要祇須擦淨以油灰嵌
而漆之有裂縫之不甚緊要者用同料之木片抹以漆
而嵌入其縫內亦加漆用釘以固之　礮開多次轅後
螺孔易寬鬆則必卸去軸圅於其相遇鐵面抹漆將舊
螺孔塞平另開一螺孔旋上總之轅有爛處不合用即
易之如舊鐵架可用祇須換新轅可也　重配新轅板
須審礮耳凹座中心線與轅板中心線作正交法用一

線絜從礮耳中心線至舉礮螺柱左右分寸皆同即整
矣輪立平地兩礮耳中心線亦皆平便已合度　查驗
礮車軸扶有爛或裂或縮須易以新軸扶裂紋細則無
礙若有收縮第錘軸令壯以配之若軸扶縮而深扶不
與軸平祇鑤其下邊配之或用縫布白染乘其未乾時
襯於軸扶亦可裝軸時須審及絫特分寸勿誤偏後須
於轅之中心線正交　凡修理車件有相遇之面須用
紅鉛漆或白染漆抹其面令彼此膠合　林孛車之福
且爾斯即福脫卸爾斯必卸去其板細視有無爛形修法與車
軸扶同其軸肩木有縮須重裝用銷旋緊　卸夫脫皮

帶等及箱修法見鐵車項下。 晻米呢與懷根木邊有爛去其板而審其下件。 車經崎嶇不平之路潑鼠有裂紋則易之。 修理後漆法見鐵車項下。

其四 論戰場鐵礮車

戰場鐵礮車並懷根表 三十一

車類	號	空時重數 礮車 擔	礮車 廓脫	礮車 磅	空時重數 林孛 擔	林孛 廓脫	林孛 磅	礮車並林孛裝足時重數 擔	廓脫	磅	礮車及林孛重數 噸
九磅彈來福前膛礮車	一號	一二	三	二	一一	一	二三	三五	三	一五	四、○七九
又	二號	一二	○	一二	一一	一	一四	三五	○	一六	三、八一八
九磅彈來福前膛礮晻米呢與懷根	一號	一四	二	一四	一一	一	二三	四一	一	五	四、四九三
又	二號	一四	一	四	一一	一	一四	四○	三	一四	四、三七三
十六磅彈來福前膛礮車	一號	一三	一	一九	一一	一	八	四二	三	一二	四、○七九
又	二號	一三	○	一○	一一	一	一○	四二	二	五	四、一一二
十六磅彈來福前膛晻米呢與懷根	一號	一四	三	五	一一	一	八	四一	三	○	四、四九三
又	二號	一四	○	二四	一一	一	一○	四一	○	二一	四、四三八
二十五磅彈來福前膛礮車	一號	一五	二	二三	一一	○	一八	五一	三	三七	四、一七七
二十五磅彈來福前膛晻米呢與懷根	一號	一三	三	一二	一一	○	一八	四二	二	二六	四、四三八
七磅彈來福前膛二百磅重鋼礮車	開福拉律亞式二號	八	三	二○	九	一	二	二五	三	二一	三、九五九
四、五寸徑格林礮車	一號	五	三	八	八	○	六				三、四二三
鐵匠器具車	一號	一一	三	○	一○	一	一六	三八	二	四	四、八一九
又	二號	一四	二	二四	一○	三	○	四五	三	一二	五、八二○
箒件懷根	一號	一四	一	二四	一○	三	○	四二	○	九	五、八二○
礮隊懷根	一號改式	二○	一	一四							四、一三七
又	二號	二○	三	○							四、六五九

以上各車之輪皆有鐵轂其軌道闊五尺二寸。 車與各件皆漆鉛色字號用白色其木料漆三次鐵料先用

普爾福特黑漆續加二次鉛色漆鐵件相遇之面暨軸臂及鍵與襯墊圈螺礮螺柱並礮旁零件銅鐵等環若縫布罩等均不漆。 車體照各式製造法刊有記號圖樣與零件單置懷根或林孛箱內。 礮隊車右旁有生鐵牌烙有車名。 礮車衡量重數先將可卸物件如輪與卸夫脫等拆去側車於地量其最長處尺寸知其可帶如干長物件並量其闊處尺寸知其長方底數計其上堆垛緊密至若干最高數以高數與長闊數乘得其立方尺寸即合車內所容立方尺寸而以四十數約之便得噸數。 九磅彈來福前膛礮車二等如第二十

礮表新法 卷一 三十二

三二十四圖其二十五圖為前形二十六圖為車之左右旁箱形。 此車能載六擔或八擔重礮其兩轅並前後橫檔以三鐵銷連貫之轅端有鐵尾其軸可帶戰場輪。 轅以鐵板條為之用銷釘銷於角鐵內側大小照礮為率礮耳處愈堅固。 轅自礮尾後漸斜狹而礮尾前皆平行。 橫檔用鐵板其在第二橫檔兩旁有角鐵銷住即由此處漸狹至轅端其前橫檔有角鐵架釘定於左右轅板並下銷住於軸扶。 三鐵銷為連貫轅兩旁之用從第二橫檔至轅尾此銷兩端皆有鐵領令轅為所扣住不致脫開。 轅尾鐵以鐵銷兩面貫住鐵尾

漸尖削有一孔眼孔有鋼襯以為林字鈎之用鐵孔有槽鋼襯鑲緊銷之用舊可以易新轅尾尖上下包以鋼片令逾堅固即或字林車輪輾上或撞不致損角鐵

軸扶以熟鐵為之與軸體成空心方匣如第二十七圖

軸體在軸扶下兩旁以角鐵背鑲之而以狹長鐵板釘其上則中空如匣式矣鐵板與角鐵有長孔俾軸扶之豎銷穿出以銷於轅架鐵板與轅架又用角鐵彼此銷住並從軸肩處有鐵條釘連以上所言軸兩旁角鐵見二十七圖　轅板內側自軸扶至第二條橫檔附有鐵板以為扶助其下邊略露加厚　軸背係新式二號如第二十八圖

礮車零件熟鐵礮耳凹座蓋有鐵銷螺柱之螺匣兩旁有金類座銷住於兩轅間座有凹鑿所以銜螺匣兩耳並管定螺柱如第二十九三十圖　又一鐵梗並皮條為舉礮螺柱手輪之用　轅端有鐵環並墊板為撬桿用右轅旁有海絨轅端下有鐵板並各鐵梗及皮條為礮手用　前橫檔下有螺套為銜住鐵銷皮帶並送彈藥裹墊之木桿彈藥裹墊西名滑特轅　前兩旁有鈎見二十五圖　有法裝帶備用子藥箱在軸上　並零件　車左旁又有法帶輪拖鞋並鏈　車前鐵圈轅端柄轅右表牌三面鐫分度距度二百碼至四千二百碼並有相合之昂俯分度及分秒彈引西名飛平斯　本廠製備礮車各件　舉礮螺柱軸上左右兩子藥箱旋礮鐵棍兩條海絨二塊刺火門針之皮袋火門管皮袋輪拖鐵鞋鏈　舉礮螺柱著名為揮妥章特式見二十九三十圖　如法釘於轅架以手輪轉螺匣而升降之　螺套下有斜齒銜於平行斜齒輪搖轉手柄所以轉平行斜齒輪而螺柱即為升降螺套與斜齒輪同在熟鐵匣內匣之兩耳裝於轅間兩座凹鑿內螺匣上之蓋用四個長螺釘銷於匣底其蓋有孔為灌油至斜齒輪之用此孔有螺旋密不令灰塵滲入匣下有漏孔匣內均漆以紅鉛漆旋斜齒輪之軸經過右耳

管出右轅外有鐵手輪以轉之若欲取出螺匣先除其蓋將斜齒輪軸之銷針拔出而後拔出其軸再旋出兩座螺銷然後可取螺匣也　軸上兩旁子藥箱以黃色哀爾姆木為之內用紫色麥好搿內木每箱可裝兩空心彈或兩炸彈箱蓋有鈎扣住炸彈帶藥裹二個皆裝馬口鐵匣有帶小零件箱蓋有毯布罩可以坐人蓋用銅片包其邊角閉用有鑽之鎖一捺即閉而開則用鑰搭扣有銷燃放礮時不致震落箱角均包鐵皮周圍釘以鐵條鐵條上有雞眼孔可插鐵桿作欄杆用見二十五圖且有踏腳板不用則反貼於箱此箱旋住於軸扶

上海絨洗礮桿以愛虛木爲之桿上端用哀爾姆木以羊毛氈包紮膠以船膠釘以銅條彼端送彈藥裹者亦用哀爾姆木包以銅皮桿下端有陰螺可旋螺鉤此鉤即爲起彈墊之用桿體有記認所以指明送彈分寸六擔重礮送至四尺二寸爲止八擔重礮送至三尺十寸半爲止　洗礮桿頭用不透水之篷布罩罩之其送彈一端抹漆二號洗礮桿之海絨頭較長於一號桿三寸共計長六尺六寸半重四磅　火門針皮袋有皮帶可掛於右轅外旁　火門管皮袋亦有皮帶扣於右轅內側　戰場二等輪拖鞋以熟鐵爲其邊以鋼爲其底

有皮帶兩條縛於輪牙熟鐵鏈圈徑半寸長可繞輪而兩端鉤於鞋端之環鏈端有雙鉤即鉤於鞋兩端而雙鋌仍成鏈圈也　九磅彈來福前膛礮車一號其與二號車異者轅板裝於架外用料較多轅尾板似舊木礮車長逾其尾製亦不易拆卸較難不若二號車簡便且近切礮旁也　其小異者前横檔鐵板從轅前端下面抱上軸前後釘角鐵並釘定於轅其軸扶較狹而深更上銜於轅舉礮螺柱之螺匣兩耳無座欲取出螺匣較爲費事先須拆去横檔是以此式尚待審改　軸上裝小零件之匣與第二號礮車不能調換　十六磅彈來

福前膛礮車第二號此與九磅彈礮車不同處較少其轅略深軌度略闊礮耳座處較堅固耳座圓徑加大軸上零件匣外形相仿而內隔則不用紅木而以鋼板隔之此匣配儲二子母彈或二炸彈　旋礮撬桿並取彈墊之螺鉤與九磅彈礮同其海絨桿長六尺九寸重四磅又四分磅之三　送彈桿上之記號螺圈自桿端起在四尺一寸半處　十六磅彈來福前膛礮車一號與九磅彈礮車一號同　二十五磅彈來福前膛礮車一號此車配升舉架令礮高過平臺而上者即爲攻堅之礮車　若不裝配升舉架者與十六磅彈礮車二號

同輪亦相同惟礮耳座用一鐵襯圈　看礮準者不用揮桑草特之螺匣而用齒條銜螺軸旋行法其具裝於轅右旁詳下　礮旁有熟鐵舉礮彎形齒條（見後七十一圖甲）轅內側裝齒輪（西名扎甯）與熟鐵彎齒條之齒相銜（見後七十一圖乙）更有熟鐵磨擦輪所以擠住齒條俾齒條之齒常切於扎甯輪齒（見後七十一圖丙）螺軸（蟲形西名活姆）之螺輪銜於扎甯齒輪之軸齒內活姆螺軸與手輪裝於轅外旁祇將手輪旋動即轉動螺軸以旋齒輪而齒條隨之升降此活姆螺輪與螺軸有鐵板罩罩之此罩又作活姆螺軸之座鐵罩分兩瓣有鉸鏈可以開閤　活姆輪以雜質金

類爲之燃放礮時任齒條活動庶減礮之回力活姆輪可在軸易於旋轉　活姆輪心周圍鏇成凹空與軸之凸圈相配有螺套旋進俾擠緊凸圈令銜輪凹不致寬鬆　處舉礮螺柱損壞每次發運礮時必附一副暫代螺柱之具以應急需即兩條鐵板上置木櫈（西名斯孖爾裴特）鐵板前擱於軸扶後擱於架之後橫檔櫈上置木榫以爲升降礮尾之用櫈面兩旁起邊以管木榫欲礮昂則榫退欲礮俯則榫進又有木手榫以佐大木榫之不足剌火門針之皮袋扣於後橫檔上　其零件與十六磅彈礮車相仿軸上匣亦相仿惟無鐵擱及踏步旋礮

之撬桿與挖滑特之螺鈎亦與十六磅彈礮車同海絨洗礮桿並送彈桿各長八尺七寸一重六磅又四分磅之三一重六磅又四分磅之一又懸有表牌與攻堅礮車同　戰場礮之林宇車不論一號二號零件皆可配各礮車暨唵米呢與懷根之用惟軸則不能互換　二十五磅彈礮之林宇車踏板下更裝表牌匣及皮條之墊圈　林宇之件有福且爾斯三條有一斯撇令脫牌（即軫前端橫檔）又有鐵檔二條有車底板踏脚板有釘連衆材之板條有軸扶有鈎又軸及輪與礮車同有拉車之鉚夫脫一對　斯撇令脫牌以槽形鐵爲之以鐵銷連貫

於福且爾斯上每端用圓鐵梗（西名斯兜見二十四圖甲）牽連於軸扶其福且爾斯外旁斯撇令脫牌端空槽處以木塞之軸扶較礮車更深如第三十一圖所以生林宇鈎其邊以鐵板爲之每板上端用角鐵鑲住鐵蓋板如第三十二三十三圖　丁字式福且爾斯鐵條裝於軸扶鐵蓋板下銷住於角鐵其中間一條福且爾斯之端彎下抱於軸扶後鐵板釘住其左右兩條福且爾斯伸出在後以托林宇箱下鐵板此板每端又有橫檔托之　林宇鐵鈎用三條鐵梗製成距軸體長短合度其上一條鐵梗有鐵環而其鈎以鋼爲之以鋼銷連貫於礮車尾

如第三十三三十四圖　愛虛木車底板裒爾姆木踏脚板闊皆十寸車底板前所露福且爾斯端橫釘以愛虛板庶免馬脚蹂入空處也　鉚夫脫左右兩副戰場所用以愛虛木爲之左邊一副爲著名勃爾特林式軸臂至斯撇令脫牌之間一段以輪鐵爲之較木製者更細可令輪與鉚夫脫距處加寬砂泥藉以灑落其右邊一副與木林宇右一副同以右鉚夫脫皆以木爲之也　林宇有用一馬或兩馬或三馬其用一馬者右鉚夫脫穿過右斯撇令脫牌端鐵環或穿過板上之鐵銷圈此鐵銷直下至福且爾斯釘住左鉚夫脫穿過斯撇令

脫牌上三角圈名勃蘭特林鐵勃蘭特林鐵梗有銷子連貫於軸扶其用兩馬者左卸夫脫穿過左邊斯撇令脫牌鐵環此以鍵輪外轄處以作轄端襯鍵之用其舊有襯鍵可留爲一馬所拖軸扶鈎襯右卸夫脫穿過斯撇令脫牌右鐵環其端裝於軸扶雛骨以一馬所用之銷銷之仍從車底板穿下其用三馬者卸夫脫如一馬裝法一馬之前駕有兩馬兩馬尾後各配一橫桿西名星𤡮爾脫黎有鏈以鈎於一馬左右之鈎圈此星𤡮爾脫黎配生皮帶林孛雜件軸扶背有兩條斯推潑爾斯俗名螞蝗釘所以扣左右箱之皮帶林孛鈎鐵梗上亦有斯推潑

爾斯扣中間之箱之皮帶每箱下角有雛骨與車底板雛骨用鐵銷扣連之庶不搖動此林孛帶行營工程器具裝件又有馬口鐵油膩物匣又一馬橫桿等件本廠祇造林孛箱三個其左右箱有蓬布罩又備半規形馬口鐵油膩物匣左右兩箱一式以哀爾姆木爲之邊角鑲以鐵片箱有分槅彈居外層裝於皮鼠木墊內彈頂扣於箱蓋凹內復有小零件以皮帶扣之中箱內槅以銅片分開裝分秒彈引西名飛平斯管每箱有鐵雛骨並斯推潑爾斯所以扣皮帶銷住林孛箱脚之用左右兩旁有扶身欄杆又帶行營工程器具中箱有鎖而三

箱皆有皮捏手藥裹套以像皮爲之不漏水其底用硬紙拓開每套有皮帶可以肩負九磅彈礮左右箱每箱可帶彈十八個藥裹亦十八件皮鼠木墊下層備裝急用彈四個藥在蓬布套而分秒彈引管又置其旁皮鼠墊下每箱空時重三廓脫又二十一磅裝足時重有二英擔三廓脫十二磅十六磅彈礮林孛箱每帶彈十二個藥裹十二件不復帶備急彈藥裹每箱空時重三廓脫十九磅裝足時重二英擔三廓脫二十六磅九磅彈十六磅彈礮林孛軍火箱前有皮帶以扣馬的尼亨利馬槍皆有皮套二十五磅彈礮林孛軍

火箱每裝彈九個藥裹九件箱內有分槅彈用撑擠住並有提彈皮帶每箱空時重三廓脫三磅裝足時重三英擔二十五磅中箱以紅木爲之有蓬布罩遮蔽箱邊鈸鏈箱蓋後邊有長孔以皮帶穿過而縛之令箱蓋關閉緊切免有潮濕攔入此中箱貯分秒彈引十六磅彈礮二十五磅彈礮之林孛中箱並有油壺在內此林孛與二號異者以有哀爾姆木軸扶軸後有帶備用輪之轆轤其鈎與舊式木亭鈎同福且爾斯裝於軸扶用豎銷貫之福且爾斯不伸出軸扶之後而軸扶後更裝鐵托爲軍火箱置更後之用軸扶前再用角鐵

令福且爾斯與軸扶鑲連堅固　林字鈎有三條鐵托每邊鐵托穿過軸扶用螺套旋緊於軸扶前其中間一條銷住於中福且爾斯之端即福且爾斯在軸扶彎下處即在軸扶與木轆轤間　軸扶與木車同用騎馬鐵形似U而以鐵銷貫之更有三角形鐵形如V鑲軸扶兩旁踏腳板闊十一寸車底闊十三寸不用牽連板條之斯拉脫即木板條　唵米呢與懷根車體配各種陸路礮又配礮臺之四十磅彈來福前膛礮惟彈箱大小略異與各林孛相髣髴並無中箱皮條略異　懷根之件有潑鼠而左右軫木各釘鐵板有踏腳板二有車底板三有

軸扶而輪與礮車同　軸扶與礮車軸扶同軸體上兩旁釘以角鐵角鐵上再釘鐵蓋板如第三十七八圖潑鼠則以兩鐵條為之漸合為一而鑲以鐵柄柄端有鋼眼所以受鈎略似帕爾如第三十五六圖　潑鼠之銷與二號礮車轅尾鑲尾柄之鐵銷同潑鼠為槽形兩鐵條其槽向外彎抱軸扶後邊而潑鼠上自鑲柄處至踏板處釘有長鐵板　潑鼠擱於軸扶鐵蓋板上與軸正交潑鼠即釘住於軸扶之直角鐵懷根之車底架以角鐵為之其形如魚腹此架在軸扶上以角鐵釘住每旁外邊用鐵橫檔連貫於軸扶令更堅固　前後鐵板兩條橫

釘於潑鼠及左右框之端哀爾姆踏腳板愛虛木車底板橫釘於潑鼠及框前後兩底板釘前後鐵板上踏腳板翹向後以哀爾姆木托之其前底板與踏腳板間之空處以二寸闊木板襯鑲之　裝唵米呢與箱於懷根上其零件與礮車林孛同而下面箱匣另有鐵件裝住隨帶備用輪即於潑鼠中間豎立兩鐵板此鐵板由車底板而上穿以有肩之大橫銷連貫之其肩所以抵住兩鐵板不令合併即插一熟鐵軸臂而裝備用輪有哀爾姆木抵住以繩縛之見三十五圖　懷根有令輪緩行法即於輪帶一拖鞋並帶椿木鐵搥等　懷根有

唵米呢與箱四個右後可與左前調換左後亦可與右前調換其下有零件箱二個一置油膩瓶一置輪拖鞋鐵鏈繩索　林孛與礮車第二號林孛同配四十磅彈礮用其箱與四十磅彈攻堅林孛箱同　第一號唵米呢與懷根與第二號異者以潑鼠用一工字式鐵條軸扶以愛虛木或哀爾姆木為之此潑鼠為單鐵條不甚堅固輪行崎嶇間不免有側揉之患不若雙條潑鼠之堅也此工字式鐵條在隨帶備輪之豎鐵板下附有鐵板於兩旁以銷釘銷住兩旁又附可錘之生鐵板用三銷連貫如第三十九四十圖甲為鐵板乙為鐵銷　潑

鼠及框皆平裝於軸扶以短角鐵鑲牢潑鼠柄相接處有鐵包裹照舊式木懷根法此單條潑鼠上釘以鐵板俾置軍火箱 帶備用輪之轆轤與軸臂皆用饔皮扣乎木而以鐵包之其箱與二號懷根同林字與一號礮車同 印度所用九磅彈來福前膛礮車與本國所用一二號九磅彈礮車同惟本國礮車有旋轅尾之木撬桿印度則用丁字式鐵撬桿並裝定於轅尾用活動鐵銷轅尾有開舌不令撬桿掀翻不用時可捺開舌令撬桿反貼轅上 此車無輪拖鞋如欲車輪緩行祇須扣住一輪以鐵鏈紮輪牙以扣之可也 印度九磅彈來

福前膛林字與本國林字車同惟左右箱裝有鐵環可用槓以撻之 印度九磅彈來福前膛礮晻米呢與懷根與本國一二號懷根同下有一個零件箱有一尼止輪行之鏈而不用輪鞋其上軍火箱與前林字箱同懷根之林字與礮車林字同 七磅彈來福前膛二百磅重礮車開富來里亞式第二號與九磅彈二號礮車同轅板鐵鏤空蓋取其輕也轅與軸扶連處有鐵條鑲連又於轅間鐵條端鑲以鐵板橫檔令轅益固輪為新式三等直徑五尺 舉礮螺柱在礮蒂下柱裝有舉礮齒條形略彎而柱即豎建於轅之後檔前架上其牝實輪在

橫檔後而齒由橫檔板洞出銜於齒條牝實之軸穿出轅右又有一輪即活姆輪銜於活姆螺軸軸端有手輪順逆轉則礮上下行 牝實軸上並有無齒壓軨管束活姆軸輪 車軸上之箱可以坐人箱內子母彈三個或炸彈三個有輪鞋及鏈更有一鏈為牽住右輪之用 七磅彈來福前膛二百磅重礮林字車開富來里亞式二號與九磅彈林字同其軸扶並卸夫脫與・四五徑格林礮林字同輪與礮車同左右兩箱每可裝彈三十個・四五徑格林礮車一號此車轅板每邊以圂圇獨塊半寸厚鐵板製成貫以大銷釘五個其兩個圂圇錘

成肩其三個有螺線處旋上領圈更裝有轅尾 車不設軸扶軸面平而軸底膨如魚腹然中段較兩端計深三寸半闊皆寸半轅板銜軸即於銜處加鐵板以螺釘固之軸與轅復牽連鐵梗令更堅固輪為新式三等直徑四尺八寸轄鍵鐧圈有耳可以受繩索之鐵鉤 礮耳座並座蓋以雜質金類為之蓋用鉸鏈以有簧鐵銷貫之舉礮螺柱為揮妥草特式其手輪裝於左邊 轅端有丁字式鐵撬桿係印度礮車轅式有鉸鏈可反貼於轅轅尾間置有鐵皮匣 舉礮螺柱後之轅上置坐櫈轅尾兩旁有提環 軸前後裝鐵板以置軸箱箱以

木爲之每箱置鼓形彈桶箱蓋後均以不受彈之倍生麥鋼包之開闔向林孛箱一邊蓋有搭紐配以荷包鎖●四五徑格林礮林孛一號與九磅彈十六磅彈林孛二號相等 軸扶闊二寸深一寸軸體兩旁釘有鐵板而蓋板兩端用實心鐵均以鐵銷連貫 左右福且爾斯以角鐵爲之中間用丁字鐵條此三條福且爾斯皆嵌鑲於軸蓋上而三條齊伸出於後以便裝置林孛箱每橫端有鐵襻爲皮帶紮箱之用 斯撇令脫牌以熟鐵槽形鐵條爲之釘於福且爾斯橫端近軸扶每端有牽連鐵梗車底板闊六寸踏脚板闊十寸 林孛鈎

係舊式裝於軸匣無轆轤其輪與礮車同 林孛用一馬或兩馬而卸夫脫較常式略輕上裝兩箱箱蓋背以倍生麥鋼包之與軸箱同箱蓋向前開闔裝法亦與軸箱同且有撐蓋之桿箱爲印度式裝有扶身鐵條箱較舊式更深四寸並有夾底右箱置兩鼓形彈桶並槍子匣暨備用副件左箱裝有四鼓形桶並副件夾層底內各裝備用彈 鐵匠車（西名福柱懷根）一號與晻米呢興懷根一號同惟踏板平置於架而板下角鐵條掤長再釘一板於前 鐵礎有座即置踏板上礎之尖角向左其右置虎鉗 製釘之礎置於潑鼠上車前右下置鐵皮箱

礮乘新法 卷一 四十五

貯馬蹏鐵及釘後有木箱貯馬口鐵油膩物罐此車不帶備用副輪而車體前旁有皮帶紮住拷勞校克器具箱（製鞍轡皮匠箱）車有篷布罩並支篷罩四鐵梗 懷根林孛與礮林孛同惟裝有長箱 戰場鐵作懷根二號以角鐵製長方架裝以角鐵脚有骱可摺於架下熟鐵爐前有鐵攔（西名分特）後有鐵爐抱（西名柏克）鐵攔以狹鐵片爲之環於火門下截爐抱以鐵板爲之環抱於爐後以鏈連於爐可時爲啓閉而以插銷定之此爐抱不近切於火因爐自有背爐背生鐵鑄成背有嘴管爲套風箱管之用此爐以有領鐵銷裝住於架之一邊 架之彼端裝以

皮風箱旁有鐵板上置煤箱箱端有門箱長四十九寸又四分寸之一深十五寸又八分寸之五闊八寸 架後有二柄裝車時前有鐵搭扣住後有皮帶扣於柄其重數併風箱轡柄及鐵托梗計之有四英擔一廓脫九磅 熟鐵礎面包以鋼其座以哀爾姆木爲之虎鉗置於斯撇令脫牌上著名戰場鐵作立虎鉗 風箱以兩片哀爾姆製成其邊以牛皮爲之有熟鐵管口共重二廓脫二十一磅 水槽以鐵皮爲之其邊有鈎可勾於爐前鐵攔其底亦有鈎如行路時可勾定於車 鐵作懷根一號較二號略輕 二號鐵作懷根即九磅彈礮

礮乘新法 卷一 四十六

十六磅彈礮之二號晻米呢與懷根改成左右鐵軫不用鐵板前軫用扁鐵條後軫用角鐵均釘於潑鼠而成鐵框以木板平鋪之左右軫上之輢板用鉸鏈前後板亦可抽車內分槅中槅有鉸鏈兩蓋如蝶翼然抽去槅板可作匠人擱板之用其後槅置摺脚爐架風箱搖桿拆下扣於右旁皮帶由下收緊輕角鐵置其下前板抽出可作移爐之滑板板面附有鐵片後板內附鐵皮如爐不取下祇將後板放平以鐵鏈牽住於柱而人可立其上若離林字車鈎懷根或搖動則潑鼠與後軫皆以木條樘柱風箱搖桿可扣於中槅水槽置爐架內側於

一邊前槅置修輪器具箱並鐵匠器具箱各以活螺銷貫於車底旁　車體有篷布罩有罩骨支撑車體下亦附四箱潑鼠上置鐵礎及座車內器具箱上置備用輻輞篷罩下置拷勞校克器具箱並裝馬蹏鐵器具箱煤一大袋並扱繩燈箱大鋸子以皮帶扣於車左磨刀石輇置於後槅　此懷根之林字箱與第二號戰場林字同有一箱置肥皂油膩物並備用小鐵件後板可裝磨刀石輇　戰場鐵作懷根三號有熟鐵爐前有鐵欄後有爐抱鐵欄以薄鐵皮爲之兩邊皆有鉸鏈鐵銷爐抱用鐵板釘於爐後而內有生鐵爐背下有管可套風箱

管爐之四脚爲鐵管亦可摺於架下四脚之間牽連十字式鐵梗脚裝小輪爐裝手柄爐背有裝一脚不用小輪而有節骱可摺置架下　風箱著名爲陪克式係小圓形鐵風箱如第四十一圖內有風扇輪居中心圓柱形兩對面有風扇可刮大膛面而旋轉旁有兩小膛亦有兩圓柱形輪而鏟去其半邊如新月狀令其低處讓風扇移過三輪相倚而行風由門入爲風扇所驅風由管入爐如圖內箭路風扇轉至小膛小膛輪隨與旋轉風不能越輪而去以小膛輪能闊住風路也三輪之軸通出箱外有齒輪互相銜小膛軸之齒輪較風扇軸之

齒輪小僅半之箱外彼端之軸有截錐形牝齒輪西名排佛爾攆兒銜於大截錐形輪輪牙頗重不啻飛輪一般大截錐輪之軸端裝曲拐搖桿以轉之　此鐵具並水槽灰爬畚箕等共重三英擔十六磅　製輪匠器具箱鐵匠器具箱造法皆同木板各闊七寸哀爾姆木爲其框而邊釘兩鐵條其上面鐵條兩端有襻箱開旁門有抽屜各有字號分儲器具　小零件馬蹏鐵箱式扁淺

製輪匠箱　裝足重數　二英擔二廓脫十九磅

鐵匠箱　又　三英擔二十四磅

拷勞校克器具箱　又　二廓脫九磅

裝馬號鐵箱　又　一英擔十二磅

斯督獲斯懷根（即貨料棧房車）一號與鐵作懷根二號同　車之前槅裝修理拷勞校克小物料上有板蓋後槅較小有文具箱其中槅置修理所需鐵料　懷根上面有拷勞校克器具箱煤一大袋備用踏板車底板燈箱又圓杌一個備寫字用　裝修等件與福柱懷根同車左旁扣有手鋸　林孛箱置拷勞校克器具備用舉礮螺柱並手輪等　寫字板箱向前開啟爲一寫字桌內分數槅有抽屜有層槅空時重一英擔　礮隊車（西名阿替埒留懷根）二號置軍械及零件車架左右兩軫木如第四十二圖甲內附兩條平行擱木（西名舍麥斯）前後兩軫木如第四十三圖乙四角內用扁鐵條襯而釘之軫下前後有兩橫枕與軫有相嵌之籠如四十二圖丙戊中段又釘一橫枕如丁（橫枕西名薄而斯脫）前枕之前後又有輪枕木如圖己己此輪枕木釘住於擱木磨盤上之鐵盤蓋如圖庚即裝住於丙己己枕木丙橫枕下有相磨鐵盤而枕旁附有鐵板（按薄而斯脫之脫字讀作平聲）　車體後輪軸上兩邊有丁字式鐵條支托如圖辛辛並有圓鐵橫撐如壬其丁字式鐵條撐於軸間獲克木上此獲克木以鐵條裝住如癸又爲圓鐵撐端管住不令丁字式鐵條散脫　架上鋪釘

木板便成車底左右軫上裝以活動輢板如圖呷高一尺八寸前後裝抽板如吃呐　車前槅裝抽板上有蓋板可以坐人如圖子蓋板又裝倚板如圖丑有鉸鏈之踏板如圖寅車後下兩擱木間置箱如圖卯前輪全副有四條福且爾斯如圖辰福且爾斯之前端鑲於斯撇令脫牌如圖巳後端嵌於後橫檔如圖午中段上面有橫枕如圖未下亦有橫枕如圖申而上下以鐵銷連貫其磨盤板釘於上橫枕之上並釘連於後午橫檔及其前小橫枕上又中間之上橫枕襯有相摩鐵板兩旁又附釘鐵板此福且爾斯在前軸裝法猶之車裝後軸一般　斯撇令脫牌有鏈環爲礮車鐵鈎之用並有兩卸夫脫而卸夫脫有橫桿拓之用鐵銷照磨心法或一馬或兩馬即尋常鄉間馬鞍亦可駕用　前車體與前輪全副以磨心貫住此磨心貫過橫枕鐵板而磨心下端用鐵銷橫貫之　踏脚板以哀爾姆木爲之餘用黃板狹條他件用獲克木　前輪徑三尺四寸後輪徑五尺軸用二等式前軸較後軸略長俾前輪軌道與後輪合轍　懷根舊用木轂近今改用鐵轂如三號陸路礮車

懷根有法可帶備用前輪工程器具馬槍佩刀零件並輪拖鞋鐵鏈又車旁軫木附以鐵板如圖戌以行崎

嶇之路前輪轉彎過高低處輪或撞壞軫木也 懷根之件則有如篷布罩之骨五條如圖地瀉水篷布罩與扣紮之繩並管束輢板之木叉輪拖鞋鐵鏈鞋較戰場所用更輕附有半規形油膩匣 輪拖鞋扣於車旁羊角式鈎上不用時以皮帶紮住 篷罩骨以愛虛木料爲之包以皮分有一二三四五號與輢板上之螞蝗環相對前胃漆有車號 篷布罩抹以愛字爾漆料其號數一如車式 卸貨時將後槅板抽去慮輢板散開用一拉木管束之此拉木以愛虛木爲之 阿替埒留懷根一號與二號異者不過大小之分篷罩骨較高輢板

上並有較木今一號車均照二號式

其五 查葺戰場鐵車 熟鐵車式較新料質堅固講求修葺法尚未周 木車之弊在料之收縮裂縫朽爛虫蛀前已論及之至若鐵料惟磨擦消蝕或鏽壞叉鐵與木遇之處木或收縮則寬鬆變樣漆易擦去暴露久則漆浮起泡 皮條用久或暴露則壞或過於乾燥有缺乏油汁之弊 車或大修可露處爲之然不可受潮濕

欲修葺周到將車卸去箱匣皮帶等件並卸輪軸等件輪軸照前法查察軸由木扶取出應配各件不可混亂 轅尾鋼圈爲林字鈎所消蝕將銷釘截去其肩而後逐出其銷取出舊圈易以新鋼置轅尾洞內鑽成鈎孔如式然後將鋼圈燒至鎔度以冷水淬之令堅裝入尾洞以銷貫之 修小鐵件先去其漆或有鏽燒熱搽油倘修費較大不如易以新件爲佳 製螺套或鐵銷之螺槽螺線須用揮妥葎特之開螺槽具(西名搭潑)起螺線具(西名達呆)如銷子之螺線加長須審起螺具與舊線一律淺深爲要 礮旁洗礮桿之海絨易鬆須重膠之若儲久或有蟲蛀則廢而不用海絨不可補桿頭不可碎缺

各件修理凡物與物相遇之面各抹以紅鉛漆 木軸扶有細裂紋或尚無礙若裂縫較大或收縮多者即

換新軸扶凡軶形輢跨鐵銷須密切於軸扶軸扶木漲軸體下鬆可襯以篷布倘軸扶木漲高於福且爾斯則將漲高處鏟平 重裝軸則綮特向前數須令合度林字鈎卸下各銷皆須認清 卸夫脫或翹而不平以熱水或熱汽熏熨令平銅包頭或碎壞即可換新銅皮

傍輪一邊卸夫脫鐵條或有剝蝕可接以新鐵條卸夫脫須易於裝卸裝必令平整兩條近斯撇令脫牌處相距二尺許令常在垂線剖面內 唵米呢與箱裝於懷根用箱座尺寸相配合度有時裝新板須釘以錐胄鐵扣或換新篷布罩不可過緊箱蓋面抹有白染漆

篷罩鐵骨所插之雞骨螺孔寬鬆、應取出雞骨塞滿其孔、另易一處釘之、 前言修礮車林孛法、又合於唵米呢與修葺之用、唵米呢與經過崎嶇潑鼠鐵條每易絞曲、欲修整者、不必取下敲平、祗於潑鼠間插一撬桿、絞令還原、或於一邊掘一深坑、驅而過之、則彼爲所側而此轉以正、亦是一法、若潑鼠爲兩邊拉緊之工字式鐵條西名垢特必先燒熱、而絞令復原、凡屬槽形鐵條、則鐵銷須常換新、令常切於鐵板、 凡車修成、須重漆之、先將舊漆浮泡刮淨、其毛草處、用潑米斯石磨光之、有縫以粉漆嵌平、漆一層爲底、俟二十四小時乾燥後、再加一

層薄漆、用帚細拭令光、漆時不可受潮濕、漆成再漆號碼、 彈穿轅板有洞、或不失轅力、若擊壞角鐵架、則所損較重、 欲修葺者、將鐵板敲直、彈洞在鐵板角鐵間、將其洞挖令方正、用鐵板補嵌、而上銷於角鐵、其補角鐵之鐵、須嵌令周密、令能釘到原銷孔處、即於其後再貼以鐵板、不必如嵌鐵長過原銷孔也、若有時不及細修、祗將鐵板敲直、挖方其洞、鑲以角鐵、內襯鐵板、後復貼以鐵板、以鐵銷定之、 轄端鋼轄與軸鋼、並左卸夫脫鐵梗之鉤環、及軸臂等、皆須揩拭潔淨、然不可過於礫損、並須常時抹油、抹時先去舊有油膩、乃可抹以新

油、 車上各件、皆須清潔、螺套均須旋緊、 舉礮螺與螺匣、及輪並零件、須留意抹油、匣與輪皆有油孔、 轅尾鋼襯林孛鉤等、須時查驗、 唵米呢與箱、隨時查察底層之托彈簧條、及拖鞋鐵鏈、 車置棚下、一無遮蔽卸夫脫出露、不宜著地、應用木石襯托、庶免潮濕、 車之隱曲處、不可久留水迹、 車儲棧房、光亮鐵件須抹以油漆、或擦去、應補漆之、 凡車每年至少查察一次、應料理者、亟料理之、

其五 零件 配帶測礮距度器具、匣裝於九磅彈、或十六磅彈來福前膛礮之林孛、其蓋有篷布罩之、有簧鎖

外用皮袋、匣底伸出鐵簨、即裝於踏板、 來福前膛礮用之刷、帚有哀姆木頭圓柱形、用巴西欏以膠嵌入槽內、裝有長柄、其爲九磅彈十六磅彈礮之刷、桿頭長短分寸、與洗礮桿頭同、二號刷桿頭與一號異者、較更堅且欏嵌之槽、作盤繞式 ・四五徑格林礮之彈桶套、爲圓柱形皮囊、以鐵皮條作骨、有皮帶提挈、每一皮囊裝一桶、空時重四磅十兩、 海絨水桶、以皮爲之、上有楢木蓋、蓋有洞、以木塞塞之、海絨由洞蘸水、桶大小有四號、 林孛帶有四十磅彈來福後膛礮備用門劈皮套以厚皮爲之、 卸夫脫或脫留斯即皮帶所連之鐵鏈

接環以細鐵梗爲之每端有孔彎曲成環兩端相離有四分寸之一此接環即爲斷鏈暫接之用斷鏈兩端套於此環環端之孔即以皮帶（西名塔呆見下）穿而合之接環有粗細兩種其粗者用八分寸之三徑鐵梗長有六寸爲礮隊車用其細者用四分寸之一徑鐵梗長有五寸爲轉運車用　來福後膛礮門腔之罩以不透水之篷布爲之內鑲木圈合門腔分寸有皮帶扣於礮其近表尺處附有牛皮免致擦損　舉物螺柱（西名斯克羅立夫聽嚼克）如第四十四圖罩以不透水篷布爲之尋常舉物柱（西名嚼克）如第四十五圖爲二十五磅彈以下各礮用　一號嚼克

座子以愛虛木爲之裝有兩熟鐵竪柱以鐵撬桿穿過兩柱間而以鐵銷插入竪柱孔內爲撬桿所擱撬桿高下視輪軸爲率撬桿有活閘撬桿端撬起重物而活閘即抵住於柱背齒間不令撬桿後端翹上此嚼克重十七磅可舉半噸重物　二號嚼克較勝即仿一號而改者爲舉新式輪軸之用較一號低一寸柱齒更長撬桿伸出一端似鈎形重十九磅半　若以此嚼克爲工匠車用尚嫌不堅祇可作轉運車用　三號嚼克皆可合用較前二號更堅撬桿伸出一端亦略有鈎形重二十九磅　木搥以哀姆木爲之有鐵箍柄用愛虛木二號

配戰場礮營用重十二磅其一號無鐵箍　分秒彈引袋以厚牛皮爲之形似半規前有蓋以銅紐扣扣之每袋貯五秒時分秒彈引五個並附螺鑽袋外有兩皮環可扣於腰間皮帶　紮營木樁以愛虛木爲之其尖端包以鐵皮上有鐵箍箍下有雞骨孔眼可穿繩索戰場所用長二尺有半懷根所用木柱長五尺　拖車繩有粗細二種繩端有鐵鈎漆以黑漆彼端有繩眼內襯牛皮其細者爲二寸圜周白色繩自鈎至眼長十一尺半爲九磅彈十二磅彈來福後膛礮隊用並九磅彈十六磅彈來福前膛礮隊用其粗者爲三寸圜周長三十尺

其鈎有簧可合成環爲二十磅彈四十磅彈來福後膛礮隊用並二十五磅彈來福前膛礮隊用　紮營之繩圜周三寸抹以柏油每條長二十五碼　螺鉗（西名斯攀納）麥格美杭式爲十五寸長鐵條其端有鉗爲獨爪形鉗柄又一爪活動鉗背有螺銷可定其開合分寸　馬尾後橫桿（即星臍爾脫黎）以愛虛木爲之兩端有凹處束有皮環以生皮帶其中段亦有凹處生一鏈鈎於車之斯撇令脫牌此橫桿有三號一號配攻堅礮車用長二尺四寸二號配戰場礮隊用長二尺四寸三號配轉運車用長二尺　礮口塞以哀姆木爲之其進礮口內一段膠有

兩三層遞布。塔呆（爲連接之物）約長五寸。以皮條爲之。欲製塔呆將皮條熨轉四分寸之一。摺層內襯以厚皮。即於此三層皮鑽一孔而以彼端由此孔穿出便成結形。復於彼端鑴一長孔爲紐襻。即以成結形之一端爲紐頭可扣而成圈

第三款 攻堅礮車 山礮車

其一 攻堅礮木車今尚用者如下表

攻堅礮木車表

按四十立方尺爲一容積噸

車類	空時重數 擔	廓脫	磅	容積噸數 噸
五寸半徑田雞礮座		一		〇、一一
十寸徑田雞礮車	一九	三	二四	二、一四
又　又林孛	八	二	九	
四十磅彈來福後膛三十五擔重礮車	三〇	一	〇	六、一八
又　又林孛	一二	〇	〇	
六十四磅彈來福前膛六十四擔重一號或來福後膛六十一擔重礮車	二九	一	六	七、三五
又　又　又林孛	一二	〇	〇	
轉運林孛並攻堅車輪配七寸厚滑架	一七	三	四	四、三八三
七寸徑來福後膛礮車滑架	二二	〇	〇	三、三七五
七寸徑來福後膛七十二擔重礮車滑架	一四	一	一六	一、八二五
無輢板之平車	二二	〇	〇	三、一一
又　配轉運六十四磅彈來福前膛礮者	二三	一	九	六、六八二
斯林懷根　卽有縮環懸礮之平車	三六	一	〇	三、九五
工程車	七	〇	〇	一、五七

滑架有兩種。一礮架前後有輇有進退滾行之架（西名撇拉脫方姆）一礮架無輇有進退溜走之架（西名斯來特）七寸徑來福後膛礮車滑架。即斯來特並林孛 此礮車即水師礮車。裝有管轅夾板（西名康淼勒色牌）以防礮退越轍 水師滑架斜度計有四度。前後用木墊。後木墊裝有攻堅所用輪軸。此軸有鐵眼配林孛鉤用。並有拖鏈與平臺鐵鏈 軍行滑架後裝舊式攻堅輪軸。斯來特前鉤連於林孛。猶之轉運鐵撇拉脫方姆。惟此用四馬拖行礮裝於滑架。其礮車與平臺並一切零件均裝與無輢板之懷根 車至礮隊行營將滑架及林孛分開卸去

攻堅輪以斯來特置於平臺此斯來特與平臺有磨心管住　六十四磅彈來福前膛或後膛礟車並林孛與四十磅彈礟車林孛同其礟車由八寸徑光膛礟車改造者無旋行磨心具而舉礟螺柱之螺匣改長俾從礟耳中心起至螺柱處來福前後膛距度皆可合度惟後膛礟螺柱裝於轅尾檔後前膛礟螺柱裝於轅尾檔前

四十磅彈來福後膛礟車並林孛　此礟車有舊式攻堅礟車之軸與輪其軌闊五尺二寸旋向之法與二十磅彈礟同並有兩副礟耳座一為開放時用一為行路時用附有覆皮扣乎滾板長十四寸配移換礟耳座

用　欲礟移不損旋行螺具則於舉礟螺柱後用克離脫（式如丁字所以扣住物件者）扣螺具於轅　行路時舉礟螺柱與手柄置於礟右旁皮袋內礟用皮帶扣住　此車撬桿不用獨條而用五條常式並有四個礟車轅柄又軸無軸扶　舉礟螺柱之旋螺柄（西名而拉且脫黎佛）用開其旋柄法為史密脫式螺柱並不裝於礟與車螺柱上端與斯克羅立夫聽嚼克同螺套形方裝於車轅之鐵臼輪拖鞋為頭等攻堅式附有鐵鏈圍周四分寸之三海絨洗礟與送彈不同一桿送彈桿之頭柄為一木所成　四十磅彈礟初次所用礟車為二十四磅彈光膛礟車改成

不用旋礟具　四十磅彈礟林孛有戰場車重輪其與十二磅彈來福後膛戰場礟林孛異者以不用林孛鉤銷而用鐵鏈並用四馬拖左右用攻堅卸夫脫其右卸夫脫猶之戰場林孛用雙馬裝法左卸夫脫用雙條鐵梗斯撇令脫牌每端裝有凹得律掰（即木桿接長者）以扳繩牽連軸臂凹得律掰有鉸鏈不用時可摺疊於斯撇令脫牌而扳繩即扣於車底　若以此四十磅彈礟給鄉勇操鍊則林孛卸夫脫用鄉人裝法後段用皮帶並螞蝗襻配鉤牽皮條至馬頸軛之用　十寸徑田雞礟並林孛　此有礟座用獲克木製成座外木框即為車架下

裝輪軸架後裝木潑鼠（即單輈）　車前有三角形墊摔令合昂度摔旁有螺以主進退　行路時裝四尺二寸舊式二等輪軌闊四尺三寸半與工程車輪同而潑鼠即接於林孛至開仗時車與林孛分開並除軸輪而座即平置於地　林孛與工程車同惟裝有林孛鉤用活動卸夫脫與六磅彈來福後膛礟林孛同有凹得律掰（接桿）用三馬拖行車底置活動板條行路時可扣住彈子　五寸半徑田雞礟座為一長方獲克木而雕空其中配裝田雞礟並用三角形墊摔礟耳座蓋繩手柄　撇拉脫方姆懷根所以載滑架或礟用大車　此懷根有前

後輪而平臺裝其上　後有軸扶與橫枕而潑鼠則銜於其間又戰場車軸並二等舊式輪輪徑五尺輪外圜鐵箍闊四寸軌道闊五尺二寸　前有軸扶與橫枕左右福且爾斯亦銜於其間福且爾斯之前端釘有斯撇令脫牌後端亦釘一橫木其軸較戰場車略長輪式二等徑四尺外圜鐵箍闊四寸　平臺為一堅固獲克木臺兩旁起有凸邊其擱後橫枕用釘釘住其在前橫枕有磨心貫住此磨心直下達於潑鼠　斯撇令脫牌牽連兩對卸夫脫並接有凹得律掰配裝星掰爾脫黎（馬尾橫木）如是四馬可並駕也又有法可裝帕爾以備牛駕

車旁有克離脫（扣物木塊式似橫丁字）可以繩索扣縛田雞礮或田雞礮座或光膛礮其田雞礮為十寸徑或十三寸徑或八寸徑兩尊　欲裝六十四磅彈來福前膛礮特設有克離脫以扣住礮耳輪之外箍用囫圇木製成車件裝全重二十三英擔又四分擔之一　斯林懷根見第二卷營盤軍械　工程車　此為堅固之車可載一噸重物軸為二等輪為舊式輪徑四尺二寸軌闊四尺三寸半卸夫脫裝住不能拆下輢板可抽前後板亦然車架以獲克木為之底板用哀姆木車以紅漆別之

其二　攻堅鐵車　現用攻堅礮隊鐵車及礮座如下表

容積噸數（噸）	重數＊ 裝足 磅	裝足 廓脫	裝足 擔	空時 磅	空時 廓脫	空時 擔	礮式	
一、五六七十	〇	三	四〇	〇	〇	二二	二十五磅彈來福前膛礮車並升舉礮架	西名叨礮開爾黎柱
四、〇五八	一四	三	六一	五	〇	二七	四十磅彈來福前膛三十四擔重礮車	一號
四、〇五八	六	二	六八	〇	二	三二	四十磅彈來福前膛三十四擔重或三十五擔重礮車	二號
一、〇三九十	六	〇	七八	〇	〇	四二	又　升舉礮架	
一、九三四	一四	三	九九	〇	〇	三五	六十四磅彈來福前膛六十四擔重一二三號礮車	
一、四三八十	一四	二	一一四	〇	三	四九	又　升舉礮架	
四、〇五八	六	二	五一	〇	二	三二	六寸又十之三徑來福前膛十八擔重哮威賁礮車	一號
五、二八四	九	二	九一	四	〇	四五	八寸徑來福前膛四十六擔重哮威賁礮車	一號
二、六五八	二六	二	一九	二七	〇	一三	四十磅彈來福前膛礮林學	一號
三、六三七	二	一	一四	一一	〇	一二	六十四磅彈六寸又十之三徑並八寸徑哮威賁林學	一號
一、一八六	〇	〇	〇	〇	一	二三	六寸又十之三徑前膛哮威賁　礮座	
〇、一九三	〇	〇	〇	〇	〇	八	六寸又十之三徑前膛哮威賁　戳特牌　似管礮木桿	
一、一八七	〇	〇	〇	〇	三	二四	八寸徑來福前膛哮威賁　礮座	
〇、二一六	〇	〇	〇	〇	一	八	八寸徑來福前膛哮威賁　戳特牌	
〇、二三五	〇	〇	〇	〇	〇	二	七磅彈來福前膛二百磅重礮座	
五、八二〇	一二	三	四五	一二	〇	三〇	鐵匠車並林學	
五、八二〇	九	〇	四二	二四	〇	四五	斯督獲懷根林學	
〇	〇	〇	〇	四	二	四四	斯林懷根林學	

＊者聯擔升舉礮架而言　＊者併座子三角墊準輪開礮換礮耳座漆木面言

礮車用升舉架可令高出土牆燃放有五尺六寸高之土牆彈由牆上越過俯可五度　轉運他往可將升舉架車及相連各件拆卸裝箱並將托礮鐵弧（此弧兩端托礮首尾兼管昂俯度）如第四十六圖及海絨送彈桿頭望牌照星各零件皆儲箱內　箱內有匣儲無升舉架尋常車之彎形齒條暨磨心小零件此匣與車同行如不用升舉架

即用此齒條等件　箱外有記號與簿號同　哮威責礮車無升舉礮架四十磅彈礮車一號亦無升舉礮架以其堅固不足也　二十五磅彈來福前膛礮車爲攻堅用者裝有升舉礮架礮可高出土牆　升舉礮架托礮左右兩面每副用三條夾層鐵其前面兩旁鐵條係熟鐵板條爲之其後面兩條外用鐵板條而內附角鐵俾堅禦礮耳退力　轅附丁字式鐵長近轅尾處以禦升舉架垂力升舉架之鐵條均釘於此而上端均釘於半規形丁字式鐵（此半規形似新月狀即礮耳所擱之座子）見四十六圖升舉架間支橫檔四條其間一條穿礮耳座處架前之兩

鐵板條各有兩長鐵銷內外夾貫直達車轅　升舉架前鐵板條上端有孔所以貫橫檔而橫檔又貫於長鐵銷此長銷下端有螺線下穿轅下鐵板以螺套旋緊升舉架後鐵板條下端鑲於角鐵轅體外又附轉角鐵用四螺釘於其邊及底旋緊之　升舉礮架後鐵板條近下脚處內角鐵上附有行路所用之礮耳座此鐵板條中段有新月形座配滾木鐵軸此滾木爲滾送礮換礮耳座之用新月形座有磨心不用時可旋入轅內側升舉架前頂上有大鐵雞骨孔升舉礮時繩從此孔下拽令礮滾上換礮耳座　一號礮之車轅尾上有木踏

步如圖乙以便人立其上相度礮向準度　托礮鐵弧一端釘於礮尾一端釘於礮耳前　車轅間釘有鐵板以裝軸軸有牝窩輪此輪即旋托礮弧令礮昂俯而牝窩輪以手輪轉之見四十六圖甲　欲便轉運送彈長桿分爲三段有籑相接接處復加銅套海絨桿以鐵絲繩爲之以半寸圓周柏油繩嵌平絞縫　四十磅彈來福前膛礮車並林宇　此與九磅彈來福前膛礮車二號同如第四十七圖轅板雕空較輕軸扶用熟鐵礮尾鐵塊鑲於轅間　礮架有三鐵橫檔其鑲於轅處夾以角鐵而釘之第三橫檔有牽連鐵條其前兩橫檔連軸

扶而軸扶前後再釘以角鐵以連於轅俾更堅固此車能載四十磅彈礮又能載六寸又十分寸之三徑哮威責礮如第四十八圖　輪爲攻堅新式外圜箍厚四分寸之三轂之小穿不長過於轂釭軏闊五尺二寸　礮耳座與四十磅彈礮木車同有兩副一開放用一行路用轅旁每礮耳座處更附鐵塊開放時之礮耳座中心高於平地四尺五寸移礮所用滾板以皮帶扣於車前滾板所襯墊之木前釘於前橫檔之角鐵上其後端釘於後橫檔之角鐵　礮之昂俯法一如二十五磅彈陸礮車惟不用升舉礮架托礮弧而有螺閘可定方向不

再移動　昂礮具有損可權將橫木等件及襯墊之木整飭用之　車下懸整向鐵表牌　又如攻堅木礮車有礮尾環柄四個不用移礮長撬桿而用尋常撬柄五條轅上各紮一條其端向後其餘三條均紮轅左旁其端向前又軸上不置箱　輪之拖鞋與鏈均置車左旁車下置海絨洗礮桿送彈桿並滑特挖鉤又有十二尺長之撬桿刺火門鑽之袋扣於後橫檔右轅旁有袋內置火門管袋並扣鐵搥等件　礮擱在行路礮耳座時礮前後以鐵鏈扣緊於鐵襻昂礮彎形齒條扣於左轅其手輪以皮帶扣於後橫檔鈎　車配以六寸又十分寸之三徑哮威責礮所用之昂礮具此昂礮齒條扣於左轅而後橫檔上又備帶一乳窩輪　升舉礮架與二十五磅彈礮同然鐵架下腳略下於轅面祇釘一排釘其昂礮具海絨桿送彈桿亦同　林孛與戰場林孛二號同如第四十九圖惟軸肩處加一鐵板斯撇令脫牌之裝法配四馬拖行右卸夫脫連至軸左卸夫脫有星搿爾脫黎以鉸鏈連於斯撇令脫牌又左右兩旁接出凹得律搿各裝一星搿爾脫黎有鐵條牽連於轄末襯鍵如第五十圖若凹得律搿不用時則拔去鉸鏈鐵銷可摺疊於斯撇令脫牌其牽連鐵條（西名斯兜）卸下以皮帶

扣其上輪用陸路第二三號之重者　林孛箱尺寸與戰場所用同左右兩箱彈備六個有皮帶可提挈每箱裝足計重三擔一廓脫二磅　林孛箱並帶有起重螺柱又一號星搿爾脫黎三條拖礮粗繩二條及尋常工程器具　四十磅彈來福前膛礮車一號並林孛此車與二號異者造法較簡不以之載哮威責礮也前後有兩橫檔以三十五擔重四十磅彈礮尾加長恐與第二橫檔有礙故耳此車林孛與二號礮車林孛同　六十四磅彈來福前膛礮車並林孛一號　此與四十磅彈第二號礮車同惟後橫檔無牽連鐵條且有兩輪拖鞋如礮退行祇磨擦而不滾　礮耳中心距地高四尺五寸與四十磅彈礮車同礮昂可四十度俯可十度有法可懸鐵表牌並帶三角墊橫礮旁零件皆與四十磅彈礮耳同轅下所附零件加有滑特鈎　升舉礮架與四十磅彈礮架同惟轅邊不用新月形座而轅釘鐵條令滾板隨礮上升至礮耳座處略一掀高始能落座也礮尾下裝磨心法之生鐵滾柱柱心空而襯有熟鐵管乃貫以軸俾轉行也滾板下之襯木前有鈎可扣於橫檔

林孛與四十磅彈同內有匣可儲鐵表牌測平具（西名海特洛克里諾麥脫）並小零件箱後備有彎形齒條　六寸又十

分寸之三徑來福前膛哮威責礟車並零件 此即二號四十磅彈礟車當製造時已預備哮威責用惟特設一彎形齒條昂礟具內又特加兩個扎甯輪其一扎甯輪銜於昂礟具扎甯上而管齒條之熟鐵磨擦輪移向前 其林孛箱與六十四磅彈林孛同惟箱後帶有備用齒條以是略異耳 八寸徑來福前膛哮威責礟車並林孛一號 此與前不同者以轅用夾層鐵板加熟鐵架其軸扶秖於軸體兩旁釘以角鐵而軸之兩端貫於轅孔兩轅間之下有鐵板爲其底由後橫檔直至轅前形似槽式此車之所以如是造者以有時去其軸輪

而置於平地開放如田雞礟座然嗣後特製礟座即不復作此矣 轅前板上殺下贏所以防開放時倒仆其轅板厚十六分寸之五後橫檔有一熟鐵板平釘其上座底板角鏟圓亦欲免礟回力下坐撞損平臺之弊前後橫檔皆用雙角鐵 昂礟具在左邊其昂可四十度與四十磅彈六十四磅彈礟同哮威責礟在車不去輪藥用六磅以下者昂可三十度藥自六磅至十磅者昂秖二十度 礟耳座中心高於地四尺八寸半無滾板襯木三角墊搼而其旁小零件鐵表牌等與四十磅六十四磅彈礟同 其林孛與六寸又十分寸之三徑

哮威責之林孛同箱後裝有備用齒條 六寸又十分寸之三徑來福前膛哮威責礟座一號此座以兩塊夾層鋼轅板爲之用熟鐵架有底板前後有橫檔下有六輇爲滾行而設貫以鋼軸此礟座即置於戥牌之上（戥牌爲管束礟座之具說見下）底板釘於兩轅間下有戥牌銜於其間不令礟座有偏越之弊 戥牌以槽形鐵條爲之前有鐵塊用鉸鏈與戥牌相連鐵塊有孔可套於平臺磨心開放時礟座不致退脫 戥牌前後有攔止處令礟座不致後移戥牌面近邊處各有兩鐵條（西名康潑勒色牌） 座底板近邊處各有三長槽以爲三條箝鐵板插下之用此三

箝鐵板即所以夾住戥牌上之鐵條（箝鐵板西名康潑勒色潑留脫）其內邊箝鐵板之脚轉向戥牌下如哮威責礟開放時任其跳動秖跳有戥牌之高低分寸所有內邊鐵板之轉脚跳過戥牌而止用是礟座不致跳與戥牌相離也戥牌後有孔行路時可懸於林孛鉤 礟座因礟回力退行輇或跳越軌者有之然鐵板下段與戥牌斜邊相配以故座落下時仍回原軌 座底板上之箝鐵板置有弓形鐵鉗鉗脚下穿座底板左右轅板有軸孔各配螺軸旋進又旋過鉗脚之孔螺端即與鐵箝板相遇左螺軸外端裝有旋柄柄轉則軸之內端擠緊箝板而弓形

鐵鉗亦移向左彼右邊螺軸端即擠緊於箝板右邊面是鐵箝板爲兩旁所擠寬緊合度則燃放時可藉以阻礮回力 底板上置兩鐵板以管束箝板開礮時跳動不致參差右螺軸亦有旋柄旋螺至合度則有轅旁彎形鐵條開之左螺軸外端又有彎形鐵條此鐵條有凹處用以下開旋柄 戙牌前形削小是以礮座當始退時不爲撓阻 座裝有活姆輪昂礮具並有管齒條之磨擦套輪 礮耳座中心高平地三尺又半寸哮威責礮有昂至七十度者以是彎形齒條另鑽孔眼 轅板甚高此車座可配裝六寸又十分寸之六徑哮威責礮

此礮向在試驗較之六寸又十分寸之三徑哮威責礮體加長 每轅有方洞以銅爲襯配轉運時之軸軸重二英擔又八磅軸上裝尋常攻堅輪並戙牌以林孛車鉤鉤之而行 八寸徑來福前膛哮威責礮座此座有四十六擔重與六寸又十分寸之三徑哮威責座式同惟略低礮耳座中心高平地二尺六寸轅板用熟鐵不用鋼座底板下凸配合戙牌此戙牌較六寸又十分寸之三徑礮用者略闊裝配等件與上同 昂可四十五度不得減至二十度 七磅彈來福前膛礮座此座重二百磅兩鐵轅板用角鐵釘以連底板外旁前有鐵板

爲橫檔後橫檔用角鐵每轅板旁有鐵螞蝗襻共重兩英擔 舉礮用襯木及木𣏾與升舉礮架同 襯木用銷子銷於丁字式鐵之平臺或座用賽皮扣乎木而上加襯木 左轅有鐵鉤以爲礮旁礮手牽扯發火繩之用 礮昂可二十二度俯五度 鐵作工匠懷根並零件車此二種車與前同 斯林懷根見下二卷

其三 攻堅所用平臺並零件如下表

式	重數 擔	重數 廓脫	重數 磅	容積噸數 噸
七磅彈來福後膛礮平臺	一六	三	一四	一、一七
克拉克平臺二號	一七	〇	〇	一、六〇
又一號	一三	二	〇	一、〇〇
哮威責礮著地平臺	二一	〇	〇	一、四〇
凹面特勝尋常礮平臺	二四	三	〇	二、〇〇
又十三寸徑田雞礮平臺	二一	一	〇	一、七五
又十寸或八寸徑田雞礮平臺	一〇	一	〇	〇、八二

七寸徑來福後膛礮平臺以兩獲克木爲其邊楔前後有兩橫檔以鐵銷貫連前橫檔上有孔可裝滑架之磨心 安置之法以橫檔埋於地下 克拉克二號平臺兩斜度木斜有三度有四橫檔有尾板 斜度木內側釘有鐵條前後端有鐵攔樁（椿活動可拔） 所以阻輪前鐵板有洞可配磨心之用後有轉移法 第三橫檔長七尺第四橫檔長十尺兩短橫檔在斜度木前端下距第三條六尺六寸其第四橫檔釘於後端下（斜度木前攏後開） 其爲二十五磅彈礮車用者第三橫檔距前兩橫檔五尺六寸 第一橫檔鐵板有四磨心洞其內兩洞一配四

十磅彈礮一配六寸又十分寸之三徑哮威責礮其外兩洞爲二十五磅彈礮車用　尾板以獲克木爲之長八尺前端上面釘鐵板三尺此鐵板前端擱於第三橫檔　安置平臺橫檔須埋地皮內車裝六輊而斜板置於礮下以磨心插於前橫檔洞而尾板裝於礮尾後礮軸線與橫檔須正交　其整飭礮車後準法祇須用斜度木略置後些於礮車後用墊準斜度木用鐵條釘於外旁若欲轉運將各件拆卸捆紮而行　克拉克平臺一號爲來福前膛礮用以其不甚堅固復製二號平臺代之此一號平臺之異於二號者有墊木兩條祇用兩

橫檔一置斜度木前端下一置後端下而墊木即勻排於橫檔中間尾板以柏木爲之更加長不用鐵皮　來福前膛哮威責礮座之平臺用獲克木四條勻鑲平嵌於橫檔兩旁軫木以鐵銷貫之鐵銷上端有螺套旋緊令與平臺面平又以半寸厚之鐵板條嵌鑲於木條上用鐵銷旋緊俾礮座輊滾行不損木也　前橫檔有磨心以配戧牌前端之鐵塊孔而磨心直穿橫檔木又慮開放礮時磨心震搖嵌以鐵襯以管磨心而鐵襯上端形方四角用鐵銷下貫平臺下之鐵板而以螺套旋緊後橫檔上嵌一條瓦稜式鐵皮爲擱戧牌撬柄　平

臺中段有鐵皮一條由臺下包轉而旋螺襻於臺之兩旁　此平臺配八寸徑並六寸又十分寸之三徑哮威責礮座可任礮旋移左右各五度　凹而特勝平臺以層疊同式之板條釘成並用獲克木細腰束板條端用鐵包之有鐵銷並螺脚襻尋常礮之平臺板條闊七寸以上長六尺以上者用五十八條十三寸徑田雞礮之平臺板條用五十四條十寸或八寸徑之田雞礮平臺板條用二十四條　欲置尋常礮車平臺用墊木五條上置板條每條合縫適在墊木上復加一條於接縫上而以獲克木之細腰束連之並以鐵包其頭復加螺脚

襻墊木埋於地土其斜度有三度與礮軸線皆平行其餘木板條用獲克釘連攏置五條墊木上前後橫檔用鐵銷銷住惟前橫檔再加一橫檔一爲平臺前阻之用十三寸徑田雞礮平臺用三條墊木（每條用板條平層疊製成）置於地與礮軸線作正交即以板條平鋪二層其上與礮軸線平行再於其上鋪一層與礮軸線正交平臺外端板條用鐵銷貫定於下墊木　十寸徑或八寸徑田雞礮平臺用獨木條六條爲墊木與礮軸線平行其上橫置板條與礮軸線正交其外旁板條與墊木用鐵銷定之　小零件如移礮換礮耳座用滾木長十六寸闊

六寸厚五寸鏟去稜角 又木箱置鐵牌裝於四十磅彈礮之林字車內若爲二十五磅彈礮車用者裝林字車之踏板上用鐵鉤皮條 阻輪鐵鏈六十四磅彈礮並八寸徑哮威賁礮車輪用以阻止退後回力與攻堅礮所用輪拖鞋鏈意同兩端皆有鉤約近中段處有七個圓環一鉤於礮尾車轅之鐵絲環又一端之鉤繞輻而鉤於圓環 繞鏈之輻用皮包不爲損 鉤鏈長九尺四寸兩鏈重數計有三廓脫二十四磅 四十磅彈並七寸徑來福後膛礮門腔之罩與前戰場所用同惟前所云門腔罩另有皮條其爲六十四磅彈來福後膛

礮用者無木襯托而門腔之凹槽均爲遮蔽 有鐵撬柄令七寸徑礮滑架在平臺上轉旋與水師所用撬柄同惟無閘輪 攻堅所用舉物螺柱爲常式見前四十四圖此螺柱上有螺套螺套裝於生鐵座上口內而以活閘撬柄旋之 活閘撬柄有凹槽配螺柱凸齒柄與柱作正交螺柱齒與撬柄齒相銜但令撬柄旋轉則螺柱亦隨之轉當轉不及半週時將撬柄一掀即齒不復銜而移回撬柄復銜其齒而轉之如是隨掀隨轉螺柱轉行矣螺柱上端與撬柄輕重相稱不致傾倒此具重六十四磅可舉起五噸重物 舉物螺柱上端槽縫不

可夾有砂泥等屑上有洞可加油 礮帶洞所用鐵轙西名羅潑爲用升舉礮架時礮換礮耳座所用此轙以熟鐵爲之橫貫開斯開字爾洞內兩端有孔所以穿繩以舉礮其爲六十四磅彈礮並四十磅彈礮用者加以鐵銷管令居中其爲二十五磅彈用者轙之中間有洞令礮帶由洞套進而兩端孔穿繩以拽之 六十四磅彈礮用之鐵轙重四十六磅四十磅彈礮用者重三十七磅二十五磅彈礮用者重二十五磅 六十四磅彈並八寸徑哮威賁礮阻輪鐵鏈之箍用鐵絲環有二寸半圓周用鉛包每端繩眼襯有鐵圈以黑漆細繩紮之爲鐵

鉤之用鐵絲繩長三尺十寸又四分寸之一重八磅 六十四磅彈礮並八寸徑哮威賁礮車轅尾下襯一獲克木板並包鐵板庶礮之回力不致有損平臺 轅尾下襯板並鐵板長三尺重一擔一廓脫 馬口鐵盃之皮袋半規形以皮帶扣之可束於腰每袋可置六盃爲七寸徑或六十四磅彈後膛礮之用 四十磅彈並六十四磅彈礮架車所用之三角墊堆與三十二磅彈光膛礮墊同重二十八磅手用便墊與陸營水師同重四磅半 錘土之槌圓柱形用哀爾姆木爲之其柄用愛虛木 用升舉礮架六十四磅彈礮之礮尾磨心處用

生鐵輇貫以熟鐵軸、每重六磅又四分磅之一、此輇爲佐礮後段移上墊木時用、滾木用賽皮扣乎木、爲四十磅彈六十四磅彈無升舉架之低車用、滾木兩端用繩眼套其頸而拽之、若升舉架之滾木兩端、另用鐵軸心裝上滾之、鐵軸心西名葛芹滾木表如下

礮式	升舉礮架 重數（磅）	升舉礮架 直徑（寸）	升舉礮架 連軸心長數（尺）	升舉礮架 連軸心長數（寸）	尋常礮車 重數（磅）	尋常礮車 直徑（寸）	尋常礮車 長（寸）
二十五磅彈	一二	四	一	五又四之三			
四十磅彈 一號					二二又四之一	一〇	九
四十磅彈 二號	一五	四	一	一〇半	二〇	九半	九
六十四磅彈	三六	六又四之一	二	一	二〇	九半	九

鐵表牌見礮書第一百三十圖並一百三十一圖攻堅鐵車用者、爲兩鐵板、有分度瓷面、每牌橫插於鐵管、以活螺釘旋定、鐵管中銜懸鐵條、以活螺定高下、牌近地、或近平臺面、車之懸鐵條、各鐫分度、可視左右皆令平也、 左右兩鐵管中間、鑲以橫檔、而懸鐵條、上端有鈎、可鈎於車、 前鐵表牌懸於軸下、後鐵表牌距軸遠近、視車式定之、此牌無論何等礮車、皆可通用、 表牌鐫有分度、自○度至十度、每度六十分、此表牌以一度作六份、每份爲十分、又以每份判作兩份、則每度作十二份、每份爲五分矣、後表牌更增四度、以備礮移斜向之用、見礮書一百三十一圖

礮乘新法 卷一 一二五

便用木捭、重一磅又四分磅之三、各式礮皆用之、 四十磅磅來福後膛之礮臺礮車輪底置板防阻回力用此三角木捭、捭用獲克木面加鐵板、捭底長四尺、後高一尺五寸、闊十寸五分、重三廓脫、以容積噸數言之、爲○・一二四噸、 移礮所用襯木西名斯垢特 當發礮時、必兼發二襯木、來福後膛用者、以柏木爲之、西名其木日否其端鏟圓、長十四尺、端面八寸方、重二英擔半、 六十四磅彈、或四十磅彈礮所用斯垢特、以英之獲克木爲之、其內側釘有鐵板、其端鏟圓、有雞骨眼穿繩兩條、以兩鐵鈎牽連、距約五分許、重四擔、每條長十四尺、端面五寸方、

尋常低車零件視下表

礮式	通長（尺）	通長（寸）	重數（磅）	雜註
四十磅彈礮海絨並桿	一〇	○	八半	尖圓頂
又 送彈桿	九	六半	七半	
又 起彈墊鉤	一〇	○	八	
又 礮刷	一〇	○	六又四之三	
六十四磅彈海絨並桿	九	一一	九	尖圓頂
又 起彈桿	九	九	七	
又 起彈墊鉤	一〇	八	七	
又 礮刷	一〇	八	九又四之三	
六寸又十分寸之三徑礮海絨桿 又 送彈桿	五	○	一〇又四之一	海絨及送彈均用一木桿
又 起彈墊鉤	○	六又四之一	一半	鉤有螺腳旋於送彈桿頭
八寸徑礮海絨並桿	五	○四之三	九又四之一	尖圓頂
又 送彈桿	五	三半	九	尖圓頂
又 起彈墊鉤	五	三半	五半	

礮乘新法 卷一 一二六

升舉礮架之礮所用送彈桿海絨洗礮桿與在隱蔽處同洗礮桿頭與低車礮所用同送彈桿三接有節骱用時衹將燐雜質銅套捋上即堅挺矣海絨桿以白鉛包之鋼絲繩爲之其一號圓周二寸二號者圓周二寸半以半寸圓周之柏油繩盤繞之視下表

礮式	長 尺	長 寸	重 磅	重 兩	長 尺	長 寸	重數 一號 磅	重數 一號 兩	重數 二號 磅	重數 二號 兩
二十五磅彈礮	六	二又四之一	一〇	八	八	一〇	八	一三	一二	一二
四十磅彈礮	七	五又四之一	一一	八	一〇	三	一〇	一三	一五	〇
六十四磅彈礮	七	八又四之一	一二	〇	九	八	一一	一四	一五	一二

八寸徑哮威責並六寸又十分寸之三徑哮威責所用礮刷與八寸徑來福前膛礮並六十四磅彈礮之刷帚同惟其桿柄有異其爲八寸徑哮威責用者長四尺十一寸其爲六寸又十分寸之三徑哮威責用者長四尺八寸有二鋼起螺具西名斯攀納爲升舉礮架用一以旋托礮弧架上之螺套一則隨處可用 滾礮之墊木以賽皮扣乎木爲之兩旁用角鐵鑲襯如爲六十四磅彈礮用者前有兩鐵鉤

四十磅彈礮車一號墊木 重六十六磅

四十磅彈礮車二號墊木 重七十六磅

六十四磅彈礮車一號墊木 重一百十八磅

來福前膛礮所用礮口木塞以哀爾姆木爲之包以氊布其過來福槽空隙處鑲以皮條配之 叉鉗爲旋哮威責平臺旁鐵銷螺套之用彼一端爲撬頭可用以起磨心鐵座板計重十磅 螺環有柄爲旋升舉礮架之大螺套用重十六磅又可作搥物之用

其四 山礮車視下表

礮式	重數 無輪 磅	重數 有輪 磅	容積噸數並輪 噸
七磅彈來福前膛二百磅重鋼礮車	二〇六	※三五〇	三四四、
七磅彈來福前膛二百磅重礮林学		↑三八二	
七磅彈來福前膛一百五十磅重鋼礮車	一八〇	三〇六	五一四、
七磅彈來福前膛一百五十磅重鋼礮車（此特製配阿非利加西新靈用）	一四七	二八一	五一五、

※與礮同裝共重五百五十磅 ↑與雙層彈箱空者同裝共重三百九十四磅若裝尋常彈重五百十二磅裝滿雙層彈重五百二十六磅

向者七磅彈礮初次造車用木其輪係舊式舉礮螺柱有尋常十字式手柄旋之 續造礮車配一百五十磅重鋼礮爲攻阿比西尼亞而設車用鋼轅板裝於木横檔上並用鋼軸其輪亦係舊式舉礮螺柱之柄如前式

今造新礮車爲七磅彈來福前膛礮車一號配二百磅鋼礮用者車有兩轅板有兩横檔有

一轅尾有軸並輪　轅板用熟鐵中有數處鏤空令其略輕上邊釘有角鐵轅前端至第二橫檔左右轅板平行自第二橫檔至後尾漸漸削小轅尾與九磅彈來福前膛礮車式同其爲印度用者尾眼長方　轅板之置軸處鏟成半規形洞以銜軸鏟處用角鐵鑲其邊角鐵即沿邊釘至轅尾　軸輪另設一式軸係實心軸臂長七寸無黎特等斜度軸用鐵環襻（西名克力不斯）以螺釘旋住於轅輪用鐵轂輪徑三尺軌闊二尺三寸轂之小穿處不餘於轂釭　車有丁字式鐵墊條爲襯木之襯如第五十一圖墊條前端扣於轅前橫檔後端兩旁有凸處（西名斯脫子）擱於轅旁之鉤形鐵架鉤形架有上中下三級可隨意高下擱之並有三角墊搾銜於鐵墊條進退不致脫却三角搾後面有螺套銜於螺軸有手柄順遞轉以爲進退　每發礮附有攔礮繩繩色白圓周二寸兩端各有繩眼圈平時繩扣轅後右旁　海絨桿與九磅彈來福前膛礮同惟略短　礮耳座中心距地二尺一寸又四分寸之三　礮架重數正合驢馱力量其輪另有驢馱　一號林字者爲七磅彈來福前膛二百磅重鋼礮之用如欲與前項礮車合用者製法如下　架用角鐵爲框用丁字式鐵爲前橫檔此林字用鐵撐上端

礮乘新法　卷一　十九

抵於架旁下與軸耳釘連而架之後邊釘有小林字鉤架之前端釘有鐵圈配裝勃蘭特林卸夫脫用一馬拖輪與礮車同軌闊數亦同　林字載尋常山間軍火箱兩個箱儲尋常彈或雙層炸彈箱扣於車底中段橫鐵板之螞蝗襻復以皮帶扣住於架前後之螞蝗襻油膩物匣以皮帶紮於軸下　七磅彈來福前膛山礮車一號爲一百五十磅重鋼礮用其所以異於二百磅礮者左右轅一律皆平行轅上邊不用角鐵轅板亦不鏤空惟轅後端鑲角鐵橫檔轅尾又包鐵板　轅尾眼長圓形祇有一橫檔中有一牽連鐵梗　輪徑二尺六寸礮耳座中心距平地一尺十寸　輪與車拆卸可以一驢載之　七磅彈礮車配一百五十磅鋼礮特設爲阿非利加新疆用　此車轅以木爲之左右轅漸削至尾尾眼橢圓　轅間有置箱地步箱分數槅內儲子母彈兩個藥裹兩個並引藥管火門管等件　裝有活動之舉礮螺柱以十字式柄轉之　開放時車前用熟鐵脚扶助鐵脚有鉸鏈連於轅以鐵銷貫令挺直不用則將脚摺於車下以皮帶縛於橫檔　行平常路徑者發車時兼發特設一種輪軸便於裝卸轅尾板並前後橫檔均有皮帶爲穿楨之用輪用木轂其軸臂與七磅彈

礮乘新法　卷一

二百磅重礮車同礮耳座中心距平地二尺　七磅彈
來福前膛兩接山礮之車爲愛爾斯威礮廠所造有兩
條平行鋼轅板上邊轉角下襯角鐵沿礮耳座邊亦鑲
角鐵又自礮耳座斜向前至下釘有角鐵又銜軸處亦
沿邊鑲角鐵　轅板前端橫釘鋼板轅尾包以鐵板中
段分釘橫檔二條軸端切面長方形轅板銜軸洞亦長
方是以盡銜其軸而下用鐵板條抱之前孔用鐵銷後
有橫凹適合扣螺銷如欲卸軸祇將後面扣處螺銷旋
鬆移出橫凹軸即脫下且軸又可翻身用之　舉礮柱
與他山礮同惟三角撐下之架架旁有轉角所以銜撐裝飾略異

撐以鐵爲之有木轆轤以鐵銷貫住　轅尾有方鐵環
以爲手撬柄之用又輪拖鞋並鏈銷　海絨洗礮桿柄
係兩段接成有螺旋接兩端有螺環可鈎於轅旁鈎上
送彈頭與海絨頭皆有銅螺凸頭而桿端有陰螺孔兩
相旋住　送彈桿端之陰螺孔有可旋裝起彈墊之螺
鈎彈墊即滑特　輪徑三尺轂用鐵軌闊三尺　車又帶大
鎚並螺鑿之具　車件共重一百九十二磅可用一驢
馱之輪重一百九十二磅以第二匹驢馱之軸重八十
四磅舉礮螺柱重三十六磅又開斯開孛爾下轆轤與
鎚並他件重二百磅以第三匹驢馱之　以容積噸數

言之每車重・六一九噸除軸重・五○六噸
其五　山礮車零件　篷布罩長十一寸闊六寸抹以象
皮膠不漏水用兩皮條可扣開斯開孛爾後以遮護火
門望牌　驢背鞍架兩面裝七磅彈二百磅重礮車之
輪輪裝有臂以鐵管爲之分左右裝法鞍上薄鐵板與
鐵管皆用皮包鐵板兩旁有木柱柱有孔洞即以鐵管
兩端插入輪即倚於鐵管以兩皮帶並鏈紮住於鞍又
紮輪兩小皮帶縛於驢腹帶兩輪臂重十二磅　火藥
箱單輪車以麥好掰內木爲之用舊式輪輪徑三尺車
旁輢板下有鉸鏈可放下後板亦可抽頂上有篷蓋並

篷骨　撐七磅彈二百磅重鋼礮之槓以愛些木爲之
長四尺八寸槓之中段有新月仰形义以礮帶擱其間
用鐵銷從此义端孔貫過礮帶孔至彼端义孔免有搖
滾槓重四磅六兩　二皮箱爲印度胖喬孛式二號與
礮同發一儲尋常彈一儲雙層炸彈尋常彈箱用鐵條
鑲邊蓋用鉸鏈有皮帶扣之箱內又有活動蓋以牛皮
分槅配儲彈及藥裹並飛乎斯各八件彈則有皮套盛
之藥裹置於不通水之篷布墊而箱有提挈皮帶帶扣
牢於箱蓋兩端箱旁有鏈扣於驢鞍箱後又有鈎前有
螞蝗襻以備裝載林孛之用箱在驢背欲開用可無須

取下取飛乎斯即可在蓋上製配 林孛箱空時與罩重二十四磅半若滿儲彈藥重八十八磅置雙層彈重數相同 儲炸彈藥裹飛乎斯每五件之箱空時並罩重三十磅半滿時重九十五磅其一號箱與此不同者箱後無鉤提挈帶亦異彈皮套較高雙層彈箱開法亦異 山間所用醫馬器具藥箱爲一小而深者背有鏈環箱後兩端有提挈皮帶空時重八磅半 又兩皮箱置小零件如銅帽藥引及發火管等或炸彈器具七磅彈礮用箱有左右之別其一號與二號異者箱內分槅不同箱各有鐵鏈並捏手柄蓋用皮帶扣住 藥裹袋以篷布爲之袋底用牛皮內襯布 尋常炸彈箱較雙層炸彈箱低二寸半 七磅彈礮行裝之篷布罩不漏水者有二號一六尺方重六磅六兩一長六尺闊四尺重四磅六兩其大者能遮蔽至鞍其小者祇遮所馱物件並多備籠韁等物篷罩之角製成繩圈以備穿繩之用 鞍架以鐵爲之一配馱礮如第五十二圖一配裝車如第五十四圖一配裝輪如第五十三圖鞍架鐵板釘於鞍骨上環角鐵形頗樸質其馱礮鞍架較裝車者略狹礮口向後礮耳擱於架之凹處以兩皮帶紮縛礮車鞍架與上同車前端仍向前舉礮螺柱脚嵌於架凹

處亦用皮帶紮緊 馱礮鞍架重十六磅六兩一號礮車鞍架重十六磅二號礮車鞍架重十七磅二號與一號異者二號鞍架較長其前環略狹略高裝車較更向前 鐵匠爐爲一長方鐵盤長二十五寸闊十九寸又三分寸之一裝有節骱之四脚盤與鐵脚均有雞骨孔以鐵銷直貫之可也盤前凹較深（爲爐底出灰處）後有生鐵抱盤底置風箱以插銷連之風箱有鵝頸管彎上至生鐵抱底洞孔以進空氣箱有小鐵軸裝搖桿以搖之盤旁掛一儲器具之篷罩木箱欲裝驢背先除篷罩木箱卸下生鐵抱與鵝頸管置風箱頂將盤反背以風箱置其上鐵脚摺疊以皮帶紮捆於盤件以扣於鞍 鐵碪及碪墊皆常式碪墊有鏈繫鞍又旁有凹處置碪脚而以鐵銷貫住又有鐵錘重七磅與灰爬煤搗亦附爐 爐具全副以一驢馱之重二百十七磅容積噸數爲・一八二噸 驢馱山間應用物件並有插零件器具之皮插二號 二號爐用陪克風箱（見前四十一圖）與一號異 爐之鐵盤底與生鐵抱並摺脚與一號同惟鐵抱有牽連盤底之鏈四脚間有十字式鐵條支之 風箱雖與四十一圖同式而略小用齒輪手柄箱置爐下 鐵碪碪墊與一號爐同 全副重數一百十九磅容積噸數爲

一〇一噸、更有一皮袋、可儲轄末鍵銷二個、鋼圈二個重十四兩、皮插爲一厚牛皮長三十二寸半闊二十五寸一面釘有環可插工程器具零件又一面有短鏈可扣於鞍亦用皮帶二條縛於鞍 左右皮插重二十五磅又四分磅之一 礮零件如海絨洗礮桿連挖起滑特之鉤桿長三尺九寸重二磅十三兩其爲一百五十磅鋼礮用者長二尺十一寸重二磅十五兩海絨罩與六磅彈礮同滑特鉤與九磅彈礮同礮刷與九磅彈礮同惟桿略短長四尺重二磅半 七磅彈礮口木塞以哀爾姆木爲之外端有捏手其進礮口內一段用粗麻布包裹附以皮條配來福凹槽礮塞內面有兩細孔銜以羊毛布西名滑特

第四款轉運車 行營各車

其一 轉運車製造法 前二款論戰場礮車造法如以之轉運亦可用 四輪爲懷根兩輪爲卡脫茲獨論懷根並祇論限數之堆垛而簧條亦暫不論 轉運祇求靈便不必經行險阻亦不必過於迅疾 其特設爲轉運用者不得不計及任載之力 任載力量與林孛懷根微有不同 轉運須計及任載呆笨物件其堆垛不可過高高則不穩又不便於裝以是車底面須寬 林孛式之車底不可以爲懷根以林孛之潑鼠前出逾長而車體著力只左右前三處以線絜之成三角形面積既狹則重心墜線易於越三角之界而側翻矣 轉運懷根前段欲令合度須令前輪正當著力之處軸上裝磨盤之鐵盤蓋見前四十二圖庚面積足以托車以大磨心配之行動可平而不側 顧前段雖如是裝配而行崎嶇路車體與磨盤板皆不免有蹺蹩之弊設或前輪遇巉石車體前段左右必有爲所掀高則鐵板易翹其翹勢大小視著力處與磨心距數遠近 以之任載重笨物件欲其充足而又平穩不免著力處受累若不能裝重物即屬無用兩害相形即取其害之輕者既欲其得上二層之益而並免累製造須加堅固則雖有累而累亦

鮮矣　後輪不可過大大則高高則車體後聳裝卸貨物均不便是以後輪直徑限定四尺八寸　前輪直徑須令車回旋時輪衹在車體下轉旋不與車底旁相礙凡無簧之車及工匠車之輪直徑皆三尺四寸醫車之簧較弱前輪直徑三尺俾行崎嶇回旋率寬綽有餘卡脫（兩輪一馬）較更靈便所以助懷根之不足然不盡代懷根以其容積小而車欲多備行軍反不簡便也且用一馬拖行則車之重勢全靠馬身設遇擊撞則馬受激力不小　卡脫任載重心處裝輪須詳審重心總要在輪軸中心之前然亦不宜過前惟令略有重數爲馬所任

而已初意重心在軸輪中心不令馬受重數嗣試之知爲不便蓋行路即不崎嶇總有激動之勢堆垜重心致搖動而忽前忽後馬任之愈覺難受若略令馬任重數則馬背習以爲常轉無苦矣　懷根車用簧條其益甚大一拖力覺更輕鬆一經行崎嶇物件不相激撞　彼無簧懷根卡脫經過崎嶇必車與物擡高始得行過如原車有簧即無擡高之勢衹覺簧有凹凸力車如浪上行蓋簧得輭勁而物自堅定也以故有簧懷根經過阻礙之物較無簧者爲便　簧更有妙處以不損車不損物一似險阻激勢爲簧所減遇有巉石車不擡高而仍

平行轉若車行較無簧者更低也若然則激撞之勢變成壓力　有簧懷根前輪堆垜若重遇有撞擊似作退讓之勢　若論簧之弊甚小其最彰著者有二一車體在軸不若無簧之著實車與物不免搖動一車底有簧則較高未免重心加高此二端皆關係於平穩之說人又以爲用簧不免繁瑣誠哉是言然軍中各車所用簧條著名爲半橢圓形鋼條爲之此式頗易修製如第五十五圖甲　懷根卡脫之簧皆令堅裝足時簧不可有壓下一半之數即以簧中心半直徑計算壓力愈重則直徑愈短久之壓平勢必失其凹凸力而簧無用矣

其二　行營各種車如下表

車名	空時重數 擔	廓脫	磅	容積噸數
浮橋躉船之懷根三號　見五十五圖 橋欄等件懷根二號	一六	一	八	七、五〇二
電線懷根二號	二一	一	五	六、七三七
文件懷根二號	二二	二	一八	一一、九六二
鐵作懷根三號				一一、九六二
雜作懷根一號	二一	〇	一四	四、四〇八
電桿懷根一號	二一	二	五	一三、九九〇
木料懷根一號	二〇	〇	一九	四、八一〇

以上懷根皆爲舊時式所造無多今皆不用其與今懷根異者舊式前輪徑三尺後輪徑五尺軌闊五尺十寸零件亦小異　今式懷根有第三等輪用可鍛之生鐵爲轂輪箍闊三寸前輪直徑三尺二寸後輪直徑四尺八寸　闊五尺二寸然浮橋躉船懷根

不在內以浮橋躉船懷根軌闊五尺十寸　懷根軸體圓其臂漸削至末前軸體較後軸體更長令前後輪同出一軌　懷根車體裝於半橢圓形鋼條上前簧計共十條（每前輪五條）後簧有十二條（每後輪六條）除浮橋躉船懷根外各懷根皆同懷根皆用兩馬並拖之雙橫桿（西名特孛爾牌）及卸夫脫即浮橋躉船之懷根亦然並可用一馬拖懷根車底架以獲克木爲之其板用黃板條（每闊七尺長逾六尺）（西名提爾）箱以提爾爲之其橫檔用哀爾姆木蓋以篷布包　浮橋躉船（西名胖通）胖通懷根三號車左右兩軫木前釘於橫枕上後則釘於上橫檔此軫木後段皆有簧托之此簧裝於軸肩塊上用騎馬鐵襻套上襻脚上穿鐵板孔以螺套旋牢前橫枕與磨盤鐵板在前輪架輪架用磨心連於車軫　懷根停住時軫木斜有三度前輪架有福且爾斯四條四條後端有橫檔前端有斯撇令脫牌而上下皆有橫枕其上下兩磨板等皆以簧托之簧連於軸一如後簧法福且爾斯前裝低淺箱斯撇令脫牌兩端釘有鐵踏步　浮橋躉船懷根裝法車架裝四橫枕二條在後軸之軫木橫檔又二條在前軸之上懷根停住時橫枕面皆平橫枕各端皆有鐵板管束躉船若躉船已裝於懷根躉船下橫枕之間可置躉船上所

用之擱木欲取出擱木不必移動躉船祇將橫枕鉸鏈展開即可取也　車下有絡木之木架所絡之木係搭浮橋所用橫剖面方形兩端搭於躉船者車之後橫檔爲後絡架之上檔前架距後架九尺後架上有兩鉸鏈開以擱搭木　此懷根有一輪拖鞋並鏈置於右旁又有錨在左旁並工程器具等　浮橋躉船以搭浮橋並可作舢板用其尺寸長二十一尺一寸闊五尺一寸深二尺六寸半共重七擔一廓脫容積噸數爲九·六八五船面長方形兩旁板幾同垂線直下惟船首尾下漸削如尋常船式船骨頗輕以黃松提爾式板爲船旁豎骨以哀爾姆木爲船首尾骨船旁板用黃松板外塗象皮膠以篷布貼之篷布外塗以鹹水不消化之海膠並鬧聽（鬧聽爲一種植物汁海蟲蛤蠡等避之不敢嚙）然後再加以漆船底又釘通長鐵條四條以免磨擦兩旁有八手柄其六柄有鐵絲繩襻首尾有鐵環以爲扣纜之用左右各有四個划槳凹座首尾各有凹座以配柁槳躉船相距處用長樑木牽連（長樑木西名賽特爾皮姆）脫勒斯爾懷根轉運木橋架子（造木所用架木西名脫勒斯爾橋）電線懷根二號如第五十六圖車有兩軫木內附擱木（西名舍麥斯）擱木兩端鑲連於首尾橫檔車體與前後輪裝法與胖通懷根同　前車輪架有略異

者以福且爾斯略短福且爾斯前無箱後有板　車後軫木及擱木上有六鐵軸座所以置電線圈之軸軸座上有蓋以鐵銷貫連車左右有法可繞電線電線盤繞於鼓形木輪　法於懷根後輪背後裝木輪與懷根大輪同中心以象皮帶連軫旁小輪此小輪與繞線鼓形輪同一軸皮帶小輪內有凸處鼓形輪亦有凸處惟撬令小輪進與鼓形輪凸處相遇即隨與同轉車後檔上有兩小鐵軸所以托電線電線由此軸紬過　兩擱木間有鐵方框兩個所以置梯及電桿後有板開之　又有分遞電線鼓形輪之小車附於懷根後旁用鐵鏈鉤

鈎小車軸孔而手執之小車柄擱於懷根後之鐵環懷根架前端直置三箱其兩箱在前旁者有鐵擱為人坐扶身一短箱置中間前與兩大箱齊大箱蓋開向外上插鐙骨有桿撐住箱蓋人可於鐙罩下作事右箱旁有門可開人不必上車取物　右箱後有一圓洞徑三寸嵌以玻璃可窺見箱內測電具　電線陰陽兩極一由箱底洞通出沿擱木紬至鼓形輪下鼓形輪之電線有鐵條連於軸以接電是以各輪電線皆可接箱內通出之電極又一極亦從箱底洞通出至後輪簧前之螺旋形鐵線並由前輪磨心而下以達前輪簧後之螺旋

形鐵線又有鐵絲牽連四輪之鐵轂鐵絲由轂嵌於木輻背後而穿輪輞以釘於鐵箍鐵絲所嵌之輻須左右相對於是電氣由輪以達地土即成電氣全週　此懷根有輪拖鞋又帶有器具各件並舉電線之叉桿又有鐙布罩遮蔽電線鼓形輪者鼓形輪為兩鼓面徑二尺以獲克板為之以鐵包其邊相距十一寸中間以提爾黃板條為撐便成空心圓柱形直徑九寸圓柱形與鼓面同中心電線即盤繞於此圓柱形而鼓面即管束電線中貫以軸軸端形方所以銜皮帶小輪或套曲拐柄以轉之鼓形輪重一廓脫三磅所繞電線重一百三十

三磅　小車衹載一鼓形輪轅用獲克木有兩橫檔轅之後端即為手執之柄軸臂彎似曲拐式軸左右有大力簧以托轅鐵輪徑二尺輻用二鋼條為之轂用鐵缸軌闊二尺轅後段有鐵脚轅上每邊有軸座與電線懷根同盤繞電線用搖柄在後橫檔樞上前橫檔有雞骨孔所以穿繩軸亦有大雞骨孔以扣懷根牽連之鏈此小車重兩廓脫二十六磅　電桿以空心鐵管為之兩管接成一長十尺一長八尺其接法如槍頭劍裝法上頂有雞骨穿三條扳繩　扳繩色白每長十五尺又三分尺之二一端有鈎一端有結並裝有皮鼠木轆轤

電線梯以愛虛木爲旁柱以玃克木爲檔長十七尺兩梯相並爲雙梯上有鉸鏈分之可作單梯重一廓脫十七磅 舉電線之叉桿用愛虛木叉間有滾軸桿長七尺 文件懷根二號如第五十七圖軫作彎曲形照常法釘底板輢板等均釘住而其頂則隆起以篷布罩之軸前有低下處人可立其間車頂旁有烟囪爲燈出煙處邊有空氣洞車後有門可抽又有可摺之鐵踏步車內可收發電報有孔以通電線又或作印字處又有配石印法或照相法如作此二事則軸後又有低下處燈置車左即於頂左出烟囪惟各適所用以裝配可也

車體裝於後軸而前輪架無異胖通懷根裝法惟後簧裝於軸下 前輪架式與電線懷根同惟福且爾斯後端不釘板車前有箱可坐人此車有輪拖鞋又車底中間有法可帶備用輪並小零件 鐵作懷根三號此係雜用車改成外加兩鐵環帶行營所用鐵鍋又車內有閘板之凹槽樞閘板由此抽插其在戰場不用輢板並無煤箱近時不用此一號懷根而用山間鐵作二號懷根 風箱用陪克式 雜作懷根一號如第五十八圖此車體與礮隊懷根二號同輢板祇高二尺簧與輪與近日工匠懷根同 輢上有活動之較木有支篷罩

之骨及篷罩下有水桶 此車又可作文件懷根或作隨營兵車或戰場屯兵用之置有一二三號箱箱旁有門閘闔用鎖匙左右箱用鉸鏈釘連車底箱有手環其爲胖通所用文件懷根置四箱一二號儲文案之具三號儲小軍械四號置簿册一二號箱有鉸鏈有繩柄此懷根容積有六十八立方尺又三分立方尺之二 電桿懷根一號車旁兩軫前後有橫檔並橫枕西名薄爾斯脫有軹與較而無輢板較與軫距九寸半中有鐵柵有鐵銷貫住較上擱板條每隔空三寸 板條下置電線十六綑有繞電線之鼓形輪有凹座擱軸又有兩小箱

儲不傳電之襯墊物小件有一八角箱儲扱繩所鉤連之鋼絲有兩長鐵鑿並鐵鎚前有大箱亦置不傳電之襯墊物可以坐人前有踏板較與軫之間前有閘板包以鐵皮車後亦有閘板用鉸鏈可開闔電桿即置橫枕及橫檔上又有孛黎式之摺疊舢板用皮帶扣於梯架鐵環並扣於橫枕橫檔兩旁有鐵鏈繫輪拖鞋又以小塊像皮簧在車後橫枕以襯托舢板不令擦損 前輪架及簧並輪與他工匠車同 木料懷根一號前後輪架用移動潑鼠爲牽連之用 後車架軸有木軸扶上有橫枕木此橫枕三段接成可長可短其管潑鼠之鐵

夾略斜向前　前輪架之軸亦銜木軸扶有三橫枕即薄而斯脫兩福且爾斯前有斯撇令脫牌後有橫檔其下兩橫枕之短者釘於木軸扶中間留有空缺爲潑鼠穿入之處其上一道長橫枕係雙層相疊用有節骱之鐵股可屈可伸而鐵股兩端各用鉸鏈連於上下層之橫枕欲置長木料恐礙馬可將橫枕上一層擡高挺其鐵股俾長木料擱於橫枕上一層之上　橫枕有大磨心連於前輪架又直達潑鼠前端之孔福且爾斯前後又釘鐵托以爲橫枕端所擱橫枕並用鐵扳條　後輪架有管束潑鼠之雙鐵條潑鼠即於鐵條間動移進退上下

兩鐵板有數孔與潑鼠數孔相對潑鼠之長短以進退爲率鐵銷由上鐵板孔穿潑鼠孔以下貫下鐵扳定潑鼠長短視所裝木料長短爲度前後輪距度即依潑鼠長短爲準軸距最遠爲十六尺九寸最近爲十尺九寸

橫枕上面包鐵皮兩端有鐵條以管束木料　軸臂爲二等式輪用木轂有燐雜質銅釭輪箍闊四寸輪徑與他工匠懷根同　浮橋躉船通胖所屬各件均裝於懷根各件名目如下　擱木西名跑克二號　主樑西名賽特兒皮姆二號　橫板條西名撮斯二號　壓條西名離辧二號　橫木西名賽特三號　絞緊紮繩木條西名而拉克斯剔克來與一號　岸邊架

木西名脫關生　賽特兒皮姆爲跨連舢板之總樑橫剖形長方而中空其頂板用皮鼠木左右及底以保的海柏木爲之長十尺一寸深八寸闊四寸兩端包鐵片如鉸鏈有兩孔用鐵銷貫連於舢板橫樑鐵銷脚有孔復以橫銷扣住　賽特爲兩條橫擱木跨連跑克長十尺七寸厚二寸又四分寸之一闊二寸以哀爾姆木爲克離脫五個扣五條跑克跑克之端即扣於賽特若欲運攻堅大礮須於賽特加克離脫四個克離脫見前　並加四條跑克以扣之賽特兩端有提柄跑克以拷婁松爲之長十五尺九寸闊三寸又四分寸之一厚六寸此跑克跨連

兩舢板與賽特兒皮姆平行橫端即鑲扣於賽特之克離子各跑克兩相接處有鑲成一直線鑲之上下皆包鐵有鉤以扣賽特　撮斯爲拷婁松板長十尺闊十二寸厚一寸半此板橫鋪於跑克即成橋路撮斯兩端略鏟兩條相並便成凹缺以離辧木條壓其兩端離辧下有齒即銜於撮斯之凹缺內用而拉克來與繩名解見前　於凹縫內穿下扣紮於跑克復以尖木條即而拉克斯剔克　穿於繩以絞緊之並用繩紮之　離辧木條與跑克尺寸同其相接處亦有鑲鑲扣而成一直線離辧置於撮斯兩端每條離辧有牽齒十四個配鑲撮斯端之凹缺　而

拉克斯剔克爲一短而尖之木條其尖穿入繩眼繩之圜周二寸長八尺此爲夾緊撮斯之用　脫闌生爲兩木板下板平置於岸上板與下板作正交上板豎立上有凹缺所以鑲跑克而板脚內外兩面用三角木以閘之令不動搖　胖通兩舢板距數自舢板中心起算距十五尺浮橋面兩離辦木條距九尺胖通零件如下

馬口鐵水桶　有柄水杓長鐵鉤二號長十一尺七寸半一端有雙鉤其鐵梗分別尺數每尺異漆灰白相間　舢板錨之浮標二號以鐵皮爲之式如橄欖形兩錐尖有旋動鐵圈　木槳用一號式　曼納脫勒克爲開隧道之小木車約深十一寸長二十二寸闊十一寸

鐵路小車爲埋藏港底水雷之用一號車體以獲克木爲框檔其面用熟鐵板有生鐵輪四個有鋼軸車旁釘有生鐵垂架而軸貫其中　鐵軌距十八寸車前後止輪法有孛留克斯（止輪鐵撬）兩副孛留克斯垂於垂架每欲止輪祇將撬桿推令向外則孛留克下脚向內擠住輪行矣車重六擔三廓脫十四磅容積噸數爲一・五五五　工程木車爲手推之小車祇有一鐵輪車停住有兩鐵脚脚有節骱可摺其與一號異者兩脚有橫貫鐵銷銷端有螺套螺套一鬆脚可旋折其邊祇有一檔軸

匣以木爲之重兩廓脫九磅容積噸數爲・二九一　鞍箱一號以克拉克生料爲之有環以扣於鞍以熟鐵扣子扣於馬腹綑帶箱內儲插袋重二十一磅半馬腹綑帶闊三寸半其端以皮爲之長七尺重一磅五兩　插器具之牛皮架與山間所用同每長三尺一寸闊二尺四寸計一對重二十六磅十三兩　毀物器具之鞍架爲兩皮袋右袋有隔層一層置木匣儲一磨擦乾電具其上扣有一皮匣內儲電線銅絲圈　舉物螺柱向配工匠用特設一具今皆用戰場所用嚼克三號

其三分運軍火車　而勒其們（營兵一隊之稱少則六百名多至一千名）開留衢（車名）即一小軍械之卡脫（車名）如第五十九圖空時重八擔半容積噸數爲二・四六八　此卡脫有兩軫木內附丁字式鐵舍麥斯與軫木平行其後端釘連於丁字式鐵橫檔前端釘連於熟鐵斯撇令脫牌此斯撇令脫牌以槽形鐵爲之車底鋪黃板條有輢及車後板等板脚均有鉸鏈可將板放下而輢板不通至斯撇令脫牌是以前有平臺空處車前板用鉤搭無鉸鏈其頂隆起以篷布爲罩形似空箱內分八槅每槅置兩小軍火箱車後板放下時有鏈牽住可將軍火箱抽置其上　軫木與舍麥斯皆銜嵌於軸扶釘之此軸扶以愛虛木爲

之裝法如常式 卡脫後下附有小櫃其為步兵用者裝有十六箱馬的尼亨利槍彈藥裹每箱六百顆堆垛重十一擔兩廓脫十二磅 長槍兵（西名闌舍）而勒其們之卡脫裝有五箱斯乃特馬槍彈藥裹每箱五百六十顆並八大箱阿但姆斯手槍（槍六門）彈藥裹每箱二千一百三十六顆堆垛重十擔兩廓脫三磅 實來共（兵隊名目馬步皆可）赫蒸（輕騎兵）之卡脫載十六箱斯乃特馬槍彈藥裹五小箱阿但姆斯手槍彈藥裹每箱二百四十顆堆垛重十擔兩廓脫十磅 輪為新式二號轂有熟鐵大小穿輪徑五尺輪箍闊二寸半軌道闊五尺二寸輪之新式在輻與輞仿三號木料尺寸 斯撇令脫牌有法可駕兩馬如戰場林孛式其左右卸夫脫自斯撇令脫牌處向前漸削令略輕

其四 轉運車（今所用之）

懷根卡脫如下表

車式	長數 尺	長數 尺	闊數 尺	闊數 寸	深數 尺	深數 寸	堆垛 擔	重數 擔	重數 廓脫	重數 磅	容積噸數 噸
雜作懷根 一號	八	九	四	〇	二	〇	三〇	一七	一	二	三、五〇〇
又 二號	九	七	四	一半	二	〇	三〇	一七	二	一二	四、三六〇
又 三號	九	八	四	一半	一	六	三〇	一七	一	一〇	四、三〇四
又 四號	九	八	三	八	一	八	三〇	一八※	三	一二	四、一六九
有簧重載懷根 一號	一〇	一	四	三	二	〇	四〇	一三	一	〇	四、一七七
有簧輕載懷根 一號	八	三半	四	三	二	〇	二〇	一七	一	〇	三、七七七
饅頭肉懷根 一號	一〇	四	三	一一	二	九半	四〇	二九	三	〇	八、六〇四
饅頭懷根 一號	一〇	四	三	一一	二	九半	四〇	二七	〇	〇	八、六〇四
有簧卡脫 一號	五	五半	四	一	一	一一	一五	一一	〇	〇	二、二三九
剷潑卡脫（攙倒能自卸貨） 一號	六	〇	四	一	一	一一	二〇	一一↑	二	三	二、一一二
又 二號	五	六又四之三	三	四半	一	九	一五	八	三	〇	二、九七九
毛耳替斯卡脫（毛耳塌海島用） 二號							一五	五	二	九	一、七五〇
又 三號							一五	六	〇	一三	一、六〇〇

※ 有帕爾及他零件

↑ 若用丕鑾輪又加兩廓脫十二磅

以上懷根卡脫輪皆新式惟雜作懷根一號毛耳替斯卡脫二號則仍舊式其直徑等已詳第一款 各軌道皆五尺二寸惟雜作懷根一號為五尺十寸雜作懷根二號三號為五尺八寸 此外又有幾種古式車即如福蘭特斯懷根轉送病人懷根改作饅頭懷根等 雜作懷根一號此懷根軫木鑲嵌後輪架上之橫枕（即薄而斯脫）用鏈紮住前有磨心直貫前架後邊又穿過由後而來之潑鼠 以是懷根前後輪直徑相同號為伊奎洛塔爾懷根（言其前後輪經行處一律快慢也） 此車之輢板等俱可抽卸有常式卸夫脫駕用一馬兩馬俱可車架前有長箱附有備用輪有裝轆轤處可常工程器具亦可帶戰場鐵作木器 發懷根時附發輪拖鞋鐵鏈並箱及輢板上之較木（西名留蕪）篷骨六條並篷布罩 雜作懷根二號其造法與礮隊二號懷根相似惟略輕若欲用三號懷根可將二號之輢板改低至尺許置櫃坐人篷骨略低篷罩改小較木較短又裝滯輪之鐵板條（西名洛鑾潑留脫） 即為三號懷根輪為新式三等並用木轂鐵釘 懷根既如是裝配可帶戰場鐵作爐具其車底面鋪鐵皮直至近後橫檔二尺一半許更有磨擦鐵板以便爐於其上移動車內槅板移向後斯撇令脫牌後可扣虎鉗車後

架上置鎚釘及製小鐵件之鐵礁此懷根共重十七擔兩廓脫四磅鐵作全副重五擔兩廓脫二十五磅（按一廓脫爲四分擔之一每擔重一百十二磅每廓脫重二十八磅）　雜作懷根四號前輪架及櫃與二號礮隊懷根同輪軸並較木爲三等式輪有可錘之生鐵轂與燐雜質銅之釭顧亦有與三等式同者車有帕爾有拖鞋其卸夫脫裝法可用鄉村駕馬法是以與礮隊懷根髣髴如不用帕爾即將帕爾縛於較上即扣在前後兩斯兜內（斯兜即支撐鐵條）　拖鞋附於車旁此懷根如第六十圖（側面）第六十一圖（背面）亦可帶鐵作器具

有簧重載雜作懷根一號車架框以丁字式鐵爲之軫與舍麥斯及前後檔皆用鐵舍麥斯兩端鑲於橫檔由下鑲上庶框檔面皆平以提爾板橫釘其上車左右旁用鐵柱有鉸鏈連於下前後木板可抽卸　簧爲半橢圓形後簧兩端銜於鐵斯克洛爾（見五十八圖後簧前端鈎形鐵）簧體裝於軸兩面各用鐵騎馬搭（西名斯推潑爾見五十八圖後軸）鐵搭之端上穿鐵板四孔以螺套旋緊簧與軸耳之間（軸旁有兩耳如蝶形令軸加闊以托簧）　有簧墊以木塊爲之後軸之上舍麥斯之間復有簧托車下木條以助左右簧力車前下邊有鐵板條其脚釘連磨盤板　前輪架係囫圇鐵錘成有四橫枝枝向四角後二橫枝之端銜簧之後端前二橫

彎枝向前裝斯撇令脫牌此橫枝之當前角處有鈎形鐵（西名斯克洛爾式似如意）銜簧之前端四橫枝中間相交處有洞以插磨心如是則車之前後輪因潑鼠而聯爲一體每橫枝有鐵耳以磨盤底置其上用螺銷旋住於耳孔斯撇令脫牌爲一槽形鐵可裝雙馬或一馬之卸夫脫有鉸鏈環以皮帶之鈎鈎之如欲裝一帕爾亦可　此三簧在前輪架裝法與後簧裝法同　車前段製有櫃（西名洛克）可坐人車後下兩舍麥斯間亦有抽屜　輪軸皆二號新式輪有熟鐵轂　車輢上有活動之較木有篷骨篷布罩輪拖鞋又有法可帶備用前輪並工程器具零件　今此車多改爲饅頭內車

有簧輕載木懷根一號與四號雜作懷根造法同惟較輕而弱加闊加高堆垜較多　用半橢圓形簧前簧有八條裝法與工匠懷根同後簧有九條以其車體闊簧裝軫與舍麥斯間之鐵條　輪與三號醫車同有可錘之生鐵轂而釭以燐雜質銅爲之　此懷根裝有帕爾及卸夫脫可配鄉間駕馬法　饅頭內懷根一號軫木有曲形後低前高架框以丁字式鐵爲之四角鑲以角鐵輒以鐵爲之銷定於軫上有輢板上有較木車頂蓋四邊釘住於較木復有鐵條支拄於較軫之間鐵條上端製成鈎形可以懸

掛物件車頂隆起用提爾木為骨以篷布為罩頂之兩旁垂板有鉸鏈作橫牕用閉時有鐵銷插住垂板本有通氣之方格小窗車後端有兩板其下板不活動前段亦有櫃可坐人　車內鋪白鉛皮裝有水盤　簧與後軸相連裝法與前平軫車同惟軸置簧體之上　前輪架有橫枕（即薄而斯脫）並磨盤鐵板　前輪架有丁字式鐵福且爾斯四條後端釘於丁字鐵橫檔前端釘於槽形鐵斯撇令脫牌此福且爾斯嵌平於獲克木橫枕兩橫枕一釘於福且爾斯之上一釘於福且爾斯之下下橫枕之下有簧即以助左右輪簧上橫枕之上為磨盤底

並釘連下橫枕左右福且爾斯釘有鉤形鐵（即斯克洛爾）以銜簧端斯撇令脫牌之駕馬法如前平軫車　此懷根有拖鞋鐵鏈並零件　輪與重載有簧懷根同　饅頭懷根一號造法與上同惟其頂蓋用鉸鏈而柱可升降升時空處高朗有篷布為遮陽輢板上無方格小窗而有玻璃大窗外以鐵網遮護車內不襯白鉛亦無移動水盤　前輪架與有簧重載懷根同　有簧卡脫一二號車架有兩軫以角鐵為之此角鐵兩端略削有丁字式鐵之兩舍麥斯其橫檔用角鐵斯撇令脫牌用槽形鐵互相鑲牢左右輢板及後板均各三扇前板可抽卸

有三簧皆半橢圓形裝法同上特設卸夫脫駕兩馬或一馬車後下舍麥斯間有抽屜並有法可帶工程器具發卡脫時附發活動輚木篷骨篷布罩　其軸略移向前四寸可減少馬背卸夫脫重數此改製之式號為二號卡脫　有卡脫用二等軸輪亦有用丕鏗輪　剔潑卡脫一號架框以角鐵為之與有簧卡脫同輢板前後板皆同軫與舍麥斯之中段均釘有大雞骨與下輪架之大雞骨孔相合以長鐵銷橫貫之以為節骱令車體可掀翻卸貨　下輪架有丁字式鐵福且爾斯四條前端釘於槽形鐵斯撇令脫牌福且爾斯中段用鐵銷

貫連於木軸扶軸扶後有大雞骨與車體下大雞骨孔相合以鐵銷貫之後端鑲於橫檔　軸銜於木軸扶祇得半之數用騎馬鐵搭跨軸與木扶下穿鐵板孔以螺套旋緊車前有鐵銷由車底雞骨孔插下至斯撇令脫牌雞骨孔以橫銷貫之其駕馬法與有簧卡脫同輚與卡脫並發此輪與軸為二等式　剔潑卡脫二號為一木車車架照常式用兩軫兩舍麥斯前後兩橫檔旁裝活動輢板並前後板下輪架有福且爾斯四條有斯撇令脫牌軸有木扶車體與軸相連法如前一號又用鐵銷連於斯撇令脫牌亦如前法輪與雜作根懷四號後

輪同卸夫脫與戰場車同或駕一馬或兩馬　車後兩舍麥斯間有抽屜　車有篷罩及繩　毛耳替斯卡脫二號常式有兩軫伸向前即作卸夫脫之用軫釘於木軸扶又後有橫檔前有斯撇令脫牌中有直檔木軸扶以哀爾姆木為之餘皆用愛虛木有鏈數條兩端皆有環一端鉤於軸扶至斯撇令脫牌為皮帶（西名脫留斯）之鉤鉤住斯撇令脫牌之左右旁裝一凹得律搿（接長木桿）配裝星搿爾脫黎（馬尾後單條長桿）以駕兩馬卸夫脫之端扁鐵如舌有孔鉤以皮帶之鉤駕一領路之馬或於此扁鐵孔用拖繩亦可卸夫脫下可裝以軛人手可拖車後有鐵

脚卸夫脫前亦有鐵脚　篷布罩與繩隨車同發卸夫脫有馬腹綳帶垂鬚　一號卡脫輪徑四尺二寸橫檔有長短以兩軫不平行也　毛耳替斯卡脫三號與二號異者卸夫脫可拆卸兩軫木平行卸夫脫裝於軫上臼內用鐵銷貫連　輪與七磅彈開富來里亞（阿非利加洲地）礮車同轂之大小穿以可錘之生鐵為之　此卡脫又可置水箱為水車或作鐵作車欲車水則除去直檔可容一百八軋倫水之櫃置於木架以鐵帶釘住若為鐵匠用則卸夫脫裝於軫之外旁車裝鐵爐爐後有鐵片扣於車底板爐前用鐵帶牽住鐵礎及木墊置爐後板

上車前有鐵作器具箱篷骨篷布罩隨車同發篷骨插於煤箱背鐵襻

其五　醫車（西名唵皮闌蚩懷根）特配陸軍用

車式	重數			容積噸數
	擔	廓脫	磅	噸
唵皮闌蚩二號	一六	二	〇	五、五〇〇
又三號	一七	三	六	三、六二五
輕轍有簧懷根改成	一八	三	二	三、一六四
藥料懷根一號	一八	三	〇	八、一九二

以上各車有三等輪軌闊五尺二寸唵皮闌蚩懷根二號有舊式輪前後皆四尺二寸徑輪箍闊三寸餘有新式輪前輪徑三尺後輪徑四尺八寸輪箍舊式闊二寸今闊二寸半此車上漆有紅色實伱伐（瑞典地名）十字形唵皮闌蚩懷根二號車體旁有鋼簧

中間有像皮簧墊車架鋪釘木板前後及左右旁板略低可移動較木高下兩條有鐵柱連之柱之短者（名斯担特）為鐵欄柱其長者（名斐爾斯）下半段有裙板車前亦然惟更低分左右中三扇中扇在凹處有鉸鏈可開闔　後輪架為常式釘於軸扶用磨心連鐵條至前輪架之後以鐵銷貫住前輪架式與雜作轉運懷根同駕馬法亦同車內分榻一前一後而中間又分左右兩長方式前榻板為病人支足用病人身體有皮帶扣住兩長方間每置一小榻後榻與前榻同後有踏板不用則摺疊作車後板用前後間每坐三人左右間每一人　車頂支篷

骨篷布罩、車前後另有鐵桿支篷、復用篷布帷爲蔽、前輪架之福且爾斯上有水桶、車內有木架、以插掛軍械、有籃、盛彈藥裹袋及像皮衣絨毯等、西名捺潑薩克 唵皮闌蚩懷根三號、車內分槅坐人、一如前二號、前後各有輪架、以獲克木爲之、鋪釘提爾板、左右輢板及前板、頗低、有鉸鏈可放下、輢上有愛虛木之矮欄、後橫檔上、裝有鉸鏈之車後板、此板以麥好掰內木爲之、板下端有鉸鏈、踏板以有節骱之鐵條撐之、如第六十二圖、後板可摺疊作車後板用、後段有半橢圓形之簧、而居中亦有簧墊、以助左右簧力、 前輪架以獲克木爲之、此木料精細而輕、前後檔以鐵板鑲於福且爾斯、裝有三簧、其中間之簧、橫置於後橫檔、簧俯向下、左右簧之前端銜於福且爾斯前端、簧之後端銜於後橫檔、是左右兩簧與中簧、形作正交矣、 斯撇令脫牌有卸夫脫可駕兩馬、或一馬、有鏈環以自軛而來之皮條鈎鈎之、前輪叉可裝帕爾、前軸轄鐵鍵端扁形、可作起步用、斯撇令脫牌端扁形鐵片、爲第二步、再上一步在車體前橫檔、車前旁擱一活動坐板、其靠背用杉木、靠背上環、以麥好掰內木爲之、扶身有鐵欄、其踏脚板、裝於車底板前端、用有節骱鐵梗撐之、 車後段有可抽槅板、爲靠背、

上用麥好掰內木爲靠背上環、 車前坐櫃分左右兩個、左櫃分數槅、置酒瓶、右櫃置零件、車後附有節骱鐵托、以置一櫃、如甲、儲糧食、又一小櫃、如乙、儲九軋倫或十軋倫水、甲櫃上有門、可於車內取物、乙櫃有皮管與漏斗、車頂以愛虛木爲之、脊間有鉸鏈、撐以白鉛包之鐵管、管脚裝於軫上、襯臼前後又有鉛包鐵骨、以支篷布罩、附一斜撐之桿、其罩與遮陽皆以不漏水之篷布爲之、 車下有止輪行之鐵閘、如圖庚、用曲拐柄、如圖己、撬令阻止後輪、又附有輪拖鞋、 人坐處有褥、有皮圍身、如圖戊、前爲馬夫坐、車上有燈、 丁梯以愛虛木爲之、置前輪架處、梯上有鈎、鈎於車前、車分左右槅、每間有小榻、有木克離子、扣住車旁之克離子、扣於榻端、以榫塞緊、榻脚有滾輇、可推移入車內、 車前後頂撐柱、有皮帶、以縛小榻、車頂有皮帶、可縛枕、車底兩旁有皮條扣子、並三皮圈、所以扣槍桿、 三號小榻以篷布爲篷、此篷布先在消皮樹汁內浸過、榻架用愛虛木檔、其端製成手執之柄、中間用有節骱之鋼條以拓之、榻下有四個可摺之短脚、亦以可錘之鋼條爲之、有撐令其挺立、脚有滾輇、 有簧輕載懷根、與重載同、用三等輪軸、今改爲三號唵皮闌蚩懷根、 藥料懷根一號、以

有籫輕載懷根改成配裝傷科醫生器具及藥料並製
藥之具附有病人便用之具　車體與三號唵皮闌嵩
懷根同輪架與駕馬法並阻輪法亦然惟籫較堅左右
旁每加兩籫條其中間加一籫條　車體似長方箱有
木頂隆起前有櫃爲馬夫坐箱內分五槅左右兩槅開
向外旁其後槅開向後　後槅最大有放下之車後板
牽以鐵鏈可作桌面用槅內有小箱箱底有小滾輇可
拖至放平之板上旁槅較小前槅有抽屜車頂又兩槅
可置藥具　車後有篷罩以蔽風雨不用時將篷罩翻
至車頂以皮帶扣住　戰場醫所懷根即四號雜作懷

根轉運醫所物件車分三横槅左右輢板及後板以板
加高車後有坐櫃重二擔六磅半容積噸數爲〇・九
七五裝足共重二十擔一廓脫六磅半　中槅有衣箱
後四箱置病人便用物件如氣褥便壺等前槅等處堆
積厚褥以活板攔住　律脫行榻三號絡於驢背有左右
之分用細鐵梗爲方格眼及框檔拓以篷布其頭枕處
有可收放之篷罩每律脫用人字式懸鐵梗有横撑而
上端即鉤於鞍有螺釘貫住並扣定於驢腹帶上有蔽
風雨之篷罩亦分別左右　律脫不用時可三摺置驢
背以皮帶扣住　一對律脫重三廓脫二十二磅　喀

廓勒坐架二號用鐵梗製成以人字式鐵梗鉤於鞍外旁
有鐵欄前後有皮帶攔住病人有坐褥懸宕一踏板不
用時可摺置驢旁　喀廓勒亦有左右之別一對重五
十六磅　戰場醫所傷科桌子一號桌面裝可摺之四
脚脚有横撑桌上有靠背可移令或嶄或坦以鐵銷定
其位置靠背有鉸鏈連於桌面之滑條可進可退後有
鐵撑撑住於滑條桌前有兩板用克離子托住令病人
擱脚如欲收拾裝車將桌脚横撑拆去以皮帶扣於桌
而脚摺於桌下除去靠背後撑摺貼於桌面將桌前擱
板推入桌面內此桌重二廓脫二十一磅容積噸數爲

・〇八九　擱板桌桌面下四角有凸巽裝於架之四
柱凹巽架有鉸鏈可摺疊重一廓脫二十四磅容積噸
數爲・一一七　醫所便用物件箱並廚房零件箱西名
慳聽共五箱用人槓擡其二箱分二號置醫生便用之物
角鑲以鐵蓋用鉸鏈以篷布爲罩有鎖鑰啟閉兩旁有
木搭繩襻其底加兩木條令堅有磁料製成之滾輇
一號者分槅置二十四瓶二號者有馬口鐵匣儲糖茶
葉藕粉等　其餘三箱名曰慳聽分甲乙丙箱與上式
同旁無繩襻而有環嵌進於板故其面平箱儲烹調器
具　此箱裝滿重數其容積噸數如下表

		重數		容積噸數
		廓脫	磅	噸
醫生便用物件箱	一號	一	二〇	〇、〇九九
	二號	二	一三	〇、〇九九
慳聽	甲	一	一八	〇、一一二
	乙	一	二〇	〇、一一二
	丙	一	二七	〇、一三五

礮乘新法卷二

英國製造官局原書

慈谿 舒高第 口譯
海鹽 鄭昌棪 筆述

第一章 營屯礮架

營屯礮架要旨有三端一欲其堅固而開放時能平穩一欲其便於裝放一欲其簡便而能經久　礮架或置於衙定地土之平臺或裝於可移動之平臺以此上三要旨所重在礮架兼重平臺　前款論戰場礮開放時之激力情形即營屯礮架亦然凡開礮平行最大勢力甯令退後之回力加多用是礮耳軸心務令低下所有豎剖面勢力欲其著重在礮架蓋平臺體質堅硬毫不退讓是以礮架有凹凸力為佳　欲礮耳軸心低下情形詳下當時有甲必頓施郭德製低礮架令其僅合昂俯度之用昂祇十五度俯可十度　輕礮如七寸徑九十磅彈以下者輚板用單層熟鐵足矣輚有橫檔拓之其為七寸徑來福前膛六噸半重以上礮用者輚板用雙層鐵中間拓有橫檔以為力倘不足而用堅固鐵架此非以之禦激力祇令輚板堅挺是以近時礮架框檔改用生鐵　輚力及重數不獨與礮相稱又須令輚之高低相稱蓋輚低則鐵可薄此又一理也　重數既減而

兩轅板距度祇合礮耳擱置地步又令轅於平臺得相遇著力處並令舉礮各螺軸切近得力凡單層熟鐵轅板礮耳座處及軸枕須鑲以鐵板令堅　平穩之說非他但令礮架有四處著力即穩矣而礮架重心又須不出四處著力之間凡架後兩處著力距礮之重心遠即不致倒翻顧太遠又多佔地步在轅高者固不得不然若轅低則後著力處可近矣礮耳座處加鑲鐵板兩轅板距數更減小亦屬無礙但令足安礮位斯可耳礮之勢力喫重處在縱線不在橫線也　裝放便法礮須易於平移及易於昂俯礮車在架或在磨盤平臺則平移

之法全在平臺若礮在限定之架或架在平地銜住之平臺其礮必輕祇將礮尾左右移以就開放方向可耳　欲礮易回原處須令礮退行合度前此論礮之退力甯使加多以省礮車力量固也然亦不可退後過度致不易移回原處今欲減其退後之力則平臺後面加高俾退行較滯則移前更易且用康潑勒色牌（見前第三款其二）況有時地步偪窄須令礮退行限定其處而前膛納彈處亦必多留地步　易回原處之法礮架下又用四滾輇輇徑甚小廡經行堅滑面子勢不能退遠　軸體加壯前輇直徑較後輇加大以礮及架之重心較喫重於

前輇又在平地平臺有以補平臺前低之度　營屯礮架欲易料理製必較輕若在平地平臺欲減回力礮架可以加重　簡便經久之說夫人而知之茲不贅論

平移之平臺製法亦約有數端一欲其堅而穩平臺欲穩亦須前後四處著力臺之闊狹視礮架爲度其前後輪架（西名脫勒克）距數視礮退行地步以爲度總之礮架重心不越前後輪架之間　論平臺力量凡礮之勢力由礮架而至平臺有數份於縱線內幾欲壓斷並有數份勢力幾令平臺亦退行此兩種力此多彼少平臺所受與礮架同又與礮位高下有關係礮力令平臺退後而

平臺亦有陰納卸以阻禦之（陰納卸即自守素性之謂如平臺素性本靜一遇外物擊撞則靜而欲之動其自守靜性足以阻禦之倘外物擊撞之力勝過其靜性即爲震動矣若在動物亦然假如彈飛行時其本性固自守於動一遇更重之礮之外物阻止則必全改其動性而始停止餘倣此）勢力即傳到平臺之磨心並到平臺下之輪架輪邊其在縱線壓下之勢力平臺旁直木力足禦之九寸徑以下來福前膛礮所用平臺旁木深淺皆同若爲九寸徑以上礮用者平臺旁木加深欲免加礮耳軸心高度平臺之當輪架（即脫勒克）處較更淺以其處有輪架故平臺旁木可淺而中段在前後輪架之間一無扶助是以加深以故側視其旁形同魚腹如是平臺前後力量皆勻

矣一欲其靈便平臺者所以佐礮架之用也礮架在上可前後行而平臺在下即可左右移輪架脫勒克直徑以大為宜然不可過大致加礮耳軸心高度並掀高礮架轅板此意在甲必頓施郭德平臺見之輪架軸徑小較更靈便 礮軸心線高下如十一寸徑以上來福前膛礮在牌字礮臺土牆凹處西名旋奴伊愛有四尺三寸高或於三尺高之牆洞內西名開斯梅脫開放均可俯五度十寸徑以上來福前膛礮可在牌字礮臺四尺三寸高之凹處或二尺六寸高之牆洞內開放亦可俯五度 脫勒克雖以大為宜而前後輪徑之相差數視各輪架所在軌

道半直徑數定之此兩軌道亦相差兩軌道皆半環形令平臺尾左右移輪須截錐形軸如磨心令在軌道便於轉移十寸徑以上來福前膛礮之平臺均宗此意造之脫勒克之輪銜軌道輪邊在軌道邊磨擦處不少因將後輪外邊鏟去而前輪外邊則不鏟見後八十五圖前輪銜軌道而輪邊垂下形如凹槽軌條適嵌入凹內後輪之外邊垂下者盡鏟平 重平臺須用機器移動令各件齊歸掌握或行動前後兩副輪架此機器皆用齒輪銜接或動平臺軋甯輪銜地面齒軌條而自行此軋齒輪銜於距磨心最遠之齒軌條其所以遠距磨心者欲其著力較便猶之撬桿與剪刀其柄加長則著力更覺便易且距磨心最遠之一端輪

徑較大機器銜動更易著力 平臺易於旋動自以輕為宜惟不失其堅固之力可耳

第二章 營屯木礮架並平臺

木礮架有三種一尋常立礮架燃放時車仍立於大二後輪西名康們斯担定二後撁礮架西名而律耶敲克 三滑礮架西名斯來定 此三種配各等大小礮其輪式各件俱同 斯來定礮架或在礮臺洞內開放或名為矮礮架視遠之高低以為名耳 各路營屯尚有舊式木礮架如下表按斯來定者斜滑之謂而律耶敲克者後面闊緊之謂斯担定者卓立之謂

礮式	滑礮架 矮礮架 容積噸數	滑礮架 矮礮架 重數	滑礮架 礮臺洞用 容積噸數	滑礮架 礮臺洞用 重數	後撁礮架 容積噸數	後撁礮架 重數	立礮架 容積噸數	立礮架 重數
	噸	擔	噸	擔	噸	擔	噸	擔
七寸徑來福後膛七十二擔重礮	一、七一	一六半	一、四五	一五				
六十四磅彈來福前膛六十四擔重礮			一、六一	一一			一、九一	一六
六十四磅彈來福後膛六十一擔重礮	一、八〇	一三半				一三又四之一		
四十磅彈來福後膛三十五擔重礮	一、六八	一一半	一、八八	一〇半			一、八〇	一三又四之三
十寸徑光膛八十七擔重礮	一、二八	一六又四之一	一、六五	一五又四之一	二、三四	一九又四之一		
八寸徑光膛六十五擔重礮	一、二八	一四又四之三	一、五九	一三半	二、〇〇	一四	一、九八	一四半
六十八磅彈光膛九十五擔重礮	一、八五	一六又四之一	一、六五	一四	二、三四	一九又四之一		
三十二磅彈光膛五十六擔或五十八擔重礮	一、五〇	一四	一、六一	一一	一、七九	一三半	一、九四	一四又四之三
六十四磅彈來福前膛七十一擔重礮※							一、九三六	八又四之三

※此以尋常水師礮架改成

尋常立礮架有左右兩轅板有前後兩軸有一橫檔有四脫勒克斯（即滚輇） 轅板以獲克木或梯克木爲之轅板上面配礮耳座子並轅板後斜倒處鏟成階級爲撬桿著力之用每轅板礮耳座兩旁有兩鐵銷以固轅板防其裂也如轅板係兩幅拼成則接縫處銜有細腰木鑲兩板得以扣牢其斜下階級處用一長鐵銷直貫至下面用螺套旋緊其爲來福後膛所用礮架兩轅階級皆鏟平若四十磅彈後膛礮架則又不然 橫檔所用之木與轅板同其鑲在轅板之橫檔端爲半細腰式由轅上面凹鑲插下左右兩轅板又用長鐵銷貫橫檔而牽連 軸用獲克木爲之其體長方式軸兩臂爲圓柱形裝於轅下凹處前軸用鞔形鐵條跨於軸而鐵條兩脚穿出鐵板孔用螺套旋住後軸嵌於轅後凹處下托鐵板用四螺釘旋牢軸臂包鐵轅下面裝軸處亦包鐵兩轅下邊又有一長鐵銷貫連 脫勒克用生鐵鑄成前徑十九寸後徑十六寸裝於軸臂用鐵䩞豎貫於軸端 礮架每邊有鐵環後軸有鐵臼以爲螺柱座子之用橫檔後面有扣滚礮木之鐵搭鐵銷左轅旁有皮插置通火門管之銅絲（西名斯𡙇） 又有蕃皮扣乎木撑大小各一件有熟鐵滚礮板（爾裴特） 有舉礮螺柱螺柱有閘

輪及撬柄滚礮鐵板下有槽爲螺柱上端抵處 六十四磅彈來福前膛礮或來福後膛礮開放時退後回力甚大欲禦其退力用阿侖（人名）孛留克（阻車具） 置滚輇之後如第六十三圖孛留克爲一大木撑如圖甲包以熟鐵用有節骱之鐵板條釘於滚輇後之轅板乙處節骱間有一鐵銷如丙平插於軸端以代䩞孛留克隨車前進如遇大礮退行回力則滚輇即退上木撑而止矣如不用孛留克時有繩可提起扣於車旁此木撑計重一英擔 俯礮車爲一種有輪之車置最高處者車轅後階級處有可移動之橫木上裝舉礮螺柱並礮架上亦用喀潑斯快（礮耳凹座上之瓦形鐵蓋所以管礮耳） 礮可俯至八十度轅前角鏟去亦作斜倒形 後撑礮架爲最猛之礮用造法與有輪礮架同惟無後輪軸而有蕃皮扣乎木或阿非利加獲克木所製之大撑（西名敲克） 每轅旁有鐵環大撑後面亦有鐵環又裝有穿鐵橫棍之鐵礫（用人力以送撑） 撑上面有鐵臼裝舉礮螺柱之螺座（西名過勒阜聽納脫） 左轅旁有皮插以插通火門管之銅絲 又有可移動各件如小木撑滚礮木（西名斯𡙇爾裴特） 並舉礮螺柱（與有輇礮車同） 銜住於鐵臼非如有輇礮架活動滚木下之槽不似有輇礮架之槽長形此則銜定於臼也後撑礮架欲用阿侖孛留克法

亦可、滑礮架卽斯來定與有輪礮架造法異者、以不用輪與軸而用賽皮扣乎木或獲克木塊裝於平臺以鐵銷連貫於轅一似軸裝法前木塊與平臺相遇之面包以鐵板木塊外端鐵條勾下以管車軌不令越出平臺惟轅前段下裝有八寸徑滾輪以便移回原處其裝法轅下釘以鐵轆轤壳中銜滾輪後木塊後左右有環轅後有凹處爲撬桿抵踫還原之用其時車後段用撬桿掀起二寸高則前滾輪得用矣若礮架座實於四木塊則滾輪懸空十六分寸之三滑礮架零件轅板旁有兩鐵環車架後段獲克木塊之孔配以有孔鐵板爲穿擱礮繩用或裝轉運小車用、前段木塊有洞穿轉運所用之軸並帶鐵輪礮架有鐵臼爲舉礮螺柱用有皮插插以通火門銅絲其爲七寸徑來福後膛礮用者更有一皮插插挖洋鐵帽之鉤洋鐵帽西人謂爲馬口鐵盃在門劈內 移動平臺西名撇拉脫方姆 礮臺洞或矮礮架之平臺上架式皆同所別在轅板之有高下此兩種均屬無輪礮架 礮臺洞用之平臺重二十七擔矮礮架平臺重三十三擔又四分擔之三容積噸數均爲二・六二 平臺以梯克木爲之其爲礮臺洞用者左右兩邊楔有顴木其間有三橫檔前端有阻礮木欄有四脫勒克每脫勒克用福

闌住一作福闌呃遲似轆轤壳式凡物有凸出餘邊均名福闌住 其左右旁木長十六尺闊一尺深一尺外角鐽圓相距二十一寸其端鑲鐵上釘鐵板顴木即附其旁令加闊便於釘福闌住地步 橫檔鑲於邊楔其端作半細腰式由楔木上凹鑲嵌下用兩長鐵銷穿貫橫檔上下令兩邊楔牽住其中間橫檔用一鐵銷前橫檔用一鐵銷前橫檔後面又用一鐵銷 臺前阻礮木欄卽鑲兩邊楔間在前橫檔之上此橫木欄於橫檔同用鐵銷令兩邊楔牽住 邊楔鑽有鐵銷孔以爲福闌住鐵銷之用後孔之後釘有半圓柱形之木準令福闌住裝上更著力又令平臺得所欲五度之斜度 前福闌住用熟鐵後福闌住用生鐵各用單鐵銷釘住前銷長八寸後銷長十三寸半前福闌住裝滾輪軸之凹孔斜上軸裝入中孔即以小鐵板條關閉凹口此小鐵板條上用磨心釘下用螺釘如是滾輪可取出刷洗 滾輪以熟鐵爲之而一面有餘邊可銜於軌前輪囫圇錘成直徑四寸又八分寸之七後輪直徑十二寸 平臺之零件中間橫檔與後橫檔之間有四條拔吞如直檽木便人立其上左旁木內側有一鑹木配扣擱礮之繩旁木後端距十二寸處有鐵柱所以阻礮之退行每邊有兩鐵環繫繩邊楔後端有彎鐵板

中有洞可配轉運車穿帕爾之用並裝轉運車輪軸所用之鐵皮條　矮礮架用之平臺與礮臺洞用者相彷彿惟邊楔後端下有木塊正在半圓柱形木棒之下福闌住即裝其上用鐵銷由福闌住上貫木塊木塊有兩小鐵銷出頭插入後橫檔福闌住銷長二十五寸前福闌住銷長十三寸半前後滾輇皆十二寸徑此平臺兩旁皆有踏步左短右長　七寸徑來福後膛八十磅彈礮並六十四磅彈來福前膛礮之矮礮架平臺裝有磨心鐵板鐵板有四洞徑三寸配磨心洞分丙丁戊己如連珠鐵板即裝於平臺中心下一端裝於後木塊一端

裝於中段木塊磨心四洞視滾輇所銜彎軌道移動方向以合其遠近之用耳　礮臺洞平臺與矮礮架平臺彼此可以改用滾輇可換軌道照磨心洞地步移用如欲移用將福闌住螺套旋寬以滾輇配新換彎軌道試行合度然後旋緊螺套　七寸徑來福後膛礮六十四磅彈或八十磅彈來福前膛礮十寸徑八寸徑或六十八磅彈光膛礮配無輇礮架欲阻其退行用一康潑勒色著名夾礮牌之木條計大小有三種其長一尺五寸者為七寸徑礮用長二尺四寸又四分寸之一者為十寸徑八十磅彈並六十八磅彈礮用長一尺十寸者配其餘礮架

之用　康潑勒色有兩顴木西名欵克斯如六十四圖呷呷以哀爾姆木為之用長鐵銷如乙乙貫連之第一顴木銷緊第二顴木銷鬆銷端有螺套不致脫卸顴木合縫處有橢圓式之洞沿邊包鐵洞內裝有兩心輪式之鐵中有方孔為方磨心由下穿上出顴木之上有帽蓋如丙套於方磨心上又套以搖桿柄搖桿柄上露出磨心頂用螺套旋緊帽蓋上有兩長孔如丁丁套於顴木兩銷如甲甲俾帽蓋得以旋動兩顴木距縫漸與之加寬顴木每邊伸出兩鐵條擱於平臺其搖柄在右旁如礮架退行則搖柄為所拽而向後兩顴木即拓開以擠於

平臺邊楔礮架得磨擦力而行動艱澀即退行不能迅疾矣　欲礮架回至前原處但將搖柄拽向前則帽蓋長孔內鐵銷移回原處兩顴木距縫漸合平臺邊楔不復擠緊礮架得以移前矣　顴木外邊因磨擦寬損而欲令拓擠合度必將搖柄拽後過於常度惟與礮架後木塊相礙將搖柄改用曲柄即可儘量移矣如磨損過甚致乙乙鐵銷出露必將橢圓式洞之包鐵間嵌襯牛皮乃可用也

第三章　田雞礮座

陸路田雞礮座見下表

容積噸數	重數	礮座式
噸	擔	
一、二二	三二又四之三	十三寸徑用生鐵座
、五六	一七又四之二	十寸徑 又
、二九	八 又四之三	八寸徑 又
、一一	一	五寸半徑用木座
、〇四	四分擔之三	四寸又五分寸之二徑 又

配大田雞礮座以生鐵爲之兩轅板中有兩橫檔用鐵銷兩面牽住十三寸徑礮座用五鐵銷十寸徑礮座用四銷八寸徑礮座用三銷 十三寸徑十寸徑礮座有兩鐵銷端出兩旁爲撬桿抵住之用八寸徑礮座轅板有凸鐵爲撬桿用各礮座每轅端皆有牛角鐵配撬桿之用 鐵耳座蓋用熟鐵一端有鉸鏈一端有鐵搭用鐵銷貫住 各座有大木推置

前橫檔上可令礮昂至四十五度或昂至七十五度發礮座赴軍前始裝配先將礮耳後最高之鐵銷貫連然後將前銷貫住轅與橫檔鐵銷間之縫用鎔鉛彌之

小田雞礮座用養皮扣乎木或阿非利加之獲克木爲之木本囫圇雕空成座可裝礮尾並裝礮耳座蓋三角木推及繩柄 十三寸徑十寸徑光膛田雞礮座陸用者裝在八角式頂之平臺座與臺間襯墊像皮圈中心用鐵銷直貫至平臺

第四章 熟鐵有輪礮架或後推礮架

熟鐵有輪礮架有二等造法皆同可更換用之惟橫檔

則否

裝配此架之礮	脫勒克 前後軌道距度	脫勒克 後直徑	脫勒克 前直徑	礮耳軸心高度約數	兩轅距度	容積噸數	重數 磅	重數 廓脫	重數 擔	礮架式
	寸	寸	寸		寸	噸	磅	廓脫	擔	
※六十四磅彈來福前膛礮一號或來福後膛 八寸徑光膛礮重六十五擔或五十四擔	五四	一八	二〇	三九半	二六又四之一	一、二五	〇	一	一七	一等
四十磅彈來福後膛礮 三十二磅彈光膛重[illegible]十八擔或五十六擔	五四	一八	二〇	三九半	二二又四之一	一、二五	〇	一	一七	二等

※此又可[illegible]二號[illegible]相配不甚稱平

一等礮架裝一號礮者有兩鏤空轅板前後以軸貫連又有兩橫檔每轅板爲三條夾鐵而下釘於丁字式鐵條上端釘有丁字式鐵作半環形爲礮耳凹座 各軸以垢特鐵爲之垢特

用三塊鐵板條成工字式爲長樑擱條之用 軸臂接於兩端其裝軸法將轅脚丁字式鐵條彎作鉤形而丁字鐵條下釘以膝鐵便成圓孔以貫軸前軸裝令韋字作垂線形工字式鐵之中間鐵板西名韋字 後軸裝令韋字作臥形橫檔釘於轅之前一條又一橫檔釘於中間 滾輇即脫勒克以哀姆木爲之周圍箍以鐵圈其中軸洞包以熟鐵其轉末用鐵犛以管輇兩轅之後一條夾鐵有凸鐵一塊以爲撬桿着力處後軸韋字兩面用木條嵌滿並鏟成凹處配裝舉礮螺柱之螺座 後橫檔裝斯妥爾裴特即滾礮上礮耳座之板並有鐵鏈之銷用以貫連於架 後軸下釘有兩養皮扣乎

木塊如移去後滾輪即作後舉礮架用軸後裝一插撬桿之鐵耳當滾礮上礮耳座時用之　欲改小礮耳凹座並收小兩輳距度爲八寸徑光膛礮用者用小礮耳座鐵板外旁有肩扣於舊凹座鑄有八寸徑礮用字樣後軸上鑄配裝礮式各字樣並礮架下鑄製造年月及重數　舉礮螺柱有閘輪並撬柄有方形螺座平裝於後軸　斯公爾裴特以熟鐵爲之從前鐵銷中心起至後槽中間計長二尺八寸半　大小犨以饔皮扣予木爲之大犨與礮尾挨擦處包有熟鐵　礮架不用時將木輪移去裝以生鐵滾輪俾木輪不受風雨之損

二等一號與一等異者兩輳距數較近四寸橫檔亦較短軸則一二等可通用惟配輳之軸銷孔又移近耳二等所裝礮有異是以礮耳座裝法不同如裝四十磅彈來福前膛礮者礮架另有礮耳凹座鐵板猶之一等礮架配八寸徑光膛礮之裝法也　裝三十二磅彈光膛礮重五十八擔者礮耳座鐵板無肩配三十二磅彈光膛礮重五十六擔者礮耳鐵板外又有礮耳之鐵領

第五章熟鐵無輪礮架以單層鐵板造

初時熟鐵無輪礮架即滑架著名爲單層鐵條造法嗣後用夾層鐵條　單層鐵條礮架有二式分第一第二其礮架類表如下

礮架類		重數 擔	重數 廓脫	容積噸數 噸	滾輪直徑 前	滾輪直徑 後
七寸徑來福前膛礮	礮臺洞用	二七	三	一、七二〇	一〇	六
	矮	二九	〇	一、七七〇	一〇	六
九寸徑來福前膛礮	礮臺洞用	三七	〇	二、二六〇	一二	八
	矮	三九	〇	二、八七五	一二	八
十二寸徑來福前膛礮	礮臺洞	五七	二	四、三八三	一二	八
又兼新式舉礮螺柱並孛勿 孛阻退擋之或像或壓櫃 勿礮行止具川皮用水		六〇	三	四、[illegible]一四	一二	八

第一式無輪礮架即滑架以單層鐵板所成之輳用兩孛勞克前後各一個孛勞克猶言塊也　橫檔一條孛勞克以角鐵爲架上釘以鐵板如以木爲之者木條實心可稱木塊　此式配礮臺洞或矮礮架七寸徑或九寸徑來福前膛礮用此架用美國之康潑勒

色鉗夾礮牌之木條　與第二式之單層鐵板輳用愛爾斯威康潑勒色有異者以美國康潑勒色用五大木條其中間一條釘住放礮之前將各壓力均擠緊於中間木條愛爾斯威式平臺上有鐵條其螺軸外端有搖柄美國螺軸外端用手輪其鐵鉗板及他件均有異　舉礮之彎齒條舊式礮架內裝定於礮尾銜於礮架齒輪欲升舉礮則用手輪轉齒輪軸而行動也　嗣因礮架不甚堅實而輳板內側釘有膝鐵用鐵條四角拉緊此礮架用閘輪之舉礮螺柱今各營已廢不用　第二式單鐵條礮架與第一式異者兩輳板不用孛勞克連之而釘鐵

板於轅底以相牽連、　轅用角鐵、下有丁字式鐵條、外釘以鐵板、然後釘於底板上、欲令架堅定、中間用一橫檔、並四角有拉緊鐵條、此與雙層轅板礮架相似、又其相同者、底板用角鐵橫檔、其下且用戤牌、　十二寸徑礮之礮架、與更小諸礮架異者、以轅板後段無拉緊之膝鐵、惟加一橫檔、　第二式單層轅板礮架之舉礮螺柱、用有閘輪、其所用康潑勒色、著名爲愛爾斯威式、嗣如送廠修理、則必除去康潑勒色、以壓水櫃字勿代之、康潑勒色與美國所造意見相同、而用法有異、當未開礮之前、康潑勒色一邊、先爲裝緊、開放時、祗於一邊

礮乘新法　卷二　十六

用力擠之、如第六十五圖、用熟鐵板條六條、西名戤牌如地地地、兩端裝於平臺前後端橫鐵銷上、可以左右移動、圖內未未未、爲七條熟鐵箝板、西名潑留脫在礮架鐵底板中空處懸下、箝板前肩擱於橫檔角鐵、後肩擱於橫鐵條、用兩橫銷貫住、箝板不令參差上下、而左右仍可寬可緊、箝板與地地之戤牌鐵條相擠、用弓形鐵鉗如己、其用法、將人人旋柄、轉丙丙螺軸、軸之螺線距度不同、在右邊名曰康潑勒色卸夫脫、即旋令擠緊之軸較左邊旋轉更快、左邊名曰阿嚼斯聽卸夫脫、即先爲裝緊之軸　旋柄處有鐵彎條、襯於轅旁、以爲著力處、不令轅板磨損、左旋

柄轉至如度、即扣住於彎鐵條凸處、右旋柄以鋼爲之、其擠緊後、彎鐵條上、亦有凸鐵扣住、將右旋柄撳下、過凸鐵、則所有箝板戤牌、均爲擠向左邊、寬緊悉照所需之度、又有自行擠法、將旋柄下端加長、即以軸作磨心、用當礮退行時、柄之下端爲平臺邊鐵指所攙、即將旋柄上端轉下、無異手爲轉旋、轅旁又釘有凹凸力墊塊、爲旋柄翻轉打下之襯托物、　六十四磅彈來福前膛六十四擔重礮之礮架、屬新疆用者、礮昂可放過五尺六寸高之土牆、俯可五度、礮架用兩轅板、厚照常式四分寸之三、有底板、並兩橫檔、轅板即立於底板、其外脚

礮乘新法　卷二　十七

用角鐵鑲釘、礮耳凹座、鑲用角鐵、令堅、底板左右、釘有角鐵條、令銜於平臺邊、不致左右越轍、　轅板後段、餘於底板、俾裝滾輇、前底板、亦有缺處、　轅板前脚、釘有裝軸厚鐵板、爲福闌住、其後輇用活動輇軸、西名阿克卸克生夫脫此軸即裝於轅板下、福闌住彼處、轅板特鏟有缺處、釘福闌住、欲移去福闌住與輇軸、均可、礮退行時、欲阻滾輇、亦有其具、　昂礮螺柱之輪軸機器、裝於右旁、用手輪、輪上轅內、有牝齒輪、銜於大齒輪、此大齒輪之軸、又有牝齒輪、銜於礮尾之彎形齒條、此齒條可昂礮至十五度、俯可五度、轅板有圓洞、洞內有指針、凡轉手輪

之人可於此看礮之昂度、手輪之軸在轅板外裝有短柄以鐵圈套於軸鐵圈向轅一面起螺線旋於轅上鐵板之螺槽此鐵圈與手輪間有墊圈間隔如轉到如度欲將輪軸閘住即用短柄扣於鐵圈礮架底板前端下釘有鐵架裝水櫃韝韛抽桿此底板以膝鐵牽住鐵檔有鉤以鉤阻礮纜更有鐵環雞骨孔配各繩索之用並有皮插裝通火門之銅針、此礮架重二十七擔容積噸數爲二・七六六轅下邊起至礮耳座中心高四十二寸前輊直徑八寸後輊六寸

第六章 配單層轅板礮架之熟鐵平臺

此平臺分二種、一礮臺洞（西名開斯枚脫）一矮礮架其礮臺洞一種配甲磨心矮礮架一種配甲磨心或丙磨心、七寸徑或九寸徑礮之礮架平臺皆一式今查得九寸徑礮用者似覺單弱其平臺如下表

平臺式	平臺斜度	礮在平臺前段礮耳軸心高數		滚輊直徑 後	滚輊直徑 前	長	邊旁距度		容積噸數	重數	
	度	寸	尺	寸	寸	尺	寸	尺	噸	廓脫	擔
七寸徑來福前膛礮臺洞用	五	一	四	一〇半	六	一五	一〇半	二	三、九七五	二	五五
又矮礮架	五	八半	五	一五半	一〇半	一五	一〇半	二	三、四七五	二	六九
九寸徑來福前膛礮臺洞用	五	一半	四	一〇半	六	一五	一〇半	二	三、九七五	三	五七
又矮礮架	五	九	五	一五半	一〇半	一五	一〇半	二	三、四七五	〇	七四
十二寸徑來福前膛礮臺洞用	五	一一半	四	一〇半	七半	一五	六半	四	五、〇〇〇	一	八〇
又兼用李勿並移動器具	五	一一半	四	一〇半	七半	一五	六半	四	六、〇二七	〇	一〇二

以上平臺造法與下雙層鐵板礮架之平臺同其不同處在滚輊直徑略短而平臺脚略高以符所需之高度配一等單層轅板礮架之平臺爲七寸徑九寸徑礮用裝美國式康潑勒色即平臺中間下面有直長一賽皮扣乎木條兩傍叉附兩木其端用鐵銷穿貫其附木活動可移（即戥牌）配二等單層轅板礮架之平臺裝愛爾斯威式康潑勒色即用戥牌其端以鐵銷貫住置平臺下與美國式同惟中間一木條亦可動移欲令戥牌木條不相挨緊木條夾縫內之鐵銷上有鐵圈相間鐵銷兩端在平臺架上前銷釘於橫檔之膝鐵上後銷釘於架

之彎鐵板、欲令康潑勒色自行手輪軸上用一鋼機捩軸在轅右礮退行鋼機捩爲平臺邊所抵阻則軸轉而擠緊戥牌矣轅旁置有凹凸力墊塊以備手輪柄撳翻打下、初發出時帶有轉運輪軸嗣如單層礮架平臺回廠修理必改用壓水櫃字勿及他件照新式施用

六十四磅彈來福前膛六十四擔重礮之平臺爲新疆防守用平臺兩邊楔以垢特鐵爲之前端彎下裝法一如七寸徑礮平臺惟無前橫檔頂板其前底板釘於垢特鐵下脚、滚輊軸架以鑄鋼爲之釘於垢特下福閘住（工字式鐵上下兩板亦名福閘住）每對滚輊之軸架上有平鐵板

如欖面兩軸架中間又用一竪立鐵板如橫檔滾軲裝於鑄鋼福蘭住鐵脚與木平臺裝法同 轉旋機器之軸穿過滾軲鐵架用螺套旋於鐵架平頂板每福蘭住下面有小鐵柱配鐵架平頂板四洞或前或後不拘一洞裝之視平臺中段磨心所裝四洞或前或後而福蘭住之小鐵柱亦隨前隨後裝之平臺中段磨心板裝於數條角鐵上此角鐵前端裝於前軲鐵架後端釘於滾軲頂平板上此磨心板鑽有丙丁戊己四洞以配磨心後橫檔上裝有繞繩之軸 壓水櫃孛勿前後裝法釘於平臺下兩楔間之鐵板孛勿之前後端有墊物與三十八噸重礮平臺

孛勿同其滴水孔機捩在水櫃前橫鐵板之後鐵板懸一盆以受水孛勿前襯圈下亦有受水盆水櫃內徑六寸可受五尺六寸回力分度轆轤有四孔孔徑十分寸之八預備水由此孔後洩不致水櫃為壓力漲破或用油五軋倫亦可

平臺重數五十八擔

容積噸數四·○七七噸

平臺通長十三尺

平臺斜度四度

滾軲直徑前十二寸後十八寸

從軌道至礮耳座軸心高六尺六寸

第七章雙層轅板熟鐵斯來定礮架

雙層轅板礮架陸路有二種一為官廠造一名甲必頓施廓德式阿姆斯脫郎廠造九寸徑礮架號為愛爾斯威式 有數處礮臺用號為小礮洞礮架即上二種改樣者 雙層轅板礮架無礮臺洞矮礮架之分以兩處皆可通用 官廠礮架式樣均同惟高下裝飾有異其初造礮架為七寸徑九寸徑十二寸徑礮用之舉礮螺柱皆有閘輪今但七寸徑礮有之其更大之礮今改裝活姆輪 前發用之雙層鐵板架為愛爾斯威式者

送廠修理均裁去康潑勒色而用壓水櫃孛勿衹將礮架底板方洞補滿以裝配之 夾層轅板水易滲入所以轅板前後有孔漏水斯來定礮架如下表

礮架式	轅板：兩轅距度（寸）	轅板：至礮耳座心軸高度（寸）	滾輇直徑：後（寸）	滾輇直徑：前（寸）	容積噸數（噸）	重數：廓脫	重數：擔
七寸徑來福前膛七噸重礮架　用康潑勒色✱	三五丶六二五	三一丶一二五	六	一〇	一丶七〇〇	三	三〇
又　用孛勿	三五丶六二五	三一丶一二五	六	一〇	一丶九七五	三	二七
九寸徑來福前膛十二噸重礮架　用康潑勒色✱	四二丶一八七五	三一丶五〇〇	八	一二	二丶六〇〇	二	四四
又　用孛勿擧礮螺柱	四二丶一八七五	三一丶五〇〇	八	一二	三丶〇五〇	〇	四〇
又　用孛勿新式擧礮螺柱	四二丶一八七五	三一丶五〇〇	八	一二	三丶一一四	一	四二
又　愛爾斯威礮用康潑勒色	四二丶一八七五	三一丶五〇〇	八	一〇			
又　愛爾斯威礮用孛勿	四二丶一八七五	三一丶五〇〇	八	一〇	二丶八一七	三	三五
十寸徑來福前膛十八噸重礮　用孛勿一號高	四七丶七〇〇〇	三三丶五	八	一二	三丶七四七	一	五一
又　用孛勿二號低	四九丶五〇〇	二三丶〇	八	一三	四丶六三九	〇	六七
又　小礮洞	四七丶〇〇〇〇	四四丶八七五 三二丶八七五	八	一二	四丶九九五	〇	一二〇
十一寸或十二寸徑來福前膛二十五噸重礮　用康潑勒色舊螺柱	五七丶二五〇〇	四一丶〇	八	一二	四丶六七五	二	六八
又　用孛勿舊擧礮螺柱	五七丶二五〇〇	四一丶〇	八	一二	五丶二二五	〇	六四
又　用孛勿新式擧礮螺柱	五七丶二五〇〇	四一丶〇	八	一二	五丶二二五	〇	六七
十二寸徑來福前膛三十五噸重礮　用孛勿	六〇丶七五〇〇	三六丶七五	一二	一三	七丶七二三	〇	一一三
十二寸又十分寸之五徑來福前膛三十八噸重礮　用孛勿	六〇丶七五〇〇	三六丶七五	一二	一三	七丶七二三	三	一一三
又　小洞礮	六〇丶七五〇〇	四八丶〇 三二丶〇	一〇	一二	九丶五六六	〇	一九八
十寸徑來福前膛威嗶貴六噸重礮試驗用	三四丶五六二〇	三二丶〇	六	一〇	三丶四七八	三	六三

✱愛爾新威廠造

礮架底裝於平臺礮架底有限軌以角鐵為之、兩角鐵外邊相距數、較平臺兩福閘住距度寬有三十分寸之一、各礮架、均准此、七寸徑來福前膛七噸重礮架一號、用兩轅板、如第六十六圖呷呷、有一底板如兩、橫檔如叱、並兩斯兜鐵即滕如叮叮、各轅板呷、以夾層鐵板為之、內有鐵框、如甲、兩邊釘以鐵板、如乙乙、此鐵框以三寸半闊鐵條為之、兩旁鑤光、俾釘鐵板、在礮耳處轅中

間豎有鐵條、適在橫檔處、兩旁鐵板、厚八分寸之三、以鐵銷貫連於框、均抹以普爾稲漆、此鐵板前後下腳搥以裝福閘住轅板、上下邊鑤光、礮架裝於平臺時、下邊斜有四度、而上平、如是前後垂線皆直、　底板兩、厚八分寸之七、兩邊有戧特鐵條、即角鐵如辛、釘於底板下兩旁、適銜於平臺之間、俾前後進退、不越轍、戧特後端彎成直角式、所以阻止礮架不令滑下、如裝愛爾斯威之康潑勒色、將底板中間長方洞後、襯釘角鐵、以作橫檔、底板面俱鑤平、俾轅板豎立其上、　叱橫檔以八分寸之五厚鐵板為之、兩旁及下邊、俱釘於轅及底板、架如圖癸、亦用角鐵、橫檔板上邊、作彎形、以便置礮、　滕鐵叮叮、以舊鐵錘成、左右兩轅後段皆有之、令轅與底板釘更堅固、每滕鐵於底板則用銷、於轅板則用釘、轅板豎立於底板、用螺釘旋住、釘上端嵌下、與板面平、叱橫檔板、亦豎立於底板、釘連於底板及轅板、前段橫檔板與底板間、嵌有凹字形鐵、俾橫檔板騎其上、不為移動、底板下與平臺邊相銜處、俱鑤令平、底板下所釘戧特鐵條、亦鑤平、俾礮架在平臺進退、光滑無滯、　礮架有四輇、其前輇鐵轂徑二寸、裝於懸鐵板凹孔內、此懸鐵板以兩螺釘銷於轅板、如第六十七圖之戊、如將甲

螺釘取出、懸鐵板即可旋上、如圖虛線、便可將輇軸取出、修刷軸由凹口裝入、以白鉛包鐵銷貫住後輇之軸丁丁及轂、如兩心輪式軸一面與轂面平、如第六十八圖之丙、轂徑三寸又・二五八、其裝於轅、用戊懸鐵板、易於移取、但將甲螺釘旋出可也、見六十七圖甲 丙轂裝於鐵檔、如子、左右同行、無所偏倚、子鐵檔有兩洞、配撬桿、如欲滾輇不行、祇撬令子橫檔旋轉、則滾輇之軸提高、不復著於平臺、而不行矣、軸之內端六角式、若子鐵檔或斷折、即用撬桿代之、以撬桿兩端有六角凹窠、以配軸端也、礮退行時、不令輇滾行、可將轅內側鐵銷以阻止

之、當礮架置平臺不動時、前輇懸空・〇五寸、即一百分寸之五 後輇懸空・一寸、即十分寸之一 新近所製礮架、用一統軸、凡大礮架皆然 每轅有舉礮螺柱、左右同時轉旋、有各要件如下、一熟鐵舉礮彎形齒條、一牝窩輪、見六十六圖卯 牝窩輪最大直徑為七寸又・九一、裝於磨心、皆用熟鐵為之、一磨擦之無齒壓輇、如圖寅、此壓輇裝於鐵軸、軸端有鐵套圈、貫以鋼針、一喀撒斯登式牝窩軸端如辰、以熟鐵為之、一轉牝窩輪軸端之開柄、如已、柄亦用熟鐵、彎齒條用磨心裝礮尾上、齒條之下端裝於轅板內側之牝窩輪卯、壓輇寅之間、其齒在後邊、銜於牝

窩之齒前邊有槽、以扣壓輇、如是不獨壓令彎齒條銜住牝窩輪、且又令齒條不致由轅旁脫出也、壓輇之軸、與牝窩之軸、直貫夾層轅板、壓輇裝法、用熟鐵套圈、以鋼針貫住、牝窩軸裝法、轅板之軸孔、有鐵襯管、而以軸貫之、軸外端裝有喀撒斯登式軸頭、並有開柄喀撒斯登式軸頭內、有襯圈以相間隔、軸頭周圍有洞、以為撬柄插入轉旋之用、即以此柄轉其軸、牝窩軸端出轅板外一段有槽數條、而喀撒斯登式之軸頭內有凸線數條、彼此相銜、如是撬柄一轉、即軸頭轉、牝窩輪亦轉、彎齒條隨其轉而升降也、開柄中段有螺槽、旋於軸上、在

喀撒斯登外端、旋緊時、則喀撒斯登喫緊、而轅內牝窩輪擠住矣、軸上螺線在右轅者、向左旋、在左轅者、向右旋、欲令開柄擠緊、須將柄向後而轉、 喀撒斯登式軸頭、彼此皆可通用、惟牝窩與軸則不能調換、彎齒條亦然、各礮所屬彎齒條與牝窩、皆有號碼、彎齒條上端有上字為認記、 礮耳座之轅板夾縫上、襯有墊鐵、如六十六圖庚、用螺釘旋定於轅、而釘頂旋平、礮耳座之瓦形蓋、有鐵銷旋住、銷有鏈連於轅旁左右、礮耳座蓋可調用、亦有鐫明所屬之礮號碼、常式各轅板前段洞有鐵襯圈、如六十六圖地、此洞穿繩索連礮帶孔 每轅前後裝有雜

骨孔穿繩底板有小鐵柱以扣繩前横檔釘有哀爾姆木鏁撞物（西名孛勿）左轅旁有皮插以插通火門鋼絲　礮架若裝壓水櫃孛勿只用鐵樞如第六十九圖吧以螺釘旋於底板前下鐵樞下端有橢圓洞裝挺桿如圖己底板並有兩鐵條（西名克立潑）用兩螺釘貫旋令礮架與平臺相連如圖亥此兩鐵條在戱潑留（即管礮架在平臺不左右越轍者）之前如是開礮時礮架不為跳高俾壓水櫃挺桿不為撓屈至孛勿詳細情形見後論平臺　礮架用愛爾斯威式之康潑勒色裝法如下　第七十圖辰辰為弓形鐵鉗之節骱已已為弓形鐵鉗　丁丁鐵架為管丙軸

之用即以釘辰節骱之釘連貫之　兩軸貫雙層鐵轅板處用鐵墊圈鐵襯管等件　各轅板外面釘有彎形鐵搖柄自此以覘分度　右轅外邊有凸鐵上置有凹凸力像皮墊墊面又附鐵片以繫撬柄　愛爾斯威式康潑勒色與單層轅板礮架康潑勒色同惟行弓形鐵鉗之軸祇於一邊著力而兩鐵鉗齊動如是轅板不喫力而專力於軸矣　康潑勒色零件如下　康潑勒色卸夫脫（即康潑勒色軸）如圖丙　軸領與襯管墊圈又實心鐵銷　左邊整備鐵鉗之軸如圖丙亦有軸領襯管墊圈鐵銷　右邊弓形鐵鉗如辰又磨心銷　左邊整備之

弓形鐵鉗如辰又銷　右邊撬桿如人以鋼為之　左邊搖柄如人亦有銷有鏈以鋼為之　右邊管鐵鉗上端之鐵螺圈如乙　左邊鐵螺圈如乙　康潑勒色潑留子（即夾擠鐵板）如未未未共七塊外兩塊較厚　管夾鐵板（即康潑勒色潑留子）之鐵條有兩螺釘並螺套　其軸（即康潑勒色卸夫脫）如丙穿貫車之右轅並右邊弓形鐵鉗之上端螺圈直至左邊弓形鐵鉗之上螺圈此丙軸在左右鐵鉗處有螺槽分順逆旋轉右順左逆左右之撬桿（即康潑勒色黎佛）如圖人扳動則軸即轉而鐵鉗上螺圈隨左右分離螺圈離愈遠則下脚擠愈緊將撬柄轉向上則螺圈移攏

而鐵鉗下脚即鬆張矣　欲整備左邊鐵鉗擠緊若干分度不令轉動右軸可將左邊螺圈凸稜由軸之凹槽卸出則左軸轉而右軸可無關也如轉左邊撬柄令左螺圈貫連右軸則右軸轉而左螺圈仍可隨同左右移左撬柄轉向上皆有分度越轉上則鐵鉗下脚越擠緊欲擠令寬緊合度可將右撬柄扳向下以擠緊鐵鉗下脚撬柄即扣住於車旁　左右撬柄及夾鐵板與愛爾斯威單層轅板之康潑勒色具同裝法亦同夾鐵板下端擱於横檔而上端另有扶助鐵條右鐵鉗下脚較闊於左乙螺圈較狹於左　車架末裝以前將轅之內側

面抹以普爾福特漆裝配齊全後將車底板上面並轅脚距二寸高許周抹紅鉛漆復抹以普爾福特黑漆其餘用普爾福特漆抹二次惟與物相遇之處如置礮耳等處則不漆兩轅板白鉛漆線與下滑架之白鉛漆線相對此即表明礮車行前所止處　左右轅有銅片鐫明礮重噸數及記號入册號碼製造年月　九寸徑來福前膛十二噸重礮之礮車一號前言與七寸徑礮車造法同轅板鐵厚半寸架厚四寸共計轅厚五寸底板厚八分寸之七前滚輇軸徑二寸其在末用康潑勒色以前其後滚輇兩心輪式之軸徑四寸與七寸徑礮車

裝法同轅後有凸鐵爲撬桿抵住之用自興康潑勒色後兩心輪式軸製成一統即名兩心軸軸徑二寸又八分寸之一軸端六角形裝鐵襯臼爲撬桿抵住之用軸上並有撬桿所抵之洞軸中間有鐵樞釘於車底板下爲拉礮車繩用之雙轆轤所銜處鐵樞作兩塊有鐵銷連貫是以軸可隨意裝卸　轅外旁有凸鐵以備礮車退後時兩心軸之襯臼即擱住於此滚輇即可不行如欲拉令車後行凸鐵與襯臼閘銷扣住即釋放滚輇而輇仍行矣　軸上襯臼六角式以配軸端又有閘以鐵銷定之襯臼今作彎垂形以取其簧力　拉礮後行之

轆轤壳以鐵爲之其端有丁字式鐵梗裝嵌於兩心軸鐵樞槽間第轉四分圜周之一即銜住不脫轆轤內之輇以銅爲之所用之繩周三寸轆轤中心用磨心鐵銷以針定之銷端即爲扯繩繫根處　有多尊九寸徑礮架之舉礮具與七寸徑礮同除舉礮齒條及牝窩輪外其餘各件與七寸徑礮零件可調用七寸徑礮車有活姆輪舉礮具兩轅旁皆有之舉礮時祇用一邊舉具其零件如下　熟鐵彎形齒條如第七十一圖甲磨擦之無齒壓輇如圖丙有軸有套有鋼銷其銜齒條之牝窩輪如乙直徑七寸•九一軸用熟鐵有鐵領有鐵套有

鋼銷又附一牝窩輪在中間如丁直徑六寸•九軸用熟鐵亦有套及銷熟鐵活姆輪如己直徑九寸軸銜有牝窩輪如戊直徑四寸•三有兩鐵領以相間隔有鐵套鋼銷有六角螺套在活姆軸如庚之外軸用熟鐵長二十二寸又四分寸之三直徑二寸有手輪如子亦有鐵領及套各軸照常法裝於礮轅旁鐵座其彎齒條銜於轅內側壓輇及乙牝窩間又接銜丁牝窩此丁牝窩有活姆輪軸上之戊牝窩輪銜之迨活姆輪一轉即彎齒條爲所升降此活姆輪貫於活姆軸軸有辛壬兩座有鉸鏈蓋管住此座及蓋用螺釘旋定於轅旁鐵塊轅

尾有鐵顴骨有大鐵軸座及蓋如辰蓋以鉸鏈法合之以鋼銷貫住如不用時祇將活姆軸退後令活姆軸齒不銜於活姆輪可也將大座鉸鏈蓋揭開軸可旋退視軸上管大座蓋兩邊凸稜均在座蓋之後仍將鉸鏈蓋銷住　壓輇並軸可以喀撒斯登式扎甯軸互換用之彎齒條與扎甯各種礮各分記號齒條上端鐫有上字扎甯輪與軸分左右亦鐫左右字樣別之輪軸所旋方向或昂或俯分左右旋法亦鐫明轅後活姆輪上扎甯較十寸徑礮車扎甯徑更小因舊式九寸徑礮後段尤重扎甯徑小則齒少升舉較有力也　礮架如裝壓水

櫃禦撞物西名孛刎與七寸徑礮同鈎住礮架底板令與平臺相連之鐵條見六十九圖亥較七寸徑礮架之鐵條更長其鐵樞見六十九圖吧與七寸徑礮所用者可通用如欲裝愛爾斯威之康潑勒色其零件與七寸徑礮所用者相同惟其軸則不能移易　九寸徑來福前膛十二噸重礮車愛爾斯威式與英國家官廠車式同其轅尾之懸鐵板見六十七圖戌其板下角斜削更多礮車底釘有兩橫檔礮耳座之鐵墊不以螺釘貫於轅旁礮耳座爲一鐵圈不用座蓋後輇之軸形曲即兩心軸見六十八圖連接中軸中軸上有襯臼爲撬桿抵住之用礮車底板後有兩禦撞物凸出若用

愛爾斯威之康潑勒色其零件與官廠不同不能互換以其黎佛即搖桿置左旁而整備者反在右旁嗣後遇廠修理當改從新式　十寸徑來福前膛十八噸重礮之車架一號與九寸徑礮架同惟轅板後段不用膝鐵橫檔見六十六圖吅而加一常式橫檔式見六十六圖叱每轅夾層內之鐵架均鑲有鐵條爲橫檔兩端所牢釘之處其鐵條闊四寸轅板厚八分寸之五統計轅厚五寸又八分寸之二即五寸又四分寸之一車底板厚八分寸之七前橫檔下邊不鑲角鐵車底板亦無橫鑲角鐵條　後輇用兩心軸如九寸徑礮車式軸徑二寸半轂徑四寸配裝鐵包頭撬

桿之襯臼並拖礮後行所用繩之轆轤與九寸徑礮件可調用惟鐵樞不同不能互換鐵樞有方頭鐵銷貫住前輇之轂徑二寸　升舉礮具用活姆軸法舊時造不多之礮架所有升舉礮具均裝轅外嗣皆改裝轅內如第七十二圖各件與九寸徑礮同惟中間少一丁扎甯輪其件一爲彎形齒條一爲壓輇及軸套於鐵銷一爲甲扎甯輪徑七寸·九一有軸並領與套及鐵銷一爲活姆輪如乙徑九寸活姆軸上扎甯齒輪徑七寸·九一有軸有相間之鐵領有套更有外端之六角螺套並鐵銷活姆軸如己與手輪及鐵領並鐵套其裝在轅內

側者壓輇活姆輪及手輪與九寸徑礮件可互易用之彎齒條及齒條牝甯活姆軸活姆輪記號皆同其第二副之裝轅外者無附牝甯輪除壓輇外餘俱不能與前具調用活姆軸徑一寸、五若第一副活姆軸徑二寸第二副軸之軸座蓋（如七十一圖辰）裝於兩小軸座之間活姆軸長二十五寸又十六分寸之五 彎齒條背用鐵軌條以銜之軌條釘於轅側齒條爲鐵軌所管彼用壓輇祇一點著力而齒條頂扣於礮之鐵銷當升舉時鐵銷正在壓輇牝甯間之中線擠軋倍緊即升舉不靈今用彎形軌條以銜嵌齒條之背自較爲得力活姆輪心用

磨擦套輪法一如攻堅礮車式活姆軸復加長令手輪與車間更形寬展 前論十寸徑礮架不用愛爾斯威之康潑勒色其字勿零件與九寸徑礮車同鐵樞並同惟鉤礮架底板與平臺相連之鐵條則加長 十寸徑來福前膛十八噸重礮車架二號照甲必頓施廓德法造其轅矮而車底落下於滑架之間如第七十三圖之車底虛線礮尾垂下分度亦可多礮口昂度仍高倘轅板徒低而底不落下則昂度必不足也 礮車兩旁有長而矮之轅板前後皆有橫檔轅爲雙層造法中間框架用生鐵此框架闊四寸鐵板厚四分寸之三共計轅

厚五寸半橫檔夾層用兩鐵板條其端鑲以角鐵成槽式 轅即鑲於槽式橫檔端之角鐵橫檔較深於轅落下於無輇礮架間令車不得左右移車底板即釘於橫檔下邊其底甚低可讓礮尾垂下 後輇爲轅所遮即前輇亦然而略露可令撬桿抵之 前輇徑較一號車大一寸轂徑二寸半後輇徑與一號同用兩心軸以懸鐵板裝住其拖礮後行所需繩之轆轤釘於後橫檔不用可移去 升舉礮具與一號礮車同彎齒條不能互易齒條另有一排洞眼配礮尾磨心銷各位置軸有長短徑二寸各軸均有軸座并蓋兩牝甯輪徑均五寸、

八七 鐵軌條用代壓輇其活姆輪亦用凹凸雙套輪如一號式 此礮車架用壓水櫃字勿其裝撬桿之鐵樞釘於車前橫檔下其鉤住滑架之鐵條（見六十九圖亥）釘於前橫檔前 十一寸或十二寸徑來福前膛二十五噸重礮之車架一號此與十寸徑礮車一號同惟中間車底用一角鐵橫檔如第七十四圖轅板厚數亦與十寸徑礮車一號同前後輇與前輇轂徑亦然其車底板厚一寸初次所造十二寸徑礮車內後輇兩心軸轂與七寸徑礮車同又用鐵橫檔連之升舉礮具用啗撇斯登式軸端除齒條牝甯輪外其餘各件與較小礮車可調

用車有愛爾斯威之康潑勒色其夾鐵板有九條除軸外餘與七寸徑九寸徑礮車康潑勒色零件可互調用之　近時製造此號礮車後輇用兩心軸徑輇二寸半有鐵樞配裝三輇轆轤爲拖礮後行之繩用升舉礮具活姆輪與九寸徑車同即中間用附牝簷輪者附牝簷與活姆輪徑皆五寸・九活姆軸徑二寸長四十五寸又八分寸之三各件與九寸徑車不能互換惟與十寸徑礮車可調用然衡齒條之牝簷輪亦不能互換　壓輇不用而用鐵軌條代之活姆輪內裝磨擦凹凸籅套輪與十寸徑礮車同活姆輪放大欲加其力活姆軸加

長如十寸徑一號車壓水櫃字勿裝法零件亦相同

十二寸徑來福前膛三十五噸重礮之車架一號與後三十八噸重礮車架同礮耳座裝件製造時祇配三十五噸重礮用　十二寸・五徑來福前膛三十八噸重礮之車架一號亦用雙層轅板照施廓德法用矮轅其轅間框架用生鐵而車底落下於無輇礮架之間　轅用三橫檔另有三角形膝鐵鑲定於轅脚及車底板上橫檔膝鐵較深於轅以爲落下無輇礮架間之車底（西書譯言井也）橫檔落無輇礮架下兩旁釘板而檔之下邊乃釘底板即成井形底板後邊非直接後橫檔（尚留空處）底板之

後端另用角鐵條鑲之　後輇兩心軸用水櫃舉具行之此舉具（西名嚼克）裝於車之左旁其水櫃上有鐵柄裝於轅上之樞（此樞以礮料爲之）　水櫃之面藍姆即爲水力所升降之挺柱其端用鐵銷裝於兩心軸之鐵骱楞柄之軸又穿過水櫃而楞柄裝於轅外此舉具與海特拉兵船礮塔所用十寸徑礮車同（說見下款一百二十二圖）抽水箭行法亦同惟其洩水降礮之機捩在內而外以小撬柄動之抽水箭法如第七十五圖潑命稠中空成管有洞通外如圖乙此小洞與鞲鞴上面丙處相通此丙處爲長方空處有一路經潑命稠中空之管而至水櫃此管下口有甲

扇門即在長方空處有簧挺住扇門上有長柄直上穿潑命稠中洞透出水櫃銜於楞柄槽內楞柄即行動潑命稠之挺桿令挺桿下上以激水者尋常楞柄行動不銜扇門柄若將楞柄撳下則楞柄槽可銜扇門柄端壓令扇門下啟扇門一開令而藍姆處回水經由戊丁水管進鞲鞴上面長方丙處入小洞由潑命稠中管直上通至水櫃　欲令挺桿下降不欲勉強令潑命稠降甚非再設一法不能　法必用雙行扇門如圖庚（雙行者開其上即閉其下開其下即閉其上）爲圓柱形兩端尖似錐以礮料爲之（礮料即紅銅九十分白鉛或錫十分甚爲雜質堅緻）在甲扇門長方空處之下可自

上下行以塞上下洞、下洞與鞲鞴下面辛處相通、即鞲鞴中通一孔又上與潑命稠窒管相通、水由子丑管通至潑命稠管、常法潑命稠下降時、庚扇門即聳上、子管洞口即閉塞、水不能上、若將潑命稠上升、庚扇門即落下、而下洞爲閉塞、子丑管內之水、不能至辛處、設用小撬柄略一撳下、則庚扇門略提起、令鞲鞴下面辛處之水、過扇門而上丑管、由潑命稠窒管至水櫃、即潑命稠自下、水不喫重於而藍姆將枴柄撳下甲扇門柄、而礮自降矣、

欲由礮車除去舉具、祇將挺桿端之在兩心軸骱拆卸、則鐵柄一端自可脫出、　每礮車另備舉具一副、

礮尾舉礮具、用一鋼製彎形齒條、釘於礮右上邊、轅外用手輪活姆軸輪鋼扎𥨊等以行之、　轅有閘以定齒條、有二磨擦鐵墊、有螺軸旋柄法、將螺軸旋緊、令磨擦墊夾擠齒條、而以閘之齒條外旁鐫有黑白分度、每份有角度之十分數、其數已微而難認、祇用分釐線分作五份、此五份之一、即爲十分之二、雖細可辨、分線規之尖指處、即隨閘定之彎齒條有二〇度、當礮軸平臥時、〇度即與分線規兩尖端均在一直線內、上〇度爲昂度起處、下〇度爲俯度起處、　礮俯時較平臥時如六五・七與一之比、　礮進退用前水師大礮所用之

法、　此車扣於無輇礮架上之環行鐵鏈、車底板有垂下凸齒、所以扣鏈孔者、其法如下、　鐵板有凸齒、西名斯泊落扣脫見後一百十七圖之帳裝於車架井內橫軸、欲令凸齒扣於鐵鏈孔、則橫軸有兩心輪法、撬令凸齒插下鏈孔、以車左旁外之撬桿撬之、其鏈穿貫車架下之孛勞克、如轆轤壳見後一百十七圖此孛勞克托起鐵鏈、以套於橫軸鐵板凸齒、如是礮車隨鏈而行、　如欲令鐵板凸齒脫出鏈孔、將撬桿略放、任令橫軸重錘著力、軸即反旋、則凸齒即提空矣、即將撬桿扣住於轅旁、不令過於反旋也、　車底板有三條短鐵板、可與滑架之康潑勒色鐵板相擠、後橫檔有一踏步鐵板、不用時可摺起、　礮車有常式鈎滑架之鐵條、見六十九圖亥並有裝孛勿之鐵樞、　礮車配礮退行六尺、平臺與退行七尺之礮車不能互換、因退行七尺滑架之孛勿鐵樞裝令更前七寸、且其孛勿式樣亦不相同、　十寸徑來福前膛哮咸貴六噸重礮之車架造以試演、用雙層轅板滑行、礮架有淺井、　轅上段件數與常式異、轅框架以熟鐵爲之、闊四寸半、鐵板厚四分寸之三、其內層轅板直垂下、過於框架、爲井之邊板、下用角鐵鑲於底板前後橫檔、適鑲合成井、後橫檔較高、上邊無凹形、　哮咸貴礮耳擱於活動之礮耳鐵座、

用蓋以鐵銷旋住礮耳座置於有凹凸力之襯墊襯墊用一層像皮一層熟鐵裝於轅凹處夾層內立柱上其所以爲此者以礮之昂度甚高其回力直下欲滑架不過於著力也　後輇兩心軸爲兩接式欲輇行動祇將鐵包頭之撬桿撬起簧閘令輇著滑架而行　升舉礮具在礮左右有竪直齒條有鐵軌管之均在轅內側齒條上端有洞扣於礮尾凸頭有鐵圈套住此齒條用活姆法並附扎齒輪行之如九寸徑等礮車式礮可昂自十度至七十度禦撞物用水櫃字刃　小礮臺洞所用礮車　十寸徑來福前膛八噸重礮所用小礮臺洞礮

車架一號其名爲小礮臺洞用者以礮裝用此車可從低度礮洞燃放昂俯度較尋常更便　礮架可隨意改動礮耳位置高下如第七十六圖有礮耳高下位置爲昂俯之用可於圖諦審之礮口昂雖極高燃放時礮跳高而礮體已退後不致與礮臺洞上邊相撞　礮車用雙層轅板中間鐵框架以熟鐵爲之轅內有槽礮耳座由此裝卸轅內側鐵板鏟成槽而外轅板又加一層令更堅固礮耳座爲囫圇熟鐵塊無礮料襯層礮耳裝上用座蓋以兩螺釘貫連　轅板裝於車底板照常法以三橫檔連之車底板有洞裝壓水櫃托於礮耳箍下以

升舉礮位其底板洞兩旁附益鐵板條並用可移動鐵板四條及鈎住底板之二鐵條　壓水櫃式如第七十七圖甲爲水箭乙爲空心挺柱西名藍姆而均以熟鐵爲之丙爲水櫃以生鐵爲之櫃內有丁抽水箭以礮料爲之挺柱頂上有仰瓦形鐵托如戊由是抽水入箭可將礮位升舉　抽水箭用法已爲抽水箭之瀚命稠瀚命稠用庚圓樞樞有凹處正銜於瀚命稠中段之凹處凸樞之圓面鏟有六角形以辛橫軸裝上辛軸在轅之左右旁皆伸出其端有橫擋柄當圓樞撬起瀚命稠升時所有含蜜剔留脫酒之水從壬扇門噏入即掀起韝鞴韝

鞴以上所有水之水力擠閉寅扇門水即由子丑管擠至而藍姆挺柱空心箭內復將圓樞撬下瀚命稠則韝鞴以下之水將壬扇門擠緊而開寅扇門水亦通入丑管至而藍姆又其餘水由子管倒灌至韝鞴上以是圓樞撬令瀚命稠上下行而其水之起伏皆能注入而藍姆送上空心挺柱則礮爲所舉矣此之謂雙行唧克欲令瀚命稠上下行激水均勻則韝鞴底容積較韝鞴上容積加倍庶使韝鞴降時水分子丑兩管而行也　抽水箭內有能令礮降下法其法瀚命稠中心有空軌道與丙水櫃相通此軌道在韝鞴之上軌道兩旁上下有

小横孔此兩横孔當潑侖稠升降時不下過於皮墊皮墊在抽水筩上口與鐵罩之間此鐵罩所以管整潑侖稠有螺槽旋合於抽水筩上口若將圓樞凸處撬令潑侖稠下横孔下過於皮墊則抽水筩之水即進注於潑侖稠下横孔從軌道上行通至水櫃因鞲鞴上面有子管與而藍姆窒心挺柱相通令而藍姆挺柱之水還至潑侖稠而出則礮即降下矣如潑侖稠之上横孔再降至皮墊下則水放去愈多而藍姆挺柱降愈速而礮亦速降矣以是法行之礮降遲速可隨意行也　車左旁有一鉸鏈阻物即所以阻礮舉時撬桿至彼爲限不致

過高如礮降不用阻物可將鉸鏈摺合　壓水櫃舉礮機器添用舉物螺具俾燃放時礮體不著力於挺柱而著力於左右螺柱此爲䨻螺柱上托礮耳鐵座塊下端在轅之夾層內穿過螺套旋螺套以令升降至升降合度有閘定之螺套下有錐形輪齒與牝窩輪相銜牝窩裝於短横軸此牝窩又連有錐形輪齒與另一牝窩相銜此牝窩裝於長軸前端以上各輪均在轅之夾層內長軸後端亦有錐形齒輪銜一小牝窩此牝窩軸與長軸正交牝窩軸有曲楞可旋動之　長軸行動時螺柱即隨之升降可無俟壓水櫃而轉旋螺柱亦可升降礮

位顧長軸後端錐形輪所銜一牝窩力猶不足當再添益兩牝窩輪於其前則爲力較易　各礮在極低位置時礮軸線距平地祇四尺七寸半高可昂二度至九度礮若在最高位置礮軸線距平地有五尺七寸半高可昂二度俯亦可四度礮左轅裝有分度指針在礮耳座鐵墊塊能指明礮位高下時之昂俯度　昂礮具與十寸徑礮一號車同惟其具裝於轅外活姆輪有磨擦套輪礮尾用直齒條以鐵鏈箍扣住不用彎齒條較更便也　車有常式滾輇並小零件左右有鐵樞可配兩旁水櫃字勿　十二寸半徑來福前膛三十八噸重礮車

配礮臺洞用一號此車與上大略相同車底板極低是以能令礮昂至甚高之度轅腳襯有礮料板以免轅與無輇礮架面有黏滯之弊　舉礮之法另用水櫃兩副其挺柱上托礮耳之凸處水櫃在挺柱水筩下置礮車外旁鐵架上水筩用有鉸鏈之鐵條並鐵銷扣住　水櫃之抽水筩與色爾吞船之十寸徑礮架後輇軸所用雙行嚼克同　欲令礮降下必令挺柱處水放出而後可挺柱水筩底有開向上之扇門扇門背之長柄直上通出水櫃　欲礮落下將楞柄撳下過常限則行鞲鞴楞柄偏出凸塊轉上將而藍姆扇門聳高水即回至水

櫃、 礮高舉時恐誤啟扇門將轅邊活動鐵圈扣住撬
桿、不令而藍姆扇門向上開也、 轅外層鐵板有槽略
露礮耳之凸頭、西名斯脱子 槽邊有分度條、指明礮舉高分
度、又一邊鐫分度、指明礮所得之昂俯度、凸頭上有指
針、即指分度高下、 此礮車用舉礮螺柱、如十寸徑礮架 隨水
櫃嚙克而升、燃放時礮喫重於螺柱、顧用此螺柱、並不
賴以舉礮所以長軸後端、祗有一小橫軸、長軸前端有
雙螺線活姆螺線、銜於螺柱之螺套、此螺套亦有相配
之雙齒、 昂礮具係特設、為一直齒條、裝於右轅內側
豎立軌條、可上下行、齒條有扣物之槽、西名斯勞脱 內銜活

動螺套、螺套有橫軸、接連於礮體、螺套中銜有螺柱、此
螺柱在齒條上下端、有鐵領裝住、欲昂舉礮、有牝簷輪
行之、轅外有斯不厄輪、又牝簷輪、及手輪、以行牝簷輪
也、齒條行時、螺套與之同行、凡齒條升至相合地步、有
鐵閘以定之、若用壓水櫃升舉礮耳、到何位置、齒條斯
勞脱內之螺套、隨之上升、其昂法、將螺柱聳上過齒條、
穿過轅上錐形輪、此錐形輪平臥、銜於短軸之側立錐
形輪、以手柄令其升降、 螺柱穿過錐形輪螺柱有槽
鍵、即斯勞脱 銜錐形輪心孔之凸頭、俾錐形輪左右旋、螺柱
隨同左右旋、而螺套即為之上下、 齒條勒有分寸、螺

礮乘新法 卷二 四十二

套上有指針、用壓水櫃擎舉礮位、指針與礮耳頂之箭
頭、均在平線內、 齒條之後軌條上有分度條、昂有八
度、俯有四度、齒條上有佛遊可審分度條一份內之分
度、先令螺套與礮耳箭頭在平度內、然後礮之昂俯視
分度條所指、便確矣、 礮在最低度內、礮耳軸線、距地
平有四尺七寸半、昂可七度半、礮如在最高位置、礮耳
軸線距地平有五尺十一寸半、俯可四度、 礮車與三
十八噸常式礮車同、以壓水櫃法行動、後輇、又用你牝
法、即斯泊落扣脱見後一百十七圖 此你牝踞爾踞爾猶言機器等件也 略異、以
礮軸線距地平甚低、耳踞爾行法如前、在轅左旁、其橫

軸用兩條、在車間斜下、其間用輪銜之、 前橫檔下左
右有樞、配裝壓水櫃字勿、前橫檔之前、釘有鉤住平臺
之彎鐵條、見六十九圖亥

第八章 雙層轅板礮架之熟鐵西名撇拉脱方姆

礮乘新法 卷二 四十三

無輇礮架式	礮耳軸線距地平數		滾輇直徑		斜度	約長數	闊數	容積噸數	重數各附件在內
			後	前					
	尺	寸	寸	寸	度	尺	寸	噸	擔
七寸徑來福前膛礮臺小洞用愛附斯威康澄勒色	四	一	一三	八半	四	一五	三四半	三、七〇〇	五六又四之二
又　配用學勿	又	又	又	又	又	又	又	三、八六四	五三
七寸徑來福前膛矮礮架甲號　配學勿	五	八半	二四	一八	又	又	又	七、一五八	七七又四之三
七寸徑來福前膛丙號　配學勿	又	又	二四	二四	又	又	又	六、七三三	八一
七寸徑來福前膛丁號　配學勿	又	又	一八	二四	又	又	又	七、三五〇	八一半
九寸徑來福前膛礮臺洞用愛附斯威康澄勒色　※	又	又	又	又	又	又	又	四、〇七五	六五半
又　配學勿並舊式踞爾	又	又	又	又	又	又	又	五、六九五	六九半
又　通長有踞爾	又	又	又	又	又	又	又	又	七四又四之三
九寸徑來福前膛礮臺小洞用愛附斯威式	四	九半	一三半	一九半	又	又	又	三、九五七	六三又四之二
※九寸徑來福前膛矮礮架甲號配愛附斯威康澄勒色	五	九	二四	一八	又	又	又	八、四二五	九〇半
又　配學勿	又	又	又	又	又	又	又	九、〇四五	九七
九寸徑來福前膛矮礮架丙號有學勿	又	又	二四	二四	又	又	又	七、六一二	一〇一半
又　丙號　中學勿	又	又	又	又	又	又	又	六、九四三	一一〇
九寸徑來福前膛矮礮架　丁號　學勿	又	又	一八	二四	又	又	又	七、九〇〇	一〇三又四之二
十寸徑來福前膛礮臺洞一號有學勿	四	二半	一三	一〇	又	又	四七	六、六五四	九五半
又　通長踞爾	又	又	又	又	又	又	又	四、五四六	九七又四之二
十寸徑來福前膛礮臺洞二號　有學勿	又	又	一八	一八	又	又	四九半	五、七八二	一〇六又四之二
又　通長踞爾	又	又	又	又	又	又	又	六、六八三	一〇四
又　特設式	又	四一一半	又	又	又	又	又		一三九半
十寸徑來福前膛甲號　配學勿	六	〇	二四	又	又	又	四七	七、八四五	一三四又四之二
十寸徑來福前膛矮礮架丙號　有學勿	又	又	又	二四	又	又	又	八、〇三五	一三六又四之三
又　丙號中　學勿	又	又	又	又	又	又	又	又	一四〇半
十寸徑來福前膛矮礮架丁號　有學勿	又	又	一八	二四	又	又	又	八、五〇七	一四一
十寸徑來福前膛小礮臺洞用	五 / 四	七半 / 七半	一三	一三	又	又	又	五、八七二	一〇六
十一寸徑或十二寸徑來福前膛礮臺洞用愛附斯威康澄勒色	四	一一半	一三	一〇	又	又	五六	五、八五〇	九八半
※　無踞爾									
十一寸徑或十二寸徑來福前膛礮臺之礮車有學勿	四	一一半	一三	一〇	四	一五	五六	六、〇八五	一一五
又　通長內用踞爾	又	又	又	又	又	又	又	五、八六〇	一一二
十一寸徑或十二寸徑來福前膛矮礮架甲號有學勿	六	三	二四	一八	又	又	又	七、七二九	一三九又四之二
十一寸徑或十二寸徑來福前膛矮礮架丙號有學勿	又	又	二四	二四	又	又	又	七、五一四	一三六又四之三
又　丙號　中學勿	又	又	又	又	又	又	又	六、九七六	一四二半
十二寸徑來福前膛三十五噸重兩之矮礮架丙號有學勿	六	〇半	二四	二四	又	一五半	六〇又四之三	八、七四九	一八五
十二寸半徑來福前膛三十八噸重礮礮臺用礮架退行六尺又學勿	四	一一半	一八	一三	又	又	又	六、二四九	一六五半
又　退行七尺	又	又	又	又	又	一六半	又	七、〇九七	一六八半
十二寸半徑來福前膛三十八噸重礮矮礮架丙號退行六尺有學勿	六	〇半	二四	二四	又	一五半	又	八、五二二	一九三半
十二寸半徑來福前膛三十八噸重礮矮礮架丁號退行六尺有學勿	又	又	一八	二四	又	又	又	九、六〇六	一八九又四之三
十二寸半徑來福前膛三十八噸重礮之架在礮臺小洞可升降	五 / 四	一一半 / 七半	又	一三	又	又	又	六、七六六	一六七又四之二
十寸徑來福前膛嘐威賁礮架　有學勿						一四半	四一又三十二之二		

各雙層轅板礮車架係各特設式樣之滑礮架不能調用惟七寸徑滑架可調換七寸徑或九寸徑礮單層轅板之車可裝其上用之以此二項礮車底垂下軌距相同故也且與七寸徑礮雙層轅板車底軌距同　各種無輇架均爲礮臺洞式西語謂之開斯枚脫或矮礮架式其不同者高低之別耳其低者爲開斯枚脫在礮臺洞用其高者爲矮礮架在散布各礮臺用所爲矮者當年初與此式較各礮架略矮因名之耳近時開斯枚脫之無輇架較更低也　開斯枚脫之滑架皆用甲磨心法見後八十五圖架下前後輇所銜大小軌道皆彎向前此彎軌皆同中

心其實滑架之前端並未至中心以是甲磨心即謂之虛磨心矮礮架所用滑架有甲號丙號丁號等磨心其丙丁二號爲實磨心也　滑架前後輇直徑不同者大直徑之輇距磨心更遠以其經過所在多耳惟九寸徑礮開斯枚脫用愛爾斯威式則不然　九寸徑以上礮滑架今皆有踞爾即用齒輪與長軸手柄等件可令退走橫移二十五噸重以下礮之滑架上手輪轉時滑架後面繞繩之柱亦轉欲放令礮向前行將繩由轆轤緩緩縱之則礮自滑向前矣如令滑架在軌道橫移將繩從柱放鬆令礮著重架前又將滑架之兩輇與踞爾相

連令俱轉動俾距磨心最遠之輇移行即如甲號磨心後輇為最遠丁號磨心前輇為最遠丙號磨心前後輇之磨心距相若惟前後各一輇牽連跽爾行動之　跽爾行動之法滑架後面用一手輪或兩手輪或各邊皆有手輪惟略近後裝手輪處視滑架位置或後或旁有空處裝之　各種磨心所用跽爾式樣皆相似其不同者惟更增勢力令行動更大之礮　配三十五噸並三十八噸重礮滑架所用跽爾係前水師大礮改裝　此跽爾礮進退所用與橫移所用有異進退用兩環行鐵鏈以橫軸之垂齒銜而行之用時祇撬令凸齒插入鏈

孔可耳橫移者用長軸軸端有牝甯銜於平臺之齒軌其手輪用法牽連斯不厄輪與牝甯輪等可令轉鐵鏈之橫軸或令長軸轉之皆可此種跽爾與各磨心所用製法皆同　當初七寸九寸十二寸徑礮之滑架裝有愛爾斯威康潑勒色嗣如遂廠收改即為加孛勿凡後發者皆一律附有水櫃孛勿　七寸徑來福前膛七噸重礮之開斯枚脫滑架一號　如第七十八圖滑架有兩邊楔如甲甲有兩橫檔如丙丙兩底板如丁丁裝輇之鐵板如戊戊頂板如己並有斜對角牽條有四福闌住腳如庚庚四輇如辛辛　邊楔用垢特鐵為之深有

十寸闊五寸半上下面及角鏍光兩垢特鐵前端彎成直角令左右兩相遇以成滑架之胸其交縫內襯有鐵板滑架胸內用一橫檔並頂板己見圖令更堅固橫檔為一鐵板鐵板兩端並上邊釘於角鐵架即於距胸尺許將橫檔裝入兩垢特間釘之　頂板即釘於滑架之胸及橫檔頂板有橢圓洞可料理洞下螺套等件頂板闊狹分寸須與車之滾輇不相礙為要　垢特後端接連於後橫檔並其下有底板此後橫檔以垢特鐵為之深七寸襯以角鐵板釘於垢特滑架其底板釘於滑架並橫檔下面裝輇之板如圖戊戊釘於滑架下邊轉腳福

闌住即釘於裝輇之板前後輇板相距十尺後裝輇板與滑架下邊之間襯有三角形鐵捭令滑架前後成所需之斜度福闌住腳前後膝鐵塊此膝鐵以舊維鐵錘成膝鐵有洞配貫滾輇之軸滑架前之福闌住腳釘於輇板滑架後之福闌住腳先釘一鐵板復釘於輇板裝時須端詳與平臺軌條相配並令磨心距得相合之度　滾輇以熟鐵為之有礮料轂其輇厚如圓柱段起凸邊以銜軌道後輇祇起前邊其軸用鋼直徑二寸又八分寸之三軸裝於福闌住腳以螺套旋其端以定之前後輇板間滑架兩邊楔以前底板連之加以斜對角

之牽條此底板在滑架兩邊楔之間亦即前後軨之間釘於橫鐵板橫鐵板兩端彎上抱緊於滑架垢特外邊脚其所以不釘於垢特者深恐有傷垢特也斜對角之牽條爲一寸厚熟鐵板居中而四角錘連長鐵條四鐵條端釘於滑架邊楔其居中熟鐵並釘連於前底板每邊內側有一踏脚板如圖乙以賽皮扣木或獲克木爲之闊十寸每端有擱木托之並擱在前後底板上兩踏脚板中間空處爲愛爾斯威康潑勒色之鐵夾板或爲水櫃孛勿若置康潑勒色則踏板內邊角鑢圓其後橫檔與夾鐵板條相距空處有短木兩條厚六寸以補

其空　後橫檔上裝有繞繩樁（西名暴勒特）以賽皮扣木爲之貫有鐵軸有螺套旋緊此軸釘住於後橫檔如滑架用孛勿則此暴勒特高九寸如用康潑勒色則此暴勒特高六寸　礮車滑向前行欲阻止者用一條角鐵釘於頂板以哀爾姆或賽皮扣木襯之其上裝有四像皮禦撞具以二寸厚之像皮圈頭大後扁裝於六寸半長之軸端軸貫賽皮扣木襯並角鐵以栓定之　欲阻止礮車退行者滑架兩邊內側有鐵樞凸頭如用孛勿則鐵樞裝於距滑架尾三尺二寸半許處如用康潑勒色則於距一尺二寸許處裝之每凸頭有像皮圈如前法

而其軸短二寸　滑架兩旁前後有兩大鐵圈以爲穿繩之用　滑架右邊前後釘有鐵柱爲掛小零件之架之用每旁又有礮料所製架爲插鐵包頭撬桿之用後段右旁有鐵柱帶有海絨箱　第一號滑架由像皮禦撞具處至滑架尾有可移動之踏板板起有稜不致滑溜　配愛爾斯威康潑勒色滑架之零件如下　前橫檔後釘有鐵樞爲夾鐵條裝處夾鐵條之後端又有鐵樞釘於彎鐵板此彎鐵板釘於兩垢特下邊即後軨板上　脫離潑爲一閘條在右邊楔前段小樞樞有磨心以管脫離潑其後有阻止脫離潑之鐵樁令脫離潑不

能向後旋即能掀高兩心軸也　康潑勒色牌（即夾横鐵條）共六條厚八分寸之五長十尺十寸深六寸半以鐵橫銷貫連於橫檔之鐵樞間復有鐵銷貫住橫銷端每康潑勒色牌間之橫檔上間以鐵圈令各條分晰　脫離潑以鋼爲之裝於磨心以鐵銷貫之有鐵領令間隔架旁　滑架如用壓水櫃孛勿有以下各件　托水櫃孛勿前段有鐵板一塊如第七十九圖之午橫釘於滑架斜對角牽條上有兩騎跨環鐵如圖辰巳此即騎跨孛勿之上以鐵銷貫住一貫連於午板一貫連於滑架底板其辰環鐵較巳環鐵低一寸許辰環鐵有洞以螺釘

旋令字勿定而不滚後底板工字鐵橫檔下轉脚鏟成凹置字勿座其上轉脚亦鏟凹前橫檔有洞俾礮向前時為挺桿外透之用　滑架後端右內側釘有鐵插為插旋潑勒掰（進水孔螺塞）廓克（出水孔螺塞）所用之斯攀納（旋螺具）壓水櫃字勿重四英擔又四分擔之三容積噸數為・二二二通長八十七寸半最纖壯處直徑十四寸　第八十圖指明件數抽水筩如甲以熟鐵為之其蓋如丁用生鐵有四銷貫住筩口護圈以生鐵為之如戊座托用生鐵如乙熟鐵轆轤如巳熟鐵挺桿如己挺桿前端有庚螺領其前又有辛螺套潑勒掰（進水孔螺塞）如子以熟

鐵為之筩口挺桿所有礮料領如壬廓克（放水孔螺塞）如丑亦以礮料製之　抽水筩內容積之通長數有七十七寸又・三七五內徑有八寸又・○七乙座托有螺旋於筩筩口戊護圈亦有螺丁蓋以銷貫住於戊護圈則前筩口己蓋閉蓋中洞為挺桿所進退蓋外有凹處旋以礮料領如圖壬旋令護圈與蓋上面俱平俾礮車退行在上經過不致有礙護圈螺線旋緊時扁處向上欲令抽水筩罅隙處絲毫不漏用施廓德金類銲藥抹筩口護圈螺令旋緊密又將銲藥調和斷蔴抹於護圈與蓋乃旋上壬領適嵌於筩蓋凹處欲令挺桿筩口密切

將壬領旋出用牛油浸潤之細蔴絲長三尺七寸圜周約一寸又四分寸之一繞裹挺桿推入蓋凹擠緊復將壬領旋上旋壬領有特設之斯攀納亦有用尋常能敲擊之旋螺鉗旋之字勿前端懸有白鉛盆受水水筩後端上鑽有螺孔為進水處旋以子螺塞（潑勒掰）有鏈繫連於滑架後踏板前端小凹孔為騎跨鐵之螺釘旋定處丁蓋下有螺孔旋有礮料螺塞（廓克）其斯攀納（旋螺具）一端旋潑勒掰一端旋廓克轆轤直徑八寸又・○四轆轤有四孔孔徑一寸又・二五挺桿端有螺線旋定於轆轤有鐵螺領如庚旋距挺桿端數寸許挺桿前端穿過

滑架鐵樞以相連之辛螺套旋其端如是鐵樞正在螺套螺領之間而挺桿即隨礮架進退也燃放礮時滾軨攙起欲免礮架跳損挺桿之弊須令挺桿旋辛螺套之螺線距鐵樞有十六分寸之一且旋緊辛套復退旋半環周許令略寬鬆也更有一法鐵樞洞作橢圓式可任挺桿隨礮架上跳不致彎損矣　欲裝字勿於滑架先將乙座托靠於後橫檔戊圈丁蓋之扁處旋令與滑架兩邊楔相平祇以木尺擱其上視其面平即得矣騎跨鐵內用皮條襯墊然後將螺釘旋住　此字勿壓水櫃不用水而用蘭頁（緬甸通商海口地名）油十二軋倫（每軋倫約八觔）灌入

抽水筩內 測子孔內油之深淺須於滑架斜度整飭至四度許礮架撞向前至禦撞具處筩內油有四寸又八分寸之五深 十二軋倫油灌未盡時筩內須留有空氣處讓挺桿送入空氣爲所壓而縮緊此空氣即作凹凸力之原本且能令孛勿阻禦礮架回力由漸而來礮車初次退行並無猝然激力 孛勿阻礮回力者以筩內之油禦鞲鞴動力鞲鞴在筩內進退有一定不易之速率其油爲所激而經過鞲鞴四孔速率較鞲鞴自行速率更大當以鞲鞴面積數與鞲鞴四孔面積數比較即鞲鞴面積與四孔激射油之面積相比也 禦鞲

鞴之力即其若何快慢壓令油激射出孔之力此壓力與油出速率自乘數有正比是以又與鞲鞴速率自乘數有正比實即礮架退行速率自乘數爲正比例也因油速率與鞲鞴四孔面積有反比則油禦鞲鞴力量即與四孔面積自乘數有反比所以將四孔改小即倍增孛勿力量 然抽筩有空氣處與上所測之數尚未盡合 蓋空氣有凹凸力即能讓壓力故初次油從鞲鞴孔激射之速率尚未如前言之速挺桿鞲鞴一直送進則空氣逐漸收緊且壓令收緊即有熱度加增空氣之凹凸力愈增油之速率亦愈增所以孛勿最大之禦

力不在礮車初退時而在空氣壓緊後孛勿禦力始迸發也 抽筩底壓力著重勢將滑架仰翻令輇在軌道作軸轉行然幸滑架與礮重數壓住前段故不致翻也

燃放時礮與架之壓力得用處正在滑架前段以距筩底較遠也一如撬桿然撬桿柄長祇在柄端著力較在桿之中段著力更靈便也若礮已退行而筩底鞲鞴壓力纔發則礮與架之重數已不在前端恐不足以壓令不仰翻也前有大礮試演果有似此弊患 此因孛勿禦力與礮架回力相比例所以禦力有參差即照回力各速率而分也顧礮之退行速率參差實視火藥體

積多少即如七寸徑礮用攻堅藥裹抽筩之鞲鞴孔徑一寸又・二五燃放礮退行五尺半許適退至禦撞具處略差分許若用尋常官額藥裹礮退行不足以至便於裝彈之地步將孛勿略減油數閉子孔令空氣進多油之壓力減少禦力即減矣且亦空氣凹凸力減少油在孔內激射之壓力並減少也 挺桿螺套礮料各件不漆外孛勿均用普爾福特漆兩次筩上釘一礮料片鐫明此孛勿配某號礮用並鐫明鞲鞴孔徑數並灌油之軋倫數子孔內測油深淺數其配礮之號數並鐫於挺桿前端兩螺間 滑架如去愛爾斯威康潑勒色而

用孛勿先將鐵條之鐵樞移去、即於前橫檔（工字鐵中間豎鐵名韋孛）開洞、以通挺桿、後橫檔上下轉脚皆鏟凹、將鏍撞具略移向前、而後橫檔裝更高之繞繩椿柱、隨即裝孛勿所需零件、再裝鐵皮插以插斯攀納、　後橫檔釘一銅片、鐫有滑架號碼重數製造年月、並簿紀號數、　滑架下面先抹紅鉛漆、復加普爾福特漆、餘件用普爾福特漆兩次、所有物件相遇之面、如滑架頂及車架滑行處、輇外周面並輇與軸相磨擦等處、皆不漆、簿錄號碼以白鉛漆於後橫檔、滑架兩邊漆有直線、表明礮架進退地步、

七寸徑來福前膛七噸重礮之矮礮架甲磨心一號滑架與上異者、惟略高、以礮車前用十八寸徑滾輇、並滑架與前輇之間、用一條五寸又四分寸之一之厚賽皮扣木襯墊、其上又用一寸厚鐵板、此板釘有角鐵墊塊、前脚前福闌住、釘於鐵板、與後脚同、後滾輇徑二十四寸、滑架兩旁楔與釘滾輇福闌住之鐵板間、有三角形膝鐵以襯之、　滑架小零件與前同、前後釘福闌住之輇板上、釘有鐵板條以為踏步、

七寸徑來福前膛七噸重礮矮礮架丙磨心滑架一號、如第八十一圖、高下與甲磨心滑架同、每邊楔與前輇間襯有角鐵塊、又每楔與後輇間裝有膝鐵撐、前後輇徑皆二十四寸、前後脚之福闌住、釘於相連之橫鐵板、　丙磨心位置近中間、真作磨心、用滑架下裝有通長之磨心鐵板、並有橫弓形鐵以銜磨心、此弓形鐵為彎鐵板、中有洞、釘於前底板下、通長磨心板、從後輇板直至前輇板、即釘於輇板與角鐵塊之間、又釘於弓形橫鐵板、其洞適與弓形鐵洞合、

七寸徑來福前膛七噸重礮矮礮架丁磨心一號滑架與丙磨心異者、後輇為十八寸徑、滑架旁與後輇板間、不但有膝鐵撐、並有賽皮扣木塊與鐵板、如第八十二圖、磨心板洞在後輇板之前、

九寸徑來福前膛十二噸重開斯枚脫礮車滑架一號、與七寸徑礮開斯枚脫滑架同、惟兩邊楔距度更闊、垢特鐵更堅、舊時九寸徑礮滑架邊楔嫌弱、所以垢特鐵韋孛（祇厚一寸）鑲有通長鐵條以助之、今新造者韋孛加厚、計一寸半、　滾輇並軸、與七寸徑礮滑架同、因兩邊楔較闊、福闌住裝法略側、以就軌道、　如配愛爾斯威康潑勒色、則各件與七寸徑礮滑架可通用、惟脫離潑則不能調、以脫離潑更長也、踏板闊有九寸、　如用水櫃孛勿、其水櫃不能與七寸徑礮架調用、以七寸徑礮之孛勿鞲鞴四孔直徑有•九寸數（即十分寸之九）、而此礮所用鞲鞴孔徑有一寸又•二五、踏板闊有十二寸、　滑架之平

臺勒有分度、滑架右後有指針、以鐵爲之、其端爲鋼、有鉸鏈骱能指點所轉移分度、不用時可摺起、　九寸徑礮滑架、有旋礮及礮退行之機器、即踞爾　或兩旁用曲枴、滑架後橫擋有軸、亦或用一曲枴、在後橫擋後、機器可通用、其用法、惟令與滾輇或接或斷而已、　機器件數如下、曲枴手柄在兩旁者、配開斯枚脫滑架、如第八十三八十四圖甲甲、爲兩個排佛爾牝窗、即截錐形牝窗輪　以礮料爲之、有十七輪齒、用兩螺旋此齒牝窗於後輇、　兩轉輇之聯衡軸如乙乙、以熟鐵爲之、直徑二寸半、　兩排佛爾牝窗如丙丙、以生鐵爲之、各副有十五輪齒、每

牝窗在各聯衡軸之外邊、用鐵銷貫住、　兩埋脫牝窗、亦截錐形式　如丁丁、有十八輪齒、各裝各聯衡軸之內側、用鐵銷貫住、　一通長軸如戊、以熟鐵爲之、直徑二寸半、有鐵領、與螺裝之前端、裝於克埒蚩牝窗、克埒蚩扣連之謂　後端裝斯不厄輪、　一克埒蚩牝窗輪如己、以礮料爲之、有十八齒、並有槽、可配長軸上之凸稜、　有一鐵棃佛撬柄　所以開克埒蚩牝窗輪、有磨心、有鐵銷並鏈、　斯不厄輪如庚、以生鐵爲之、有六十二齒輪、有槽、配衡長軸凸稜、　有雙牝窗、以礮料爲之、如辛、有十齒在其邊、有十九齒在排佛爾邊上、配有鐵領、並鐵銷貫之、　一橫

軸、以熟鐵爲之、直徑二寸、有兩鐵領、有螺釘、有兩曲枴柄轉之、　有一生鐵截錐形牝窗輪如癸、有十九齒、配橫軸、以鐵銷貫住、　有一生鐵暴勒特、即繞繩索之樁或軸　如子、裝通長軸後端、有兩鐵銷貫之、　一鐵轆轤中衡雙輇、並鐵磨心、　一礮料轆轤殼中衡一輇、並鐵磨心與鐵銷、　轉輇之聯衡軸衡於生鐵環下、兩環脚有上下節、下節用底托、以螺釘銷連於生鐵環脚、祇將底托移去、即可取出此軸也、脚內有灌油孔眼、其通長之軸、亦衡於相似之生鐵環、滑架有礮料脚一副、釘於後輇板上、即在上所說生鐵環間、又一副釘於滑架後底板下、鐵

領與螺釘、扣住於軸、即裝在後鐵環之前、克埒蚩靠於軸之前端、斯不厄輪裝在後鐵環之後、暴勒特裝在軸端、克埒蚩之撬柄、以磨心定於左聯衡軸鐵環上之小鐵樞、撬柄之上端乂形、乂端有乳頭、西名斯脫子　衡於克埒蚩圜周槽內、撬柄進退、即帶而行、不阻止克埒蚩旋轉也、克埒蚩撬向前與聯衡軸之牝窗輪相衡、則通長軸之斯不厄輪亦旋轉、輇即隨之而轉、因輇軸彼端與輇上之牝窗輪相衡也、若克埒蚩牝窗與輇軸牝窗脫却、不相扣緊、斯不厄輪雖旋轉、而輇亦不行也、撬柄進退至其處、即有鐵銷貫定於滑架下軌道之孔、　雙行牝

簧有一軸釘於後橫檔其斯不厄輪齒銜於通長軸之斯不厄輪其排佛爾之齒銜於橫軸之排佛爾軋簧此橫軸裝於後橫檔上之鐵樞如克埒蚩撬與接連則曲楊柄由後轉前滑架即向右旋如曲楊由前轉後滑架即向左旋按此旋轉勢力倍有二十一・五倘有擦摩力不計在內　後橫檔上釘一鐵樞裝一雙輇轆轤其右裝單輇轆轤壳俾繩垂下適由轆轤壳上經過至暴勒特當克埒蚩未銜扣前軋簧而繩繞上暴勒特時曲楊柄由後轉前礮車著力於滾輇車即退行此借力實有一與二十二之比此以無轆轤帮助而言若有轆轤

而無摩擦力則有一與一百十之比凡踶爾暴露處用皮罩以掩之　日後製造家將曲楊各件均裝於滑架內惟其柄則伸出架外曲楊柄裝於短軸軸貫滑架邊楔其內端裝軋簧此軋簧扣於中軋簧中軋簧軸亦短中軋簧又扣一軋簧此軋簧裝於橫軸此軸在穿勿下中軋簧之短軸用一排佛爾軋簧與通長軸相連通長軸裝於後橫檔軸之後端用一軋簧可銜暴勒特軸上之斯不厄輪　此踶爾（一名垢勒）如裝一手柄其件數與兩曲楊同惟無橫軸並無軋簧等件又無雙行軋簧（即排佛爾）如欲行動斯不厄輪惟有尋常生鐵十齒軋簧以行之

生鐵軋簧照常法用鐵銷貫定於軸軸用兩礮料樞裝於後橫檔其曲楊柄之曲處務令無礙於暴勒特此踶爾勢力加增有二十一・五與一之比拖礮退行不計轆轤其力亦有二十二與一之比較上用兩曲楊者相髣髴踶爾各件除相磨擦之面皆用普爾福特漆兩次

九寸徑來福前膛十二噸重礮閉斯枚脫滑架愛爾斯威式係特造其邊楔垢特鐵深十二寸與官廠自造垢特鐵有異（官廠垢特鐵深十寸）兩楔前端回抱以成滑架之胸與官廠同其通長鐵接處略異其大端之異在乎用三滾輇一輇在前兩輇在後前輇直徑較大裝在滑架胸

前並前橫檔間與滑架縱直徑正交輇之上半截高出於底板槽內後輇福蘭住即釘於垢特鐵　此種滑架皆配愛爾斯威康潑勒色然其夾擠鐵條並脫離潑與官廠所造者不能調用脫離潑裝在左旁　此滑架無踶爾等件　有數座滑架已改爲矮礮架丁磨心式惟更高二寸許重一百八擔半容積噸數八・四〇六有改爲矮礮架甲磨心重九十九擔容積噸數七・七三五

九寸徑來福前膛十二噸重矮礮架滑架甲磨心一號如第八十五圖造法與七寸徑礮矮礮架甲磨心同其福蘭住並輇無異惟康潑勒色或穿勿所用零

件與九寸徑礮開斯校脫滑架同此滑架兩旁無曲楞轉踻爾法其轉動之法用一曲楞柄在架後與開斯校脫滑架同磨心皆甲式惟甲號大輪在通長軸者不用斯不戹輪而用排佛爾輪與乙轧窜輪相銜皆裝於長軸樞前此因退行礮所用之具不同故也欲令滑架內暴勒特逾格著力暴勒特上裝有丙排佛爾輪排佛軸與行動大輪所用轧窜之軸爲一條丙輪在通長軸之上不相連通長軸端丁轧窜與丙輪相銜乃能旋行踻爾零件如下兩生鐵排佛爾輪如圖戊有四十二齒每輪以四螺旋於後輇兩熟鐵轉輇之聯銜

軸直徑二寸半各有鐵領並鐵銷兩生鐵排佛爾轧窜如己有十四齒各裝於各轉輇之聯銜軸外端以鐵銷貫定兩生鐵排佛爾輪如庚有三十八齒各裝於各轉輇之聯銜軸內端以鐵銷貫定一條熟鐵通長軸直徑二寸半有鐵領鐵銷一克埒蚩轧窜如辛有十八齒有槽配通長軸前端稜線配克埒蚩所用攑柄一條（攑梶柄西名黎佛）有磨心鐵銷又有扣針與鏈一生鐵排佛爾輪如甲有四十八齒有槽銜通長軸稜線熟鐵短軸一副直徑二寸半有鐵領鐵銷並所用之曲楞柄一生鐵排佛爾轧窜如乙有十二齒配短軸內端

有鐵銷貫定有生鐵排佛兩轧窜如丁有十三齒配裝通長軸之後端有鐵銷貫定一生鐵暴勒特有礮料中心管（即套於樁軸）一生鐵排佛爾輪如丙有礮料中心轂管有三十二齒裝於暴勒特之下一活動轆轤與兩輇一裝定之轆轤殼有一輇旋行滑架力量加添如三十五與一之比退行礮車力量爲三十二與一之比轉輇之聯銜軸裝於三鐵樞樞釘於後輇板下其中間鐵樞所以抵住長軸前端裝通長軸後端之長樞釘於後底板長樞上又有暴勒特轧窜軸九寸徑來福前膛十二噸重礮矮礮架之滑架丙磨心一號

與七寸徑礮丙磨心滑架同惟孛勿照上式初造此滑架裝旋行踻爾即於兩楔旁裝手柄於後橫檔一如開斯校脫式嗣是而後橫軸移近中段穿貫滑架兩旁其初手柄裝兩旁者欲滑架左右轉一百五十度許後裝近中段者著名爲丙磨心中段欲其左右轉更大之度此二副踻爾裝法皆同惟其機器發動有異耳滑架磨心既在中段前後輇徑皆同其與踻爾扣連之輇祇在一邊而已欲令兩輇行動全恃長軸上之轧窜長軸與後輇間加一中轧窜令後輇與前輇歸一方向而轉長軸後端有一轧窜輪可與克埒蚩相扣克埒蚩裝

於牝窜之上之短軸（即長軸之上另一短軸）軸裝大齒輪又裝暴勒特一如開斯校脫滑架惟大齒輪裝在鐵樞前大齒輪行法用尋常牝窜此牝窜行動特後橫軸並兩聯銜牝窜　踞爾件數如下第八十六圖覆視　兩生鐵排佛爾輪如圖甲甲有四十齒一輪用四螺旋於左前軨一輪用四螺旋於左後軨　聯銜軸如己熟鐵爲之直徑二寸內端有鐵領鐵銷貫定其外端裝鐵領旋以六角螺套並鐵銷　一生鐵雙行聯銜牝窜如乙其中心轂管以礮料爲之兩面各有十八齒一面之齒銜於長軸牝窜又一面之齒銜於滾軨齒牝窜　一通長軸如

丙以熟鐵爲之直徑二寸又四分寸之三　兩生鐵排佛爾牝窜如丁丁有十八齒各有鐵銷貫定於長軸一裝前端銜前軨一裝後端銜於雙行牝窜　一生鐵斯不厄牝窜有二十二齒以鐵銷貫定於長軸後端　一短縱軸在長軸後端之上如己直徑二寸半　一克埒蚩牝窜如庚以生鐵爲之有中心轂管管內有槽銜己短軸前端稜線有二十三齒　一克埒蚩攑柄如辛以熟鐵爲之有磨心鐵銷更有扣針並鏈　一生鐵大齒輪如壬有六十二齒有鐵銷貫定於短縱軸在後樞之前　一生鐵暴勒特如癸有兩鐵銷貫於短縱軸在後

樞之後　一短軸如子以熟鐵爲之直徑四寸又四分寸之一　一小牝窜如丑以生鐵爲之有十三齒以鐵銷貫於短軸前端　一排佛爾牝窜如寅以生鐵爲之有三十五齒以鐵銷貫定短軸後端　一橫軸如卯以熟鐵爲之直徑二寸有兩鐵領有螺旋住有兩曲楞柄行動之　一生鐵排佛爾牝窜如辰有十五齒有鐵銷貫於橫軸　一活動轆轤壳有兩軨　一裝定轆轤壳有一軨　踞爾有裝於滑架中段（見後九十四五圖十一寸徑礮滑架）惟無斯不厄辛大齒輪與子牝窜其餘牝窜與輪與上同又丑牝窜扣於短縱軸之十三齒牝窜運此短縱軸其

動力即由滑架中間而來短軸前端排佛爾輪有二十七齒此輪隨橫軸十五齒牝窜而轉橫軸貫滑架邊楔兩端有曲楞柄凡滑架中段裝踞爾者旁無木踏步而裝鐵踏步　通長軸裝於滑架左偏三生鐵樞一樞釘於前軨板一樞釘於磨心板一樞釘於後軨板並釘於鐵撐此鐵撐有丁字鐵扶助鐵撐釘於滑架橫檔膝鐵　聯銜軸釘於鐵撐內之樞又釘於後軨板樞上又有小樞裝克埒蚩攑柄磨心短縱軸亦裝於通長軸之後樞又裝於後底板下之樞此樞又裝齒輪牝窜之軸九寸徑來福前膛十二噸重礮矮礮架之滑架丁磨心

一號如第八十七圖與七寸徑矮礮架滑架丁磨心同惟字勿有異　轉動跙爾祇於滑架邊楔置曲楞柄磨心裝滑架後則前輇直徑較大前輇用通長軸扣跙爾行之通長軸後端有克埒蚩軸後有短縱軸短軸前端有裝定克埒蚩此克埒蚩裝定不移非如他克埒蚩活動可扣連可脫卸也　短軸上有齒輪通長軸後端之克埒蚩與短軸前端之克埒蚩相銜而行大齒輪行法如常式其橫軸在滑架下非裝後橫檔後也　跙爾各件如下　兩生鐵排佛爾輪如圖甲甲有三十四齒每輪用四螺釘於前輇　一聯銜軸如丁以熟鐵爲之直徑二寸半有鐵領螺釘裝軸

右端　一生鐵排佛爾牝甯如丙有三十二齒裝於聯銜軸左端有鐵銷貫定　一埋脫牝甯如己以生鐵爲之有三十八齒以鐵銷貫於聯銜軸右樞之左旁　一生鐵雙行牝甯如庚以礮料爲中心轂管扣於輇之一邊有三十二齒扣於通長軸之牝甯有三十八齒　一通長軸如癸以熟鐵爲之直徑二寸又四分寸之三　一排佛爾牝甯如辛有十六齒以鐵銷貫於通長軸前端　一礮料克埒蚩如丑內有槽可配通長軸後端稜線　一克埒蚩撬柄如地以熟鐵爲之有磨心並鐵銷又有扣針及鏈　一短縱軸如卯以熟鐵爲之直徑二

寸又四分寸之三　一生鐵克埒蚩如丑有鐵銷貫定於短縱軸前端　一生鐵大齒輪如天有六十五齒以鐵銷貫定於短縱軸即在兩樞間　一生鐵暴勒特如戊有兩鐵銷貫於短縱軸之後端　一熟鐵短軸如午每端有鐵領並六角螺套旋住　一生鐵雙行牝甯如亥有礮料轂管裝於短軸與大齒輪相銜有十二齒與橫軸排佛爾牝甯相銜者有二十七齒　一熟鐵橫軸如未直徑二寸有兩鐵領並螺旋住兩端皆有曲楞柄　一生鐵排佛爾牝甯如人有十五齒裝於橫軸　一活動雙輇轆轤並裝定之單輇轆轤壳其滑架旋動力

加增如三十六·六與一之比礮退行加力如三十四·六與一之比　聯銜軸裝於尋常兩樞樞釘前輇板下右邊一樞又裝通長軸前端長軸中段有一生鐵樞後段有礮料樞其生鐵樞釘於磨心板礮料樞釘於後輇板短縱軸之前端裝於賽皮扣木樞短縱軸之後樞釘於滑架後底板又裝一午短軸其裝橫軸之兩樞凸向內釘於滑架兩邊旁下又釘於底板下　十寸徑來福前膛十八噸重礮所用開斯枚脫滑架一號如第八十八圖滑架有兩邊楔五橫檔兩副輇板一前頂板四福闌住脚四滾輇　滑架旁楔式如魚腹其各份抵力

適均此係錘併而成式屬特設將兩塊四分寸之三厚合式鐵上下鑲連於丁字式鐵條此鐵條闊六寸又四分寸之三上丁式鐵直形為滑架上旁下丁式鐵彎形配魚腹式魚腹鐵板即釘於上下丁字式鐵之韋字上韋字前端上下相遇此處邊楔深六寸半後丁式鐵上下韋字不相遇其間墊有鐵條是處邊楔深十一寸半滑架中段魚腹形最深處有十八寸當滑架上面斜有四度時前後楔端垂線直下不偏　滑架各份未裝合時各件內側均抹以普爾福特漆既裝合後照常法鑤光　前橫檔以一寸厚鐵板為之上下邊釘以角鐵

第二橫檔以一寸半厚鐵板為之以角鐵鑲於上邊及左右邊板之中間有一圓洞當礮拽前時為韝鞴挺桿伸出之用　第三四橫檔皆用一寸厚鐵板釘於角鐵所成架如上式　第五橫檔亦用一寸厚鐵板周圍鑲以角鐵惟上邊中間空無角鐵所以為孛勿水櫃座便於裝卸之用水櫃底座正抵定此橫檔　頂板軨板皆厚一寸　前後福闌住脚與七寸九寸徑礮閘斯校脫滑架前脚同即左右軨板不相接連　前軨直徑十寸後軨直徑十三寸前軨非圓柱形而屬截錐式　前橫檔角鐵釘於內側以膝鐵釘於滑架前旁其第二橫檔略低於邊楔

距前橫檔尺許頂板鑲於前橫檔兩邊楔至第二橫檔角鐵上第三四橫檔立於邊楔之丁字式鐵條轉脚上而釘於韋字第三橫檔距前橫檔四尺八寸第四橫檔距前橫檔八尺四寸第五橫檔釘於兩邊楔間距邊楔後端四寸又四分寸之一當滑架斜四度時此五橫檔皆成垂線前軨板釘於滑架邊旁之前端後軨板釘於滑架距前軨十尺又四分尺之一軨板上面襯有三角鐵與福闌住脚釘於軨板之下在相合軌度配甲磨心滾軨裝福闌住之間貫以三寸直徑軸軸兩端用螺套旋住　此滑架有以下零件　孛勿兩旁各有踏步板

左闊九寸右闊七寸半有架釘之此架釘於第四第五橫檔角鐵上　車架拽前時有禦撞物與七寸徑九寸徑礮架同計禦撞物有五個其像皮頭圈厚二寸半軸長八寸半所有角鐵並木塊鋒角均鏟圓免裝彈時繩索磨擦之弊　礮架退後時之禦撞物裝距滑架後端二尺又十一寸半之許像皮之軸長六寸像皮厚數如前　滑架有指針指移行軌道分度與九寸徑礮滑架同　懸插零件之鹿角架雜骨鐵襻等如七寸徑九寸徑礮車　裝藥彈所用繩索兩轆轤裝於滑架頂板左右如第八十九圖轆轤壳有機捩西名斯奈處　祇將機捩一

鬪以繩嵌進軨槽、即可扯矣、第二號轆轤、與第一號不同處、在轆轤底之骱、如第九十圖之甲、可俯折而不能仰仆、即使礮車前移、亦撞不到也、　水櫃字勿裝件如下、　前角鐵托條、釘於第四橫檔上面、後托板、釘於後橫檔、其騎跨抽水箭之鐵環、與七寸徑九寸徑礮字勿同、　配插斯攀納之鐵襻、亦相同、字勿鞲鞴孔徑、八寸、（即八分）　水箭底座、箭口護圈、及蓋、均熟鐵爲之、　轉旋滑架跽爾、與退行礮車跽爾、及其旁置曲柺柄、與九寸徑開斯校脫同、惟大齒輪之齒、有六十二、雙行牝甯扣於橫軸、牝甯雙行牝甯上之排佛爾齒、有二十七、橫軸牝甯齒、有十五、滑架轉旋加力、如四十與一比、礮車退行加力、如四十一與一比、而轆轤加力、尚不計在內、

嗣是曲柺柄行動各機器、均裝在滑架內、如九寸徑礮開斯校脫式、　曲柺之橫軸、裝於滑架邊楔垢特鐵上面、然此式祇造三座、　旋行滑架之跽爾、進退礮車之跽爾、曲柺裝於架後、均與九寸徑礮同、欲再加其力、添用一聯銜斯不厄輪、一牝甯輪、此兩輪合鑄爲一、裝軸用鐵領六角螺套、　發動牝甯有十二齒、扣於聯銜斯不厄輪、輪有四十六齒、此斯不厄輪上之牝甯、亦十二齒、銜於橫軸之斯不厄輪、此斯不厄輪、亦有四十六齒、

發動牝甯軸之樞、以礮料作兩塊、合成、如九寸徑礮、滑架旋行加力、如五十與一比、礮車退行加力、如五十二與一比、　十寸徑來福前膛十二噸重礮開斯校脫滑架二號高式、　此滑架配十寸徑礮車低式二號、照尋常開斯校脫一號式、襯墊加高、　滑架之式、與一號同、因礮架底落下成井式、不用第三橫檔、將第四橫檔移後、距滑架後端二尺五寸許、又加一底板、從第四橫檔至後端、　欲升此礮車至相合高度、前後軨皆十八寸直徑、滑架邊楔與軨板間、襯有墊鐵、前軨板上墊鐵長方式、後軨板上墊鐵三角式、　礮架之底既低、則水櫃

字勿裝處愈低、所以水箭底座之所抵、有實心鐵樞、鐵樞即釘底板下、有鐵牽條助之、鐵樞之銜底座、有兩彎弧角鐵、合成圓式、用兩鐵銷貫之、銷端以螺套旋住、字勿前鐵托、以角鐵併成、釘於滑架邊楔下、以騎跨鐵管之、　字勿進水孔塞、（潑勒擠）係屬特製之式、　礮車前行像皮禦撞物、裝於第二橫檔、礮車退行禦撞物、裝於後端第二橫檔、此無踏步板、　旋行滑架跽爾、退行礮車跽爾、兩旁曲柺式、如一號開斯校脫滑架、惟通長軸偏左、所以讓字勿地步、長軸既偏左、則右邊聯銜軸、較左邊聯銜軸更長、　跽爾各件如下、　兩生鐵排佛爾

輪銜於後輇有二十五齒　兩聯銜軸直徑二寸又四分寸之三右軸較長均有鐵領並螺釘　一生鐵排佛爾牝簷有十七齒有鐵銷配裝右邊聯銜軸右端　一生鐵排佛爾輪有二十七齒有鐵銷配裝右邊聯銜軸左端　一生鐵雙行牝簷有鐵銷配裝左邊聯銜軸銜於輇一面者有十七齒銜於克埒蚩一面者有二十七齒　一通長軸直徑二寸半有鐵領螺釘　一礮料克埒蚩配裝通長軸有二十七齒　一生鐵斯不厄輪有六十五齒有鐵銷裝於通長軸在後樞之後　一暴勒特配通長軸有兩鐵銷　一短軸有鐵領並六角螺套

一生鐵雙行牝簷銜斯不厄大齒輪一邊者有十三齒排佛爾齒輪有二十七齒　一橫軸直徑二寸有兩鐵領並螺釘有兩曲枴柄半直徑十七寸　一生鐵牝簷有十五齒有鐵銷貫於橫軸　一雙輇轆轤一單輇轆轤　聯銜軸所裝之樞釘於輇板下其中樞即裝通長軸之前端通長軸更有兩樞皆釘底板下發動牝簷短軸之樞並橫軸樞釘於後橫檔單輇轆轤亦釘後橫檔其雙輇轆轤用時亦裝於後橫檔　轉動滑架加力如四十三與一比退行礮車加力如三十二與一比諸輇加力不計在內　日後製造滑架跽爾及曲枴皆裝滑架內如一號其橫軸裝於滑架旁孛勿上橫軸上之排佛爾牝簷發動一短縱軸前端相合之輪短縱軸後端有斯不厄牝簷銜於斯不厄大齒輪　英國斯丕脫海特各礮臺之礮開放須高過礮臺檻此檻較尋常檻高九寸以是礮須舉高九寸即於滑架邊楔及輇板間襯以膝鐵塊後輇直徑二十四寸跽爾裝滑架內與尋常滑架機器同然其橫軸不穿貫滑架邊楔曲枴柄裝滑架邊楔下面樞內曲枴短軸內端有斯不厄牝簷銜於孛勿上面橫軸端之牝簷有數座滑架墊襯九寸高鐵塊在邊楔與輇板之間舊輇仍不改製　十寸徑來

福前膛十八噸重礮矮礮架滑架甲磨心一號　此與十寸徑礮開斯枚脫式同惟用囊皮扣木塊與墊鐵等在前輇上其前輇直徑十八寸後輇襯有膝鐵後輇直徑二十四寸福闌仕腳前後副各不相連　滑架零件與開斯枚脫同惟兩旁加一踏步踏步有鉸鏈用時以鐵鏈牽鉤於雞骨踏步長九尺二寸闊十寸　旋行滑架跽爾退行礮車跽爾曲枴柄裝滑架後皆與九寸十寸徑礮滑架同其輪與牝簷詳下　滾輇一面有三十五齒　銜滾輇之牝簷有十五齒　一生鐵克埒蚩外周有二十一齒有礮料中心轂管　聯銜軸上牝簷有

二十四齒此牝簾配克埒蚩邊齒銜之　大齒輪即斯不厄輪裝於通長軸後樞之後有四十六齒此大齒輪上兼有十二齒之牝簾鑄連爲一　短橫軸前樞著力處則後橫檔前滑架上橫釘一鐵板鐵板釘兩條丁字式鐵連至後橫檔　有數座滑架踸爾行動法在滑架旁裝曲柺與九寸十寸徑礮開斯枚脫同若滾輇聯銜軸牝簾克埒蚩黎佛與前同斯不厄大齒輪有六十二齒發動牝簾有十齒同軸有排佛爾牝簾有二十七齒橫軸之排佛爾牝簾有十五齒橫軸不裝滑架後而臥於滑架邊楔下非若裝後面者之有一牝簾又添雙行牝簾

在大齒輪與橫軸牝簾間也短橫軸有兩牝簾其一斯不厄牝簾銜大齒輪又一排佛爾牝簾可銜橫軸牝簾

十寸徑來福前膛十八噸礮矮礮架滑架丙磨心一號此與甲磨心滑架同惟滑架邊楔與前後輇板間用鐵撐前後輇直徑皆二十四寸此架爲眞磨心式第三第四橫檔間釘有磨心板板中有洞配裝磨心　旋行滑架踸爾退行礮車踸爾與九寸徑矮礮架丙磨心同或置於後端或置於中段內其輪與牝簾如下　滾輇一面有三十五齒雙行牝簾礮料轂管內外皆有十五齒　通長軸排佛爾牝簾有十五齒通長軸斯不厄牝

簾有二十七齒　生鐵克埒蚩有礮料轂管周有二十三齒　斯不厄輪有六十二齒發動斯不厄輪之牝簾有十二齒同軸上排佛爾牝簾有十五齒橫軸排佛爾牝簾亦有十五齒　中段踸爾裝法如十一寸徑礮滑架式見九十四五圖件數均同至通長軸排佛爾牝簾爲止此外如通長軸斯不厄牝簾有二十三齒克埒蚩有二十三齒通長軸前端排佛爾輪作克埒蚩用有三十五齒一排佛爾牝簾銜於通長軸前端排佛爾輪有十五齒排佛爾牝簾軸有斯不厄輪有六十二齒　橫軸上有斯不厄牝簾有十二齒銜於斯不厄輪　此踸爾加

力如四十二・八與一比旋行退行皆同　十寸徑來福前膛十八噸礮矮礮架之滑架丁磨心一號如第九十一圖此與丙磨心滑架同惟滑架後滾輇直徑十八寸後輇板與滑架邊楔之間襯有三角鐵撐前輇板與邊楔間襯有賽皮扣木塊及鐵板欲令磨心合度磨心板釘於第四橫檔至木塊處　旋行踸爾退行踸爾與九寸徑礮丁磨心滑架同惟各輪與牝簾之齒有異其滾輇如圖甲有三十五齒排佛爾牝簾如乙銜於右邊滾輇有三十齒聯銜軸之埋脫牝簾有三十齒雙行牝簾有礮料轂管兩面皆有三十齒通長軸上之埋脫牝

窗如丙有十六齒斯不厄輪如丁有六十二齒雙行牝窗如戊銜於斯不厄輪一面有十二齒銜於曲枴軸排佛爾輪一面有三十五齒曲枴橫軸有牝窗如己有一十五齒旋行滑架踞爾加力如三十九・二五與一比退行礮車踞爾加力有四十二・七五與一比通長軸偏左　十一寸或十二寸徑來福前膛二十五噸礮開斯枚脫滑架一號如第九十二九十三圖與十寸徑礮開斯枚脫滑架一號同邊楔後端下並後橫檔上釘有一底板即釘於後橫檔後下邊角鐵轉脚上第三第四橫檔間有鐵牽條邊楔魚腹形最深處有二十寸後端

深十一寸半前端深八寸又四分寸之一邊楔丁字式鐵面闊六寸又四分寸之三　零件鐵插並孛勿軸與十寸徑礮滑架同　後輇以闌陶鋼爲之軸亦更堅不用螺套而用鄺脫鐵銷貫定之裝前孛勿所有角鐵木塊之鋒稜皆鏟圓如前十寸徑礮滑架然　如配愛爾斯威康潑勒色所裝零件與九寸徑礮滑架可調用其踏步板闊十五寸第五第六橫檔間有短踏板闊六寸此滑架有六橫檔如裝用水櫃孛勿除去第五橫檔更除去夾擠鐵條後橫檔上下角鐵鏟凹俾裝孛勿底座第二橫檔中間有洞爲挺桿進退之用第四橫檔頂略

鏟令孛勿裝更熨貼　滑架裝用孛勿兩旁踏板闊十寸所有零件與十寸徑礮滑架可調用即孛勿亦然轄轆四孔直徑・八寸即八分其底座與領及蓋以熟鐵爲之　末用退行礮車踞爾之前此滑架裝有兩個暴勒特在後橫檔兩端　轉行滑架踞爾退行礮車踞爾及兩邊裝曲枴與十寸徑開斯枚脫一號滑架同欲再添其力加一牝窗與輪併一者見圖戊裝於斯不厄輪與橫軸發動牝窗之間　輪與牝窗如下　兩礮料排佛爾輪如甲有十七齒釘於後滾輇　兩生鐵牝窗如乙有十七齒銜於滾輇　兩生鐵埋脫牝窗有十六齒以克

埒蚩銜之　一礮料克埒蚩牝窗如丙有十六齒　一生鐵大齒輪如丁有六十二齒　一中牝窗與輪如戊合鑄爲一其牝窗有十三齒其輪有四十六齒　一生鐵雙行牝窗其斯不厄大齒輪有十三齒排佛爾齒輪有十九齒　橫軸上有生鐵排佛爾牝窗有十九齒此與各式十一寸徑礮滑架均用三輇轆轤各軸直徑皆二寸又四分寸之三惟橫軸直徑二寸曲枴半直徑十六寸滑架旋行加力如四十二與一比礮架退行加力如五十六與一比　日後製造踞爾與九寸徑礮開斯枚脫式同曲枴裝於滑架中段　踞爾用一曲枴裝

於滑架後者如前式惟無雙行牝甯而有斯不戹牝甯如前圖已裝於礮料樞之短軸並不用橫軸與牝甯其礮料樞釘於後橫檔所有加力如前此用一曲枴裝滑架後指九十二三圖滑架而言如旁用兩曲枴柄裝有橫軸即如前說十一寸或十二寸徑來福前膛二十五噸重礮矮礮架滑架甲磨心一號此與上所說同其墊襯得相合高度如十寸徑礮矮礮架甲磨心式未裝踞爾已出有圖曲枴裝於架後　十一寸徑或十二寸徑來福前膛二十五噸重礮矮礮架滑架丙磨心一號如第九十四九十五圖與十寸徑礮矮礮架丙磨心同其旋行退行踞爾與九寸徑礮矮礮架丙磨心同

輪與牝甯如下　滾輇如圖甲甲有三十五齒　雙行牝甯如乙礮料轂管配聯銜軸兩面皆有十五齒　兩排佛爾牝甯如丙丙配通長軸有十五齒　斯不戹牝甯如丁裝於通長軸有三十二齒　克埒蚩斯不戹牝甯有礮料轂管有十九齒　斯不戹輪有六十二齒發動斯不戹輪之斯不戹牝甯有十一齒此牝甯軸上兼有排佛爾牝甯有十五齒　橫軸上排佛爾牝甯有十五齒　踞爾如裝於中段通長軸與牝甯等如上餘件如下　一短縱軸如己有鐵領鐵銷　一礮料克埒蚩如戊有十四齒並撬柄此克埒蚩配裝短縱軸而銜

於通長軸端斯不戹牝甯　排佛爾輪如庚有三十五齒有鐵銷裝於短縱軸之前端　斯不戹輪如辛有四十六齒　排佛爾牝甯如癸礮料爲之有十五齒與斯不戹同軸即扣銜於庚排佛爾輪配裝斯不戹輪有短軸有鐵領螺釘螺套　橫軸如壬與斯不戹牝甯如子有十二齒銜於斯不戹輪　發動暴勒特件如下　斯不戹牝甯如丑有十二齒有鐵銷貫定短縱軸之後端又一斯不戹牝甯如寅有十九齒與上牝甯相銜此即裝於暴勒特上　旋行滑架加力如六十六與一比礮車退行加力如四十七與一比　一短縱軸有兩樞裝

之一樞釘於後橫檔一樞釘於後輇板　一辛斯不戹輪與牝甯軸裝於後輇板上之樞暴勒特軸釘於後橫檔樞上　橫軸在邊楔上之礮料襯圈內距滑架後端六尺許　中段踞爾滑架每旁有一短木踏步並鐵踏步不用通長之木踏步　十一寸徑或十二寸徑來福前膛二十五噸礮矮礮架之滑架丁磨心未經造成其旋滑架機器圖樣均繪成待日後仿製　十二寸徑來福前膛三十五噸礮矮礮架之滑架丁磨心一號滑架造法暨踞爾機器與十二寸半徑來福前膛礮滑架恰同其轉動彎齒條釘處較高所用牝甯直徑因之改小

水櫃孛勿與十寸徑十二寸徑來福前膛二十五噸重礮之滑架孛勿同　孛勿座托有凹槽配裝抽水筩免有滲泄挺桿直徑三寸灌滿油十一軋倫有半韉韛孔徑有一百分寸之六十五　滑架旋行加力如五十七・三與一比礮車退行加力如一百四與一比　十二寸半徑來福前膛三十八噸礮開斯枚脫礮車退行六尺一號滑架與十二寸徑來福前膛二十五噸重礮滑架大略相同　滑架邊楔長十五尺半最深處有二十四寸用四橫檔兩底板兩輇板裝連　前輇以鋼爲之直徑十三寸後輇以熟鐵爲之直徑十八寸用鐵領

鋼銷裝於軸前後輇計距十尺　前底板第一第二橫檔間有螺釘處皆有長孔以便旋螺套之用　前輇板較低以免礮架孛勿鐵樞之礙第二橫檔下與輇板相遇　水櫃孛勿外直徑與小滑架孛勿同然抽水筩厚有四分寸之三長六尺六寸兩端皆有熟鐵座托挺桿有三寸半直徑韉韛孔徑有一百分寸之四十九油用九軋倫加油孔眼至油面深有三寸又八分寸之一其後座托有凹槽嵌緊以免滲漏　欲阻礮車後行滑架有閘住康潑勒色之鐵板四塊以像皮間隔而康潑勒色鐵條爲所撞阻其撞力在滑架右有重墜撬柄豎快

旋螺以管之欲令礮捶向前將康潑勒色之阻具放鬆祇將重墜撬柄轉向後可也　欲令礮車退後並令滑架左右移滑架下有軸兩旁有曲枴柄並輪與牝窗及軸以行動之也如第九十六圖　軸有雙行磨擦套輪之克埒蚩又有兩活動牝窗此兩牝窗可用克埒蚩扣銜於軸其一爲排佛爾牝窗扣銜於移動滑架縱軸端之牝窗此縱軸之前端又有一礮料排佛爾牝窗銜於開斯枚脫地面周環生鐵齒條以轉滑架其一爲斯不厄牝窗銜於前橫軸之斯不厄輪此橫軸兩端有特設輪配拖礮車斯泊落扣脫之環行鐵鏈鐵鏈圈即銜軸

端輪齒以拖令礮車進退　鐵鏈環於軸端斯泊落扣脫輪又環於滑架前輇板下之輪此輪裝於馬蹏鐵式凹樞內凹樞有柄柄有槽銜螺套可進退轉旋以伸縮鐵鏈此鐵鏈又經過礮架下你牝法之樞所以托起鐵鏈令上與輪齒相銜也　後橫軸之雙行克埒蚩以生鐵爲之其形似兩截錐而面相合內有槽以銜軸之長稜線是克埒蚩可左右移惟不能自轉須隨軸而轉也兩截錐形面相合成有深槽內有鐵條鐵條有兩凸齒所以扣於馬蹏鐵式黎佛孔內以便左右移黎佛用磨心法連於滑架後樞上　如是克埒蚩可隨軸旋轉與

黎佛不相關若黎佛左右移則克堦蚩乃隨與移也黎佛前端爲小馬蹏鐵式其間銜有螺套以橫螺軸貫之橫螺軸在滑架左旁有手柄以行之後橫軸之排佛爾牝甯斯不厄牝甯有截錐形凹處配克堦蚩兩端可隨黎佛以動排佛爾牝甯或動斯不厄牝甯其截錐形凹凸相銜之磨擦力是以轉旋橫軸以行踸甯凡牝甯於橫軸有螺領以限定之其時曲枴柄轉動如黎佛在中間時祇轉動後橫軸而排佛爾牝甯與斯不厄牝甯皆無關也若黎佛撬令克堦蚩擠入排佛爾牝甯則滑架爲之轉移或黎佛撬令克堦蚩擠入斯不厄牝甯則行

動環鏈使礮車進退也　螺軸手柄內有鐵板板內有鋼簧簧令指針隨螺軸轉向以進退滑架邊楔有小礮料樞樞有三條黑線整對甲乙丙三字指針對乙字則克堦蚩居中兩不相關指針對甲字即旋動滑架對丙字即進退礮車　礮車裝於滑架即將環鏈裝上鏈之兩端接成環用螺銷旋連欲將環鏈拉緊則馬蹏鐵式樞之螺柄襯以多層像皮圈再間以多層鐵圈然後螺套旋上令有寬緊凹凸力其旋螺套之具有特設斯攀納　旋行滑架加力如五十六・九六與一比礮車退行加力如八十六・五與一比　滑架後內側裝踏板

外後又有踏步　滑架前端兩旁有樞裝以便扣轆轤見前九十圖又有分度彎鐵條指針　十二寸半徑來福前膛開斯枚脫礮車退行七尺一號滑架與前異者以礮車退行加一尺也踸爾機器尺寸亦加長水櫃孛勿之抽水筩長七尺三寸油十軋倫其加油孔至油面空處計三寸鞲鞴孔徑一百分寸之六十五　他零件與前滑架同　十二寸半徑來福前膛三十八噸重礮矮礮架之滑架丙磨心礮車退行六尺一號與前退行六尺之開斯枚脫滑架同滑架加高燃放礮彈高過四尺三寸土牆　滾輪以熟鐵爲之直徑二十四寸前後皆同

滑架兩旁後輪間襯墊摔塊令前後得相合斜度踸爾與開斯枚脫滑架同克堦蚩橫軸在環鏈軸前且裝處更低　滑架兩旁懸有木踏步後左旁有小鐵踏步餘件同前惟無便扣轆轤此種高滑架裝彈藥時有令礮沈下之法　旋行滑架加力如五十六・七六與一比礮車退行加力如八十六・五與一比　十二寸半徑來福前膛三十八噸礮矮礮架之滑架退行六尺丁磨心一號踸爾機器零件皆與前丙磨心滑架同惟後滾輪直徑祇十八寸旋滑架之通長軸從克堦蚩橫軸向後行彎齒條裝於後輪軌道之後　旋行滑架加力

如三十七與一比礮車退行加力如一百〇五·七與一比　十寸徑來福前膛哮威責六噸重礮之滑架其邊楔為兩拼合之垢特鐵前段深十三寸中段深十八寸遞後皆同前有兩橫檔有頂板及底板相連中段及後段又有橫檔連之邊楔下面前中後三處裝以熟鐵墊準　墊準靠實於闊軌條軌條之用闊者欲令逾格堅牢並昂度極高時燃放免有損傷　磨心距滑架前胸四尺在前準中準之間磨心板從第二橫檔至中墊準旋行滑架用水師滑架所用之兩心滾輇滾輇裝邊楔前後端之樞其軸裝有襯臼可配鐵頭撬桿並用水

櫃字勿　礮臺小洞礮架之滑架　十寸徑來福前膛十八噸小礮臺洞滑架一號與十寸徑開斯枚脫一號滑架同惟用墊準加高六寸前輇直徑十三寸旋移滑架及退行礮車之跽爾亦相同　礮車之舉礮具用水櫃裝於中間是以滑架須兩旁裝字勿其式與官廠同轆轤孔徑一寸　十二寸半徑來福前膛三十八噸重礮之礮臺小洞滑架一號與六尺退行開斯枚脫滑架同式惟用兩水櫃字勿此字勿與同類礮之他式六尺退行滑架水櫃同轆轤孔徑·六五寸　現欲用張翕克埒蚩以代截錐形克埒蚩其意欲克埒蚩軸易於轉

動通長軸其轧甯凹體非截錐形而為圓柱式每凹處有兩條新月形鐵以磨心法連於橫軸之鐵領新月形鐵之近端以短鏈作箍又連於軸之凹槽內可動移之鐵梗而成活節軸槽鐵梗近端裝定於凹槽內圓鐵此圓鐵周圍有槽槽內嵌有鐵圈鐵圈連馬蹬鐵式撬桿即黎佛撬桿改置於後　撬桿行動克埒蚩橫軸鏈箍令新月形鐵伸張即銜於轧甯外殼隨與俱行其他克埒蚩法與前同

第九章　芒克蘆夫礮架並滑架

芒克蘆夫係魯脫納克納職新創車架之意其故有二一令礮

向前高過礮臺牆垣且退行令其低平便於裝彈礮手亦可避敵人直擊之彈一欲減礮回力且借其回力令於裝彈藥地步復能向前　芒克蘆夫借用礮回力法用平旋滑架將礮耳連於車轅置於旋架此架西名愛留阜脫此架在滑架上滾旋有特設新法能令至裝藥地步復至燃放地步又旋架前端墜有重物礮回力令旋架退行沈下則重墜之處因而翹起即有若干勢力藏蓄於重墜處第將重墜處略一加力則旋架復升舉向前復還燃放地步見後九十七圖　是則旋架可作頭等黎佛觀即橫擔法如秤一般一端有礮一端有重墜物其中垂心為力處西名輻爾

克㨯姆非同呆定燃礮時亦能順勢退行即可緩其激勢更有穩禦激力之法旋架彎度能順礮之退行勢力而重物亦順勢翹起其實旋架在滑架滾旋過半而後覺重物禦力由此退愈後則禦力愈多礮之回力亦漸減而止矣　欲礮捶向前其情形與上相反重物初起最著力迨礮漸捶向前則重物勢力亦漸減省旋架轅板彎度能令礮不猝然前衝　芒克釐夫礮架法有二種其一礮耳轅板與旋架分作兩件如第九十七圖其二礮耳即裝於旋架即愛留皐脫不復另用車轅見後九十八圖第一種爲七寸徑礮製用第二種不限定七寸徑礮用即名爲二號旋架

礮式	號數	份數	重數※ 噸	重數※ 擔	重數※ 廓脫	容積噸數 噸	礮耳軸心距地平數 燃放位置 尺	礮耳軸心距地平數 燃放位置 寸	礮耳軸心距地平數 裝彈藥位置 尺	礮耳軸心距地平數 裝彈藥位置 寸
七寸徑來福前膛七噸	一	轅板	一	一五	○		一一	○↑	七	一
		旋架	一四	一七	○					
		滑架	五	一三	○					
又	二	旋架	一四	九	二	一四、四八	一二↑↑	三半	五	八
		滑架	八	八	二	七、三九				
七寸徑來福後膛八十二擔	一	旋架	八	一九	二		一○	五又四之三	五	一半
		滑架	四	三	一					
六十四磅彈來福前膛五十八擔	一	旋架	七	一四	二	五、○二八	一○	五	四	九半
		滑架	三	一四	二	四、九二四				
九寸徑來福前膛十二噸	二	旋架	二六	一三	○	七、○○	一四	○	六	一一半
		滑架	一三	一二	二	一九、二五六				

↑放過九尺半高土牆或十尺高土牆

↑↑欲放過十一尺高牆

※賜爾在內

礮乘新法　卷二　十四

七寸徑來福前膛七噸重礮之礮轅板一號　礮左右耳各轅板以橫檔相連　轅板略似三角形每闊三寸半熟鐵爲其架兩面以半寸厚之鐵板鑲連其上角爲礮耳座襯有礮料座墊並有礮耳蓋蓋用螺釘旋住其前下有礮料襯墊之洞貫以軸與旋架即愛留皐脫相連其後角祇有熟鐵軸貫連轅板軸端有滾輇間以鐵領而以鐵銷定之軸中段上下面鑲有角鐵條用膝鐵鐵撐釘住於轅　橫檔以鐵板爲之用角鐵鑲連於轅前橫檔作垂線釘法後橫檔則平臥釘之　後橫檔裝舉旋架之具其件數則有一軸兩牝甯兩舉高彎齒條兩鐵鉤兩螺套一活姆輪輪上有兩磨擦套輪並一礮料齒條　活姆輪與兩手輪並閘軸手柄　舉礮彎齒條以磨心法釘於礮體礮右旁之彎齒條刋有分度轅旁有指針以指分度　舉礮牝甯軸裝於左右兩轅樞內其下橫檔中間又有樞以扶此軸軸上之牝甯銜於彎齒條彎齒條背後有管齒條之鐵條釘於轅旁軸之右邊有活姆輪銜於活姆軸軸裝於三樞一樞在前橫檔兩樞裝後橫檔　燃放時彎齒條放鬆約二度許活姆輪有康泡習脫其法見後第二號閘軸之手柄裝於活姆軸後但將手柄轉之則螺套旋緊於軸之鐵領以阻止軸

礮乘新法　卷二　十五

行軸既阻止則活姆輪與牝箒等俱停矣　後橫檔上有平臺人可立其上以安置礮向人即由轅後踏步以上平臺　愛留臯脫旋架如圖乙左右兩旁下有熟鐵箱連之箱內置重墜物愛留臯脫上邊有橫檔相連　愛留臯脫左右兩旁造法與礮車轅同其後彎處並有齒銜於滑架齒軌條燃放時令齒相銜緩行不使迅滾落後重墜箱計左右中三個當礮舉至燃放地步箱均停於滑架空洞中箱內裝生鐵塊並堅木如砝碼然重力須令得宜其由裝彈地步至燃放地步欲其舉重若輕無一毫呆滯愛留臯脫上角有礮料襯墊之洞而貫以

軸令與礮耳轅板相連軸末有雞骨襯圈以螺釘銷住　愛留臯脫兩旁有半橢圓形齒條銜於滑架上之牝箒即以手轉其柄而能令愛留臯脫進退也　中間之重物箱蓋面有彈槽以便裝彈　丙爲滑架有兩邊楔四橫檔一橫牽條西名斯堆一摩心十字撐有福蘭哑遲脚裝厚滾輇滑架楔上軌條鑲有扶鐵即滑架左右弧形邊旁是也爲管車轅滾輇之用且扶鐵下鑲有鐵壁以便裝孛留克踞爾等件孛留克踞爾阻止機器也滑架兩旁楔以垢特鐵條爲之長十六尺兩垢特外邊計距度五尺半第二第三橫檔爲鐵板用角鐵鑲於垢特鐵前後橫檔

祗以鐵板釘住後橫檔則平面裝之第一第二條有縢鐵鑲住　橫牽條以小垢特鐵爲之釘於邊楔下距滑架胸九尺半摩心撐爲一方鐵板四角相連之牽鐵條鑲連於滑架邊楔下鐵板中間有磨心洞洞頂即橫牽條磨心並不穿上　福蘭哑遲脚釘於滑架邊楔下前福蘭哑遲脚側向外以合軌道有礮料襯圈配裝滾輇軸輇以熟鐵爲之直徑十六寸軸用鋼　轅旁上扶軌鐵以角鐵爲之用丁字式鐵爲撐滑架鐵壁從滑架中間最高處至邊楔下爲一無蓋無底之箱釘於四牽條上其下脚有丁字式鐵條橫釘於滑架下以扶助之

滑架邊楔上齒軌即銜愛留臯脫之邊齒齒軌兩端皆有阻物以攔之　愛留臯脫於礮燃放退後時有孛留克踞爾管束不令回行向上孛留克踞爾在滑架兩旁左右各一副每邊有軸裝於鐵壁之礮料襯圈內每軸之內端有牝箒銜於愛留臯脫半橢圓形之齒條軸之中段有孛留克鼓貼鐵壁有閘齒輪鐵壁外之軸端有鐵臼爲鐵頭撬桿之用孛留克鼓及零件詳見下二號閘齒輪以熟鐵爲之閘齒之閘以鋼爲之後段接襯堅木　鐵壁前釘有可移動之閘板礮裝彈藥時可用以閘住閘板有鐵閂以螺釘貫之先將螺釘旋出則鐵閂

墜於彎形撬柄之短臂處又以螺釘旋住由是撬柄不能翹起磨擦之鋼件即放鬆礮可升舉向前矣　滑架胸前裝有裝彈藥用之踏步踏步釘於兩鐵條上左右近處各有踏步亦為裝藥彈人所立者踏步有磨心欲裝彈時可左右移攏合為一條當礮欲向前行則分移回左右厚處　左右鐵壁上皆有踏板有鐵扶手並有層級　止礮前行之鈎之彼端一段用鐵與像皮數層相間令得凹凸力以鐵管執其中間鐵管釘於鐵壁後角左右鐵壁皆有此鈎所以鈎住車轅後軸兩端不任礮過於捶前　滑架邊楔後左右各有暴勒特如鈎有

不應手時將繩穿愛留阜脫軸端之鐵環繫連於暴勒特暴勒特內有閘齒輪齒輪旋轉有扶軌鐵條上之閘條閘之如是暴勒特祇順轉而不能逆退　平地彎軌道一邊釘有小鋼條鐫有分度左旁後滾輇之福闌呸遲裝有指針燃放時照準望點認定鋼條分度接連燃放烟氣迷漫不能辨準或滑架移動祇依照前次分度燃放可也　滑架裝有旋行踸爾如下　滑架近左有生鐵樞內裝長短軸各一條兩條長短相接且令軸位置與滑架兩旁楔皆成角度前軸前端有十四齒之排佛爾牝甯銜於前輇軸之十八齒排佛爾輪短軸之後

端又有十四齒之排佛爾牝甯銜於後輇軸之排佛爾輪此輪有二十六齒此兩軸內端相遇處各有三十齒埋脫輪兩輪面相對兩埋脫輪間合銜一十五齒之埋脫牝甯埋脫牝甯裝於豎立之軸軸上端又有十五齒之埋脫牝甯為橫軸牝甯所銜而旋轉行之橫軸裝於滑架邊楔橫軸兩端各有斯不厄輪以牝甯並曲楞柄轉之　牝甯輪斯不厄輪皆有鐵皮罩遮蔽之銜前輇之牝甯輪亦然重墜物箱內並孛留克鼓內抹紅鉛漆兩次此外車轅愛留阜脫及滑架皆用普爾福特黑漆兩次其節骱相遇處則否　滑架磨心及臼先抹油然

後將平臺踸爾滾輇裝之　愛留阜脫裝上須令邊齒與滑架軌條之齒相合其重墜箱與滑架之間暫襯以木塊候箱口向上然後將車轅裝配軸抹以油　礮裝上礮尾用木塊墊高　重墜箱置生鐵及木塊令與礮重數相平乃將踸爾等零件裝上　七寸徑來福前膛七噸重礮車轅二號如第九十八圖　愛留阜脫以兩塊雙層轅式為之見前其中心架闊二寸半兩面鐵板厚八分寸之三此架下與重墜箱相連以鐵栓貫之愛留阜脫上角有礮耳洞裝有活動礮料襯管並有抽蓋嵌入洞之上口以螺旋住各礮耳旋有雜骨螺釘可穿以

阻礮繩索此種愛留阜脫無橫檔以礮居中爲大橫檔所以礮耳端有圓鐵板遮蔽以有雞骨之螺釘旋上此愛留阜脫無半橢圓形齒條以限礮而有定礮齒條在滑架上愛留阜脫有鐵條牽連之兩鐵條一端有洞以礮料爲襯墊此洞即扣於愛留阜脫邊旁所凸出之兩軸端此軸即穿貫重墜生鐵　欲升舉礮尾至燃放分度有擡礮尾鐵桿如第九十九圖內第一圖甲此鐵桿上端有環合礮尾鐵環如鉸鏈然用鐵栓貫定礮尾踏板亦貫其上鐵桿下端用磨心法貫定於夾鐵條名爲半直徑鐵條如叱叱此叱夾條彎向外其端即連於愛留阜

脫內側之軸上彼端裝連礮料棍如卯此棍即在滑架斜度軌道槽內滾行由是升降鐵桿礮可隨以進退燃放礮退時卯棍即由軌槽滾向後鐵桿即由升舉地位而退行平臥矣　滑架旁楔長十七尺左右外邊距度有四尺九寸又四分寸之一之闊旁楔以兩條產奈爾鐵條爲之深一尺二寸上下面釘以一寸厚之鐵板條　旁楔以三橫檔牽連橫檔用角鐵製成框而鑲以鐵板惟其中橫檔祇左右及下邊有框裝略低不與楔平而其下垂過其楔楔之前後更有槽式鐵橫牽條名西斯堆牽條中有磨心所以旋滑架磨心距滑架胸有十尺

九寸又八分寸之五牽條兩端有鐵板鑲楔下令更堅固　配滾軨用之福蘭呸邊即釘於滑架下邊無襯墊滾軨非截錐形以生鐵爲之直徑二十一寸　滑架楔上有齒條爲愛留阜脫滾行之用前言管束愛留阜脫不任過於前撞此齒條當礮升時直移前行有熟鐵板鉤住於滑架楔邊不致掀起齒條係上下兩層上齒可銜閘條裝彈藥時齒條與愛留阜脫皆停住下齒有牝甯銜扣祇將牝甯旋轉則下齒條行愛留阜脫亦行矣　欲止定愛留阜脫齒條無有呆滯每一齒軌前裝四礮料棍並鏟具鏟去棍與架之泥沙有牝甯在橫軸上

軸有孛留克鼓每楔旁一副由是愛留阜脫退後即阻止不翹起並前行至燃放位置亦爲管束不過於前撞也　孛留克鼓如九十九圖內第二圖甲爲生鐵外殼如甲中有生鐵閘輪如乙閘輪轉動與外殼不相關然必隨軸而轉四閘條如丁丁爲閘輪之用以磨心旋於甲外殼行動時似長短不齊每閘條有鋼簧在其背不令離開輪用二塊熟鐵圓板如戊戊以作鼓面略嵌進釘住　孛留克鼓外周環以磨擦鐵帶一端繫連滑架邊楔一端連於彎撬桿撬桿即於其彎處用磨心法定於滑架而撬桿一端有可移動之生鐵重錘以螺釘定

之重錘重數適合拉緊孛留克鼓之用俾孛留克鼓內閘條適閘住閘齒輪不令退後行礮退後並不翹向前行若撬桿重錘一端翹起則磨擦帶寬鬆孛留克鼓即旋行愛留阜脫升舉前行矣欲兩孛留克鼓同時行走滑架楔後裝一橫軸軸兩端裝彎撬桿此撬桿與一小軸相連小軸兩端有整飭螺捻與磨擦帶連重錘之撬桿接連祇將撬桿之彎向後柄一抽即舉起重錘撬桿放鬆磨擦帶且因橫軸相連此動而彼亦動也　有一斯不戹輪裝於孛留克鼓外同一橫軸斯不戹輪前銜轧甯輪轧甯輪之軸裝有活動之襯臼與閘以便用手轉動愛留阜脫也轧甯輪裝有手柄當礮向前臨燃放時先將手柄撬開舉礮之具俾燃放時易於迅退不致打壞零件轧甯軸上之閘兩面好用其時閘緊於閘輪則襯臼用鐵頭撬桿撬令軸轉以舉起愛留阜脫也孛留克鼓與轧甯輪皆有遮護之鐵板　軌槽如第九十九圖第一號叮其間夾有咖惃貫叱夾鐵條下端軌槽在滑架中間近後段處用磨心旋於滑架丁字式橫鐵條上　礮已安置欲得昂俯準度有一升舉彎齒條如戙裝於軌槽下之前段彎齒條爲磨擦輪如叱如抵並爲噴轧甯輪所升降磨擦輪轧甯輪皆裝於兩嘩鐵

板間嘩鐵板後端釘連於橫牽條前端釘連於垢特鐵如吁垢特鐵釘於中橫檔下轧甯輪在噴短橫軸之內端其外端穿出滑架右旁外端有活姆輪如吁此活姆輪用啞活姆螺軸行之啞軸係豎立用手輪轉之當燃放時彎齒條欲其迅下並令各件受激力稍輕則活姆輪用兩個截錐形兩小面相合而不相切如第九十九圖第一號哌哌隨噴橫軸而轉此相合截錐形輪外有厚鐵箍箍外有齒即爲活姆輪齒如吧兩截錐輪兩相切則齒箍爲其擠緊齒箍愈緊則彎齒條愈呆而不迅下矣截錐輪寬緊有哞螺套隨意旋之哞螺套外更有味螺套管之活姆輪截錐形塊外有分度表面滑架旁有指針礮車正臨燃放時表面旋至○度　滑架中間用木板釘於角鐵架上以爲裝彈藥時踏步此一種礮架納藥彈法較第一圖滑架更便其裝法不在重錘之上而在重錘之下彈先置於踏步角鐵軌上用轆轤鐵鏈移至礮門此轆轤懸於重錘處鐵鏈由是引至愛留阜脫楔上轆轤再牽至踏步外轆轤垂下滑架兩邊各有木板可置零件　滑架左旁裝有臺及梯臺上有暴勒特(繞䋲之具)並鐵環配扣轆轤繩索之用　滑架左邊前後輇裝有移動機器前後各不相連每滾輇上有排佛

爾輪銜排佛爾扎甯此扎甯短軸裝於滑架邊楔外孛拉扣脫即顫木之類凹處可擱軸猶樞也軸上端有排佛爾輪輪上銜有手柄以轉扎甯輪　滑架後左脚有指針滑架左右旋所以指磨盤軌上分度　七寸徑來福後膛八十二擔礮之礮架二號其造法與七寸徑來福前膛七噸重礮之架髣髴惟滑架邊楔用垢特鐵工字形深十寸邊闊五寸長十五尺三寸兩楔距數二尺九寸又四分寸之一其孛留克鼓祇有一個裝於滑架左旁愛留阜脫動止之法全恃包鐵頭撬桿插在孛留克軸兩端之盤車式孔而撬轉之　滑架滾輇直徑一尺八寸　六十四磅彈來福前膛五

十八擔礮之架二號造法與上同邊楔長數亦同深闊分寸亦然惟邊楔距二尺二寸又四分寸之一滑架祇有三滾輇後輇直徑二尺前兩滾輇直徑一尺六寸此滾輇不配橫旋倘欲其轉旋輇邊有孔以鐵頭撬桿撬轉之此礮架裝就燃放礮彈可越過九尺四寸高圍牆

九寸徑來福前膛十二噸重礮之架二號造法與七寸徑來福前膛七噸重礮架二號同惟滑架邊楔以垢特鐵爲之有十九尺寸九長十二寸深上下面有六寸又四分寸之三之闊每一邊垢特鐵下鑲以鐵板厚四分寸之三並工字中間豎鐵西名韋字鑲助寸半厚之鐵板

有六滾輇直徑皆二尺半其中段兩輇在磨心之前裝法半直徑線與後滾輇同輇之位置斜而不整故其行度與後輇同左右旋向器具裝於左旁前後滾輇與七寸徑礮滑架一般惟後輇轉動機器有克勒處前有扣物之虎牙式齒後有柄在扎甯軸上克勒處之齒扣於斯不厄輪而扎甯輪則扣滾輇克勒處在軸祇能進退不能轉旋以軸上有凸線相銜不能旋行也燃放時礮退後克勒處自能脫出與後輇不相關而礮架轉動祇動前滾輇也　舉動愛留阜脫器具之孛留克軸有斯不厄輪可以手轉之軸之有簧閘齒兩個可以閘本軸之斜齒輪不令反退礮退行時閘齒

抵住不行如愛留阜脫退猶未足則用撬桿撬扎甯以轉動斯不厄輪俾閘齒放鬆而愛留阜脫退下矣或愛留阜脫升向前有未足欲令其再向前斯不厄輪有鐵銷與斜齒輪貫連可用撬桿撬扎甯以轉之燃放時小心將此鐵銷拔去爲要　滑架左旁內側有小盤車用鐵鏈以起彈小盤車之軸端出滑架左旁軸端裝斯不厄輪及扎甯輪手輪相銜以轉也　滑架中段之下有盤所以受彈滾輇滑架後亦有盤所以置零件滑架之第二橫檔下有一像皮禦撞物所以禦愛留阜脫上升時撞碰也　裝藥彈之踏步與七寸徑礮架同踏步中

間有鋑鏈木門俟彈過到其下可由門取上也　此種礮架可令礮彈高越十二尺六寸高之礮臺圍牆

第十章　配旋滑架之磨盤並齒軌

木滑架　磨心在滑架中心其式照礮隊合用情形並配礮位方向之廣闊所在即如礮在開斯枚脫礮臺洞或在恩不賴樵即城垛間上無遮蓋則磨心須置於牆洞中即磨心在礮口下若無礮洞而升在平臺上燃放礮之地步廣闊磨心可置滑架中段或後段　磨心置中段最便於轉換方向磨心置後段最便於挨次攻擊平面　磨盤式挨甲乙丙丁記號配之　木滑架磨盤式詳下表

磨盤式	距滑架胸前尺寸 向後 尺	向後 寸	向前 尺	向前 寸
甲			三	一一半
乙			〇	二半
丙	六	九		
丁	九	九		
戊	一一	五半		
己	一三	八半		

以上所距遠近數而論甲磨盤當礮插向前時礮口下臨磨心乙磨盤之磨心正在滑架胸前丙磨心在前後滾輪之中丁磨心距丙磨心處後三尺戊磨心約在後轆轤之前己磨心約在後轆轤之後　磨心有實亦有虛虛者以意爲之並非實有其物除甲磨心外尋常實磨心配大礮用必有康潑勒色之壓水箭即如七寸徑來福後膛八十磅彈六十四磅彈來福前膛並十寸徑六十八磅彈光膛其餘皆尋常磨心以意爲之也　配光膛者實有磨盤有生鐵座子插以熟鐵磨心爲七寸徑來福後膛八十磅六十四磅彈來福前膛置於矮滑架有磨心板配裝丙丁戊己磨心法者另有生鐵矮鐵座插三寸徑熟鐵磨心　木滑架所用鐵軌以熟鐵爲之闊二寸又八分寸之七最深處深有二寸又四分寸之三上邊鏟圓其裝於地平者略高出地平其半直徑如下表

磨心式	半直徑 後 尺	後 寸	前 尺	前 寸
甲	一六	六	五	〇
乙	一二	一〇	一	一〇
丙	六	一	六	一
丁	三	四又四之一	九	三
戊	二	二	一〇	八又四之一
己	[illegible]	二	一二	一〇

熟鐵滑架磨心如下表

滑架式	距滑架胸前數 向前 甲 尺	向前 甲 寸	向後 丙 尺	向後 丙 寸	向後 丁 尺	向後 丁 寸
七寸徑七噸重礮	四	一〇又四之一	六	四又八之三	一〇	〇又八之一
寸徑十二噸重礮	四	八又八之五	六	三又四之三	一〇	〇又四之一
十寸徑十八噸重礮	六	六又八之一	六	三又四之一	九	九又八之五
十一寸試十[illegible]寸徑二十五噸重礮	六	四又四之三	六	三又八之五	九	九又八之五
二寸徑三十五噸重礮			六	一〇又四之一		
十二寸半徑三十八噸重礮	七	一〇	六	一〇又四之一	九	五半
芒克蘆夫六十四磅彈五十八擔重礮			七	五半	九	七
芒克蘆夫七寸徑來福後膛礮			七	七又八之三	九	九又四之一
芒克蘆夫七寸徑來福前膛礮一號					九	六
芒克蘆夫七寸徑來福前膛礮二號					一〇	九又八之五
芒克蘆夫九寸徑十二噸重礮					一二	九

丙丁磨心確有其具甲磨心則以意爲之甲磨心距礮臺牆外面或船旁外皮六寸計礮如行向前磨心距礮口十二寸惟三十八噸重礮則不然以三十八噸礮距牆外之面八寸距礮口二十四寸故也然亦有磨心距牆外面祗四寸者　除芒克聾夫滑架磨盤外所有實磨心有用九磅彈十八磅彈二十四磅彈生鐵礮礮口向上置一磨心洞板而以鋼磨心插入如無舊礮可用則新製一生鐵座子　此種磨心有三號其直徑照生鐵礮口爲之重五十一磅六十八磅七十二磅其用二十四磅彈生鐵礮管磨心直徑與十八磅或九磅彈礮

管之上段同是以磨心板可一律也磨心端有螺環可提挈也　芒克聾夫滑架磨心爲一生鐵座子埋於地平而以鋼磨心插入其中其一號磨心樸實裝於滑架磨心座之襯臼其二號磨心與常式同　熟鐵滑架齒軌條現配十寸徑來福前膛礮並十寸徑以上所用者改以鋼爲之　舊時熟鐵齒軌配木滑架用者橫剖面式相同深二寸又·二五闊二寸又·七八今所造者下底兩旁增有軌邊深四分寸之三如第一百圖一號

有礮臺用鐵路之軌條係出英國堪腦（官名）搿里斯之意此彎軌裝於鐵座鐵座釘於斯黎宇（即鐵軌下橫擱之木條亦有用鐵者）此斯黎宇以鐵爲之兩端彎下埋於地平更爲堅牢

十寸徑來福前膛礮並以上礮至十二寸徑二十五噸重礮所用軌條如一百圖之二號兩旁斜削其增有軌邊與前同其頂亦斜形特配截錐形滾輇惟甲磨心滑架後輇鐵軌頂不向內斜削以左右相近礮之滑架轉旋皆欲過其界而免有礙也磨心前軌今製特令相連下腳兩邊分寸與熟鐵軌同圖內二號由底而上至虛線深二寸又四分寸之一其頂面斜削形長有二寸又·四四軌條下除邊腳闊三寸·四八滾輇兩邊銜軌處略寬鬆約十分寸之一滾輇騎於鐵軌距軌腳有

四分寸之一　十寸徑至十二寸徑二十五噸礮之鐵軌下襯墊熟鐵板係囫圇一統非若舊軌兩端接處之各塊也是爲通長墊板其長與軌條同貫以鋼銷用熟鐵螺套旋緊於墊板　第一百一圖之鋼軌條下無邊腳用二寸闊之鋼銷於軌端銷住置於地平不用墊板此爲三十五噸或三十八噸礮用配甲磨心滑架之前軌道係一統其窄處後軌道有左右軌相交處下墊鑄鋼板　各彎軌有阻止滑架之物爲一螺釘徑八分寸之五其上端徑有一寸並高有一寸此螺釘旋定於軌腳其三十五噸三十八噸礮滑架彎軌之止物爲一熟

鐵塊埋於地平，與軌一律深，其高出滾輇邊有一寸又八分寸之一。　三十五噸、三十八噸礮滑架旋行之齒條以生鐵爲之，其半直徑如下。　開斯枚脫滑架退行六尺者半直徑十四尺五寸，　又退行七尺者半直徑十五尺五寸。　矮礮架之滑架爲丙磨心者半直徑三尺四寸·四七。　又丁磨心者半直徑五尺六寸。　此齒軌條釘定於地板，其齒與板平，然丙磨心配三十五噸礮滑架並毛耳塌地方露處礮架齒軌之齒高出於地平。　九寸徑以上礮滑架所用之指針所指分度軌條以雜質銅爲之，以木螺釘旋定於地板，若旋於石或灰泥所製之石，西名西們脫。用螺釘螺管，惟灰泥所成之石所用螺釘長至倍。即二寸　旋入石內螺管。　露處軌條分度從左邊起○度至右邊旋至盡限，若在礮臺洞有遮蓋之處，分度軌條有兩礮平行指針所指分度相同，其○度亦由左邊起，左礮彈出擊所在，即可算得右礮彈出擊所在。其分度軌條之半直徑如下表

滑架式	甲 尺	甲 寸	丙 尺	丙 寸	丁 尺	丁 寸
九寸徑來福前膛礮	二〇	〇	四	九又四之三	三	〇又四之三
十寸並十一寸或十二寸徑二十五噸來福前膛礮	二一	四又四之三	四	九又四之三	三	八又四之三
十二寸徑三十五噸來福前膛礮			四	九又四之三		
十二寸半徑三十八噸來福前膛礮回行六尺	一九	四又四之三	四	九又四之三	四	九又四之三
又　回行七尺	一九	四又四之三				

各式磨盤滑架軌條半直徑如下表

滑架式	甲 前 尺	甲 前 寸	甲 後 尺	甲 後 寸	丙 尺	丙 寸	丁 前 尺	丁 前 寸	丁 後 尺	丁 後 寸
七寸並九寸徑來福前膛礮	六	三	一六	六	五	五四之三	九	〇	二	三四之三
九寸徑來福前膛礮愛爾斯威式	五	五半	一六	六						
十寸十一寸或十二寸徑二十五噸來福前膛礮	八	〇	一八	〇	五	八	九	〇	三	〇
十二寸徑礮配毛耳塌扱不勞得用新造	七	九	一七	九						
十二寸徑三十五噸來福前膛礮					五	八				
十二寸半徑三十八噸來福前膛礮回行六尺	一〇	二	二〇	二	五	八	八	〇		八
又　回行七尺	一〇	二	二一	二						
芒克鳌夫六十四磅彈來福前膛礮					六	一〇	八	一一	四	八半
又　七寸徑來福後膛礮					六	一〇	八	一一	四	八半
又　七寸徑來福前膛礮一號							八	三半	五	八
又　又　二號							九	一〇	五	七半
又　九寸徑來福前膛礮							一一	一〇	六	二

七寸徑來福前膛芒克鳌夫滑架所用軌條與木滑架之軌條同，惟畧闊，其滾輇圓柱形，是以軌道亦平。　他種芒克鳌夫滑架所用軌道只用鐵板，並有止滾輇之凸鐵，後滾輇地板上嵌有分度白鉛彎條。

第十一章　熟鐵礮架並滑架裝用零件及保護法

裝零件法　昂礮之具盤車頭裝扎窩輪，須擠緊撬桿，祇將撬桿向後轉，便能擠緊也。活姆輪並軸照螺線順逆有左右之分，右順轉左逆轉，如開鐘表須照架上字碼裝配，向某方轉則升，向某方轉則降。兩邊昂具彎齒條上端刋有上字，庶無錯裝。如欲移去此具，其磨擦輪可不動，以其軸不能互換也。礮架若裝愛爾斯威康潑勒色，先裝弓形鐵鉗，見六十五圖巳　右鐵鉗較闊，熟鐵箝板之厚者置外層，其下有凹槽者

裝於前端（見圖末末）旋柄螺軸（見圖丙）裝入遇螺套螺套須銜螺軸而行乃將螺軸先轉兩圜週令至合宜之處視弓形鐵鉗上端端直爲度然後裝左邊整飭位置之軸（見七十圖丙）右撬桿（見七十圖人）左搖柄（見七十圖火）均裝上左邊搖柄照垂線約成四十五角度右撬桿成垂線度欲試其擠力何若視康潑勒色擠緊右撬桿如跌下過迅則必其擠力猶未足將左邊整飭之搖柄再轉緊之既轉緊而擠力仍有未足即將左右撬桿搖柄取出而於橫軸換一面裝進（撬桿搖柄之裝於橫軸俱有六角面相配之洞令擠未緊而換一面裝之便可旋緊）於是旋令緊切仍令右撬桿作端直形左搖柄在四十五

度　壓水櫃字勿欲裝於滑架（見八十圖）其水筩座托（見八十圖乙）須裝貼於後橫檔其蓋（見圖丁）裝整與橫檔上邊平不可高出橫線既裝成用騎跨鐵條襯以皮條在兩端用螺套螺釘旋緊欲連挺桿於礮架其挺桿一端須穿貫礮架下樞之洞挺桿端以螺旋緊旋既極緊復反旋半週令略寬鬆　裝配字勿時礮架向前不可到極前地步致轒轀儘貼水筩前端　裝旋礮器具於滑架莫便於滑架襯滾木令滾上前不令滾輇著地先將滾輇及相銜之排佛爾輪裝上乃裝滾輇之軸及軋甯然後裝通長軸克埒蚩（見八十圖三四）並斯不厄輪等再裝雙軋甯末

後裝橫軸各件次第用螺套旋緊再以鐵銷定之其中最要者輪齒不令磨擦其相銜處不可銜到底須相離八分寸之一許　滑架礮架之零件未裝時先須擦淨用蘭頁油抹之

保護法　各種螺套須旋緊各件相遇相銜處須加油不令有垢膩及鐵鏽　用時將各洞螺塞旋去洞必抹油然後以各具之螺旋上凡軸之節骱俱加油倘油孔阻塞以銅絲通之而後灌油　三十五噸三十八噸礮之滑架灌油洞眼在滑架後段內須揭開踏板然後能灌其尖錐形克埒蚩昂俯彎齒條銜接處並磨擦錐形輇

須留意不可有油及垢膩即牽連之轆轤亦然　礮架滾輇在軸須靈活無滯惟兩心輪扣緊而後在滑架滾行不用兩心輪時前輇懸空一百分寸之五後輇懸空十分寸之一其距數甚少礮架向前時與滾輇無涉是以前後輇之軸不可略彎也　礮架與滑架有欒撞物其相對之面宜整不宜偏否則欒撞物心慮有損也　礮向前時用後滾輇有開齒令開凹處爲穩　礮架裝水櫃字勿須有克立潑（見六十九圖亥）乃可燃放否則燃放時礮架受激力上騰也　昂俯具之磨擦輇有時因鏽呆滯須移出擦去其鏽　礮架之露處不常用者應將昂

俯具移動各件俱移去存棧、如軸螺套弓形鐵鉗康撥勒色螺銷等然亦須常常裝配令各合用各件發光處用牛油調白鉛粉搽之或茄瓢油調礦粉抹之此二物取其易擦淨也水櫃孛勿亦可移去存棧先將水箭之油傾去若隨時欲用者不必移去祇隨時擦抹而已　水箭有礮料頜見八十圖丑處有油滲漏須換一襯墊新像皮　水箭丁盞卸去後再裝時可用紅鉛粉或白鉛粉搽其接縫處不必用施廓德金類銲藥欲拆卸水箭無須將乙座托箭口戊護圈拆去其盞上之廓克見八十圖丑無須拔出　礮架退行所用之轆轤滑架轆轤不用時均宜解去存棧

此轆轤須常令清潔每三閱月須裝配試之　礮架滑架之大小滾輪並軸每月須除下擦淨抹以新油　欲除滑架前滾輪先將礮退後至阻止之處滑架下前橫檔之水櫃舉具即將滑架舉起半寸許而以物襯墊之俾前滾輪並軸可拆下　欲除滑架後滾輪將礮送向前即於滑架後滾輪板下裝舉具舉之乃可旋去後滾輪也　用時滑架爲礮架所磨擦之處須加油以便滑溜並可令孛勿行動勻稱天氣有乾霜重礮處尤須留意加油　三十五噸三十八噸重礮之滑架用截錐形克埒嵩銜斯不厄輪不必緊切將手螺柄旋動撬桿撬

令略向後許俾克埒嵩之著力不在截錐形之端也業已轉旋滑架或轉旋礮架則克埒嵩即撬開視手螺柄指針指到○度知克埒嵩適居中兩邊不銜扣也　如截錐形克埒嵩膠住將克埒嵩撬桿向○度退行或用木條在外擊動之便可旋出　後輇水櫃舉具不靈將木條敲激水櫃令箭內滯物流動甚或換新水箭　裝三十五噸三十八噸礮欲礮口昂起令礮架退行候礮架底板到滑架康撥勒色板條之上其底板下空隙處用木墊襯底板上又置滾木則礮尾著力於滾木而礮可昂矣　康撥勒色夾鐵條不可加油即小有鐵鏽亦

無妨如鐵鏽過多礮退行時或不勻稱則將鏽刮去之　礮架漆或擦去即當補漆以免鏽　重漆礮架滑架須留意其相遇相銜處如滾輪外周軋甯齒大輪齒並滑架上面磨擦及礮架之磨擦處皆不可加漆除礮耳盞磨擦滾輪兩心軸中段外其餘各件並雜質料滾輪須拆卸裝入箱內又可裝滑架零件並轉旋器具各箱用漆寫明所裝各件式樣並礮式與相配滑架等件　礮架雙層轅間滾輪處須襯以有洞之木塊前用輇軸貫之後用木栓貫之滑架之脚亦裝木塊以滾輪之軸穿貫之　滾輪如配轉旋機器則存於箱否則不必拆

卸水櫃字勿裝滑架有一木塊在挺桿上以閘緊挺桿不令退後即挺桿亦不致移動旋行機器長軸扣於滑架下其短軸裝箱踏步長板不動惟鉸鏈須扣住滑架有康潑勒色夾鐵條可不動移上與左右有木塊撑住不令活動

第十二章 轉運車

斯來特礮架並旋行滑架之轉運法　轉運斯來特木礮架路近而平者用軸穿貫前轆轤所有之洞軸上裝兩輪礮架後段裝於小車西名敵力車上有尾椿可套礮架後轆轤洞眼　此軸圜周三寸以鐵條爲之長五尺又四分尺之三重一英擔四磅裝有尋常襯墊鐵銷帶繩樞紐俱全輪係舊式直徑四尺二寸係特式其轂爲圓柱形輻直而非盆形輞加三寸闊之鐵箍每輪重一擔一廓脫二十一磅　小車重二擔一廓脫十七磅有一鐵軸有一軸扶有哀爾姆木塊有木潑鼠見前三十七八圖拖桿愛虛木斯堆即牽條　此種車有尾椿並鐵銷在橫枕上橫枕西名薄而斯脫裝於特式輪此輪爲盆形直徑二尺四寸每輪重兩廓脫一磅圜周有三寸闊熟鐵箍其潑鼠有橫柄可以兩人拖之潑鼠端有環可穿繩　轉旋滑架亦用此種物件其軸先穿貫鐵帶小車尾椿即爲滑架後兩楔

間彎鐵板洞所扣　熟鐵斯來特礮架不能用此具轉運若必運至他處惟有並滑架同運則可滑架本有鐵帶配轉運車架如第一百二圖其後有洞配敵力小車之尾椿如第一百三圖然架滑配有旋行機器即踞爾則不用此然亦有用之者惟鐵帶與洞均改去將轉運車架縛以鐵鏈彼端小車襯木塊亦縛住　運鐵滑架用四副車架見一百二圖其軸俱四寸方軸臂圓柱形軸之長短不同見下表

重數 磅	重數 廓脫	重數 擔	通長 寸	通長 尺	運各式滑架所用車架之軸式
四	一	三	三	七	九寸徑礮雙層轆板礮架之滑架或七寸徑並九寸徑礮之單層轆板礮架之滑架
六	一	三	九半	七	九寸徑礮雙層轆板礮架之滑架
五	三	三	八	八	十寸徑礮雙層轆板礮架之滑架
八	〇	四	一一	九	十一寸或十二寸徑二十五噸礮雙層轆板礮架之滑架

各副車架每軸端有鐧圈附有雞骨並轄轄軸之中段包鐵有環繫拖曳鐵鏈輪係舊式特造直徑五尺轂釭圓柱形輻直不作盆形輞闊六寸每輪重四擔一廓脫十四磅　敵力小車重七擔三廓脫有一鐵軸並軸扶哀爾姆木枕愛虛木福且爾斯三條見四十二圖辰即在軸扶木枕之間其左右福且爾斯捶向後有一橫檔前三端用鑊鑲於斯撇令脫牌見三十四圖丙　薄而斯脫木橫枕上有磨擦板並尾椿尾椿有鐵鈎鐵鏈牽連於中福且爾斯撇令脫牌有兩拖桿西名卸夫脫配一馬或兩馬是以備有橫桿西名星爾脫黎　輪係舊式二等直徑三尺輞箍闊四

寸每輪重一擔兩廓脫十四磅其轍距四尺七寸後福且爾斯橫檔繫拖曳鐵鏈鏈端有扣鈎鐵銷可扣連車架鏈圈　七寸徑並九寸徑礮滑架所用轉運車架足以轉運運礮之滑架此特緊急時偶一用耳　滑架懷根車名與攻堅懷根同惟外無附帶零件之具並無篷骨篷布

運礮車式有數種如下表

運礮車西名特勒掰式	重數 擔	重數 廓脫	重數 磅	容積噸數 噸	滾輇直徑 前 寸	滾輇直徑 後 寸	輇之轍距 尺	輇之轍距 寸
西印度特勒掰或小號	五	〇	〇	、五八	一八	一八	三	二
又　中號	一〇	二	〇	二、〇二	二〇	二〇	三	九半
又　大號	一七	二	〇	二、七一	二四	二四	三	八
五噸重礮所用特勒掰	一六	一	〇	一、八一	二四	二四	三	八
亖十噸重以下礮所用特勒掰	六一	一	〇	七、二五	二四	三六	五	八

特勒掰之輕者以英國獲克木為之其二十五噸礮所用者以阿非利加獲克木為之各種特勒掰即前後兩副車架聯而為一其上置平板足以載礮前車架有阻輪具西名勞克其輇與後車架之輇皆生鐵惟二十五噸礮車架之輇不用生鐵二十五噸礮特勒掰之後輇係新樣特設之輪其轂釭圓柱形其輻不作盆形轂有兩份轂釭與大穿連為一份小穿自為一份輞闊八寸前輇以木為之外包以鐵轂釭以雜質銅為之輪外周有八寸闊之鐵箍　特勒掰之平板以兩木板拼成又有一種以四木板拼成大號特勒掰與五噸重礮特勒掰之

平板上有鐵柱二十五噸礮所用特勒掰有兩木橫枕可以移動後橫枕為礮第二層箍所擱是以凹處深淺與礮相配　小號中號特勒掰以人拖行大號特勒掰裝有雙馬拖行之卸夫脫五噸礮所用特勒掰裝有單馬拖行之卸夫脫二十五噸礮所用特勒掰有兩副卸夫脫並凹得律掰橫桿添接者可四馬拖行軸轊鐧圈有環可配大繩鈎之用前橫枕亦有鐵環每後有阻輪之孛留克以木為之用螺絲可旋令寬緊如第一百四圖軸有鐵鏈曳有洛勒棍形所以擠緊輪輇輪後有鐵刮具刮去沙泥　駛樓為一無輇車在滾木上行走配運十八

噸以上重礮駛樓有兩種一配轉運三十八噸以下礮一配轉運三十八噸以下礮此外更有他式　駛樓以阿非利加獲克木為之或用梯克木有兩邊楔三橫檔貫以五鐵銷每銷距三十寸銷端用螺套旋緊邊楔端有鐵箍下邊鑲以角鐵駛樓有兩橫枕配擱礮口及礮蒂　每副駛樓發用時兼帶三阿非利加獲克滾木每滾木包以鐵箍箍上有洞眼為鐵頭撬桿之用此滾木長八尺直徑一尺　滾木下須用三寸厚鐵板襯墊駛樓計重五十九擔一廓脫半以容積噸數計之為一、三五　運三十八噸以下礮之駛樓工料與前同其所異者邊楔深十五寸前駛樓邊楔十二寸楔端有凹處可配升舉器具即嚼克此有四横檔而無横枕礮平臥其上兩旁以䡊襯住每駛樓用七滾木其三滾木直徑一尺長七尺有鐵箍每端有兩洞眼並有插鐵柱之鐵板其四滾木直徑八寸長二尺此爲滾行無礮之駛樓用 此駛樓重五十一擔又四分擔之三滾木重十一擔又四分擔之三駛樓與四短滾木容積噸數爲三•四〇六三長滾木容積噸數爲•五二五 配轉運三十八噸重礮斜上行之車架係兩份合成皆爲堅固鐵架其式略似歐鑑西名克留特爾後一份配擱礮尾横枕其下有兩生鐵輪輞箍較闊且有

槽既可行平地並可銜軌道行走轍距四尺八寸半並有孛留克阻輪之具 前一份置車架其輪與後輪同車架上有襯臼配鐵頭撬桿作凹得律掰之用其端有繩可以之整飭其行 如輪在軌道行走則克留特爾用鐵銷貫定於車架前不用襯臼撬桿而用鐵環以繫繩索轆轤 前克留特爾與後克留特爾相連用兩通長熟鐵邊楔兩端嵌於克留特爾之凹槽以鐵銷貫住邊楔兩端均有洞眼前後克留特爾距數可近可遠衹以鐵銷移插洞眼可也 斜上之路釘有木板有兩拖繩圜周九寸穿貫車架左右底此繩於車架上端繫住

以便拖車向上行 後克留特爾兩旁各釘一孛拉扣脫即縢鐵並活動轆轤即以拖繩繞過之此轆轤於拖上時繩即帶緊轆轤與孛拉扣脫相離若拖繩一放則轆轤即移近孛拉扣脫繩爲所擠而不能直溜下也孛拉扣脫與轆轤相對之面皆有凹槽以銜拖繩孛拉扣脫前後有管束拖繩之滾軨 兩活動轆轤有横軸相連軸左右端起有螺線右順左逆此螺線爲轆轤殼螺槽所銜可以轉旋伸縮軸之中段有輪以三圜鐵板爲之圜鐵板外周大半有齒令無齒處貼木板可以拖而上之 有重墜撬柄裝於軸令最後齒壓於板俾輪之無

齒處在板上拖行設或車架退下則輪轉而齒嚙木板以行輪隨軸轉軸端之螺絲在轆轤殼螺槽內旋出轆轤即擠緊孛拉扣脫繩爲所閘車架不能溜下矣欲車架拖上但將重墜撬柄逆轉則輪齒轉向上軸螺端旋入轆轤殼螺槽內拖繩放鬆仍可拖上也 阿侖式孛留克見六十二圖裝於後軨之後在鐵軌道可擠緊滾軨不令迅疾 以上各件重數 前克留特爾重五十一擔兩廓脫後克留特爾重四十八擔兩廓脫二十磅相連之鐵邊楔重五擔兩廓脫十三磅鐵頭重墜撬柄重一廓脫九磅

斯林懷根並卡脫。軍營所用斯林懷根、斯林卡脫、如下表、

式	重數 擔	廓脫	磅	容積噸數 噸	輪體 關徑式	尺	寸	林孛 關徑式	尺	寸	轍距 尺	寸
木斯林懷根一號配載六噸	三六	一	○	八丶二七	舊一號	七	六	舊二號	五	三	六	六
鐵斯林懷根一號配載七噸	四四	二	四	五丶五五六	新一號	七	六	新二號	五	三	五	一一
木斯林卡脫二號能載三噸又四之一	一八	○	○	三丶九五	舊一號	五半	六				五	九

除以上各件外、更造數種斯林懷根、配載十二噸重礮、又有數種、配載二十三噸重礮、近時不復造、棧房所儲、歸本廠用、　木斯林懷根、以獲克木為之、有一懷根體、有一林孛、　懷根體之件、中間用潑鼠、有二邊楔、有兩橫檔、兩襯墊、一

軸扶、其潑鼠邊楔、裝於軸扶上凹巢、令其面平、以鐵銷貫定、邊楔伸出於軸扶之後、潑鼠中段較深、下邊包鐵、潑鼠後端有尾板、板有鋼眼、以為林孛鈎用、前橫檔在潑鼠下、以騎跨鐵條銷住、橫檔兩端、在邊楔前端下、用鐵銷貫連、後橫檔於近軸扶略前處、釘於潑鼠邊楔下、襯墊短而低、每邊各一塊、正在軸扶之上、配裝橫臥盤車、西名韋唔特拉斯　軸扶上下均釘有鐵板、軸扶用鐵銷貫定於軸、並有騎跨鐵帶、西名猶克轉脚鐵條、西名克立潑　其輪為一等舊式、舊時輪輞、用數段相接之箍、今則用全周箍、每輪重六擔有二·四三廓脫、　盤車中段圓柱形、以哀

礮乘新法　卷二　一百十二

爾姆木為之、兩端八角形、有鐵箍、八角面均有洞、配木閂之用、盤車兩橫端、有閘齒法、有齒圈之鼓、鼓並有襯臼光圈兩個、此圈有臼有閘、並有齒圓片、並葛芹、凡圓柱形橫端有十字形凹槽、以十字頭之軸銜之、以轉葛芹之用、如此、或以軸心名之　鼓如第一百五圖之甲、八角形、以熟鐵為之、係兩半合成、其端之凹內、置三角形鐵塊、西名勒齊合成十字形凹槽、可於圖諦視之、鼓外束以齒圈、以釘定之、此鼓鑲接於哀爾姆木段端、用螺釘旋牢、　兩襯臼光圈、如圖己、此襯臼為攑桿之用、兩光圈裝於鼓、即在齒圈前後、兩光圈、用螺銷相連、光圈自能在鼓外旋動、光圈之間、有鈎齒、釘定於襯

臼處、有磨心墊圈、以鐵銷貫定之、如鈎齒逆行、即鈎住於齒圈之齒、令鼓並哀爾姆木段、隨之行矣、有此光圈法、盤車可一直順轉、　齒圓片如圖丙、外周之齒皆斜、其中間十字洞、裝葛芹、即盤車軸心　貼哀爾姆木段一邊、用螺套旋住葛芹之十字頭、此齒圓片、裝於盤車橫端、齒銜於鼓端、以螺釘貫住於鼓內之三角鐵塊、葛芹軸心、由齒圓片中穿出、貫入於懷根膝鐵上之礮料圈、用帽蓋以銷釘貫住、兩旁膝鐵、即孛拉扣脫　皆有鐵閘、閘住齒圓片、不令盤車反旋、　盤車中段有鈎、所以鈎礮之宕環、

礮乘新法　卷二　一百十三

西名斯林軸扶前後面及兩端皆有鉤或鐵銷配扣宕環鐵鏈如是以撬桿向礟後撬礟即賴以上提矣　一號盤車內齒輪用生鐵惟閘條用熟鐵齒圈較前狹半寸葛芹亦短半寸此盤車之異即於其齒審之以齒有彎形也懷根如裝一號盤車祇能運四噸又四分噸之三重物　懷根體有兩整飭車行之手柄潑鼠兩旁有阻輪之閘板西名勞克潑鼠下繫有鐵圈扣林孛之鏈其上又有鐵圈爲拖繩之用邊楔內側有鐵板板有槽扣克離脫扣繩之具可於槽前後移潑鼠又有零件所以裝輪鞋及鏈

林孛車有軸扶有横枕有三個福且爾斯有一斯撇

令脫牌其裝法如常式横枕釘有平直尾板配裝懷根之尾洞更有牽連鏈鉤在中福且爾斯其輪係戰場舊式斯撇令脫牌釘有一副單馬拖行之卸夫脫並雙馬卸夫脫且有凹得律掰星掰爾脫黎可駕四馬以行見二十二四圖其單馬卸夫脫並可駕兩馬拖鏈與扣圈銷子在軸扶後環　盤車外更有各零件一爲五寸圜周白蔴繩宕環環長十八尺一爲兩副鐵圈每副兩個一副十二寸徑一副九寸徑配套礟耳連於宕環一爲二寸半圜周黑漆繩長三十三尺配縛礟尾於潑鼠一爲愛虛木撬桿四條其間兩條每條連有二寸圜周十五尺長

之黑漆繩撬桿長俱六尺八寸横剖面橢圓形其端配裝襯臼處則方形其二號盤車撬桿方端漸上作橢圓形不若一號撬桿之橢圓陡作方形也一爲愛虛木閘掽兩個候礟提上車時所以閘定盤車一爲木克離脫並鐵銷貫連於懷根鐵板若以之運礟架則克離脫可管住礟耳座洞眼一爲星掰爾脫黎一號五條頭等輪鞋並鏈各一副　鐵斯林懷根如第一百六圖與前木斯林懷根式皆同　潑鼠與邊楔以垢特鐵爲之又以垢特鐵作横檔以連之邊楔後端釘於軸上潑鼠兩旁連有圜鐵梗以爲牽條西名斯堆軸條囫圇中段作半環形

有兩勒掰形口潑鼠之垢特鐵工字形下脚適鑲嵌於勒掰口內用兩銷釘令勒掰與垢特鐵下脚相連軸肩下有一凸塊即爲邊楔釘連處　孛拉扣脫以丁字形鐵爲之釘於軸肩上以爲盤車著力處潑鼠端有鼻並有洞眼鼻有兩勒掰銜潑鼠之葦孛而釘連之輪輞爲囫圇箍每輪重六擔三廓脫又、七八五轂之小穿與轂釭相平大小穿皆用熟鐵爲之　盤車與木懷根盤車同惟略長有鐵板保護之　孛拉扣脫上釘有帽蓋配受軸心即葛芹有鐵襯臼可裝鐵閘之軸　後軸兩旁有鉤或斯脫子以繫斯林宕環各斯脫子用克立潑法裝於軸、以螺釘旋住、潑鼠工字鐵兩旁空處、用木塡滿、以便紮繩、餘與木懷根同、惟邊楔無移動克離脫鐵板、林孛以鐵爲之、軸兩旁釘有相合之鐵板、而尾板鑲在其間、以螺旋住於軸尾板、左右用鐵板條釘之、釘於軸扶之面、福且爾斯有三條、以丁字形鐵爲之、釘於軸扶、而銷連於斯撇令脫牌、斯撇令脫牌以槽形鐵爲之、兩端用圓鐵梗牽連軸扶、以作牽條之用、軸扶上面加有闊鐵板、並有鐵牽條、牽連於中福且爾斯、其輪新式如礮車重輪、其大小輇用熟鐵、至鐵鏈等件、與木懷根同、

各零件與木懷根同、惟斯林圜周、爲八分寸之五、鐵鏈長有九尺、不用木克離脫、　斯林卡脫有兩長邊楔、其轟出處、即爲卸夫脫之用、邊楔平嵌於軸扶、有三橫檔、並兩鐵牽條以連之、斯撇令脫牌釘於邊楔下、右端轟出者、作爲凹得律掰配裝一星掰爾脫黎、以便雙馬拖行、邊楔釘有孛拉扣脫、與木斯林懷根同、又配裝盤車、軸扶後釘有鈎配扣斯林鏈、備有尋常鄉間所用之卸夫脫　盤車以外、每卡脫有斯林鐵鏈、有礮耳鐵圈、並撬桿閘條、如木斯林懷根、　有一愛虛木短棍（用以收緊）（繩索）二寸半圜周、十八尺至三十尺長、柏油繩並一號星掰爾脫黎一條、短木棍略彎、置於軸扶與後橫檔之間、

礮乘新法　卷二　一百十六

候礮尾提上時、或嫌繩索尚鬆、則以木短棍插入繩內而絞緊之、　一號卡脫祇能運五十六擔重物、盤車零件用生鐵、　工程車、前於第三款論及、有二等舊式輪、輪徑四尺二寸、軌距四尺三寸半、可載一噸重物、抹以紅漆、俾與手車有別、並備兩板條、以爲人拖之用、此卡脫重七擔、容積噸數爲一噸・七五、　手車與工程車同、惟略輕、用三等舊式輪、輪徑四尺二寸、軌距四尺五寸半、可載十五擔重物、車重四擔又四分擔之三、容積噸數、爲一噸・二五、並備兩板條、以爲人拖之用、此手車常裝一帕爾、（拖桿）又其端裝一短橫桿、可以人拖、　載重彈低車、以角鐵爲邊楔、襯以丁字式鐵、而其上釘以木板、其邊旁甚低、前用鐵板鑲其上、軸用三號有克立潑釘於邊旁下、輪係舊式、直徑四尺二寸、輞箍闊五寸、每輪重一擔兩廓脫二十二磅、軌距四尺五寸半、車前裝有帕爾、其端有橫柄、可用人拖帕爾、下有鐵撐、車後下亦有兩鐵撐、　車內橫釘木板條、以閘隔彈子、不令滾擊、且有送彈板、此板重兩廓脫半、　排洛手車如第一百七圖、凡礮隊處、或有礮之處、轉運十寸徑以上礮、所用彈子、則必用排洛車、七寸並九寸徑礮之彈、則用木排洛車、在礮房彈子房、各式重礮之彈、亦用此車、

礮乘新法　卷二　一百十七

配七寸九寸徑芒克鳌夫礮架所用彈子特設一種排洛車各排洛配各式彈用如下表

	軌距	容積噸數	重數
	寸	噸	磅
鐵排洛配運十寸徑來福前膛礮彈 三號	一九	、二一五	一六〇
又 十一寸或十二寸徑二十五噸來福前膛礮彈 三號	二一半	、二五六	一六五
又 十二寸徑三十五噸來福前膛礮彈 一號	二三又四之三	、二九八	二二四
又 十二寸半徑三十八噸來福前膛礮彈 二號	二四半	、二四七	二三四
又 七寸徑配芒克鳌夫礮架礮彈 一號	一七又八之七		
又 九寸徑配芒克鳌夫礮架礮彈 一號	一六又四之一		
木排洛配運七寸徑來福後膛至十二寸徑二十五噸來福前膛礮彈 一號	一四又四之一	、一二五	六二
又 十二寸徑三十五噸並十二寸半徑三十八噸來福前膛礮彈 一號	一九半	、二四九	一一二

除芒克鳌夫礮架彈礮所用排洛外其餘造法皆同兩邊楔以丁字式鐵爲之中段起彎向外令置繩或提挈皮帶其彎向外處可作手柄用其柄有護手鐵片見一百七圖乙横檔向下彎合於置彈之用前端有竪邊以攔住彈子邊楔之在軸處有扁鐵牽條西名斯推有四個礮料滚輇或輪前兩輪在牽條內輪徑六寸後兩輪在牽條外輪徑相同配十八噸二十五噸礮彈排洛輪徑十一寸配三十五噸三十八噸礮彈排洛輪徑十六寸　配七寸徑芒克鳌夫礮架礮彈排洛爲一彎鐵板彈皆縱排有一横鐵條管彈不令滚動彎鐵板釘於鐵牽條牽條釘

於鐵軸旁有鐵輪另有丁字式鐵手柄輪徑一尺六寸　九寸徑芒克鳌夫礮架礮彈排洛式相同排洛彎鐵板兩旁有凹槽所以管彈之斯脫子送至礮口彈上斯脫子合於礮內來福槽也其軸彎抱鐵板輪徑一尺八寸　配七寸徑來福後膛至十二寸徑二十五噸來福前膛礮彈所用木排洛有兩條獲克木邊楔以兩彎鐵作横檔前端鐵板長脚彎抱釘於兩邊楔彈即置其上見一百七圖　一鐵軸貫在邊楔下裝有礮料滚輇輇徑七寸輇周闊一寸半　手柄有護手片邊楔中段下有鐵脚　配三十五噸三十八噸礮彈所用木排洛與上同惟加大滚輇直徑八寸輇周闊三寸鐵脚較長可提高手柄距地平高二尺前端鐵板略異如彈有彈托容易送出左旁釘有二寸闊之皮帶右旁有扣具令管彈　載火藥排洛如下表

	軌距	輪之高數	容積噸數	重數
	寸	寸	噸	磅
藥棧轉運火藥之單層排洛 二號	二二	九半	、一七二	六九
又 雙層 一號	二〇	一七		一六〇
礮隊處轉運軍火有罩兩輪排洛	二二	三〇	、一八二	一一五
又 單輪		二〇半	、二八二	一一七
廠內轉運火藥排洛		一八		八八

火藥棧單層排洛與彈棧運彈排洛同手柄用礮料護手片一木横檔兩礮料横檔其中一横檔作軸用一號排洛無護手片此排洛配有肩帶便於推送

運藥雙層排洛爲有上下架上架闊大漸削至下作脚用滾輪以礮料爲之裝於下架內之雜質銅墊塊上架以雜質銅鑲邊角　有罩篷雙輪運藥排洛用獲克木爲之篷骨作半環形以哀爾姆木爲之頂用篷布其底用木板條其後門可抽移車內裝飾小零件以銅爲之有鐵軸有舊式輪鋼圈有環可穿繩拖行後有木脚單輪運藥排洛大致相同惟裝一尋常木輪　廠內運藥排洛長形無門前端不削而上有篷罩輪之圜周並轂以雜質銅爲之後有兩脚　可移行之火藥囤有柄係一大箱其頂如屋脊左右卸水有鉸鏈可揭開其旁裝有

環可貫以槓而肩之以行箱下有橫擱木　有裝滾輪之藥囤較上更大脊頂前後卸水有四小滾輪以哀爾姆木爲之箱前後有鐵手柄可提舁　雜用卡脫排洛運煤卡脫是一可俯卸之車其架用獲克木底鋪木板邊楔及前端有擱木有舊式戰場輪配有凹得律掰可用雙馬拖行能載一噸重物　粗卡脫與前同惟無邊擱木　鴨卡脫言其矮也以獲克木爲之邊楔及前端木板皆釘住惟後板可動移其體用兩層轉脚鐵板內外釘之令堅固其底用橫銷邊楔亦有銷而無軸以其底低近地平用二等軸臂由轉脚板旁洞內鑲入以螺套旋

緊輪徑四尺前端左旁有兩卸夫脫右旁有扣皮帶之鐵環用兩馬拖行　馬料卡脫爲一舊式輕車其架以愛虛木爲之其邊楔板用鉸鏈可開可合並有活動邊擱木頭尾板可移動輪係三等直徑五尺有一對裝住之卸夫脫用雙馬拖行右旁另有一桿配裝星掰爾脫黎　單層架排洛兩邊楔以愛虛木爲之有五橫檔以木栓貫定兩邊楔後端削小可以手執而推之　雙層架排洛較單層更大　薩克排洛薩克大袋也有兩邊楔有四橫檔前端有高鐵板車前下裝兩生鐵輪後有短木脚　運煤木排洛即尋常手車用單木輪有高邊楔前

端板釘住後端板可移動　運煤鐵排洛架以鐵爲之用單鐵輪有鐵皮煤箱　載草泥塊排洛爲一小車上置木籮其壁木通下爲脚

第十三章　小機器

轆轤繩索　有兩種一爲水師部式一爲跑脫威人名式各轆轤有單輪雙輪三輪之別水師部轆轤殼嵌繩者以哀爾姆木爲殼銜木輪或銜金類輪有鐵磨心並紮繩又鐵鈎繩眼鐵襯圈或繩環無襯圈其磨心貫輪而銜於轆轤殼中以便繩繞而轉其紮繩法西名斯不來斯將繩兩端在殼外互穿辮而紮之其鈎紮於上端其圈繫於下

端、跑脫威轆轤如第一百八圖有裒爾姆殼用單輇、或雙輇如圖己鐵磨心如辰有兩條或數條熟鐵條如丁條數襯輇有活節環如辛有能轉旋之鈎如丑鐵銷如卯更有小轆轤彼端更小有活節環襯圈銷子以爲繩索所繫之端大轆轤之繫繩法扣於卯摘子即磨心凸端轆轤殼有四鐵銷如丙熟鐵條由殼內穿貫而下各貼輇邊磨心即穿熟鐵條而貫滚輇俾不傷木殼與繩紮轆轤不同熟鐵條上端矗出轆轤頂作爲裝活節環之鐵環如圖丁是也鐵鈎於活節可旋轉近時製法更牢以其相遇處更闊更厚如轆轤下用環有襯圈則熟鐵

礮乘新法　卷二　一百二十二

條下伸所有活節襯圈裝法與上同金類輇今以燐雜質銅爲之如轂釭然其邊有字分別其磨心用硬質鐵亦有記號　轆轤不論何式而分別則在殼之長數尺寸其長數各鐫其殼上水師部轆轤單輇或雙輇自三寸四寸等至九寸爲止三輇自六寸至九寸爲止跑脫威轆轤八寸十寸十二寸十五寸十八寸者單輇雙輇或三輇皆有其二十一寸祗三輇有之也　便扣轆轤如第一百九圖即水師部單輇鐵包轆轤其熟鐵條之中段有鉸鏈法可開而以繩扣入不必將繩端穿入也　便扣轆轤有八寸十寸十二寸十五寸十八寸二十

一寸之別其二十一寸熟鐵條在殼內如跑脫威轆轤式十五十八二十一寸者今用燐雜質銅輇　木殼轆轤所用繩之粗細可照轆轤尺寸而得三之一爲繩之圜周數如十二寸則繩周四寸十八寸則繩周六寸　要緊轆轤繩索如下

一轆轤八寸長單輇單繩

一勒夫塔克兒八寸長單輇或雙輇柏油繩十拓圜周二寸半勒夫塔克兒即轆轤並高處繩索所以爲靠實繩根而用之也

礮塔克兒塔克兒轆轤繩索之總稱爲兩個雙輇長八寸水師部轆轤有白蔴繩長十二拓半圜周二寸半配七寸徑來福後膛礮並六十四磅彈光膛礮用或一個雙輇一個三輇長九寸水師部轆轤與十六拓長

礮乘新法　卷二　一百二十三

之白蔴繩圜周三寸配來福前膛大礮用　起重架塔克兒係兩個三輇長十二寸之跑脫威轆轤與十八拓長白蔴繩圜周四寸此配輕架用或兩個三輇十五寸長之跑脫威轆轤與十八拓長五寸圜周之白蔴繩此配重架用　喜合或作須有斯塔克兒係兩個三輇十八寸長跑脫威轆轤與一百十三拓長六寸圜周之白蔴繩或兩個二十一寸跑脫威轆轤與七寸圜周之白蔴繩喜合兩腳架起重便用也　裝二十五噸以下礮於開斯校脫備有一種轆轤繩索　欲舉起礮尾開斯開孛爾用兩個三輇長十八寸跑脫威轆轤其活節環亦係特設一活節

環配扣開斯枚脫頂上鐵環一活節環配用於開斯開孛爾孔眼用十五拓長六寸圜周之繩欲舉礮前段每旁用兩個三軬長十二寸跑脫威轆轤並十二拓四寸圜周之繩其上轆轤特有一活節鏈環可以轉旋所以連開斯枚脫頂上鐵環其下轆轤鏈環亦係特設接連他式鏈環即繫於短鐵絲繩宕環（西名斯林）鐵絲繩宕環之兩端孔眼襯有鐵圈鐵絲嵌於襯圈背槽內而絲繩之端又互穿而辮結之（所爲斯不來斯是也）宕環即套於礮口段礮尾所用轆轤繩索全副重四擔兩廓脫十七磅　礮口轆轤繩索全副重三擔一廓脫十五磅　鐵絲宕環

活節鏈環重兩廓脫七磅　今各項配用宕環（斯林）如下表

	用鐵鏈
舉十二噸礮一副塔克兒	一寸圜周鏈十二拓
舉十二噸礮一副塔克兒或十八噸二十五噸礮用兩副塔克兒	礮尾礮口所用並三角鏈環與活節二號如第一百十圖
	用白蔴繩
配開斯開孛爾礮耳或半重處舉起三十五噸或三十八噸礮　凡物分兩段每段重數適均即以每段之中爲半重處	十二寸圜周四尺四寸長其端裝有襯圖
舉十二噸礮用一副塔克兒　懸三十五噸三十八噸礮用於半重處	九寸圜周十六尺長其端裝有襯圖
懸十二噸至二十五噸礮用兩副塔克兒在半重處	六寸圜周七寸長其端裝襯圖
與上兼用舉礮帶	九寸圜周三尺長其端有襯圖
舉七噸重礮一副塔克兒	七寸圜周十四尺六寸長
舉五噸以下礮	六寸圜周十二尺四寸長

礮尾礮口鐵鏈斯林爲兩條尋常鐵鏈兩個三角鐵鏈環以二寸又四分寸之一圜周鐵梗爲之三角中尖處到底七寸又四分寸之三並三個活節鏈環其

圜周六寸者兩個九寸者一個各有二寸圜周之鐵銷並螺套計全副重五擔　礮尾斯林有一條尋常短圈鐵鏈圜周一寸又四分寸之一各端鏈圈更長圜周一寸又八分寸之三通長十二尺四寸　礮口斯林與上同惟各端有三長圈圜周一寸又八分寸之三並三短圈圜周一寸又四分寸之一其末一圈爲中數與上礮尾斯林末一圈同通長十三尺七寸又四分寸之一斯林用法爲舉起礮尾與礮前段令三角鏈環鉤塔克兒必須在礮之重心處　配十二噸以上礮每斯林兩端並三角環用短活節鏈環相連如圖甲兩個三角環

又用長活節鏈環相連如是礮可用兩副塔克兒以提起兩個三角環　若用一副塔克兒以提十二噸礮礮尾所用斯林如上礮前段斯林每端留餘四圈其第五圈用短活節扣連於三角環如是祇用一個三角環不復用長活節環也　克來麥盤車有一架一轉軸兩撬桿　架用兩直兩彎獲克木下端釘於阿非利加獲克木上端釘有橫檔兩直木釘於一橫檔兩彎木又另釘一橫檔以爲支撐之用其直木與下橫檔並阿非利加木作爲盤車座基橫檔有通長鐵銷牽連其下橫檔上有軸心襯臼其上橫檔有管盤車軸之瓦蓋如礮耳蓋

然轉軸以哀爾姆木爲之豎立於架之中間盤車軸下段錐形以盤繞繩索上段圓柱形周有洞孔配插撬桿撬桿以愛盧木爲之長十六尺此盤車西名喀潑斯且橫臥盤車西名韋呱鼠以鐵爲之有獲克木架此架在平地架之兩旁釘有生鐵孛拉扣脫兩孛拉扣脫間裝鐵鼓有零件以轉之兩孛拉扣脫用通長鐵條拉住　軍營用者有大小兩種小者鐵鼓可盤起二噸重物大者鐵鼓可盤起五噸重物　小鐵鼓可用一輪一乢甯或兩輪兩乢甯蓋用傳力之器多則力愈省其手柄照輪數易地裝之　新式韋呱鼠零件無論一輪兩輪手柄不必易地換裝其手柄拔長可用八人搖之　用一輪者所得加力猶二十四與一比用兩輪者加力猶七十二與一比　鐵鼓借用兩腳架舉起三十五噸三十八噸礮此用兩輪或三輪傳力兩輪所得加力猶四十六倍並三分倍之二與一比三輪加力猶一百四十與一比　三腳秦秦者起重架之三腳者也前用木今用鐵軍營所用見下表

鐵銷直徑	木料直徑	容積噸數	重數			秦式	
寸	寸	噸	磅	廓脫	擔		
一半	七	一、五七	七	一	一四	十八尺輕木二號	起七噸重物
二	九	二、〇七	一九	二	二六	十八尺重木二號	起十二噸重物
一又八之三	四半	一、二七五	一八	二	一四	十八尺輕熟鐵一號	起七噸重
二半	四半	一、三〇四	一八	三	一五	又　二號	
二	六半	二、〇七五	一三	二	二七	十八尺加重熟鐵一號	起十二噸重
二又四之三	六半	二、三一六	六	三	二七	又　二號	

三腳秦者用兩條長木柱鑲有橫檔似梯形西名妻克另有一撐柱一盤車軸一活節環並銷子管銷　撐柱與妻克以俄國松爲之其上端皆有鐵帽下腳鑲束鐵箍並裝錐形鐵腳活節環之銷貫連妻克鐵帽並貫撐柱上端鐵環即穿過鐵帽從右穿至左有管銷鍵住妻克下端有兩鐵橫檔相連將盤車先裝上即以盤車軸心西名葛芹裝於阿非利加獲克木克離脫生鐵座內此克離脫以鐵箍銷子釘於妻克上　活節環並銷子以熟鐵爲之轆轤鉤繫於活節環上其鉤尖向撐柱此盤車與斯林懷根或斯林卡脫之盤車同　一號輕秦生鐵爲之衹能舉六噸重物其閘條裝於妻克內側有襯圈之鐵磨心其零件如下　有兩個三輪十二寸長轆轤並四寸圓周之繩索四撬桿內有兩撬桿帶繩與斯林懷根盤車同三木腳座兩宕環西名斯林一條七寸圓周白蔴繩長十四尺六寸一條六寸圓周白蔴繩長十二尺四寸加重木秦造法與上同惟每妻克加兩個環箍人可攀附而上以料理轆轤繩索撐柱上端有雞骨環以爲小轆轤鉤之用盤車與上同惟裝軸心之生鐵座較大其零件則用兩個三輪十五寸長轆轤以五寸圓周繩拉起秦架一單輪八寸長水師部式轆轤二寸半圓周白

麻繩長七拓用以扯大轆轤繩索三木脚座與上同四撬桿內有兩撬桿各帶三條繩繩圜周較纔三宕環皆以九寸圜周白麻繩爲之一長十六尺一長七尺一長三尺其七尺三尺者端有鐵襯圈並用三寸圜周柏油繩圈襯礮邊宕環或以此繩繞於宕環之擱礮處一捆紮繩長十碼　輕或加重鐵桊如第一百十一圖其件數與木桊同其妻克與撑柱用熟鐵空心管上端及脚均用帽圈乘熱灑時束上其脚錐形撑柱上端彎俯彎端有一條實心熟鐵銘連於管端而劈分爲兩或叉形叉邊有孔用大鐵銷貫連於妻克如是無須用活節環

而轆轤鈎子即鈎於大鐵銷較活節環更高矣　撑柱下端帽圈與妻克同盤車軸心鐵座子並開條磨心座皆以鐵爲之此鐵座等抱妻克鐵管而以鐵銷貫住加重鐵桊無攀附之鐵環而其下加一條橫檔　每桊所用零件與木桊同惟加重之鐵桊另有八尺長撬桿配撑條之用無小轆轤鈎繩　一號鐵桊撑柱端直用活節環其加重之桊有小轆轤鈎繩此桊可改爲二號彎頭撑柱　木桊撑柱亦可改作彎頭　嵩合一作須有斯爲兩脚起重架木料爲波羅的海松配十二噸礮所用者有四十尺或四十五尺長四十尺者中段直徑十六寸四十五尺者中段直徑十七寸配二十五噸礮所用者有四十五尺或六十尺長中段直徑二十寸每架有一條釘有哀爾姆木克離脫以爲踏步配三十五噸並三十八噸礮用者木料有七十尺長直徑三十寸　哀爾姆脚座有繩環配嵩合脚之用左右牽繩各有蟹形盤車西名克來孛略撇斯登　更有蟹形盤車爲拖轆轤繩索之用

配舉七噸重物更有一種嵩合木料長四十尺頂用轉脚插銷之大鐵銷上有活節環配扣轆轤繩索又有兩活節爲牽連繩索之用　每柱裝有鐵帽蓋有銷貫住上下端另有鐵箍箍旁有橢圓環配繫牽繩下端脚

箍亦然此嵩合重三十一擔又四分擔之三　若欲舉二十五噸以上礮之嵩合有兩副大轆轤繩索各有克來孛盤車其上端不用繩索紮住而用橫檔有大鐵銷貫兩柱上端鐵銷上可勾以兩副短鏈鐵鈎以爲兩轆轤鈎之用兩鈎間有配牽繩之活節環　牽繩係鐵絲所成長三十尺各柱兩端皆有兩環之鐵箍　配舉十八噸二十五噸礮所用重嵩合零件如下　鐵鏈兩條圜周一寸半長十二拓半兩端有六寸圜周之鐵圈配鈎或小鏈之用又鐵鏈兩條長十二拓半用活節環繫連所以牽扯五寸半圜周之鐵絲繩計六段每長三十

尺各端有繩眼襯圈有八個活節環與鐵銷四個大活節環用以扣繫十八寸轆轤　又喜合端頂備有九寸圜周宕環繩眼襯圈　配三十五噸三十八噸礮有四條鏈圜周四分寸之三並鐵圈為繫連處用有兩鏈圜周一寸半長十二拓半又有兩鏈圜周一寸各有活節環並襯圈配扣二十一寸長轆轤鉤為繫連牽繩並大轆轤　牽連所用七寸圜周鐵絲繩計八段每段長三十尺各端有繩眼鐵襯圈並十個活節環與鐵銷　特立克小起重架配舉起重喜合之用有一木柱長三十五尺下端直徑十二寸脚有座子轆轤繩索等　配舉三十

八噸礮之具一號此具有兩種一為著名斯里瑪胖引得式為低頂礮艙用以低處不能用高脚起重具　又一種為吼斯脫開斯爾式用於尋常樂炸彈礮艙並在曠野處用　斯里瑪胖引得有三鐵板釘於礮艙頂適在兩礮耳並開斯開宇爾處此鐵板裝舉重具　舉重具有三條麤螺柱每螺柱有球形螺套三條彎銷子騎跨式各有錐形螺套有三塊磨擦鐵板　每螺柱穿過頂上鐵板用球形螺套旋於其上端此螺套貼鐵板以銷子貫定不令隨螺柱轉動螺柱下端穿過磨擦板之洞此板貼定螺柱下端球形螺套由此板懸一騎跨式彎銷子銷脚穿磨

擦板兩洞而上用尖錐形螺套旋住此彎銷作宕環形可擱礮耳及開斯開宇爾如不用螺柱時有鐵板擠於彎銷內不任磨擦板墜下　欲舉礮位先將大螺柱裝於頂上鐵板洞如上法將彎銷子扣擱礮耳並開斯開宇爾彎銷子所穿磨擦板用下螺套旋上於螺柱將下螺套旋轉則彎銷亦隨旋而上令礮口略俯俾彎銷扣開斯開宇爾更將螺套旋轉使礮尾上升　壓水櫃噲克舉重具礮口下置兩個舉十五噸壓水櫃噲克此噲克有特設座子將礮口裝於噲克螺柱上令礮耳及開斯開宇爾同時升舉　吼斯脫開斯爾式有一木架擱一

條熟鐵空心橫槓礮即懸於此槓　木架兩旁柱相距八尺七寸其頂用橫檔拉住　每邊用兩條十寸方梯克木下端裝於熟鐵座凹處上端同鑲扣於熟鐵橫檔內兩柱前後距二尺半寸令方形鐵槓兩端矗出可上下行　方鐵槓以熟鐵為之長十一尺三寸中段彎向上以合礮體此橫槓懸於鐵橫檔下之直長鐵梗用三寸徑五尺長之螺柱穿過上端橫檔上之堅鐵板而以球形螺套旋牢於螺柱上端更用扁螺套加旋緊切此螺柱下穿方鐵槓洞又以球形螺套將螺柱下端旋牢礮在方鐵槓懸宕法用兩宕環擱兩礮耳宕環兩端

穿由方槓而上以球形螺套旋住　欲舉起礮位方槓之端用一副能舉二十二噸半重之水櫃嚙克大螺柱下端球形螺套逐層漸上視木架兩旁分度條分度均平否水櫃升舉時有木架扶助隨以木塊襯墊架脚礮艙頂面如裝磨擦板則木架木塊可無須矣裝法與吼斯脫開斯爾同　舉物嚙克軍營用者有數種　一爲舉物螺柱有開有搉桿　一用齒條（西名而拉克）牝甯輪　一爲海律嚙克　一爲坦齊水櫃嚙克　有螺柱之嚙克前於攻堅礮法詳之矣可舉五噸重物　齒條牝甯輪嚙克如第一百十二圖之甲有豎立齒條其舉重

力量猶之螺柱頂起重力量或在其下端有脚伸出而提舉之力量此齒條在哀爾姆木塊內有相銜齒具以外邊曲柄轉動之可舉三噸重物　海律嚙克如一百十二圖之乙有一螺柱在哀爾姆木內其力量升舉法與上同其螺柱穿過螺套螺套上有活姆輪輪銜雙線活姆軸用兩手執之柄以轉動之可舉二噸至十噸重物　水櫃嚙克今營中所用有三種即照其擔當力量數而名之一爲七噸半嚙克如圖甲一爲十五噸嚙克如圖乙一爲二十二噸半嚙克如圖丙　各嚙克有以下要件如第一百十三圖一而藍姆如圖甲而藍姆水

箭如圖乙水櫃如圖丙抽水箭如圖丁各種式相同惟大小有差耳七噸半及十五噸嚙克抽水箭相同二十二噸半抽水箭裝法略異　以下所論十五噸嚙克又配七噸嚙克之用　而藍姆以熟鐵爲之形似圓柱其下脚橢圓形　水箭以生鐵爲之套於而藍姆令上下行其下端有脚爪伸出可提舉重物上行箭內底有凸鐵以螺旋住有凸鐵銜而藍姆凹槽不令水箭旋動欲令水箭間之水不於而藍姆四旁流洩則而藍姆上端套以皮帽如甲圖之戊用一塊墊鐵片以螺釘旋住於而藍姆頂上　水櫃以生鐵爲之上端横剖面方形

下端裝緊於水箭之頂上用壓水力法送入箭口令緊切櫃頂用帽蓋以兩螺釘旋閉之此帽蓋所以擔當重物觔兩帽蓋邊旁有小横螺釘旋閉水孔欲行動嚙克先將螺釘旋出令空氣入內今新式嚙克水櫃旁另有灌水洞有螺釘塞住其所擔當力數在雜質金類條上分度審明（如看秤然）　向來嚙克帽蓋有螺絲旋於水櫃上水櫃有螺絲旋於水箭上七噸半嚙克水櫃以生鐵爲之水箭用熟鐵抽水箭以雜質金類製成旋於水箭頂上七噸半十五噸嚙克抽水箭有兩式近來抽水箭放下重數之法亦在抽水箭內皆以抽水箭搖柄爲之（順轉）

（水由櫃而下、逆轉水由筩而上、）舊式抽水筩放下重數法、另有螺塞爲之如甲圖戊、　乙圖內抽水筩係新式、上端內有潑命稠、如己、可上下行、作轆轤用、抽水筩中有管通至下空處、如庚空處有辛扇門、水可衝下、此扇門尖頂扇門爲鋼簧挺起、則尖頂適塞住抽水筩中管之下口、鋼簧中有一鐵梗、上穿至管、令簧不偏倚、梗上起有長槽、令水通行、鋼簧裝於螺塞、旋於抽水筩底、此螺塞中有孔眼、水仍可通抽水筩中段空處、有管與小空處相通、此小空處有進水扇門、如子、此子扇門亦尖頂向外、有鋼簧挺住扇門口、有一鐵紗帽、所以攔沙泥等垢、　潑命稠行法、水櫃外有曲枴柄以行之、潑命稠上端有鐵梗、直通帽蓋下空處、令不搖側、如甲圖、潑命稠周圍有皮襯圈、令抽水筩與水筩水不相通、　水櫃用密剔留脫酒水、（酒一分劑水二分劑用酒所以免凍）　乙圖己潑命稠上段貫以橫軸、軸有凸塊、如兩心輪法、能令潑命稠下上行、潑命稠上升、令水櫃內空氣壓力壓於水上、子扇門即向裏開、水即衝入抽水筩內、更令潑命稠下降、水力由抽水筩壓下、開辛扇門、水盡趨下水筩矣、下水筩既擁擠容積數漸加大、而藍姆又不讓水以餘地、則水著力於而藍姆、即擡舉水筩上升、計其升舉力量、較勝於潑命稠下壓

之數、（照而藍姆面積與潑命稠底面積之比例）顧嚼克升舉過高、恐水有旁溢、猝然落下、致損其具、是以近抽水筩下腳之下、水筩有洞、水溢至洞、由洞迸射、水不能過溢抽水筩、仍下銜水筩、以蔽其洞也、　欲嚼克下降、須令下水筩之水回至水櫃、其法如下、　軸之搖柄略爲拖出、令搖柄轉旋時、不礙於水櫃外之限定凸鐵、今既不阻礙於凸鐵、則軸轉旋可過常限、潑命稠即逾限而降、壓下鋼簧內之扇門鐵梗、使辛扇門下開、而水即激射上噴、水由下水筩回至抽水筩、而入子扇門空處、由空處經過丑路、沿潑命稠邊槽、回至丙水櫃、　凡升舉嚼克而動搖柄、有水櫃邊之凸塊、所以限阻搖柄、不令軸旋過度、致潑命稠壓下鋼簧內之扇門鐵梗、以開辛扇門、又不令潑命稠旁槽下與丑水路相接、誤令水通上行、　欲令抽水筩內潑命稠下降、不令逐水至下水筩、另有妙法、以潑命稠中有空處、如寅、空處上通小管、如卯、直達水櫃、此空處底有螺蒂、旋住螺蒂中有小孔、通水空處、有兩頭尖銳之活動塞門、能上下行、　潑命稠上升時、中空處底孔爲尖塞門塞緊、則空處水不能下行、潑命稠下降時、中空處之塞門反激而上、以塞空處上孔、水亦不能上通、若將搖柄緩緩撳下、則潑命稠內塞門不激而上、

塞門反爲下水所挺而開抽水箭之水由塞門四周緩
緩上行以達水櫃如是滃命稠緩緩而下水不著力於
而監姆侯滃命稠下遇鋼簧內之鐵梗以開辛扇門而
放水上行則嚌克自下降矣　舊式抽水箭甲圖七嚸
半嚌克舉重物法與上同惟無滃命稠下降法讓水至
水箭辛扇門係盃形有皮襯墊滃命稠又係實心也
其下降法用螺塞如甲圖戌此螺塞橫入塞於下水箭
頂之孔眼其外端用搖柄旋出之可令水上升至水櫃
二十二嚸半嚌克抽水箭在丙圖內詳明其出水至
下水箭之扇門如辰與他嚌克水上下行法同進水扇

門如午乙圖作子在滃命稠中　滃命稠內有空處如巳空
處上有短水管左右通有橫管管通出滃命稠外之凹
槽其空處有進水扇門如辰扇門尖頂連有槽之鐵
梗此鐵梗居滃命稠之中可上可下　扇門易於上下
行滃命稠上升時水沿滃命稠外槽而入橫管至巳空
處直下至水桶滃命稠向下降時扇門爲水激而上升
扇門尖頂將上管口塞住水便不能上通於是抽水箭
浮舉而嚌克升矣　欲嚌克下降無他法祇將滃命稠
緩緩下壓扇門之鐵梗滃命稠邊旁凹槽下至抽水箭
內寬處下箭之水即因辰扇門爲所壓而開下水湧上

至抽水箭寬處由滃命稠邊槽通至水櫃無須由滃命
稠中心經由橫管出去否則下水向滃命稠中間上行
將午塞門上挺閉塞上口水既不能出嚌克亦不能升
也進水水由滃命稠中行出水水由滃命稠外行　搖柄軸橫貫水櫃欲其水
不外漏軸之出櫃孔處襯有雜質銅墊圈並加皮圈嚌
克下降所用螺塞如甲圖戌亦用墊圈皮圈以免水洩水櫃
之納空氣處亦用襯墊　最易窒礙之皮襯圈如而藍
姆面皮帽欲更換者祇將水箭凸鐵之螺絲旋出則凸
鐵不與水箭相連即可將水箭取下以換皮帽　滃命
稠下腳周圍所襯之皮圈欲更換先將水櫃上端帽蓋

取去又將橫軸螺釘旋出並雜質銅墊圈皮圈均取去
軸可拔出則滃命稠可取出以換皮圈即軸上之皮圈
亦可換也　舊式水櫃內欲換出水辛扇門處之皮墊
先照上法取出滃命稠用起螺具一名斯攀納一名湯美　取出抽
水箭將抽水箭下端螺塞旋出則扇門與鋼簧可料理
矣　嚌克如有不靈可將搖柄迅轉以木桿敲櫃令激
動抽水箭內滯垢可復靈也　欲移置他處先將水櫃
空氣洞螺塞旋緊將水箭套下而藍姆令水盡趨水櫃
水櫃嚌克之水常須滿足若空無酒水恐皮墊等乾
燥不能用也　嚌克須隨時修整且每歲移動有一定

時候否則水箭與而藍姆鐵鏽易於膠住、寒天遇急用、水宜移置煖處、免冰凍鐵漲之弊　十五噸嚼克有可移之墊座、有四螺旋定此嚼克、與二十二噸半嚼克皆有鐵手環、　嚼克重數、　七噸半者重八十九磅、十五噸者重一百二十六磅、底座重四十七磅、二十二噸半者重一百六十六磅、

第十四章　零件

十寸徑以上礟架所用撇拉脫方姆、前段左右皆裝兩個五寸長之錘成生鐵便扣轆轤、並雜質銅輇、此爲裝藥彈而設、　礟照拔孛脫法裝者、不用轆轤、拔孛脫者礟在平臺露處可左右轉向也裝藥彈時、礟車在滑架、有路可以退行轆轤即紮於低坦處左右壁貫繩以拖之、　此二號便扣轆轤、大小製法皆同、邊有鋼簧以管繩索、見九十圖轆轤殼製法特異、礟車進退、不令繩索與架磨擦、　一號轆轤則無此法、　洗刷前膛礟膛之刷、帚其頂尖形、以哀爾姆木爲之、用巴西欆、加海膠嵌於各槽、其桿前削、帚與桿之長數、如八十磅彈洗礟桿、若配較大礟用者、桿加長十二寸、並可配八十磅彈六十四磅彈礟用、其爲三十八噸礟用者、桿長十九尺、以美國吸廓留木爲之、重四十八磅、　營用洗礟水桶、以木爲之、有繩爲耳、　田雞礟罩以不漏水之篷布爲之、　洗礟海絨桿、平時用篷布帽、有帶縛之、　彈藥裹袋、有一號至七號、並有自甲至庚字號、配光膛礟、來福後膛礟、陸路來福前膛礟、至七寸徑、皆以皮爲袋、用銅絲縫成、袋有皮蓋、有包皮之繩襻、配來福前膛礟用者、加以皮帶、並銅釘、有兩繩襻、　配各式礟用如下表、

號	礟式	重數 磅	兩
一	十寸徑光膛　十寸徑並十三寸徑田雞礟	三	一二
二	七寸徑來福後膛　六十八磅彈五十六磅彈光膛	五	一〇
三	八寸徑光膛	四	〇
四	三十二磅彈五十六擋至六十三擋光膛　四十磅彈來福後膛　六十四磅彈並八十磅彈來福前膛	三	〇
五	三十二磅彈三十二擋光膛　二十四磅彈五十擋並四十八擋光膛	二	一二
六	八寸徑並五寸半徑田雞礟	二	四
七	二十磅彈來福後膛並二十四磅彈以下光膛	二	五
甲	七寸徑來福前膛　今因藥彈多加長四寸	五	一二
丙	九寸徑來福前膛　乙字號配八寸徑前膛	七	五

十寸徑以上來福前膛陸路礟之藥裹袋、以克拉克生料爲之、袋加兩手襻、以便橫提、其配用如表、

號	礟式	重數 磅	兩
丁	十寸徑來福前膛十八噸	九	八
戊	十一寸徑來福前膛二十五噸	一一	九
己	十二寸徑來福前膛二十五噸	一〇	三
庚	十二寸徑來福前膛三十五噸	一一	〇

來福後膛門劈洞罩、以篷布爲之、令不漏水、以斜紋呢襯之、先罩於哀爾姆木塊、置洞內、而外以皮帶扣定之、　裝卸礟位所用否特、或圓、或方、或斜劈推式以獲克木爲之、否特有繩襻、印有字號、配某式礟用、　福爾克命姆、即福爾鏗、搖榥桿著力處之墊塊　以哀爾姆木爲之、長二十四寸、厚八寸、闊十二寸、　七寸徑九寸徑來福前膛礟、有

礟乘新法 卷二 一百三十八

礟乘新法 卷二 一百三十九

海絨桿頭爲生鐵圓柱形尺寸大小合礮膛度　撬桿有數種常例以愛虛木爲之下端方形略削其上端一號圓形二號橢圓形配八十擔以下之礮並七寸徑來福後膛八十二擔礮所用者長六尺此外配八十擔以上礮長七尺　後葦礮架西名而律耶敲克撬滾輇之撬桿長六尺以愛虛木爲之撬桿所抵鐵襯臼在滾輇軸上配轉平臺西名撇拉脫方姆之撬桿以愛虛木爲之漸削至端包以熟鐵長五尺或四尺　人力拖行之繩索圜周二寸半一端有鉤一端有繩眼其在肩著力處以皮條結成綱帶闊三寸半　拖重物者長二十一尺結有四條

綱帶拖輕物者長十七尺結有三條綱帶　有一種愛虛木撬桿其端有爪形可撬平臺釘及銷長六尺或七尺　熟鐵平臺撬桿有輕重之別重者有五尺四寸長重十三磅半爲二十五噸礮之用輕者長四尺重十磅爲二十五噸以下礮用二號三號較一號粗壯所配鐵襯臼亦更大一二號端形鈍圓三號端直　三號端距六寸半許有洞可穿一寸圜周繩船用　七寸徑來福前膛芒克蘢夫礮車所用撬桿較更粗壯　一號三號配一號礮架長四尺一寸近端有洞配鐵鍵　三號較一號更牢其端用鐵重二十一磅　二號撬桿配二號

礮架長四尺四寸重二十磅　木撬桿與手撬桿同惟其端不削長八尺或十尺或十二尺十四尺　轉行平臺退行礮架滾輇所用撬桿以愛虛木爲之長七尺其端包鐵有鉤有鍵桿左右有雜質銅滾輇彼端有白繩環　木搥頭以哀爾姆木或賽皮扣乎木爲之有鐵箍柄以愛虛木爲之二號配營盤用　灌水櫃字勿之壺以紅銅爲之滿可五軋倫壺內有稜線每一稜線爲一廓脫兩稜線爲半軋倫壺嘴適合字勿水孔　水櫃受水之盆以鉾爲之四方寸又四分寸之三用兩皮帶懸於字勿水孔下以受水　三號受水盆上口掀向外其

皮帶繫於內側　礮架下升舉螺柱移去時另用圓柱撐住　移礮木板用松樹者長十二尺闊九寸厚三寸又有長十尺闊十七寸厚三寸其半條長五尺闊十七寸厚三寸以獲克木爲者長十尺闊十七寸厚三寸其半條長六尺闊十二寸厚三寸又有長四尺闊十二寸厚三寸　助鏟三十五噸以上礮口所用之熟鐵板長三尺闊八寸厚四分寸之三用時以木犨襯塞凡燃放過多礮口有不平處須銼令平則用此鐵板　紮營所用篷帳樁二號者以愛虛木爲之其尖端包鐵上端用鐵箍行營所用長五尺六尺或八尺其長五尺以上直

徑六寸者上端有洞眼一號者以獲克木爲之三號長八尺以松木爲之　裝移大礮之木棍以哀爾姆木爲之直徑十寸長六尺或四尺以養皮扣乎木爲者直徑五寸長三尺或二尺　捆紮之油繩圜周四寸長十八拓或十二拓一端有鐵鉤攔礮白繩圜周三寸半長三十尺至四十尺一端有鉤礮架退行轆轤所用白繩配九寸徑十寸徑來福前膛礮用圜周三寸長十拓配十一寸徑礮用長十三拓　木準西名斯拷鼠有三號大則長十二寸厚六寸闊六寸中則長九寸闊五寸厚四寸小則長六寸闊四寸厚二寸半皆以哀爾姆木爲之　有

柄木準配捆紮三十五噸以上礮用柄長六寸此柄以螺絲旋入準內　養耳伐棋繩絲作圈繞以細繩用以提彈圜周九寸者用繩絲二十二股雙股者長三寸七寸圜周十寸者用繩絲二十二股長四十一寸圜周十一寸者用繩絲二十六股長四十三寸圜周十二寸者用繩絲二十六股長四十六寸　配舉三十五噸三十八噸礮用熟鐵活節鏈圈用兩銷並鏈銷貫於開斯開孛爾孔眼並鏈圈共重二英擔又四分擔之一

來福前膛礮所用零件如下表

礮式	鈎取彈墊之鈎（彈墊西名滑特）柄長數 寸	尺	重數 磅	送彈桿自前端至記號處長數 寸	尺	重數 磅	洗礮桿通長 寸	尺	重數 磅
十二寸半徑來福前膛三十八噸重礮	二	一七	二四	一號三半 二號九半	二二 一〇	四七	九又四之三	一七	四三
十二寸徑來福前膛三十五噸重礮	二	一四	一八	四	九	四八半	九半	一四	二九
十二寸徑來福前膛二十五噸重礮	九	一二	一七	九又四之一	八	四六半	四	一三	三七半
十一寸徑來福前膛二十五噸重礮	九	一二	一七			三九半	四	一三	二號三〇 二八半
十寸徑來福前膛十八噸重礮	九	一二	一七	一	八	三〇	四	一三	二二
九寸徑來福前膛十二噸重礮	〇	一一	一一半	四之三	七	一六	九半	一一	一六
七寸徑來福前膛七噸重礮	〇	一一	一一半	八	六	一三	九半	一一	一二
八十磅彈來福前膛五噸重礮	〇	一〇	七			七又四之三	八又四之一	一〇	九
六十四磅彈來福前膛礮一二號	〇	一〇	七	二又四之一	六	七	五	九	八
六十四磅彈來福前膛礮三號七十一擔	〇	一〇	七	二又四之一	六	七	一一	九	九
[illegible]五十八擔重礮	〇	一〇	七	八又四之一	六	七	二	一〇	八半

洗礮桿頭以哀爾姆木爲之包以輭羊絨而膠於桿以蔴線縛緊爲前膛礮用其爲後膛礮用者包以蔴布外加細氊布以蔴線紮之配七寸徑來福前膛以上礮用者其端直徑較膛小半寸許配八十磅彈以下礮用者其端直徑與膛同其頭裝於桿貫以銅銷各桿配某礮均鐫字桿柄以愛慮木爲之惟三十八噸礮用者用吸

廓留木其長短數候其端送入膛底礮口外尚餘十五寸來福後膛洗礮桿送入藥膛柄上有銅圈指明已到膛底處也　送彈藥桿之端頭以哀爾姆木爲之端有凹形可銜送彈底墊物西名滑特且中心鏇空成洞所以保護飛乎斯不令誤撞發火藥裹也　九寸徑以上來福前膛所用桿有兩條紅銅箍其端與桿以紅銅銷貫連九寸徑以下礮用一銅箍端頭與桿以木銷貫連桿柄以愛虛木或山上哀爾姆木爲之其端較洗礮桿端畧短來福前膛礮之送彈桿送官額藥彈既送到底桿柄之光頂螺釘正遇礮口處螺釘光頂不高聳適與桿面

平但手摸之即覺耳　十寸十一寸十二寸十二寸半徑礮所用送彈桿各有一鐵箍箍有雞骨送藥時用繩鉤以鉤雞骨孔其鉤有簧可扣住不脫繩之圜周二寸其長短數當彈入礮口三寸許桿端入礮口而繩仍連至礮車轅爲度　取出滑特彈與藥裹夾縫內墊物之鐵鉤爲一熟鐵螺鉤鉤脚連鐵鋬適套於愛虛木桿端四面以釘釘住其配三十八噸礮所用之桿以吸廓留樹爲之來福前膛礮在芒克盤夫車架所用零件如下　九寸徑礮所用之桿係兩段接成中用螺旋接其後一段各項桿皆可配用

重數
洗礮桿　二十磅二兩　七寸徑礮用　二十二磅半
送彈桿　二十磅五兩
鉤取滑特桿　十二磅六兩　油繩各長十
旋接桿　五磅十一兩　一尺九寸　二十四磅

六十四磅彈礮所用洗礮桿送彈桿與有遮蔽礮臺所用者同與攻堅露礮臺者亦同　裝卸礮位所用木墊塊以柏木爲之或用獲克木　柏木墊塊或十五寸方二十尺長或九寸方二十尺長或八寸方十四尺長或十二寸方九尺長或十二寸方四尺長獲克木墊塊闊六寸厚五寸長五尺或闊九寸厚六寸長三尺或闊六寸厚三寸長三尺又或闊六寸厚六寸長三尺又闊四寸厚三寸長三尺又有闊三寸厚三寸長三尺用嚼克

卸二十五噸重礮者另有獲克木厚十寸闊二十寸長十一尺半卸十八噸礮用九寸厚十五寸闊十尺長卸十二噸礮用八寸厚十三寸闊十尺長　繩環用白繩兩端互辮而成　旋水櫃孛勿之礮料領所用斯攀納有兩式一爲可錘之生鐵造就配七寸徑至十二寸徑二十五噸礮平臺所用計重五磅又四分磅之三一以熟鐵爲之兩端皆可用其一端與一號同又一端配十二寸徑三十五噸礮平臺與十二寸半徑礮平臺所用重十一磅又四分磅之一　七寸徑至十二寸半徑礮之水櫃孛勿進水孔螺塞西名發勒掎　出水孔螺塞西名廓克所

用斯攀納一端旋進水螺塞一端旋出水螺塞　取水櫃嚙克內抽水筩見七十七圖丁之斯攀納以鋼爲之其彎度合嚙克之用中有兩孔相交所以插撬桿此斯攀納可用於各式嚙克今則各歸各用　麥克枚慌斯攀納係一鐵桿其端有一爪又有一活動之爪可令下上合物之體積而定距度度既定即閘定其處俾令銜物以旋也　平臺撇拉脫方姆之鐵鏈欲令寬緊合度則以稜角圈之斯攀納銜而旋之　露礮臺之丙磨心平臺所用裝藥彈之踏板在平臺兩端此踏板裝於兩副生鐵滾輇即於鐵軌移行軌距二尺十寸前後滾輇裝於踏板下

狹鐵板之福闌住此狹鐵板與踏板用磨心法俾軌道轉彎而滾輇不致越轍也　軌道上至踏板有三尺六寸又四分寸之一之高踏板長五尺寬三尺八寸重五擔三廓脫十磅容積噸數爲二噸・二四四　繩環用法與斯林同　皮環所以盛彈每環有牛皮三層各端有鐵銷銷連鐵鏈之活節環　裝九寸徑以上重礮藥彈彈用轆轤繩扯上　礮在有遮蔽之開斯枚脫上用有活節轆轤即裝於扯彈之樑上　下轆轤鉤於彈周之繩襻或鉤於三十五噸或三十八噸礮之提彈襻之活節環其垂下之繩端扣於平臺前之便扣轆轤　礮

在露天礮臺上轆轤之鉤鉤於礮口處之起重架其下垂繩端亦扣於便扣轆轤　礮在平地礮臺則低坦地窟裝藥彈踏板處繩端垂下穿過八寸長跑得威轆轤此轆轤鉤於壁旁鐵環　以上各轆轤用生鐵殼熟鐵輇輇外鍍鋅其爲裝彈藥用者轆轤殼長五寸　配九寸十寸徑礮用者繩圜周二寸十寸徑以上礮所用繩圜周二寸半　便扣轆轤殼長四寸繩圜周二寸　一號雙滾輇者有鉤繩周二寸　二號單滾輇者有鉤繩周二寸　三號雙輇者有活節環繩周二寸　四號雙輇者有鉤繩周二寸半　五號用三滾輇者有鉤繩周

二寸半　六號用三滾輇有活節環繩周二寸半　七號用三輇有大鐵鉤繩周二寸半　八號爲便扣轤轆有鉤繩周二寸　其一二號配九寸十寸徑礮爲露礮臺用二號三號爲開斯枚脫用四五號配十寸徑以上礮在露礮臺用四號六號配開斯枚脫用七號轆轤較異其用處亦異八號便扣轆轤爲送彈桿繩之用　六號轆轤活節環欲由轆轤內取出不必抽出輇軸　扯起三十八噸礮零件如洗礮桿送彈桿等用二寸周之柏油繩長八尺繩端有鉤彼端有鐵圈距鐵圈二尺許又有一鐵圈　繩穿四寸長鐵殼之便扣轆轤其鉤鉤

於開斯枚脫頂右後鐵環欲扯起洗桿等件繩鈎鈎於桿頭雞骨孔　繩之彼端第二鐵圈扣於右旁距地平六尺高之木樁鐵鈎　桿柄懸於他繩繩扣開斯枚脫前頂螺旋雞骨　藥囤所用提扯者一為單軨轆轤一為雙軨轆轤用木殼長八寸軨用硬樹為之西名律葛能伐推鈎用銅繩周二寸半長十四拓　礮口塞西名坦披杭欲免潮濕入口塞以哀爾姆木為之進礮口一段以麤布包裹外有皮稜條適嵌來福槽而塞欲其輕故中心半挖空外裝手柄內端有螺可旋塞內襯墊絨布　三十二磅彈光膛礮之礮口塞所用襯墊絨布西亦名滑特改令小

可配六十四磅彈八十磅彈來福前膛礮之用其塞不用手柄而用銅環　十寸至十二寸半徑礮所用二號礮口塞照來福槽在礮口鏟深分寸為之且與礮口之鏜口形相合　來福後膛礮之礮口塞係實心不用皮稜條並無螺絲旋滑特法　洗礮海絨之水箱以鍍鋅鐵皮為之有鈎鈎於平臺即撇拉脫方姆九寸徑至十二寸徑礮各歸各式　欲改三十二磅彈光膛礮之洗礮桿頭為六十四磅彈來福前膛礮用者有木模模有槽有稜以配膛式長數與直徑皆合　來福前膛用蔴繩滑特當發礮時兼發製滑特器具其具為一圓木片以麥好搿內木為之周有槽圈中有縱槽如滑特式其圓周直徑皆合　一薄榫獲克木為之長十八寸三十五噸以上礮移動時之用　雜用鉗具即兩爪鉗一爪鎔連桿端一爪可上下移有鐵榫可開定其限處

礮乘新法卷三論水師礮架

英國製造官局原書

慈谿 舒高第 口譯
海鹽 鄭昌棪 筆述

第一章木礮架並滑架西名斯來特

水師所用木礮架一曰康們斯坦定架立礮一曰而律耶敲克後摔礮架一曰斯來定架滑礮與陸路礮架造法相同架用哀爾姆木惟其軸或木塊以獲克木爲之礮耳座皆有帽蓋礮架底板以哀爾姆木爲之其摔與木塊或有用阿非利加獲克或養皮扣乎木並裝有宕環或俯礮時所用轆轤昂俯螺柱有十字旋柄或有閘輪柄木礮架之最要者見下表

礮式	康們斯坦定 容積噸數	康們斯坦定 重數	而律耶敲克 容積噸數	而律耶敲克 重數	斯來定 容積噸數	斯來定 重數
	噸	擔	噸	擔	噸	擔
七寸徑來福後膛					二、〇一三	一五四之三
六十四磅彈七十一擔來福前膛或八寸徑六十五擔光膛	二、〇二八	九四之一			一、九〇〇	一四四之一
六十四磅彈六十四擔來福前膛	二、〇〇〇 一、八七五	大輪 八半 頂輪 八			一、九二五	一四
六十四磅彈五十八擔來福前膛或三十二磅彈五十八擔光膛	二、〇一三	八四之一			二、五〇〇	一四四之三
四十磅彈來福後膛					二、三七五	一四四之一
二十磅彈來福後膛礮艇用二號 二十磅彈來福後膛礮艇用三號 二十磅彈來福後膛輪頂用					、三〇〇 、三五七 、二五四	三 三半
十寸徑光膛					二、六二五	一五四之一
六十八磅彈九十五擔光膛					二、〇一三	一八半
八寸徑六十五擔光膛	二、〇三〇	九四之一			一、八〇〇	一三半
八寸徑五十四擔光膛	二、〇一五	八四之一			一、六二五	九四之一
三十二磅彈五十八擔或五十六擔光膛	二、〇二二	九			一、八七五	一一四之三
三十二磅彈五十擔或四十五擔光膛	二、〇〇〇	八				
三十二磅彈二十五擔光膛			一、〇二八	四四之三		
二十四磅彈哮威責光膛			一、〇一五	四四之一		

斯坦定礮架 車架以哀爾姆木爲之軸下特製大木塊以防敵彈打折車架礮可於此停住後軸下左右各置一木塊前軸祇用一木塊木塊下挖成洞以便艙面水可通行 而律耶敲克礮架 車架前亦有木塊轅有洞鑲以雜質銅圈爲攔礮繩磨擦之用 斯來定礮架 水師斯來定礮架除二十磅彈礮架外所有軌條與陸軍斯來定軌條闊狹同斯來定架可裝於矮礮架豎開斯枚脫之木平臺其與陸架不同者以其轅較低且前後有滾輇轅旁有洞配穿攔礮繩並用左右鐵夾板西名康潑勒色四十磅彈以下礮所用斯來定礮架後滾輇

軸用曲枴式其行止以包鐵頭之撬桿撬之六十四磅彈以上礮之斯來定礮架後輇之軸用兩心輪法亦用撬桿 欲裝一阻礮回行之繩架後置有雜質銅轆轤七寸徑並六十八磅彈礮用雙轆轤 兩旁用鐵夾板康潑勒色者如第一百十四圖之甲乙每轅內外有兩鐵板板下端有鐵塊如辰用鉸鏈法鑲連於鐵板甲乙鐵板用鐵銷如丁穿貫之而轅即貫定於其間鐵板下端垂過於轅俾銜定於滑架軌條甲鐵板上端有洞襯以凹槽螺套而以螺銷貫入直抵乙鐵板此螺銷外端接以搖柄旋令鐵銷抵開乙板則甲乙兩鐵板下脚收攏

此螺銷順轉，則兩鐵板上端與轅板鬆離，而下脚擠緊於軌條；螺銷逆轉，則鐵板與轅相切，而下脚離斯來定軌條矣。二十磅彈二號之礮架特製爲礮艇所用。礮艇有二種，一爲特滑甫，一爲愛文。與九磅彈十二磅彈二號高礮架同，皆用自行機器康潑勒色。第三號礮架與二號異者，以用水櫃字勿而不用康潑勒色也。升舉礮法與船頂所用二十磅彈礮鐵礮架同，前後釘有克立潑，見九十圖亥。二十磅彈礮架與前同，其所用斯來定滑架斜八度，用銜軌條之甲乙鐵板，並後有克立潑。斯來特有三種，一重號，一中號，一輕號，如下表。配斯來定滑礮架之木斯來特

號	礮式	長	重	容積噸數
		尺	擔	噸
重號	七寸徑來福後膛或六十八磅彈十寸徑光膛	一四	二六半	三、二〇〇
		八二半	二五	二、八五〇
	六十四磅彈來福前膛七十一擔八寸徑改造	一四	一九又四之一	二、六二五
		一〇半	一六	一、九五〇
	六十四磅彈來福前膛六十四擔	一四	一九又四之三	二、六二五
		一二	一九	二、三五〇
		一一半	一八	二、一七五
		一〇半	一六	一、九五〇
	六十四磅彈來福前膛五十八擔三十二磅彈改造	一四半	一七又四之一	二、八七五
中號	八寸徑光膛六十五擔或五十四擔並三十二磅彈光膛五十八擔	一二	一五又四之一	二、七五〇
		一一	一五	二、五〇〇
	四十磅彈來福後膛	一一	一四半	二、〇五〇
		一〇半	一四又四之一	一、九五〇
		一〇	一三又四之三	一、八七五
輕號	二十磅彈來福後膛 船頭用二號	七半	三半	、〇八二
	又 船尾用二號	七半	五又四之三	、二三〇
	又 船頭用三號	七半	四又四之三	、二八五
	又 船尾用三號	七半	六	一、四一二
	又 船頂面用	七又三之一	六又四之三	、八四九

重號或中號斯來特之兩邊楔，以獲克木爲之，前端有獲克木塊鑲連，下端用兩塊賽皮扣木鑲連，惟其中間釘有兩賽皮扣木板。兩邊楔平行，相距二十一寸，此距數與木開斯枚脫之平臺同，所以此斯來特可改作平臺用。重號斯來特邊楔有二度半之斜度。下端木塊包以雜質銅片，以爲彎軌條磨擦。重號斯來特下裝滚輇，以便旋轉，後滚輇用兩心軸，以鐵頭撬桿撬至所欲至之地步，如欲斯來特四圍旋轉，則中間加一滚輇，亦用兩心輪法軸，以鐵頭撬桿移之。此滚輇在斯來特前木塊之後，猶磨心然。輕礮斯來特左後端有

洞，爲礮架後牽繩之用。右後端有槽，並裝暴勒特，繞繩之具。繩即繫牢於左後端洞，穿過礮架後轆轤，由右後端槽而繞於暴勒特。七寸徑或六十四磅彈礮斯來特車架有左右兩轆轤，斯來特中間有一轆轤，斯來特左右角各有一活鐵椿，以便繞繩。重號中號斯來特配有雜質銅樞，或裝鏈，或裝磨心，爲礮洞中間磨心之用，亦爲轉運軸鐵帶，或裝礮尾繩所有連環活節，並爲旋行斯來特生繩之用。二十磅彈礮並十二磅彈礮二號斯來特說見後。三號斯來特用水櫃字勿，不用自行康潑勒色，橫檔不深，中有鐵板，令更堅固。船頭所用

斯來特後橫檔配鐵椿洞眼與前洞深淺相若更有一橫檔裝孛勿其孛勿與九磅彈來福後膛礮斯來特或前膛礮艇斯來特相同其轒轆孔徑•四七七寸內盛油五廓脫可任礮退行二尺十一寸又四分寸之一二十磅彈礮艙頂面所用斯來特邊楔斜八度其左右外旁有鐵板配礮架康潑勒色所擠楔之前後端均釘於木橫塊而中間有橫檔其水櫃孛勿與十二磅彈來福後膛礮艇斯來特同轒轆孔徑•五六二寸內盛油六廓脫可任礮退行三尺

第二章　船用熟鐵斯來定礮架

自熟鐵斯來定礮架興行以來水師陸軍皆用單層轅板陸路開斯枚脫礮架略爲更改亦可作船用即兩心軸所有攩桿襯臼不在輪外軸端而在輪內側　初次發往水師用配七寸徑九寸徑來福前膛一號礮七寸徑礮用者裝有甲乙夾板(康潑勒色)不用美國式餘皆二號七寸徑八寸徑九寸徑來福前膛礮用八寸徑礮用者陸路礮架說內未經提及其式皆同裝有愛爾斯威康潑勒色現在水師七寸徑九十擔以上之斯來定礮架用雙層轅板尋常礮架官廠七寸八寸九寸徑礮用則有一種施廓德式七寸徑九十擔以下礮架用單層轅板而無轅框　水師鐵礮架底與內側用一層紅鉛漆加普爾福特黑漆外用兩層紅鉛漆並兩層普爾福特黑漆惟摩擦處雜質銅處均不漆礮架重數如下表

礮架式並零件	重數	容積噸數	自斯來特面至礮耳軸心高數
	擔	噸	寸
二十磅彈來福後膛　船頂面用	五又四之一	〇、二八九	一八、二五
又　礮艇用	四	〇、二四三	一八、五〇
六十四磅彈來福前膛六十四擔　一號	一四半	〇、八八七	二一、〇〇
又　二號	一四又四之三	〇、九六〇	二三、〇〇
又　三號	一一又四之三	一、〇三九	二三、〇〇
七寸徑來福前膛九十擔　用孛勿	二五又四之一	一、五七五	二四、五〇
七寸徑來福前膛六噸半	三一又四之一	一、七六三	三一、一二五
八寸徑來福前膛九噸	四二又四之三	二、四一二	三一、二五
九寸徑來福前膛十二噸	四六又四之三	二、六六八	三一、五〇
又　色爾香船用	四〇又四之一	二、〇五〇	二一、二五
又　香囊船用	四三	二、八一一	二三、五〇
又　轉礮臺用雙層轅板	五二半	三、二五〇	
又　轉礮臺用單層轅板	五三又四之一	三、二五〇	
又　味文船轉礮臺用	五九又四之三	四、四三四	
十寸徑來福前膛十八噸　色爾香船用孛勿	八二又四之一	五、五八五	二三、〇〇
又　斯內克船用	八〇	三、八二七	二三、〇〇
又　哈特船轉礮臺用	一八八半	九、一一八	三一、五 四一、五 四八、五
又　羅潑脫船轉礮臺用	一八九又四之一	九、一一八	三二、〇 四四、〇 五二、〇
十一寸徑來福前膛　二十五噸　推美來船用	八九半	三、八四四	二三、五
十二寸徑來福前膛　二十五噸　裴爾獲杭 拉船里船　用孛勿	八三	七、六〇七	二九、〇
又　衡來香船轉礮臺用	二〇六又四之一	一〇、九三七	三四、〇 四五、〇 五一、五
又　芒那克船轉礮臺用	二〇九	八、二三三	三四、〇 四〇、五 五一、五
十二寸徑來福前膛三十五噸　提斯與轉臺 伐退船礮用	一二三又四之三	一一、九〇八	三二、〇 四五、七五 五二、七五

鐵甲船頂面二十磅彈來福後膛十三擔或十五擔礮之礮架架用單層轅板下有底板以二橫檔鑲連之如第一百十五圖　轅板厚半寸有置礮耳凹處釘以角鐵礮耳座更以角鐵撐連於底板其橫檔亦以轅板爲之釘於礮耳下角鐵此礮架無滾輇　舉礮柱衹右旁有之即升舉彎齒條磨擦輇並短軸與領套牝甯及軸叉手輪並閘手輪之撬桿　手輪以熟鐵爲之可代閘齒輪盤車之用轅板釘有雜質銅襯圈扶助短軸礮可昂二十度俯三十度　轅前後有鐵環礮耳座有螺蓋前內側有止礮架椿　此礮架有水櫃字勿其底板下

有榲轅之後端釘有轉脚鐵板西名克立潑扣於斯來特邊楔而邊楔之內側亦欲其銜扣則用鐵板以夾之此相夾之鐵板西亦名康潑勒色爲兩鐵板闊四寸懸於左右轅外礮架前以鐵銷貫住右轅外鐵銷有螺套用柄以旋緊之令鐵板擠緊斯來特邊楔即礮架擠緊於斯來特矣

二十磅彈來福後膛礮架一號礮艇用　此礮架與船頂面礮架同惟轅板上及前端加一鐵板條轅後洞有雜質銅襯圈　舉礮具與前同惟手輪較大形如盆轂凸處近轅而其輻輞則遠轅閘輪旋柄西名克闌姆更長彎齒條下端轉脚俾礮俯甚時不致脫卻　礮架外邊有四克立潑銜扣軌條其後克立潑有鐵環可穿拖曳繩索此架無磨擦之康潑勒色

六十四磅彈來福前膛六十四擔礮之礮架一號並二號　二號與七寸徑九十擔礮架同轅橫檔板厚半寸底板厚四分寸之三舉礮具在右旁閘輪撬桿與轅平行今不用而用閘輪旋柄即克闌姆與新疆礮架同　康潑勒色有鐵板五條礮架不用盤車法而拖礮繩索扣於底板之椿椿有鐵樞樞內有雜質銅轆轤後橫檔有洞繩索由內穿過每轅有暴勒特此一號礮架衹造八副發兵輪試用嗣所造改高二寸便於昂礮其升舉具螺線改細

六十四磅彈來福前膛六十四擔礮架三號與上同惟略短轅橫檔板爲十六分寸之五鋼板而其上加狹鋼條鑲連底板用鋼條　此架轅短是以舉礮彎齒條裝於牝甯輪後而彎齒條之齒改向前則壓齒條之磨擦輪即裝於後後滾輇之橫軸裝於後橫檔之前滾輇軸即鑲於後橫檔轅外軸端有襯臼可插撬桿軸既分爲兩而相接有桿爲兩心法中間有椿可以阻止之　拖回礮架之繩索鈎等裝於底板兩邊有角鐵銜於軌條康潑勒色夾鐵板有六條　後橫檔有洞配裝阻礮繩升舉礮法不用閘輪撬桿而用閘輪旋柄轅板阻礮

繩洞徑四寸半　七寸徑來福前膛九十擔礮之礮架一號如第一百十六圖架有兩轅兩橫檔一底板前後滾輇用雜質銅　轅板係單塊厚四分寸之三下邊外側釘有角鐵礮耳座另附熟鐵以成夾層其凹座復用雜質銅襯墊以螺銷旋牢上有鐵座蓋　橫檔照常法將八分寸之五厚鐵板釘於角鐵框前檔前下面亦釘有角鐵底板厚四分寸之三有槽以便鐵夾板由此槽穿上其下釘有角鐵以銜軌道角鐵兩端轉脚以為前後禦撞之用　轅板竪立於底板前後揷出以裝滾輇橫檔與底板前後端相齊各前輇之軸裝於礮架前左

右之福闌住內福闌住之軸孔襯有雜質銅圈以螺旋住其軸由外貫入用鍵貫定後軸用兩心法兩軸間以彎桿相接裝法與前軸同欲取出彎桿須先旋去福闌住後橫檔裝有禦撞物以免退行時滾輇受撞　礮架兩旁舉礮具有盤車旋法與陸路同彎齒條背之磨擦壓輇軸端有六角套以鍵定之轅外牝甯輪軸處釘有雜質銅片　此礮架之康潑勒色爲愛爾斯威式與陸路雙層轅板礮架同裝軸處襯以雜質銅圈　礮架零件如下　底板兩傍釘有環　前橫檔中間釘有大雜胄各轅有洞襯以雜質銅圈配攔礮繩　各轅後皆有

繞繩之暴勒特以爲挽留礮架繩索之用　單輇雜質銅轆轤裝於架旁小熟鐵框以爲斯來特拖繩之用用鐵銷穿過以鍵貫住　底板下釘有四克立潑轉脚板令礮架銜扣於斯來特不致滑脫　礮架下裝兩副水櫃孛勿底板前釘兩個孛勿挺桿之樞樞上更釘有轉脚板　七寸徑來福前膛六噸半礮之架一號此與七寸徑七噸礮陸路礮架同惟加零件如下　每轅後有暴勒特各邊鐵樞有雜質銅轆轤橫檔前有鐵環後段左右裝有轉脚克立潑令礮架扣住斯來特如斯來特旋行者前段內側亦有克立潑　底板裝有襯臼可爲撬

令礮架前行撬桿之用　水師七寸徑礮架皆裝愛爾斯威康潑勒色　八寸徑來福前膛九噸重礮之礮架一號架與上同亦用愛爾斯威康潑勒色然不用暴勒特盤車與樞內轆轤並無撬桿襯臼而用施廓德環行鐵鏈法將礮架扣於斯來特鐵鏈以作進退如第一百十七圖其件如下　哂爲活動之孛勞克如轆轤殼然以兩銷子銷住如丙丙此銷子穿貫兩樞板如戊戊樞板釘於礮架後段左右所貫之洞長形俾可下上呷爲林克從底板貫下之鐵拐以丁銷貫定於孛勞克用小鍵鍵住銷子經過孛勞克邊旁之洞洞亦長形吆爲兩心輪裝於林克

之圈內以乙螺旋住啐軸穿出礮架左旁洞以雜質銅爲墊圈有彎撬柄如子以轉之彎撬桿以銷貫定於軸吧爲鐙以螺旋定於孛勞克後喉爲斯泊落扣脫即鐵板凸齒釘於礮車底板下在兩樞板間　斯來特鐵鏈經過孛勞克在斯泊落扣脫之下啐軸撬柄向後轉則孛勞克上升鐵鏈亦與俱升鏈圈即上扣鐵板凸齒即斯泊落扣脫礮車隨鐵鏈進退若將撬柄釋放還原則孛勞克自行下降鐙亦下墜鐵鏈圈脫去凸齒礮車與鐵鏈相離矣

九寸徑來福前膛十二噸礮之礮架與陸路所用同裝有愛爾斯威康潑勒色舉礮有盤車旋法後滾輇之

軸以彎桿相接更有與八寸徑礮之礮架水師所用零件同然兩旁用環行鐵鏈法新法動力加大以兩心輪心偏較少耳且撬柄又加長三寸撬柄若過長有礙於舉礮具之盤車頭則撬柄當用彎木　九寸徑來福前膛十二噸重礮之礮架一號色爾呑式　此架照施廓德法製造其所異者礮架較低斯來特較高因欲昂度加高礮架底落於斯來特之下　礮架轅爲長矮雙層鐵板用生鐵框闊四寸半轅板厚半寸轅之裏板垂過於框即以此爲井旁板之用底板厚四分寸之三釘於垂下之轅板用角鐵釘住前後有橫檔便成井式　前

後滾輇盡藏匿於雙層轅板間後輇軸圖圖一統用兩心法軸爲圓柱形惟中段彎曲有撬桿所用之襯臼軸裝夾層轅內轅內兩面釘有樞板軸一端插入樞內彼一端不能裝入則必彼樞開有凹口軸由凹口裝入樞內而以小鐵片關其凹口以鐵鍵定之欲取軸先除去小鐵片並將樞板鐵銷移去則樞與軸可同取出矣

舉礮具有盤車旋法盤車頭與轅之間襯有硬像皮領圈　車架之康潑勒色爲著名弓形康潑勒色如第一百十八圖左右各有鐵弓如呷中有鐵銷如甲鐵弓橫貫轅洞洞有雜質銅襯圈圈口捲貼轅洞外而釘連之

弓之一端由轅洞穿入礮架內此一端有一鐵板條如叱以鉸鏈法並鐵鍵定之弓之外一端有整飭螺柱如叱螺柱外端有手輪如叮用襯領並螺套旋住此手輪令螺柱整飭鬆緊輪邊有凹處以戊閘閘之以是整飭螺柱可限定不移戊閘有鐵鍵定於鐵弓外端手輪有兩柄前柄爲雙個後柄單個以螺捻令其鬆緊手輪上有雜質銅彎條鐫分十七度可視鬆緊分度且有定螺以誌之如欲續捻可併得其記數手輪下邊刋有箭頭以爲康潑勒色順逆轉之辨　架轅旁有兩鐵條伸出以懸三塊鐵夾板螺柱端直對板心鐵夾板如圖吧吧

吧外邊一板最厚板皆上厚下削礮架在斯來特上鐵夾板均在斯來特外邊而以二鐵條間之如哱哱斯來特邊楔用工字式鐵兩旁空處用木塡實如噴旺處是也哱鐵條上削下厚其整飭螺柱端即於外夾鐵板心抵定之鐵弓裏端吃鐵板條抵定斯來特邊楔內側之旺處將整飭螺柱向後轉旋即將鐵夾板並鐵條擠緊於斯來特邊楔由是礮架與斯來特相銜寬緊可隨意定之矣　此康潑勒色之妙在於能自行而人力可無庸加當後滾輇行動時礮架提高則鐵夾板與間鐵條拔鬆便不相切迨燃放時後滾輇已撬起懸空礮與架之重力壓下則鐵夾板與間鐵條自然兩相插緊以擠緊斯來特邊楔而阻礮回力也　手輪並鐵弓裏端鐵板條有左右之別不可移用　礮架左旁裝環行鐵鏈所以令礮車架在斯來特進退行此環行鐵鏈孛勞克樞板不釘於架底板下而在底板上以鐵鏈經過井中也　各轅板後頂有一鐵雞骨各橫檔上有緤撞物前橫檔緤撞物包有鐵皮其下釘有克立潑礮架左右有扯緊鐵鏈之活節環各轅前端有拉後所用鐵環　香囊兵船九寸徑礮之礮架與色爾吞船礮架同然此船之斯來特斜度更甚所以形狀與環行鐵鏈稍異此種

礮架略高昂礮彎齒條加長昂可十二度　轉塔內九寸徑來福前膛十二噸重礮之礮架一號勞郁爾式佛婁兵船斯考拔昂兵船用之架有二號一名雙一名單雙者轉塔內用兩尊礮單者用一尊礮踞爾器具有異以雙礮塔內地步狹窄有多許零件省却也　此架與尋常船礮架同惟轅略高愛爾斯威康潑勒色裝法有異左右四塊鐵夾板更貼近轅旁弓形鐵鉗用獨條軸以手柄轉之令鐵夾板與間鐵條擠緊於斯來特旁舉礮具用盤車旋法以手輪轉之而不用包鐵頭撬桿後滾輇裝於兩心法之軸軸端伸出轅洞外套以皮帶而以撬柄行之礮架用環行鐵鍊法前橫檔用緤撞孛勿　雙礮塔內礮架康潑勒色之手輪兩心軸之撬桿舉礮具之手輪不裝於相礙一邊間輪撬桿柄更加長　潑林甾愛爾孛脫兵船礮架與勞郁爾式佛婁船礮架同惟不用愛爾斯威康潑勒色而用水櫃孛勿並用鐵弓以擠斯來特邊楔也　水櫃孛勿與陸路所用同油用十一軋倫半　味文兵船轉塔內九寸徑礮架式與尋常同惟踞爾機器有左右之別　康潑勒色行法於斯來特邊楔用弓形鐵鉗撬桿見七十圖己　在斯來特中空內拓擠兩旁有手輪轉之轉法如前鐵弓康潑勒

色手輪、又裝水櫃字勿、較陸路所用加長、用油十一軋
倫半 環行鐵鏈、與尋常同、惟裝在斯來特之外、其撬
柄不同、舉礟具後滾輇、與上同、車架前有一木塊、木塊
左右各有雜質銅軸頭、軸頭上裝有像皮禦撞物、（即字勿）
像皮圈、與水師十三寸徑田雞礟所用同、 十寸徑來
福前膛十八噸重礟之礟架一號、與色爾呑船九寸徑
礟架同、有鐵弓康潑勒色、用夾層橫檔、垂過轅脚、釘以
底板成井式、 後滾輇之兩心軸、爲兩段、而中間用接
套接連、軸端貫轅裏層處、附有雜質銅樞軸、左段裝有
水櫃嚌克、令滾輇撬起、右段有盤車旋法、亦作撬起滾

輇之用、所以防嚌克有損、而另設一法以代之也、 水
櫃嚌克、如第一百十九圖、爲雙行式、裝連兩心軸、軸有
曲拐柄、拐柄與而藍姆相扣之法、用鐵銷貫住拐柄、柄
與軸相銜者、以拐柄有凹槽、軸有凸稜也、 嚌克前端、
裝於車架轅上、轅有小鐵椿、椿有座、釘連於轅、嚌克前
端之洞、套於鐵椿、而以鐵銷定之、嚌克爲呼爾們式、（見一百十九圖）
呷爲水櫃橢圓形、一面有裝短軸之空處、短軸外
端裝曲拐柄、以手柄左右撳以行之、吆爲雙行抽水箭、
平臥其間、兩端貫有左右兩挺桿、而箭之底居其中、令
水左右分間而不相通、以取箭底壓力、左右挺桿之鞲

鞴如呐呐抽水箭下面左右、皆有進水扇門、如甲甲兩
鞲鞴下皆有出水扇門、如乙乙、鞲鞴挺桿有水管以通
水、可任抽水箭水、由此管到乙扇門、水由扇門下通水
道至而藍姆水桶、此水道在水櫃鐵體內、其行法、但將
手柄撳下、送抽水箭到一邊、則擠壓之力、即向一邊送
水至而藍姆、同時彼邊之水、因乘空隙、由甲扇門而上、
手柄左右撳、水即左右灌注至而藍姆水桶、嚌克爲水
力送上矣、而藍姆水桶與水櫃另有相通水道、有螺閘
關閉、如欲嚌克下降、但將螺閘轉開、水由水桶回至水
櫃即降矣、又慮撳水過限、水箭因有限水之孔、水櫃下

亦有限孔、迨撳至兩孔相對、則水由孔迸射、由槽管通
至水櫃、回鞲鞴前原處矣、 兩心軸右端盤車頭轉法、
有一象限齒輪、（四分輪之一）裝於軸、軸有稜線、以象限內凹
槽嵌定、而以螺銷貫住、此具上又有軸端、釘於轅右旁、
軸上有雜質銅盤車頭、並牝甯齒輪、牝甯齒輪所以轉
象限齒輪、當鐵撬柄轉盤車頭、則牝甯軸象限齒輪相
銜以轉、而後滾輇亦行、牝甯輪上有手柄閘齒、以鐵銷
連於轅、視其轉至所欲分度、即轉手柄以閘之、俾滾輇
定於某位置、 車架兩旁皆有環行鐵鏈、其撬柄、（見一百十七圖子）
彼端有洞、可穿此繩、此繩穿過轅頂雜質銅轆轤、

舉礮具盤車頭上、各撬柄所插之洞、有一閘銷、隨洞可開、閘銷釘於轅上、有硬像皮領襯其間、　轅前旁釘有雜質銅樞、樞有洞、穿礮車退行時所用繩索、轅旁有雜骨、前橫檔有鐍撞孛勿之木塊、礮架底前段有樞、為水櫃孛勿挺桿之用、　香囊兵船十寸徑礮所用鐵弓康潑勒色礮架、不用底板、而彎齒條加長、礮可昂至十二度、　十寸徑來福前膛十八噸礮之礮架一號、配斯內克礮艇等用、此車架與色爾吞船十寸徑礮架同、惟其井更深、礮可昂十二度、轅後端短四寸、可任礮由上艙頂至中艙頂、移置較便、　此架無環行鐵鏈、其為礮退行用者、後橫檔有兩雜質銅轆轤、底板兩旁有斯脫子凸乳頭、令扣康潑勒色最裏之板、不擠緊時、可不致斜欹、　此斯來特極低、是以水櫃孛勿之水箭、不能裝於底板下、而裝於轅、其橫檔有洞、可任挺桿貫行、前後橫檔洞、皆有雜質銅襯圈、圈口捲貼於轅而釘之、韛鞴挺桿、穿貫斯來特前橫檔洞、洞前後距若干許、皆有螺套旋住於挺桿、燃放時礮退行五寸半許、然後洞前螺套相遇於前橫檔板、而退行之力、續由韛鞴任之也、　如是挺桿裝法、即有寬讓回力地步、因此車架之轅既短、水箭亦短、韛鞴之行、不足以全受礮力、特留此寬讓地

步以補其不足也、　水箭內徑四寸、韛鞴孔徑·二七五寸、即千分寸之二百七十五　十寸徑以上來福前膛十八噸重礮、轉塔內礮架一號、為哈特來船等用、如第一百二十圖、轉塔所用、皆仿施廓德式、其略異者、礮耳座可於礮架內隨意高下、在低礮洞內、昂俯可逾常度、有數座礮架有左右之別、以兩轅一長一短、配轉塔內便用也、　十寸徑礮架、有兩轅四橫檔、一底板、並一鞍架即升降礮耳座者　轅框闊六寸、有大小兩份、大者生鐵為之、小者熟鐵為之、熟鐵框裝於生鐵框內、以承鞍架、轅板厚一寸、釘於框內外、其裏層轅板在熟鐵鞍架處、鏟成空槽、以便礮耳升降、外層轅板外、在熟鐵框上端處、附以熟鐵板、兩轅板長短不同、礮裝轉塔內、近邊之轅則較短、轅之下脚向外捶、見圖辛　三前橫檔較低、照常法釘用角鐵、此角鐵釘於轅脚底板、其前一塊鑲於轅之捶處、第二塊釘於鞍架處空槽之前、第三塊鑲於空槽之後、後橫檔板用兩條角鐵橫釘其上、以鑲連轅後端、因兩轅長短不同、橫檔鐵板兩端轉脚、一脚轉向內、一脚轉向外而釘之、　礮架之井較淺、兩旁以角鐵為之、角鐵鑲釘於轅、而底板即釘於角鐵、底板兩旁、鏟有空槽、以懸康潑勒色鐵板、　鞍架如圖叱、其式半規形、以仰承礮

體置礮耳座用生鋼左右各一塊中間用熟鐵一塊兩面用熟鐵板夾之皆用鐵銷貫住有穿貫生鋼塊與熟鐵塊者生鋼塊有礮耳洞洞內襯有福輿斯福孛郎唔五斯即燐雜質銅並有礮耳座蓋其式較異為一熟鐵頂有手襻以四熟鐵銷兩螺套旋住 水箭而藍姆如圖呷裝在鞍架熟鐵塊下即頂接鞍架令其升降而藍姆用雜質銅樞限其地步此樞用克立潑釘於底板而藍姆所用水櫃係雙行法水櫃係生鐵所成裝於外層轅板挖空處水櫃兩端板有餘邊用螺鍵定於裏轅板裏轅板前後釘有小鐵板以壓住水櫃餘邊外層轅板內側下

復釘一鐵條以助螺鍵之不足水櫃餘邊與轅板之間襯以皮條復用鐵條釘於外轅以幫承重數 行動抽水箭之短軸裝於水櫃中心軸端用雙行撬柄水櫃頂有短撬柄為旋下螺塞之用如圖外水櫃一端有紅銅管貫入裏轅經過底板下至而藍姆水桶從水櫃引水由轆轤至水桶第一百二十一圖即表明水櫃與抽水箭抽水箭為雙行法潑命稠如圖甲乙移左水由左上移右水由右上是以謂之雙行辰巳一條虛線之界所以分左右左右水管皆同惟圖左邊為剖面形可諦視之各抽水箭有箭如未此箭內有甲潑命稠用雙行撬

礮乘新法 卷三

柄以轉丙短軸而移乙拐柄令潑命稠左右移以激水左右行哦為進水扇門叮為阻穢屑之篩器嘖為出水扇門吁水管為引水管由啐蓄水管至唧接管入右邊吁水管由右邊蓄水管通吜紅銅管至而藍姆左邊啐蓄水管外口有㖤螺蓋 行法如潑命稠向右移則右邊抽水箭水即由出水扇門通至右邊啐蓄水管經吜銅管至而藍姆其時左抽水箭扇門自開水即湧入若將撬柄反行潑命稠即左移水由右邊進水扇門通至右抽水箭其時左抽水箭水由蓄水管吁引水管唧接管通至右邊蓄水管經過吜銅管至而藍姆由是左右

撬柄不論誰升誰降水總湧入而藍姆而無停頓矣此之謂雙行法 欲降鞍架與礮低將唧螺塞旋開則通水管如圖人水由而藍姆經此通水管至水櫃則鞍自降矣水櫃頂有通氣螺塞水櫃前端下有出水螺塞兩螺塞既旋開則空氣由上入而水即由下出也 而藍姆水箭旁有扇門與噴出水扇門同惟中有細洞水可由此洞至水櫃 鞍架高下有三定位其最低處正擱下轅板凹槽底其中間位置轅板空槽中段本有橫洞候而藍姆送鞍架上時將鐵塊嵌入橫洞鞍架即擱於此其再高位置轅板上段亦有橫洞以擱鐵塊鐵塊如

礮乘新法 卷三

圖睟昂俯分度照各位置如下、鞍架在最低位置時、礮可昂七度至十三度而無俯度其在中間位置昂可七度俯可二度其在最高位置昂可三度半俯可六度

後滾輊有兩心軸分三段軸裝於兩幘之雜質銅襯墊又貫於底板下樞內其牽動法在雙行小水櫃嚌克見一百二十圖丙可抵當十噸重物水櫃嚌克而藍姆挺桿與兩心軸曲拐牽連有鐵銷貫定水櫃裝於外層幘板凸樞抽水箭之曲拐短軸端即貫於凸樞內短軸外端六角式銜以撬柄、 第一百二十二圖即兩心軸所用之水櫃嚌克抽水箭內之韛韝上下面有水上如圖丑下如圖丁韛韝上行時水櫃地處之水由戊扇門而進抽水箭丁處庚為韛韝下出水扇門韛韝下行時丁處之水由庚扇門經過辛水管至戌而藍姆水桶水桶之上無出水之路惟辛子兩水管可通 丁處水滿足韛韝上行高至頂如轉乙曲拐令挺桿韛韝下行歷令水由出水庚扇門經過子水管至丑處並經過辛水管至水桶韛韝上之面積較韛韝下面積減半因韛韝下面平而韛韝上面凸連挺桿故得其半也挺桿上行則韛韝擠丑處之水水由子管辛管至下而藍姆水桶灸韛韝下行而藍姆行動韛韝上行而藍姆亦行動蓋不論韛

韝上下行而藍姆一直不退也其配而藍姆退行之放水扇門圖中不顯以圖為直剖面形故也放水扇門有螺塞以開斷水桶水櫃之水路水櫃帽蓋有通空氣螺塞 倘或嚌克不靈有一撬柄見一百二十圖丁裝於兩心軸外端撬柄之彼端有一洞洞內有三輊轆轤轅頂有小樞裝活節四輊轆轤即以一繩兩處貫連以拉令兩心軸行動也 此架之升舉礮具有兩欹克鐵板如顴骨見一百二十圖之戊此欹克為兩熟鐵板夾於礮尾左右礮尾之開斯開孛爾孔襯有雜質銅墊圈用鐵銷貫連於兩欹克再用三鐵銷助之欹克面有槽銜升舉齒條如圖己齒條下端用鉸鏈法裝於後滾輊軸之接段上、處有移動將接段上之套並扶助凸樞兩相擠緊之由是礮尾升降法用牝䆜輪有四條庚手柄並數齒輪以行 第一牝䆜輪裝於欹克有八齒齒輪有四十七齒同在一軸此牝䆜輪銜於齒條之第二牝䆜第二牝䆜有十五齒欲行動之須轉四十七齒之齒輪此齒輪銜於第三牝䆜輪此第三牝䆜有十齒與庚手柄同軸祇將庚柄轉動即轉第三牝䆜連轉四十七齒之齒輪遞轉第一牝䆜並齒條第二牝䆜而欹克升降也 欲欹克銜定於齒條一處有弓形鐵鉗鉗一端有磨心法定

於一欹克上彼端有手柄螺閘螺閘端有磨擦鐵抵住齒條但令螺閘旋緊令齒條銜定於欹克槽內不移走也 礮架有環行鐵鏈令前後進退並用弓形鐵鉗之康潑勒色環行鐵鏈與他礮架所用同左右兩心軸之中間接有一段而車架外衹有一撬柄以轉之撬柄端有一轆轤洞內銜一輇以繩連貫礮架旁雙輇轆轤康潑勒色鐵夾板四塊其一塊在礮架外旁其三塊在礮架內側皆懸於伸出鐵條端貼礮架內側之二塊上厚下削餘皆無削形旋動螺閘手輪邊無齒所以礮架外旁鐵夾板不能自行 十一寸徑來福前膛二十五

噸重礮之礮架一號推美來船式與色爾吞船十寸徑礮架同其轅板厚八分寸之五釘於四寸又四分寸之三闊之生鐵框計此轅厚共六寸半底板厚一寸以角鐵鑲連於轅底板中間彎下成井形井外邊與斯來特邊楔間所留尺寸適合三塊康潑勒色鐵夾板地步鐵夾板即懸於井邊底板空槽內斯來特邊楔外復有第四鐵夾板 礮架前後有橫檔皆以一寸厚鐵板製成用角鐵為框以鑲於轅 康潑勒色手輪搖柄為單柄此礮架後輇兩心軸各端皆裝有呼爾侖雙行水櫃嚙克與十寸徑礮架嚙克同 升舉礮具各牝窩短軸皆

裝於轅上雜質銅樞並非穿貫其轅 各轅前端釘有回行繩之雜質銅環 底板後下釘有裝水櫃之樞其孛勿裝於斯來特前端樞有兩洞配兩挺桿洞須寬用長圓形俾後輇滾時不致彎損挺桿 十二寸徑來福前膛二十五噸礮之礮架為裴拉爾獲里杭船礮架式此架為愛爾斯威廠所造與色爾吞船十寸徑礮架造法大意相同 後滾輇並環行鐵鏈之孛勞克行法以軸用曲拐柄而不用兩心軸右滾輇軸端盤車頭並閘輪用鐵不用雜質銅軸左端之嚙克係特設新式十一寸或十二寸徑來福前膛二十五噸重礮轉塔內

礮架一號為厮來吞船式與哈特船十寸徑礮架略異其裏層轅板略垂下所成井底用彎鐵板以角鐵鑲連於轅板腳前滾輇雖略前而轅下腳不向前撞並有三橫檔 再有舉礮嚙克與愛皮西呢亞船十寸徑礮所用同其環行鐵鏈亦然 十二寸徑來福前膛二十五噸礮之轉塔內礮架一號為芒那克船式與厮來吞船同惟轅板長數相齊其愛爾斯威康潑勒色裝法略異

欲令斯來特邊楔內康潑勒色鐵夾板不擠緊於而藍姆則於底板裝而藍姆樞後加一生鐵空心孛勞克以間隔之俾兩邊弓形鐵鉗擠鐵夾板[illegible]

礙於而藍姆此弓形鐵鉗不用長軸而用兩短軸兩短軸螺線左右分向短軸穿出礮架外用四柄手輪轉之以定鐵鉗寬緊位置兩短軸用牝𥨍輪銜於下面另一短軸牝𥨍此短軸連於而藍姆而藍姆行動則短軸牝𥨍自行轉左右兩短軸左右兩短軸同一方向旋轉令鐵鉗擠緊鐵夾板　水櫃孛勿裝於斯來特中間抽水筩前端當礮退行時穿貫康潑勒色間之孛勞克空洞其挺桿裝法與常法異挺桿端有橫柄成十字式在鐵夾板中間兩鐵塊面進退行且挺桿前後進退度數前至而藍姆樞爲定後至孛勞克爲限礮退行時而藍姆

樞推送挺桿於抽水筩內礮前行時十字橫柄爲孛勞克所阻將挺桿由抽水筩拉出孛勿兩端有熟鐵座托與三十八噸陸路之平臺所用同抽水筩內徑八寸礮退最甚爲七尺七寸半鞲鞴孔徑七分　礮架前段有克立潑轉脚扣住斯來特其升舉礮具與他零件與十寸徑哈特來船礮架同此式礮架現發於哮蚩孛船用

十二寸徑來福前膛二十五噸礮之轉塔備用礮架與芒那克兵船所用同惟零件可左右手用因芒那克哮蚩孛船礮架裝用愛爾斯威康潑勒色搿來吞船礮架裝用弓形鐵鉗康潑勒色兩種皆可配用也　十二

寸徑來福前膛三十五噸重礮之轉塔礮架一號爲提伐斯退與船用與搿來吞船同惟其後橫檔非斜裝而裝與短轅端相齊與前二橫檔平行用鞍架之水櫃嚙克不在車架轅夾層內而裝於船板上其而藍姆有兩個一爲裝彈藥用一爲燃放時用　礮架底板有洞爲而藍姆上升以行動鞍架燃放之前先將而藍姆降令離開礮架礮架後有指針針與撬柄各件相牽連撬柄各件在礮架處船板洞下如而藍姆已離開礮架則撬柄橫移不礙而指針可向下撳倘而藍姆未曾離開則洞口撬柄即擊於而藍姆而指針即不能下撳　升舉

礮具非若前轉塔礮架牽連礮蒂開斯開孛爾特設一法可令礮軸與礮耳皆得其平線然後再講昂俯分度　昂俯所用彎齒條釘定於長轅一邊礮體上轉塔內礮架轅一長一短以取轉移之便有一牝𥨍輪一斯不厄齒輪並四柄撬桿以牽連之其下有長螺柱柱端有兩欵克鐵板管住齒條而以鐵銷貫定兩欵克內側有稜線齒條有凹槽彼此相銜復以兩鐵鍵貫定欵克鐵板不令鐵板分張致齒條有脫出之處又有螺閘見一百二十圖　螺柱貫於螺套螺套銜定於轅內側鐵樞內螺套祇能平旋不能上下行　螺套外有截錐形齒西名排佛爾銜於相配之截錐形齒輪即排佛爾輪　此齒輪

之軸通出轅外軸外端有閘柄此閘柄轉時螺柱可升降如是礮可隨水櫃嚌克升降也　礮降最低時螺柱降下螺柱下端落於礮架底板下雜質銅臼中礮升在半高時螺柱立於轅旁鉸鏈法鐵樞內　礮架有弓形康潑勒色有環行鐵鏈等如哈特船礮架惟康潑勒色外層鐵板有兩塊

第三章　船用熟鐵斯來特

船用熟鐵斯來特有兩號一爲常式一爲施廓德式　常式造法皆同不論轅板單層雙層　單層爲七寸徑八寸徑九寸徑礮用者其楔間闊有三十四寸半　雙層

爲七寸徑八寸徑九寸徑礮用者楔間闊數各不同七寸徑礮用者與上七寸徑礮用同餘皆加闊所以單層轅架之斯來特名爲狹號雙層轅架者稱爲闊號　頭號單層轅架七寸徑礮所用狹斯來特兩旁康潑勒色所夾垢特鐵中空處須塡以木乃可夾擠之八寸徑九寸徑礮所用狹斯來特配頭號單層轅架者用美國康潑勒色即在斯來特中間裝木槅以懸鐵夾板　狹斯來特配二號單層轅架者用愛爾斯威康潑勒色鐵夾板裝在中間　舢板船所用斯來特並二十磅彈來福後膛礮架之斯來特用單個水櫃嚌勿以阻礮回力如

陸路撇拉脫方姆　六十四磅彈並九寸徑來福前膛礮斯來特用愛爾斯威康潑勒色與陸路雙層轅架同　九寸徑以上礮之施廓德式斯來特用弓形鐵鉗康潑勒色因礮架井淺容積數小不足裝居中康潑勒色也　十寸徑以上礮之斯來特今裝雙個水櫃嚌勿其所以然者因旋礮架之軸長不甚靈便是以用雙個也　七寸徑九十擔礮架亦然又因康潑勒色鐵夾板裝在架中間之故　上所用嚌勿深恐康潑勒色鐵夾板與鐵條未及配整用添嚌勿以補其不及也嚌勿所以助康潑勒色令其彙而用之然康潑勒色壓力足以禦礮

回力不必一定用嚌勿也　船行顛簸水櫃嚌勿之油難以量整須將抽水筩油灌滿然後用馬口鐵量具抽出油一量具之數油即足用此量具與礮架同發　常法先將挺桿轆轤送到筩底而後灌油今色爾吞船推美來船十寸徑礮斯來特並九十擔七寸徑礮又裴拉爾船獲里杭船十二寸徑礮架斯來特所用之水櫃嚌勿裝油法先將挺桿後抽至口而後灌油　水師所用水櫃嚌勿抽水筩兩端皆有生鐵座托如三十八噸礮架之平臺所用者然　大礮所用者抽水筩內徑照所在容積數而定之舢板所用大都四寸徑也　二十磅

彈礮之斯來特水櫃孛勿抽水筩並舢板所用者皆以鋼柱鑽空成筒故無錘鎔之接痕也轆轤必有四孔孔徑視礮力大小並視水筩內徑大小定之　每孛勿有雜質銅片鑴明合某礮用並轆轤孔徑及灌油法　水師鐵斯來特在廠將發時各件底用二次紅鉛漆餘用二次普爾福特漆其磨擦著力處並雜質銅處均不漆雜質銅抹以石色料其著力處亦不抹　除舊式單層轅架所用斯來特外現用新斯來特數如下表

斯來特式	重數並零件（擔）	容積噸數（噸）	長數（尺）	[illegible]	（寸）	礮架向前時礮心軸耳距地平數（寸）
二十磅彈來福後膛　船上層頂用	九又四之三	○丶七三三	六	七	半	二九丶八七五
二十磅彈來福後膛　礮艇用	八又四之三	○丶三六九	七		六	二七丶○○
六十四磅來福前膛六十四擔　一號	二三半	二丶五○二	一○		六	三九丶五○
又　二號	二四又四之一	二丶一七九	一一	一	又三之二	三九丶五○
又　三號	二二又四之三	二丶三六六	九		○	三七丶○○
七寸徑來福前膛九十擔用孛勿	邊船 四一；轉塔 四三又四之一	二丶六二四	一一		○	四一丶○○
七寸徑來福前膛六噸半	四四又四之三	二丶四八一	一二		○	四一丶○○
八寸徑來福前膛九噸	邊船 六○又四之三；轉塔 六七半	四丶八八三	一三	[illegible]	○	四四丶○○
九寸徑來福前膛十二噸	邊船 七一；轉塔 七五半	五丶九三七；六丶○九三	一四		○	四四丶○○
九寸徑來福前膛十二噸　色爾香船式	邊船 六二又四之一；轉塔 六四又四之三	七丶一三九	一二		六	四三丶五○
九寸徑來福前膛十二噸　香囊船用	七七又四之一	六丶五七七	一二		六	四四丶○○
十寸徑來福前膛十八噸　色爾香船式孛勿	邊船 一三二半；轉塔 一四五又四之一	一○丶八三九；一一丶二四一	一五		○	五二丶五○
十寸徑來福前膛十八噸　推美來船用有孛勿	一三三半	九丶七六九	一五		○	四九丶○○
十寸徑來福前膛十八噸　斯內克船用	八二半	五丶九八○	一五		○	三九丶○○
十一寸徑來福前膛二十五噸　推美來船用　有孛勿	一六六	七丶四六八	一四		[illegible]	四九丶○○
十二寸徑來福前膛二十五噸　裴拉船獲里抗船用　有孛勿	一五七	一四丶○七二	一六		○	四五丶○○

礮乘新法卷三　二十九

二十磅彈來福後膛十三擔或十五擔礮斯來特配鐵甲船上層頂面用一號見一百十五圖此斯來特兩邊楔以垢特鐵為之深七寸闊四寸前後有橫檔以角鐵釘住其邊楔前後有滾輪楔旁垂下兩熟鐵條貫以輪軸左右熟鐵條脚有鐵板條鑲連前熟鐵條脚裝有福閘住以貫軸後熟鐵條上有爪形鐵可移動除去令斯來特平擱於彎軌條此斯來特前後計斜十度　斯來特前後左右皆有鐵環又有禦撞物有兩個像皮孛勿在其前礮衝向前時可以禦撞像皮孛勿裝於前橫檔之牽條垢特鐵中凹處以賽皮扣乎木塡滿俾康潑勒色鐵夾

礮乘新法卷三　三十

板夾之　磨心鐵板用大鐵銷裝於斯來特前端鐵銷貫鐵板兩脚並斯來特兩旁所有之附熟鐵塊仍用鐵栓定其端　此斯來特有水櫃孛勿用騎跨鐵帶釘於斯來特所有橫鐵板　孛勿兩端皆有熟鐵座托出水螺塞旋於前座托下進水螺塞旋於後座托上　水筩內徑四寸轆轤孔徑丶四七寸即百分寸之四十七所用之油有五廓脫　孛勿之長數可任礮退二尺七寸又四分寸之一其螺領見八十圖庚裝於挺桿距車架轅六寸許其時車架向前挺桿端之螺套見八十圖辛已相切於鐵樞而得其相距六寸之數也如是有六寸寬讓地步追礮退後

時虛行六寸許而後著力於孛勿也似此裝法斯來特孛勿尺寸較短仍可任礮三尺回力與二十磅彈木礮架斯來特同　二十磅彈來福後膛礮架斯來特一號礮艇用此斯來特邊楔亦用垢特鐵惟前端彎合成胸而裹外夾釘鐵板以彌其縫其後端有橫檔鑲連所有底板裝於前後段而中間落空底板下有雜質銅磨擦板斯來特前端有雜質銅樞內裝有磨心板橫檔後底板有洞用長鐵插定其方位　其長短及磨心處位置等與三號木斯來特同水櫃孛勿亦相同惟韝鞴孔徑

•四七寸孛勿前端進水孔適與斯來特邊楔平出水孔在孛勿後端一旁但令前端進水孔灌油滿足用量具承受出水孔處視油滿量具孛勿內之油適合於用即以螺塞閉其孔螺塞端有皮墊用反行小螺絲旋定

斯來特後橫檔裝旋行踻爾（機器零件）即雜質銅手輪一軋甯更有一中間齒輪一軋甯此軋甯銜船頂面齒軌條船頂面軋甯裝於兩心軸兩心軸有一手柄欲移置他處但將兩心軸撬起則齒輪與軌條不相銜可隨便移行也　六十四磅彈來福前膛六十四擔礮之斯來特一號並二號造法與前二十磅彈礮斯來特同兩邊楔以垢特鐵爲之深七寸　斯來特前段擱於滾輇後

段擱於鐵匣匣框以角鐵爲之外鑲鐵板下有可移動之磨擦鐵板滾輇架之後餘邊（即福關仕）有撬桿所抵之襯臼鐵匣旁附一鐵板亦釘有襯臼後橫檔裝有繞繩之暴勒特更有樁頭配轆轤爲拉進礮位繩索之用　旋行滾輇裝於兩心軸軸用截錐形軋甯輪銜於橫軸之錐形軋甯輪橫軸兩端出斯來特邊楔外裝撬柄以轉之　斯來特前端有小樁裝磨心長桿斯來特前後有磨心節骱（如鉸鏈）裝磨心鐵片爲船頂面用後磨心節骱有兩處鐵銷孔如欲配磨心長桿亦可　欲搬移斯來特另有輪軸軸用鐵帶扣於斯來特下之熟鐵架熟鐵架深淺分寸視斯來特擱於輪軸時距地平三寸爲度

斯來特邊楔有雜質銅架可擱鐵頭撬桿等　今所造之新斯來特後段亦用滾輇軸亦用兩心法又附有小鐵環爲鐵頭撬柄撬轉之用　官廠發試用之斯來特配八種礮用者謂之一號其與二號異者加高一寸均以鐵板角鐵爲之無前滾輇前端用鐵匣並雜質銅磨擦板距前端三尺許有鐵匣並重心所著力之鐵磨心件　後橫檔上裝有轆轤凸樞用鉸鏈法旋行具之橫軸上有閘齒象限輪可配閘條令滾輇與軌條或離或即　六十四磅彈來福前膛六十四擔礮之斯來特

三號與二號造法略同惟略小而低耳康潑勒色有五條鐵夾板限礮回行四尺六寸許所裝盤車機器與七寸徑九十擔礮架同後底板下有小樁爲扣拉礮回行之繩　獲不兒兵船旁礮所用斯來特前磨心爲一活動之大鐵銷插下時有鐵栓鍵住　麥提那兵船旋行斯來特轉塔內用旋行機器與二號斯來特同船尾所用斯來特後磨心裝更後九寸許磨心鐵片以熟鐵爲之斯來特後端釘有凸鐵裝磨心鐵片與七寸徑九十擔礮斯來特同配船頂面旋行磨心加用磨心鐵片磨心節骱如將此件除下另裝節骱用手插大鐵銷可與船旁

磨心節骱調用搬移斯來特器具與二號同船旁斯來特前端另釘一搬移所用凸樞麥提那兵船所用搬移斯來特軸長四尺五寸常例軸長四尺八寸　七寸徑來福前膛九十擔礮之斯來特一號如第一百二十三圖斯來特兩邊楔一橫檔三底板滾輪架有福闌住邊楔以垢特鐵爲之深七寸工字形上下面闊五寸前端邊楔彎抱成胸與七寸徑陸路礮斯來特同橫檔以角鐵爲之底板厚四分寸之三　船頂面斜度斜有二度斯來特祇斜一度半前端邊楔彎抱成胸內外用兩鐵板以彌其隙縫外鐵板可裝連磨心鐵桿內鐵板可裝康潑勒色

鐵夾板之鐵銷後楔旁以橫檔鑲連前底板釘於斯來特前段下後底板釘於橫檔略前許中段底板釘有克立潑斯即底板轉腳　即抱扣於工字鐵兩邊楔如是可前後移也滾輪架之上橫板即福闌住釘於底板下適在邊楔處後滾輪福闌住與後底板間襯以鐵墊令後加高後福闌住有爪形鐵片滾輪軸易於取出鐵爪並釘有雜質銅磨擦片當兩心軸撬起不用滾輪時鐵爪在軌條磨擦可無礙也　滾輪軸徑二寸軸端穿出鐵條外以銷子貫住後輪軸之後端有小環爲撬桿之用斯來特後端有鐵腳可護後滾輪並移旋時指明分度又作撬桿

依靠之用　斯來特用愛爾斯威康潑勒色貫鐵夾板之鐵銷徑二寸邊楔兩旁裝水櫃孛勿各一具後端裝於後橫檔之角鐵前端裝於特設之角鐵孛勿內徑四寸最大退行地步有五尺六寸又八分寸之三挺桿螺領距車轅架二十寸又八分寸之三如是礮回行得二十寸有奇之寬讓地步　韝鞴孔徑·三五寸油灌十一湃引脫放水孔螺塞見八十圖丑　逆旋挺桿直徑放大有二寸又四分寸之一　斯來特又有零件如下礮架前行有木樁限止木樁端有三寸厚像皮圈以銷子銷於樁心礮退行限止有鐵樁有二寸半厚像皮圈兩邊楔

前後有雜骨後雜骨梗長一寸半其搬移所用扣軸鐵帶與六十四磅彈礮斯來特同養皮扣木踏板由後連至中段底板後橫檔釘有暴勒特並鈎前底板下釘雜質銅節骱以鐵銷貫連於雜質銅磨心片（如鉸鏈）此磨心片裝船頂面在斯來特前端之內不用時可弔起於斯來特後底板下釘有雜質銅節骱亦裝雜質銅磨心片磨心長桿現又加長用銷接連於斯來特前端　斯來特兩旁有盤車頭如第一百二十四圖有生鐵斯不厄輪如圖丁彎面輪如圖丙連合爲一用銷子領套銷定於葛芹如乙葛芹釘於斯來特邊楔後段斯不厄輪

隨己扎甯輪而轉己扎甯輪用銷子領套貫定於戊軸戊軸裝於甲樞將庚手柄轉旋則盤車頭即隨以動也此具之上有雜質銅護罩以護之　斯來特如在轉塔內轉旋用者則加添旋行具如下　前端居中底板下有雜質銅滾輇如第一百二十五圖甲輇外周非舊式駝背而用嵌平式有兩心軸軸端有排佛爾扎甯如乙（截錐形輪）銜於丙排佛爾扎甯此扎甯裝於短橫軸短橫軸裝於底板下樞並邊楔下樞短橫軸外端出邊楔外有鐵環以鐵頭撬柄插入轉之用此撬柄則橫軸隨意而轉令滾輇或即或離橫軸有銷子可隨意銷於斯來特

邊楔某洞而滾輇即定於其處　旋行之具有撬桿抵前滾輇架之福闌住斯來特後段如欲裝磨心板配旋行所用之長桿亦可　阿拉孛兵船黎歷兵船旋行斯來特有雜質銅長磨心片其長數從磨心洞心量至鉸鏈節骱計九寸許裝此磨心片之節骱在尋常節骱之後　七寸徑來福前膛六噸半礮斯來特一號有兩邊楔兩橫檔兩底板一頂板有對角鐵牽條（西名斯堆）用孛勞克（鐵匣）並配裝滾輇之四條福闌住鐵腳前段邊楔彎抱成胸接縫內側襯釘鐵板因船頂面斜有二度此斯來特祇斜一度半　前橫檔距前胸十五寸許橫檔以八

分寸之七厚鐵板爲之上鑲以角鐵頂板厚四分寸之三釘於斯來特端並連前橫檔中留大洞爲料理其下各件　後橫檔以角鐵爲之釘於邊楔後端　前底板釘邊楔下距前胸十寸許中洞配裝中間雜質銅滾輇此滾輇即轉以旋行者又一底板略彎向下用克立潑斯（轉腳鐵）橫扣於斯來特中段其對角牽條居中交線處釘於底板上牽條彼端釘於邊楔垢特鐵孛勞克用角鐵爲框上以鐵板爲面橫釘於邊楔後端下　滾輇之架前後有餘鐵板（即福闌住）後滾輇之福闌住如鈎形鈎端有環可貫滾輇軸前滾輇之福闌住有洞照常法裝軸

前滾輇之福闌住前捶、而釘於邊楔後滾輇福闌住後捶、釘於孛勞克、滾輇皆以雜質銅爲之、且形如截錐、後軸用兩心法、各有鐵環、爲鐵頭撬桿之用、 各滾輇上有護罩、可作指針用、護罩釘連於福闌住架之小鐵樞上、 孛勞克端並前底板下、釘有雜質銅磨擦片、俾無礙於軌條、磨擦、孛勞克與磨擦片間、用木塡滿、不致爲鹹水所損、 此斯來特照常法配愛爾斯威康潑勒色、其零件如下、 與礮向前退後之樁、與七寸徑陸礮平臺所用同、旋行所用撬桿著力之樁、釘於邊楔前端下、賽皮扣木踏板、在孛勞克及牽條上、又有可弔起之踏板、在斯來特後段、 暴勒特、豎鐵環、並盤車具與七寸徑九十擔礮架之斯來特同、 有雜質銅節骱、並磨心片、一磨心片裝於斯來特前端內、一磨心片、裝於孛勞克之後、 頂板釘一磨心鐵板、配磨心長桿、其鐵板加厚、 斯來特如旋行者、前底板下、釘一雜質銅樞、配裝居中滾輇兩心軸樞、前有小鐵板、可以阻軸、不致脫出、軸端有環、有鐵頭撬桿所插、 邊楔下孛勞克前、釘有裝搬移軸之鐵帶、 八寸徑來福前膛九噸礮斯來特一號與七寸徑六噸半礮所用同、愛爾斯威康潑勒色亦同、惟其後橫檔、以一寸厚之鐵板爲之、以膝鐵釘

於兩邊楔橫檔下加一底板、此第二塊底板 斯來特中間木板、裝在孛勞克上、上近礮架而不礙於行木板、後有洞、洞有蓋、料理後磨心、可揭蓋以爲之、 此斯來特不裝盤車具而用施廓德進退旋行之具、其具如第一百二十六圖、與九寸徑礮斯來特環行鐵鏈同、 其環行鐵鏈在斯來特左旁鏈前大轆轤輇有齒、所以銜鏈孔、轆轤殼有柄、穿出前橫檔、而以螺套旋其柄端、如小圖之甲、旋螺套所以令其寬緊、後轆轤輇貫有橫軸、以鍵定之、前轆轤柄穿貫前橫檔、有鐵襯圈、間隔以像皮圈、橫軸兩段相接、其接處用鐵套以銷子定之、橫軸穿貫兩邊楔、且擱於底板、兩雜質銅樁、用盤車手柄、如圖乙、以轉牝甯輪、斯不厄齒輪、盤車及輪等、裝於斯來特左右兩旁、斯不厄輪與牝甯輪有護罩、釘於斯來特罩內、有牝甯軸、斯不厄輪內有斜齒輪、可以銜閘、此閘用磨心裝於斯來特旁、 雜質銅護罩、有兩小架、如盤車手柄不用時、可擱其上、 旋行機器、用一短軸、軸端裝於孛勞克之雜質銅樞、並後橫檔之雜質銅樞、軸前端有雜質銅牝甯、見一百二十六圖一號丁 此牝甯銜於船面之雜質銅齒軌條、軸後端有雜質銅克浪輪、如圖戊、克浪輪之齒不在外周而在側面如國王冠式 銜於斯來特右旁曲枴柄相連之牝甯輪、牝

甯輪裝於斯來特旁之雜質銅樞欲斯來特旋行而定
其位置其軸有閘輪另有閘條以閘之並有弓形螺閘
鉗閘輪與牝甯軸連爲一處閘條用鉸鏈釘於樞以領
圈與栓定之弓形螺閘鉗裝於樞之槽內有磨心定其
處鉗之兩端所以執閘輪鉗一端有小凸頭又一端裝
螺閘以一號己手柄旋之小凸頭及螺閘之端均有磨
擦銅片但轉手柄而閘輪即爲鉗擠緊矣 斯來特如
欲環旋祇於中間裝滾輇等具必令以上所說轉行牝
甯與船頂板齒軌相脫離法將轉行牝甯軸聳上用第
一百二十七圖丁克埒蚩法輪軸相銜有凹凸鑲謂之克埒蚩聳上則

凸凹不相銜並用寅撬桿其曲楞柄在斯來特外旁雜
質銅樞曲楞端有孔孔有襯臼如卵插鐵頭撬柄旋之
撬桿可令牝甯輪在軸隨意移動而以鐵銷於曲楞定
之 斯來特旋行具與磤架進退具只用一副盤車法
有一長軸裝於斯來特左旁雜質銅樞矗出斯來特前
端長軸前端有旋行牝甯輪如第一百二十八圖丑長
軸彼端有排佛爾輪見一百二十七圖子銜於進退磤架環行鐵
鏈橫軸之排佛爾牝甯輪 欲旋行則將排佛爾牝甯
輪撬令扣銜於長軸排佛爾輪並將進退磤架之牝甯
輪撬令與橫軸鑲不相銜然後轉橫軸端之盤車頭即

祇轉長軸而旋行矣以其時環行鐵鏈與磤架不相扣
也旋行既定將旋行之排佛爾牝甯輪撬令與長軸端
排佛爾輪不相銜而令進退磤架之牝甯輪相銜可也
九寸徑來福前膛十二噸磤磤架之斯來特一號與
上髮鬚用愛爾斯威康潑勒色又裝施廓德進退磤架
具並旋行具其環行鐵鏈每旁一副 環旋斯來特之
旋行進退具與八寸徑磤斯來特不同有長縱軸如第
一百二十九圖甲由前橫檔起長軸並作短軸用其用法與短軸同
惟左旁加一牝甯並盤車頭手柄與右旁同此橫
軸較更長長軸有兩牝甯一如圖乙在前底板後又一

牝甯如圖丙在後孛勞克之後前牝甯扣於旋行牝甯
如圖丁後牝甯扣於進退磤架之牝甯如圖戊 因此
兩牝甯不能同時銜於船面齒軌所以各牝甯均裝於
磨心夾板內如轆轤殼然 磨心夾板可以撬令升降便與齒
軌或離或即其進退磤架之牝甯輪有撬柄如第一百
三十二圖庚並見一百二十九圖矗出斯來特外旋行牝甯祇有
一手柄如第一百三十一圖辛進退牝甯磨心夾板之
撬柄有鐵銷見一百二十九圖壬在斯來特邊楔外可隨其位置
而銷之旋行牝甯有磨心夾板有鐵銷見一百二十九圖丑候提
起後可銷定之斯來特後端轉長軸之克浪輪並軸如

第一百三十圖 九寸徑來福前膛十二噸礮礮架斯來特一號與待色斯兵船式與上㨗𨍱滾輇之福闌住即釘於斯來特邊楔下後滾輇圈周有槽所以銜軌條凸稜可為磨心與磨心桿之助滾輇不用兩心軸與前滾輇裝法同有橫牽條牽住左右滾輇之軸 旋行所用軸裝於斯來特中間左右皆有牝窩盤車頭以轉之牝窩軸端欲加其力再加齒輪如第一百三十三圖甲並加牝窩輪如乙此乙牝窩軸裝於護罩樞內此護罩即護進退所用之斯不厄齒輪擠緊位置之孛留克裝於後橫檔之樞斯來特後釘有鈘鏈法鐵板板有孔可

以螺銷定其處使不移動 船行不免搖簸底板下釘有鈎以鈎住船面軌條相連之雜質銅舌礮退行時又足以助磨心斯來特有船左船右之別進退礮架具之孛留克並定處不移之鈘鏈鐵板裝於船左斯來特之右旁並船右斯來特之左旁 九寸徑來福前膛十二噸礮斯來特一號色爾呑船式照施廓德法造與常式異者以其較高耳 此斯來特兩邊楔用垢特鐵深十寸面底闊五寸其胸亦彎抱而成中縫內側襯釘鐵板外有樞配插磨心桿之鐵銷邊楔後段之橫檔以鐵板為之鑲以角鐵更有三底板鑲連兩邊楔一在胸之內

一在橫檔下一距斯來特後端三尺許 前滾輇之福闌住腳係繞連而釘於底板正在邊楔下滾輇與待色斯船九寸徑礮之斯來特同後滾輇不用兩心軸輇外周有槽銜於軌條稜線 此不用愛爾斯威康潑勒色而用弓形鐵鉗康潑勒色有兩塊下側鐵板深七寸用鐵銷貫連於葛芹葛芹釘於各邊楔外旁各垢特鐵中空凹處以饔皮扣木塡滿用螺銷旋於韋孛 斯來特前端胸內釘有一孛勿所用鐵板上有一木椿用兩鐵銷貫定於鐵板椿與鐵板間襯有四塊像皮墊後底板上左右有兩鐵椿椿端有小孛勿以五塊像皮墊襯

之此禦礮架回撞 有進退礮架具邊楔左旁有環行鐵鏈與常式八寸徑礮架同轉鐵鏈之橫軸與兩旁斯不厄輪同軸 旋行長縱軸在斯來特中間與與待色斯船九寸徑礮架同行法亦同左右各有搖柄轉牝窩輪而轉斯不厄輪軸見一百三十三圖甲乙以加其力軸前端裝於中底板下角鐵之半規形雜質銅板 環旋斯來特之進退具旋行具皆相連如前九寸徑常式斯來特惟前端中間滾輇如第一百三十四圖甲與旋行乙牝窩相連甲滾輇乙牝窩同裝於中兩心軸如丙軸後端裝有埋脫牝窩如圖丁載錐形式短橫軸端又有埋脫牝窩如

圖戊銜於丁牝甯橫軸彼端矗出斯來特邊楔外有鐵紐可插鐵頭撬柄但將撬柄轉動令橫軸端之埋脫牝甯轉短軸之埋脫牝甯而兩心軸之甲乙輪或提起或放下即與縱長軸之牝甯或銜或否也當短軸轉令甲乙輪或提或下時須將銷子定於其旁小樞使不退轉爲要　斯來特端有鐵鉤與奥待色斯船九寸徑礮斯來特同用時有鐵銷貫定鐵鉤使不翹起斯來特中間有賽皮扣木踏板　色爾吞船環旋斯來特亦有發給勞來船用可配裝轉盤而旋行也垢特鐵下近中段處釘有實心鐵樑厚三寸闊十寸樑上裝水櫃嚐克其撬

柄在斯來特旁撳令下上轉盤有襯臼配裝嚐克而藍姆既用而藍姆則旋行滾軨可不喫重候旋至所欲到之方向再撳動嚐克令寬釋而藍姆上升縮入水箭則水箭而藍姆均可取去當未轉之前先於後滾軨後福闌住之雜質銅樞用鐵栓貫定斯來特於轉盤　香囊船旁所用斯來特即色爾吞船式惟略改有三度斜度常例斜祇一度半前端較更低矮其旋行齒牝甯與後軌條齒相銜此軌條齒在軌條槽內是以上仍面平可行滾軨後滾軨外周無槽前船面有磨心洞磨心可上下有具以閘定之轉以小手柄　旋行斯來特後滾軨外周有槽斯來特前端有鉤

住鐵鉤鉤短不礙軌條軌與船板平有活動鐵銷令斯來特銷定於轉盤有一條磨心長桿不用磨心片　十寸徑來福前膛十八噸礮斯來特一號與色爾吞船九寸徑礮斯來特同用弓形鐵鉗康潑勒色邊楔垢特鐵深十一寸又四分寸之三上下面闊五寸半斜一度半前端用前橫檔頂板鑲連後有後橫檔下鑲有三底板前後滾軨外周皆有槽　礮架前行相撞之前孛刎與九寸徑礮同襯有六層像皮墊裝於前橫檔後孛刎亦同式用八層像皮墊釘於鐵板牽條上此鐵板以角鐵鑲於後底板牽條又釘連頂板此頂板鑲於後橫檔上

礮架退行撞後孛刎孛刎縮四寸時即遇兩邊垢特鐵之鐵椿　斯來特兩旁有踏板釘於鐵樞後底板上釘有兩鋑鏈樞其上有可摺之踏板　斯來特上進退具旋行具之克浪輪以生鐵爲之其所用之牝甯輪軸並無加力輪軸長軸前端所裝半規形鐵板釘於第二底板略前之邊楔　旋行長縱軸兩旁裝水櫃孛刎各一副擱長軸中段略前之樞換用雜質銅樞樞上用鐵板上加丁字式鐵此樞所以托扶孛刎前端孛刎後端用後橫上之鐵板板以角鐵抵住與十寸徑礮開斯枚脫平臺二號同斯來特下前底板略鏟免礮架前行孛刎

樞之礙 孛勿水箭內徑六寸可任礮回行六尺地步轆轤孔徑・六寸十分寸之六 環旋斯來特不復裝旋行具環旋用小轉盤與九寸徑礮同有一條熟鐵楔橫裝於斯來特邊楔下水櫃孛勿即裝其上其裝法橫楔略後俾礮回行時斯來特前端不俯於船面所有斯來特重數全萃於轉盤然後用盤車法轉旋其進退具機器力加大後軌道有孛留克法一如十寸徑礮推美來船式 水櫃孛勿之挺桿螺領距螺套較遠有九寸又四分寸之一之虛行地步西名斯立潑 因此礮架在斯來特可更縮後些轆轤孔徑・五七寸即百分寸之五十七 色爾呑船十寸徑礮之斯來特又可裝於赫扣里斯船惟低三寸滾輇架脚與扣住斯來特前端之鐵鈎並進退軸前端所裝樞之深淺亦須略改 蘇潑孛船大艙面邊礮架之斯來特與色爾呑船同惟磨心桿裝處高有一尺六寸半 十寸徑來福前膛十八噸礮之斯來特一號推美來船用與赫扣里斯船同惟前軌道半直徑改小爲五尺十一寸半後軌道半直徑改作十五尺二寸半進退具機器加力其孛留克軋輪加添磨擦阻力其法如下軋輪爲兩齒片如唧唧輪內有槽銜於吃牝甯軸之凸稜可於軸左右移而不能繞軸旋轉兩齒片有一圓

礮乘新法 卷三 四十五

磨擦片如兩磨擦片用栓貫定於樞如第一百三十五圖此兩齒片爲叮鉗之橫螺柱擠緊於磨擦片並鉗端之磨擦條如哦如是則有四個磨擦面之壓力矣 船頭尾礮架之斯來特亦用孛留克以鉗軌條 孛留克有兩份令各鉗軌條其鉗式與進退具同惟以軌條邊代軋輪耳左右各有三尺長之竪立撬桿即插於斯來特後端之短縱軸短縱軸前端有短柄作正交鉗之螺柱亦有正交之柄此兩柄用螺絲磨心法兩相貫連如撬向斯來特中心則鉗之螺柱旋緊由是軌條邊爲磨擦板夾緊矣 斯來特後有活動踏板可令管撬柄之人立其上 裝水櫃孛勿則前底板中間須鏟削庶免礮架底孛勿樞之礙中底板後底板皆彎下並孛留克具之樞與鉗略易位置與色爾呑船同兩水箭中心相距一尺半水箭後端裝於斯來特後之樞前端裝於縱軸之樞 香囊船斯來特與推美來船不同者斯來特前端鐵鈎略短其軌條嵌平於船面 蘇潑孛船頂所用斯來特較推美來船略短祇有十四尺長 十寸徑來福前膛十八噸礮之斯來特一號斯內克礮船式與色爾呑船同裝弓形鐵鉗康潑勒色不用滾輇其邊楔斜三度半後墊兩熟鐵塊彼此牽以鐵梗斯來特前端

礮乘新法 卷三 四十六

下並兩熟鐵墊塊下皆有雜質銅磨擦片　礮架前捶時適當重心前裝磨心兩旁橫鑲磨心板後裝有摺起之踏板　斯來特前端釘有木塊配攔阻退行之繩索兩邊楔有雜質銅環所以貫繩索而繩索即由是以牽連礮架　斯來特前端有裝彈起重架有磨心貫定於兩垢特邊楔並前端木塊皆釘有鐵片俾擱起重架之腳　此斯來特無進退及旋行之具如欲礮架進來斯來特後底板樞有雜質銅兩轆轤並礮架兩轆轤貫以繩索用汽機盤車拖之雜質銅樞後有暴勒特並鈎後熟鐵塊間之鐵梗有拉住鐵紐　前橫檔鐵板鏇有槽

圓洞為水櫃孛勿挺桿所貫行橫檔洞口有扶助鐵板並像皮墊可禦挺桿頭螺套激力　十一寸徑來福前膛二十五噸礮礮架之斯來特一號推美來船式兩邊楔以丁字式鐵加鐵板製成工字式垢特鐵深十八寸上下面闊六寸半中段垂下似魚腹前後端略鏇令淺俾裝滾軨前端不用橫檔兩楔彎抱成胸如常式　用弓形鐵鉗康潑勒色其鐵夾板置兩邊楔內又裝進退具旋行具進退具之斯不厄齒輪裝於邊楔內側環行鐵鏈軸上其力發於盤車頭軸之牝窗經過其間兩短軸兩副齒輪牝窗輪而至斯不厄輪力大過於十寸徑

礮夾旋行具加力之法克浪輪非即裝於長縱軸而裝於其上之短軸短軸有牝窗輪銜於縱軸端之雜質銅排佛爾輪　後軌條之孛留克軋輪法與推美來船十寸徑礮同惟其搖柄長三尺六寸搖柄形彎所以免盤車頭手柄之礙　水櫃孛勿裝法與常法相反以水箭裝於斯來特前端礮退行時將挺桿拖出預備礮退足則挺桿之螺領與其端螺套相距須十五寸許水箭內徑四寸轆轤孔徑・三寸（即十分寸之三）　斯來特後有活動踏板並有起步　兩旁有指針可指後滾軨旋行分度　十二寸徑來福前膛二十五噸礮礮架之斯來特配

裴拉爾船獲里杭船用係愛爾斯威礮廠造與十寸徑礮斯來特同兩邊楔工字式鐵韋孛加用熟鐵板令更堅固裝弓形鐵鉗康潑勒色其旋行進退具與色爾吞船九寸徑礮斯來特同　前後滾軨外周起槽且裝孛留克以擠緊軌條又裝水櫃孛勿水箭內徑六寸轆轤孔徑・四五寸（即百分寸之四十五）　礮架前行相撞之孛勿為一橫木貫於三短軸橫木與斯來特邊楔間三軸各襯以像皮墊圈六個像皮墊圈復間以鐵圈後孛勿式亦同惟有四軸各襯像皮墊圈九個　轉礮塔所用斯來特釘定於塔內塔自轉旋無須斯來特旋動也兩邊楔

各用兩鐵板上蓋以丁字式鐵丁字式鐵之垂下者適夾在兩鐵板內而釘之兩鐵板下脚用角鐵釘住於塔底丁字式鐵上面為礮架進退軌道　提伐斯退與兵船配礮架所用水櫃嚼克裝定於轉塔內有兩副而藍姆抽水筩水櫃一副裝於斯來特前端外旁一副裝於斯來特後端其軸穿貫邊楔以常法行之兩抽水筩不拘用於某而藍姆以兩副抽水筩勢力可併聚於一而藍姆使舉力更大兩水櫃有相通管子並有合用之扇門　水櫃下有兩管外管之水由抽水筩出內管之水通至而藍姆水櫃內抽水筩之管無扇門其通到而藍姆之水管則各有螺塞螺塞各有小牝甯與牝甯輪相銜若令此螺塞旋寬而水通則彼螺塞旋緊而水塞如是兩抽水筩轆轤行動水只灌至一而藍姆而又一而藍姆之水路不通以已為螺塞旋緊也如螺塞旋寬令兩水管俱通水即回至兩水櫃若用一抽水筩灌水至一而藍姆中有扇門隔斷水可行在一邊也　施廓德環行鐵鏈盤車頭用數條手柄於塔外行動之此斯來特環行鐵鏈之橫軸用克埒蚩法銜接於彼斯來特之橫軸即可轉兩副盤車頭手柄以進退一礮架

第四章　礮艇之礮架並斯來特

礮艇礮架並斯來特如下表

式	重數 擔	廓脫	磅	容積噸數 噸
九磅彈來福後膛上層礮架二號	三	一	○	
又　下層　又	一	二	○	
又　斯來特　又	三	○	○	
十二磅彈來福後膛上層礮架　二號	三	一	○	
又　下層　又	一	二	○	
又　斯來特　又	三	○	○	
九磅彈來福後膛礮架　三號	三	三	八	、二九四
又　斯來特孛勿　又	四	二	○	、二七七
十二磅彈來福後膛礮架　三號	二	三	六	、三四五
又　斯來特孛勿　又	四	○	一八	、三○二
七磅彈來福前膛二百磅鋼礮架　一號	一	○	二一	、○七七
又　斯來特孛勿　又	二	一	一七	、二五七
九磅彈來福前膛六擔礮架　一號	二	三	二○	、八五四
又　斯來特孛勿　又	四	一	七	
九磅彈來福前膛八擔木礮架　一號	二	三	二○	、九三七
又　斯來特孛勿　又	四	二	二五	
九磅彈來福前膛八擔或六擔鐵礮架一號	二	二	一六	、○五九
又　斯來特孛勿　又	四	三	○	

九磅彈來福後膛三號礮架斯來特此為小木滑礮架西名斯來定有尋常十字柄升降螺柱並滾礮木西名斯妥閣裴特所用之墊板又準木西名曠引有鐵樞配裝水櫃孛勿前後端有扣住之鐵鉤西名克立潑斯礮架前後端樞上有阻行鐵板　此斯來特以木為之無滾軨而釘有磨擦鐵板後端下有字勞克以鉸鏈法鐵銷鐵鉤連之前橫檔有洞裝磨心兩楔面加闊以便礮架擱其上有克立潑斯扣住楔後端中有著力鐵板為孛勿座托所抵處楔之前後端均有鐵樁為阻止礮架之用配裝轉運所用軸之鐵帶釘於邊楔下略前許　孛勿擱於中後兩橫檔上橫檔各有騎跨鐵帶洞將鐵帶兩端由橫檔洞穿下以螺釘旋住此孛勿為常式略小　孛勿前端不用帽蓋與筩口護圈見八十圖而亦用座托以螺銷旋住貼座托處加襯鐵片俾螺銷

之螺可旋沒而不露水筩內徑四寸挺桿直徑一寸・五韝鞴孔徑・六七五寸挺桿之長可任礮退行二尺十一寸又四分寸之一抽水筩用油五廓脫　九磅彈來福後膛二號礮架如第一百三十五六圖甲斯來特如三十五圖丁其與上異者以用愛爾斯威康潑勒色不用孛勿也又不裝轉運軸之鐵帶另有低車架見一百三十六圖上裝礮架以便礮由礮洞燃放其康潑勒色用兩克立潑轉腳鐵板如第一百三十七圖丁丁兩克立潑在轅外以橫軸貫其端橫軸一端有左旋螺絲一端有右旋螺絲克立潑板外面之橫軸端用螺套撬柄以轉之左

邊甲撬柄為旋準寬緊分度之用右邊乙撬柄為旋緊之用乙撬柄先放下將甲撬柄旋定在某分度即將螺套擠緊於克立潑板令轉腳扣牢於斯來定邊楔　乙撬柄因戊撬板而自行見一百三十七圖戊此戊撬板裝於橫軸中間當礮架退行時撬板隨與俱行遇橫檔則撬板為所掀起即橫軸為所轉而螺套益旋緊矣低車架如一百三十六圖之叱以兩獲克木平行釘於軸軸有兩木軫為車架前端用其後端用孛勞克於是車架乃斜向後低車架後段橫釘角鐵一條角鐵上有兩小椿小椿即裝於礮架後孛勞克之襯臼間車架前段有礮架之

克立潑扣住也　十二磅彈來福後膛礮三號車架並斯來特與九磅彈礮三號同惟孛勿之韝鞴孔徑・六二五寸抽水筩長數可任礮退行三尺五寸又四分寸之一斯來定阻行椿衹任礮行三尺二寸半油用六廓脫　七磅彈來福前膛二百磅鋼礮一號礮架如第一百三十八圖斯來特如第一百三十九圖此礮架有兩轅以四分寸之一鐵板為之轅外下腳用角鐵釘於底板上前端以一鐵板作橫檔用角鐵釘之後端亦然礮耳凹座之蓋用鋼銷　兩邊各用克立潑扣住於斯來特邊楔轅兩旁皆有手襻用升舉礮之方螺柱柱之上

端有圈即嵌於開斯開孛爾礮帶分作兩圈而螺柱圈嵌其間　用螺銷貫定之方螺柱之雜質銅座裝於底板礮架胸前有一孛勞克可插挖彈墊之鉤彈墊西名滑特　斯來特兩邊楔以垢特鐵為之深五寸半前端彎抱成胸中縫襯釘鐵板有三底板一後橫檔後橫檔之前有一木孛勞克為孛勿底座前底板有洞配裝磨心邊楔上有阻行椿後端之椿有像皮墊　孛勿擱於前中兩橫檔用騎跨鐵帶由洞穿下以螺銷旋住右旁有鐵樞可插孛勿所用之斯攀納旋螺具韝鞴孔徑・六五寸可任礮回行二十六寸又四分寸之一油用三廓脫半放水孔螺塞西名廓克井

護片西名伽特與九磅彈來福前膛礮斯來特同進水孔螺塞西名潑勒搿之螺線逆轉　九磅彈來福前膛六擔礮木礮架並斯來特一號以十二磅彈來福後膛礮礮架改製以七磅彈礮所用升舉螺柱代常式十字式柄升舉螺柱用葛芹法製於底板之座中裝處較舊式前四寸半礮可昂十一度俯二度前橫檔有雜質銅樞可插捲取滑特之鉤　如以九磅彈來福後膛礮二號礮架之斯來特改製用孛勿以代康潑勒色其阻行椿前後調換可任礮架回行二尺十一寸又四分寸之一孛勿與九磅彈來福後膛礮三號斯來特同轆轤孔徑·六七

五寸油用五廓脫斯來定前後端有擱脚之木孛勞克斯來定在船尾時礮口高於柁柄上端　十二磅彈來福後膛礮斯來特二號改爲九磅彈來福前膛六噸礮用將斯來特截短八寸阻行椿移前三寸又三分寸之一用孛勿　九磅彈來福前膛八擔礮木礮架並斯來特一號亦以十二磅彈礮斯來特改製其螺柱同上惟裝較舊式後一寸半礮可昂九度俯二度如以十二磅彈來福後膛礮斯來特二號改製裝用水櫃孛勿與上三號同轆轤孔徑·六二五寸油用六廓脫斯來特前端擱脚用木孛勞克並用中段磨心即裝於中橫檔此

磨心由下而上免孛勿之礙磨心有稜線可銜於中橫檔磨擦板凹槽　九磅彈來福前膛八擔並六擔熟鐵礮架並斯來特一號與七磅彈二百磅鋼礮所用同如第一百四十圖　礮架轅以八分寸之五鐵板爲之前邊與上邊鑲以堅鐵條後克立潑各有雜骨孔爲擱礮繩之用底板有洞可泄水升舉礮之螺柱與七磅彈礮同礮可昂十度俯二度如配六擔礮用將底板下橫釘角鐵一條距後橫檔四寸半許配裝升舉螺柱之樞用斯來特邊楔以垢特鐵爲之深六寸半上下面闊二寸又八分寸之七有三底板並後橫檔其下有雜質銅

磨擦板中段前段皆可裝由下而上之磨心　斯來特兩邊楔前段左右皆有手欅後段左右有鐵環前後脚有木孛勞克轉運軸騎跨鐵帶釘於邊楔下　水櫃孛勿與九磅彈礮木礮架所用同孛勿座托裝於橫檔凹處兩旁用榫木擠緊西名勒搿放水孔螺塞與邊楔平螺線左旋其護片橫釘於邊楔下轆轤孔徑·六七五寸油用五廓脫

第五章便行車架

水陸通用便行車架表如下

式	空車重數 擔	廓脫	磅	裝足重數 擔	廓脫	磅	容積噸數 噸
六磅彈來福後膛礮車架	五	〇	〇				
又林孛	五	〇	〇				
九磅彈來福後膛礮車架	六	三	〇	一七	〇	〇	二、六五
又林孛	六	〇	〇				
十二磅彈來福後膛礮車架	七	三	〇	一八	二	〇	三、二一〇
又林孛	六	〇	〇				
六磅彈來福前膛六擔礮車架一號	六	一	二一				二、六五〇
又林孛	五	三	一一				
九磅彈來福前膛八擔礮車架一號	六	二	六	一五	〇	九	二、五五九
又林孛	五	一	一三	九	〇	二一	
九磅彈來福前膛八擔或六擔鋼礮車架	六	二	七	一五	〇	一三	一、三二四
、四五寸徑格林礮車架一號	四	〇	三	七	三	七	一、九六五
又林孛一號	四	二	一四				

九磅彈來福後膛礮車架、並林孛、與六磅彈來福後膛礮車架陸用者同、惟略小、用常法十字式手柄之升舉螺柱、並特設軸與輪、輪徑三尺六寸、有雜質銅轂釭、鐵箍闊三寸、邊角鏟圓、軌闊三尺六寸半、　軸上無箱、惟軸扶左樞、裝有一小箱、箱蓋開向輪、　林孛為一輕架、釘於軸扶、見三十四圖 裝有可調換之兩卸夫脫、且可裝帕爾、有兩板條、可以一人拖行、其輪與軸與礮車同、皆抹以黑漆、林孛裝兩長箱、箱內置彈十二個、箱蓋向輪開啟、　十二磅彈來福後膛礮車架、並林孛、與九磅彈礮車同、滚輇墊木、即斯殁爾裴特 鈎於轅尾、擱於升舉螺柱時、可轉運二十四磅彈光膛哮威責礮、其林孛與九磅彈所用同、　六磅彈來福後膛車架、及林孛、與九磅或十二磅彈礮架同、車架軸上裝有箱、林孛中間裝雙層箱、礮車架並林孛之軌距三尺九寸半、　九磅彈來福前膛八擔礮車架、並林孛一號、以十二磅彈來

福後膛礮車架改製、惟用礮艇九磅彈礮之升舉螺柱、其十字式手柄彎曲向上、並有螺捻以開之、此螺柱可令礮昂十二度、俯八度、礮耳中心距地平高三尺二寸、送彈桿置右旁、旋礮撬柄置左旁、左轅內軸扶前、有孛勞克可插挖滑特之鈎、右轅上置有斧並劈刀、　林孛以十二磅彈後膛礮之林孛改成、去其卸夫脫祇留一帕爾兩板條、配運藥營零件、　軍火箱裝運前膛礮彈、中箱削與左右箱平、箱槅亦改、馬口鐵油匣改短、置右箱後、　左箱蓋內有彈行速率表、　九磅彈來福前膛六擔礮車架、並林孛一號、以十二磅彈來福後膛礮礮車架改成、裝法如上、升舉螺柱亦同、惟距礮耳軸心較近四寸半許、礮耳軸心距地平三尺三寸半、　九磅彈來福前膛八擔或六擔礮鋼車架一號、此車架之轅、以十六分寸之七鐵板為之、前後端鏟薄至十六分寸之五、轅鑲於長方形實心鋼軸內、轅龔內外加鑲角鐵、復用一鐵條彎抱於軸、以釘於角鐵邊、　兩轅以兩橫檔鑲連、有長鐵銷牽住、有轅尾並有著力鋼條、西名裴爾引披斯 橫檔以鋼為之、兩端轉腳以釘於轅、前橫檔正在軸前、又一橫檔距前橫檔十六寸、　兩轅至梢漸合、另以轅尾鑲連、並有著力之鋼條鑲連、　熟鐵牽條由軸間

至轅之第二橫檔、牽條前端有洞、可套軸肩小椿、牽條後端有凸頭可貫轅孔、且第二橫檔有兩鐵銷、以貫定牽條　升舉螺柱、爲揮爰草特式（見前二十九圖及三十圖）螺匣兩耳落凹鑵於轅頂、雜質銅樞內上有盞釘住螺柱、行法用螺匣後之手輪轉之　雜質銅樞有兩凹鑵、所以以配八擔重礮或六擔重礮之用　車架有鐵環與輪拖鞋、有陸路旋行之銷子、有刺藥裏針所插之具、有擱置鐵鉤斧劚等件之具、軸上箱與木礮架同　洗礮海絨桿擱於右轅旁、撬柄擱於左轅旁、皆有皮條扣住、所擱之具甚固、可任拖牽之力、備用洗礮桿與撬柄隨帶

於架下　輪徑三尺六寸、轂用雜質銅、釭用福奥斯勿孛耶呸斯（即燐雜質銅）　輪之邊角鏟圓　其林孛即木礮車所用者、軸用二等式輪與礮車同、現改用鐵架、箱與帕爾用舊式輪與礮車可調用　●四五寸徑格林礮礮架一號與陸路格林礮架同、輪係特設、直徑三尺六寸、轂用雜質銅輪箍闊二寸、而邊角鏟圓、軌距三尺六寸半　轅用半寸厚鐵板鑲釘於軸、兩邊用鐵牽條、且有三鐵銷牽住轅後、有尾板鑲連尾板、有洞可鉤林孛尾板、兩旁鑲有角鐵、俾著地面積較多　軸用實心鐵、中間彎成凹曲、鑲有礮座、礮座用熟鐵裝於軸之中彎處

座有短軸穿貫中凹軸孔、而以螺開閘定座上照車架縱綫釘有鐵板、鐵板下有升舉礮之彎齒條、齒條銜手柄齒輪、但將手柄旋動、礮即爲之昂俯、（此手柄在轅旁）候旋至某分度有閘以閘齒條、如欲礮位旋行、上加磨擦鐵板前端用磨心法連貫於座之鐵板上、鐵板有垂下小鐵柱在下鐵板半環形空槽內移行（所以限定移行分度上鐵板有名礮耳座板）小鐵柱上端透出上鐵板、連有活姆輪銜活姆螺軸螺軸即在上鐵板後左旁、有手柄可旋動、手柄一動、小鐵柱即移、鐵柱下端又有轧甯輪銜於下鐵板下空槽邊之彎齒軌、上鐵板與礮均因以旋行也　轅尾端有

洞可插旋行鐵撬桿、各轅內側有鐵環、可帶洗礮桿林孛有兩條角鐵、福且爾（即擱於軸上之縱樑）裝於軸扶凹鑵內、後端過於軸扶、其前端橫裝槽形鐵之斯擻令脫牌、軸扶以鑄雜質銅爲之、軸用熟鐵鋪以熟鐵板、後有林孛鉤、鉤有圓鐵牽條牽連斯擻令脫牌　踏板橫釘於福且爾斯之前端、踏板有豎立鐵梗、配扣林孛箱、更有皮條扣於福且爾後端、其輪與車架同　林孛有一帕爾有兩條斯拉脫（牽連兩福且爾之鐵板）　有擱帕爾之撐條　林孛箱以木板條爲之、兩端用哀爾姆木、其背與頂釘有鋼板、且有鐵皮帶繞過其底、帶端有孔、可扣於箱端盞由

後開有搭鈎可旋扣之箱內置六個彈桶 林字下之軸前有架可帶兩槍子箱踏板並箱蓋皆有豎鐵梗及皮帶可扣物件 ·六五寸徑格林礮之鐵架有兩轅豎立於底板底板轉脚抱釘於轅下轅前有橫檔並牽以有頭肩之長鐵銷 架置於圓鐵板上鐵板下有熟鐵豎軸插於船旁所釘之雜質銅臼內軸有稜線銜於銅臼內之凹槽

熟鐵豎軸穿圓鐵板而上貫於格林礮鐵架底板洞洞有雜質銅套管豎軸頂有活姆輪銜活姆橫螺軸螺軸在轅旁以手輪轉之手輪轉時鐵架隨之以轉因圓鐵板豎軸活姆輪均定而不爲動也 礮尾用磨心法

銷貫於升舉螺柱頂圈螺柱銜於雜質銅螺套並下貫於空心軸內空心軸有手輪令螺柱升降空心軸即裝於地板面雜質銅管銅管有螺鬧手輪候升舉至某度可鬧定之空心軸有手襻可提挈計共重二百十八磅容積噸數爲·一八一

第六章 零件

十寸徑礮以下彈車架以愛虛木爲之前有鐵護罩並兩雜質銅輇配大彈用與陸路同有兩木箱儲·四五寸徑格林礮零物箱內有槅層可拆卸長二尺五寸又四分寸之三闊十寸又四分寸之三深有四寸又八分寸

之七又有長二尺九寸又四分寸之三闊八寸又四分寸之一深五寸又四分寸之三 ·六五寸徑格林礮架舊式與上同每箱分兩槅每槅有鋑鏈盤分上下層盤上下各置一彈桶 藥裹袋與陸路同藥裹袋面漆有各色各視某艙所用以爲別來福礮藥裹袋手襻中段有細繩盤繞俾黑夜取攜與光膛藥裹袋有別 水師七八九寸徑來福前膛礮藥裹袋以克拉克伸料爲之各有號碼如下 七寸徑來福前膛藥裹袋甲重五磅半 八寸徑來福前膛藥裹袋乙重六磅半 九寸徑來福前膛藥裹袋丙重七磅半 十二寸·五徑來

福前膛藥裹袋辛重十三磅半 又藥裹袋癸重十七磅 辛藥裹袋配掘留特撓脫兵船用裝滿攻堅藥一百三十磅 癸藥裹袋攻堅藥一百六十磅或分作兩份裝

礮架在木斯來特上或裝或卸用兩斜劈撐撐以哀爾姆木爲之兩撐間有牽連木梗並手環即撐於斯來特後端 裝卸礮後段更有木撐並繩環爲七八九寸徑礮用 熟鐵斯來特撬桿長六尺桿端有熟鐵片用螺旋定 定旋處所用撬桿以愛虛木爲之長四尺有雜質銅包頭即插於轅旁洞 水師人拖二號輕鞍架用兩拖繩繩圜周二寸半各長十八尺有八個皮包鈎子

鈎於兩肩上綱箍兩綱箍以皮帶牽連並有繩可連卸夫脫　兩段相接之撬桿爲撬起環旋之磨心片用有兩號一爲常式爲木斯來特用一爲厂式爲鐵斯來特用其爲來福後膛礮用者撬桿一端可挖出藥膛底之馬口鐵托　舢板藥箱爲一小木箱有繩襻箱蓋包皮用有簧之鎖蓋內有皮插可插小零件箱內有鑲銅邊之皮匣所以裝藥裹並引藥管　各礮架所用水櫃字勿之水桶水不十分充足各有受水量具大小不等如下　來福前膛七磅彈並九磅彈礮又來福後膛二十磅彈礮之量具爲一攀引脫又四分攀引脫之一（每攀引脫十六兩二攀引脫爲一䣃脫四䣃脫爲一軋倫）　來福前膛七寸徑九十擔礮之量具爲六攀引脫又四分之一　來福前膛十寸徑礮之量具爲十七攀引脫半　來福前膛十一寸徑礮之量具爲二十攀引脫　此量具以馬口鐵製成蓋用黃銅有螺槽旁有手柄其爲十寸徑礮用者量具兩旁有鍍錫鐵絲手襻用鉸鏈法可起可偃　受油之盤以鋅爲之蓋有洞以受油各隨斯來特大小配用如下

一號盤置箭口挺桿領下配十一寸徑並七寸徑九擔礮用　二號盤置放水孔下配十一寸徑礮用　三號盤置挺桿領下色爾呑船十寸徑礮用　四號盤置放

水孔下色爾呑船十寸徑並七寸徑九擔礮用　五號盤置挺桿領下二十磅彈礮並七磅彈礮用又置放水孔下十二寸徑礮並十一寸徑二十五噸礮轉塔內用　六號盤置放水孔下二十磅彈礮用　七號盤置挺桿領下並放水孔下二十磅彈礮船頂用　八號盤置挺桿領下並放水孔下爲九磅彈來福前膛礮用　九號盤置挺桿領下並放水孔下爲九寸徑礮味文船轉塔內用　林字與礮車有時用繩索牽連（繩名潑落郎）水師所用潑落郎繩係平行兩條每條長八尺一有鐵鈎一有鐵圈以連於礮車彼端各有鐵圈連於總鐵圈以扣林字鈎　拭礮桿陸軍久不用惟水師後膛礮仍用之桿用愛虛木桿頭用哀爾𪚌木桿頭釘有細釘以蔴絲盤繞而成　水師小零件與陸路同惟七寸徑來福礮之桿以鐵絲絞成一端送彈一端有海絨洗礮八寸徑來福前膛礮之滑特鈎與七寸徑九寸徑礮同八寸徑礮所用海絨桿長十一尺一寸重十五磅七寸徑所用長七尺十寸重十磅八寸徑礮之送彈桿桿端漆有六尺八寸字樣七寸徑所用漆有六尺八寸又四分寸之一七寸徑來福前膛九十擔礮零件與七寸徑來福前膛六噸半礮同九磅彈來福前膛八擔或六擔礮陸用

洗礮桿海絨同式、轉運水師礮架之星掰爾脫黎與陸路同惟其鐵鉤根用包皮繩連於星掰爾脫黎之雞骨上此星掰爾脫黎長二尺 運木斯來特上船用三寸徑鐵軸重一英擔穿貫斯來特下鐵襻軸端裝輇斯來特前端除去磨心片將樞裝上樞如第一百四十一圖樞有木撬桿所抵之凹處樞有三等一配八寸徑九寸徑礮之熟鐵斯來特一配七寸徑礮六十四磅彈一二三號礮環旋斯來特並各式木斯來特一配六十四磅彈一二三號礮熟鐵斯來特 木滑架常法與斯來特同即分用亦可因其前端孛勞克有洞可裝橫軸後端孛勞克有鐵頭撬桿所抵之凹處行動鐵斯來特與木斯來特同惟軸體形方 軸各有襯圈銷子、其式如下表

式	重數 擔	廓脫	磅	長 尺	寸	橫剖形 形	寸
七寸徑來福後膛六十四磅彈來福前膛十寸徑並六十八磅彈光膛木斯來特	一	○	○	三	二	圓	三
九寸徑來福前膛八擔或六擔礮木斯來特	○	一	四	二	七	圓	二
九寸徑來福前膛八擔礮一號鐵斯來特	○	一	一○	二	七	方	二
六十四磅來福前膛六十四擔礮一號				四	八	方	三
七磅彈來福前膛九十擔礮一號	一	一	四	五	四又四之一	方	三
七磅彈來福前膛六噸半礮三號	一	一	一五	五	九半	方	三
八寸徑來福前膛九噸或九寸徑來福前膛十二噸礮三號	二	三	二○	六	一一	方	四

七寸徑礮斯來特軸並二號八寸徑九寸徑礮斯來特皆三寸方形所用滾輇一號直徑十六寸厚八寸重五十一磅有雜質銅轂釘 八寸徑九寸徑礮斯

礮乘新法 卷三 六十三

來特軸用二號滾輇大小相等重五十二磅惟滾輇之釘放大配大軸用 九磅彈來福前膛礮一號舢板斯來特之滾輇直徑十四寸厚四寸重十一磅 六十四磅彈礮斯來特滾輇直徑十六寸厚六寸 轉運六噸半九噸並十二噸礮上船特設一種車架有兩木橫枕西名薄而斯脫或有兩軸扶有三鐵牽條各軸扶之軸配有雜質銅釘之輇輇厚八寸

礮乘新法 卷三 六十四

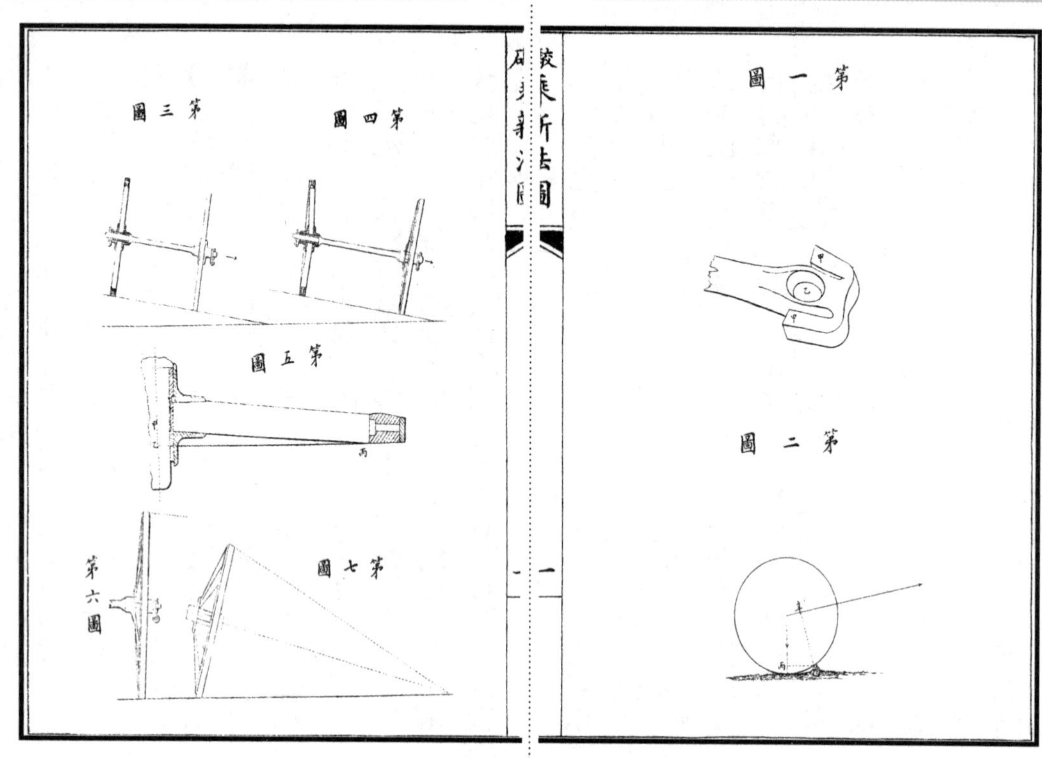
礮乘新法圖
一
第一圖
第二圖
第三圖
第四圖
第五圖
第六圖
第七圖

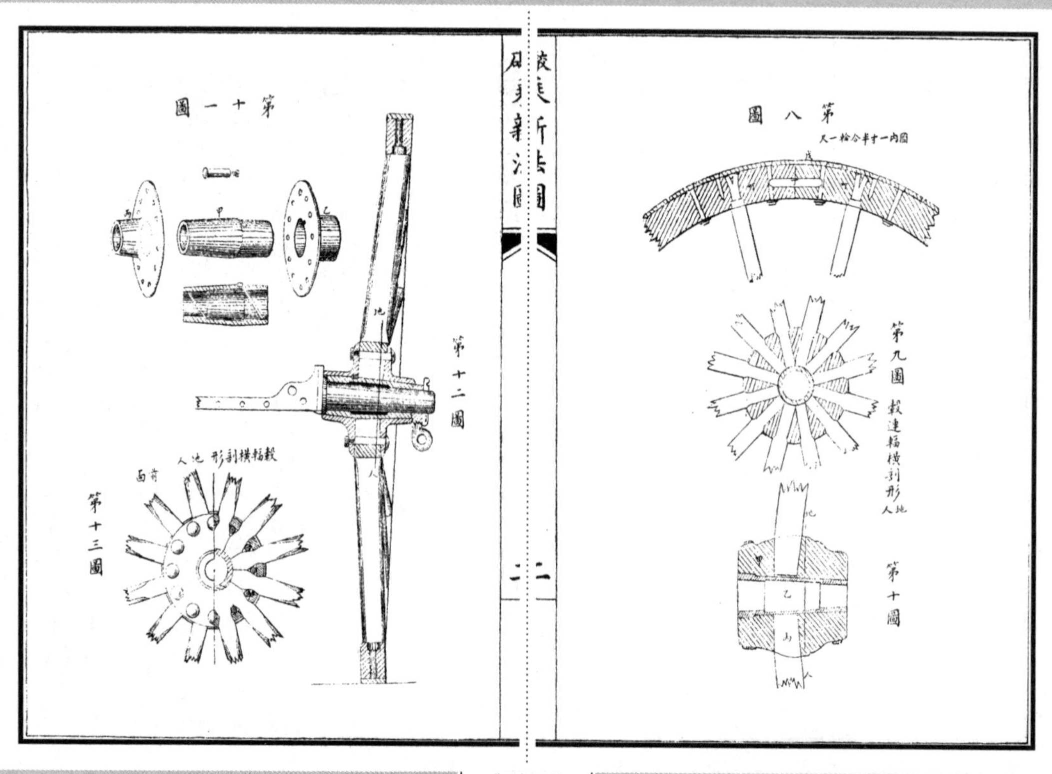
礮乘新法圖
二
第八圖
第九圖 轂連輻橫剖形
第十圖
第十一圖
第十二圖
第十三圖
轂輻橫剖形

第十四圖

第十五圖

甲

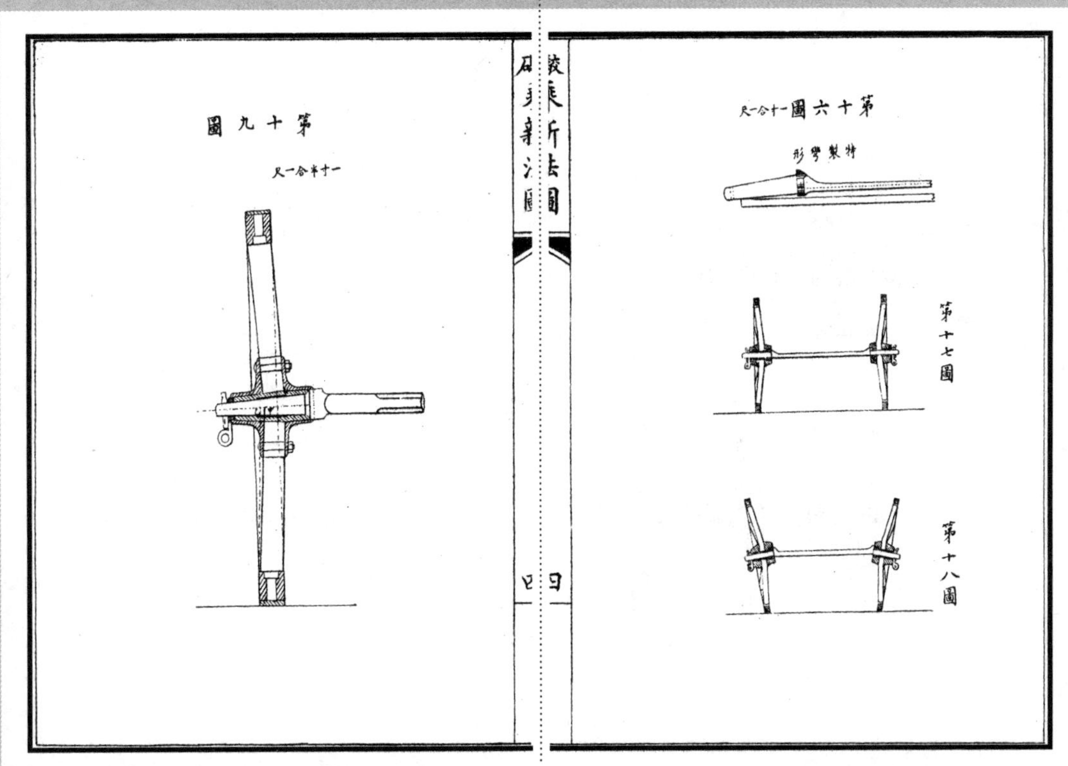

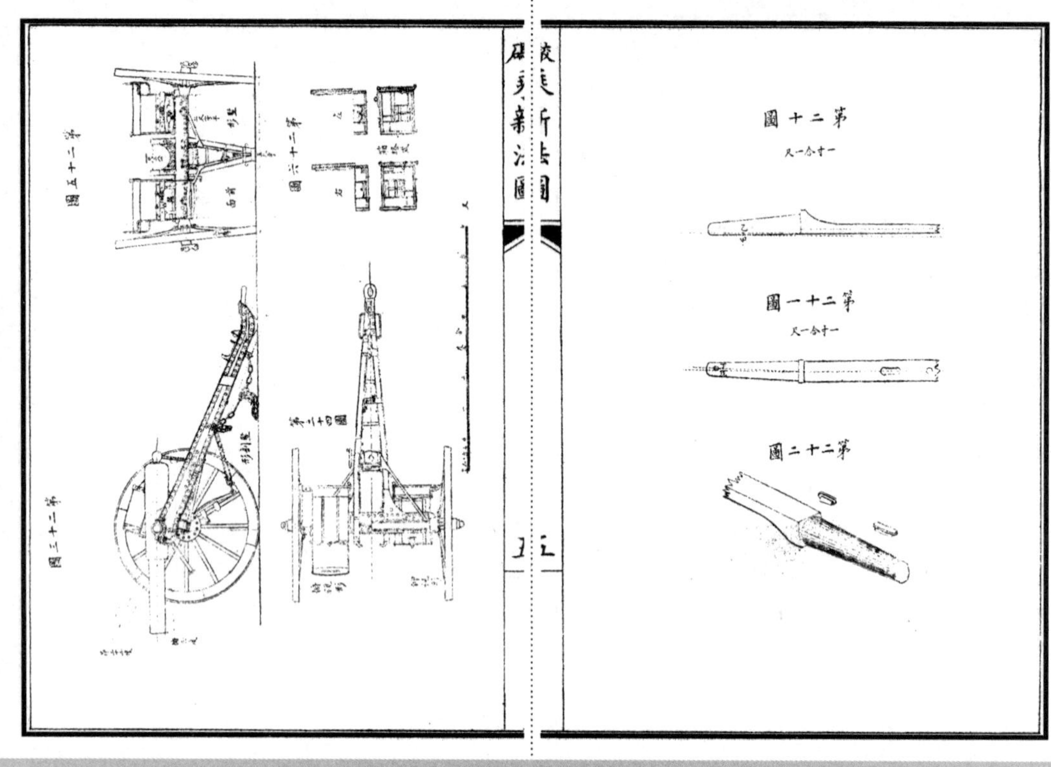
第二十圖
第二十一圖
第二十二圖
第二十三圖
第二十五圖
第二十六圖
第二十四圖
陵是新法圖
礮乘新法圖
五

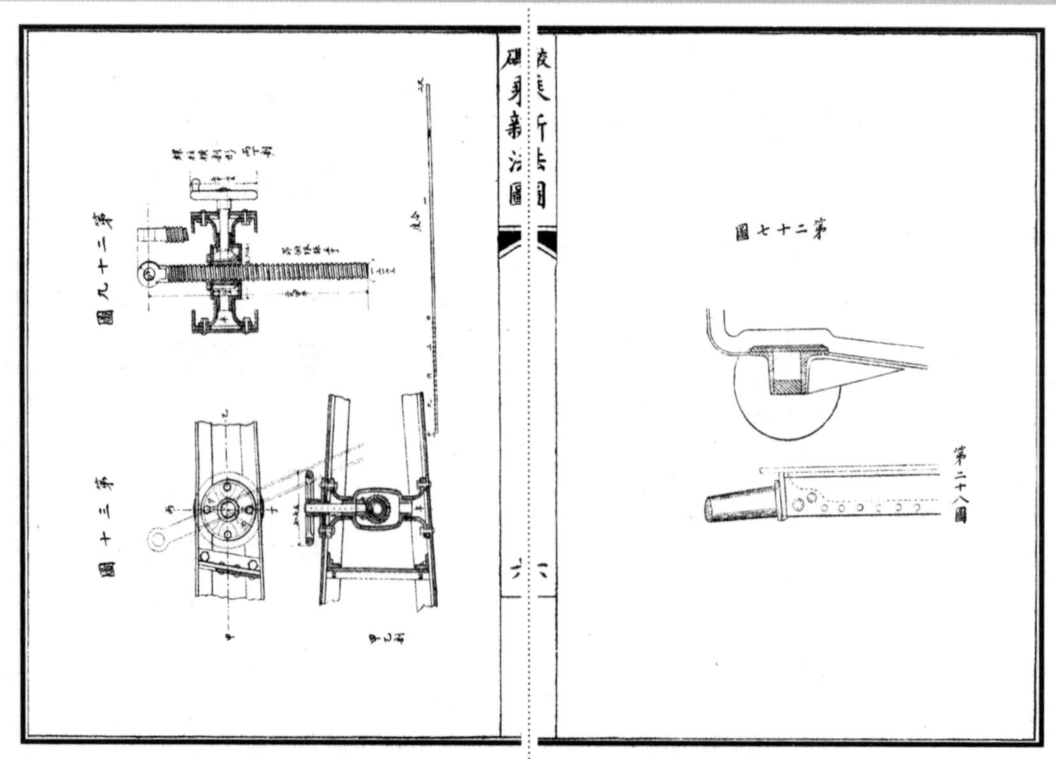
第二十七圖
第二十八圖
第二十九圖
第三十圖
陵是新法圖
礮乘新法圖
六

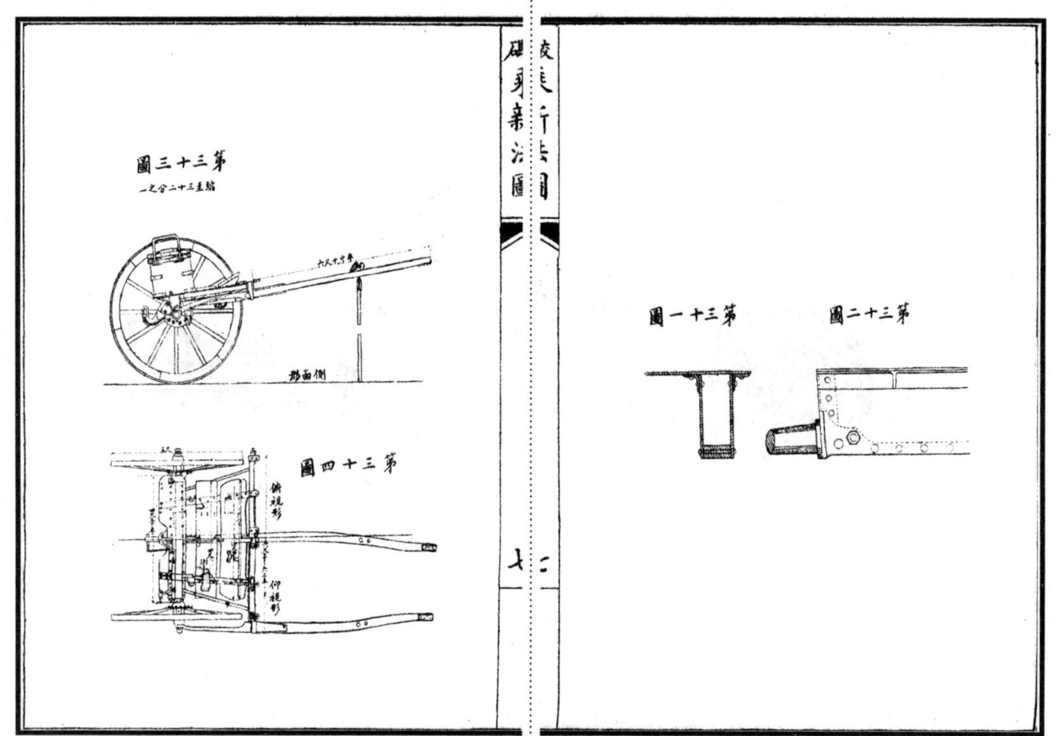
第三十三圖
縮呈三十二分之一
側面形
第三十四圖
第三十一圖
第三十二圖
七

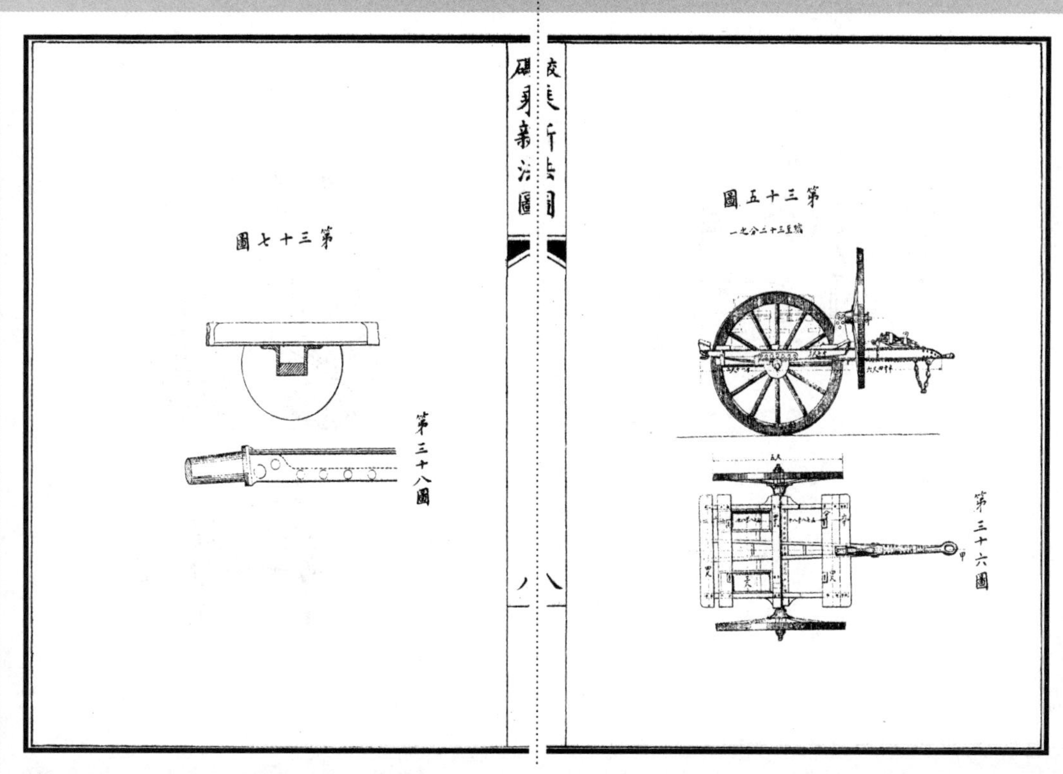
第三十七圖
第三十八圖
第三十五圖
縮呈三十二分之一
第三十六圖
八

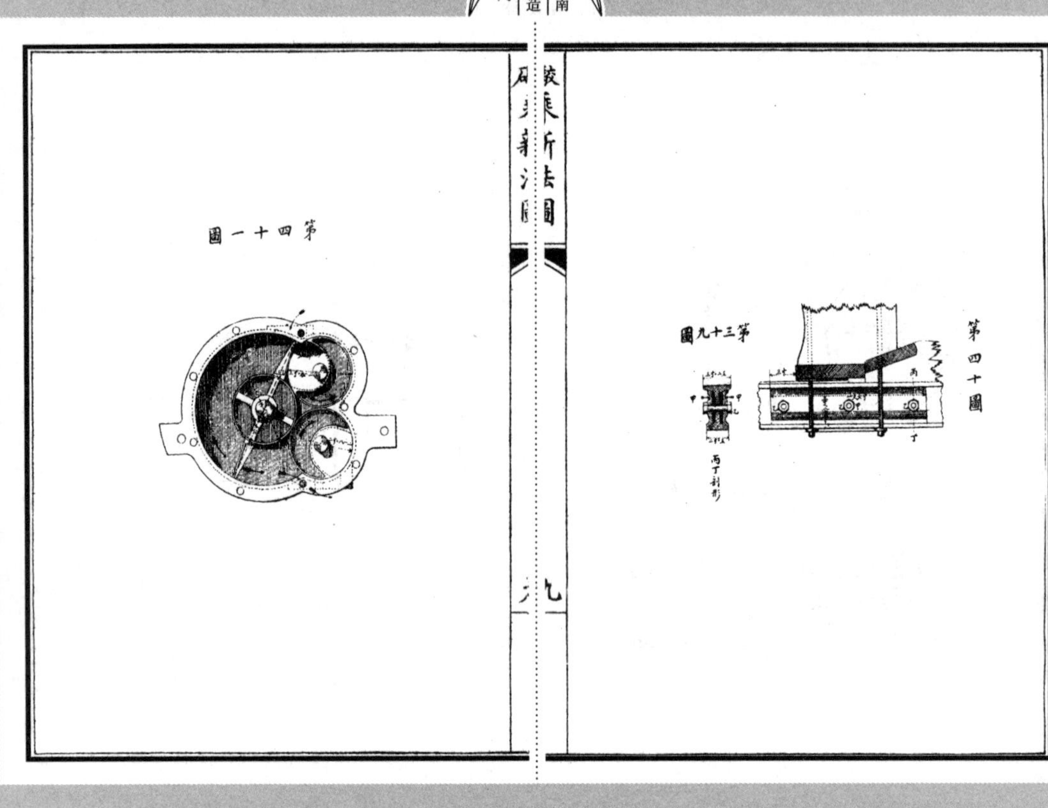
礮乘新法圖
九
第三十九圖
丙丁剖形
第四十圖
第四十一圖

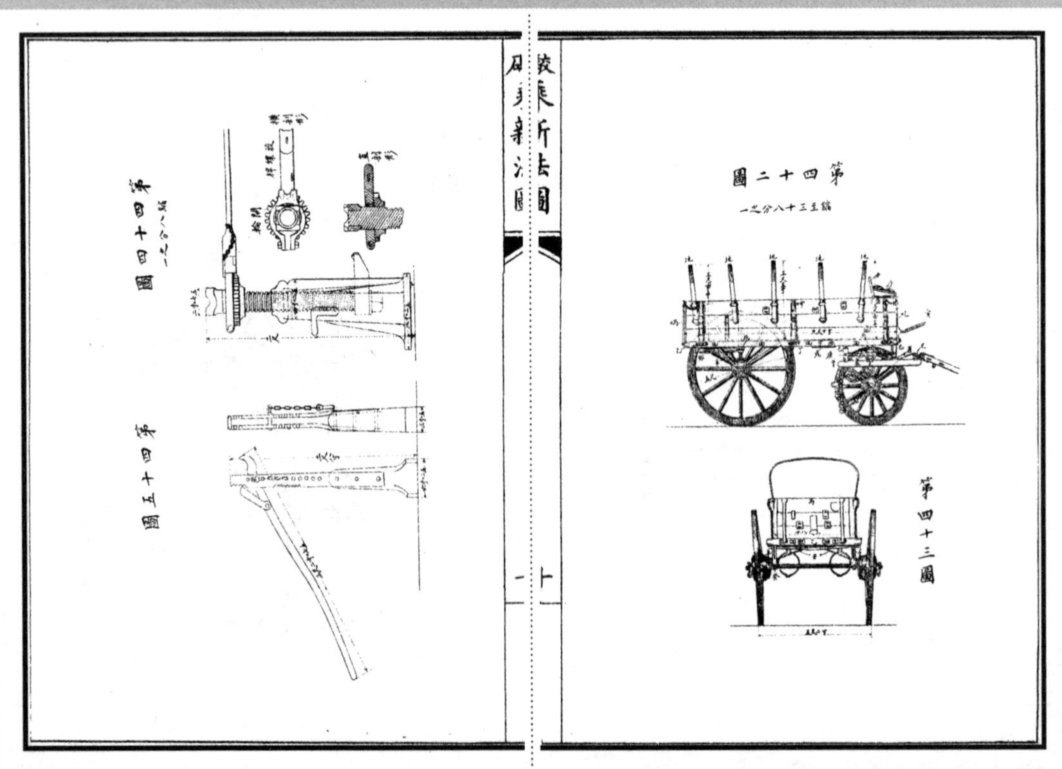
礮乘新法圖
十
第四十二圖
第四十三圖
第四十四圖
第四十五圖

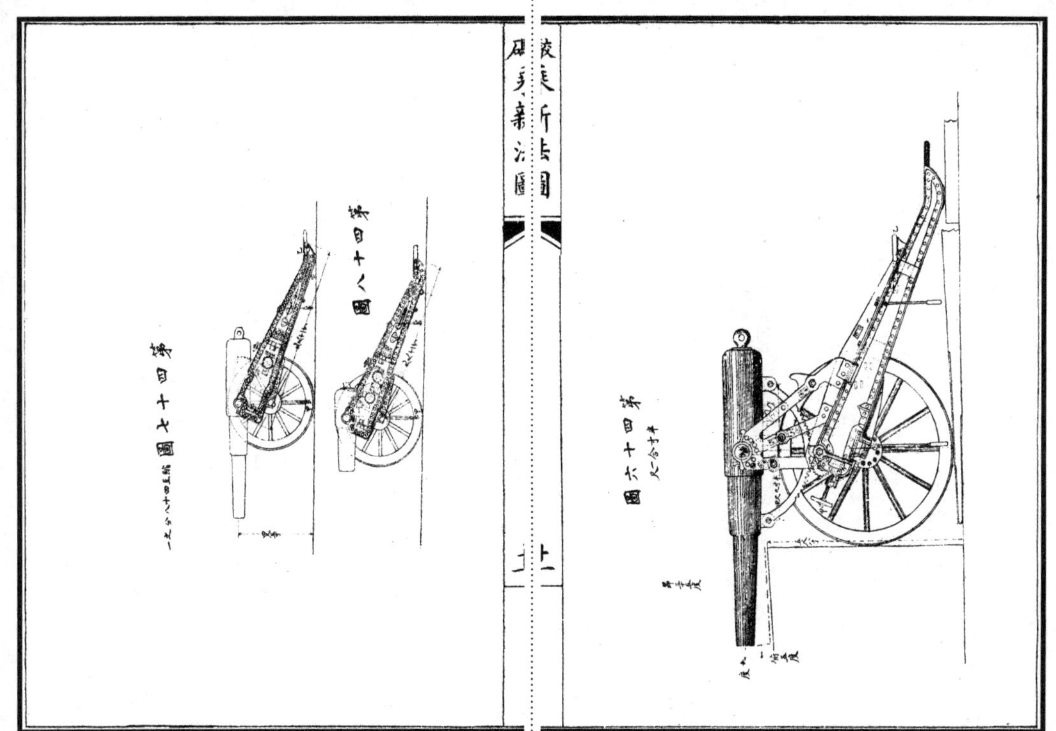
礮乘新法圖
第四十六圖
第四十七圖
第四十八圖

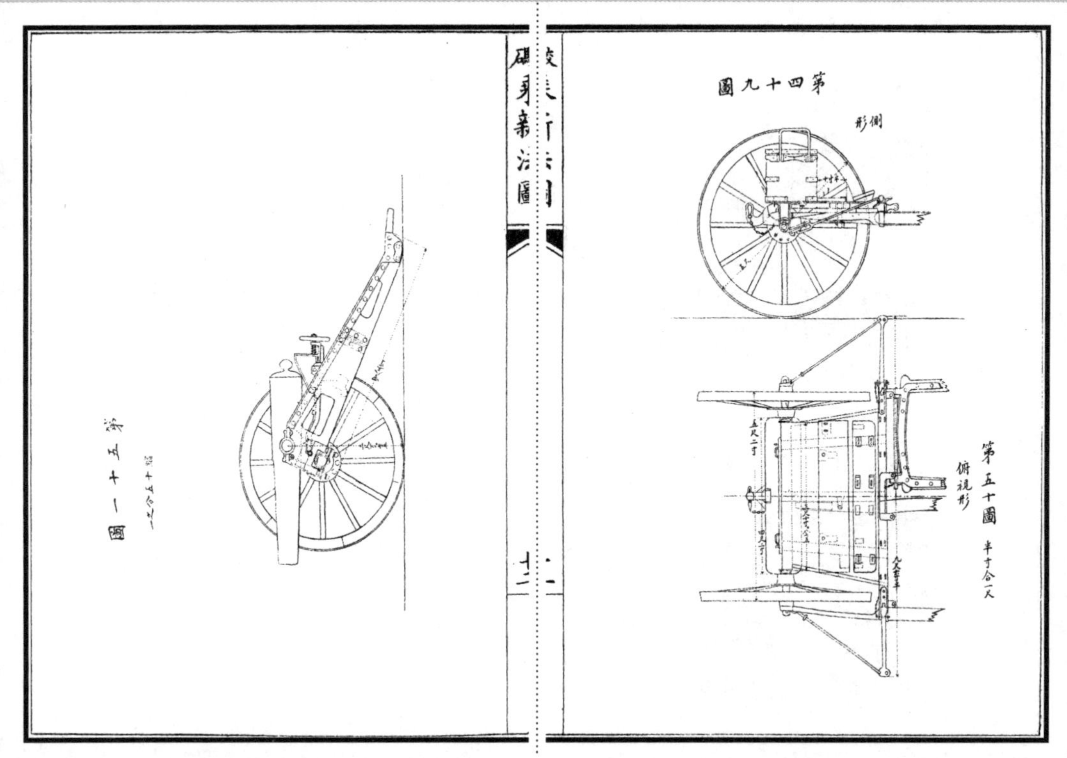
礮乘新法圖
第四十九圖
側形
第五十圖
俯視形
半寸合一尺
第五十一圖

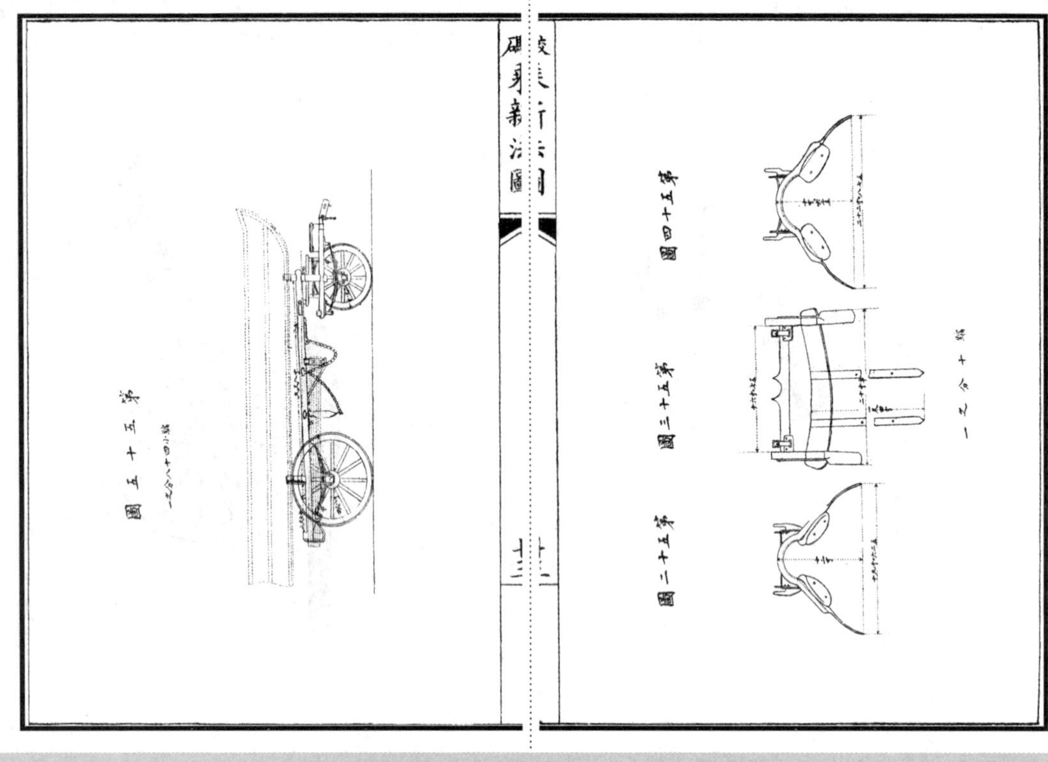
礮乘新法圖
第五十五圖
第五十二圖
第五十三圖
第五十四圖
十分之一

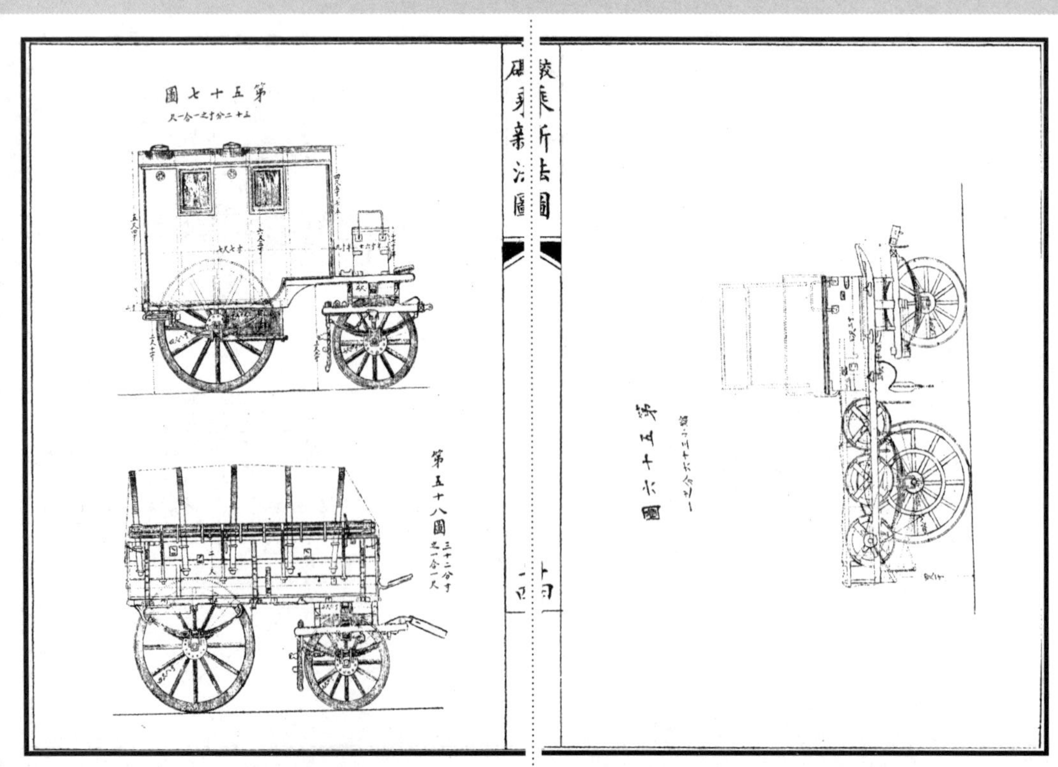
礮乘新法圖
第五十七圖
第五十八圖
第五十六圖

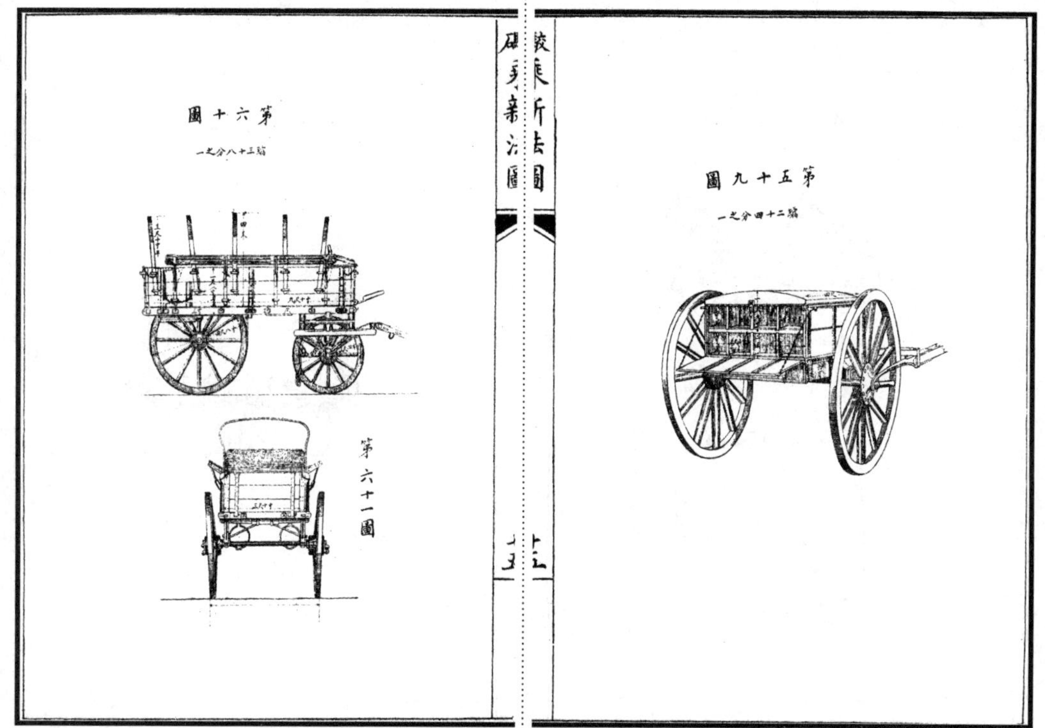
第五十九圖
縮二十四分之一
第六十圖
縮五十八分之一
第六十一圖

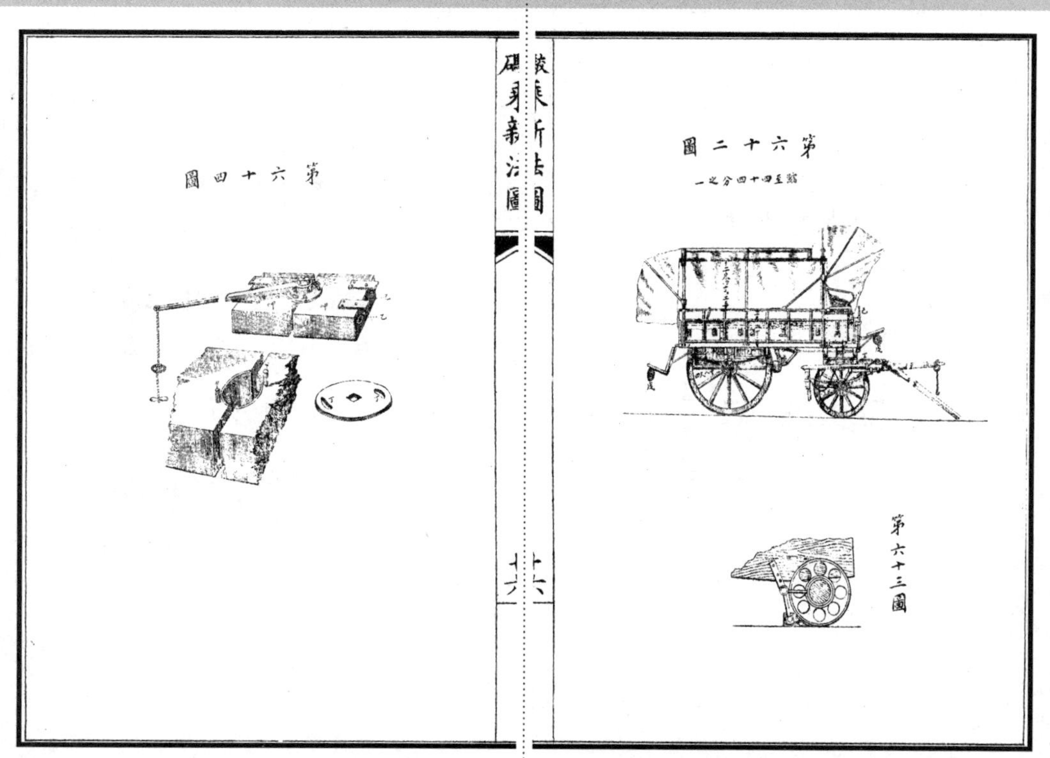
第六十二圖
縮四十四分之一
第六十四圖
第六十三圖

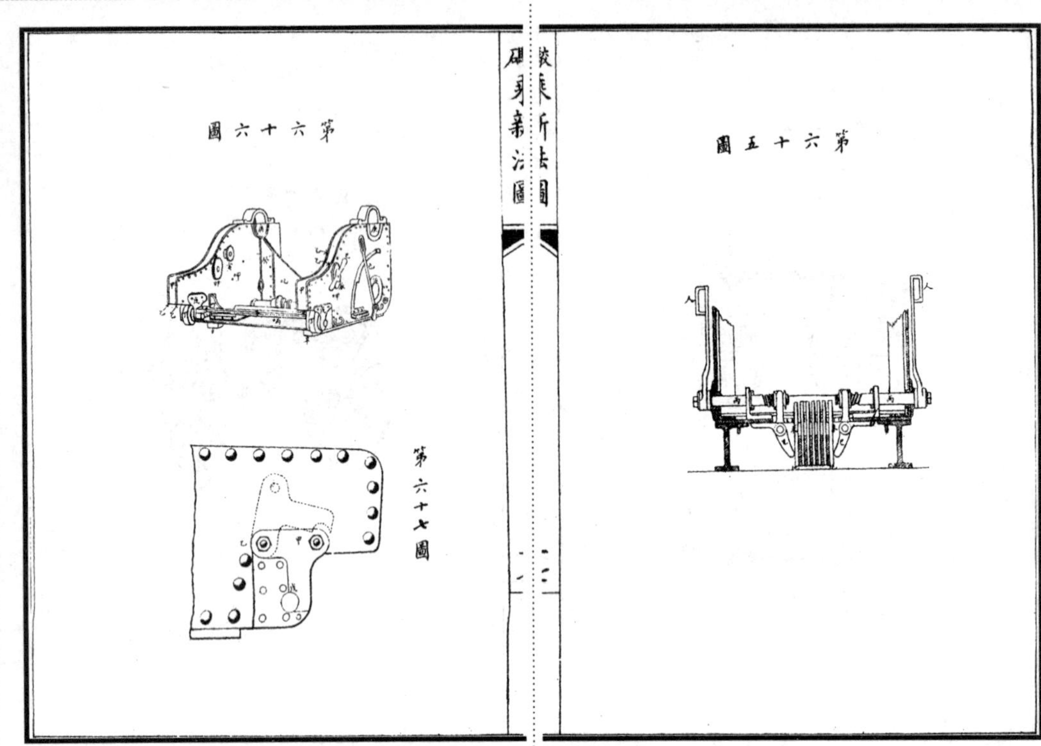
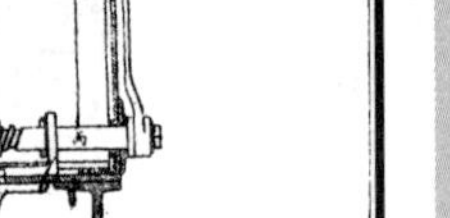

第六十五圖

第六十六圖

第六十七圖

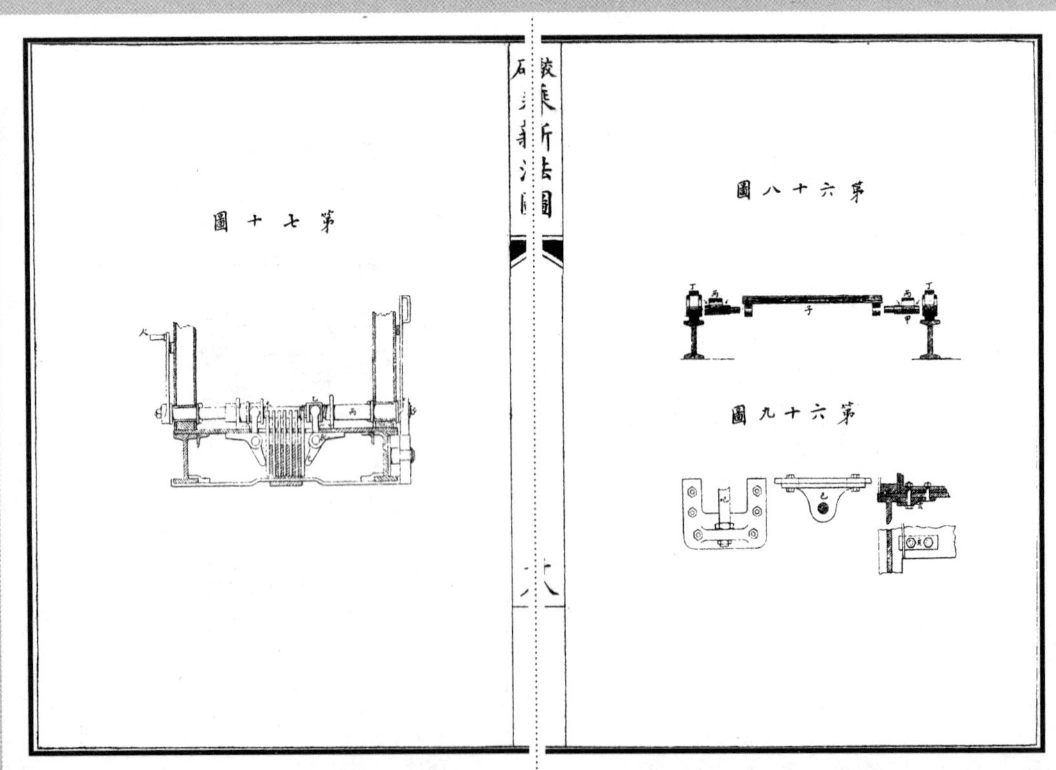

第六十八圖

第六十九圖

第七十圖

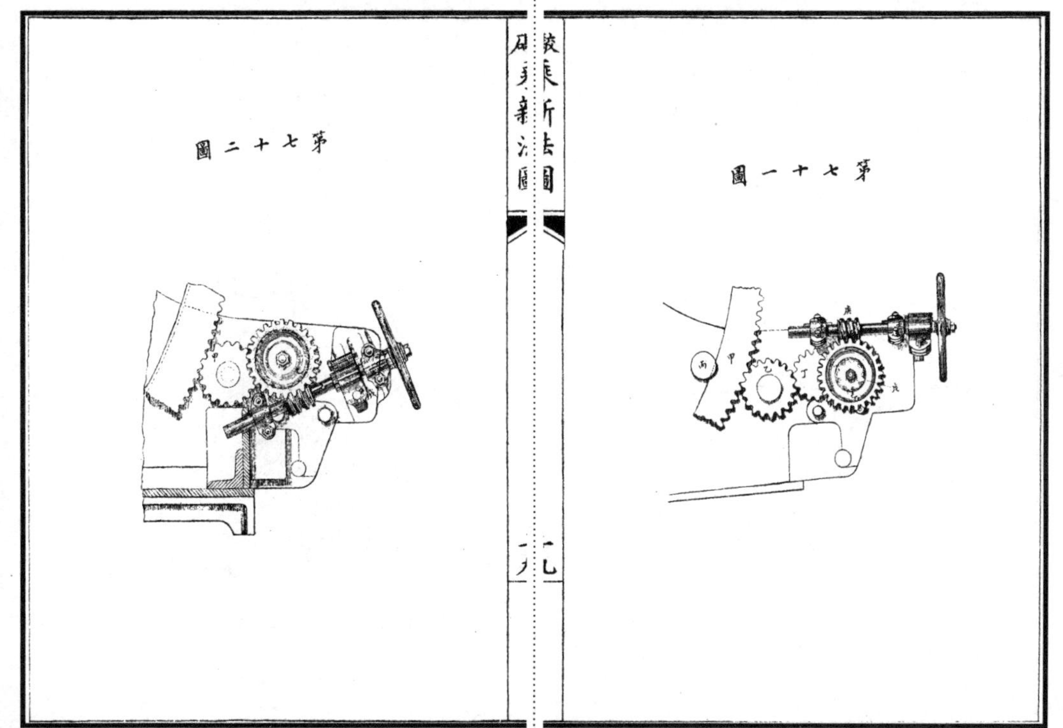
第七十二圖
第七十一圖
礮乘新法圖
一九

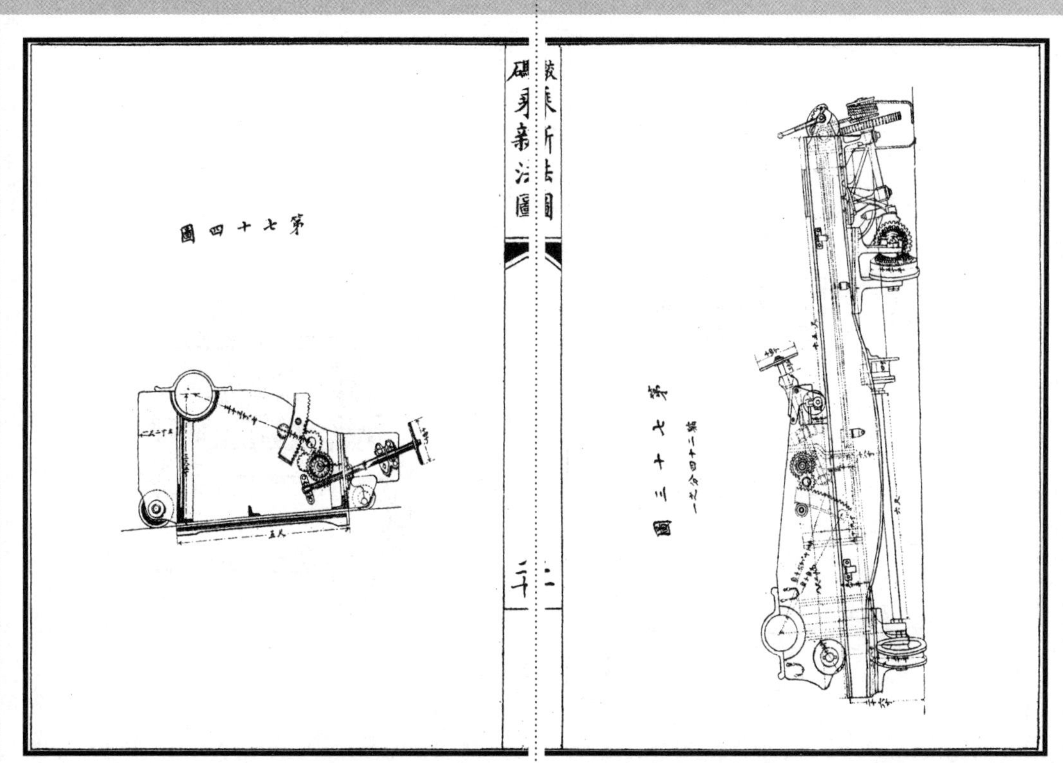
第七十四圖
第七十三圖
礮乘新法圖
二十

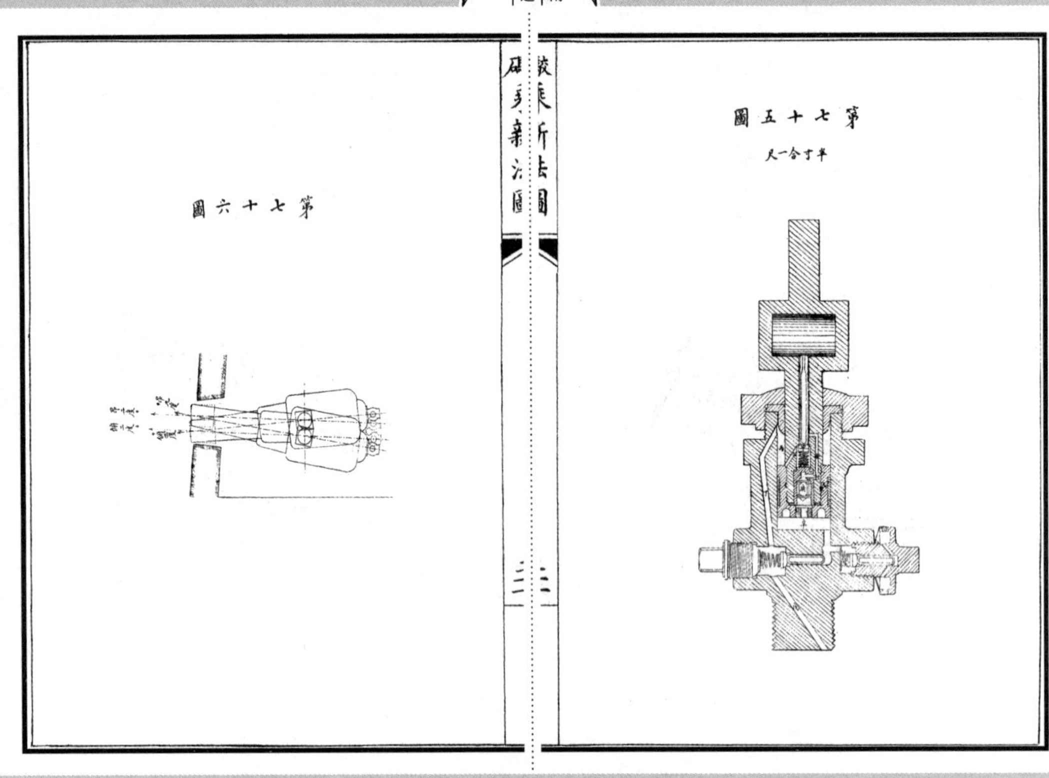
礮乘新法圖
第七十五圖
半寸合一尺
第七十六圖
三十三

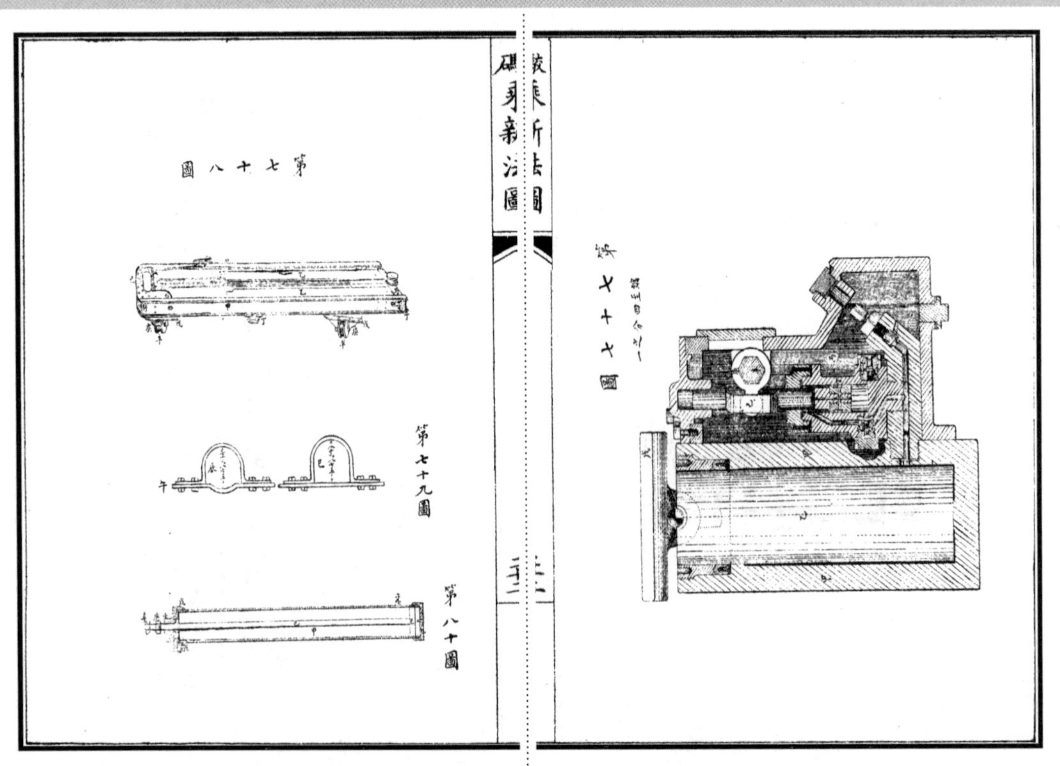
礮乘新法圖
第七十七圖
第七十八圖
第七十九圖
第八十圖
三十四

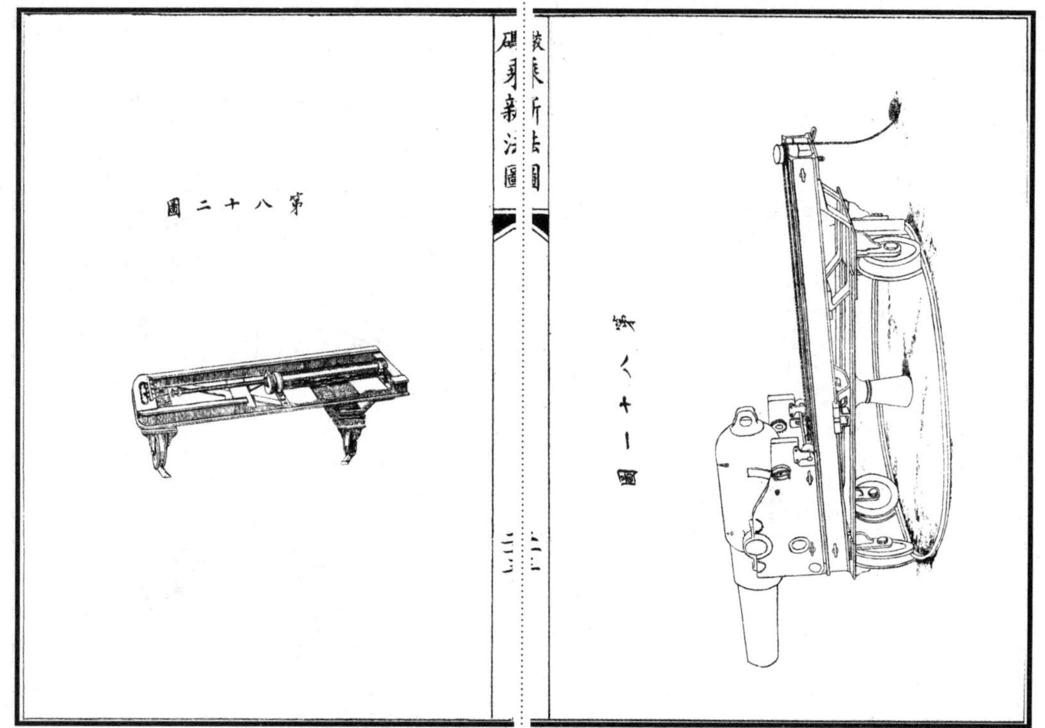
第八十二圖
礮乘新法圖
第八十一圖

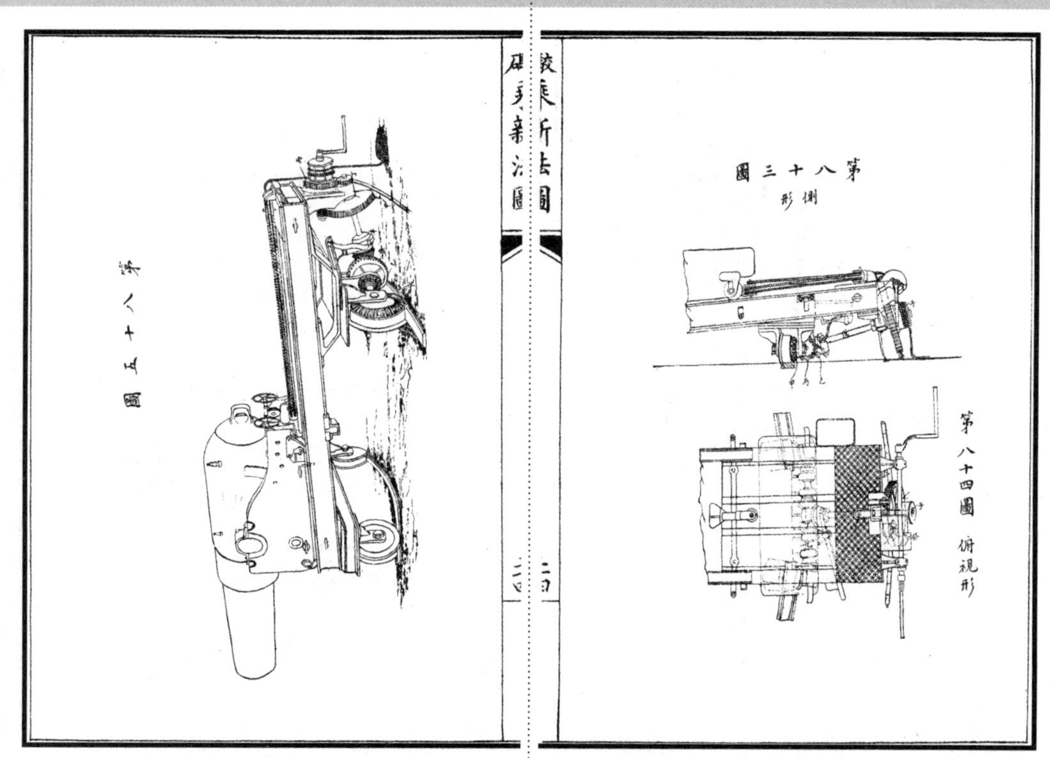
第八十五圖
礮乘新法圖
第八十三圖
側形
第八十四圖 俯視形

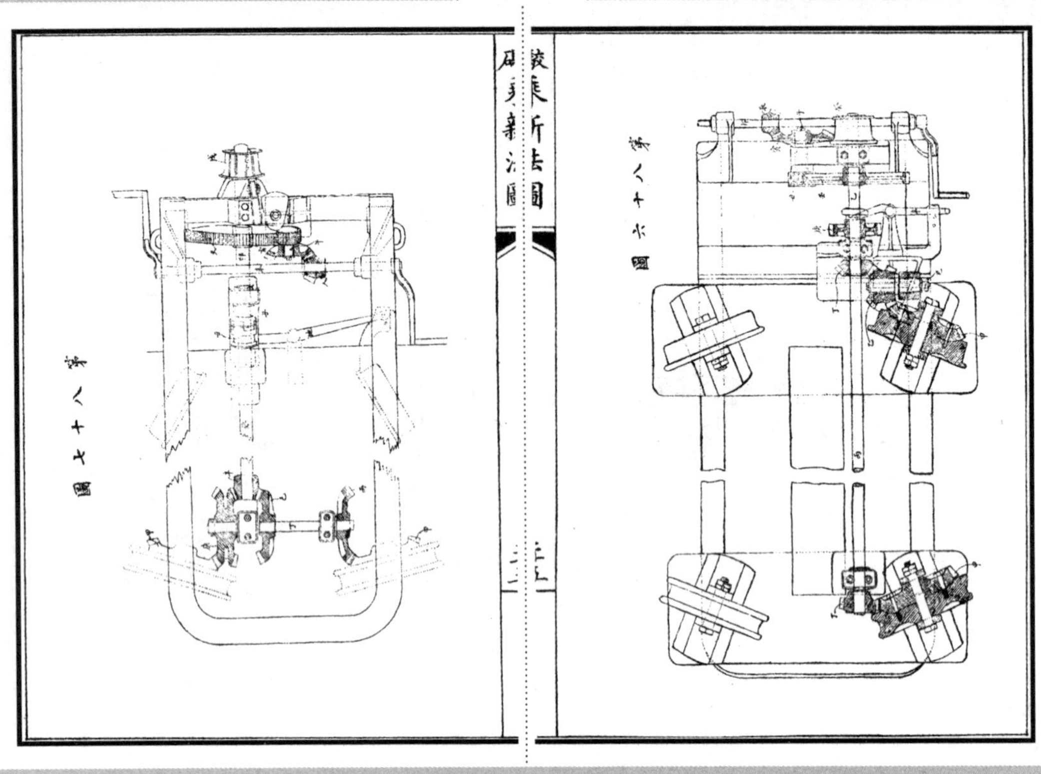
礮乘新法圖
三十五
第八十七圖
第八十六圖

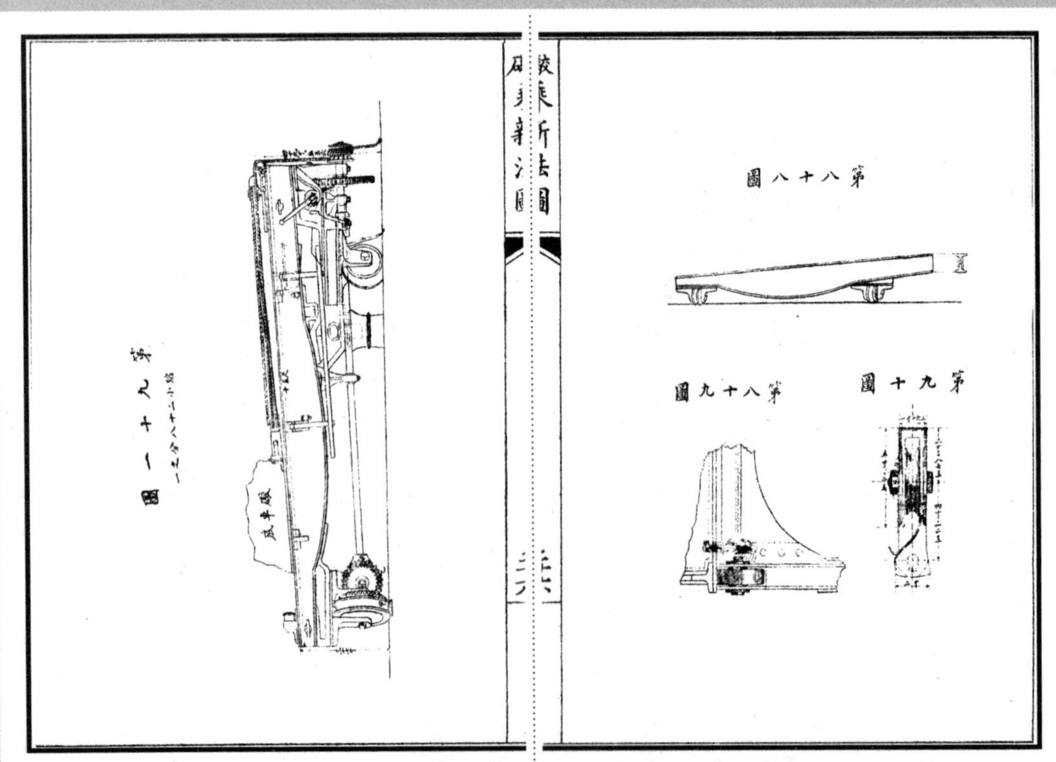
礮乘新法圖
三十六
第九十一圖
第八十八圖
第八十九圖
第九十圖

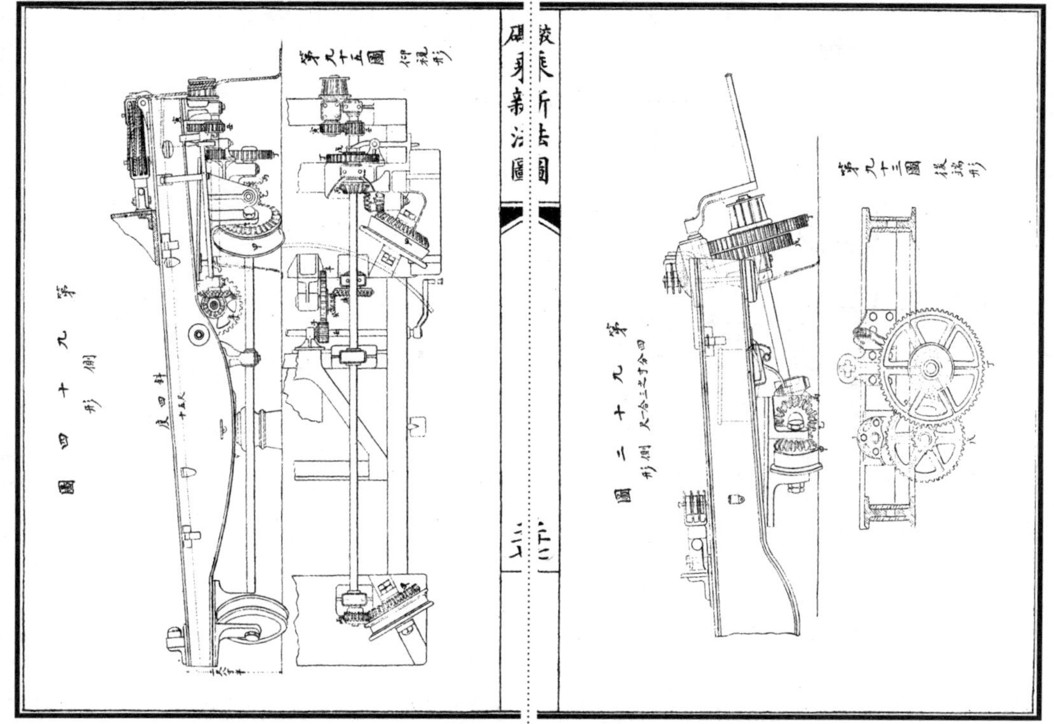
第九十四圖
側形
第九十五圖 仰視形
礮乘新法圖
第九十二圖
側形
第九十三圖 後端形

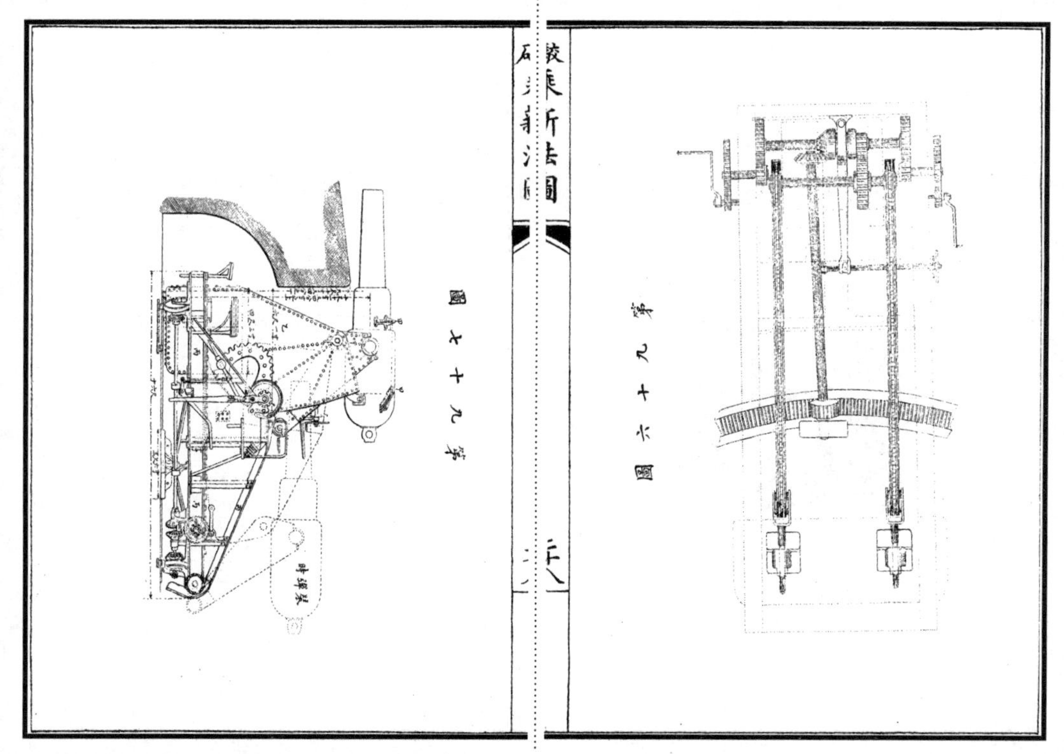
第九十七圖
礮乘新法圖
第九十六圖

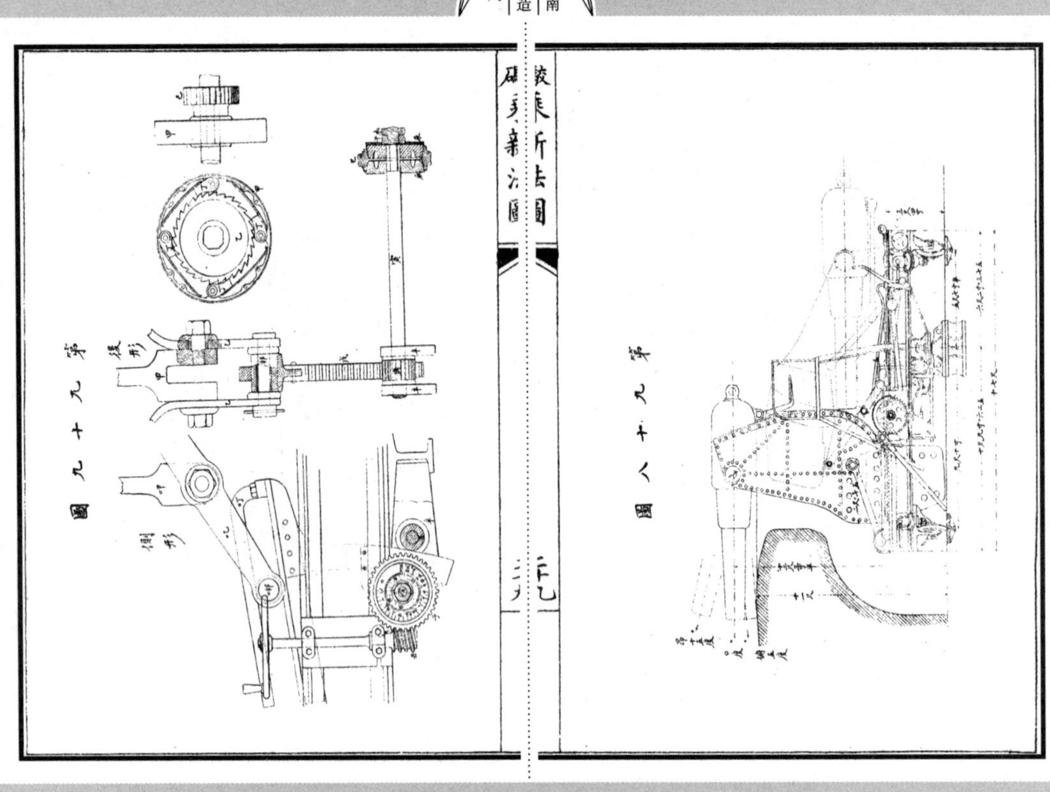
礮乘新法圖
三十九
第九十八圖
第九十九圖
後形
側形

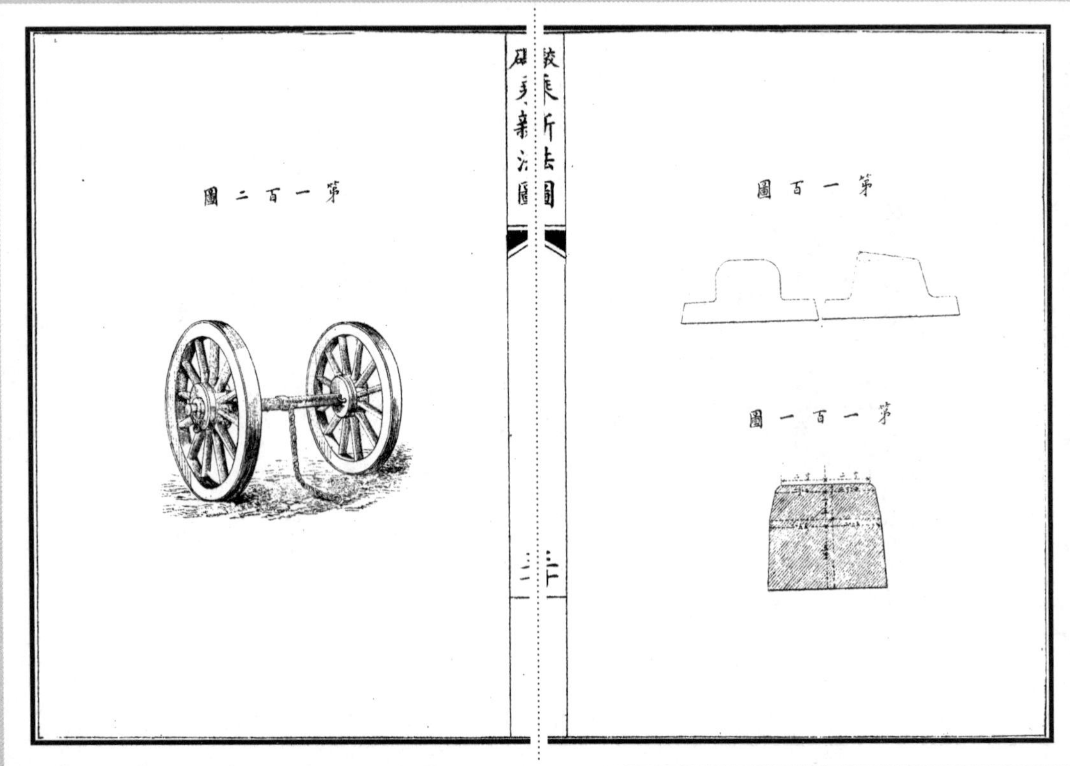
礮乘新法圖
三十
第一百圖
第一百一圖
第一百二圖

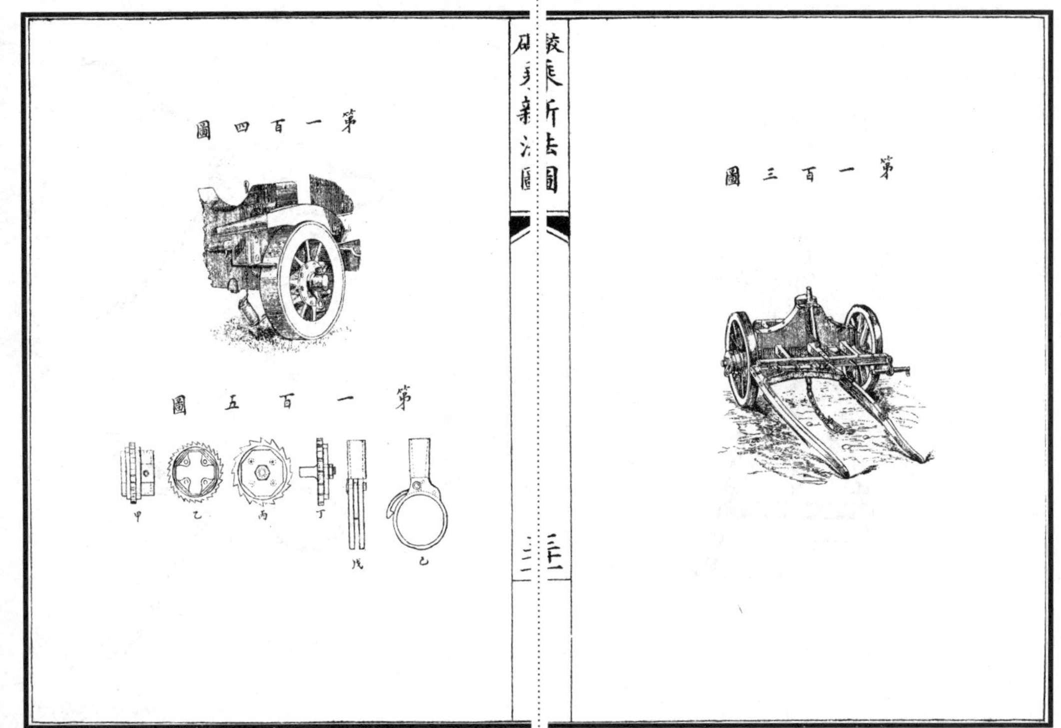
鍊兵新法圖
第一百三圖
第一百四圖
第一百五圖
甲
乙
丙
丁
戊
己

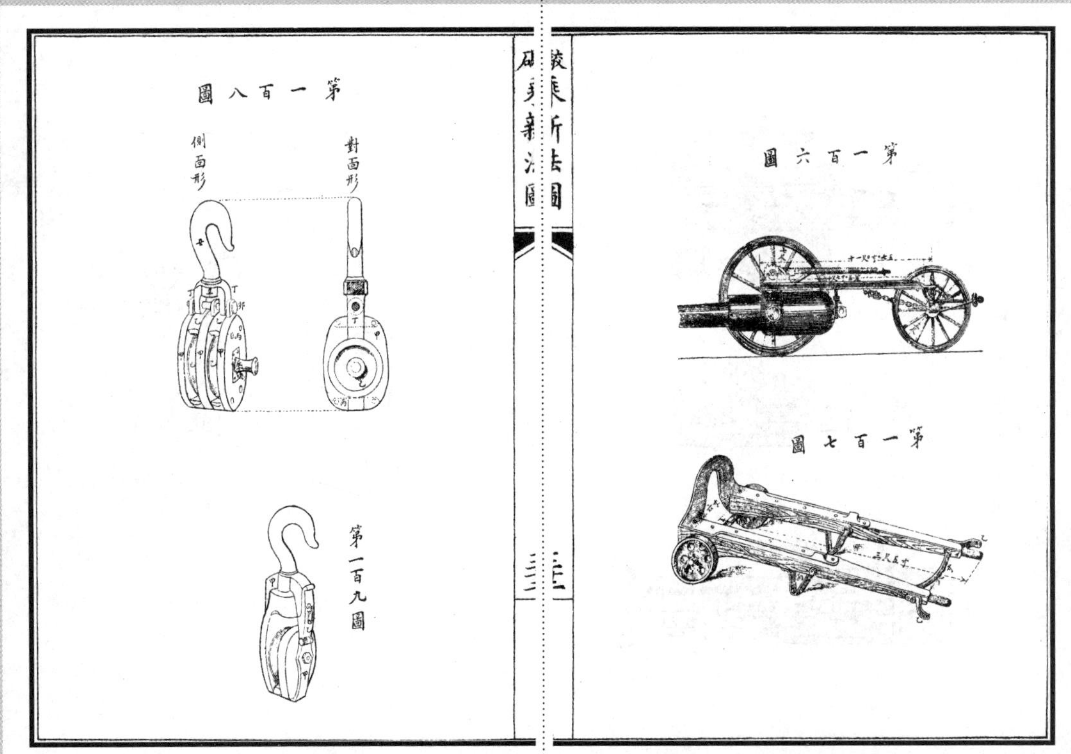
鍊兵新法圖
第一百六圖
第一百七圖
第一百八圖
側面形
對面形
第一百九圖

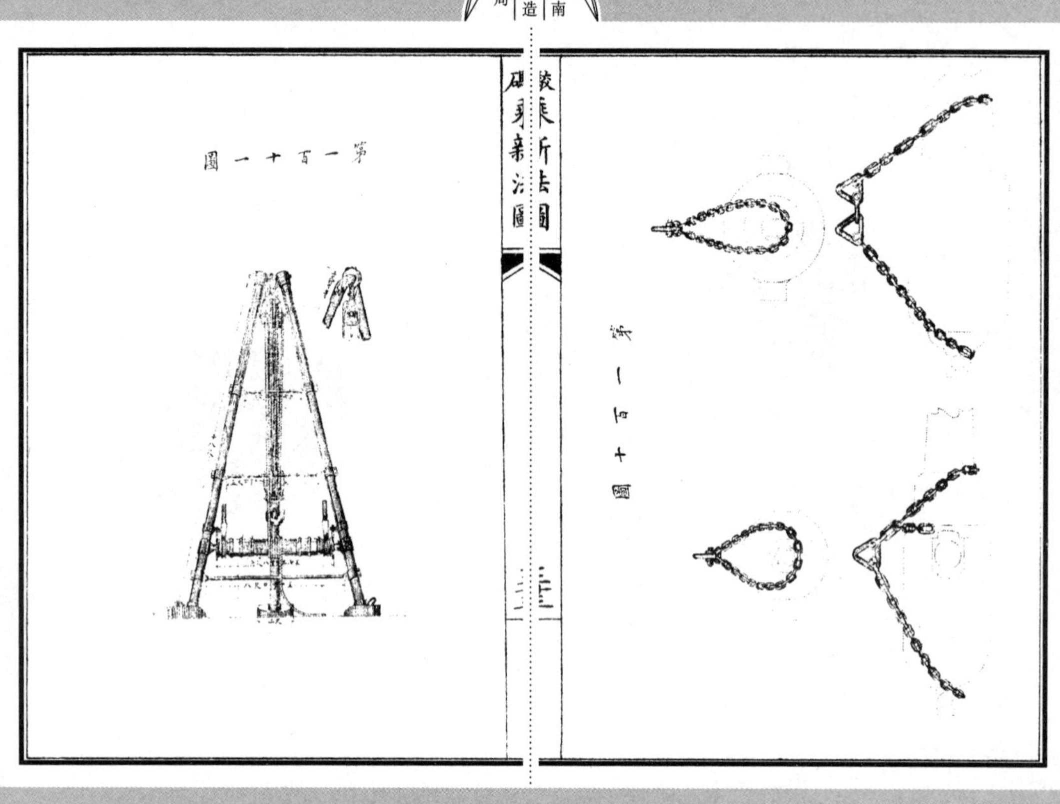
礟乘新法圖
第一百十一圖
第一百十圖

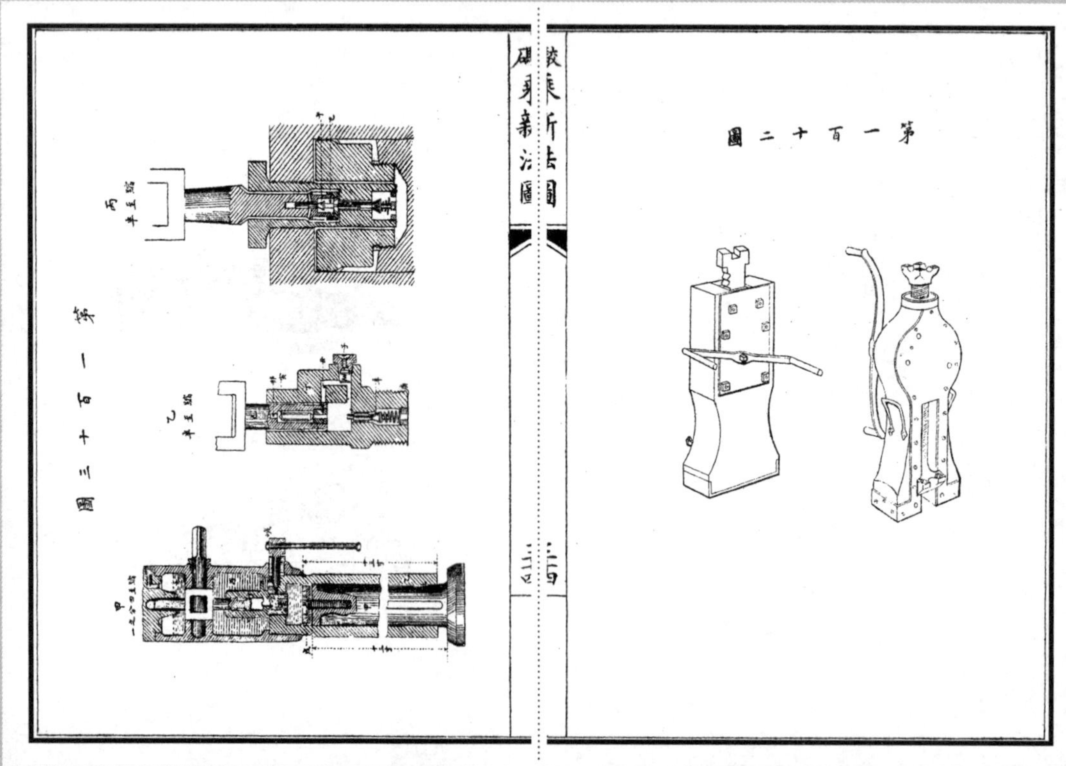
礟乘新法圖
第一百十二圖
第一百十三圖

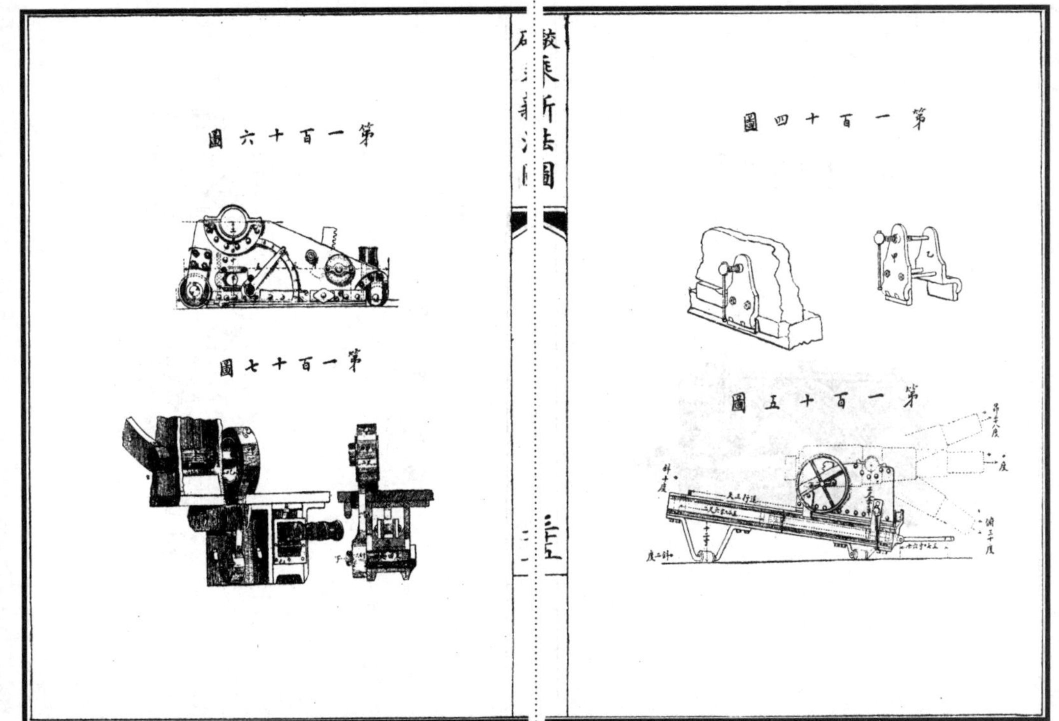

第一百十四圖

第一百十五圖

第一百十六圖

第一百十七圖

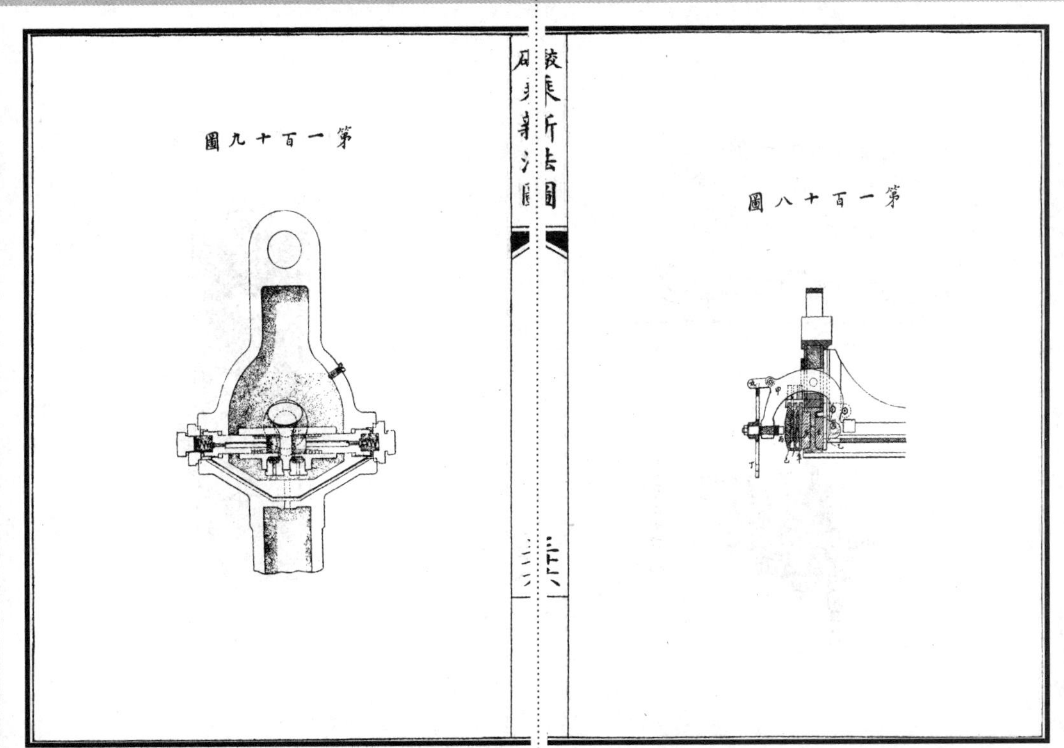

第一百十八圖

第一百十九圖

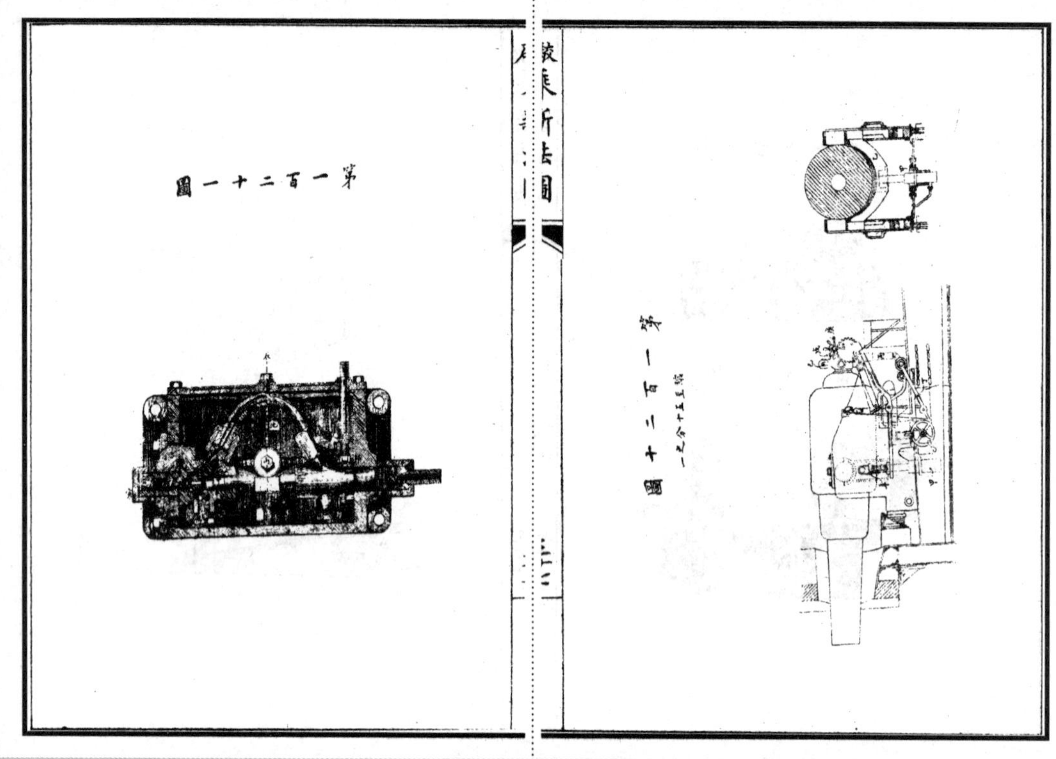
第一百二十一圖
第一百二十圖

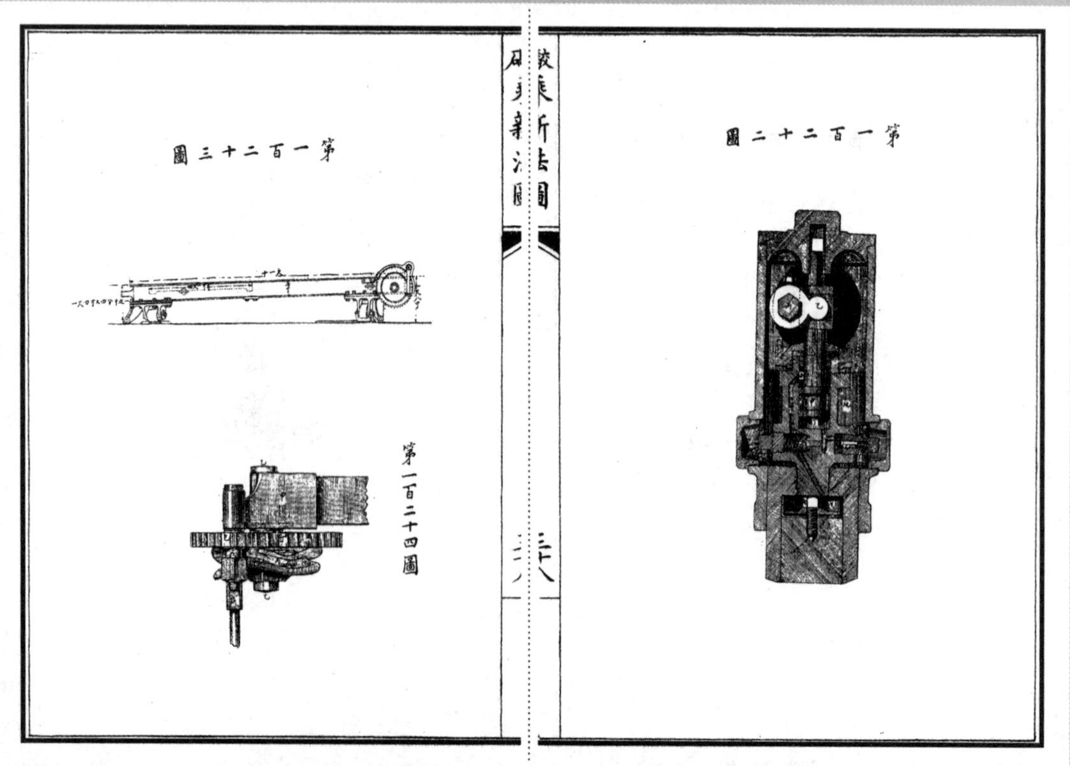
第一百二十三圖
第一百二十四圖
第一百二十二圖

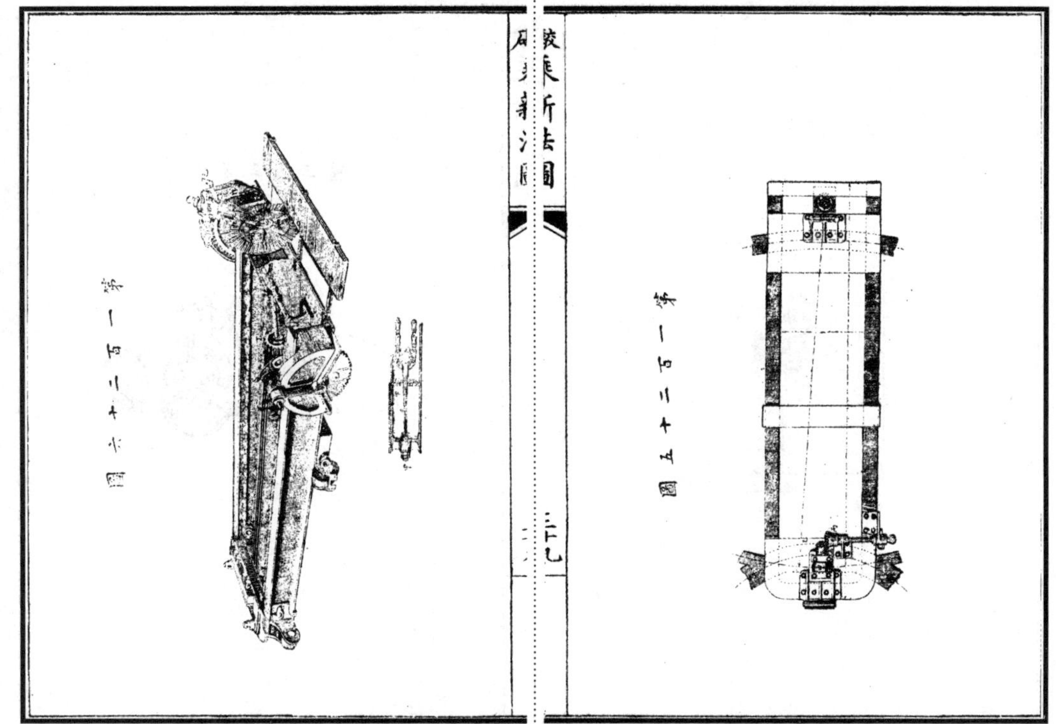
第一百二十六圖
第一百二十五圖
改衷新法圖說
二十七

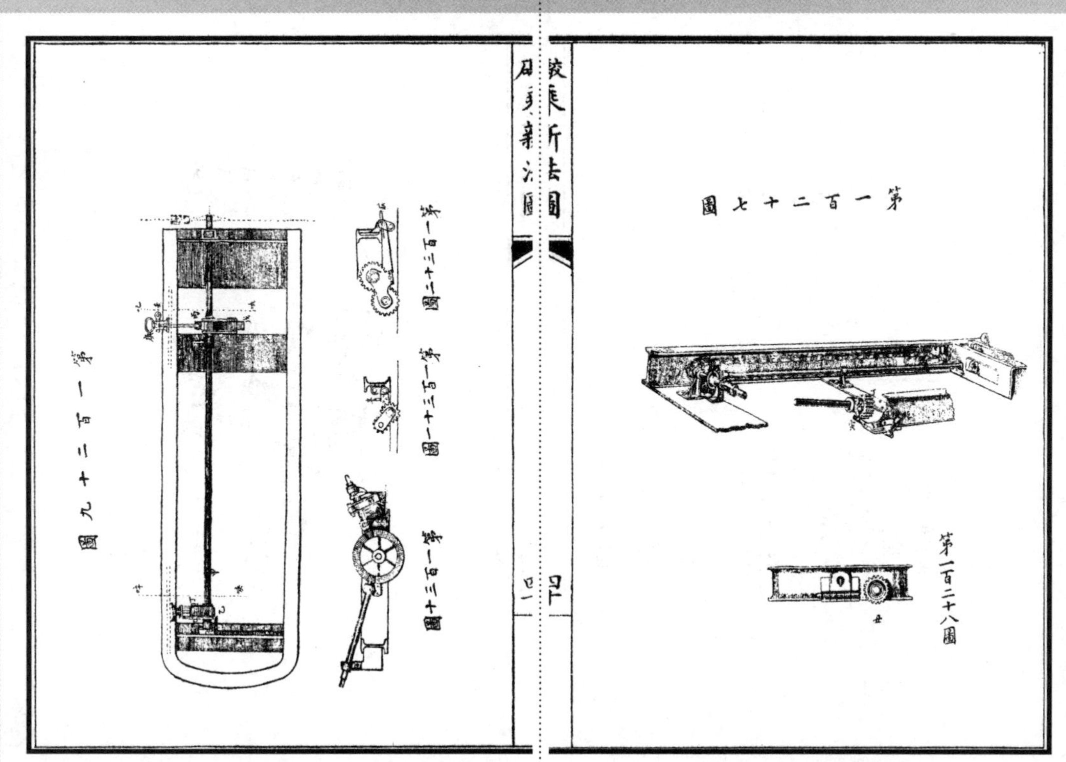
第一百二十九圖
第一百三十二圖
第一百三十一圖
第一百三十圖
第一百二十七圖
第一百二十八圖
改衷新法圖說
二十八

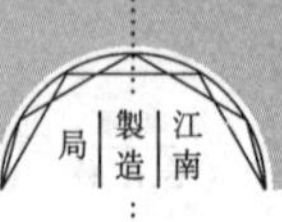
江南
製造
局

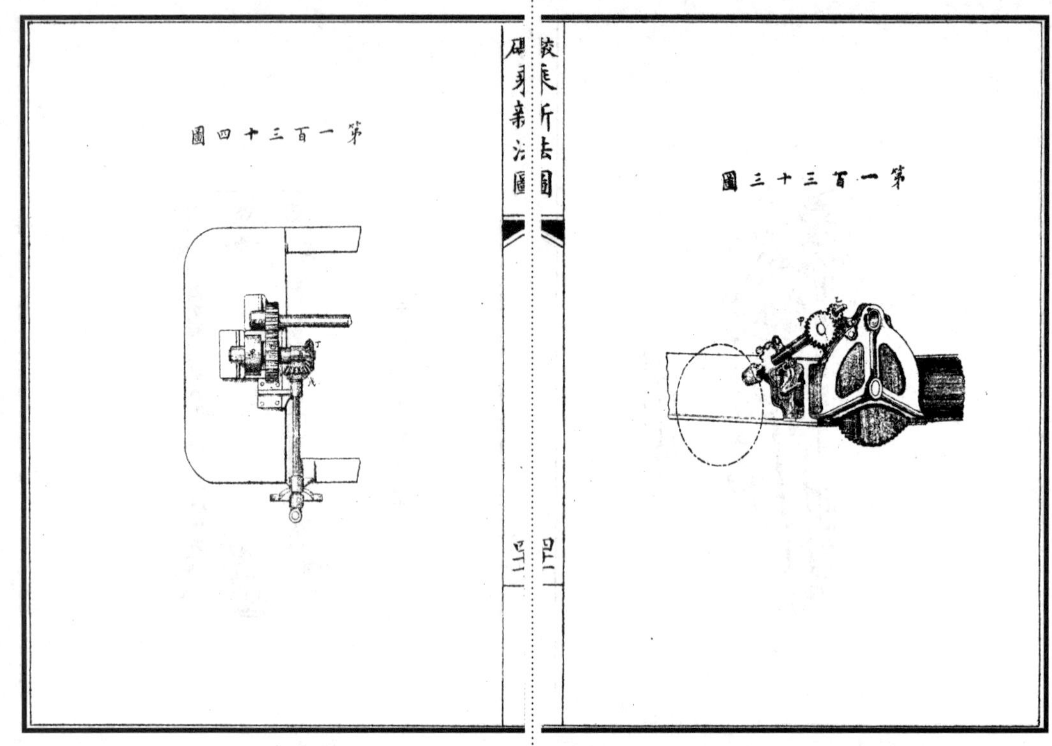
第一百三十四圖
礮乘新法圖
第一百三十三圖

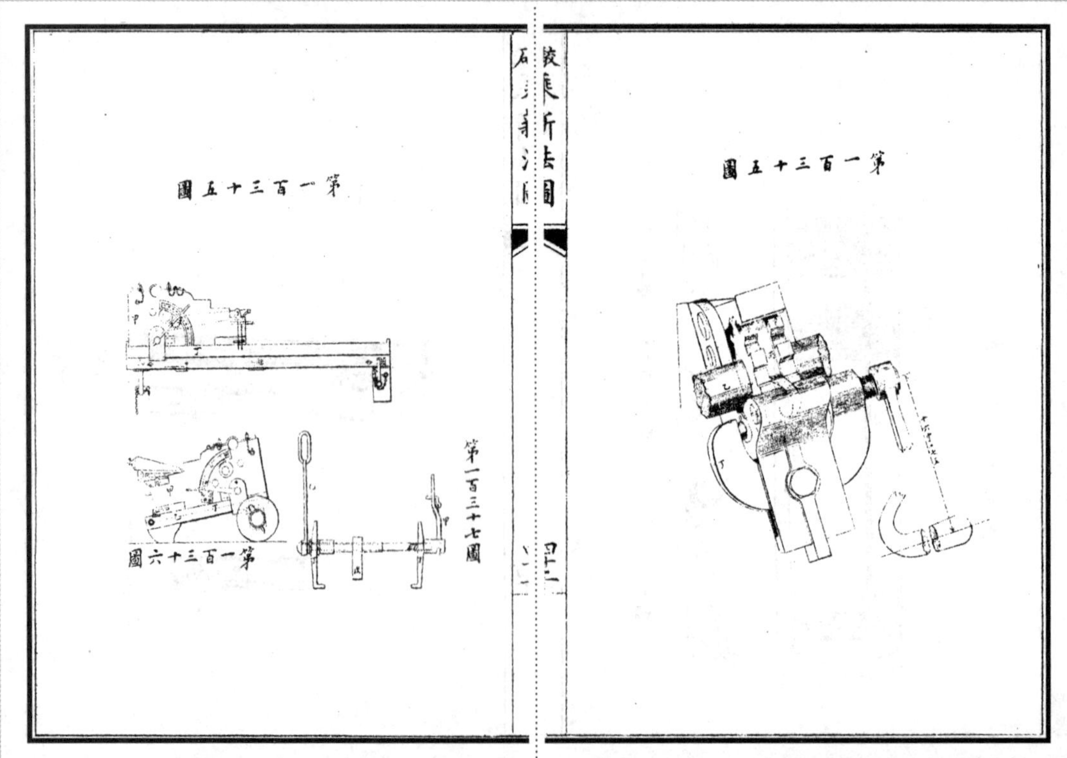
第一百三十五圖
礮乘新法圖
第一百三十五圖
第一百三十七圖
第一百三十六圖

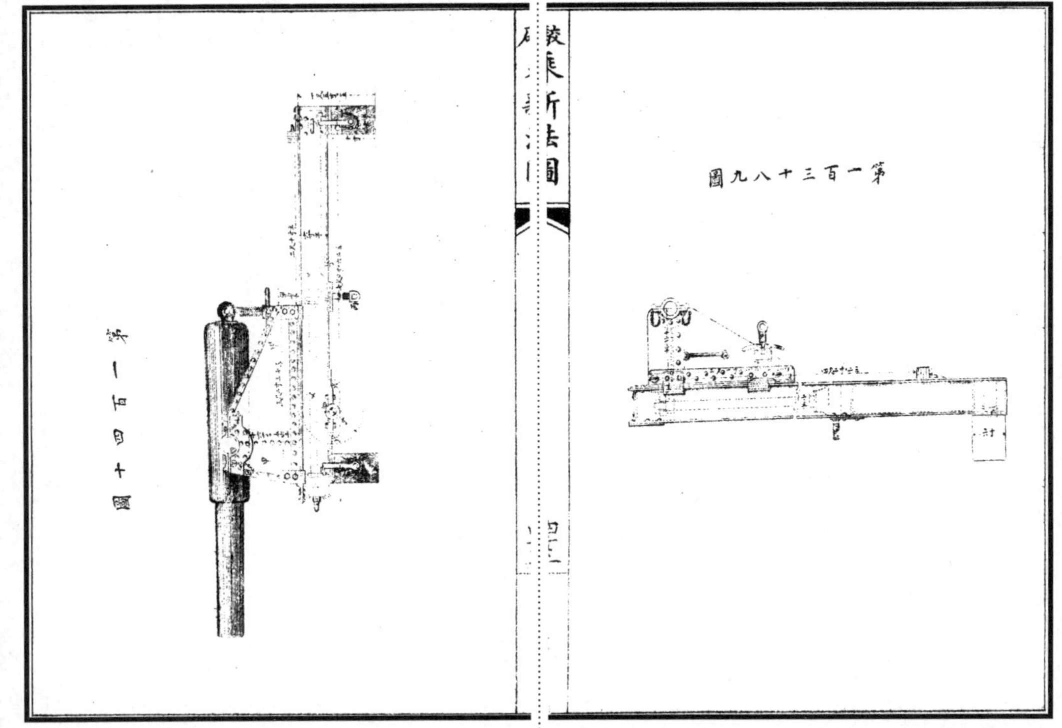
礮乘新法圖
第一百三十八九圖
第一百四十圖

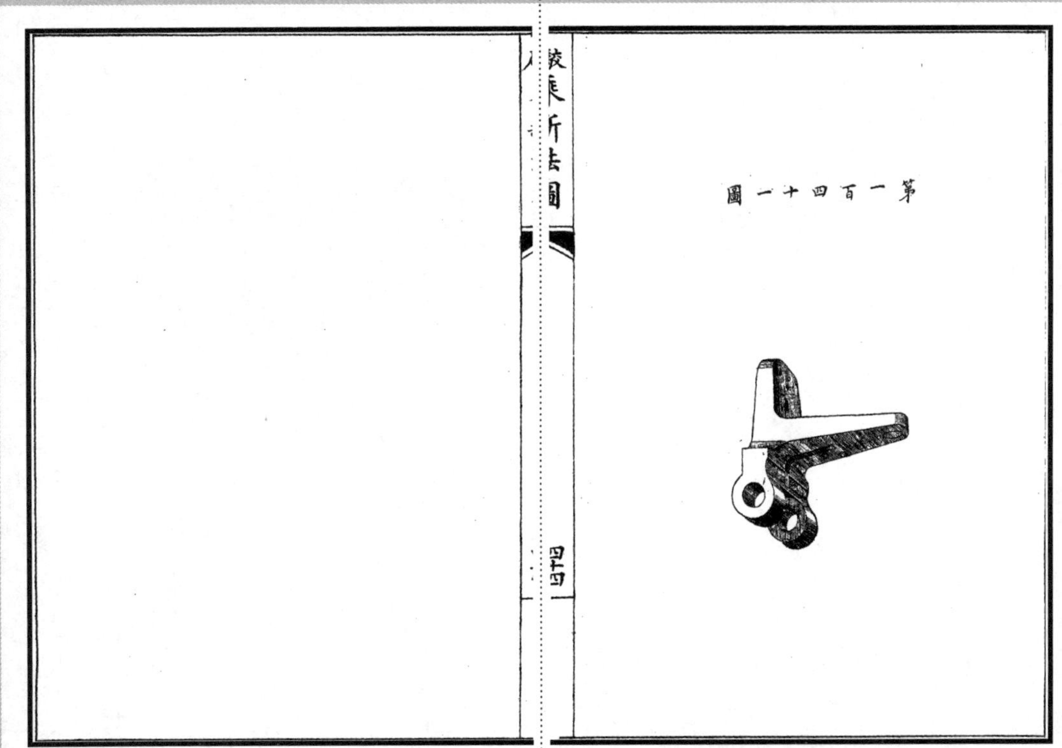
礮乘新法圖
第一百四十一圖

江南製造局科技譯著集成

軍事科技卷

第壹分册

礮法畫譜

《礮法畫譜》提要

《礮法畫譜》一卷，錢唐丁乃文著，桐城程瞻洛校字，光緒十四年（1888年）刊行。此書非江南製造局譯著，主要論述比例規之原理與用法，以及礮彈彈道軌跡計算。

此書內容如下：

孫詒經序

龔照瑗序

劉彝程序

跋

礮法比例規圖

礮法昂度子落高低遠近畫譜

礮法畫譜

光緒十四年冬月
江南製造局開刊

礮法畫譜序

一本一角三分

友雲族妹壻三十年前與予在文圃族叔處共晨夕友雲此時一錢塘諸生意氣豪邁有不可一世之概自予通籍後家鄉再經兵燹親友凋零求友雲之蹤跡不可得甲申秋忽寓書京師幷寄予礮法舉隅礮法圖解二書乃知其游歷各當道幕府以勾股測算之學施於礮法精益求精皆有成效可覩去年
醇邸閱其所著書欲識其爲人示意左右招之來友雲因入都即以此礮法比例規圖暨畫譜獻之　醇邸深許可命製器呈覽歲杪回津門監製今年復來京持器以進　醇邸欲畀

辦都守事而友雲之意因母老在南尚未能決也友雲之言曰予所製畫譜一册向之推算極難者今則學之甚易一炊之頃可執途人使知之知其當然不必知其所以然也猶之日晷之合弧度戥秤之合分寸升斗之合冪積造者用者未必知其何以然也攷礮規之用始於湯若望平時演試憑規記數登册以備臨時遠近查册擊之道光朝吾杭軍需局龔君振麟閩省軍需局丁君拱辰同時著有礮規說悉本湯若望之法畧爲推廣其後馮敬亭前輩桂芬程子俊暘李壬叔善蘭張肯珊文虎並有合拋物綫法議論礮規之用獨李氏火器眞訣之法傳友雲

嫌其太略曾作圖解三倍其欵近見勇丁仍不能用故擬此簡法以備攻堅克敵之戰無不勝其用法精而用心亦良苦矣友雲索予序略述梗概歸之予尤願講武備者之神而明之也

光緒丁亥八月愚弟孫詒經識

權然後知輕重度然後之長短理固然也試置一物於此其爲重與長者孰得而定其名必有輕且短者以較之則知所以爲輕重長短而權度之用以神此古今比例之通議也若夫兵事日繁機械百出弧矢之窮繼以槍礮礮以命中爲艮中以取度爲準凡所謂高低遠近繫於表尺之間者差之毫釐謬卽千里善用者雖未試諸行陣而可預決於臨事之時克制之勝果操何術以致之哉蓋亦深明乎算理之用懷鉛握槧辨及累黍講求於平日使然也丁君友雲學邃於算凡弦切割徑和較諸法靡不心知其意本乎心得成測量礮法比例規圖說一册欲人披覽循習俾知所以命中致遠之理卽在乎是亦可以見其用心矣圖既成問序於余余維推測之術至今益密年來承乏製局粗涉礮事嘗考其藥力推彈而使前地力吸彈而使墜二力幷用而彈路遂成西法之所謂抛物綫然則取準者固有至定不易之方而礮之不可以無規也如是夫

光緒十三年孟夏上浣如弟龔照瑗拜序

礮法畫譜

天下事之最精巧者皆其最難能者也然始焉類以難能開精巧之端繼焉須以易能暢精巧之用易能之至使人人見而解之且時時可肄而習之斯其用彌廣而其精巧尤爲絕倫如丁君礮法畫譜是矣武林丁君友雲前著礮法舉隅礮法圖解及演礮諸表久已刋行於世其書盡拋物綫之妙而不泥拋物綫之名其法約略可分數則曰礮昂四十五度距子落爲平極遠也以平極遠比平各遠若半徑與各昂度之倍弧正弦比也以上下斜極遠比同昂度之平遠若半徑與斜角之半徑正弦和或較比其昂度則半斜角加減半象限也以上下斜極遠比斜

各遠若斜角餘矢或餘大矢與平距比以斜角正弦加減平距得較角餘弦以半較角加減斜極遠昂度得斜各遠昂度也海內同志之士一見是書諒無不歎爲精巧矣今年秋丁君適與彝程晤於滬上略一譾談甚相契洽旋出近作礮法畫譜見示且曰推算固難知算亦復不易是譜以畫代算似屬較易彝程潛心展繹見譜中求上下斜度一以平距爲根於橫綫上取平距度分以平行尺移而向下令一端交弧界而止作一橫線遂於是綫上作一通弦即得昂度如是則不必先求較弧而自得昂度其易一也又譜中不繪斜極遠昂度綫惟以斜角加減象

限命爲加度減度之弧實即昂度餘弧以是爲準則昂度不必有其形而已定其界其易二也統觀是譜其精巧較前書尤覺易知簡能以視藉難能爲精巧者不大有間耶猶憶數年前彝程之門人胡生惟德等請於機器局借礮施演以實其學當事者以彈子奔騰恐致無心之誤未許誠以施演劇非易事也丁君籌布津防較演各礮鑒於推算之難而作前書復鑒於知算之難而作是譜以量代算得之指顧之間則所謂人人可解時時可習者庶幾其在斯乎惟是譜未有副本難以傳觀相賞願亟付諸手民以公同好俾肄習者精益求精是則彝程所厚望

也夫

光緒戊子季秋興化劉彝程拜序於滬江廣方言館

礮法畫譜跋

礮之命中礮規命之中也礮規之用全憑推算算平遠易算斜遠難乃文曾作舉隅圖解二種於前十數年來方知持籌握算是儒生窗下之學非武弁當場之事然攻堅克敵事在武弁廢算言礮又無把握茲擬比例規一法舉凡弦切割徑和較正負並西法抛物線之理運用於一器之中無論何礮據一次之昂度遠界如式擺就轉旋其間逐次之遠近高低度分增減形容畢露小以成大以成大猶之晷影短長舉手卽知時刻而數理在其中與另擬測

量比例器合而爲用高下遠近測量既易得心度分低昂轉旋亦易應手倉卒之間不虞失措矣惟是技以習而精三軍之衆焉能各給一器以備終朝學習之需閒時演試不無一暴十寒難成熟技且也就器演習舉手卽得而無所用心難免見器瞭然離器茫然務使用器之法熟悉於心於是有器固形便捷無器亦可推求再四思維而旁通於畫畫各有譜所以便初學也茲仿蘭竹譜起落接疊分別記數由分而合成爲一式之法擬成畫譜十欵悉與比例規用法相符雖不能究釐毫微秒而大數可得不遺跬步畫法熟而用器純命中致遠之理有無裨益願司礮事者姑且試之

光緒十二年八月錢唐丁乃文識

凡礮子遠近度分限於極遠界爲半徑一象限內。此平遠然也。高遠從減。算法從加詳於礮法圖解如物高於礮十度與一象限九十度相減餘八十度爲限。低遠從加。算法從減詳於礮法圖解如物低於礮十度與一象限九十度相加得一百度爲限。擊高擊低之圜界以平極遠比高低度分之正割爲半徑。故可制器比例得之。

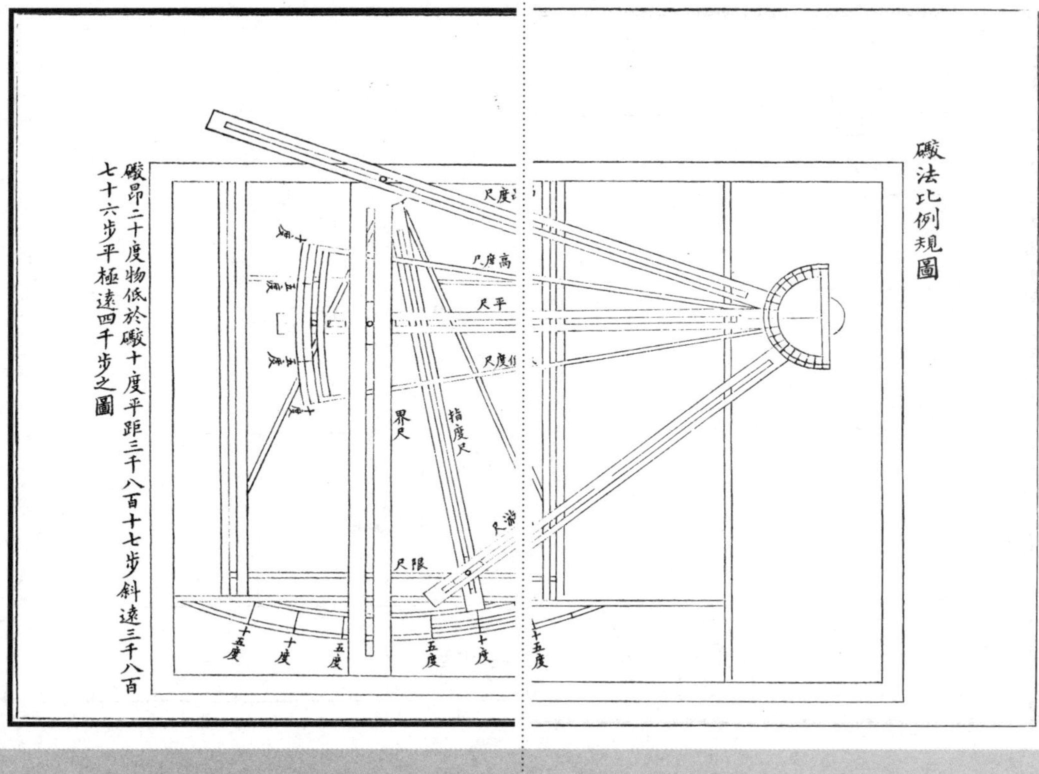

規以轉旋用之憑一次之昂度遠界。如式擺定。逐度逐遠。轉旋卽得。或因平遠改擊高低。或因高遠改擊平低。或因低遠改擊平高移武換形。各有擺式。仍以初次限尺以上之界尺分數。卽平極遠爲根。如法擺定有遠數。卽得昂度有昂度。卽得遠數式樣各出。不外乎附後礮法昂度子落高低遠近畫譜各欵。茲將規上各件分別註明。悉與譜中各法相合。畫法純熟。用規應手矣。

平尺 卽譜中平遠線平距線

界尺 卽譜中直線爲子落遠界之處

游尺 卽譜中畫圓線界之規爲半徑與指度尺相交之處爲平圓心

限尺 卽譜中之底線限定是礮之平極遠

昂度尺 卽譜中昂度線

指度尺 卽譜中擊低之加度線偏右擊高之減度線偏左擊平遠移藏界尺之下

高低度尺 物高於礮低於礮之斜遠

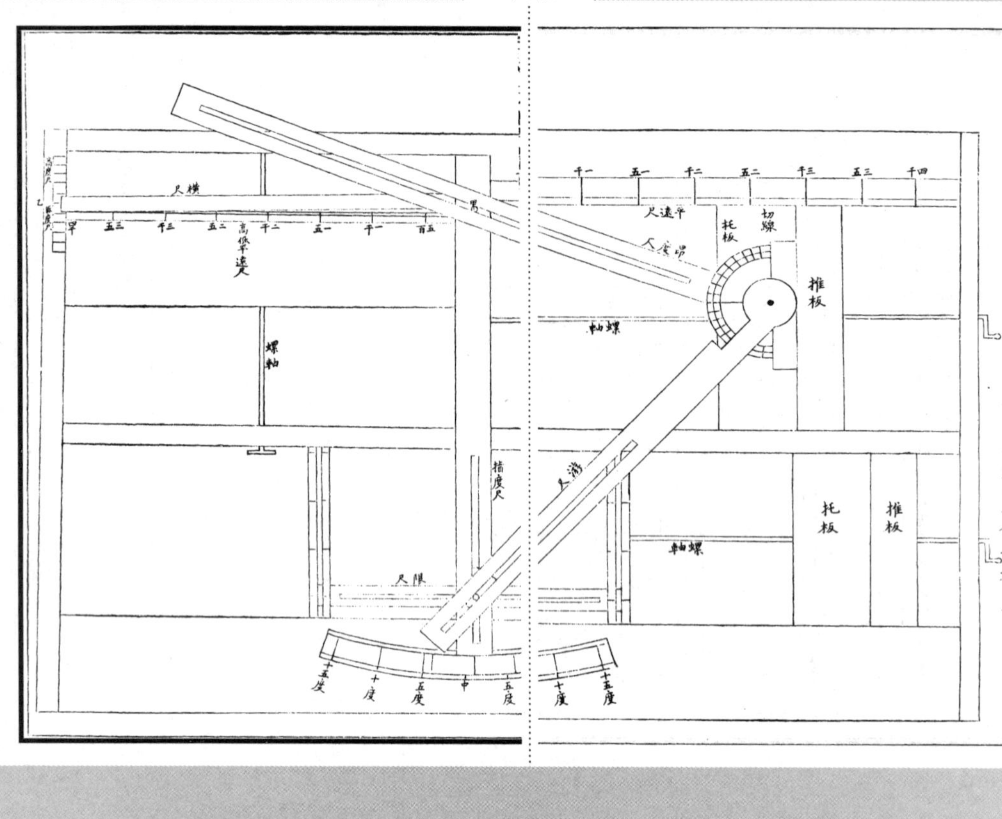

前圖比例規。高度尺。低度尺。爲高低之斜遠平尺。爲斜擊之平距平擊之平遠。轉旋其間。或高或低或平。因此數可得昂度之數。雖便於查考。而牽連尺件。毋乃太繁。且高低斜遠。移步換度。逐步逐遠。平斜兼測。測後擺式。倉卒之時。惟恐不及。今爲沿海計。擊低爲多。高下三丈四丈之間。相去十里五里之地。猶可用平擊之法。近則非減度不可。凡依山爲臺之處。高下懸殊。全在低度合法。遠則度小。近則度大。進出數百步間。差不滿度。擺式爲難。茲擬比例規如二圖。以昂度尺與指度尺交點甲爲心。甲乙爲平綫。設有礮在平地極遠界四千

礮法畫譜　九

步。礮以平極遠爲根算法詳於圖解簡法詳於畫譜　今安礮山上。高於海面四十七步強。欲擊平距二千六百九十五步弱之處。適物低於礮一度若擊三千步低度較小二千步低度較大　先將限尺移至四千步尺寸相對。原圖準營造尺八分爲一寸每寸一千步　再移高低平遠尺。低於平綫四十七步強。移橫尺斜切高低平遠尺上二千六百九十五步弱之處。橫尺與指度尺連成勾股。橫尺下移指度尺中綫所指。卽高低度分。然後視限尺上所切指度尺上分寸。卽平極遠爲半徑低於礮若干度之正割　對準游尺上分寸相交於限尺之上。再將推板靠緊規後。視托板上切綫與平遠尺二千六百九十五步相切。則昂度尺中綫

所切規上度分二十度。卽昂度也。餘仿此。

光緒十三年歲在丁亥三月既望乃文又識

礮法昂度子落高低遠近畫譜

畫圖器具

細分尺 每細分爲十步六細分爲一小分六小分爲一大分合一里

丁字尺 依尺畫橫直二線

平行尺

分角器 半周一百八十度

三角板

鉛筆

長針

規

礮有大小。子有重輕。藥有增減。均須演放一次。憑一次之昂度或高或低或平等數爲根。然後逐度可畫得遠界。逐遠可畫得度分。設題分圖如後。

第一欵

設有礮昂十五度子落平遠二千步今有平遠二千五百步

問如何畫得昂度

一圖 先畫礮昂十五度

起筆先畫橫直二線。如第一二筆。要方正。如不方正。全圖皆失。然後用分角器。視器中橫直二線。對準圖上橫直二線。靠橫線循器而下。數至十五度。如礟昂十度即數至十度紙上刺一針眼。即從橫直二線交角處。對準針眼。畫出一線。引長過針眼。如第三筆。爲昂度線。

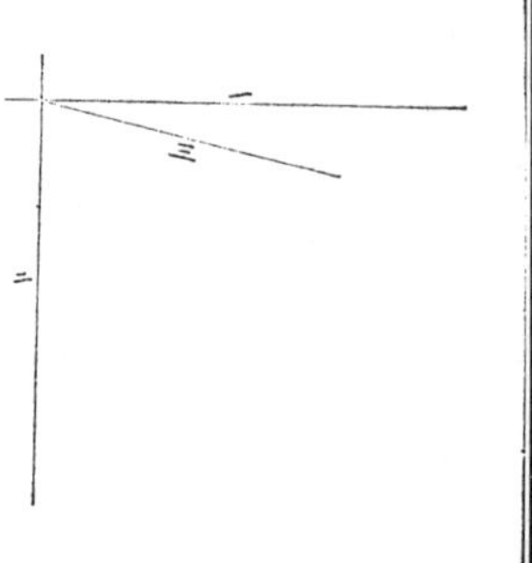

二圖　畫子落平遠二千步

從橫直二線交角處起。於橫線上數準平遠二千步分數。刺一針眼。用平行尺對準直線。移至針眼。視尺與第三筆

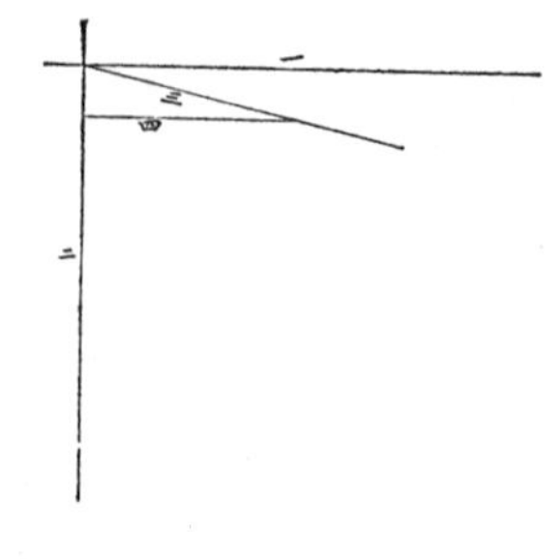

三圖　直線上取半徑即平極遠

昂度線相切之處。刺一針眼。再用平行尺。對準橫線。移至三筆上針眼。畫一橫線至直線爲界。如第四筆。爲二千步之平遠線。

昂度平遠二線既畫。即以第三筆第四筆交角爲心。橫直二線交角爲度。規成圓線。再以橫直二線交角爲心。第三

第四筆交角爲度。規成圓線。兩線正交於上於下。用尺對準上下兩交角。視尺與直線相切處。刺一針眼。爲平圓心。即從平圓心至橫直二線交角。規成圓線爲界。如第五筆。所謂界者。是礟之平遠昂度。皆不出此線。

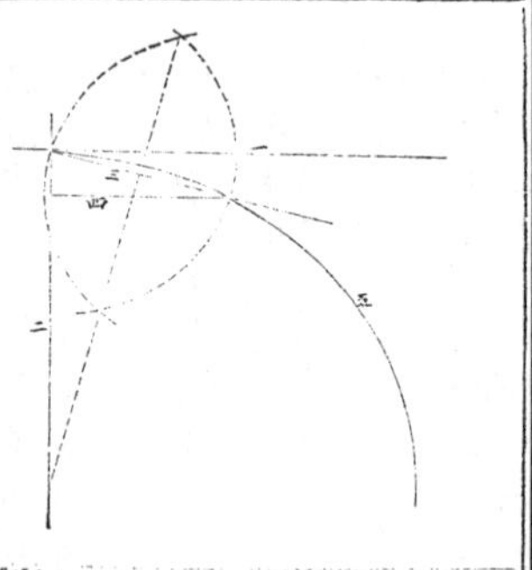

四圖　畫底線以定上下兩橫線中直線分寸爲是礟子同藥同可畫擊高擊低各圖之根

圓界既畫。用平行尺對準橫線。移至平圓心。自心至圓界。畫一橫線。爲平極遠。如第六筆。上下兩橫線中之直線。凡

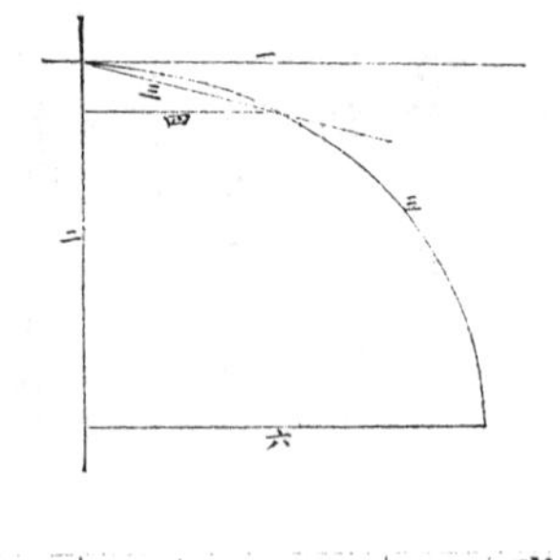

三圖　接畫二千五百步平遠

畫是礟擊高擊低各圖。準此爲法。

如前第四圖畫第四筆法。從橫直二線交角處起。於橫線上數準平遠二千五百步分數。刺一針眼。用平行尺對準

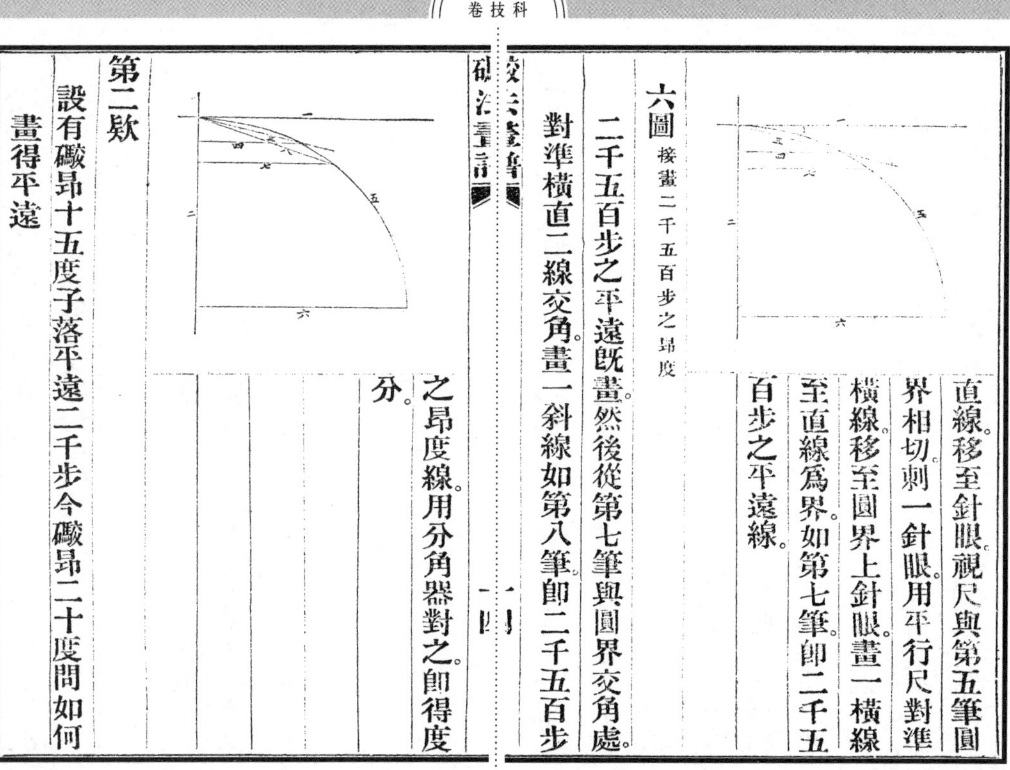

直線。移至針眼。視尺與第五筆圓界相切。刺一針眼。用平行尺對準橫線移至圓界上針眼。畫一橫線至直線爲界。如第七筆。即二千五百步之平遠線。

六圖 接畫二千五百步之昂度

二千五百步之平遠既畫。然後從第七筆與圓界交角處。對準橫直二線交角。畫一斜線如第八筆。即二千五百步之昂度線。用分角器對之。即得度分。

第二欵

設有礟昂十五度子落平遠二千步今礟昂二十度問如何畫得平遠

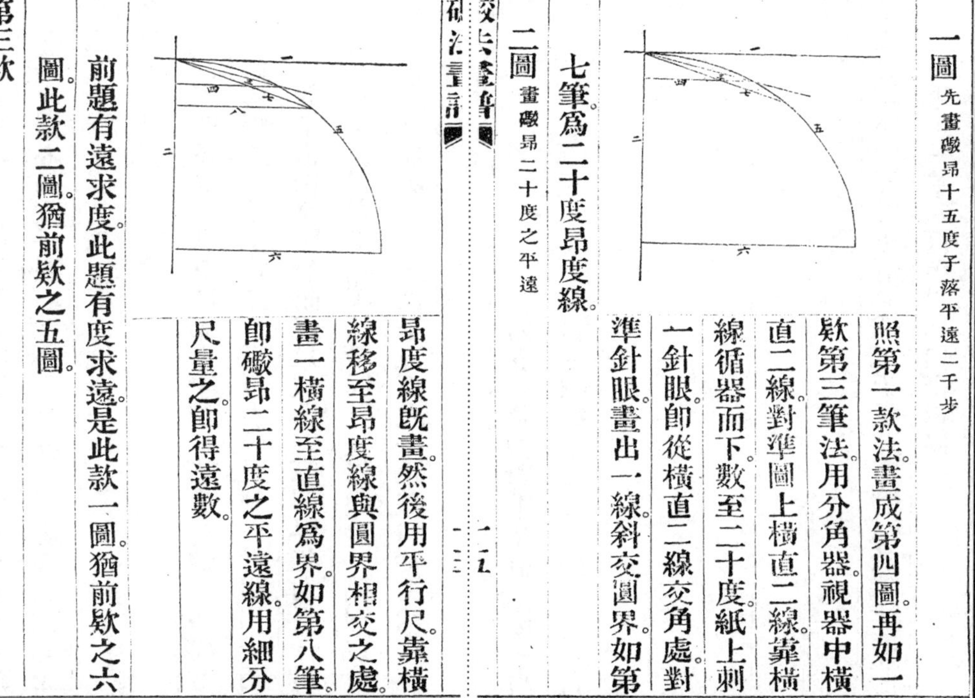

一圖 先畫礟昂十五度子落平遠二千步

照第一款法。畫成第四圖。再如一欵第三筆法。用分角器。視器中橫直二線。對準圖上橫直二線。靠橫線循器而下。數至二十度。紙上刺一針眼。即從橫直二線交角處。對準針眼。畫出一線。斜交圓界如第七筆。爲二十度昂度線。

二圖 畫礟昂二十度之平遠

昂度線既畫。然後用平行尺。靠橫線移至昂度線與圓界相交之處。畫一橫線至直線爲界。如第八筆。即礟昂二十度之平遠線。用細分尺量之。即得遠數。

前題有遠求度。此題有度求遠。是此款一圖。猶前欵之六圖。此款二圖。猶前欵之五圖。

第三欵

設有礮昂十五度子落平遠二千步今有物低於礮五度測得平距二千五百步問如何畫得昂度

一圖 先畫礮昂十五度子落平遠二千步

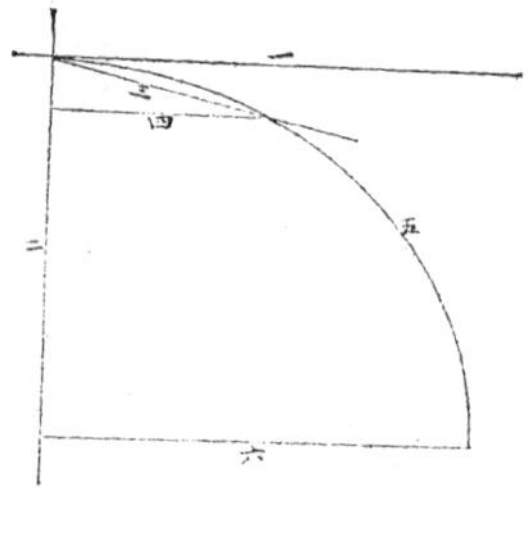

照第一款法。畫成第四圖。凡求平遠昂度。卽從圓界內求之。今物低於礮。圓界不同。畫法如二圖。

二圖 先畫加度線凡平遠之逐遠逐度一象限九十度爲限低於礮者低若干度卽加若干度從此線中取平圓心

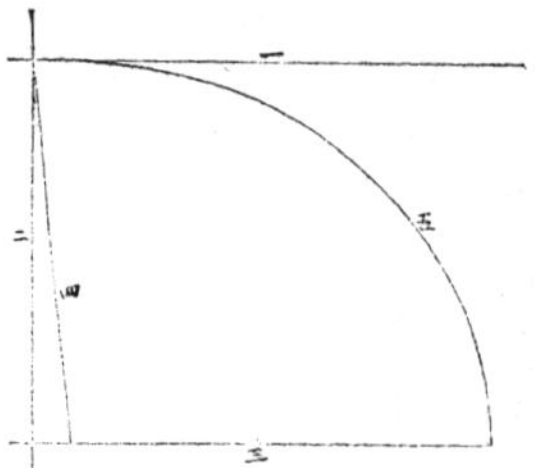

前圖既畫。另畫橫直二線。如第一二筆。量準前圖上下兩橫線中之直線分寸。刺一針眼於直線。用平行尺。靠橫線移至針眼。畫一橫線。如第三筆爲底線。同前圖第六筆用分角器。視器中橫直二線。對準圖上橫直二線。靠直線循器而右。低於礮從右高於礮從左數至五度。如低於礮十度卽數至十度紙上刺一針眼。卽從橫直二線交角處。對準針眼

畫出一線。斜交底線如第四筆。爲加度線。斜交底線之處爲平圓心。卽從平圓心至橫直二線交角。規成圓線。如第五筆。爲是礮物低五度之圓界。

三圖 先畫平距後畫昂度

圓界既畫。同一款五圖第七筆法。從橫直二線交角處起。於橫線上數準平距二千五百步分數。刺一針眼。用平行尺對準直線。移至針眼。視尺與第五筆圓界相切。刺一針眼。用平行尺對準橫線。移至圓界上針眼。畫一橫線至直線爲界。如第六筆。爲二千五百之平距線。卽從第六筆與圓界交角處。對準橫直二線交角。畫一斜線。如第七筆。卽二千五百步之昂度線。

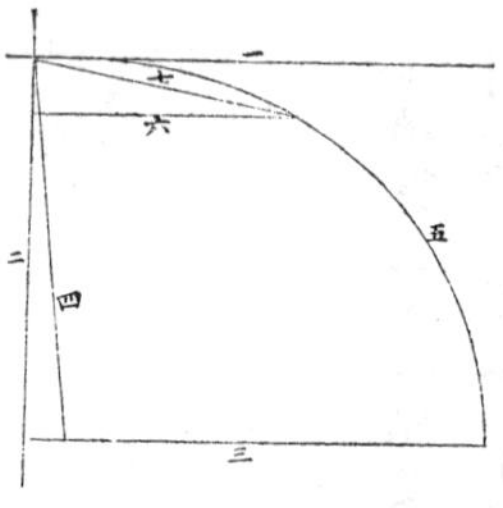

第四款

設有礮昂十五度子落平遠二千步今有物高於礮十度測得平距一千八百步問如何畫得昂度

一圖 先畫[illegible][illegible]十五度子落平遠二千步

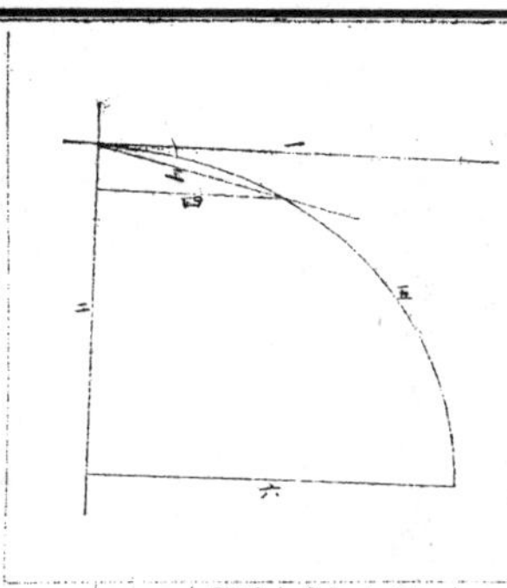

照第一款法。畫成第四圖。凡求平遠昂度。即從圓界內求之。今物高於礮。圓界與第三欵物低於礮又不同。畫法如一二圖。

二圖 先畫減度線 凡平遠之逐遠逐度一象限九十度爲限高於礮者高若干度即減若干度從此線中取平圓心

前圖既畫。另畫橫直二線。如第一二筆。量準前圖上下兩橫線中之直線分寸。刺一針眼於直線。用平行尺靠橫線移至針眼。畫一橫線。如第三筆。爲底線。同前圖第六筆 用分角器。視器中橫直二線。對準圖上橫直二線。靠直線循器而左。高於礮從左低於礮從右 數至十度。如高於礮五度即數至五度 紙上刺一針眼。即從橫直二線交角處。對準針眼。畫出一線斜交底線。如第四筆爲減度線。斜交底線之處爲平圓心。即從平圓心至橫直二線交角。規成圓線。如第

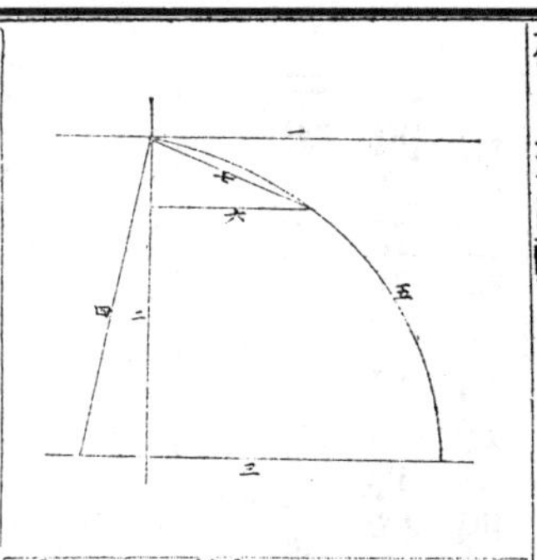

五筆。爲是礮物高十度之圓界。再畫一千八百步平距線至直線爲界。如第六筆。昂度線如第七筆。悉照三欵第三圖第六筆七筆法。

第五欵

設有物低於礮十度。礮昂二十度子落遠界測得平距三千八百十七步弱今有物低於礮十度測得平距三千五百步問如何畫得昂度

一圖 先畫加度昂度各線

先畫橫直二線。如第一二筆。用分角器視器中橫直二線。對準圖上橫直二線。靠直線循器而右。數至十度。如物高五度即靠直線循器而左如第四欵二圖第四筆法數至五度 刺一針眼。再靠橫線循器而下。數至二十度。刺一針眼。然後從橫直二線交角。各對針眼畫出二線。引長過針眼。如第三筆爲加度線。第四筆爲昂度線。

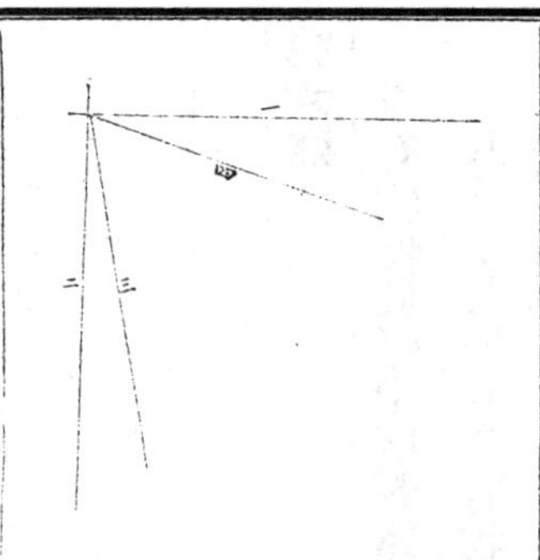

二圖 畫平距線

從橫直二線交角處。起於橫線上數準平距三千八百十

七步分數同一款二圖第四筆法。畫一橫線至直線爲界。如第五筆爲平距線。

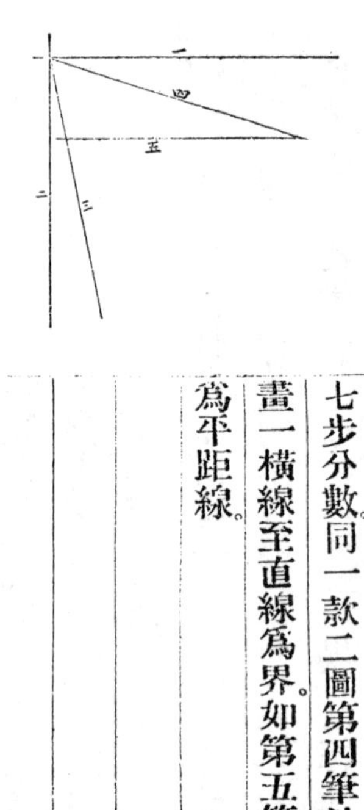

三圖 加度線上取半徑若弦直線若股卽平極遠

四筆五筆交角爲心。橫直二線交角爲度。規成圓線。再以橫直二線交角爲心四筆五筆交角爲度。規成圓線。兩線

正交於上於下。用尺對準上下兩交角。視尺與第三筆加度線相切處。刺一針眼爲平圓心。物高於礮與減度線相切處爲平圓心卽從平圓心至橫直二線交角規成圓線爲界。如第六筆。再將平行尺靠橫線移至平圓心。自圓界對圓心至直線。畫一底線如第七筆。上下兩橫線中之直線分寸。卽平極遠之數。用細分尺量之卽得。

四圖 畫三千五百步平距縴昂度線

前圖既成。接畫三千五百步平距線至直線爲界。如第八筆。昂度線如第九筆。悉同前法。

第六欵

設有物低於礮十度礮昂二十度子落遠界測得平距三千八百十七步弱今有物低於礮五度測得平距三千步叉

有物高於礮八度測得平距二千步叉測得平遠二千五百步問如何畫得各昂度

一圖 先畫物低於礮十度子落遠界平距三千八百十七步

照第五欵法。畫成第三圖。凡求物低十度之遠界昂度。卽從圓界內求之。今物低五度圓界不同。畫法如二圖。

二圖 畫物低五度平距三千步求昂度各線

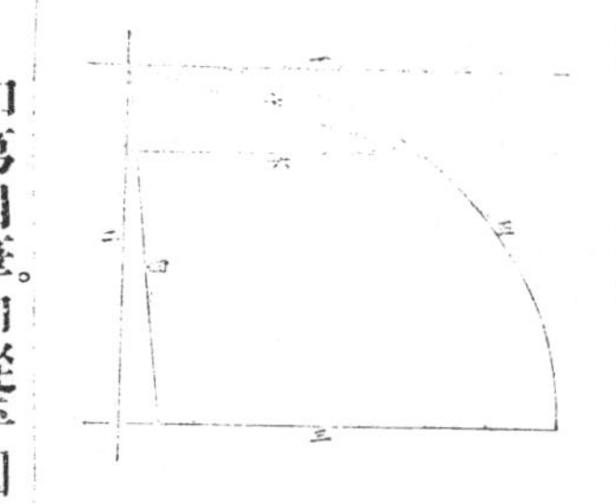

前圖既畫。另畫橫直二線如一二筆。其準前圖上下兩橫線中之直線分寸。刺一針眼於直線。用平行尺靠橫線移至針眼。畫一橫線如第三筆。爲底線。然後用分角器畫五度加度線。斜交底線爲平圓心。

如第四筆。卽從平圓心規成圓線界如第五筆。再畫三千步平距線至直線爲界。如第六筆起度線如第七筆。用分

角器對之。卽得。悉同前法。

三圖 畫物高八度平距二千步求昂度各綫

先畫橫直底三線。如二圖一二三筆。用分角器畫八度減度線。斜交底線爲平圓心。如第四筆。卽從平圓心規成圓線界。如第五筆。再畫二千步平距線至直線爲界。如第六筆起度線如第七筆。悉同前法。

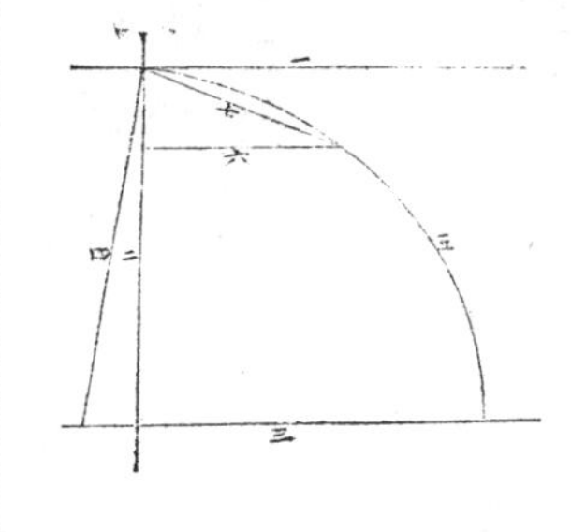

四圖 畫平遠二千五百步求昂度線

畫橫直底三線。如二圖一二三筆。上下兩橫線中之直線。卽平極遠。以直線底線相交之處爲心。規成圓界。如第四筆。再畫二千五百步平遠線至直線爲界。如第五筆。起度線如第六筆。悉同前法。

第七欵

凡有物高於礮。照五款六款各法。改加度線爲減度線。取平圓心於減度線上。

第八款

凡有物高於礮若干度。求子落之處。用分角器於平距線上。畫若干度線斜交直線界。卽得低於礮者。求子落之處。用分角器於平距線下。畫若干度線斜交直線界。卽得。

第九欵

凡有物高於礮。低於礮。有昂度。有高低度。無平距數。有斜距數。於橫直交角處起。取出若干度線。高者在橫線下。低者在橫線上。斜距若干。卽從斜線上取數。與畫平距線法同。

物低若干度線

物高若干度線

第十款

礮各有限。凡在平遠。限於九十度一象限之內。如圖。一象限九十度。一二三橫線皆遠界。四五六斜線皆昂度。

物低於礮。有加度。低十度。即加十度。低五度。即加五度。如圖。甲乙丙一象限九十度。今低十度。對角在丁。甲丁一百度。故丁丙爲加度線。一二三斜下各線皆遠界。四五六斜上各線

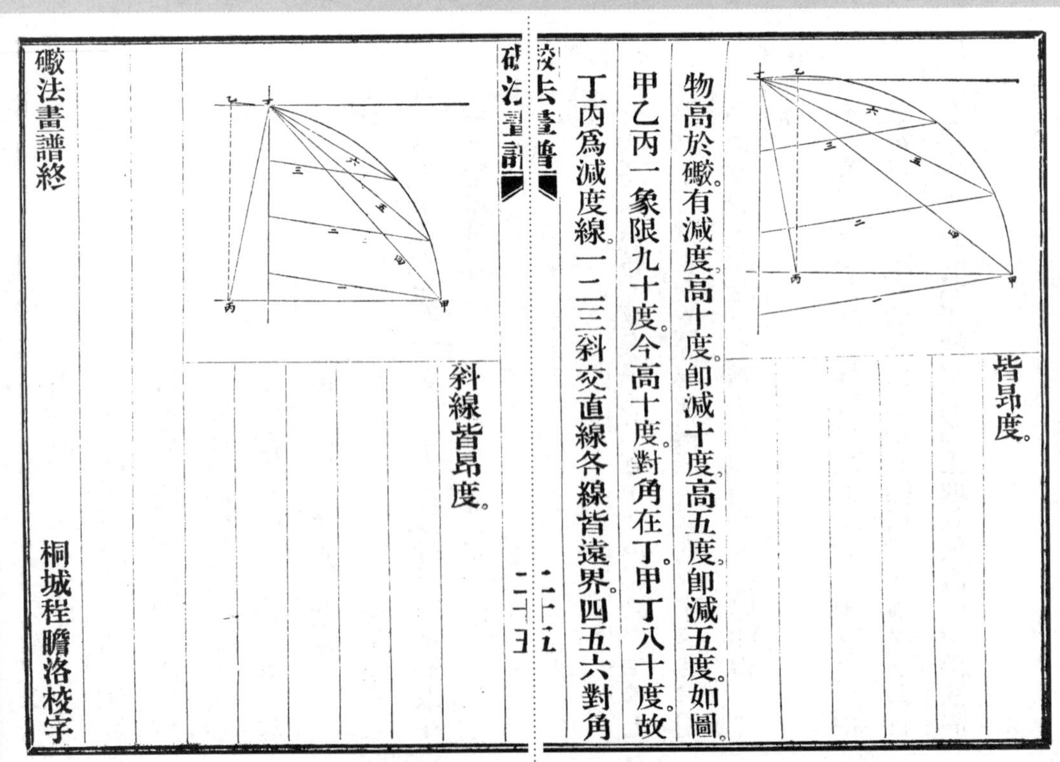

皆昂度。

物高於礮。有減度。高十度。即減十度。高五度。即減五度。如圖。甲乙丙一象限九十度。今高十度。對角在丁。甲丁八十度。故丁丙爲減度線。一二三斜交直線各線皆遠界。四五六對角斜線皆昂度。

礮法畫譜終

桐城程瞻洛校字

江南製造局科技譯著集成

軍事科技卷

第壹分册

子藥準則

《子藥準則》提要

《子藥準則》一卷，錢唐丁乃文著，光緒十四年（1888年）重刊。

此書非江南製造局譯著，主要論述礮彈裝填火藥之比例，以及不同狀態下火藥之性能。

此書內容如下：

光緒十四年冬月
江南製造局重刊

子藥準則序

製礮子藥相配原有舊法惟近時泰西之礮愈製愈精而礮式子式各異則用藥多寡亦不同是舊法不容泥也錢唐丁友雲大令洞明算術以長礮圓子爲三等藥表其他式礮用藥則視此遞減考較甚細斟酌得宜且與克虜伯九分用藥表數適符此則不拘定何礮悉可類推尤爲簡便云南昌梅啟照識

泰西製礮近益堅緻顧用藥多少必配彈輕重少則墜落無力多則炸裂堪虞甚弗可鹵莽從事也錢唐丁友雲大令研究有年爰屬細爲考較以光膛圓子爲準將上中下

藥分數臚列爲表檢閱瞭然其六楞來福後膛田雞各礮用藥減法亦詳著爲說使軍中人手一編互相講求可期精熟至於遠近取準須視表度大令別有礮法舉隅一編言之詳矣觀者亦宜究心焉太湖趙繼元識

子藥準則目錄

子藥說略

礟子出口行成曲線者。是子重欲墜而藥直送之。藥輕則子近。藥重則子遠故也。若用藥過重。不特礟身震動。子亦飄颺。譬之力擲羽毛。不能致遠。務使量子用藥。兩力相當。庶乎得尺得寸。百發百中矣。按近時礟子。礟膛既異。子式亦分。宜彼宜此。又當分別。且初放再放。礟身冷熱攸分。用藥遂應遞減。難拘一律爲比例。致有炸裂之虞也。

一曰長礟圓子。膛光子滑。藥無蓄力。子重易墜。用藥宜重。凡上等火藥。子重六斤。藥重一斤。次則子五藥一。再次則子四藥一。茲從子重三斤起。遞加四兩。至百斤止。分列上中下等藥表於後。以便檢用。舊法量彈用藥小者彈五藥六中者彈藥相等大者彈六藥五又法因徑用藥鐵彈裝藥五徑鉛彈裝藥四徑石彈裝藥三徑繼之論礟用藥每礟百斤用藥四兩道光時仿用西法子重三斤用藥一斤或子二藥一近時礟身較長藥力較聚因時制宜難援舊例

一曰六楞礟膛銅珠長子。時呼來福礟來福子子膛鑲合。盤旋而出。藥力聚而子路穩。得勢遂勁。應照圓子用藥減輕十分之三。檢藥表如數七折。如圓子鋼珠長子同重六斤圓子用藥一斤鋼珠長子用藥十一兩二錢

一曰後門鋼礟包鉛長子。後膛合子。前膛加楞。藥發子走。藉楞刮鉛擠緊。前膛藥力不洩。加之轉旋。子出愈

勁應照圓子用藥減輕十分之四檢藥表如數六折如圓子包鉛長子同重六斤圓子用藥一斤包鉛長子用藥九兩六錢〇按彈子內鐵外鉛明嘉靖年間有之

一曰短礮圓子時呼田雞礮田雞子度高口仰藥膛小於子膛直抵子底之中藥力較勝藥滿藥膛分兩遂足大凡藥重祇得子重二十分及二十五分之一子路究不能遠不能與長礮用藥比例也按短礮一種向日天礮子曰炸彈有象限儀水平尺之用利擊近高乾隆時四川軍中常用之

長子用藥比例法

設如有六楞礮膛銅珠長子於此子重七斤四兩問三等用藥應各重幾何

上等藥以子重七斤四兩檢上等藥表藥重一斤零三兩三錢爲十九兩三錢七因之得十三兩五錢爲藥重

中等藥以子重七斤四兩檢中等藥表藥重一斤零七兩二錢爲二十三兩二錢七因之得十六兩二錢爲藥重

下等藥以子重七斤四兩檢下等藥表藥重一斤十三兩爲二十九兩七因之得二十兩零三錢爲藥重

設如有後門鋼礮包鉛長子於此子重二十四斤合洋稱三十磅問三等用藥應各重幾何

上等藥以子重二十四斤檢上等藥表重四斤爲六十四兩六因之得三十八兩四錢爲藥重

中等藥以子重二十四斤檢中等藥表藥重四斤十二兩八錢爲七十六兩八錢六因之得四十六兩爲藥重

下等藥以子重二十四斤檢下等藥表藥重六斤爲九十六兩六因之得五十七兩六錢爲藥重

右設二法餘仿此

按後門礮位隨礮原有藥表恐重譯互異須加酌量曾在天津礮隊營演試新置十二磅後門礮照原表彈重三十一磅加炸藥一磅共重三十二磅合內地二十四斤用藥餅七磅復驗附來藥囊祇容藥二磅半藥囊藥表兩歧仍照藥囊用藥重三十兩漸加至四十二兩藥力已足繼至大沽礮隊營演試四磅後門礮子重九磅照表用藥一磅與子重二十四斤用藥四十二兩比例相符是後門礮用藥照圓子藥重六折適合所譯克虜伯礮表九分用藥表數

演礮四則

一試新置礮位恐有暗砂照子須檢藥表酌減用藥隨時察看膛內無甚砂眼損傷然後漸次加藥如表數

止。

一試新置礮位須檢驗火門如火門前於膛底藥力回勁必大用藥應酌量減輕以免尾掉頭搖難以命中

一試礮位須察風色順風得勢逆風力阻如遇橫風過大子路易斜長子尤甚或左或右或遠或近橫差不準尋常演試應熟考究

一試礮後刷洗礮膛用水宜輕凡生銅生鐵熱後沾水即脆務宜慎之冷水尤甚礮位以潔淨為尚尋常可用鹼水或炭灰淋水刷洗用布擦乾再將細紙用油少許並洋胰擦光弗輕用磁磚瓦砂等灰至如後門礮橫

門鑲合適宜更不可用磁磚等灰磨擦以免走樣致有洩火漏煙之弊

上等藥表

按上等藥照子六藥一算每個子重四兩則用藥六錢尚有分數惟藥用秤碼分數畸零未不便細註故一概截去尾數以期簡易

子重三斤	藥重八兩
子重三斤四兩	藥重八兩六錢
子重三斤八兩	藥重九兩三錢
子重三斤十二兩	藥重十兩
子重四斤	藥重十兩〇六錢
子重四斤四兩	藥重十一兩三錢
子重四斤八兩	藥重十二兩
子重四斤十二兩	藥重十二兩六錢
子重五斤	藥重十三兩三錢
子重五斤四兩	藥重十四兩
子重五斤八兩	藥重十四兩六錢
子重五斤十二兩	藥重十五兩三錢
子重六斤	藥重一斤
子重六斤四兩	藥重一斤〇〇六錢
子重六斤八兩	藥重一斤〇一兩三錢
子重六斤十二兩	藥重一斤〇二兩
子重七斤	藥重一斤〇二兩六錢
子重七斤四兩	藥重一斤〇三兩三錢

子重七斤八兩　藥重一斤○四兩
子重七斤十二兩　藥重一斤○四兩六錢
子重八斤　藥重一斤○五兩三錢
子重八斤四兩　藥重一斤○六兩
子重八斤八兩　藥重一斤○六兩六錢
子重八斤十二兩　藥重一斤○七兩三錢
子重九斤　藥重一斤八兩
子重九斤四兩　藥重一斤○八兩六錢
子重九斤八兩　藥重一斤○九兩三錢
子重九斤十二兩　藥重一斤十兩

子重十斤　藥重一斤十兩○六錢
子重十斤四兩　藥重一斤十一兩三錢
子重十斤八兩　藥重一斤十二兩
子重十斤十二兩　藥重一斤十二兩六錢
子重十一斤　藥重一斤十三兩三錢
子重十一斤四兩　藥重一斤十四兩
子重十一斤八兩　藥重一斤十四兩六錢
子重十一斤十二兩　藥重一斤十五兩三錢
子重十二斤　藥重二斤
子重十二斤四兩　藥重二斤○○六錢

子重十二斤八兩　藥重二斤○一兩三錢
子重十二斤十二兩　藥重二斤○二兩
子重十三斤　藥重二斤○二兩六錢
子重十三斤四兩　藥重二斤○三兩三錢
子重十三斤八兩　藥重二斤○四兩
子重十三斤十二兩　藥重二斤○四兩六錢
子重十四斤　藥重二斤○五兩三錢
子重十四斤四兩　藥重二斤○六兩
子重十四斤八兩　藥重二斤○六兩六錢
子重十四斤十二兩　藥重二斤○七兩三錢

子重十五斤　藥重二斤○八兩
子重十五斤四兩　藥重二斤○八兩六錢
子重十五斤八兩　藥重二斤○九兩三錢
子重十五斤十二兩　藥重二斤十兩
子重十六斤　藥重二斤○十兩六錢
子重十六斤四兩　藥重二斤十一兩三錢
子重十六斤八兩　藥重二斤十二兩
子重十六斤十二兩　藥重二斤十二兩六錢
子重十七斤　藥重二斤十三兩三錢
子重十七斤四兩　藥重二斤十四兩

子重	藥重
子重十七斤八兩	藥重二斤十四兩六錢
子重十七斤十二兩	藥重二斤十五兩三錢
子重十八斤	藥重三斤
子重十八斤四兩	藥重三斤○○六錢
子重十八斤八兩	藥重三斤○一兩三錢
子重十八斤十二兩	藥重三斤○二兩
子重十九斤	藥重三斤○二兩六錢
子重十九斤四兩	藥重三斤○三兩三錢
子重十九斤八兩	藥重三斤○四兩
子重十九斤十二兩	藥重三斤○四兩六錢
子重二十斤	藥重三斤○五兩三錢
子重二十斤四兩	藥重三斤○六兩
子重二十斤八兩	藥重三斤○六兩六錢
子重二十斤十二兩	藥重三斤○七兩三錢
子重二十一斤	藥重三斤○八兩
子重二十一斤四兩	藥重三斤○八兩六錢
子重二十一斤八兩	藥重三斤○九兩三錢
子重二十一斤十二兩	藥重三斤十兩
子重二十二斤	藥重三斤十兩○六錢
子重二十二斤四兩	藥重三斤十一兩三錢

子重	藥重
子重二十二斤八兩	藥重三斤十二兩
子重二十二斤十二兩	藥重三斤十二兩六錢
子重二十三斤	藥重三斤十三兩三錢
子重二十三斤四兩	藥重三斤十四兩
子重二十三斤八兩	藥重三斤十四兩六錢
子重二十三斤十二兩	藥重三斤十五兩三錢
子重二十四斤	藥重四斤
子重二十四斤四兩	藥重四斤○○六錢
子重二十四斤八兩	藥重四斤○一兩三錢
子重二十四斤十二兩	藥重四斤○二兩
子重二十五斤	藥重四斤○二兩六錢
子重二十五斤四兩	藥重四斤○三兩三錢
子重二十五斤八兩	藥重四斤○四兩
子重二十五斤十二兩	藥重四斤○四兩六錢
子重二十六斤	藥重四斤○五兩三錢
子重二十六斤四兩	藥重四斤○六兩
子重二十六斤八兩	藥重四斤○六兩六錢
子重二十六斤十二兩	藥重四斤○七兩三錢
子重二十七斤	藥重四斤○八兩
子重二十七斤四兩	藥重四斤○八兩六錢

子重二十七斤八兩　藥重四斤〇九兩三錢
子重二十七斤十二兩　藥重四斤十兩
子重二十八斤　藥重四斤十兩〇六錢
子重二十八斤四兩　藥重四斤十一兩三錢
子重二十八斤八兩　藥重四斤十二兩
子重二十八斤十二兩　藥重四斤十二兩六錢
子重二十九斤　藥重四斤十三兩三錢
子重二十九斤四兩　藥重四斤十四兩
子重二十九斤八兩　藥重四斤十四兩六錢
子重二十九斤十二兩　藥重四斤十五兩三錢

子重三十斤　藥重五斤
子重三十斤四兩　藥重五斤〇〇六錢
子重三十斤八兩　藥重五斤〇一兩三錢
子重三十斤十二兩　藥重五斤〇二兩
子重三十一斤　藥重五斤〇二兩六錢
子重三十一斤四兩　藥重五斤〇三兩三錢
子重三十一斤八兩　藥重五斤〇四兩
子重三十一斤十二兩　藥重五斤〇四兩六錢
子重三十二斤　藥重五斤〇五兩三錢
子重三十二斤四兩　藥重五斤〇六兩

子重三十二斤八兩　藥重五斤〇六兩六錢
子重三十二斤十二兩　藥重五斤〇七兩三錢
子重三十三斤　藥重五斤〇八兩
子重三十三斤四兩　藥重五斤〇八兩六錢
子重三十三斤八兩　藥重五斤〇九兩三錢
子重三十三斤十二兩　藥重五斤十兩
子重三十四斤　藥重五斤十兩〇六錢
子重三十四斤四兩　藥重五斤十一兩三錢
子重三十四斤八兩　藥重五斤十二兩
子重三十四斤十二兩　藥重五斤十二兩六錢

子重三十五斤　藥重五斤十三兩三錢
子重三十五斤四兩　藥重五斤十四兩
子重三十五斤八兩　藥重五斤十四兩六錢
子重三十五斤十二兩　藥重五斤十五兩三錢
子重三十六斤　藥重六斤
子重三十六斤四兩　藥重六斤〇〇六錢
子重三十六斤八兩　藥重六斤〇一兩三錢
子重三十六斤十二兩　藥重六斤〇二兩
子重三十七斤　藥重六斤〇二兩六錢
子重三十七斤四兩　藥重六斤〇三兩三錢

子重三十七斤八兩　藥重六斤○四兩
子重三十七斤十二兩　藥重六斤○四兩六錢
子重三十八斤　藥重六斤○五兩三錢
子重三十八斤四兩　藥重六斤○六兩
子重三十八斤八兩　藥重六斤○六兩六錢
子重三十八斤十二兩　藥重六斤○七兩三錢
子重三十九斤　藥重六斤○八兩
子重三十九斤四兩　藥重六斤○八兩六錢
子重三十九斤八兩　藥重六斤○九兩三錢
子重三十九斤十二兩　藥重六斤十兩

子重四十斤　藥重六斤十兩○六錢
子重四十斤○四兩　藥重六斤十一兩三錢
子重四十斤○八兩　藥重六斤十二兩
子重四十斤十二兩　藥重六斤十二兩六錢
子重四十一斤　藥重六斤十三兩三錢
子重四十一斤四兩　藥重六斤十四兩
子重四十一斤八兩　藥重六斤十四兩六錢
子重四十一斤十二兩　藥重六斤十五兩三錢
子重四十二斤　藥重七斤
子重四十二斤四兩　藥重七斤○○六錢

子重四十二斤八兩　藥重七斤○一兩六錢
子重四十二斤十二兩　藥重七斤○二兩
子重四十三斤　藥重七斤○二兩六錢
子重四十三斤四兩　藥重七斤○三兩三錢
子重四十三斤八兩　藥重七斤○四兩
子重四十三斤十二兩　藥重七斤○四兩六錢
子重四十四斤　藥重七斤○五兩三錢
子重四十四斤四兩　藥重七斤○六兩
子重四十四斤八兩　藥重七斤○六兩六錢
子重四十四斤十二兩　藥重七斤○七兩三錢

子重四十五斤　藥重七斤○八兩
子重四十五斤四兩　藥重七斤○八兩六錢
子重四十五斤八兩　藥重七斤○九兩三錢
子重四十五斤十二兩　藥重七斤十兩
子重四十六斤　藥重七斤十兩○六錢
子重四十六斤四兩　藥重七斤十一兩三錢
子重四十六斤八兩　藥重七斤十二兩
子重四十六斤十二兩　藥重七斤十二兩六錢
子重四十七斤　藥重七斤十三兩三錢
子重四十七斤四兩　藥重七斤十四兩

子藥準則 上等藥表 十四

子重四十七斤八兩　藥重七斤十四兩六錢
子重四十七斤十二兩　藥重七斤十五兩三錢
子重四十八斤　藥重八斤
子重四十八斤四兩　藥重八斤○○六錢
子重四十八斤八兩　藥重八斤○一兩三錢
子重四十八斤十二兩　藥重八斤○二兩
子重四十九斤　藥重八斤○二兩六錢
子重四十九斤四兩　藥重八斤○三兩三錢
子重四十九斤八兩　藥重八斤○四兩
子重四十九斤十二兩　藥重八斤○四兩六錢
子重五十斤　藥重八斤○五兩三錢
子重五十斤四兩　藥重八斤○六兩
子重五十斤八兩　藥重八斤○六兩六錢
子重五十斤十二兩　藥重八斤○七兩三錢
子重五十一斤　藥重八斤○八兩
子重五十一斤四兩　藥重八斤○八兩六錢
子重五十一斤八兩　藥重八斤○九兩三錢
子重五十一斤十二兩　藥重八斤十兩
子重五十二斤　藥重八斤十兩○六錢
子重五十二斤四兩　藥重八斤十一兩三錢

子藥準則 上等藥表 十五

子重五十二斤八兩　藥重八斤十二兩
子重五十二斤十二兩　藥重八斤十二兩六錢
子重五十三斤　藥重八斤十三兩三錢
子重五十三斤四兩　藥重八斤十四兩
子重五十三斤八兩　藥重八斤十四兩六錢
子重五十三斤十二兩　藥重八斤十五兩三錢
子重五十四斤　藥重九斤
子重五十四斤四兩　藥重九斤○○六錢
子重五十四斤八兩　藥重九斤○一兩三錢
子重五十四斤十二兩　藥重九斤○二兩
子重五十五斤　藥重九斤○二兩六錢
子重五十五斤四兩　藥重九斤○三兩三錢
子重五十五斤八兩　藥重九斤○四兩
子重五十五斤十二兩　藥重九斤○四兩六錢
子重五十六斤　藥重九斤○五兩三錢
子重五十六斤四兩　藥重九斤○六兩
子重五十六斤八兩　藥重九斤○六兩六錢
子重五十六斤十二兩　藥重九斤○七兩三錢
子重五十七斤　藥重九斤○八兩
子重五十七斤四兩　藥重九斤○八兩六錢

子重五十七斤八兩	藥重九斤〇九兩三錢
子重五十七斤十二兩	藥重九斤十兩
子重五十八斤	藥重九斤十兩〇六錢
子重五十八斤四兩	藥重九斤十一兩三錢
子重五十八斤八兩	藥重九斤十二兩
子重五十八斤十二兩	藥重九斤十二兩六錢
子重五十九斤	藥重九斤十三兩三錢
子重五十九斤四兩	藥重九斤十四兩
子重五十九斤八兩	藥重九斤十四兩六錢
子重五十九斤十二兩	藥重九斤十五兩三錢
子重六十斤	藥重十斤
子重六十斤四兩	藥重十斤〇〇六錢
子重六十斤八兩	藥重十斤〇一兩三錢
子重六十斤十二兩	藥重十斤〇二兩
子重六十一斤	藥重十斤〇二兩六錢
子重六十一斤四兩	藥重十斤〇三兩三錢
子重六十一斤八兩	藥重十斤〇四兩
子重六十一斤十二兩	藥重十斤〇四兩六錢
子重六十二斤	藥重十斤〇五兩三錢
子重六十二斤四兩	藥重十斤〇六兩

子重六十二斤八兩	藥重十斤〇六兩六錢
子重六十二斤十二兩	藥重十斤〇七兩三錢
子重六十三斤	藥重十斤〇八兩
子重六十三斤四兩	藥重十斤〇八兩六錢
子重六十三斤八兩	藥重十斤〇九兩三錢
子重六十三斤十二兩	藥重十斤〇十兩
子重六十四斤	藥重十斤〇十兩〇六錢
子重六十四斤四兩	藥重十斤〇十一兩三錢
子重六十四斤八兩	藥重十斤〇十二兩
子重六十四斤十二兩	藥重十斤〇十二兩六錢
子重六十五斤	藥重十斤〇十三兩三錢
子重六十五斤四兩	藥重十斤〇十四兩
子重六十五斤八兩	藥重十斤〇十四兩六錢
子重六十五斤十二兩	藥重十斤〇十五兩三錢
子重六十六斤	藥重十一斤
子重六十六斤四兩	藥重十一斤〇〇六錢
子重六十六斤八兩	藥重十一斤〇一兩三錢
子重六十六斤十二兩	藥重十一斤〇二兩
子重六十七斤	藥重十一斤〇二兩六錢
子重六十七斤四兩	藥重十一斤〇三兩三錢

子重六十七斤八兩	藥重十一斤〇四兩
子重六十七斤十二兩	藥重十一斤〇四兩六錢
子重六十八斤	藥重十一斤〇五兩三錢
子重六十八斤四兩	藥重十一斤〇六兩
子重六十八斤八兩	藥重十一斤〇六兩六錢
子重六十八斤十二兩	藥重十一斤〇七兩三錢
子重六十九斤	藥重十一斤〇八兩
子重六十九斤四兩	藥重十一斤〇八兩六錢
子重六十九斤八兩	藥重十一斤〇九兩三錢
子重六十九斤十二兩	藥重十一斤十兩

子重七十斤	藥重十一斤十兩〇六錢
子重七十斤四兩	藥重十一斤十一兩三錢
子重七十斤八兩	藥重十一斤十二兩
子重七十斤十二兩	藥重十一斤十二兩六錢
子重七十一斤	藥重十一斤十三兩三錢
子重七十一斤四兩	藥重十一斤十四兩
子重七十一斤八兩	藥重十一斤十四兩六錢
子重七十一斤十二兩	藥重十一斤十五兩三錢
子重七十二斤	藥重十二斤
子重七十二斤四兩	藥重十二斤〇〇六錢

子重七十二斤八兩	藥重十二斤〇一兩三錢
子重七十二斤十二兩	藥重十二斤〇二兩
子重七十三斤	藥重十二斤〇二兩六錢
子重七十三斤四兩	藥重十二斤〇三兩三錢
子重七十三斤八兩	藥重十二斤〇四兩
子重七十三斤十二兩	藥重十二斤〇四兩六錢
子重七十四斤	藥重十二斤〇五兩三錢
子重七十四斤四兩	藥重十二斤〇六兩
子重七十四斤八兩	藥重十二斤〇六兩六錢
子重七十四斤十二兩	藥重十二斤〇七兩三錢

子重七十五斤	藥重十二斤〇八兩
子重七十五斤四兩	藥重十二斤〇八兩六錢
子重七十五斤八兩	藥重十二斤〇九兩三錢
子重七十五斤十二兩	藥重十二斤十兩
子重七十六斤	藥重十二斤十兩〇六錢
子重七十六斤四兩	藥重十二斤十一兩三錢
子重七十六斤八兩	藥重十二斤十二兩
子重七十六斤十二兩	藥重十二斤十二兩六錢
子重七十七斤	藥重十二斤十三兩三錢
子重七十七斤四兩	藥重十二斤十四兩

子重七十七斤八兩　藥重十二斤十四兩六錢
子重七十七斤十二兩　藥重十二斤十五兩三錢
子重七十八斤　藥重十三斤
子重七十八斤四兩　藥重十三斤○○六錢
子重七十八斤八兩　藥重十三斤○一兩三錢
子重七十八斤十二兩　藥重十三斤○二兩
子重七十九斤　藥重十三斤○二兩六錢
子重七十九斤四兩　藥重十三斤○三兩三錢
子重七十九斤八兩　藥重十三斤○四兩
子重七十九斤十二兩　藥重十三斤○四兩六錢

子重八十斤　藥重十三斤○五兩三錢
子重八十斤四兩　藥重十三斤○六兩
子重八十斤八兩　藥重十三斤○六兩六錢
子重八十斤十二兩　藥重十三斤○七兩三錢
子重八十一斤　藥重十三斤○八兩
子重八十一斤四兩　藥重十三斤○八兩六錢
子重八十一斤八兩　藥重十三斤○九兩三錢
子重八十一斤十二兩　藥重十三斤十兩
子重八十二斤　藥重十三斤十兩○六錢
子重八十二斤四兩　藥重十三斤十一兩三錢

子重八十二斤八兩　藥重十三斤十二兩
子重八十二斤十二兩　藥重十三斤十二兩六錢
子重八十三斤　藥重十三斤十三兩三錢
子重八十三斤四兩　藥重十三斤十四兩
子重八十三斤八兩　藥重十三斤十四兩六錢
子重八十三斤十二兩　藥重十三斤十五兩三錢
子重八十四斤　藥重十四斤
子重八十四斤四兩　藥重十四斤○○六錢
子重八十四斤八兩　藥重十四斤○一兩三錢
子重八十四斤十二兩　藥重十四斤○二兩

子重八十五斤　藥重十四斤○二兩六錢
子重八十五斤四兩　藥重十四斤○三兩三錢
子重八十五斤八兩　藥重十四斤○四兩
子重八十五斤十二兩　藥重十四斤○四兩六錢
子重八十六斤　藥重十四斤○五兩三錢
子重八十六斤四兩　藥重十四斤○六兩
子重八十六斤八兩　藥重十四斤○六兩六錢
子重八十六斤十二兩　藥重十四斤○七兩三錢
子重八十七斤　藥重十四斤○八兩
子重八十七斤四兩　藥重十四斤○八兩六錢

子重八十七斤八兩 藥重十四斤〇九兩三錢

子重八十七斤十二兩 藥重十四斤十兩

子重八十八斤 藥重十四斤十兩〇六錢

子重八十八斤四兩 藥重十四斤十一兩三錢

子重八十八斤八兩 藥重十四斤十二兩

子重八十八斤十二兩 藥重十四斤十二兩六錢

子重八十九斤 藥重十四斤十三兩三錢

子重八十九斤四兩 藥重十四斤十四兩

子重八十九斤八兩 藥重十四斤十四兩六錢

子重八十九斤十二兩 藥重十四斤十五兩三錢

子重九十斤 藥重十五斤

子重九十斤四兩 藥重十五斤〇〇六錢

子重九十斤八兩 藥重十五斤〇一兩三錢

子重九十斤十二兩 藥重十五斤〇二兩

子重九十一斤 藥重十五斤〇二兩六錢

子重九十一斤四兩 藥重十五斤〇三兩三錢

子重九十一斤八兩 藥重十五斤〇四兩

子重九十一斤十二兩 藥重十五斤〇四兩六錢

子重九十二斤 藥重十五斤〇五兩三錢

子重九十二斤四兩 藥重十五斤〇六兩

子重九十二斤八兩 藥重十五斤〇六兩六錢

子重九十二斤十二兩 藥重十五斤〇七兩三錢

子重九十三斤 藥重十五斤〇八兩

子重九十三斤四兩 藥重十五斤〇八兩六錢

子重九十三斤八兩 藥重十五斤〇九兩三錢

子重九十三斤十二兩 藥重十五斤十兩

子重九十四斤 藥重十五斤十兩〇六錢

子重九十四斤四兩 藥重十五斤十一兩三錢

子重九十四斤八兩 藥重十五斤十二兩

子重九十四斤十二兩 藥重十五斤十二兩六錢

子重九十五斤 藥重十五斤十三兩三錢

子重九十五斤四兩 藥重十五斤十四兩

子重九十五斤八兩 藥重十五斤十四兩六錢

子重九十五斤十二兩 藥重十五斤十五兩三錢

子重九十六斤 藥重十六斤

子重九十六斤四兩 藥重十六斤〇〇六錢

子重九十六斤八兩 藥重十六斤〇一兩三錢

子重九十六斤十二兩 藥重十六斤〇二兩

子重九十七斤 藥重十六斤〇二兩六錢

子重九十七斤四兩 藥重十六斤〇三兩三錢

子重	藥重
子重九十七斤八兩	藥重十六斤〇四兩
子重九十七斤十二兩	藥重十六斤〇四兩六錢
子重九十八斤	藥重十六斤〇五兩三錢
子重九十八斤四兩	藥重十六斤〇六兩
子重九十八斤八兩	藥重十六斤〇六兩六錢
子重九十八斤十二兩	藥重十六斤〇七兩三錢
子重九十九斤	藥重十六斤〇八兩
子重九十九斤四兩	藥重十六斤〇八兩六錢
子重九十九斤八兩	藥重十六斤〇九兩三錢
子重九十九斤十二兩	藥重十六斤十兩

子重	藥重
子重一百斤	藥重十六斤十兩〇六錢

中等藥表

子重	藥重
子重三斤	藥重九兩六錢
子重三斤四兩	藥重十兩〇四錢
子重三斤八兩	藥重十一兩二錢
子重三斤十二兩	藥重十二兩
子重四斤	藥重十二兩八錢
子重四斤四兩	藥重十三兩六錢
子重四斤八兩	藥重十四兩四錢
子重四斤十二兩	藥重十五兩二錢
子重五斤	藥重一斤

子重	藥重
子重五斤四兩	藥重一斤〇〇八錢
子重五斤八兩	藥重一斤〇一兩六錢
子重五斤十二兩	藥重一斤〇二兩四錢
子重六斤	藥重一斤〇三兩二錢
子重六斤四兩	藥重一斤〇四兩
子重六斤八兩	藥重一斤〇四兩八錢
子重六斤十二兩	藥重一斤〇五兩六錢
子重七斤	藥重一斤〇六兩四錢
子重七斤四兩	藥重一斤〇七兩二錢
子重七斤八兩	藥重一斤〇八兩

子重七斤十二兩	藥重一斤○八兩八錢
子重八斤	藥重一斤○九兩六錢
子重八斤四兩	藥重一斤十兩○四錢
子重八斤八兩	藥重一斤十一兩二錢
子重八斤十二兩	藥重一斤十二兩
子重九斤	藥重一斤十二兩八錢
子重九斤四兩	藥重一斤十三兩六錢
子重九斤八兩	藥重一斤十四兩四錢
子重九斤十二兩	藥重一斤十五兩二錢
子重十斤	藥重二斤
子重十斤四兩	藥重二斤○○八錢
子重十斤八兩	藥重二斤○一兩六錢
子重十斤十二兩	藥重二斤○二兩四錢
子重十一斤	藥重二斤○三兩二錢
子重十一斤四兩	藥重二斤○四兩
子重十一斤八兩	藥重二斤○四兩八錢
子重十一斤十二兩	藥重二斤○五兩六錢
子重十二斤	藥重二斤○六兩四錢
子重十二斤四兩	藥重二斤○七兩二錢
子重十二斤八兩	藥重二斤○八兩

子重十二斤十二兩	藥重二斤○八兩八錢
子重十三斤	藥重二斤○九兩六錢
子重十三斤四兩	藥重二斤十兩○四錢
子重十三斤八兩	藥重二斤十一兩二錢
子重十三斤十二兩	藥重二斤十二兩
子重十四斤	藥重二斤十二兩八錢
子重十四斤四兩	藥重二斤十三兩六錢
子重十四斤八兩	藥重二斤十四兩四錢
子重十四斤十二兩	藥重二斤十五兩二錢
子重十五斤	藥重三斤
子重十五斤四兩	藥重三斤○○八錢
子重十五斤八兩	藥重三斤○一兩六錢
子重十五斤十二兩	藥重三斤○二兩四錢
子重十六斤	藥重三斤○三兩二錢
子重十六斤四兩	藥重三斤○四兩
子重十六斤八兩	藥重三斤○四兩八錢
子重十六斤十二兩	藥重三斤○五兩六錢
子重十七斤	藥重三斤○六兩四錢
子重十七斤四兩	藥重三斤○七兩二錢
子重十七斤八兩	藥重三斤○八兩

子重十七斤十二兩 藥重三斤〇八兩八錢
子重十八斤 藥重三斤〇九兩六錢
子重十八斤四兩 藥重三斤十兩〇四錢
子重十八斤八兩 藥重三斤十一兩二錢
子重十八斤十二兩 藥重三斤十二兩
子重十九斤 藥重三斤十二兩八錢
子重十九斤四兩 藥重三斤十三兩六錢
子重十九斤八兩 藥重三斤十四兩四錢
子重十九斤十二兩 藥重三斤十五兩二錢
子重二十斤 藥重四斤

子重二十斤四兩 藥重四斤〇〇八錢
子重二十斤八兩 藥重四斤〇一兩六錢
子重二十斤十二兩 藥重四斤〇二兩四錢
子重二十一斤 藥重四斤〇三兩二錢
子重二十一斤四兩 藥重四斤〇四兩
子重二十一斤八兩 藥重四斤〇四兩八錢
子重二十一斤十二兩 藥重四斤〇五兩六錢
子重二十二斤 藥重四斤〇六兩四錢
子重二十二斤四兩 藥重四斤〇七兩二錢
子重二十二斤八兩 藥重四斤〇八兩

子重二十二斤十二兩 藥重四斤〇八兩八錢
子重二十三斤 藥重四斤〇九兩六錢
子重二十三斤四兩 藥重四斤十兩〇四錢
子重二十三斤八兩 藥重四斤十一兩二錢
子重二十三斤十二兩 藥重四斤十二兩
子重二十四斤 藥重四斤十二兩八錢
子重二十四斤四兩 藥重四斤十三兩六錢
子重二十四斤八兩 藥重四斤十四兩四錢
子重二十四斤十二兩 藥重四斤十五兩二錢
子重二十五斤 藥重五斤

子重二十五斤四兩 藥重五斤〇〇八錢
子重二十五斤八兩 藥重五斤〇一兩六錢
子重二十五斤十二兩 藥重五斤〇二兩四錢
子重二十六斤 藥重五斤〇三兩二錢
子重二十六斤四兩 藥重五斤〇四兩
子重二十六斤八兩 藥重五斤〇四兩八錢
子重二十六斤十二兩 藥重五斤〇五兩六錢
子重二十七斤 藥重五斤〇六兩四錢
子重二十七斤四兩 藥重五斤〇七兩二錢
子重二十七斤八兩 藥重五斤〇八兩

子重二十七斤十二兩　藥重五斤○八兩八錢
子重二十八斤　藥重五斤○九兩六錢
子重二十八斤四兩　藥重五斤十兩○四錢
子重二十八斤八兩　藥重五斤十一兩二錢
子重二十八斤十二兩　藥重五斤十二兩
子重二十九斤　藥重五斤十二兩八錢
子重二十九斤四兩　藥重五斤十三兩六錢
子重二十九斤八兩　藥重五斤十四兩四錢
子重二十九斤十二兩　藥重五斤十五兩二錢
子重三十斤　藥重六斤

子重三十斤四兩　藥重六斤○○八錢
子重三十斤八兩　藥重六斤○一兩六錢
子重三十斤十二兩　藥重六斤○二兩四錢
子重三十一斤　藥重六斤○三兩二錢
子重三十一斤四兩　藥重六斤○四兩
子重三十一斤八兩　藥重六斤○四兩八錢
子重三十一斤十二兩　藥重六斤○五兩六錢
子重三十二斤　藥重六斤○六兩四錢
子重三十二斤四兩　藥重六斤○七兩二錢
子重三十二斤八兩　藥重六斤○八兩

子重三十二斤十二兩　藥重六斤○八兩八錢
子重三十三斤　藥重六斤○九兩六錢
子重三十三斤四兩　藥重六斤十兩○四錢
子重三十三斤八兩　藥重六斤十一兩二錢
子重三十三斤十二兩　藥重六斤十二兩
子重三十四斤　藥重六斤十二兩八錢
子重三十四斤四兩　藥重六斤十三兩六錢
子重三十四斤八兩　藥重六斤十四兩四錢
子重三十四斤十二兩　藥重六斤十五兩二錢
子重三十五斤　藥重七斤

子重三十五斤四兩　藥重七斤○○八錢
子重三十五斤八兩　藥重七斤○一兩六錢
子重三十五斤十二兩　藥重七斤○二兩四錢
子重三十六斤　藥重七斤○三兩二錢
子重三十六斤四兩　藥重七斤○四兩
子重三十六斤八兩　藥重七斤○四兩八錢
子重三十六斤十二兩　藥重七斤○五兩六錢
子重三十七斤　藥重七斤○六兩四錢
子重三十七斤四兩　藥重七斤○七兩二錢
子重三十七斤八兩　藥重七斤○八兩

子重三十七斤十二兩 藥重七斤○八兩八錢
子重三十八斤 藥重七斤○九兩六錢
子重三十八斤四兩 藥重七斤十兩○四錢
子重三十八斤八兩 藥重七斤十一兩二錢
子重三十八斤十二兩 藥重七斤十二兩
子重三十九斤 藥重七斤十二兩八錢
子重三十九斤四兩 藥重七斤十三兩六錢
子重三十九斤八兩 藥重七斤十四兩四錢
子重三十九斤十二兩 藥重七斤十五兩二錢
子重四十斤 藥重八斤
子重四十斤四兩 藥重八斤○○八錢
子重四十斤八兩 藥重八斤○一兩六錢
子重四十斤十二兩 藥重八斤○二兩四錢
子重四十一斤 藥重八斤○三兩二錢
子重四十一斤四兩 藥重八斤○四兩
子重四十一斤八兩 藥重八斤○四兩八錢
子重四十一斤十二兩 藥重八斤○五兩六錢
子重四十二斤 藥重八斤○六兩四錢
子重四十二斤四兩 藥重八斤○七兩二錢
子重四十二斤八兩 藥重八斤○八兩

子重四十二斤十二兩 藥重八斤○八兩八錢
子重四十三斤 藥重八斤○九兩六錢
子重四十三斤四兩 藥重八斤十兩○四錢
子重四十三斤八兩 藥重八斤十一兩二錢
子重四十三斤十二兩 藥重八斤十二兩
子重四十四斤 藥重八斤十二兩八錢
子重四十四斤四兩 藥重八斤十三兩六錢
子重四十四斤八兩 藥重八斤十四兩四錢
子重四十四斤十二兩 藥重八斤十五兩二錢
子重四十五斤 藥重九斤
子重四十五斤四兩 藥重九斤○○八錢
子重四十五斤八兩 藥重九斤○一兩六錢
子重四十五斤十二兩 藥重九斤○二兩四錢
子重四十六斤 藥重九斤○三兩二錢
子重四十六斤四兩 藥重九斤○四兩
子重四十六斤八兩 藥重九斤○四兩八錢
子重四十六斤十二兩 藥重九斤○五兩六錢
子重四十七斤 藥重九斤○六兩四錢
子重四十七斤四兩 藥重九斤○七兩二錢
子重四十七斤八兩 藥重九斤○八兩

子重四十七斤十二兩　藥重九斤○八兩八錢
子重四十八斤　藥重九斤○九兩六錢
子重四十八斤四兩　藥重九斤十兩○四錢
子重四十八斤八兩　藥重九斤十一兩二錢
子重四十八斤十二兩　藥重九斤十二兩
子重四十九斤　藥重九斤十二兩八錢
子重四十九斤四兩　藥重九斤十三兩六錢
子重四十九斤八兩　藥重九斤十四兩四錢
子重四十九斤十二兩　藥重九斤十五兩二錢
子重五十斤　藥重十斤

子重五十斤四兩　藥重十斤○○○八錢
子重五十斤八兩　藥重十斤○○一兩六錢
子重五十斤十二兩　藥重十斤○○二兩四錢
子重五十一斤　藥重十斤○○三兩二錢
子重五十一斤四兩　藥重十斤○○四兩
子重五十一斤八兩　藥重十斤○○四兩八錢
子重五十一斤十二兩　藥重十斤○○五兩六錢
子重五十二斤　藥重十斤○○六兩四錢
子重五十二斤四兩　藥重十斤○○七兩二錢
子重五十二斤八兩　藥重十斤○○八兩

子重五十二斤十二兩　藥重十斤○○八兩八錢
子重五十三斤　藥重十斤○○九兩六錢
子重五十三斤四兩　藥重十斤○十兩○四錢
子重五十三斤八兩　藥重十斤○十一兩二錢
子重五十三斤十二兩　藥重十斤○十二兩
子重五十四斤　藥重十斤○十二兩八錢
子重五十四斤四兩　藥重十斤○十三兩六錢
子重五十四斤八兩　藥重十斤○十四兩四錢
子重五十四斤十二兩　藥重十斤○十五兩二錢
子重五十五斤　藥重十一斤

子重五十五斤四兩　藥重十一斤○○八錢
子重五十五斤八兩　藥重十一斤○一兩六錢
子重五十五斤十二兩　藥重十一斤○二兩四錢
子重五十六斤　藥重十一斤○三兩二錢
子重五十六斤四兩　藥重十一斤○四兩
子重五十六斤八兩　藥重十一斤○四兩八錢
子重五十六斤十二兩　藥重十一斤○五兩六錢
子重五十七斤　藥重十一斤○六兩四錢
子重五十七斤四兩　藥重十一斤○七兩二錢
子重五十七斤八兩　藥重十一斤○八兩

子重五十七斤十二兩　藥重十一斤〇八兩八錢
子重五十八斤　藥重十一斤〇九兩六錢
子重五十八斤四兩　藥重十一斤十兩〇四錢
子重五十八斤八兩　藥重十一斤十一兩二錢
子重五十八斤十二兩　藥重十一斤十二兩
子重五十九斤　藥重十一斤十二兩八錢
子重五十九斤四兩　藥重十一斤十三兩六錢
子重五十九斤八兩　藥重十一斤十四兩四錢
子重五十九斤十二兩　藥重十一斤十五兩二錢
子重六十斤　藥重十二斤

子重六十斤四兩　藥重十二斤〇〇八錢
子重六十斤八兩　藥重十二斤〇一兩六錢
子重六十斤十二兩　藥重十二斤〇二兩四錢
子重六十一斤　藥重十二斤〇三兩二錢
子重六十一斤四兩　藥重十二斤〇四兩
子重六十一斤八兩　藥重十二斤〇四兩八錢
子重六十一斤十二兩　藥重十二斤〇五兩六錢
子重六十二斤　藥重十二斤〇六兩四錢
子重六十二斤四兩　藥重十二斤〇七兩二錢
子重六十二斤八兩　藥重十二斤〇八兩

子重六十二斤十二兩　藥重十二斤〇八兩八錢
子重六十三斤　藥重十二斤〇九兩六錢
子重六十三斤四兩　藥重十二斤十兩〇四錢
子重六十三斤八兩　藥重十二斤十一兩二錢
子重六十三斤十二兩　藥重十二斤十二兩
子重六十四斤　藥重十二斤十二兩八錢
子重六十四斤四兩　藥重十二斤十三兩六錢
子重六十四斤八兩　藥重十二斤十四兩四錢
子重六十四斤十二兩　藥重十二斤十五兩二錢
子重六十五斤　藥重十三斤

子重六十五斤四兩　藥重十三斤〇〇八錢
子重六十五斤八兩　藥重十三斤〇一兩六錢
子重六十五斤十二兩　藥重十三斤〇二兩四錢
子重六十六斤　藥重十三斤〇三兩二錢
子重六十六斤四兩　藥重十三斤〇四兩
子重六十六斤八兩　藥重十三斤〇四兩八錢
子重六十六斤十二兩　藥重十三斤〇五兩六錢
子重六十七斤　藥重十三斤〇六兩四錢
子重六十七斤四兩　藥重十三斤〇七兩二錢
子重六十七斤八兩　藥重十三斤〇八兩

子重六十七斤十二兩　藥重十三斤〇八兩八錢
子重六十八斤　藥重十三斤〇九兩六錢
子重六十八斤四兩　藥重十三斤十兩〇四錢
子重六十八斤八兩　藥重十三斤十一兩二錢
子重六十八斤十二兩　藥重十三斤十二兩
子重六十九斤　藥重十三斤十二兩八錢
子重六十九斤四兩　藥重十三斤十三兩六錢
子重六十九斤八兩　藥重十三斤十四兩四錢
子重六十九斤十二兩　藥重十三斤十五兩二錢
子重七十斤　藥重十四斤

子重七十斤四兩　藥重十四斤〇〇八錢
子重七十斤八兩　藥重十四斤〇一兩六錢
子重七十斤十二兩　藥重十四斤〇二兩四錢
子重七十一斤　藥重十四斤〇三兩二錢
子重七十一斤四兩　藥重十四斤〇四兩
子重七十一斤八兩　藥重十四斤〇四兩八錢
子重七十一斤十二兩　藥重十四斤〇五兩六錢
子重七十二斤　藥重十四斤〇六兩四錢
子重七十二斤四兩　藥重十四斤〇七兩二錢
子重七十二斤八兩　藥重十四斤〇八兩

子重七十二斤十二兩　藥重十四斤〇八兩八錢
子重七十三斤　藥重十四斤〇九兩六錢
子重七十三斤四兩　藥重十四斤十兩〇四錢
子重七十三斤八兩　藥重十四斤十一兩二錢
子重七十三斤十二兩　藥重十四斤十二兩
子重七十四斤　藥重十四斤十二兩八錢
子重七十四斤四兩　藥重十四斤十三兩六錢
子重七十四斤八兩　藥重十四斤十四兩四錢
子重七十四斤十二兩　藥重十四斤十五兩二錢
子重七十五斤　藥重十五斤

子重七十五斤四兩　藥重十五斤〇〇八錢
子重七十五斤八兩　藥重十五斤〇一兩六錢
子重七十五斤十二兩　藥重十五斤〇二兩四錢
子重七十六斤　藥重十五斤〇三兩二錢
子重七十六斤四兩　藥重十五斤〇四兩
子重七十六斤八兩　藥重十五斤〇四兩八錢
子重七十六斤十二兩　藥重十五斤〇五兩六錢
子重七十七斤　藥重十五斤〇六兩四錢
子重七十七斤四兩　藥重十五斤〇七兩二錢
子重七十七斤八兩　藥重十五斤〇八兩

子重七十七斤十二兩	藥重十五斤〇八兩八錢
子重七十八斤	藥重十五斤〇九兩六錢
子重七十八斤四兩	藥重十五斤十兩〇四錢
子重七十八斤八兩	藥重十五斤十一兩二錢
子重七十八斤十二兩	藥重十五斤十二兩
子重七十九斤	藥重十五斤十二兩八錢
子重七十九斤四兩	藥重十五斤十三兩六錢
子重七十九斤八兩	藥重十五斤十四兩四錢
子重七十九斤十二兩	藥重十五斤十五兩二錢
子重八十斤	藥重十六斤
子重八十斤四兩	藥重十六斤〇〇八錢
子重八十斤八兩	藥重十六斤〇一兩六錢
子重八十斤十二兩	藥重十六斤〇二兩四錢
子重八十一斤	藥重十六斤〇三兩二錢
子重八十一斤四兩	藥重十六斤〇四兩
子重八十一斤八兩	藥重十六斤〇四兩八錢
子重八十一斤十二兩	藥重十六斤〇五兩六錢
子重八十二斤	藥重十六斤〇六兩四錢
子重八十二斤四兩	藥重十六斤〇七兩二錢
子重八十二斤八兩	藥重十六斤〇八兩

子重八十二斤十二兩	藥重十六斤〇八兩八錢
子重八十三斤	藥重十六斤〇九兩六錢
子重八十三斤四兩	藥重十六斤十兩〇四錢
子重八十三斤八兩	藥重十六斤十一兩二錢
子重八十三斤十二兩	藥重十六斤十二兩
子重八十四斤	藥重十六斤十二兩八錢
子重八十四斤四兩	藥重十六斤十三兩六錢
子重八十四斤八兩	藥重十六斤十四兩四錢
子重八十四斤十二兩	藥重十六斤十五兩二錢
子重八十五斤	藥重十七斤
子重八十五斤四兩	藥重十七斤〇〇八錢
子重八十五斤八兩	藥重十七斤〇一兩六錢
子重八十五斤十二兩	藥重十七斤〇二兩四錢
子重八十六斤	藥重十七斤〇三兩二錢
子重八十六斤四兩	藥重十七斤〇四兩
子重八十六斤八兩	藥重十七斤〇四兩八錢
子重八十六斤十二兩	藥重十七斤〇五兩六錢
子重八十七斤	藥重十七斤〇六兩四錢
子重八十七斤四兩	藥重十七斤〇七兩二錢
子重八十七斤八兩	藥重十七斤〇八兩

子重八十七斤十二兩　藥重十七斤○八兩八錢
子重八十八斤　藥重十七斤○九兩六錢
子重八十八斤四兩　藥重十七斤十兩○四錢
子重八十八斤八兩　藥重十七斤十一兩二錢
子重八十八斤十二兩　藥重十七斤十二兩
子重八十九斤　藥重十七斤十二兩八錢
子重八十九斤四兩　藥重十七斤十三兩六錢
子重八十九斤八兩　藥重十七斤十四兩四錢
子重八十九斤十二兩　藥重十七斤十五兩二錢
子重九十斤　藥重十八斤

子重九十斤四兩　藥重十八斤○○八錢
子重九十斤八兩　藥重十八斤○一兩六錢
子重九十斤十二兩　藥重十八斤○二兩四錢
子重九十一斤　藥重十八斤○三兩二錢
子重九十一斤四兩　藥重十八斤○四兩
子重九十一斤八兩　藥重十八斤○四兩八錢
子重九十一斤十二兩　藥重十八斤○五兩六錢
子重九十二斤　藥重十八斤○六兩四錢
子重九十二斤四兩　藥重十八斤○七兩二錢
子重九十二斤八兩　藥重十八斤○八兩

子重九十二斤十二兩　藥重十八斤○八兩八錢
子重九十三斤　藥重十八斤○九兩六錢
子重九十三斤四兩　藥重十八斤十兩○四錢
子重九十三斤八兩　藥重十八斤十一兩二錢
子重九十三斤十二兩　藥重十八斤十二兩
子重九十四斤　藥重十八斤十二兩八錢
子重九十四斤四兩　藥重十八斤十三兩六錢
子重九十四斤八兩　藥重十八斤十四兩四錢
子重九十四斤十二兩　藥重十八斤十五兩二錢
子重九十五斤　藥重十九斤

子重九十五斤四兩　藥重十九斤○○八錢
子重九十五斤八兩　藥重十九斤○一兩六錢
子重九十五斤十二兩　藥重十九斤○二兩四錢
子重九十六斤　藥重十九斤○三兩二錢
子重九十六斤四兩　藥重十九斤○四兩
子重九十六斤八兩　藥重十九斤○四兩八錢
子重九十六斤十二兩　藥重十九斤○五兩六錢
子重九十七斤　藥重十九斤○六兩四錢
子重九十七斤四兩　藥重十九斤○七兩二錢
子重九十七斤八兩　藥重十九斤○八兩

子重九十七斤十二兩 藥重十九斤○八兩八錢
子重九十八斤 藥重十九斤○九兩六錢
子重九十八斤四兩 藥重十九斤十兩○四錢
子重九十八斤八兩 藥重十九斤十一兩二錢
子重九十八斤十二兩 藥重十九斤十二兩
子重九十九斤 藥重十九斤十二兩八錢
子重九十九斤四兩 藥重十九斤十三兩六錢
子重九十九斤八兩 藥重十九斤十四兩四錢
子重九十九斤十二兩 藥重十九斤十五兩二錢
子重一百斤 藥重二十斤

下等藥表

子重三斤 藥重十二兩
子重三斤四兩 藥重十三兩
子重三斤八兩 藥重十四兩
子重三斤十二兩 藥重十五兩
子重四斤 藥重一斤
子重四斤四兩 藥重一斤○一兩
子重四斤八兩 藥重一斤○二兩
子重四斤十二兩 藥重一斤○三兩
子重五斤 藥重一斤○四兩

子重五斤四兩 藥重一斤○五兩
子重五斤八兩 藥重一斤○六兩
子重五斤十二兩 藥重一斤○七兩
子重六斤 藥重一斤○八兩
子重六斤四兩 藥重一斤○九兩
子重六斤八兩 藥重一斤十兩
子重六斤十二兩 藥重一斤十一兩
子重七斤 藥重一斤十二兩
子重七斤四兩 藥重一斤十三兩
子重七斤八兩 藥重一斤十四兩

子藥準則　下等藥表　四十六

子重七斤十二兩	藥重一斤十五兩
子重八斤	藥重二斤
子重八斤四兩	藥重二斤〇一兩
子重八斤八兩	藥重二斤〇二兩
子重八斤十二兩	藥重二斤〇三兩
子重九斤	藥重二斤〇四兩
子重九斤四兩	藥重二斤〇五兩
子重九斤八兩	藥重二斤〇六兩
子重九斤十二兩	藥重二斤〇七兩
子重十斤	藥重二斤〇八兩
子重十斤四兩	藥重二斤〇九兩
子重十斤八兩	藥重二斤十兩
子重十斤十二兩	藥重二斤十一兩
子重十一斤	藥重二斤十二兩
子重十一斤四兩	藥重二斤十三兩
子重十一斤八兩	藥重二斤十四兩
子重十一斤十二兩	藥重二斤十五兩
子重十二斤	藥重三斤
子重十二斤四兩	藥重三斤〇一兩
子重十二斤八兩	藥重三斤〇二兩

子藥準則　下等藥表　四十七

子重十二斤十二兩	藥重三斤〇三兩
子重十三斤	藥重三斤〇四兩
子重十三斤四兩	藥重三斤〇五兩
子重十三斤八兩	藥重三斤〇六兩
子重十三斤十二兩	藥重三斤〇七兩
子重十四斤	藥重三斤〇八兩
子重十四斤四兩	藥重三斤〇九兩
子重十四斤八兩	藥重三斤十兩
子重十四斤十二兩	藥重三斤十一兩
子重十五斤	藥重三斤十二兩
子重十五斤四兩	藥重三斤十三兩
子重十五斤八兩	藥重三斤十四兩
子重十五斤十二兩	藥重三斤十五兩
子重十六斤	藥重四斤
子重十六斤四兩	藥重四斤〇一兩
子重十六斤八兩	藥重四斤〇二兩
子重十六斤十二兩	藥重四斤〇三兩
子重十七斤	藥重四斤〇四兩
子重十七斤四兩	藥重四斤〇五兩
子重十七斤八兩	藥重四斤〇六兩

子重十七斤十二兩	藥重四斤○七兩
子重十八斤	藥重四斤○八兩
子重十八斤四兩	藥重四斤○九兩
子重十八斤八兩	藥重四斤十兩
子重十八斤十二兩	藥重四斤十一兩
子重十九斤	藥重四斤十二兩
子重十九斤四兩	藥重四斤十三兩
子重十九斤八兩	藥重四斤十四兩
子重十九斤十二兩	藥重四斤十五兩
子重二十斤	藥重五斤
子重二十斤四兩	藥重五斤○一兩
子重二十斤八兩	藥重五斤○二兩
子重二十斤十二兩	藥重五斤○三兩
子重二十一斤	藥重五斤○四兩
子重二十一斤四兩	藥重五斤○五兩
子重二十一斤八兩	藥重五斤○六兩
子重二十一斤十二兩	藥重五斤○七兩
子重二十二斤	藥重五斤○八兩
子重二十二斤四兩	藥重五斤○九兩
子重二十二斤八兩	藥重五斤十兩

子重二十二斤十二兩	藥重五斤十一兩
子重二十三斤	藥重五斤十二兩
子重二十三斤四兩	藥重五斤十三兩
子重二十三斤八兩	藥重五斤十四兩
子重二十三斤十二兩	藥重五斤十五兩
子重二十四斤	藥重六斤
子重二十四斤四兩	藥重六斤○一兩
子重二十四斤八兩	藥重六斤○二兩
子重二十四斤十二兩	藥重六斤○三兩
子重二十五斤	藥重六斤○四兩
子重二十五斤四兩	藥重六斤○五兩
子重二十五斤八兩	藥重六斤○六兩
子重二十五斤十二兩	藥重六斤○七兩
子重二十六斤	藥重六斤○八兩
子重二十六斤四兩	藥重六斤○九兩
子重二十六斤八兩	藥重六斤十兩
子重二十六斤十二兩	藥重六斤十一兩
子重二十七斤	藥重六斤十二兩
子重二十七斤四兩	藥重六斤十三兩
子重二十七斤八兩	藥重六斤十四兩

子藥準則 下等藥表 五十

子重二十七斤十二兩　藥重六斤十五兩
子重二十八斤　藥重七斤
子重二十八斤四兩　藥重七斤〇一兩
子重二十八斤八兩　藥重七斤〇二兩
子重二十八斤十二兩　藥重七斤〇三兩
子重二十九斤　藥重七斤〇四兩
子重二十九斤四兩　藥重七斤〇五兩
子重二十九斤八兩　藥重七斤〇六兩
子重二十九斤十二兩　藥重七斤〇七兩
子重三十斤　藥重七斤〇八兩
子重三十斤四兩　藥重七斤〇九兩
子重三十斤八兩　藥重七斤十兩
子重三十斤十二兩　藥重七斤十一兩
子重三十一斤　藥重七斤十二兩
子重三十一斤四兩　藥重七斤十三兩
子重三十一斤八兩　藥重七斤十四兩
子重三十一斤十二兩　藥重七斤十五兩
子重三十二斤　藥重八斤
子重三十二斤四兩　藥重八斤〇一兩
子重三十二斤八兩　藥重八斤〇二兩

子藥準則 下等藥表 五十一

子重三十二斤十二兩　藥重八斤〇三兩
子重三十三斤　藥重八斤〇四兩
子重三十三斤四兩　藥重八斤〇五兩
子重三十三斤八兩　藥重八斤〇六兩
子重三十三斤十二兩　藥重八斤〇七兩
子重三十四斤　藥重八斤〇八兩
子重三十四斤四兩　藥重八斤〇九兩
子重三十四斤八兩　藥重八斤十兩
子重三十四斤十二兩　藥重八斤十一兩
子重三十五斤　藥重八斤十二兩
子重三十五斤四兩　藥重八斤十三兩
子重三十五斤八兩　藥重八斤十四兩
子重三十五斤十二兩　藥重八斤十五兩
子重三十六斤　藥重九斤
子重三十六斤四兩　藥重九斤〇一兩
子重三十六斤八兩　藥重九斤〇二兩
子重三十六斤十二兩　藥重九斤〇三兩
子重三十七斤　藥重九斤〇四兩
子重三十七斤四兩　藥重九斤〇五兩
子重三十七斤八兩　藥重九斤〇六兩

子重三十七斤十二兩　藥重九斤○七兩
子重三十八斤　藥重九斤○八兩
子重三十八斤四兩　藥重九斤○九兩
子重三十八斤八兩　藥重九斤十兩
子重三十八斤十二兩　藥重九斤十一兩
子重三十九斤　藥重九斤十二兩
子重三十九斤四兩　藥重九斤十三兩
子重三十九斤八兩　藥重九斤十四兩
子重三十九斤十二兩　藥重九斤十五兩
子重四十斤　藥重十斤
子重四十斤四兩　藥重十斤○一兩
子重四十斤八兩　藥重十斤○二兩
子重四十斤十二兩　藥重十斤○三兩
子重四十一斤　藥重十斤○四兩
子重四十一斤四兩　藥重十斤○五兩
子重四十一斤八兩　藥重十斤○六兩
子重四十一斤十二兩　藥重十斤○七兩
子重四十二斤　藥重十斤○八兩
子重四十二斤四兩　藥重十斤○九兩
子重四十二斤八兩　藥重十斤○十兩

子重四十二斤十二兩　藥重十斤○十一兩
子重四十三斤　藥重十斤○十二兩
子重四十三斤四兩　藥重十斤○十三兩
子重四十三斤八兩　藥重十斤○十四兩
子重四十三斤十二兩　藥重十斤○十五兩
子重四十四斤　藥重十一斤
子重四十四斤四兩　藥重十一斤○一兩
子重四十四斤八兩　藥重十一斤○二兩
子重四十四斤十二兩　藥重十一斤○三兩
子重四十五斤　藥重十一斤○四兩
子重四十五斤四兩　藥重十一斤○五兩
子重四十五斤八兩　藥重十一斤○六兩
子重四十五斤十二兩　藥重十一斤○七兩
子重四十六斤　藥重十一斤○八兩
子重四十六斤四兩　藥重十一斤○九兩
子重四十六斤八兩　藥重十一斤十兩
子重四十六斤十二兩　藥重十一斤十一兩
子重四十七斤　藥重十一斤十二兩
子重四十七斤四兩　藥重十一斤十三兩
子重四十七斤八兩　藥重十一斤十四兩

子重四十七斤十二兩	藥重十一斤十五兩
子重四十八斤	藥重十二斤
子重四十八斤四兩	藥重十二斤〇一兩
子重四十八斤八兩	藥重十二斤〇二兩
子重四十八斤十二兩	藥重十二斤〇三兩
子重四十九斤	藥重十二斤〇四兩
子重四十九斤四兩	藥重十二斤〇五兩
子重四十九斤八兩	藥重十二斤〇六兩
子重四十九斤十二兩	藥重十二斤〇七兩
子重五十斤	藥重十二斤〇八兩
子重五十斤四兩	藥重十二斤〇九兩
子重五十斤八兩	藥重十二斤十兩
子重五十斤十二兩	藥重十二斤十一兩
子重五十一斤	藥重十二斤十二兩
子重五十一斤四兩	藥重十二斤十三兩
子重五十一斤八兩	藥重十二斤十四兩
子重五十一斤十二兩	藥重十二斤十五兩
子重五十二斤	藥重十三斤
子重五十二斤四兩	藥重十三斤〇一兩
子重五十二斤八兩	藥重十三斤〇二兩

子重五十二斤十二兩	藥重十三斤〇三兩
子重五十三斤	藥重十三斤〇四兩
子重五十三斤四兩	藥重十三斤〇五兩
子重五十三斤八兩	藥重十三斤〇六兩
子重五十三斤十二兩	藥重十三斤〇七兩
子重五十四斤	藥重十三斤〇八兩
子重五十四斤四兩	藥重十三斤〇九兩
子重五十四斤八兩	藥重十三斤十兩
子重五十四斤十二兩	藥重十三斤十一兩
子重五十五斤	藥重十三斤十二兩
子重五十五斤四兩	藥重十三斤十三兩
子重五十五斤八兩	藥重十三斤十四兩
子重五十五斤十二兩	藥重十三斤十五兩
子重五十六斤	藥重十四斤
子重五十六斤四兩	藥重十四斤〇一兩
子重五十六斤八兩	藥重十四斤〇二兩
子重五十六斤十二兩	藥重十四斤〇三兩
子重五十七斤	藥重十四斤〇四兩
子重五十七斤四兩	藥重十四斤〇五兩
子重五十七斤八兩	藥重十四斤〇六兩

子重五十七斤十二兩　藥重十四斤〇七兩
子重五十八斤　藥重十四斤〇八兩
子重五十八斤四兩　藥重十四斤〇九兩
子重五十八斤八兩　藥重十四斤十兩
子重五十八斤十二兩　藥重十四斤十一兩
子重五十九斤　藥重十四斤十二兩
子重五十九斤四兩　藥重十四斤十三兩
子重五十九斤八兩　藥重十四斤十四兩
子重五十九斤十二兩　藥重十四斤十五兩
子重六十斤　藥重十五斤

子重六十斤四兩　藥重十五斤〇一兩
子重六十斤八兩　藥重十五斤〇二兩
子重六十斤十二兩　藥重十五斤〇三兩
子重六十一斤　藥重十五斤〇四兩
子重六十一斤四兩　藥重十五斤〇五兩
子重六十一斤八兩　藥重十五斤〇六兩
子重六十一斤十二兩　藥重十五斤〇七兩
子重六十二斤　藥重十五斤〇八兩
子重六十二斤四兩　藥重十五斤〇九兩
子重六十二斤八兩　藥重十五斤十兩

子重六十二斤十二兩　藥重十五斤十一兩
子重六十三斤　藥重十五斤十二兩
子重六十三斤四兩　藥重十五斤十三兩
子重六十三斤八兩　藥重十五斤十四兩
子重六十三斤十二兩　藥重十五斤十五兩
子重六十四斤　藥重十六斤
子重六十四斤四兩　藥重十六斤〇一兩
子重六十四斤八兩　藥重十六斤〇二兩
子重六十四斤十二兩　藥重十六斤〇三兩
子重六十五斤　藥重十六斤〇四兩

子重六十五斤四兩　藥重十六斤〇五兩
子重六十五斤八兩　藥重十六斤〇六兩
子重六十五斤十二兩　藥重十六斤〇七兩
子重六十六斤　藥重十六斤〇八兩
子重六十六斤四兩　藥重十六斤〇九兩
子重六十六斤八兩　藥重十六斤十兩
子重六十六斤十二兩　藥重十六斤十一兩
子重六十七斤　藥重十六斤十二兩
子重六十七斤四兩　藥重十六斤十三兩
子重六十七斤八兩　藥重十六斤十四兩

子重六十七斤十二兩　藥重十六斤十五兩
子重六十八斤　藥重十七斤
子重六十八斤四兩　藥重十七斤〇一兩
子重六十八斤八兩　藥重十七斤〇二兩
子重六十八斤十二兩　藥重十七斤〇三兩
子重六十九斤　藥重十七斤〇四兩
子重六十九斤四兩　藥重十七斤〇五兩
子重六十九斤八兩　藥重十七斤〇六兩
子重六十九斤十二兩　藥重十七斤〇七兩
子重七十斤　藥重十七斤〇八兩

子重七十斤四兩　藥重十七斤〇九兩
子重七十斤八兩　藥重十七斤十兩
子重七十斤十二兩　藥重十七斤十一兩
子重七十一斤　藥重十七斤十二兩
子重七十一斤四兩　藥重十七斤十三兩
子重七十一斤八兩　藥重十七斤十四兩
子重七十一斤十二兩　藥重十七斤十五兩
子重七十二斤　藥重十八斤
子重七十二斤四兩　藥重十八斤〇一兩
子重七十二斤八兩　藥重十八斤〇二兩

子重七十二斤十二兩　藥重十八斤〇三兩
子重七十三斤　藥重十八斤〇四兩
子重七十三斤四兩　藥重十八斤〇五兩
子重七十三斤八兩　藥重十八斤〇六兩
子重七十三斤十二兩　藥重十八斤〇七兩
子重七十四斤　藥重十八斤〇八兩
子重七十四斤四兩　藥重十八斤〇九兩
子重七十四斤八兩　藥重十八斤十兩
子重七十四斤十二兩　藥重十八斤十一兩
子重七十五斤　藥重十八斤十二兩

子重七十五斤四兩　藥重十八斤十三兩
子重七十五斤八兩　藥重十八斤十四兩
子重七十五斤十二兩　藥重十八斤十五兩
子重七十六斤　藥重十九斤
子重七十六斤四兩　藥重十九斤〇一兩
子重七十六斤八兩　藥重十九斤〇二兩
子重七十六斤十二兩　藥重十九斤〇三兩
子重七十七斤　藥重十九斤〇四兩
子重七十七斤四兩　藥重十九斤〇五兩
子重七十七斤八兩　藥重十九斤〇六兩

子重七十七斤十二兩　藥重十九斤〇七兩
子重七十八斤　藥重十九斤〇八兩
子重七十八斤四兩　藥重十九斤〇九兩
子重七十八斤八兩　藥重十九斤十兩
子重七十八斤十二兩　藥重十九斤十一兩
子重七十九斤　藥重十九斤十二兩
子重七十九斤四兩　藥重十九斤十三兩
子重七十九斤八兩　藥重十九斤十四兩
子重七十九斤十二兩　藥重十九斤十五兩
子重八十斤　藥重二十斤

子重八十斤四兩　藥重二十斤〇一兩
子重八十斤八兩　藥重二十斤〇二兩
子重八十斤十二兩　藥重二十斤〇三兩
子重八十一斤　藥重二十斤〇四兩
子重八十一斤四兩　藥重二十斤〇五兩
子重八十一斤八兩　藥重二十斤〇六兩
子重八十一斤十二兩　藥重二十斤〇七兩
子重八十二斤　藥重二十斤〇八兩
子重八十二斤四兩　藥重二十斤〇九兩
子重八十二斤八兩　藥重二十斤十兩

子重八十二斤十二兩　藥重二十斤十一兩
子重八十三斤　藥重二十斤十二兩
子重八十三斤四兩　藥重二十斤十三兩
子重八十三斤八兩　藥重二十斤十四兩
子重八十三斤十二兩　藥重二十斤十五兩
子重八十四斤　藥重二十一斤
子重八十四斤四兩　藥重二十一斤〇一兩
子重八十四斤八兩　藥重二十一斤〇二兩
子重八十四斤十二兩　藥重二十一斤〇三兩
子重八十五斤　藥重二十一斤〇四兩

子重八十五斤四兩　藥重二十一斤〇五兩
子重八十五斤八兩　藥重二十一斤〇六兩
子重八十五斤十二兩　藥重二十一斤〇七兩
子重八十六斤　藥重二十一斤〇八兩
子重八十六斤四兩　藥重二十一斤〇九兩
子重八十六斤八兩　藥重二十一斤十兩
子重八十六斤十二兩　藥重二十一斤十一兩
子重八十七斤　藥重二十一斤十二兩
子重八十七斤四兩　藥重二十一斤十三兩
子重八十七斤八兩　藥重二十一斤十四兩

子重八十七斤十二兩	藥重二十一斤十五兩
子重八十八斤	藥重二十二斤
子重八十八斤四兩	藥重二十二斤〇一兩
子重八十八斤八兩	藥重二十二斤〇二兩
子重八十八斤十二兩	藥重二十二斤〇三兩
子重八十九斤	藥重二十二斤〇四兩
子重八十九斤四兩	藥重二十二斤〇五兩
子重八十九斤八兩	藥重二十二斤〇六兩
子重八十九斤十二兩	藥重二十二斤〇七兩
子重九十斤	藥重二十二斤〇八兩
子重九十斤四兩	藥重二十二斤〇九兩
子重九十斤八兩	藥重二十二斤十兩
子重九十斤十二兩	藥重二十二斤十一兩
子重九十一斤	藥重二十二斤十二兩
子重九十一斤四兩	藥重二十二斤十三兩
子重九十一斤八兩	藥重二十二斤十四兩
子重九十一斤十二兩	藥重二十二斤十五兩
子重九十二斤	藥重二十三斤
子重九十二斤四兩	藥重二十三斤〇一兩
子重九十二斤八兩	藥重二十三斤〇二兩

子重九十二斤十二兩	藥重二十三斤〇三兩
子重九十三斤	藥重二十三斤〇四兩
子重九十三斤四兩	藥重二十三斤〇五兩
子重九十三斤八兩	藥重二十三斤〇六兩
子重九十三斤十二兩	藥重二十三斤〇七兩
子重九十四斤	藥重二十三斤〇八兩
子重九十四斤四兩	藥重二十三斤〇九兩
子重九十四斤八兩	藥重二十三斤十兩
子重九十四斤十二兩	藥重二十三斤十一兩
子重九十五斤	藥重二十三斤十二兩
子重九十五斤四兩	藥重二十三斤十三兩
子重九十五斤八兩	藥重二十三斤十四兩
子重九十五斤十二兩	藥重二十三斤十五兩
子重九十六斤	藥重二十四斤
子重九十六斤四兩	藥重二十四斤〇一兩
子重九十六斤八兩	藥重二十四斤〇二兩
子重九十六斤十二兩	藥重二十四斤〇三兩
子重九十七斤	藥重二十四斤〇四兩
子重九十七斤四兩	藥重二十四斤〇五兩
子重九十七斤八兩	藥重二十四斤〇六兩

子重九十七斤十二兩　藥重二十四斤○七兩
子重九十八斤　藥重二十四斤○八兩
子重九十八斤四兩　藥重二十四斤○九兩
子重九十八斤八兩　藥重二十四斤十兩
子重九十八斤十二兩　藥重二十四斤十一兩
子重九十九斤　藥重二十四斤十二兩
子重九十九斤四兩　藥重二十四斤十三兩
子重九十九斤八兩　藥重二十四斤十四兩
子重九十九斤十二兩　藥重二十四斤十五兩
子重一百斤　藥重二十五斤

試驗火藥

前列藥表三等此用藥之大略耳凡同一火藥有新陳濕燥整碎堅鬆之不同利害攸關不得不隨時隨藥分別試驗也

一凡火藥新者易然一時經火全藥盡發送子有勁陳者緩發甚至有子已出口藥未然盡之弊藥無全力送子無勁現在購用外洋火藥居多往往有子彈式樣同重輕同藥裹鬆緊分兩同用此桶藥而子路遠用彼桶藥而子路近者未始非藥有新陳之不同也

一凡火藥濕燥易辨有受濕而復燥者硝性受潮即變硝力已減磺性依然因其力弱而加重用之磺力過大勢必橫炸試驗之法全憑驗色細視藥面微有白點外凝者此即受濕復燥之藥也

一凡火藥整碎之分利弊尤甚火藥全憑硝磺炭合而為用造時之求其堅實成粒者使其合而不分也或久擱受潮或遠運顛簸整粒變成碎粉硝磺炭分而不合炭性輕而上浮磺性重而下沉必至始放不響而無力以炭多故也繼放大響而橫炸以磺多故也

一凡火藥堅鬆之分重輕強弱係為同一分寸堅者質重鬆者質輕同一重輕堅者力強鬆者力弱是憑秤

用藥者既失其堅鬆憑斗用藥者幷失其重輕莫如就斗過秤因輕重而見堅鬆則強弱無誤矣

按火藥之制也中外一理不外乎硝磺炭而已凡火藥之精不精由於硝磺炭之淨不淨硝淨其鹽而取牙磺淨其油而取其心炭淨其皮節而得火候研極細拌極勻用無水氣火酒和搗至極堅實未有不烟輕力勁成爲極精之藥反是則黃珠白點黑烟互見不但藥無定力且百弊叢生用者愼之

江南製造局科技譯著集成

軍事科技卷

第壹分册

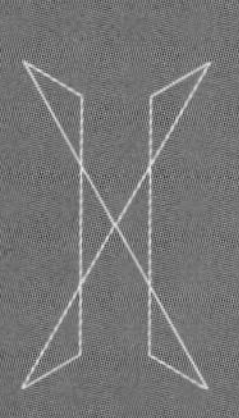

洋槍淺言

《洋槍淺言》提要

《洋槍淺言》，湘西顏邦固著，馮國士譯表，葛道殷繪圖，光緒十一年（1885年）刊行。此書非江南製造局譯著，主要論述歐美各國槍支之性能，彈道軌跡、偏差計算，使用方法，操練事項等。

此書內容如下：

各國槍名

拋物綫圖

横差圖

操練洋鎗淺言

洋槍淺言

上海江南機器製造總局刊版

各國槍名

國名	德				英			法			美	
槍名	毛瑟	衛尒德	錢脫那德兒	普地惠利士	馬梯呢亨利	司乃達	燕飛兒	葛喇士	沙賽寶	哈吃開司	林明敵	黎意
致遠碼數	二〇〇〇 一八〇〇	一八〇〇			一六〇〇	一〇〇〇		二〇〇〇	一三〇〇	一〇〇〇	一一〇〇	一三〇〇
一秒始速率尺數	一四三四 一四〇八	一四一五			一二七四	九五〇		一四二八	一三〇三	一四〇八	一四〇八	一四〇八
					土耳其亦採用	荷蘭土耳其均用					丹馬西班牙均用埃及瑞典用	

國	鎗名	致遠碼數	一秒始速率尺數	附注
	温這士	六○○		
	意汾司			
	司百靈飛兒			
俄	秘尒丹	一二○○	一二四八	
瑞士	屈得利	一一○○	一四二五	意大利國亦用
	秘波地	一一○○	一四二五	
澳斯馬加	温德尒	一○○○	一二四八	
荷蘭	保蒙	一二○○	一三二六	
比利時	克白來	一二○○	一三六六	

右表橫推直看如首行毛瑟鎗致遠碼數二〇〇〇卽二千碼也一秒始速率尺數一四三四卽一千四百三十四尺也後逐行均倣此英尺以三尺爲碼以工部營造尺度之只有二尺八寸八分一百碼爲二十八丈八尺以步計之則一百十五步五寸也如以步數丈量立靶之遠近一百步與一百碼僅少十五步二百步與二百碼則少三十步矣

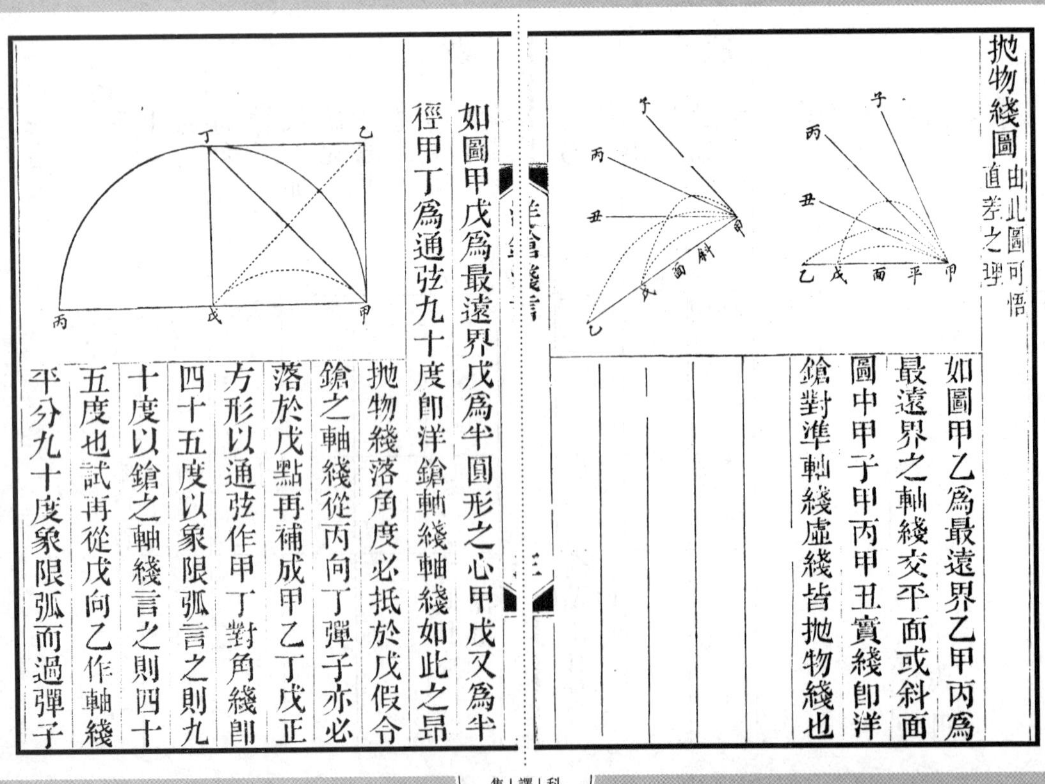

抛物綫圖 由此圖可悟直差之理

如圖甲乙爲最遠界乙甲丙爲最遠界之軸綫交平面或斜面圖中甲子甲丙甲丑實綫卽洋鎗對準軸綫虛綫皆抛物綫也

如圖甲戊爲最遠界戊爲半圓形之心甲戊又爲半徑甲丁爲通弦九十度卽洋鎗軸綫如此之昂抛物綫落角度必抵於戊假令鎗之軸綫從丙向丁彈子亦必落於戊點再補成甲乙丁戊正方形以通弦作甲丁對角綫卽四十五度以象限弧言之則九十度以鎗之軸綫言之則四十五度也試再從戊向乙作軸綫平分九十度象限弧而過彈子

又必落於甲如此對證其理自明

橫差圖

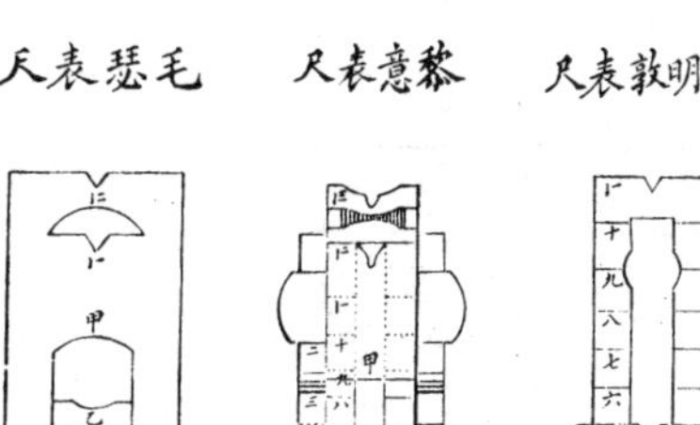

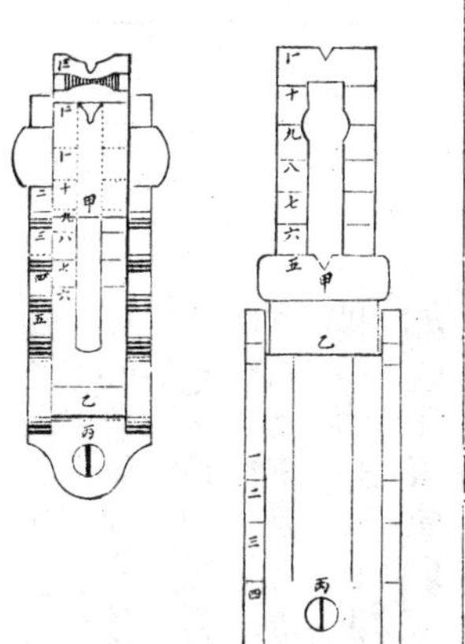

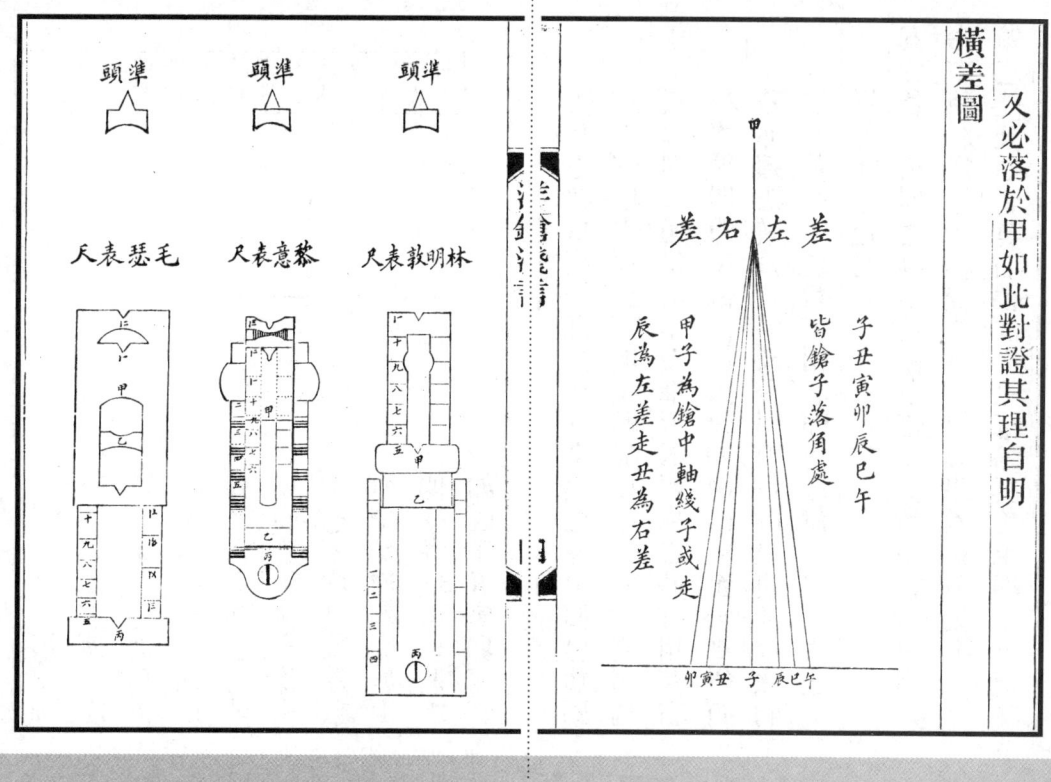

從來射之一技張弓抽矢挽弦而縱送之可以遠制敵人勝於戈盾誠爲武庫利器之冠足佐武備自强之方故得與六藝並稱至后羿養繇基而後猶師其學於無窮豈知人心之靈即其物而窮其理因其知而求其極竟至改尙火器以鎗易弓以彈易矢由前膛而變後膛愈用愈精造者費無限心思成一物以超越前古爲軍政必須之器此亦天時人事之推移而無可如何者也中西交涉日久挾利器來華者譯音傳述至有德之毛瑟美之黎意林明敦英之馬梯呢亨利各等名鎗然鎗之名式雖多而準頭表尺莫不大同小異即尺起於前尺起於後用法皆同一理

今畧繪數圖於上舉一可以例其餘耳如圖甲爲表套乙爲表尺丙爲底級旁有一二三四等字一即距物一百碼平放之處若相距二百碼應將表套移至二字之級上至距五六百碼遠須將表尺立起表套推上按距數之遠近推表套於應用字上之線以爲限度惟毛瑟鎗距物五百邁當之內可以酌起底級對準（每邁當比於一碼多三寸三分）六百邁當之外即須起立表尺將套推至應用字上之線處視套下之缺口對準若過於一千碼以上則視套頂之缺口對準試放時如法推移以定彈子遠近之數自然線路不差發皆命中矣

天氣	平用	中準	陰用	上準	晴用	下準	因空	氣壓	力陰	重晴	輕故	也

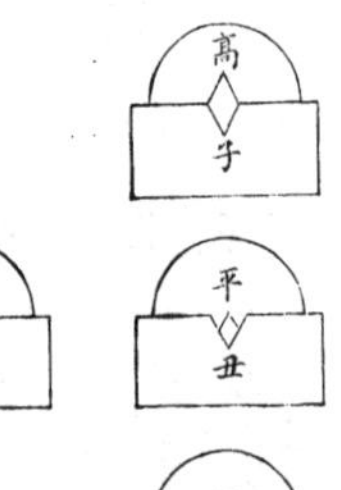

凡操槍練準最要細心養氣認眞應擊之物既不可過於高低亦不可左右偏向庶彈子循準而往方能得心應手倘心躁手忙恐不中敵反為敵所中爰繪數圖於上俾學者玩索以明之如圖子丑寅卯辰為表尺之缺口高平低右左為準頭之尖頂圓界為應擊之物以表尺缺口與準頭尖頂平對應擊之物為貴高則太過低則不及惟天氣輕重之時宜用若右左之準則彈子偏注斜去難期中的矣至於準線有差亦須知曉方可隨時分別遠近酌量更正因去物倍遠差亦倍之苟不留心卽有毫釐千里之失也

操練洋鎗淺言

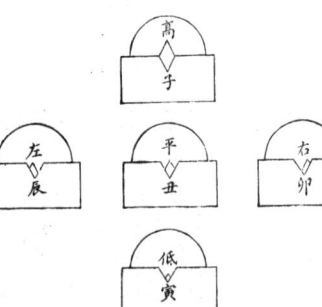

泰西各國火器之精不留餘力備其器者不經講習亦難命中特將洋鎗一種麤淺言之以俾學者有所把握

鎗之能及遠者莫如德國之毛瑟昂其度至四十五拋物綫之遠界乃盡若平綫打去不過四百餘碼而已西國名鎗皆有表尺尺上碼數井然一經道破一刻通曉本無難也然其理最深微茲先卽其深而要者淺言之庶由此可悟其至理凡鎗子出膛口不能如軸綫之徑直而去必成弧綫名拋物綫度低弧綫直落角度不能展遠度高弧綫曲落角度乃能展遠若過於高卽過四十五度弧綫極曲落角度反近矣此拋物綫一定之理也不可不知詳前圖 用鎗有三要 要眼力要手力尤要身力練法詳後 鎗有四差 表尺數太高子蓋靶而差遠太低不及靶而差近名曰遠近差又曰直差準偏側子或向右斜走或向左斜走名曰左右差又曰橫差 四差之外又有三差曰早晚差曰陰晴差曰風力差

觀日光之左右眼光與日光相射則有偏左偏右之不同如向東之靶午前光正向西之靶午後光正日初出光在南鎗必走北日將入光在北鎗必走南向南向北之靶早晚光多不正惟日中時可打中月若一律認定中月打去鎗綫亦多出入矣是謂早晚差

晴天打靶指中月者陰天必指上邊晴天起碼五六百步者陰天必再起一綫方與平日綫路相合輕陰重陰亦微有不同忽陰忽晴則高下在心是謂陰晴差此二差非心